CAMBRIDGE LIBRARY COLLECTION

Books of enduring scholarly value

Mathematics

From its pre-historic roots in simple counting to the algorithms powering modern desktop computers, from the genius of Archimedes to the genius of Einstein, advances in mathematical understanding and numerical techniques have been directly responsible for creating the modern world as we know it. This series will provide a library of the most influential publications and writers on mathematics in its broadest sense. As such, it will show not only the deep roots from which modern science and technology have grown, but also the astonishing breadth of application of mathematical techniques in the humanities and social sciences, and in everyday life.

The Mathematical Works of Isaac Barrow

The Cambridge polymath Isaac Barrow (1630–77) gained recognition as a theologian, classicist and mathematician. This one-volume collection of his mathematical writings, dutifully edited by one of his successors as Master of Trinity College, William Whewell (1794–1866), was first published in 1860. Containing significant contributions to the field, the work consists chiefly of the lectures on mathematics, optics and geometry that Barrow gave in his position as Lucasian Professor of Mathematics between 1663 and 1669. It includes the first general statement of the fundamental theorem of calculus as well as Barrow's 'differential triangle'. Not only did he precede Isaac Newton in the Lucasian chair, but his works were also to be found in the library of Gottfried Leibniz. However, rather than considering arid questions of priority, scholars can see in these Latin texts the status of advanced mathematics just before the great revolution of Newton and Leibniz.

Cambridge University Press has long been a pioneer in the reissuing of out-of-print titles from its own backlist, producing digital reprints of books that are still sought after by scholars and students but could not be reprinted economically using traditional technology. The Cambridge Library Collection extends this activity to a wider range of books which are still of importance to researchers and professionals, either for the source material they contain, or as landmarks in the history of their academic discipline.

Drawing from the world-renowned collections in the Cambridge University Library and other partner libraries, and guided by the advice of experts in each subject area, Cambridge University Press is using state-of-the-art scanning machines in its own Printing House to capture the content of each book selected for inclusion. The files are processed to give a consistently clear, crisp image, and the books finished to the high quality standard for which the Press is recognised around the world. The latest print-on-demand technology ensures that the books will remain available indefinitely, and that orders for single or multiple copies can quickly be supplied.

The Cambridge Library Collection brings back to life books of enduring scholarly value (including out-of-copyright works originally issued by other publishers) across a wide range of disciplines in the humanities and social sciences and in science and technology.

The Mathematical Works of Isaac Barrow

EDITED FOR TRINITY COLLEGE
BY WILLIAM WHEWELL

CAMBRIDGE
UNIVERSITY PRESS

University Printing House, Cambridge, CB2 8BS, United Kingdom

Published in the United States of America by Cambridge University Press, New York

Cambridge University Press is part of the University of Cambridge.
It furthers the University's mission by disseminating knowledge in the pursuit of
education, learning and research at the highest international levels of excellence.

www.cambridge.org
Information on this title: www.cambridge.org/9781108059336

This edition first published 1860
This digitally printed version 2013

ISBN 978-1-108-05933-6 Paperback

THE MATHEMATICAL WORKS

OF

ISAAC BARROW, D.D

MASTER OF TRINITY COLLEGE, CAMBRIDGE.

Edited for Trinity College

BY

W. WHEWELL, D.D.

MASTER OF THE COLLEGE.

CAMBRIDGE:

PRINTED AT THE UNIVERSITY PRESS.

1860.

Cambridge:
PRINTED BY C. J. CLAY, M.A.
AT THE UNIVERSITY PRESS.

CONTENTS.

MATHEMATICI PROFESSORIS LECTIONES.

LECTIONES OPTICÆ XVIII.

LECTIONES GEOMETRICÆ XIII.

PREFACE.

It was thought right, by Barrow's College, that a new edition of his Mathematical Works should accompany the edition of his Theological Works lately published by the University, under the editorial care of Mr Napier; and I have willingly undertaken to superintend the printing of the edition thus agreed upon. I have already, in the Preface to Vol. IX. of Mr Napier's Edition, given an account of Barrow's mathematical writings; but for the sake of convenience I will here resume the subject.

Barrow's first mathematical publication appears to have been his edition of Euclid. I have supposed in my former Notice that this was published in 1654, before he set out upon his travels. But the first edition is dated 1655. It is probable that he left the manuscript to be printed after his departure; for in the Preface he says that he has tried to reduce the book into a small space: "Id quod assecutus videor, si *absentem* Typographi cura non frustretur." This edition contains all the fifteen Books of Euclid's Elements[1]. I shall not insert the bulk of this publication in the present edition; but at the end of this Prefatory Notice I will insert Barrow's Dedication and Preface to this book. The Dedication is addressed to three young men, who, from the terms in which they are spoken of, must have been, I conceive, Barrow's pupils. They were Edward Cecil, son of the Earl of

[1] Euclidis *Elementorum* Libri XV. breviter demonstrati, Operâ Is. Barrow, Cantabrigiensis, Coll. Trin. Soc. MDCLV. There are many later editions in Latin and in English.

Salisbury, John Knatchbul, and Francis Willoughby[1]. The latter was afterwards the celebrated reformer of Ichthyology, the friend of Ray, the botanist. He addresses these young men with expressions of great affection and esteem; and says that no one can know their good qualities better than himself, in virtue of the sweet habitual intercourse which he has had with them. In his Preface he speaks of the two main objects which he had in editing Euclid, to reduce the whole of the Elements into a portable volume, and to gratify those readers who prefer symbolical to verbal reasoning. He would have been satisfied, he says, with Tacquet's edition, if Tacquet had not confined it to eight books (the I. II. III. IV. V. VI. XI. and XII.); omitting the remaining seven. The symbols which he has used are mostly those of William Oughtreed, "to which most of us are accustomed." These are the usual algebraical symbols, of which the introduction was then recent.

But the principal contents of the present volume are the Lectures which Barrow delivered as Lucasian Professor of Mathematics; an office which he held from 1664 to 1670. And these consist of three series: the Lectiones Mathematicæ, the Lectiones Opticæ, and the Lectiones Geometricæ; the first being on the general Principles of Mathematics, the second containing propositions of Optics proved geometrically, and the third treating of properties of Curve Lines. I will make a few remarks on some of these Lectures.

The first or Inaugural Lecture[2], contains an account

[1] The entries of these names in the College Admission Book are,

(p. 23.) Edvardus Cecil, filius H. D. Comitis Sar. admissus commensalis Nov. 30, 1652.

(p. 2.) Johannes Knatchbul, Cantianus, admissus commensalis May 6, 1652.

(p. 23.) Franciscus Willoughby, Warwicensis, admissus commensalis Sept. 9, 1652:

All the three being admitted as pupils of Mr Duport.

[2] Though this Lecture is printed in the ninth volume of Mr Napier's edition, I have reprinted it here, as the first of the Lucasian Lectures; and

of Henry Lucas, the founder of the Professorship, given in Barrow's usual rhetorical manner. He begins by referring to the tranquillity which had been restored to the nation by the cessation of the civil wars. "The turmoil of public business being reduced to rest, and the restoration of tranquillity having given you some heart to tell and to hear news, listen to me, Academics, while I haste to tell you something strange and almost a prodigy. There has shone forth of late—What? you will say. Some dire comet, the presage of calamity, such as are seen in numbers every day (in spite of the heavens themselves) by the distorted vision of fanatics? No: but a new and benignant star, shining with a ray both true and propitious, such as has not for many years risen above the academical horizon. And it is that I may measure its magnitude, explain its motions, and interpret its presages, that I now come forwards, no vain astrologer I." It is by this image, and others in the same strain, that he describes Lucas, and his good deeds towards the University. The Lucasian Professorship which he founded he endowed with the rents of an estate in Bedfordshire, amounting at present to £155. Barrow mentions the principal circumstances of Lucas's life: stating that he had studied at St John's College, and was then taken into the family of the Earl of Holland, (who was Chancellor of the University from 1625 to 1648,) as his Secretary. Here, by attention to business and economy, he accumulated a considerable fortune; and continuing unmarried, resolved to make posterity his heir. He represented the University in Parliament from 1640; and as his end approached, considered and consulted with his friends how he could best promote its interests. The result was that he determined to give encouragement to mathematical studies, which, though admired always, and

have also ventured to repeat in this Preface some of the remarks which I made in the Preface to that volume.

especially in recent times, had hitherto enjoyed no patronage in the University. Barrow goes on to extend his praises to the two trustees of Lucas's will: Robert Raworth, a lawyer, and Thomas Buck, a resident in the University, whom he refers to as well-known to his hearers; "the same whose stately presence and dignified countenance is every day before your eyes;" and to him he ascribes the suggestion of Lucas's benefaction. These two, in conjunction with the Heads of Colleges, and especially the Vice-chancellors of 1663 and 1664, carefully and diligently took the proper steps for carrying the bequest into effect.

He then proceeds to speak of his own tastes, and of his purposes with regard to Lectures; as I have stated in the Notice of him already referred to; and ends his praise of Mathematics in language which, as I have said, may remind us of the expressions of Francis Bacon.

The Lectures which in the present volume next follow this Prefatory Lecture are those which were the earliest delivered, namely in 1664, 5 and 6, but the latest published, namely, not till 1685. They treat, as I have already said, of the general principles and arrangements of Mathematics, with a notice of some of the leading controversies and criticisms which had appeared on the subject; extending through twenty-three lectures, and ending with a vindication of Euclid's Doctrine of Proportion. I have annexed to these, at the foot of the page, a brief summary of their contents, which may enable the English reader to trace the general course of the argument. They display great metaphysical subtlety, logical precision, and a large acquaintance with the literature of Mathematics, both ancient and modern. As I have stated in the former account of Barrow, an English translation of these Lectures was published in 1734; but so badly executed that it cannot be of use to any one. The Lectures themselves are of interest to those who love to dwell on the metaphysical grounds of mathematical truths; but do not belong to that progressive line of mathematical speculation to which Barrow had referred in his Prefatory Lecture when he spoke of Galileo, Gassendi, Gilbert, Mersenne, Cartesius, and others. Barrow's contributions to this kind of mathematics appear in his Lectiones Opticæ, and Lectiones Geometricæ, as we shall see.

But next after the Lectiones Mathematicæ, I have printed four Lectures, in which he proposes to himself, as he says, to expound the method by which Archimedes invented his beautiful theorems: (those, namely, concerning Cones and Spheres, their Solid Contents and Surfaces). This he says he will do by reducing the steps to problems, such as Archimedes proposed to himself, and from the solution of which he deduced both his theorems, and the mode of demonstrating them: whence, he says, it will appear what was the analysis which he used, and how like our modern analysis it was. It is a thought which has often suggested itself to the readers of the ancient Greek mathematicians, and especially of Archimedes, that those writers must have been led to their geometrical theorems and proofs by some methodical analytical process. Their constructions and propositions are so complex, recondite, and abstruse, that it seemed impossible that any one should be led to them by mere direct exercise of ingenuity or felicity of conjecture. We know that some modern mathematicians, particularly Newton, have followed this practice, of discovering a proposition by analysis, and then proving it by a geometrical synthesis. Barrow has, in the four Lectures here given, proved, partly by the use of algebraical analysis, some of the most difficult of the Propositions of Archimedes concerning Spheres and Cones: for instance, that which forms the last proposition in these Lectures, that of all Segments of Spheres, of equal extent of surface, the Hemisphere has the largest content: a proposition which might be found difficult to demonstrate by a good mathematician of the present day. And as a previous step, he has to solve this Problem (Lect. XXVII. Prob. IV.); To cut a given Sphere into two Segments which have a given Ratio. He obtains, by algebraical processes, a certain proportion which gives the point of section of the axis; and which is, he says, the very proportion to which Archimedes reduces the problem: and this, he says, shows what kind of analysis that author must have employed. For that he got at it by employing the various compositions, divisions, permutations and inversions of proportion, in the same order in which he presents them in his text, is beyond belief. If he had done this, his lighting upon the right solution would have been rather a matter of chance than of reason or skill; and that this should have happened so constantly, is inconceivable and impossible.

Barrow's love of the ancient Greek geometers, and his desire to abridge and simplify their demonstrations by introducing into them analysis, led him at a later period to publish an edition of the works of Archimedes, Apollonius, and Theodosius[1].

To include this work among Barrow's Mathematical Works would have made this publication too bulky: I have printed, at the end of these prefatory remarks, the brief preface which he prefixes to it. His edition contains all the extant works of Archimedes, namely the Two Books on the Sphere and Cylinder, agreeing in substance with the four Lectures here given: The Treatises on the Measurement of the Circle: On Spirals: On Conoids and Spheroids: On the Centres of Gravity in Plane Figures: On the Quadrature of the Parabola: On Floating Bodies: On numbering the Sand. Also his Lemmas, which include, among other propositions concerning tangencies of circles,

[1] Archimedis *Opera;* Apollonii Pergæi *Conicorum* Libri quatuor; Theodosii *Sphærica* Methodo novo illustrata et succinctè demonstrata. Per Is. Barrow, exprofessorem Lucasianum Cantab. et Societatis Regiæ Soc. 1675.

the proposition concerning the figure which he calls the *Arbelon*, a figure bounded by three semicircles, and named from its resemblance to a leather-cutter's knife.

Of Apollonius, this edition by Barrow contains only four Books, the only ones which have come down to us in Greek. Books V. VI. and VII. were afterwards found to exist in an Arabic Translation; were brought from the East by Golius, translated by Abraham Ecchellesius, and published by Borelli in 1661. The Eighth Book has never been found, but has been restored conjecturally by Halley and by Vieta.

The Three Books of the Spherics of Theodosius contain various propositions concerning the circles of the sphere, Small Circles as well as Great. The propositions here contained are the basis of Spherical Trigonometry; but of course the ancient Greek Geometer does not attempt the solution of spherical triangles.

The Opticæ Lectiones, as I have mentioned in my former account of Barrow, are noticed by historians of mathematics as an important work. In his Optical Speculations, says Montucla, Barrow quitted the beaten track, and discussed questions hitherto imperfectly treated; as the theory of the foci of spherical surfaces and lenses, the apparent places of images, and the like. He also explains the Rainbow, simplifying Cartesius's calculations; and seeing that the Cartesian explanation of the colours is not satisfactory, proposes one of his own (Lect. XII. Art. XVI.). It remained for Newton to give the true explanation. In the Epistle to the Reader, he states that Isaac Newton had revised and corrected the copy and added matter of his own; and that Collins (who, he says, may be called the *Mersenne* of England, for his merits in promoting mathematical science both by his own labours and those of others) had superintended the edition with great attention. The mathematical reader will recollect that Mersenne was a correspondent of most of the scientific men of his time, and a centre of correspondence among them.

The Geometricæ Lectiones are full of curious methods of determining the areas and tangents of curves, many of which are very close anticipations of Newton's methods. The most noted of these is the method of drawing tangents to curves, given in Lect. x. Art. xiv. This method is justly held to be an anticipation of the Differential Calculus, and to approach very near to it. It will be best explained by taking Barrow's first example, which is this.

In Fig. 116, ABH is a right angle, K any point in BH; A being a fixed point, AK is joined; and in it, AM is taken equal to BK: it is required to draw a tangent to the curve AM.

If, as in modern notation, we draw an ordinate MP perpendicular to the line of abscissas AB, and call AP and PM, x and y respectively, AB being $=r$, it is evident that $DK=\frac{ry}{x}$, and $AM=\sqrt{x^2+y^2}$; whence the equation of the curve is $x^2+y^2=\frac{r^2y^2}{x^2}$; or $x^4+x^2y^2=r^2y^2$. And if we differentiate this we obtain, for the subtangent PT,

$$\frac{ydx}{dy}=\frac{r^2y^2-x^2y^2}{2x^3+xy^2}.$$

Barrow's mode of proceeding is this: (he uses p and m for x and y, which I shall alter so as to fall in with modern notation:)

Take an ordinate and abscissa near to x and y, and let these be $x-e$ and $y-a$, e and a being small. Therefore

$$(x-e)^2+(y-a)^2=AQ^2+QN^2=AN^2$$
$$=BL^2=x^2-2xe+e^2+y^2-2ay+a^2.$$

But $\quad AQ : QN :: AB : BL$;

that is, $\quad x-e : y-a :: r : BL$,

whence $\quad BL^2=\frac{r^2y^2+r^2a^2-2r^2ya}{x^2+e^2-2xe}$;

and, *rejecting superfluous terms* (1), in these values of BL^2, they are

$$= \frac{r^2y^2 - 2r^2ya}{x^2 - 2xe} \text{ and } x^2 - 2xe + y^2 - 2ay.$$

And, equating these, and multiplying up,

$$r^2y^2 - 2r^2ya = x^4 - 2x^3e + x^2y^2 - 2x^2ya - 2x^3e + 4x^2e^2 - 2xy^2e + 4xy\,ae.$$

That is, *rejecting the terms which our rule rejects*, (2),

$$-2r^2ya = -4x^3e - 2x^2ya - 2xy^2e,$$

or $$r^2ya - x^2ya = 2x^3e + xy^2e;$$

or, putting the ordinate y and the subtangent t for a and e, (since they are in the same proportion as those lines,)

$$r^2y^2 - x^2y^2 = 2x^3t + xy^2t,$$

whence $$\frac{r^2y^2 - x^2y^2}{2x^3 + xy^2} = t = PT.$$

The peculiarity of the method consists in the steps which I have marked (1) and (2); that is, the rejection of superfluous terms. And the Rule given by Barrow is this:

After constituting the equation to the curve, put $x - a$ and $y - e$ for the ordinates x and y: expand, and reject all the terms in which there is no a or e; (for they destroy each other by the nature of the curve;) reject all the terms in which a or e are above the first power, or are multiplied together: (for they are of no value compared with the rest, as being infinitely small:) then put y for a, and t the subtangent for e; and PT is found.

It is plain that the terms thus retained are the terms involving the first powers of a and e, when, in the equation to the curve, $x - a$ and $y - e$ are put for x and y and the equation is expanded. But the ratio of the coefficients of these terms is the ratio of dx to dy in the differential calculus: and hence the substantial identity of the two methods is evident. What remained was, to devise a notation, and to assign general rules of obtaining those coefficients.

Barrow applies this method to the following curves: (I use the modern notation for the co-ordinates:)

Ex. II. The curve $x^3 + y^3 = r^3$.

Ex. III. The curve $x^3 + y^3 = rxy$, which it appears was called *La Galande*.

Ex. IV. *The Quadratrix*, of which the equation is

$$y = \overline{r - x} \tan \frac{\pi x}{2r}.$$

Ex. V. The curve in which the abscissa being equal to an arc of a circle, the ordinate is equal to its trigonometrical tangent:

$$y = r \tan \frac{\pi x}{2r}.$$

Also we may regard Barrow's mode of finding the areas of curves by comparing them with the sum of the inscribed and circumscribed parallelograms (Lect. XII. Append. 2, fig. 175, 176), as leading the way to Newton's method of doing the same, given in the First Section of the Principia.

I have, for the most part, retained Barrow's notation, with slight alterations where it would have been likely to mislead a modern reader. Thus where we write $A : B$ he writes $A . B$, and where we write $A > B$ he writes $A \sqsubset B$. I have retained Aq for A^2, A *cub* for A^3, Aqq for A^4 and the like.

It is a matter of labour and difficulty for a reader in these days to follow out the complex constructions and reasonings of a mathematician of Barrow's time; and I do not pretend that I have in all cases gone through them to my satisfaction. I have however, in several cases, endeavoured to assist my reader to follow these demonstrations with moderate trouble.

TRINITY COLLEGE,
November 9, 1860.

Dedication of Barrow's Euclid,
1655.

NOBILISSIMIS ET GENEROSISSIMIS

ADOLESCENTIBUS

D^{no} EDVARDO CECILIO,

Illustriss. Comitis Sarisburiensis *Filio;*

D^{no} JOHANNI KNATCHBUL,

ET

D. FRANCIS WILLOUGHBY,

ARMIGERIS.

UNICUIQUE vestrum (Optimi Adolescentes) tantum me debere reputo, quantum homo homini debere potest. Meâ enim sententiâ, ultra sincerum amorem non est quod quispiam de alio bene mereri possit. Hunc autem jamdiu est quo ex singulari vestrâ bonitate mihi indultum experior, ejusque sensus intimis animi medullis inhærens, ipsi ardens studium impressit, quovis honesto modo reciprocos affectus prodendi. Quandoquidem vero ea fortunarum mearum tenuitas, ea vestrarum amplitudo existit, ut nec ego aliâ quâ gratæ alicujus agnitionis significatione uti queam, nec vos aliam admittere velitis, eapropter haud illibenter hanc occasionem arripio, honoris et benevolentiæ, quibus vos prosequor, publicum hoc et durabile *μνημόσυνον* edendi. Etsi cum oblati anathematis exilitatem, et libellum vestris nominibus consecratum, quam is longe infra vestrorum meritorum dignitatem subsidat, attentius considero, timor subinde aliquis et dubitatio animum incessant, ne hoc studium erga vos meum vobis dehonestamento sit potius, quam ornamento; scilicet memor cum sim, ut malæ causæ, sic et mali libri patrocinium in patroni contumeliam magis quam in gloriam cedere. Sed quum vestrarum virtutum id robur, eam fore soliditatem recognoscerem, quæ vestrum decus, meo quantumvis labefactato, inconcussum sustinere possint, idcirco non dubitavi vos in aliquatenus commune mecum periculum induere. Virtutes illas intelligo, quibus nemo unquam in vestrâ ætate, aut in vestro ordine, saltem me judice, majores deprehendit, quæ vos insigniter gratos omnibus et amabiles reddunt, eximiam modestiam, sobrietatem, benignitatem animi, morum comitatem, prudentiam, magnanimitatem, fidem; præclaram insuper ingenii indolem, quæ vos ad omnem ingenuam scientiam non tantum excellenti captu, sed et appetitu forti ac sincero instruxit. Quas vestras præclarissimas dotes prout nemo est fortassis, qui me melius novit, aut pro consuetudine, quam jamdudum vobiscum dulcissimam coluisse ex vestro favore mihi contigit, penitius introspexerit, ita nemo est, qui impensius miratur, et suspicit; aut qui ipsas libentius prædicare, ac celebrare vellet, si non cum eloquii mei vires supergrederentur, tum etiam quæ in singulis vobis elucent, prolixi alicujus commentarii, aut panegyricæ orationis libertatem, potius quam præstitutas hujusmodi salutationibus angustias, exposcerent. Quin potius divinam clementiam imploro, ut vos earundem virtutum sancto tramiti insistere, atque hos egregios fructus vernæ vestræ ætatis felicibus incrementis maturescere concedat; vitamque vobis in hoc seculo ingenuam, innocentem, jucundam, et in futuro beatam ac sempiternam transigere largiatur. Minime autem dubito, ne pro consueto vestro in me candore, hoc ultimum fortassis, quod vobis præstare postero, benevolentiæ erga vos et observantiæ testimonium, alacriter accepturi sitis, quod vobis propensissimo affectu offert.

Vestri in æternum amantissimus,

et observantissimus,

I. B.

Preface of Barrow's Euclid,
1655.

BENEVOLO LECTORI.

SI quid in hac elementorum editione præstitum sit scire desideras, amice Lector, accipe, pro genio operis, breviter. Ad duos præcipue fines conatus meos direxi. Primum ut cum requisitâ perspicuitate summam demonstrationum brevitatem conjungerem, quo eam libello molem compararem, quæ commode absque molestiâ circumferri posset. Id quod assecutus videor, si absentem Typographi cura non frustretur. Concinnius enim quispiam meliori ingenio, aut majori peritiâ excellens, at nemo forsan brevius plerasque propositiones demonstraverit, præsertim cum in numero et ordine propositionum ipse nihil immutârim, nec licentiam mihi assumpserim quamcunque propositionem Euclideam procul ablegandi tanquam minus necessariam, aut quasdam faciliores in axiomatum censum referendi, quod nonnulli fecerunt; inter quos peritissimus Geometra A. Tacquetus *C* quem ideo etiam nomino, (quod quædam ex eo desumpta agnoscere honestum duco,) post cujus elegantissimam editionem, ipse nihil attentare voluissem, si non visum fuisset doctissimo viro non nisi octo *Euclidis* libros suâ curâ adornatos publico communicare, reliquis septem, tanquam ad elementa Geometriæ minus spectantibus, omnino quasi spretis atque posthabitis. Mihi autem jam ab initio alia provincia demandata fuit, non elementa Geometriæ utcunque pro arbitrio conscribendi, verum *Euclidem* ipsum, eumque totum, quam possem brevissime, demonstrandi. Quod enim quatuor libros spectat, septimum, octavum, nonum, decimum, quamvis illi ad Geometriæ planæ et solidæ elementa, ut sex præcedentes, et duo subsequentes, non tam prope pertineant, quod tamen ad res Geometricas admodum utiles sint, tam propter Arithmeticæ et Geometricæ valde propinquam cognationem, quam ob notitiam commensurabilium et incommensurabilium magnitudinum ad figurarum tam planarum, quam solidarum apprime necessariam, nemo est e peritioribus Geometris qui ignorat. Quæ vero in tribus ultimis libris continetur, 5 corporum regularium nobilis contemplatio, illa non nisi injuriâ prætermitti potuit, quando nempe illius gratiâ noster *στοιχειωτής*, Platonicæ familiæ philosophus, hoc elementorum systema universum condidisse perhibetur, uti testis est *Proclus*[1], iis verbis, Ὅθεν δὴ καὶ τῆς συμπάσης στοιχειώσεως τέλος προεστήσατο τὴν τῶν καλουμένων πλατωνικῶν σχημάτων σύστασιν. Præterea facile in animum induxi ut opinarer, nemini harum scientiarum amanti non futurum esse cordi, penes se habere integrum Euclideum opus, quale passim ab omnibus citatur, et celebratur. Quare nullum librum, nullamque propositionem negligere volui earum, quæ apud *P. Herigonium* habentur, cujus vestigiis presse insistere necesse habui, quoniam ejusce libri schematismis maximâ ex parte uti statutum erat, quod præviderem mihi ad novas describendas tempus non suppetere, etsi nonnunquam id facere præoptâssem. Eâdem de causâ nec alias plerasque quam Euclideas demonstrationes adhibere volui, succinctiori formâ expressas, nisi forte in 2, et 13, et parce in 7, 8, 9 libris, ubi ab eo nonnihil deflectere operæ pretium videbatur. Bona igitur spes est saltem in hac parte cum nostris consiliis, tum studiosorum votis aliquo modo satisfactum iri. Nam quæ adjecta sunt in Scholiis problemata quædam et theoremata, sive ob suum frequentem usum ad naturam elementarem accedentia, sive ad eorum, quæ sequuntur, expeditam demonstrationem conducentia, seu quæ regularum practicæ Geometriæ quarundam præcipuarum rationes innuunt ad suos fontes relatas, per ea, ut spero, libellus ultra destinatam molem magnopere non intumescet.

[1] Lib. II.

Alter scopus, ad quem collineatum est, eorum desideriis consuluit, qui demonstrationibus symbolicis potius quam verbalibus delectantur. In quo genere cum plerique apud nos *Gulielmi Oughtredi* symbolis assueti sint, ea plerumque usurpare consultius duximus. Nam qui *Euclidem* hâc viâ tradere et interpretari aggressus sit, hactenus, quod ego sciam, præter unum *P. Herigonium*, repertus est nemo. Cujus viri longe doctissimi methodus, sane in multis egregia, ac ejus peculiari proposito admodum accommodata, duplici tamen defectu laborare mihi visa est. Primo, quod cum Propositionum ad unius alicujus theorematis aut problematis probationem adductarum, posterior a priori non semper dependeat, quando tamen illæ inter se cohærent, quando non, nec ex ordine singularum, nec ullo alio modo satis prompte innotescere potest; unde ob defectum conjunctionum, et adjectivorum *ergo, rursus*, &c. non raro difficultas et dubitandi occasio, præsertim minus exercitatis, inter legendum oboriri solent. Deinde sæpe evenit, ut prædicta methodus nimis frequenter supervacaneas repetitiones effugere nequeat, a quibus demonstrationes est quando prolixæ, aliquando et magis intricatæ evadunt. Quibus vitiis noster modus facile per verborum signorumque arbitrariam mixturam medetur. Atque hæc de opellæ hujus intentione et methodo dicta sufficiant. Cæterum quæ in laudem Matheseos in genere, aut Geometriæ ipsius; et quæ de historiâ harum scientiarum, ideoque de *Euclide* horum elementorum digestore dici possent, et reliqua hujusmodi ἐξωτερικά, cui hæc placent, apud alios interpretes consulere potest. Neque nos angustias temporis, quod huic operi impendi potuit, nec interpellationes negotiorum, nec adjumentorum ad hæc studia apud nos egestatem, et quædam alia, ut liceret non immerito, in excusationem obtendemus, metu scilicet inducti, ne hæc nostra omnibus minus satisfaciant. Verum quæ ingenui Lectoris usibus elaboravimus, eadem in solidum ipsius censuræ ac judicio submittimus, probanda si utilia sibi compererit, sin omnino secus, rejicienda.

I. B.

Preface of Barrow's Archimedes, &c.
1674.

LECTORI.

VETUSTOS authores, scientiarum parentes, ab interitu salvos præstari, posterorum interesse videtur, ne ingrati audiant. Neque tametsi quæ continent pleraque novis artificiis vel promptius elici, vel concisius astrui possint, fructu penitus destituitur illorum lectio. Nam amœnum imprimis videtur quibus a fundamentis tantum in fastigium evectæ sunt scientiæ dispicere; tum haud inutile fuerit degustare fontes, e quibus cuncta ferme recentiorum inventa dimanârunt; istorum quippe perquam ingeniosas atque subtiles persequendo vel æmulando methodos horum emicuit industria. Porro sincerum demonstrandi gustum ac peritiam non aliunde quis opinor felicius hauserit, quam ex iis, quorum in theorematis deducendis præcipuæ relucent solertia ac elegantia; quas ut nemo transgredi possit, ita vix assequi quisquam valeat ab illorum Scriptis peregrinus: Ut taceam, cum a posteris hæc scripta suis firmandis præsternantur, allegenturque passim, illorum referre qui hæc studia tractant, ea præsto ad manum, ne dicam ad unguem, habere: Id ut prompte tibi succedat, et quam exiguo impendio, præstitura videtur hæc editio; saltem præ illis, quæ enormi juxta mole spissæ ac pretio caræ hactenus prostant; sin hæc nihilominus displiceat, det ille quæso tibi pœnas, qui amicitiâ præpotenter abusus, me nequicquam reclamante, protrusit hæc crepundia, luci publicæ minime nata vel debita. *Vale.*

ISAACI BARROW

Lectiones Mathematicæ

XXIII;

In quibus

Principia Matheſeôs generalia exponuntur:

Habitæ *CANTABRIGIÆ*
A. D. 1664, 1665, 1666.

Ἀρκεῖ, εἰ τὰ μὲν οὐ χεῖρον. *Arist. Metaph.*

LONDINI,
Typis *J. Playford*, pro *Georgio Wells*
in Cœmeterio D. *Pauli*. 1683.

[*Prefixed to the Edition of* 1685.]

ALMÆ MATRI,

ACADEMIÆ

CANTABRIGIENSI.

EN Tibi, Alma Mater, doctissimas, Auctore Isaaco Barrow, Mathematicæ tuæ Professionis Lucasianæ Primitias! Cui etenim ullius Filii longe charissimi, nisi Genetrici suæ concredendæ sunt Reliquiæ? Et sane ubinam Gentium Radii Mathematici plus et potius quam in Lucis Tuæ centro sunt colligendi? Næ Posthumum hoc Opus Tibi pergratum fore merito censemus; utpote quod Eruditissimum suum Fontem et Authorem Tuæ cæterorumque Literatorum omnium memoriæ redivivum, et quasi coram edisserentem exhibet. Imo nefas esset pretiosissimos clarissimi illius Viri Fœtus ab interitu omni curâ ac diligentiâ non tueri, cujus divino prorsus ingenio Euclides, Theodosius, Archimedes, Apollonius, &c., venerandi Scientiarum Antistites, novâ quâdam perpetuitate donantur. Tibi vero, Alma Mater, nascatur hujusmodi felicissimorum Ingeniorum numerosa, et æterna Progenies. Ita vovet

G. WELLS.

ORATIO PRÆFATORIA.

MART. 14, 1664.

UT conquieverit paulo solennium negotiorum æstus, et restituta tantisper rebus vestris tranquillitas dandis accipiendisque novis animos apparaverit vobis, aures patefecerit; attendite, sultis, Academici, insolitæ rei quiddam, et prodigii non absimile denarrare gestienti. Affulsit nuper: quidnam? inquietis: an dirus Cometes funestorum casuum prænuncius, cujusmodi plusculos indies (vel invito cœlo) fanaticorum capitum distorta contuetur acies? imo novum, at beneficum sydus, vero pariter ac fausto jubare scintillans, quale nullum constat a multis annis supra horizontem academicum emersisse; cujus ego nunc ut dimetiar magnitudinem, motus explicem, præsagiam eventus, non vanus utique huc prodeo astrologus. Vultis edisseram clarius? quam iniquum sit in Literas, erga Literatos invidum ingratumque audiat hoc seculum, ignorare nemo potest, qui vel ad illarum calamitosam sortem obverterit oculos, aut ad crebras horum querelas non prorsus obsurduerit. Quo demiremini magis, qui tristes hâc tempestate Camœnas respiceret; istam infami seculo labem abstergeret; elanguentibus studiis vigorem inspiraret; obductam longa desuetudine, nullisque jamdudum vestigiis signatam benefaciendi semitam retegeret, eximium tandem comparuisse Mæcenatem; nedum titulo tenus, ut fit, sed ipsissimâ re Mæcenatem; non qui nudam ostentarit gratiam, at solidam operam impenderit literis, non ipsas benevolo tantum affectu, sed munificâ quoque manu sit prosecutus: cujus ego viri ut laudes efferam, ut virtutes deprædicem, utinam mihi congrua tantis meritis verba, par tali materiæ eloquium obtigisset; neque de adeo prælustri argumento tam mihi arduum esset digne fari, quam nefas est omnino tacere. Utcunque cum publicæ gratitudinis intersit, meique præsertim id exigat officii privati ratio, etsi facultatem præstare non possum, voluntatem tamen ostendam, aliquo saltem (imperfecto licet et inconcinno) elogio præclári benefactoris memoriam cohonestandi.

Fuit is (assurgite quotquot estis Auditores, tantoque debitam nomini reverentiam exhibete) Henricus Lucas; Lucas, inquam, Martiam simul virtutem effulminans, et Palladiam sapientiam blandius expirans nomen; belli togæque laudibus utramque paginam historiæ repleturum, futurumque apud posteros an heroicæ fortitudinis nescio, vel divinæ munificentiæ exemplis celebratius. Henricus Lucas; vir a prosapiæ dignitate prolixe commendandus (utpote qui prænobiles familias proximâ sanguinis agnatione contigerit) nisi quod amplitudini generis potior animi magnificentia detraxerit, et virtutum excellentia natalium splendorem obumbrarit. Modicas illi facultates nascendi sors attribuit, quasque etiam pupillo litigiosi fori subtraxit importunitas, jurisque injuria surripuit; prosperâ fati iniquitate, ne scilicet inconsultæ fortunæ potius, quam laudabili solertiæ sua vel honeste vivendi copia, vel gloriose benefaciendi facultas posset imputari. Etenim a parentibus transmissas possidere divitias, puræ felicitatis est; acquirere sibi, perfectæ laudis: quæ aliunde quis acceperit, aliis impertire justæ restitutionis speciem habet; suo autem labore parta comiter elargiri, titulum merito præ se ferat liberalis beneficii. Maximam inde partem gloriæ casus decerpat, integrum hinc sibi virtus adjudicat. Talis noster, sortis auctor propriæ, suæ virtutis hæres, privatæ soboles industriæ, ex angustâ re ad amplas opes enisus, ab humili statu in spectabilem gradum evectus est. Quo pacto, sciscitemini, quibusve fretus adminiculis? an rapinis grassando, fovendo lites, merces commutando, illiberales quæstus exercendo? nullâ harum, sed innocentissimâ ratione, probatissimis artibus, quibusque natura homines ad propulsanda vitæ incommoda sanctissimis armis instruxit, elegantiâ ingenii, linguæ suadâ, morum probitate.

Amplissimo nempe Collegio Sancti Johannis, (quod cum innumeros addixerit Ecclesiæ, permultos Reipublicæ commodarit insignes viros, nullum, reor, Academiæ enutrivit utiliorem alumnum,) huic, inquam, feraci seminario implantatus, adeo feliciter adolevit, ita bonis artibus ingenium excoluit, probis animum imbuit moribus, ut cum nulli non aptus muneri, quâvis promotione dignus videretur, id saltem assecutus est, ut in illustrissimi Comitis Hollandiæ (viri præcipuâ apud serenissimum Regem gratiâ florentis, et Cancellarii vestri summis etiam proceribus invidendo, tunc honore præfulgentis) familiam ascitus, secretioribus ejus consiliis et literis (qui potissimus est et perquam honorificus apud optimates clientelæ locus) admoveretur; quam adeo singulari dexteritate, sinceritate, diligentiâ Spartam exornavit, ut neutiquam mirandum sit, dum patroni res procuraret optime, suis ipsum non pessime prospexisse, bonæque frugis aliquid e tam copiosâ messe proprium in horreum reportasse. Sic amplificato per honestam solertiam censu pari prudentiâ decrevit uti, nec egregii laboris fructum sibi passus est elabi turpiter, infeliciter abortire. Non in splendidos illum luxus erogavit, nec in fœdas profudit voluptates: non (sicut plerisque nunc usu venit opulentis) otiosorum vernularum stipavit se frequenti satellitio, nec magnificos conviviorum apparatus adornavit: non popularem impendiose captavit auram, nec politicis semetipsum factionibus immersit: at vitæ genus frugale, modestum, tranquillum amplexatus, sapientiæ ac pietati vacans unice, modici temporis erga se parsimoniam coluit, ut sempiternam versus alios liberalitatem exerceret. De prole suscipiendâ, vel stirpe suâ propagandâ parum solicitus, patrem se egenis præstitit, suis Musas penatibus ascripsit, universos sibi posteros velut adoptavit; neutiquam id sibi pensi datum arbitratus, ut unum aliquem efficeret signiter locupletem, sed ut plurimorum necessitati subveniret, omnium industriam compensaret, nec ut privatam domum adimpleret copiâ sed ut totum genus humanum scientiâ collustraret. Quanquam haud videri debet vel familiæ suæ neglexisse decus, aut famæ sui nominis ullatenus offecisse, quibus adeo durabilia constituit monumenta, quarumque memoriam immortalibus Musis commendavit. Nam accuratâ modo lance rem perpendamus, non aliâ quâcunque viâ generosæ propaginis gloria seipsam disseminet latius, aut radices suas altius infigat æternitati, quam Literarum sibi favorem demerendo; quibus ipsum scilicet tempus suarum rerum custodiam assignare, conscientiam solet accredere; quarumque semper indefesso spiritu canora famæ buccina inflatur. Intereant oportet Literæ, lumen extinguatur omnis memoriæ, diffusissimâ barbarie rerum facies obruatur, quam Lucasianum cesset inclarescere nomen, inque hoc perpetim illustri gloriæ theatro solenni cum laude personare.

Sed neque justitiæ minus in hoc proposito quam prudentiæ specimen elucescit: aliquid a prosapiâ sortitus est lucis, plus in illam splendoris refudit; tenue patrimonium a majoribus accepit, larga cognatis munera redonavit; amicorum benevolentiæ fœnus amplum retulit; neminem de se bene meritum non vicissim bene faciendo superavit. Quod si literarum præsertim auspiciis suprema cum fortunæ suæ præsidia, tum animi ornamenta consecutus sit: si Academiæ, parenti vitæ melioris initium; magistræ virtutis, quâ emicuit, disciplinam cultumque, quo excelluit, ingenii; fautrici demum, eximium dignitatis suæ debuerit incrementum; quamobrem non meritissimo jure parem illis rependeret gratiam, mutuis hanc officiis devinciret? Quid enim, Academiæ nomine semel atque iterum ad suprema regni comitia destinari; senatoriâ purpurâ decoratum literati populi causam agere, tutelam suscipere, personam sustinere; vestrum (hoc est, ipsissimum sapientiæ) corpus repræsentare; vestro gravissimo judicio probari, deligi, claris competitoribus anteponi, num parvi pendendum decus est? imo quòlibet pretio pluris æstimandum, nullis non fastuosis titulis præferendum. Atque, utinam, Academici, sic perpetuo cum rebus vestris comparatum esset, quos educatio sua in sublimiorem extulit gradum, quosque consimili benevolentiæ testimonio afficitis, ut ii pariter evadant erga vos animati; ut sæpius judicia vestra tam auspicato colliment, beneficia vestra tam recte collocentur: non ita liberales Scientiæ pabuli inopes, honoris exsortes marcescerent; nec dignis modo præmiis, at necessariis etiam subsidiis destituta studia languerent. Enimvero solus ille jam a plurimis annis ab injuriâ literas protexit, a contemptu asseruit, ab inopiâ liberavit; operâ suâ adjuvit, opibus adauxit Scientias. Iniquis siquidem illis et infaustis temporibus, cum proventibus Academicis avida barbaries inhiaret, onera cum imponeret omnibus, et gravissima undicunque tributa corrogaret, causam ille vestram tutatus est acriter, immunitates vestras strenue propugnavit, annisus est vehementer, et multum effecit, quâ consilio, quâ eloquio suo, ne toga sago fieret vectigalis, ne Martis furor Minervæ fundum depasceret; ne honestis artibus fovendis dicatæ opes ad sustentandam nefariam tyrannidem, ad improbos ausus promovendos perverterentur. Ita clypeum se vestrum tunc objecit importunæ nequitiæ, gladium postea vobis adversus inscitiam accincturus; averruncavit a vobis exitiale damnum, mox insigne lucrum adjecturus. Quippe mortalis curriculi cum extremam pene metam se attigisse præsentiret, ut beneficio saltem perduraret superstes, nec prodesse vobis cessaret etiam cum vivere desiisset, cœpit animo versare secum, et cum amicis consilium inire quâ potissimum ratione studiis vestris quam optime posset consulere; cumque quâ parte debiles essetis maxime, idoneis illam præsidiis firmare, vulneribus vestris opportuna remedia applicare, defectus supplere, damna resarcire statuisset.

Omnia circumspicienti succurrit imprimis dignissima beneficentiæ materia, Mathematicæ disciplinæ: quas cum insignis commendet utilitas, ingenuæ delectationi adjuncta; cum ipsarum peculiaris difficultas auxilii plurimum efflagitet; cum ipsas veteres sapientiæ magistri præcipuâ curâ excoluerint, omnis ævi homines ingente plausu exceperint, præsens autem ætas in extremis deliciis habeat; mirandum nescio magis an dolendum sit, in hâc omnium disciplinarum fœcundâ matre, omnium studiorum benignâ nutrice Academiâ nullum ferme hactenus illis concessum fuisse locum, nullum assignatum præmium, nullum patrocinium indultum. Tantum dedecus amoliri studens, et quo jacentes Scientias instauraret, adjutricem illis subministravit manum, Professione Mathematicâ suis auspiciis institutâ, suis opibus liberali stipendio dotatâ. Quinetiam cum Bibliothecæ vestræ sublati libri Lambethani acerbissimam plagam inflixissent, persanavit illam (saltem valde mitigavit) substitutâ suâ, minus lautâ quidem, nec perinde magnificâ, sed æque lectâ, pariter pretiosâ suppellectile librariâ, insigni illo tam eruditionis suæ monumento, quam adjumento vestræ.

Quæ benefacta cum nullis amplificari verbis, nullis queant coloribus illustrari; idemque plane sit illa simpliciter recensere, ac fuse celebrare; vobis potius committam gratifico mentis sensu recolenda, quam mihi desumam rudi encomio temeranda. Adnotare saltem liceat, (obiter atque strictim,) quum (sicut assolet fieri quod prætermissâ matre benignius tractentur filiæ) plures in singula Collegia pronum affectum contestati sint, prægrandia dona contulerint, nullum hactenus universæ Academiæ tam officiosum filium, gratum alumnum, munificum patronum obvenisse: quorum tamen illud tanto angustioris animi, tanto exilioris est meriti, quanto publicus sol domesticæ lampadi prælucet, quantoque augustius est beneficum influxum ad omnes diffundere, quam in paucos derivare. Itidem, ut alii majora præstiterint, nostrum sua prudentius dispensasse; siquidem opportunissimo tempore, cum res vestra, diutius neglecta, conspicui favoris indigeret, et deplorata conditio literarum validam opem imploraret, ad usus summopere necessarios, quibusque nescio turpiusne fuerit an damnosius vos hactenus caruisse: alios denique beneficio plurimum, neminem æque de vobis exemplo meruisse: quando nimirum illi pro temporum ingenio, et seculi sui moribus obtemperantes, vigentibus gratiâ literis acclamarint; hic adverso suæ ætatis genio obnitens, invidiâ laborantes et expositas opprobrio literas ausus est favore complecti, dignatus est prosequi reverentiâ. Tritum illi callem ingressis comites se vel pedissequos adjunxerunt; per aviam hic solitudinem dux sibi, nemini socius incessit: spes isti vegetas foverunt studiorum, hic prostratas erexit, pessundatas restituit, pene sepultas exsuscitavit: florentem illi suorum temporum famam sustinuerunt aliquatenus, aut tantillum promoverunt; suum hic seculum nedum insigni honore affecit, sed a gravissimâ infamiâ vindicavit: a vulgaribus adeo benefactis vulgarem illi laudem adepti sunt; singularem vero noster a singulari beneficentiâ consecutus est (certe commeruit gloriam): antecessorum is utique merita supergressus est longe, palmam certo præripuit successuris: ei juxta debemus, quæ fecit ipse, quæque deinceps alii similia facturi sunt debebimus; quibus, ut patrocinio sublevarent literas, faustum omen præbuit, lucidam facem prætulit, apertam viam præmonstravit: neminem ut posthac pudere possit impensæ Musis liberalitatis; omnes vero pudere debeat viri talis auctoritatem non sequi, tanti ducis vestigiis non insistere.

Verum in immensæ orationis pelagus improviso devehor longius, et plane sentio quanto proclivius sit (argumentum nacto tam nobile, tam splendidum, tam liberale) nimium dicere, quam satis: contraham igitur vela: sic tamen, ut vestram prius, præstantissime *μακαρίτα*, suppliciter implorem veniam, tuas quod ego privatas laudes, eximiam in Deum pietatem, versus amicos observantiam, in omnes benignitatem; illibatum candorem animi; inculpatam morum probitatem; singularem in conversando comitatem, in agendo peritiam, in judicando perspicaciam, in disserendo facundiam; in officiis colendis fidem, in factis æquitatem, in dictis modestiam, in proposito constantiam; sincerum amorem veritatis, ardens sapientiæ studium, excelsam indolem, et consummatam eruditionem; reliquasque innumeras tuas divinas animi virtutes, præclaras dotes ingenii, egregia vitæ facinora, verecundo potius obtegam silentio, quam importuno præconio dehonestem; quas ego certe cum (ut radios non directo cursu delatos, sed medii densioris interjectu refractos et conturbatos) acceperim, non usu proprio perspexerim, ast alienâ fide subnixus, et solius famæ beneficio cognoverim (famæ licet certe et indubitatæ, multorumque optimorum et sapientissimorum virorum consonis suffragiis munitæ) si dicendo persequi vellem, quid aliud quam cæcus clarissimam lucem depingendam, surdus suavissimam harmoniam susciperem emodulandam? o si viventis intueri vultum amœnâ luce circumfusum; si contemplari gestus placidâ severitate compositos; si degustare sermones tuos melleâ salubritate conditos, istoque guttulas aliquot ab inexhausto gurgite facundiæ mihi depromere licuisset, tuo forsan pectus impregnatum afflatu quiddam concepisset simile tui, tuo os imbutum nectare te dignum aliquid profudisset: nunc satius esse duco tantas virtutes omnino non attingere, quam injuriâ male pertractatas afficere, vel inficeto sermone contaminare.

Una tantum superest laus (nec illa tamen postremis accensenda) quam nullâ ratione debeam ego intactam præterire; felicissimæ, dico, laus prudentiæ, illis in deligendis et deputandis adhibitæ, quibus supremam suæ (voluntatis exequendæ dicam? vel) dispensandæ charitatis? curam commendaret. Quippe cum irrita sæpe fiant, et sperato excidant successu vel optime ab hominibus destinata, istorum, quibus committuntur, vel improbâ perfidiâ, vel ignavâ supinitate, vel insipiente vecordiâ, id abunde cavit, ne sibi eveniret, cum testamento suo præficeret duos incorruptâ fide, invictâ diligentiâ, spectatâ prudentiâ viros; quorum utcunque non gratâ recordatione prosequi nomina flagitiosum esset mihi, ipsorum cum erga vos summam observantiam, tum singularem in meipsum humanitatem experto. Unus haud perinde forsan cognitus vobis, (dignus tamen qui pernoscatur ab omnibus colaturque,) ornatissimus et spectatissimus vir, Robertus Raworth, Ælio illi Sexto (jurisconsulto Ciceroniano) geminus et persimilis: *egregie cordatus homo cautusque*, qui cum insigni juris peritiâ non inferius justitiæ studium conjunxit, cum magno rerum usu raram mentis integritatem sociavit: in eo præcipue mirabilis et felix, quod cum ad æquitatis normam dirigat omnia, nec unquam honeste faciendi voluntatem bene audiendi gratiæ postponat, optimi tamen viri apud omnes consequi potuit opinionem, et cum rectâ conscientiâ integram famam conservare: quadratus homo plane, inque eo, cui ipsum ratio affixit, situ inconcussus: antiqui moris, apertæ sinceræque indolis, nullâ involutus nube, nullo fuco incrustatus. In dijudicandis rerum momentis acer et perspicax; in amplectendis consiliis maturus et circumspectus; in retinendo proposito constans et gravis; ut qui nec temere suscipiat aliquid, neque se facile patiatur a probabili instituto dimoveri; talis denique, cui cum tuto summa fides haberi, et gravissima negotia recte committi possint, tum in hâc administrandâ provinciâ, tam fideliter, dextre, sapienter se gessit, ut non ego tantum, et qui mihi in hoc munus successuri sunt, sed et universa Academia, bonæque adeo omnes literæ sint immortales illi gratias debituræ.

Alter autem, nemini vestrum, non ab honesto, quem tot annos, imo tot lustra sustinuit apud vos, loco notissimus, a virtutibus suis commendatissimus, ab egregiis erga vos meritis colendissimus, Thomas Buck: idem ille, cujus quotidie vestris oculis augusta species corporis, et oris veneranda dignitas obversatur: cujus indies promptissimam humanitatem persentiscitis; cujusque toties in procurandis gravissimis negotiis vestris, asserendo honore, commodis provehendis, gnavam, fidam, prosperamque operam experti estis: vir sane, qui cum omnibus bonis artibus haud mediocriter excultus sit, cum prudentiâ vel fide primas concedat nemini, tum vero laudabili industriâ plerosque (pene dixissem omnes) longo intervallo post se relinquit mortales. Difficile mihi sit (imo prorsus impossibile) quos ille vestrâ causâ exantlarit labores, quales pertulerit molestias, quot susceperit itinera, quanta devorarit tædia, verbis explicare, vel ipsius in agendo diligentiam meâ assequi diligentiâ dicendi. Testis eram (quatenus, inquam, admiratio permiserat, testis) quanto ille, dum rem vestram typographicam urgeret, cum suæ salutis et rei familiaris dispendio, honori vestro prospiceret, commodo deserviret: quæ nempe laus ejus, nitidis impressa characteribus, ad infimos usque posteros perennabit, ipsisque adeo cum sacris (quibus pretium adauxit quodammodo, gratiamque adjecit) Bibliis æternitati permanebit consecrata. Cæterum in hoc ipso, quod præ linguâ habemus negotio, non absque vegrandi stupore mihi licebat observare, virum ætate ingravescentem, nec firmâ satis utentem valetudine, tantas alienæ rei vigilias impendere vel potuisse si vellet, aut si posset voluisse, quantas nemo forsan alius, etiam ætate validus et corpore robustus, suæ præstitisset. Tantus illum ardor inflammavit de vobis bene merendi; tale perficiendi quod occepisset egregii facinoris incessit desiderium; ut cum annis accrevisse vires corporis, cum ætate vigor animi provectior evasisse, et quo ad vitæ centrum propius accederet, eo ferri videretur incitatius. At quid ejus in hâc conficiendâ re commemoro sedulitatem, quum in auspicandâ potius enixum studium, et impensam erga vos benevolentiam debeam prædicare? siquidem illi tantum non primas ingentis hujus beneficii partes referre debetis acceptas; cujus excitatus admonitu, consilio persuasus, hortatu compulsus, mirificus ille Mæcenas noster cum Mathematicam hanc instituerit Professionem, tum lectissimo librorum thesauro Bibliothecam vestram ditarit ornaritque. Quid enim? annon jure beneficii auctor censendus est, qui benefactorem ipsum conciliavit, et quasi donavit vobis; qui alienâ re, suâ vero sapientiâ, suâ profuit voluntate; qui aliorsum exundantes munificentiæ rivos in aream vestram deduxit? absque quo certe fuisset, non esset hodie quod tantum ego studiis adminiculum, tantum Academiæ ornamentum, tantum sæculo exemplum gratularer accessisse. Hæret profecto lingua, deficit ingenium, collabascit animus verba perquirenti tanto beneficio quadantenus adæquata; cujus magnitudinem vos cogitando facilius æstimare, quam ego dicendo possim exprimere. Ab insuperabili proinde conatu subducam me, postquam id unum fuero protestatus, illius commeruisse viri eximiam in me benignitatem pulchrius longe atque uberius gratitudinis testimonium.

Huic igitur obeundo officio designati, par illud virorum tale tantumque quid? an adhibitam sibi fidem violarunt, de se conceptam spem deluserunt? num pro more nimis quam recepto, privato compendio intenti, vel desidiæ suæ indulgentes, speratum beneficii fructum in plures annos distulerunt? imo nec unum permiserunt excurrere non liberatæ fidei suæ, non absoluti propositi testem. Quin ad opus semetipsos accingunt ocyus; libros propere curant ad vos deportandos; Professoris exsolvendo salario terras redimunt, officio definiendo leges præscribunt; nihil non expediunt, quo minus tanti beneficii sensum expectandi mora corrumperet; at vero potius ut spem vestram sua celeritas anteverteret; vix ut prius vos sciretis habituros, quam habere sentiatis. Leges, dixi, præscripserunt; illas vero quam ex se æquas, quam studiis proficuas, quam rerum circumstantiis accommodatas, sententiam proferre nolo, neque tantæ rei temere mihi censuram arrogabo: illud saltem ausim affirmare (liquido mihi compertum) e viris, qui viderunt, judicio valentibus, et nullo præjudicio occupatis (viderunt autem permulti dignitate juxta ac sapientiâ præcellentes), modice dicam plerosque omnes admodum probasse, nec paucos illas qualicunque laude dignas censuisse; dignas utcunque visas, quas, reclamante nemine, authoritas regia sanciret, et ratas faceret. Ita partibus suis absolutissime perfuncti, non tamen eo processisse contenti substiterunt, at voluntate bene merendi potestatis suæ limites quodammodo prætergressi, privilegia bene multa, huic loco seu valde utilia, seu plane necessaria, quæ præstare non possent ipsi, a regiâ clementiâ ultro impetrarunt; quo nomine quicunque posthac hujusce Professionis munus amplectentur, tenebuntur eos ceu fundatores alteros, certe fautores palmarios, lubenter agnoscere, grate profiteri.

De illis porro, quorum præcipue res hæc gesta est et ordinata consilio, reverendis Collegiorum Præfectis, mihi quantum ætate præcedentibus, et antestantibus dignitate, tantum judicio prævalentibus, et elogio superioribus meo, nihil audebo quicquam enarrare; id unum dixero fecisse illos, quod rem publicam spectat, ut tales viros decuit, sapienter ac moderate; a me autem cunctos haud exiguam iniisse gratiam, seu quod abunde faverint, seu quod non nimis adversati sint: duobus præsertim (cum elapsi tum instantis anni) dignissimis Procancellariis pro suâ erga me propensâ comitate, benevolentiâ, favore, quas possum maximas debeo, ago, habeo gratias.

Ita qualitercunque persoluto gratæ commemorationis debito, de meipso forsan expectatis ut nescio quid edisseram: quibus præsertim causis inductus, priori isto me abdicarim munere, novum hoc denuo assumpserim; quippe cum propterea ceu desultoriæ levitatis, aut fluxæ fidei homo, mei decoris nimium incuriosus, vestrique parum reverens arguar forsitan aut insimuler a quibusdam; quos tamen (si qui sunt) rectius facturos autumo, si judicii sui acrimoniam maturiori consilio temperent, nec alieni animi statum Lesbiâ sortis regulâ metiantur; cum subinde vel firmissimæ rupes reciprocos æstus subeant, et constantissimi plerique viri variis rerum vicibus exagitentur. Rem ipsam quod attinet; Græcam ego provinciam, nemini sane tunc optabilem, et immane quantum laboris exiguâ (imo nullâ) mercede compensantem, qui renitenti animo suscepissem, cum in melius demutatâ loci conditione plures augurarer futuros, qui id muneris cum aggredi vellent lubentius, tum dignius exequi possent, nil plane quicquam obstare deprehendi, quo minus, nullo vestro incommodo, genio meo prorsus obsecundarem, permolestum onus leviculo penso commutarem, e grammatico pistrino in mathematicam palæstram me subducerem. Etenim sicuti nunquam a Philologiâ prorsus abhorruerim, ita (ne dissimulem) Philosophiam semper impensius adamavi; ut vocularum ludicrum aucupium morose non despiciam, ita seriam rerum indaginem magis cordicitus amplector; omnis tædii non usquequaque impatiens, modici vero otii appetentior sum; omni versus alios injuriâ sic abstinere studeo, salvum ut velim mihi legitimum mei arbitrium; voluntatis denique vestræ cum observatissimus perstiterim, studiosissimus dignitatis, libertati tamen meæ nunquam renunciaram penitus; non insolubili servitutis nexu dominæ me Grammaticæ obstrinxeram, nec aures ultro meas linguis obtuleram perforandas, ut non licuerit honestam occasionem arripere memetipsum emancipandi, nedum ut debuerim amicis ad munus invitantibus, minus equidem honorificum, at multo commodius, genio meo acceptius, et liberali otio abundantius refragari. Quid multa? jure meo usus sum, non alienum invasi; possessione meâ decessi, neminem extrusi suâ; honore meipsum exui, meritum meum excedente, non indignâ quenquam affeci contumeliâ: nedum ut vobis (charissima mihi et colendissima capita) dedecus inferre meditarer, quos pronissimo semper affectu complexus, devotissimo cultu adveneratus sum; quorumque honori, si quis alius, pro exili modulo virium, cupidâ mente, promptâ operâ, dictis factisque nunquam non attentissimum me præstiterim, addictissimum demonstrarim. Nec e consuetudine vestrâ longe mihi dulcissimâ exoptatissimâque, nisi sonticâ quâdam necessitate adactus, præ-durâque constrictus inopiâ, vel ex parte recessissem. Nullis certe machinis impulsus a vobis divelli penitus, nullis conditionibus allectus perduci poteram, ut e vestris omnino castris transfugerem; nec sub aliis uspiam gentium quam insignibus vestris militavi: quinimo non tam fines vestros dereliqui, quam ditionem prolatavi; nomen vestrum protuli longius, haud ignominiam vobis accersivi. Neque tam sponte meâ demum, quam fato quodam abreptus videor, futuri provido præsagoque; ut in aliâ quâdam obscuriore arenâ, quod in hoc celebri Circo nunc initurus sum, certamini præluderem. Me quisquis igitur hanc ob rem ceu perfidum desertorem aut fugitivum mancipium sugillat inclementius, viderit ipse quam justas, quamque probabiles iræ suæ causas prætexat.

Utcunque nequeo non effusâ mihimetipsi cum lætitiâ gratulari, tot erroribus defunctus, tot ereptus fluctibus, tot vicissitudines permensus, quod in hunc tandem placidissimum portum appulerim, in hâc tutissimâ statione requiescam; ubi cupiam scilicet anchoram defigere æternum immobilem, nullâque (quatenus per fata licet) vi revellendam. Nec enim fere votis meis congruentius quicquam potuisset evenire, quam in Almæ Matris sinu, omnimodis innocuis deliciis refertissimo; in vestro (hoc est, hominum indole perquam sincerâ candidoque pectore; sublimi captu, et excellente doctrinâ præditorum) regibus, opinor, ipsis invidendo consortio; in pulcherrimo Musarum palatio, sanctissimo templo virtutis, amplissimo bonæ mentis gymnasio, illustrissimoque præstantium exemplorum theatro; ingenio expoliendo, moribus efformandis, componendis affectibus, liberalibus Scientiis una vobiscum condiscendis intentum; satis honestâ, nec admodum exonerosâ servitute mancipatum vobis, et minime aspernandâ conditione perfruentem, quod ærumnosæ superest vitæ transigere: id quod sane, libera modo concedatur optio, centies malim, quam aut aulicas inter pompas, aut tumultus urbanos, aut rusticas solitudines, in re quantumvis lautâ, quibuscunque ceu copiis affluens, seu diffluens voluptatibus, seu titulis insignitus, commorari et consenescere. Quam proinde felicitatem, non sine propitii Numinis (meis meorumque rebus per nuperas istas calamitates gravissime afflictis benigne providentis) singulari misericordiâ mihi concessam, qua par est, erga

Divinam Majestatem humili reverentiâ et piâ mentis devotione percipio: tum vero optimorum virorum nullo ambitu conciliatam, nullâ solicitatam prece, sed purissimâ sponte mihi delatam benevolentiam grato sensu mentis amplector et agnosco: cui cum nequeam omnino parem, hanc saltem adnitar referre gratiam, ut efficiam scilicet quadantenus, demandatum mihi officium gnaviter exequendo, ne aut collati in me beneficii pœniteat ipsos, aut concepti de me pudeat judicii: quod non eo dico, quasi tenuitatis meæ parum conscius sim, aut aliquid arrogem mihi (quum imbecillitatem propriam intime sentiam, indignitatem palam confiteor); at quo stimulos subdam industriæ meæ, labantem animum sustineam, auctor fiam mihi ne desperem ingenii mei defectum studio supplere, quodque ab usu mihi deest, curâ compensare.

A vobis autem (ingenui quotquot estis Alumni Literarum) nihil non spero, non polliceor mihi, candore vestro, vestrâ humanitate dignissimum. Nec ullatenus addubito, quin et faventibus me votis hactenus prosecuti, nunc et alacri porro gratulatione sitis excepturi: minime scilicet immemores, quam ante plures olim annos indicaram, bonæ voluntatis Mathematica hæc studia seu in exilium procul ablegata revocandi, seu profundis tenebris demersa in apricum retrahendi. Enim vero si tunc privatus homo, nec alioquin obnoxius, et solâ rei pulchritudine accensus, ita me comparaverim, ut Scientias istas qualicunque studio meo vobis exoptaverim summopere commendatas, non est quod nunc ambigatis, pro ratione publici muneris et sanctiori vinculo constrictum, iis (pro tenui facultate meâ) promovendis acrius incubiturum; quando nimirum, quo tum propendebam animo, eo jam propellar officio.

Quod autem a me jam leges districte postulant, id quovis injussu præstare quam liberrime semper fui paratissimus, ad familiares vos congressus ut non modo prompte admitterem, verum ultro cupide invitarem; utque non semel tantum vel bis quâlibet septimanâ cubiculi fores aperirem, sed vel intimi cordis indies penetralia recluderem, et patulum adituris pectus exhiberem.

Quin accedite, sultis, jugiter, studiosi Adolescentes, nullo metu inhibiti, nullo pudore retardati; quod jure vestro potestis, et me facietis haud invito; (imo adlubescente, gaudenteque;) consilium audacter expetite, exigite, præcipite et imperate; jussis utique vestris non aversum me vel refractarium, sed officiosum, atque morigerum percepturi. Si qua vos studii Mathematici salebrosum iter ingredientes obstacula præpediant, difficultates avertant, dubia remorentur, facite me, obtestor, participem, illud omne, (quousque vel usu valeo, vel industriâ consequi possum) quicquid est offensionis submoturum.

Hisce vero disciplinis ut strenuam navetis operam, inque pulvere Mathematico haud segniter desudetis, si nil aliud impellat, illud saltem honestarum mentium vos calcar exstimulet inflammetque vehementius, qui generosi semper animis alte insidet, ardor illustria quæque exempla persequendi.

Namque ut veteres illos prætercam, mirificum Pythagoram, sagacem Democritum, divinum Platonem, subtilissimum prudentissimeque doctum Aristotelem (quos omnis hactenus ætas agnovit et suspexit merito, sapientiæ antistites, artium coryphæos), quorum quantopere judiciis arriserint hæc studia, cum luculentæ proclament historiæ, tum ipsorum arguunt præclara monumenta Mathematicis passim interspersa ratiociniis, Mathematicis exemplis, ceu stellis, illustrata: quæ proinde frustra speret quispiam, non in his literis mediocriter versatus, penitus intelligere, vel illorum abditos sensus, non adhibitâ clave Mathematicâ, reserare. Ecquis enim Aristotelicum nisi plectro Mathematico feliciter *Organon* pulset; aut ad Philosophi *Physicas Auscultationes*, Geometriæ ignarus, non prorsus obsurdescat? Quis Platonicum Socratem capiat expers (Geometriæ, dicam? an) Arithmeticæ, de quadratis numeris vel cum puerulis balbutientem? aut ipsum Platonem assequatur nedum de Mundo ad Geometricas rationes conformato, sed de Republicâ dissertantem, et politicas etiam leges ad Mathematicam amussim exigentem? Nec ut recentiores illos commemorem, acumine similes antiquis, et prope pares, Galilæum, Gassendum, Gilbertum, Mersennum, Cartesium, quosque alios præsentis ævi fert fama, Matheseos unico fretos subsidio, Naturalis Scientiæ pomeria priscos ultra terminos extendisse; ad quorum scripta, Geometricorum diagrammatum radiis ubique collucentia, harum rerum imperiti, ceu ad solis lumen coruscantis noctuæ, exhorrescunt. Ad illas potius scientias, quales hodie se ostentant conspiciendas, obtutum dirigite, magnatum purpurâ redimitas, principum se titulis venditantes, ipsorum regum soliis insidentes; neminis fere generosâ stirpe prognati, qui vel ingenii laudem ambiat, aut operam Philosophiæ seriam devoveat, non opinione magnifactas, studio quæsitas, præconio celebratas: quos omnes in genere quolibet ingenuæ Literaturæ indecorum sit æquiparari vobis, turpissimum antecellere: præsertim cum Universitatis, quod profitemini, nomen adimplere, decus sustentare, non aliâ ratione valeatis, quam si omnigenæ Scientiæ, liberali ingenio dignæ, non vulgarem vobis peritiam vindicetis; et nisi vel invidentibus felicitati vestræ, vel famam æmulantibus, ansam detrahatis obtrectandi, quod vel in linguis ediscendis, ceu semper infantes, ætatem conteratis; vel, ex obsoletæ vetustatis ruderibus putidas fabellas eruentes, veritatis indagandæ curam respuatis; vel inconsultâ rerum naturâ, sinceræque rationis usu posthabito, verborum inanes phaleras, et fucati sermonis præstigias affectetis; vel sophisticis demum tricis, et futilibus argutiis impliciti, steriles rixas conserentes, lubricis inhærentes conjecturis, et incerta dogmata ventilantes, otium abutamini, operam ludatis, ingenia vestra vexetis et torqueatis.

Quæ in vos (improbe fateor et immerito, sæpe tamen et serio) congesta opprobria vel eluatis facile, vel omnino devitetis, divinam modo Mathesin quâ par est diligentiâ consectemini: Mathesin, subtilitate non spinosâ, difficultate neutiquam perplexâ, disquisitione minime contentiosâ, studiosos animos exercentem valide, non vane deludentem, non misere discruciantem; sine pugnâ vincentem, sine pompâ triumphantem; absque vi cogentem, citra jacturam libertatis absolute dominantem: non imbecillæ fidei subdole struentem insidias, sed armatæ rationi apertum Martem inferentem, integram palmam extorquentem, inevitabiles catenas injicientem; quot verba, tot oracula fundentem; quotque opera patrantem, tot edentem miracula; nihil effutientem temere, vel inepte molientem; sed universa perspicue demonstrantem, prompte peragentem; non Scientiæ fallacem umbram obtrudentem, sed ipsissimam animo Scientiam ingerentem, cui adhærescat firmiter, quam continuo possideat, a quâ nunquam aut sponte discedat, aut ullâ vi depellatur: Mathesin denuo, principiis menti claris, experientiæ consentaneis suffultam, certas conclusiones elicientem, utilibus regulis instructam; jucundas quæstiones enodantem, mirabiles effectus producentem; artium (pene dixissem) omnium fœcundam parentem, Scientiarum inconcussam basin, in rem humanam emergentium commoditatum uberrimam scaturiginem; cui saltem uni æquum sit, ut præcipua vitæ oblectamenta, præsidia salutis, incrementa fortunæ, compendia laboris accepta referamus: quod eleganter et commode habitamus; decoras ædes extruimus nobis, augusta Numini delubra statuimus, admiranda posteris monumenta relinquimus: quod tutis ab hostili incursione vallis protegimur; arma dextre tractamus; aciem scite disponimus; arte quâdam, non ferinâ rabie belligeramur: quod secura per infidos fluctus commercia transigimus; recto per cæcas maris vias itinere progredimur; incerto ventorum impetu propulsi designatos ad portus pervenimus: quod rationes nostras vere subducimus, censum familiarem recte conjicimus, negotia versamus expedite; numerorum dispalatas phalanges in ordinem redigimus, tabulis includimus, calculo supponimus; arenarum quamlibet ingentes cumulos, imo vel immensas atomorum congeries, facile computamus: quod agrorum fines pacifice dispescimus, momenta ponderum æquâ lance perpendimus, justâ suum cuique mensurâ dispensamus: quod vastos hinc inde, susque deque, quo volumus, levi digito moles protrudimus, et immanem rerum perpusillâ vi resistentiam profligamus: quod terreni faciem orbis delineamus accurate, remque mundi publicam nostro universam conspectui sùbjicimus: quod temporis fluxam seriem apte digerimus; rerum vices agendarum debitis intervallis distinguimus; tempestatum varios recursus, annorum et mensium statas periodos, alterna dierum et noctium incrementa, dubia lucis ac umbræ confinia, exquisita horarum et minutorum discrimina rite censemus, et internoscimus: quod radiorum solarium in usus nostros subtilem efficaciam derivamus; visus sphæram in immensum exporrigimus; vicinas rerum species ampliamus, semotas adducimus, occultas detegimus; latebris suis naturam excutimus, et sua callide dissimulantem arcana revelamus: quod concinnis simulacris oculos nostros oblectamus; artificia Naturæ perite æmulamur, opera pulchre exprimimus; æmulamur dixi? imo superamus, dum nusquam existentia jucunde effingimus, absentia sistimus nobis, præterita repræsentamus: quod harmonicis concentibus animos reficimus, aures demulcemus; aerei fluctus inconstantiam certis modulis attemperamus; arido stipiti festivam vocem indimus, a rigido metallo dulcem elicimus facundiam; non dissonâ laude concelebramus Deum, et beatos

Cœlitum choros haud absurde imitamur: quod inaccessas nubium sedes, dissitos tractus terrarum, devias æquoris plagas, elatos vertices montium, radices infimas vallium, profundas marium voragines, abstrusos telluris recessus attingimus et perscrutamur: quod ipsos mente Superos accedimus, imo Superos admovemus nobis; æthereas arces conscendimus; per cœlestes campos libere spatiamur; astrorum emetimur magnitudines, interstitia definimus; leges ipsis præscribimus inviolabiles cœlis, et vagos syderum circuitus strictis cancellis coercemus: quod mundanæ denique machinæ portentosam molem animo comprehendimus, divini opificii stupendam pulchritudinem rectius æstimamus, sapientius admiramur; nostræ mentis incredibilem vim et perspicaciam certis experimentis addiscimus, ut pio affectu agnoscamus. Ut omittam rationem nostram in palæstrâ hâc Mathematicâ cum ad valide intorquenda argumentorum tela, tum ad cautè declinandos sophismatum ictus; tam ad nervose disserendum, quam ad solide dijudicandum; ad prompte inveniendum, ad recte disponendum, ad perspicue explicandum, utiliter exercitari: nec non ad attentæ meditationis perferendum tædium, ad alacrem cum objectis difficultatibus conflictum, ad pertinacem in studiis solertiam, usu componi mentem, robore confirmari.

Quinetiam his disciplinis assuefactam mentem a credulâ simplicitate penitus liberari; contra scepticam vanitatem fortissime muniri, a temerariâ præsumptione valide cohiberi; ad debitum assensum facillime inclinari; legitimo rationis imperio perfecte subjici, iniquæ fallacium præjudiciorum tyrannidi contumaciter obluctari: instabilem porro phantasiam hâc veluti saburrâ librari; hâc fluctuantem anchorâ retineri; obtusum ingenium hâc cote exacui; luxurians hâc falce castigari; præfervidum hoc fræno reprimi; torpidum hoc stimulo excitari: nullâ clarius lampade per Naturæ caliginosas ambages, nullo certius filo per intricatos philosophici labyrinthi anfractus incedentium regi vestigia; nec aliâ demum bolide veritatis fundum felicius explorari. Ne dicam quam variâ percognitarum rerum supellectile ditetur, quam multiplice poliatur ornatu, quam salubri pabulo nutriatur animus, et quam sincerâ voluptate perfundatur. Sin præterea dicam, dum a materiâ sensibili mens abstrahitur et attollitur, puras distincte speculatur, pulchras ideas concipit, congruas proportiones investigat, ipsos mores corrigi et concinnari; affectus componi et compurgari; phantasiam sedari ac serenari; intellectum ad divinas contemplationes erigi atque excitari; nec solus id, nec primus dixero, sed maximorum in Philosophia nominum sententiam meam authoritate defendero, suffragiis confirmavero.

Dies me, vox, et spiritus deficerent, vel summa rerum capita cursim perstringentem: nam illius quæ cœlos, quæ terras, quæ maria pervagatur et permetitur, Scientiæ, nulla juste limites describat, nulla plene complectatur utilitates, nulla perfecte laudes exhauriat oratio. Et alioquin in re decantatâ ab omnibus, et vobis (opinor) satis intime perspectâ, improbe desipiens sim, si aut meam immoderatius abutar operam, aut vestram importunius exagitem patientiam. Quanquam haud ab re, nec præter instituti mei rationem fecisse videor, quod vestram modo patientiam strenue exercuerim, cum ipsâ patientiâ nulla sit ad Mathesin aut aptior aut utilior introductio; nec alius quisquam sit ad has disciplinas optime comparatus, quam cujus aures, (orationis nec insipidæ fastidio devictæ, nec jejunæ tædio delassatæ) per integrum ad minus bihorium toleranter vapulare didicerunt: orationis merito dixi *jejunæ*, eoque magis tempestivæ (quis enim ab esu piscium eloquens sit, aut immunis culpæ sermone jam luxuriet?) quam si vobis sciero vehementer displicere, facile me consolabor; quinimo magnopere congratulabor mihi, validum inde deducturus argumentum, certum augurium desumpturus, quod optimum me hodie præstiterim Mathematicum, hoc est, pessimum Oratorem. Dixi.

MATHEMATICI PROFESSORIS
LECTIONES*.

[M DC LXIV.]

LECT. I.

MATHEMATICAS scientias pro muneris instituto tractaturus, antequam ipsarum ingrediar penetralia, in vestibulo paulisper consistam, iisque qui ad hæc studia minus accedunt parati seu morem gesturus, seu gratum opinor, facturus eo spectantia generalia quædam ἐξωτερικὰ prælibabo. Id quod, omnibus prætermissis ambagibus, continenter aggrediar facere, hâc ferme methodo. Primum de nomine paucula disseram, tum de objecto ipsarum, et inde subnascente partitione; proxime de modo versandi circa objectum, hoc est ejus proprietates investigandi et demonstrandi (ubi de principiis quæ assumunt; de propositionum quas eliciunt differentiis; de methodo duplice demonstrandi per analysin, et synthesin, deque aliis affinibus materiis se præbebit occasio disquirendi). Postremo de ipsarum origine, progressu, incremento nonnulla forsan historica subjungam.

Nomen primo quod attinet, cum disciplinæ vocabulum, ex proprio et primario significatu, commune videatur scientiæ cuilibet acquisitæ, et *discere* nihil aliud vulgo sonet, quam in rei, quam ignoravimus, notitiam devenire; (quo sensu Sextus Empi-

---

* In these Lectures Barrow proposes to discuss
The Name of *Mathematics:*
Their Object and consequent partition: viz. Their Mode of Demonstration: (principles, propositions, analysis, synthesis:)
Their Origin, Progress, and Improvement.

ricus contra quaslibet artes pervulgatas, Grammaticam, Rhetoricam, Logicam, et cæteras, disputationem instituens, libros inscribit suos *contra Mathematicos;* nec non præcipui auctores *τὰ μαθήματα*, et *τὴν μάθησιν* pro quâvis doctrinâ usurpant. Plato. *Οἱ φύσει λογιστικοὶ, εἰς πάντα τὰ μαθήματα, ὡς ἔπος εἰπεῖν, ὀξεῖς φαίνονται*[1]· *Qui ad computandum naturâ bene comparati sunt, ad quidvis discendum promptos se exhibent.* Aristoteles. *Πᾶσα διδασκαλία, καὶ πᾶσα μάθησις διανοητικὴ, ἐκ προϋπαρχούσης γίνεται γνώσεως*[2]. Apud eundem in Politicis habetur *μάθησις ὀψοποιϊκή*[3]· opsonia conficiendi disciplina. Sed quid ista, cum sexcenta passim occurrant talia?) Unde igitur hæ scientiæ peculiari modo nuncupantur Mathematicæ, hoc est, disciplinales; et *τὰ μαθήματα*, per disciplinam comparatæ scientiæ (nonnunquam singulariter *τὸ μάθημα*; ut Aristoteli: *οἷον*, inquit, *τὸ περὶ τῆς ἴριδος· τὸ μὲν γὰρ ὅτι φυσικοῦ εἰδέναι, τὸ δὲ διότι Ὀπτικοῦ, ἢ ἁπλῶς, ἢ κατὰ τὸ μάθημα*)[4]. *Iridis rationem Optici est ostendere, vel simpliciter a se, vel ex Mathematicâ scientiâ;* (Geometriam innuens, ex quâ Opticus suarum conclusionum rationes desumit;) denique per metonymiam quandam actionis pro objecto, frequenter appellantur, *ἡ μάθησις*, disciplina; quamobrem, inquam, istæ scientiæ his nomenclaturis insigniantur, ambigitur, et plures, aliæ ab aliis, adsignantur causæ.

Quidam propter ipsarum eximiam evidentiam, certitudinem et constantiam hoc nomine donatas arbitrantur, cum illis nulla cognitio, qualitatibus istis destituta, *disciplinæ* nomen mereri videatur; nec videri debeat quispiam aliquid *didicisse*, quod non et clare percipiat, et firmiter amplectatur, et[5] pertinaciter retineat. Qui velut in tenebris palpat, aut opinione fluctuat[6], aut a sententiâ dimoveri potest, haud quaquam didicit. Itaque cum conditiones istæ scientiis, quæ dicuntur, Mathematicis vel solis vel excellentiori modo conveniant, propterea volunt istis *disciplinarum* titulum adpropriari merito.

[1] VII. *De Rep.*

[2] II. *Post. Anal.* initio.

[3] Lib. I. *Polit.* cap. 7.

[4] I. *Anal. Post.* cap. 13.

[5] Δεῖ τὸν ἁπλῶς ἐπιστάμενον ἀμετάπτωτον εἶναι.—ARIST.

[6] I. *Post. Anal.* cap. 2.

Mathematics may mean: anything which is *learnt:*
Or clearly proved:

Alii sic denominatas idcirco putant, quod non adeo sint obviæ, sed præcipuæ difficultatis aliquid contineant, et proinde Magistri cujusdam præeuntis, vel interpretis opem desiderent; et impensiori quâdam attentione ac studio debeant addisci. Juxta Platonis illud: Οὐδεμία πόλις ἐντίμως αὐτὰ ἔχει (mathemata scilicet) ἀσθενῶς τὲ ζητεῖται χαλεπὰ ὄντα, ἐπιστάτην τε δέονται οἱ ζητοῦντες, ἄνευ οὗ οὐκ ἂν εὕροιεν[1]· *Nuspiam in pretio sunt, et languide illis incumbitur, propter difficultatem, et quia duce opus est studiosis, absque quo non assequantur.*

Proclus vero (sub finem primi in Primum Elementum Commentarii) hujusmodi videtur rationem adsignare (quam ideo præsertim refero, quoniam acerbius carpi, quam penitius intelligi solet a nonnullis;) scilicet cum triplex sit modus (ex ipsius sententiâ) ad rerum cognitionem perveniendi; per impressionem forinsecus accedentem; per interiorem motum phantasiæ; perque discursivam operationem mentis in seipsâ reconditas species eruentis, et quasi sopitas excitantis; quorum primus Sensio, secundus Opinio dicitur, tertius apposite vocari potest Disciplina; utpote quædam ἀνάμνησις (vocabula vero μανθάνειν et μιμνήσκειν ab eâdem videri possunt origine profecta, et significatu cognata) et quia μάθησις utcunque talem notitiam proprie respiciat, ad quam arripiendam nedum idonei, sed quodammodo parati accedimus; ex præviâ quâdam, subobscurâ licet, ediscendæ rei notione: quo casu sibi Mens quasi magistræ defungitur officio, seipsam erudiens, ac instituens: hæc autem cognitionem adipiscendi ratio cum hisce scientiis præcipue congruat (quippe quæ sint, ut ipsius Procli verbis utar, κινητικαὶ τῆς γνώσεως καὶ ἐγερτικαὶ τῆς νοήσεως, καὶ καθαρτικαὶ τῆς διανοίας, καὶ ἐκφαντικαὶ τῶν κατ' οὐσίαν ἡμῖν ὑπαρχόντων εἰδῶν, λήθης τε καὶ ἀγνοίας ἀφαιρετικαὶ, καὶ ἀπολυτικαὶ τῶν ἐκ τῆς ἀλογίας δεσμῶν; hoc est, *rerum notitiam promoveant, contemplationem exuscitent, rationem expurgent, insitas species eliciant, oblivionem ac insci-*

[1] VII. *De Rep.*

Or taught by masters:

Or established by discourse of reason: for

According to Proclus, there are three modes of acquiring knowledge, external impression, phantasy, and reason, which produce respectively Sense, Opinion, and Knowledge, properly called Discipline.

tiam amoveant, errorisque vincula dissolvant); et cum hæc animadverterent Pythagorei, qui hasce scientias vel invenerint primi, vel imprimis excoluerint, idcirco Μαθηματικῶν ἐπιστημῶν illis nomen indiderunt, propter modum scilicet illas inveniendi, et acquirendi disciplinæ titulo dignissimum. Ita fere Proclus, equidem subtiliter, et ingeniose.

Verum elegantius forsan conficta, quam verius adserta sunt hæc omnia. Nec enim hoc vocabulum (ut nec alia pleraque) tam argutâ ratione conquisitum, quam ex communi usu, probabili causâ nixo, depromptum videtur. Itaque sic dictas potius arbitror has scientias, quia cum Græci primitus inciperent ad artium studia animum appellere, solæ hæ in Scholis traderentur, quum nec dum aliæ inventæ essent artes, quas ediscerent pueri. Hisce solis, inquam, artibus incubuerunt, nec aliud quid illis innotuit sciendum, exceptâ philosophiâ, quæ non tam discebatur a pueris, quam a senibus anxie quærebatur, (nec enim primis istis seculis inter eos, qui ad eruditionis qualemcunque gradum adspirarent, fere repertus est quisquam arrogans adeo, ut sapientiæ se Magistrum auderet profiteri, quique id primo videntur ausi circumforanei isti Sophistæ justas ideo Socrati pœnas dederunt). Artes autem aliæ scribendi, dicendi, disserendi posteriore temporis decursu subnatæ sunt: Et quidem scribendi ars (Grammaticam intelligo) a plerisque ad ipsum Aristotelem refertur authorem; saltem circa illius tempora sumpsisse videtur initium; quod enim apud Platonem in Philebo γραμματικῆς τέχνης succurrat mentio a Theuth Ægyptio repertæ, id de literarum solum modo descriptione ac usu (utili sane cum primis, et mirabili artificio) dictum accipio, neutiquam vero de præceptis Grammaticis in artis formam concinnatis, de quâ nihil fere quicquam, opinor, Platoni suboluit. Artem vero dicendi (seu Rhetoricen) a Siculis duobus Corace, et Tisia, tantillo ante Platonem tempore, scriptis cœptam consignari ex Aristotele denarrat Cicero; qui tamen ipsi non nisi quædam exilia adumbrasse videntur istius artis rudimenta; id quod ipse subinnuit Aristoteles sub finem libri de Sophisticis Elenchis; de illis verba

---

But in truth they were so called because the Greeks used them as a leading part of education.

Grammar was made by Aristotle;

Rhetoric by Corax and Tisias;

faciens: Οἱ τὰς ἀρχὰς εὑρόντες (inquit) παντελῶς ἐπὶ μικρόν τι προήγαγον. Disserendi demum ars (Dialectice) ab Eleate Zenone, Socratis contemporaneo ac congerrone, qualecunque (sicuti perhibent) principium sortita, vix tandem Aristotelis operâ (nobis ipse author est) in artis methodum excrevit: Saltem a Pythagoreis et aliis plerisque Platonis antecessoribus philosophis penitus ignoratam et intactam exerte contestatur idem Aristoteles: Οἱ γὰρ πρότεροι (inquit, hoc est Platone antiquiores) διαλεκτικῆς οὐ μετεῖχον[1]. Scilicet in illa studiorum infantia nondum adoleverant artes istæ populares: Nondum venerat illis in mentem e præceptis hauriri posse vel perite scriptitandi, vel eloquendi facunde, vel argute disputandi facultates; quas forte vel naturâ cuique putabant insitas, vel e quotidiano facilius usu, quam ex operosâ institutione crederent comparari; nec opinione suâ multum deceptos ipsa fermè coarguit experientia. Omne igitur studium primis istis seculis circa hæc duo occupatum est, Mathemata scilicet et Philosophiam, quorum illa solebant in scholis a peritioribus Magistris teneræ ætati instillari, hæc provectiorum in suis recessibus contemplationem exercebat; illa ad hanc præparabant animos, et viam muniebant. Quo spectare potest, quod Laertius a Pythagorâ triplicem memorat conscriptum commentarium, institutivum, civilem, naturalem (γέγραπται, inquit, τῷ Πυθαγόρᾳ συγγράμματα γ', παιδευτικὸν, πολιτικὸν, φυσικὸν) quo scilicet trino commentario universa temporum istorum doctrina comprehensa videtur: nec fere dubium est, quin παιδευτικὸν idem designaverit quod μαθηματικόν; quâ scilicet institutione præviâ ad utramque philosophiæ partem, civilem et naturalem, aditum præstruebat ille primus (certe tum primarius) antistes Sapientiæ. Eodemque pertinere videtur triplex illa, quam Gellius tradit, Pythagoricæ doctrinæ gradatio[2]; juxta quam nempe illius instituti sequaces ἀκουστικοὶ primo, proxime μαθηματικοὶ, denuo φυσικοὶ dicebantur; hoc est linguam primo compescere, auresque exercere, ceu rerum omnium ignari; tum aliquid discere, qualemcunque scientiam captare; postremo sapere,

[1] *Metaph.* cap. 6. [2] Lib. I. cap. 9.

Dialectic by Zeno the Eleatic;
The studies at that time were Philosophy and Mathematics.
Three degrees of Pythagorean teaching.

hoc est præcipuarum rerum notitiam indipisci studebant. Huc saltem respexit Plato, quum has scientias τὴν προπαιδείαν[1], (præviam eruditionem, hoc est philosophiæ quasi præludium) appellat (in Politicis); et cum Platonis Timæo dicitur Mathesis ἡ κατὰ παίδευσιν ὁδὸς (apud Proclum[2] primo libro). Eoque Xenocrates eleganter Mathemata vocavit λαβὰς τῆς φιλοσοφίας (ansas philosophiæ): Et alius non nemo κλίμακας καὶ ἐπιβάθρα, gradus ac scamna vocat, quibus ad rerum sublimium cognitionem ascenditur; juxta dictum Platonis: Τοῦ ἀεὶ ὄντος ἡ γεωμετρικὴ γνῶσις ἐστιν· ἕλκον ἄρα πρὸς ἀλήθειαν ψυχὴν εἴη ἄν· καὶ ἀπεργαστικὸν φιλοσόφου διανοίας, πρὸς τὸ ἄνω σχεῖν. ἃ νῦν κάτω, οὐ δέον ἔχομεν[3].

Ex antiquiorum denique sententiâ Theon Smyrnæus, ille Platonicæ Matheseos vetustus expositor, totam exquirendæ sapientiæ rationem, per sacram antiquitus consuetam mysteriorum perceptionem pulchre repræsentat; cujus cum omnino quinque gradus vel partes extiterint, καθαρμὸς, τελετὴ, ἐποπτεία, ἱεροφαντεία, εὐδαιμονισμός: Et quidem cum philosophia (rationalis nempe, civilis, et naturalis) τῇ τελετῇ, institutioni in sacris, bene comparetur; Theologia vero τὴν ἐποπτείαν, sacrorum inspectionem, apposite referat; Mathesis τῷ καθαρμῷ, præparatoriæ purgationi, haud incongrue assimilatur, quâ minime imbuti, ceu profani et inhabiles, procul arcendi videbantur a mysteriis sapientiæ.

Verum de his satis; ut concludere liceat has scientias optimo jure dici Mathematicas (vel τὰ μαθήματα, disciplinas) quoniam primitus solæ discerentur: cum nedum res, at vocabula quoque sint primo occupantis. Quod imprimis ex ipsâ rei veritate nomen obtinuerunt, id postea retinuerunt merito (usu possessionem corroborante) utinam non frustra retineant, quâque par est solertiâ a studiosis adolescentibus perdiscantur.

Nescio vero, de Mathematum nomine dum dispicio, operæne fuerit pretium adnotare turpissimum ejus, qui apud Romanos sequioris ævi scriptores, invaluit, abusum; ut scilicet id pessimo, vanissimoque generi hominum Astrologis (Astromantis potius,

[1] VII. *De Rep.* [2] Pag. 6. [3] VII. *De Rep.*

Plato calls Mathematics *Propædia.*
Mathematics compared to the *Purification* in the Mysteries.
Mathematics means disciplinal studies.
Mathematici among the Romans meant Astrologers.

vel *ἀστρομανέσι*) Genethliacis, Conjectoribus, divinis, et istius malesani furfuris reliquis propudiosis nebulonibus attribueretur vulgo. Unde Tacito Mathematici, *Genus hominum potentibus infidum, sperantibus fallax, quod in civitate nostrâ semper vetabitur, et semper retinebitur*[1]. Legiturque facta fuisse de Mathematicis Magisque Italiâ pellendis senatusconsulta[2]: [Mathematicis, Magisque; o dispar conjugium. Simili plane jure, Serpentes avibus geminentur, tigribus agni.] Seneca in *ἀποκολοκυντώσει* Claudianâ: *Patere Mathematicos aliquando verum dicere* (genuini Mathematici, *ὦ οὗτος*, nunquam non verum dicunt) *qui illum ex quo princeps factus est omnibus annis, omnibus mensibus efferunt.* Sed hujusmodi penes Suetonium, Tacitum, aliosque istius ævi degeneres historicos, sexcenta succurrunt exempla; unde Gellius: *Vulgus autem quos gentilitio vocabulo Chaldæos dicere oportet, Mathematicos dicit*[3]. Quæ vocabuli nobilissimas et honestissimas disciplinas designantis improba profanatio temporum istorum in extremam barbariem impetu citato delabentium crassam demonstrat inscitiam: siquidem confusio nominum nunquam non rerum arguit imperitiam. At meliori ævo, cum apud Quirites plus vigeret eruditio melius audiebant Mathematici, quos ab istâ fæce circulatorum sibi futurorum præscientiam arrogante solicite dirimit Cicero: *Num*, ait, *censes eos, qui divinare dicuntur, posse respondere Sol majorne quam Terra sit; an tantus quantus videatur; Lunaque suo lumine an Solis utatur? &c, Sunt enim ea Mathematicorum, non Ariolorum*[4]*:* Dignum hercle Cicerone judicium,—*dignum sapiente, bonoque.* Sed de nomine satis dictum superque; ne philologum potius agere videar, quam Mathematicum,—*iterumque antiquo me includere ludo.* Igitur

Ad rem veniamus, et de Matheseos proxime dispiciamus Objecto; e cujus seu variis speciebus, seu diversimodâ consideratione, Mathesis ipsa varias in partes dividitur. Quâ super re primo secundum aliorum placita, communique ferme sententiæ consona trademus, postea de reipsâ disquiremus curiosius; et quale reipsâ Mathesis objectum contempletur, quousque se ex-

[1] I. *Hist.* [2] *Annal.* I.
[3] Lib. I. cap. 9. [4] *De Divin.*

If I dwell longer on philology I may seem to return to my old trade (having been Professor of Greek).

tendat, quomodo disterminetur aut distribuatur in partes, quid nostræ sit sententiæ enucleabimus; nec non omni sepositâ authoritate, quædam subinde παράδοξα, (non adeo fortasse παράλογα) proferemus in medium: Nec enim omnia de trivio petere, vel quidvis temere suscipere constitutum est mihi; sed quæcunque obtulerint quæstione digna libere discutere, quæcunque veritati videbuntur consentanea, strenue affirmare non verebor; vestri tamen candoris et acuminis, quæ dixero cuncta, judicio examinanda et decidenda submissurus.

Quod igitur attinet objectum Matheseos generale, prout id vulgo statuitur mirum videri poterit nullum ei, in utrâvis linguâ, proprium vocabulum congruere. Siquidem ἀκυρολόγως Aristoteles τὸ ποσὸν magnitudinis et multitudinis commune genus constituit. (Πλῆθος μὲν οὖν ποσόν τι ἂν ἀριθμητὸν ᾖ, μέγεθος δὲ ἂν μετρητὸν εἴη[1]. *Multitudo qua numerabilis est* ποσόν τι; *et magnitudo, quatenus mensurabilis.*) At vero proprie τὸ ποσὸν quotitatem significat, et solum respicit numerum. E contra quantitas, quo vocabulo τὸ ποσὸν Aristotelicum exprimere solent Latine, magnitudinem indigitat, nec ad numerum proprie referri potest. Qui defectus nominis magnitudini et multitudini communis argumento forsan sit nullum illis communem conceptum veterum animis insedisse; an sit ullus ex parte rei, postea disseremus. Quicquid vero sit de generali objecto, satis convenit Mathesin circa duo potissimum versari; τὸ πηλίκον et τὸ ποσὸν (stricte dictum), hoc est quantitatem et quotitatem; seu malitis, circa τὸ μέγεθος et τὸ πλῆθος, magnitudinem et multitudinem (continuam alii appellitant, discretamque quantitatem, quam apposite etiam posthac forsan disceptabimus).

Quoniam vero species utraque (magnitudo dico et multitudo) duplici pacto considerari potest; vel quatenus ab omni speciali materiâ, materiæque circumstantiis, et accidentibus mente separatur vel abstrahitur (hoc est in se generaliter, illis omissis, concipitur) vel quatenus inhæret alicui speciali subjecto, cumque aliis quibusdam physicis qualitatibus, actionibus, circumstantiis con-

[1] v. *Metaph.* cap. 13.

The object of Mathematics is *quantity:* which is by the ancients confounded with *quotity.* These are *magnitude* and *multitude.*

juncta, et commista reperitur; hinc emergit divisio Matheseos in puram (vel abstractam) et mixtam (sive concretam). Quam et Plato videtur agnoscere (in Philebo); alias enim disciplinas *καθαρὰς, πρώτας, ἡγεμονικὰς* (Arithmeticam diserte significans, et Geometriam) alias vero *ἀκαθάρτους*, impuras, secundarias, minus exactas asserit. Et puræ quidem, vel abstractæ Matheseos partes magnitudinis ac numeri generalem naturam, et proprias affectiones absolute contemplantur; Mixtæ vero, vel concretæ, considerant easdem, ut certis corporibus et subjectis specialibus applicatas, cum vi motivâ et aliis physicis accidentibus copulatas; (unde *φυσικωτέρας* appellat Aristoteles[1]; et *αἰσθητικάς*[2]; alii Physico-Mathematicas vocitare solent.) Pura consequenter Mathesis duplex statuitur; Geometria, quæ magnitudinis abstractæ naturam speculatur, species distinguit, proprietates investigat; et, Arithmetice, quæ multitudinem, seu numerum, ejusque species et affectiones pari modo contemplatur et pertractat. Mixta vero Mathesis pro materiæ, cui magnitudo et multitudo inesse possunt, variâ specie, vel qualitate differenti multiplex est, nec uno proinde modo seu a veteribus, seu a recentioribus philosophis dispertita est, ut mox ostendemus: interim de modo considerandi diverso quæ diximus exemplo uno vel altero dabimus utcunque illustrata. Itaque exempli gratiâ; Recta linea, quæ est species magnitudinis, concipi potest vel absolute, et universalissime, juxta definitionem ipsius, ut simplicissima dimensio, brevissimum inter duo quæcunque puncta designans intervallum; quo pacto considerata generales quasdam proprietates habet, a Geometra vel præsuppositas, vel demonstratas: Aut alias; quatenus scilicet, e. g. a centro Solis ad Telluris centrum protensa corporum istorum distantiam signat; Vel ut lucis repræsentans radium in hoc corpus impingit, ab illo resilit, per tale medium trajicitur, hinc vel inde deflectitur aut incurvatur; Vel ut uno extremo defixa pondus annexum circumferre potest, aut ipsum sustentare; ejusque pro variâ ab immobili centro dis-

[1] *Auscult. Phys.* Lib. II. cap. 2. [2] *Anal. Post.* Lib. I. cap. 13.

Magnitude and multitude are *abstract* or *concrete*.

Hence *Pure* Mathematics and *Mixed* Mathematics.

Pure Mathematics is Geometry and Arithmetic.

A straight line may be conceived absolutely, or as an element of Astronomy, Optics, Mechanics, Music.

tantiâ, momento determinando inservire: Vel ut chordam materialem, seu canonem, repræsentans divisione suâ multiplices exhibere potest sonorum proportiones. Quibus illam variis modis, suo quisque respective, Astronomus, Opticus, Mechanicus, et Musicus considerant et contemplantur. Simili pacto, Sphæra considerari potest ut figura talis plani rotatu producta; tali superficie terminata; taliter secabilis, aut divisibilis; certâ ad alias magnitudines homogeneas proportione prædita; quo pacto naturam et affectiones ejus Geometria perscrutatur: Vel prout in tali distantiâ collocata, per tale medium (uniforme vel difforme) tali lumine collustrata talem intuenti speciem exhibet sui; quomodo versant illam (aut circa illam versantur) Opticus juxta atque Astronomus: Vel aliter, ut cuivis immersa materiæ vim obtinet versus terræ centrum descendendi (quam pondus aut gravitatem vocant) pro variâ dispositione et situ partium, connexione cum aliis materiis, sustentatione vel suspensione diversa conquiescit omnino, vel inclinatur ad certas partes, aut ad talem terminum promovetur; quâ ratione Mechanicus illam cogitat et perpendit. Numeros denique alias tractat Arithmeticus, ut ipsorum generales affectiones rimetur; alias Musicus, ut ipsos sonorum exprimendis proportionibus accommodet.

Sed hæc sufficiant exempla. Cæterum ista, de quâ diximus, abstractio mentalis nedum Mathematicis scientiis propria, sed omnibus scientiis est communis. Omnis enim scientia sui subjecti naturam speculatur, a specialibus subjectis abstractam[1]; præcepta et theoremata quam pote generalia format; genuinas ejus proprietates ab alienis accidentibus disjungit; has pensitat, illas dimittit. e. g. Physice[2] corporis universe sumpti constitutiva principia, materiam et formam, vel simile quid, exquirit; tum communes quibuscun-

[1] Πᾶς γὰρ λόγος, καὶ πᾶσα ἐπιστήμη τῶν καθόλου, καὶ οὐ τῶν ἑκάστων.—Arist. *Metaph.* XI. I.

[2] Arist. *Metaph.* XI. 3. Ὁ Μαθηματικὸς περὶ τὰ ἐξ ἀφαιρέσεως τὴν θεωρίαν ποιεῖται· περιελὼν γὰρ πάντα τὰ αἰσθητὰ θεωρεῖ· οἷον βάρος, καὶ σκληρότητα, καὶ κουφότητα, καὶ τὰς ἄλλας αἰσθητὰς ἐναντιώσεις· μόνον δὲ καταλείπει τὸ ποσὸν, καὶ συνεχές· καὶ τὰ πάθη τὰ τούτων ᾗ ποσά ἐστι καὶ συνεχῆ, καὶ οὐ καθ' ἕτερόν τι θεωρεῖ, &c. Peroptime.

So a sphere may belong to Optics or Astronomy or Mechanics.

So Arithmetic treats of numbers absolutely, or as accommodated to Music.

This mental abstraction is not peculiar to Mathematics. Thus Physics also disregards individual properties.

que corporibus affectiones (quantitatem, locum, motum, quietem, hisque affines) persequitur; tum dispescit ipsum in proxime subjectas species; harumque pariter speciales naturas ac proprietates investigat; de singulis vero corporibus vel individuis, quæ vocant, nihil quicquam satagit, tum quia numero prorsus infinita sunt, et innumeris invicem differentiis distincta, tum quia generatim tradita possunt illis adaptari. Haud secus Geometria magnitudinem (non huic vel illi corpori peculiarem; cœli nempe, vel terræ, vel maris magnitudinem, sed) universe acceptam sibi proponit excutiendam; generales ejus affectiones (divisibilitatem, congruentiam, proportionalitatem, situs et positionis diversæ capacitatem, mobilitatem, alias quascunque) venatur; quod ei insint, et quomodo declarat: Tum varias ejus species (lineam, superficiem, corpus) definit, earumque distinctas proprietates elicit ac demonstrat singillatim; nec non has species in alias dirimit contractiores, istarumque similiter indagat, et probat passiones (idque continuo donec totam sui subjecti propaginem exhauserit, et ad infimas usque species descendendo pertigerit), invenit, inquam, et probat, per universales propositiones, regulas et theoremata legitimo discursu demonstrata: Quæ theoremata utcunque (pro materiæ natura) magis vel minus generalia sibi subjectis singularibus vere et congrue possunt accommodari.

Talis (nec alia, quicquid de illâ nonnulli mirifice prædicant) videtur vera abstractio Mathematica, qualis nimirum reliquis omnibus convenit scientiis et disciplinis; abstractio scilicet a specialibus et singularibus subjectis; vel consideratio distincta quarundam rationum magis universalium, aliis non consideratis, et quasi neglectis. At de illâ satis: ad Matheseos divisionem distinctius evolvendam recedamus oportet; quam tamen, ni fallor, tempus admonet ut in sequentem lectionem reservemus.

So the Geometer abstracts magnitude in general and its affections.

LECT. II.*

QUAM, in superiori lectione, de Mathematicarum scientiarum divisione proponere cœpimus disquisitionem, nunc exequi conabimur distinctius, aliis placita primo loco, tum quæ nobis videntur, tradituri. Pythagorei (*οἱ τῶν μαθημάτων ἀψάμενοι πρῶτον*, ut ait Aristoteles[1], qui scilicet e Græcis omnium primi Mathematicas scientias attigerunt) non nisi quatuor Matheseos partes agnoverunt, puras ac primarias duas Arithmeticam ac Geometriam; alteras duas mixtas et secundarias; Musicam et Sphæricam (hoc est Astronomiam) cujus divisionis hæc, ex eorum mente, a Proclo redditur ratio, quod cum duæ sint objecti generalis species multitudo, et magnitudo; dupliciter autem considerari possit utraque; multitudo quidem simpliciter et quatenus in se subsistens, vel respective ad sonos, quorum exprimit rationes: magnitudo autem vel prout consistere potest, vel ut motu circumfertur; hinc emergunt istæ quatuor partes Matheseos.

Sed ipsum forte præstet audire Proclum sic enunciantem: Τοῖς *μὲν οὖν* Πυθαγορείοις *ἐδόκει τετραχὰ διαιρεῖν τὴν ὅλην* Μαθηματικὴν *ἐπιστήμην; τὸ μὲν αὐτῆς περὶ τὸ ποσὸν, τὸ δὲ περὶ πηλίκον ἀφορίζουσι, καὶ τούτων ἑκάτερον διττὸν τιθεμένοις·* Τό *τε γὰρ ποσὸν ἢ καθ' αὑτὸ τὴν ὑπόστασιν ἔχειν, ἢ πρὸς ἄλλο θεωρεῖσθαι κατὰ σχέσιν·* Καὶ *τὸ πηλίκον ἢ ἑστὸς ἢ κινούμενον ἔχειν·* Καὶ *τὴν μὲν* Ἀριθμητικὴν *τὸ καθ' αὑτὸ ποσὸν θεωρεῖν, τὴν δὲ* Μουσικὴν *τὸ πρὸς ἄλλο.* Eodemque respiciens Boethius, initio Arithmetices, *Illam* (inquit) *multitudinem, quæ per se est Arithmetica speculatur integritas, illam vero quæ ad aliquid, Musici modulaminis temperamenta pernoscunt. Immobilis vero magnitudinis Geometria notitiam pollicetur; mobilis scientiam Astronomicæ disciplinæ peritia vindicavit—Hoc illud quadrivium est, quo iis viandum sit, quibus excellentior animus a nobiscum procreatis sensibus ad intelligentia certiora perducitur.* Istâ ra-

[1] I. *Met.* 5.

---

* Of the parts of Mathematics.
According to the Pythagoreans they are
Pure Mathematics,—Arithmetic and Geometry.
and Mixed Mathematics,—Music and Sphæric.

tione Pythagorei antiquitus Mathematicam diviserunt; ideo, reor, quia nondum ad alias (Opticam, Mechanicam, et reliquas) appulerant animum; quas nempe posterioris ævi curiosa sedulitas, et ὁ πάντων εὑρετὴς χρόνος peperit ac adinvenit. Cæterum quid impedit quo minus de hâc ipsâ Mathematum quadrigâ τέτρακτυν illam Pythagoream ex aureis carminibus tantopere celebratam intelligamus? Præsertim cum admodum futiles absonæque videantur aliæ pleræque quas interpretes commenti sunt, eam explicandi rationes. Liceat igitur mihi sic decantatum istum versiculum enucleare: Ναὶ μὰ τὸν ἡμετέρᾳ ψυχᾷ παραδόντα τέτρακτυν, hoc est, Assevero per illum (Pythagoram scilicet præceptorem nostrum) qui nostræ animæ tradidit (hoc est, qui nos docuit et præmonstravit) quaternarium (quatuor disciplinas Arithmeticam, Geometriam, Musicam, Astronomiam): subjicitur παγὰν ἀενάου φύσεως; id est quarum subsidio ad altiores speculationes (physicas et theologicas) præparamur et disponimur; vel, ex quibus æternâ veritate præditis scientiis tota rerum natura dependet et derivatur (nam ex numeris et formis Mathematicis, ceu principiis, constare cuncta, penes Pythagoreos, nemini non notum, ex Aristotelis et aliorum testimonio). Sed hæc obiter et vix serio.

Ab istâ vero antiquissimâ divisione Matheseos nil fere distat illa Platonis[1] quinas in partes distributio (in Arithmeticen sc. Geometriam, Stereometriam, Musicam, Astronomiam) ad quas etiam Theon Smyrnæus omnia apud Platonem Mathesin spectantia redegit. Hæc, inquam, divisio Platonica non aliter differt a Pythagoreâ, quam quod in hâc Geometria strictius sumpta solam ἐμπεδομετρίαν (seu τὴν ἐπιπέδου πραγματείαν, ut isthic habetur, hoc est de planorum dimensione doctrinam) significet; illic vero latius protensa totam μετρικὴν (metiendi scientiam) denotet, ipsamque adeo stereometriam comprehendat. Quamobrem vero Plato, eruditionis adeo diffusæ vir, tam angustos Mathesi limites præstituat, nec alias his disciplinas accenseat, inde factum arbitror, quod aliæ suo tempore necdum inventæ,

[1] VII. *De Rep.*

This was perhaps the Pythagorean *Tetractys*.
Plato makes five parts of Mathematics:
Arithmetic, Geometry, Stereometry, Music, Astronomy.

vel non satis excultæ fuerint, aut saltem nondum in Mathematum censum relatæ. Nec adeo mirum ab Aristotele plura Mathemata (Opticam sc. Mechanicam, Geodæsiam) adnumerari, cum ista studia pauxillo post Platonem tempore, viguerint admodum, et immensum brevi progressum fecerint, ipsius præsertim Platonis commendatione excitata. Accedit, quod adscititias istas ipse Aristoteles nunc accenset Mathematicis, nunc illis abjungit, quia nempe medium obtinent locum; nec Physicæ minus quam Matheseos sunt participes. Exemplo sit, ubi Opticam dicit Iridis causam reddere ἢ ἁπλῶς ἢ κατὰ τὸ μάθημα[1], vel absolute, vel quatenus Matheseos (hoc est Geometriæ) opem adsciscit; Opticam a Geometria districte secernens: et porro subjicit; τὸ μὲν ὅτι τῶν αἰσθητικῶν εἰδέναι, τὸ δὲ διότι τῶν Μαθηματικῶν; scientias sensibiles, qualis Optica, distinguens a Mathematicis. Postea vero latius exporrectam et succedentium temporum diligentiori studio adauctam, suisque veluti numeris absolutam Mathesin Geminus (qui circa Pompeii M. ætatem insignis floruit Geometra) aliique ὁμόδοξοι hoc modo dispertiebantur, auctore itidem Proclo Mathematum alia circa τὰ νοητὰ (res intellectu solo percipiendas), alia circa τὰ αἰσθητὰ, (res sensibus obnoxias) versari censebant; et ad primum quidem genus pertinere duas longe primas et præcipuas partes (τὰ πρῶτα καὶ κυριώτατα μέρη) Matheseos, Arithmeticen, et Geometriam; alteri vero sex partes competere, Geodæsiam, Logisticen, (id est Computatricem vel Calculatricem,) Opticam, Canonicam, (id est Harmonicam, vel Musicam,) Mechanicen, et Astrologiam. Hisce terminis includi, ex his veluti membris coagmentari volebant totum corpus Mathematicæ; quæ membra rursus subsecabant in alios minutiores articulos: Geometriam scilicet dispescentes in Empedometriam, et Stereometriam (Grammometriam forsan haud male adjecissent): Arithmeticen consimiliter in theorias numerorum linearium, planorum, et solidorum. Geodæsiam a Geometria distinxerunt, eo quod hæc non mente solâ spectabiles, ut illa, sed involutas materiæ figuras,

[1] I. *Anal. Post.* cap. 3.

Aristotle adds Optics, Mechanics, Geodæsy.

Geminus and others reckon as the parts of Mathematics,—

About intelligibles, Arithmetic and Geometry;

About sensibles, Geodæsy, Logistic (Computation) Optic, Canonic (Harmony), Mechanic, and Astrology;

per instrumenta quoque materiata, dimetitur: Ut (Procli exempla sunt) pro conis acervos in acumen assurgentes, pro cylindris puteos; idque per funiculos, amusses, perpendicula. Logisticen pariter ab Arithmetica secreverunt, utpote quum hæc non abstractos numeros consideret, at rebus ipsos applicet sensum incurrentibus; ut cum dato tempore quot sui circuli partes sydus aliquod peragat; ad phalangem instruendam quot requirantur milites; quibus impensis ædes extrui possint, exploratur. Opticam porro, Geometriæ sobolem (radiosas quippe lineas, et visuales angulos ab illa mutuantem) in tres diffiderunt surculos. Opticam proprie dictam, (*Adspectivam* dixeris haud inconcinne,) quæ directo obtutu adspectabilium rationes evolvit; (ut quamobrem longius excurrentes parallelæ lineæ coincidere videantur, et cur quadratum e longinquo spectatum circuli speciem ostentet): Catoptricam, quæ ex radiis ab opaco corpore repercussis, vel in diversi pellucidi medii transitu detortis resultantes apparentias scrutatur (Catoptricam nempe latius accipiunt, ut eam quoque, quæ nunc dicitur communiter, Dioptricam comprehendat, aliud quiddam Dioptricæ vocabulo designantes, ut mox videbimus): Et, Sciographicen (Perspectivam hodie, et Scenographiam, nec non Projecturam, et Projectionum artem appellitant), quæ ab aspectabili quovis emissorum radiorum quâlibet objectâ superficie intercepta vestigia delineans, ejus figuram, positionem, distantiam, et reliquas circumstantias congrue concinneque repræsentat. Canonicam proxime (hoc est Harmonicam vel Musicam) nuncuparunt illam disciplinam, quæ concentuum apparentes rationes dijudicat, et Canonis (hoc est regulæ sonoræ) sectione dimetitur, aurium etiam adscito suffragio. Mechanicæ vero, molis corporeæ pondus, et potentiam motivam perpendenti, varias species subjecerunt: Ὀργανοποιητικὴν, quæ instrumentorum, præsertim militarium, fabricam ac usum commonstrat: Θαυμαστοποιητικὴν, quæ spirituum impetu, vel ponderum nisu, vel tensione nervorum (animales subinde motus æmulantium) multa patrat admiranda (ad quam proinde referuntur Pneumatice, Isorrhopice, Centrobaryce, Automatopoetice) et, Σφαιροποιΐα, confectio Sphæræ materialis cælestes circuitus exhibentis. Astrologiam denique, quæ mun-

With subdivisions of each: for example,

Optics, into Optic proper, Catoptric, and Sciography, (the doctrine of Projections);

Mechanics, into Organopœetic, Pneumatic, &c.

dani Systematis ordinem, cælestiumque corporum motus, figuras, magnitudines, distantias, influxus contemplatur, partiti sunt in Gnomonicam, gnomonum umbris horaria spatia discernentem; Meteoroscopicen, elevationum differentias, astrorum intercapedines, et his cognata problemata discutientem; Dioptricamque quæ per dioptras (hoc est instrumenta quædam visuales radios trajicientia, et dirigentia) syderum apparentes magnitudines, et intervalla rimatur. Tacticam vero (id est aciem bellicam rite disponendi facultatem) consulto rejecerunt, et abjudicarunt Mathematicis disciplinis, etsi Logistices ac Geodæsiæ beneficio legiones supputet, et castra metetur; sicut nec (arguunt) historicus idcirco Mathematicus est, quia regionum climata refert, aut urbium ambitum edisserit.

Ejusmodi Geminus·(aliis adstipulantibus coætaneis) Mathematum instituit partitionem, Pythagoreâ quidem et Platonicâ aliquanto uberiorem, et talem utcunque, quæ præcipuas exhibeat, et complectatur partes, Mathematicarum nomine vulgo donatas; meâ tamen sententiâ non probam satis, aut accuratam. Nam imprimis fundamento nititur ista divisio perquam infirmo, lubricoque; Mathematicam scilicet vel circa res intelligibiles, vel circa sensibiles versari, cum reverâ nullum objectum ipsius non simul intelligibile sit, et sensibile, diverso respectu; intelligibile quidem, quatenus universalem ipsius ideam mens apprehendere potest et intueri; sensibile vero, quatenus inest et convenit singularibus subjectis sensum incurrentibus[1]: (quis enim non singulas quasque corporum dimensiones oculo perlustrat, attrectat manu?) Nulla vero ratio est, quamobrem generalium doctrina separetur a consideratione singularium, cum hanc illa penitus includat, et ex primariâ intentione respiciat[2]. Cur alia v. g. scientia sphæram intelligibilem tractet, alia sensibilem? Cum hæ reipsâ prorsus eædem sint, et quoad actum mentis subordinatæ; nec intelligibili (hoc est universaliter intellectæ) sphæræ quicquam tribui possit, quod sensibili (hoc est singulari cuivis) potissimo jure non accommodari possit, et congruit perfectissime. Unde Geodæsiam

[1] Arist. *Met.* Lib. II. c. 3.

[2] 'Ο δὲ τὴν καθόλου (ἀπόδειξιν) ἔχων, οἶδε καὶ τὸ κατὰ μέρος.—*Anal. Post.* Lib. I. c. 24.

Astrology into Gnomonic, Meteoroscopic, Dioptric.
Objections to this division.
The distinction by intelligible and sensible objects is unfounded,

a Geometriâ, Logisticen ab Arithmeticâ perperam disjungi liquet. Verum stante isto fundamento, saltem accurata non erit, sed manca prorsus et imperfecta reperietur ista partitio; siquidem rerum sensibilium, quibus applicari possint numerus et magnitudo, multo diffusior est copia, quam ut limitibus istis circumscribantur; unde vel admissâ istâ hypothesi longe lateque patentior evadet Mathematicæ campus; id quod statim clarius apparebit.

Sed de Geminianâ partitione satis; quam tamen plerique ferme recentiorum amplectuntur, nisi quod plures Geodæsiam ac Logisticen hinc exterminent; nominatim Blancanus in libello de Naturâ Mathematicarum Scientiarum; Petrus Herigonius in antecedaneis ad Cursum suum; Guldinus in Prolegomenis ad Centrobaryca, Mathematum divisionem prosequentibus. Duas nimirum puras et primas constituunt partes Matheseos, Geometriam et Arithmeticam; quatuor mixtas et subalternas generaliores, Opticam, Mechanicam, Musicam, Astronomiam; quas itidem variis modis in plures subdividunt contractiores particulas. Succurrunt et aliæ, a recentioribus excogitatæ harum disciplinarum partitiones, pleniores aliæ et accuratiores, aliæ graciliores dilutioresque; quarum sane vel inire numerum (nedum omnes exquisite percensere) difficile sit, nec admodum utile, cum ut plurimum multiplex ista sectio rerum et subsectio præcisior in partes minutissimas, confusionem potius inducat, quam amoveat (*τὰ γὰρ εἰς τὰ μερικώτερα τεμαχίζοντα τὴν διδασκαλίαν δυσπερίληπτον ἀπεργάζεται τὴν γνῶσιν*, ut Proclus ait[1]) præsertim cum earum pleræque omnes iisdem obnoxiæ sint argumentis, quibus ostensum est prædictam Gemini divisionem impugnari. Quare prætermissis istis, rem consulemus ipsam, et nostri quid sit judicii aperiemus.

Ego sic existimo: Primo, non aliam reipsâ quantitatem existere diversam ab illâ, quæ magnitudo dicitur, vel quantitas continua; hanc proinde solam Matheseos objectum merito reputari, cujus illa generales imprimis proprietates, tum species prox-

[1] Pag. 21.

And the number of kinds of sensible things is infinite.

Recent writers reject Geodæsy and Logistic.

There is no quantity but continuous quantity, which is the object of all branches of Mathematics.

imas, et his congruas passiones inquirit et demonstrat. Hoc jam supposito (postea fusius comprobando) quod mixtas attinet, quas appellant, Mathematicas, pro naturalis scientiæ partibus omnino habendas censeo; et totidem esse quot ipsa Physice partes agnoscit; (nisi quod plures forte sint, si mere ποιητικαὶ quales Pictura, Sculptura, Statuaria, Architectura, hisque affines artes a Physicâ discerptæ his adjungantur.) Nec enim hæ mixtæ Scientiæ aliâ ratione Mathematicæ dicuntur, quam idcirco quod consideratio quantitatis ipsis intervenit; et quod in Geometriâ demonstratas (vel proprie demonstrandas) conclusiones adsciscunt et applicant suæ particulari materiæ, quâ ratione nulla pars est naturalis Scientiæ, quæ Mathematicæ titulum sibi non queat arrogare; cum plane nulla sit, a quâ consideratio quantitatis penitus excludatur, adeoque cui non liceat lucis aliquid aut firmamenti de Geometriâ mutuari. Est enim magnitudo communis affectio rerum Physicarum, corporum naturæ penitus illigata, corporeis omnibus accidentibus permista, et quasi substrata, nec non in effectuum quorumcunque naturalium productione primas ferme partes ferens. Suas quæque corpora figuras obtinent, suas obeunt locales motiones, quarum interventu si minus omnes, plurimi saltem et potissimi (et quicunque fere philosophicam explicationem admittunt) effectus peraguntur, quibus determinandis et inter se conferendis Geometrica subinde theoremata deservire possunt et conducere.

Quod si calculum hoc ritu ponimus, et Mathematicam nuncupamus quamcunque doctrinam, Geometriæ adminiculo vel egentem, vel utcunque utentem, eatenus ipsa Medicina Mathematicæ pars erit, quia sicuti notat Aristoteles, ὅτι τὰ ἕλκη τὰ περιφερῆ βραδύτερον ὑγιάζεται, τοῦ ἰατροῦ εἰδέναι, διότι δὲ τοῦ γεωμέτρου[1]. h. e. ex Geometriâ causam desumit medicus, cur orbicularia vulnera, utpote capaciora aliis, difficilius sanentur; et quod propterea filio suo præcipiat Hippocrates, quo ossium situm, luxationes, contritiones, exemptiones accuratius perspiciat, ut Geometriæ incumbat. Politice quoque pari ratione Mathematicis adscribetur,

[1] *Anal. Post.* c. 13.

If Mathematics is every doctrine which makes use of Geometry, Medicine would be a part of Mathematics; so Politics, Tactics, Architecture.

quod in ornamentum pacis, et salutem in bello protegendam Geometriæ deposcat auxilium; ad ædes nempe publicas eleganter extruendas, urbes valide muniendas, aquas commode derivandas; nec non ad militiæ munia quævis recte obeunda, castra locanda, aciem ordinandam, machinas excogitandas, et usui adhibendas, unde Plato: Πρὸς γὰρ τὰς στρατοπεδεύσεις, καὶ καταλήψεις χωρίων, καὶ συναγωγὰς, καὶ ἐκτάσεις στρατιᾶς, καὶ ὅσα δὲ ἄλλα σχηματίζουσι τὰ στρατόπεδα ἐν αὐταῖς τε ταῖς μάχαις, καὶ πορείαις, διαφέρει ἂν αὐτὸς ἑαυτοῦ γεωμετρικός τε καὶ μὴ ὤν[1], h. e. Latine: *Ad castrorum metationes, et occupationes locorum opportunorum, et ad acies denso ordine struendas, vel longius exporrigendas, cæterasque id genus figuras repræsentandas, quibus disponi debent exercitus in pugnis vel in itineribus, permultum sane distat, utrum quis peritus sit, an imperitus Geometriæ.* Unde saltem Tactice, et Poliorcetice, nec non Architectura quælibet adnumerari debeant Mathematicis.

Sed ut redeamus ad Physicam, hujus nullam esse partem dico, cui non implicatur quantitas, non applicari possunt theoremata Geometrica; et quæ consequenter non aliquo modo subalternetur Geometriæ; nec ipsam quæ remotissima videtur, Zoologiam excepero: Quid enim? annon in corporeæ machinæ compage perscrutandâ certa membrorum figura, apta proportio, debita positio veniunt considerandæ? non animalium gressus, volatus, natatus, corpora sua cum promovendi, tum sustentandi, librandique ratio Geometricas ad leges, exigi expendique possunt? Neque non aliam quamvis naturæ partem talia multa se objecerint examinanti.

Haud diffiteor aliquas esse præ aliis partes Physicæ, quarum negotiis seipsam quantitas frequentius intermiscet, et quæ proinde Geometriæ subsidium vehementius efflagitent; ut nimirum illa, quæ de cælestibus agit corporibus, quoniam ob nimiam a nobis distantiam præter ipsorum apparentes figuras, magnitudines, intervalla, progressus, et periodos motuum nil fere quicquam de illis plane compertum habere possumus; quo fit ut universa ferme scientia syderum videatur Mathematica; quoniam omnis, quam de illis assequi valemus, cognitio quantitatem respicit, aut inde dependet. Hinc Astronomia cum suis partibus, Systematicâ, (quæ

[1] VII. *De Rep.*

All Physics includes Mathematics.

principalium corporum mundanorum dispositionem, et situs inter se comparatos indagat,) Sphæricâ, (quæ communem omnibus cælestibus apparentem motum diurnum, ejusque conjuncta et accidentia persequitur,) Theoricâ, (quæ singulorum planetarum motus et passiones inde procedentes contemplatur): Quibus subnecti possunt ex his deductæ vel dependentes Chronologia, (vel ejus saltem pars τεχνικὴ) quæ ex syderum periodicis cursibus temporum intervalla rite dispescit ac digerit: Gnomonica, quæ ex opacorum corporum umbris diurnæ revolutionis particulas discernit, nec non ipsorum lucidorum altitudines, et declinationes rimatur. Cometologia quoque, deque novis stellis extra ordinem aliquando comparentibus agens doctrina huc referantur. Quinetiam, cur diversorum locorum incolis syderum lux quoad moram temporis, aut speciem suam, aut situm, differenter obveniat, quia telluris forma Sphærica prorsus in causâ esse deprehenditur, ideo Geographia quoque Mathematicis accensetur; utpote cui bene constituendæ, intelligendæque Geometricæ de sphærâ conclusiones omnino necessariæ sunt. Iisdemque pari ratione Nautice (vel ars navigandi) attexitur, quæ sc. ex angulis cum Meridiano factis navis iter dirigit; et e cælestibus phænomenis ejus in vasto pelago locum et diei tempus determinat. Porro, quoniam animalis visio per radios a quovis objecti (lucentis aut illustrati) puncto designabili, rectarum ad instar linearum versus oculi punctum aliquod ubicunque collatum progredientes effici concipitur, et proinde quæ de rectis lineis (et figuris per illas constitutis seu comprehensis) demonstrat Geometria, radiis istis possint adaptari; inde in Mathematicum censum Optice redigitur, cum suis partibus, Optica proprie dicta (quæ directæ visionis accidentia perlustrat), Catoptrica (quæ ex radiis ab opaco corpore reflexis provenientes apparentias speculatur), Dioptrica (quæ radiationis a diverso medio infractæ consequentias elicit). Quibus adnectuntur ad visum spectantes artes ποιητικαί; Perspectiva, quæ visibilium objectorum in tabulâ quâvis (præsertim planâ) speciem congrue concinneque repræsentandi methodum edocet; Graphice, vel Pictura Perspectivæ colorem et umbram adjiciens; Sculptura, Cælatura, Statuaria, aliæque cognatæ.

Astronomy is Systematic, Spheric, Theoric; and herewith Chronology, Gnomonic, Cometology, Geography, Navigation.

Also Optics, Dioptrics, Perspective, &c.

Quod si perinde comperta foret undulationis aereæ figura, quâ sonus efficitur, et audiendi sensus impellitur, inde nova proculdubio pars emergeret Matheseos, Acoustices nomine celebranda. Haptice quoque, et Geustice, et Osphrantice pari jure mererentur in hunc ordinem cooptari; si cujusmodi motibus peraguntur istæ sensiones conjecturâ subodorari possent philosophantes. Saltem quod auditum attinet, quoniam ex chordæ sonoræ certâ sectione, vel ex duarum pariter tensarum longitudine juxta certam proportionem differente, si plectro feriatur utraque, sonorum productorum reperitur secundum gradus acuminis et gravitatis habitudo determinata chordarum proportioni mirifice respondens, et proinde numeris (vel saltem rectis lineis) explicabilis, hinc exoritur pars Mathematicæ, quæ Musica vel Harmonice, vel etiam Canonice dicitur, Arithmeticæ (sicuti loqui amant) subalterna, rectius fortassis Geometriæ subordinanda.

Adhæc, cum vis indita plerisque magnitudine sensibili præditis corporibus versus terram directe progrediendi, quæ *pondus* dicitur, ex quâcunque proveniat efficiente causâ, de facto limitetur et gradus suos sortiatur ex conspirantibus inter se partim mole propriâ, partim situ partium suarum, partim distantiâ ab immobili centro motus sui, circa quod rotantur: et consimili ratione cum potentia corporibus istis ponderosis resistendi, illa sustinendi, vel elevandi, vel utcunque loco dimovendi determinetur et dependeat ab iisdem causis; hinc disciplinæ de quiete vel motu ponderum istorum seu absolute, seu comparate (h. e. quatenus sibi mutuo contranituntur) consideratorum (Statice sc. et Mechanice, iisque subjectæ vel annexæ Centrobaryce, Isorrhopice et consimiles) Mathematicis adscribuntur; utpote quæ ad istas magnitudines dimetiendas, positiones determinandas, distantias exquirendas Geometriæ subsidium implorent. Quo referri potest ars *αὐτοματοποιητική*, organorum nempe non ab extrinseco impulsu, sed

---

And if the figure of the aerial undulation by which sound is produced be discovered, a new part of Mathematics will emerge, which will be *Acoustics*.

So there may be sciences of touch, taste, and smell; which will be *Haptic*, *Geustic* and *Osphrantic*.

Harmonic already exists.

So *Statics*, *Mechanics*, *Centrobaryc*, &c.

So Automaton-making.

ex innexâ gravitate, vel elasticâ virtute mobilium confectio, et consideratio. Imo, quoniam universe motio localis tum quoad durationem, tum quoad impetum, et intensionem; itemque quoad directionem, et quoad omnimodas ipsius differentias haud aliter æstimari potest in se, vel cum alterâ motione comparari, nisi ex spatiis, hoc est ex lineis rectis aut circularibus, quas describere vel pertransire possit, ideo pleræque partes physicæ, iisque agnatæ artes, in quibus motus localis partes obtinet præcipuas, inter Mathematicas censentur; quatenus linearum (vel spatiorum) adhibent dimensionem, Geometriæ appropriatam; unde Mathematicis accrescit scientiarum fœcunda seges. Hinc enim de motu naturaliter descendentium doctrina, quâ sc. illâ proportione accelerantur; de motu projectorum, qui ex naturali et violento componitur, quam lineam curvam describant; de jactu telorum, et missilium tormentis explosorum impulsu, quas vires habeant, et quomodo disponendæ sunt iis inservientes machinæ, destinatum ut scopum feriant validissime, certissimeque item de aquis per aëris, vel spiritus impetum (compressione, rarefactione, attractione, evacuatione, vel quâcunque causâ) conceptum in sublime evehendis: Quæ, inquam, de his rebus et similibus dispiciunt, scienciæ particulares Mathematicarum amplificant numerum: (quales Belopoëtice, Balistica, Pneumatice, Hydraulice; hisque affinitate conjunctæ).

E quibus autumo satis liquido constare (quod mihi propositum fuerat ostendere) Mathematicam, habitam dictamque vulgo, ipsi Physicæ quasi coextendi et adæquari. Nec non simul indicavi (velut obiter, at datâ operâ) quo suo merito quælibet scientia particularis ad Mathematicam dignitatem titulumque adspiret; et quâ ratione Matheseos ambitus eousque excreverit, ut jam (quod de Romanâ Republicâ dictum olim) magnitudine laboret suâ. Quinimo jam effectum, ut in vulgi errorem etiam docti consensisse videantur; atque ut quicquid utcunque diagrammate possit exprimi, velutique ad sensum imagine propositâ adumbrari, id ad Mathesin, ipso facto, censeatur pertinere. At reverâ mixtæ illæ vel concretæ scientiæ Mathematicæ, quas vocant, unius Geometriæ totidem potius exempla sunt, quam tot partes

---

So the doctrine of Falling Bodies, of Projectiles, &c.
Thus Mathematics is coextensive with Physics

ipsius Matheseos: Quippe quam post exutas particulares circumstantias, admissasque suas hypotheses fundamentales et præcipuas, (seu probabili ratione nixas, seu gratis assumptas,) evadunt pure Geometricæ. v. g. Posito stellam (hoc est punctum aliquod cœleste) in cœlo (h. e. in spatio indefinite quanto) per lineam rectam, circularem, ellipticam, vel aliam quamvis, deferri motu respectu puncti alicujus determinati uniformi, vel apparenter æquali, in certo tempore (h. e. cum certâ velocitate per numerorum aut linearum rectarum proportionem determinabili); his, inquam, positis, qui consequitur omnis discursus in Astronomiâ usurpatus evadit pure Geometricus. Quoque simpliciores, et evidentius possibiles sunt adsumptæ hypotheses, eo artes istæ ad Geometriam propius accedunt: Unde e. g. pars illa Mechanicæ, quæ agit de centro gravitatis, et pars Opticæ, quæ vulgo dicitur Perspectiva, inter Geometriæ partes haud male numerentur; quia nil fere poscunt non concessum et comprobatum in Geometriâ; nec aliis utuntur quam Geometricis aut principiis aut ratiociniis. Verum de his satis pro præsenti instituto.

At miretur forte quispiam cum Matheseos partes omnino cunctas (aut certe præcipuas) recensere studuerim, quamobrem de Algebrâ, quam vocant, vel Analyticâ facultate plane conticuerim. Respondeo non temere factum. Quia nimirum Analysis (eatenus intellecta, quatenus a Geometriæ vel Arithmeticæ pronunciatis et regulis distincti quid innuit) non magis ad Mathematicam, quam ad Physicam, aut Ethicam, aut aliam quamvis scientiam videtur spectare. Est enim duntaxat pars quædam aut species Logicæ, seu modus quidam utendi ratione circa quæstionum solutionem, inventionemque vel probationem conclusionum, qualis in aliis omnibus scientiis exercetur haud raro. Quare non est pars, aut species, sed instrumentum potius Mathematicæ subministrans; ut neque Synthesis, quæ modus est theoremata demonstrandi analysi contradistinctus, inversusque. Sed de his posthac disse-

---

Applied Sciences are so many Examples of applied Geometry, rather than so many Branches of Mathematics.

The hypotheses of Astronomy being laid down, all the reasoning is purely geometrical.

Algebra is not a part of Mathematics, but of Logic.

It is not a part, but an instrument of Mathematics.

remus luculentius, cum de modis inveniendi ac demonstrandi Mathematicis agemus de industriâ.

Suppar causa præstitit, ut Logisticen quoque consulto præterirem; nec inter partes Matheseos computarem; quia scilicet hæc nullum habet distinctum, et sibi proprium objectum, sed artificium solummodo quoddam tradat, in Geometriâ (vel Arithmeticâ) fundatum, quâ magnitudines et numeros certis notis, vel symbolis designandi, quâ summas ipsorum et differentias colligendi ac comparandi. Unde minime constituit partem aliquam Matheseos, a Geometriâ, vel Arithmeticâ distinctam, sed in ipsis omnino continetur. At graviorem mihi dicam intendi posse sentio, propter ipsam Arithmeticam (hactenus scientiarum habitam fere potissimam) e mathematum quasi finibus eliminatam; saltem omnino prætermissam; fecisse non inficior, at quo jure, quoniam jam opportune non licet, proximâ in lectione disceptabo.

LECT. III.*

LECTIONE præcedente, cum de Mathematicarum scientiarum partitione disquirerem, quadantenus astruxi Mathesin omnem Geometriæ terminis contineri et circumscribi. Et quidem de reliquis tum memoratis neminem arbitror vehementer repugnaturum, quin ad Geometriam illæ satis commode reducantur. Ipsam vero Arithmeticam quod e Mathematum censu dispunxerim, et nobilissimam scientiam suo, quem tot secula possedit, gradu quasi dejecerim, nunc difficilior incumbit mihi provincia causas obtendendi probabiles, atque idoneas. Quanquam obtestari possum me neutiquam id agere, numerorum ut scientiam, sane pulchram et perutilem, e Mathesi tollam penitus, aut secludam. Absit. Ipsam vero potius ut sede propriâ dimotam legitimum in locum reponam, nativæque Geometriæ, a quâ divulsa est, stirpi rursus inseram et coadunem. Quinimo ne tam illustri verendæque refragarer auctoritati, adeoque immane vobis paradoxum obtruderem, religio mihi foret, nisi cum susceptæ causæ confiderem admodum, tum magnopere putarem ex re futurum ipsius Mathe-

---

So Logistic is not a part of Mathematics, but a collection of artifices.

*** Arithmetic is to be included in Geometry.**

seos, ut Arithmetice Geometriæ nedum naturâ similis et affinis (vel soror ejus, juxta vetustissimi illius Philosophi Pythagorei Archytæ Tarentini effatum, Ταῦτα τὰ μαθήματα δοκοῦντι ἔμμεναι ἀδελφεά[1]) sed intimius conjuncta, imo plane eadem, prorsus indistincta habeatur. Etenim evicto numerum (illum saltem quem Mathematicus contemplatur) a quantitate, quam vocant, continuâ nil quicquam reverâ differre, sed ei tantum exprimendæ declarandæque confictum esse, nec Arithmeticam proinde ac Geometriam circa diversam materiam versari, sed communes uni subjecto proprietates utramque pari quasi passu demonstrare, plurima liquebit inde maximaque in rem Matheseos publicam commoda derivari.

I. Eo quippe primum perspicietur nullum Geometriæ vel axioma generale, vel specialem conclusionem (quæ scilicet magnitudines respiciant non absolute sumptas at collatas inter se juxta certas æqualitatis vel inæqualitatis proportiones, hoc est, ut mensuris designabiles, et comparabiles inter se,) non etiam Arithmeticæ simili ratione convenire: Et vicissim nihil de numeris affirmari, discursu colligi, vel demonstrari posse, quod magnitudinibus non pariter accommodetur et congruat unde cum affulsura sit eximia lux utrique scientiæ, tum ingens provenerit compendium, sublatâ nempe causâ theoremata suapte naturâ prorsus eadem supervacanee repetendi, plusque unâ vice demonstrandi; nec non eadem problemata sæpius ac diversimode solvendi; quam ad rem innumeræ produci possent instantiæ, et tota proportionum doctrina luculento sit exemplo simul et argumento.

II. Quinetiam, hâc admissâ numerorum et magnitudinum coalitione, locuples utrique disciplinæ succrescet accessio, lautum accedet incrementum. Etenim permulta, Geometriæ beneficio et subsidio, circa numeros theoremata reperire facillimum erit ac demonstrare, alioquin intra vulgares Arithmeticæ limites sistendo vix aut ne vix pervestigabilia, vel demonstrabilia; permulta quoque brevius et clarius hinc inveniri poterunt et demonstrari. Ac reciproce numerorum perspectæ rationes multa

[1] *Apud Nicomachum* I. *Arith.*

Hence I. All Axioms and Propositions respecting Proportion, are common to Geometry and Arithmetic.

II. Both Geometry and Arithmetic will acquire new Propositions.

Geometriæ theoremata communicabunt perspicuo explicata valideque confirmata.

Exemplo rem illustrabimus uno vel altero. Quod summa vel series infinita (seu indefinita) numerorum a nihilo crescentium ad certum maximum terminum, juxta rationem radicum quadraticarum numerorum se pariter unitate continuo excedentium (hoc est, se habentium ut 0, 1, $\sqrt{2}$, $\sqrt{3}$, $\sqrt{4}$, &c. ad infinitum) subsesquialtera sit summæ totidem æqualium dicto maximo termino; est arithmeticum theorema, sed quod in ipsâ arithmeticâ, nullâ, opinor, ratione poterit exacte demonstrari; verum ex Geometriâ perspicue deducitur. Nam si diameter parabolæ cujusvis in partes æquales divisa concipiatur indefinite multas, quæ per puncta divisionum ad diametrum ordinatim applicantur rectæ lineæ (vel parallelogramma æque alta illis insistentia) istâ ratione progredientur, sicut ostenditur in Geometriâ; ex istis vero, seu rectis, seu parallelogrammis, conflata parabola etiam ibidem subsesquialtera demonstratur parallelogrammi super eandem basin et æquealti; hoc est summæ compositæ ex totidem rectis vel parallelogrammis æqualibus maximæ rectæ, vel maximo parallelogrammo: Unde, supposito quem astruere cupimus Arithmeticæ cum Geometriâ consensu, satis clare sequitur ejusmodi seriem numericam subsesquialteram esse summæ totidem æqualium maximo termino.

Sed facilius, nec admodum dissimile, proponemus exemplum. Series, vel summa numerorum ab unitate (inclusive) decrescentium ad infinitum vel usque ad nihilum, in ratione triplâ continuo (hoc est ut 1, $\frac{1}{3}$, $\frac{1}{9}$, $\frac{1}{27}$, &c.) se habet ad unitatem ut 3 ad 2, vel, eadem series, exclusâ unitate, æquatur semissi unitatis. Hoc theorema (quod facilitatis et perspicuitatis causâ in certâ ratione, triplâ sc. proposui) etsi demonstrari possit universaliter[1]; multo

[1] *Sic*; [fig. p. 49]

$$Z - 0 : Z - \alpha :: \alpha : \beta.$$
$$Z\beta = Z\alpha - \alpha\alpha.$$
$$\alpha\alpha = Z\alpha - Z\beta.$$
$$\frac{\alpha\alpha}{\alpha - \beta} = Z.$$

Ex. This arithmetical proposition may most easily be proved by Geometry.

$$\sqrt{1} + \sqrt{2} + \sqrt{3} + \sqrt{4} + \ldots + \sqrt{n} = \tfrac{2}{3} n \sqrt{n}. \text{ when } n \text{ is inf.}$$

Ex. Also this

$$1 + \tfrac{1}{3} + \tfrac{1}{9} + \tfrac{1}{27} + \&c. \text{ in inf.} = \tfrac{3}{2}.$$

tamen clarius opinor, et expeditius, pulchrius saltem et elegantius, adhibendo quantitatem continuam sic ostendetur.

A ——— Æ Z
E F G H

Mobile punctum A ponatur ferri per rectam AZ uniformi motu; et punctum E per eandem rectam decurrat etiam uniformi motu, sed velocitate subtriplâ velocitatis, quâ fertur mobile A. Ergo quo tempore mobile A percurrit rectam AE, eo tempore mobile E percurret ipsius AE tertiam partem, puta EF. Item quo tempore prius mobile percurret rectam EF, eodem posterius percurret ipsius EF tertiam partem, puta FG; et sic continuo in infinitum, donec mobile A assequatur ipsum E in puncto $Æ$. Posito jam quod AE sit unitas, erit EF, $\frac{1}{3}$; et FG, $\frac{1}{9}$; et GH, $\frac{1}{27}$; et sic porro ad infinitum juxta propositam hypothesin; liquet vero, quoniam mobile A triplo velocius ponitur mobili E, quod recta $AÆ$ decursa ab A tripla sit rectæ $EÆ$ eodem tempore decursæ ab E. Ergo $EÆ$ se habet ad AE, hoc est series decrescens, exclusâ unitate, ad unitatem, ut 1 ad 2: Et $AÆ$ se habet ad AE, hoc est series decrescens inclusâ unitate, ad unitatem, ut 3 ad 2. Quod erat demonstrandum.

[Generaliter vero conceptum hoc theorema tale fuerit: Series numerorum ab unitate, inclusivè, continuo decrescentium infinitè, seu ad nihilum, in quâvis proportione, se habebit ad unitatem, ut antecedens (vel major terminus) proportionis ad excessum antecedentis supra consequentem. Vel, eadem series, exclusâ unitate, se habebit ad unitatem, ut consequens (vel minor terminus) proportionis ad excessum antecedentis supra consequentem. Nam supposito præcedente discursu, quodque ratio data sit quæ inter R, et S; et quod, ut isthic, AE sit unitas; quoniam $AÆ : EÆ :: R : S$, erit dividendo $AE : EÆ :: R - S : S$; hoc est, unitas ad propositam seriem, ut excessus terminorum proportionis ad minorem terminum: Et rursus, ob $AÆ : EÆ :: R : S$, erit per rationis conversionem, $AÆ : AE :: R : R - S$; hoc est, proposita series, inclusâ unitate, ad unitatem ut major terminus proportionis ad excessum ejus supra minorem.]

And generally,

$$1 + \frac{S}{R} + \frac{SS}{RR} + \text{\&c. in inf.} = \frac{R}{R-S}.$$

Adeo facile deduci possunt ex consideratione Geometricâ Arithmeticæ conclusiones, alioquin ex se satis intricatæ, et investigatu difficiles.—Alterius sic Altera poscit opem res, et conspirat amice.

III. Aliud porro commodum ex hac emerget conjunctione; quod exinde scilicet evadet perspicuum (contra quam haud ita pridem non nemo, magni vir sed infelicis ingenii, quo Geometrica sua sphalmata velo quopiam obduceret, et facilem erratorum elenchum declinaret, haud dubitavit asserere) nullum omnino ratiocinium Geometricum valere, non cum Arithmetico calculo exquisite consentiens; et proinde commissos in Geometriâ paralogismos posse per computationem Arithmeticam ut facillime, ita certissime, justissimeque examinari et refutari[1]; necnon veras conclusiones Geometricas Arithmetici calculi suffragio confirmari, legitimas demonstrationes illustrari; quippe cum hoc præstrato et stabilito, discursus Geometricus ab Arithmetico calculo nedum dissentiat, at neutiquam differat.

Ista, ne plura nunc commemorem, in rem Mathematicam emanabunt commoda, sublato Geometriæ, et Arithmeticæ discrimine, vel identitate constitutâ et adsertâ. Atqui rem ita se habere, fidem pene faciat, validam saltem injiciat suspicionem, ipsum Geometriæ nomen (vel generalius illud nomen *Metrices*, quod præ Geometrices vocabulo Platoni arrisit haud immerito) quid enim obsecro denotat τὸ μετρεῖν, (metiri) nisi magnitudinem numero notificare, vel exprimere? Μέτρον γάρ ἐστιν (inquit Aristoteles) ᾧ τὸ ποσὸν γινώσκεται· γινώσκεται δὲ ἢ ἑνὶ, ἢ ἀριθμῷ τὸ ποσὸν, ἢ ποσόν[2]· h.e. *Mensura est, quâ quantum dignoscitur; dignoscitur autem quantum, quà quantum, vel unitate, vel numero.* Itaque si Geometria nomine suo numerum involvit, quidni debeat ipsum reverâ continere?

Accedit quod τὸ ποσόν, quo scilicet unico vocabulo designari solet universale Matheseos objectum, peculiarem respectum in-

[1] Quoniam Arithmetica instrumentum est omnis supputationis, et numeri sunt termini, quibus quælibet magnitudo significatur, non dubium est, quin per numeros fieri possit omnis magnitudinis calculus. Maurolycus in *Prolegom.* ad Lib. II. *Arithmet.*

[2] X. *Metaph.* cap. I.

III. The error of Maurolycus is corrected, that Arithmetic is the test of Geometry.

The name *Geometry* proves this. Also

cludit ad numerum, quod indicio sit magnitudinis et numeri conceptus vix mente posse disjungi, cum nec nomine potuerint separari.

Verum liquidius apparebit hoc ex naturâ numeri paulo diligentius excussâ perpensâque. Quocirca 1. Adverto, quod nullus omnino numerus ex se quidquam distincte significet, cuivis determinato subjecto conveniat, ullam rem certo denominet. Etenim unusquisque numerus quodvis unum quantum æquo jure denotet et denominet: Ac quilibet unus numerus omni quanto pariter attribui potest; ut v. g. linea quævis *A* possit indifferenter appellari unitas, duo, vel tres, vel quatuor, vel alterius cujusvis numeri cognomentum adsciscere (vel si mavis simplex, duplex, triplex, vel quomodocunque multiplex dici poterit) quatenus indivisa manere, bisecari, trisecari, quadrisecari, vel alio quovis modo secari potest; (aut ex quolibet partibus aggregari, seu componi;) et pari modo quivis idem numerus, ut 5, potest attribui quibuscunque quantis *A*, *B*, *C*, et aliis infinitis, quatenus illa constare possunt ex 5 partibus. Unde patet numerum quemvis haud quicquam designare certi, vel absoluti, sed utcunque pro arbitrio aptum natum esse cuivis quanto designando. 2. Observo, Prout singuli numeri seorsim et absolute spectati nihil certi significant, ita duos (vel plures) numeros inter se collatos nullam ex se determinatam habitudinem, seu proportionem sortiri, aut indicare. Ternarius ex. gr. ad binarium nec ex se sesquialteram, nec ullam aliam certam proportionem indigitat. Sit enim linea *A* tripalmaris; ex quo *A* vocetur tres, hoc est tres palmi; et linea *B* bipedalis; unde *B* nuncupetur duo, hoc est duo pedes; liquet istum ternarium ad hunc binarium non habere proportionem sesquialteram, (nec enim ternarius palmorum ad binarium pedum se habet ut 3 ad 2,) multo minus aliam quamvis his numeris expressam, licet habeat aliunde. Imo patet binarium istum, quo linea bipalmaris denominatur, illi binario, quo bipedalis effertur linea, neutiquam exæquari. Similiter 3. Adnoto, Numeros ex se nec invicem addi posse, nec subtrahi,

---

(1) Any number may denote any magnitude.

(2) Two numbers have no definite proportion; for instance, 3 feet and 2 yards.

(3) Two numbers cannot be added or subtracted, by the same instance.

vel ut summam aliquam componant, vel ut excessum, seu differentiam commonstrent. Ut in exemplo præcedenti ternarius ille lineam exprimens tripalmarem binario lineam bipedalem repræsentanti, nec adjici potest ut constituatur summa 5 seu palmorum seu pedum, seu cujuslibet alterius mensuræ, ex istorum numerorum significatione notificatæ. Nec si subducatur ex illo ternario binarius hic, emerget quævis explicita differentia, vel excessus dignoscibilis. Pariterque si tres anguli quatuor rectis lineis adjungantur, nulla summa conflabitur: Aut, si ternarius equorum ex angelorum quinario detrahatur, nulla resultabit differentia.

Unde provenit igitur (dices) numerorum certos ad usus determinatio? Quod ipsi definitam innuant rationem, quod sibimet addi soleant et subduci? Respondeo, quod hæc numeris subinde conveniant, ex rerum quibus attribuuntur conditione suboriri. Nempe si res quibus ipsi denotandis inserviunt, homogeneæ sint et cognomines, et propterea comparatæ mutuam inter se proportionem habeant, adeoque possit una alterius adjectione augeri, vel abstractione diminui, tum ipsas denominantibus numeris sua impertiunt attributa, easdem proportiones, similia incrementa vel decrementa. Ut quoniam linea bipedalis cum lineâ tripedali congenerem naturam, idemque nomen obtinet, ideo binarius, quo denominatur et significatur illa, ad ternarium quo denominatur hæc, certam innuit proportionem subsesquialteram; eandem scilicet quam habent ipsæ lineæ, quas denominant; atque idcirco binarius ille huic appositus ternario quinarium efficit (quinos nempe pedes) et ille subtractus ab hoc relinquit unitatem, pro excessu vel differentiâ. Eâdemque ferme ratione, quæcunque numeris apud Arithmeticos convenire probantur attributæ, numeris illa non tam abstractis et ex se, quam concretis, et propter rerum, quibus attribuuntur, conditionem conveniunt.

Quod igitur quidam apud nos doctissimus, et merito suo celeberrimus Mathematicus Geometriam asserit Arithmeticæ quasi subordinatam, et Arithmetices universalia effata rebus suis applicare; item res Arithmeticas altiores esse, magisque abstractæ naturæ, quam Geometricas, hâc potissimum ratione fre-

[1] D. Wallis, *Arithm.* pag. 69.

So if you add three angles to four straight lines; or subtract three horses from four angels, there will be no sum or difference.

tus; *Quoniam*, inquit, *non eo quod linea bipedalis addita bipedali facit quadrupedalem, ideo duo et duo faciunt quatuor, sed potius quia hoc, ergo illud:* Respondeo, et regero: Quod linea bipedalis addita lineæ bipalmari non conficiat lineam vel quadrupedalem, vel quadripalmarem, vel utcunque quaternario denominatam, unde evenit, si abstracte, hoc est universaliter et absolute, verum sit $2+2$ conficere quatuor? Dices; quia numeri isti non applicantur eidem materiæ vel mensuræ: Atqui hoc ipsum volui, ac inde deduco non ex abstractâ numerorum ratione $2+2$ facere quatuor, at ex conditione materiæ cui applicantur; hoc est quia magnitudo quælibet binarii nomine donata magnitudini adjuncta cognomini pariter a binario denominatæ magnitudinem efficit a quaternario denominabilem: Nec certe fingi potest quidvis absurdius, quam magnitudinum proportiones inter se a numerorum quibus exprimi possunt habitudine dependere. Quanquam alioqui quod $2+2$ faciant 4, cum isti numeri homogeneis mensuris applicantur, non tam scientiæ cuivis Arithmeticæ debetur, quam ipsorum vocabulorum significationi communi usu stabilitæ, per quam scilicet 4, seu voce notatus, seu charactere notatus idem signat quod bis duo. Sicuti reverâ totum illud Arithmeticæ vulgaris artificium, quodcunque est, non aliunde deducitur, aut aliter demonstratur; quis enim aliter inferat aut probet, quod $3+5$ exæquent 8; vel $8-3$ relinquat 5, quam ex istorum vocabulorum arbitrario significatu?

Sed ut hæc patescant amplius. 4. Animadverto, rerum quibus attribuuntur numeri magnopere diversam fore conditionem. Alio nempe pacto tribuuntur numeri rebus quantis certam mensuram (hoc est determinatam aliquam magnitudinem, ad quam ejusdem generis aliæ referantur) designantibus, alio autem rebus non nisi genericâ quâdam ratione convenientibus inter se. Ex. g. cum dico, tres ulnæ; singulæ unitates, ex quibus componitur iste ternarius, æquantur sibi mutuo, paresque sunt singulæ aliis unitatibus quemcunque numerum ingredientibus, quo longitudo aliqua similiter ex ulnis composita denominatur. Unde tales numeri proportionem servant perpetim eandem inter se, quam ipsæ magnitudines, quas denominant, iisque proinde exprimendis

(4) Numbers are significant because the units of which they are composed are equal.

apposite deserviunt, atque conducunt. At vero cum enuncio, tres montes, vel tres angeli, vel tres lineæ, vel demum tres numeri; nullam habent necessario singulares unitates ex quibus componitur iste ternarius, æqualitatem inter se; ac saltem convenientiam vel similitudinem quandam generalem in ratione communi montis, aut angeli, aut lineæ, aut numeri. Quando, inquam ex. c. dico tres numeri 5, 7, 9, singuli isti numeri, quatenus illi tres sunt, rationem habent unitatis, et liquet illos inæquales esse, sed omnes in ratione numeri conspirare. Sin alter adsciscatur numerorum ternarius, puta 10, 15, 20; non erit ille prior ternarius æqualis huic ternario. E quâ consideratione duplex emergit quasi genus numeri, quorum illud appellari possit Mathematicum; (quoniam ipsum Mathematici præsertim contemplantur, ac adhibent ad magnitudinum dimensiones exprimendas et comparandas inter se; eique magnitudinum proprietates quadrant, et Mathematicæ conclusiones applicantur;) hoc vero transcendentale vel Metaphysicum; tum quia tribuitur omnibus indiscrete (etiam ex partibus quantitatis, heterogeneis, imaginariis, privativis; dicimus enim duo puncta, 3 dimensiones, 4 chimæræ, 5 prædicabilia, 10 cæcitates), tum quia deprehendi potest hujusmodi numerorum aliqua notio, non modo Geometriæ prævia, sed vel ipsi Arithmeticæ præsupposita: Ut cum dicimus non modo triangulum tribus lateribus concludi; sed et numerum planum ex duorum in se numerorum, solidum ex trium in se multiplicatione definimus.

Unde patet argumenti solutio, quo Nicomachus Arithmeticam naturâ priorem Geometriâ conatur adstruere; quia scil. Geometria numeros usurpare solet et necesse habet in primis figurarum definitionibus, comparationibus, et proportionibus mutuis explicandis; ut cum in ea triangulum, quadratum, pyramis, cubus, reliquæque figuræ ex laterum vel angulorum numero definiuntur; et cum quadratum diametri duplum ostenditur quadrati ex latere: cum cylindrus coni æque alti super æqualem basim constituti triplus demonstratur; et in similibus: Ex dictis enim promptum erit respondere Geometriam, pariter ac ipsam Arithmeticam, quos vel in definitionibus suis extruendis, vel in ratiociniis utcunque suis enunciandis, adhibet numeros transcenden-

---

Nicomachus's argument, that Arithmetic is prior to Geometry, answered.

tales, eos vel ex usu communi, (penes quem jus est et potestas numeris juxta ac aliis rebus nomenclaturas affigendi,) vel saltem ex primâ philosophiâ mutuari, ad quam pertinet generalissimas rationes rerum considerare, ac definire; unde videmus multum et sæpe agi de numeris, in Philosophi Metaphysicis. Quanquam alioqui fatendum sit, perfectam Geometriam et suis omnibus numeris absolutam, Arithmeticâ indigere, veruntamen haud velut scientiâ totaliter a se diversâ, ac alienâ, sed ut parte sui, (sicut postea videbimus;) quomodo ad Stereometriam (doctrinam solidorum) quæ pars est Geometriæ magis composita, præsternenda requiritur Empedometria (doctrina planorum) pars ejusdem naturâ prior et simplicior.

Nec minus hinc liquet quid responderi possit prædicto doctissimo viro sic disputanti: *Est assertio illa de æqualitate numeri quinarii cum numeris binario et ternario conjunctis, assertio generalis, quibuscunque aliis rebus non minus quam Geometricis applicabilis; nam et angeli, duo et tres sunt angeli quinque*[1]. Respondeo breviter: (1) Ut jam ante, quod 2 angeli + 3 angeli faciant 5 angelos, provenire non ex abstractâ ratione numerorum, sed ex eo quod uterque numerus, binarius ille et ternarius, ejusdem generis et nominis enti tribuatur. (2) Quod isti numeri, quatenus angelis tribuuntur, sint transcendentales, non aliquam singulorum angelorum inter se æqualitatem proprie dictam, at naturæ duntaxat similitudinem innuentes; adeoque ad Mathematicam considerationem minime pertineant. Cæterum hanc, quam subnotavi distinctionem numerorum, acute perspexit, et diserte prodidit Plato, in Philebo; Recitari merentur ejus verba: Ἀριθμητικὴν—ἆρ' οὐκ ἄλλην μέν τινα τὴν τῶν πολλῶν φατέον, ἄλλην δ' αὖ τὴν τῶν φιλοσόφων;—οὐ σμικρὸς ὅρος, ὦ Πρώταρχε· Οἱ μὲν γάρ που μονάδας ἀνίσους καταριθμοῦνται τῶν περὶ ἀριθμόν· Οἷον στρατόπεδα δύο, καὶ βοῦς δύο· Καὶ δύο τὰ σμικρότατα, ἢ τὰ πάντων μέγιστα· Οἱ δ' οὐκ ἂν ποτὲ αὐτοῖς συνακολουθήσειαν, εἰ μὴ μονάδα μονάδος ἑκάστης τῶν μορίων μηδεμίαν ἄλλην ἄλλης διαφέρουσάν τις θήσει[2]· h. e. *Annon Arithmeticam aliam vulgi, aliam Philosophorum statuamus*

[1] Pag. 73. *Arithm.* [2] Pag. 399. Fic.

Wallis's arguments answered.
Plato's notice of philosophical Arithmetic.

oportet? Siquidem non exigua est discrepantia. Vulgo quippe eorum, quæ numeris exprimuntur, unitates dinumerant inæquales, veluti duo castra, duo boves; et duo quævis seu minima, seu etiam maxima omnium. Verum philosophi nunquam ista assequantur, nisi quis unitatem singulam partium singulæ alteri unitati posuerit æqualem. Ita Plato numeros istos, ex unitatibus inæqualibus conflatos, ad vulgus rejicit, alios philosophis, hoc est Mathematicis, adjudicat; id quod forsan ex antiquioribus Pythagoreis observatum hauserit; ut innuere videtur Aristoteles, ex illorum, opinor, sententia proloquens: Ἐν γὰρ τῷ Μαθηματικῷ ἀριθμῷ οὐδὲν διαφέρει οὐδεμία μονὰς ἑτέρα ἑτέρας[1]. Ecce Mathematicam numerum, eumque ex minime disparibus inter se unitatibus constitutum.

Sed ut adhuc rem proprius attingam; et ipsum controversiæ quasi jugulum petam. 5. Animadverto et assero, Quod numerus Mathematicus (qualem mox descripsimus, et de quo præsertim sermonem instituimus) etsi possint etiam quæ dicentur per justam analogiam transcendentali quoque numero quadantenus applicari, quatenus naturæ similitudo, est veluti quædam æqualitas, aut affinis æqualitati,) quod, inquam, numerus Mathematicus non sit aliqua res existentiam habens sibi propriam, et reverâ distinctam a magnitudine quam denominat, sed ipsius tantummodo magnitudinis certo pacto consideratæ nota quædam vel signum; quatenus illa nimirum a mente nostrâ concipitur vel ut prorsus incomposita, vel ut composita certis ex partibus homogeneis æqualibus (quarum singulæ concipiuntur incompositæ, et unitatis nomine donantur) vel ut rationem innuens ad alias magnitudines itidem certo modo compositas. Etenim ut hunc nostrum conceptum exponamus, et declaremus, magnitudinem istam certi numeri vocabulo vel charactere designamus; qui proinde numerus nihil est aliud quam nomen aut symbolum magnitudinis istius taliter apprehensam. Hæc generalis est natura, vis, et ratio numeri Mathematici: Verum specialius quilibet numerus (effabilis aut rationalis quem vocant) distinguitur ac internoscitur

[1] *Met.* XII. cap. 6.

---

(5) A mathematical number is not anything which has a proper existence, but only a mark or sign of a magnitude considered in a certain way.

Numeration is by Addition, as Aristotle says.

ab alio, consequenter ad actus mentis magnitudines alias atque alias ex unâ aliquâ, quam incompositam concipit, per repetitionem ejus (vel ei æqualis adjectionem) continuo successivam componentis, aut compositam cogitantis. Quæ repetitio primum mente peracta, tum sermone prolata dicitur *Numeratio*.

Optime in hanc sententiam Aristoteles. *Ἀνάγκη ἀριθμεῖσθαι τὸν ἀριθμὸν κατὰ τὴν πρόσθεσιν· Οἷον τὴν δυάδα, πρὸς τῷ ἑνὶ ἄλλου ἑνὸς προστεθέντος, καὶ τὴν τριάδα ἄλλου ἑνὸς πρὸς τοῖς δυσὶ προστεθέντος, καὶ τὴν τετράδα ὡσαύτως*[1]. Ut cum magnitudinem *A* mente repeto semel, aut illi æqualem alteram adjectam concipio, magnitudinem illam, quæ concipitur ita composita, designo nomine, vel charactere *binarii;* quod si magnitudinem eandem *A* adhuc recogito, vel alterâ vice superadjicio prius conceptæ magnitudini, binarii notâ designatæ, conceptus efficitur alterius compositæ magnitudinis, quam itidem enuncio nomine, vel describo charactere *ternarii.* Atque ita porro de reliquis.

Sed de generali numeri ratione quæ supra diximus, exemplo nonnihil elucidemus. Sit e. g. linea quævis *A*; huic nullus ex parte rei numerus peculiariter competit; at si cogitemus ipsam ex aliquâ lineâ per trinam sui repetitionem, modo exposito, componi (vel quod eodem recidit, in tres æquales partes fore divisibilem; idem enim est ex tribus æqualibus componi, quod in tria æqualia resolvi posse) ea propter ipsam appellabimus tres (vel tres tertias ipsius *A*) et congruo ternarii charactere denotabimus. Sin concipiamus eandem *A* ex septem æqualibus lineis aggregari (vel in 7 æquales lineas posse distribui) ex qualibus iisdem particulis decem altera linea *B* composita (seu in totidem illas resolubilis) censetur, hinc linea *A* vocabitur septem vel septem decimæ partes ($\frac{7}{10}$) lineæ *B*. Quod si eadem linea *A* nullatenus aut composita aut divisa cogitetur, unitatis ipsa gaudebit nomine et charactere. Sin adhuc apprehendatur dicta linea *A* ceu media proportionalis inter lineam quamvis *B* ex duabus lineis æqualibus conflatam (bisectamque æqualiter) et unam istarum æqualium linearum (hoc est inter totam *B*, et semissem ejus) vel inter quamvis

[1] *Met.* XIII. cap. 7.

Examples of the nature of numbers.

rectam C, et duplam ejus; propter istum conceptum linea A designabitur nomine, vel charactere radicis secundæ (vel lateris quadrati, $\surd$) numeri $\frac{1}{2}$, vel numeri 2, respective; ut sit nempe radix $\frac{1}{2}B$ ($\surd\frac{1}{2}B$) vel radix $2C$ ($\surd 2C$). Ex quo proinde,

6. Sequitur advertendum tres esse (præter unitatem ipsam, quæ numerorum veluti fons est ac origo) differentias et quasi species numerorum; hoc est, Integrorum, Fractorum, et Radicalium vel Surdorum, quos vocant. Quorum *Integri* quidem nomina sunt vel symbola magnitudinum, compositionem ipsarum subindicantia certis ex partibus æqualibus (quarum unaquæque simplex censetur et nominatur unitas) ut si magnitudo A confletur ex sex partibus æqualibus (vel ex una sexies repetita) appellabitur A sex. *Fracti* vero (quibus accenseo Mixtos, qui constare possunt ex integro et fracto) notæ sunt cujuscunque magnitudinis itidem innuentia compositionem ejus ex partibus æqualibus, non quidem absolute, sed ipsam comparando cum aliâ magnitudine compositâ ex aliquot partibus, quæ prioris partibus æquales sunt, et cognomines: Vel, numeri fracti sunt symbola cujuscunque magnitudinis certo modo compositæ æqualiter, exhibentia proportionem ejus ad alteram magnitudinem, ex iisdem æqualibus partibus compositam. Ut si A componatur ex 6 partibus æqualibus, et B ex totidem iisdem novem, erit A sex nonæ partes ipsius B ($\frac{6}{9}B$) vel A se habebit ad B, ut sex ad novem. Eadem nempe magnitudo, unitatis nomine nuncupata, sexies accepta componit A, novies vero sumpta constituit B. Numeri vero *Radicales*, vel *Surdi* notæ sunt magnitudinis cujuslibet, commonstrantes ipsam esse proportione qualitercunque mediam inter quamlibet assumptam magnitudinem homogeneam, æqualiter compositam secundum exigentiam appositi numeri seu integri seu fracti, et partem ejus unitatis vice fungentem; (vel quod perinde est, inter acceptam quamvis magnitudinem simplicem ac indivisam, et propterea unitatis vicem obeuntem ac aliam ita prout adjunctus exigit numerus multiplicatam;) ut radix secunda, vel quadratica, numeri 3, denotat mediam proportionalem inter quamvis assumptam magnitudinem, et ipsius triplam. Et radix tertia, vel cubica, ternarii designat primam ex duabus mediis proportionalibus inter quamvis assumptam magnitudinem, et

(6) There are three kinds of numbers: Integers, Fractions, and Surds.

triplam ejus. Et radix quarta (vel quadrato quadratica, quam etsi minus commode solent appellare) numeri 5, significat primam ex tribus mediis proportionalibus inter quamvis magnitudinem et quintuplam ejus, et sic pariter de cæteris.

Quod vero spectat ad surdos hosce numeros (quos et *irrationales*, *ineffabiles*, *irregulares*, *inexplicabiles*, nullo suo merito, et quasi per convicium atque calumniam appellitant) illos complures proprie numeros esse negant, et ab Arithmetica seclusos ad aliam, (quæ tamen nulla est) scientiam, Algebram nempe, solent ablegare. Quo pacto suam Arithmeticam membro demutilant amplissimo, et utilissimo; (sæpius enim, dum magnitudines metimur, et inter se comparamus, ad hosce surdos, quam ad rationales quos vocant numeros computando devenimus.) Mihi vero minime dubium est, quin hi numeri pari jure numeri censendi sint, et æque spectent ad numerorum scientiam, ac alii quivis integri vel fracti; quum pariter apti sint, et juxta necessarii magnitudinibus exprimendis, comparandis, determinandis (in quo tota numeri ratio, vis, usus consistunt, ut toties monuimus) et cum nulla sit generalis numeri proprietas, aut operatio numeris conveniens integris vel fractis, quæ et non et his æque congruat. Nam e. g. æque capio quid significet radix quadrata trium ulnarum, ac quid denotant tres ulnæ, vel $\frac{1}{3}$ ulnæ. Et illam pariter, ex vi significationis suæ, ac has reipsâ possum exhibere. Nam assumptâ rectâ A, quæ æquetur uni ulnæ, et alterâ B tres ulnas exæquante, inventâque inter has mediâ proportionali, modo in Geometriâ commonstrato, erit hæc inventa recta quæ designatur radice quadratâ trium ulnarum. Possunt et hi numeri, ex certissimarum regularum præscripto, sibi mutuo adjici, et subtrahi; duci in se; sibi applicari (vel a se invicem dividi) et quocunque modo supputari, mensurari, proportiones magnitudinum exprimere, etc. Quare nulla est ratio cur pro numeris habendi non sint, aut ex Arithmeticâ debeant eliminari.

Atqui satis ostendunt hi numeri (quos proinde non incongrue *Geometricos* appellat Stevinus) numerum a magnitudine nihil differre reipsâ; quos certe nec ipsâ mente putem abstrahi posse ab omni magnitudine. Quid enim abstracte significet $\sqrt{2}$? An

---

Irrational numbers are numbers.
Stevinus calls them geometrical numbers.

radicem abstracti numeri 2? At hic numerus isto pacto nullam radicem habet; (hoc est nullus numerus integer, vel fractus in se ductus efficit 2;) an mediam proportionalem inter 1, et 2? At nullus omnino talis datur numerus medius. Ad magnitudinem igitur omnino recurrendum est, ut hic numerus quid designet mente concipiatur. Nam etsi inter numerum 1, et numerum 2, nullus datur medius proportionalis numerus, inter magnitudinem tamen unitatis nomine significatam, et magnitudinem binario denominatam, datur media magnitudo proportionalis radicis binarii nomine commode designanda. Idem arguunt numeri fracti, præcipuam ferme partem constituentes Arithmeticæ, utpote qui compositionem ac divisionem (proprias affectiones magnitudinis, nec aliis rebus, nisi secundario adjunctæque magnitudinis gratiâ, competentes) intime connotant, implicantque. Qui verbi gr. dicit aut concipit $\frac{2}{3}$, nihil omnino dicit aut concipit aliud præterquam magnitudinem aliquam ex duabus componi, qualibus ex tribus altera magnitudo componitur; vel aliquam magnitudinem in tres æquales particulas dirimi, de quibus duas assumptas concipit aut enunciat. Nec aliter integri numeri magnitudines exprimunt et repræsentant; compositionem quippe vel divisionem etiam hi conceptu suo involvunt et consignificant.

Ex quo obiter perspicere licet quid judicandum sit de aliquoties memorati egregii viri sententiâ; qui sc. ut Arithmeticam Geometriâ multo latius extendi faciat manifestum, universam Algebram Geometriæ abjudicatam addicit Arithmeticæ; æquationes Algebricas altius ascendere statuit, quam Geometricas; negatque Geometriam tot suppeditare dimensiones, quot Arithmetica gradus ostentat, et in illam sententiam pluscula. Quæ tamen facillime discuti possunt omnia, dicendo, per istas æquationes (vel dimensiones) Algebraicas, gradusve Arithmeticos vel omnino nihil intelligi, nil reverâ significari, at omnes imaginarias esse Chimæras, et mera *τερετίσματα*[1]; vel aliquid ipsis in Geometriâ respondere, quod significent et repræsentent. Sicut reverâ de facto nullus est quisquam numerus, nulla potestas Algebrica, nullus gradus Arithmeticus, cui non respondeant infi-

[1] Τὰ *εἴδη χαιρέτω· Τερετίσματα γάρ ἐστιν.*—Ar. I. *Post.* cap. 28.

Examination of Wallis's assertion that Arithmetic is more extensive than Geometry, as including Algebra of high dimensions.

nitæ, quovis in genere, magnitudines, quas illi numeri repræsentant et exprimant apposite.

Instantiæ causâ proponatur quadrato quadratum (vel quarta potestas) numeri ternarii; vis hanc potestatem exhiberi Geometrice? Sumatur utcunque magnitudo quævis (perinde fuerit an lineam, superficiem, aut solidum accipias, at) simplicius erit si capiatur recta linea, puta *A*. Hujus autem tripla sit *B*; et continuetur ratio ipsius *A* ad *B* sic ut 5 rectæ *A*, *B*, *C*, *D*, *E*, sint continuo proportionales; eritque *E* recta per ternarii quadrato quadratum (vel quartam potestatem) denotabilis. Nam si *A* dicatur 1, erit *B*, 3; et *C*, 9; et *D*, 27; et *E*, 81; hoc est quadrato quadratum numeri 3. Habetur igitur quadrato quadratum Geometricum numeri 3, vel lineam *B*, quam iste numerus designat. Pari ratione quilibet Arithmeticus gradus, vel Algebrica potestas Geometrice potest exhiberi. Nihil igitur validi continent ejusmodi ratiocinia. Possem huc in hanc mentem plura: sed piget, extra ordinem, in re tam liquidâ diutius immorari.

Quod vero Philosophus Arithmeticam pronunciet accuratiorem Geometriâ: *Αἱ γὰρ* (inquit) *ἐξ ἐλαττόνων ἀκριβέστεραι τῶν ἐκ προσθέσεως λεγομένων, οἷον ἀριθμητικὴ γεωμετρίας*[1]· Et alibi explicatius: *Ἡ ἐξ ἐλαττόνων (ἐπιστήμη ἀκριβεστέρα) τῆς ἐκ προσθέσεως οἷον γεωμετρίας ἀριθμητική· Λέγω δὲ ἐκ προσθέσεως, οἷον μονὰς οὐσία ἄθετος, στιγμὴ δὲ οὐσία θετός*[2]. Et eum exponens Proclus: *Ἀριθμητικὴ μὲν ἀκριβεστέρα γεωμετρίας· Αἱ γὰρ ἐκείνης ἀρχαὶ τῇ ἁπλότητι διαφέρουσι· Ἡ μὲν γὰρ μονὰς ἄθετός ἐστιν, ἡ δὲ στιγμὴ θέσιν ἔχουσα, καὶ ἀρχαὶ μὲν Γεωμετρίας* (legendum *ἀρχὴ*) *ἡ στιγμὴ προλαβοῦσα τὴν θέσιν, ἀριθμητικῆς δὲ ἡ μονάς*[3]: Ista nec veritati consentanea sunt, et infirmissimo tibicine nituntur. omnia. Quæ enim scientia Geometriâ esse poterit accuratior? Quænam sibi præstruat evidentiora vel certiora (addo vel simpliciora) principia Geometricis pronunciatis? Vel in eliciendis conclusionibus suis Logicam exerceat strictiorem, et rigidius accuratam? At simplicior est, inquiunt Aristoteles et Proclus, unitas Arithmeticæ (rectius

[1] I. *Met.* cap. 2. [2] I. *Anal. Post.* cap. 27. [3] Initio secundi *Commentarii.*

Answer: geometrical exhibition of biquadrate.

Aristotle's opinion that Arithmetic is more accurate than Geometry refuted.

Numeri dixissent) principium, quam punctum, quod est principium Geometriæ (vel Magnitudinis potius): Quod punctum implicet positionem, unitas non item. Τὸ μηδαμῇ (inquit Aristoteles) διαιρετὸν κατὰ ποσὸν στιγμὴ καὶ μονάς· Ἡ μὲν ἄθετος, μονάς· Ἡ δὲ θετὸς, στιγμή[1].

Verum imprimis deterrima est, et pessimas in Mathesin derivat consequentias ista puncti Geometrici cum Arithmeticâ unitate collatio: Nam unitas reverâ parti cujuslibet magnitudinis aliquotæ respondet, non puncto: Ut si linea dividatur in sex partes æquales, sicut ista tota linea respondet numero sex, ita quælibet particula sexta respondet unitati, minime autem puncto, quod nulla pars est istius rectæ. Et punctum recte dicitur indivisibile; unitas vero nequaquam; (nam v. g. quomodo $\frac{2}{6}+\frac{4}{6}$ æquatur unitati, si unitas indivisibilis est, et incomposita, et instar puncti se habens?) quin potius sola unitas proprie divisibilis est, et ex unitatis divisione procreantur numeri. Multo verius et tutius (ut postea monstrabimus, cum de puncto Geometrico se præbebit occasio differendi) punctum Geometricum cyphræ, vel nihilo Arithmetico comparetur; quæ cyphra reverâ terminus est numeri, finiens unumquemque numerum, et numeris intercedens se proxime consequentibus, non vero pars ejus; quæ numero apposita non auget ipsum, nec ablata minuit; a quâ desumitur initium computandi, cum ipsa non computetur, quæque præcipuas Geometrici puncti proprietates planissime refert.

Quod vero de positione dicitur, nec id usquequaque sanum est et solidum; nam punctum universaliter acceptum haud minus indeterminatum est, et expers positionis, quam unitas itidem sumpta universaliter: Singulariter autem accepta unitas definitam æque positionem, et reliquas singulares includit circumstantias, ac ipsum singulare punctum. Denique non diversa, nedum impar est harum scientiarum (Arithmeticæ et Geometricæ) ἀκρίβεια; sed prorsus eadem; ex iisdem hausta principiis; circa res easdem occupata. Huc denique spectantia, et hinc consequentia plurima possem attexere; sed

[1] IV. *Met.* cap. 6.

A Point is not to be compared with a Unit.

A Point is more like a Cipher or Nothing. It is not true that a Point has position and a Unit has not.

Ne rem longius extraham et tædio sim; nemini non satis liquebit, opinor, hæc quæ suggessimus et talia serio perpendenti, numerum (qualis saltem a Mathematicis pertractatur) ab ipsâ continuâ magnitudine haudquaquam reipsâ differre; nec aliunde quas habere videtur proprietates (compositionem, divisionem, proportionem, atque consimiles) quam ab illâ, vel propter illam, quatenus illius vicem gerit et personam, quasi sustinet, adipisci; nec proinde numerum esse speciem quantitatis magnitudini contradistinctam, nec objectum alicujus scientiæ a Geometriâ (quæ circa magnitudinem versatur universam) diversæ, sed ipsius quæcunque sit contemplationem ad Geometriam pertinere, eâque includi. Proinde nec inconsulte fecisse στοιχειωτήν nostrum (quicquid obstrepat Ramus illum sugillans hoc nomine) qui Geometricis elementis Arithmeticas inseruerit speculationes; imo potius rei Mathematicæ plurimum interesse, ne scientiæ istæ seu naturâ disparatæ segregentur aut divellantur a se invicem; adeoque de ipsis promeriturum egregie, qui commodam in Geometriâ sedem assignaverit Arithmeticæ[1]. Sed hic pedem sisto.

LECT. IV.*

DE Mathematicarum Scientiarum partitione quæ mihi visa sunt ex usu proposui. Quam vero plerique tradunt ipsarum divisionem in theoreticas et practicas consulto prætermisi, ceu parum probam et minus necessariam; utpote quæ non diversas scientias, sed ejusdem duntaxat scientiæ diversos innuit respectus. Enimvero, meo judicio, omnis scientia cum speculativa est, tum practica: Speculativa, quatenus veritates (hoc est veras propositiones) objecto suo convenientes speculatur, hoc est quærit,

[1] Qualem certe videtur antiquitus obtinuisse; siquidem vel ipse magnus Orator de Geometriâ obiter tractans, de recepto opinor usu potius quam ex ingenio suo dicat, *Geometriam in numeros atque formas esse divisam.*—Quintil. I. 10.

Euclid (whatever Ramus may say) has done rightly in including Arithmetical speculations in the Elements of Geometry.

* Every science is both speculative and practical.

invenit, demonstrat; Practica vero, quatenus illæ veritates inventæ, demonstratæque ad usum referri, in praxin redigi possint. Speculatur ex. gr. philosophus Politicus, et rationibus excussis concludit, quæ sit optima forma Reip. quæ leges publicæ saluti conducant: Ethicus, quale sit in talibus rerum circumstantiis constituti viri boni officium considerat et pronunciat; (hoc est, investigat et condit theorema quoddam, regulam præscribit universalem;) Physicus simplicium, quæ vocant, naturas, virtutes, et temperamenta (num refrigerandi vel calefaciendi, desiccandi vel humectandi polleant facultate, salubria sint an noxia) disquirit, et ex ratione vel experientiâ determinat: Eatenus istæ scientiæ theoreticæ sunt. At siquis conclusionibus istis utatur ad praxin suam dirigendam; iisque suas actiones attemperat: si remp. administret ex istius politici theorematis præscripto; si juxta præceptum illud morale vitam instituat; si plantam istam salutis causâ sumat, aut respuat, eo fit ut istæ scientiæ, istæ conclusiones evadant practicæ. Idem contingit in casu nostro. Geometra demonstrat universim quodvis triangulum parallelogrammi cujusvis super æqualem basim constituti et æquæ sibi alti dimidium æquare; vel conum æquari tertiæ parti cylindri super æqualem basem consistentis, et æque alti; hæ sunt universaliter veræ propositiones et regulæ, quas Geometra reperit et comprobat speculando; quibus uti potest quisquis areæ cujusvis triangularis mensuram determinare, vel vas quodvis conicum cum mensura cylindrica conferre sibi propositum habet; unde practica dici possint ista theoremata, quatenus usum et praxim respiciunt; sed inepte propterea utrumque illud theorema duplex statuatur, seu dividatur in theorema speculativum et practicum. Est igitur unica Geometria diversos subiens respectus, et quæ contemplativa dici potest quatenus vera, activa quatenus utilis.

Res clara est; quid attinet plura? quod si cui regulas quasdam utiliores, quæ præcipuarum magnitudinum dimensiones ostendant, Geometriâ excerptas, conquerere libet, vel easdem præcipue materiali cuivis subjecto accommodare, (licet id forsan obstet principali scientiæ, et præstet illas non alibi quam in ipsâ Geometriâ, hoc est, in suo loco, et ordine nativo, suis fundamen-

---

So Trigonometry, Altimetry, Stereometry, &c. are parts of Geometry.

tis affixas demonstrationibus suis adhærentes reperiri) haud admodum repugnem: sed non ideo censeri debet ejusmodi regularum congeriem constituere partem quandam aut speciem Geometriæ a contemplativâ differentis. Non sunt igitur Trigonometria, (doctrina de dimensione triangulorum rectilineorum et sphæricorum,) Altimetria, vel Euthymetria, (quæ distantias investigandi modum indicat,) Planimetria, (quæ superficies planas describere et emetiri docet,) Stereometria, (quæ solidorum corporum mensuras comparat,) Geometriæ practicæ magis quam speculativæ partes; at unius Geometriæ, quæ respectu vario speculativa dici potest, et practica. Sed de hac re sufficiant ista.

De Mathematicarum Scientiarum objecto generali, deque partitione ipsarum hactenus est dissertatum. Proxime succedit, ut de modo dispiciamus, quo circa suum objectum versantur; qui certe non alius est ab eo, qui debet quoad ejus fieri potest, in aliis, proprie dictis, scientiis obtinere. Siquidem id sibi propositum habent omnes scientiæ, ut objecti sui præcipuas proprietates, affectiones, et passiones, cum ejus essentiâ conjunctas, aut ab ipsâ manantes, immediate sc. aut mediate, investigent; hasque illi necessario competere per evidentem et certum discursum ostendant. Etsi de facto præstetur hoc, ob materiæ conditionem, a quibusdam, ut non uno loco advertit Aristoteles, *ἀκριβέστερον καὶ ἀναγκαιότερον*, strictius et fortius, ab aliis *μαλακώτερον*[1], dilutius et dissolutius. Ejusmodi vero discursus *ἀπόδειξις*[2] (demonstratio) dici solet; (ideo forsan, quod per illum deducta conclusio tam intellectui constat liquido, quam sensui manifeste patefit res exerto digito demonstrata; nam *δεικνύειν* est indigitare, velut extento digito ostendere, *δακτυλοδεικτεῖν*; unde *δάκτυλος*, quasi *δείκτυλος*;) de hoc vero discurrendi modo non est mei vel officii vel propositi, sed ad Logicam proprie spectat, generatim pertractare. Illum qui nôsse cupit intimius, et a primis fontibus degustare; ipsum consulat oportet egregium ejus inventorem simul, et luculentum auctorem Aristotelem; in libris Analyticis, Posterioribus præsertim, demonstrationis enucleantem naturam, et leges ei præfigentem; mihi suffecerit, ut res feret, ab illo dicta præscriptaque, quatenus Mathematicis

[1] V. *Metaph.* cap. 2. [2] XI. *Metaph.* cap. 7.

The Method of Geometry. Demonstration.

congruunt ratiociniis insinuare. Adeo vero, si rem crassius æstimemus, convenit hisce scientiis demonstratio, ut ipsarum quasi propria et peculiaris habeatur, nec ex æquo jure convenire censeatur aliis disciplinis. Unde (Moralium initio) Aristoteles quod res Ethicas pinguiori Minervâ exponeret, nec a se dicta stricte demonstraret, inde petit excusationem, quod Mathematicis scientiis iste demonstrandi rigor, non ejusmodi doctrinis congrueret, subjiciens; *παραπλήσιον γὰρ φαίνεται μαθηματικοῦ τε πιθανολογοῦντος ἀποδέχεσθαι καὶ ῥητορικὸν ἀποδείξεις ἀπαιτεῖν*[1]. Parique ratione negat exigendam a naturali philosopho Mathematicam *ἀκριβολογίαν*. *Τὴν δ' ἀκριβολογίαν μαθηματικὴν* (inquit) *οὐκ ἐν ἅπασιν ἀπαιτητέον, ἀλλ' ἐν τοῖς μὴ ἔχουσιν ὕλην.* Quod cum animadverteret auctor Logicæ minime spernendus Jac. Zabarella, prout alicubi de se testatur ipse, demonstrationis naturam ut assequeretur rectius et felicius explicaret, Euclidea Geometriæ elementa semel atque iterum sedulo pervolutavit.

Operæ vero forsan pretium sit, unde proveniat hoc discrimen, (quamobrem sc. quæ in Mathematicis ubique reperitur, et sola locum obtinet, in reliquis disciplinis nusquam aut raro compareat, demonstratio,) causas paucis exquirere. Etenim ex istâ collatione cujusmodi sit demonstratio Mathematica, nescio an facilius et clarius, quam aliâ quâvis viâ, constabit et elucescet. Itaque provenit hoc exinde,

1. Quod, quas hæ scientiæ contemplantur, res animo clare concipimus, et ipsarum distinctas ideas facile consequimur; eo quod simplicissimæ sint, et communissimæ; maxime familiares nobis, sensibus expositæ, obviis exemplis conspicuo repræsentabiles, adeoque intellectu facillimæ. Nihil abstrusi, impliciti, insolentis ipsarum complectitur natura. Quid enim v. g. sit linea recta, quid plana superficies, triangulum, quadratum, circulus, pyramis, cubus, sphæra, quo clare distincteque percipiamus, admodum pauca requiruntur, et quæ paucissimis exprimi verbis, et lucidissimis exemplis repræsentari possunt.

[1] I. *Metaph.* cap. ult.

For the Nature of Demonstration, see Aristotle.

Who says that Mathematical demonstration is not to be required of Moral or Natural philosophers. On this account Zabarella read Euclid.

Causes of the clearness of mathematical demonstration.

(1) Clearness of Geometrical conceptions.

Unde fit ut de rebus tam evidenter et accurate perceptis non adeo difficile sit quædam demonstrare, quæ scilicet istis ideis cohærent, vel ab iis statim consequuntur. In aliis vero scientiis plerumque secus accidit; ut nempe res, quas illæ speculantur, magis reconditam, a sensibus abjunctam, involutam, et compositam naturam habeant, et ut illas obscurius atque confusius apprehendamus. Quid ex c. sit in Physicis *color*, in Moralibus *felicitas*, in Politicis *jus gentium*, difficile sit imaginari distincte, exquisite definire. Istarum rerum nulla ferme perspicua notio nostris animis obversatur; et siqua sit, a plurimis utcunque conflatur et pendet, talisque existit, cui nemo forsan alius per omnia similem habeat, aut quam iis, quibuscum congredimur, approbare valeamus. Unde talium quot auctores et interpretes, tot fere reperiuntur diversi conceptus, et explicationes admodum inter se discrepantes: Et consequenter evadit arduum ejusmodi de rebus perplexis et indeterminatis certi quicquam statuere vel demonstrare.

Adhuc, 2. Evenit hoc ex eo, quod Mathematici vocabula, quibus utuntur, perspicuis et omnem ambiguitatem excludentibus definitionibus explicant; vel, ut melius dicam, conceptus illi suos nominibus efferunt propriis, adæquatis, significationis certæ et invariabilis; ita quidem ut exaudito rei propositæ nomine respondens ei conceptus se continenter objiciat animo, neque de quâ re quidvis affirmetur aut negetur, ulla suboriatur dubitatio, vel controversia; quod ad propositionum certitudinem nemo non videt quantopere conducat. In aliis vero disciplinis, ut notionum obscuritas, intricatio, confusio; sic et ambiguitas atque inconstantia vocabulorum in significando magnam parit ac infert necessario conclusionum caliginem et incertitudinem. Nam quæ usurpant nominum definitiones ut plurimum negligunt, et locutiones sæpius adhibent improprias et metaphoricas; tum alio et alio sensu eadem vocabula accipiunt; diversi saltem authores ipsa varie sumunt, et diversimode describunt, suæque quisque significationi, vel descriptioni suas conclusiones accommodat. Unde propositionum non tantum incertitudo, sed et repugnantia subnascatur necesse est; inde veritatis contemplatio degenerat in disputationem, disputatio desinit in meram λογο-

---

(2) Mathematical Terms are clearly defined.

μαχίαν; cum in verborum indefinitâ significatione potissima pars versetur controversiæ. Neque quas subinde proferunt definitiones, vel descriptiones vocabulorum, his vitiis plerumque remedium afferunt, at majores haud raro tenebras et tricas inducunt quæstioni. Quid enim ab ejusmodi definitionibus affulgeat lucis? *Motus est actus entis in potentiâ, quatenus in potentiâ. Lumen est actus perspicui, qua perspicui. Anima est ἐντελέχεια*; (vel *ἐνδελέχεια*, perinde est ad intellectum;) vel *Anima est ἀριθμὸς ἑαυτὸν κινῶν.* Quibus sc. explicationibus implicamur potius et confundimur, quam illustramur aut instruimur. Ut plerisque definitionibus melior sit et ad usum commodior illa per jocum a Democrito prolata definitio hominis; *Homo est quod omnes scimus.* Atqui demum cum propositionum demonstrandarum materia sint vocabula, rerum ab animo conceptarum symbola, nisi certo significent illa, de propositionum veritate constare non poterit.

3. Quod Mathematicis adeo peculiaris sit demonstratio procedit inde, quod illi nulla adsumunt aut adhibent principia, vel axiomata non universaliter vera; non inductione perpetuâ comprobata, non communi suffragio concessa, non denique suâ vi firma, suâ luce conspicua, penitus *αὐτόπιστα καὶ αὐτοφανῆ*; ita quidem ut quæ ex his inferuntur conclusiones audientis rationem necessario constringant. Quis enim, eidem tertio æqualia sibimet ipsis exæquari; si ab aliquâ magnitudine detrahantur, aut eidem apponantur æqualia, residua vel composita suboriri æqualia; partem a toto superari; hisque gemina, semel ac audiverit non intelliget facile, non prompte agnoscet, ceu verissima, notissima, jugi experientiæ consentanea, nullam exceptionem patientia, nullam aut probationem aut declarationem ampliorem postulantia? In reliquis vero disciplinis, quæ ad alias astruendas sumuntur et inserviunt pronunciata, vel plerunque quoad universalitatem suam infirmari possunt instantiis contrariis; et propterea, ne falsitatis arguantur, exceptiones nonnullas, limitationes, seu distinctiones requirunt; vel non admittuntur nisi precario, nec audientis consensum extorquent, vel ulterioris indigent con-

---

(3) Mathematicians proceed on Axioms universally true and unambiguous;

Other Sciences not so.

firmationis, aut explicationem prolixiorem desiderant; quo fit ut ex illis elici nulla possit universaliter vera, manifesta, indubitata et invicta conclusio; nec fundamentis adeo lubricis et vacillantibus ulla superextruatur stabilis et inconcussa demonstratio, cui nemo contra hiscere audeat, aut refragari. Nempe talibus ex pronunciatis; *natura nihil facit frustra; omnia appetunt bonum; nihil dat quod non habet;* quid obsecro firmi vel certi deducatur? Quot ex illis, modicam impendendo subtilitatem, sibi contradictorias propositiones inferre licet, inferre solent argutiarum opifices? Quibus nimirum extricandis et inter se conciliandis distinctiunculas comminisci necesse habent innumeras (mirificas illas plerunque) e quibus resultat concertatio multa, nulla conflatur demonstratio. Huic affinis est alia ratio,

4. Quod Mathematici petitiones adhibent, aut supponunt hypotheses non nisi clare possibiles, et facillime imaginabiles (εὐπετεῖς, εὐπορίστους, εὐμηχάνους, προχείρους[1]); quasque adeo nemo, utcunque præfractus, asper, illiberalis ingenio, non ultro largiatur et indulgeat postulantibus. Ut e. g. cum supponunt, aut postulant, ut inter duo quævis designata puncta ducatur, aut ducta concipiatur recta linea; quovisve puncto in centrum assumpto, ut per aliud itidem acceptum punctum, circuli circumferentia transeat, aut intelligatur transire; corpus aliquod plano transadigi; semicirculum circa suum axem rotari; et istis consimilia; quis inficias eat hæc fieri posse, quis dubitet facta concedere; quis obstrepat tam evidenter possibilia supponenti? quum talia fieri posse sentiat et facta videat quotidie. In aliis vero scientiis aliter se res habet. Nec enim ut rerum causas utcunque videantur explicare, suppositiones verentur procudere, suis ratiociniis præstruere, sibi condonandas expetere prorsus arbitrarias, admodum duras, horride immodestas; nedum creditu difficiles, at subinde vel conceptu arduas; e. g. Cum in physicis ad explicandum modum visionis, aliqui sibi postulant concedi, quod a quovis objecti visibilis signo species nescio quæ intentionales undicunque dispergantur, aut propagentur: Alii vero quod effluvia quædam corporea, seu cuticulæ quædam omni

[1] Procl.

---

(4) Mathematicians use postulates and hypotheses which are clearly possible.

cogitatione tenuiores a rebus objectis derasæ discerptæque, versus aspectum ubicunque situm rectâ deportentur: Nonnulli demum, quod a quolibet objecti lucidi, vel illustrati puncto ad unumquodque punctum medii circumfusi motus quidam (seu actiones vel nisus) facili sc. negotio, dictum factum, dirigantur et deriventur. Cujusmodi hypothesium cuilibet, etsi ingeniose confictæ, nemo fere tam simplex est aut credulus ut statim consentiat, aut a seipso protinus impetret concedere, non modo quod vera sit, at vero quod omnino possibilis, aut saltem aliquatenus probabilis; cum multæ paulisper attendenti se difficultates objiciant, fidem distinentes, aut obruentes. Et illorum, qui talia sibi plurima, perfrictâ fronte, obstinatâ mente, condonari volunt quis non importunitatem repellat, inverecundiam aversetur? Saltem ejusmodi fluxis arenis quis solidam inniti putet demonstrationis fabricam? Accedit his,

5. Quod Mathematici non tantum pronunciata manifeste vera præmittunt, et hypotheses adsumunt liquido possibiles; at in utroque genere strictissimam paucitatem affectant, vel potius efflictim depereunt[1]. Axiomata præmittunt inquam, paucissima; parcissime quidvis petunt, adsumunt, aut præsupponunt. Est enim tenerrimæ frontis, et stomachi robustissimi, pudentissimum genus hominum, et tædii patientissimum. Quemvis concoquere malunt laborem in dictis suis demonstrandis, quam assensum gratuitum emendicare, vel nimiam auditorum liberalitatem experiri. Proprii ratiocinii virtuti, non alienæ facilitati deberi volunt conclusionum suarum evidentiam et firmitatem. Solertiâ suâ dignum arbitrantur e tenui sorte mirifice tandem locupletes evadere; ab exili radice in immensam scientiæ proceritatem excrescere; super angusto fundamine vastam, nec minus firmam erigere molem conclusionum. Per longas igitur ambages morosius et prolixius aliquas propositiones, alioquin facillimas, deducere satagunt, eo quod a multiplicando postulatorum et axiomatum numero vehementer abhorreant.

Quo nomine magnus ille censor (dicam an carptor?) Ramus

[1] Arist. I. *Post.* cap. 25: Ἐστὶ γὰρ αὕτη ἡ ἀπόδειξις βελτίων (τῶν ἄλλων τῶν αὐτῶν ὑπαρχόντων) ἡ ἐξ ἐλαττόνων αἰτημάτων, ἢ ὑποθέσεων, ἢ προτάσεων· Εἰ γὰρ γνώριμοι ὁμοίως, τὸ θᾶττον γνῶναι διὰ τούτων ὑπάρξει· Τοῦτο δ' αἱρετώτερον.

Opposite examples in other sciences.

(5) Mathematicians use as few axioms and postulates as possible.

Euclidem acriter reprehendit[1], quod plurimas is propositiones susceperit demonstrandas, quas, ut ille quidem opinatur, satius fuisset ceu suâ luce claras arripere, indemonstratas anticipare, in axiomatum censum referre. Et potuisset eodem jure totam catervam veterum Geometrarum similis culpæ reos peragere, ipsumque in illis divinum Archimedem increpare, quod axiomata vel postulata plura quam necesse fuit adsumendi licentiam refugiens, admiranda sua theoremata, quæ brevius potuisset et clarius, istâ nimirum adrogatâ sibi potestate, maluisset utcunque nonnihil intricatius proponere, prolixiusque demonstrare. Mihi vero contra neutiquam videtur improbandum, at magnopere potius laudandum et amplectendum eorum institutum. Siquidem nulla debet nimia censeri diligentia, vel solicitudo, quæ primis scientiarum fundamentis impenditur stabiliendis. Longe præstat ut multæ demonstrationes redundare, quam ut una videatur deficere. Detrahenda est Epicureis ingeniis omnis ansa cavillandi, vel argumentationis cujusvis principio, seu incerto vel minus notorio, consensum detrectandi. Est amolienda, quoad fieri potest, ex hisce disciplinis omnis suspicio, omnis formido, omnis hæsitatio. Neque discentium immodice pertentanda fides est; nec ipsorum animi longius distinendi sunt et obtundendi hypothesium multitudine; neque nimis assuefaciendi temerariæ præsumptioni. Saltem haud inutile sit, nec injucundum, ipsarum inter se primarum propositionum, operâ syllogisticâ cohærentiam et cognationem ostendere; denique sicut magnificentius est et gloriosius exiguis copiis hostem debellare, ita paucis ex principiis innumeras veritates astruere, plus admirationis conciliat, impensioris aliquid laudis victrici promeretur rationi.

Quare nec omnino vituperandum existimo (nedum ambitionis aut furoris arcessendum, cum non nemine) istam magni Apollonii curiosam, sed ingeniosam, sedulitatem; qui celeberrimum illud axioma, quæ eidem æqualia, conatus est demonstrare. Ut nec Regiomontani carperem supervacuum studium primas Arithmeticæ vulgaris regulas ex Euclideis, ut perhibent, elementis aggressi deducere. Quos æmulatus quidam e nostris, ignotus

[1] *Schol. Mathemat.* Lib. III.

Ramus's objections to Euclid's proofs as superfluous; answered. Attempts to prove first principles are laudable.

nemini philosophus, etiam clarissimi pronunciati, Totum parte sua majus est, demonstrationem attentavit.

Illud utcunque constat ex dictis, quod ostendere propositum mihi fuit, tantus ubi labor suscipitur, tam anxia cautela adhibetur, ne facile propositio quævis in axiomatis dignitatem adsurgat et ne conferta turba succrescat hypothesium, ibi nihil miri contingere, si cunctæ conclusiones quam validissime demonstrentur. In aliis autem doctrinis dispar procedendi modus est et ratio. Nam axiomatum isthic infinita seges pullulat, quæ vel spissa voluminum horrea replendo sit. Quævis enunciatio verisimilis ad principii gradum aspirat; et alicui comprobandæ conclusioni qualemcunque præstat operam, quamvis gratis assumpta. Cuilibet autem expediendæ quæstioni, vel phænomeno explicando nova distinctaque procuditur hypothesis. Quo fit ut in eâdem (quæ dicitur et habetur) scientiâ reperiantur hypotheses innumeræ; quot, inquam, materiæ tractandæ, tot hypotheses diversæ, auscultantium nedum fidem superantes, at vel ipsam memoriam obruentes; quæ vix ullâ ratione fieri potest ut omnes consistant, et consentiant inter se, neque quod non plures sibi mutuo discrepent et adversentur. Unde quale provenerit demonstrationum systema nemo non videt, non experitur. At porro,

6. Generationes magnitudinum, quas Mathematici pertendunt, quibus ipsas definiunt aliquando, et e quibus ipsarum proprietates educunt, etiam imaginatio nostra ceu maxime possibiles assequitur et percipit facillime, ratione protinus adstipulante. Ex. gr. cum ex rectæ lineæ, uno extremo fine permanente, circumductu circulum effici dicunt; ex trianguli rectanguli circa crus unum immotum rotatu conum efformari; ex semicirculi circa diametrum, velut axem, gyratione sphæram detornari; cum itidem rectam lineam ex puncti gressu brevissimo et indeflexo; parallelogrammam superficiem ex rectæ lineæ per idem planum transverso, perpetuumque retinente parallelissimum, itinere; prisma vel cylindrum ex consimili rectilineæ planæ figuræ, vel circuli parallelo transitu deducunt, aut definiunt; cum spiralem et quadraticem lineas curvas ex duplici motu uniformi (uno recto, vel

---

(6) The modes of generating magnitudes supposed by Geometers are possible and easily conceived.

This is not so in other subjects.

parallelo, altero circulari) conficiunt; parabolam ex duplice motu uno uniformi, altero uniformiter accelerato describunt, et ex ejusmodi causis magnitudines ortas concipiunt; quin tales motus peragi possint, et tales ab illis effectus necessario resultent, qui tantisper attendet abnuere nemo potest, aut ullatenus ambigere; adeo clare percipit intellectus noster, quid ex istis generationibus suppositis consequatur. Unde nullo negotio talibus ex causis magnitudinum proprietates elici possunt et demonstrari.

Non ita naturalium, aut aliarum rerum productiones in propatulo sunt, aut ex causis quibusvis suppositis effectorum proprietates deduci possunt. Posita v. g. tali elementarium qualitatum complexione, seu temperie; vel tantâ sulphuris adustione; vel quod materiæ cujusdam subtilis rotatus incessui directo prævaleat; quis audacter asseveret, aut statim agnoscat talem adspectui apparentiam iri necessario productum, qualis rubicundum colorem constituere solet aut comitari? Nec proinde quispiam ex istiusmodi confictis generationibus rerum passiones et affectiones demonstret. Hisce causis accenseri potest,

7. Ordo, quo Mathematici suas materias pertractant, suas veritates indagant, suas propositiones disponunt accuratus. Notat Aristoteles ordinem in Mathematicis usurpatum memoriæ conducere: 'Εστὶν (inquit) εὐμνημόνευτα, ὅσα τάξιν τινὰ ἔχει, ὥσπερ τὰ μαθήματα[1]· at ratiocinium promovet amplius iste ordo: Circa quem præsertim observari potest, quod primas propositiones suâ luce conspicuas, aliisque demonstrandis præstratas (definitiones nempe, pronunciata, postulata) sedulo congestas primâ sede collocare solent, sic exigente nostri discursus naturâ; proximo loco simpliciores statuunt propositiones ab istis immediate deductas; tum illas quæ ab his proxime consequuntur, ac ita nusquam interruptâ perpetuâ serie, sic ut a præcedentibus posteriora lucem pariter ac firmamentum accipiant, et catena quædam nectatur argumentationum, nullâ vi dissolubilis. Quo fit etiam, ut singulæ cujusvis propositionis a primis usque principiis propaginem derivare; ejus ab illis dependentiam, et connexionem perspicere liceat, ejusque proinde veritatem infallibili quâdam ratione dijudicare.

[1] *Tract. de Memoriâ et Reminis.* cap. 2.

---

(7) The order of Mathematical proofs assists the reasoning.

Item advertere licet quod apud Mathematicos e propositionibus inventis ac demonstratis, si quæ sunt insignioris notæ, vel communioris naturæ, suâ vel elegantiâ vel utilitate nobiles, illæ peritorum examine comprobatæ ratæque habitæ velut in censuales quasdam tabulas digeruntur, in thesaurum reponuntur, in penu quodam publico asservantur, unde sicuti postulabit usus, depromi possunt, aliisque cum investigandis tum demonstrandis propositionibus inservire. Tales pleræque sunt veterum Geometrarum propositiones, quæ magnitudinum quarundam menti nostræ præsertim obviarum præcipuas exhibent proprietates, (puta Euclidis elementa, Sphærica Theodosii, Apollonii Conica, Archimedis de sphærâ et cylindro, reliquaque) quæ nempe veritatum Geometricarum circa varias materias quasi totidem seminaria sunt, totidem promptuaria, de quibus innumeræ conclusiones, quæ ad istas materias pertineant respective, per facilem discursum eruantur; totidem velut elementa reliquarum ferme omnium propositionum inventiones ac probationes ingredientia; totidem denique *κριτήρια*, vel quasi Lydii lapides, ad quos reliquarum veritas examinetur et exigatur.

In aliis disciplinis secus accidit plerunque. Nam principia si quæras, nusquam deprehendes, aut saltem reperies cum conclusionibus indiscrete permista, confusaque; plane tanquam Æneæ toto disjectas æquore classes: Id quod animum studiosi valde turbat, et impedit scientiam: Nam bene Proclus, *εἴ τις εἰς ταὐτὸν συμφύρει τάς τε ἀρχὰς, καὶ τὰ ἀπὸ τῶν ἀρχῶν, οὗτος ἐπιταράττει τὴν σύμπασαν γνῶσιν, καὶ συγκυκᾷ τὰ μηδὲν προσήκοντα ἀλλήλοις*[1]. Nec ipsarum propositionum ullum ordinem, ullam fere connexionem observabis; adeo ut singulæ cujusque propositionis originem ad prima principia persequi nequeas, nec adeo tibi certo constare possit, utrum vera sit necne; at juxta dictum Hieroclis, *ἡ μετάθεσις παραλογίζεται τὴν κρισίν*, rerum transpositio judicium decipit ac pervertit. Tum nulla prostant elementa passim ob omnibus agnita, communique suffragio stabilita, ad quæ discursus omnis referatur, e quibus petatur inventio

[1] Lib. II. pag. 22.

And hence Collections of Mathematical Propositions are made: As by Euclid, Theodosius, Apollonius, Archimedes.

theorematum, et quæstionum resolutio; per quæ denique propositionum veritas exploratur.

8. Ultimo, de Mathematicis observari potest, quod res tantummodo sibi compertas attingunt, ignotas et incertas prætereunt. Non profitentur omnia scire, nec affectant de omnibus dicere[1]; quæ vera sciunt et invictis argumentis astruere queunt, ea proferunt et theorematis includunt, de reliquis tacent, et abstinent sententiam; malentes inscitiam suam agnoscere, quam temere quidvis affirmare; nihil immiscent, aut inserunt argumentationibus, vel assertionibus suis non planissime perspectum, et extremo cum rigore exploratum; conjecturas omnes probabiles, et bellas argutias rejiciunt; authoritati nil deferunt; affectibus nequaquam indulgent, verborum illecebras detestantur; sententias suas efferunt, ut in Areopago, *ἄνευ πάθους καὶ προοιμίου*. Isto pacto suas scientias ab omni labe vel erroris, vel dubitationis conservant immunes et incorruptas.

In reliquis, quas appellant, scientiis certis dubia, compertis præsumpta, manifestis obscura, vera falsis promiscue confunduntur. Omnia proponunt sibi discutienda, explicanda, decidenda, juxta quæ sciunt, quæque ignorant; cum certas rationes afferre nequeunt, qualescunque conjecturas proferunt, pulchris coloribus infucatas; divinant sæpius quam demonstrant; denique quasi de nostris causas agunt quam possunt disertissime; et quæ probare nequeunt, student persuadere.

Sed vereor, ne collationis hujus prolixius et crassius institutæ pigere vos incipiat. Ex quâ tamen utcunque liquere potest qualis sit apud Mathematicos ratio demonstrandi; nempe talis, quod cum res sibi suscipiant contemplandas, quarum in animo claras et distinctas ideas habent; hasque propriis, adæquatis, invariatisque nominibus designent, ad ipsarum indagandas affectiones, et veras de iis conclusiones compingendas, tantummodo notissima, certissima, paucissima quædam axiomata præmittunt; hypotheses itidem paucissimas præstruunt, et rationi summopere consonas,

[1] Rationes, quæ a Geometris adferuntur, non persuadent, sed cogunt.—Sen. I. *Qu. Natur.*

---

(8) Mathematicians pass by what they do not know.
Not so the writers on other sciences.
Recapitulation.

nec a sanæ mentis quolibet recusandas. Generationes etiam, seu causas adsignant a nemine non intelligendas facile, non prompte admittendas. Ordinem denique servant exquisitum, ut nulla propositio non liquido consequatur a prius positis ac probatis; rejectis demum omnibus, utcunque verisimilibus et speciosis, quæ tali modo colligi deducique nequeunt. Hujusmodi vero argumentatio quin proprie sit demonstrativa, scientiamque pariat, qualis capax est humana mens, certissimam, neminem videri possit iturum inficias, aut addubitaturum concedere. Nam si, quas adsumunt, præmissæ sint adeo certæ, ut nemo tam effrons sit, illis qui contradicere sustineat, aut ipsas ausit in dubium revocare; si legitima quoque sit inferendi ratio, Logicæ ad infallibilem amussim exacta; quid obstet quo minus illatæ conclusiones sint necessario veræ; discursus ipse summo jure dicatur demonstratio; ejusque effectus, hoc est in animo residens habitualis cognitio, merito habeatur scientia? At nihilominus quidam adeo subtiles fuerunt olim, et jam sunt, ut negaverint Mathematicas esse vere scientias, et veras in illis demonstrationes reperiri; quibus deducti rationibus, cum jam non vacet, proximâ lectione, dispiciemus.

LECT. V.*

PERACTIS quæ de Mathematum objecto, nec non de partitione succurrebant disserenda; postremâ Lectione de modo, quo circa suum objectum versantur, occepi dicere. Quem utique non abs re duxi, ex institutâ harum cum aliis disciplinis collatione quadantenus illustrare. Et Mathematici quidem discursus efficacia quibus præsertim ex fontibus promanet, haud obscure hinc insinuavi, ejusque firmitatem adserui *κατασκευαστικῶς*. Nunc *ἀνασκευαστικῶς* agendi partes obveniunt; incumbitque nobis *τῶν ἐξ ἐναντίας*, Mathematici ratiocinii certitudinem et præstantiam impugnantium, impetus sustinere, captionibus occurrere, tricas expedire. Ad rem.

---

* Objections to Mathematics.

Mathematicas scientias Aristoteles appellat ἀκριβεστάτας ἐπιστήμας[1]. Idem ἀκριβολογίαν, exactam disserendi rationem ceu peculiarem illis attribuit; hisque consentanea passim innuit, atque supponit; nullusque dubito, quin ad has potissimum attendendo, demonstrationis quam primus tradidit doctrinam effinxerit, ad illam saltem illustrandam ac confirmandam ex his pleraque depromit exempla. Nihilominus extiterunt olim, et haud pridem inventi sunt (etiam inter ipsos, quod demiremur, Peripateticos, qui philosophiæ Aristotelicæ nomen addixerunt suum, eque ipso Aristotele, quantumvis invito et reclamante, videri volunt opinionis suæ firmamenta desumpsisse) qui Mathematicas esse vere scientias, quodque veræ dentur in illis demonstrationes, non dubitarint inficiari. Apud veteres quidem, præter Pyrrhonios, et Ἐφεκτικοὺς (qui scientiam pariter omnem sustulerunt, et posse quâlibet de re certi quicquam affirmari gravati sunt concedere, imo non veriti negare) præter hos, inquam, Epicuri grex Mathematicis præsertim infensus, ipsorum principia convellere, demonstrationes studuit infirmare. Quorum ex harâ prodeuntis Zenonis cujusdam Sidonii Posidonius aggressiones integro volumine perhibetur refutasse[2]. Horumque nonnulli recentiores insistunt vestigiis. Nos etsi vix προὔργου ducamus hominum illudentium aliis, nec suis ipsorum dictis fidentium (quique reverâ sunt in philosophiâ hæretici, hoc est αὐτοκατάκριτοι) cavillationibus refellendis multum subtilitatis impendere; ipsorum utcunque rationes, hoc est e præcipuis unam, aut alteram, excutiemus.

Oggerunt primo, ut aliqua fiat demonstratio, de primarum propositionum universali veritate certo constare debet; hæc vero, sicut ipse docet et contestatur Aristoteles, non aliunde potest innotescere quam ex inductione, hoc est ex observatione perpetuâ, perfectâque recensione singularium. Ex inductione vero

[1] II. *de Cœlo*, cap. 7. *Metaph.* I. cap. ult.
[2] Proclus, pag. 55.

The Objections of the Epicureans.

(1) Demonstration must depend on First Principles. First Principles must be obtained by Induction. Induction cannot establish principles universal and certain, because the enumeration must be limited, and the evidence of sense is fallible.

colligi nequit universalis veritas propositionum; tum quoniam enumerando percurri nequeunt omnia singularia; (quippe quæ infinita, vel indefinite multa possunt existere;) tum ideo quod inductio nititur sensu, qui fallax et plurimis nominibus obnoxius est errori, nec idoneus proinde testis est aut index veritatis. Ergo nulla firma basis est extruendæ demonstrationi.

Ad hoc palmarium ἐπιχείρημα (quod nempe non Matheseos solummodo, sed omnis scientiæ certitudinem impetit) respondeo primum illos serio percontando, ipsorumque pulsando conscientiam, si detrahantur ab æqualibus æqualia quod superfutura sint æqualia, annon clare percipiant, sibi persuasissimum habeant; num illius propositionis veritatem amplectantur assensu firmo; vel de eâ quicquam addubitent, seu fidem illi habentes falli reformident. Si dicant se dubitare, protinus inepti, deliri, insani, scuticæ vel helleboro digni videbuntur omnibus, ipsisque velint nolint sibi. Sin abnuere vel tergiversari nequeunt, ergo veritatem istam certo cognoscunt: quid enim aliud designat cognitionis certitudo quam rem cognitam animo cognoscentis manifeste veram videri, sic ut omnis formido contrarii penitus excludatur.

At quomodo, sciscitaberis, obvenit aut parabitur ista certitudo? Respondeo, quicquid sit de modo, et quâcunque ratione, seu per inductionem et multiplicem experientiam colligatur, seu ab insitis animo notionibus exurgat, seu quâvis aliâ viâ comparetur axiomatum certa notitia, sufficit ejus nos intime conscios esse; nos illam menti nostræ indelebili charactere impressam experiri: nec enim de modo cognitionis obtinendæ, vel de certitudinis origine, sed de re ipsâ, num habeatur, disquirimus et disceptamus. Nescio forte modum sentiendi, num idcirco non video mihi posita ob oculos, non audio quæ feriunt aures meas, non tango quæ sunt præ manibus? Ita certus sum (irrefragabili, inquam, propriæ conscientiæ testimonio certus) me propositionis istius veritatem attingere; certus es etiam tu ipse quicquid dissimulas, aut cavillaris[1]; sed quomodo vel unde certus evaserim,

[1] Οὐ γάρ ἐστιν ἀναγκαῖον ἅ τις λέγει, ταῦτα καὶ ὑπολαμβάνειν.—Arist. *adv. Heraclitum in Metaph.*

Answer: first the Axioms of Geometry are universal and certain, however we learn them.

non perinde scio, nec admodum refert ut sciam; saltem indicio sit rem certo cognosci, quod de certitudinis acquirendæ modo quærimus, et contendimus.

Sed videamus utcunque de modo certitudinis hujus adipiscendæ (istorum importunitati nonnihil gratificantes). Circa quem primo de connatis notionibus haud quicquam affirmabo; (fusiorem illa quæstio dissertationem exposceret, et extra oleas propositi nostri me abriperet longius;) id saltem adverto, si verum sit quod sane complures non infimæ notæ philosophi, Platonicæ sc. et Stoicæ Scholæ sequaces arbitrantur et contendunt acriter, ejusmodi dari *φυσικὰς ἐννοίας*, et *προλήψεις*, ceu veritatis semina[1], nostris animis insitas a naturâ, quarum lumini non liceat oculos occludere, quarumque vi resistere nequeamus; hoc, inquam, posito, confecta res erit, et quomodo certi sumus facile constabit, *ἀδίδακτοι* nempe vel *αὐτοδίδακτοι*, Naturæ solius, magistræ fidelis, infallibili ductu instinctuque—*Semel dixit nascentibus author Quicquid scire licet.*—Nec aliâ ratione primis istis decretis assensum præstabimus, quam quâ lapis terram petit, sol lucem ejaculatur, ignis fomitem suum depascit.

Sed hoc modo prætermisso, transeamus ad alios, si qui sunt. Et quidem de sensu, quod is bene secundum naturam comparatus, et affectus, ut fit in plerisque sanis, objecta quædam certo discernat; solem e. g. jam lucere, vel istum hominem adstare, velle dubitare non cordati philosophi, sed inepti nugatoris esse videtur; seipsum juxta cum aliis ludificantis; suæ, inquam, conscientiæ pariter ac aliorum omnium authoritati repugnantis, (nemo enim non perfectissimam *συγκατάθεσιν* præstat, non inconcussâ animi *πληροφορίᾳ* acquiescit a sensu perceptis,) ne dicam hominis erga naturam injusti, ingratique; ejus nimirum vel bonitati vel potentiæ derogantis, quasi nos veri certo comprehendendi capaces aut noluerit, aut nequiverit efficere, sed maluerit in perpetuâ rerum caligine cæcos palpare, instabiles jactari, vagos oberrare.

[1] *Εἴ τι ἀληθὲς ἡ ψυχὴ ξυνίησιν, ἀνάγκη ἀληθῆ εἶναι ταῦτα τὰ σπέρματα ἐμπεφυτευμένα τῇ ψυχῇ.*—Max. Tyrius, *Dissert.* 28.

The Platonists and Stoics held that we see such principles by a natural light.

Aristoteles e contra sensus proprium statuit ut semper verax sit. Ἡ *μὲν γὰρ αἴσθησις*, inquit, *τῶν ἰδίων, ἀεὶ ἀληθής, καὶ πᾶσιν ὑπάρχει τοῖς ζώοις*[1]. Ego tamen quod sensus aliquando fallax, hoc est, falsi judicii causa sit (et quidem interdum fere necessaria, ac inevitabilis) cum aut ipse male, præter naturam et morbide, disponitur, aut objecta minus commode exhibentur, non usquequaque abnuerim. Quod vero nunquam certo scopum assequatur, hoc est, nunquam rerum objectarum species ita menti repræsentet, ut illa fidens ipsorum testimoniis falso nequeat judicare, id vero serio concedere, mihi nil videtur aliud, ut modo dixi, quam solenniter delirare, sibi vim inferre, naturam infamare. Melius apud Ciceronem disserit ille: *Sensuum ita clara judicia et certa sunt, ut si optio naturæ nostræ detur, et ab eâ Deus aliquis requirat, contentane sit suis integris incorruptisque sensibus, an postulet melius aliquid, non videam quid quærat amplius. Est maxima in sensibus veritas, si et sani sunt et valentes, et omnia removentur, quæ obstant et impediunt*[2]. Cui sententiæ quicquid ore profitetur, nemo non animo astipulatur.

Sed quomodo sciam, regeres, quomodo distinguam an omnia rite comparentur ad certo sentiendum? Aio; non est operæ tuæ scire vel distinguere; ipsius rei evidentiâ necessario convinceris, et manus das; impulsu naturæ volens nolens in consensum adigeris[3]. Atque dices, a sensibus multoties decipior; cum iridi veros colores inesse, cum remum inflecti, cum solem propinquum et parvum, cum quadratum longe dissitum rotundâ specie præditum sensu duce cogito. Esto; sed iridem apparere, remum aquæ insistere, solem allucere, rem specie rotundâ conspici, absoluta talia recte percipis[4]; relativas vero determinationes istas magnitudinis, distantiæ, figuræ discernere ac dijudicare non sen-

[1] Lib. III. *de Anima*, cap. 3. [2] *In Lucullo.*

[3] *Ἀεὶ γάρ ἐστιν ἐνστῆναι πρὸς τὸν ἔξω λόγον· ἀλλὰ πρὸς τὸν ἔσω λόγον οὐκ ἀεί.*—I. *Post.* cap. 10.

[4] *Ἡ γλῶττα τούτου φιλονεικεῖ, κατ' Εὐριπίδην, ἡ φρὴν οὐδαμῶς, οὐδ' ἡ ψυχή.*

The senses when sound are not fallacious.

So Cicero says,

The senses may produce false judgment, but this is not an error of the senses.

sûs est negotium, sed rationis; huic igitur, non illi tuus in his, quicunque sit, error debet imputari.

Enucleatius hæc possem, et magis ad vivum resecare; sed nolo quæstioni penitus philosophicæ meipsum altius immergere, vel a proposito longius evagari. Satis sit pro rato fixoque sumere ac supponere (id quod nemo reverâ non concedit, et cordicitus amplexatur) sensus adminiculo quædam, etsi non omnia, recte perspici, certo judicari. Jam quid si fieri posse dicamus, ut mens humana (recte constituta nec emota sicut in extreme fatuis, ac dementibus) nativâ facultate polleat universales propositiones intuendi, simili plane modo quo sensus discernit singulares? Nempe, sicut istarum propositionum veritas, Socrates existit, aquila volat, Bucephalus currit, a sensu immediate perspicitur et quasi dijudicatur; ita istas; contradictoriæ propositiones nequeunt esse simul veræ; quod aliquando cœpit existere, ab alio ducit originem; actio rem arguit existere; (vel ut effertur vulgo, non ens nihil agit;) et ejusmodi propositiones nostra mens (etiam sine præviâ notione, nulloque adhibito discursu, vi suâ nativâ) directe speculatur et comperit esse veras; qui modus attingendi veritatem peculiari nomine vocatur *νόησις*, et ipsa facultas *νοῦς*. Quid obstat vero quo minus tali facultate percipiantur Mathematicæ demonstrationis principia?

Sed philosophus, aies, propositionum omnium universalium, etiam primorum principiorum, veritatem non aliunde colligi docet, quam ex inductione. Sic enim ille: *Οὐ μὴν ἀλλὰ ἐκ τοῦ θεωρεῖν πολλάκις τοῦτο συμβαῖνον, τὸ καθόλου ἂν θηρεύσαντες ἀπόδειξιν εἴχομεν*[1]. *Ἐκ γὰρ τῶν καθέκαστα πλειόνων τὸ καθόλου δῆλον.* Et expressius; *Δῆλον δὴ, ὅτι ἡμῖν τὰ πρῶτα ἐπαγωγῇ γνωρίζειν ἀναγκαῖον· Καὶ γὰρ ἡ αἴσθησις οὕτω τὸ καθόλου ἐμποιεῖ*[2]. Et adhuc, si fieri potest, manifestius in Ethicis ad Nicomachum: *Εἰσὶν ἄρα ἀρχαὶ, ἐξ ὧν ὁ συλλογισμὸς, ὧν οὐκ ἐστὶ συλλογισμὸς, ἐπαγωγὴ ἄρα*[3]. Quibus consonant ex eodem

[1] I. *Post. Anal.* cap. 31. [2] II. *Anal. Post.* cap. ult.

[3] Lib. VI. cap. 3.

As we see particular objects by the Senses, we see general truths by Intuition.

But it is objected, Aristotle says that all general Propositions are derived from Induction.

desumptæ sententiæ; *Nihil est in intellectu quod non fuit prius in sensu: Intellectus ad instar se habet rasæ tabulæ;* eoque redigas quæ apud eum reperiuntur talia: Νοεῖν οὐκ ἐστὶν ἄνευ φαντάσματος[1]; Et, Αἰσθανόμενος μηδὲν οὐδὲν ἂν μάθοι, οὐδὲ ξυνίοι[2], etc. Ex quibus constare videtur in eâ sententiâ versatum esse philosophum, quod scientiarum principia sensuum testimoniis, et singularibus experimentis omnino nitantur. Quod si verum esse concedatur, vix diffitendum sit inde aliquid decedere rigidæ certitudini, nec istâ hypothesi admissâ, quodvis humanum ratiocinium supra conjecturæ probabilis fastigium adscendere.

Attamen ubi quævis propositio perpetuæ experientiæ deprehenditur consentanea (præsertim quæ non circa rerum accidentia versari videtur, at præcipuas ad proprietates, et intimam ipsarum constitutionem pertinere) saltem tutissimum erit, et a nobis exiget summa prudentia, promptum ut ei consensum præbeamus. Sicut enim illi quod nos vel semel decepit indicio fidem adhibere, non injuriâ postuletur inconsultæ temeritatis, ita quod millies exploratum expectationi nostræ quam accuratissime respondit, præcipuæ fuerit prudentiæ ei nequaquam diffidere, sed assentiri fortiter, mordicus adhærere; præsertim cum assensui roborando accedat naturæ sibi nunquam dissimilis constantia; et immutabilis sapientia Primæ Causæ, res cunctas juxta simplices ideas formantis, et certos ad fines dirigentis: quæ consideratio pene sola conficere potest, ut de crebris experimentis confirmatâ propositione, tanquam universaliter verâ, certi esse debeamus, nec ut de illâ subdubitando naturam esse fluxam, et rerum auctorem sibi fore disparem suspicemur.

Imo nonnunquam hac de causâ, propter naturæ constantiam, vel ex unico aliquo experimento prudenter colligamus universalem propositionem, ut notat Aristoteles, et appositissimo confirmat exemplo. Ἔνια γὰρ εἰ ἑωρῶμεν οὐκ ἂν ἐζητοῦμεν, οὐχ ὡς εἰδότες τῷ ὁρᾷν· [ἀλλ' ὡς ἔχοντες τὸ καθόλου ἐκ τοῦ ὁρᾷν·]

[1] *Lib. de Memor.* cap. I. [2] Lib. III. *de Anima.*

And hence it is said that Nothing is in the Intellect which was not previously in the Senses; and that the Intellect is like a sheet of white paper.

But propositions consonant to perpetual experience may be regarded as universally true, because nature is constant.

Οἷον εἰ τὴν ὕελον τετρυπημένην ἑωρῶμεν, καὶ τὸ φῶς διϊόν· δῆλον ἂν ἦν καὶ διά τι φωτίζει, διὰ τὸ νοεῖν μὲν χωρὶς ἀφ' ἑκάστης, νοῆσαι δ' ἅμα ὅτι ἐπὶ πασῶν οὕτως[1].

Unde vel hoc nomine (ut hæc applicemus nostro proposito) qui pronunciatis Mathematicis assensum detrectaverit, extremæ saltem imprudentiæ, hoc est fatuitatis et amentiæ, notam haud effugerit. Nec opus est ad demonstrandam Mathematici discursus efficaciam, ut amplius quicquam expetamus, quam ut præter dementes et insigniter stolidos, omnes eo constringantur.

Veruntamen, si rem ipsam ex vero, auctoritate seclusâ, perpendamus, nulla ratio nos adiget ut fateamur Mathematica principia solâ inductione, seu perpetuo sensuum testimonio niti. Siquidem notari potest imprimis, quod si quempiam hominem sciscitemur cur aliquod axioma Mathematicum credat esse verum, non respondebit, opinor, eo quod ita multoties accidisse viderit et observârit, at vero forsan nescire se causam cur credat, attamen obstinate credere profitebitur; quod indicium est aliunde quam ex sensu derivari, qui Mathematicis axiomatis præstatur, assensum.

Tum notari potest secundo, res plerasque Mathematicas, quamvis ex sensu de illis cogitandi sumamus occasionem, ipsas tamen immediate directeque sensum non incurrere, sed quod existant, et quales sint a solâ ratione colligi dignoscique. Quis enim unquam vidit, aut ullo sensu dignovit exactam lineam rectam, aut circulum perfectum? Quis duas quascunque res exquisite sibi congruas, aut invicem æquales animadvertit unquam

[1] I. *Post. Anal.* c. 31.

Hence sometimes a universal proposition may be collected from a single example; as Aristotle says (I. *Post. Anal.* c. 31), "Some things, if we were to see once we should not seek to see again; as not deriving our knowledge from seeing, but as obtaining a universal proposition from that which we saw. Thus if we could see the pores of glass and the light coming through them [in one instance] it would be evident to us why glass is transparent. We should see the fact separately in each case, but we should understand that it is so universally."

But in truth Mathematical principles do not depend on Induction: For

1. Men do not adduce experience as their reason for believing such principles.

2. Sense is the occasion, but Reason the source of Mathematical conceptions.

aut attigit sentiendo? Tantum abest ut ipsarum attributa sensu comperiamus, aut propositiones, in quibus attributa rebus annectuntur, universales ex eo colligamus. A sensione quidem, nec illâ multiplice, sed unicâ, deduci possit hypothesium Mathematicarum possibilitas: Quod v. g. possit inter duo assignata puncta duci recta linea. Sentimus enim ab uno ad alterum utcunque fieri posse progressum, in quo si quid inest asperum et a rectitudine deflectens, illud abradi possit, eatenus quidem manu nostrâ, donec ad sensum recta videatur effecta linea; unde pari ratione colligamus licet, ex parte rei non repugnare, ne reliquæ asperitates seu exorbitantiæ lævigentur et corrigantur, adeoque ut linea perfecte recta constituatur. Similique ratione quod quævis a Mathematicis tractata magnitudo possit existere, unica sensus observatio satis attestetur; quodque possibiles sint omnes hypotheses Mathematicæ, quod magnitudines componi, dividi, moveri, spatium replere possint, non opus est ut longa dies doceat, sed unicum sensûs indicium evicerit abunde.

Ubi perstringi potest obiter illorum opinio, qui figuras Mathematicas in solâ mente, nec uspiam alibi rerum in naturâ volunt existere (quod equidem miror viros alioquin Matheseos apprime peritos concedere; in quibus Blancanus, cujus hæc verba sunt: *Quamvis igitur reipsâ non existant (entia Mathematica) quia tamen tam in mente Auctoris Naturæ, quam in humanâ eorum ideæ, tanquam exactissimi rerum typi existunt, ideo de ipsis eorum ideis, quæ per se primo intenduntur, et quæ vera sunt entia, agit Mathematicus*[1]. Aliusque[2] nonnemo ex Mathematicorum sententiâ: *Non est,* inquit, *in rerum naturâ ulla sphæra, quæ solum tangat κατὰ στιγμήν; semper enim parte aliquâ superficiei suæ attingit subjectam lineâ* (superficiem) *planam, quemadmodum Geometris objiciebat Protagoras, ut est apud Aristotelem*[3].

Quæ tamen sententia plane falsa videtur, et ex superiori discursu perspicue refutabilis; eique quæ maxime adversatur, habetur mihi verissima; quod nempe materiæ cuivis particulæ

[1] Libro *De Naturâ Mathem.* pag. 7. [2] Vossius, *De Mathem.* pag. 4.
[3] 1. *Metaph.* cap. 2.

Blancanus and Vossius are wrong in saying that Geometrical figures do not exist.

reverâ insint omnes quotquot intelligi possunt, figuræ Geometricæ; insint, inquam, actu, et perfectissime, quamvis sensui non compareant, prorsus eodem modo, quo sub rudi marmore delitescit effigies Cæsaris, quam certe sculptor non de novo producit, at solummodo profert in apricum, aspectuique prodit poliendo, hoc est, materiæ partes illam involventes, et obumbrantes submovendo[1]. Ita si particulam quamvis mundanæ materiæ, vacuo nusquam hiantem, manus angeli (Dei saltem potentia) dignata fuerit expolire, comparebit et oculis exponetur accurate rotunda superficies sphærica; non illa recenter procreata, sed e materiæ circumjacentis latebris, involucris et curvis eruta, detecta, patefacta. Quinimo reverâ quicquid ullo sensu attingimus, est figura Mathematica, quamvis ut plurimum irregularis; at nulla est ratio cur irregulares figuræ ubivis existant, regulares nusquam existere queant.

Quod si ponatur hoc, (quod sc. res Mathematicæ nequeant existere) actum erit quoque de istis ideis, seu typis in mente deformatis; erunt enim mera somnia, vel idola rerum nusquam existentium. Sed hanc quæstionem jam fusius persequi non vacat; e diverticulo repetamus iter institutem, hoc est, inquisitionem de modo parandæ certæ Mathematicorum axiomatum notitiæ. Quâ de re proponam ultimo; quod fieri potest ut propositionum quarundam veritas nec ab immediato mentis intuitu, nec a crebrâ sensûs observatione, nec ab anticipatis notionibus inclarescat, sed ex ipsâ terminorum significatione declaratâ, seu ex suppositâ manifeste possibili, et sensus suffragio consentaneâ, rei generatione, per implicitum quendam, et quasi virtualem discursum, intuitivæ notitiæ affinem, deducatur. Quomodo se res habere videtur in plerisque pronunciatis Mathematicis. E. g. Quod totum parte suâ majus sit, aut, Pars toto minor, satis

[1] Unde Michael Angelus, Sculptor ille nobilissimus, Sculpturam haud aliud esse dixit quam purgationem a superfluis. Deme enim a ligno aut lapide omne quod superfluum est, et reliquum erit imago quam intendis. D. Wotton, *De Architecturâ*, II.

They exist actually though not sensibly in matter, like the statue in the marble block.

The truth of some Mathematical Axioms is evident from the meaning of words.

evidenter consequi videtur, ex intellecto vocabulorum *totius*, et *partis*, *majoris*, et *minoris* proprio significatu. Siquidem per majus altero denotatur id, quod alteram rem continet, aut alteri rem æqualem, aliquidque præterea; per minus altero id quod, vel id cui æquale, continetur in altero sic ut aliquid præterea supersit. Totum vero strictius designat id quod continet aliud, et aliquid insuper; pars, id quod continetur in alio, sic ut illo sublato remaneat insuper aliquid. Ex quo liquet majus respectu totius, et minus respectu partis, vi significationis vocabulorum, se habere ut genus ad speciem, seu magis universalis nominis ad nomen minus universale; proindeque juxta Logicæ regulas infallibiles, recte prædicari, *Totum est majus; Pars est minor*.

Haud absimiliter æquales fore magnitudines, quæ eidem alteri magnitudini æquantur, ex æqualitatis, quæcunque statuatur, notione statim, opinor, elucescet[1]. Ut si cum Apollonio, cumque[2] aliis nonnullis, ponatur *alteri æquale* designare, quod alteri collatum per omnia congruet, hoc est idem spatium replebit, eundem locum occupabit; inde per ἀγχίνοιαν quandam, celerrimo mentis ictu, discursuque velut instantaneo consequetur dictum axioma: Posito quippe magnitudinem quamvis A occupare locum χ, et ipsi æqualem B propterea (ob suppositam sc. æqualitatis significationem) eundem locum χ occupare; item ipsi A æqualem esse C, et proinde C locum χ etiam occupare, quoniam ostensum est B et C eundem locum χ occupare, erunt B et C æquales itidem ex dictâ definitione vel significatione æqualitatis præsuppositâ. Niti quidem poterit hujusmodi discursu certa cognitio istius axiomatis, at illum mens exerit nullo negotio, et quasi virtualiter potius quam explicite; quem quidem discursum a præclarissimo Geometrâ Apollonio excogitatum sugillat Proclus, ita tamen ut si tanti res foret, et opportune fieri posset, haud difficile videatur magnum virum a censurâ vindicare.

E quibus obiter adverti potest axiomatum plerorumque veritatem resolvi in definitiones, seu explicationes terminorum, aut vocabulorum quibus efferuntur, et ab iis consectari ceu porismata facili quodam et tacito ratiocinio; quas tamen definitiones Geometræ

[1] Apud Proclum, p. 54. [2] Hobb. in *Philos.*

Examples: *Whole* and *Part*.
Equal.

propter nimiam solent evidentiam negligere. Οὐ λαμβάνει τι σημαίνει, τὸ ἴσα ἀπὸ ἴσων ἀφελεῖν, ὅτι γνώριμον, ait Aristoteles[1].

Simili modo pronunciata quædam per implicitum discursum elici possunt, ex suppositâ rei subjectæ generatione. Ut posito circulum oriri ex rectæ lineæ circumductu, uno rectæ istius extremo, quod centrum dicatur, fixo permanente, inde subito, mente vix parum peragitatâ, infertur ejusmodi pronunciatum, omnes a circuli centro ad ambitum ejus ductæ rectæ lineæ sunt æquales inter se. Item quod quæ rectæ lineæ se non intersecant præterquam in unico puncto, ex generatione rectæ lineæ præstratâ, per tacitam quandam argumentationem velut imprudentes colligere videamur. Scilicet cum recta linea AB producta (concipiatur ex continuo) lineam EF intersecat, non nisi in puncto $Æ$ eam intersecare possit. Non opus est ex aliis ediscere hæc principia, quam ex vocabulorum quibus constant, definitionibus, seu explicationibus. Sed hactenus dissertatum sit adversus præcipuum ἐπιχείρημα, quo Mathematicarum demonstrationum certitudinem evertere conantur adversarii; quam disputationem claudo Luculli verbis apud Ciceronem: *Necesse est ut Lancem in librâ ponderibus impositis deprimi, sic animum perspicuis cedere.*

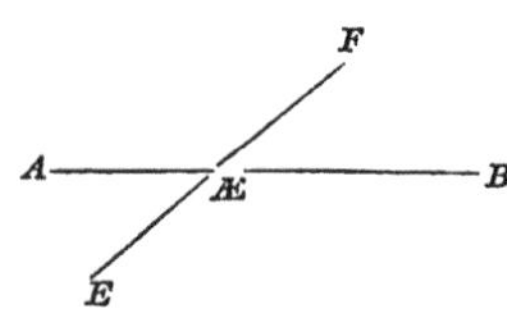

Sed aliam præterea machinam admovent, non certitudini quidem ac evidentiæ, sed dignitati atque præstantiæ Mathematum detrahere studentes. Quod enim Mathematici discursus non sint demonstrationes, scientificæ, potissimæ, perfectæque inde connituntur inferre, quod cum scire sit rem per causam cognoscere; (secundum Aristotelis effatum, ἐπίστασθαι οἰόμεθα, ὅταν εἴδωμεν τὴν αἰτίαν) *Mathematicus* tamen (ipsissima sunt verba Pererii, non ignobilis Peripatetici) *neque considerat essentiam quantitatis, neque affectiones ejus tractat, prout manant a tali essentiâ, neque declarat eas per proprias causas, per quas insunt quantitati, neque conficit demonstrationes suas, ex prædicatis propriis et per se, sed ex communibus et per accidens.* Sic illi.

[1] I. *Analyt. Post.* cap. 10.

Some Axioms implicitly involved in Definitions.

Objection of Pererius: Mathematicians do not reason from the essences and causes of things.

Quibus respondeo, quas demonstrandi legum consultissimus Aristoteles scientificas demonstrationi præfigit conditiones, illas Mathematicis ratiociniis apprime congruere. Exigit is, ut præmissæ sint universaliter ac necessario veræ; quæ vero fortior cogitari potest necessitas illâ quam præ se ferunt axiomata Mathematica, quarum æterna est, et immutabilis veritas? Vult ut primæ sint ac immediatæ, hoc est, ut nullo præcedente argumento, nullâ præviâ notione comprobentur; quis non videt hoc iisdem pronunciatis convenire, quæ ceu *αὐτόπιστα* non comprobant, sed assumunt? Præcipit etiam ut notiores, et evidentiores sint illatâ conclusione; atqui notissima sunt et manifestissima ista decreta, nemo quisquam ut sit, qui simul ac audiverit et intellexerit, non statim assentiatur; et notiora quidem conclusionibus deductis, quia per illa, adhibito legitimo discursu, constat de harum veritate. Denique requirit, ut causæ sint conclusionis. Quæ conditio dupliciter accipi potest; vel tantum ut in illis contineatur ratio, propter quam conclusiones necessario veræ credantur, et assensus certo producatur (hoc est ut medius terminus assumptus obtineat qualemcunque necessariam connexionem cum terminis ingredientibus conclusionem); vel strictius, ut adhibitus iste medius terminus plusquam necessarius effectus, et certum signum, nempe propria causa sit attributi, vel proprietatis, quæ de subjecto prædicatur in conclusione. Quod autem ista conditio priori modo intellecta, conveniat præmissis cujuscunque syllogismi Mathematici, non est ulla ratio quod dubitemus, siquidem nullus est eorum qui non assensum validissime cogit atque constringit; neque consequitur hoc ex eo, quod præmissæ necessario veræ sunt (alias enim eas non admitterent Mathematici); ista vero necessitas arguit subesse terminorum essentialem inter se copulam, causalemque dependentiam, in quâ fundetur; cum accidentia sic comparata sint, ut separari possint, et accidentalia proinde prædicata non nisi contingenter subjecto tribuantur (*ἐξ ἀνάγκης ὑπάρχει περὶ ἕκαστον γένος, ὅσα καθ' αὑτὸ [ὑπάρχει,] καὶ ᾗ ἕκαστον, τὰ δὲ συμβεβηκότα οὐκ ἀναγκαῖα*, inquit Aristot.[1])

[1] I. *Post.* cap. 6.

Answer: Mathematical principles are the necessary causes of the conclusions:

According to Aristotle's principles.

Et hujusmodi quidem argumentatio quælibet parit scientiam ad minus τοῦ ὅτι, censeturque demonstratio, (quod clarissime convincit animum, et validissime confirmat veritatem,) sed inferior et ignobilior, quoniam ex effectu vel ex signo, non ex causâ, monstrat rem ita se habere. Nullus igitur discursus Mathematicus non hucusque scandit assurgitque.

Cæterum quod posteriori modo sumpta prædicta conditio multis etiam congruat Mathematicis ratiociniis, hoc est quod in iis adsumptus medius terminus instar habeat alicujus causæ respectu proprietatis in conclusione subjecto attributæ; primum auctor est nobis Aristoteles (is nempe, qui sicut aliquoties dictum, demonstrationis naturam accuratissime perspexit, et uberrime pertractavit, et cujus proinde in hoc negotio auctoritas plurimi est facienda) is, inquam, causalium demonstrationum ex Mathematicis disciplinis exempla petit, omnium, quæ profert, clarissima, firmissimaque, forsan et sola. E. g. pro demonstrationis ex causâ utrâque materiali et formali desumptæ exemplo adducit illud celebre theorema, quo sc. angulus in semicirculo rectus demonstratur[1]. Et diserte scientias mixtas, vel Physicomathematicas, quas vocat *αἰσθητικάς*, cum puris conferens ita proloquitur: *Ἐνταῦθα γὰρ τὸ μὲν ὅτι τῶν αἰσθητικῶν εἰδέναι, τὸ δὲ διότι τῶν Μαθηματικῶν*[2]. Item rursus de primæ figuræ syllogismis verba faciens; *Αἵ τε γὰρ* (inquit) *Μαθηματικαὶ τῶν ἐπιστημῶν διὰ τούτου φέρουσι τὰς ἀποδείξεις, καὶ σχεδὸν, ὡς εἰπεῖν, ὅσαι τοῦ διότι ποιοῦνται τὴν σκέψιν*[3]. Ubi demonstrationes Mathematicas supponit esse præsertim dioticas, seu causales.

Verum, auctoritate dimissâ, ut ex rei veritate disseramus, Mathematicas demonstrationes fore cum primis causales, inde videtur constare, quod conclusiones suas non adstruant aliunde, quam ex pronunciatis præcipuas et generalissimas omnium quantitatum affectiones exhibentibus; et ex definitionibus specialium magnitudinum generationes constitutivas, et essentiales passiones declarantibus. Unde quæ ex ejusmodi præstratis principiis emergunt propositiones, ex intimis istarum rerum essentiis, et causis promanent oportet. At nimio prolixior sim et gravis

[1] II. *Post.* cap. 11. [2] I. *Post.* cap. 13.
[3] I. *Post.* cap. 14.

And so is the fact.

vestræ patientiæ, si quomodo causales sunt ex principiis istis Mathematicis ortæ demonstrationes, nunc aggrederer distinctius explicare; nec non quod hujusce disputationis reliquum est nunc absolverem. Itaque reservo.

LECT. VI.*

MATHEMATICÆ evidentiæ ac certitudini consultum est aliquatenus lectione proxime superiori; restat ut ipsarum dignitati succurramus, quodque reverâ scientificæ sint, potissimæ, causales, et quomodo distinctius exponamus; necnon ut præcipuis, quas adversarii pertendunt, instantiis occurramus.

Quod modum attinet causalitatis, notemus imprimis cum Aristotele, quod in omni demonstrativâ scientiâ tria potissimum considerentur; subjectum, cujus illa necessarias passiones contemplatur, investigat, demonstrat; communia pronunciata, quorum subsidio quærit, et demonstrat passiones de subjecto; et passiones ipsæ, de subjecto demonstrandæ. *Πᾶσα γὰρ ἀποδεικτικὴ ἐπιστήμη περὶ τρία ἐστὶν, ὅσα τε εἶναι τίθεται· Ταῦτα δ' ἐστὶ, τὸ γένος, οὗ τῶν καθ' αὑτὰ παθημάτων ἐστὶ θεωρητική· Καὶ τὰ κοινὰ λεγόμενα ἀξιώματα, ἐξ ὧν πρώτων ἀποδείκνυσι· Καὶ τρίτον, τὰ πάθη, ὧν τι σημαίνει ἕκαστον λαμβάνει*[1].

De subjecto Mathematicarum demonstrationum nihil occurrit admodum observabile, nisi quod id semper aliqua sit species magnitudinis, specificata, determinata, discreta ab aliis per aliquam reciprocam proprietatem, ut mox explicabimus; ex. g. Linea recta, angulus, triangulum, circulus, cubus, sphæra, etc. sunt subjecta demonstrationum Mathematicarum. De passionibus vero demonstrandis observo, quod illæ duplicis generis sint; communes et propriæ. Communes sunt, quæ subjecto conveniunt, necessario quidem, at non soli, atque ita ut aliis

[1] I. *Post.* cap. 10.

---

* Of the dignity of Mathematics.

Aristotle says that in every Science there are three main points: the subject, the first principles, and the properties proved.

The properties are either *common*, or proper.

quoque subjectis vere tribui possint. Ita triangulo isosceli convenit habere tres angulos pares duobus rectis, quadrato habere quatuor rectos angulos, circuli circumferentiæ secari a rectâ lineâ non nisi duobus punctis; nam etiam scaleno triangulo accidit habere tres angulos pares duobus rectis, et parallelogrammo oblongo habere quatuor angulos rectos; et innumeris curvis lineis, præter circuli circumferentiam, non secari a rectâ lineâ præterquam duobus punctis. Unde patet hujusmodi passiones non ex speciali naturâ subjecti sui, sed ex magis universali quâpiam ratione promanare, quodque conveniant illi non immediate, sed quatenus illud sub alio superiori, latiorique genere magnitudinis comprehenditur. Dein hujusmodi passiones neutiquam ingredi definitionem illius specialis subjecti, nec illi determinando sufficere, quum ampliores sint, et illis positis subjectum poni minime consequatur.

Passiones autem propriæ soli subjecto conveniunt, cumque eo reciprocantur omnino, sic ut illis positis etiam subjectum necessario statuatur. Ita circulo soli convenit, inter omnes figuras, ut pares radios habeat, et quæcunque figura pares e centro ad perimetrum radios emittit, est circulus. Eidemque sic congruit ut assumpto in diametro puncto quolibet, ac inde excitatâ ad dictam diametrum perpendiculari rectâ, quæ circumferentiæ occurrat, interceptæ rectæ quadratum æquetur rectangulo ex segmentis diametri, (vel ut intercepta recta sit media proportionalis inter segmenta diametri,) congruit, inquam, hoc circulo, et cuicunque figuræ convenit hoc, illa circulus est. Item ut ab extremitate diametri ductæ ad ejus ambitum rectæ lineæ rectos semper angulos constituant, convenit circulo; et vicissim cuicunque figuræ convenit ea passio, illa circulus erit. Ita quoque parallelis rectis lineis reciproce convenit, ut illæ indefinite productæ nunquam concurrant; ut illis insistens alia recta faciat angulos alternos æquales, vel externos internis æquales, vel internos æquales duobus rectis; utque interceptæ quælibet rectæ, ad æquales angulos ductæ, sint æquales inter se; ac ut interceptæ æquales rectæ faciant cum illis æquales angulos. Ex quibus constat, ab hujusmodi passionum quâlibet subjectum determinari, et circumscribi; et proinde quamlibet earum sub-

Common properties must not enter the definition of a special subject.
Proper **properties are definitions.**

jecto definiendo recte supponi, vel adsumi posse; quippe cum hæ tam essentiali, arcto, reciproco nexu inter se cohæreant, ut unâ positâ reliquæ necessario consequantur[1].

Inde quoque liquet has passiones ex parte rei fore ὁμοστοίχους, coordinatas, et simultaneas naturâ (ἀντιστρεφούσας κατὰ τὴν τοῦ εἶναι ἀκολούθησιν) nec unam ab aliâ magis, quam illam ab hâc dependere. Quod et inde clare confirmatur, quoniam habito ad istas passiones respectu subjectum diversimode potest generari; ut circulus nedum ex rotatu lineæ rectæ, sed etiam ex ductu perpendicularium, ex angulorum rectorum effectione, totque aliis omnino modis, quot habet ejusmodi reciprocas passiones. Deque reliquis magnitudinibus specialibus eadem est ratio.

Sin una quædam talis passio præ aliis arbitrarie suscipiatur ad subjecti definitionem, eatenus illa causæ rationem subit, aliarum respectu, quoniam illius ceu medii interventu reliquæ per necessariam consequentiam resultant, et notificantur. Ut si circulus definiatur ex paritate radiorum, inde demonstrabitur interceptæ perpendicularis quadratum æquari rectangulo ex segmentis diametri; et quod anguli in semicirculo recti sint; eritque proinde paritas ista harum passionum origo, quoad modum nostri discursus. Sin, ut fieri possit, circulus definiretur figura tali proprietate prædita, quod assumptâ quavis rectâ, erectâque utcunque ad illam perpendiculari ad figuræ perimetrum terminatâ, quadratum istius perpendicularis æquetur rectangulo ex segmentis dictæ rectæ; vel si definiatur circulus ejusmodi figura, in quâ sumptâ quavis rectâ, rectæ ab ejus extremis ad figuræ perimetrum quomodocunque ductæ rectos angulos constituant; ex harum postremarum definitionum utrâlibet prior illa passio, nempe paritas radiorum, facile deducatur et demonstretur; eritque propterea paritas ista velut effectus dictarum passionum respective, ejusque cognitio dependebit ab illarum notitiâ discursui præstratâ. Pariterque, si definiantur rectæ parallelæ ab æqua-

[1] Refragatur his Aristoteles. *Top.* VI. 5. Πλείους (inquiens) οὐκ ἐνδέχεται τοῦ αὐτοῦ ὁρισμοῦ ὁρισμοὺς εἶναι. Sed nihilominus, juxta dictum ipsius, sæpius at nunquam satis laudatum, ὅσιον προτιμᾶν τὴν ἀλήθειαν: nam isthic labi Philosophum mihi indubium est.

Any such property may be a definition of the subject.

Any property so assumed is the cause of the rest,

litate angulorum alternorum factorum ab insistente rectâ, ex illâ ceu causâ reliquæ prius memoratæ parallelarum proprietates orientur.

Haud diffiteor ex his reciprocis passionibus alias quasdam aliis simpliciores et evidentiores, magis obvias et manifestius possibiles videri; quomodo paritas radiorum reliquis circuli, quas commemoravi, proprietatibus facilior videtur et clarior, quoniam ex generatione per radii circumductum facillime effectibili plane deducitur: Et Euclidi visa est, (licet infeliciter, ut nonnulli putant, in quibus ipse propter multas rationes nomen profiteor meum,) negativa proprietas ista parallelarum, quod nunquam coëant quantumvis protractæ, omnium, quæ parallelis multæ competunt, proprietatum facillima, clarissimaque; nec non agnosco quod expediat a facilioribus, magisque familiaribus istis passionibus argumentandi initium sumere, hoc est, ab illis potius quam ab aliis quod contemplamur subjectum definire; circulum, inquam, e. g. potius ex radiorum paritate, quam ex quadrati cum rectangulo, ut supradictum, æqualitate definire. Quoad captum nostrum, fateor, hoc præstet; ac perinde fuerit ad ipsius rei naturam attendendo, unde discursum auspicemur; quemcunque catenæ annulum apprehendas, tota sequetur, at illum qui magis obvius et præ manibus, ex usu censemus arripere. Se res habet ut in progressu circulari; a quocunque circumferentiæ puncto ordiaris cursum, universam emetieris.

Talis est reverâ nec alia causalitas et dependentia mutua terminorum demonstrationis Mathematicæ; arctissima scilicet et intima connexio ipsorum inter se; quæ causalitas *formalis* utcunque dici potest, eo quod ex unâ proprietate primitus assumpta reliquæ passiones velut ex formâ resultant: Nec aliam in rerum naturâ causalitatem existere puto, in quâ necessaria consecutio fundetur. Crepant quidem Logici demonstrationes nescio quas ab externis causis *efficiente* vel *finali*, cujusmodi tamen nullum genuinum exemplum exhibent, vel exhibere possunt, imo quales, ut ego quidem existimo, repugnat dari. Nec enim ullius externæ, puta efficientis, causæ cum suo effectu talis esse potest connexio (saltem a nobis nulla talis intelligi potest) propter

Though some may be more simple than others.
Euclid's definition of parallels is not the most simple.
This is the only causality which we can understand.

quam a positâ causâ efficiente necessario poni effectum; vel ab effectu posito determinatam aliquam causam statui, stricte loquendo, licebit arguere. Siquidem in rerum naturâ nulla datur (quæ philosophicæ sit σκέψεως) efficiens causa prorsus necessaria; omnis enim efficientis causæ tum actio, tum actionem consequens effectus pendet a liberrimâ voluntate, summâque potestate Dei O. M. qui pro suo arbitratu prohibere potest influxum et efficaciam cujuscunque causæ; itemque nullus est effectus sic uni causæ alligatus, quin ab aliis forsan innumeris possit produci. Ergo fieri potest, ut hujusmodi causa sit, nec effectus subsequatur; vel ut effectus sit, et nulla peculiaris causa quicquam conferat ad ejus existentiam. Unde ab efficiente causâ ad effectum, vel permutatim ab effectu ad causam, nulla datur argumentatio legitime necessaria: e. g. Ex eo quod ignis sit, haud consequitur necessario fomitem appositum ustulari, vel fumum emitti; de facto secus accidisse certis ex historiis habemus compertum. Neque vicissim ex cinere vel fumo necessaria colligatur ignis existentia: Nam posse cinerem et fumum immediate creari a Deo, vel aliis modis produci quis addubitet? Forte dices cinerem et fumum relationem ad ignem intrinsecam connotare; respondeo breviter, ex eo supposito fiet procedat argumentatio non a causâ efficiente vel effectu, sed a causâ vel causato formali; at saltem ejusdem naturæ res, eademque specifice, ut loquuntur, qualis est cinis, vel fumus, potest citra ignis efficientiam existere, aliisque ex causis oriri; id quod facit ad nostrum propositum. Nec ex altitudine solis, omnino demonstret Astronomus ejus moram supra horizontem, aut tempus diei prælerlapsum; legimus enim aliquando fixum in cœlo solem, legimus et subinde retrogressum. Item ex eo (exemplum est demonstrationis ab efficiente causâ celeberrimum, et tritissimum apud Aristotelem, et reliquos Logicæ scriptores) quod tellus intercedat soli, non sequitur lunam pati luminis defectum; nam volente Deo solares radii telluris corpus permeabunt; aut a recto tramite

[1] 'Η σελήνη ἐπιπροσθεῖται ὑπὸ τῆς γῆς. Τὸ δὲ ἐπιπροσθούμενον ἐκλείπει· 'Η σελήνη ἄρα ἐκλείπει. Philop. in I. *Post.*

Other so-called *efficient* causes do not necessarily produce their effects. Examples.

declinantes, adeoque terræ non occursantes, lunam attingent, vel aliunde luna luce perfundetur. Imo posito sole non ponitur lumen; nam sane cum Dominus noster oppeteret mortem, et mundi lux melior occideret, ipse sol horrore facti perculsus, et pudore quasi suffusus, suos intra se radios recepit, et faciem suam occultavit; sol, inquam, meridianus deliquium perpessus est, nullâ lunâ intercipiente lucem ejus, nullâ nube ipsius fulgorem offuscante. Ergo non ex intersectu corporis opaci concludi poterit eclipsis, nec vicissim ex hac iste: juxta naturæ fateor legem et consuetudinem nunquam non ex talibus causis tales prodeunt effectus; quo condonandum sit Aristoteli naturam arbitranti intrinsecæ necessitati suppositam, nec externæ superiori potestati obnoxiam; sed reverâ aliud est accidere naturaliter, aliud necessario existere. Enimvero necessariæ propositiones veritatem habent universalem, immutabilem, æternam, arbitrio nulli subditam, nullâ potentiâ impediendam. Aristoteles. Ἐξ ἀνάγκης ἐστὶ τὸ ἐπιστητόν· Ἀΐδιον ἄρα· Τὰ ἐξ ἀνάγκης ὄντα, ἁπλῶς ἀΐδια πάντα· Τὰ δὲ ἀΐδια ἀγέννητα, καὶ ἄφθαρτα[1]. Idem. Ἀνάγκη καὶ τὸ συμπέρασμα ἀΐδιον εἶναι τῆς ἀποδείξεως[2]. Itaque quoniam agentium efficacia sisti, vel immutari potest, et effectus omnis a variis causis potest proficisci, non dabitur ulla demonstratio ab efficiente causâ, vel ab effectu.

Et par est ratio de causâ finali, et mediis ei respondentibus; posito nempe fine, neutiquam consequuntur media quævis determinata; neque positis mediis finis resultabit necessario.

Ex quibus consectatur nihil esse quod miremur nullas in Geometriâ dari demonstrationes a causâ effectrice, vel finali deductas, sed omnes a formâ, et internâ rei constitutione per definitionem expressâ procedere: nec non inique facere eos, qui tales a Mathematicis demonstrationes exigunt, quales ipsi ne quidem in somnis ullas viderint, qualiumque nuspiam extet vola, vel vestigium. Sed de istâ re satis.

Ex antedictis vero consequitur syllogismum in quo una passio essentialis cum aliâ connectitur, vel ab aliâ infertur, esse demon-

[1] VI. *Ethicorum*, cap. 3. [2] I. *Anal. Post.* cap. 8.

Nor do *final* causes.
It is therefore unreasonable to ask such causes of Mathematicians.
Properties are proved by syllogisms.

strationem causalem, ex causâ nempe formali deductam. In exemplum proponatur talis syllogismus. In omni figurâ pares habente radios quadratum ex perpendiculari æquatur rectangulo ex segmentis diametri. Figura *Z* pares habet radios (ex hypothesi sc. aut ex ostensis) ergo in figurâ *Z* quadratum ex perpendiculari æquatur rectangulo ex segmentis diametri. Ubi passio quædam, æqualitas sc. quadrati cum rectangulo, demonstratur de subjectâ figurâ, per æqualitatem radiorum; quæ respectu ejus est causa formalis, ut supra expositum est. Talis etiam sit hic syllogismus. Rectis lineis nunquam convenientibus insistens recta linea facit angulos alternos æquales. At rectæ lineæ *A*, *B*, nunquam conveniunt inter se (ex hypothesi puta, vel ex prius demonstratis) ergo, rectis lineis *A*, *B*, insistens recta linea facit angulos alternos æquales. Sed de passionibus demonstrandis hæc sufficiant animadversa.

Quoad pronunciata observo, quod illa vel omnibus quantis lineis, superficiebus, corporibus, angulis, et propter hæc numeris, motibus, ponderibus, temporibus, et reliquis secundario quantis conveniunt; vel specialibus quantis peculiariter congruunt; ista communia nuncupare licet, hæc propria. Communia pronunciata quasdam indicant omnium quantitatum essentiales passiones adeo simplices et claras, ut vix per alias ex hypothesi priores demonstrari possint, saltem demonstratione non indigeant. Ita quantis omnibus absolute convenit, ac de iis pronunciari potest, quod quantum divisibile est in quanta homogenea (hoc est linea in lineas, superficies in superficies, corpus in corpora;) quanta homogenea componi vel sibi addi possunt. Quanto minori subtrahi potest æquale quantum a majore quanto. Omnis magnitudo spatium replere potest adæquatum sibi. Omnis magnitudo determinati situs capax est; potest quiescere, potest moveri, motu quovis; directo, in gyrum; uniformi, deformi; veloce, tardo. Hujusmodi quidem absoluta pronunciata subticentur a Geometris ob nimiam evidentiam; at subintelligi debent ob alia pronunciata, propterque definitiones magnitudinum specialium, et propter cujusquemodi hypotheses. E. g. cum dicitur, magnitudines, quæ congruunt inter se, vel quæ idem spatium occupare possunt, æquantur, supponitur magnitudines posse spatium occupare. Cum definitur angulus rectus ex tali insistentiâ rectæ lineæ

Principles are common or special.

super rectam, supponitur rectam posse insistere; vel talem positionem obtinere. Cum definitur circulus ex rectæ lineæ circumductu, subsumitur ut possibilis iste motus, ista gyratio. Quantis autem inter se comparatis conveniunt et attribui possunt ejusmodi passiones; æqualitas duorum quantorum consequens eorum æqualitatem ad aliud; æqualitas ex congruentiâ, vel ejusdem spatii completione resultans; æqualitas ex compositione, vel divisione; ex additione vel subtractione æqualium emergens; et similes.

Haud absimiliter pronunciata propria quantorum specialium exprimunt passiones, quas ob simplicitatem et evidentiam suam demonstrare non liceat, aut non expediat. Ut e. g. rectæ lineæ convenit, et de eâ pronunciari potest, quod ab aliâ rectâ lineâ non intersecetur præterquam in uno puncto; quod non habet aliquam communem partem cum alterâ rectâ; quod non potest cum unicâ alterâ rectâ spatium concludere vel figuram constituere. Etiam ei convenit, ut possit duobus quibusvis assignatis punctis interjacere, ut possit in continuum prótrahi utcunque vel indefinite; ut possit esse radius circuli; (quæ sane postulant Geometræ, sed possent audacter pronunciare, sunt enim passiones rectæ lineæ, ex ejus, quæcunque sit, definitione facile deducibiles;) ista vero pronunciata forte possint, ut in præcedentibus exposui, qualitercunque demonstrari, sed quia veritas ipsorum facillime perspicitur, et conceditur ab omnibus, non est necesse, nec expedit ut id fiat.

Cum igitur hæc pronunciata contineant passiones essentiales aut quantis omnibus, aut specialibus certe quibusdam, et proinde necessario cohærentes inter se, (intelligo quasdam quibusdam respective,) liquet illas ad demonstrationem recte adhiberi, ac ex iis confici demonstrationes causales. Exemplo sit ejusmodi syllogismus: Quæ congruunt inter se, sunt eidem æqualia; Magnitudines A, B, congruunt inter se; (ex hypothesi, vel ex ante demonstratis;) ergo, Magnitudines A, B, sunt eidem æquales. Ubi duarum magnitudinum æqualitas respectu ejusdem deducitur ex ejus causâ (quasi) formali, sc. ex congruentiâ istarum magnitudinum. Sed de pronunciatis impræsentiarum plura non addam,

---

Principles are assumed as granted.
Mathematical theorems depend on these as their causes.

tantum dico quod cum ex his, hoc est ex generalibus omnium magnitudinum affectionibus, et ex specialium magnitudinum proprietatibus reciprocis deriventur omnia theoremata Mathematica, satis apparet illa suis ex causis demonstrari.

Igitur opportunum est ut pergam ad id quod reliquum est ex disputatione contra Mathematicæ demonstrationis impugnatores institutâ. Ut nempe quas obtendunt instantias breviter expendam. Primo ipsum Geometriæ caput impetunt, et primæ elementorum propositionis probationem negant ex propriis causis deduci, adeoque nec illam potissimâ ratione demonstrari: Aiunt enim in illâ triangulum fore æquilaterum ex eo inferri, quod inter duos circulos æquales constructum sit, hoc vero triangulo æquilatero non per se, sed ex accidente convenire, futurumque id æquilaterum, etiam si duo isti circuli nequaquam ducerentur, aut abessent omnino. Ad hanc instantiam et alias consimiles a variis diversimode respondetur, et quidem ab omnibus satis apposite: ego nihil mutuabor, et aliorum responsis prætermissis meo modo respondeo, primum advertendo multipliciter accipi demonstrationis vocabulum: 1. Pro singulo quovis syllogismo scientifico (juxta definitionem philosophi, *ἀπόδειξίς ἐστι συλλογισμὸς ἐπιστημονικὸς*) hæc demonstratio simplex appellari possit. 2. Pro congerie vel systemate plurium ejusmodi syllogismorum serie quâdam inter se connexorum ac ad unius propositionis probationem conspirantium; qualis demonstratio non incongrue dici possit composita: 3. Pro ultimo illo syllogismo, quo proposita conclusio firmatur immediate, ad quem reliqui syllogismo conducunt, et collimant. Quo posito, subnoto, quod si singuli syllogismi compositæ demonstrationis sint causales, præsertim ultimus, quo velut extremo ictu lapis confringitur, etiam tota demonstratio composita merito censeri debet causalis et scientifica. Præterea adverto, quod adsumpta quædam vel probata, in decursu totius demonstrationis, respectu unius alicujus (v. g. ultimæ) conclusionis accidentalia videri possunt; quæ tamen aliarum respectu propria sint et essentialia; quodque non opus

---

Other objections to Mathematics.

(1) That the demonstrations depend upon accidental constructions.

Ans. The constructions are essential to some of the syllogisms of the demonstration, though not to the conclusion.

sit, ut omnia prædicata in compositæ demonstrationis serie adhibita per se conveniant extremæ conclusionis subjecto, verum sufficit ut unumquodque suæ propriæ conclusionis subjecto taliter congruat. Quibus ex observatis pleræque omnes contra Mathematicas demonstrationes allatæ instantiæ dissolvi possunt. Adeoque si singuli syllogismi in dictæ primæ elementorum propositionis seu constructionem, seu demonstrationem adductæ sint demonstrationes simpliciter scientificæ, censeri debeat ipsa propositio scientifice demonstrata. Quapropter inspiciemus illos; at brevitatis causâ pro syllogismis enthymemata subjiciemus, et consequentiæ necessitatem insinuabimus. Ipsa propositio (quod opinor nemini e vobis ignotum) talis est.

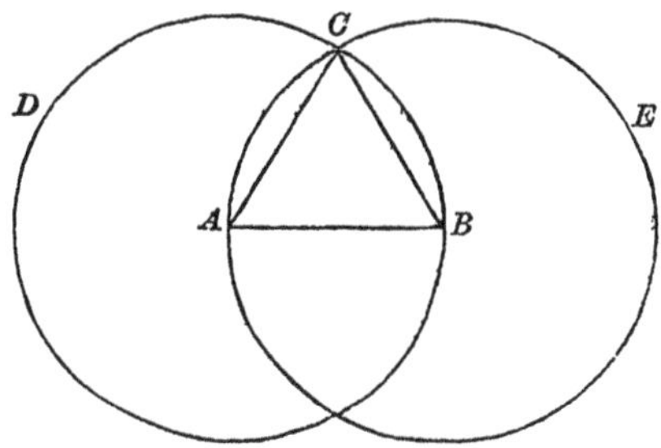

Super quâvis datâ rectâ (*AB*) triangulum æquilaterum constituere, (vel in theorematis formam redacta, quod perinde est, siquidem omne problema possibile pro theoremate potest haberi, quatenus ista possibilitas est demonstrabilis; theorematice, inquam, proposita talis erit, Potest super quâvis datâ rectâ, ut *AB*, triangulum æquilaterum constitui).

1. *Enthymema.* Quævis recta potest esse radius circuli. Ergo, *AB* sit radius circuli (cujus centrum *A*).

Antecedens continet essentialem proprietatem rectæ lineæ, ut supra insinuatum est.

Example from Euclid I. 1.

In this all the syllogisms, including the constructional ones, are deduced from the essential attributes of the subjects: and the last syllogism is causal and scientific.

2. *Enth.* Eâdem ratione, centro *B*, intervallo *A* circulus describi potest. Supponantur igitur ducti circuli *BCD*, *ACE*, quoniam ostensum est hoc fieri posse.
3. *Enth.* Duo æquales circuli communi radio descripti se mutuo intersecabunt. Ergo, circuli *BCD*, *ACE* se intersecabunt, (puta in puncto *C*).

Antecedens nimio nimis est manifesta, ex evidentissimâ proprietate circuli, quod undique claudatur et terminetur.

4. *Enth.* A dato puncto ad datum punctum duci potest recta linea. Ergo ab *A* ad *C* duci potest recta *AC*.

Antecedens est proprietas rectæ lineæ, ut antea diximus. Ducatur ergo *AC*, quoniam id fieri potest.

5. *Enth.* Simili ratione, duci potest recta *BC*. Ducatur ergo. Jam, liquet constitutum esse utcunque triangulum *ACB*, ex definitione et naturâ trianguli. Peractaque est constructio problematis. Demonstrandum restat triangulum *ACB* esse æquilaterum, quodque reliquum est suscepti negotii converti potest in hujusmodi theorema. Triangulum constitutum ex rectis, a centris duorum æqualium circulorum communi radio descriptorum ad ipsorum intersectionem ductis, est æquilaterum. Cui demonstrando theoremati inserviunt hæc enthymemata.

1. Rectæ lineæ a centro circuli ad ejus circumferentiam ductæ sunt æquales inter se. Ergo rectæ *AC*, *AB*, sunt æquales. In antecedente est notissima proprietas circuli, quâ definitur.

2. Eodem discursu, rectæ *BC*, *AB*, æquantur.

3. Quæ eidem æqualia sunt, inter se sunt æqualia. Ergo, rectæ *AC*, *BC*, æquales sunt inter se (quippe quæ ostensæ sunt æquales eidem *AB*).

Antecedens est evidentissima, nobilissimaque proprietas comparatarum magnitudinum, de quâ supra dictum.

4. Sequitur ultimus decretorius et rem totam conficiens syllogismus. Omne triangulum habens æqualia tria latera est æquilaterum. Triangulum *ABC* (ex modo demonstratis) habet æqualia tria latera. Ergo, Triangulum *ABC* est æquilaterum. Major est definitio trianguli æquilateri; et evidentissime continetur in præmissis causa conclusionis. Quæ sit enim vel fingi possit causa, cur triangulum *ABC* sit æquilaterum propior et

intimior hâc, quod habeat æqualia tria latera, equidem nequeo conjectare.

Vidimus igitur syllogismos omnes hujus propositionis tam constructioni, quam demonstrationi constructionis inservientes esse totidem veras demonstrationes; utpote ex essentialibus rerum subjectarum attributis deductas; ultimum præsertim esse summopere causalem et scientificum. Est igitur illi, ut spero, instantiæ factum satis.

Verum alteram, si bene memini, Pererius et alii producunt instantiam, et celebrem istam propositionem, quæ est trigesima secunda primi elementi, sugillant ut minus scientifice demonstratam. Nam et hic aiunt ad demonstrandum omnes angulos trianguli duobus rectis exæquari, protrahi latus unum, et alteri parallelum duci, quæ ut fiant, omnino extrinsecum est et accidentale proposito negotio, nec ullatenus ex illis dependet angulorum, qui in triangulo sunt, æqualitas astruenda. Ergo, ista demonstratio non procedit ex iis, quæ per se, nec adeo parit scientiam.

Scilicet hi subtilissimi, vel fastidiosissimi potius, argutatores ratiocinia ni fallor desiderant absque medio quovis invento vel adsumpto; argumentationem expetunt sine argumento. Aristoteles quidem argumenta rejicit ἑτερογενῆ, ex alterius naturæ scientiâ deprompta; hi cuncta respuere videntur, rem probari volunt ex se, nihil aliunde patiuntur adscisci.

Sed ad rem, 1. Saltem Aristoteles ipsissimam hanc propositionem adducit in exemplum eorum, quæ per se insunt subjecto, et per causam ostenduntur, disertis his verbis. Ἕκαστον δὲ ἐπιστάμεθα μὴ κατὰ συμβεβηκὸς, ὅταν καθ' ἐκεῖνο γινώσκομεν, καθ' ὃ ὑπάρχει, ἐκ τῶν ἀρχῶν τῶν ἐκείνου, ᾗ ἐκεῖνο· οἷον τὸ δυσὶν ὀρθαῖς ἴσας ἔχειν, ᾧ ὑπάρχει καθ' αὑτὸ τὸ εἰρημένον, ἐκ τῶν ἀρχῶν τῶν τούτου[1]. 2. Quod rem ipsam spectat repono breviter, quoniam triangulum ex rectis lineis constituitur, rectæ lineæ proprietates

[1] I. *Post. Anal.* cap. 9. [Unumquodque autem scimus non secundum accidens, quando secundum illud cognoverimus, secundum quod inest, ex principiis illius (*cui inest*), quatenus ipsum est; ut τὸ (*triangulum tres angulos*) habere duobus rectis equales (*scimus, utpote*) cui (*triangulo*) dictum inest per se, ex principiis illius (*propriis*).]

Again, Euclid I. 32.
They say the construction is extrinsic and accidental.

eatenus ad ipsum pertinent. Rectæ vero line proprietas est, ut protrahi possit; ergo protractio ista non est omnino triangulo accidentaria vel extrinseca. Pariter et rectæ lineæ proprietas est, antea demonstrata, ei ut possit per quodvis punctum extra ipsum duci altera parallela recta. Ergo et hoc per se convenit triangulo, quatenus ipsius constitutionem ingrediuntur rectæ lineæ, seu latera ipsius. 3. Porro, quod vera sit ista propositio non diffitentur, opinor, adversarii; nec ideo quod demonstrabilis. Ergo debet adsumi medium aliquod ei demonstrando. Adsumitur angulus externus, et in duas partes divisibilis ostenditur æquales internis et oppositis duobus angulis trianguli; unde planissime sequitur omnes tres internos duobus rectis æquari. Quodnam adsumi posset medium convenientius, aut intimius equidem non video, vel potius video nullum posse.

4. Adhuc respondeo sicut ad priorem instantiam. Si syllogismi singulares examinentur, ex quibus aggregatur istius trigesimæ secundæ propositionis demonstratio, perspicietur illorum totam vim inniti definitionibus, vel communibus pronunciatis, immediate scilicet aut mediate. Unde constabit istas esse demonstrationes scientificas; idcircoque totam ex iis conflatam demonstrationem, ac ultimum syllogismum, quo propositio immediate demonstratur. Eodem modo ad omnes, quæ proferri possunt, instantias facile poterit responderi.

Ut longiusculam hanc, et sane vereor ut nimis tumultuariam, quippe properantius excogitatam et effusam, dissertationem aliquando finiam; mihi videtur, quod omnis discursus certus ac evidens, juxta Logicæ regulas irrefragabiles, fluens ex principiis universaliter et perpetuo veris, adeoque in quo necessaria terminorum connexio reperitur, est propriissime, potissime, scientificentissimeque demonstratio. Quodque omnis alia, præter istam connexionem superius explicatam, causalitas, huic applicabilis negotio, sit pura puta fictio, nullo argumento fulta, nullo exemplo confirmata; quodque demonstrationes (quanquam aliæ aliis brevitate, concinnitate, proximitate versus prima principia, et similibus præcellant virtutibus) evidentiâ saltem, certitudine, necessitate, terminorum essentiali connexione et dependentiâ mutuâ

The proof must include means.
Which are common principles.

sibi cunctæ pares sint; denique quod Mathematica ratiocinia sint perfectissimæ demonstrationes.

Accuratius hæc certe, luculentius et uberius exposuissem, nisi quod importune obvenientes aliæ quædam occupatiunculæ avocarint animum, et meditandi mihi tempus præciderint; nec non ab aliquot diebus languor quidam (non adeo gravis, at nonnihil incommodus) corpusculum invaserit; qui facit ut cum ipse non admodum valeam, vos saltem, Optimi Auditores, discupiam valere plurimum.

Hîc desitum est hoc anno, Professionis institutæ primo, cui nimirum accidit unicum habere terminum. Amplificando numero, chartæque, quæ superest, propius adimplendæ, duas mutuo desumam (vel potius gratis adjiciam) lectiones, anni primas subsequentis.

LECT. VII.*

[Term. Mich. 1664.]

MOS est, Academici, cum humanitate conspirans optime, nec qui magis alibi quam apud vos usu frequente confirmatus invalescit, post diuturnam absentiam oblatos in conspectum amicos ardentiori quodam affectu complecti, profusiori garrulitate compellare. Cui ut ego consuetudini insisterem hodie, si mihi vel mediocrem aut natura concessisset, aut studium comparâsset dicendi facultatem, equidem permulta fateor haud segniter urgerent. Nam et affectûs stimulos acerrimi persentio; et orationis argumento instructus sum splendidissimo juxta ac uberrimo, ut pro compertâ nempe vestrâ eximiâ in me benevolentiâ meritas grates persolverem, ut enixum in præclaras disciplinas studium prædicarem, ut dignam viris philosophis patientiam vestram collaudarem, et congratularer vobis.

Sed quum ingenium meum, ad dicendum perquam inhabile ineptumque reclamet vehementius, et hujus instituti nostri ratio

---

Mathematical demonstrations are perfect.
The Author says he has been ill.
This ends the first year's Lectures.
* A new course of Lectures.

non nihil adversetur, et vos, opinor, ipsi non Rhetoricis blandimentis demulcendas aures, sed ad philosophicam potius severitatem compositos animos huc adducatis, non tam verba dari vobis, quam rerum scientiam exhiberi cupientes, in patheticos excursus prorumpentem cohibebo linguam, et ab omni prooemio prorsus temperabo. Vos tantum, (Optimi, Humanissimique Auditores) omnibus gratitudinis, et benevolentiæ ulnis officiose complectens, plurimam dicens vobis et animitus vovens salutem, congressumque denuo nostrum lætum vobis exoptans et auspicatum, ad muneri nostro debitum opus me protinus accingam.

Persequar autem elapso proxime termino inceptum iter, quamque tum exorsus sum telam porro conabor detexere. Placeat igitur vobis, mihi quid tunc agendum proposuerim, et in exequendo proposito quousque processerim recordari. Aggressus nempe sum vestibulum quoddam condere, Mathematicis, quæ mihi pertractandæ veniunt, disciplinis præstruendum; hoc est generalia quædam de illis quasi prolegomena delibare. Et quidem ipsarum imprimis de nomine, quamobremque disciplinarum sibi peculiari ratione titulum conciliârint; tum de objecto generali quousque se extendat; deque partitione (cum juxta mentem aliorum, tum ex propriâ sententiâ) satis fuse disserui. Proxime vero de modo quo circa suum objectum versantur, hoc est inventione ac assertione proprietatum objecto suo congruentium per certum ac evidentem discursum, qui *demonstrationis* vocabulo insigniri solet, occœpi dicere. Cujus utique naturam illustrare conatus sum, ex discrimine Mathematicum inter ratiocinandi modum, et illum qui in plerisque aliis adhiberi consuevit scientiis, per utriusque non incuriosam collationem deprehenso; tum vero Mathematicorum discursuum certitudinem, et præstantiam, ab adversantium ceu illationibus et offuciis quâ ferme licuit diligentiâ studui vindicare.

His utcunque pro nostrâ tenuitate discussis, proximum esset, et mea vergit illuc animi propensio, ut ad Mathematicæ demonstrationis exponendas species devenirem; nec non ut de Mathematicâ inventione, nobilissimâ sane materiâ, disquirerem, nisi quod conducat huc, et fere necessarium videatur, ut prius syllo-

---

Recapitulation of past Lectures.

gismi Mathematici partes expendamus integrales, hoc est ut de præmissis et conclusionibus discursus cujusque Mathematici quales sint et quotuplices dispiciam.

Præmissas quod attinet omnis discursus scientifici, sunt illæ vel prima principia, vel a primis principiis continuâ serie derivatæ conclusiones; quæ postquam ita deductæ sunt, ipsæ principiorum vim habent, obeuntque vices, respectu conclusionum quæ ab illis inferri, vel illarum ope comprobari possunt. Tota vero vis cujuslibet ratiocinii apodictici tandem resolvitur in certitudinem et evidentiam primorum principiorum; his indivulsis radicibus adhærescit, his inconcussis subnititur fundamentis omnis veritas, omnis firmitas, omnis evidentia omniscunque scientiæ. Quare de illis agemus imprimis; paucis quidem generalius de principiorum naturâ, tum de differentiis earum, (hoc est quot sunt inter se specie diversa,) postremo de singulis speciebus separatim.

Quod ad principia spectat universim, recte non uno loco notat Aristoteles, quod sicut in motu naturali nullus ex infinito vel ad infinitum processus datur, sed ab aliquo termino incipi, in aliquem desinere oportet, siquidem infinitum nequit pertransiri (*οὐ γάρ ἐστι τὸ ἄπειρον διελθεῖν*): Ab infinito progressum sumente nunquam pervenietur huc, nec ab hoc ad infinitum tendens progressus unquam finietur: ita in mentis operatione discursivâ, quæ motus instar est continuo successiva, debet aliquis præstitui limes, a quo discursus ordiatur; hoc est non omnes propositiones ab aliis, indesinenti serie, comprobari, sed quædam a demonstrante sumi, concedique debent ab audiente; alioquin interminabilis, et irrita fuerit omnis quæ suscipitur inquisitio, confirmatio, vel declaratio veritatis. Prout ædes extrui nullæ possunt, sic nec erigi scientiæ, non substructis quibusdam fundamentis. (*Μηδὲν γὰρ τιθέντες ἀναιροῦσι τὸ διαλέγεσθαι καὶ τὸν ὅλως λόγον*[1]: et, *Περὶ πάντων ἀδύνατον ἀπόδειξιν εἶναι*[2], docet et pluries inculcat Aristoteles.) Ejusmodi vero propositiones ideo dicuntur principia, quoniam ab iis (gratis assumptis, ultroque concessis ex docentis

[1] *Met.* XI. 6. [2] *Met.* II. 2.

We will now speak of the premisses and conclusions of mathematical discourse.

First, of First Principles.

discentisque quasi pacto quodam et consensu mutuo) initium desumit argumentatio, inde progrediens ad alias remotiores notitias. A philosopho proinde definiuntur *ἄμεσοι προτάσεις*, propositiones immediatæ, quia nullo medio vel argumento aliunde adscito fulciuntur; seu quod immediate, statim, nullo mediante discursu, impertitur illis assensus. Quod non ita accipiendum est, quasi principiorum exigeret ratio, ut ipsa simpliciter *ἀναπόδεικτα* sint, omninoque nequeant demonstrari, vel utcunque comprobari; sic enim paucissima vel nulla cujuslibet particularis scientiæ pronunciata, possent haberi vel appellari principia. Nam valde dubito, vel eo potius propendeo ut existimem, præter unicum illud omnis ratiocinii fundamentum, *contradictoriæ propositiones nequeunt esse simul veræ, vel simul falsæ*, quod nullum aliud omnino datur simpliciter indemonstrabile axioma; (axioma dico; nam de definitionibus et hypothesibus alia quodammodo res est, ut mox videbimus; quæ tamen suo modo probari vel illustrari possunt;) saltem particularium scientiarum principia nedum possunt, at etiam debent, si poscat discipulus, a magistro demonstrari. Tenetur enim, sua munia si probe exequi velit, et nomen suum implere, scientiæ Præmonstrator omnem a studioso rationabilem (ita cum barbaris loqui liceat) scrupulum eximere; ergo sua quæ adsumit principia, si obscura sunt exemplis illustrare, si dubia confirmare debet (ut res feret, et subjecta materia patietur) ex aliis notioribus, et magis indubitatis principiis, ad ipsa usque omnium prima principia, si opus sit, idque petet studiosus, discursum promovendo.

Ex. gr. Siquis de eo subdubitet Optico principio, quod visibilis puncti species rectâ defertur aut radiat in omne punctum medii circumjecti, id ex eo confirmandum est, quod experimur objectum punctum ab oculo ubicunque sito conspici posse, nisi alicubi in rectâ a puncto visibili ad oculum lineâ corpus opacum interponatur.

Et quidem pleraque Geometriæ theoremata, respectu Opticæ, Mechanicæ, Astronomiæ, et reliquorum Mathematum principia sunt, hoc est in illis ceu vera supponuntur, nec itidem omnino

---

There must be some *First* Principles.
The Master is bound to prove First Principles.
For instance, that optical *species* move in straight lines.

demonstrantur; at si de talis alicujus theorematis veritate non constet studioso, Optico (vel alterius disciplinæ Magistro) incumbet id declarare, vel eo saltem digitum intendere, ubi declaratum invenietur. Imo, si in aliquo hæsitaverit axiomate Geometrico, non effugere poterit demonstrator, rem stricte æstimando, illius demonstrandi necessitatem: Nec enim ulla censeri potest accurate perfecta, summeque scientifica demonstratio, quæ non ad primos scientiæ fontes, ad aliquod simpliciter indemonstrabile, suâ solâ vi firmum, suâ luce clarum, pervenerit. (*Τότε γὰρ οἰόμεθα γινώσκειν ἕκαστον, ὅταν τὰ αἴτια γνωρίσωμεν τὰ πρῶτα, καὶ τὰς ἀρχὰς τὰς πρώτας, καὶ μέχρι τῶν στοιχείων,* dictat nobis philosophus, initio *φυσικῆς ἀκροάσεως*.) At quomodo, percontetur aliquis, ostendetur veritas axiomatum Geometricorum? Per alia, respondebo, simpliciora pronunciata, si qua sunt, ex altiore quâdam et universaliore scientiâ, nimirum e primâ philosophiâ, depromenda; (e primâ philosophiâ, quæ maxime generalium ac simplicium notionum thesaurus est aut esse debet, Aristotelique proinde nominatur *κυρία πάντων ἐπιστήμη*[1]: Proclo, *μία ἀνυπόθετος (ἐπιστήμη) παρ' ἧς αἱ ἄλλαι ἀποδέχονται τάς ἀρχάς·*) sin nulla compareant talia, per definitiones terminorum, quibus ipsum constat; ut siquis ambigat de eo, an Totum parte suâ sit majus; si nullum reperiatur in metaphysicis theorema vel axioma certius, evidentius, simplicius isto, per quod ostendatur, recurrendum est ad definitiones *totius*, et *partis*, *majoris* ac *minoris;* e quibus recte positis haud difficile fuerit illud axioma demonstrare. Pariterque se res habet in reliquis.

Haud absimili ratione liquet, quod ad principiorum naturam non absolute pertinet aut requiritur, ut ipsa sint ex se, vel ad omnem immediate captum evidenter vera, sed duntaxat ut ei, qui ad ediscendam particularem istam, cui dicta principia deserviunt scientiam, promptus et paratus (hoc est animo studiosus, indole habilis) accedit, manifeste vera videantur, et apta nata consen-

[1] *Anal. Post.* I. 9.

Geometrical theorems are principles with regard to Optics, Mechanics, Astronomy: and are to be proved from definitions.

Geometrical principles evident to geometers though not to ignorant persons.

sum ejus extorquere. Ex. gr. Geometriæ theoremata, quæ ut modo dictum in Opticâ vel Astronomiâ principiorum obtinent locum, Geometriæ quidem perito clariora sunt, et facillimum ab eo consensum impetrant; at difficile capiuntur, ægreque conceduntur a Geometriæ ignaro. Nec tamen idcirco desinunt esse principia, disciplinis istis accommodata; at saltem inde consequitur haud idoneum illarum fore discipulum hominem *ἀγεωμέτρητον*. Sapienter igitur et circumspecte philosophus demonstrationem procedere docet non ex absolute manifestis, sed *ἐκ γνωριμωτέρων τοῦ συμπεράσματος*, hoc est id semper habent, ut admissa post se trahant conclusionem, illamque suâ, si quam habent, luce perfundant. Non sunt igitur necessario particularis ulliûs scientiæ principia simpliciter *ἄμεσα*, vel *αὐτόπιστα*, vel *αὐτοφανῆ*, verum solummodo respectu bene comparati[1] auditoris credibilia debent esse, satisque manifesta. Haud male Proclus[2]: *Οὐδεμία ἐπιστήμη τὰς ἑαυτῆς ἀρχὰς ἀποδείκνυσιν, οὐδὲ ποιεῖται λόγον περὶ αὐτῶν, ἀλλ' αὐτοπίστως ἔχει περὶ αὐτὰς, καὶ μᾶλλόν εἰσιν αὐτῇ καταφανεῖς τῶν ἑξῆς*: et ipse philosophus: *Λέγω δὲ ἀρχὰς ἐν ἑκάστῳ γένει, ἃς ὅτι εἰσὶ μὴ ἐνδέχεται δεῖξαι. Ἐν ἑκάστῳ γένει*, in ipsâ singulari quâdam scientiâ demonstrari nequeunt, alioquin non essent principia, sed forsan extra ipsam eorum nonnulla possunt, et debent demonstrari. Idem huc spectans: *Τῷ γεωμετρεῖν μανθάνοντι ἄλλα μὲν ἐνδέχεται προειδέναι, ὧν δὲ ἡ ἐπιστήμη, καὶ περὶ ὧν μέλλει μανθάνειν, οὐδὲν προγινώσκει*[3]. Denuo, *τῷ γεωμέτρῃ οὐκ ἔτι λόγος ἐστι πρὸς τὸν ἀνελόντα τὰς ἀρχὰς, ἄλλ' ἤτοι ἑτέρας ἐπιστήμης, ἢ πασῶν κοινῆς*[4]; hoc est, Geometra, ceu talis, principia sua non adstruit, neque cum ea respuente congreditur, at vero spectat id ad alteram aliquam, saltem ad communem omnibus scientiam; in eâ decidenda lis est principiis indicta.

Primaria vero principiorum conditio est, docente philosopho, quod universaliter et necessario vera sint, hoc est ut nullam loci, temporis, aut casus exceptionem patiantur, et subjecti naturæ repugnet prædicatum ei non convenire. Alias illatæ conclusiones

[1] Ὡς δὲ καὶ τὸ ἁπλῶς γνώριμον, οὐ τὸ πᾶσι γνώριμον ἐστὶν, ἀλλὰ τὸ τοῖς εὖ διακειμένοις τὴν διάνοιαν.—*Top.* VI. 4.

[2] Lib. II. p. 22. [3] *Met.* I. ult. [4] *Phys.* I. 2.

Principles must be universal and necessary.

evaderent falsæ vel incertæ, nec certa ac firma scientia qualem pollicetur demonstratio, sed error aut anceps produceretur suspicio. Siquidem in omni syllogismo scientifico, qui constat ex uno vel pluribus immediate principiis, principium assumptum est major propositio in primâ figurâ[1], quod nisi sit universaliter verum, argumentatio minime consistet, ut notissimum in Logicis. Ut et quod principiorum si qua sit debilitas aut imperfectio (quales imprimis sunt particularitas, et contingentia) illam in conclusiones necessario derivari.

Nihilominus circa hanc principiorum veritatem ex usu sit advertere, quod illa non sit unius generis, nec penitus univoca. Nam veritas absolute primi principii de contradictoriarum propositionum incompossibili simultate quoad veritatem aut falsitatem, quasi specie differre videtur a veritate reliquorum principiorum. Quod ejus enim originem spectat, quicquid sit de aliis, hæc certe notio mentibus nostris immediate connata videtur, et indita nobis a Deo, una cum ratiocinandi facultate, cui intrinsece adnexa est; siquidem nulla potest edi ratiocinatio hoc non admisso principio; imo omnis ratiocinatio non alio tendit, huc tandem redigitur, ut adigatur adversarius sibi contradicere, id est, omnium absurdorum maximum admittere, quod propositiones contradictoriæ simul consistere possunt. Hoc nisi concedatur, inutilis sit omnis ratio, inanis omnis disquisitio, vel disputatio circa veritatem. Non pendet hoc ab aliâ quâpiam præviâ notione, suppositione vel argumentatione, sed ratiociniis omnibus includitur, ut fundamentum iis suppositum, ut instrumentum quo habiles reddimur ad ratiocinandum de aliis. Igitur hoc principium præ aliis, et *κατ' ἐξοχὴν* verum videtur. (Π*άντες οἱ ἀποδεικνύντες εἰς ταύτην ἀνάγουσιν ἐσχάτην δόξαν, φύσει γὰρ ἀρχὴ καὶ τῶν ἄλλων ἀξιωμάτων αὕτη πάντων*[2]; inquit recte philosophus.)

Quanquam extremum rigorem adhibendo, quia duabus tibiis firmus incedere debet syllogismus, nec e præmissis unam indubitate veram esse sufficit, forsan præterea necessario requiritur

[1] *Arist.* I. Post. c. 14. [2] *Met.* III. 3; XI. 7.

All demonstration depends on the impossibility of the simultaneous truth or falsehood of contradictory propositions.

unum et alterum axioma cunctis ratiociniis præsternendum; hæc nempe: Quod sensus sit indubitatum κριτήριον veri suo modo; vel, Apparentia rei certum est indicium rem existere. Item, Rei consimilis existentia rei possibilitatem arguit; vel, ab omnimodâ rationis paritate, quoad existendi possibilitatem, valet consequentia. His enim tacite suppositis inniti videtur omnis scientia rerum, omnis argumentatio de rebus. Siquidem aliorum principiorum indemonstrabilium non alia veritas postulari videtur, præter satis manifestam possibilitatem conceptus, quem animo formamus de alicujus symptomatis existentiâ; hoc est ut concipiamus, et supponamus aliquid fieri quod reverâ fieri possit. E. g. Ponamus duas res idem spatium occupare, sibi congruere, coextendi. Ponamus inter duo puncta lineam rectam duci. Ponamus rectam lineam uno quiescente extremo circumduci, donec in primum situm revertatur. Ponamus Soli et Lunæ in eâdem rectâ tellurem interponi. Quoniam nihil in his positionibus, aut conceptibus continetur ἀδύνατον aut ἀσύστατον, ergo hæ hypotheses dicentur et concedi debent esse veræ. Estque earum veritas nihil aliud quam connexio possibilis subjecti cum prædicato, quam mente clare percipimus; at quam non aliter forsan quam exemplo simili vel experimento possumus comprobare; hoc est, ope principiorum, quæ modo diximus omnium primo de contradictoriis principio subjungenda videri, (id enim, id forte solum, apprehendimus ut possibile, cui idem specie, vel cui admodum simile quomodocunque experti sumus extitisse). Similiter hypothesis cujuspiam falsitas nil videtur aliud, quam conceptus et positio rei ceu effectæ vel existentis, quæ nequit effici, vel existere. Ut si quis ponat figuram rectilineam triangulam quadrangulam; aut corpus indivisibile; aut hominem sensus ac rationis expertem; si quis quadratum fieri petat, aut supponat existere, diametrum obtinens lateri commensurabilem; vel triangulum cujus duo latera exæquentur tertio; vel circulum, cujus peripheria sit diametri quadrupla; cum repugnet ejusmodi res existere; saltem cum nihil his simile fuerit animo unquam nostro obversatum, vel repræsentatum ab experientiâ, repudiandæ sunt ejusmodi propositiones, nec in principiorum censum admittendæ.

Sense is a criterion of truth in its own way.
Self-contradictory hypotheses cannot be.

E quibus observatis obiter consectari videtur, quod omnis demonstratio, quo sit efficaciter talis, quodammodo supponat existentiam Dei; non tantum ex parte facultatis cognoscentis, sed etiam ex parte objecti scibilis. Optime quidem notavit Cartesius, quo absolute certi simus veritatem nos attingere, requiri ut innotescat facultates nostras veri apprehensivas ac dijudicativas fore sinceras; id quod non aliunde quam ex conditoris nostri potentiâ, bonitate, sinceritate constare posse videtur. At vero quoniam principiorum indemonstrabilium quoque veritas, ex parte objecti pendet a possibili rerum suppositarum existentiâ, vel effectione; omnis autem possibilitas intrinsece connotat respectum ad causam vel potentiam, quæ potest efficere, ut existant quæ possibilia dicuntur, aut concipiuntur. Ergo demonstratio supponit potentiam effectricem omnium, quæ sub possibilium ratione concipimus et supponimus; hoc est, potentiam divinam immensam et incomprehensibilem, utpote quæ potest effecta dare, quæcunque nos concipere valemus ut possibilia; et ex paritate rationis alia præterea innumera a nobis non comprehensa. Supponit, inquam, omnis demonstratio veras hypotheses; veritas hypothesis innuit rei, quæ ponitur, existentiam possibilem; hæc possibilitas connotat effectricem rei causam; (alias impossibile foret eam existere;) effectrix omnium causa Deus est. Omnis igitur demonstratio supponit existentiam Dei. Sed hanc ἐν παρόδῳ susceptam argumentationem ultra persequi non libet.

E dictis etiam sequitur confici posse demonstrationes de rebus, quæ nunquam extiterunt, aut existent uspiam; quia nempe sufficit ad demonstrationem, ut hypotheses adsumantur veræ, hoc est quæ nullam implicant *ἀσυστασίαν.*

Ex. gr. Existimat Galilæus se novam de motu scientiam condidisse, supponendo gravia naturaliter versus centrum terræ deferri motu uniformiter accelerato; (hoc est, ita ut is a quiete recedens æqualibus continuo temporibus æqualia sibi celeritatis momenta superaddat;) quod si falsum sit (uti non usquequaque

---

All demonstration supposes the existence of God.

There may be proofs concerning non-existing things. Thus Galileo thinks he has founded a new science of motion by assuming that heavy bodies fall with a motion uniformly accelerated, that is, the velocity increasing as the time: which if it be not true, yet conclusions may be demonstrated on the hypothesis.

verum arbitror pluribus de causis) istiusmodi dari motum in hâc rerum naturâ, quia tamen, volente Deo, talis motus existere potest, utpote qui nil continet a possibilitate dissentaneum, ideo quæ ab ejus suppositione per illationem legitimam resultant conclusiones pro vere demonstratis haberi debent.

Item, etsi quod supponunt Mechanici, puncta quævis corporum gravium premere, conari, vel ad motum propendere per rectas lineas sibi parallelas, horizonti perpendiculares, et proinde æqualia pondera ad æquales distantias æquiponderare, sit reverâ naturæ disconveniens, eoque respectu falsum; tamen quia clare concipi potest universum sic ordinari, ut corpora tales habeant propensiones, ideo conclusio tali hypothesi superstructa demonstrati theorematis dignitatem ac titulum tueri potest.

Non secus, etsi quæ Ptolemæus, Copernicus, aliique passim Astronomi substernunt; astrorum motum in circulis peragi vel ellipsibus perfectis, et esse illos quomodocunque regulares vel æquabiles; item illos easdem perpetuâ constantiâ temporum periodos, itinerum orbitas conservare, aliaque talia; sint hujus naturæ (variabilis et in minoribus incertæ), horum syderum respectu, opinor, falsa, vel saltem incomperta; quia tamen nil impedit quo minus divinum numen ejusmodi mundum creare possit, in quo factis syderibus tales motus exquisite conveniant, ideo verissimæ sunt istis hypothesibus innixæ demonstrationes; et eorum Astronomia vera est, non quidem hujus, sed alterius a Deo creabilis mundi: Nobis enim Deus potestatem indidit cogitatione nostrâ innumeros quasi creandi mundos imaginarios, quos ipse si velit reales potest efficere.

Denique licet nulli tales in rerum naturâ motus unquam reperti fuerint, qualibus lineas helices, quadratrices, conchoides, cissoides, et consimiles alias supponunt descriptas Geometræ, nihilo tamen minus, cum facile concipiamus nihil obstare quin

---

So Mechanical writers suppose weights to act in parallel lines; which is not true.

So Astronomers suppose the stars to describe exact circles and ellipses; which is not proved.

So Geometers suppose, helixes, quadratrixes, conchoids, cissoids, to be generated by motion.

The intelligible world is wider than the sensible world.

tales dentur æque ac alii multi non absimiles, quos indies experimur, ideo quæ ex illis suppositis consequuntur symptomata recte demonstrantur. Siquidem rationis imperium naturæ cancellos longe transgreditur: Mundus intelligibilis immane quantum exporrectior et diffusior est mundo sensibili; multo plura mentis acies, quam corporis sensus contemplatur.

Hujusmodi quæque scientia particularis hypotheses sibi producit, quæ non indigent aliâ probatione, quam ut explicetur, et exemplo aliquo vel experimento notorio, discentis ad captum accommodato, commonstretur et quoad fieri potest evidens reddatur earum possibilitas; cui si præfracte nolit acquiescere, nil superest, quam ut abrumpatur doctrinæ commercium, et facessere jubeatur morosus iste, ceu propositæ scientiæ parum οἰκεῖος ἀκροατής. E. g. Si quis abnuat consentire, quod figura quædam plana (quæ circulus dicatur) rectæ lineæ circumductu procreari possit, neque convinci velit (obvio circini usu, vel rotæ circa centrum revolutione, vel experimento consimili) tale quid confici, concipique posse, monendus est ut alio conferat se, nec ut quicquam cum Geometris commisceat negotii.

Porro, constare quoque poterit ex his quid sit, et qualem obtineat veritatem, id genus principii, quod Definitionis nomine venire solet. Nempe quod sit propositio nomen indicans alicujus rei, quæ resultat ex aliquâ suppositione possibili. Ut exempli gratiâ (nam dicta studeo quam facillimis et precipue familiaribus exemplis illustrare) si ponam tres in aliquo plano rectas lineas ita concurrere, ut spatium aliquod includant, seu figuram quandam constituant, inclusum spatium, seu figuram constitutam appello *triangulum;* sitque trianguli talis definitio, Triangulum est Figura plana comprehensa tribus rectis lineis concurrentibus. Si ponam, semicirculum circa suam basim, vel diametrum quiescentem revolvi donec in illum, quem ab initio habuit situm restituatur, eoque rotatu productum corpus appellem *sphæram;* erit inde Sphæræ definitio, Corpus genitum ex semicirculi circa diametrum unâ completâ revolutione. Si denique statuam inter solem et lunam collocari terram, ex quo positu lux solis intercipiatur, et resultet obscuratio lunæ, quam *eclipsim* voco; hinc emergit

---

If a pupil will not allow that the circle may be drawn, he cannot learn.
Nature of Definitions.

Eclipsis definitio, Obscuratio (vel privatio lucis) in Luna, ob telluris interjectum. In quibus perspicere licet definitionis veritatem, quoad ejus subjectum, esse mere arbitrarium; illud enim est nomen merum contingenter et ex arbitrio impositum; (scilicet a scientiæ præceptore pro suo jure confictum; vel ab usu vulgari desumptum; vel doctorum consensu adprobatum, vel utcunque nullatenus *κατὰ φύσιν*, ex suâ ipsius naturâ, sed omnino *κατὰ θέσιν*, ex hominum instituto significans rem definitam;) quare non aliter demonstrari potest illud nomen convenire prædicato, quam ad Lexicorum auctoritatem, ad popularem consuetudinem, ad doctorum suffragia provocando; vel certe, doctori cuivis in hoc competens, jus sibimet adrogando. At vero quoad prædicatum liquet ejus (definitionis inquam cujuspiam) veritatem ex dictæ hypotheseos (quam includit) possibilitate dependere; sic, ut vera sit definitio, quæ nomen adsignat rei possibilem aliquam suppositionem, in ipsâ expressam, consequenti (vel ab eâ resultanti[1]). Unde porro liquet definitiones ex suâ naturâ non aliter esse demonstrabiles, quam hypotheses ipsas, e quibus velut emergunt; hoc est quam ostendendo nomen adaptari rei naturæ conditionem habenti satis manifeste possibilem, juxta quod superius inculcatum est.

Nam certe rei incompossibilis, vel repugnantiam implicantis, non est ulla proprie definitio, sicuti nec affectio. (Aristoteles; *τὸ μὴ ὂν οὐδεὶς οἶδεν ὅτι ἐστὶν, ἀλλά τι μὲν σημαίνει ὁ λόγος, ἢ τὸ ὄνομα, ὅταν εἴπω τραγέλαφος· τὶ δ' ἐστὶ τραγέλαφος, ἀδύνατον εἰδέναι. Quid significet vocabulum* hircocervus *utcunque potest intelligi, sed nequit definiri, quia nec ejusmodi res existere possunt.*

Quod vero spectat ad reliquorum Axiomatum veritatem, derivatur illa, sicut antehac insinuatum, ex definitionum antecedanearum veritate præsuppositâ, per legitimum ratiocinium. Ut v. g. quæ prostant in elementis Axiomata: Omnes anguli recti sunt æquales inter se: Rectæ lineæ spatium non comprehendunt: Omnes e centro ad peripheriam circuli ductæ rectæ lineæ æquantur; ex anguli recti, æqualitatis, spatii comprehensi, circuli defi-

[1] *Conf. Arist. Met.* XI. 7.

Examples.
There are no Definitions of impossible things.
Axioms flow from Definitions

nitionibus rite constitutis inferantur facile; saltem inferri debent, ut axiomatum dignitatem jure tueantur. Imo quæ clarissima videntur ex se, nulliusque non audientis suffragium promptissime consequuntur, non dubito quin eodem modo, per celerrimum e definitionibus discursum colligantur. Quoniam vero suppositiones, e quibus istæ definitiones modo supradicto resultant, sunt omnium evidentissime possibiles (utpote quotidianis innumeris obviis experimentis consentaneæ) suâque naturâ simplicissimæ, sic ut neminis aut observationem effugiant, aut captum exsuperent; quin et præterea axiomata ista non post longas ambages, at immediate ex iis consectantur; inde fit ut ille quo comprobantur discursus evadat imperceptibilis, et quasi nullus; sicut usu venit, ut quæ facillime fiunt, quomodo fiant non sentiatur. Quali pacto fit, ut apprime dexter et peritus Musicæ vix ipse sibi videatur tam ex arte quâpiam, quam ex instinctu instrumentum pulsare; vix ut suæ rationis ipse motum, vix memoriæ exercitium persentiscat. Simili modo, v. g. quoniam quotidie videmus magnitudines varias, quoad dimensiones omnimodas sibimet applicatas mutuo quadantenus congruere, vel idem spatium replere, vel inter eosdem terminos protendi, ideo facile concedimus tale quid supponi; itemque cum usu receptissimum sit, ut quæ ex istâ suppositione resultat habitudo seu relatio magnitudinum ad se invicem dicatur æqualitas, inde nullo fere negotio deducimus, ac affirmanti consentimus, quod quæcunque eidem magnitudini æquantur magnitudines, etiam sibi mutuo æquentur; propter dictæ nimirum hypothesis possibilitatem, et definitionis convenientiam continuo deprehensas. Itaque axiomata vel maxime perspicua vix aliter differunt ab aliis theorematis, quam eo quod ad primas et simplicissimas hypotheses ac definitiones accedunt propius, adeoque quod brevius et facilius demonstrantur.

E dictis innotescere queat omnis scientiæ naturalis origo, et genuina methodus a primis usque cognitionis fontibus ratiocinandi, quæ ferme talis est. Mens ex observatione rerum objectarum occasionem arripit similes ideas compingendi, quas cum clare percipiat convenire rebus quæ possunt existere, illas affirmat

---

By insensible reasoning, which seems instinctive.
The nature of all science.

et supponit, tum affingens et approprians eis vocabula, definitiones efformat; ex his quomodocunque versatis, et comparatis inter se, consequentias elicit, et theoremata condit, e quibus in certa systemata coagmentatis conflantur particulares scientiæ.

Unde præterea consequi videtur, quod non opus sit, saltem pro scientiis theoreticis (nam de practicis, morales præsertim intelligo, alia res est: etenim harum principia non tam discursu colligi, quam ex appetitu vel instinctu naturali promanare videntur. E. g. talia principia scientiæ moralis: Quicquid naturæ conveniens, innocue gratum, utile, amabile est, amplectendum et persequendum: Omne naturæ noxium, injucundum, incommodum (quod damnum, dolorem, perniciem affert) abominandum est et defugiendum; talia, inquam, axiomata non videntur ab aliquo ratiocinio dependere vel derivari, sed eo modo cognosci, quo a brutis etiam animantibus discernitur amaros sapores, odores fœtidos, dissonos strepitus, horrida spectacula, reliqua sensibus ingrata fore devitanda, iisque contraria amplectenda esse; de talibus igitur scientiis nil affirmamus; at de mere speculativis scientiis obtendimus e dictis consectari quod non opus sit) physicas aliquas *προλήψεις*, communes *ἐννοίας*, congenitas species supponere, cum ipsa mens absque illis sufficienter instructa sit, et nativâ polleat facultate necessaria sibimet ad scientiam principia ac media conquirendi, modo jam exposito. Non obstinate pernego tales notiones dari; sed eo proclivis sum ut existimem illas haud necessario supponi; nedum ut hâc de causâ omnino oporteat Platonicas ullas *ἀναμνήσεις*, et nescio quas animæ dormitantis *ἀνεγέρσεις* confingere, vel comminisci.

Quinetiam non minus hinc liquere videtur, quod principiorum veritas non (ut censuisse videtur Aristoteles[1]) Inductione solâ (vel singularium observatione perpetuâ seu crebrâ) nitatur; cum ad veram stabiliendam hypothesin, ad veram definitionem formandam, ad vera proinde principia constituenda vel unicum suffecerit

[1] *Post.* II. 19.

For theoretical science it is not necessary to suppose any natural anticipations, common notions, innate ideas: the mind has a native power of acquiring principles.

Principles are not acquired, as Aristotle says, by Induction only.

experimentum, modo satis clarum et indubitatum. Aliquo fateor modo requiritur ad stabiliendum hypothesium veritatem sensûs sinceritas, ast universalitas observationis, aut frequentia non ita.

Multa possem huc adjicere, sed hæc de principiorum naturâ generatim dicta sufficiant. Et sane longius hæc extraxi quam aut ipse cogitaveram, aut forte quam oportuit, hoc est quam arriserit vobis, meditatione me sensim provehente: Nec tamen prorsus inutiliter, ut spero, quum demonstrativas ambientibus scientias cum primis expediat ipsius demonstrationis naturam intime pernovisse. Quare mihi condonetis obtestor hanc ἀδολεσχίαν, et non aliunde quam ex attentâ rei consideratione profecta vel hausta quæ dixi boni consulatis, et examinetis libere, cauteque.

Confero me jam ad principiorum species distinguendas, hoc est ut quot sint inter se quasi specie diversa principia disquiram: Quæ controversia licet e dictis facile dirimi possit, operæ tamen pretium esse puto quid aliis visum referre; vos ut pensitatis omnium sententiis quid rationi sit magis consentaneum rectius dijudicetis. Ast patientiam vestram insultu primo nolim aggredi ferocius, aut acrius irritare, quapropter hanc disquisitionem et alia forsan quædam de principiis observatu non indigna rejiciam in sequentem lectionem.

LECT. VIII.*

DE principiorum naturâ, conditione, origine, veritate generalia nuperrime quædam attigimus. Succedit ut de ipsorum numero, seu quot ipsorum distinctæ sint species, quid auctores tradant, quid ratio dictet et persuadeat eventilemus.

Aristoteles cum in hâc materiâ subobscurus, varius et fere sibi discors videatur, ejus ut mentem vix penitus assequi liceat, eam tamen collatis locis expiscari nitemur, et proditam examinare. Capite secundo primi *Post. Anal.* tres constituit ἀρχὰς συλλογιστικάς, Axiomata, Hypotheses, Definitiones. Nam ipsas imprimis διχοτομεῖ in Axiomata, et Theses; tum Theses in Hypotheses et Definitiones subdistinguit. Axiomatis naturam sic ex-

---

* Now we shall speak of the kinds of principles.
Aristotle's opinion concerning Axioms, Hypotheses, Definitions.

plicat, ut sit ἀρχὴ συλλογιστικὴ ἣν μὴ ἔστι δεῖξαι, καὶ ἀνάγκη ἔχειν τὸν ὁτιοῦν μαθησόμενον[1] (tale principium syllogisticum quod non possit, aut quod non debeat, demonstrari, quodque necessario debet habere—hoc est intelligere, admittere, agnoscere—qui alicui disciplinæ daturus est operam;) Hypothesin autem et Definitionem, quatenus sub generaliori Thesis nomine continentur, definit conjunctim, ἀρχὴν συλλογιστικὴν, ἣν μή ἐστι δεῖξαι, μηδ' ἀνάγκη ἔχειν τὸν μαθησόμενον; hoc est, tale demonstrationis principium quod itidem non possit (aut non debeat) ostendi, quodque non est necessarium ut futurus discipulus in antecessum sciat aut comprehendat. Quatenus autem hæ distinguuntur a se invicem, Hypothesin finit esse Thesin, quæ sumit aliquid esse vel non esse (ut esse magnitudinem, dari unitatem): Definitionem vero pronunciat esse Thesin, quæ sumitur quid sit aliquid: Ut quod unitas sit ποσὸν ἀδιαίρετον (quantum vel quotum indivisum). Capite vero decimo ejusdem tractatus, principiorum alia tria genera statuere videtur, Axiomata Communia, Hypotheses, et Postulata. Et Hypotheses quidem a Postulatis ita secernit: Ὅσα μὲν δεικτὰ ὄντα λαμβάνει αὐτὸς μὴ δείξας, ταῦτα, ἐὰν μὲν δοκοῦντα λαμβάνῃ τῷ μανθάνοντι, ὑποτίθεται, καὶ ἔστιν οὐχ ἁπλῶς ὑπόθεσις, ἀλλὰ πρὸς ἐκεῖνον μόνον· ἐὰν δὲ ἢ μηδεμιᾶς ἐνούσης δόξης, ἢ καὶ ἐναντίας ἐνούσης λαμβάνῃ, τὸ αὐτὸ αἰτεῖται· καὶ τούτῳ διαφέρει ὑπόθεσις καὶ αἴτημα· ἐστὶ γὰρ αἴτημα τὸ ὑπεναντίον τοῦ μανθάνοντος τῇ δόξῃ· ἢ ὃ ἄν τις ἀποδεικτὸν ὂν λαμβάνῃ καὶ χρῆται μὴ δείξας[2]. Hoc est, quæcunque cum probari possint, sumit demonstrator absque probatione, si hæc discentis opinioni consentanea sunt, supponit, nec est simpliciter Hypothesis, sed ejus solius respectu; quod si nulla insit, vel etiam contraria insit opinio, tali casu assumpta *postulat.* Ac hoc differunt Hypothesis et Postulatum. Est enim Postulatum id quod discentis notioni subcontrariatur; vel quod quis, cum demonstrabile sit, accipit ac adhibet minime demonstrans. Ita quidem ex horum collatione, omnino Principiorum quinque videantur esse genera, ex philosophi sententia: Axiomata, Suppositiones Indemonstrabiles, Definitiones, Suppositiones Demonstrabiles, et Postulata. Sed in speciem adversantur priori loco dicta illis quæ tradit in posteriori. Illic enim principia statuere videtur absolute μὴ δεικτά, nam Thesin definit, ἣν μή ἐστι δεῖξαι; hic autem Hypotheses adsump-

[1] [*Post.* I. 2.]

[2] [*Ib.* 10.]

tas, et Postulata diserte pronunciat ἀποδεικτά. Quibus conciliandis dici possit philosophum priore loco principia simpliciter omnis scientiæ prima respicere, quæ certe demonstrari nefas est (alioquin prima non forent) posteriore vero ad peculiaria subjectarum scientiarum principia digitum intendere, quæ nil obstat quin possint demonstrari; (sicut a nobis in præcedentibus ostensum est;) vel certe vult principia quævis, in illâ ubi ceu talia adhibentur scientiâ probationem non desiderare, nec admittere, quamvis in aliâ demonstrari possint, ac debeant.

Verum in hâc Aristotelicâ recensione Principiorum, et eorum explicatione (quod honore salvo dictum velim divini viri, quem siquis alius, ob profundissimam sapientiam, et diffusissimam eruditionem summopere veneror ac suspicio, omnibusque commendatum velim) nonnulla minus arrident. Prima quidem τριχοτομία (in Hypotheses, Definitiones, Axiomata) quod ipsa divisionis attinet membra, generalim et cujusvis scientiæ respectu, mihi videtur omnium rectissime constituta; quoad explicationem secus videtur. Nam per *hypothesin* exemplis suis indicat se nil aliud intelligere, quam subjecti (de quo agitur in aliquâ scientiâ vel demonstratione) positionem seu assertionem quod sit. Veluti quod detur unitas, quod existat magnitudo (δεῖ, inquit alicubi, δεῖ εἶναι τὴν μονάδα λαβεῖν καὶ τὸ μέγεθος, τὰ δ' ἕτερα δεικνύναι[1]). Atqui talis hypothesis prorsus inepta videtur ad scientiam, cum ex eâ nil possit inferri, nec ea soleat ullum ingredi syllogismum. Ex eo nempe quod sit, quod detur, quod existat aut existere possit magnitudo, quid ex se consequi potest, quæ potest inde quæso derivari conclusio? Plane nulla, reor. At ex eo quod talis sit, quod tali prædita symptomate, quod talem situm, talem motum obtineat, consequi potest (aliis eo adscitis et collatis) alia ei obtingere symptomata cum istis connexa. Itaque prædicta suppositio non rite statuitur demonstrationis principium. Est enim de ratione talis principii, ut aptum natum sit aliquam ex se quasi conclusionem progignere, alterius propositiones utcunque probationi deservire ac conducere. Ex nudâ vero positione subjecti quod sit nil aliud sequatur quam ipsum esse, scilicet ita nugando,

[1] *Post.* I. 10.

Aristotle is confused.
That a thing is, leads to no conclusion.

Est, Ergo est. Equidem, fateor, antecedenter ad omnium scientiam quodammodo præcognoscitur et præsupponitur subjecti cognitio, vel conceptio quædam, quatenus omnis propositio conflatur ex terminis incomplexis, qui non aliter apprehendi possint quam ut rerum significativi qualemcunque habentium essentiam, hoc est quam concipiendo vel supponendo quod sint; sed non ideo termini incomplexi τὸ εἶναι implicantes sunt principia demonstrationum, sed materia potius vel partes ipsorum integrales.

Etiam illud vehementer improbo, quod affirmet Aristoteles definitionem nihil affirmare, vel accipere neutram partem contradictionis; hoc est, quod sumat definitionem non pro integrâ enunciatione, sed tantum pro ejus prædicato; ut v. g. quod *Animal rationale* sit definitio hominis, eâque ratione principium demonstrationis; non autem hæc enunciatio; *Homo est animal rationale.* At enim, quomodo non adversatur hoc ab ipso præstitutæ definitioni principii, quod nempe sit πρότασις ἄμεσος; quomodo non repugnat principii naturæ ac qualitati, quæ requirit ut sit verum, taliter verum ut ex eo possint alia vera deduci? (Cum nempe veritas sit qualitas enunciationis perfectæ, non simplicis termini, nec ex hujus apprehensione quicquam eliciatur.) Quare definitio nominatur ab ipso *thesis quædam,* si nil ponit aut asserit? Quo denique pacto fiet, ut non perperam et perabsurde hoc modo sumpta definitio cum axiomatis (quæ sunt enunciationes perfectæ) cum hypothesibus, quæ ipso docente aliquid asserunt, in ratione principii comparentur, conjungantur, conveniant? Reverâ definitio, quæ demonstrationis habetur principium, est enunciatio completa, de subjecto proposito prædicans aliquam ipsius affectionem, utilem aliis educendis passionibus. Est, inquam, syllogismi apodictici propositio quædam præcipua, causam quatenus fieri potest, ostendens symptomatis demonstrati. Definitio quidem incomplexa (vel prædicatum definitionis complexæ) poterit esse, sæpissime est, medium vel argumentum extruendæ demonstrationi repertum, delectumque; sed non ideo principium est, non magis quam *totum* et *pars* sunt ideo demonstrationis principia, quia pronunciatum illud, *Totum est parte majus,* principiis accensetur. Taceo quod non usquequaque verum sit, axiomata non posse demonstrari (ἃ μή ἐστι δεῖξαι) quia

---

A Definition is a Proposition.

philosophi verba, sicut antehac insinuatum, aliquam admittunt excusationem et propositionem commodam. De aliis vero duobus, quæ subjungit, principiorum generibus, quæ demonstrator assumit, alioquin demonstrabilia, Hypothesibus nimirum et Postulatis, illa sentio nequicquam ab Axiomatis differre. Quicquid enim demonstrari potest, est theorema; theorema vero quod in aliquâ particulari scientiâ non probatur, at ex aliquâ superiore desumitur, Axiomatis obtinet locum in istâ.

Cæterum distinctionis, quam apponit Aristoteles Hypothesin inter et Postulatum (quod illi sc. haud illibenter adstipuletur auditor, huic vero dissentiat) perquam exile video fundamentum. Nam utcunque sit de præconceptis auditoris opinionibus, (quæ nihil admodum refert quales fuerint, docentis menti consonæ vel discrepantes,) priusquam ad demonstrationem efficacem descendatur, necessarium est ut adhibitis quibusdam principiis adsensum præstet, alioquin nullam sibi persentiscet ingenitam scientiam. Contingere potest, at quid hoc ad scientiæ propositum? Ut discipulus habuerit præjudicia: illa certe, siqua habuit, exuere debet ac deponere magistri ratiociniis convictus, aut luculentis rei propositæ exemplis illustratus, antequam perfectam, absolutam et proprie dictam scientiam queat indipisci. Qualis enim, obtestor, futura est demonstrationis energia, quis effectus, si discipulus non annuat, non acquiescat, non mordicus adhærescat præmissis? Ne dicam quomodo recte dici possit *αἴτημα*, quod potest demonstrari. Cur enim accipiat precario, quod jure potest assumere, quod vi valet extorquere? Vel cur non ignavis præceptoris precibus repugnet *ὁ μαθησόμενος*; quare, non perspicio quid philosophum ad hanc adduxerit distinctionem; nec scrupulum eximunt interpretes.

Proclum quod attinet (nam in eum jam aciem distringo) dum is Aristotelem sequi profitetur, pejora meo judicio reddit omnia. Nam primo tribuit Euclidi tria genera principiorum, Axiomata, Hypotheses, Postulata, quorum differentias exponit ex Aristotelis sententiâ: Quasi vero Definitiones non sint principia, vel eas non agnoverit Euclides, vel Aristoteles eas nunquam accensuerit principiis, disertissimeque secreverit et contradistinxerit ab

---

Aristotle's distinction of Hypothesis and Postulate rejected. Proclus makes matters worse.

Hypothesibus. Itaque mira Procli videtur ἀβλεψία Definitiones, in principiorum enumeratione, vel omittentis omnino, vel cum Aristotelicis Hypothesibus confundentis; tum quæ suis demonstrabilibus Hypothesibus ac Postulatis ascribit Aristoteles, ea Proclus attribuit Definitionibus, et Postulatis Euclideis, admodum incongrue. Nam quomodo Euclideæ Definitiones, quomodo Postulata Geometrica sunt δεικτά? Quomodo requiritur, ut Postulatis Euclideis discipuli sententia refragetur, aut eis vere adaptari possit illud, μὴ συγχωροῦντος τοῦ μανθάνοντος, ὅμως λαμβάνεται; quasi, velit nolit ἀκροατής, quantumvis reclamet atque repugnet, ea tamen Geometra confidenter arripiat. Quid hoc est aliud quam Geometriæ fundamenta convellere, quam omnis disciplinæ commercium disturbare? Imo potius Euclidea Postulata tam perspicuam præ se possibilitatem ferunt, tam familiaribus et crebris exemplis possunt illustrari, non possit ut illis scientiæ capax ingenium ullatenus obsistere vel obmurmurare; immodestus alioquin, importunus, ineptus foret scientiæ doctor, qui postularet aut supponeret; frustraque pergeret in docendo, vel demonstrando non admissis suis postulatis.

Sed quid Proclum oppugno, cum ipse se jugulat, et quas libro secundo ab Aristotele propinatas crudas notiones ingesserat, eas tertii initio removere videatur? Nam δεῖ δὴ πανταχοῦ τὰς ἀρχὰς τῶν μετὰ τὰς ἀρχὰς διαφέρειν τῇ ἁπλότητι, τῷ ἀναποδείκτῳ, τῷ αὐτοπίστῳ, inquit[1]; alia pleraque subnectens in eandem mentem, clare repugnantia prius adstructis, et Aristotelicæ, cui suffragari videtur, Postulatorum descriptioni.

Sed ut Proclum dimittamus, quid ad hæc Ramus? Arguit Procli distinctionem; at quomodo? Sic ut omne sublatum eat principiorum discrimen, insigni profecto morositate. Quibus autem fretus argumentis? *Quoniam*, ait, *definitiones, divisiones, et propositiones quævis aliæ per se manifestæ admittuntur in disciplinis, non postulati vel axiomatis, sed ipso tantum suæ claritatis et perspicuitatis nomine.* Quot verba, tot fere subsunt paralogismi. Quis definitiones in aliquâ disciplinâ credidit admittendas

[1] *Sch. Math.* Lib. III.

Postulates must be conceded by the learner.
Proclus contradicts himself.
Ramus's errors.

postulati vel axiomatis nomine? Quis accurate tractans aliquam scientiam non definitiones separavit ab axiomatis? Ac etsi nemo distinxisset, non ideo possent distingui? Quo ipsius igitur tot novellæ distinctiunculæ? Verum admittuntur solo claritatis suæ nomine, hoc est, opinor, non quatenus definitiones aut axiomata, sed quia clara: Esto. Quid inde? Ergo non debent distingui: Bella consequentia, persimilis huic, Sol et lampas conspiciuntur, non solis et lampadis nomine, sed quia clare lucent; ergo, Sol et lampas distingui non debent; vel ergo non est alia lux solis, alia lampadis.

At porro disputat, ab Euclide adhibetur id discrimen tantum in primo libro, in cæteris postea libris contempta est ista principiorum differentia. Contemta est; unde constat? Certe definitiones alias, alia axiomata subjicit alibi locis opportunis; plura postulata non addit, quia nullis aliis opus videbatur: Sed ubi confundit istas species principiorum, ubi præ se fert ullas contemnere? Nisi postulata non ἀκαίρως nominare sit illa contemnere. Sed fortius instat Archimedis gravissimam authoritatem objectando; qui Isorrhopicis suis præstrata principia promiscue vocat *αἰτήματα*. Αἰτούμεθα, dicit, *τὰ ἴσα βαρέα ἀπὸ τῶν ἴσων μακέων ἰσοῤῥοπεῖν* (nec absimiliter Euclides in Opticis quælibet adsumpta principia nuncupat *hypotheses*). De Archimede subnotârat idem jam olim Geminus apud Proclum et Eutocium; cui instantiæ respondeo, forsan Archimedem, brevitati studentem, et ne nimium exiguo libello apparatum præstrueret, extremam *ἀκρίβειαν* consulto neglexisse; quam tamen in libris de Sphærâ et Cylindro, de Spiralibus, et aliis curiosius pertextis observavit, definitiones ab axiomatis sejungens.

Nec adeo mirum est eadem vocabula nunc angustius stringi, nunc extendi latius pro scriptoris ingenio, vel proposito. Sicut Stoici, insignes illi rerum pariter ac vocabulorum quasi libellatores, enunciationes universas *axiomatum* titulo donârunt; quasi prout virtutes et vitia, sic et propositiones omnes sibi dignitate vellent exæquare. Nec diffiteor alioquin *petitionis* vocabulum, ex significatu vulgari, satis accommodate tribui principiis omnimodis. Nam quoniam utcunque debet impetrari discentis consensus, docens quodammodo petit. Verecundius id certe quam si

---

Archimedes mixes Definitions and Postulates.

dicatur præcipere, veluti subinde disciplinarum magistri dictata sua vocitant *præcepta*.

Non male Rivaltus ad istum locum Archimedis. *Petere possumus hoc vel illud sic appellari, tum hoc vel illud quod naturæ lumine cognoscimus ratum statui, denique hoc vel illud possibile fieri. At omne quod fieri vel sic nominari potest* dignitatem *appellare nequimus, nec innatam mentibus nostris cognitionem definitionem esse concedetur.* Satis hoc ad rem apposite. Addo Proclum: *Ἤδη οἱ μὲν πάντα αἰτήματα καλεῖν ἀξιοῦσιν, ὥσπερ καὶ προβλήματα τὰ ζητούμενα πάντα.*

Potuit igitur Archimedes, brevitati dans operam, ideoque principia sua simul uno corpore complecti volens *petitionum* illis nomen assignare non incommode; non æque potuisset eis omnibus *definitionum* aut *axiomatum* titulum adaptare. Simili jure potuit Euclides, possent alii suis principiis indere nomen *hypothesium*. Nam et vocabulum *supponere* latissimæ capax est acceptionis. Nec improprie quicquid ad demonstrationem utile præmittitur dici potest *ὑποκεῖσθαι*, vel *ὑποτίθεσθαι*, subjacere, supponi, substerni instar fundamenti, cui superextruantur sequuturæ demonstrationes. Archimedi solenne est ita loqui. Ante libros de Sphærâ et Cylindro, post definitiones et axiomata, *Τούτων*, inquit, *ὑποκειμένων*. Ante definitiones præmissas libro de Conoidibus, et Sphæroidibus, *Ὑπέκειτο τάδε*: In libro de Spiralibus, *Πρόκειται τὰ χρείαν ἔχοντα εἰς τὴν ἀπόδειξιν αὐτῶν* (ubi *προκεῖσθαι* æquipollet *τῷ ὑποκεῖσθαι*). Itaque *supponere* designat universim præmittere vel præsternere, fundamenti loco; quâ ratione cunctis congruit principiis. Sicut et *λαμβάνειν*, *assumere*, vel pro concesso accipere; licet hoc axiomatis peculiarius accommodetur: Ut in iis de Sphærâ et Cylindro, post traditas definitiones axiomata subjecturus Archimedes, *λαμβάνω δὲ ταῦτα*. Non reticebo, in transcursu, paullo supra memoratum Archimedis Scholiasten, Rivaltum, novum nobis ex eo principii genus, aut novum certe nomen extudisse, quod appellat *subsidium*. Dixerat Archimedes[1] post definitiones, alia demonstrationibus suis præmissa, *Προγράψαντες οὖν τά τε θεωρήματα, καὶ τὰ ἐπιτάγματα τὰ χρείαν ἔχοντα εἰς τὰς ἀποδείξεις αὐτῶν, μετὰ ταῦτα γραψοῦ-*

[1] In *Libr. de Conoid. et Sphæroid.*

He calls them Hypotheses and Assumptions.

μέν σοι τὰ προβλήματα. Hinc Rivaltus *ἐπιτάγματα subsidia* interpretans, *subsidii* nomen imponit definitionibus quibusdam, quæ ut opinor loco suo exciderant. Sed Archimedes per *ἐπιτάγματα* nil aliud intelligere videtur, quam propositiones quasdam lemmaticas in libri sequentis decursu exhibitas, ad primariorum theorematum demonstrationem requisitas; ei igitur *τὰ ἐπιτάγματα* sunt quæ ordine sequuntur vel inseruntur propositiones, ad illarum instar cohortium, quas historiæ Romanæ scriptores *ἐπιτάγματα*, cohortes subsidiarias, solent appellare.

Quanquam fere suspicor Archimedem ejusmodi vocabulo non usum, sed exscriptorum forsan incuriâ irrepsisse *ἐπιτάγματα*, pro *ἐπὶ ταῦτα· τὰ ἐπὶ ταῦτα χρείαν ἔχοντα εἰς ἀποδείξεις, quæ præterea subjiciuntur ad demonstrationem utilia.* Quanquam non diffiteor *epitagmatis* nomen, hujusmodi rebus appositum, etiam alicubi apud Pappum extare; sic tamen ut quomodo sit accipiendum vix ex contextu liceat divinare. Sed hæc *ἐν παρόδῳ.*

Et sane vereor ut vos minus delectent hæ velitatoriæ *σκιαμαχίαι*, hæ tricæ, hæ cuminisectiones; me certe tædet ipsarum, nec sine quâdam animi molestiâ, dum aliqualem confector *ἀκρίβειαν*, in quandam *ἀπεραντολογίαν* delapsus sentio. Ut hâc quæstione memet expediam ocyus, reliquas prætermittens aliorum sententias, de reipsâ sic statuo breviter et consentienter antedictis: Principiorum simpliciter ita dictorum, hoc est indemonstrabilium quæ in nullâ quâpiam scientiâ demonstrari possunt, aut debent, duo sunt genera, Hypotheses (vel Postulata), et Definitiones.

Hypotheses sunt propositiones, alicujus rei modum aliquem, actionem, aut motum evidenter possibilem assumentes, vel affirmantes. E. g. Ponatur punctum aliquod a loco *A* ad locum *B* ferri motu directo et indeflexo: Vel, Punctum ita ferri potest. Ponatur recta linea circa unum extremum defixum (vel immotum) rotari, donec in primum situm revolvatur: Vel, recta linea tali pacto rotari potest. Ponantur duæ rectæ lineæ concurrere, vel intersecare se invicem, sic ut post occursum abeant in partes diversas: Vel, duæ rectæ possunt ita concurrere. Ponatur trian-

[1] Lib. VII. pag. 244.

A doubtful reading in Archimedes.
There are two kinds of Principles, Hypotheses and Definitions.

gulum rectangulum circa crus unum anguli recti complete revolvi. Ponatur recta linea AB quiescente extremo A rotari uniformiter (hoc est ita ut æqualibus temporibus æquales conficiat angulos) et eodem tempore punctum A ferri uniformiter in rectâ AB (hoc est ut æquis temporibus æqua decurrat intervallâ. Ponatur aliquod punctum in circuli vel ellipsis peripheriâ circumire, sic ut æquis temporibus pares efficiat angulos respectu designati puncti, quod sit puta centrum circuli, vel focus ellipseos. Ponatur a corporis lucidi vel illustrati puncto quodam ad oculum lineam rectam protendi. Ponatur lunam in rectâ collocari, quæ solem inter et oculum porrigitur, lineâ. Ponatur a puncto visibili per centrum oculi, vel ad centrum tunicæ retinæ radium derivari.

A ——— B

Hujusmodi positiones quod non assumantur temere, quod admitti debeant, hoc est quod nihil continent possibilitati repugnans, sensus ipse commonstrat, experientia clare contestatur. (Unde obiter liquet, quod a veteribus Geometris est animadversum, sicut inter axiomata et theoremata, ita hypotheses inter et problemata admodum propinquam affinitatem versari. Prout enim problema structuræ cujusdam modum edocet, et possibilitatem demonstrat, sic hypothesis constructionem aliquam adsumit clare possibilem. Eo scite Proclus, ex Gemini sententiâ; *Διέστηκεν δὲ ὅμως ὥσπερ πρόβλημα θεωρήματος, οὕτω καὶ αἴτημα ἀξιώματος, εἰ καὶ ἀμφότερα ἀναπόδεικτα ἐστὶ, καὶ τὸ μὲν ὡς εὐπόριστον λαμβάνει, τὸ δὲ ὡς εὔγνωστον ὁμολογεῖται.* h. e. *In postulato, vel hypothesi, tanquam in problemate, quid facile factibile adsumitur; in axiomate, ceu theoremate, quid facile cognoscibile conceditur.*) Definitio autem est propositio, in quâ nomen imponitur vel adscribitur rei clare resultantis ex aliquâ possibili suppositione; quæ scilicet in ipsâ propositione expressa nomen illud determinat ac circumscribit. Veluti prædictis suppositionibus insistendo; quod resultat ex concursu duarum rectarum linearum se intersecantium dicatur angulus rectilineus, vel angulus rectilineus est, qui fit ex tali concursu. Quæ producitur ex rotatu lineæ rectæ figura plana dicatur *circulus:* Vel, Circulus est figura plana, quæ lineæ rectæ circumductu produ-

---

Examples of Hypotheses.
Problem differs from Theorem as Postulate from Axiom.

citur. Quod provenit ex trianguli rectanguli circa crus unum anguli recti revolutione solidum, appelletur *conus rectus:* Vel, Conus rectus est corpus tali revolutione procreatum. Quæ fit ex duobus motibus uniformibus, recto et circulari, linea curva dicatur *helix:* Vel, Helix est linea curva tali motuum compositione generata. Motus in peripheriâ circuli vel ellipsis, æquales respectu designati puncti conficiens angulos vocitetur *motus medius;* vel Medius est, qui taliter afficitur Motus.

A corporis lucidi, vel illustrati puncto versus oculum protensa recta nuncupetur *radius.* Quæ fit ab interpositu lunæ privatio lucis apparentis dicatur *eclipsis Solis.* A puncto visibili per centrum oculi, vel ad centrum retinæ manans radius dicatur *axis opticus.* Quibus exemplis affatim patet, qualis sit definitionis natura, quæ origo: quodque in ipsâ reciproce conveniant rei nomen, et nomini res; seu quod hujus significatio illius existentiæ possibili adæquetur.

Ex hisce duobus per syllogisticam consequentiam emergit tertium genus principii, quod vocari solet *axioma* vel *dignitas, pronunciatum, communis notio, prolepsis* (vel *anticipatio*). Hoc autem nihil est aliud quam theorema quoddam in aliquâ superiore præcedaneâ scientiâ perspicue deductum et demonstratum a propriis definitionibus et hypothesibus istius scientiæ vel immediate, vel per alia intermedia theoremata; adsumptumque proinde sine probatione in scientiâ subordinatâ; vel saltem quod emergit ex hypothesi seu definitione quâpiam in eâdem ipsâ scientiâ positâ, consectarii ad modum, per facillimam et evidentissimam consequentiam. Quæ axiomatis species *propria* dici solet isti peculiari scientiæ, sicut altera vocitatur *communis;* nimirum communis omnibus dictæ primariæ subjectis scientiis. E. g. Quæ eidem æqualia sibimet æquantur, commune censetur axioma, quoniam numeris, temporibus, motibus, ponderibus juxta convenit ac magnitudinibus; et in solâ primâ philosophiâ demonstratur, conclusionis ibidem seu theorematis rationem habens: Sed, Omnes anguli recti sunt æquales; Duæ rectæ lineæ spatium non continent, sunt axiomata propria, utpote quæ in solâ Geometriâ primo locum obtinent, inque eâ ex definitionibus

---

Examples of Definitions.
Peculiar Axioms of special Sciences.

recti anguli, et rectæ lineæ consectantur, et quodammodo demonstrantur. Sed hæc satis antea luculente prolatis exemplis exposuimus.

Ita demum quoad principiorum numerum prorsus accedimus Aristotelis primæ divisioni, in secundo capite primi Posteriorum exhibitæ, in hypotheses, definitiones, axiomata, licet eorum minus accuratam, saltem minus liquidam expositionem improbemus. Accedimus quoque *στοιχειωτῇ* nostro, itidem principia in tres classes dispertienti, definitiones, postulata, pronunciata. Siquidem perinde est an suppositiones indemonstrabiles dicantur hypotheses an postulata; modo non ideo credantur dici postulata quod illa demonstrator accipiat precario, et quasi emendicet: Habent enim irrefragabilem ipsa certitudinem, ac evidentiam axiomatum claritati nullâ ex parte cedentem; imo multis axiomatis clariora videntur, utpote cum hæc ex illis dependeant et deriventur. Possent etiam axiomatum formam induere, sicut et problemata theorematum; nec fere differunt ab iis, nisi quoad formam, et quia nequeunt, ut illa, demonstrari. Utcunque modestia nominis rei præstantiæ non debet detrahere.

Animadvertatur autem, id quod dictis objici potest, duas ab Euclide propositiones postulatis accenseri, quibus allata postulati vel hypothesis explicatio minime convenit; illas nempe, Rectos omnes angulos invicem æquari, et Si linea recta duabus aliis rectis insistens angulos ad easdem insistentis partes internos duobus rectis minores effecerit, illas duas rectas aliquando, ad istas partes productas, concurrere. Respondeo minus id accurate factum ab Elementorum Digestore (si quidem ab illo reverâ factum, nec in alienum locum istæ propositiones irrepserint, aliorum culpâ) rectiusque proinde a Gemino, Proclo, et aliis plerisque interpretibus eas axiomatis annumerari; sunt enim reverâ theoremata, recti anguli, lineæque parallelæ definitiones consectantia.

Postquam hæc de principiis eorumque partitione concepissem animo, chartæque commendâssem, forte conjiciens oculos in excellentissimi Geometræ Alphonsi Borelli librum perelegantem

---

Euclid's division of Definitions, Postulates and Axioms.
Euclid's Postulate or Axiom about Parallels.
Borelli's *Euclides Restitutus.*

et perutilem, elementa Geometriæ novâ methodo digesta complectentem, cui nomen fecit *Euclides Restitutus*, illum adverti principiorum naturæ et distinctioni elucidandis summam quam potuit curam et subtilitatem impendisse, cum in prooemio operis, tum præsertim in iis quæ primæ elementorum propositioni immediate præposita sunt. In ejus aliqua dicta, si prius obtulissent se, forsan nonnihil annotâssem, sed quum nihil fere contineant, quod acceptum commode dissideat a nostris cogitatis, et quod ipse non aliquando perstrinxerim, cumque satis superque fuerit in hac re disputatum, impræsentiarum intacta præteribo, postea tamen cum objecta fuerit opportunitas, unum fortassis, aut alterum punctum discussurus, ea præcipue quibus Clavianam de definitionis naturâ sententiam impugnare videtur. Confero me jam ad specialia quædam de postulatis (vel hypothesibus) definitionibus, et axiomatis observanda.

Quoad hypotheses, observari potest generatim earum cum fundamentum seu ratio, tum materies et extensio. Fundamentum et ratio hypothesium (sicut innuimus sæpius, nam effugere non possumus quamvis inviti quin eadem subinde repetamus, quod sane non abhorret ab hujusmodi lectionum ingenio, et aliquatenus prodesse potest, cum ex eo dictorum sensus, mensque dicentis elucescant clarius et altius infigantur) hypothesium, inquam, fundamentum est evidens experientia, seu per sensum aliquem quo forinsecus oblata percipimus, sive per conscientiam intimam, quâ motus internos, et immanentes nobis actiones persentimus. Nihil enim supponi debet, cujus nullum experimentum edere, quod non apposito aliquo exemplo confirmare valemus, aut illustrare: cum non aliâ ratione possit hypothesis possibilitas ostendi, de quâ tamen certo constare debet auditori, scientiam ambienti. E. g. Hypothesis optica, quod a quovis objecti visibilis puncto (physico saltem) recta linea luminosa, seu Radius ad oculum ubicunque situm (in medio scilicet homogeneo) porrigatur, non aliter esset admittendum, nisi fulciri posset ejusmodi notorio experimento, quod ubique objectum aspicitur, nisi corpus opacum alicubi in rectâ illud inter et aspectum lineâ collocatum impediat; incredibile videre-

Special remarks on hypotheses, definitions, and axioms.
Evident experience is the foundation of special hypotheses.
Ex. Optical rays.

tur illud, et fere impossibile (propter impervestigabilem modi quo fit intelligentiam, et imperceptibilem naturæ subtilitatem) nisi plane fidem faceret experientia. Ita si quid hypothesis loco tradatur auditori minus probabile, minime exploratum, tenetur id scientiæ choragus aliquo luculento paradigmate seu phænomeno commonstrare (τῇ αἰσθήσει, ἢ τῷ δακτύλῳ[1], ut ait Aristoteles) sic ut antequam ulterius ad demonstrationes procedatur, nulla supersit hæsitatio de rei suppositæ possibilitate, seu veritate.

Materia vero hypothesium est omnis actio, vel motus, vel modus entis, qui sub observationem cadit, aut experientiâ potest deprehendi. Speciatim Mathematicarum, quas præsertim respicimus, hypothesium materies ad omnia magnitudinis obvia cuivis sensui symptomata distenditur. Quamobrem ut hypothesium Mathematicarum materia recte comprehendatur, debent generales, quarum omnis magnitudo capax est affectiones studiose pensitari. Quare de iis jam opportunum erit disserere.

Magnitudinis quænam primaria notio sit, et maxime essentialis proprietas, a quâ reliquæ dimanant, a quibusdam anxie disquiritur; inani forsan operâ, et sine fundamento, cum forte nulla sit (meo certe judicio nulla est) cui talis prærogativa naturæ, talis ordinis primatus reverâ competat; at multæ sunt ejus proprietates ei pari jure, simili nexu congruentes, arctissimo vinculo cohærentes, implicitæ, adunatæ cum illi, tum sibimet invicem. Quare de ipsarum ordine parum solicitus primarias ejus affectiones potissimum observabiles, quæque Mathematicis materiam suppediant hypothesibus, strictim atque χύδην recensebo, considerabo, conabor explicare. Verum sentio me negotium aggredi fusiori dignum expositione, quam ut tribus verbis possit absolvi; quodque malim non incipere, quam statim abrumpere; cumque memor sim, toties expertus, quanto brevitati nimiæ paratior sit, quam prolixitati venia, quantoque præstet non explere desiderium, quam creare fastidium auditoribus, in sequentes ista lectiones reservabo.

Μόνῳ τῷ σοφῷ Θεῷ δόξα. Ἀμήν.

[1] *Post.* II. 7.

It is questioned what is the primary notion of Magnitude? This deferred to future Lectures

MATHEMATICI
PROFESSORIS
LECTIONES.

[An. Dom. MDCLXV.]

LECT. IX.*

DE magnitudinis affectionibus et symptomatis communibus, quæ experientiam incurrunt, adeoque Mathematicis materiam hypothesibus subministrant, disquisiturum præfari subit et præmonere, quod plane conscius sim mihi quam lubricum et anceps negotium aggrediar. Sunt enim ejusmodi res, quas perdifficile sit non explicando perplexiores reddere, non illustrando obscurare; tam ferme tenuis et abstractæ naturæ res, vix ut illas imaginatio comprehendere, justos singulis limites assignare, alias ab aliis secernere queat; subtilissimam adeo mentis aciem eludunt, et distinctas ipsarum idæas captanti fugaces elabuntur et evanescunt: sic ut illis plerisque non immerito possit applicari, quod de tempore dixisse perhibetur S. Augustinus, *Quid sit tempus, si nemo quærat a me scio, si quis interroget nescio.* Quid enim v. g. sit extensio, quid spatium, quid motus, qui de illis sermones conserit unusquisque, vel e vulgo se clare putat intelligere, sin ipsorum mentem excutias, et dum ore proferunt ista vocabula quid mente cogitent explores, inextricabilibus plerosque lâqueis irretitos cernes, hæsitantes animo, linguâ præpeditos. Imo post diligentissimam contemplationem cum exquisitissimâ curâ de illis verba facientes, etiam subtilissimi Philosophi vix consona dicere possunt, aut alii aliis, aut sibimet iidem ipsis;

---

* Of the Primary Affections of Magnitude.

With regard to what are Extension, Space, Motion, &c. we may say, as St Austin said of Time: If you do not ask me, I know.

nec fere quisquam eas ita pertractat, ut non e dictis immania paradoxa, gravissimæque consequi videantur difficultates.

Ex. g. Cartesius ex suo spatii conceptu deducit infinitam (vel idem efferendo mollius, indefinitam) mundanæ materiæ extensionem, nec non impossibilitatem vacui, et immediatam contiguitatem corporum antea distantium, annihilatis vel amotis corporibus intermediis, hisque cognata. Quæ velut a communi sensu abhorrentia, quam merito non disputo, reprehendit et explodit ejus æmulus Hobbius.

At vero num clariora vel certiora, minus *ἀσύστατα*, magis *ἄμεμπτα* reponit ipse[1]? Videamus pauxillum: Spatium appellat corporis idæam vel phantasma; locum, spatii cum corporis magnitudine coincidentiam; motum, unius loci relictionem, et alterius acquisitionem. Quis non videt quam aut hæc repugnent sibi, vel admodum ridiculis obnoxia sint consequentiis; talibus nempe: Locus ergo corporis, hujus videlicet scholæ, nil erit aliud quam coincidentia phantasmatis (mei, tui, cujusvis) cum scholæ magnitudine. Quasi vero Papa Romanus non incolat Vaticanas ædes, non Romæ versetur, ast ubique gentium collocetur in omnium quotquot sunt, aut de eo cogitant, hominum phantasiis? (quo pacto facile concipiatur esse pontifex œcumenicus). Ergo motus, lapidis puta vel sagittæ, fuerit unius coincidentiæ phantasmatis cum magnitudine relictio, et alterius coincidentiæ acquisitio; dumque Turca movet exercitum in Hungariam, nil is aliud quam in tuâ phantasiâ discursitat, in tuo cerebello castra metatur. At quomodo obsecro magnitudo corporis cum phantasmate vel idæâ mentis coincidat, congruat, coexistat? quomodo derelinqui vel acquiri potest coincidentia corporis cum phantasmate? quomodo phantasma distantia corpora sejungat et intercedat? quomodo phantasma occupari, repleri, discerpi, mensuram admittere, totque potest aliis attributis subjacere, quæ non veretur ipse post traditam istam imaginariam spatii definitionem spatio assignare? Quid si nullus homo, nullus in universo phantastes existeret, ideone nusquam aliæ res essent? aut necessario quies-

[1] Cap. 7, *De Corp.*

Hence absurdities. Thus Cartesius maintains the impossibility of a vacuum.

Hobbes refutes him. But his own doctrines are no less absurd.

cerent omnia (sed nec quiescerent cum quietis etiam definitionem spatii phantasma subingrediatur)? Ideo, inquam, nullum spatium, nullus locus, nullus motus existere possint? Quam absona sunt hæc, quam παράλογα, nedum παράδοξα?

Obiter hæc (pauca de multis) ut ostendam quam δυσκατάληπτα, quamque δυσερμήνευτα sunt ista communia magnitudinis symptomata, quum ea quam accuratissime studentes enucleare, viri præ multis ingeniosi tot se labyrinthis, difficultatibus, incommodis innectant. Quo magis condonandum sit mihi, si dilutius fortassis et crassius, ad communem sensum, quam ad Metaphysicos captus accommodatius, quousque tantum conducere putem proposito negotio, hoc est, quatenus Mathematicis inserviant hypothesibus, τῇ ὑποθέσει δουλεύων, de iis dispiciam, ea recenseam et exponam.

Ad rem: E magnitudinis præcipuis et communioribus affectionibus prima se nobis offert (nam ad nullum me ordinem astringo, cum nullum sit, ut in ultimâ præmonui, ex parte rei fundamentum ordinis inter ejusdem rei proprietates reciprocas ac essentiales) prima, dico, magnitudinem ὡς ἔτυχε contemplantibus, se sensui nostro, et cogitationi subjicit Terminatio. I. Nullam certe rem sensu attingimus, nisi ceu terminatam; nullius corporis interiora viscera penetramus, sed externam tantum cutem oculo perlustramus, manu contrectamus. Nec cogitatione (saltem distinctâ) quamvis magnitudinem complectimur, nisi ut limitibus quibusdam conclusam et comprehensam. Confuse quidem imaginari possumus magnitudinem aliquam, puta lineam rectam, potentiâ, sicuti dixit Aristoteles, infinitam; hoc est, eam produci vel augeri quousque libet, vel citra intervallum majus quovis intervallo designato, quam proinde denominamus infinitam, nec improprie siquidem admittatur Philosophi, subtilissima profecto, definitio infiniti, "Ἄπειρον τοῦτ' ἐστιν, οὗ κατὰ τὸ ποσὸν λαμβάνουσιν ἀεί τι λαβεῖν ἔξω ἐστίν[1]· *Infinitum est, cujus siquis aliquam quantitatem accipiat, aliquid extra (vel præterea) sumi potest.* Verum hoc nihil est aliud quam plures successive lineas, idque juxta potentiam quandam indeterminatam et arbitrariam,

[1] *Phys.* III. 5.

I will apply common sense to the subject.

I. The first property of Magnitude is Boundary.

non unam actu lineam interminatam, distincte considerare; talem animo comprehendere non possumus, nam iterum recte Philosophus, Τὸ ἄπειρον ᾗ ἄπειρον ἄγνωστον[1], *Infinitum qua tale concipi cognoscique nequit.* (Eadem res est de infinito καθ' ἀφαίρεσιν, per subductionem aut subdivisionem infinitam; quo nil intelligitur aliud quam subtractionem seu divisionem ad libitum posse continuari, nec ad impossibilitatem ultra progrediendi redigi negotium. De utroque infinito) rursum optime Aristoteles de Mathematicis loquens, Οὐδὲ νῦν δέονται τοῦ ἀπείρου, οὐδὲ χρῶνται, ἀλλὰ μόνον ὅσην ἂν βούλωνται πεπερασμένην[2]· *Infinitâ magnitudine Mathematici nec egent nec utuntur, sed quantam lubet accipiunt ubi placuerit terminatam.* Reverâ dum Lineam concipimus, idæam formamus alicujus exilissimi quasi fili inter duos extremos apices protensi (saltem ab uno ad seipsum recurrentis, ut fit in lineis curvis figuram aliquam ambientibus). Dum Superficiem cogitamus, corporis alicujus tenuissimam quasi cuticulam, aut laminam angustissimâ margine circumseptam imaginamur. Dum Corporis effigiem phantasiæ penecillo depingimus, molem plerunque quandam opacam strictissimo rarissimoque velo undiquaque obductam nobis repræsentamus. Dum Angulum concipimus, spatium aliquod indeterminatum duabus aut pluribus lineis, vel superficiebus inclusum, vel aliquid tale concipimus.

Nec secus de quantis analogicis; dum Pondus scilicet cogitamus, aliquam cogitamus potentiam magnitudini cuipiam terminatæ (libræ videlicet uni, vel pluribus) elevandis parem; dum Motum, corporis alicujus ab hoc ad illum terminum transitionem successivam; dum Numerum, unitatis repetitionem aliquâ incipientem, aliquâ desinentem; vel multitudinem duabus unitatibus extremis, inclusive sumptis, definitam: (ex vulgi fere loquor sententiâ, nam reverâ unitates non sunt termini numerorum, etsi terminos ipsi suos habent, eosdem nempe quos magnitudines quas repræsentant).

Omnis igitur a nobis distinctâ ratione conceptibilis quantitas est aliquo modo terminata, quatenusque talis (hoc est illa ipsa

[1] *Phys.* I. 5; II. 10. [2] *Phys.* III. 7.

In conceiving geometrical quantities we conceive their boundaries:
As a Line, a Surface, a Body, an Angle.
So too a Weight, a Motion, a Number.

quantitatis affectio) conducit haud parum Mathematicis hypothesibus. Nam ex eâ potissimum magnitudinis præcipuas species seu dimensiones varias deducimus; et quod non temere confingantur, at suo modo reverâ existant, quodammodo demonstramus. Sic enim licet argumentari: Corpus vel solida magnitudo (quam nemo scilicet non admittit, utpote palpabilem, et quæ propterea præsupponi potest) non ex ullâ parte ad infinitum excurrit, et undiquaque terminatur: iste terminus non est introversum, aut quoad profunditatem divisibilis (nam si divisibilis esset haud totus, sed ejus duntaxat exterius aliquod foret terminus; præter hypothesin). Hinc datur solidæ magnitudinis Terminus aliquis secundum profunditatem indivisibilis; is vocetur Superficies; ecce unam hypothesin Mathematicam, et ex eâ resultantem definitionem. Porro dicta superficies non est usquam interminata, sed aliquo ambitu seu extremo clauditur; id extremum simili discursu, quali prius, versus interiora, seu quoad latitudinem, est indivisibile. Supponatur ergo dari superficiei Terminus quoad latitudinem indivisibilis, qui dicatur Linea; ecce alteram hypothesin, eique connatam definitionem. Itidem, ista linea non est infinita, sed introrsum, hoc est quoad longitudinem, ad utramque partem termino includitur; parique ratione sunt hi termini prorsus indivisibiles: ergo supponatur dari lineæ Terminus indivisibilis, et hic appelletur Punctum; quod omni modo indivisibile est, participans quippe de superficiei quoad profunditatem, et lineæ quoad latitudinem indivisibilitate; nec non immediate quoad longitudinem indivisibile, quatenus lineæ terminus. Hinc tertia suppositio, conjunctam habens puncti definitionem. E quibus patet haud absque fundamento supponi Puncta, Lineas, et Superficies a Mathematicis; nam licet ut Termini nil fere videantur aliud præter ulterioris extensionis negationes (negationes tamen in re fundatas, ut vidimus, et ab intellectu bene perceptas; sicut Umbras et Tenebras in Physicis, Improbitatem et Inscitiam in Ethicis) tamen alio modo consideratæ admodum realia ac positiva sortiri videntur attributa. Superficiei v. g. duobus modis dividi, adaugeri, imminui, mensuram subire, congruere, adæquari, excedere, deficere, nec non quomodocunque moveri, et quiescere convenit atque tribuitur. Imo vero, sicut innueram,

---

The foundation of the notions of Points, Lines, Surfaces.

solæ superficies immediate sensibus objectantur, coloribus subjacent, lucis radios, sonique fluctus refringunt, aut repercutiunt; hæ primos motuum impetus excipiunt; hisce solis sese corpora mutuo contingunt, quippe quæ nullâ parte sui se permeant aut penetrant. Eadem ferme vel supparia lineis attributa coaptantur; his rerum distantiæ censentur; secundum has lucis radii diriguntur, gravia descensum affectant, motus omnis tendit; his lucis et umbræ confinia dirimuntur; circa has quiescentes corpora revolvuntur; produci denique, contrahi, secari, mensurari, quomodocunque comparari possunt.

Nec ipsis punctis, utut *ὑπόστασιν ἀμυδράν*, subobscuram et prætenuem habentibus entitatem, sua deesse videtur attributorum qualiscunque realitas. Nam et motum hæc et quietem obtinent; motum quidem una cum corporibus quibus insunt, quietem vero subinde peculiarem sibi; sicut rotæ Centrum, Poli telluris aut cœli; (etenim ejusmodi gyrationes circa quiescens aliquid peraguntur, et secundum aliquid sui locum servant immutabilem;) etiam circa punctum, Gravitatis nempe Centrum, corporum momenta consistunt, in eo quasi nodo vires suas colligunt et coadunant, eo quodammodo fulciuntur et sustentantur, secundum id motûs sui sortiuntur directionem; versus unum denique Punctum in Tellure Medium, ceu conspirantibus votis, propendent et sponte ruunt omnia, vel directo certe gressu ab eo refugiunt atque recedunt.

Sed audiamus Proclum tale Puncto elogium pangentem: *Τά τε γὰρ κέντρα κατ' ἐνέργειαν ὑφέστηκε συνεκτικὰ τῶν σφαιρῶν ὑπάρχοντα, καὶ ἑνίζοντα τὰς διαστάσεις αὐτῶν, καὶ σφίγγοντα τὰς δυνάμεις ἐν αὐταῖς, καὶ συνερείδοντα πρὸς ἑαυτά· καὶ οἱ ἄξονες συνελίσσουσιν αὐτὰς, καὶ περιάγουσιν αὐτοὶ μονίμως ἱδρυμένοι, καὶ περὶ ἑαυτοὺς ἀνακυκλοῦσι· καὶ μὴν καὶ οἱ πόλοι τῶν σφαιρῶν, καὶ αὐτοὺς τοὺς ἄξονας ἀφορίζοντες, καὶ τὰς ἄλλας περιφορὰς ἀφ' ἑαυτῶν συνέχοντες πῶς οὐχὶ δηλοῦσιν ἐναργῶς, ὅτι τὰ σημεῖα δημιουργικὰς ἔχει καὶ συνεκτικὰς δυνάμεις, καὶ τελειοτικὰς τῶν διεστώτων πάντων, ἑνώσεώς τε χορηγοὺς, καὶ*

[1] *Proclus.*

Points have mechanical properties; for example, the centre of a wheel; the poles of the earth or heavens; the centre of gravity; the centre of the earth.

Proclus's eulogy of points.

ἀναπαύστου κινήσεως· ὅθεν ὁ Πλάτων ἀδαμαντίνην αὐτῶν τὴν ὑπόστασιν εἶναι φησὶ, τὸ ἄτρεπτον, καὶ διαιωνίζον, καὶ μόνιμον, καὶ ὡσαύτως ἔχον τῆς οὐσίας αὐτῶνὲν δεικνύμενος, τόν τε ἄτρακτον ὅλον περὶ αὐτὰ κινεῖσθαι φησὶ, καὶ περιχορεύειν αὐτῶν τὴν ἕνωσιν. Hæc magnifice Proclus, etsi speciosius et popularius (opinor) quam verius et accuratius.

Nihilominus enim cum illo de indivisibilibus istis serìo pronuntiante (*καθ' ἐνέργειαν ἵδρυται, καὶ ὑπάρξιν ἔχει, καὶ δύναμιν αὐτοτελῆ, καὶ διήκουσαν διὰ πάντων τῶν μεριστῶν*) juxta non sentio. Non existimo superficies, lineas aut puncta separatam quandam existentiam, aut propriam ex seipsis efficaciam possidere, vel aliter a solidâ magnitudine quam *κατ' ἐπίνοιαν* distingui; sed unicam potius arbitror ex parte rei magnitudinem dari, quæ prout in varias partes extendi, diversimode partiri, differentes spissitudinis, latitudinis, et longitudinis considerationes induere vel subire potest, causam vel occasionem suppeditat idoneam rationi nostræ distinctionem istam, magnitudinis in tres quasi species huic scientiæ perquam utilem et accommodatam comminiscendi. Sed de Terminatione magnitudinis hæc dicta sufficiant: de Figuratione enim speciali succurret opportunior alius dicendi locus.

II. Ei succenturiat Extensio; quâ nempe significatur magnitudinis terminos non immediate conjungi vel coexistere, sed iis aliquid intercedere vel interponi. Id enim exigit ratio termini vel extremi, quæ diversi quiddam supponit intra terminos comprehensum. (*Οὐχ ἅμα τὰ ἔσχατα, οὐ γάρ ἐστιν ἔσχατον οὐθὲν τοῦ ἀμεροῦς, ἕτερον γὰρ τὸ ἔσχατον, καὶ οὗ ἔσχατον*[1]. *Extrema simul consistere nequeunt, nec enim aliquod ejus quod partibus caret extremum est; aliud enim extremum est ab eo, quod extremum habet*, inquit Philosophus: et alibi, *τὸ πέρας ἄλλο καὶ οὗ πέρας*[2].) Nec sane concipere possumus ullam magnitudinem nisi velut extensam, et terminos habentem aliquo dissitos intervallo; non lineam, nisi ceu semitam inter extrema duo loca porrectam; non

[1] *Phys.* VI. I. [2] *περὶ ἀτόμων γραμμῶν.*

Surfaces, lines, and points, have no separate existence.

II. Next, Extension—that whose boundaries do not coincide.

A boundary and *that of which* it is a boundary are different, as Aristotle says.

superficiem, nisi ceu pavimentum intra limbos suos constratum; non corpus, aliter quam ut (vasculum aut) cameram suos intra parietes aliquid complectentem. Tales enim nobis experientia similitudines ac idæas suggerit magnitudinum. Nec secus *aliis* [ipsis] κατ' ἀναλογίαν quantis etiam suo modo convenit extensio qualiscunque. Nam inter vim uni libræ attollendæ parem, et illam quæ decem libras potest elevare, media jacet potentia duas, tres, &c. libras evehere valens; unde pondus suo modo extenditur. Et inter anni, mensis, diei, horæ, τὰ νῦν primum ac ultimum duratio quædam intercedit, juxta quam tempus extenditur. Ac inter motûs initium et finem medium quiddam decurso spatio respondens jacet. Numeri vero eadem est, quæ magnitudinis, quam denominat et repræsentat, extensio; binarius scilicet quo linea bipalmaris exprimitur, duorum ad palmorum longitudinem extenditur; binarius quo bijugerus ager effertur, ad duorum jugerum latitudinem exporrigitur. Cum igitur ex conceptibus nostris ab experientiâ desumptis satis apparet, omnem magnitudinem et quantitatem aliquatenus omnem extendi, licebit Mathematicis hanc supponere, quasque possunt ab eâ suppositâ consequentias elicere: valebuntque v. g. tales hypotheses: inter designata puncta sumatur media linea: inter expositas lineas jacet media superficies: inter superficies extremas concipiatur interjecti corporis aliquid: inter duo instantia medii temporis quiddam intelligatur: inter duo momenta ponatur aliquid intercepti ponderis: inter duos terminos aliquid porrigatur intercurrentis motus. Et ejusmodi quævis adsumantur haud illicitæ suppositiones. Sed de Extensione hactenus.

III. Illam consequitur altera magnitudinis affectio, Compositio; hoc est, quod magnitudo continet in se diversa, vel constat ex alio ac alio. Nam quoniam extenditur, et distant ejus extrema, non est tota simul; unde designari potest aliud atque aliud in ipsâ; adeoque componitur ex alio ac alio, hoc est ex partibus; nam magnitudo quatenus componitur e diversis in eâ contentis dicitur totum, ista vero diversa partes appellantur. Pari modo cum singula dictarum partium non sit tota simul, (nam si tota

---

So by analogy Extension applies to other kinds of quantity; force, time, number. I read *aliis* for ipsis.

III. Composition. Extension is *compounded* of parts.

simul foret, cum totius magnitudinis extremo, vel cum adjacentis sibi partis extremo coincideret, adeoque non esset medium quid, nec aliud, nec pars,) ergo itidem designari potest in eâ aliud atque aliud, adeoque componitur ipsa ex aliis partibus, et hæ pariter ex aliis, ac ita ad infinitum, hoc est quousque libuerit eam e partibus minutioribus compositam imaginari. Unde consectatur magnitudinem quamvis ex homogeneis sibi magnitudinibus conflari atque constitui, lineam e lineis, superficiem e superficiebus, corpus e corporibus; non vero lineam e punctis, aut superficiem e lineis, aut corpus e superficiebus. Nam puncta, dicis causâ, respectu lineæ præterquam quod nil aliud sint, ut supradictum, quam negationes ulterioris extensionis, et vix aliquid obtineant positivi; et præterea ceu termini connotent aliquid interjectum, sicut sibi nequeant immediate cohærere, totumque quicquid est lineæ situm cogitetur inter ipsa; sunt etiam indivisibilia, ac idcirco si duo supponantur adposita sibi, toto sui contingent se mutuo, hoc est coincident et coexistent, nec adeo quid habens extrema vel extensum constituent.

(Ita ratiocinatur Philosophus[1]; *Ὁπότε γὰρ ἥπτοντο ἐν ἑνὶ μεγέθει καὶ ἓν ἦν μέγεθος, καὶ πάντα ὁμοῦ ἦσαν οὐδὲν ἐποίουν μεῖζον τὸ πᾶν· διαιρεθέντος γὰρ ὡς δύο καὶ πλείω, οὐδὲν ἔλαττον οὐδὲ μεῖζον τὸ πᾶν τοῦ πρότερον· ὥστε κἂν πᾶσαι συντεθῶσιν, οὐδὲν ποιήσουσι μέγεθος·* de Atomis loquitur.) Eadem est ratio lineæ respectu superficiei, et hujus respectu corporis. Quin et eodem modo tempus ex temporibus, non ex instantibus; motus ex motibus, non ex tendentiis indivisibilibus; velocitas ex velocitatibus, et pondus ex ponderibus, neutrum ex gradibus vel impetibus absolute minimis; numerus ex unitatibus, illæ ex fractis partibus, non ex cyphris, constant et integrantur. Ex his etiam liqueat ubivis in lineâ sumi posse punctum, ubivis in superficie lineam et punctum, ubivis in corpore superficiem, lineam, et punctum, pro arbitrio. Nam quia partium corporis infinitarum (vel indefinitarum, hoc est plurium quâvis multitudine determinatâ) aliqua desinit ubivis aut incipit, ubivis habetur ejus terminus superficies, in hâc partem aliquam terminans linea, in eâ partem aliquam terminans punctum.

[1] *De Gen. et Corrupt.* Lib. II.

Quantity does not consist of indivisibles.

Nec ab his abludit conceptus noster et sensus communis, (ad hunc enim sæpius appellandum est, quoniam is testis est et index experientiæ, in experientiâ vero fundantur hypotheses, ut toties inculcatum,) nam nullam omnino magnitudinem concipimus, nisi ceu compositam ex partibus, nec has partes nisi quadantenus extensas, adeoque conflatas ex partibus. Penitus incompositum, positive in materiatis, sicut omnem sensum, ita prorsus omnem fugit imaginationem. Igitur compositionem hanc, et quicquid eam immediate consequitur supponere licet Mathematicis, quales sunt quas subsequentis, huic arctissime connexæ, proprietatis declarationi subjungam, suppositiones, ne cogar eadem repetere.

Nam Compositionem excipit ejus individuæ comes et conjux Divisibilitas. IV. Quoniam enim, ut modo ostensum, magnitudo componitur ex partibus reverâ distinctis, hæ possunt separatim existere, possunt saltem seorsim considerari, hoc est re vel mente dividi, seu in partes resolvi. Quare quanti definitionem hinc extruit Philosophus[1]? Τὸ διαιρετὸν εἰς ὑπάρχοντα, ὧν ἑκάτερον ἢ ἕκαστον ἕν τι, καὶ τόδε τι πέφυκεν εἶναι· *Quod dividi potest in ea quæ insunt, quorum utrumque (nempe si tantum duæ sunt partes) vel unumquodque unum quid, idque determinate aptum natum est esse.* Adeo scilicet intima est quantitati divisibilitas, ut ex ipsâ videatur commode definiri. Quod sane communibus hominum conceptibus apprime congruit. Nam indivisibile quantum verbo tenus asserat non nemo, sed nullus, opinor, ejus imaginem animo depingat: cum divisibilitate mentem effugit extensio, cum partibus totum evanescit. Τί γάρ ἐστιν ὅπερ τὴν διαίρεσιν διαφεύγει[2]; merito sciscitatur Philosophus (*Quid illud est quod divisionem respuit?* Plane nihil). De totâ magnitudine valet hoc; de partibus etiam quibuscunque pari ratione valet; sicut omnes conflantur ex partibus, ita possunt omnes in partes alias ac alias resolvi: nullum datur in quâcunque specie magnitudinis absolute minimum. Quicquid dividitur in partes dividitur iterum divisibiles. (Λέγω δὲ συνεχὲς, τὸ διαιρετὸν εἰς αἰεὶ διαιρετὰ, Arist.[3])

Non ignoro, siquidem nemo ignorat, doctrinam hanc a non-

[1] *Met.* IV. 13. [2] *De Gen. et Corrupt.* Lib. II. [3] *Phys.* VI. I.

IV. Divisibility.
Infinite divisibility of matter. The ancients.

nullis gravatim admitti, ab aliis plane rejici, magnâque passim pertinaciâ de perpetuâ quantitatis divisibilitate, deque compositione magnitudinis (an ex indivisibilibus, an ex partibus homogeneis) controversiam agitari; scio multis involutam difficultatibus, multis obnoxiam contradictoriis argutiis, ob intervenientem præsertim infiniti nobis haud perfecte comprehensibilem conceptum. Tot istas tricas evolvere, tot salebras explanare, tritam adeo vexatamque, prolixam atque perplexam, quæstionem aggredi non est mihi nunc animus; integrum volumen accurate pertractata compleret; nimiam curam exposceret et longiorem moram, quam ex usu foret ei jam impendere. Sufficiat quod perpetua divisibilitas, et compositio quantitatis ex partibus homogeneis communibus, ut innuimus, hominum idæis bene respondeat; quod ipsam præstantissimi plerique Philosophi posuerint et propugnârint: Plato imprimis, si fides Aristoteli; *Πλάτων ἄπειρα δύο ἐποίησεν, ὅτι καὶ ἐπὶ τὴν αὔξησιν δοκεῖ ὑπερβάλλειν, καὶ εἰς ἄπειρον ἰέναι, καὶ ἐπὶ τὴν καθαίρεσιν*[1]. Aristoteles ipse multis in locis, *Phys. Ausc.* VI. 1. *De Gen. et Corrupt.* I. 2, et peculiari libello perquam erudito, *περὶ ἀτόμων γραμμῶν*, non tantum asserit, sed valide probat; tota schola Stoicorum, et in iis acutissimus Chrysippus, ei suffragati dicuntur.

Recentium quoque Philosophorum subtilissimus Cartesius calculum suum adponit, et nedum divisibilem esse materiam in partes infinitas, sed actu dividi, argumento Physico, ex peractis continuis per circulorum excentricorum inæqualia interstitia motibus deprompto, pene demonstrat.

Accedit omnium Mathematicorum necessarius consensus; quamvis enim vix hoc usquam aperte supponunt, sæpe tamen tecte sumunt, et nisi verum sit, ipsorum corruunt pleræque demonstrationes. Sumunt, inquam, ut in definitione rectæ lineæ, seu dicatur ex æquo suis interjecta punctis, seu definiatur brevissima linearum, quæ duci possunt ab uno puncto ad aliud. Nam quo modo linea duobus punctis constans, inter sua puncta jacet omnino? Et si sumatur circuli semidiameter constans, ex ad-

[1] *Phys.* III. 6. [Nam et Plato infinita duo propterea facit quod in accretione exsuperare videtur et in infinitum abire, et in divisione.]

Cartesius holds not only the infinite divisibility of matter but its actual division.

versantium mente, tribus tantum punctis, erit illa æqualis lateri hexagoni isti circulo inscripti, sextans vero circularis circumferentiæ non attinget quatuor puncta (alias enim tota circumferentia punctis 24 constaret, adeoque quadrupla foret diametri, contra manifestissimas Archimedis demonstrationes, et communem sensum quo circumferentia circuli perimetro circumscripti quadrati minor dignoscitur): atqui si sextans peripheriæ non attingat quatuor puncta, neutiquam (juxta indivisibilia propugnantium hypothesin) excedet tria; non erit igitur subtensâ suâ major; nec proinde recta linea brevior erit omnibus, quæ inter eadem puncta duci possunt lineis. Similis consequetur difficultas, si semidiameter circuli 5 punctis constare supponatur; nam peripheria 60 graduum non attinget 6 puncta (alias integra peripheria contineret 36 puncta, hoc est, diametri triplum et semissem excederet, quod itidem communi sensui facile demonstretur refragari). Quæ certe sola consideratio sufficiat evertendæ contrariæ sententiæ, saltem ejus cum Mathematicis principiis manifeste declarat repugnantiam.

Item cum a puncto quovis ad quodvis punctum supponitur duci recta linea, quomodo consistat id cum indistantiâ, vel immediatâ punctorum cohærentiâ? Quinetiam quod assumitur duas rectas lineas a concursu statim divaricari, seu discedere a se invicem, nec præterquam uno se puncto secare, nec habere communem aliquam partem, extra punctum intersectionis, hisque cognata, ab indivisibilium positione manifeste destruuntur; ponatur enim circuli circumferentia constare quotlibet punctis, ad quæ singula ducantur e centro radii, liquet evidentissime plurium circulorum concentricorum peripherias, aut totidem e punctis quot ille prior conflari, adeoque ipsam adæquare, quod absurdissimum, aut istos radios alibi quam in centro se contingere, sibimet occurrere, vel intersecare se mutuo.

Et quod ad conclusiones attinet Geometricas, quomodo bisecari potest recta linea constans punctis imparibus? quomodo linea quævis possit in tot partes æquales secari in quot alia quælibet secta supponitur? quomodo si trianguli crura sint utlibet inæqualia, per majoris quotlibet puncta duci possint ad basim

---

Lines do not consist of points.
Geometrical proof of this.

parallelæ, quæ minoris crus pertranseuntes non coincidant, intersecent, aut contingant seipsas, contra parallelarum naturam et definitionem? Et si crura base longe majora sint, quomodo parallelæ crescant uniformiter, seu proportionem cum interceptis ad verticem crurum partibus conservent eandem, ut basim multo non excedant, quæ tamen minores sunt, etiam ipso sensu judicante? quomodo in eâdem rectâ indefinite productâ sumptis centris quotlibet, puta millies millenis aut utlibet pluribus, per terminum dictæ rectæ descripti circuli se in uno tantum puncto contingant, juxta manifestissimum Geometriæ præceptum, ut non clarissime consequatur inde, rectam quantumvis minimam contactui vicinam circulorum istorum circumferentias secantem punctis secari indefinite multis; adeoque potentiâ infinitis vel innumeris? quomodo, secundum adversarios, inter duas rectas unam puta 7, alteram 9, punctis constantem reperiri possit media proportionalis, vel ad easdem 7 et 9 tertia proportionalis exhibeatur? Nequicquam adinveniendæ mediæ super conjunctas illas tanquam diametrum constituatur semicirculus, et a segmentorum communi termino erigatur perpendicularis; nec enim illa poterit esse proportione media inter dictas rectas, cum juxta positionem adversam nulla talis dari possit.

Quomodo non tollatur funditus omnis magnitudinum ἀσυμμετρία, quam tot exemplis ostendunt, tot demonstrationibus muniunt Geometriæ? Cum communis omnium magnitudinum mensura punctum existat, habeatque se magnitudo quævis ad aliam, sicut numerus punctorum ad numerum punctorum, si lineæ constent e punctis, et superficies e lineis, et e superficiebus corpora. Quomodo non pessum ibit universa de lineis asymptotis, mirabilis equidem, sed nullâ Geometriæ parte minus certa vel clara doctrina; quæ magnitudinis infinitam divisibilitatem aut invicte confirmat, aut una concidit, utpote quâ minima quæpiam linea continuo ad infinitum decremento non exhauriri, neque continuo ad infinitum incremento datam, paulo majorem, adæquare lineam, perspicue demonstratur? Quomodo denique non omnis auferatur motuum quoad velocitatem differentia? Nempe si mobile punctum uno tempore quinque percurrat puncta,

---

Also proof from Incommensurables, and Asymptotes.
Proof from Velocities.

quomodo possit alterum eodem tempore conficere subduplum, subtriplum, aut subquadruplum, ejusce spatii, quum totum in istas partes dividi nequeat?

Infinita possem excogitare, et adferre talia, quibus ostendatur ab istâ compositionis ex indivisibilibus assertione totam concuti, prosterni, penitus subverti Geometriam; nil in eâ sani vel solidi relinqui, sed immanem et deplorandam ruinam, confusionem, *ἀσυστασίαν* in divinissimam istam induci scientiam[1]; cujus tamen effata, præter evidentiam principiorum et discursuum rigorem, ita cum admirandâ (qualis falsis seu principiis seu ratiociniis obvenire nequit) inter se consonantiâ, tum perpetuo exquisito cum experientiâ consensu firme stabiliuntur, ut mundi citius cardines emoveantur loco, rerumque machina collabatur, quam Geometriæ fundamenta (*τὰ θεῖα τῆς γεωμετρίης ἀξιώματα*) labefactentur, aut ejus conclusiones falsitatis arguantur.

Sed dimittenda nobis est hæc quæstio, postquam admonuero breviter, præcipua quæ contra perpetuam quantitatis divisibilitatem adferuntur argumenta, vel petitione principii laborare, vel falsis suppositionibus inniti, vel parum ad rem pertinere. Objecit Epicurus, in suarum atomorum gratiam et patrocinium, si partes magnitudinis infinitæ sint, magnitudinem ex iis conflatam intelligi non posse finitam. Quid hoc est aliud quam petere *τὸ ἐν ἀρχῇ*, vel idem per idem astruere? Hoc enim ipsum quæritur, an finita magnitudo (nam de infinitâ non agitur) possit habere partes infinitas. Id vero dicit adversarius non potest esse, nequit intelligi. Magis apposite rogâsset explicationem modi quo fiat, quam ita fieri non posse conclusisset. Cui quæstioni responderem, quod rationi quidem adversatur, ut magnitudo finita partes habeat aliquotas (centesimas puta vel millesimas) infinitas, imo repugnat ut habeat harum plures quam centum vel mille; sed quod partes habeat plures millesimis millies acceptis, vel plures partibus alio quovis numero denominatis, non equidem video quomodo repugnet, imo potius perspicio quod rationi consentiat optime. Certe quod sicut integri numeri possint ad infinitum

---

[1] *Οὗτος γὰρ τὸ ἐλάχιστον εἰσαγαγὼν τὰ μέγιστα κινήσειε τῶν Μαθημάτων.* *Arist. de Cœlo.* I. 5.

Τῷ μὲν γὰρ ἀληθεῖ πάντα συνᾴδει, τῷ δὲ ψευδεῖ ταχὺ διαφωνεῖ τὸ ἀληθές. *Arist. Eth.* Lib. VIII.

augeri *κατὰ πρόσθεσιν*, ita fracti possint *ἀντιστρόφως* diminui *τῇ καθαιρέσει* (quod nempe sicut concipitur aliquis ultra millenarium numerus, eodem modo concipiatur aliqua pars infra millesimam) signum est magnitudines, quibus respondent, utroque pariter modo versus infinitum vergere.

Quinimo quod infinita series fractionum certâ quâlibet proportione decrescentium æquetur certo numero, vel unitati, vel unitatis parti, (v. g. quod talis series decrescentium proportione subsesquialterâ æquetur binario, decrescentium ratione subduplâ æquetur unitati, decrescentium ratione subtriplâ æquetur semissi unitatis,) satis clare docetur et ostenditur ab Arithmeticis, unde non repugnat finitum aliquod infinitas in se partes continere: præsertim cum numero nihil conveniat, quod non potiori jure convenit magnitudini, quam numerus repræsentat ac denominat. Et sane fere tollit omnem difficultatem imaginandi quo pacto possit evenire, quod res finita conflari possit ex partibus infinitis, si modo consideretur, prout adcrescit multitudo partium, ita pari passu reciproce ipsarum magnitudinem decrescere. Ut si tres partes habeat illarum singula non est nisi tertia pars totius, si quatuor non nisi quarta; sic ut ipsarum parvitas multitudinem compenset. Sed urget Epicurus, vel ejus nomine Lucretius:

> Præterea nisi erit minimum, parvissima quæque
> Corpora constabunt ex partibus infinitis.

Recte, quid inde?

> Ergo rerum inter se summam minimamque quid escit?

Nempe futurum putat, admissâ nostrâ hypothesi, ut minimum quantum adæquet maximum, ut granum papaveris æquiparetur toti mundo, nec musca amplitudine cedat elephanto; quia pariter ista cum his partes continent infinitas. Sed hæc argumentatio nil efficit: quid enim obstat quo minus exigua res tot habeat partes minores, quot amplior alia majores obtinet; ut solidus in tot denarios, quot in uncias libra distribuatur; ut tot octantes pes, quot ipsum miliare stadios complectatur? Quidni sicut universus terrarum orbis ad arenam, sic arena se habeat ad aliam

---

A series decreasing in geometrical proportion is equal to a finite quantity.

Lucretius's argument, that if magnitudes consist of infinite parts, all magnitudes are equal.

arenulam, ut quoties ille continet istam, toties ista comprehendat hanc? Cum mundus ipse respectu alterius mundi, quem Deus condere potest, major non sit quam hic ipse respectu minutissimi pulvisculi vel arenulæ. Igitur constare potest utrumque (quod majus et quod minus est) ex partibus infinitis, sed illud ex majoribus, hoc ex minoribus, tantâ scilicet proportione minoribus, quantâ totum hoc illo toto minus est.

Sed instant porro, saltem ex assertione nostrâ sequi, quod infinitum infinito sit inæquale: numerus quippe partium in lineâ bipedali duplus erit infiniti numeri partium existentis in lineâ pedali; siquidem numerus iste quisquis est hunc evidentissime bis includit. Absurdum autem videtur infinitum excedi, contineri, multiplicari. Respondeo etiam, in hoc adversariorum argumento palmario principium repeti; hoc est, idem ex eodem aliis verbis prolato deduci. Numerus enim infinitus nil innuit aliud, quam id cui tribuitur posse dividi, vel concipi divisum in infinitum; id quod nos asserimus utrique lineæ tam pedali quam bipedali convenire, non obstante quod illa sit hujus dupla; negant hoc *οἱ ἐξ ἐναντίας* sub aliis verbis, at nihil in contrarium subdunt novi argumenti. Certe numerus (sicut multoties inculcatum, et mihi persuasissimum est) numerus, inquam, seu finitus seu infinitus, nullam ex se vel æqualitatem vel inæqualitatem habet alterius numeri respectu, nisi quatenus uterque generis ejusdem magnitudinem designat et repræsentat; quare dicere numerum hunc infinitum majorem esse illo numero infinito, et hoc absurdum pronunciare, nil est aliud quam dicere magnitudinem hanc, quæ concipitur ad infinitum divisa, majorem esse illâ, quæ concipitur etiam ad infinitum divisa, et hinc absurdum consequi, hoc est, nostram thesin negare, sed illam aliquâ novâ machinâ non oppugnare.

Præterea, quod nullatenus absurdum videatur infinitum infinito contineri (infinitam dico magnitudinem infinitâ magnitudine, vel infinitum numerum infinito numero comprehendi: nam si ponatur, in spatio quod nemo fere non imaginatur immenso, protendi infinita linea recta; in illâ proculdubio continebuntur infiniti numero pedes, et infinitæ orgyæ, et infiniti stadii: item illa infinita recta sæpius continebitur in infinitâ superficie, et hæc in-

---

One infinite may contain another any number of times.

numeris vicibus in infinito solido corpore. Nec absimiliter in æternâ duratione facile concipiantur infiniti anni, infinitiores dies, hisque pluries infinitæ horæ, et infinitissima momenta.

Dices positiones istas impossibiles esse, et *ἑνὸς ἀτόπου δοθέντος τἄλλα συμβαίνειν*. Respondeo, cum adversarius ex infiniti naturâ struat argumentum, licet ipsum supponere; et quanquam ipsius rei positio forte sit impossibilis, consecutio tamen perceptibilis est et manifesta, nempe quod neutiquam (ut volunt illi) infiniti naturæ repugnat in altero infinito contineri: uti licet impossibile sit hircocervum existere, satis evidens est hircocervi notioni non adversari quod pedes habeat aut cornua. Saltem valuerit hoc ad homines, Epicureos intelligo propugnatores atomorum, qui suum *κενόν* magnitudine statuebant immensum, suas atomos infinitas multitudine. *Εἶναι αὐτὸ τὸ κενὸν ἄπειρον, καὶ τὰ σώματα ἄπειρα*, statutum ab Epicuro refert Plutarchus in placitis, et attestatur Lucretius:

patet ingens copia rebus
Finibus exemptis in cunctas undique partes.

Quo posito clarissime liquet infinitum numerum infinito numero, spatium infinitum infinito spatio, vel de facto comprehendi. Nam in infinito numero atomorum continentur infiniti numeri octonarii, magis infiniti quaternarii, infinitiores binarii, et unitates infinities infinitæ. Pariterque de spatiis.

Objecit denique Zeno contra nostram sententiam, infinitis partibus constans spatium non posse successive pertransiri, adeoque per eam motum e rerum natura tolli. Tribus verbis repono, recte sequuturum hoc, si mobile supponatur infinite tardum; at si velocitatem habeat aliquantam, illa cuidam spatii determinatæ parti respondebit, quam adeo designato tempore mobile poterit emetiri. Moneo quæ contra compositionem ex indivisibilibus dicta sunt, illos pleraque spectare, qui magnitudinem constitui volunt ex indivisibilibus numero finitis; quæ sententia Geometricis decretis magis adversatur.

Cum quibus fortasse conciliari potest, nec alias quam loquendi modo differt opinio Galilæi, et aliorum ei *συμψήφων*, ex infinitis ipsam atomis compositam censentium. Sed istam

---

Zeno's objection, that motion would be impossible.

sententiam missam facio; (etenim si quæ mihi cogitanti obveniant omnia minutatim excuterem, in immensum redundaret sermocinatio nostra. Complura vobis ut maturiori judicio vestro corrigenda, sic et diligentiore curâ supplenda linquo).

Cæterum ne tumultuaria hæc disputatio provehatur in infinitum, haud dissimulo nec diffiteor ab intellectu nostro difficile capi, quomodo dividi possit unaquæque pars, sic ut actu divisæ omnes non ad indivisibilia, vel ad nihilum aut nihilo proximum aliquid redigantur; nec tamen ideo propter imperfectam conditionem humanæ mentis, et captus nostri tenuitatem, deserendam esse sentio tot manifestis indiciis compertam, tot argumentis firmissimis suffultam veritatem. Egregie Aristoteles[1]; Ἄλλ' *ἄτοπον ἴσως τὸ μὴ δυναμένους λύειν τὸν λόγον δουλεύειν τῇ ἀσθενείᾳ, καὶ προσεξαπατᾷν ἑαυτοὺς μείζους ἀπάτας, βοηθοῦντας τῇ ἀδυναμίᾳ·* h. e. *Equidem rationi dissentaneum est, quod instantias omnes repellere nequeamus, infirmitati nostræ servire vel succumbere; majoresque nos in errores conjicere, quod minoribus angustiis nos expedire nequeamus.* Cui non absimili prudentiâ succinit Cartesius[2]: Quamvis quomodo fiat indefinita ista divisio cogitatione comprehendere nequeamus, non ideo tamen debemus dubitare quin fiat, quia clare percipimus illam necessario sequi, ex naturâ materiæ nobis evidentissime cognitæ, percipimusque etiam eam esse de genere eorum, quæ a mente nostrâ, utpote finita, capi non possunt.

Maneat igitur omne quantum componi e partibus compositis, et dividi posse in partes iterum divisibiles, et proinde Mathematicis licere quaslibet eis fundamentis hypotheses superstruere. Tales nempe: A majori quâvis magnitudine subduci posse æqualem cuilibet minori. Inter duas homogeneas magnitudines inæquales utcunque desumi posse mediam aliquam ejusdem generis. Ubivis in lineâ sumi posse punctum, in superficie punctum et lineam, in corpore punctum, lineam, et superficiem, pro lubitu. Quamlibet magnitudinem habere partes homogeneas numero quovis denominabiles, decimas puta, centesimas, millesimas, etc., nec abhorrere a ratione, si speculandi gratiâ quomodocunque di-

[1] Περὶ ἀτ. γρ. [2] *Princip.* II. 34.

We cannot conceive infinite division, but must accept its possibility. Upon this are founded the common mathematical axioms.

visa supponatur. Et consimiles his; nec enim jam omnes hypotheses enumerare, sed ipsorum duntaxat fontes aperire propositum habeo. Supersunt alia magnitudinis attributa, quæ nunc persequi tempus vetat.

LECT. X.*

CUM instituti discursus filum eo me pertraxerit, ut Mathematicarum hypothesium gratiâ, de magnitudinis affectionibus et symptomatis communioribus dispiciam, et de nonnullis quæ se primum objecerant (terminatione nimirum, extensione, compositione, divisibilitate) pro rerum dignitate pauca, pro nostro proposito satis multa disseruerim, superest ut reliqua deinceps perstringam, occupationem spatii, positionem determinatam, mobilitatem, mensurabilitatem, proportionem, et siqua occurrerint alia, de quibus Mathematici depromunt, aut legitime depromere possunt, hypotheses ratiociniis suis accommodatas.

Imprimis magnitudini solet attribui quod occupet et repleat spatium. Quid vero sit hoc spatium difficile sit exponere. Nam an detur necne spatium aliquod ab ipsâ rerum magnitudine distinctum, si vel ad conceptus vulgares attendamus, aut subtiliores Philosophorum excutiamus sententias, haud in proclivi sit statuere; adeo repugnantes sententiæ cum speciosis nituntur argumentis, tum gravibus urgeri videntur incommodis.

Imprimis nullum a rebus quantis reverâ distinctum existere spatium ista videntur arguere satis manifeste. Primo, quod si sit improductum et independens, æternumque proinde et immensum sit oportet (nam præterquam quod a spatii realis assertoribus tale plerumque concipitur et supponitur, si tale non sit cessabit omnis ratio, propter quam dari supponatur, ut ejus constituendi causas expendenti liquebit) atqui dari quid eximiorum istorum divinæ naturæ attributorum particeps, a Deo quoque non creatum nec dependens, tam rectæ rationi discrepare, quam a pietate videtur abhorrere.

---

* Other attributes of Geometrical Magnitudes.

1. They occupy space.

What is space? Arguments against its reality:

(1) If it be independent, it has too much of the divine attributes.

Tum si spatii quæcunque sit idæam examinemus, nihil in eâ præter extensionem quandam, et capacitatem indefinitam deprehensuri videmur; quæ cum ipsius magnitudinis sint proprietates, spatii nullum a magnitudine discrimen arguunt, cur enim re differant, quæ proprietatibus congruunt? Non Cartesii modo, sed ipsius Aristotelis est hæc argumentatio: Ὡς εἰ τοῦ τόπου (inquit Philosophus) μηδὲν διαφέρει, τί δεῖ ποιεῖν τόπον τοῖς σώμασι παρὰ τὴν ἑκάστου ὄγκον[1]; *Si magnitudo rerum a spatio nihil diversum habet in se, quamobrem distinguitur a spatio suo rei cujuspiam moles?*

Porro, spatium si quod est a magnitudine differens, sciscitamur in quâ rerum classe reponatur. Cum enim res omnis aut ex se subsistat, aut accidat alteri, neutrum isti spatio convenire videtur. Non ad substantiæ dignitatem ipsius patroni spatium evehent, nec res ipsa patietur. Sed nec accidens est, quoniam omni substantiæ extrinsecum est, et cum eâ non circumfertur, eâque sublatâ permanet; et ab aliâ nullâ re pendet.

Præterea Zenonis istam argutiam; quod res omnis sit alicubi, spatium ergo si sit aliquid ab aliis distinctum, alicubi existet; unde spatii spatium erit, et hujus secundi spatii spatium aliud, et sic infinite; quod ludicrum est. (Εἰ πᾶν τὸ ὂν ἐν τόπῳ, δῆλον ὅτι καὶ τοῦ τόπου τόπος ἔσται, καὶ τοῦτο εἰς ἄπειρον πρόεισιν[2]; ut est apud Philosophum in Physicis).

Ejusmodi ratiociniis impugnatur spatii realis a magnitudine diversitas: at non minus validis in speciem argumentis astruitur. Nam primo, communes hominum conceptus appellando, videtur omnibus aut innata vel alicunde conquisita notio spatii a rebus distincti. Τὰ ὄντα πάντες ὑπολαμβάνουσιν εἶναι που[3], inquit Aristoteles: h.e. Omnes Ubi rerum animo separant ab ipsarum Esse.

Quinimo vulgus hominum imaginari consuevit ὑφιστάμενόν

[1] *Phys. Ausc.* IV. 12. [2] *Phys.* IV. 3. [3] *Phys.* IV. 1.

---

(2) The Idea of space is nothing but extension. Aristotle. Cartesius.
(3) If it be different from magnitude, is it substance or accident?
Zeno's argument: Space, if real, is *in* space.
Arguments for the reality of space:
(1) Everything is somewhere in space, as all conceive.

τι, commune quiddam cunctis rebus substratum, quod infinite distendatur, et nullis circumscribatur limitibus, quod omnino penetrabile sit, et facillime quidvis in se recipiat, nec ullius in se rei refugiat subingressum; quod mobilium successiones excipiat, et motuum velocitates determinet, et rerum distantias metiatur; quod immobiliter fixum sit, etiam quoad omnes sui partes nulli rei alligetur, nusquam alio transferatur; quod immensæ denique sit capacitatis vas et conceptaculum (*ἀγγεῖον ἀμετακίνητον*[1], ait Philosophus) universa complectens in se quæ sunt, et quæ possunt existere. Tale quid omnes fere mortales phantasiis suis insculptum habent.

Et quod reverâ tale quid existat, præter hunc imaginandi consensum, permulta videntur arguere. Quorum vis ut pateat, et aliquid efficiat, præstruendæ sunt aliquæ theses aut assertiones, quibus suffulciuntur, adducenda pro spatii realitate ratiocinia.

Primo, materia non est infinite extensa, saltem quod proposito nostro sufficit, haud necessario talis est. Nam unde necessitatem istam habeat? an a se? Non pium hoc, cum Deo cunctarum rerum originem toties disertis verbis ascribant sacra literæ; (*Τὰ πάντα δι' αὐτοῦ καὶ εἰς αὐτὸν ἔκτισται· σὺ ἔκτισας τὰ πάντα, καὶ διὰ τὸ θέλημά σου εἰσὶ καὶ ἐκτίσθησαν· πάντα δι' αὐτοῦ ἐγένετο· ἡ χείρ μου ἐποίησε ταῦτα πάντα*[2]· id est, Quicquid uspiam est rerum, exceptâ nullâ: innumera passim occurrunt talia).

Nec ulla ratio suadet, ut a se potius infinitam, quam finitam habere credatur subsistentiam: an a Deo? Quis ei (agenti liberrimo et independenti) necessitatem imposuit, ut infinitatem tribueret materiæ? Quo liquet indicio reverâ tribuisse? Num potuerit haud disputo: (quis enim divinæ potentiæ limites assignet?) At longe credibilius videtur, ut reliquis rebus vires et potentias præfinitas indidit, ita certos ipsum materiæ terminos statuisse. Id quod etiam Sacrosancta Scripta satis perspicue videntur attestari. Ecce (semel ac iterum dicit Rex sapientissimus) non cœli, ne quidem cœli cœlorum capiunt te[3]: hoc est,

[1] *Phys.* IV. 6.
[2] Eph. iii. 9. Col. i. 16. Apo. iv. 11. Joh. i. 3. Isa. lxvi. 1, &c. Act. vii. 50.
[3] 2 Chron. ii. 6; vi. 18.

---

1. Matter is not infinitely extended. That it is so, is against Scripture.

Why should matter be infinite?

angustior est tota rerum universitas, quam ut Deo coëxistat; extimos ille rerum fines transcendit; adeoque materia non est de facto ad infinitum protensa, nedum ut necessario talis est.

Regeret Cartesius, *Ideo necessarium esse, ut materia infinite protendatur, quoniam ubicunque fines ejus fingamus, semper ultra ipsos aliqua spatia indefinite extensa non modo imaginamur, sed etiam vere imaginabilia, hoc est, realia esse percipimus, ac proinde etiam substantiam corpoream indefinite extensam in iis contineri; quia scilicet idœa ejus extensionis, quam in spatio qualicunque concipimus, eadem plane est cum idœâ substantiœ corporeœ*[1].

Verum hæc ratio subtilior videtur quam solidior. Nam primo materiam actu infinitam nemo concipit, aut concipere potest; indefinite vero protensam concipere, nihil est aliud quam ejus terminos non attingere, vel nullos ei certos limites in animo defigere; sicut vulgus hominum telluris planitiem indefinite protractam existimat, aut astans maris littori, incerto limite definitum æquor cogitat; vel sicut arenas maris indefinite multas concipimus.

Porro, ex eo quod ultra præstitutas quascunque metas spatia quædam imaginari possumus, nullo pacto sequitur actu materiam aliquam ulteriorem existere. Id saltem verisimiliter colligatur, ideo posse talem existere; .quia nempe quicquid nos ut evidenter possibile percipimus, id valet divina potestas effectum reddere. Enimvero innumera nos imaginari posse, quæ nec sunt, nec erunt unquam, quis mentis compos inficias ierit? Nil repugnat, et facile possem imaginari, non secus ac e vulgo quilibet, uti adnotatum modo, tellurem ad summas cœli oras, et extrema mundi mœnia pertingere; possim Solem millies majorem, Lunam multis parasangis propinquiorem, stellas plurimis vicibus numerosiores, et sexcenta talia factu neutiquam impossibilia, neque penitus absurda, mecum animo volutare, quæ tamen an idcirco vera erunt de facto? non certe magis quam somnia quævis, aut ægrorum deliria. Imaginabilitas igitur quantumlibet realis ad summum rei possibilitatem aliquam, non actualem existentiam ullatenus

[1] *Princ.* II. 21.

Cartesius' argument, that the idea of space is infinite.
Imaginable space does not prove real space.

coarguit. Ex imaginatione non infinitus actu, sed utcunque potentiâ finito (determinate finito) major mundus comprobetur.

Verum ut penitus agnoscamus, summa sua subtilitas hâc in causâ quantopere destituit et fugit Cartesium, imaginationis istius de spatiis ultramundanis nostræ perscrutemur et paulo perpendamus originem; illam certe, sicut alias plerasque non aliunde quam ex sensibus nostris haustam comperiemus. Cum quippe nil fere quicquam sensu quovis attigerimus, quin aliquid ultra situm pariter sensibile progrediendo fuerimus experti; præsertim cum ad cœlum oculos elevando vastum undique *χάσμα* nullo perceptibili limite conclusum, et in ignotas nobis regiones procurrens intueamur, hinc immensum quendam, seu indeterminatum cœlestis spatii gurgitem, in quo nubes pendeant, venti discurrant, stellæ ceu pisciculi natent, nostrâ in phantasiâ describendi nobis obrepit occasio; a quâ tamen sensione, vel ab imaginatione confusâ eam excipiente, perabsurdum videtur de verâ mundi, seu finitâ seu infinitâ, extensione quicquam inferre vel decernere. Nam omnis sensio est singularium, ab existentiâ vero rei singularis compertum licet quidem deducere, quod aliud quid simile possit existere, non autem quod aliud quid actu sit vel existat, ut aliquoties admonitum est.

Taceo quod eodem jure parique ratione, quibus materiæ necessaria tribuitur extensionis infinitas, eidem æternitas et independentia tribuantur; nam prout ultra quoslibet mundi limites aliquid spatii, sic ante quodvis initium. Post quemvis finem aliquid temporis æque clarâ cogitatione solemus imaginari; æterna proinde necessario, et consequenter etiam independens. Secundum hunc argumentandi modum materia demonstretur, quæ tamen divinæ perfectionis idiomata periculosum sit, et Christiano Philosopho summopere cavendum, alteri quam Opt. Max. Deo adscribere. Ratum igitur fixumque sit materiam, seu molem corpoream non esse penitus interminatam, saltem non esse talem necessario. Hoc primo supponatur.

Adsumatur quoque secundo, quod Deo competat potestas, prout adlubescet ipsi, materiam existentem adaugendi vel imminuendi, hoc est, e nihilo procreandi quantum velit, et quamlibet

---

Origin of imagined space. Cartesius's mistake.

2. God can create matter.

ejus portionem in nihilum redigendi. Jubet hoc fides, cogit pietas admittere; nec reclamat ratio, sed potius suffragatur et suadet. Nam ex eo quod concipere possimus materiam ampliorem quâvis præfinitâ, nil obstat quo minus, imo satis evidenter inde consectatur, quod Deus omnino valeat id effectum dare. Quod si potest ampliare, pari potestate potest minuere, quamque de novo pertexuit telam eâdem facilitate retexere valet; quinimo quia nobis contractiorem imaginari fas est, imo nullam supponere, divinæ potentiæ subjacebit illud præstare.

Ad hæc tertio facillime concipitur, et nullâ ratione negari debet, posse Deum quamcunque rem in suo quem nunc obtinet statu situque conservare, sic ut a nullis extrinsecus accidentibus immutetur intrinsice, nedum ut ejus natura penitus destruatur: ut nempe recta linea, plana superficies, circuli circumferentia, sphærica orbicularitas tales permaneant, quicquid extra illas fieri contingat, hoc est, tametsi circumjacens omnis materia quomodocunque mutetur, tollatur, aut annihiletur.

Quibus pro jure nostro legitime suppositis atque substratis, spatii qualiscunque realitas a magnitudine distincta multis adstrui modis videtur. Primo, cum materia possit esse finita, Deus autem essentiâ sit infinitus, ultra materiæ fines subsistet, alias ejus limitibus clauderetur, aut finiretur utcunque, nec esset propterea infinitus. Ergo datur aliquid ultra, hoc est, spatium qualecunque. Et nisi Deus ultra materiæ fines existat, posset imaginatio nostra locum confingere, ubi non est, adeoque divinæ existentiæ modum aliquatenus transcendere, nec immensum proinde Deum concipere possemus aut agnoscere.

Tum Deus extra hunc possit alios mundos condere, sicut et nos conditos imaginari, non illos quidem nullibi, sed alicubi; dabitur igitur spatium aliquod, in quo collocari possint et consistere. Novis quoque productis mundis intererit Deus, absque eo tamen quod omnino moveatur (immobilitas enim est et immutabilitas omnimoda, est indubitatum divinæ perfectionis attributum) id quod aliter intelligi nequit, quam concipiendo præsentem antea fuisse spatio, in quo jam reponuntur. Ergo quos habemus, aut

---

3. God can preserve things as they are.

Hence the reality of space: for

(1) God must extend beyond matter.

(2) God may create worlds beyond the space of this world.

habere debemus, de divinâ infinitate, potentiâ, immutabilitate conceptus, spatii qualemcunque distinctam realitatem involvunt.

Porro, materialis mundus ex hypothesi quam asseruimus terminatus aut terminabilis, aliquâ figurâ præditus erit, et proinde quâvis figurâ præditus supponi potest. Sit ergo sphæricus; et quod etiam supponere licet, statuatur alius eum contingens itidem sphæricus; is priorem unico puncto continget, igitur inter alia sphæricarum puncta medium quid, hoc est, aliquid spatii, interjacebit. Sumantur enim in contiguarum sphærarum superficiebus duo puncta quælibet, extra contactum, hisce dico spatium aliquod interjici; si neges, ergo duo ista puncta sese contingent, contra clarissime demonstratum in Geometricis theorema.

Item connectantur duo sphærarum istarum centra rectâ lineâ per contactum, ut Geometria quoque docet ac probat, transeunte, ductâque intelligantur e centris ad dicta extra contactum duo puncta duo radii; quoniam igitur ex adversariorum sententiâ dicta puncta sibi contigua sunt, e tribus rectis constituetur triangulum, cujus duo latera tertio adæquantur, itidem contra clarissimum et certissimum Geometriæ theorema.

Rursus supponatur ubicunque in massâ corporeâ duæ sphæræ concentricæ, ipsarumque superficiebus interjacens materies annihiletur, aut amoveatur alio (id quod a Deo præstari potest ex præstratis) ergo hæ superficies, si nihil intercedat spatii, sibi coincident, etsi millies ista major sit hâc (supponamus enim ex antedictis quod utraque sphærica superficies suam retineat magnitudinem, non obstante medii corporis evacuatione, quæ extrinsecus accidit, et nihil in illis internum mutat; ipsarum utcunque magnitudinem et positionem sartas tectas conservante divinâ potentiâ).

Eodem modo si verticem inter et basim pyramidis quicquid interest medium auferatur, quando nihil spatii relinquitur, ipsa quoquam modo disjungens, punctum verticis adjacebit proxime punctis omnibus basis, adeoque toti basi congruet et adæquabitur.

Hæc et innumera talia consectari videntur ex negatione realis spatii, communibus hominum conceptibus non minus quam Geometricis decretis repugnantia.

---

(3) Suppose two spherical worlds: there must be space between them. Other similar arguments.

Præterea duriusculum videtur, ut mundana materia quoad se totam plane statuatur immobilis, aut posito rei dilucidandæ gratiâ, præter unam solidam sphæram nihil uspiam existere, quod ista sphæra ne quidem a Deo transferri possit, aut circa axem rotari; neque *περιφοράν* (ut Platonicis utar vocabulis) admittere. Id quod satis infert manifeste sublatio spatii. Nam quum in hoc utrovis motu, partes eundem inter se retineant situm eandemque distantiam, quomodocunque feratur totum, non aliter concipi potest ipsum moveri, quam ex spatii successivâ mutatione, scilicet ut una pars spatium subingrediatur a priore derelictum, unde negato spatio tollitur ejus mobilitas. Stringit hoc quod alicubi notat Aristoteles; *Ὅτι οὐκ ἂν ἐζητεῖτο ὁ τόπος, εἰ μὴ κίνησίς τις ἦν ἡ κατὰ τόπον· διὰ τοῦτο γὰρ τὸν οὐρανὸν μάλιστα οἰόμεθα ἐν τόπῳ, ὅτι ἀεὶ ἐν κινήσει·* i. e. De loco vel spatio disquirendi solus præstat occasionem motus, (qui scilicet absque spatii positione vix concipi potest,) cœlumque præ omnibus potissime videtur esse in loco, quia maxime movetur: nec tamen id (respectu primi præcipuique motus diurni, quem respicere videtur Philosophus) secundum partium situm ac distantiam ullatenus variatur, at quasi tota circumfertur. Eatenus ergo movetur aut non movetur omnino, quatenus partes ejus spatia sua permutant, quæque nunc Eoas plagas obsident, mox eædem meridianum culmen attingunt, ipsumque confestim prætervectæ vespertinas ad oras declinant. Neque sufficiet hîc actionem a motu secernere cum Cartesio, quando præter spatii mutationem nullus cogitari possit actionis istius effectus.

Unicam hisce superaddam ratiunculam: Quæro quid efficiat ut inter duo distantia corpora facilis sit commeatus, proclivis itus reditusque; annon quia medium his interjicitur spatium eis intro recipiendis paratum? Quid contra faciat, ut difficile possimus inter duo contigua corpora medium aliud intrudere, imo non possimus omnino nisi motum illis imprimendo satis validum, quo procul amandentur, et a se invicem sejungantur; annon quia deficit interstitium medii corporis capax? Supponatur, e. c. inter duo corpora A, B corpus aliud C residere, tum intelligatur hoc corpus C amoveri, sic ut non permittatur aliud succedere, ablatâ

Motion cannot be conceived without space.

Cartesius' distinction of motion and action not valid.

scilicet corporum circumstantium propensione ad motum, vel inhibito parumper effectu (per superiorem potentiam̀), ex eo secundum adversarios immediate, nullâ aliâ vi adhibitâ, nullâ actione interveniente, resultabit corporum *A*, *B* contiguitas arctissima; Symplegadum instar sponte suâ collidentur, et continuo nullus hiatus relinquetur; adeoque difficillimum evadet, ut corpus *C* impetu converso se in priorem locum restituat, vel corporibus *A*, *B* rursus intercedat, nisi corpora ista validâ virtute disjungantur. At vix intelligi potest, cur tantopere vis major requiratur ad tantillum semovendas res sibi contiguas, quam ad quantâlibet distantiâ separatas sibimet admovendas; quamobrem tam ultronee coëant, tam dirimantur invite: quid in causâ sit quod priorem statum nullo negotio, nullo cum̀ motu deperdant, in eundem vix nisu vehemente, motu multo reponantur; cum sicut a Thebis Athenas, et ab Athenis retro Thebas eadem sit via, sic ad conjungenda quæ distant, et reciproce disjungenda quæ assident, vis eadem, par motus, ejusdem spatii pertransitio postulari videatur. Quinimo subobscurum est illud quamobrem juxta contrariam sententiam eodem instanti, quo corpus medium elabitur, non confestim attingant se ripæ, et non successuræ materiæ præcludatur intergressus; cum vix infinite velox, nedum tardus (quales in naturâ plusculi dantur) et testudineus sufficere videatur motus ei congressui præveniendo, utpote cum hîc nullam actionem desiderat, et per meram instantissime resultantiam emergat. Quod si facilius, aut citius coaluerint corpora terminantia, quam intercurrentis materiæ pars ingruens præcedentem assequatur, obstruatur oportet omnis fluxus, et motus sistatur ac auferatur, id quod nemo nescit quam perpetuæ discordet experientiæ. Annon simplicius et clarius expediantur hæc dicendo, propterea per adjacentium corporum commissuras iter perrumpi difficilius, eo quod deest intervallum, quo corpus influens recipiatur; sed inter nonnihil dissitos corporum terminos idcirco promptum haberi transitum, quia campus exporrigitur medius, penetrabilis et capax ingressuri tanti corporis; adeoque si depleatur vasculum non collabi latera, nec si repleatur divelli (quum impossibile videatur illud, et hoc minime necessarium) sed positionem eandem, eandem intercapedinem, eandem capacitatem invariate retineri.

Why is the separation of bodies difficult?

Prætereo quas pro vacuo spatio (seu coacervato, seu corporibus intersperso) rationes adducunt ex experimentis physicis, tum quia nimium in his etiamnum contrivi temporis, et adhuc operæ multum deposceret istorum examinatio, tum quia pleraque solvi vel utcunque possent eludi per materiæ subtilis, motus circularis, et indefinitæ divisibilitatis non absonas adeo, nec inconcinnas hypotheses.

Ita ferme disceptatur utrinque; quid ergo tandem statuemus? quomodo conciliabimus has adversâ fronte pugnantes verisimilitudines et undique circumsidentia nos incommoda declinabimus? Nihil ego certe, nihil in re tam arduâ lubricâque pro vero venditem, aut asseverem confidentius; at si dicendæ sententiæ necessitas incumberet, et quid vero mihi videatur similius in medium cogerer producere, ne conceptibus hominum nimis adversarer, et sacrosanctis Geometriæ scitis impingerem, dicerem primo spatium reverâ dari, distinctum a magnitudine; hoc est, illo nomine designari quid, ei conceptum respondere, fundatum in re, alium a conceptu magnitudinis, ac ita quidem ut ubi non existit magnitudo, quamvis ea non exsisteret omnino, spatium nihilominus extiturum. Dicerem secundo, spatium non esse quid actu existens, actuque diversum a rebus quantis, nedum ut habeat dimensiones aliquas sibi proprias, a magnitudinis dimensionibus actu separatas. Quid ergo erit? quid sibi vult hic griphus? Non admodum mihi placeo, nec audeo sperare me vobis ex responso meo satisfacturum; at quia dicta lex est respondeo, spatium nihil est aliud quam pura puta potentia, mera capacitas, ponibilitas, aut (vocabulis istis veniam) interponibilitas magnitudinis alicujus.

Mentem meam explicatam do: olim ante conditum mundum, nullum alicubi corpus exstitit (ut credere fas est et pium) at potuit etiam tum existere quantumcunque corpus, potuit hoc determinatam positionem obtinere, volente scilicet et effectore Deo: hoc est, fiat spatium. Ultra molem mundanam nullum

---

The Cartesian hypothesis of subtile matter explains this part,

And now what is our conclusion?

Space really is, but is not anything actually existing. What is the solution of this riddle?

Space is a mere power, capacity, ponibility, interponibility of magnitude.

This explained.

corpus excubat, nulla reperitur actualis dimensio; verum potest ultra ipsam corpus aliquod constitui, aliqua realis dimensio extendi, hoc est, datur spatium ultramundanum. Inter hos parietes omni per divinam potentiam exclusâ distentâque materiâ, nullum corpus jacebit, at poterit aliquod reponi, hoc est, datur spatium illis interjectum. Inter duas denique magnitudines adjacentes seu contiguas, nulla magnitudo potest interponi; hoc est, nullum datur inter ipsas spatium aut intervallum. Potest inter duas istas turres protendi funiculus decempedalis, hoc est, datur inter ipsas spatium seu distantia decempedalis. (Ubi potest obiter adnotari spatii cujuslibet singularis naturam esse quodammodo determinatam, et quodammodo indefinitam; determinata quidem quoad Mathematicam speciem et quantitatem figuræ suæ (est enim capacitas non omniscunque, sed talis et tantæ magnitudinis), indefinitam quoad alias qualitates, et physicam speciem, nec non quoad individuitates, ut ita loquar, magnitudinum; (est enim capacitas cujusvis magnitudinis tantæ talique figurâ præditæ, inter latera nempe vasis cubici spatium habetur recipiendo cuivis tanto cubo seu aqueo seu æreo; non vero potest adæquate occupari, vel repleri a corpore pyramidali vel sphærico, neque majorem cubum admittet).

Hinc non denotatur spatii vocabulo διάστημα, quodvis positivum, actuali dimensione præditum, actu extensum ex se, vel divisibile, vel terminatum, vel pertransibile, vel congruum corporibus; at solummodo notat et significat corpus aliquod taliter extensum, eo modo figuratum, tali mensuræ adaptabile, vel simul unâ vice, vel successive per motum existere posse. Non actualem aio, sed naturæ tantum suæ consentaneas agnoscit figuras, dimensiones, partes, nempe potentiales; hoc pacto, capacitas admittendi corporis alicujus includit capacitatem admittendi (respective) lineas et superficies; potentia lineam quadrupedalem interponendi continet potentias interponendi lineam pedalem, et bipedalem, et tripedalem, et alias minore numero denominatas. Potentia circulum interserendi potentialem, implicat rotunditatem perfectam. Neque quantum aut quale sit spatium immediate vel ex se primo determinari vel agnosci potest, nec nisi per mensuram,

---

The nature of space is partly determinate, partly indefinite.
Space is a capacity of body.

aut determinationem magnitudinis alicujus realis ipsam occupantis; ut v. g. spatium duabus urbibus interjectum quantum sit aliter dignosci nequit, quam designatæ super terram (vel aerem transeuntis) lineæ quodam pacto longitudinem emetiendo.

Nec ideo merum nihil est aut temere confictum hoc nomen, sicut hircocervi vel chimæræ, sed in eodem entium ordine, quo creabilitas, sensibilitas, mobilitas, et cujusmodi possibilitates, merito jure reponendum (istis vero nemo fere non aliqualem adjudicat realitatem), nec ferme video cur hujusmodi spatium non æque sit ens, ac ipsa contiguitas, cui directe videtur opponi. Contiguitas enim est modus magnitudinum significans nullam ipsis motu secluso interponi posse magnitudinem; spatium vero, contra, modus earundem, quo innuitur aliam magnitudinem interponi posse, vel adponi; quamvis loco neutiquam emoveantur.

Hâc autem spatii notione supposità concessâque licebit utriusque prædictæ sententiæ nodos solvere, difficultates amoliri. Nam imprimis nihil hinc divinæ perfectionis prærogativis decedit, ens aliquod subrogando, realiter æternum ac infinitum, non productum, et non dependens a Deo; sed asseritur potius ipsius illimitata potestas, corpora pro lubitu suo producendi disponendique. Neque coincidet hujus talis spatii idæa cum idæâ magnitudinis, ast ab eâ tantum quantum ab actu potentia differet atque distabit. Nec alia præter substantiam et accidens entia nova refert in censum, ac realis mundi donat civitate, sed utriusque modum duntaxat aliquem, et possibilitatem connotat. Nec alium locum desiderabit hoc spatium; quia nusquam actuali modo existit, at ubique saltem erit suo modo, quia Deus ubique potest magnitudines collocare. Neque disconvenit hoc cum communi sensu ac sermone hominum, qui cum spatium intercedere cogitant aut pronunciant, nihil intelligunt aliud, quam inter designatos terminos posse corpus aliquod interponi. Nec materiæ deducatur hinc infinitas ulla, sed utcunque talis extensio consequetur, qualem ei Deus ultro volet assignare. Nec ubiquitati divinæ derogat omnino, quæ nil aliud significat, quam omni spatio Deum adesse, vel ubicunque res aliqua potest existere. Cum Geometriâ vero conspirat et congruit ad amussim; nec enim deposcit hæc, ut

---

Not a nonentity, but like mobility, creability and contiguity.
Hence the solution of our difficulties.

inter duo puncta, vel duos quoscunque terminos medii quid actu reale semper intercedat, at saltem nonnunquam (in aliquibus casibus) ut linea, superficies, aut corpus possit intercedere. Satisfacit etiam Physicorum experimentis et phænominis, vacui tantum eis præbens, quantum sufficit recipiendis corporibus, et motibus suis peragendis, nec tamen aliquid immiscens fictitii vacui veris actualibus dimensionibus induti, quale partem mundi dimidiam, corporumque principium cum asseclis suis somniavit Epicurus.

Ut prætersam quomodo pateat hinc, quod immobile sit spatium, neque cum corporibus asportetur; quia nempe cum corpus unum alterorum confinium aut interstitium destituit, remanet nihilominus ista possibilitas, et nihil hinc obstat, quin alia corpora æque vicina, pariter intermedia substituantur et succedant. Obiter adnoto quam descripsi spatii notionem illi, quam tradit D. Hobbius spatii, definitioni pene videri e regione contrariam. Spatium is definit, *Phantasma rei existentis quatenus existentis*[1]. At si spatium est phantasma (ut sane non est, sed objectum phantasmatis, imaginabile quid, non ipsa imaginatio, nec imaginationis effectus), phantasma potius erit rei ceu possibilis, quam ut existentis. Quippe cum spatium concipimus, magnitudinem aliquam poni, vel existere posse, non semper actu positum aut existens concipimus, ut ante mundum conditum, vel extra mundum præsentem, secundum prædicta. Quod et ipsius præmissis ratiociniis magis convenit, quam ejus propria, quam ex iis colligit, definitio. Nam conficto rerum omnium interitu, remansurum affirmat in animo spatii phantasma; atqui fingere res omnes sublatas, et easdem velut existentes cogitare sunt ἀσύστατα· restabit potius idæa rerum ceu possibilium. Quin ipse totidem verbis ait, *Nemo spatium ideo esse dicit quod occupatum sit, sed quod occupari possit;* a vero non abludens, sed a seipso dissentiens: spatium enim per occupationem quodammodo definit esse spatium, quatenus per actum potentia velut extinguitur et cessat ulterius possibile, cum quid jam existit: nec male vulgo dicitur in vasculum repletum nihil infundi posse, propter defectum spatii.

[1] Cap. VII. *De Corp.*

This is opposed to Hobbes' definition: Space is the fancy or image of an existing thing, in so far as existing.

Sed me nescio quæ blanda Siren quantumvis refugientem allicit, et scopulis suis affixum, cantibus suis irretitum detinet; ad interioris Mathesis portum velis omnibus remisque contendenti remoram injicit hæc qualis qualis ἐξωτερικὴ philosophia. Ut hanc de spatio παρέκβασιν, nimis equidem prolixam et spatiosam, aliquando claudam, et ceu figuram terminis circumscribam, unicum solummodo proposito meo conducens insuper monebo, quod nempe quicquid Physici statuant, hæc quam hactenus descripsi spatii concipiendi ratio cum optime quadrat, tum abunde sufficit Geometris; si quid majus inesse deprehendatur, aut attribuatur illi, neutiquam id iis officiet; ast nil amplius desiderant, quam ut talis concedatur intercapedo, quâ figuræ magnitudinum, salvis suis proprietatibus, incolumes persistant, ut hæ per possibilem annihilationem aut remotionem, non confundantur aut pervertantur. E. g. Si duo circuli vel duæ sphæræ sese contingant, et accipiantur, ut supradictum est, duo extra contactum (in circumferentiâ circuli, vel in sphæræ superficie) puncta, flagitat Geometria non ut aliqua realis et actualis linea recta duobus istis punctis interjaceat, sed tantum ut potentialis quædam intercedat, hoc est, ut aliqua duci vel interponi possit, vel ut sese non contingant, siquidem repudiato tali interstitio vel adserto punctorum istorum contactu, circulorum et sphærarum natura perimitur, proprietates pessundantur.

Tale spatium igitur indulgeri debet Geometris, ipsorum hypothesibus substernendum; eoque magis id quoniam Congruentia, Commensuratio, determinata Positio, Motus, et ipsa quadantenus Proportio magnitudinum cum eo cohærent, per id explicari possunt. Nam Congruentia per ejusdem spatii possessionem, Mensuratio per applicationem aut successionem congruam, Sitûs determinatio, Motûsque, per spatii identitatem, et alterationem commode describuntur, et quomodo pendeat ab his, his adhæreat, per hæc elucidetur Proportio, posthac forsan apparebit. Ex dictis, ut hæc accommodemus instituto nostro, licebit Mathematico tales hypotheses procudere. Ponatur hoc aut illud spatium posse occupari, hoc est, quod inter designata puncta, datas superficies, exposita corpora, (quæ nempe propter naturæ suæ proprietatem, aut

---

Our notion suffices for Geometers.
What their requisites are.

ex præcedaneâ quâpiam suppositione sese non contingunt,) lineæ, superficies, aut corpora (respective) possint interponi. Vicissimque ponatur quamvis magnitudinem spatium occupare, hoc est, ipsam inter contiguas magnitudines non posse collocari, sed adjacentes utrinque magnitudines ab ipsâ dirimi et elongari, pro modo positæ magnitudinis. Ponatur etiam nullum uni singulari magnitudini spatium alligari, sed ab innumeris aliis (pro modulo suo, ac magnitudinum circumpositarum exigentiâ) posse successive, sicuti res feret, adimpleri: (est enim spatium, ut antehac expositum, non peculiaris aliqua, sed quodammodo generalis et indefinita capacitas:) nec non reciproce, quod nulla magnitudo singulari cuipiam spatio astringetur.

Adhuc ponatur, vel ut consectarium e dictis axioma utcunque affirmetur, Quod plures magnitudines idem spatium nequeant simul occupare (adæquate scilicet). Nam actus plures etiam plures arguunt potentias; vel unus actus unicam potentiam penitus explet ac exhaurit; ergo plures magnitudines plura requirunt spatia, vel una magnitudo totam unius spatii constitutivam capacitatem devorat. Sicut existentia Petri totam Petri possibilitatem complet et quasi satiat, efficiens ne possit alius idem numero Petrus existere. Item quâ ratione plures aliquæ magnitudines unum spatium occupant, eâdem quotlibet aliæ possent idem illud spatium occupare; unde tota magnitudinis possibilis infinitas in unum hordeacei grani spatium possit coarctari; quod absonum et abhorrens videtur a sanâ ratione.

Demum ex eo quod idem spatium obtineant magnitudines, terminationem etiam et extensionem, et reliquas his connexas magnitudinis affectiones possidebunt easdem, adeoque plures illæ prorsus evadent eædem; præter enim istas affectiones quod magnitudinem constituat aut distinguat, nil ferme quicquam concipimus, aut opinor concipere possumus. Cæterum quod hæc postrema suppositio (seu quis malit axioma) pronunciat et præ se fert, exprimi solet *impenetrabilitatis* vocabulo, cui nonnulli primas partes deferunt inter omnia magnitudinis attributa, quam

---

Several magnitudes cannot occupy the same space.

If two magnitudes have the same boundaries they have the same affection of magnitude.

This is impenetrability.

merito viderint ipsi; mihi nulla προσωποληψία placet, omnesque reciprocæ affectiones pari loco sunt. Id tantum nobis ex usu fuerit advertere positionem ejus (ratione subnixam, ut vidimus, et experientiæ quantum scimus perpetuæ consentaneam) Mathematicis esse pernecessariam. Ei siquidem innititur quicquid ex corporum pulsione, seu vi pulsivâ, deducitur in Mechanicis; quicquid ex motuum dependentiâ suboritur in Geometriâ (qualis est illa a Cartesio excogitata elegantissima curvarum linearum descriptio, in ejus Geometriâ, quæ regularum trusione vel impulsu certâ ratione ordinato peragitur,) quod si plures magnitudines idem spatium simul possent occupare, vel quod perinde dicatur, una possit aliam penetrare, non una necessario cederet alteri, sed immota persistens alteri transitum præbere posset, unde vana foret pulsionis suppositio, nullus resultaret (ex scientificâ saltem necessitate) effectus. Itaque necessario supponitur a Mathematicis magnitudinum impenetrabilitas, ideoque non abs re fuit illius cum ratione consensum, quodque non illicite supponi debeat, ostendisse.

Pari jure vice versâ supponi potest, quod nulla singularis magnitudo plura simul spatia possit occupare. Nam unus actus pluribus potentiis satisfacere nequit; nec possibilitas ut Petrus et Socrates existant, solâ Petri existentiâ completur. Item quâ ratione singularis una magnitudo plura spatia possideat, eâdem quibuscunque spatiis possidendis sufficiat. Possit igitur granum papaveris, aut arenulæ minutissimæ magnitudo quicquid uspiam est spatii replere, totique possibilis magnitudinis infinitati coextendi; quod nemo sanus in animum facile inducat cogitare. Ut prætoream, quod eadem magnitudo plura spatia occupando plures extensiones, terminationes, et reliquas magnitudines affectiones sortiretur, unde non una magnitudo perstaret, at in plures evaderet. Nec inutilis est hæc suppositio, sed perquam necessaria Mathematicis. Nam ex eâ dependet quicquid ab illis de positione determinatâ supponitur aut demonstratur. Nam quomodo, e. c. non frustra supponitur aut ostenditur punctum aliquod intra vel extra circulum quempiam existere, si possit simul intra ac extra existere? Quomodo dicatur ista linea cum hac talem aut tantum angulum efficere, si posset alium situm tunc unà obtinens

---

No magnitude can occupy several spaces at the same time.

alium quemvis angulum constituere? Quomodo recta curvam tangere demonstretur ex eo, quod tota præter unicum punctum contactus extra curvam cadat, quum non repugnet simul in illâ, vel etiam intra illam jacere? Quomodo denique punctum aliquod non esse centrum circuli propositi comprobetur inde, quod diametrum non bisecet, si propter varios possibiles situs posset idem punctum bisecare simul, et non bisecare diametrum? Quicquid igitur sit de Theologiâ Pontificiâ, nisi vera sit hypothesis, eandem magnitudinem aptam natam non esse plura simul spatia occupare, penitus actum erit de totâ Geometriâ.

Sed de Positione determinatâ quicquid observatu dignum est, non jam licet attexere; prout neque de reliquis aliis magnitudinum symptomatis, quæ sequentibus asservanda supersunt. Unicum insuper monitum adjiciam, magnam Tempori cum Spatio cognationem, et analogiam intercedere. Sicut enim spatium ad magnitudinem, ita se tempus habere videtur ad motum, ita ut tempus sit quodammodo spatium motûs. Quum enim tempus dicitur, (annus puta, mensis, vel dies,) nihil aliud indigitari videtur, quam talem aut tantum interea motum peragi, vel intercedere, vel interponi posse; scilicet una periodus Solis in Eclipticâ, reditus unus Lunæ ad Solem, una cœli (vel terræ) circa suum axem revolutio. Sed hoc obiter, nam ut de tempore jam disseratur plenius, ipsum tempus vetat et refragatur.

LECT. XI.*

DE naturâ spatii, deque nonnullis ei superstructis vel adnexis hypothesibus Mathematicis, satis fuse disquisitum est in Lectione præcedente. Proxima magnitudinis affectio circumspectantibus objicit se (quippe non ita procul a spatio dissita, sed ei propius adjacens) Congruentia, cujus certe suppositio quodammodo primarius est tibicen, et præcipuum fulcrum totius Matheseos. Nam ab eâ æqualitatis (quæ quidem in Mathema-

---

Time is to motion as space to magnitude.

* Properties of space continued.

Coincidence, the basis of equality.

ticis utramque fere paginam facit, et quam Proclus[1] Πρώτιστον ἐν τῷ ποσῷ σύμπτωμα, principalissimum et quasi primissimum in quantitate symptoma vocat) optime meâ sententiâ formalis ratio desumitur; saltem ejusdem de facto veluti potissimum κριτήριον, et palmarium adhibetur argumentum.

Id quomodo sit operæ forsan pretium fuerit ostendere. Quarta primi elementi propositio (quæ a Proclo Ἐν θεωρήμασιν ἁπλούστατον et ἀρχοειδέστατον non admodum immerito dicitur) comprobans æqualitatem duorum triangulorum habentium æqualia duo crura, hisque comprehensos angulos æquales (quoad omnia æqualitatem) demonstratur ex laterum et angulorum congruentiâ (adsumpto tantum axiomate, duæ rectæ lineæ spatium non comprehendunt, vel potius hoc eodem recidente, Duæ rectæ lineæ terminos habentes eosdem congruent). Ab hâc (adhibito duntaxat axiomate, eoque etiam per congruentiam demonstrabili, (sicut post hoc ostendemus,) Si æqualibus æqualia addantur tota, vel si ab æqualibus æqualia subtrahantur residua sibimet exæquantur,) demonstratur æqualitas triangulorum ac parallelogrammorum super easdem bases, et inter easdem parallelas constitutorum. Inde per axioma, Quæ eidem æqualia sunt, æquantur sibi mutuo, (quod itidem axioma per congruentiam demonstrari potest,) de parallelogrammis atque triangulis super æquales bases constitutis idem demonstratur. Ab his, adhibitâ solummodo præterea proportionalium definitione, deducitur parallelogrammorum et trigonorum æque altorum cum suis basibus, vel æquales bases habentium cum suis basibus proportionalitas. Hinc æquiangulorum triangulorum similitudo, tum in æqualibus et unum angulum æqualem habentibus triangulis et parallelogrammis reciproca laterum (circa pares angulos) proportio, permutatimque ex reciprocâ proportione laterum æqualitas figurarum, aliæque reliquæ quæ præsertim in Sexto continentur Elemento planarum figurarum affectiones principales derivantur.

Aliter etiam (non adhibitâ quartâ primi elementi) ex solâ fere congruentiâ deducantur istæ triangulorum et parallelogrammorum æqualitates atque proportionalitates supradictæ, per egregiam

[1] *Ad.* IV. I.

Euclid, I. 4, proved by coincidence.
And from this, other propositions.

illam a Cavallerio non ita pridem in lucem usumque communem protractam *Methodum Indivisibilium*, fœcundissimam novorum in Geometriâ repertorum matrem. Cujus certe pulcherrimæ et utilissimæ methodi (sicut ejus author ipse non obscure insinuat) fundamentum in congruentiâ ponitur, ex congruentiâ demonstratur, sicut apparebit primas libri de Geometriâ Indivisibilium Secundi, vel itidem primas aliquot Exercitationis Primæ ejusdem auctoris, propositiones attentius inspectanti.

Octava quoque Primi Elementi propositio (circa æqualitatem angulorum subtensorum æqualibus lateribus, in triangulis sibi mutuo æquilateris) quæ geometricorum theorematum est altera uberrima scaturigo, per omnem eam præsertim quæ circulorum affectiones speculatur Geometriam diffusa, demonstratur isthic, nec aliter demonstrari potest, quam (immediate scilicet aut mediate) per hanc ἐφάρμοσιν. Ut prætercam particulares alias complures, quæ hujus suppositione ac subsidio nituntur demonstrationes, extantes apud Archimedem, Pappum, et alios insignes Geometras.

Unde merito vir acutissimus, Willebrordus Snellius[1] luculentissimum appellat Geometriæ supellectilis instrumentum hanc ipsam ἐφάρμοσιν.

Eam igitur in demonstrationibus Mathematicis qui fastidiunt et respuunt, ut Mechanicæ crassitudinis ac αὐτουργίας aliquid redolentem, ipsissimam Geometriæ basin labefactare student; ast imprudenter et frustra. Nam ἐφάρμοσιν Geometræ suam non manu sed mente peragunt, non oculi sensu sed animi judicio æstimant. Supponunt (id quod nulla manus præstare, nullus sensus discernere valet) accuratam et perfectam congruentiam, ex eâque suppositâ justas et logicas eliciunt consequentias. Nullus hic regulæ, circini, vel normæ usus, nullus brachiorum labor, aut laterum contentio, rationis totum opus, artificium et machinatio est; nil Mechanicam sapiens αὐτουργίαν exigitur; nil, inquam, Mechanicum, nisi quatenus omnis magnitudo sit aliquo

[1] Snell. *Præf. ad Cyclometr.*

These are also proved by Cavallerius's Method of Indivisibles, which also depends on coincidence.

Also Euclid, I. 8, depends on coincidence.

That this is mechanical coincidence, is no argument against it.

modo materiæ involuta, sensibus exposita, visibilis et palpabilis, sic ut quod mens intelligi jubet, id manus quadantenus exequi possit, et contemplationem praxis utcunque conetur æmulari. Quæ tamen imitatio Geometricæ demonstrationis robur ac dignitatem nedum non infirmat aut deprimit, at validius constabilit, et attollit altius, ad sumptæ suppositionis realitatem ac possibilitatem, (quæ sane genuinum est, ut sæpius innuimus, omniscunque scientiæ fundamen) ipsis ostentans sensibus, et rationis auctoritatem fulciens suffragio experientiæ.

Virtutis adeo maximæ, non labis alicujus aut vitii demonstrationes accusant congruentiam adhibentes, qui Mechanicæ cognationem illis adspergunt; nil eis reverâ aliud quam familiaritatem et facilitatem eximiam, nimiam evidentiam, et quasi nobilitatem exprobrantes. Sane nec ipse Ramus, quanquam in veteres haud æquus adeo vel benignus, quid hic habet quod culpet, at calculum suum adponit perlibenter, et a congruentiâ ductam argumentationem vehementer adprobat, collaudat, usurpat: *Hoc*, inquit, *demonstrationis Euclideæ genus tam expeditum, tamque facile, vehementer amplector*[1].

Sed quid receptum communiter ac ab ipsis Geometriæ principibus et coryphæis (Euclide, Archimede, Apollonio, Pappo, aliisque) usurpatum demonstrandi modum contra sciolos nescio quos propugnatum eo? Quin ejus potius naturam, et qualis sit hæc congruentia Mathematica propius intueamur. Congruentiam per ejusdem loci vel spatii occupationem, possessionem, repletionem describi solet. Eam vero triplici modo factam concipere licet; per Applicationem, per Successionem, per Mentalem Penetrationem.

Per Applicationem, cum una magnitudo superimposita vel apposita concipitur alteri, sic ut illam omnibus sui partibus immediate contingat, et nusquam ab eâ recedat aut separetur. Ut cum mensura rei mensuratæ (virga putes mensoria telæ limbo, vel rectæ lineæ super terræ planiciem designatæ) applicatur et coextenditur; in quâ applicatione partes unius longitudinis om-

[1] *Schol. Math.* Lib. VIII. 170.

Even Ramus commends demonstrations drawn from coincidence.

Three ways of coincidence; application; succession; mental penetration.

nes alterius partibus exacte respondent, et aliæ alias immediate contingunt, adeoque istæ sibi invicem congruunt hoc modo.

Per Successionem, cum unius magnitudinis amotæ locum ingredi concipitur altera (veluti cum effusâ aquâ e vasculo vinum infunditur) congruere dicantur istæ magnitudines, ob identitatem spatii quod occupant successive.

Per Mentalem Penetrationem, cum duorum corporum magnitudines per ejusdem loci simultaneam possessionem coalescere, coincidere, et tanquam coadunari cogitamus. Quo fere pacto supponunt Perspectivæ scriptores inter oculum et objectum radians interpositam tabulam, velut ubique perspicuam, a lucido quasi cono vel pyramide penetrari, sic ut trajicientes radios nusquam impediat, at recipiat in se cunctos, eorumque vestigia sibi velut impressa vel unita retineat.

Ex hisce congruentiæ modis, quæ per applicationem fit ex parte rei, solis quadrat lineis ac superficiebus, quæ ob indivisibilitatem suam possent aliæ alias se totis immediate contingere; et per hunc contactum seipsas quasi penetrant, et in unum coïncidunt. Unde taliter congruas lineas et superficies (hoc est, ita sibimet adjacentes, ut medii nihil interjaceat spatii) pro unis habent Geometræ. Id voluisse videtur Euclides, cum negavit a duabus rectis lineis spatium comprehendi; ut et quod duo plana solidum spatium non concludunt. Et quæ plures lineas contiguas, aut se intersecantes terminant, puncta semper habent pro uno communi puncto; ut et quæ plures superficies conjunctas, aut se mutuo secantes dirimunt, extremas lineas pro unâ sumunt lineâ; et quæ corpora dispescunt superficies, in unam supponunt coalescere. Id sibi postulandum censuit Vitello, nempe cum duæ superficies planæ contingunt, unam ex iis fieri superficiem. Parique ratione circularis annuli peripheria concava convexæ circuli concentrici inclusi peripheriæ, vel annuli sphærici concava superficies adjacentis sphæræ concentricæ convexæ superficiei coincidit.

Corpora vero propter introversum reductam profunditatem suam, solis externis superficiebus contiguæ fiunt, adeoque nullâ parte sui congruere possunt, hoc applicationis modo. Quapropter e recentioribus non nemo negavit iis ἐφάρμοσιν omnino com-

---

Application applies to lines and surfaces.

petere. At saltem ad omnes universim magnitudines, quæ per successionem fit (mediante scilicet communi spatio) congruentia pertinet et extenditur. Quatenus nulla magnitudo cuilibet uni spatio, neque vicissim ullum spatium uni magnitudini peculiariter astringatur, et ab unâ derelictus locus ab aliâ tantâ talique magnitudine possit occupari.

Mentalis denique congruentia magnitudinum, etiam solidarum (quicquid prædictus arbitretur Philosophus), haud absurde supponitur a Geometris. Namque primo per eam non asseritur actualis seu realis penetratio, sed tantum abstrahitur mente, vel in considerationem non venit corporum vis exclusiva penetrationem realem impediens: seu generalis et indefinita capacitas admittendi tanti corporis, quæ præcipua spatii proprietas est, per se sola separatim consideratur. Quem concipiendi modum sæpe falsitatis absolvit Philosophus[1]; *οὐδὲ γίνεται ψεῦδος*, inquit, *χωριζόντων*.

Secundo, mentalis ista penetratio non aliter supponitur a Mathematicis, quam ut per eam destruatur realis penetrabilitas, et absurda demonstretur. Nam ex eo quod supponatur duo corpora locum eundem occupare, ostendunt eandem esse utriusque magnitudinem, et proinde quod se penetrando desinant esse duo; adeoque quod duo (formaliter duo) sese nequeant penetrare. Licet autem quidvis utcunque falsum vel absurdum supponere, quo melius ista falsitas aut absurditas dignoscatur. Nec aliâ fere ratione falsitatis argui possit ulla propositio negativa, quam *τῇ εἰς ἀδύνατον ἀπαγωγῇ*, hoc est, ex ejus veritate suppositâ consequentia falsa detegendo. Sic igitur penetrationem hanc *ἐξ ἐπινοίας* suppositam adhibent Mathematici, prout adhibent illi, qui magnitudinis ipsam impenetrabilitatem, ex penetratione suppositâ, conantur demonstrare. Ipsam enim usurpant Mathematici duntaxat indicandæ vel comprobandæ magnitudinum æqualitati vel inæqualitati, hoc utique pacto: assero duas sphæras æqualibus diametris descriptas æquari; nam concipiatur unius

[1] *Phys.* II. 2.

Bodies (solids) may coincide by succession.
Mental penetration is not absurd.
For 1, It is only an abstraction.
2, It is to prove real penetration absurd.

centrum alterius centro congruere, inde propter æqualitatem radiorum quorumcunque, uniuscujusvis extima superficies alterius superficiem non transcendet, ergo congruent totæ duæ sphæræ, ergo magnitudinem eandem habebunt, hoc est, æquales erunt. Quod si ponatur unius diameter alterius diametro major, congruentibus ut prius κατ' ἐπίνοιαν centris unius superficies ambiens alterius superficiem excedet, (quippe quæ propter suppositos inæquales radios e communi centro longius distet) ergo non erit eadem utriusque magnitudo; hoc est, eæ propterea inæquales erunt.

Quod si quis fictitiæ huic penetrationi nihilominus morosius obloqui pergat, ut ei fiat satis, adjicio mentalem istam congruentiam concipi posse per modum successionis, intelligendo scilicet unum subduci vel evanescere, alterum in ejus locum substitui; hoc est, iisdem terminis interponi, vel eodem ambitu contineri; quomodo nihil suberit difficultatis, quin eo fere modo concipiatur hæc penetratio, quo sphæra circa suum axem revoluta, seipsam quasi penetrat; quatenus ejus unæ partes in alterarum locum continuo succedant.

E quibus patet, quod congruentia nil sit aliud quam ejusdem spatii seu loci occupatio et completio, sive simultanea sive successiva; ex quâ magnitudinum aliqualis resultat identitas, et in unum coalitio. Nam indivisibiles magnitudines, eo quod (secundum id quo indivisibiles sunt) applicantur sibimet invicem, simul idem spatium occupant, et quasi coincidunt; solidæ vero magnitudines omnifariam divisibiles reverâ per successionem, aut simultanee per mentalem penetrationem in eodem concipiuntur spatio reponi; cumque isto spatio quoad quantitatem unitam et identificatam, ejus interventu uniuntur et identificantur inter se.

Sed ut hujus symptomatis indoles magis adhuc elucescat, adverto præterea congruentiam (eam præsertim quæ per ἐπίθεσιν facta concipitur) variis modis, et per aliquos quasi gradus intelligi posse peractam.

1. Primo, sic ut totæ simul magnitudines situ partium nulla-

3, It may be conceived in the way of succession.

Degrees of coincidence.

1. Magnitudes may coincide with no change in the position of their parts.

tenus variato spatium idem possideant. Quomodo cunctæ rectæ lineæ, planæ superficies, æqualium circulorum peripheriæ, æqualium sphærarum superficies, similes in æqualibus circulis, cylindris, sphæris helices, et aliæ quæcunque perfectissime similes (hoc est, similes et æquales) magnitudines congruere possunt. Hic summus est perfectissimæ congruentiæ gradus.

2. Secundo, sic ut successive per partes, itidem non immutato partium situ, eidem spatio coincidant. Quo pacto rectæ lineæ figuræ cujuslibet perimeter rectæ lineæ in continuum exporrectæ, et prismatis superficies superficiei planæ in directum positæ potest adaptari. Qui proximus est quasi gradus possibilis congruentiæ.

3. Tertio, sic ut omnia magnitudinis utriusque indivisibilia in eundem locum succedant, utque etiam neutra positionem evariet partium. Quâ ratione dum rota vel circulus super rectam lineam ei semper contiguam incedit motu progressivo, eodemque tempore circa centrum suum volutatur, ejus peripheria dictæ rectæ lineæ congruit; puncta quippe cuncta peripheriæ circularis omnibus rectæ lineæ punctis ordine continue successivo applicantur; (quâ ex congruentiâ, ut hoc obiter moneam, manifeste perspicitur aliquam rectam lineam peripheriæ curvæ circulari adæquari, adeoque circuli tetragonismum non esse naturâ suâ prorsus impossibilem; id quod sic exprimit supradictus acutissimus Geometra in Cyclometrico suo; *Talis utique est Mechanica circuli cujusque revolutio, donec ad idem peripheriæ punctum recurrat, unde circumduci occœperat; quæ illud quidem arguit, et tanquam ob oculos ponit rectam aliquam lineam circuli perimetro reverâ æqualem exhiberi posse.* Parique ratione cum cylindrus circa suum axem rotatus supra planam superficiem progreditur, ejus curva superficies dictæ planæ superficiei exquisite congruit. Omnes quippe quæ deinceps in cylindri superficie dispositæ jacent rectæ lineæ parallelæ, parallelis omnibus in planâ superficie rectis lineis continuâ indivulsâ serie applicantur.

4. Quarto, sic ut simul eundem locum occupent partium unius

---

2. They may coincide by parts in succession without change of order.

3. The indivisible parts of one magnitude may coincide successively with another; as when a circle rolls on a straight line.

(Hence there is a straight line equal to the circumference of a circle).

4. The parts of one magnitude may alter their position retaining their

aliquatenus immutato situ, at ordine nihilominus conservato, retentâque priori singularum contiguitate. Quomodo peripheria circuli, vel alia quævis curva, sic diduci potest aut extendi, ut in rectam lineam transeat, adeoque rectæ lineæ congruat; et recta linea sic incurvari potest, ut in peripheriam circuli, vel in aliam quancunque curvam degeneret. Parique modo quævis curva superficies in planam extendi, vicissimque quævis plana superficies in curvam inflecti possit.

Et quidem (ut hoc nonnihil ulterius explicemus) in multis quomodo fiant e rectis lineis lineæ curvæ, et in quas hæ rectas resolvantur; nec non e quibus planis oriantur curvæ superficies, satis liquido discerni potest; id quod curvarum linearum εὔθυνσις, curvarum superficierum πλάτυνσις appelletur. E. g. quoad curvas superficies; superficies curva cylindri nihil est aliud quam parallelogrammum rectangulum, habens basim æqualem peripheriæ circuli, qui basis est cylindri, eandemque cum cylindro altitudinem; cujus omnes lineæ rectæ basi parallelæ in circulorum peripherias incurvantur: unde congruet cylindrica superficies huic parallelogrammo, si latus aliquod cylindri (hoc est, aliqua recta ducta in ejus superficie a base ad basim) ad latus parallelogrammi applicetur, et dehinc tota superficies in planum distendatur; aut si applicato latere parallelogrammi ad latus aliquod cylindri, planum ejus circa cylindrum circumflectatur, ipsamque velut investiat, et contegat undiquaque. Conica similiter superficies nihil est aliud, quam sectator planus circuli radium habentis æqualem lateri coni, et arcum æqualem peripheriæ circuli, qui basis est coni, cujusque concentrici arcus in totidem perfectas circulares peripherias intorquentur. Vel potius aliter, conica superficies nihil est aliud quam triangulum rectangulum, cujus altitudo vel perpendiculum æquatur lateri coni, basis peripheriæ circuli, qui basis est coni, cujusque basi parallelæ omnes rectæ in totidem peripherias circulares sinuantur.

Sic et curva superficies sphærica (nec non alia quævis curva

---

magnitude and order; as when a curve is unwrapt into a straight line, or a curved surface into a plane.

So a conical surface is a triangle of which the height is equal to the slant side of the cone and the base to the periphery of the base.

So any other curve surface: but that we shall not explain here.

superficies figuræ planæ non absimili rotatu procreata) ad trilineum quoddam planum duabus rectis lineis angulum rectum constituentibus, et subtensâ lineâ curvâ comprehensum facile redigatur. (Id autem quomodo sit, non est in præsens exponendi locus).

At quoad curvas lineas, præter circuli circumferentiam, quæ nil est aliud quam recta linea per omnes sui partes ubique similiter aut uniformiter inflexa; præter hanc, inquam, spiralis cylindrica, quæ reliquarum curvarum omnium est simplicissima, maxime uniformis et ὁμοιομερής, nihil est aliud quam recta linea parallelogrammi supradicti (ad quod reducitur cylindrica superficies) diagonio æqualis, et circa cylindricam superficiem convoluta.

[De curvis aliis ad rectas redigendis, aut ad alias diversi generis curvas, jam conticeo, ne prolixior et simul obscurior sim, in re tantum ex transcursu attrectata.]

Ad hunc vero modum quoque pertinet, aut ei perquam affinis est ejusmodi congruentia, qualis capaces sunt æquales figuræ parallelis iisdem lineis aut planis inclusæ. Quarum omnes lineæ vel omnia plana in iisdem parallelis intercepta sunt æqualia. Ut duo triangula vel parallelogramma, non sibi mutuo æquiangula, vel duæ pyramides (prismata, coni, cylindri) inæqualiter inclinatæ, inter parallelas easdem lineas rectas, vel eadem parallela plana, et super æqualibus basibus constitutæ. Nam ut horum unum alteri congruat, debet situs partium unius ad alterius partium positionem accommodari, ipsarum tamen ordine non perturbato; nec earundem quæ prius affuit contiguitate deperditâ.

5. Quintus modus est, cum ita peragi possit ἐφαρμογή, sic ut partium quarundam positio varietur et ordo pervertatur. Hic congruentiæ modus omnium imperfectissimus, et apprehensu difficillimus, convenit figuris homogeneis omnino sibi mutuo dissimilibus. Ut v. g. non aliter triangulum circulo, conus

---

The cylindrical spiral (helix) is the diagonal of the parallelogram which represents the cylindrical surface.

So all figures included between the same parallel lines or parallel planes are composed of parallel parts which can coincide.

5. The coincidence may be made by transposing the parts of magnitudes: see Cavallerius.

sphæræ congruant, quam alterutrius partes transponendo, partem unius applicando parti alterius, et residui partem in uno parti remanentis in altero, et sic perpetuo, donec exhauriatur negotium, et unius omnes partes tandem alterius partibus evaserint applicatæ, quam rem qui distinctius expositam cupit, adeat consulo prius insinuata Cavallerii loca.

Ex his rem attentius experienti liquebit quaslibet ejusdem generis magnitudines sibimet invicem, hoc est, lineas lineis, superficies superficiebus, solida solidis aliquo modo, hoc est, vel totas simultanee, vel per partes (aut per indivisibilia sua) successive, retento partium situ, vel eo nonnihil laxato, saltem iis transpositis, fieri posse congruentes. Quaslibet, inquam, congruere posse sumendo congruentiam laxius, pro coincidentiâ quâvis etiam inadæquatâ; quomodo minor linea recta, majori lineæ rectæ superimposita congruet ei, hoc est, ei toto, licet non toti, coincidet. At vero strictius accepta congruentia solis tribuitur æqualibus magnis, quæ eundem præcise locum occupant, et nec ejus terminos excedunt uspiam, aut ab iis deficiunt, at juste complent ipsum, et ipso continentur.

Et quidem in aptitudine vel potestate sic congruendi, quâ subinde præditæ sunt magnitudines, nonnulli formalem constituunt ipsius æqualitatis rationem, et ipsam ex eâ definiunt, equidem meâ sententiâ non male. Ex antiquis magnus Apollonius in eâ mente fuit, ut patet ex eâ quam Proclus adducit et impugnat, demonstratione celebris pronunciati, quæ eidem æqualia. Quæ demonstratio scil. innititur huic æqualitatis definitioni, Τὰ τὸν αὐτὸν κατέχοντα τόπον ἀλλήλοις ἴσα εἰσίν· et nuper D. Hobbius nostras æqualia corpora definivit, quæ eundem locum possidere possunt; *Potest autem* (ait) *corpus aliquod locum occupare eundem, quem aliud corpus occupat, quamvis non sint ejusdem figuræ, si modo flexione et transpositione partium in eandem figuram redigi intelligatur.* Quæ ab Hobbio tradita vehementer exagitat, et perquam acute refellere conatur ejus egregius Elenctes; at me judice, ne verum dissimulem, haud penitissimâ cum

---

Hence lines may coincide with lines, surfaces with surfaces, solids with solids: but more strictly only equal ones.

Is possible coincidence the formal reason of equality? Apollonius says, yes: so also Hobbes, whom Wallis criticises.

efficaciâ. Nihilominus enim Apollonianæ sententiæ animo propius accedo, et æqualitatem ex possibili congruentiâ commodissime puto definiri.

Quamobrem ita sentiam, (quoniam id *προὔργου* videtur, et ad res nostras aliquid faciat) adjungam non nullas rationes, neque gravabor hanc rem aliquando curatius examinare. Id quod gradatim progrediendo satagam. Et primo quidem cum subdubitari possit an ullam expediat æqualitatis definitionem assignare, minimeque necessarium id existimare videatur Aristoteles, *ὁ πάνυ*, propter æqualitatis ex se satis perspicuam notionem, et significatum nemini non abunde perspectum; (*Τὰ πάθη*, inquit Philosophus[1], *μὴ λαμβάνειν τί σημαίνει, ἂν ᾖ δῆλον· ὥσπερ οὐδὲ τὰ κοινὰ οὐ λαμβάνει τί σημαίνει, τὸ ἴσα ἀπὸ ἴσων ἀφελεῖν, ὅτι γνώριμον·* hoc est, *Affectiones non assumit* (id est, non explicite docet aut exponit) *quid significent, ut neque communia* (id est, communium sententiarum vel axiomatum termini) *quid significent assumit* (aut explicat); *ut quid significet æqualia æqualibus subducere, quoniam id manifestum est*, et vulgo satis exploratum. Cum, inquam, sic ambigi possit an debeat æqualitas omnino definiri, ego nihilominus rei Mathematicæ conducere reor, ut definiatur et explicetur distincte quid per eam veniat intelligendum. Nam quum æqualitas sit ejusmodi symptoma, quod immediate sensum non incurrit, nec experientiæ subjacet, at ex rerum institutâ comparatione resultat (absque comparatione saltem a nobis non deprehenditur) et cum res diversimode possint inter se comparari, ideo requiri videtur, ut ex quâ qualique comparatione, quando et quomodo resultare concipiamus æqualitatem, per certum aliquod argumentum, indubitatum *κριτήριον*, adnexum signum evidens et reciprocum definitione expressum determinemus; sic ut ejus insit nobis distincta notio, nec ulla possit emergere dubitandi vel dissentiendi causa.

Res quidem immediatius et frequentius expositæ sensibus (nam obiter illorum nihil moror sententiam, qui æqualitatis, similitudinis, et ejusmodi relationum ingenitas nobis a naturâ

[1] *Post.* I. 10.

Reasons for accepting this opinion.
(1) A definition of equality is desirable.

species arbitrantur; quando commentum illud, ut jam antea vidimus, haud sit necessarium, et minus idoneum scientiis, nec ullâ, quod ego percipiam, præter Metaphysicas quasdam vocabulorum perplexitates et argutiolas, solidâ ratione subnixum, res, inquam, immediatius objectatæ sensibus) e qualibus constant primæ indemonstrabiles hypotheses non opus est, ut aliis, præter vulgo recepta sua nomina, verbis explicentur, quoniam easdem omnino cunctis hominibus sui ipsarum distinctas idæas ingerunt insculpuntque.

At ex primis istis inter se comparatis, vel utcunque resultantes alios conceptus secundarios, quo præcidatur omnis occasio discrepandi, ex scientiarum usu videtur, primas istas e quibus oriuntur hypotheses allegando, quam accurate determinare. Rigideque rem taxando, in scientiâ quâlibet e primis fundamentis extruendâ, fere nullum adhibere licet vocabulum non antea definitum, aut saltem cui respondentem in naturâ rem non possimus exerto digito commonstrare.

Quod eo magis in hoc, quod præ manibus habemus, magnitudinis symptomate debet obtinere, quoniam præcipuas fert partes, et fere semper intervenit in omni materiâ, discursuque Mathematico, adeoque multum referat ut unam omnes harum scientiarum studiosi consonam et communem ejus idæam, claram, distinctam, rationi consentaneam habeant, nec ut eam confuse vel discorditer apprehendant.

Quinimo quod jam quid sit Æqualitas, in quo consistat ejus formalis ratio, quomodo definiri debeat, ipsi jam quærimus et disceptamus, argumento sit illam definiri debere.

Addo, quod mihi saltem incumbat hoc sustinere, quoniam axiomata cuncta pro theorematis habeo, quæ possunt, et debent, si res exigat, demonstrari; idque præsertim ex definitionibus terminorum, e quibus constant; unde quo veritas constet istorum

---

I reject the doctrine of innate ideas of equality, &c.

The first things which are habitually exposed to the senses, and from which are derived our indemonstrable first hypotheses need none but their common names.

But the secondary conceptions derived from these should be defined by means of these.

And especially in this attribute of magnitude, Equality.

This is especially incumbent on me, who hold all axioms to be theorems.

axiomatum: Quæ eidem æqualia sunt: Si æqualibus æqualia subtrahantur aut apponantur; et consimilium, innotescere debet, et in promptu haberi æqualitatis definitio.

Addo propter hujusce definitionis defectum fieri posse, quinimo fortasse de facto contigisse (nonnullum in hujusce scientiæ dedecus et detrimentum) ut in maxime tranquillâ atque pacificâ Geometriæ provinciâ contentiones et turbæ viguerint, incaluerint iræ, clamores et convitia strepuerint. Undenam enim quæ Clavium inter et Peletarium, nec non inter alios Geometriæ studiosos atque peritos, de angulo contingentiæ, infensis animis, et verbis contumeliæ non expertibus, agitata lis exarsit, nisi quod æqualitatis et anguli definitiones non rite fuerint constitutæ; nec vocabulorum istorum ambiguitas penitus est sublata; rixas istas una forte vel altera commoda definitio facile sedâsset, decidisset, sustulisset.

Expedit igitur definitionem aliquam æqualitatis præsterni. Hoc teneatur imprimis. Porro, Secundo, quoniam, ut antehac sæpe diximus, et nobis habemus persuasissimum, unaquæque definitio peti debet ex aliquâ suppositione possibili per experientiam manifeste compertam; et cum si agnatas huic negotio quam attente perlustremus et excutiamus universas, nulla se præbitura sit opinor hâc possibili magnitudinum congruentiâ commodior æqualitatis definitioni fundandæ hypothesis: ergo hanc amplecti decet et agnoscere. Quod nulla commodior objiciat se, compluribus attendenti liquebit indiciis. Nam nulla frequentius observatur, et sensibus exponitur, oculis conspicitur, manibus attrectatur; nulla clarius intelligitur, aut possibilior existimatur. Et quum de rerum æqualitate (vel inæqualitate) vertitur quæstio, semper ei dijudicandæ liti ad congruentiam accurritur et appellatur. Id quod signum sit satis evidens hanc æqualitatis notionem communibus hominum conceptibus apprime consentire; quodque nil aliud intelligunt homines, quum duas magnitudines æquari dicunt, quam eas sibimet applicatas inter se congruere, vel ejusdem saltem spatii capacitatem adimplere.

From the neglect of this have arisen angry controversies, as between Clavius and Peletarius about the angle of contingence.

(2) There is no more convenient definition of Equality than from Coincidence.

Quod et adhuc experimento mihi bene familiari dabo confirmatum. Sæpe rogatus sum a Geometriæ non admodum assuetis quid sibi velit, aut quid significet illud de circuli tetragonismo famigeratum problema. Respondere mihi fuit in promptu, figuram inquiri planam rectilineam quadrilateram rectangulam æquilateram, cujus area vel spatium lineari perimetro inclusum, proposito circulo (hoc est, areæ planæ circulari peripheriâ circumscriptæ) sit accuratissime æqualis. At quid, instare solebant, per æqualitatem istam intelligis? Quomodo enim spatium circulare rotundum angulari spatio possit æquari; cum illa congruere nequeant, et sibimet adaptari? Cui dubitationi (satis equidem subindicanti hominum plerosque nil aliud per æqualitatem quam ipsissimam magnitudinum congruentiam intelligere vel denotare) tum demum facile satis iri factum comperio, si dicam, modo reperta dicta figura quadrilatera quasi cerea foret (hoc est, e materiâ molli penitusque flexili constaret) partium quarundum inflectione, transpositione, vel compressione quomodocunque circularem in figuram transformetur, circuloque tunc apposita congruat exacte, figuras istas æquales evadere, peractumque fore quem tanto studio indagamus tetragonismum. Huic responso suam ad præconceptam notionem de industriâ accommodato continenter acquiescunt; unde satis liqueat homines per æqualitatem nil aliud intelligere vel significare, præter possibilem congruentiam.

Accedat huc Tertio quæstionis hujus ut mihi videtur peremptorium argumentum, ex eo symptomate, cui innituntur, a quo deducuntur, ad quod ultimo referuntur omnia circa magnitudinum æqualitatem theoremata (a quo proinde reliquæ magnitudinum æqualium ceu talium affectiones derivantur) ex ejusmodi dico symptomate commodissime definitur æqualitas. Atqui congruentiæ innituntur, ab eâ deducuntur, per eam demonstrantur

---

I have often been asked, 'What is the meaning of squaring the circle?' 'How can a square be equal to a circle?'

I replied that the object was to find a square, suppose of wax, which by bending, transposing and compressing might fit the circle.

This satisfied the questioners, showing that by equality they meant coincidence.

(3) Coincidence is the best definition of equality, because equality is proved by coincidence.

(immediate scilicet aut mediate) in eam demum ultimo resolvuntur omnia circa magnitudinum æqualitatem demonstrata. Per eam igitur commodissime definiatur æqualitas. Majoris in isthoc syllogismo propositionis veritas e definitionis naturâ satis elucescit; cujus officium est ut symptoma quoddam primarium exhibeat, ex quâ, tanquam formali causa, reliquæ definiti passiones per legitimum discursum inferantur. Igitur si magnitudines æquales definiantur, quæ sibimet invicem præcise congruere possunt, et ex hoc expresso symptomate magnitudinum æqualium quâ talium affectiones demonstrari possunt, satis constabit inde definitionem istam esse legitimam. Atqui res isto modo se habet, et minor æque vera est. Nam de facto quicquid in Elementis (adeoque quicquid uspiam alibi in Mathematicis) circa rerum æqualitatem demonstratur, ab isto axiomate, Quæ congruunt sunt æqualia, dependet, ut aliquatenus hujus lectionis initio commonstratum est, et posthac fortasse clarius ostendemus.

Quod axioma proinde qui pro æqualitatis definitione positum accipiunt, rectissime facere videntur; quibus (præter memoratos Apollonium et Hobbium) doctissimum accensere potero Borellium; *Nam*, inquit is[1], *si nomen æqualitatis non esset adhuc impositum, dici posset, Quæ sibi mutuo congruunt vocentur æqualia, et hæc esset definitio, non pronunciatum;* non igitur aliter differre putat hoc pronunciatum ab æqualitatis definitione quam efferendi modo; et posse concedit ipsum in definitionem facile transmutari. Quod innuit vero propter nomen æqualitatis prius impositum, et vulgo receptum id axiomatis potius quam definitionis vicem subire, non in eo viro doctissimo prorsus assentio. Nam etsi rerum quarumvis, trianguli videlicet aut circuli, recepta nomina sint, et communiter usurpata, tamen expedit ista nomina definiri, ad excludendos nempe confusos de rebus istis et vocabulis conceptus. Vulgus enim, ut in diverbio fertui, non distinguit, et idæas sæpius fovet, nominibus usitatis respondentes admodum confusas et inadæquatas; scientiarum vero genius et ratio dis-

[1] *Eucl. Restit.* p. 16.

Borelli agrees with this.

Things though they have common names, must be defined: but equality means coincidence.

tinctos admodum et adæquatos conceptus postulant; adeoque vel receptissima nomina rerum, (sensibus præcipue non obversantium, et sui clarissimas idæas non imprimentium) scientiarum magistri definire debent, et vocabulorum significatus a vulgari confusione compurgare. Quanquam nec aliter receptum est *æqualitatis* nomen, quam ut designet id, quod dicto pronunciato exprimitur, magnitudines nempe quæ dicuntur æquales, inter se congruere. Continet igitur illud axioma definitionem æqualitatis, etiam vulgaribus idæis bene consentaneam.

His adjiciatur Quarto, quod nullam adversarii magis idoneam comminisci possint æqualitatis notionem, neque per eam, hâc exclusâ ratione, quid velint aut distincte intelligant, commode queant interpretari. Argumento sint quas Hobbio suggerit antagonista suus alias duas ejus descriptiones, ut ipse credit, magis appositas illâ, quæ ex congruentiâ desumitur. Hobbium hisce totidem verbis scitatur; *Annon simul et semel dixisse posses, id alteri æquale est quod tantundem est atque ipsum: vel æqualia sunt quorum eadem est quantitas; vel si neutra horum placeat, saltem aliam definitionem invenisse?* Ad quæ verba licet advertere primo, quod verisimile sit acutissimum illum virum nullam excogitare potuisse definitionem accuratiorem illis, quas adducit, duabus (nec enim siquæ succurrissent, illas omisisset); atqui hæ duæ, vel nihil omnino significare videntur, aut in congruentiam recidere. Illam imprimis (quæ ab Aristotele mutuo videri potest accepta, cujus est ἴσα ὧν τὸ ποσὸν ἕν[1]) Æqualia sunt, quorum eadem est quantitas, non improbo, sed prone amplector, si per eam saltem denotetur non actualis sed possibilis identitas quantitatis (ut sane debet intelligi, ne manifestæ falsitatis convincatur ipsa enunciatio tribuens eandem rebus æqualibus, hoc est, rebus actu diversis, quantitatem). Sic, inquam, intellectam definitionem istam non reprehendo, sed interrogo quomodo possit eadem evadere duarum rerum quantitas aliter quam per congruentiam; nisi per applicationem, aio, vel mentalem penetrationem; aut ejusdem medii spatii interventu coincidant, et quasi coadunentur

[1] *Met.* IV. 16.

---

(4) The objectors have not been able to give a better definition. Wallis against Hobbes.

sibimet invicem, aliquo modo superius exposito; aliter, inquam, quomodo possint duarum rerum a se reverâ distinctarum identificari quantitates, vix equidem video vel capio. Quod alteram vero spectat definitionem, Id alteri æquale est, quod tantundem est atque ipsum, ei primo legem oppono Dialecticam ab Aristotele summâ cum ratione præscriptam[1]; Ἀεὶ ὁ ὅρος ἀποδίδοται τοῦ γνωρίσαι χάριν τὸ λεχθέν· γνωρίζομεν δὲ οὐκ ἐκ τῶν τυχόντων, ἀλλ' ἐκ τῶν προτέρων, καὶ γνωριμοτέρων. Φανερὸν (οὖν) ὅτι ὁ μὴ διὰ τοιούτων ὁριζόμενος, οὐχ ὥρισται· (hoc est, *Cum definitio tradatur rei declarandæ causâ, declaremus autem non ex quibusvis (temere arreptis) sed ex prioribus et manifestioribus; unde constat illum, qui non e talibus definit, haud quaquam definire*). Hanc, inquam, justissimam legem objicio citatæ definitioni; quis enim non æquâ saltem facilitate concipiat quid sit æquale alteri, ac quid sit tantundem atque ipsum? At vero penitius attendenti vocabulum *tantundem* nil forte comperietur aliud designare quam *tantum idem*, vel idem in quantitate, vel cujus eadem est quantitas; adeoque hæc descriptio nullatenus a præcedente distabit, et pariter relabetur in nostram congruentiæ hypothesin, si recte percipiatur et enucleetur; adeo nostram sententiam adversarii, nec opinantes, dum evertere student, coguntur stabilire, suoque satis ipsorum indicio produnt se vix, ut maxime velint, a nostro conceptu reverâ dissidere.

Prætereo denique quod Euclides, æquales magnitudines expresse perhibeatur definivisse, quæ replent eundem locum; in libello *de Gravi et Levi*, mihi nunquam viso, sed quem auctor mihi Ramus est alicubi prostare[2]. Cæterum major huic causæ (major, inquam, naturæ cum congruentiæ tum æqualitatis) lux affulgebit, ex illorum, quæ tum a Proclo, tum a dicto eruditissimo viro producuntur in contrariam partem, argumentorum, equidem haud diffiteor satis in speciem validorum, discussione; a quâ tamen omnino, ne prolixior sim, in præsens abstinebo.

[1] *Topic.* VI. 4. [2] *Schol. Mathem.* VII. p. 163.

So Euclid in his book *de Gravi et Levi.*

LECT. XII.*

E MAGNITUDINUM communioribus affectionibus et symptomatis observationi subjectis, et Mathematicas ingredientibus hypotheses, novissime se tractandam exhibuit Congruentia, quâ suppositâ resultare, et ab eâ commode definiri magnitudinum Æqualitatem in præcedenti quadantenus astruximus lectione. Quam tamen doctrinam acriter et animose, invictis ut ipsi putant argumentis, impetunt Proclus, et Hobbii præclarus antagonistes in *Elencho* suo *Geometriæ Hobbianæ*. Sed an penitus debellatum sit, et opinioni suæ parem, hoc est integram, ipsi victoriam reportârint, superest jam et nobis incumbit, objectorum efficaciam ad rationis trutinam exigendo pensitare. Id quod eo promptius aggredimur pertentare, quoniam ex hoc adversantium sententiarum atque discursuum conflictu non exigua rebus istis lux, neutiquam aspernandæ quædam veritatis scintillæ, extundi posse videantur; nec tamen omnibus extricandis captiunculis anxie desudabo, sed quæ candide accepta rem propius attingere, vis aliquid in se momentique gravioris continere, videntur argumenta curatius excutiam; memor divini quod apud Aristotelem habetur præcepti[1]; *Ἅμα δὲ καὶ μᾶλλον ἂν εἴη πιστὰ τὰ μέλλοντα λεχθήσεσθαι προακηκοόσι τὰ τῶν ἀμφισβητούντων λόγων δικαιώματα· τὸ γὰρ ἐρήμην καταδικάζεσθαι δοκεῖν ἧττον ἂν ἡμῖν ὑπάρχοι· καὶ γὰρ δεῖ διαιτητὰς, ἀλλ' οὐκ ἀντιδίκους εἶναι τοὺς μέλλοντας τἀληθὲς κρίνειν ἱκανῶς.*

Proponam igitur argumenta, non illa quidem delumbata, sed quoad potero nervosius astricta. Primo debet, obtendunt, æqualitatis eadem univoca ratio communis, et notio generalis assignari, pro rebus iis universis, quibus vere tribuitur, et juste convenit

[1] *De Cœlo*, I. 10. [Insuper et dicenda magis credentur, si sententiarum earum quæ in controversiam veniunt, jura prius fuerint audita: absentes enim condemnari minus utique videbuntur: etenim eos qui bene judicare volunt de veritate, non adversarios sed arbitros esse oportet.]

---

* Proclus and Wallis against the above definition of equality. Their arguments are,

I. Equality applies to motions, times, velocities, weights, numbers, as well as to space.

æqualitas. Atqui non solis magnitudinibus (quibus nimirum peculiaris est ista, pro quâ nos certamus, congruentiâ) sed quantis etiam omnibus homogeneis, aptisque natis inter se comparari (puta motibus, temporibus, velocitatibus, ponderibus, numeris) æquo jure, pari ratione, simili loquendi proprietate tribui solet, et vere convenit æqualitas, etsi nullâ ratione quadret aut congruat eis ἐφάρμοσις, (Τὸ γὰρ ἴσον καὶ ἄνισον, καὶ τὸ ὅλον καὶ τὸ μέρος, καὶ τὸ μεῖζον, καὶ τὸ ἔλαττον, κοινὰ, καὶ τῶν διῃρημένων ἐστὶ ποσῶν καὶ τῶν συνεχῶν· i. e. *Communiter omnibus quantis continuis atque discretis convenit æqualitas*, ait Proclus. Et alter adversarius[1]; *Annon eadem est æqualitatis notio in his omnibus, imo et in rebus aliis omnibus, quotquot æqualitatis aut inæqualitatis sunt capaces?* Quo facit quod quam circa æqualitatem versantur axiomata, Geometricis elementis præstrata, quantis indifferenter omnibus accommodari solent, et jure possunt, unde vocantur ἀξιώματα κοινά. Οὐ μόνον λέγεται μεγέθεσιν ἀληθεύειν τούτων ἕκαστον, ἀλλὰ καὶ ἀριθμοῖς, καὶ κινήσεσι, καὶ χρόνοις, iterum ait Proclus. Eique suffragium fert ipse Philosophus[2]; Ὅτι γὰρ (inquit, exemplum afferens principii communis) ἀπὸ τῶν ἴσων ἀφαιρεθέντων ἴσα τὰ λειπόμενα, κοινὸν μέν ἐστι πάντων τῶν ποσῶν.) Igitur a congruentiâ (solis quippe magnitudinibus propriâ, nec aliis quantis competente, adeoque neutiquam æqualitati coëxtensâ, sed multo strictioribus cancellis coarctatâ) perperam desumi asseritur æqualitatis ratio. Debet enim ex Logicæ justissimo præscripto, definita res attributo suo, per quod definitur, exactissime coæquari; cum eâ reciprocari et converti.

Huic exceptioni primariæ, satis ut non nemini videatur presse nos urgenti, repono summatim Primo, quod hîc sola magnitudinum æqualitas proprie atque præcipue definitur.

Secundo, quod non injuriâ nec abs ratione sola definiatur.

Tertio, quod hæc definitio (e congruentiâ dico petita definitio) suo modo, quantumque satis est, omnibus quantis adaptari possit.

[1] *Elench.* p. 10. [2] *Met.* XI. 4.

Ans. (1) Here we define equality *of magnitudes* only.
(2) We have a right to do this.
(3) The definition of equality by coincidence can be adapted to all quantities.

Denique Quarto, quod expediat, saltem liceat, majoris perspicuitatis atque securitatis causâ, ut reliquorum quantorum æqualitates seorsim definiantur.

Quibus distinctius expositis, et sufficienter apud æquos rerum arbitros approbatis, satis opinor factum erit allatæ objectioni.

Quod primum punctum attinet, in eo nulla versatur controversia; nam solas magnitudines congruentiæ præsertim capaces esse non diffitentur adversarii, quin obtendunt potius, et in eo collocant vim argumenti sui; satisque liquet ex se, cum locum implere, spatium occupare, contingere se mutuo, sibimet applicari, se quodammodo penetrare, magnitudinibus proprium et peculiare sit attributum. Ergo solis illis hæc definitio, siquidem definitio, proprie competit et quadrat.

Verum secundo, non inique dico magnitudinum æqualitatem per se solam proprie definiri. Nam cum illis primario et proprie conveniant quantitas, et quantitatem consequentes vel concomitantes affectiones (extensio, terminatio, compositio, divisio, mensuratio, reliquæque) quidni primario conveniat illis æqualitas, et proinde ex respectu ad ipsas proprie definiatur? Docet nos Philosophus[1] generis definitionem præcipuæ speciei *τῶν πρὸς ἕν*, primum et proprie convenire, reliquis secundario, consequenter et per similitudinem; Τὸ *τί ἐστιν ὑπάρχει πᾶσιν, ἀλλ' οὐχ ὁμοίως, ἀλλὰ τῷ μὲν πρώτως, τῷ δ' ἑπομένως·* (*Ratio rei convenit omnibus, at non eodem pacto, sed huic primo, illis consecutive:*) *καὶ ὁ ἁπλῶς ὁρισμὸς τῶν ἄλλων ὁμοίως ἐστὶ, πλὴν οὐ πρώτως.* Simpliciter accepta definitio *τῷ πρώτῳ δεκτικῷ* proprie convenit; ergo respectu ejus definitio condi debet. Annon autem alia quanta quævis ex respectu ad magnitudines tanta quanta sunt nedum æstimantur et dignoscuntur, sed etiam dicuntur atque denominantur? Ipsa vocabula majoris et minoris, totius et partis, finiti et infiniti, continui, discreti, extensi, contracti, symmetri, asymmetri, reliquaque talia, quæ toties aliis ascribuntur quantis, num aliunde quam a magnitudinibus originem trahunt,

[1] *Met.* VII. 4.

---

(4) Other kinds of quantity are better defined separately.
(1) Expounded. Coincidence belongs to magnitudes only.
(2) Expounded. Other things are measured by magnitudes.

et ab iis ad alia secundario transferuntur? Nec id contingenter aut immerito, sed necessitate quâdam et summâ cum ratione. Nam gradus certe quosdam, *τάσεις* et *ἐπιτάσεις*, intensiones et remissiones suas habent aliæ res, ex accidente Mathematicæ considerationi subjectæ, at quas nullo modo comprehendere vel exprimere possumus, nisi per magnitudinum aliquarum (quibus insunt, in quas agunt, quas producunt, circa quas quomodocunque versantur) institutam collationem, et adhibendo vocabula mutuatitia de magnitudinum attributis transducta. Ut instemus, quomodo pondus aliquod aut momentum rei gravitantis concipiatur, aut quare dicatur tantum, ita magnum aut parvum, nisi quatenus inest tanto corpori, vel quod tantum corpus attollere, tantam magnitudinem valet sustinere? Quomodo divisibile, vel totum intelligatur, nisi corpus cui inhæret, aut quod respicit, partes habeat singulas ejusmodi virtute præditas, illive potentiæ respondentes? Unde finiti titulum adipiscitur, nisi vel ex terminis illi substratæ magnitudinis, aut saltem ex finibus illius eatenus extensi corporis, quod evehere potest aut sustentare? Commensurabile pariter et incommensurabile prædicetur ex eo, quod aut subjectum suum aut objectum, symmetriâ vel asymmetriâ versus alias quibuscum comparatur magnitudines, itidem pondere similiter donatas, affecta comperiuntur. Sic et motus ex spatii quod permeatur magnitudine tantus (longus, brevis; magnus, parvus; seu absolute seu comparate) e spatii limitibus eousque protensus, ibique terminatus, ex ejus dimensionibus mensurabilis, ex ejus compositione totus, e divisibilitate partibilis habetur et dicitur. Haud absimiliter (nam exempla nonnunquam undicunque conquisita coacervo (plura certe quam quæ dilucidandæ rei propositæ requisita censeam ipse) libenter et datâ operâ consulens harum rerum minus assuetarum utilitati, ut nempe *γεῦμα* quoddam præparatorium universæ Matheseôs obiter et sensim instillem ipsis, ac profuturos aliquando conceptus aliud agens insinuem) haud, inquam, aliter tempus ex spatii ab aliquo determinato mobili, Sole nempe vel Lunâ, peragrati magnitudine concipitur et appellatur, neque non terminos, extensionem, symmetriam, aliasque suas passiones ex illo, quem ad ejusdem magnitudinem obtinet, respectu mutuatur. Velocitas etiam ex spatii

---

Example in motion.

percursi magnitudine (non quidem absolutâ, sed comparatâ cum magnitudinespatii ab alio determinato mobili, Sol e videlicet aut Lunâ transacti, hoc est, ex magnitudine spatii tanto tempore peracti) taxatur; parilique ex relatione ad spatii magnitudinem limitari, componi, dividi, ad mensuram exigi; quomodocunque comparari solet, neque vix aliter potest æstimari. Numeri vero quod non aliâ ratione quam ut symbola magnitudines designantia quantitatis participes sunt et proportionis, abunde jam antehac dictum et ostensum est nobis. Nec omnino solus, et authoritatis omnimodæ suffragio destitutus hæc affirmo (quamvis non raro quas pertractandas suscipio quæstiones, et materias distincte quod sciam explicuerit nemo, soleamque quod ille dixit *Libera per vacuum vestigia ponere*—nullo fere viæ duce vel comite, qui molesti per hasce salebras itineris tædium consoletur, quo magis condonandum sit, si nonnunquam cespitare videar, aut impeditius procedere, ac) saltem in hac re principem habere videor astipulantem et præcinentem mihi Philosophum, cujus hæc imprimis alicubi leguntur verba, nostram in rem satis luculenta[1]; Ἐπεὶ δὲ τὸ κινούμενον κινεῖται ἔκ τινος εἴς τι, καὶ πᾶν μέγεθος συνεχὲς, ἀκολουθεῖ τῷ μεγέθει ἡ κίνησις· διὰ γὰρ τὸ μέγεθος εἶναι συνεχὲς καὶ ἡ κίνησίς ἐστι συνεχὴς, διὰ δὲ τὴν κίνησιν καὶ ὁ χρόνος· ὅση γὰρ ἡ κίνησις τοσοῦτος καὶ ὁ χρόνος ἀεὶ δοκεῖ γεγονέναι· τὸ δὲ δὴ πρότερὸν καὶ ὕστερον ἐν τόπῳ πρῶτον ἔστιν· ἐνταῦθα μέντοι τῇ θέσει. Ἐπεὶ δ' ἐν τῷ μεγέθει ἔστι τὸ πρότερον καὶ τὸ ὕστερον, ἀνάγκη καὶ ἐν κινήσει εἶναι τὸ πρότερον καὶ τὸ ὕστερον, ἀνάλογον τοῖς ἐκεῖ· ἀλλὰ μὴν καὶ ἐν τῷ χρόνῳ ἐστί τὸ πρότερον καὶ ὕστερον διὰ τὸ ἀκολουθεῖν ἀεὶ θατέρῳ θάτερον αὐτῶν· hoc est, explanatius aliquanto; *Cum quicquid movetur ab alio termino ad aliquem terminum promoveatur, et omnis magnitudo continua sit, magnitudinem eatenus consequitur motus. Ob magnitudinis quippe continuitatem continuus est motus, et propter motum tempus quoque continuum est. Quantus enim extitit motus, tantum quoque tempus perpetuo videtur effluxisse. Prius autem et posterius spatio primitus insunt, ex diversâ partium ejus positione: cumque magnitudini insit partium ordo, motui quoque necessario inerit, analogice respondens illi.*

[1] *Phys.* IV. 86.

Confirmed from Aristotle in his *Physics.*

Quinetiam in tempore reperitur prius et posterius, quia semper eorum alterum alteri consequens est (quoad hujusmodi nempe passiones et attributa). Ita satis clare motûs ac temporis continuitatem simul et quantitatem magnitudinis *ὁμωνύμων* statuit consectarias et derivatas. Idem rursus alibi[1]: *Ἀκολουθεῖ τῷ μεγέθει ἡ κίνησις, τῇ δὲ κινήσει ὁ χρόνος τῷ καὶ ποσὰ καὶ συνεχῆ καὶ διαιρετὰ εἶναι· διὰ μὲν γὰρ τὸ μέγεθος εἶναι τοιοῦτον, ἡ κίνησις ταῦτα πέπονθε· διὰ δὲ τὴν κίνησιν ὁ χρόνος·* hoc, est, *Magnitudinem sectatur motus, motum vero tempus, quatenus hæc quanta sunt, et continua, et divisibilia. Quia nam magnitudo talis est, ideo taliter affectus est motus, et propter motum tempus.* Ita Philosophus in Physicis, ut vix potuerit ad rem nostram magis apposite, vel plenius et liquidius pronunciâsse; nisi forte quæ tradit in Metaphysicis etiam his expressiora sint, ac magis nostram corroberent, illustrentque sententiam. Nam de motu et tempore ita proloquitur[2]; *Καὶ γὰρ ταῦτα ποσὰ ἄττα λέγεται, καὶ συνεχῆ τῷ ἐκεῖνα διαιρετὰ εἶναι, ὧν ἐστι ταῦτα πάθη· λέγω δὲ οὐ τὸ κινούμενον, ἀλλ' ᾧ ἐκινήθη· τῷ γὰρ ποσὸν εἶναι ἐκεῖνο, καὶ ἡ κίνησις ποσὴ, ὁ δὲ χρόνος τῷ ταύτην·* hoc est, *Motus et tempus aliquo modo quanta dicuntur et continua, propterea quod illa, quorum affectiones sunt* (*vel quibus accidunt*) *divisionis sunt capacia. Intelligo autem pro subjecto ipsorum non ipsum mobile, sed juxta quod movetur* (*hoc est, spatium transactum;*) *nam eo quod illud est quantum, etiam motus est quantus, et propter hoc tempus.* Ita nobis suffragium suum et patrocinium præstat Philosophus. Æquum igitur est, quum alia quanta suam magnitudini quantitatem (ejus saltem notitiam et comprehensionem) ac quantitati connexas affectiones referant acceptas, ut eorundem etiam æqualitas (hoc est, quantitatis velut identitas et coalitio) ex magnitudinis æqualitate censeatur; utque per analogiam et secundario quanta sunt, sic analogicam et tralatitiam quoque sortiantur æqualitatem.

Id quod a veritate non abludere rem ipsam immediatius et intimius exploranti, communemque sensum et consensum homi-

[1] *Phys.* IV. 18. [2] *Met.* IV. 13.

And in his *Metaphysics*, concerning motion and time.
This agrees with common sense.

num consulenti manifestius apparebit. Nam v. g. si quem mortalium (seu Philosophum, seu e vulgo quempiam) sciscitetur aliquis quid intelligat, quum dicit æquari duo tempora, nihil hæsitans, opinor, statim respondebit, intelligere se duo æqualia spatia ab eodem uniformiter lato mobili (saltem a diversis æquâ velocitate latis) peragi; Solem nempe suæ diurnæ vel annuæ revolutionis æquales partes absolvisse. Si quid significet per duorum ponderum æqualitatem; quod extrema, dicet, vis hujus magnitudinem aliquam elevare vel sustinere queat æqualem (ejusdem speciei) magnitudini, quam extrema vis alterius elevare poterit aut sustinere; nec aliter de motuum ac velocitatum, et aliorum, quæcunque sunt, quantorum æqualitate consulti statuent, aliquam semper magnitudinem quarundam æqualitatem allegando, cujus respectu dicta quanta constituantur ac denominantur æqualia. Scilicet a magnitudinis æqualitate reliquorum æqualitatem vix mente quisquam secernere potest, aut penitus abstrahere; vix illâ seclusâ quod sint æqualia deprehendere vel agnoscere; quomodo sint æqualia mente cogitare, vel verbis exprimere; quid ipsa denuo sit æqualitas distincte concipere valet. Illam igitur cum alia quævis æqualitas intime connotet et involvat ut naturâ priorem et sibi præstratam, constitutivam, et definitivam sui; non igitur nisi minus principaliter et secundario, dependenter et consecutive, derivative et per participationem, *κατὰ σχέσιν* aut *κατ' ἀναλογίαν*, æqualia sunt alia quanta. Unde quo de reliquorum æqualitate clarior apprehensio sit, et certius fiat judicium, magnitudinum æqualitas quid significet, in quo consistat, præcognosci, distincteque comprehendi, adeoque jure merito per se prius definiri debet. Id quod secundo suscepimus explicandum et ostendendum.

Verum porro, tertio, quantis etiam aliis quibuscunque quodammodo convenit *ἐφάρμοσις* nostra, prout inquam (uti jam ante satis declaratum) aliquo modo terminantur, extenduntur, componuntur, dividuntur, mensurantur, alias magnitudinum affectiones admittunt, suo modo, sic et aliquo modo congruentiam vindicant sibi (mediante præsertim magnitudinum quibus insunt, quas respiciunt, congruentiâ); concipiatur enim, exempli causâ, duabus in rectis lineis, vel in duabus æqualium circulorum peripheriis æquâ

---

(3) Expounded. Times may coincide;

velocitate deferri mobilia duo puncta (vel alia quævis æqualia et similia duo mobilia), intelligatur etiam lineas istas aut peripherias, utique congruentiæ capaces, sibimet applicari, sic ut dicta quoque puncta vel mobilia sibimet apponantur, adeoque sibi congruunt tum ab initio, tum in progressu sui motûs (quod eveniet ob suppositam motûs æqualem celeritatem); inde congruentibus perpetuo mobilibus, et ipsorum orbitis coincidentibus, haud difficile concipitur ipsos motus *ἐφαρμόζειν*, uniri, coalescere, adeoque eandem quantitatem habere, seu sibimet adæquari. Item si in curriculo corporis alicujus (puta Solis aut Terræ) cujus æquabili motu determinatur temporis quantitas, adsumpta concipiantur duo puncta ceu termini, de quibus motuum, adeoque tempore, decurrentium initia computentur, istique termini sibi concipiantur adponi, sic ut exinde (modo mox exposito) duo motus ab iis auspicantes congruant invicem, etiam ipsa tempora simul confluent, et in unum commigrabunt. Neque si confingatur animo duorum annorum initia conjungi, difficile sit ut parili tenore procedentes illi simul existant, se quasi penetrent, in unum coëant imaginari. Quod perinde est ac si diceres, duo æqualia tempora simul incepissent, unà desiissent. Quinimo quâ ratione tempus tempori quodammodo congruum reverâ sit, hinc quoque licebit judicare. Cum tempus ejusdem nobilissimi constantissimique mobilis æquabili circulari motu sæpius iterato mensuretur et determinetur optime (sicuti notat Aristoteles[1]; Ἡ *κυκλοφορία* (inquit) *ἡ ὁμαλὴ μέτρον μάλιστα, ὅτι ὁ ἀριθμὸς ταύτης γνωριμώτατος*), circulus autem iste, periodico mobilis ejusdem recursu toties emensus, semper unus idemque persistat, hinc illo conciliante medianteque, motus et tempus (nec non motuum temporumque partes ab eodem istius peripheriæ puncto capientes exordium, et in idem punctum desinentes) velut uniuntur et identificantur inter se, adeoque congruunt perfectissime. Quamobrem annus in se verti, redire menses, instaurari secula, lapsas tempestatum vices atque periodos restitui, eosdem denique temporum circuitus iterato obiri mense censetur, et sermone teritur vulgi (*καὶ γὰρ ὁ χρόνος αὐτὸς εἶναι δοκεῖ κύκλος τις, Tempus ipsum videtur esse cyclus quis* (aut circulus) ob motum quo determi-

[1] *Phys.* IV. 20.

Time is best measured by uniform circular motion, returning into itself.

natur, circularem sæpius repetitum, et in se quasi replicatum, inquit Philosophus: idemque rursus in hanc mentem[1]; *Ὡς ἐνδέχεται κίνησιν εἶναι τὴν αὐτὴν, καὶ μίαν πάλιν καὶ πάλιν, οὕτω καὶ χρόνον ἐνδέχεται, οἷον ἐνιαυτὸν, ἢ ἔαρ, ἢ μετόπωρον.* Ast opportunum non est de tempore plura nunc effundere.

Velocitatum par est ratio, quæ mediantibus itidem spatiorum simul decursorum congruentiis ipsæ sibi congruant, et consequenter æquales ostendantur.

Quinetiam si duo corpora gravia ejusdem speciei, puta duæ sphæræ æquales aqueæ vel aereæ, per mentalem istam antehac expositam penetrationem congruere supponantur, eâdem operâ gravitates, seu ponderositates, ipsarum coincident et congruant, eâque ratione deprehendentur æquales.

Quin et ipsis rationibus, seu proportionibus æqualibus, aliquo modo tribuatur congruentia, quatenus omnes coincidunt et identificantur uni cuidam in numeris, lineis, aut aliis quantis expositæ, quæ quidem exposita ratio spatii quoddam instar habet, (respectu infinitarum quas repræsentet et exprimat rationum, illas omnes quasi recipiens in se, et inter se coadunans).

Numeri vero quatenus æquales, eatenus et congruentes esse possunt, per congruentiam scilicet ipsorum quantorum æqualium quæ repræsentant ac denominant.

Adeo cujusque generis quanta sicut alias magnitudinum proprietates, ita congruentiam recipiunt suo modo, hoc est, analogice, consecutive, participative, propter magnitudinum, a quibus determinatur eorum quantitas, congruentiam; et consequenter æqualitatis a congruentiæ suppositione resultans definitio, ne quidem illis omnino disconvenit, imo reverâ tantum illis, quantum æqualitas ipsa competit et assignatur merito.

Sed ad quartum responsi caput promoveo pedem; Quod expediat aut ad minimum liceat aliorum quantorum æqualitates seorsim definiri vel explicari; ex æqualitate scilicet respectivâ

[1] *Phys.* IV. 8.

Velocities also may coincide.
So of Ponderosities or Gravities;
Of Ratios;
Of Numbers.
(4) Expounded. Attributes are variously measured.

magnitudinum, quibus insunt, aut circa quas modo quovis occupantur. Nam (ut prius insinuatum) eorum quæ sunt et dicuntur πρὸς ἕν, id ratio communis exigere videtur, ut quæ primaria sunt in suo genere, adeoque quasi mensuræ reliquorum definiantur imprimis per se, cum alia consequenter ex relatione, quam ad ista priora sortiuntur, peculiari declarentur. Ita nos iterum docet horum callentissimus et perspicacissimus Philosophus[1]; Ὥστε διελόμενον, inquit, ποσαχῶς λέγεται ἕκαστον οὕτως ἀποδοτέον πρὸς τὸ πρῶτον ἐν ἑκάστῃ κατηγορίᾳ πῶς πρὸς ἐκεῖνο λέγεται· τὰ μὲν γὰρ τῷ ἔχειν ἐκεῖνα, τὰ δὲ τῷ ποιεῖν, τὰ δὲ κατ' ἄλλους λεχθήσεται τοιούτους τρόπους· hoc est, eorum quæ inæqualiter attribuuntur aut prædicantur (seu τῶν πρὸς ἕν) distinguendum est imprimis quotupliciter singula dicuntur, tum explicandum est quo pacto referantur ad id quod in dicto genere (vel prædicamento) primum est; quædam enim quod habeant ipsum, quædam quod efficiant, quædam secundum alios hujusmodi modos attribuentur. Ita cum æqualitas pluribus conveniat, magnitudini quidem originaliter et præcipue, reliquis quantis (motibus, temporibus, velocitatibus, potentiis motricibus) minus principaliter et secundario; primum illius quæ magnitudinibus convenit æqualitatis constituenda ratio est, tum explicandum quomodo reliquorum quantorum æqualitates ad ipsam referuntur; eoque fit ut separatim definiuntur.

Et velocitates quidem, e.g. æquales, ex Aristotelis mente definiantur, a quibus eodem tempore (vel æqualibus temporibus) eadem vel æqualia spatia transmittantur (Ὁμοταχὲς, inquit, τὸ ἐν ἴσῳ χρόνῳ ἴσον κινούμενον. Et, Τὰ ἐν ἴσῳ χρόνῳ τὸ αὐτὸ μέγεθος κινούμενα ἰσοταχῆ. Ecce ut æque velocium definitionem ingrediatur μέγεθος, utque non illicitum nec ἀπροσδιόνυσον censuerit Philosophus, velocitatis æqualitatem definire); pariter æqualia tempora definiantur, in quibus æquabili motu latum corpus aliquod notabile (tempori determinando scilicet assumptum, Sol puta vel Luna) æquales peragit sui curriculi partes; et ἰσόχρονα vocentur, quæ coexistunt istis æqualium spatiorum confectionibus.

[1] *Met.* III. 2.

Equal Velocities defined by Aristotle.
Equal Times defined.

Similiter æqualia pondera dicantur (absolute loquor, et seposito ad Mechanicas applicationes eorundem gravium momenta variantes respectu) respectu subjecti, quæ magnitudinibus specie iisdem, et quantitate æqualibus insunt; respectu objecti, vires motrices æqualium (similiter positarum et quoad omnes conditiones partium) magnitudinum; vel quæ possunt easdem, aut æquales ejusdem speciei magnitudines sublevare: et *ἰσοβαρῆ*, quæ viribus ac potentiis prædita sunt æqualibus. (Quidam apud Aristotelem veteres Philosophi, ex subjacente materiâ definiebant *ἰσοβαρῆ*, *τὰ ἐξ ἴσων συγκείμενα τῶν πρώτων*, vel *τὰ ἐξ ἴσων συνεστῶτα*[1]· quæ ex æqualibus principiis, aut æqualibus materiæ particulis constant).

Æquales denique numeri definiri possent, quæ repræsentant magnitudines eodem modo divisas (vel accuratius aliquovis simili modo).

Hisce consimilibusque pactis nil obstat, quin definiantur omnium quantorum æqualitates, imo multum forte proderit hoc ipsarum distinctæ comprehensioni. Neque desunt exempla præstantissimorum authorum, qui nedum hujusmodi quandam præ se ferentium homonymiam, at majoris perspicuitatis causâ quorundam etiam *συνωνύμως* dictorum quantorum æqualitates separatim definire non dubitarint. Nam Euclides elemento undecimo, solidas definivit æquales figuras, quæ similibus planis multitudine et magnitudine æqualibus continentur. Et magnus Apollonius (initio sexti Conicorum libri, nuper ex Arabico in Latinum sermonem transfusi, et a præstantissimo Borello luce donati) æquales definivit coni-sectiones, quæ ad invicem sibi mutuo superpositæ congruunt. Ut reticeam Euclidem (id quod innui jam antehac) in libello de Gravi et Levi, æqualia magnitudine definivisse (formaliter et expresse juxta nos) quæ replent eundem locum. Nec fere dubito quin Gravium æqualium aliqua isthic extet definitio, cui præluserit hæc de Magnis æqualibus. Quinimo, quod affine est nostro negotio, Euclides *partis* definitionem tradidit aliam atque aliam, de Magnitudinibus et Numeris. Idemque quinto in

[1] *De Cœlo*, IV. 2.

Equal Weights.
Equal Numbers.
Eminent authors have so defined: Euclid: Apollonius.

Elemento, ex usu putavit magnitudinum analogiam seorsim definire (ἐν τῷ αὐτῷ λόγῳ μεγέθη λέγεται εἶναι) numerorumque proportionalitatem aliter in Elemento septimo definire; unde necessitatem imposuisse sibi videtur, siquando de quantis aliis instituisset dicere, ipsorum quoque proportionalitatem singillatim definire, vel istam saltem de magnitudinum proportionalitate traditam iis accommodare. Quare si peccatum est (quod pertendunt adversarii) nomen idem, quatenus diversis genere vel specie rebus attribuitur, aliter ac aliter definire, ejus admissi reos allegemus, quibuscum errare non admodum pudeat nos, auctores perquam nobiles et eximios.

Tandem (ut hujus objectionis examini coronidem imponamus) plurimum haud diffiteor adducta valeret ratio, si possit alia quæpiam bene commoda generalior æqualitatis notio assignari. Sed nulla succurrit alia, saltem hâc potior, hypothesi cuivis ad sensus observationem, vel ad mentis captum evidentius exploratæ subnixa. Tentavit quidem (ut adnotavimus in Lectione præcedente) duas memoratus egregius vir, nec alias, opinor, meliores potuit comminisci, quæ tamen, ut ostendimus, in nostram hanc penitius excussæ recidunt, quodque non aliter vel eædem, vel tantæ eædem concipiantur esse diversarum rerum quantitates, quam per congruentiam aliqualem, seu propriam seu analogicam.

Nam ut hoc unum adjiciam, nonnihil elucidandis et confirmandis tunc dictis; quantitatis identitas specifica minime sufficit æqualitati constituendæ (tunc enim omnes circuli, cunctæ sphæræ, quælibet figuræ similes æquarentur sibi mutuo) sed ad hoc identitas quædam numerica postulatur; non illa quidem actualis, at saltem possibilis, qualis optime (nec aliter opinor) per illam quæ ex congruentiâ emergit, quantorum coincidentiam et coalitionem exhibetur. Hæc igitur notio, cum magnitudinibus (hoc est, proprie et primario quantis) eximie quadret; et aliis quantis aliquo modo; cumque alia quanta per magnitudinis æqualitatem definiri possint et debeant; et quando non alia possit excogitari convenientior; his, inquam, expensis hæc non gravatim admittenda videtur et approbanda, nequicquam obstante proposito contrario discursu.

Finally, no better definition of equality can be found.
Wallis's proposed definitions agree with ours.

Hoc igitur argumento præcipuo, maximam verisimilitudinis speciem præ se ferente defuncti, alterum huic succenturians aggrediamur, ut adversarii confidunt, haud minus Achilleum et invictum, sed ut mihi videtur, enervius et pusillius multo. Ejusdem (inquiunt) loci possessio vel repletio æqualitati extranea et accidentaria est; nec minus æquales sunt magnitudines, etsi non possideant eundem locum, quam si maxime possideant. Et figuræ dissimiles eundem locum occupare nequeunt, nisi partium situs transmutetur. *Quid autem* (aiunt) *motus et locus, et transmutatio ad æqualitatem spectant? Pyramis enim, etiam dum manet pyramis, non minus est æqualis* (*ut ut non similis*) *quam ubi transformatur; atque dum alibi manet æqualis est* (*ut ut non ibidem*) *non minus quam ubi in eundem locum movetur. Ergo non magis ex respectu ad locum* (adsumptâ partium quum opus est transpositione) *debet æqualitas definiri, quam homo ex eo quod possit esse princeps Transylvaniæ* (sic enim argumentum suum etiam sale condiunt, ne forte putrescat, aut minus sapiat).

Verum respondeo, respectum ad spatium ab ipso occupabile non esse magnitudini cuivis accidentarium aut extrinsecum, sed ei necessario, intimeque connexum; sicut actui cuivis convenit intrinseca sibi connata σχέσις ad potentiam, cui respondet, quam complet. Non magis, inquam, magnitudinis naturæ convenit essentialiter, ut terminetur, extendatur, componi possit aut dividi, vel ut alio quovis attributo gaudeat, quam ut tantam talemque sui capacitatem (tantum et tale spatium) adimpleat. Ex hujusque suppositionis fonte multæ Mathematicis necessariæ hypotheses promanant, ut ex antehac ostensis satis pateat.

Porro, etsi magnitudinibus, ceu talibus, non obtingat necessario, definitum ut locum aut situm, hunc vel illum, possideant; tamen illis ut æqualibus necessario convenit, ut eandem aliquo

---

For equality a possible numerical identity is required.

II. The next argument against the definition of equality by coincidence is, That the occupying space is an accidental accompaniment of equality. A pyramid is not the less equal before than after it has been transferred to coincide with another pyramid. The equality should not be defined by its being so transferred, any more than a man from being possibly prince of Transylvania.

Ans. To occupy space is essential to magnitude, not accidental.

To occupy the same space is essential to equal magnitudes.

modo quantitatem habere possint, et proinde ut locum eundem insidere possint, tum quoniam ex eo quod eandem actu quantitatem habent, plane consequetur ipsas de facto spatium idem occupare; tum quia nullo alio modo concipi potest identitas ista possibilis.

Ad hæc, quod non contingenter æqualibus accidat magnis hæc ejusdem spatii possidendi capacitas, ex eo clarissime liquet, quod rem serio perpendenti nil aliud de quibusvis magnitudinibus inter se quoad æqualitatem, aut quamvis proportionem, collatis demonstrant Geometræ, quam illas congruere, vel eundem locum occupare posse: quum, inquam, Euclides triplum conum æqualem ostendit cylindro; cum Archimedes superficiem sphæræ quadruplo maximo ejusdem sphæræ circulo demonstrat adæquari, cumque circulum æquiparari docet suo ipsius radio ducto in semiperipheriam, eo res recidit (ipsam scilicet altius e primis principiis repetenti) et nihil evincunt aliud ipsorum ratiocinia, quam istas tales magnitudines sibi congruentes esse posse. Siquidem ipsorum demonstrationes pendent e primis elementis, nominatim ex quartâ et octavâ primi Elementi, ubi demonstratur triangulorum æqualitas, ex eo quod possint congruere. Ergo si posse locum eundem occupare sit quid accidentarium magnitudinibus istis, nihil necessarium demonstrârunt Geometriæ principes; id quod horridule sonat auribus Mathematicis.

Præterea, occupatio loci non magis est aliena, non minus est intrinsece conjuncta cum magnitudine, quam motus, seu mutatio loci; utque magnitudines ubicunque positæ concipiuntur æquales, ita figuræ utcunque quiescentes ac innotæ, suam eandem naturam obtinent atque servant. Nihilominus omnes

---

In proving equality of magnitudes, geometers prove only the occupation of the same space. As when Euclid proves that the cylinder is equal to three times the cone; and Archimedes, that the surface of the sphere is equal to four of its great circles. For these demonstrations depend on Euclid I. 4 and 8.

Geometers conceive figures formed by motion, which is not more intrinsic than occupation of place (Euclid, Apollonius, Archimedes). And these are not only legitimate definitions, but the best. For they not only shew the nature of the thing defined, but prove its possibility.

And in like manner coincidence not only shews what equality of magnitudes is, but shews how they may become equal.

Geometræ non dubitant figuras quasvis a motu quocunque, quo nimirum facile possint progenerari, definire. Ut Euclides sphæram ex revolutione semicirculi circa diametrum, cylindrum ex parallelogrammi circa latus, conum ex trianguli circa crus rotatu; Apollonius universe conicam superficiem ex rectæ lineæ circularem peripheriam circumeuntis transitu; Archimedes conoidæa ac sphæroidæa ex conicarum sectionum portionibus planis circa diametrum volutatis: et nemo non Geometrarum simili modo magnitudines quaslibet (lineas, superficies, solida) e motibus circularibus, rectis, parallelis, mixtis utcunque pro suo arbitratu fas esse ducit definire. Quæ quidem definitiones nedum legitimæ, sed omnium optimæ sunt: nec enim solummodo definitæ magnitudinis naturam explicant, sed possibilem ejus existentiam commonstrant, constructionisque modum evidenter indigitant, non modo qualis sit describunt, at quod talis esse possit experimento probant, et quo pacto talis evaserit, extra dubitationis aleam constituunt. Et par est ratio, similis virtus hujus nostræ ex congruentiâ desumptæ definitionis; non enim solum exponit quod sit æqualitas magnitudinum, at quod æquales dari possint, indicat luculente, quâ ratione fiant, dignoscantur, explorentur æquales magnitudines edocet manifeste, modo scilicet qui frequentissimo passim in usu est, et nusquam non æqualitati discernendæ dijudicandæque solet adhiberi. Itaque nemini displicere debet hæc definitio, cui definitionum indoles perspecta est, et quomodo semper ex aliquâ possibili suppositione resultent ipsæ, probe ac prudenter animadvertit.

Supersunt multa, quæ cogitaram attingere, sed levioris momenti, quorumque facile possit e dictis et insinuatis solutio perspici deducique; ut et a vobis suppleri possunt, quæ congruentiam et æqualitatem spectant reliqua. Et alioquin me, pariter ac vos, impense tædet hujus in re tenui jejunâque tam enormiter profusæ disputationis. Neque longe fas esset a tanto sublimioribus, quæ vos monent, ratiociniis detinere. Igitur, optimi Auditores, jam valete. Proximâ Lectione me conferam alio; et magnitudinum præcipua symptomata proportionem ac analogiam ad partes vocabo.

LECT. XIII.*

E MAGNITUDINUM attributis et symptomatis, quæ Mathematicis subjacent hypothesibus, ultimum tractavi Congruentiam; et ex eâ rectissime desumi notionem Æqualitatis effuse dissertavi. Res jam poscere videtur ut alio transeam; verum quæ mea est infelicitas, materiam istam dimittere nequeo, priusquam e dictis consectariam unam aut alteram annotatiunculam, ad ulteriorem propositi declarationem ac usum spectantes, adjunxero. 1. E traditis igitur ac disputatis detegatur imprimis notabilis error Procli, et plerorumque, qui post eum in octavum Elementi primi pronunciatum commentati sunt, interpretum. Axioma sic exprimitur; Quæ sibi mutuo congruant, ea inter se sunt æqualia: hoc negat Proclus universaliter conversum valere; (Τοῦτο (inquit, hoc est, æquales magnitudines congruerent) *τοῦτο οὐκ ἐπὶ πάντων ἀληθὲς, ἀλλ' ἐπὶ τῶν ὁμοειδῶν· Non omnibus vere convenit, at solis ejusdem speciei, vel perfectissime similibus magnis*). Eique postremo succinens Borellus; *Conversum vero* (ait) *quod scilicet ea quæ æqualia sunt, invicem sibi congruant, non in omnibus verum est, sed in iis quæ specie similia sunt, ut lineæ rectæ inter se, et circumferentiæ æqualium circulorum, ut Proclus animadvertit.*

Verum hæc exceptio diligentius inspecta, nedum non est necessaria, sed (id quod mirum videatur tot perspicaces viros effugisse) plane falsa comperietur. Nam per congruentiam intelligunt isthic vel actualem aut potentialem congruentiam. Utrolibet accipiatur modo, veritati discrepabunt ab iis enunciata. Si de actuali capiunt, evidentissimæ falsitatis convincuntur, ex eo quod non omnes æquales rectæ, nec æqualium circulorum peripheriæ, nec æquales utcunque magnitudines vel simillimæ, actu congruant, at loco sæpe disjunctissimæ sint; quantum scilicet ab Arctico circulo distat circulus Antarcticus, ei situ contrarius, ac specie persimilis, et magnitudine prorsus æqualis: si de potentiali, patet ex ostensis et mox ostendendis etiam falso affirmari, quod æquales aliquæ magnitudines non congruant. Nam contra

---

* Some remarks on what has been said.

I. Proclus's objection on Euclid I. Ax. 8: (Magnitudes which coincide are equal) That it is not true conversely. Borelli joins him.

verissimum est, omnia magna æqualia, quantumvis specie diversa, vel dissimilia sibi posse congruere. Verum quidem est ejusdem speciei magnitudines, et sibi perfectissime similes (ut nempe rectas lineas, æquali radio descriptos circulos, æquales angulos rectilineos) peculiari quodam modo, retento nempe partium ordine, situque neutiquam variato congruentiam actualem admittere; facilius etiam ipsarum possibilis congruentia deprehenditur, et ex ipsarum forsan definitione statim infertur; at non minus hoc vere convenit omnibus aliis æqualibus magnis, quæ partibus suis quibusdam translocatis, et figurâ suâ nonnihil immutatâ possunt quam accuratissime fieri congruentes; hoc est, unius partes (quæ a toto non differunt) alterius spatium exacte possidebunt. Figuræ vero retentio nihil adjicit, ut nec ejus alteratio derogat æqualitati vel congruentiæ magnitudinum; nec omnino facit πρὸς τὰ ἄλφιτα ejus hîc consideratio; ut neque possibilis congruentiæ facilis vel difficilis comprehensio: nam æque verum est, quod per mille discursuum ambages legitime demonstratur, ac quod intuitu primo perspicitur, aut unico confestim elicitur syllogismo.

Euclides sane datæ rectilineæ figuræ cujusvis, cum aliquo determinato quadrato, cujusvis solidæ figuræ planis superficiebus contentæ cum aliquo certo cubo congruentiam demonstravit (aut, quatenus hoc postremum fieri potuit, attentavit); id est, ipsas dimetiendi modum edocuit aut investigavit: Archimedes ultra progressus circulos et sectores circulares, nec non superficies curvas, conicas, cylindricas sphæricas comparavit, et alias cum aliis congruere, per clarissimas consequentias demonstravit. Cum, inquam, e. g. demonstravit Archimedes circulum æquari rectangulo triangulo, cujus basis radio circuli, cathetus peripheriæ exæquetur, (vel quod eodem recidet, quadrato cujus latus est media proportionalis inter radium et semiperipheriam circuli); nil ille, siquis propius attendat, aliud quicquam quam aream circuli ceu polygoni regularis indefinite multa latera habentis, in tot dividi posse minutissima triangula, quæ totidem exilissimis dicti trianguli trigonis æquentur; eorum vero triangulorum æqualitas e solâ congruentiâ demonstratur in Elementis. Unde consequenter Archimedes circuli cum triangulo (sibi quantumvis dissimili) congru-

---

But they err. All equal magnitudes coincide *potentially*.
The transposition of parts does not make this less true.

entiam demonstravit. Item cum ab eodem conica superficies æqualis ostenditur areæ circuli, cujus radius proportione medius est inter coni latus et semidiametrum basis, nil ostendit aliud (ut plane liquebit ad primam demonstrationis originem recurrenti) quam superficiem istam velut ex infinitis exiguis triangulis consistere, quæ singula congruunt tot singulis triangulis dictum circulum componentibus.

Ita congruentiæ nihil obstat figurarum dissimilitudo; verum seu similes sive dissimiles sint, modo æquales, semper poterunt, semper posse debebunt congruere.

Igitur octavum axioma vel nullo modo conversum valet, aut universaliter converti potest; nullo modo, si quæ isthic habetur congruentia designet actualem congruentiam; universim, si de potentiali tantum accipiatur; quasi diceretur, Quæ congruere possunt, æqualia sunt; et converse. Quo pacto potior ratio suadet ut intelligatur. Etenim præstat utilissimum illud pronunciatum sic exponi, ut valeat omnimode conversum, quam ut nullatenus converti queat; utque magnitudinis essentialem passionem contineat, quam ut accidentarium solummodo symptoma respiciat. Nam actu congruere nihil ad magnitudinis aut æqualitatis naturam pertinet, at ipsis contingenter accidit; nec ob aliam causam adhibetur, quam ut ab eâ seu manifesto indicio (quippe cum actus semper antegressam arguat potentiam) congruentia potentialis innotescat, quæ nempe sola cum æqualitate cohæret intime, cumque eâ perpetuo reciprocatur. Sicut enim magnitudini non actu dividi, sed esse divisibilem connatum censetur, et arctissime connexum; ista vero divisibilitas ex actuali (utcunque fortuitâ vel arbitrariâ) divisione dignoscitur ac arguitur; ita quantis æqualibus, ut talibus, accidentaliter obvenit, ut congruant actu, convenit autem inseparabiliter et perpetuo ut possint congruere; huic autem commonstrandæ potentiæ deserviat actus iste, propterea que solet adhiberi.

Igitur perperam Proclus, et alii plerique Procli vestigiis insistentes, explicant hoc axioma, non satis animadverso, quod actualem inter et possibilem congruentiam versatur, discrimine,

---

Archimedes proves the coincidence of a circle with a triangle.

Hence the 8th axiom is conversely true understanding *potential* coincidence.

solamque quæ minus hîc attendenda fuerat respicientes actualem congruentiam. Unus ab hâc erroris contagione se conservavit immunem optimus Clavius; quem immerito propterea reprehendit doctissimus ejus ὁμόφυλος Tacquetus; *Non recte Clavius* (inquit) *hoc axioma convertit; falsum est enim ea quæ universim inter se æqualia sunt sibi mutuo congruere, dissimiles enim magnitudines possunt esse æquales, neque tamen congruent, quod si similes et æquales fuerint, valebit conversa.* Ego vero potius Clavii singularem aut prudentiam aut εὐτυχίαν demiror, qui communiter arreptum errorem feliciter evitavit, istamque falso fundamento subnixam exceptionem prorsus omisit, vereque licet haud plene, satisque luculente pronunciatum illud exposuit. Sed in hoc nimius fui, quamvis nonnulla subticeo.

2. Noto secundo, quod ex æqualitatis hâc præstratâ definitione, quæ æqualitatem spectant axiomata possunt demonstrari. Id quod ejus arguit convenientiam atque præstantiam. Debent enim axiomata (sicut admonitum est sæpius) ut theoremata quædam e rite constitutis terminorum, quibus constant, definitionibus demonstrari posse.

Solem igitur istum, quem appellavit Ramus, in Mathematicis clarissimum, Quæ eidem æquantur, sibimet æquantur mutuo, sic petitâ hinc demonstratione illustravit Apollonius: Sint duæ magnitudines A, C, utraque singillatim æqualis alteri tertiæ B. Dico magnitudines A, C sibimet æquari. Nam quoniam ex hypothesi æquantur magnitudines A, B, ipsæ (æqualitatis definitione præmissâ) congruere vel occupare poterunt eundem locum. Occupent igitur locum Z. Item quoniam C æquabilis ponitur ipsi B occupanti locum Z, etiam C, ex æqualitatis definitione, poterit locum Z occupare. Ergo utraque A et C poterit locum Z occupare. Unde reciproce ex æqualitatis definitione A et C æquales erunt, $Q.E.D.$

Huic autem definitioni objicit Proclus, quod innitatur as-

As we understand potential divisibility. Clavius alone is right about this, though Tacquet blames him.

II. From this axiom (I. Ax. 8) the other axioms respecting equality can be proved.

The axiom, 'Things equal to the same are equal to one another,' hence proved.

Proclus's objections.

sumptis duobus hujusmodi pronunciatis, Quæ possident eundem locum sunt æqualia; Quæ eundem cum altero locum occupant, locum ipsa possident eundem; quorum utrumque propositâ conclusione demonstrandâ longe asserit obscurius et concessu difficilius; Ταῦτα (dicit) *ὅτι πολλοῦ ἀσαφέστερα τοῦ προθέντος ἀξιώματος ἐναργές*· Et nihilo mitius, *Οὐκ ἔστι παντελῶς παραδεκτέον τὸ μεταβαίνειν ἐπὶ τὸν τόπον, ὅς ἐστιν ἀγνωστότερος ἡμῖν τῶν ἐν τόπῳ ὄντων.*

Sed in magni Geometræ defensionem breviter respondeo: Primo, liquido falsum esse, quod loci seu spatii, quam æqualitatis consideratio sit obscurior, et ignotior nobis. Cum ex antehac ostensis, æqualitas non aliter quam ex eâ possit elucidari. Congruentia quoque, vel ejusdem loci possessio supponi potest, ex eo quód a sensu possibilis discernatur; ast æqualitas immediate sensum non incurrit, at ex aliquâ comparatione suppositâ resultat; itaque clarior est congruentiæ notio quam æqualitatis. Et cum, Quæ eundem locum occupant æquantur, sit commodissima definitio æqualitatis (uti sufficienter astruxisse videmur) erit illa simplicior ac evidentior aliâ quâvis æqualitatem includente propositione. Sicut definitio trianguli simplicior est et clarior quovis circa triangulum theoremate.

Secundo, quod alterum attinet pronunciatum, Quæ eundem cum altero locum occupant, eundem et ipsa locum possident; nego quicquam illo clarius esse posse, nedum ut hoc obscurius sit propositâ conclusione. Est enim ad fundum explorata, propositio prorsus identica, nec specie differens ab hâc, Petrus est Petrus; ad hanc enim reducitur ejus sensum nihil immutando, tantum vero perspicuitatis gratiâ nomina magnitudinibus imponendo, Z locus communis ipsorum B, A, est idem cum Z loco communi ipsarum B, C. Aut ista Categorica, Quæ eundem cum altero locum occupant, locum ipsa possident eundem, redigi possit in hanc *ἰσοδύναμον* enunciationem hypotheticam, Si A occupet Z locum ipsius B, et C locum Z ipsius B occupet, tum A et C occupabunt locum eundem Z. Ubi repetitur in consequente, quod in antecedente ponebatur. Quænam igitur, obsecro, poterit hâc esse manifestius vera propositio? non illa certè, Quæ eidem æqualia: quum æqualitas quid sit, quid distincte significet antea præcognosci debet, quam ejus propositionis veritas queat comprehendi.

Answers.

Sed adhuc Tertio, hoc modo dictum nugax et futile pronunciatum demonstrationi nostræ præsterni, vel in eâ adhiberi, nego. Nos tantum ex eo quod magnitudo supponatur occupare locum *Z*, inferimus ei parem *C* posse locum istum *Z* occupare: id quod immediate consectatur ex æqualitatis præmissâ definitione. Nec aliud ab eo principium adhibemus. Attendat quilibet. Nequicquam igitur ficulneis telis Proclus Apollonii demonstrationem impugnat.

Quod vero graviter concludit, *Πάντα ἀξιώματα ὡς ἄμεσα καὶ αὐτοφανῆ παραδοτέον γνώριμα ἀφ' ἑαυτῶν ὄντα καὶ πιστά. Ὁ γὰρ τοῖς φανερωτάτοις ἀπόδειξιν προσάγων, οὐ βεβαιοῖ τὴν περὶ αὐτῶν ἀλήθειαν, ἀλλ' ἐλαττοῖ τὴν ἐνέργειαν* (*ἐνάργειαν* lege potius) *ἣν ἔχομεν ἐν τοῖς ἀδιδάκτοις προλήψεσι·* (hoc est, *Omnia axiomata, velut immediata, suâque luce clara tradi debent, a seipsis manifesta fidemque promerentia. Nam qui rebus evidentissimis demonstrationem applicat, non ipsarum constabilit veritatem, sed evidentiam imminuit, quam in præconceptis absque doctrinâ notitiis possidemus.*) Cui sententiæ, quod ad vulgarem praxin attinet, ipse lubens subscribo, nec opus esse fateor, ut tam facilem assensum impetrantes notitiæ scrupulosius examinentur. At quo demonstrationis ingenium, scientiæ natura, principiorum differentia, magis declarentur; quod extremus rigor etiam axiomatum exigat probationem, quod ea reverâ possint demonstrari, quod definitiones bene constitutæ sint, iisque demonstrandis inserviant, non inutile censeo prolatis nonnunquam experimentis edocere.

Neque qui proinde vel hisce de causis, vel ingenium exercitandi gratiâ tale quid attentaverit, furoris illum aut fastus merito putem arcessendum, quorum tamen ea propter Apollonium ipsum, immensæ subtilitatis, et consummatissimæ in Mathematicis eruditionis virum, insimulare, non dubitat e recentioribus nonnemo severior Aristarchus, utinam ipse vitiis iisdem non propior. Utcunque tanti viri fretus exemplo non verebor ipse, duo quæ dicto primo proxime succedunt axiomata protinus e dictis ostendere.

Proclus says axioms should be self-evident.

True, in common practice: but in the extreme rigour of science, axioms should be proved from definitions.

Secundum axioma taliter se habet; Si æqualibus æqualia adjiciantur, composita (vel tota) sunt æqualia. Quod ita demonstro: Sint æquales duæ magnitudines A, B; quæ propterea ex æqualitatis definitione congruere poterunt, et eundem locum occupare. Occupent igitur locum X; adjiciatur ipsi A magnitudo C, cujus locus sit Y. Ergo compositæ $A+C$ locus est $X+Y$. Adjiciatur etiam ipsi B magnitudo D æqualis adjectæ priori C; unde itidem ex æqualitatis definitione D poterit occupare locum X: adeoque $B+D$ occupare poterit locum compositum $X+Y$; eundem nempe quem $A+C$ potuit occupare. Ergo ex æqualitatis definitione $B+D$ æquabitur ipsi $A+C$. $Q.E.D.$

Simili discursu demonstretur axioma proxime subsequens; Si ab æqualibus auferantur æqualia, residua erunt æqualia. Sint enim rursus æquales duæ magnitudines A, B; quarum proinde communis esse poterit locus X. His auferantur æquales C, D, quarum etiam communis esto locus Y. Ergo residuus locus $X-Y$ communis esse poterit locus utrique residuæ magnitudini $A-C$ et $B-D$. Ergo residuæ $A-C$ et $B-D$ æquantur. Quod $E.D.$ Nec dissimili ratione quævis ad abstractam æqualitatem pertinentia theoremata (vel axiomata) dictæ definitionis subsidio demonstrentur, quod ejus ostendit præstantiam atque commoditatem.

Sed hanc observationem missam faciens, subnoto tertio, Quod ex dictis facile perspiciatur quid sit inæquale, quid majus, quid minus altero. Horum nempe quidvis vix ex respectu ad oppositum æquale, vel immediatius ex relatione ad spatium utcunque poterit explicari. Respiciendo spatium id inæquale dicetur, quod alteri semper et necessario discongruens erit, hoc est, quod alteri quomodocunque applicatum (seu simul, seu successive, seu per mentalem penetrationem, seu retento partium situ, seu ipsarum ordine perturbato, quolibet ex modis superius expositis) nullo pacto coincidet exacte, sed aut excedet ipsum, vel ab eo deficiet. Consequenter ex duabus inæqualis speciebus, id Majus erit, quod

---

Apollonius blamed for proving axioms.

The axiom 'If equals are added to equals the wholes are equal,' proved.

The axiom 'If equals be taken from equals the remainders are equal,' proved.

Hence we see what is Unequal, Greater, Less.

alteri sic appositum vel applicatum, excedet ipsum, hoc est, totum alterius spatium occupabit, et aliquid insuper ulterioris spatii; vel cujus pars alteri toti congruet, seu totum alterius spatium replebit; Minus, quod alteri appositum deficiet ab ipso, vel alterius parti coincidet; non nisi partem occupabit spatii, quod ab altero possidetur. Habito autem ad æquale respectu, dicetur inæquale, quod alterum vel alteri æquale continet in se, et aliquid insuper, vel continetur in altero (vel in aliquo quod alteri æquatur) sic ut aliquid præterea supersit. Majus nempe, quod continet alterum, aut alteri æquale, nec non aliud præterea: Minus, quod continetur in altero, vel in eo quod æquatur alteri, sic ut adhuc supersit aliquid in altero.

Vel cum D. Hobbio, non inconcinne definiatur Major magnitudo magnitudine (corpus corpore dicit ille, sed universalius efferri præstat) quando pars illius huic toti æqualis est: Minor autem, quando illa tota parti hujus æquatur; quanquam forsan in hisce definitionibus nonnihil desideretur. Nam objici potest, quod non respondent eis magnitudinibus inæqualibus, quarum una comprehendit alteram. Quod facile tamen excusetur aut condonetur, quoniam omnis magnitudo sibi perfectissimo modo censeatur æqualis; et æqualitatem eminenter continet identitas, id quod passim in demonstrationibus Geometricis supponitur. Vel corrigantur, et suppleantur definitiones istæ, hoc modo ipsas enunciando: Magnitudo magnitudine major est, quando pars illius huic toti æqualis est, aut eadem; Minor vero, quando illa tota hujus parti æqualis est, aut eadem.

Quæ definitiones (aut descriptiones) Inæqualis, Majoris, Minoris, aliis quoque quantis (motibus, temporibus, velocitatibus, ponderibus, numeris) analogice suoque modo quadrabunt, sicut de æqualitate prolixius est declaratum.

Unicum admonebo de inæqualitate dicta sic accipienda esse, semper ut excessus et defectus, id quod abundat aut subest, penes aliquod homogeneum intelligatur. Nam omnino diversi generis quanta quoad æqualitatem et inæqualitatem nequeunt inter se comparari. Quæ de proportione postmodum acturis distinctius explicanda venient.

Hobbes's Definition of Greater.
Corrected.

Ego vero nunquamne me tricis istis et leptologiis expediam? Semper in everrendis quisquiliis tempus prodigam? In tam opimâ messe, tam ubere vindemiâ, tantâ gravissimarum disquisitionum copiâ, quid sparsas hinc inde spicas lego, neglectos racemos inquiro, dilapsa grana, deciduas uvas colligo? Cum grandium et arduarum rerum in Mathematicis tam varia, tam jucunda, tam certa suppetat venatio, quare leviculas ego minutulasque quæstiones, ceu muscas, stylo prosequor et confodio? Solennia scilicet devito, serio nugor, graviter ineptio, minima quæque studiose conquirens, fastidiose repetens et inculcans. Adeone perpetim tot longinqua diverticula, tot devias ambages consectabor, et in tritos regiæ λεωφόρου calles nunquam remeabo? Num in hoc generalium materiarum atrio subdiali consenescam, in scientiarum vestibulo diversabor æternum, hærebo semper in limine, Mathematum ostia tantum pulsabo, nec in ipsorum unquam intimas ædes, in adyta sanctiora penetrabo? Præludam semper, et eminus velitabo, nunquam cominus aggrediar, manum conseram, stato prælio decernam? Quid quod in illâ, quæ nil nisi clarum et evidens, certum et exploratum, pacatum et serenum pollicetur atque jactat scientia, dubitationum nebulas offundo, lites et bella sero, turbas ac tempestates excito; disceptando denique liberius, et ad scrutinium pleraque revocando, Mathematum certitudini et evidentiæ (quæ a rixis tantopere et a tumultibus abhorrent) detrahere videor et derogare. Ita mihi soleo, forsan et alii (saltem haud sine causâ vel specie justâ possint) exprobare.

Neque tamen nihil est quod criminationibus istis diluendis, excusandoque mihi contra possim obtendere; cumque tantum insperato nunc effluxerit huic Lectioni destinati temporis, ut novam aliam materiam jam non invitus adoriri nequeam, indulgete precor (auditores humanissimi) veniæ pauxillum et patientiæ vestræ nostras has affanias aliquatenus propugnanti, consiliique quod hactenus iniverim mei ratiunculas exponenti.

Quod istas rerum et quæstionum minutias attinet repono, non semper esse parva quæ talia videntur; cum stellæ perquam

---

He expostulates with himself for dwelling so long on preliminaries.

He defends himself. Trifles are not unimportant. A single wrong notion may produce utter confusion.

exiles, et Sol non ita magnus appareat; unde veniat igitur, et quorsum tendat aspectatæ rei species, antequam ejus dijudicetur magnitudo, pernoscendum esse. Tum quæ mole parva sunt, vi nonnunquam eximiâ donari; quæque nihil in se notabile continent, permagnas subinde post se trahere consequentias. Maximarum rerum origines fere semper parvas existere; parvis e seminibus ingentissimas stirpes excrescere, parvis e fontibus immensos fluvios intumescere, veritatis et erroris præcipue feracem esse naturam, e paucis veri scintillis vastam undiquaque lucem diffundi, e minimâ falsitatis radice copiosam errorum segetem pullulare; in scientiis præsertim, e tenuibus filis maxima rerum momenta suspendi, nec sine maximi dispendii periculo minima contemni: sicut unâ rotulâ transpositâ tota perit machina, vel ad usum inepta redditur, venulâque subinde disruptâ vel magnus perimitur elephantus; ita nonnunquam unica, quæ gracilis videri possit et sterilis, notio male posita, perperam intellecta, vastam confusionem, spissam caliginem, multiplicem errandi causam, ex fœcundâ consequentiarum propagine, in quamvis derivet scientiam. Prudenter hoc (ipse quoque suæ acribologiæ, strictæque quibusdam in minutioribus diligentiæ patrocinans) observavit Aristoteles, verbis animadversione dignissimis, quæ extant in *De Cœlo*, I. 5. Καὶ τὸ μικρὸν (inquit) παραβῆναι τῆς ἀληθείας ἀφισταμένοις γίνεται πόῤῥω μυριαπλάσιον· οἷον εἴ τις ἐλάχιστον εἶναί τι φαίνῃ μέγεθος· οὗτος γὰρ τοὐλάχιστον εἰσαγαγὼν τὰ μέγιστ' ἂν κινήσειε τῶν Μαθηματικῶν· τούτου δ' αἴτιον, ὅτι ἡ ἀρχὴ δυνάμει μεῖζον ἢ μεγέθει· διόπερ τὸ ἐν ἀρχῇ μικρὸν, ἐν τῇ τελευτῇ γίνεται παμμέγεθες· hoc est Latine, *Modica quæpiam aberratio recedentibus a veritate, statim immane quantum adaugetur et multiplicatur. Ut siquis magnitudinem affirmet minimam dari; is certe minimum inducens, maxima subvertet Mathematicorum decreta. Id autem exinde provenit, quod principium omne potestate suâ, quam absolutâ magnitudine prævalentius est. Unde quod initio videtur exiguum, progressu tandem permagnum evadit.* Adeo periculosum est Philosophi judicio minimorum curam posthabere, quibus non tantum sua gratia, sed et inest non raro sua quædam utilitas non aspernenda; his

---

So Aristotle says, 'If we were to suppose a minimum (of magnitude) to be given, it would overturn Geometry.'

præsertim in scientiis, quæ ex humilibus, et pene ridiculis initiis, ad incredibilem inopinato amplitudinem et excelsitatem enituntur. Non itaque mihi gravius succensendum est, si videar nonnunquam haud præcipui ponderis rebus quam par est curiosius attendere, prolixius immorari; quando nempe res suadet, ut putem ex iis bene perceptis etiam gravioris momenti rebus aliquid lucis accedere.

Quod autem ad illas, quas non infrequenter moveo controversias, ex iis nemo suspicetur Mathematicarum quicquam scientiarum certitudini decedere; nam circa res illæ versantur a Mathematum fundamentis admodum remotas. Vix extimam Geometriæ cutem stringunt hæ quæstiones, nedum ut ejus intima viscera pertingant. Non ejus principia quatiunt hi arietes, non ratiocinia diruunt, aut omnino solicitant. Dum in ejus confiniis atque suburbiis contentiones oriuntur et pugnæ, clamores et jurgia perstrepunt; intra muros, in ipsâ acropoli alta pax, profundum habitat silentium; nihil isthic auditur *ἀμφισβήτητον* aut *ἀντίῤῥητον*.

Exempla desumamus licet cum aliunde, tum ex nuperrimis quas agitavimus controversiis. Disceptatum est quæ sit æqualitatis genuina notio, unde commodissime definiatur; an demonstrari possint, quæ circa illam assumuntur axiomata: at num vera sint ista axiomata, nemo disputat aut dubitat; et proinde nemo collectis eorum subsidio conclusionibus dissentiet aut repugnabit. De principiorum naturâ et numero, deque modo ipsorum notitiam consequendi (num innata sint, aut aliunde comparata, num ex inductione generali, vel ex observatione tantum singulari dependeat) disquiritur et disputatur; attamen ut sarta tecta permaneat, extra dubitationis aleam collocetur ipsorum veritas. Ambigitur et controvertitur an Euclides parallelismum commode definierit ex negatione concursus rectarum infinite protractarum; at tales dari rectas, quæ sic nunquam conveniant, quæque non inepte nominentur parallelæ, hactenus opinor inficiatus est nemo. An idem recte principii loco sumpserit duas rectas, quæ cum insistente rectâ faciant internos ad easdem partes

---

The controversies to which I refer do not touch the vitals of Geometry.

In these controversies the truth of the axioms, &c. is allowed on all hands:

angulos minores duobus rectis, ab istâ parte sibimet occursuras, ita negetur a quibusdam, ut tamen ipsius propositionis veritas a nemine vocetur in dubium. Et num Euclides istam proportionalium affectionem bene selegerit, a quâ definivit ipsâ (cum bonâ Prosodiæ veniâ liceat παρῳδεῖν) Geometræ *certant, et adhuc sub judice lis est*, salvâ tamen cui nemo sapiens non astipulatur istius propositionis, sub theorematis formâ traditæ, veritate. Complura proferre possem exempla, quibus constet quas Mathematici versant lites Mathematum certitudini vel evidentiæ nihil officere, sed ipsam potius inconcussam veritatem, intemeratam claritatem arguere, quas nulli disputationum tumultus dimoveant, nullæ discordiarum nubes obtenebrent.

Neque mirandum hoc, quum non de præcipuarum rerum veritate, sed de quarundam propositionum ordine; non de scientiæ certitudine, sed de sciendi methodo modoque, de quibusdam tantum exterioribus litigetur, Philosophicis potius quam Mathematicis: quæ quidem non parum intersit scire, quæque distinctam, plenam, et accuratam ad comprehensionem rerum in Mathematicis pertractatarum nonnihil conducant; at cum Geometriæ principiis comparata, (principiis istis, quorum dum incolumis persistit veritas, nullum Mathesi gravius incommodum accedere poterit, nulla Geometrica conclusio ruet,) cum his, inquam, collata, parva vel nulla reputari possint ista, de quibus digladiamur: adeo verum est et hic,

Minimas rerum discordia vexat,
Pacem summa tenent.

Nec igitur mihi magnopere vitio vertenda est pugnacitas ista, seu proclivitas ad disputandum de rebus ad hasce scientias spectantibus, cum nihil id noceat ipsarum firmitati, sed ad ἀκρίβειαν aliquid conferat. Præsertim cum ipse nil agam aliud, eo conatum omnem dirigam, ut disputando radices evellam, causas amoveam disputandi, rerum quoad potero rationes experientiæ trutinam exponendo, a Metaphysicis argutiis ad communem sensum omnia redigendo; nec plerasque quæstiones ipse cudo, sed alicubi (quanquam ut plurimum levius discussas) reperio, sententiam

---

Only the order and manner of knowing are discussed.

Among philosophers rather than mathematicians I find these controversies existing.

meam argumentis quibusdam communitam interponens, vestroque decisionem ultimam arbitrio committens. Necnon regulam istam Aristotelis æquissimam, religiose colens et observans, superius (si bene commemini) allegatam, sæpius repeti dignam: Μᾶλλον ἂν εἴη πιστὰ τὰ μέλλοντα λεχθήσεσθαι προακηκοόσι τὰ τῶν ἀμφισβητούντων λόγων δικαιώματα· τὸ γὰρ ἐρήμην καταδικάζεσθαι δοκεῖν, ἧττον ἂν ἡμῖν ὑπάρχοι. Καὶ γὰρ δεῖ διαιτητάς, ἀλλ' οὐκ ἀντιδίκους εἶναι τοὺς μέλλοντας τ' ἀληθὲς κρίνειν ἱκανῶς[1]. Quæ verba sic verterim, *Fidem melius obtinebunt dicta, si partium argumenta prius audiantur: nam indictâ causâ sententiam ferre, partemque quamvis inauditam condemnare, minus addeceat nos (Philosophos nempe veritatem indagantes;) oportet enim non tam adversarios esse quam arbitros (et mediatores) qui de vero congrue velint judicare.* Quâ sententiâ nihil justius, sanctius, prudentius.

At porro, quod generalibus hisce prooemialibus et prælusoriis insistam largius et longius, excusari potest: primo, quod in illis se meditanti suggerant observatu non indigna, nec illa passim obvia, vulgoque protrita; sed aut ferme non occurrentia, vel alibi parcius exposita) nec non in illis quædam paradoxa, vestris adeo cum excitandis ingeniis, tum exercitandis judiciis comparata. Tum generatim distincta comprehensio plurimum conferre videtur ad subsequentium captum facilem atque perfectam notitiam. Nam de principiis variis et demonstrationibus, de magnitudine, numero, spatio, motu, tempore, velocitate, pondere; de compositione et divisione, terminatione et figuratione, æqualitate et inæqualitate, symmetriâ et asymmetriâ, proportione et proportionalitate, similitudine et dissimilitudine, determinatione et indeterminatione; reliquisque talibus a Mathematicis edita tot egregia problemata, tot pulcherrima theoremata legentibus demonstrata, annon prævios istarum rerum conceptus genuinos et adæquatos habere proderit multum et intererit? Quales ego si minus edocere possim, saltem occasionem ingeram vobis proposita ratiocinia maturius examinantibus tales acquirendi. Utcunque non parum refert has ambientibus scientias ipsarum com-

[1] *De Cœlo*, I. 10.

Aristotle says that the adverse arguments should be weighed; that we may be, not disputers, but arbiters of the truth.

munem quasi genium familiariter habere perspectum, et per eas omnes diffusam indolem agnoscere. Et sane mihi sæpe contingit animadvertere (videor saltem animadvertisse) doctissimos aliquando viros, ex minus attentâ generalium istorum consideratione, et quia non nisi pravos aut confusos (χυδαίους ad minus et ἐπιπολαίους) eorum conceptus animo sibi præfigurârint, non raro crude, crebro false loqui ac disserere, subinde σολοικίζειν in re Mathematicâ, nonnunquam et παραλογίζεσθαι.

Præterea, non illibenter illorum vobis obsequor, et honestæ consulo voluptati, qui cum ad abstrusiora Matheseos arcana percipienda minus idonei veniant, et adhuc nonnihil imparati, gustum tamen aliquem cupiunt, et capere possunt harum suavissimarum scientiarum; ipsarum non injucundum nec inutile quiddam per transennam inspicere volunt et valeant; quos nolim omnino spe suâ cassos, operæque prorsus irritos, (hoc est, difficultate nimiâ vel apparente rerum obscuritate turbatos,) dimittere; neque diffiteor ad illorum captum tam dictorum plerunque materiam, quam dicendi stylum attemperari; multa propterea dici quæ reticerem alias, et quæ dicerem, ideo complura prætermitti. Quin sane metuo, ne plerosque particularium demonstrationum, quales intima tractat Mathesis, arida subtilitas, extremus rigor, et penitissimam attentionem desiderans, argumentandi modus aliquantum offendat ac absterreat; quo nomine, ne dissimulem, mihi videri solent illæ publicis hoc genus lectionibus haud adeo convenientes, unde libentius in his non ita jejunis et austeris materiis aliquam moram traho; ut nonnulla tamen interspergere studeam (et deinceps, modo pergam in hoc studio, liberalius interspersurus sim) ad Mathesin interiorem attinentia.

Accedit quod aliquibus, qui scientias istas primoribus labiis degustare non contenti sese velint illis altius immergere, totosque se Mathematico gurgite proluere, quique Lectionibus hisce nostris dignabuntur interesse, temporis aliquid concedendum existimem, dum hæc persequimur ἐξωτερικά, Geometriæ se elementis

---

Learned men err from want of clear knowledge of such matters.

Such disquisitions may interest those of you who would not follow abstruse mathematics.

Also I would give you time to become acquainted with the elements of Geometry.

penitius imbuendo, quibus ut non segniter incumbant, vehementer ab iis efflagito; alias impossibile credo fuerit, ex abstrusioribus istis, imo nec e clarioribus fere cujusvis Mathematicæ disciplinæ documentis, quippiam audientibus intelligendum propinare; verum sphingis instar ænigmatici, vel σκοτεινοῦ cujusdam Heracliti, meros griphos edere, densis involvi tenebris videbor. Quod si plerosque scirem Geometricis elementis mediocriter initiatos, possem spero cum aliquo fructu, nec nullâ cum vestrâ voluptate, seu singularum disciplinarum ima fundamenta detegere, regulasque præcipuas demonstrationibus suis munitas exhibere; vel quod scitu perjucundum est, et viros præsertim Academicos decet (qualibus antiquæ sapientiæ studium, et a fontibus suis disciplinas imbibere præ cæteris incumbit) veterum Mathematicorum in theorematis suis inveniendis demonstrandisque, adhibitam methodum explorare; vel qui præcipuus est scopus, et summus apex universæ Matheseos, generales quasdam methodos faciliori omnifariorum problematum resolutioni, theorematum inventioni, horum et illorum constructioni demonstrationique, conducentes exhibere demonstratas, et illustratas exemplis; quales multas utilissimas et elegantissimas methodos veteribus ignotas, saltem immemoratas, recentiorum invenit aut protulit industria. (Quales sunt, obiter insinuo, præter novum a Vietâ et Cartesio præcipue excultum Analysis modum, cuicunque fere quæstioni solubili parem; Methodus Indivisibilium Cavallerii, jam antehac

---

If I knew that many of you were tolerably advanced in the elements of Geometry, I could employ myself in proving the rules of particular branches of science; or (what especially suits academic men) trace the methods used by the ancient mathematicians; or exhibit certain general methods for the resolution of problems, &c. For there are several such recently put forth: the new Analysis cultivated by Vieta and Cartesius, equal to the solution of almost any problem: the Method of Indivisibles of Cavallerius: the Method for Maxima and Minima: modes of drawing tangents, of producing curve lines and investigating their properties by the dependence of motions and the composition of motions: the modes of comparing series of quantities increasing and decreasing in a certain order, and thence determining the measure of many planes and solids: rules for expeditiously finding the centres of gravity in all kinds of magnitudes: and of finding the dimensions of the bodies from their centres of gravity: with other matters.

sed nunquam satis laudata; Methodus circa Maxima et Minima, utilis et ipsa quamplurimis problematis promptissime solvendis; variæ regulæ generales tangentium curvas investigandi; modi curvas lineas producendi, ipsarumque proprietates investigandi ex motuum dependentiâ, necnon e motuum compositione; modi magnitudinum ordine certo crescentium aut decrescentium series comparandi, necnon inde planorum et solidorum innumerorum mensuras determinandi; regulæ generales pro centris gravitatum expedite reperiendis, in quolibet genere magnitudinum; necnon e deprehensis gravitatum centris ipsarum magnitudinum dimensiones facillime deducendi; cum aliis minoris notæ plusculis.

Quorum aliquid si nunc aggrederer tradere, subvereor ut plurimi mentem meam haud penitus assequantur, ex hoc loco fugacia verba proferentis; saltem (ut vobiscum familiariter agam) si liceat aliorum ingenium æstimare de meo; qui me profiteor ita tardum, et minus *ἀγχίνουν*, ut multo facilius capere possim oculis subjecta fidelibus, quam per infidas aurium cavernulas insinuata.

Denique, quo garriendi finem aliquando faciam, quod me spectat ipsum, multum mihi facilius esset, id quod nullo negotio præstare possem, particulares quasdam e Mathematum locuplete penu materias depromere, vel singulares nonnullas, qualium nemini non ad manum ingens prostat copia, conclusiones demonstrare, quam in hoc Philosophico-Mathematicarum disquisitionum salo fluctuare.

Non igitur hæc generalia prosequens otio quicquam meo, sed utilitati potius vestræ lito; non desiderio meo gratificor, at vestræ plerorunque, quantum conjecturâ assequi possum, voluntati morem gero, facturus id semper, et eo mentis aciem intenturus, ut ingenuis vestris votis, mandatis rectius dixero, pro meâ tenuissimâ virili parte satisfaciam et obtemperem.

Ita causam dixi, quanquam non citatus; apologiam texui, licet a nemine quod sciam accusatus aut lacessitus; at quî meipsum violatæ fidei purgabo, promissique non præstiti, quo me velut obstrinxeram hac in Lectione de Proportione disceptatu-

---

These reasonings are hard to catch by the ear, as *I* know.
I do this for your sake, not for my ease.

rum? Ita fit, multa spondemus nobis, promittimus aliis quæ vix implendo sumus: fidem obligamus facilius quam liberamus. Certe materiam istam cogitatione pererranti, tot se difficultates objectant evolvendæ, tot quæstiones eventilandæ, tot expendendæ diversæ sententiæ, vix ut in hoc exeuntis termini deliquio tantum ingredi pelagus sustineam, quod præ temporis angustiâ emoliri et enavigare nequeam. Aliquid tamen forsan eo præludens attingam, et sternam utcunque viam subtilissimæ materiæ enodandæ. Cumque nihil in hac dixerim ad rem, conabor in duabus quæ supersunt Lectionibus hunc defectum compensare.

LECT. XIV.*

E MAGNITUDINUM attributis postremas consideravimus æqualitatem et inæqualitatem, iisque quoad in nobis situm erat, genuinas notiones asseruimus. Illas ordine nunc excipere possit Ratio vel Proportio, quippe quæ fere nihil est aliud, quam ex quantorum comparatione resultans æqualitatis aut inæqualitatis determinatio quædam. Cum enim ab æqualitate, quæ simplex est et ut ita dicam unimoda, recedendo possint inter se comparabilia quanta, generaliter loquendo, modos inæqualitatis infinitos suscipere, singularis alicujus ex his alicujus modi rebus comparatis appropriati determinatio, numeris vel aliis idoneis terminis expressa, dici solet ipsorum Proportio; quâ nempe significatur an sint æqualia, vel quo certo peculiari pacto sint inæqualia.

Hoc tamen præcipuum magnitudinum symptoma quo distinctius et clarius explicatum demus, expedire videtur, cum ut, propter symmetriam et asymmetriam proportionum doctrinæ necessario intervenientes, nobilem illam magnitudinum affectionem Mensurabilitatem prius exponamus, tum ut de quantorum ad

---

I have not yet got to Proportion.
The two next Lectures will be preludes to that subject.

*** Proportion to be discussed:**
But first, Mensurability, Homogeneity and Heterogeneity.

comparationem aptitudine et ineptitudine (hoc est, de ipsorum homogeneitate et heterogeneitate) dispiciamus aliquantillum; quibus bene perspectis, facilius erit de proportionis naturâ judicium.

Mensurabilitatem quod attinet, illa vel hoc nomine curiosius meretur expendi, quod ex eâ nomen imponatur illi, quæ circa magnitudines occupatur scientiæ, reliquorum Mathematum matri ac dominæ; quæ scilicet (etsi Platoni visum est perquam ridiculâ nomenclaturâ) Geometria consuevit appellari; (ex usu primævo nimirum adscito vocabulo, quia primitus ad tellurem solummodo dimetiendam, ac disterminandos possessionum limites adhibebatur;) meliusque quidem Plato latiori substituto nomine *μετρικήν* eam appellat, aliique post eum *παντομετρίας* titulo donant, eo quod omnigenas magnitudines dimetiendi rationem edocet: quanquam nec hi satis illi proprium aut adæquatum nomen attribuerint, cum hæc scientia non istam solam magnitudinis affectionem, at nonnullas etiam contempletur alias, quibus ad mensuram pertinens nihil intermiscetur. Nec enim tantummodo quantæ sunt magnitudines dispicit illa, sed quales etiam; (hoc est, quâ partium dispositione, quâ figurâ præditæ sunt, num rectæ vel curvæ, planæ vel gibbæ, directæ vel inflexæ, rotundæ vel angulatæ sunt;) neque non ubi sitæ, quam determinatam positionem obtinent, investigat atque demonstrat. Magnitudinum (inquam) species et similitudines æque speculatur, ac ipsarum mensuras et proportiones. Quinimo quoad ipsam praxin, nedum magnitudines inter se metiendo comparare docet, sed et ipsas constituere, describere, transformare; ipsarum centra, diametros, tangentes reperire, nullo quantitatis respectu considerato.

Unde liquet obiter, quod Geometria perperam definitur a plerisque, *Ars vel scientia metiendi;* vel, *Scientia magnitudinis quatenus mensurabilis:* quas a censore suo traditas alicubi carpens, et corrigere præ se ferens D. Hobbius, nihilo meliorem apponit ipse, sed elaboratius ineptam, et planius eodem vitio laborantem; *Geometria* (inquit) *est scientia determinandi magnitudinem rei*

Plato thought *Geometry* an absurd word; he would have preferred *Metrike;* others *Pantometry.*

But Geometry considers other properties besides Measure.

Bad definition of Geometry by Hobbes.

cujuslibet non mensuratæ, per comparationem ejus cum aliâ, vel aliis magnitudinibus mensuratis. At vero sciscitor ab his nostræ scientiæ finitoribus: cum rectam lineam vel angulum rectilineum bisecat Geometer; cum e dato saltem puncto perpendicularem excitat aut demittit rectam, cum per datum punctum datæ rectæ parallelam ducit, aut cum rectam ducit quæ datam curvam contingat; cum super datâ rectâ lineâ triangulum æquilaterum aut quadratum constituit; cum per tria data puncta circulum describit, aut triangulo dato circulum circumscribit; cum datæ circumferentiæ centrum, vel datæ conicæ sectionis focum investigat; cum talia complura peragit, et solam magnitudinum positionem spectantia problemata resolvit, annon officio suo probe defungatur Geometra: quas tamen illic magnitudines, quoad ipsarum quantitatem comparat inter se, quam ullius mensuræ rationem habet? Nullam prorsus, at solum linearum situm determinat, et punctorum quorundam positionem inquirit. Ut prætercam quod motus æque pensitat Geometra, quibus figuræ generantur, etc. Inadæquatæ sunt igitur et incongruæ definitiones istæ, falsis in præjudiciis fundatæ.

Cognomentum ille, quisquis erat, magis appositum assignavit huic scientiæ, qui *μεγεθικήν* appellandum censuit; scientiam nempe circa magnitudines versantem, quæ ipsarum omnigenas affectiones speculatur; hoc est, inquirit, invenit, demonstrat. Quæ proinde non male describitur a Proclo; *Γνωστικὴ μεγεθῶν, καὶ σχημάτων καὶ τῶν ἐν τούτοις περάτων· ἔτι τῶν λόγων τῶν ἐν αὐτοῖς, καὶ παθῶν τῶν περὶ αὐτὰ, καὶ τῶν παντοίων θέσεων καὶ κινήσεων.* Ita quidem; tametsi minime diffitendum sit in hoc verti magnam hujus scientiæ partem, præcipuum ejus usum in hoc consistere, magnitudinum ut quantitates ex comparatione dignoscantur et æstimentur; hoc est, ut ipsæ quomodocunque mensurentur. Quare non segnem impendemus operam huic magnitudinis affectioni dilucidandæ.

Igitur primo vocabuli *mensuræ*, et ex consequentiâ *τῶν mensurare, mensurabile*, similiumque *παρωνύμων* ambiguitates et

---

Proof of its inadequacy.
A better name proposed is *Megethike.*
But Measure is the main point in the Science.

πωλυσημίας evolvere diligentius annitemur, tum quoniam id ex se jucundum sit ac utile pernoscere, tum ne tam ancipitis vocabuli significatione variâ distracti delusique (quod nonnullis accidit) in errorem prolabamur; tum ut hujus symptomatis quæ sit præcipua notio distinctius agnoscamus.

Et quidem si *mensuræ* popularem usum spectemus, vix aliquod occurrat vocabulum ad plures significatus detortum, quod Metaphoricos sensus obtineat crebrius, aut aptius admittat. Ut instemus, viro bono recta ratio virtutisque præscriptum, *mensura* vitæ dicitur et morum, Epicureo homini τὸ ἡδὺ, avaro lucellum, ambitioso potentia civilis et gloria; quoniam ab his hominibus ad istas res pleraque consilia, studia, facta diriguntur et adaptantur; consuetudo vel opinio populi dicitur mensura decori, quoad externas rerum circumstantias; usus communis mensura seu norma sermonis et significatus vocabulorum. Apud Aristotelem alicubi lex describitur μέτρον τῶν δικαίων[1], quia per quandam cum illâ congruentiam quid sit justum declaratur ac deciditur. Apud eundem scientia vocatur μέτρον τῶν πραγμάτων[2], quia per illam justi rerum limites determinantur, quomodo se res habent, quousque tendunt indicatur. Taceo quod mensura μετωνυμικῶς ponatur pro ipso judicio, seu facultate quâ rerum quantitas discernitur ac æstimatur, ut a Cicerone, cum ait, *Quicquid sub aurium mensuram aliquam cadit, numerus vocatur:* hoc est, id cujus auris quantitatem dijudicare potest. Prætereo quoque, quod persæpe mensura pro definitâ rei cujusvis quantitate legitur usurpata. Ut in istis apud Juvenalem aureis carminibus;

> mensura tamen quæ
> Sufficiat census, siquis me consulat edam;
> In quantum sitis atque fames et frigora poscunt;
> Quantum Epicure tibi parvis suffecit in hortis.
> Quantum Socratici ceperunt ante penates.
> Nunquam aliud natura, aliud sapientia dicit[3].

Mensura quæ sensus; hoc est, quæ præcisa rei familiaris quantitas: ——alibi apud eundem;

[1] *Top.* VI. 2. [2] *Met.* X. I. [3] *Sat.* XIV.

Popular uses of the word *Measure.*
Examples, Latin.

sed quæ præclara et prospera tanti,
Ut rebus lætis par sit mensura malorum[1]?

Hoc est, ut incommodorum quantitas commodorum modum non excedat? Addo Lucanum;

fuit hæc mensura timoris,
Velle putant quodcunque potest[2]——

Hoc est, tantum extimescebant Romani, quantum videbant Cæsarem posse; quia omnia in eos poterat, omnia sibi ab eo metuebant.

Non secus accipienda Hesiodi sententia, compensare præcipientis beneficia eâdem mensurâ; hoc est, eâdem quantitate, quâ acceperis, vel etiam cumulatione, *αὐτῷ τῷ μέτρῳ καὶ λωΐον*. In sacris etiam literis aliquoties *μέτρον* hunc habet sensum; ut, *Ὡς ἑκάστῳ ἐμέρισεν ὁ Θεὸς μέτρον πίστεως*[3]· hoc est, secundum fidei quam dispensavit Deus quantitatem certam et definitam. Ast infinitum sit omnes usu tritas hujus vocis acceptiones tralatitias et improprias percensere.

Meretur tamen etiam ex istis una vel altera notabilior utcunque leviter attingi, Mathematicæ mensuræ notioni propius accedens, eique nonnihil deserviens illustrandæ. Talis est imprimis illa, quâ mensura passim designat justam, debitam, naturæ conformem, aut rationi consentaneam cujusque rei quantitatem, quam si vel excedendo transgrediatur, aut deficiendo non attingat, habetur pro deformi, vitiosâ, monstrosâ; adeoque cujus respectu virtus omnis in materiâ morali, in naturali pulchritudo, in artificiali decus et utilitas æstimantur. In re morali dico censetur omnis virtus (*τὸ δέον*) cum ex affectuum moderamine quodam, tum ex actuum certâ mediocritate, hoc est, ex ipsorum justâ debitâque quantitate, per prudentiæ, seu rectæ rationis practicæ, dictamen indigitata. Pariterque vitium in hujus quantitatis excessu vel defectu consistere videtur, nec aliud esse quam affectuum ac operum *ἀμετρία*, hoc est, exorbitantia quædam, vel abnormitas a statâ morum mensurâ. Quod in hisce virtutis et vitii formam constituit Aristoteles, ignorat nemo: disertissimeque

[1] *Sat.* X. [2] *Luc.* III. v. 100. [3] Rom. xii. 3.

And Greek.

(secus quam aliqui censent) adsentitur Plato hisce verbis; Τί δὲ τὸ τὴν μετρίου φύσιν ὑπερβάλλον ἢ ὑπερβαλλόμενον ὑπ' αὐτῆς, ἐν λόγοις εἴτε καὶ ἐν ἔργοις, ἆρ' οὐκ ἂν λέξομεν ὡς ὄντως γιγνόμενον, ἐν ᾧ καὶ διαφέρουσι μάλιστα ἡμῶν οἵ τε κακοὶ καὶ ἀγαθοί[1]· hoc est, *Quod mensuræ debitæ vel mediocritatis* (τοῦ μετρίου) *naturam excedit, vel ab eâ deficit, seu in verbis seu in factis, nonne dicemus id reverâ bonorum hominum a malis discrimen constituere?* Verba sunt τοῦ Ξένου disserentis in dialogo, qui Πολιτικὸς inscribitur; cui Socrates adponit suum φαίνεται. Quo referendum illud Hesiodi, Μέτρον πᾶσιν ἄριστον, ὑπερβασίη δ' ἀλεγεινή. *Mensura in omnibus optima*, hoc est, omni proposito certus terminus præfigitur, quem non est absque vitio vel culpâ transilire. Quod et in istis teritur;

> Est modus in rebus, sunt certi denique fines,
> Quos ultra citraque nequit consistere rectum.

Quicquid cum hâc mensurâ coincidit, aut ei satis accedit μέτριον et ἔμμετρον dicitur, et in laude ponitur; quicquid discedit ac abludit ab eâ, vocatur ἄμετρον et vitio verti solet. Unde passim qui suos affectus, ambitionem præsertim et animositatem, temperant et bene componunt, appellantur μέτριοι, nec ulla viri politici potior laus habetur. Sed in Ethicam nihil cogitans prolabor; abscedo, tantummodo subjiciam de Voluptate cum Scientiâ et Ratione comparatis dictum Platonis: Οἶμαι γὰρ ἡδονῆς μὲν καὶ περιχαρείας οὐδὲν τῶν ὄντων πεφυκὸς ἀμετρότερον εὑρεῖν ἄν τινα, νοῦ δὲ καὶ τῆς ἐπιστήμης ἐμμετρότερον οὐδ' ἂν ἕν ποτε[2]· *Voluptate nihil difficilius ad justam mensuram redigatur, scientiâ et intellectu nihil facilius intra debitos fines contineri possit.*

In naturalibus etiam forma seu pulchritudo penes hujusmodi mensuram, hoc est, justam quandam magnitudinem, taxatur. Ita qui certam quandam staturam proceritate corporis aut crassitie giganteâ superat, aut incongrue gracilis vel curtus est; cujus aliquæ partes protuberant, aut subsidunt immodice; cui quidvis numero vel mole deest, aut redundat indebite, dicitur ἄμετρον,

[1] *Polit.* p. 531. [2] *Phileb.* p. 405.

Virtue is a just measure. Aristotle, Plato, Hesiod, Horace.
Beauty is a just measure.

et deforme vel monstrosum existimatur. In artificialibus etiam quadantenus e tali mensurâ dijudicatur τὸ πρέπον et τὸ συμφέρον.

Nec enim alio fere collineant artes unæquæque, quam ut justam quandam rebus circa quas occupantur quantitatem conferant, destinatis quibusdam usibus aut apparentiis accommodatam. Unde Plato[1] cunctas artes τῆς μετρητικῆς portiones constituit, et suos ad τὸ μέτριον conatus dirigere docet, quod assequentes opera sua bona atque pulchra efficiunt: Τὸ μέτρεον σώζουσαι πάντα ἀγαθὰ, καὶ καλὰ ἀπεργάζονται. Iterum, Μετρήσεως μὲν γὰρ δή τινα τρόπον πάνθ' ὁπόσα ἔντεχνα μετείληφεν. Adhuc expressius, Δηλονότι διαιροῖμεν ἂν τὴν μετρητικὴν ταύτῃ δίχα τέμνοντες· ἓν μὲν τιθέντες αὐτῆς μόριον συμπάσας τέχνας, ὁπόσαι τὸν ἀριθμὸν, καὶ μήκη, καὶ βάθη, καὶ πλάτη, καὶ ταχυτῆτας πρὸς τοὐνάντιον μετροῦσι, τὸ δ' ἕτερον, ὁπόσαι πρὸς τὸ μέτριον, καὶ τὸ πρέπον, καὶ τὸν καιρὸν, καὶ πάνθ' ὁπόσα εἰς τὸ μέσον ἀπῳκίσθη ἀπὸ τῶν ἐσχάτων· hoc est, *Ars dimetiendi* (*vel mensoria*) *bisecanda est hoc pacto; ut una pars ejus complectatur omnes artes, quæ numeros, longitudines, profunditates, latitudines, et velocitates contendunt inter se; alia vero reliquas, quæ respiciunt id quod moderatum, decens, opportunum est, et quæcunque devitatis extremis ad medium nituntur.* Sed de hâc acceptione populari modum excessimus.

Ei tamen affinem alteram perstringemus; juxta quam *mensura* designat aliquod statum, communiter agnitum et probatum, sensibus expositum, aut intellectu comprehensum exemplar, ad quod reliquorum in eo genere quantitates aut valores examinari debent aut solent. Ejusmodi mensura duplex est, naturalis et arbitraria. Arbitraria, quales illæ, quas authoritas publica proponit (vasa, pondera, regulæ) ex conformitate vel congruentiâ, cum quibus reliquæ mensuræ jus suum, nomen, et rationem mensuræ mutuantur; nec aliter mensuræ sunt, nisi quatenus cum istis prototypis consentiunt. Mensura vero cujusque rei naturalis est id quod primum et perfectissimum est in illo genere: quo-

[1] *In Politico.*

All Arts aim at a just measure.
A Measure is a common standard,
Arbitrary, or Natural.

modo divina natura bonitatis et sapientiæ mensura est, quia Deus primario bonus et sapiens est, *αὐτάγαθος καὶ αὐτόσοφος*· et eatenus aliæ res bonitatis ac sapientiæ participes sunt, quatenus cum divinâ bonitate conveniunt, et ei assimulantur. Talem unaquæque res, ex mente Platonis, mensuram habet, idæam sui æternam ac indefectibilem; exemplar nempe quoddam exactissimum, e similitudine vel correspondentiâ cum quo vera, pulchra, perfecta censetur; et a quo si vel hilum discordet, eousque vitiosa est, turpis, et imperfecta. Certe sub finem Philebi res inter primas et sempiternas *τὸ μέτρον* primo loco digerit; *Πάντῃ* (inquit) *φήσεις, ὦ Πρώταρχε, ὑπό τε ἀγγέλων πέμπων, καὶ παροῦσι φράζων, ὡς ἡδονὴ κτῆμα οὐκ ἔστι πρῶτον, οὐδ' ἂν δεύτερον· ἀλλὰ πρῶτον μέν πῃ περὶ μέτρον, καὶ τὸ μέτριον, καὶ τὸ καίριον, καὶ πάντα ὁπόσα τοιαῦτα χρὴ νομίζειν τὴν ἀΐδιον εἱρῆσθαι φύσιν*· hoc est, *Prædicabis omnibus, o Protarche, cum alio nuncios dimittens, tum præsentibus eloquens ipse, quod voluptas sit res nec in primo nec in secundo censu ponenda, sed primum dici circa mensuram, et mensuræ congruum et opportunum, et quæcunque talia sempiternam sortita naturam putare decet.* Ubi per *μέτρον* intelligere videtur *τὸ αὐτόμετρον*, primævam cujusque rei idæam: verum in his contero tempus.

A popularibus istis accedamus ad mensuræ significatus a Mathematicis frequentatos; qui sane multiplices quoque sunt, et a nobis gradatim exponentur, a latioribus ad strictiores procedendo. Convenit autem aliquatenus his omnibus, quam tradit Aristoteles, mensuræ definitio seu descriptio[1]; *Μέτρον ἐστιν ᾧ τὸ ποσὸν γινώσκεται, Mensura est quâ rei quantitas dignoscetur.* At cum diversimode secundum varios gradus et respectus apprehendatur hæc quantitatis cognitio, mensuræ consequenter nomen aut latius extenditur, aut arctius restringitur.

1. Et quidem primo, *mensura* sæpe ponitur pro re quâpiam, quæ alterius quantitatem utcunque monstret et notificet; nec aliud denotat, quam argumentum certum, seu signum, indubi-

[1] *Met.* x. I.

Like Plato's Ideas or Exemplars.
And the *Metron* in the Philebus.
'Measure is that by which we know quantity.' Aristotle.
(1) Thus an arc is the measure of an angle, and an angle of an arc.

tatum *κριτήριον* aut *τεκμήριον* alicujus determinatæ quantitatis. Sic arcus circuli ex angulari puncto ut centro descripti, angulique rectilinei cruribus interceptus, et in sphæricis, arcus circuli angulari puncto ceu polo descripti, angulique sphærici lateribus interjectus, est mensura dicti utriusvis anguli rectilinei vel sphærici: quia si per organicam dimensionem, vel aliter quomodocunque, dignoscatur illius arcus quantitas, (hoc est, quæ pars sit, aut quam rationem habeat ad integram circuli circumferentiam, vel ad ejus quadrantem,) inde consequenter agnoscetur quantus sic dictus angulus, hoc est, quæ pars sit, aut quam habeat proportionem ad quatuor angulos rectos, vel ad unum rectum. Nec minus proprie vicissim angulus, in centro vel polo circuli verticem habens, dici poterit arcus circularis mensura, quatenus iste per hypothesin aut discursum agnitam habens ad quatuor rectos proportionem, arcus intercepti rationem indicabit ad totam circumferentiam. (Nam crude non nemo perperamque dicit arcum interceptum esse propriam anguli quantitatem; cum non magis arcus anguli, quam angulus ipsius arcus quantitas sit; imo non magis hic quam ille mensura sit, vel ex parte rei, vel ex usu communi; cum ipsorum quantitates proportionaliter incedentes coordinentur, connectantur necessario, se reciproce prodant et indigitent. Eâdemque ratione sectores circulares angulorum, et permutatim illorum hi mensuræ nominentur. Porro, hoc modo nedum magnitudo spatii, spatium motus ac temporis; at vicissim quoque motus et tempus spatii, spatium magnitudinis mensuræ dicuntur; quatenus a spatio prius agnito magnitudinis ipsum occupantis quantitas innotescat; a motu vel tempore prædeterminatis spatii percursi quantitas indicetur. Ut si sciatur quantum temporis effluxerit ab ortu Solis, inde colligamus quantam interea paralleli sui peripheriam Sol pervaserit. Quam in mensuræ ratione spatii, temporis, et motus permutationem exerte notavit Aristoteles[1]; *Οὐ μόνον* (inquit) *τὴν κίνησιν τῷ χρόνῳ μετροῦμεν, ἀλλὰ καὶ τῇ κινήσει τὸν χρόνον, διὰ τὸ ὁρίζεσθαι ἀπ' ἀλλήλων· μετροῦμεν τὸ μέγεθος τῇ κινήσει, καὶ τὴν κίνησιν τῷ μεγέθει· πολλὴν γὰρ φαμὲν τὴν ὁδὸν, ἂν ᾖ ἡ πορεία πολλὴ, καὶ ταυτὴν πολλὴν, ἂν*

[1] *Phys.* IV. 18.

Thus space, time, motion are measures of one another.

ἡ ὁδὸς ᾖ πολλή, καὶ τὸν χρόνον ἂν ἡ κίνησις, καὶ τὴν κίνησιν ἂν ὁ χρόνος.

Ad hæc, ut exempla congeramus, teli vel lapidis jactus juxta modum hunc, licet imperfectius, mensura sit spatii; quatenus si notæ sint, per antecedens experimentum, projicientis vires, inde sciatur quantum inter ejus stationem et missilis casum protendatur intervalli. Imo cum unaquæque res, agens quodvis nutarale, definitam habeat activitatis suæ sphæram, potest aliquatenus tale quidvis mensuræ defungi officio. Cum videlicet ignis ad certum intervallum calefaciendi vim exerat, ultra nil efficere sentiatur; flosculus, aut odoratum quodvis, aliquousque motivos olfactus vapores dispergat; objectum visibile conspiciatur e certâ distantiâ, ad longinquiorem dispareat; vocis sonus percipiatur ab auribus intra præfinitum terminum collocatis, ultra quem insensibilis est; si prius ab experientiâ singulari constiterit, quantus sit hujus cujusque sphæræ (sphæræ dico activitatis) radius, inde de istis interstitiis feratur aliquale judicium; hoc est, istarum virium quantitates exploratæ fient spatiorum quodammodo mensuræ. Ita saltem vulgatum est, ex æstimato spatio quod designato quolibet tempore conficere possit εὔζωνος vir, locorum distantias ab historicis computari; neque non quod ex tempore velificationis ab æquabili vento peractæ maris tractus, et portuum interstitia dijudicent nautæ. Ex perpendiculi vero suspensi recursibus ἰσοχρόνοις dinumeratis perquam accurate tempus metiuntur Astronomi. Umbra quoque (quantumvis obscura, tenuis, et fere nulla res) multis nominibus hujusmodi mensuræ rationem subit: ejus motus in horologiis sciotericis temporis quantitatem enunciat; ejus in pariete susceptæ magnitudo Solis apparentem magnitudinem arguit; illa demum in Eclipsibus dimetiendæ veræ Solis magnitudini deservit. Ita nulla ferme res non hujusmodi mensuræ vicem obeat, aut eam æmuletur; et (quod præcipue notandum) res genere diversissimæ sibi mutuo possint esse mensuræ, juxta latitudinem hujus acceptionis.

Anything may be a measure: as heat from a fire or odour from a flower may be a measure of distance from it. So we measure distances by the time employed by a traveller, or a ship: time, by pendulum oscillations; by a shadow on a dial, or on a wall; the magnitude of the Sun by eclipses.

2. Aliquanto strictius autem secundo, mensura dicitur id, cujus ex quantitate necessario dependet notitia quantitatis, quâ præditum est mensurabile; adeo ut hujus quantitas non aliter, quam ex illâ præcognitâ possit innotescere. Qualis quidem respectu præcedentis jamjam expositæ dici possit mensura naturalis, et a priori; quia non adeo desumitur arbitrarie, sed necessario requiritur, et ab ipsâ naturâ suggeritur, ad dimetiendæ rei quantitatem investigandam. Ita magnitudo est mensura spatii, quia spatii quantitas aliter comprehendi nequit, quam magnitudinem aliquam realem ei insistentem dimetiendo, vel utcunque sufficienter æstimando. Spatium vero talis est mensura motus et temporis. Spatium (inquam) ab aliquo notabili cum certâ velocitate æquabiliter toto mobili decursum est mensura temporis (mediate saltem, motus interventu); nec enim aliter dignosci potest, quantum effluxerit temporis, nisi talis spatii quantitatem æstimando. Arcus e.g. circuli æquinoctialis duos inter meridianos per ortivum Solis punctum in horizonte, perque Solis centrum transeuntes interceptus est mensura naturalis et genuina temporis, ab ortu Solis ad datum instans elapsi. Et arcus in Solis eccentrico, (juxta Ptolemæi doctrinam,) est talis mensura temporis annui, quod insumptum est, dum Sol istum arcum pertransivit. Similiter velocitatis, quâ fertur uniformiter aliquid mobile, mensura est spatium designato tempore peractum; hinc enim certam conjecturam faciemus, quantum spatii permeabit id mobile quolibet alio determinato tempore; nec alio modo quanta sit ista velocitas poterimus expiscari.

3. Sed adhuc strictiori modo, tertio, mensura dicitur id, quod propter eximiam quandam determinationem, aut simplicitatem, aut notabilitatem, aut facillimam comprehensionem, aptissime poterit adhiberi ad rerum modos determinandos, aut quantitates inter se comparandas. Ita cum inter duo loca vel puncta de-

---

(2) Measure is that on which knowledge of the quantity necessarily depends.

Thus the hour angle is the measure of time.

And the arc in the sun's excentric (according to the doctrine of Ptolemy) is the measure of the time of the sun's motion therein.

(3) Measure more strictly is that which is the *best* mode of determination and comparison.

As a straight line between two points.

signata protendantur infinitæ curvæ vel indirectæ lineares orbitæ, penes quas ipsarum distantiæ censeantur, recta tamen linea propter unitatem et simplicitatem suam intervallum illud metiri dicitur. Et cum a dato puncto ad datam positione rectam lineam innumeræ duci possint inæquales rectæ lineæ, tamen illius ab eâ distantiam mensurare dicitur recta perpendicularis, quia simplex est et unica. Propter eandem causam distantia rectæ in circulo subtensæ, vel circuli minoris in sphærâ a centro circuli vel sphæræ, penes perpendicularem æstimatur a centro ductæ ad subtensam, vel ad dicti circuli minoris planum demissæ. Parique ratione distantia rectarum parallelarum a se invicem mensuratur a perpendiculari rectâ quâlibet iis interceptâ, distantia vero peripheriarum concentricarum a radii cujusvis e communi centro trajecti interceptâ portione taxatur: quia semper hæc unius est quantitatis. Sic et apud Apollonium in quinto Conicorum, recta linea vertici et puncto in diametro signato interjecta nuncupatur ab ipso (saltem ab Arabe qui libros istos interpolavit) mensura; quia nulla succurrit aliorum ramorum quantitati determinandæ simplicior aut major. Non absimili fere ratione, quoniam inter superficies maxime simplex et uniformis est superficies plana; inter planas vero figuras præcipue comprehensibilis est illa, quæ rectis lineis includitur; inter rectilineas autem figuras simplex, unimoda, facillimeque notabilis est quadratum; ideo quadratum dicitur et haberi solet mensura figurarum superficialium, et quoad fieri potest ad hoc illorum quantitates referuntur. Eadem in solidis est cubi ratio; ad quem propter ejus manifestam determinationem, et bene conceptibilem naturæ proprietatem, aliorum solidorum quantitates exiguntur. In angulis vero rectilineis, mensuræ sic acceptæ rationem subit angulus rectus, quia reliquis aliquo pacto notabilior, et peculiari nomine gaudens, et simpliciorem lineæ insistentis ad illam, cui insistit, respectum includere videtur. Ita denique lineas omnes, curvas atque compositas, ad simplicissimam omnium rectam

---

So the *parameter* of a conic section is called by Apollonius (or by his Arabian interpolator) the measure.

So the square is the measure of surfaces,

And the cube, of solids:

The right angle, of angles.

lineam revocare conantur Geometræ, earumque quantitates ex aliquâ, quam ad hanc obtinent, relatione determinare.

In aliis quantis eadem observatur ratio. Nam quia cœli (vel ex hypothesi jam receptiore, telluris) diurna revolutio motuum maxime constans, uniformis, et notabilis est; ideo reliquorum in motuum, temporum, et velocitatum mensuram adsumitur ac adhibetur. Et ad auri (gravissimique corporis, eatenusque præsertim determinati, vel ad olei præ cæteris levissimi) quantitatem aliorum ponderum quantitates rediguntur a Staticæ magistris. Et in alio quovis genere quanti, commoditatis gratiâ, tale quid adsciscitur in mensuram, simplicitate suâ vel mobilitate prælustre.

4. Sed ad nostram rem propius quarto, mensura dici solet aliquid ut nobis notius, aut quomodocunque determinatius in medium profertur, assumitur, exponitur hâc intentione, ut alia quanta considerationi subjecta cum eo, vel eo mediante inter se secundum quantitatem comparentur; scilicet ut investigetur quoties hoc illa continet, vel in illis continetur, aut utcunque proportionem illa sortiuntur ad hoc, et ex consequentiâ quomodo referantur ad se mutuo, ac ita quantitates ipsorum prius ignotæ et indeterminatæ dignoscantur ac determinentur aliquatenus. Ita pes, palmus, ulna, cubitus, orgyia; cyathus, sextarium, modius; reliquæque quarum apud vulgus nomina certam longitudinem aut capacitatem innuunt magnitudines sunt ideo mensuræ, quoniam nota communiter, et ex pacto definita supponitur ipsorum quantitas; unde per comparationem cum istis (ex congruentiâ vel idoneo discursu) de aliaram ignotarum et indeterminatarum magnitudinum definitâ quantitate judicetur. Sic et cum chordarum circuli peripheriis subtensarum quantitas requiritur, aut regularium inscriptarum circulo figurarum latera quanta sint inveniendum proponitur, assumi solet in mensuram circuli radius, ut linearum omnium in circulo notissima, penitusque determinata, inque partes aliquot æquales, tot quot ex usu visum fuerit, divi-

---

So the motion of the heaven (or of the earth according to the now more received hypothesis) is the measure of time.

So the weights of bodies are referred to that of gold the heaviest, or of oil the lightest.

(4) That is a measure which is used as a unit.

Thus a foot, a palm, a cubit, a fathom, a pint, a bushel.

sus supponitur, tum quot ex istis particulis singulæ chordæ, vel singulo cuique lateri cedere debent, adhibito Geometricorum theorematum subsidio, vel quâcunque legitimâ ratione exquiritur et computatur. Vel utcunque per aptam ratiocinationem inquiritur æquatio aliqua, quâ dictarum subtensarum aut laterum ad circuli radium relatio notificari vel exprimi possit. Vel denique, si fieri potest, ipsa chorda, seu latus illud quæsitum, actu ducitur et delineatur, ut æstimetur ex comparatione sensibili, vel per organicam commensurationem dignoscatur ejus ad radium proportio. Vel saltem aliæ duæ lineæ exhibentur, quarum proportio sit eadem cum proportione dictæ lineæ ad radium; quarumque proinde quovis modo comperta ratio quæsitam rationem indicabit. Etenim variis hisce modis quantitatum dimensio peragatur, et propositæ quantitatis ad nobis cognitam, aut natura determinatam ratio exprimi, et æstimari possit. Per numeros scilicet, aut per æquationem aliquam, aut per æstimationem sensibilem, ex ipsis iisdem terminis immediate, vel ex aliis analogis ad sensum expositis; quorum etiam dimensio, idoneis organis explorata, numericam proportionem exhibebit. Sed hæc alias plenius et distinctius explicanda sunt.

Ut ad exempla redeam: Simili modo, pro dictarum reliquarum figurarum areis, quantæ sint, inveniendis, adhibetur quadratum radii vel diametri, ceu mensura quâcum conferantur. Neque non similiter in corporum regularium lateribus, superficiebus, soliditatibus æstimandis et comparandis inter se, sphæræ cui includi vel inscribi possunt, radius accipitur; et cum eo, vel cum ejus quadrato, vel cum ejus cubo contenduntur ista, quo reperiatur, et in censum reponatur eorum mutua proportio. Sic et communiter ab Astronomis astrorum veras inter se distantias, et veras magnitudines indagantibus adhibetur terræ semidiameter, ut communis mensura quædam, ad quam illarum quantitates exigantur. Ut cum Luna tot semidiametris terrestribus a telluris centro distare, diameter ejus tot ejusdem semidiametri partes aliquotas exæquare perhibetur. Parique modo de reliquis.

So chords of a circle are referred to radius.

So areas are referred to square of radius.

So for the Regular Solids, the radius of the inscribed or circumscribed sphere is taken.

So in Astronomy, the radius of the Earth.

Neque, quod notandum obiter prosequentibus, refert omnino in hâc acceptione mensuræ, utrum magnitudo mensuræ vicem sustinens sit major an minor illâ, quæ mensuratur: ut in suprapositis exemplis radius minor est chordâ graduum 120, vel latere trianguli regularis circulo inscripti, sed major chorda graduum 36, vel latere decagoni, itidem circulo inscripti. Et semidiameter terræ major est semidiametro Lunæ, sed Lunæ distantiâ longe minor. Item assumpto passu Geometrico, per eam æque comparando dignoscatur, quanta sit longitudo pedalem æquans, ac alia major stadio vel miliari par. Ut neque respicitur hic utrum collata quanta taliter inter se, ita[1] ad expositam afficiantur mensuram, ut ipsorum proportio numeris exprimi possit; hoc enim modo magnitudines omnes (licet ipsarum quarundam proportio sit in numeris ineffabilis) sunt inter se commensurabiles; hoc est, ipsarum una designari poterit, ad quam aliarum quantitates referantur, atque per eam mensurentur. Ut radii ad chordam graduum 90, vel latus quadrati circulo inscripti, ratio nullis numeris explicari potest præcise, tamen hujus quantitas cum illius quantitate comparari potest, et eatenus illæ commensurantur.

5. Hæc, inquam, adnoto propter illam quæ subsequitur, Mathematicis peculiarem, et in usu frequentissimo positam acceptionem mensuræ, juxta quam, quinto, mensura strictius accipitur pro magnitudine, quæ aliam aliquoties sumpta constituit et componit; vel quæ ab alia aliquoties sublata nihil linquit residui, sed eam penitus exhaurit. Per aliquoties intelligendum semel, aut aliquot vicibus, secundum unitatem, aut aliquem determinatum numerum; unde constat quod mensura sic accepta nunquam excedet rem mensuratam, at vel æquatur ei, vel ejus pars est, quæ dici solet aliquota, hoc est, quæ aliquoties, juxta numerum quemvis, repetita totum componit; vel qualium aliquot totum constituunt et adæquant; vel quæ vicibus aliquot abstracta nihil e toto relinquit. Ita pes est mensura passus Geometrici, passus iste, stadii, stadius, miliaris et leucæ; quia pes quinquies acceptus passum Geometricum efficit, quinquies eum subductus

[1] *vel* in the editions; I correct, *ita*.

It makes no difference whether the unit be greater or less than the quantity measured.

(5) Measure is an aliquot part.

perimit. Passus vero centies vigesies quinquies acceptus stadium, stadius octies sumptus complet miliare. Sic et minutus horam, hora diem, dies mensem civilem, mensis civilis annum civilem metiuntur. At non hoc modo dies mensem, aut annum naturalem; nec mensis annum naturalem mensurant. Quia dies 365 deficiunt ab anno naturali, 366 eum exuperant: pariterque de reliquis.

Hoc autem modo semper in elementis intelliguntur mensuræ, eique παρωνύμων vocabula; (licet isthic, quod non nemini mirum videtur, nulla prostet mensuræ definitio;) ut cum initio V Elementi definitur pars (aliquota) Μέγεθος μεγέθους, τὸ ἔλασσον τοῦ μείζονος, ὅταν καταμετρῇ τὸ μεῖζον· *Magnitudo magnitudinis, minor majoris, pars est, quum majorem ipsa demetiatur:* hoc est, cum aliquoties accepta totum sic exhaurit, ut plane nihil supersit. Id enim ibi designat καταμετρεῖν, demensurare, vel penitus emetiri. Ut et simplex μετρεῖν idem denotat passim; et clarissime initio Decimi, ubi definiuntur magnitudines commensurabiles, (σύμμετρα μεγέθη) τὰ τῷ αὐτῷ μέτρῳ μετρούμενα· hoc est, Quarum utramque eadem quædam magnitudo aliquoties sumpta constituat, aliquoties adempta tollat. Semper, inquam, per μέτρησιν innuitur perfecta divisio, vel subtractio talis, simplex an multiplex, cui nullum supersit residuum. Ita quoque vocabulum hoc usurpare videtur Philosophus, ista proferens verba[1]; Παρὰ γὰρ τὸ μετροῦν οὐδὲν ἄλλο παρεμφαίνεται τὸ μετρούμενον, ἀλλ' ἢ πλείω μέτρα, τὸ ὅλον· hoc est, *Præter mensuram aliquoties acceptam nihil insuper videtur esse totum quod mensuretur.*

Unam adhuc strictissimam acceptiunculam suppeditat Aristoteles in Mataphysicis[2], juxta quam mensura designat id quod in unoquoque genere primum, minimum, ad sensum indivisibile (vel in usu minime divisum) aliorum dignoscendæ quantitati consuevit adhiberi. Quomodo nimirum in numeris unitas, in ponderibus granum, in temporibus minutum, in nummis τὸ λεπτὸν, in sonorum intervallis diesis, in lineis pollex (apud Græcos longitudo pedalis, adtestante Philosopho, ἐν ταῖς γραμ-

[1] *Phys.* IV. 20. [2] *Met.* X. I.

This is the meaning in the Elements of Euclid.
Aristotle uses *measure* for smallest part.

μαῖς, inquit, χρῶνται ὡς ἀτόμῳ τῇ ποδιαίᾳ) mensuræ sunt κατ' ἐξοχήν.

Verum hæc persequi non vacat. Ut neque jam attexere licet, quænam e dictis præcipuà sit, et maxime propria notio vel acceptio, juxta quam intelligi debet quod præ manibus habemus symptoma magnitudinis, Mensurabilitas. Ut et alia complura silentio jam comprimenda sunt. Tempus enim monet ut receptui canam, et vereor ne quis præ cæteris ingeniosus obvio me diasyrmo feriat, et de mensurâ sermocinantem asserat ad sermonis mensuram parum attendisse.

LECT. XV.*

POSTREMA Lectione diversas usu tritas vocabuli *mensuræ* acceptiones haud indiligenter exponere conati sumus. Eque dictis facile liqueat, quot accipiantur modis vocabula paronyma, *Mensurare*, *Mensurabile*, etc. quot enim modis *mensura*, totidem illa sumantur respective. Restat ut juxta quem præcipue modum, quod præ manibus est symptoma magnitudinis, Mensurabilitas intelligi debet, et quæ sit ejus primaria notio despiciamus. Ad hoc ex iis duo modi Mathematicis familiares, a nobis potissimum considerandi sunt, cauteque distinguendi, ad quos omnes alii referantur. Primus latior est, at maxime proprius, a quo nempe Geometria, sicut ostendemus, nomen desumpsit, et quem ex officio suo præcipue respicit; juxta quem *mensurare* significat alicujus magnitudinis quantitatem notificare vel determinare, respectu magnitudinis alterius homogeneæ, nobis utcunque magis notæ, vel utcunque determinatæ, declarando scilicet, exhibendo, repræsentando numeris, aut alio modo comprehensibili proportionem ejus cum hoc; significando nempe quota pars illa sit hujus, vel quomodo multiplex, quove pacto sit inæqualis, quanto excedat, aut quousque deficiat, vel adsimili quopiam modo. E. g. propositâ quâvis longitudine, nobis hactenus ignotâ, si quovis modo (seu operationem organicam, seu per mentale

---

I stop, lest in my discourse about measure I should neglect measure.

* Two meanings of mensurability.

First, reference of magnitudes to a Unit.

ratiocinium, legitimis hypothesibus, aut prædemonstratis conclusionibus innixum) si quovis, inquam, rationi consentaneo pacto reperiamus quæ sit ejus ad expositam quamvis, a nobis bene comprehensam (puta pedalem) longitudinem in quantitate relatio, quoties illam continet, aut continetur in eâ, quanto semel aut aliquoties accepta superat illam, vel ab illâ deficiat; num habet se ad illam, sicut numerus quispiam ad alium; vel sicut aliqua recta linea, quam exhibere possum, ad aliam, quam etiam possum efficere; vel ut radix alicujus æquationis, quæ analyticæ subdatur ἐξηγήσει, et per artem quomodocunque resolvi possit; tunc eam mensurare dicamur longitudinem. Qualis rectarum longitudinum dimensio nuncupatur *μηκομετρία* vel *εὐθυμετρία* (hybridis autem subinde vocabulis, Longimetria et Altimetria). Similiter propositâ quâvis figurâ planâ; cum quæ sit ejus ad exhibitam aliam figuram planam, pedem videlicet quadratum, proportio colligimus, et numeris aut alio modo repræsentamus, illam habemur dimensi; cujusmodi planorum dimensio dicetur *ἐμπεδομετρία*, vulgo barbareque Planimetria. Pari ratione, cum solidum aliquod cum pede cubico, vel cum tanto talique cylindro, vel cum alio probe cognito quovis corpore conferentes, ejus ad hanc rationem expiscamur, *στερεομετρεῖν* dicimur. Item, ejusmodi comparatio laterum et angulorum alicujus trianguli, per quam e notis in eo quibusdam lateribus aut angulis aliorum angulorum ad rectum angulum ratio, vel aliorum laterum ad unum designatum, et aliunde notum proportio comperiatur, appellatur Trigonometria. Cumque peripheriam inter et diametrum circuli (nec non inter aream circularem, et diametri quadratum) quænam intercidat proportio, quoad possumus, exacte conamur definire, tunc operam damus *τῇ κυκλομετρίᾳ*. Quibus ab exemplis, in id consulto prolatis, illud constat quod dixi, mensurationis hanc maxime genuinam et primariam esse notionem, cum circa illam præcipuæ Matheseôs partes potissimum occupentur, et ab eâ consequenter denominationem accipiant. Unde penes hanc censeri debet affectio magnitudinis, disquisitioni nostræ subjecta, quam *mensurabilitatem* appellamus; (Græce *μέτρησιν*· magis ambiguo, et cum actu potentiam confundente

---

Thus Longimetry, Altimetry, Stereometry, Trigonometry, Cyclometry.

vocabulo;) quæ nihil denotat aliud, quam magnitudinem cum aliis ejusdem generis magnitudinibus comparari posse, sic ut ejus, alioquin ignotæ et indeterminatæ, quantitas ex relatione, quam ad illas aliquam sortitur, utcunque dignosci possit et determinari. Hoc enim omnicunque magnitudini connatum et essentialiter connexum est, quatenus omnis magnitudo cuivis alteri magnitudini homogeneæ (linea lineæ, superficies superficiei, solidum solido) necessario vel æqualis est, vel inæqualis aliquo certo modo, qui modus ex parte rei noscibilis est et determinabilis ex se, tametsi persæpe difficulter acquiratur ejus notitia, nec interdum ullo modo queat a nobis accurate comprehendi.

Nec soli magnitudini convenit hæc affectio, sed (quale quod in aliis affectionibus sigillatim ostendimus) etiam aliis quibuscunque quantis (motibus, temporibus, velocitatibus, ponderibus) *ἀναλόγως* et suo modo, quatenus ipsorum mutua proportio determinari, exhiberi, exprimi potest, adeoque quantitas unius ex relatione quam habet ad notam alterius quantitatem indicari. Tempus e. g. metimur, quum ostendimus illud tot diebus, horis, minutis æquari, vel ad notum aliud tempus sic habere, sicut ista recta linea, vel ista circuli peripheria ad hanc, quarum scilicet inter se proportionem cognoscimus: velocitatem, quando commonstramus in tempore talem habente proportionem ad aliquod aliunde notum tempus, spatium respectu spatii cogniti tantum peragi; hoc est, ipsam ad notam velocitatem habere proportionem cognitam. Pondus denique mensuramus, cum perspectum habemus, quantam compertæ gravitatis magnitudinem elevare poterit aut sustinere, hoc est, quam rationem habet ad aliud cognitum pondus. Pariterque reliquis in quantis sese res habet. Sed ut hujus symptomatis adhuc dilucidius innotescat, de talis mensuræ proprietatibus quibusdam, et de magnitudines dimetiendi modo nonnulla subjungemus.

1. Prima mensuræ, qualem jam innuimus, proprietas est, ut sit homogenea rei mensuratæ; hoc est, ut cum eâ secundum congruentiam et discongruentiam, æqualitatem et inæqualitatem, excessum et defectum, additionem atque subductionem, juxta

---

This is essential to all quantities, as already shewn.

In such measurement

(1) The measure must be homogeneous with the thing measured.

rationem denique seu proportionem comparari possit; linea nempe lineæ, superficies superficiei, corpus solidum corporis, tempus temporis, velocitas velocitatis, pondus ponderis mensura potest esse; sed linea superficiei, superficies corporis, magnitudo temporis, tempus ponderis mensuræ nequeunt esse, secundum hanc accuratiorem mensuræ acceptionem. Laxior illa quidem et *ἀκυρότερος* antehac satis declarata mensuræ notio, juxta quam quicquid alterius arguit, indicat, aut quomodocunque notificat quantitatem eam mensurare dicitur, etiam heterogeneis quantis competere potest, istisque non raro tribuitur et applicatur a Mathematicis: eoque modo linea temporis, superficies velocitatis, corpus ponderis; reciproceque tempus lineæ, velocitas superficiei, pondus corporis mensuræ nuncupari possunt ac solent.

Attamen solicitâ circumspectione distinguendæ sunt acceptiones istæ, ne cum D. Hobbio (distinctionem istam, seu ambiguitatem hujusce vocabuli, non observante, vel minus expendente) multiplices in labyrinthos difficultatum ac errorum improviso ruamus. Quales sunt, quod linea ad tempus (parique ratione superficies ad velocitatem, solida magnitudo ad pondus) proportionem habent: (quia nempe linea tempus, superficies velocitatem, magnitudo solida pondus aliquo modo metiuntur). Quod eædem sunt omnium rerum quantitates, vel quod omnium quantitates mutuo sunt homogeneæ; quoniam omnes iisdem mensuris, lineis scilicet et numeris subjiciuntur. Denique quod unum quantum cujusvis alterius quantitas sit, linea videlicet temporis, velocitatis, ponderis, imo superficiei et corporis quantitas sit, quia mensuræ vice fungens illorum determinat quantitatem. Quæ absurditatum portenta non ex alio, quam ex hujus non animadversæ distinctionis fonte promanâsse videntur.

Quod ut breviter instando commonstremus; cum is sibi præstravisset hanc mensuræ definitionem, mensura est magnitudo magnitudinis, una alterius, quando ipsa, vel illius multipla, alteri applicata cum eâ coincidit; subnotâsset autem præterea, lineam motu transactam appellari subinde mensuram temporis,

---

We must here avoid Hobbes's errors: that a line has relation to time, surface to velocity, solid magnitude to weight.

This arises from a wrong definition of measure.

hinc ei proclive fuit colligere, lineam aliquando tempori coincidere, adeoque tempori æquari, vel inæquale esse, et proinde lineam ac tempus mutuam inter se proportionem sortiri, non secus quam linea proportione refertur ad lineam.

At vero, si in animum induxisset cogitare, cum linea dicitur mensura temporis, non stricte sumi mensuram pro quanto, quocum tempus secundum quantitatem comparatur (nedum non pro parte juxta propriam ipsius definitionem aliquotâ) sed laxius, pro qualicunque indicio vel argumento quantitatis tempori competentis; ad hoc, inquam, si contigisset illi mentem suam tantillum intendisse, non ita temere commiscuisset, et confudisset inter se res toto cœlo dissitas diversasque.

Sed hæc alibi penitius discutienda sunt, cum de quantis homogeneis et heterogeneis ex composito disseremus. Interim unicum adjiciam huc faciens, animadversione dignum, ideo tantum heterogenea quanta nonnunquam dici altera alterorum mensuras, quoniam homogenearum mensurarum notitiam utcunque quendam subministrant. E. g. propositus arcus æquatoris, horizontem inter et solem in æquatore positum interceptus, mensura temporis diurni præterlapsi propterea dicitur, quoniam aliunde cognitus ipse per suam proportionem ad totam æquatoris circumferentiam temporis istius rationem coarguit ad tempus integrum diurnum: hoc est, inservit ejus ad propriam homogeneam mensuram comparationi. Sic et linea decursa velocitatis mensura dicitur eatenus, quatenus innuit quæ sit hujus ad alteram præconceptam velocitatem ratio. Nec aliter se res habet in aliis improprie dictis mensuris: unde satis liquido patet id quod insinuatum est modo, quodque sit operæ pretium considerare, reliquas expositas mensuræ acceptiones hanc respicere, vel ab hâc desumi.

2. Porro secundo, altera mensuræ, qualem jam persequimur, proprietas est, et ad illius rationem requiritur, ut quantitatem ipsa determinatam habeat, hoc est unicam, eandem certam, sibi constantem et invariatam quantitatem; ut sit, quod in Metaphy-

---

The reason why heterogeneous quantities may be used as a measure is that they give us a knowledge of homogeneous quantities.

(2) The measure must have a definite quantity.

sicis innuit Aristoteles, *ἓν καὶ ἀδιαίρετον*[1], nullam differentiam aut latitudinem admittat, ast quantitatem habeat immotam, et velut in puncto constitutam. Alioquin per comparationem cum ipsâ mensuratæ rei justa quantitas æstimari non poterit; at non minus adhuc incerta, indeterminata, ignota permanebit. Unde quicquid anceps significatu, vel naturâ varium est, eatenus mensuræ respuit officium. E. g. pes, pro humani pedis modulo; palmus aut cubitus, (itidem humanus;) miliare sumptum *ἀπολύτως*, (non adponendo Germanicum, Italicum, Anglicum;) et quælibet talia non sunt rigide loquendo mensuræ; quoniam inter Herculis clavigeri, telumque gestantis arundineum Pygmæi palmum, cubitum, pedem immane quantum versatur discriminis. Nec proinde qui propositam longitudinem bipedalem esse dicit, aliquid eo certum indigitat, nisi quem unum præfinitum pedem intelligat, commonstret explicatius. Et qui duas urbes unius miliaris intervallo disjunctas pronunciat, illius distantiæ quantitatem non exprimit, nisi quodnam e prædictis miliare respicit, adsignificet disertius, et indeterminati vocabuli sensum satis restringat. Item si quis longitudinem quandam exæquari dicat distantiæ solis a centro terræ, nihil dicit, nisi præterea doceat, quam velit distantiam, apogæam, an perigæam, an mediæ longitudinis, an aliam quamvis in solaris orbitæ circumferentiâ fixam ac determinatam. Denique, si quis rectam lineam parem affirmarit lineæ rectæ a centro cujusdam ellipsis ad ejus ambitum prætensæ, neutiquam ex eo poterit istius rectæ dimensio censeri, quia millies mille tales a centro ellipsis deduci poterunt, longitudine diversæ, et sibi impares rectæ lineæ, quamque præ reliquis signet ille, nisi subdat aliquam ulteriorem determinationem, constare poterit nemini.

Porro notandum, quod non unius sit modi, sed aliquam differentiam admittat hæc determinatio quantitatis, adeoque consequens illam mensuræ ratio nonnihil erit diversa. Nam alia determinatio quodammodo naturalis est et universalis, alia singularis et prorsus arbitraria. Naturaliter et generice determinatur

[1] *Met.* x. I.

Not any human foot or cubit; nor any mile (German, Italian, English:) nor any distance of the sun from the earth; but a certain foot, a certain mile, a certain (mean) distance.

id quod certam naturam habet, et semper eodem modo respicit ea quanta cum quibus comparatur, aut quibus dimetiendis inservit; unde habet, quod immediate sit aptum natum eorum proportionibus generaliter determinandis: et consequenter etiam singularibus ipsorum quantitatibus notificandis, modo singulariter ipsum notum supponatur. Quo pacto circuli radius et latus quadrati naturaliter determinata sunt: radius, inquam, circuli taliter determinatur, quoniam similium arcuum subtensæ, et similiter utcunque positæ quælibet in circulo rectæ lineæ proportionem ad radium eandem habent, et ex relatione ad radium ita quantitate determinantur, ut eo singulariter determinato, semper earum quantitas una singulariter determinatur. Ut in quocunque circulo, majore nil refert an minore, latus hexagoni radio æquatur, sinus rectus graduum 30 radii dimidius est, chorda graduum 90 radii potentiâ dupla est: unde si determinetur et cognoscatur ipsa singularis radii quantitas (hoc est, si sensus æstimationi subdatur, vel numero denominetur alicujus singularis cognitæ mensuræ) innotescat inde statim dictarum linearum quantitas. Similiter e cognito latere quadrati, excessus diametri supra latus, et aliarum definite positarum in quadrato linearum quantitas facile certoque dignoscatur. Hujusmodi vero determinationes adhibet, et circa tales dimensiones occupatur Geometria theoretica; quæ nempe non tam immediate singularium magnitudinum quantitates, quam universalium rationes investigat; e quibus tamen singularium dimensiones fluunt, vel in iis fundantur.

Arbitrarie vero determinantur illæ mensuræ quæ singularibus dimetiendis quantis applicantur; quæ nempe cum nullam ad id ex se peculiarem aptitudinem habeant, ex infinitis sui generis aliis ad libitum seliguntur, ex pacto vel instituto deputantur huic officio metiendi. Qualem obtinent determinationem passus, stadius, arundo, schœnus, aliæque quæ versantur in usu communi, quasque Geometra practicus adsumit in peculiarium magnitudinum dimensione. Verum non est quod his satis a se perspicuis diutius immoremur.

The determination may be universal and natural, or arbitrary.
Universal: thus in every circle the sine of 30^0 is half the radius, &c.
Arbitrary: as a pace, a rod, &c.

3. Tertia mensuræ proprietas est, ut ejus quantitas sit aliquatenus præcognita, cum enim (juxta definitionem Aristotelicam, *μέτρον ἐστιν ᾧ τὸ ποσὸν γινώσκεται*) mensuræ ratio præsertim exigat, ut quantitatem ignotam declaret, prius ipsa cognoscatur oportet: siquidem ab ignoto nihil innotescat, ab obscuro nihil illustretur.

1. Advertimus autem quod et quantitatum notitia sit diversimoda: de quibus primo, una radicalis est, absoluta, prima notitia, quâ res sensibus exposita quanta sit ab ipsis immediate discernitur et æstimatur, illam velut intuitu quodam attingendo, neque præterea cum aliis quantis comparando. Hoc modo notum habetur in Geometriâ quicquid efficere possumus vel exhibere, ignotum vero, cujus constructionem ignoramus. Ut si proponatur circulus aliquis, Geometris notum est latus inscripti regularis trigoni, tetragoni, pentagoni, hexagoni, decagoni, pentecaidecagoni, omniumque progredientium duplo deinceps ab his numero (vel etiam aliquatenus triplo, quia per Geometriam planam communem bisecari, perque sectiones conicas utcunque trisecari potest arcus quilibet, vel angulus designatus) sed complurium aliarum regularium figurarum latera sunt ignotiora, vixque nullâ scientificâ ratione possunt exhiberi.

Quinetiam hoc modo singularis expositi circuli peripheria nota dici potest, quia quanta sit utcunque sensu potest apprehendi, tametsi cum rectâ lineâ juste comparari nequit, et quæ sit ejus ad hanc exacta proportio forte nullatenus comprehendi potest a nobis. Veruntamen sicut recta linea conspectui repræsentata speciem imprimit sui, certumque de se judicium procreat, a quo nota dicitur: ita circuli circumferentia suæ quantitatis idæam insculpit phantasiæ, juxta quam cognita reputetur. Neque forsan magis recta linea sui generis lineis, quam peripheria circularis peripheriis circularibus, et aliis quæ ad eas referri possunt lineis dimetiendis approprietur et congruat.

---

(3) The quantity of the measure must be fore-known.

I. Quantity is known by inspection or by construction: thus in a given circle the side of a figure of 15 sides is known, but of 17 sides, less properly known.

Yet the periphery of a given circle may be regarded as known in a certain way, for it can be apprehended by sense, though not exactly compared with a straight line.

Cæterum hoc modo notæ sunt, nec alio modo, primitivæ quæque mensuræ, ad quas ejusdem generis mensuræ referuntur; quarum quidem quantitatem vix aliter explicare licet, quam ad illas digitum intendendo, deque ipsarum quantitate percunctanti respondendo, tanta est quantam intueris, aut sensu percipis.

Unde consectatur, ut hoc modo quidpiam dignoscatur, et prototypæ mensuræ rationem subeat, imprimis exigi, ut a sensu quopiam æstimabilem quantitatem habeat; et proinde cum ut subjiciatur sensui, tum ut mediocrem habeat quantitatem, intra debitos limites ita consistentem, ut sensus in ejus æstimatione non facile decipiatur, hoc est, ut si considerabile quid apponatur ei, vel ab ipsâ subtrahatur, non id sensum effugere queat. Quapropter optime notat Aristoteles, id quod obiter moneri par est, cæteris paribus minimas sensibiles magnitudines mensuræ vicem obire commodissime[1]: Ὅπου μὲν οὖν δοκεῖ μὴ εἶναι ἀφελεῖν ἢ προστεθῆναι, τοῦτο ἀκριβὲς τὸ μέτρον· *Ubi nihil adjici potest aut adimi, quin a sensu facile percipiatur et agnoscatur discrimen, id accuratissima fuerit mensura.* Minora vero quanta præsertim talia sunt, quoniam majora facilius aucta vel imminuta sensus judicium latent; Ἀπὸ γὰρ σταδίου καὶ ταλάντου, καὶ ἀεὶ τοῦ μείζονος λάθοι ἂν προστεθέν τι καὶ ἀφαιρεθὲν μᾶλλον ἢ ἀπὸ τοῦ ἐλάττονος· *A stadio vel talento, et universim a quolibet majore magis lateat ablatum aliquod aut adjectum, quam a pede, vel ab obolo, vel a quovis minore deductum, seu ei appositum.* Unde concludit Philosophus, Ἀφ᾽ οὗ πρώτου κατὰ τὴν αἴσθησιν μὴ ἐνδέχεται τοῦτο πάντες ποιοῦνται μέτρον, καὶ τότ᾽ οἴονται εἰδέναι τὸ ποσὸν, ὅταν εἰδῶσι διὰ τούτου τοῦ μέτρου· (*Id a quo primum quoad sensus æstimium nihil abstrahi potest, mensuram statuunt omnes, et tunc se quantum aliquod arbitrantur cognoscere, quum per hujusmodi mensuram cognoscunt*). Saltem hoc nomine sunt ad hoc ineptæ, et ab originalis hujusmodi mensuræ ratione penitus excluduntur omnes grandiusculæ magnitudines; eo quod illorum differentiæ nequeunt omnino, vel non satis exquisite dijudicari a sensu. Nam, ut Optici notant, distantiæ pedes ducenos superantes a visu, sensu longissime pertingente, discerni

[1] *Met.* x. I.

In this way all primitive measures are known by inspection.
Hence they must have a magnitude estimable by sense; not too large.

nequeunt, et sibi videntur omnes æquari (Luna nempe, Sol, stellæ fixæ, quamvis reverâ tot milliarum myriadibus aliæ aliis longinquius a nobis semotæ, videntur nihilominus omnes intervallo pari distare, ac velut unius cujusdam in oculo centrum habentis sphæræ perimetro versari) quin et earum quæ ad dictum intervallum propius accedunt, longitudinum differentiæ vix æstimantur a sensu. Unde etiam evenit, quod (propter radiorum nempe visualium longius procurrentium veras differentias non animadversas) objecta planities, campestris vel æquorea, videatur assurgere, vel in gibbam superficiem intumescere. Sed de hujusmodi notitiâ sensibili nimis.

2. Cognoscitur secundo quantitas ex collatione cum mensurâ quâpiam per sensum exposito modo dijudicata; quando nempe scitur quam in quantitate relationem habet ad istam, quoties eam continet, aut in eâ continetur, quanto superat eam, vel exceditur ab eâ. Hoc modo nota quanta mensuræ possunt esse dicique, sed mediatæ vel secundariæ. Magnitudines, inquam, neutiquam sensibus objectæ, nec ab iis ullatenus æstimabiles mensuræ rationem bene sustentent, si per dimensionem organicam, vel per legitimum qualecunque ratiocinium reperta fuerit ipsarum ad alias sensu jam æstimatas proportio. Semidiameter e. g. telluris, etsi nemini visa, sensusque nostri transcendens æstimium, poterit tamen esse mensura magnitudinum ac distantiarum, quas habent cœlestia corpora, modo per idoneas hypotheses, et probum discursum innotuerit, quot ipsa stadios, passus, aut pedes complectitur ac exæquat. Vel quod ita se habet ad aliquam ex istis prænotis mensuris primitivis, ut talis exposita recta linea ad aliam rectam lineam exhibitam.

3. Verum adhuc tertio, peculiari ratione notum dicitur id, quod numeris exprimitur, ejus relationem denotantibus ad ex-

---

Beyond 200 feet the difference of distance is not distinguishable by sense; as in the Moon, the Sun, the Fixed Stars.

Hence too a wide plain seems gibbous.

II. Quantity is known by comparison with a measure known as above stated. Hence quantities so known may be mediate or secondary measures.

Thus the semidiameter of the earth is the measure of the distance of celestial bodies.

III. That is known in a peculiar sense which is expressed by

positum aliquod prius æstimatum quantum (sive familiari nobis usu præcipue cognitum, seu gratis et ex arbitrio sumptum); si nempe concipiatur illud præcognitum quantum vel indivisum, hoc est, unitate designatum, vel in æquales aliquot partes distributum, juxtaque divisionem istam certo quodam numero denominatum, tunc autem reperiatur quis numerus istarum partium æqualium, vel quot ex istis unitatibus, vel quæ pars istius unitatis conveniat proposito quanto, dicetur inde perfecte notum illud quantum, hoc est, in datæ mensuræ partibus notum. Quinimo sæpe quantum, alioqui sensibus expositum, et per ipsos æstimabile (vel cujus ad expositam ratio per terminos sensibiles æstimetur) nihilominus ignotum censetur, donec ejus ad statam aliquam mensuram proportio in numeros redigatur, per numeros explicetur. E. g. quamvis in aliquo circulo ductus fuerit, et oculis objectus sinus rectus graduum 30, tamen aliquatenus ignorata reputabitur ejus quantitas, donec animum advertendo, ratiocinandoque colligamus eum adæquari dimidio radii; tunc autem penitissime comperta censebitur ejus quantitas.

Id quod (ignota scilicet haberi, quorum ad solennem et usitatam aliquam mensuram ignoratur in numeris ratio) causis e compluribus oriri videtur. Tum primo, quia judicium sensus magis lubricum et incertum, minusque perspicax et exquisitum est, quam in numerorum certâ proportione fundatâ quantitatis æstimatio; tum secundo, quia facilius et commodius, per numerorum symbola repræsentantur animo, quam reipsâ sensibus exhibentur quantitates, aut quantitatum rationes: tum tertio, quia sensibilis objecti species magis evanida, fluxa, mutabilis est, quam numerus, qui facillime retinetur in memoriâ, chartæque commendatur; ubicunque nullis fere mutationibus, accrementis, decrementis obnoxius asservatur. Tum denique quarto, quia numerorum interventu rerum omnium quantitates ad paucas, familiares admodum, ab omnibus, et ex condicto communiter usurpatas mensuras rediguntur.

Quas (et si quæ sunt consimiles) hujusce rei causas (quamobrem scilicet id præcipue notum et penitus exploratum habetur,

---

numerical relation to any known quantity taken as unity. Thus the sine of an angle is known when its numerical ratio to the radius is known.

The reasons of this.

cujus ad aliquid antea cognitum ratio numeris exprimitur) etsi consideratu non indignas, quoniam ad alia propero, jam transilio.

4. Singulares hactenus attigi quantorum notitias; at quarto, notum quodammodo dicitur omne quantum (sicut et determinatum ut supra diximus) cujus generalem naturam utcunque comprehendimus, etsi singularem ejus quantitatem ignoramus, aut non consideramus. Ita scimus quomodo se habet in circulo radius, in quadrato latus, etsi quæ sit hujus aut illius radii circularis, vel lateris quadratici singularis quantitas nescimus aut negligimus. Quomodo præsertim nota sunt illa quanta, quæ aliorum generationi præsternuntur et inserviunt, adeoque generationem consequens omne determinant, indeque naturâ suggerente mensuræ sibi munus asserunt. Ut si circulus procreatus supponatur ex revolutione radii, quadratum ex ductu lateris in se, vel ejusce motu recto parallelo; quoniam omnium reliquarum in circulo vel quadrato linearum quantitas atque positio dependent ex radii laterisque quantitate, ac motu tali, proinde primario nota, nec immerito, censentur ista; suntque primitivæ generales mensuræ, ex comparatione cum quibus, quæ ipsorum respectu similem perpetuo determinatum situm obtinent, generali consequenter modo dignoscantur; hoc est, horum ad illa constans proportio sciatur, adeoque quantitas etiam horum singularis non lateat, ex hypothesi quod istorum singularis quantitas innotescat. Siquidem compertâ duorum quantorum proportione, ex uno eorum cognito protinus alterum cognoscetur.

De mensuræ proprietatibus hactenus; jam quod in propositâ methodo succedit, de mensurandi modis paucula subdemus.

Things of which the numerical measure is not known are considered unknown for several reasons:

1. The judgment of sense is more vague than number.
2. The mind conceives numbers more easily than impressions of sense.
3. Sensible impressions are fleeting.
4. By numbers all things are reduced to a few conventional measures.

IV. Quantities are reckoned known of which we know the general nature, though not the special quantity. Thus we know the nature of a radius of a circle, of a side of a square, &c. and these are the foundation of all other dimensions of such figures.

Now of the methods of measuring. Unknown quantities are compared with homogeneous known ones.

Varii sunt ii, sed nos præcipuos aliquos cogitanti semet objicientes perstringemus.

1. Comparantur inter se homogenea quanta utcunque ignota et determinata, cum notis et determinatis; hoc est, mensurantur primo, per merum ratiocinium ipsorum proportiones indagando. Sic ex radio dato colligit Geometra quantum sit latus inscripti regularis trigoni, demonstrando scilicet e suis principiis, quod sit potentiâ triplum radii. Sic et ex aliunde prænotis apparente Lunæ diametro, Lunæque distantia ab oculo, quanta sit ejus vera diameter, declarat ope canonis sinuum, Geometricis e ratiociniis constructi. Hic modus omnino theoreticus est, utpote quo generalis quantitatum dimensio perficitur, quam sola ratio potest attingere: proinde modus hic perfectus et ad rigorem exactus est.

2. Secundo, per solam organicam dimensionem, quæ deservit ignotorum quantitatibus ad certæ mensuræ numeros adducendis; istis præsertim quæ nequeunt a sensu, commode saltem et satis accurate æstimari. Ita arcus et angulos per quadrantes circulares in gradus et minuta distributas, longitudines autem per regulas et scalas in æquales particulas utcunque divisas metimur. Hic modus circa sola quanta singularia versatur, et pure mechanicus est, nec ideo plerunque præcisus et accuratus.

3. Tertius autem modus per discursus, et organicæ dimensionis, mentis et manus, conjunctas peragitur operas. Qui quidem practicus est, et versatur circa *τὰ καθ' ἕκαστον*, sic tamen ut generalium theorematum opem adsciscat; unde pede claudicat uno, sed altero rectus et certus incedit, heroicumque refert genus quatenus Geometriæ regulas adhibet, divinitatem quandam habens, æternæ et indefectibilis veritatis particeps; quatenus autem mechanicam *αὐτουργίαν* desiderat, caducum et mutabile, peccatis et erroribus obnoxium. Hoc modo nedum obvia quæque nobis ob oculos, ante pedes, intra contactum posita, sed et res innumeras manibus intractabiles, vestigiis nostris impervias, imo sensibus ipsis inaccessas, et vix animo bene comprehensibiles, attingimus ac dimetimur; telluris profunditatem et ambitum, astrorum mag-

(1) By reasoning.
(2) By instrumental measurement.
(3) By a combination of these two.
We can thus measure inaccessible objects.

nitudines et intercapedines, et quicquid cum quantis organicæ dimensioni subditis aliquam sensibiliter finitam proportionem habet. Nam ex mechanice dimensorum ad alia dimensionem excedentia proportione, etiam horum quantitatem, Geometriæ subsidio prorsus infallibili ratione perscrutemur licet et pernoscamus.

4. His subjicio modum, juxta quem sciscitantibus quanta sit aliqua magnitudo respondemus, ipsam realiter exhibendo sensibus æstimandam, aut per dictam organicam dimensionem ad cujusvis mensuræ cognitæ numeros reducendam. Ut si quis interroget quanta sit recta linea a dato puncto circulum propositum contingens, satisfactum erit quadantenus, Geometrice ducendo rectam istam, et quærentis oculis ostentando. Nam ita vel ipsam intuendo quanta sit discernet, aut ad scalam quamvis examinando quot notæ mensuræ particulis præcise vel præterpropter adæquetur comperiet.

5. Quintus modus est, quo declaretur ignota quantitas per æquationem aliquam, quæ ipsius ad alias notas quantitates utcunque relationem exprimat, adeoque menti præbeat ipsam aliquousque comprehendendam; cujus quidem æquationis artificiosa resolutio juxta regulas quasdam ei proposito accommodatas, et in analyticâ doctrinæ præscriptas, dimensionem hanc integre consummabit, quæsitamque quantitatem, seu Geometrice seu Arithmetice, reddet perspectam.

Ita si detur circuli radius et arcus designati tangens, quæraturque quanta sit tangens arcus dupli, repræsentabitur ejus quantitas, per talem æquationem: $xrr - xaa = 2rra$; vel $rr - aa : 2rr :: a : x$.[1] Tangens quæsita dati dupli arcus ducta in differentiam quadratorum radii et notæ tangentis arcus simpli, æquetur duplo quadrato radii ducto in tangentem arcus simpli. Vel quod eodem recidit, per hunc analogismum; Excessus quadratorum radii et

[1] r = radius.
a = tangens data.
x, tangens quæsita.

(4) By presenting the thing to the senses.

(5) By an expression of the quantity in terms of known quantities.

Thus given radius (r) and tangent of an arc (a), to find tangent of double arc (x).

$$r^2 - a^2 : 2r^2 :: a : x.$$

datæ tangentis se habet ad duplum quadratum radii, sicut data tangens ad tangentem quæsitam. Quo theoremate præstantissimus D. Pellius Longomontani tetragonismum refutavit.

Item si detur in numeris subtensa cujusvis arcus, et radius circuli ponatur unitas, et quæratur quanta sit hujus arcus triplicati subtensa, quantitatem istam hujusmodi declarabit æquatio: Quæsita subtensa tripli arcus æquabitur triplæ subtensæ dati arcus subtripli minus ejus cubo; ($q = 3z - z^3$; vel $qrr = 3zrr - z^3$).[1] Quod theorema conducere posset eidem proposito.

Sed his ulterius explicandis immorari non licet. Indulgete tamen oro patientiæ vestræ pauxillum, alteram mensuræ præcipuam notionem levius attrectanti, sub hac tamen conditione, ne vobis per aliquot abhinc septimanas iterum fastidio sim; quod si visus ero justo solitoque prolixior, perspicite vel hinc quam ægre divellar a conspectu consortioque vestro, quamque vobis illibenter valedicam.

Altera principalis mensuræ acceptio, juxta quam semper in elementis designat id, quod aliquoties acceptum exacte componit et constituit, vel aliquousque ablatum perimit, et penitus exhaurit rem homogeneam mensuratam, satis antehac ipsa per se luculente descripta est in Lectione præcedente. Quoad hanc autem intellecta mensurabilitas itidem quantis omnibus convenit; siquidem omne quantum (magnitudo quidem *πρώτως καὶ ἁπλῶς*, reliqua vero quanta *ἑπομένως καὶ κατὰ σχέσιν*) suo modo mensurabile est secundum hanc notionem, hoc est, divisibile quotvis in partes seu gradus æquales; vel quovis numero denominabile, repræsentabile, explicabile est; prout a Trigonometris radius circuli quantumvis exigui divisus supponitur in centies millenas, vel millies millenas, aut utlibet plures particulas æquales; et tempus quodvis utcunque breviusculum in minuta quotvis dispertiatur pro computantis arbitrio; et velocitatis ponderisque cujusvis tot gradus supponere licet quot quisque velit. Numerus

[1] z = arcus.
q = arcus triplus.

Again, given subtense of arc (z), to find subtense of triple arc (q) radius being 1, $q = 3z - z^3$.

V. Measure implies commensurability, when two quantities have a common measure.

enim quilibet quanti cujusvis idoneum symbolum est, ei significando comparatum: et sicut numerus quilibet Mathematicus, constans nimirum unis æqualibus inter se, ab uno toties accepto componitur, eoque toties abstracto exhauritur; hoc est, ab eo exquisite dividitur et mensuratur, ita correspondenter numero quovis expressum quantum (hoc est, juxta numeri istius exigentiam in tot æquales particulas distributum singulas uni respondentes) a quavis per unum designatâ particulâ mensuratur.

Nihil hic subesse difficultatis videtur aut obscuritatis: et hujusmodi mensuræ respectu comparata quanta dici solent a Geometris symmetra vel asymmetra, quorum symptomatum contemplatione nihil in Mathematicis mirabilius est fere vel utilius, quamvis nihil a vulgari captu conceptuque remotius.

Notat Aristoteles hinc desumptâ instantiâ, quantum admiratio plebis imperitæ discrepet et adversetur sententiæ peritorum atque scientium; siquidem inter ea, ad quæ vulgus potissimum stupet, censetur *ἀσυμμετρία διαμέτρου* (incommensurabilitas diametri cum latere quadrati) *θαυμαστὸν γὰρ εἶναι δοκεῖ πᾶσιν, εἴ τι οὐκ ἐλάχιστον μετρεῖται· Omnibus*, hoc est *τοῖς πολλοῖς*, *mirabile videtur, si quid aliquousque magnum non possit admodum exiguâ quâpiam alterius homogenei quanti mensurâ exhauriri; contra vero nihil magis Geometra miraretur, quam si non contingeret hoc, οὐδὲν γὰρ ἂν θαυμάσειεν οὕτως ἀνὴρ γεωμετρικὸς, ὡς εἰ γένοιτο ἡ διάμετρος μετρητή*[1].

Plato vero communem hujus passionis ignorantiam pathetice deplorat, quam et vocat *γελοίαν καὶ αἰσχρὰν ἄνοιαν ἐν τοῖς ἀνθρώποις πᾶσι*[2], *ridiculam et turpem inscitiam plerorumque omnium hominum animis insidentem:* neque non sibi videri prædicat non tam humanum, quam pecuinum affectum talia non percipere: *Τὸ περὶ ταῦτα ἡμῶν πάθος ἐθαύμασα, καὶ ἔδοξέ μοι τοῦτο οὐκ ἀνθρώπινον, ἀλλ' ὑεινῶν τινων εἶναι μᾶλλον θρεμμάτων.* Se denique Græcorum omnium causâ pudore non modico profitetur affectum, quoniam hanc tam obviam quantorum

[1] *Met.* I. 2. [2] Plato, VII. *de Leg.* versus finem.

Aristotle notes the incommensurability of the diagonal as a proposition which astonishes the vulgar mind.

And Plato looks upon such ignorance as shocking.

passionem plerique nescirent; et contrario potius errore abducti, magnitudines ejusdem generis omnes inter se commensurabiles existimarent. Ἠσχύνθην δὲ οὐχ ὑπὲρ ἐμαυτοῦ μόνον, ἀλλὰ καὶ ὑπὲρ ἁπάντων τῶν Ἑλλήνων, &c. De his igitur adeo mirandis symptomatis tantillum videamus.

1. Quod symmetriam attinet, penes vulgus, et apud scriptores exotericos aliquando denotat rei cujusque debitam quantitatem, intra certos naturæ suæ congruos fines constitutam. Ut apud Aristotelem in Nichomachiis, Τὰ ποτὰ καὶ τὰ σιτία πλείω καὶ ἐλάττω γενόμενα φθείρει τὴν ὑγίειαν, τὰ δὲ σύμμετρα ποιεῖ, καὶ αὔξει, καὶ σώζει[1]. Ubi σύμμετρα bene vertas modica, moderata, conformia, a debitæ quantitatis modulo neutrâ ex parte, nec excessu nec defectu aberrantia. Plato in Politico, Δεύτερον δὲ περὶ τὸ σύμμετρον, καὶ καλὸν, καὶ τὸ τέλεον, καὶ ἱκανόν. Ubi τὸ σύμμετρον idem valet, vel affine est τῷ pulchro, perfecto, idoneo; quod ejus declarat acceptionem. Sæpius autem apud eosdem symmetria rei variis ex partibus compositæ, decoram et aptam in partibus congruentiam, seu conformitatem inter se mutuam designat; in qua præcipue consistit pulchritudo rerum et elegantia: quapropter in Architecturâ talis potissimum symmetria spectatur, et a Vitruvio sic definitur; *Symmetria est ex ipsius operis membris conveniens consensus, ex partibusque separatis ad universæ figuræ speciem, ratæ partis responsus*[2]. Juxta quas acceptiones, ex contrariorum ingenio, satis liquet quid sit asymmetria, rei scilicet enormis, immodica, discongruens, excessiva vel defectuosa quantitas; vel inepta et indecora partium aggregatio.

2. Hisce vero tralatitiis significationibus obmissis, symmetria secundo nonnunquam denotat quamvis magnitudinum (aut aliorum quantorum) comparabilitatem inter se, quoad quantitatem, hoc nempe secundum alteram latiorem acceptionem τοῦ mensurare, pro comparare rerum quantitates inter se, vel ignotæ quantitatis ad notam investigare proportionem. Quomodo symmetrum nihil est aliud quam homogeneum, et asymmetrum prorsus idem

[1] *Eth.* II. 2. [2] Vitruv. I. 2.

---

(1) Symmetry vulgarly means due measure.

(2) Things are in a looser sense commensurable which are homogeneous.

cum heterogeneo; quatenus ejusdem generis omnia quanta proportionem habent inter se, adeoque sunt hoc modo commensurabilia; quanta vero diversi generis nullam ad se mutuo rationem habent, adeoque nullatenus commensurari queunt. Ita lineæ cunctæ *σύμμετροι* sunt inter se, sed linea respectu superficiei vel corporis, respectuque temporis, velocitatis, et ponderis, *ἀσύμμετρος* est.

3. Verum communiter apud Geometras strictius dicuntur *σύμμετρα* quanta, quæ ab eodem quolibet homogeneo quanto mensurari; hoc est, perfecte dividi, sic ut nihil supersit residui, perque subtractionem ejus (sive factam semel, seu quotiescunque repetitam) penitus exhauriri queunt: vel, quorum idem quantum est pars aliquota nonnulla: vel, quæ se habent sicut numerus aliquis ad alium generis numerum (unitatem adscribendo numeris). Quomodo nimirum uncia, pes, et passus, sunt symmetræ lineæ, quoniam uncia semel accepta seipsam, duodecies accepta pedem, sexagesies accepta passum constituit; vel toties ablata dividit, ut nihil remaneat; vel quoniam se habent hæ longitudines ut numeri 1, 12, 60. Sic in ponderibus marca et libra sunt commensurabiles, quoniam tertia pars solidi metitur utrumque, nempe quadragies accepta marcam, sexagies sumpta libram efficit; vel quia sunt ut 2 et 3, in temporibus cyclus Solis cyclo Lunæ commensurabilis est, quoniam se habent ut 28 ad 19, et annus unus utrumque demetitur. Ast hæc satis perspicua sunt.

Asymmetra vero quanta sunt, quorum omnino nulla reperiri potest, imo nulla datur in rerum naturâ quantumlibet minima communis mensura, quæ nempe toties accepta compleat hoc, toties illud; toties et toties, juxta quoslibet numeros, ablata complete dividat utrumque, sic ut nihil relinquatur; quæ non se habent ut ullus quicunque numerus ad alium quemcunque; nullam habent proportionem numeris ullis, integris aut fractis, explicabilem: quorum proinde si quod unum numero exprimatur

---

(3) But in a strict sense quantities are commensurable when one measures the other exactly without remainder: when one is an aliquot part of the other.

Examples.

Incommensurable quantities are those which have no common measure.

Example, the diagonal and side of a square.

aliquo, reliquum prorsus ineffabile erit. Cujus affectionis celeberrimum et pervulgatissimum exemplum præstant latus et diameter quadrati, quæ sic afficiuntur inter se, ut nulla quamcunque proxime ad atomum accedens lineola metiatur utrumque. At si millies millesima pars unius, puta lateris, applicetur alteri, nempe diametro, vel auferatur ab eâ quoties fieri potest, semper ad extremum restabit aliquid, et nunquam completa fiet congruentia vel divisio.

Et hoc quidem est illud mirabile symptoma quod humanum pene captum superat, et horum insuetos merito torquet; id quod adhuc fortasse mirabilius videatur, modo perpendatur una vel altera, quam subjiciemus, observatiuncula. 1. Primo, quod si proponantur incommensurabilia duo quanta A, B, possit inveniri quantum alterutri A commensurabile quâlibet in proximitate ad B, vel differens a B minus quam assignabili quavis quantitate (id quod facillime demonstrari potest, et consectatur, ni male commemini, e lemmatio quodam, quod habetur demonstratum in libro tertio sphæricorum Theodosii[1]). Unde patet illud quicquid est, a quo quantorum hæc incommensurabilitas exurgit, vel quo incommensurabile quantum exsuperat, vel non attingit aliud exposito quanto commensurabile, fore infinite parvum, minus quovis assignabili, vel per animum comprehensibili quanto. Quod et ex radicum extractione (numerorum scilicet irrationabilium quos vocant) est pariter manifestum: isthic enim ad verum quæsitæ radicis valorem propius semper et propius acceditur, ad infinitum progrediendo, nunquam tamen justus valor obtineri poterit.

2. Hoc ἀξιοθαύμαστον, præsertim cum secundo, non solum simpliciter incommensurabilia sunt quanta, sed et plures (fortassis infinitos) incommensurabilitatis quasi gradus videntur admittere; ut unum nempe quantum respectu quanti cujusvis expositi magis alio a commensurabilitate procul elongetur. Et aliud

[1] Vide Cavaller. *Exerc.* p. 526.

---

(1) We may, as in the extraction of roots, approach nearer and nearer without limit, but can never attain exactness.

(2) There are degrees of incommensurability.

Thus in Euclid's Elements it is shewn that some lines are incommensurable not only with a line, but with any power of it. Some biquadrates are incommensurable with biquadrates of a given quantity.

magis hoc, et sic porro deinceps, donec extremum aliquod a primo velut infinito distet intervallo.

Notavit ὁ στοιχειωτὴς quasdam lineas cum expositâ quapiam nedum longitudine, sed quod magis est etiam potentiâ, incommensurabiles esse; atqui nonnullarum etiam quadratiquadrata cum expositæ quadriquadrato, et quævis harum potestates superiores cum illius potestatibus respective coordinatis incommensurabiles sunt. Unde si cujus potestas velut infinite ab unitate dissito numero denominata sit expositæ respective coordinatæ potestati incommensurabilis, illa videtur expositæ respectu gradus incommensurabilitatis velut infinitos sortiri.

Quomodo se res habere videtur in circuli circumferentiâ respectu radii. Nam inscripti quadrati latus est longitudine radio incommensurabile, et proinde quadrati ambitus est radio incommensurabilis. Octogoni vero inscripti quadratum est incommensurabile radii quadrato, et proinde quadratum octogonalis perimetri est incommensurabile quadrato radii; neque non ita continuo regularium inscriptorum circulo polygonorum ambitus potestates habent superiores coordinatis radii potestatibus incommensurabiles, unde polygonum horum ultimum, hoc est, ipse circulus, videtur habere perimetrum infinitis gradibus incommensurabilem cum radio.

Quod si verum fuerit, actum erit de circuli tetragonismo, cum ratio circumferentiæ ad radium inde sit ex naturâ rei penitus inexplicabilis; adeoque problema illud, talis rationis ἐξήγησιν desiderans, solutu sit impossibile, vel eo potius ipso solvatur, quod impossibile deprehenditur. Siquidem duobus punctis resolvitur problema, vel ostendendo quale sit et quomodo fiat quod requiritur, vel indicando quod fieri nequit. Sed hoc tantum mysterium tribus verbis evolvi nequit; si tempus et opportunitas sivissent, plura saltem huic explanandæ firmandæque conjecturæ conatus essem producere.

Hence if the power of a quantity denoted by a number infinitely removed from unity be incommensurable with the corresponding power of a given quantity, the degree of incommensurability is infinite.

This seems to be the case of the circumference of the circle with respect to the radius. For the periphery of the inscribed square is incommensurable with the radius, the periphery of the octagon with that of the square; and so on indefinitely: and the circle is the last of such polygons.

Denique, ne sim ultra tædio, monebo præter hæc tantum, præcipuam asymmetriæ rationem in hoc videri fundatam; quod cum inter duos numeros planos sibi similes (hoc est, qui procreantur ex multiplicatione numerorum inter se proportionalium) semper inveniri possit medius numerus proportionalis (quippe productus e numeris planis similibus in se multiplicatis est semper numerus quadratus, cujus radix est iste numerus proportione medius), item inter solidos duos similes numeros semper intercedunt duo medii proportionales: et pari modo duos inter similes planoplanos dantur tres proportione medii, ac ita porro quoad reliquas ulteriores imaginarias dimensiones; cum, inquam, in similibus numeris ita se res habet, idque demonstretur in Elementis, omnino secus accidit in numeris planis, solidis, planoplanis, et reliquis dissimilibus: nam ex parte rei nullus datur inter planos duos dissimiles numeros medius proportionalis numerus; nec inter solidos dissimiles duo, nec inter planoplanos tres, ac ita deinceps; id quod etiam ibidem ostenditur. Unde si duo quanta ponantur habere se in ratione duorum numerorum planorum dissimilium, et hæc inter quanta reperiatur medium proportionale, quod perpetuo fieri potest ob indefinitam cujusque quanti divisibilitatem, nullus extabit numerus in universâ rerum naturâ, qui repræsentet hoc quantum, aut ei respondeat, et consequenter hoc, illis primo positis, perque numeros expressis, ἀσύμμετρον erit. Eodem discursu, si inter duo quanta dissimilibus numeris solidis expressa duo reperiantur quanta proportione media (quod et rei naturâ patietur fieri) nullum tota, quanta quanta est, numerorum series suppeditabit hisce repræsentandis idoneum numerum; adeoque hæc respectu quantorum expositorum ineffabilia prorsus erunt, et incommensurabilia.

Unde patet in transcursu, quod numerorum quam aliorum quorumcunque quantorum infinities restrictior, et quasi pauperior sit natura; paucissimis enim, comparate loquendo, quantorum proportionibus exprimendis sufficiunt, aut inservire valent, numeri rationales seu vulgares: nec aliter plerarunque figurarum

---

The ground of incommensurability seems to reside in this, that between *dissimilar plane* numbers there can be no mean proportional. (Euclid, B. IX.)

There are far fewer Numbers than any other kind of Quantities.

regularium, cum latera, tum areæ quam per surdos et irrationales numeros exhibentur aut explicantur. Verum hæc tantummodo cursim et tumultuarie licuit insinuare, fusiorem explicationem desiderantia.

Jam nihil superest, præterquam ut vobis (auditores optimi et humanissimi) grates referam propensissimas et amplissimas, pro eximiâ vestrâ per totum hujusce longiusculi termini decursum, liberaliter indultâ nugis nostris patientiâ. Utinam aliquando tam benignâ candidâque attentione digniora, votisque vestris acceptiora posthac nobis obtingant argumenta dissertandi; quæ et vestram magis oblectent ingenuam curiositatem, et nostram exacuant tenuem industriam. Interim valere dico vobis, et animitus voveo. Valete, bono cum Deo.

MATHEMATICI PROFESSORIS
LECTIONES.

[A.D. MDCLXVI.]

LECT. XVI.*

SALUTEM gratulor, auditores optimi, voveoque perquam vobis diuturnam, nec ultra de prœmiis solicitus pensum repeto, sic ut methodo pridem institutæ pergam insistere. Propositum fuit (meministis opinor) generales magnitudinum (et inde reliquorum quantorum) affectiones pertractare. E quibus cum plusculas excusserim, pro meo modulo non incuriose, nunc ad illam Matheseos velut animam pene deventum est, proportionalitatem; e quâ fere pendet quicquid uspiam in Mathematicis mirabile vel abstrusum demonstratur. Cum autem proportionalitas in comparatione proportionum, proportio consistat in comparatione rerum quantarum, expedire videtur, *προπαρασκευῆς* seu præludii loco, ut de quantorum imprimis ipsâ ad proportionem requisitâ comparabilitate dispiciamus. Nec enim omnia quanta sic inter se comparari possunt, ut mutuam habere dicantur proportionem, at illa tantum quæ peculiari ratione se proprius attingunt, cujus gratiâ dici solent homogeneæ. De quantorum igitur homogeneitate et heterogeneitate jam disquiremus. In hanc vero rem imprimis notandum præter attributa communia, quæ conveniunt omnibus quantis, eaque distinguunt a rebus quantitatis expertibus, (extensionem nempe, divisibilitatem, mensurabilitatem qualescunque, et his connexas passiones,) alias haberi differentias, quæ res quantas dispescunt a se invicem, et in proxime subordinata genera distribuunt; sic ut quæ sub uno generum istorum continentur omnia dicantur *homogenea*, quæ sub

---

* Our subject now is Proportion.
Quantities are homogeneous or heterogeneous:

diversis collocantur, *heterogenea* vocitentur. Sunt autem ista subordinata quantorum genera veluti totidem classes et prædicamenta quantitatis, eodem fere modo sub quantitate disposita, quo vulgaria prædicamenta sub ente; valde discreta a se mutuo, præterque dictas illas generales quantitatis affectiones nihil inter se commune vel simile sortita.

Cæterum istarum convenientiæ et diversitatis ratio generalis est aptitudo vel ineptitudo, capacitas aut incapacitas quantorum ad compositionem seu coalitionem in unum totum; vel ad subtractionem seu constitutionem novi residui; addibilitas, ut ita dicam, vel inaddibilitas unius ad alterum; subducibilitas vel non subducibilitas unius ab altero; excessus certus est animo comprehensibilis unius supra alterum, vel defectus unius ab altero; vel talis excessûs aut defectûs incapacitas; et hinc æqualitas vel inæqualitas unius respectu alterius: in his, inquam, et hæc concomitantibus aut consectantibus fundatur homogeneitatis et heterogeneitatis ratio respective. Nam quæ sic affecta sunt, ut possint esse partes unius per se mente conceptibilis quanti, in unam summam aggregari, adjectione sui se mutuo augere, vel detractione minuere; quæ certo excessu vel defectu differunt a se invicem; quorum unum haud improprie vel inepte dici possit æquale alteri, vel altero majus minusve; homogenea sunt, et ad eandem quantitatum inter se comparabilium classem pertinent; quæ secus, heterogenea, diversas ad tribus inter se discretas et *ἀσυμβλήτους* referenda.

Sin hujusce varietatis originem ulterius persequi libeat, et unde talis subinde quantorum incomparabilitas exurgat indagare, ex hujusmodi fere causis ipsam comperiemus proficisci.

1. Primo, ex valde diversâ quorundam quantorum naturâ, quâ fit ut uni communi mensuræ subjici nequeant, quæ pariter utrique congruat aut conveniat; imo nec ut ipsa mens nostra possit ea connectere, vel sub unius certi quomodocunque uniformis compositi ratione concipere; non secundum æqualitatem aut inæqualitatem, excessum aut defectum, ullatenus ea contendere vel committere inter se. Ita v. g. magnitudo, pondus, velocitas, tempus, resistentia, vis, heterogenea et incomparabilia sunt;

Homogeneous if they can be added and subtracted.

(1) Heterogeneous quantities cannot be compared.

quia naturâ discrepant adeo, nihil ut commune metiatur ipsa; nec quomodo possint ipsorum quælibet connecti, congruere, compositum aliquod non admodum difforme et Chimæricum ingredi; sibimet adæquari, se superare, mentis acies omnino valet attingere. Quis enim intelligat qualis summa conficiatur duobus annis ad tria milliaria adjunctis; quanto tres unciæ ponderis excedant duo minuta temporis; quid supersit si ex tribus cylindris auferantur quatuor gradus velocitatis? non magis quam quot toni musici tot radios lucis adæquent, quot odores tot coloribus æquiparentur.

Hæc nempe quo minus ad se juxta quantitatem intelligibili quopiam modo referantur, ingens obsistit naturæ dissimilitudo atque distantia. Magnitudinis quantitas continua est et simultanea, absoluta, sensibus attrectabilis et conspicua; temporis fluxa, successiva, menti tantum imaginabilis, motum consequens et connotans; velocitatis quantitas a temporis et spatii conjunctis rationibus pendet; pondus, vis, et resistentia, quasdam actiones implicant, et ex effectibus quibusdam censentur. Ita dissonant hæc inter se, ut in unum refugiant compingi. Hæc prima sit et potissima *τῆς ἑτερογενείας* causa.

2. Altera ratio discriminis istius petatur ex variis quoad quantitatem quasi gradibus perfectionis; quatenus aliqua quanta pluribus modis extenduntur, et plurifariam dividi possint præ aliis, sic ut hæc istorum respectu sint quodammodo non quanta; nec possint adeo cum illis secundum quantitatem comparari. Ita pluribus modis divisibilis est superficies quam linea, corpus quam superficies; nec aliter se habet linea ad superficiem, et ad corpus superficies quam punctum ad lineam, hoc est, quam indivisibile ad divisibile, vel ut non quantum ad quantum; (linea siquidem respectu superficiei nihil aliud est fere quam punctum longum, et superficies respectu corporis nil aliud quam linea lata, vel punctum quasi longo-latum;) igitur *ἀσύμβλητα* sunt linea, superficies, corpus, adeoque heterogenea.

Evenit enim inde quod hæc secundum æqualitatem et inæqualitatem inter se nequeant comparari, nec ita componi, ut summam aliquam conficiant, nec unum ab alio subtrahi sic ut aliqua resultet differentia, nec incrementum pariant addita, nec

---

(2) Some kinds of quantity may be divided in more ways than others.

decrementum ablata. Eadem est ratio instantium respectu temporis; graduum velocitatis crescentis singulis instantibus acquisitorum respectu velocitatis integræ, conatuum itidem momentaneorum respectu motûs, et ponderis, et potentiæ; hæc enim inferioris et imperfectioris naturæ sunt, quam ut illis ullatenus æquiparentur, et genere conveniant.

3. Verum adhuc tertio diversitatis hujus origo sit indefinitus et incomprehensibilis unius quanti respectus ad aliud; qualis inter res (alioquin nomine naturâque cognatas) finitas et infinitas versatur. Unde diversi generis habentur linea recta finita et infinita; quamvis in infinitâ rectâ reperiatur linea quævis recta finita, censerique possit ista constituta ex hac infinities repetita.

Hinc πολυθρύλλητον illud, finiti ad infinitum nulla est proportio; (Λόγος δὲ οὐδείς ἐστι τοῦ ἀπείρου πρὸς τὸ πεπεραμένον, apud Aristotelem;) cujus tamen gnomes, seu axiomatis pervulgati, veritatem quadantenus infregisse videtur modernorum Geometrarum solertia, dum innumerorum planorum et solidorum ad infinitum protractorum cum aliis planis et solidis finitis justam proportionem et ipsissimam æqualitatem demonstrârint, id monstri primum exhibente clarissimo Geometrâ Torricellio.

Ex quo pateat infinitas magnitudines finitis interdum homogeneas esse, cum iis æquentur, et ab iis interdum excidantur. Vel inde potius inferatur, non quicquid extensione interminatum est, idem esse quantitate prorsus infinitum; vel adhuc explicatius, quod ab unius dimensionis infinitate non semper consequatur superficiei, vel corporis infinitas; cujus rei ratio non admodum difficilis videtur, id enim accidit ex eo quod unius dimensionis infinita diminutio compenset alterius infinitum accrementum; unde non adeo fidem exsuperat magnitudinem finitam, utcunque perexiguam, longitudine protendi ad infinitum.

[1] *De Cœlo*, I. 6.

---

(3) Some quantities are indefinite with regard to others.

Finite has no ratio to infinite, an old maxim. Modern geometers have broken this down

By shewing that there are planes and solids infinite (in one dimension) but equal to finite planes and solids (as in many curves with asymptotes). In these cases

The diminution of one dimension compensates the infinite extension of another.

Igitur ut veritatem suam universalem tueatur, ita debet explicari prænotatum axioma: finiti magnitudine vel quantitate, ad magnitudine vel quantitate in isto genere infinitum proportio nulla est. Non autem ut intelligatur generatim terminatæ figuræ ad magnitudinem interminatam nullam dari rationem.

His e radicibus pullulat heterogeneitas quantorum, et quæ contrario modo conveniunt inter se; quæ naturâ non adeo dissimilia sunt inter se, nec in diverso quantitatis gradu constituta, nec infinito intervallo a se dirempta sunt, ea sunt homogenea.

Ceterum Euclides in definitionibus libri quinti, homogeneas magnitudines definit, quarum una, minor scilicet, aliquoties accepta seu multiplicata, potest alteram excedere. Istius libri definitio tertia talis est: *Λόγος ἐστι δύο μεγεθῶν ὁμογενῶν ἡ κατὰ πηλικότητα πρὸς ἄλληλα ποιὰ σχέσις.* Ne quis autem dubitet quid per magnitudines homogeneas intelligit, subjungit *Λόγον ἔχειν πρὸς ἄλληλα μεγέθη λέγεται ἃ δυνάμενα πολλαπλασιαζόμενα ἀλλήλων ὑπερέχειν.*

Ubi *ὁ στοιχειωτὴς*, sicut recte meâ sententiâ notat doctissimus et clarissimus vir, in suâ adversus Meibomium disputatione, non id agit (ut præter Meibomium alii exponunt, et quod demiror ille sagax Clavius eo videtur propendere, quamvis alibi diversa tradat) ut ostendat quænam homogeneæ magnitudines rationem habent (quasi ex illis aliquæ nullam haberent), at vero potius quænam magnitudines sunt homogeneæ, ne quis istius vocabuli, in præcedente definitione positi, obscuritate deceptus erret, aut suspensus hæsitet.

Quum enim isthic proportionem definit, relationem magnitudinum homogenearum, indefinite proloquens, satis innuit, se magnitudines homogeneas universaliter, non quasdam solummodo particulares intelligere; alioquin etiam nisi quantis omnibus homogeneis mutuam inter se proportionem existimâsset competere, perperam illas ceu subjectum proportionis inseruisset ejus definitioni; rectiusque seclusis illis earum loco adæquatum aliquod subjectum statuisset. Vult igitur omnes homogeneas magnitudines proportione versus se mutuâ affectas esse; igitur lineæ

Euclid's definition of homogeneous magnitude.

Clavius is wrong in supposing that this defines *what* homogeneous magnitudes have a ratio, for *all* have.

duæ, una finita altera infinita, quamvis in genere lineæ quodammodo conveniunt, non sunt ex Elementoris sententiâ homogeneæ, quia finita quotiescunque sumpta nunquam superabit infinitam; pariterque se res habet in quovis finito respectu cujusvis alterius quantitate infiniti; (quantitate dico, non extensione locali, propter ante jam insinuata;) itidemque juxta hanc definitionem satis liquet puncta, lineas, superficies, corpora esse heterogenea; quatenus non innumerabiles punctorum myriades unicam arctissimam[1] lineolam, non millies millenæ superficies unicum excedant minutissimum corpusculum.

Sic et anguli plani κερατοειδεῖς, si modo anguli sunt, aut quomodocunque quanti: quorum utrumque dubitatur et denegatur a præclaris Mathematicis, de qua re nihil ego quicquam in præsens disceptabo: at saltem, inquam, si corniculares istæ divergentiæ, quas efficiunt rectæ lineæ cum curvis quas contingunt, sint vere anguli, quantitate præditi, rectilineis saltem angulis homogenei non erunt; quia minimus quilibet vel acutissimus angulus rectilineus infinitis vicibus excedit innumerabiles istos κερατοειδεῖς: sicut Euclides de corniculari quem efficit tangens cum peripheria circuli, Apollonius de illis quos efficiunt tangentes cum sectionibus conicis[2], Archimedes de iis, quos constituit tangens cum spirali demonstrarunt, nosque possimus unicâ demonstratione universali, e motuum compositione petitâ, de omnibus ad easdem partes convexis curvis demonstratâ dare: sic ut non aliter isti contactus anguli se habeant ad angulos rectilineos, quam punctum ad lineam, vel linea ad superficiem.

Lineæ vero omnes finitæ quantumvis dissimiles sibimet homogeneæ sunt, nedum rectæ rectis, at curvæ rectis, et curvæ quævis inter se; quatenus tametsi de curvarum plerarumque determinatis ad rectas proportionibus (ut peripheriæ circularis aut ellipticæ ad aliquam e diametris,) nondum constet, in dubium tamen [non] sit aliquam inter eas proportionem existere; quia

[[1] The editions have *certissimam*.]
[2] *Saltem ex demonstratis ab eo consectatur id.*

Hence a finite line has no ratio to an infinite.

Ceratoid angles, made by a curve with its tangent, have no ratio to rectilinear angles.

Curve lines have a ratio to straight lines though it may not be yet determined, as the arc of a circle or ellipse to a diameter.

nempe v. g. diameter circuli quater acceptus circumferentiam excedit.

Quinimo quod sibi gratuletur habet præsens ætas, in eo quod humano quam ingenio crediderunt, aut valde suspicati sunt, impervestigabilem anteriores Geometræ, quarundam curvarum ad rectas proportionem mirificâ subtilitate adinvenerint, satisque perspicue demonstrarint hodierni Geometræ.

Pariter superficies omnes finitæ superficiebus finitis homogeneæ sunt, etiam planæ curvis, quandoquidem harum ad illas proportio non solum possibilis adstruitur, at qualis sit facile demonstratur, sicut ab Archimede, cui circulari areæ planæ recti coni, recti cylindri, sphæræ, sphæricæque cujusvis portionis curva superficies adæquatur. Consimiliter et omnia solida solidis finitis homogenea sunt.

Imo si anguli omnino quanti sunt, et æqualitatis vel proportionis participes (quod ut diximus ambigitur) etiam anguli rectilinei curvilineis nonnullis homogenei erunt, hoc sensu, quoniam ex istis aliqui horum nonnullis æquales demonstrantur, a Proclo scilicet libro tertio ad axioma duodecimum. Saltem vero homogenei sunt inter se cuncti anguli rectilinei.

Hæc autem adeo manifesta visa sunt Archimedi, ut non dubitârit assumere quod quævis determinata magnitudo possit multoties adjecta sibi, vel aliquoties multiplicata, quamvis aliam ejusdem classis magnitudinem superare. Ἔτι (inquit in præstratis libro nobilissimo de Sphærâ et Cylindro, hoc est, præterea assumo) *τῶν ἀνίσων γραμμῶν καὶ ἀνίσων ἐπιφανειῶν, καὶ ἀνίσων στερεῶν, τὸ μεῖζον τοῦ ἐλάσσονος ὑπερέχειν τοιούτῳ, ὃ συντιθέμενον ἑαυτὸ ἑαυτῷ δυνατόν ἐστιν ὑπερέχειν παντὸς τοῦ προτεθέντος τῶν πρὸς ἄλληλα λεγομένων.*

Cui simile postulatum præmittit Clavius Elemento decimo: Postuletur quamlibet magnitudinem toties posse multiplicari, donec quamvis magnitudinem ejusdem generis excedat.

Nec minus evidens est tempora quævis finita temporibus fini-

In some cases modern geometers have discovered this ratio.

Surfaces are homogeneous with surfaces.

Rectilineal angles are homogeneous with all rectilinear, and with some curvilinear.

Axiom of Archimedes, that any one magnitude may be multiplied so as to exceed any other of the same kind. So Clavius.

tis homogenea esse, quia brevissimum minutum sæpius replicatum longissimum quodcunque superabit æternitate minus durationis intervallum.

Etiam velocitates omnes homogeneæ sunt, quatenus utcunque perexiguus et plusquam testudineus velocitatis gradus satis multis vicibus repetitus, rapidissimam primi mobilis velocitatem transcendet. (Cum et alioquin repugnare videatur infinitam dari velocitatem; siquidem eâ præditum mobile distantiam in unico τῷ νῦν quantamvis emetiretur, adeoque plura simul loca possideret, hoc est, congrueret spatio seipsum quantumlibet excedenti, quod videtur impossibile.)

Numeri vero possunt omnes invicem esse homogenei, quatenus omnes ejusdem generis magnitudinibus repræsentandis apti nati sunt inservire; possunt etiam quicunque sibi mutuo heterogenei censeri, quatenus diversi generis quantis exprimendis adhibeantur; imo quilibet numerus quodammodo potest heterogeneus esse sibimet ipsi, quatenus idem heterogenea quanta repræsentet; nullus enim numerus est qui non linearis, planus, solidus, planoplanus, planosolidus, solidosolidus, esse possit; qui non dimensiones quascunque naturales aut fictitias subire concipiatur, pro computantis arbitratu.

Pondera vero, modo solis solidis corporibus gravitas assignetur, (ut certe solis assignatur in Physicâ,) sunt inter se omnia homogenea; sin superficiebus et lineis ut magnitudo quædam, ita gravitas nonnulla tribuatur (id quod supponunt Geometræ, dum trianguli, parallelogrammi, plani parabolici, reliquarumque planarum figurarum; neque non superficies sphæricæ, conicæ, cylindricæ, et reliquarum curvarum superficierum; item dum linearum quarumvis, seu curvarum seu ex rectis compositarum, centra gravitatis investigant; hoc, inquam, posito), non omnia pondera sunt homogenea, sed illæ tantum quæ ejusdem generis magnitudinibus inhærent.

Unde non immerito Platonem reprehendere videtur Aristo-

Times are homogeneous with times:
Velocities with velocities:
Numbers with numbers:
Weights with weights.
Plato justly criticised by Aristotle.

teles[1], quod (in Timæo) corporum in gravitate differentias aut excessus imputat τῷ πλήθει τῶν ἐπιπέδων. Siquidem superficierum, siquæ sunt, gravitates quotlibet aggregatæ corporis gravitatem constituere nequeunt, vel adaugere; diversi generis cum sint, nec eapropter ad hoc idoneæ.

Nec alio sane tendunt hæc omnia, quam ut sciamus quæ quanta quibus quantis secundum quantitatem conferre liceat; nullum enim in Geometriâ majus peccatum est, quam heterogeneorum quantorum inter se rationem inquirere vel asserere. Ut siquis quærat quot tantæ lineæ rectæ æquentur tali quadrato; quot peripheriæ tantæ circulares tali circulo, quot quadrata tali cubo, quot tempora tali spatio vel ponderi.

Unde summus artis analyticæ præceptor Vieta, primam hanc in omnibus disquisitionibus analyticis observandam legem præstituit; *Prima et perpetua lex æqualitatum seu proportionum esto, quæ quoniam de homogeneis concepta est, dicitur lex homogeneorum, hæc est, Homogenea homogeneis comparari* (exclusive nimirum, homogenea solis homogeneis comparari). *Nam* (subjicit) *quæ sunt heterogenea quomodo inter se adfecta sint cognosci non potest, ut dicebat Adrastus*[2]. Recte sic Adrastus[3] apud Theonem Smyrnæum, Τὰ μὲν γὰρ ἀνομογενῆ, πῶς ἔχει πρὸς ἄλληλα, φησὶν Ἄδραστος, εἰδέναι ἀδύνατον.

Verum est apud illos, qui in problematum solutionibus aut demonstrationibus theorematum præclaram illam adhibent Methodum Indivisibilium, ejusmodi sæpe voces occurrere; Omnes istæ lineæ parallelæ tali plano æquantur; summa planorum istorum parallelorum tale solidum constituit; explicant vero mentem suam, et per lineas nil aliud intelligere se dicunt, quam admodum exiguæ et inconsiderabilis (verbo veniam) altitudinis parallelogramma; per plana consimiliter altitudinis haud computandæ prismata vel cylindros. Aut saltem per summam linearum et planorum non summam denotant aliquam finitam et determinatam, sed infinitam aut indefinitam rectæ cujusdam lineæ punctis

[1] *De Cœlo*, III. I. [2] Isag. cap. 3. [3] Cap. 19.

It is a great fault in geometry to compare heterogeneous things.

Vieta's rule.

Apparent violation of this rule in the method of Indivisibles. Explanation of the process.

ἰσάριθμον. Ex quali infinitâ inferiorum homogeneorum summâ componi superius heterogeneum (ex infinitis puta lineis rectis superficiem planam, ex infinitis peripheriis concentricis circulum planum, ex infinitis superficiebus planis vel curvis solidum corpus) si quis asserat, id quod magnus ille Galilæus asserere non dubitat, haud facile poterit erroris convinci, vel funditus expugnari.

Sed utcunque, dimissâ istâ controversiâ, nihil usus iste nostræ quicquam officit doctrinæ, et vel illorum qui methodum istam ambabus ulnis amplexantur, sententiâ irrefragabiliter valet hoc præceptum, ne definita quantitate vel numero heterogenea comparentur inter se.

Quod cum ex se liquido verum et summopere rationi consentaneum sit, de eo tamen, ut ex parte jam ante monui, movit nuper controversiam noster D. Hobbius, et rem adeo claram spissis quantum in se nebulis offuscavit. Nec enim lineas et tempora, quamvis inter se dissitissimæ naturæ, velut homogenea quanta, mutuamque sortita proportionem veretur inter se comparare. Nam quia motibus *ἰσοταχέσι* percursæ longitudines se habent ut tempora, *Erit* (inquit) *permutando ut tempus ad longitudinem, ita tempus ad longitudinem*[1]. Quasi diceret, Quoniam stadius ad mille passus se habet, ut hora una ad octo horas; ergo permutatim ut stadius ad unam horam, ita mille passus ad octo horas; cujusmodi argumentatio nemo non perspicit quam sit absone ridicula.

Idem in Dialogis, quibus hodierna examinare profitetur et emendare Mathematicam, (exoptare liceat, utinam saltem pensitatius examinâsset, et felicius emendâsset suam,) *Erit*, inquit, *ut quantitas ponderis ad longitudinem lineæ quæ ipsam repræsentat, ita quantitas ponderis dupli ad longitudinem lineæ duplæ ipsam repræsentantis*[2]. Adeo scilicet hunc errorem a redargutore suo monitus omnino recusat deponere; ast ejus excusandi vel propugnandi gratiâ novas procudit vocabulorum definitiones et acceptiones, tam sibi parum consonas, quam ab usu communi

[1] *De Corp.* cap. 16. [2] *Dial.* III. pag. 80.

Hobbes's disregard of this rule.

He professes to amend modern mathematics; he had better mend his own.

semotas, et conclusionibus plerunque suis repugnantes; miros comminiscitur prætextus alienos et abhorrentes ab omni syncerâ ratione, quod paucis ostendere non abs re fuerit; cum elucidandæ rei subjectæ causâ, tum ne quis in similes lapsus incaute ruat, et quo pateat quam in his rebus oportet circumspecte versari.

Mensuram hoc modo definit ille, *Est mensura magnitudo una alterius, quando ipsa vel ipsius multipla alteri applicata cum eâ coincidit*[1]. Et rursus, verbis paululum immutatis, sed in eandem mentem; *Mensura est magnitudo magnitudinis minor majoris vel non minoris, cum minor ipsi applicata semel vel pluries ipsam æquat*[2]. Juxta quas definitiones patet mensuram nihil esse aliud, quam rei mensuratæ partem aliquotam, quæ nimirum aliquoties accepta totam illam exhaurit, ut nihil supersit residui; quomodo vocabula μέτρον, μετρεῖν, καταμετρεῖν, sæpius aut semper accipiuntur in Elementis, ut antehac ostensum; *Homogeneas porro quantitates* definit, *quarum mensuræ applicari possunt unâ ad alteram, ita ut congruant*[3]. Et *quarum mensuræ ἐφαρμόζουσι*[4]. Mensuræ vero sunt ei, ut jam visum, partes quantorum aliquotæ. Ergo modo sibi constet, quantitates homogeneæ erunt, quarum partes aliquotæ congruere possunt. Verum partes aliquotæ quantitatis temporis non aliæ sunt quam quantitates temporis, nec ponderis quam quantitates ponderis, nec lineæ quam lineæ, neque corporis quam corpora. Ergo cum nemo concipere possit quo pacto quantitas lineæ quantitati temporis, (puta lineæ quantitas cubitalis annuæ vel unciali temporis aut ponderis quantitati,) possit applicari, sic ut ei congruat aut coincidat; non erunt lineæ temporis et ponderis quantitates homogeneæ, juxta proprias ipsius definitiones ac hypotheses.

Ita communis intulisset Logica, verum mirificâ sagacitate contrarium is colligit; *Quoniam* (inquit) *quantitas temporis per lineam mensurari potest, et linea lineæ applicari potest, erit quantitas temporis quantitati lineæ homogenea*[5]. Ecce fontem, ex quo complura quibus isti dialogi scatent absurda promanârunt. *Quoniam quantitas* (ait) *temporis per lineam mensurari potest:* atqui

[1] *Dial.* I. pag. 11. [2] *Dial.* II. pag. 43. [3] Pag. 110.
[4] *Dial.* III. pag. 80. [5] *Dial.* V. pag. 110.

His mistake about measure.
His reasoning.

respice sodes, ingeniose vir, tuam ipsius definitionem, et vide num juxta illam linea possit esse mensura temporis; (aut quia malis involutius loqui, quantitas temporis;) h. e. linea possit esse pars aliquota quantitatis temporis; vel an quantitas temporis confletur ex lineis, vel an linea sit aliqua quantitas temporis; (pars enim aliquota quantitatis temporis est aliqua quantitatis temporis;) parique ratione num linea sit quantitas superficiei, corporis, ponderis, et alterius cujusvis quanti; vel an omnes omnino quantitates componantur ex lineis; quantitas (inquam) annua vel menstrua, quantitas uncialis aut pondialis, quantitas pedalis quadratica vel cubica num lineæ sint, aut constituantur ex lineis: annon si quid horum statueris audienti debebis ludibrium?

Atqui non satis animadvertit clarissimus vir, in usu vocabuli *mensuræ* se multum a suâ ipsius definitione recedere, eoque sibi labendi occasionem ministrare; quumque toties lineam appellat mensuram temporis, et ponderis, et cujuscunque quanti, nullatenus intelligere potest lineam esse partem aliquotam temporis, aut ponderis, aut motus, aut corporis; neque cum iis lineam posse congruere; sed laxiori *mensuræ* significatu abutitur, juxta quem, ut antea distinctius exposuimus, mensura subinde rem quamlibet designat, quæ possit aliam vel commode repræsentare, vel quomodocunque notificare. Quo duplice respectu linea, (recta præsertim aut circularis, ob simplicitatem et uniformitatem suam,) temporis, ponderis, velocitatis, et cujusvis quanti mensura dici potest et solet. Nam quia ratio quævis quantorum rectis lineis exprimi potest, ideo satis commode rectæ lineæ eis repræsentandis adhibentur; ut v. g. pro duobus solidis, quorum unum ad alterum proportione sic se habet, ut $\sqrt{2}$ ad 1, vel ut diameter quadrati ad latus, quando præter ipsarum proportionem nihil obvenit considerandum, substitui possunt duæ rectæ lineæ ipsarum rationem exhibentes; parique ratione duorum temporum, vel duorum ponderum rationibus exhibendis assumi possent rectæ lineæ; et eatenus acceptione latissimâ quantorum istorum *mensuræ* dicantur hæ lineæ; quo sensu numeri sunt mensuræ maxime communes et usitatæ quantorum omnium commensurabilium, eorum rationem exprimentes, proque iis in ratiocinii decursu substitutæ; quomodo etiam nedum lineæ, sed alia quævis quanta aliorum

---

His unsteadiness in use of terms.

quorumvis respectu mensuræ rationem subeant; sicut enim quodcunque quantum rectâ lineâ pro arbitrio sumptâ repræsentari potest, ita possit æque superficie quavis, possit corpore, possit literâ, charactere, nomine quolibet designari. Magis adhuc proprie, quamvis ab Hobbianâ definitione satis remote, *mensuræ* nomen obtinet recta linea (parique jure quævis alia magnitudo posset obtinere) quatenus inservire potest aliorum quantorum quantitati determinandæ seu declarandæ; quomodo longitudo lineæ, quam percurrit aliquid mobile designato tempore velocitatem indicat, adeoque metitur ejus; et arcus circularis anguli rectilinei cruribus interceptus anguli quantitatem arguit et ostendit, hoc est, mensurat secundum hanc acceptionem τοῦ mensurare, quam nos fuse satis et luculente pridem explicuimus.

Hanc igitur ambiguitatem vocabuli *mensuræ* si perspexisset is aut perpendisset, quocum agimus; aut si definitioni proprie constantius adhæsisset, non ita puto commiscuisset omnium rerum quantitates, et inter se pronunciasset homogeneas, ejusmodi scilicet argumento permotus[1]. Quoniam linea est mensuræ temporis, erit quantitas temporis quantitati lineæ homogenea. Atqui respondeo, linea dici potest mensura temporis, sumendo mensuram pro symbolo, vel argumento, vel indicio quantitatis quam habet tempus; at sumendo mensuram juxta suam ipsius definitionem pro parte aliquotâ, satis liquet, nec ipse diffitetur, lineam non esse mensuram temporis, adeoque juxta suam etiam *homogenei* definitionem, lineæ quantitas non erit temporis quantitati homogenea.

Imo eodem ratiocinio quo probatum it temporis et lineæ quantitates homogeneas esse, æque concluditur easdem esse heterogeneas. Quia nempe quantitas temporis per superficiem parallelogrammam aut corpus cylindricum mensurari, (hoc est, per ea designari potest, et declarari vel notificari,) et linea nequit superficiei parallelogrammæ nec corpori cylindrico congruere, erit juxta definitionem τῆς ἑτερογενείας ab ipso traditam, quantitati lineæ heterogenea.

Quinetiam omnes omnino quantitates simul homogeneæ sunt

[1] Pag. 77.

His consequent confusion.
All quantities would be both homogeneous and heterogeneous.

et heterogeneæ: nam, *Homogenea sunt* (ait) *quæ eodem genere mensuræ mensurabilia*[1]; ergo cum omnes quantitates lineis mensurabiles sint, erunt omnes homogeneæ. *Heterogeneæ vero sunt* (ut idem ipse nos docet) *quæ diverso genere mensuræ mensurantur:* ergo heterogeneæ sunt omnes quantitates, quoniam omnes lineis, superficiebus, solidis angulis, (numeris pleræque rationalibus aut surdis) mensurari possunt, eo nempe modo quo mensuram accipit ipse, dum suos struit paralogismos.

Et sane cuncta ejus huc spectantia ratiocinia laborare videntur hâc unâ τῆς ἀμφιβολίας fallaciâ: etenim reverâ quæ eodem genere mensuræ determinantur homogenea sunt, sumendo mensuram pro parte, vel aliquo congruo rei mensuratæ; sed non semper homogenea sunt, quæ eodem genere mensuræ mensurantur, sumendo mensuram pro signo vel argumento; ita certe nulla foret quantorum heterogeneitas, et facile confecta res esset.

Cæterum ex his angustiis eluctari se posse sperat, rerum quantitates ab ipsis quantis perquam subtiliter distinguendo. *Quantitas* (inquit in Abstracto) *cujuscunque rei quantitati in abstracto cujuslibet alterius rei homogenea est, ideoque linearum, superficierum, solidorum, temporis, motus, vis, ponderis, roboris, resistentiæ quantitates homogeneæ, etsi res ipsæ sunt heterogeneæ*[2]. Rursus, *Video jam quanquam absurdum sit lineam dicere tempori æqualem esse, non tamen absurde dici quantitatem lineæ æqualem esse temporis quantitati*[3]. Alibique passim hoc inculcat mirificum commentum. Quo tamen nil efficit; verba tantum dat nobis, aut potius sibi. Quod enim per quantitatem istam abstractam ab ipsis lineâ et tempore distincti nihil animo concipiat ipse, quovis ausim pignore cum illo contendere. Quid est, obtestor, quantitas lineæ, præter ipsius lineæ singularem et determinatam magnitudinem, vel ipsa linea quà sic determinata? Quid quantitas temporis, nisi definita sui generis extensio, vel ipsum tempus quatenus taliter extensum? Ergo si linea et tempus heterogenea sunt, etiam ipsorum quantitates heterogeneæ erunt.

Tempus et lineam esse res heterogeneas, non solum ut res physicas, sed ut Mathematicæ contemplationi subditas, rei nimiâ

[1] Pag. 47. [2] *Dial.* III. p. 81. [3] Pag. 77.

His *amphiboly*.
His distinction. Objections.

coactus evidentiâ vix diffitetur ipse; at quomodo? non utique ceu calida vel frigida, nigra vel alba, sed ut quanta; nec enim aliter ea considerat Mathematicus. Quamobrem? quia nullam habent *σχέσιν*, non comparari queunt inter se *κατὰ πηλικότητα* (nos ut veridicus docet Euclides), quia scilicet non eodem modo quanta sunt, at diversi generis quantitatem habent; vel quia sine magnâ dici nequit absurditate, tantum est tempus quantum est linea, tantus est annus quantum est stadium. Ergo quantitates temporis et lineæ sunt diversi generis.

Verum reponit, quantitas temporis a lineâ mensuratur: ita, dico rursus, æquivoce sumendo vocabulum *mensurare*; nempe non mensurat ut pars istius quantitas, ast duntaxat ut signum causale vel consequens; ex quo nihil in ejus rem concludatur.

Addo, nec admodum proprie quantitatem temporis mensurari, sed ipsum potius tempus ut quantum mensuratur, vel quoad quantitatem; sicut non tam videtur albedo, quam corpus quatenus album, seu propter albedinem, hoc est, quia taliter disponitur, ut tali modo visum afficiat. Unde nec juxta definitionem ejus, Homogenea sunt quorum mensuræ congruunt, quantitates abstracte sumptæ sunt homogeneitatis bene capaces; quia non ipsæ mensurantur, at concreta potius quanta propter aut quoad ipsas; et sane propter ipsas etiam homogenea sunt, aut heterogenea Mathematice.

Verum adhuc instat, temporum rationes recte comparantur cum linearum rationibus; dicitur enim, Ut se habet annus ad biennium, ita linea pedalis ad bipedalem; quidni igitur quantitas temporis cum lineæ quantitate conferatur? At quam immanis est *ἀβλεψίας* ejusmodi ratiociniis, cum plurium rationum similibus rationibus absolutas simplicium quantitates confundere? Ex eo nimirum quod ovum se habet ad duo ova, sicut angelus ad duos angelos; vel quod unius ovi ad duo ova talis sit relatio, qualis unius angeli ad duos angelos, quomodo inferatur ullo modo ovi et angeli similes esse, vel homogeneas quantitates? vel quod quantitatibus ovi et angeli eadem mensura congruat? vel quod angelus ullam omnino possideat absolutam quantitatem? At

---

His answer. Further objection.
His answer.

hujus et præcedentis instantiæ nulla prorsus est disparitas. Non ovum ovo, quod aiunt, similius.

Ita scilicet usu venire solet, ut qui suos errores extenuare vel defendere malunt, quam ingenue confiteri, nedum non declinant eos, at plures sæpius, eosque prioribus deteriores accumulent. Sed excidit mihi versus rite adagialis,

Μὴ κινεῖν Καμαρίναν, ἀκίνητος γὰρ ἀμείνων.

Maneat autem quoniam temporis quantitas (annua scilicet, menstrua, diurna) cum lineæ longitudine (pedali, cubitali, stadiali) secundum æqualitatem aut inæqualitatem, excessum aut defectum, additionem vel subductionem nequit apposite comparari, illa penitus esse homogenea; neque non eodem modo affecta reliqua quanta, nec a Mathematicorum hac in parte communi sententiâ atque sermone discedendum esse.

Quod si hæc vocabula nonnunquam aliter occurrant usurpata, ut si quis propter naturæ subalternam quandam diversitatem, lineas curvas rectis, aut superficies gibbas planis heterogeneas dicat; quomodo Ramus angulos rectos rectilineos obliquis rectilineis heterogeneos dicit (parique fere de causâ potuisset quadrantem peripheriæ circularis sextanti, lineam pedalem semipedali heterogeneas appellare); aut si propter convenientiam aliquam peculiarem genere disjuncta quanta vocentur homogenea; quomodo recens quidam Geometra[1], alioqui non ineruditus, parallelogrammum et cylindrum homogeneas figuras appellitat; eo quod in hoc lineæ rectæ basi parallelæ simili tenore procedunt, quo circuli paralleli in illo; quod is vocat per elementa proportionalia procedere. Tales (inquam) *καινοφωνίας* et peregrinas vocum novitates limpidissimis hisce scientiis caliginem et confusionem inducentes cavere præstat et respuere; multoque satius esset exprimendis sensibus nostris nova vocabula confringere, quam veteribus usu sancitis abuti.

Sed manum de hac tabulâ. Cogitâram his de quantorum *ὁμογενείᾳ* et *ἑτερογενείᾳ* disputatis circa ipsorum *ὁμοείδειαν* et *ἑτεροείδειαν* (similitudinem et dissimilitudinem) quædam sub-

[1] Ant. Farbius.

The received doctrines require no change.
Ramus's mistake.

jungere. Sed cum currentis impetu calami præstitutas etiamnum temporis metas fuerim prætervectus, sufficiat ita jam ad illas, quæ cum opportuna se præbuerit occasio, proxime consequentur de quantorum analogiâ disquisitiones utcunque viam munivisse. Vos interim bene valeatis precor, optimi et humanissimi auditores.

LECT. XVII.*

PRO more meo, posthabitis procemiis, et ambagibus omnino prætermissis (postquam tamen vobis, auditores optimi quotquot estis, omnimodam salutem et gratulatus fuero præsentem, et diu futuram exoptavero) ad rem me confero protinus; et diutius intermissum pensum in manus resumo. Liceat autem bonâ vestrâ cum veniâ pridem institutæ methodo inhærere, quodque reliquum est susceptæ circa Matheseos *προηγούμενα* tractationis detexere; quæ quidem spero fore cum hoc termino ut penitus absolvatur, quodque postquam tamdiu circa littus hæsimus, et harum quasi scientiarum oras legimus, in altum tandem æquor provehemur.

Quanquam reverâ quas modo discutiendas aggredimur materiæ, sive subtilitas ipsarum, sive spectetur utilitas, vix illæ multum abesse videntur ab intimâ profundissimâque Mathesi. Veniunt siquidem imprimis considerandæ ratio vel proportio, tum analogia seu proportionalitas; circa quas nimirum aliquatenus universa Mathesis occupatur, vel ut objecta sua, vel ut instrumenta inveniendi ac demonstrandi; nec analogiam proinde immerito vir divinus in opere divinissimo (Timæum intelligo) censuit, *δεσμὸν καὶ συνοχὴν τῶν μαθημάτων*[1] (*vinculum et commissuram Mathematum*, an disciplinarum potius omnium). Nec inde abit illustrissimus author præclaræ *de Methodo utendi Ratione* Diatribæ: *Quia* (ait) *animadvertebam illas* (particulares nempe scientias quæ Mathematicæ dicuntur) *etiamsi circa diversa objecta versarentur, in hoc tamen omnes convenire, quod nihil aliud quam relationes sive proportiones quasdam, quæ in iis re-*

[1] Theon Smyr. pag. 131; Plato, *Tim.* pag. 1048.

Conclusion.
* What has preceded is prefatory matter.
Analogy, according to Theon, Plato, Cartesius, &c.

periuntur, examinent, has proportiones solas mihi esse considerandas putavi[1]. Addo Eratosthenem pronunciantem, Πάντα τὰ ἐν τοῖς μαθήμασιν ἐξ ἀναλογίας ποσῶν τινῶν συγκεῖσθαι[2]. Adeo proportionum consideratio disciplinas hasce pervadit, et quodammodo complectitur universas.

Non igitur ipsarum videri debemus tam extimam cutem lambere, quam medullam intimam degustare, dum proportionum naturam contemplamur. Succedet huic θεωρίᾳ de magnitudinum situ vel positione determinatâ, qua, simul cum ipsarum proportione, figurarum varia similitudo constat, et multifaria diversitas; tum de consequentibus has magnitudinum speciebus, seu convenientiis ac differentiis specificis; dein de motu quo progenerantur magnitudines: de his (inquam) succedet dispicere. Ita postquam pleraque, præcipua saltem, omnia magnitudinum symptomata, quæ Mathematicis quidem substernuntur, aut implicantur hypothesibus, utcunque perlustravimus, in eam, a qua primitus digressi sumus, orbitam revertentes, de hypothesibus ipsis et reliquis principiis particularia quædam, quæ se suggesserint observatu digna, licebit in medium producere. Quibus defuncti negotiis ad id quod, ni male memini, jam olim polliciti sumus conferemus operam, ut Mathematicæ scilicet inventionis modum exponamus.

Erit autem quod gratulemur nobis, si propositum hoc stadium hujus intra termini decursum emetiri, vel utcunque ex animi sententiâ conficere poterimus. His in antecessum prælibatis ad rationem seu proportionem excutiendam accedamus.

Rationem et proportionem quod attinet (hæc enim nomina jam apud plerosque Latine scribentes ἰσοδύναμα sunt) eam Græci designant vocabulo λόγος, quo certe vix ullum succurrit in istâ linguâ magis anceps et πολύσημον. Significatus ejus quam plurimos recensere non abs re putavit Theon Smyrnæus[3] expositione eorum quæ ad Platonis lectionem necessaria sunt. Ego vero nimium philologus, et ἔξω λόγου, hoc est, extra propositum viderer evagari, si vel exscribens eum vel imitans (quod in

[1] [*De Meth.*] Pag. 18. [2] *Theon.* [3] Cap. 18.

The consideration of Proportion is important.
Different meanings of λόγος.

promptu foret eo connitenti) percensere plerosque studerem et exemplis confirmare.

Nemini non notum est, quod vocabulum λόγος communiter utcunque sermonem mentis *ἐνδιαθετόν*, et oris *προφορικόν* (ita recentiores distinguunt Peripatetici), sermonis, inquam, utriusque, tum conceptivi tum prolatitii, tam facultatem operatricem quam operationes ipsas, nec non immediatos effectus ab eo manantes denotet ac exprimat, præsertim quicquid horum cum discursu jungitur ad hominis naturam appropriato, qui solus inter animantia censetur *ζῶον λογικόν*, animal sermocinativum vel discursivum.

Neque magis quenquam fugit literis mediocriter imbutum, quod peculiari quadam ratione passim apud Græcos authores nedum sententiæ singulares mente conceptæ vel ore prolatæ, sed plurium sententiarum farragines et systemata diversimoda; fabulæ nempe vel apologi, (hoc est, sermones ex arbitrio et ingenio conficti;) nugæ et offuciæ, (hoc est, mera verba, sensus vacua vel veritatis;) adagia, seu jactatæ vulgo sententiæ; rumores famâ vel populari sermone dispersi, historiæ omnimodæ, orationes jugi serie pertentæ; demum quælibet literæ λόγοι dicantur. Exempla præsto sunt, quibus hos usu tritos hujus vocabuli significatus firmem, ast illos lubens prætereo.

Nescio tamen an operæ sit alias quasdam, quas etiam in popularibus obtinet scriptis acceptiones, ad rem nostram et sensum Geometricum propius accedentes paucis perstringere. Tales sunt quum λόγος designat taxationem et comparationem quamcunque rerum inter se, prout istis in phrasibus usitatis, *Ἀποδιδόναι λόγον, συναίρειν λόγον, ὑπέχειν λόγον.* Exempla dant etiam Sacræ Literæ; S. Lucas, *Ἀπόδος λόγον τῆς οἰκονομίας σου*[1]. S. Matthæus, *Ἔρχεται ὁ κύριος τῶν δούλων ἐκείνων καὶ συναίρει μετ' αὐτῶν λόγον*[2]. *Ἀποδιδόναι λόγον*, rationem reddere; *συναίρειν λόγον*, rationem inire: nempe muneris administrati, vel rei cujusvis concreditæ; quod nihil est aliud quam actiones cum regulis ad quas exigendæ sunt, ex præscripto superioris potes-

[1] Luc. xvi. 2. [2] Matth. xxv. 19.

It means thought, and speech;
A fable; a reckoning;

tatis, vel summas rerum exhibitas cum iis quæ jure debentur, aut merito expectantur comparare.

Item cum λόγος rerum valorem, pretium, meritum innuit, quomodo dici solet *ἐν οὐδενὶ λόγῳ τίθεσθαι*· quod negligitur, posthabetur, vilipenditur, *οὐδ' ἐν λόγῳ, οὐδ' ἐν ἀριθμῷ*, quod in nullâ ratione, nullo numero est, hoc est, instar nihili habetur, in censum non venit, neutiquam computatur. Sophocles,

> Οὐκ ἂν πριαίμην οὐδενὸς λόγου βρότον,
> Ὅστις κεναῖσιν ἐλπίσιν θερμαίνεται.

Non cassâ nuce hominem emptitem, qui vanâ spe fervet. *Ἐν λόγῳ θεοὺς ποιεῖσθαι*, dixit nonnunquam pro Deos venerari; et *λόγον δικαίου ποιεῖσθαι* Demosthenicum est, pro justitiam respicere vel suspicere, non pro nihilo ducere. Addo Galenum, *Ἐπὶ πάντων τῶν ζητουμένων εἰς λόγον χρὴ μεταλαμβάνεσθαι τοὔνομα*[1], in omni disquisitione nomen ipsum in considerationem assumi debet.

Scilicet in hujusmodi locutionibus λόγος aliquam rerum magnitudinem, vim, potentiam calculo vel æstimio subjectam signat. Parumque videtur hinc abludere quod λόγος subinde pro causâ rei vel conditione ponitur, hoc est, pro eo quod considerari debet et requiritur, ut aliquid fiat. Plato, *Epist.* VII. *ad Dionis Οἰκείους*, *ἥξειν* (inquit) *ὡμολόγησα ἐπὶ τούτοις τοῖς λόγοις*, his conditionibus huc me venturum promisi. *Δέχεσθαι λόγον*, usitatur a Demosthene pro causam agnoscere, vel conditionem accipere. *Εἰς λόγον ἀρετῆς*, propter virtutem affici præmio, vel laude decorari. Et *εἰς λόγον κακίας*, pro vitio luere pœnas, vituperio defamari, sunt oratoribus Græcis in usu loquendi formulæ: propter virtutem et vitium, hoc est, ex virtute vel vitio consideratis, juxta moralium præceptorum normas examinatis.

Eo tantum hæc attuli quo constaret a Geometris adhibitum hujusce vocabuli sensum haud ita longe recedere ab usu scriptores apud alios recepto satisque pervulgato; nec abhorrere nostram a communi more loquendi consuetudinem.

Idem ostendi poterat de Latinâ voce *ratio*, quæ Græcam

[1] *De Meth. Med.* I. 5.

A condition; a reward or punishment.
So the Latin *ratio*. Its etymology.

λόγος exprimere solet, et suos ab illo plerosque significatus mutuari: sed rei nimia claritas facit (et quia nimium jam hujusmodi parergis datum est) ut isti parcam operæ. Addam solum, inde videri λόγον ejusmodi sensus, cum istos extraneos tum peculiarem Geometris sensum desumpsisse, quod diversas res inter se comparando dicitur, effertur, exprimitur ipsarum determinatus valor, aut quantitas, ex respectu quem una res obtinet ad aliam.

Ratio autem ducitur a *ratus*, hoc est a *reor*, idem designante quod *puto* vel *existimo;* rerumque proinde censum aut æstimium indicat ex comparatione notificatum. Quomodo etiam verbum *putare*, deductaque ab illo *computare*, *supputare*, denotat numerando vel utcunque res conferendo quantæ sunt (magnitudine vel pretio quantæ) æstimare: quod et Græcis dicitur λογίζεσθαι.

Vox autem *proportio* reperitur a Cicerone aliquoties usurpata, quanquam sensu non uno exacte eodem. Alias enim apud ipsum idem valere videtur quod simplex ratio, nonnunquam vero rationum similitudinem vel analogiam designare: primusque videtur ille ipse ejus usum adinvenisse, saltem ad res Mathematicas primus applicuisse. Sic innuit in fragmento quod Timæus inscribitur, vel De Universo: verba sunt[1], *Sed vinculorum id est aptissimum atque pulcherrimum, quod ex se atque de his quæ astringit, quam maxime unum efficit. Id optime assequitur quæ Græcis ἀναλογία, Latine (audendum est enim, quoniam hæc primum a nobis novantur) comparatio, proportiove dici potest.* Porro sæpius in isto libello proportionis utitur vocabulo, sensu tamen, ut videri præmonitum, aliqua vario.

Ejus autem effingendæ hinc accepta videtur origo vel occasio. Cum in corrogandis vectigalibus, et importandis oneribus publicis, pro facultatum modo secundum æquas leges taxato, sua cuique pars persolvenda cesserit, quæ nempe rata cujusque portio dicta est; hinc unusquisque solvere dictus pro portione, vel pro ratâ suâ portione; hinc emersit vocabulum proportio, dignum visum Ciceroni, quum Græcas literas suo donare Latio studeret,

[1] *Δεσμῶν δ' ὁ κάλλιστος, ᾧ ἂν αὐτὸν καὶ τὰ ξυνδούμενα ὅτι μάλιστα ἓν ποιῇ. Τοῦτο δὲ πέφυκε ἀναλογία κάλλιστα ἀποτελεῖν.*

Proportio introduced by Cicero.
Derived from taxable proportion.

quod λόγον et ἀναλογίαν, obvias Platonem et alios Græcos Philosophos inspectanti voces, referret et exprimeret.

Sed manum ferulæ subducamus, et Grammaticorum egressi scholis videamus quid per λόγον eique respondentem *rationem*, et *proportionem* (juxta frequentiorem et probatiorem usum *proportionis*, nonnunquam enim analogiam significat, hoc est, proportionalitatem) intelligant ipsi Geometræ, quæque sit hujus adeo triti vocabuli genuina notio disquiramus. Permirum siquidem videatur ejusce de rei, quæ paginam fere replet utramque, nusquamque non occurrit in Mathesi, naturâ viros inter Matheseos haud in postremis peritos acriter disceptari. Quasi nesciri possit res tam obvia, toties jactata, adeo diligenter excussa.

Unde proveniat hoc? Inde opinor, quod perdifficile sit res admodum abstractas et universales, præsertimque modos et relationes rerum, vel imaginari distincte vel accurate definire. Fere neminem arbitror fore, saltem e gnaris Mathematum, qui non utcunque quantumque satis est intelligat, quid velit ipse dum profert hoc vocabulum, quidque concipiant alii proferentes ipsum; sed non ita forsan in promptu est ei respondentem conceptum mentis, proprium vel alienum, aliis verbis explicare, hoc est, ipsum definire.

Hinc litigandi causâ non secus in hac quam in aliis plerisque consimilibus materiis, a sensu disjunctis, subnotavit hoc Cartesius, et inde vitio vertit Philosophis morosam illam verba definiendi curiositatem, istis verbis; *Non hic explico multa nomina, quibus jam usus sum vel utar in sequentibus, quia per se satis nota videntur. Et sæpe adverti Philosophos in hoc errare, quod ea quæ simplicissima erant ac per se nota Logicis definitionibus explicare conarentur; ita enim ipsa obscuriora reddebant*[1]. Quæ subtilissimi viri observatio vel inde validissime confirmatur, quod circa definitiones istas raro convenit inter illos, qui saltem nulli sectæ nomen suum addixerunt; at quam unus probat, alter respuit, et vel minus aptam, aut non satis accuratam judicat definitionem.

[1] *Princ.* I. 10.

Geometers do not define proportion.
Simple notions are better not defined.

Ut et exinde quod illorum abstractissimorum nominum definitiones raro vel nunquam demonstrationes ingrediantur; nec inserviant (qui tamen primarius definitionum usus est et scopus) conclusionibus eliciendis; instantiæ causâ, jam obiter, sed opportune, adnoto definitionem *τοῦ λόγου* traditam in elementis, nusquam in toto elementorum systemate, nec alibi (quod sciam, imo districte aio non alibi) quovis in libro Mathematico citatur astruendæ ulli demonstrationi, vel conclusioni deducendæ.

Suppeditet alterum exemplum vox *διάστημα* veteres apud Musicos, quod ex iis nemo non definit, at verbis discrepantes, et sensu nonnihil varii a se omnes: apparebit id Aristoxenum, Euclidem, Nicomachum, Bacchium, Aristidem, Gaudentium, Capellam, si cui adlubitum erit, inspectanti.

Sed rem adoriamur propius. Adnotanda vero primum occurrit ambiguitas, vel distinctio quædam, cui subjacent vocabula *ratio* et *proportio*, etiam prout illa usurpantur a Mathematicis; Latinorum (inquam) vocabulorum, nam Græcum *λόγος*, ut existimo, non agnoscit istam homonymiam. Duplex igitur a quibusdam statuitur ratio vel duplex proportio; uni nomen indunt *Arithmeticæ* alteri *Geometricæ rationis vel proportionis.*

Quibus explicandis prænotetur imprimis rationem utramque, quæ dicitur cum duorum homogeneorum quantorum comparationem innuat qualemcunque, ad classem istam seu categoriam entium spectare, quæ *τὰ πρός τι* Aristoteles, alii *relationes* vel *habitudines*, Græci *σχέσεις* indigitârunt. Quorum duorum quantorum seu terminorum (*terminum* enim vocant Mathematici horum correlatorum quantorum utrumvis: "Ορος (inquit Theon Smyrnæus) *ὁ τὸ καθ' ἕκαστον ἀποφαίνων ἰδίωμα τῶν λεγομένων, οἷον ἀριθμὸς, μέγεθος, δύναμις, ὄγκος, βάρος*. *Terminus est qui peculiarem dictorum naturam, seu proprietatem exprimit, ut numerus, magnitudo, moles, pondus:* Et alibi clarius, "Ορους δὲ *λέγομεν τὰ ὁμογενῆ, ἢ ὁμοειδῆ λαμβανόμενα εἰς σύγκρισιν· Terminos dicimus quæ cum genere vel specie conveniant, in comparationem adsumuntur*[1].

[1] Cap. xx.

Such definitions are rarely of use.
Two kinds of ratio, Arithmetical and Geometrical.

Horum (inquam) duorum terminorum in comparatione prior appellari consuevit ἡγούμενος, *antecedens*, ei vero correlatus posterior ἑπόμενος, *consequens*.

Hoc præmisso Arithmeticam rationem seu proportionem, appellant nonnulli duorum quantorum, Τὴν κατὰ τὸ ὑπερέχειν καὶ ἐλλείπειν σχέσιν (verba sunt Scholiastæ veteris a Meibomio citati), *relationem secundum differentiam, quatenus unum excedit alterum, vel deficit ab altero* (possit adjici κατὰ τὸ ἰσοῦσθαι, *adæquari sibi vel nihilo differre;* nam et inter æqualia quanta potest institui comparatio, potestque singularis hæc ipsorum relatio denotari per τὸ *differre nihilo*, quod inter excessum et defectum medius interjicitur limes). Per *differentiam* autem hic intelligimus ipsum τὸ διαφέρειν, singulari modo comparari vel referri hoc ad illud, non absolutum id quantum, quod post unius ab altero subductionem est residuum, quod quidem διαφορὰ et *differentia* plerunque dicitur. E. g. relatio quæ versatur inter lineam tripedalem et lineam bipedalem, juxta quam illa superare concipitur hanc lineâ pedali; vel inverse, relatio bipedalis ad tripedalem, quatenus illa concipitur ab hâc deficere quantitate lineæ pedalis, appellantur rationes Arithmeticæ, illa excessus, hæc defectus; ipsa vero pedalis linea, absoluta magnitudo, quamvis *differentiæ* nomine venire solet, attamen *ratio* non est; sed hæc excedere vel deficere ratio dicitur Arithmetica. Hanc talem (aio) quantorum habitudinem ad se invicem nonnulli *rationis Arithmeticæ* donant appellamento. (Cur Arithmeticam dixerint non jam disputabo, res quippe controversa est; tantum inde sic denominatam videri dicam, quod analogiam quandam veteres Arithmeticam appellârint, quâ de causâ tum dispiciendi locus erit, cum de analogiis agemus).

Verum apud Græcos nusquam reperio λόγον aliquem Arithmeticum; semper ii quantorum λόγον contra distinguunt ab ipsorum *differentiâ*, quæ significant vocabulis διαφορὰ et ὑπεροχὴ, nec raro διάστημα nuncupant (*intervallum, spatium, distantiam*, non ex positione locali resultantem innuentes intercapedinem, ast diversitatem et quasi distantiam in quantitate, per

---

Terms. Antecedent and Consequent.
Arithmetical ratio is according to difference.
λόγος not used for Arithmetical ratio.

quam unum abest ut alteri sit æquale; determinatam quandam ab æqualitate remotionem); per λόγον autem (ut opinor) perpetuo designant illam quantorum σχέσιν, quæ dici solet ratio Geometrica, vel ratio simpliciter. Apud omnes enim cum *ratio* ponitur ἀπολύτως, et ab epitheto libera, *ratio* intelligitur *Geometrica*, hoc est, ea σχέσις juxta quam unum quantum alterius totuplum vel quasi totuplum concipitur (ita continere aliud, vel ita contineri in alio, sicut numerus iste continet alium, vel continetur in alio; vel saltem sicut expositorum duorum quantorum illud continet hoc, vel continetur in hoc) quo pacto v. g. relatio lineæ tripedalis ad bipedalem, juxta quam illa semel hanc, et ejus insuper semissem concipitur includere; vel ad hanc se habere, sicut numerus ternarius ad binarium, dicitur *ratio Geometrica*, vel *ratio* (simpliciter) *sesquialtera:* inverseque relatio lineæ bipedalis ad tripedalem, juxta quam illa duas hujus partes efficit tertias, vel se habet ad hanc sicut numerus binarius ad ternarium, dicitur *ratio sesquialtera.*

E quibus utcunque liquere potest, quantum intersit discriminis inter hasce duas relationes, Arithmeticam et Geometricam, quas appellitant. Valde differunt enim aliud hoc vel illo excedere, et aliud toties (vel quasi toties, id addo certâ de causâ posthac insinuandâ) continere; hoc vel illo deficere, et toties ab alio comprehendi.

Vulgo explicatur hoc discrimen haud male ex modo, quo investigantur et innotescunt hæ relationes, tum saltem quum termini comparati numeris exprimuntur (exceptionem hanc oppono, quia video propter illam neglectam rationum doctrinam aut perperam aut obscure tradi) sed ponamus terminos inter se collatos numeris exprimi; tum invenitur ipsorum Arithmetica ratio, subducendo terminum consequentem ab antecedente; Geometrica vero dividendo terminum antecedentem per consequentem (invenitur inquam, hoc est, indicatur, æstimationi nostræ subjicitur).

E. g. comparando duo quanta numeris ternario et binario denominata, lineas puta tripedalem et bipedalem, subducendo binarium ex ternario relinquitur differentia unum, vel una pedalis

---

Arithmetical ratio obtained by subtracting; Geometrical, by dividing.

linea. Sin transpositis terminis auferatur linea tripedalis ex bipedali remanet *minus* uno, vel defectus unius lineæ pedalis pro differentiâ; ex his vero residuis inclarescunt relationes quoad differentiam, vel Arithmeticæ propositorum quantorum rationes; quatenus si inventum ab utrâvis subductione residuum addatur consequenti, summa resultans æquabitur antecedenti: nam in priori comparatione $1+2=3$, in posteriori $-1+3=2$. (Huc vero tendere videtur omnis quantorum σύγκρισις, ut ad æqualitatem, quæ præ reliquis maxime simplex, unice permanens, facillimeque comprehensibilis est relatio, redigantur aliæ, et utcunque per eam æstimentur). Vocatur autem prior relatio ex priore differentiâ excessus unius, altera defectus unius, itidem scilicet ex differentiâ posteriore.

Jam vero si comparentur duo quanta, repræsentata numeris 20 et 4, dividendo antecedentem 20 per consequentem 4, fit quotiens 5; sed invertendo terminos, dividendoque 4 per 20, surgit quotiens $\frac{1}{5}=\frac{4}{20}$. Hisce vero quotientibus declarantur rationes Geometricæ propositorum quantorum, quatenus si quotiens inventus per consequentem multiplicetur, productus emergit æqualis antecedenti: nam in priori comparatione $5\times4=20$, in posteriori vero $\frac{1}{5}\times20=4$; quomodo res iterum ad æqualitatem revocatur. Denominatur autem prior relatio a quotiente invento ratio quintupla, posterior ἀντίστροφος ratio subquintupla, itidem a quotiente $\frac{1}{5}$.

Ast causa mihi jam reddenda videtur, quamobrem aliter quam vulgo fit Arithmeticam rationem explicuerim, non subducendo minorem terminum a majore, sed indifferenter consequentem ex antecedente.

Causam assignare licebit multiplicem: Primo, commodior est hic modus isti, cui declarando insistimus, discrimini rationum harum diversarum per subductionem et divisionem declarando. Quia secundum hunc modum subductio, quâ indicatur ratio Arithmetica, per omnia respondet et quadrat divisioni, quâ ratio

---

Thus the Arithmetical ratio of 3 to 2 is 1, of 2 to 3 is -1.

The Geometrical ratio of 20 to 4 is 5; of 4 to 20 is $\frac{1}{5}$.

I take the terms of an Arithmetical ratio in either order; because this method is

(1) More convenient.

Geometrica declaratur. Nam juxta nos peragitur isthic duplex subductio, sicut hîc duplex divisio: subducitur isthuc terminus major a minore (quæ impropie est subductio) sicut hîc dividitur minor terminus a majore (quæ impropria est divisio). Emergit isthuc residuum nihilo minus, sicut hic quotiens unitate minor; illuc ex consequentis et residui additione semper fit antecedens, plane sicut hic ex consequentis et quotientis multiplicatione procreatur antecedens; ita pulchre congruunt omnia: commodior igitur est hic modus altero, juxta quem fit tantum una subductio, differentia tantum est unimoda (semper intelligo positiva) seu major nihilo, nec reliqua quovis pacto bene consentiunt.

Secundo, in se quoque verior est, et ipsissimæ rationi convenientior hic modus rationes Arithmeticas per subductionem explicandi. Quum enim comparando duo quanta inæqualia terminorum transpositio duplicem efficiat σχέσιν, (non enim eodem modo refertur major terminus ad minorem, quo minor ad majorem,) per unicam differentiam, minoris e majore subductione, acquisitam vel inventam, hæ duæ rationes non explicantur recte et ex usu. Præstat eas duabus differentiis exprimere, alterâ positivâ excessum, alterâ negativâ defectum indicante. Non idem est deficere quod excedere, non igitur eodem signo denotandi sunt excessus et defectus.

Hoc quum non observarent aliqui, nullam dari quoad διαφοράν quantorum σχέσιν asseruerunt; quoniam si daretur aliqua, duplex esse debuerit; at differentia positiva simplex est et unica. Nicomachus in Enchiridio Harmonices, Κακῶς γὰρ οἴονται διαφορὰν καὶ σχέσιν τὸ αὐτὸ εἶναι· ἰδοὺ γὰρ τὰ δύο πρὸς τὸ ἓν διαφορὰν μὲν ἔχει τὴν αὐτὴν, ἣν ἓν πρὸς δύο, σχέσιν δὲ οὐ τὴν αὐτήν· *Male opinantur qui differentiam et relationem pro eodem habent: ecce enim duo ad unum differentiam habent eandem, quam unum ad duo, sed neutiquam eandem relationem.*

Satis consequenter arguit ex unicæ differentiæ hypothesi; at enim respondeo quod differentia inter 1 et 2 sit -1, significans 1 a 2 deficere uno; differentia vero inter 2 et 1 est $+1$, significans 2 superare 1 ipso 1.

Quum igitur duplex sit differentia, nil obstat quin sint duæ

---

(2) More true.

relationes sibi quasi contrariæ vel universæ. (Male igitur Theon ille Smyrnæus, Nicomacho consentiens, Τῶν δὲ ἀνίσων διάστημα μὲν ἓν καὶ τὸ αὐτὸ, ἐφ' ἑκατέρου ἑκάτερον· λόγος δὲ ἕτερος καὶ ἐναντίος ἑκατέρου πρὸς ἑκάτερον[1], et quæ sequuntur in eandem sententiam).

Sane vix percipio cur non æque confundi debeant rationes Geometricæ, quæ inter duos terminos inæquales, ex terminorum intercedant Metathesi sic ut pro unâ ratione habeantur, æque ac vulgo commiscentur, proque unâ censentur relationes secundum διαφοράν, quæ inter terminos itidem æquales versantur.

Nec obstat quod impropria sit hujusmodi subductio majoris a minore, quodque difficile videatur concipere quid ipso nihilo minus. Nam haud fere minus impropria censeatur divisio minoris per majus, neque facilius videatur concipere quoties majus a minore continetur. Satis est quod hujusmodi subductio, pari modo ac istiusmodi divisio, exacte calculo paret, ac legibus subjacet Arithmeticis, et non sine ratione confingitur aut adhibetur.

Adjici posset hunc subducendi modum, quoad alia valde utilem esse, præsertim in progressionum Geometricarum comparatione cum Arithmeticis; et imprimis illarum progressionum, quæ utrinque ab unitate procedunt hinc crescendo, illinc decrescendo; sicut enim crescentibus terminis exponentes assignantur positivi, ita decrescentibus commodissime tribuuntur negativi. Sed hoc non est jam persuadendi locus.

Moneo tantum in Geometriâ facile differentes hasce negativas, seu nihilo minores terminos exhiberi. Nam ab eodem fixo limite tantum in partes statuuntur et computantur contrarias iis, in quas procurrunt termini positivi nihilo majores. Ut si in lineâ rectâ indefinite extensâ duæ rectæ AM, AN,

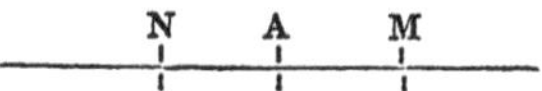

sumptæ utrinque in partes contrarias, singulæ æquentur cuilibet rectæ Z, et recta AM anterius excurrens repræsentet $+Z$, tum

[1] Cap. 30.

What is subtraction of greater from less?
This is useful in progressions.
Geometrical exhibition of negative quantities.

AN retrorsum accepta repræsentabit $-Z$. Ut puta nantem ab A versus anteriora, sed adverso flumine brachiorum contentione progressurum ad M, sed fluminis impetu duplo valentiore retro deportari. Igitur ab eo confectum iter erit $AM-2AM$ vel $-AM$, ab A versus partes a tergo positas computanda, et pertingens ad N.

At sufficiant hæc aliquatenus illustrando discrimini, quod inter rationes Arithmeticam et Geometricam intercedit, per subductionem et divisionem. De eâdem forsan re posthac opportunius et accuratius disseremus, quum examinanda veniet eorum sententia, qui rationum doctrinam numeris volunt alligari, et quæ isti cohærent disquisitioni. Nunc unum solummodo vel alterum harum relationum discrimen attingemus, ex ipsorum naturâ petitum.

Illud imprimis advertatur rationem Arithmeticam eandem unius tantum generis terminis exhiberi, rationem vero Geometricam cujusvis generis quantis bene repræsentari vel exprimi. Causa est, quia ratio Arithmetica determinatur per absolutum quiddam intra certum genus constitutum, differentiam nempe quantorum duorum homogeneorum, quæ terminis ipsis ita comparatis semper homogenea existit: sed ratio Geometrica determinatur ex modo, quo res una continet aliam, vel continetur in aliâ, qui modus terminorum heterogeneorum conjugationibus variis æque potest competere; unde fit ut quælibet duo quanta sint apta nata quorumvis aliorum duorum quantorum similiter affectorum relationes exprimere, vel menti æstimandas subjicere.

E. g. ratio Arithmetica duarum linearum inæqualium solis duabus lineis (non duobus ponderibus, temporibus, corporibus) exhiberi potest, quia nulla linea pondere quovis aut tempore, vel corpore lineam alteram excedit, at aliquâ lineâ tantum, eâque secundum absolutam suam quantitatem definitâ; sed ratio Geometrica duarum earundem linearum exprimi potest duobus ponderibus, duobus temporibus, aut aliis cujusvis generis duobus quantis: ut nempe quæ pedem inter et unciam longitudinalem versatur, ratio repræsentetur librâ et unciâ ponderibus, anno et mense temporibus, aut aliis quibusvis similibus terminis, quo-

---

Arithmetical ratio is exhibited only by one kind of quantity; Geometrical, by many.

rum unus alterum continet duodecies; quia scilicet harum conjugationum utut secundum absolutas suas quantitates invicem heterogenearum termini inter se collati eodem se modo respiciunt, versus se consimiliter affecti sunt.

Exhinc ansam cepit doctissimus vir[1] dicendi, *Rationes omnes Geometricas quarumcunque ad invicem quantitatum esse inter se homogeneas, quippe in genere numeroso omnes.* Adjungitque postea, *Ubi comparatio fit quoad rationem, quæ emergit ratio comparatorum, genus non raro deserit, et transit in genus numerosum, cujuscunque sint generis quæ comparantur.* Quæ tamen dicta minus probo, cum aliis de causis non jam exponendis, tum quia nullum ego vel rationum vel numerorum genus, sub quantitate comprehensum agnosco; nec enim rationes sunt meâ sententiâ quantitates, nec quantitatis capaces (ut suo posthac loco conabor evincere) sed meræ relationes in quantitate fundatæ; numeros autem pro nominibus tantum et symbolis habeo rerum quantarum, quod jam antea sæpius exposui et astruxi.

Addo manifestum videri, quod cum duo quanta comparantur inter se (ut scilicet ipsorum ratio per artificiosas quaslibet operationes Arithmeticas vel Geometricas investigetur, hoc est, menti nostræ comprehensibilis et æstimabilis reddatur) non tam inde nova procuditur aut emergit ratio, quam eadem aliis terminis exhibetur; nec unquam ratio genus suum deserit, sed diversi generis terminis, simplicioribus ut plurimum et menti notioribus exhibetur; plerumque quidem (cum id fieri potest) numeris, ideo quia hi symbola sunt rerum mensuris ad nostrum captum determinandis accomodatissima.

Percontanti v. g. quam rationem in valore vel in pondere habet solidus ad drachmam, qui respondet, rationem habet numeri 12 ad 4, non aliam producit rationem, at quæsitam exponit terminis numericis; et qui porro quærit quæ sit ratio numeri 12 ad 4, dividendoque antecedentem 12 per consequentem 4, comperit hanc esse triplam, non is novam rationem educit aut enunciat, at propositam exprimit terminis facilius æstimandis, hoc est, numeris, iisque tandem minimis ternario ac unitate. Qui dicit enim

[1] D. Wallis, *Arithm.* p. 226.

Wallis corrected.
Geometrical ratios transformed are the same.

illud hujus triplum esse, dicit æquipollenter, et illud vult intelligi, illud ad hoc se habere sicut 3 ad 1; antecedente scilicet expresso, sed consequente (qui semper in hujusmodi rationum denominationibus est unitas) verbo tenus suppresso, re subintellecto.

Hinc altera diversitas harum rationum adnotari potest, quod Geometrica semper duobus terminis, saltem quoad intellectum, exprimitur, iisque semper positivis (nam etiam duorum negantium terminorum ratio positiva est, puta τῷ -4 ad -2 est dupla, vel ut 2 ad 1, quod inde patet, quia multiplicando terminum utrumque per -1, producitur $+4$ et $+2$, habentes se ut 2 ad 1). Sed Arithmetica ratio tantum uno termino exprimitur, eoque nonnunquam negativo: ut talis ratio inter 1 et 3, commodissime indicatur per negativum terminum -2, ut supra mox admonitum.

Accedit quod Arithmetica ratio reperitur inter duos terminos diversis signis affectos; at inter tales nulla versatur ratio Geometrica. E.g. ratio Arithmetica inter 2 et -2 est eadem rationi quæ inter 6 et 2; nam utrobique excessus antecedentis supra consequentem est 4, at 2 ad -2 nullam Geometricam obtinet rationem; habet enim se ad illud, sicut aliquid ad plusquam infinite parvum, nec ullus est cogitabilis numerus, utcunque magnus, qui non sit minor respectu unius, quam -2 respectu 2.

Porro, æqualium ratio Geometrica semper denominatur unitate, ratio Arithmetica nihilo; majoris ad minus ratio Geometrica, numeris explicabilis, denominatur unitatem excedente numero, integro vel misto. Pariter et ratio Arithmetica nihilum excedente differentiâ (quæ tamen unitatem non semper attingit), minoris autem ad majus ratio Geometrica semper fractione vel numero, qui sit unitate minor, denominatur, at ratio Arithmetica talium terminorum signatur infra nihilum subsidente numero negationem involvente, ut antehac inculcavimus.

At vero de harum rationum discrepantiis diximus plusquam satis. Cum igitur adeo naturâ diversæ sint hæ relationes, idem

---

Geometrical ratios expressed by two positive terms.
Arithmetical ratio by one term, positive or negative.
Ratio of equality; arithmetical is 0, geometrical is 1.
It is better to leave the word *ratio* to geometrical ratio only.

rationis nomen utrique non conveniet univoce quod aiunt; adeoque præstat id vocabuli Geometricæ soli appropriatum relinqui. Nosque dimissâ jam istâ *ἀκύρως* dictâ ad propius explorandam hujusce Geometricæ rationis notionem accedamus. Aperuisse viam ancipitiis præpeditam suffecerit *τὰ νῦν*. Ei proximâ Lectione pressius insistemus; interim (auditores optimi) precor valeatis.

LECT. XVIII.*

PRÆFATIONIBUS utcunque defuncti, discussisque quæ se objecerant ambiguitatum nebulis, ipsam Geometricæ rationis naturam jam aggredimur inquirendam et enodandam. Geometrica vero ratio, vel *ratio* simpliciter (hoc enim sensu deinceps perpetuo hoc vocabulum usurpavimus, ut et ei æquipollens *proportio*) ratio, inquam, vel proportio, *ὁ λόγος* definitur ab Euclide (vel ab Eudoxo si quidem is fuerit, ut perhibetur, elementi V. compositor) *Δύο μεγεθῶν ὁμογενῶν ἡ κατὰ πηλικότητα πρὸς ἄλληλα ποιὰ σχέσις*. Circa quam definitionem duo quæri possunt et disceptari; primo quæ sit ejus genuina mens, tum an ipsa satis proba sit et accurata.

Utrique disquisitioni satisfacere conabor, ad singulos ejus terminos quædam annotando, quo magistri nostri simul interpretemur sensus, et tueamur auctoritatem. (Ignoscite vero pugnacitati meæ, neque sequius accipite, quod pietate quadam adductus immeritis undique criminationibus impetitum Geometriæ patrem et principem studeam vindicare).

1. In omni imprimis definitione spectandum est, ut res definita ad certam entium classem restringatur; id enim ad ejus

---

* Euclid's Definition of ratio, in B. v.
'The mutual relation of two magnitudes of the same kind to one another, in respect of quantity.'
Two questions: what it means; and whether it is right.
(1) A definition must begin by stating the class of the thing defined. So here Ratio is the *relation* (*σχέσις*).
This is right.

naturam determinandam, et ab aliis secernendam, apprime confert.

Ergo primo genus inquiritur: hoc in hac definitione est *σχέσις*, *habitudo* vel *relatio;* recte quidem, nam quum omne quantum dupliciter considerari possit, vel ut certam quandam absolutam sui generis extensionem (absolutam, inquam, et ex intrinsecâ naturæ suæ proprietate determinatam) habens, vel quatenus cum alio quanto collata certo versus ipsum modo se habet; cujusmodi comprehensio menti nostræ deserviat, ad quantitatem ejus absolutam melius concipiendam, et aliis enunciandam; certo modo, dixi, se habet, hoc est, ut vel ei penitus congruat et æquetur, vel inæquale sit ratione quadam peculiari, quæ per numeros (hoc est, symbola quantorum in æquales partes divisorum connotantia) vel per aliorum quantorum eodem modo se habentium expositionem, nobis utcunque nota reddatur et æstimabilis: (Ignoscite quæso vos rem explicatu perdifficilem, et subtilitate suâ mentis attentissimæ cogitationi illudentem, crassiuscule laboranti illustrare:) hoc autem certo modo se habere versus aliud, alteri sic æquari, vel certâ ratione quadam inæquale esse dicitur (ex instituto dicitur, consensuque magistrorum rebus in hac scientiâ consideratis nomina præscribentium) hanc vel illam ad alterum rationem habere; et respectus ipse talis abstracte sumptus ratio nuncupatur, quæ proinde merito relationum classi seu categoriæ accensetur: liquet enim ipsa quanta hoc pacto considerata fore *τὰ πρός τι*, referri ad se mutuo, cuncta subire, quæ relatis et correlatis assignant Logici; unde prima *τῶν πρός τι* desumpsit hinc exempla Philosophus, cum in Metaphysicis tum in Logicis: Οἷον (inquit) *τὸ μεῖζον τοῦθ' ὅπερ ἐστιν ἑτέρου λέγεται· τινὸς γὰρ μεῖζον λέγεται· καὶ τὸ διπλάσιον τοῦθ' ὅπερ ἐστιν ἑτέρου λέγεται· τινὸς γὰρ διπλάσιον.*

Nihilominus tamen hoc nomine mirificus iste Matheseos hodiernæ castigator nostras, Euclidem sugillat inclementissime et irreverentissime. *Rationis*, inquit, *definitio* (hanc innuens Euclideam) *satis inepta.* Iterum, *Id quod Euclides insignificanter dixerat.* Adhuc, *Fieri potest ut Euclides non satis ipse perspexerit rationis naturam; imo fieri aliter non potest, cum*

Hobbes's railing objection against σχέσις.

definierit rationem per *ποιὰ σχέσις*[1]. Denuo censet Euclidem hoc loco tussiisse, hoc est, cum nihil haberet quod ad rem diceret, sonum mentis vacuum edidisse.

Sed bona verba; quæ causa tam tragice sæviendi? quia scilicet *ὁ στοιχειωτὴς* rationem per *σχέσιν* definivit; *σχέσις* autem quod tu capere potes, aut vis, nihil significat: quid facias hoc homine? ipse rationem, teste seipso ac judice, vere sicut omnia et accurate definit, hoc modo, *Ratio est relatio antecedentis ad consequens secundum magnitudinem*[2]. Ratio est relatio; quid aliud cogitavit aut voluit Euclides? quis ejus unquam mentem aliter cepit?

Sed pro jure suo vult hic ordinis Dictatorii vir non tantum ipse loqui, sed alios loquentes intelligere suum ad modum et arbitrium; adsumit sibi (quis enim prohibeat?) vocabulorum peritissimus faber, animi sui sensum præter morem efferre, sed nec eo contentus adrogat sibi potestatem, alienas quoque sententias contra commune suffragium et receptissimum usum interpretandi. *Σχέσις*, quando sic ipse jubet et statuit, *habitudinem* significare debet; *habitudo* vero nihil, quicquid alii plerique reclament mortales, ista vocabula certos ad sensus suos designandos adhibentes. Grammatici congruentiam istam seu connexionem inter substantivum et adjectivum, nomina intercedentem, *σχέσιν ὀνομάτων* vocant. Theologi disputant an imagines sint adorandæ *σχετικῶς*, hoc est, propter *σχέσιν* seu relationem quam obtinent ad prototypa quæ repræsentant. Illas quæ cognatos et affines versantur relationes, ex naturæ conjunctione vel mutuis pactionibus oriundas, communis sermo *σχέσεων* designat appellamento. Plaustra liceret exemplorum invehere; sufficiat probatissimi unius Grammatici luculentum testimonium: Ἡ *σχέσις* (inquit Suidas) *ἐπὶ τῶν πρός τι λέγεται, οἷον πρὸς πατέρα υἱὸς, πρὸς φίλον φίλος· ταῦτα γὰρ καὶ ἔχει καὶ ἔχεται ἀπ' ἀλλήλων, διὸ καὶ σχέσεις προσείρηνται· πρὸς δέ τι εἰσὶν καὶ τὰ κατὰ σύγκρισιν λεγόμενα, οἷον μικρὸν, μεῖζον, διπλάσιον, καὶ ἐπιστήμη, καὶ αἴσθησις*. Non igitur vocabulum *σχέσις* prorsus insignificans et sensus

[1] Pag. 44, 100, 88, 82. [2] Pag. 45.

Hobbes says it means *habitude*, which he says is absurd: answered.

expers est, at certe quiddam apte satis notat, nec aliud plane quam ipsam relationem.

Sed quæro (inquit adversarius) *quid est quod hoc loco habet, quid quod habetur? Et an ratio dicatur habitudo, ab eo quod ipsa habet aliquid, vel ab eo quod habetur? Et siquidem habet quid sit quod habet, sin habeatur a quo habetur. Quæ omnia sunt inepta*[1]. Ad quæ regero, quum ab ipso ratio dicitur relatio, sciscitor et ego quod sit isthic quod fertur aut refertur, unde vel quo fertur; qui motus isthic inter terminos duos comparatos reciprocatur. Scilicet reverâ non vacat ineptiâ vocabulorum vires et significatus strictâ severâque lege solis ex etymis colligere vel adstruere, qui potius ab utentium consuetudine consensuque, cui suam unice significandi vim ac potestatem debent, accipiendi sunt et approbandi.

Quanquam cum τὸ ἔχειν innumeris modis usurpetur, nihil usitatius sit Philosophis, quam eo relationem et respectum τῶν πρός τι denotare. Aristoteles in Categoriis, Ἔστι δὲ τὸ εἶναι τοῖς πρός τι ταὐτὸν τῷ πρός τι πῶς ἔχειν. *Relationum essentia consistit in hoc, quod ad aliquid se certo modo habeant, vel quodammodo sint affecta.* Illud autem *habere* fundamentum innuit verum et reale quod habetur et reperitur in terminis singulæ cujusque relationis, propter quod vel secundum quod se mutuo respiciunt.

Habetur v. g. (quo plenius respondeatur adversario) determinata quantitas in terminis cujuscunque proportionis, propter aut juxta quam una comparatur cum aliâ; unde forma loquendi frequentata Geometris, nec ab ipso non animadversâ, quæ rationum similitudines explicantur per ὡς ἔχει, οὕτως ἔχει· *Ut se habet* A *ad* B, *ita se habet* C *ad* D.

Non igitur delirat Euclides (is cui tot seculorum communi voce toties acclamatum est, nusquam erravit) sed ejus censor insolenter cavillatur; non is insignificanter scribit, ast hic oscitanter legit; non ille rationis naturam minus perspexit, at hic rationem explicantis verba pervertit; non denique tussit Euclides,

[1] Pag. 45.

In Greek writers σχέσις is relation.
Confusion made about σχέσις by Nicomachus.

sed ὁ δεῖνα inverecunde crepat: omnino sane dignus, cui talionem quis remetiatur, et illud increpet Euripideum.

Ἐπεὶ τὰ μὴ καλὰ
Λέγειν ἐτόλμας, πλῆθε καὶ τὰ μὴ φίλα.

Sed illum soleo nimium morari; (unum obiter adnotabo, quod Nicomachus Gerasenus in Musicis, quâ ratione vel authoritate fretus nescio, ordine permutato σχέσιν habet pro specie, λόγον pro genere; Σχέσις, inquit, λόγος (ἐστὶν) ἐν ἑκάστῳ διαστήματι μετρητικὸς τῆς ἀποστάσεως[1].)

2. Post genus in accidentium definitionibus subjecta proxime spectari debent, in relationibus qui dicuntur termini. Hinc adverto proxime τὸν στοιχειωτὴν, cum Geometricæ materiæ dicaret Elementum, magnitudinem solummodo rationum definiendam suscepisse. Hinc habetur μεγεθῶν, pro quo, siquidem ratio generalissime definienda esset, substitui deberet τῶν ποσῶν aut τῶν ὅρων· sicut apud Theonem Smyrnæum, Λόγος δέ ἐστιν ὁ κατ' ἀνάλογον δυοῖν ὅρων ὁμογενῶν ἡ πρὸς ἀλλήλους ποιὰ σχέσις[2]· et Nicomachum in Arithmeticis, Λόγος ἐστι δύο ὅρων πρὸς ἀλλήλους σχέσις[3].

Reprehendit autem auctorem nostrum Ramus hac de causâ, quod magnitudinum rationem seorsim definierit, quum ratio convenit omnibus rebus: *Elenchus* (inquit) *toto libro perpetuus est Logicæ et Arithmeticæ, ad posteriorem materiam de magnitudinibus alligatæ*[4].

Respondeo primum, saltem ab hoc ipso censore majorem committi elenchum, qui rationem numeris alligat, materiæ æque speciali et minus aptæ: *Altera* (inquit) *quantitatis comparatio est e numeratione conjuncta, et dicitur ratio, quæ spectatur quotiens consequens in antecedente contineatur*[5]. Quasi vero quantitatis omnimoda comparatio numerationi subderetur, numeris conveniret omnis ratio, vel numeris exprimi posset. Satis constat, nec

[1] Nicom. *Mus.* lib. I. p. 24. [2] Cap. 19. [3] Lib. II. p. 62. [4] *Schol.* 13. [5] *Arith.* II. 2.

---

(2) Next to the genus in a definition we have the subject—the relation of two *magnitudes*.

Ramus's objection that magnitude is too narrow a subject: answered:
1. He is wrong in confining ratio to numbers.

ipse diffitetur, rationes quasdam dari ἀλόγους et ἀῤῥήτους, surdas et numeris inexplicabiles; at nulla datur in universum ratio, quæ in cujusvis generis magnitudinibus nequit exhiberi. Numerus igitur ineptius adsumitur pro rationis adæquato subjecto; magnitudo multum aptior est, utpote cui nullus rationis modus, nulla species non convenit.

Secundo respondeo, cum (ut jam olim abunde mihi videor comprobâsse) magnitudo sit præcipuum et solum proprie dictum genus quantitatis, et reliqua non nisi κατὰ σχέσιν, κατὰ μετοχὴν, κατ' ἀναλογίαν, adeoque non nisi secundario quantorum attributa sibi vindicent, cumque nos id bene doceat Philosophus, id rationem exigere talium, τῶν πρὸς ἓν, vel analogorum, ut quæ primaria sunt eorum respectu communia symptomata seorsim, et imprimis definiantur (Ἀποδοτέον πρὸς τὸ πρῶτον ἐν ἑκάστῃ κατηγορίᾳ πῶς πρὸς ἐκεῖνο λέγεται· et, Ὁ πρώτως καὶ ἁπλῶς ὁρισμὸς τῶν ἄλλων ὁμοίως ἐστὶ, πλὴν οὗ πρώτως[1]), hinc merito magnitudinum ratio primum definitur et separatim, eique primario conveniens definitio nil obstat, quin ad aliorum quantorum rationes analogice transferatur. Et sane quicquid magnitudinum rationibus vere tribuitur, et de iis demonstratur, id quantorum omnium rationibus exacte congruit; quatenus omnia quanta prout ipsam suam absolutam quantitatem, ita respectivam quoque consequenter a magnitudine dependentem et determinandam habent.

Respondeo tertio, elementi V. conditorem, cum (sicut paulo jam ante insinuatum) magnitudinum rationes rebus Geometricis illigatas, sibimet unice proponeret excutiendas, ideo satis habuisse si duntaxat ipsarum naturam aperte profiteretur exponere. Scientiarum omnium particularium Magistris hoc in usu positum est: Grammatici modos et tempora describunt tantum, ut verborum flectionibus adsignificata: Rhetorici tropos et schemata, non ut rebus omnibus, sed ut dictionibus et sententiis convenientia: Ethicus virtutes definit, non ut ipsis comprehendantur,

[1] *Met.* III. 2; VII. 4.

---

2. Magnitude is the principal case of proportion: the other cases are accessory.

3. The definition is fit for the particular science of Geometry.

quas Plato toties prædicat, equorum canumque virtutes, sed humanas tantum, et τὰς μετὰ λόγου ποιητικάς· Musici rationes et diastemata non omnium explicant quantorum, sed τῶν φθόγγων, hoc est, sonorum ἐμμελῶν· ne plura, disciplinæ quæque particulares hoc sibi juris adsumere solent, ut vocabulorum quibus expedit uti, laxiores alioquin significatus ad suam specialem deducant, ad substratam sibi σκέψιν adaptant astringantque terminos suos, quatenus usurpant, eatenus definiunt aut describunt, cum aliis de causis, tum perspicuitati præsertim studentes, sed et aliquatenus consulentes brevitati; eo scilicet vitantes, ne aut generalem quandam a suo proposito maximâ ex parte sejunctam doctrinam aliunde cogantur repetere, vel dicendorum intelligentiæ conducentem explicationem omittere.

Quod si Logicæ Ramæanæ legibus minus ad amussim congruat hoc, non ideo rationis ipsius adversatur decretis, aut culpæ obnoxium est; nam ex illis vel aliis quibuscunque Logicis præscriptis agere summo jure, summa versus authores bonos, et ipsas versus artes injuria sit. Quin aliud est totam Philosophiam in unum corpus compingere, aliud particulares scientias tradere; isthic ordo rerum, et concinna brevitas, hic dictorum claritas, facilitas, firmitas potissimum attenduntur; ubivis interest doctrinam ad discentis captum accommodari. Sed nimis excurro.

Porro, responderi posset cum nonnullis, quod τὸ μέγεθος sic accipi possit, ut omne quantum designet, per istius vocabuli levem quandam et satis vulgarem κατάχρησιν. Nam si numerus sæpe magnus dicitur, et pondus magnum, et magnum tempus, quidni res istæ quatenus quantæ dicantur aliquo modo μεγέθη; et sic elementaris definitio directe satis ad omnia quanta pertendatur? Verum Euclidis contra Ramæanam oppugnationem defensioni satis datum: pergo.

3. Annoto tertio, cum magnitudines etiam heterogeneæ possint aliquo modo secundum aliquid inter se comparari, vel se mutuo respicere; linea nimirum superficiem respiciat, et superficies corpus, quatenus superficies ad lineam παραβάλλεσθαι (vo-

---

This is enough, whatever Ramæan Logic may say to it.
Magnitude may mean any quantity.
(3) Relation of magnitudes of *the same kind.*

cabulum est Euclideum) applicari potest velut ad latus ipsius, et corpus ad superficiem tanquam ad basin cui insistat; utque sit linea superficiei perimeter, et superficies corpus ambitu suo claudat; potest et linea quoad unam dimensionem superficiei, superficies quoad duas corpori coextendi, ac eatenus ista cum his comparari: neque non quoad communes alias affectiones, inter istiusmodi quanta genere diversa, compluribus modis institui possit comparatio qualiscunque; a quibus tamen collationibus emergentes respectus admodum discrepant ab hoc, juxta quem homogeneæ magnitudines ad se referuntur, modo quem hic intelligit, definitur; eapropter ad excludendos istos, quæcunque magnitudines inter heterogeneas versari possunt relationes, assignat proprios relationis a se designatæ terminos, adæquata rationis *ὑποκείμενα*, limitibus suis circumscripta per adjectum *ὁμογενῶν*. Sola scilicet homogenea quanta rationem habere dicuntur, quia solæ sunt æqualitatis et inæqualitatis capacia, sola mutuum excessum atque defectum admittunt, et his adjuncta symptomata Geometricis speculationibus substrata: sed de hac re jam ante satis ubertim est dissertatum.

Neque magnopere Ramum morabor hic sane nullâ cum rationis specie nos vellicantem: *Imo vero* (inquit) *ratio ista quam sibi definiendam proponit Euclides æqualitatis et inæqualitatis, communis est omnium rerum, lineaque superficiei corporique comparari potest*[1]. *Sic lib.* XIV. *Elementorum comparantur corpora, superficies lineæ inter se; et sic lunula Hippocratis quadratur, et anguli obliquilinei rectilineis æquantur.* At vero præter hunc censorem (ansas ut videatur arripientem omnes, et undicunque causas aucupantem lacessendi veteres illos scientiarum Magistros, quos tamen æquum esset non absque gravissimâ causâ reprehendere, sicubique manifeste cespitaverint, mitius cum iis agere deceret nos, tantorum inventorum illis debitores;) præter hunc, inquam, quis istiusmodi comparationes linearum cum superficiebus et corporibus, quales in 14 tractantur elemento, ad rationum naturam cogitavit pertinere? Cum pentagoni vel decagoni, pyramidis aut octaedri regularium latera qualiter affecta

[1] *Schol.* 13.

Ramus's objections: answered.

sint inter se, vel erga radium circuli aut sphæræ, quibus inscribi possunt istæ figuræ, investigatur; quis unquam censuit istas rectas lineas, seu latera figurarum, cum ipsis figuris suis quoad rationem comparari? neminem existimo eo imperitiæ accessisse. Id tamen vult Ramus aut nihil, ad rem certe nil aliud quantum assequor intelligere potest. Quis etiam unquam, illo supposito, lunulam Hippocratis, figuram nempe planam terminatam quadrato, vel alteri cuivis figuræ planæ censuit heterogeneam? Quidni pari jure protulisset exemplum magis obvium sphæram cum cono vel cylindro comparantem, hoc est, corpus unicâ rotundâ superficie comprehensam cum corpore mixtâ superficie concluso? Nempe quid sit homogeneum et heterogeneum, saltem quid per ista vocabula perpetuo significant Geometræ, noluit intelligere, noluit ὁμογένειαν et ἑτερογένειαν ab ὁμοειδείᾳ et ἑτεροειδείᾳ, distinguere.

4. Sed abhinc transeo, et adnoto quarto, quod cum etiam homogeneæ magnitudines, quoad ipsis accidentia multa, comparari queant (quoad speciales puta nonnullas proprietates suas, quoad situm, quoad localem distantiam, quoad ipsarum diversimodas qualitates; addo cum vetere Scholiastâ, quoad valorem, seu pretium, κατ' ἀξίαν (διττὸς γάρ, ait, ὁ λόγος ὁ μὲν ἐν ἀξίᾳ, ὁ δ' ἐν ποσῷ), ut e.g. duæ lineæ secundum rectitudinem aut curvitatem similiter aut dissimiliter se habere possunt; una præsto sit, altera viginti stadiis abhinc semota; una sit alba, altera nigra; cum tamen hujusmodi relationum nulla significetur hic, iis secludendis adjungitur κατὰ πηλικότητα, fundamentum scilicet indigitans hujusce relationis. Ad relationum quippe naturam explicandam post genus expressum, et terminos rite constitutos, fundamentum proxime subjiciendum est, formalem ejus rationem ultime complens, et differentiæ, quam Logici vocant, essentialis vice defungens. Κατὰ πηλικότητα, quoad quantitatem, hoc est, quoad magnitudinis suæ determinationem, vel magnitudinem ipsam determinatam; saltem secundum quod quæritur *quantæ* sunt, et respondetur *tantæ*. Nam μέγεθος πηλίκον, cui relative opponitur πευστικόν hoc πηλίκον, nil videtur

---

(4) Relation of magnitudes *in respect of quantity:*
κατὰ πηλικότητα: πηλίκος, interrogatively, *how great?* answering, *so great.*

aliud denotare quam magnitudinem ipsam, quatenus per suam (ut ita loquar) singularitatem determinatur in se, et ab aliis quantis distinguitur. Causa vero propter quam aliqua magnitudo, vel potius aliquod magnum (plerumque enim confunduntur nomina concreta et abstracta) tali modo refertur ad aliud magnum non alia concipi potest, quam ideo quod absolute tantam in se magnitudinem habet; sicut universim omnis relatio fundatur in aliquo absoluto.

Unde non admodum probo, quod *κατὰ πηλικότητα* nonnulli exponunt, secundum quod unum alterius tantuplum est, vel secundum tantuplicitatem (ejusmodi nempe vocabula nihil verentur confingere, *δυσκατάληπτον* nescio quid significantia). Præterquam enim v. c. quod non bene sonet hujusmodi definitio duplæ rationis, relatio duorum quantorum secundum duplicitatem, videtur tantuplicitas intrinsece continere vel connotare relationem quandam; at vero relationum fundamenta non sunt relationes, nec relationem implicant, at res absolutæ sunt, propter aut secundum quas relationum termini ad se referuntur. Male diceretur, opinor, hoc ei simile est, quia similiter affectum; at bene, quia calidum est vel album; seu propter calorem et albedinem qualitates absolutas: sic et æquale dicitur hoc illi, propter vel secundum utriusque magnitudinem absolutam, et propter eandem hoc illius tantuplum aut totuplum.

Nec eâdem de causâ mihi perplacet illa Clavii interpretatio, *Secundum quantitatem, hoc est, secundum quod una major est quam altera, vel minor, vel æqualis.* Non: æqualitas, majoritas, minoritas, sunt vocabula quoque relativa, nec idonea proinde relationi fundandæ. Quinimo cum ratio definitur, ipsæ aliquatenus et virtualiter æqualitas, majoritas, et minoritas, utpote sub ratione seu genere suo comprehensæ, definiuntur. Unde male collocari videntur in ipsius rationis definitione. Non improbo tamen, et dignam existimo quæ memoretur observationem Græci Scholiastæ, qui *κατὰ πηλικότητα* potius quam *κατὰ ποσότητα* consulto positum autumat, quia non omnes rationes numero exprimi possunt, nec omne quantum alterius ullo comprehensibili

---

κατὰ π. is not according to *tantuplicity,* as some say.
Clavius's interpretation rejected.
Why *πηλικότητα* rather than *ποσότητα.*

modo totuplum est: Ἐπεὶ μὲν (ait) τῶν ἀριθμῶν πᾶς λόγος ῥητὴν ἔχει ποσότητα· ἐπὶ δὲ τῶν μεγεθῶν ἐστί τις λόγος, ὃς οὐ δύναται ῥηθῆναι ἀριθμῷ, διὰ τοῦτο προσέθηκεν ἐν τῷ ὁρισμῷ τοῦ λόγου τῶν μεγεθῶν τὸ κατὰ πηλικότητα· ὁ μὲν γὰρ ῥητὸς καὶ κατὰ πηλικότητα καὶ κατὰ ποσότητα ἐστὶν, οὐ πάντως δὲ ὁ κατὰ πηλικότητα καὶ ῥητός· hoc est, *Noluit Euclides quantorum rationem fundari ἐν τῇ ποσότητι (in ipsorum quotitate vel quotuplicitate) quia non omne quantum alterius est ποσόν, toties ipsum continet, aut continetur in ipso, vel perfecte vel imperfecte, secundum se, vel secundum quaspiam ipsius partes aliquotas; sed κατὰ πηλικότητα, quia saltem omne quantum determinatum in se quantitatem habet, juxta quam cum altero et ipso determinate quanto comparari potest.*

Sed objectatur huic definitioni sic expositæ, quod æque conveniat isti quantorum relationi, quæ differentiam innuit ipsorum τῇ κατὰ τὸ ὑπερέχειν καὶ ἐλλείπειν σχέσει· Nam et illa vere dicitur relatio quædam duorum quantorum ejusdem generis *κατὰ πηλικότητα*. Respondeo primum, cum *κατὰ πηλικότητα* dicitur hic, subintelligi *αὐτῶν*, secundum ipsorum terminorum quantitatem. At relatio differentiam innuens non videtur in ipsorum comparatorum quantitate fundari, sed in quantitate tertii cujusdam, excessus scilicet, seu quanti absoluti, quo antecedens exsuperat consequentem, vel ab eo deficit. Ejusmodi nempe relatio quæ versatur inter 10 et 5, fundari videtur in binarii quantitate, non in ipsorum 10 et 5 numerorum quantitate. Nam relationem istam satis indicat, exprimitque solitarius iste terminus, exhibitus nempe numerus binarius; at Geometrica ratio non nisi duobus terminis, explicite potius, aut mente saltem intellectis, exprimi potest.

Agnoscit hoc doctissimus vir in suâ contra Meibomium Diatribâ, *Differentiam illam dicimus* (inquit) *non quidem Arithmeticam rationem esse, proprie loquendo, aut etiam ipsius rationis essentiam, sed fundamentum istius relationis, quæ dicitur ratio Arithmetica*[1]. Quo dicto solvit suam ipsius exceptionem contra definitionem Euclideam nostro modo expositam.

[1] Pag. 41.

Objection to this account. Answer.
Wallis against Meibomius.

Hoc etiam observâsse videtur Aristides Quintilianus, quum Geometricas et Arithmeticas quantorum *σκέψεις* ita distinguit; *Διττοῦ ὄντος τοῦ ποσοῦ, τοῦ μὲν συνεχοῦς ἐπιστάτις οὖσα γεωμετρία, κατὰ μέγεθος ποιοῦσα τοὺς λόγους ὅλα μέρεσι τῶν αὐτῶν συγκρίνουσα· τὸ δὲ διαστηματικὸν ἀριθμητικὴ γνωματεύουσα, μερίζουσα τὸ ὅλον, τὰς τῶν μερῶν πρὸς ἄλληλα ποιεῖται συγκρίσεις.* Quæ verba satis obscura sic accipio, *Ratio Geometrica comparat inæqualia duo quanta, hoc est, totum et partem, secundum suas ipsorum quantitates; at ratio Arithmetica quantorum inæqualium differentias spectans consequentem terminum, et excessum considerat ut partes antecedentis.*

Sed respondeo secundo, forsan Euclides, cum veterum aliis antea citatis, istam Arithmeticam quantorum *σχέσιν* non agnoverit, saltem a Geometris nullam habendam ejus rationem censuerit; satisque proinde visum ei fuerit, si definitio sua congrueret omnibus et solis istis quantorum *συγκρίσεσι*, quas secundum quantitatem instituunt Geometræ. Nam quantorum dimensionibus et aliis, quoad speciem et situm determinantibus, qui Geometræ scopi præcipui sunt aut soli, sufficere videtur istius relationis consideratio. Nec aliam fere vulgus ipsum quantorum concipit relationem: etenim cum vulgo quærunt homines quantum est hoc vel illud, nihil inquirunt aliud, quam quoties id continet statam aliquam et familiariter sibi cognitam mensuram, vel quoties in illâ continetur, hoc est, ejus ad hanc mensuram exquirunt rationem Geometricam.

Addo tertio, quod relatio secundum differentiam, cum exprimitur numero comparatorum terminorum aliquem denominante, vix reipsâ differat a ratione Geometricâ. Ut cum dico B excedit A per $3A$, idem est ac si dicerem B est quadruplum *τοῦ* A, vel ad A referri sicut 4 ad 1. Aut si dicerem B excedere A unâ tertiâ ipsius B, perinde est ac si dicerem, et hinc facile consectatur, B esse sesquitertium ipsius A, vel habere se ad A ut 3 ad 2. Ac huc forte respexerint, qui rationem consistere dixerunt

---

Aristides Quintilianus on the differences of Geometrical and Arithmetical speculations.

Euclid did not intend to include more than geometrical ratio.

This agrees with the usual mode of reckoning differences.

in quantorum differentiâ comparatâ cum utrovis quanto; qui tamen loquendi modus admodum in se difficilis est et obscurus, errorumque ferax gravissimorum, ut videre est ex iis quæ contra Hobbium[1] et Meibomium disputat eximius vir; quorum igitur rationes explicandi modum nec probo nec defendo. At saltem dico relationem quantorum quoad differentiam, siquando pro determinandis quantorum mensuris considerantur a Geometris, eam ut ab illis adhibetur plerumque cum Geometricâ ratione tantundem innuere. Quapropter eam neglexerit Euclides ut vel parum utilem, vel ut minime diversam a ratione Geometricâ.

5. Sed progredior advertendo quinto, voces in definitione positas πρὸς ἄλληλα communiter exponi *mutuo* vel *ad se invicem*, quo significari videtur reciprocatio quædam, et alterna relationis hujusce permutatio, terminis ita transpositis, ut nunc sit antecedens, qui modo consequens fuerat; quæ quidem interpretatio mihi non arridet, utpote quandam ipsi definitioni absurditatem impingens. Enimvero si terminis transpositis alternetur aut invertatur comparatio, exsurgunt duæ relationes admodum inter se diversæ. Ut v. g. lineæ tripedalis ad pedalem relatio est relatio tripli ad unum, vel ratio tripla; sed inverse relatio lineæ pedalis ad tripedalem est relatio unius ad triplum, vel subtripla ratio, quas rationes denominantium numerorum unus alterius nonuplus est. ($\frac{1}{3} = \frac{1}{9} \times 3$). Igitur πρὸς ἄλληλα potius interpretor unius ad aliam, vel alterutrius ad aliam.

Voluit enim proculdubio, certissime debuit, unam simplicem unius magnitudinis ad aliam, non duas simul rationes sibimet inversas definire. Quia vero nihil intererat utra magnitudo præcedentis, in hâc comparatione, vel consequentis locum occuparet (quandoquidem indiscrete quævis magnitudo ad quamvis alteram homogeneam rationem obtinet aliquam), ideo posuit πρὸς ἄλληλα, quo significatur ἀδιαφορία quædam, quoad situm et ordinem terminorum. Si nempe comparentur inter se duæ quælibet magnitudines homogeneæ quoad quantitatem, quæcunque ponatur antecedens, ejus ad alteram relatio dicitur ratio.

[1] Hobb. *de Corp.* cap. XI. § 3, 5; XII. § 8; XIII. § 1.

---

(5) Relation of magnitudes *towards each other.*
This does not mean *mutual* relation,
But relation of one to the other.

Neque respuit hanc interpretationem vocabulum ἄλληλον, vel ad rigorem primævæ notionis exactum, sed potius favet et juvat. Nam ἄλληλον ex origine denotare videtur ἄλλο ἢ ἄλλο, aliud vel aliud disjunctive; non ἄλλο καὶ ἄλλο conjunctim. Sed nolo diutius hic κριτικίζειν.

6. Unicum sexto restat excutiendum vocabulum ποιά, de cujus jam ambigitur significatu. Ποιὰ σχέσις verti solet relatio vel habitudo quædam; sed hanc interpretationem nuper e nostratibus egregius quidam Mathematicus improbat, et nescio quid abstrusioris mysterii sub involucro delitescere suspicatur adjecti ποιά[1]. Mavult pro quædam substitui qualitativa, hoc est (ut ipse explicat), quæ ad qualitatis prædicamentum spectet, ideo scilicet quia ratio cum indicatione vel situ partium figurarum speciem et qualitatem detérminat. Rejicit autem interpretamentum vulgare, quia vox ποιός (ipsius verba sunt) ex usu perpetuo qualitatem respicit; neque tam indefinite aliquam quam aliqualem, seu potius qualitativam habitudinem hic innuit, quæ nempe prædicamentum qualitatis spectat. Subjungit autem, Et quidem in accuratâ definitione nullo modo ferendum videtur, ut ratio definiatur indefinite ratio quædam, sed determinandum erat, quænam relatio. Porro, cum responderi possit satis determinari relationem ex præcedentibus, præsertim ex adjectâ conditione κατὰ πηλικότητα· negat hoc sufficere, quia datur alia relatio quantitatem ex æquo spectans, nempe toties memorata relatio secundum differentiam, quæ tamen ut censet, non est ποιὰ σχέσις.

Sed hanc ego tam subtilem expositionem non facile tamen adducor ut credam ipsius στοιχειωτοῦ sententiæ consentaneam. Nam primo duriusculum est, ut ποιός significet ad qualitatem spectans, vel qualitatis potius (secundum ipsius doctissimi viri sententiam) effectivus seu determinativus. Valet equidem ποιός apud Aristotelem et alios passim idem quod qualis, vel aliquâ quantitate præditus (ut qui habitu quovis, aut potentiâ, vel passione afficitur, ab eo denominatur ποιός τις) at qualificativus vel qualificus (sic enim expositioni suæ congruentius vertisset, quam

[1] [Wallis] *Arithm.* c. 25, *contra Meib.* VII. Ἑαυτοντιμ. pag. 60.

---

(6) A *certain* relation (ποιά).
Wallis thinks σχέσις ποιά is *a qualitative habit.*
Refuted.

qualitativus) nusquam ut puto; ad id denotandum rectius adhibeatur ποιώτικη (nam ποιοῦν est talem reddere) vel explicatius τῆς τῶν σχημάτων ποιότητος διοριστική. Igitur loquendi modum attribuit auctori satis improprium, inusitatum, obscurum, adeoque definitionum legibus et naturæ nimis incongruum.

Addo quod ab intrinsecâ rationis naturâ videatur satis remotum, eique tantum ex accidente competere, quod nonnihil aliquando conferat ad figurarum speciem, seu qualitatem determinandam. Non in solis figuris consideratur, at sæpius extra illas, nec aliter illarum determinationi inservit, quam magnitudinum quarundam, linearum nempe vel superficierum quibus ambiuntur figuræ, quantitates prius determinando. Non igitur verisimile videtur, definitiones auctorem huc attendisse, quum definitiones necessaria tantum, universalia, ac primaria notionum attributa complecti debeant.

Et quod ad rationis prædicamentum attinet, ipsa simpliciter ad relationem pertinet, respective vero propter terminos comparatos ad quantitatem (semper enim illi sunt res quantæ quatenus quantæ) reducatur, magisque propter fundamentum suum, quod est absoluta quæpiam quantitas, ut supra dictum.

Vulgo dicitur et quantitatis proprietatibus accensetur, quod ab illâ res dicuntur æquales et inæquales, hoc est, una alterius simpla, dupla, tripla, etc., hoc est, erga alteram tali ratione affecta. Ergo potius ratio est σχέσις quantitativa, sicut similitudo, quia fundatur in aliquâ qualitate, dici solet relatio in qualitate, seu qualitativa. Absonum vero plerisque ni fallor auribus foret dici, relatio qualitativa secundum quantitatem; nam si secundum quantitatem, ergo quantitativa potius quam qualitativa.

Præterea, quod non ut pertenditur vox ποιός etiam in definitionibus posita semper qualitatem aliquam proprie dictam, at vero sæpius meram particularitatem, hoc est, generalis vocabuli restrictionem indefinitam, designet, (eo pacto ac si homo definiretur, *animal quoddam ratione donatum*, ubi *quoddam* innuit

---

Rather, a *quantitative* relation.
But better, a *certain* relation.
The word ποιός is used in definitions.

tantum, confuse quidem et indistincte nullos certos limites assignando, hominis nomen sub animalis nomine contineri, nec ei penitus adæquari,) quod, inquam, ita se res habeat, innumeris adstrui possit exemplis prostantibus apud veteres etiam Mathematicos. Ita Theon analogiam definit, Ἀναλογία δέ ἐστι λόγου ἡ πρὸς ἀλλήλους ποιὰ σχέσις[1], rationum inter se habitudo, non qualitativa opinor, quæ enim isthic intervenit qualitas? at quædam saltem. Musicæ harmoniæ genus (γένος) Aristides Quintilianus definit, ποιὰν τετραχόρδου διαίρεσιν[2], non qualitativam credo significans divisionem nescio quam, at certam aliquam: quum scilicet tetrachordum innumeris modis dividi possit, genus tamen Musicum non omnescunque sectiones istæ, sed certæ quædam constituunt; una scilicet aliqua genus diatonicum, alia chromaticum, tertia enharmonicum. Consonat Euclides, Γένος (inquit) ἐστι ποιὰ τεττάρων φθόγγων διαίρεσις. Idem Aristides, Ἡρμοσμένον δὲ ἐστι τὸ ἐκ φθόγγων, καὶ διαστημάτων ποιὰν τάξιν ἐχόντων. Ποιὰν τάξιν, ordinem quendam, non ordinem opinor qualitativum. Nicomachus in Enchiridio διάστημα definit, ὁδὸν ποιὰν ἀπὸ βαρύτητος εἰς ὀξύτητα ἢ ἀνάπαλιν[3]. Ejusdem est Thrasylli definitio, Ἐστι διάστημα φθόγγων ἡ πρὸς ἀλλήλους ποιὰ σχέσις[4]· ubi notabile est Arithmeticam ipsam rationem vel differentiam, quæ inter duos φθόγγους, seu sonos harmonicos intercedit, districte vocari ποιὰν σχέσιν, quia scilicet doctissimus vir solam quantitativam relationem agnoscit, et Geometricam rationem velut ei contradistinctam appellari censet ποιὰν σχέσιν, hoc est, relationem qualitativam.

Quia vero ferenda non arbitratur in definitionibus accuratis indefinita talia vocabula, dicendum est optimos saltem authores admisisse talia; præter mox adductos, unum citabo Euclidem, qui in Isagoge harmonicâ proxime contiguis duabus definitionibus inseruit vocabulum τις· Τόνος (inquit) ἐστι τόπος τις τῆς φωνῆς, δεκτικὸς συστήματος, ἀπλατής. Et dein, Μεταβολὴ δὲ ἐστιν ὁμοίου τινὸς εἰς ἀνόμοιον τόπον μετάθεσις. Ecce τόπος τις, ὁμοίου τινός. Non abhorruit is scilicet ab ejusmodi vocibus, neque certe meâ sententiâ abhorrere debuit. Nam in omni præ-

[1] Cap. XXI. [2] Pag. 16. [3] Lib. I. [4] Theon.

So τις is used in definitions.

dicatione vocabuli latioris de angustiore, generalioris de magis speciali, si non exprimitur, tacite saltem intelligitur restrictio quædam. Ut cum dicitur, *Homo est animal*, intelligitur *animal quoddam;* quodque subticetur in propositione directâ, redditur et expresse pronunciatur in conversâ, Quoddam animal est homo. Quod autem semper subintelligitur, id nonnunquam sine culpâ proferri potest, quare non video cur improbari debeant istiusmodi definitiones; homo est animal quoddam ratione præditum; triangulum est figura quædam plana tribus rectis lineis comprehensa; ratio est relatio quædam homogeneorum quantorum secundum quantitatem.

Quod vero definitionem hanc vulgari modo acceptam æque convenire putat Arithmeticæ rationi, a quâ tamen distingui debuit; ad id jam ante *προληπτικῶς* responsum est, cum quid sit *κατὰ πηλικότητα* referri conati sumus explicare. Nunc tantum adjiciam, elementatori hac in definitione tradendâ non aliud forsan propositum fuisse, quam ut methodi plenioris aut ornatus qualiscunque causâ, præludens scilicet accuratioribus istis Ejusdem, Majoris, et Minoris rationis definitionibus mox subjungendis, generalem quandam et *ὁλοσχερῆ τοῦ λόγου* idæam discentium insinuaret animis per Metaphysicam hanc definitionem; Metaphysicam dico, nec enim proprie Mathematica est, cum ab eâ nihil quicquam dependeat, aut deducatur in Mathematicis, nec ut existimo deduci possit. Cujusmodi quoque censeri potest posthac tradita definitio, vel descriptio potius analogiæ; Analogia est rationum similitudo; quæ nulli Mathematico deserviat usui, nec alio opinor fine proponitur, quam ut per eam generalis quædam analogiæ notio, crassa licet et confusa, tyronibus indatur. Definitionibus autem exquisitis Mathematicis, mox ab illo subjunctis, tota rationum doctrina, tota res Mathematica subnititur; ad illas igitur potissimum attendi debet, per illas rationum doctrina perfectius elucescit; hæc et consimiles absque notabili Matheseos detrimento prorsus omitti possent: sicut in Elem. VII. factum videmus, ubi numerorum analogia definitur et pertractatur, nullâ tamen rationis numero competentis exhibitâ defini-

---

Euclid meant only to give a preparatory definition,
Which might be omitted.

tione; quamvis illic æque necessaria fuit et utilis definitio talis atque hic est; sed neutro loco magna fuit necessitas.

Quanquam haud credo rem ipsam adeo generalem et abstractam, eoque conceptu magis arduam et explicatu, definitionis esse capacem commodioris hac quam Elementator assignavit, quam ideo visum est uberius explicare; neque non ab oppugnantium captionibus asserere. Ubi pedem figo nunc; proximâ Lectione rationis ad species, et symptomata potiora gradum promoturus.

LECT. XIX.*

RATIONIS Geometricæ naturam utcunque delineavimus, definitionem ejus in elementis consignatam quà explicando quà asserendo. Aliter (*τυπωδεστέρως* quidem et *παχυλωτέρως*, at fortasse magis ad captum communem) declaretur hæc res dicendo, quod ratio sit modus determinatus, quo unum quodvis quantum continet aliud, vel ab eo continetur; idem vel persimilis ei modo, juxta quem unum alterius totuplum dicitur, aut alterum toties continere; vel esse talis pars vel tot partes alterius, aut toties in altero contineri; qui certe modus, quum collata quanta numeris efferri possunt, facillime comprehenditur a nobis; ut modus quo libra continet unciam nil innuit aliud, quam quod hanc illa duodecies contineat, vel ad hanc se habeat, sicut 12 ad 1, unde libra dicitur ad unciam sortiri rationem duodecuplam. Modusque quo longitudo pedalis in passu Geometrico continetur, nihil est aliud quam illam hujus esse partem quintam, vel ad eum se habere sicut 1 ad 5, quod significatur dicendo rationem pedis ad passum esse subquintuplum. Qui modus abstracto vocabulo quintuplicitas, aut (verbo veniam) quintuplitas (*πενταπλότης* aut *πεμπτασιότης*) exprimitur et enuntiatur.

Cum vero collata quanta (quoad absolutam suam quantitatem) talia sunt, ut numeris perfecte nequeant exprimi, saltem

---

* This lecture contains a classification of ratios as given by previous writers, but really rather philological than mathematical.

Ratios may be expressed as multiples.

If not accurately, approximately: as the circumference of a circle is 3$\frac{1}{7}$

intelligi potest, quod aliquo determinato modo illud continet hoc, vel in hoc continetur, aliter scilicet quam aliud quodvis illi inæquale continet, hoc vel in eo continetur; ac ita quidem ut iste continendi modus persimilis sit ei, quo numeris denominata quanta se continent, aut in se continentur respective; possitque simpliciter et ex parte rei semper numeris exprimi quam proxime. Sicut v. g. cum ratio peripheriæ circularis ad diametrum, nobis quoad ἀκρίβειαν ignorata, repræsentatur dicendo, quod peripheria sit diametri tripla sesquiseptima, hoc est, ter ipsam contineat et ejus unam septimam partem, apponendo *fere* vel *prope*. Sic et ratio diametri ad latus quadrati, quæ numeris exprimi præcise natura rei non patitur, potest utcunque numeris ad verum accedentibus repræsentari; dicendo quod diameter se habet ad latus, ut 1.4 ad 1 fere; vel propius, ut 1.41 ad 1; vel adhuc accuratius, ut 1.416 ad 1: et sic porro magis ad ἀκρίβειαν appropinquando.

Verum rationis naturam ulterius illustrare conabimur, primo species ejus et differentias exhibendo; (siquidem ad generum perfectiorem notitiam lucis plurimum et subsidii confert subjectarum specierum comprehensio, utpote quarum ex convenientiâ quoad essentialem aliquam proprietatem, constituantur et quasi generantur ipsa genera;) tum secundo, rationum accidentia quædam primaria (comparationes inter se, compositionem, continuationem, additionem, subtractionem, divisionem, reductionem exponendo) nec non interea quæstiones aliquas obiter incidentes in controversiâ positas, non parum ad cujusce materiæ dilucidationem conferentes, eventilando.

Quod rationis species attinet, ejus divisio naturalissime prima terminorum diversam affectionem consequitur hoc modo: antecedens rationis vel major est consequente, vel æqualis ei, vel minor eo; hinc tres rationis species subnascuntur: Ratio quanti majoris ad minus, æqualis ad æquale, minoris ad majus; communiter appellantur, Ratio majoris inæqualitatis, æqualitatis, et minoris inæqualitatis; possint autem simplicius et brevius nuncupari majoritas, æqualitas, minoritas; (nosque nominibus his eas

---

the diameter; and the diagonal of a square to the side as 1.4 to 1, or more nearly as 1.416 to 1.

We shall consider now the kinds, and the accidents of ratios.

Ratio of greater inequality, of equality, and of less inequality.

subinde brevitatis causâ designabimus;) nonnulli vero majoritatem et minoritatem vocitant rationem excessûs et defectûs; quæ vocabula nos quoque fortassis interdum adhibebimus.

Eodem recidit *διχοτομία* duplex, quum nempe ratio primo scinditur in rationem æqualitatis et inæqualitatis, tum porro subsecatur inæqualitatis ratio in rationem majoris et rationem minoris inæqualitatis. Quæ divisio proba satis et commoda; recteque Nicomachus, *Τοῦ πρός τι τοίνυν ποσοῦ δύο αἱ ἀνωτάτω γενικαὶ διαιρέσεις εἰσὶν ἰσότης καὶ ἀνισότης· πᾶν γὰρ ἐν συγκρίσει πρὸς ἕτερον θεωρούμενον ἤτοι ἴσον ὑπάρχει, ἢ ἄνισον, τρίτον δὲ παρὰ ταῦτα οὐδέν*[1].

Res ex se clarior est, quam ut exemplis illustrari possit aut debeat; unum tamen apponemus, ratio libræ ad unciam (vel numeri 12 ad 1) est majoritas, aut ratio majoris inæqualitatis, aut excessûs ratio, quoniam antecedens consequente major est. Ratio ponderis quadrantalis ad 3 uncias est æqualitatis ratio, quoniam antecedens adæquatur consequenti; ratio vero unciæ ad libram est minoritas, vel ratio minoris inæqualitatis, vel ratio defectûs, quia antecedens consequente minor est.

Nescio vero num attineat observare, quo devitetur ex ambiguitate pronascens error, quod nonnunquam apud scriptores Græcos ratio majoris ad minus dicitur *μείζων λόγος*, æqualis ad æquale *ἴσος λόγος*, et minoris ad majus *ἐλάσσων λόγος*· Theon Smyrnæus, *Τῶν λόγων οἱ μὲν εἰσὶ μείζονες, οἱ δὲ ἐλάττονες, οἱ δὲ ἴσοι*[2]· quas modo descripsimus innuens rationum species. Sed improprie proferuntur, et bene nobis cavendæ sunt ejusmodi locutiones; nam ratio major, æqualis, minor, frequentius et magis proprie designant ipsarum rationum inter se comparatarum respectus, non singularum absolute sumptarum rationum species.

Instantiæ causâ, comparando rationis dodrantis ad trientem, et bessis ad trientem; major est ratio dodrantis ad trientem, quam bessis ad trientem: (hoc est, major est ratio numeri novenarii ad quaternarium, quam octonarii ad eundem quaternarium). Sed rationis dodrantis ad trientem, et bessis ad trientem, simpliciter in se spectatæ, non bene dicuntur majores rationes, sed

[1] Lib. I. pag. 24. [2] Cap. 22.

Examples. Error in Greek writers. Examples.

majoritatis, aut excessûs, aut inæqualitatis majoris rationes, hoc est, rationes majorum quantorum ad quanta minora. Hæc est rationum prima divisio.

Aliter autem dividitur ratio; (vel inæqualitatis ratio, nec enim interest utrum ratio sic universim vel singillatim inæqualitatis ratio dividatur;) aliter, inquam, ratio dividitur, intuendo quantorum ista symptomata, nobis jam ante quadantenus explicata, symmetriam dico et asymmetriam. Nam quia terminorum inter se comparatorum aliqui symmetri vel commensurabiles sunt, hoc est, eodem quanto semel aut aliquoties accepto mensurari, complete dividi, penitus exhauriri, adeoque numeris accurate exprimi possunt; alii vero termini sunt asymmetri, vel incommensurabiles, hoc est, nullâ communi mensurâ mensurabiles, nullâ parte aliquotâ eâdem gaudentes, et proinde sic affecti, nullis ut numeris possint exprimi, vel perfecte repræsentari; hinc emergit divisio rationis in effabilem et ineffabilem, *λόγον ῥητὸν* et *λόγον ἄῤῥητον*.

Ubi tamen notandum quod hæ voces (*ῥητὸς ἄῤῥητος*) ab Euclide in Elemento x. paulo secius usurpantur; cum enim adverteret Euclides expositâ quâvis rectâ lineâ, (quam *ῥητὴν* vocavit, utpote quolibet ad arbitrium numero denominabilem vel effabilem,) cum illâ comparatas lineas in triplice differentiâ versari; alias nempe longitudine cum illâ commensurabiles esse; alias vero quoad longitudinem quidem incommensurabiles dari, sic tamen ut ipsarum quadrata commensurabilia sint, et numeris denominabilia, veras ipsorum ad expositæ quadratum rationes exhibentibus perfectissime; alias autem complures non longitudine tantum ipsi expositæ, sed potentiâ quoque (hoc est, secundum ipsorum quadrata expositæ quadrato) incommensurabilia esse; hoc, inquam, cum adverteret, priorum duorum generum lineas appellare voluit *ῥητάς*· hoc est, quadantenus et qualitercunque exprimibiles; at postremi generis lineas vocavit *ἀλόγους* vel *ἀῤῥήτους*, hoc est, nullatenus explicabiles, aut ineffabiles numeris.

Itaque secundum Euclidem asymmetra nonnulla quanta videntur habere *λόγον ῥητὸν* inter se; (si enim quanta ipsa dicantur effabilia, consequenter ipsorum ratio fuerit effabilis;) habent,

---

Ratios commensurable and incommensurable.

inquam, longitudine (vel aliter in suo genere) commensurabilitatis incapacia quanta λόγον ῥητόν, quatenus etsi nequit ipsorum ratio numeris ullis communibus immediate repræsentari, potest tamen quodammodo mediate, quadratorum nempe suorum interventu, quando numeris illa vere denominantur et exprimuntur: siquidem inde dici possunt latera vel radices quadratæ talium numerorum; cujusmodi saltem expressio sufficit ipsorum relativæ quantitati determinandæ, faciendoque cum ut ipsa qualitercunque subjiciantur æstimationi nostræ, tum ut reipsâ facile possint exhiberi.

Verum invaluit apud plerosque, rationique bene consentaneum videtur, ut incommensurabilium quantorum rationes dicantur ἄῤῥητοι, hoc est, ineffabiles; quia scilicet hujusmodi rationum termini vulgo notis et receptis numeris proprie et immediate nequeunt efferri; nosque proinde sensum hunc retinebimus, quamvis maluit doctissimus Borellus (hanc forsan ambiguitatem vitans) dividere proportionem in commensurabilem et non mensurabilem, vocabula nova comminiscens, nec admodum ut existimo commoda. Nam proportiones quantorum incommensurabilium æque sunt ipsæ mensurabiles, ac proportiones quantorum commensurabilium; aptius opinor et accuratius mentem enunciâsset suam obliquo casu, dicens proportionem esse vel quantorum commensurabilium, vel incommensurabilium quantorum. Sed ἐν παρόδῳ hoc; ad rationum propositas species revertamur.

Λόγος ῥητός, effabilis ratio est, quæ numeris exprimi potest; numeris (inquam) veris, quos vocant, et vulgaribus; integris, mixtis, fractis; imo semper integris numeris exprimi potest: quandoquidem ratio quævis numerorum utcunque fractorum, vel ex integris et fractis compositorum, semper ad integros adduci potest per fractorum denominatores multiplicando.

Exempla præstant omnes ejusdem generis mensuræ, in usu vulgari constitutæ; quales pro dimetiendis longitudinum intervallis digitus, spithama, palmus, pes, cubitus, orgya, passus, stadium, miliare, leuca; pro taxandis ponderibus granum,

---

In Euclid those incommensurables are distinguished whose squares are commensurables.

Borelli distinguishes *incommensurable* and *non-mensurable*.

drachma, uncia, libra; pro computandis pecuniis as, sestertius, denarius, solidus, marca, libra; pro temporibus computandis annus, mensis, dies, (civiles hos intelligo, nam an hæ partes temporis naturales sint commensurabiles inter se nullo constat, aut constare potest indicio,) hora, minutum. Hæc enim et consimilia quanta rationes inter se effabiles habent, eoque vulgares ad usus accommodantur.

Ratio, instantiæ causâ, marcæ ad libram effabilis est, quia numerus $\frac{2}{3}$ et 1, vel numeris 2 et 3, vel aliis quibusvis subsesquialteram obtinentibus inter se rationem exprimuntur. Sic et assis ad sestertium ratio effertur numeris $\frac{2}{5}$ et 1, vel numeris 1 et $2\frac{1}{2}$, vel numeris 2 et 5; quæ ratio dicitur sub-multiplex-dupla sesquialtera, ut statim ostendemus.

Λόγος autem ἄῤῥητος (ineffabilis ratio, quibusdam ἄλογος λόγος, ratio irrationalis, vel potius indicibilis, quia dici vel exprimi nequit,) est illa quæ versatur inter asymmetra quanta, quorum ratio nullis numeris, veris et vulgaribus, exprimi potest exacte perfecteque. Talis est in exemplo vulgatissimo ratio diametri ad latus quadrati; nam in totâ serie numerorum possibilium, (integrorum, fractorum, mistorum,) nulli duo numeri possunt inveniri, nulli dantur omnino, quorum ratio repræsentat exquisite rationem quantis istis duobus intercedentem. Quoniam enim (quod in elementis demonstratur) quadratum ex diametro duplum est quadrati ex latere, nullique dantur in tota vulgarium numerorum congerie numeri duo quadrati, duplex alter alterius, ergo nulli dantur numeri, qui rationem exhibeant diametri ad latus.

Talesque reperiuntur in omni genere quantorum innumeræ rationes, adeo quidem ut inter se comparando figuras regulares, cum planas tum solidas, eidem circulo vel sphæræ inscriptas aut circumscriptas, vix ullas invenire sit, quæ vel quoad latera seu perimetros, vel quoad areas, vel quoad soliditates suas rationem habeant inter se numeris explicabilem.

Unde quo rationes horum et aliorum plerorumque quantorum

Examples of commensurable ratios.
Incommensurable ratios;
Are very numerous in Geometry.

qualitercunque referri possent ad numeros, (utpote symbola quantorum generalissima, notissima, commodissima,) necesse fuit numeros surdos (quos vocant et irrationales) comminisci, quibus istorum quantorum rationes utcunque possent exprimi.

Et harum quidem ineffabilium rationum nullæ recensentur species; (quia differentes, quibus ipsarum termini se continent aut respiciunt, modi bene concipi et distingui nequeunt, et nullum excogitari proclive sit pro iis aliter exprimendis compendium;) at rationum, quæ vulgo numerantur, effabilium species percensere conabor, et exponere quam brevissime: (quorsum enim quæ tradita prostant ubivis, et per satis clara sunt, operosius inculcare? Mihi potius institutum est, quæ protrita minus, et magis involuta videntur, studio meo qualicunque ventilata, judicio vestro perpendenda commendare; quæ passim obvia, vel admodum aperta sunt levi pede transcurrendo).

Ad rem. Nihil imprimis manifestius est, quam æqualium quantorum rationem semper effabilem esse, utpote quæ quibusvis æqualibus numeris exprimi queat. Habet v. g. se quodvis æquale quantum ad aliud quodvis, ut unitas ad unitatem, vel binarius ad binarium. Igitur æqualitatis ratio constitui potest prima species effabilium rationum.

Inæqualitatis autem ratio cum duplex fit, ut vidimus, majoritas aut minoritas, vel excessus defectusque ratio, majoritatis effabilis quinque vulgo species statuuntur, quibus inverse correspondent totidem species minoritatis. Eas recensebimus et exponemus, ita tamen ut divisionis hujus fundamentum et originem (id quod in omni divisione technicâ potissimum spectari debet) prius investigemus.

Id aggredimur facere notando, quod cum duo quanta comparamus inter se rationem habentia effabilem, vel eorum vice numeros quibus repræsentantur, modum scilicet inquirentes, quo antecedens consequentem continet, aut in eo continetur, hunc repræsentare contendimus in numeris quoad ejus fieri potest minimis; quia ratio quævis in minimis terminis facilius æstimatur et comprehenditur. Igitur enitimur, ut eorum alter, consequens nempe, sit ipsa unitas, numerorum infimus et simplicis-

---

Surds.
Kinds of commensurable ratios.
Equality.

simus; quo præstrato terminum antecedentem indagamus unitati, tanquam consequenti, congruentem: iste terminus rationis æstimationi subjectæ *denominator* dicitur, ipsam quippe denominans, et declarans ad captum nostrum commodissime. Quoniam vero divisionis Arithmeticæ talis est natura, ut quoties numerus dividendus divisorem continet, toties inventus quotiens contineat unitatem, ideo reperitur iste denominator (vel antecedens rationis, cujus consequens unitas) dividendo propositæ rationis antecedentem per consequentem.

Porro, cum denominator iste, vel quotiens inventus, pro ipsorum terminorum intrinsecâ diversitate diversimodæ speciei numerus esse possit; (integer nempe, vel fractus, vel mistus; et fractus quidem ac mistus non uno modo;) considerando puta v. g. rationem majoris inæqualitatis, dictus quotiens per terminorum divisionem repertus, poterit esse vel numerus integer, vel unitas cum fracto adnexo cujus numerator sit unitas, vel unitas cum adjecto numero fracto, cujus numerator sit unitate major, vel numerus integer unitate major cum fracto adnexo, cujus numerator sit unitas, vel denique numerus integer cum fractione, cujus numerus exsuperet unitatem. Ex his quinque dicti quotientis variis modis aut speciebus emergunt quinque species majoritatis effabilis, quæ vulgo cluent ratio *multiplex, superparticularis, superpartiens, multiplex superparticularis, multiplex superpartiens;* quibus opponuntur et inverse respondent (ἀντίκεινται et ἀνθυπακούουσι, verba sunt Nicomachi,) minoritatis rationes *submultiplex, subsuperparticularis, subsuperpartiens, submultiplex superparticularis, submultiplex superpartiens:* quas nunc ordine perlustrabimus.

1. Multiplex vel multipla ratio dicitur inter duos terminos versari, quum antecedens consequentem continet multoties; (unde nominis impositio;) vel cum antecedens consequentem aliquot vicibus (bis, ter, decies, centies, aliquoties utcunque) continet exacte; vel quum consequens antecedentem perfecte dementitur (ἀπαρτιζόντως καταμετρεῖται[1]) hoc est, sic ut nihil quicquam

[1] Theon.

Five kinds of ratio of inequality.
(1) *Multiple.*

supersit residui. Vel, quod idem est, cum consequens est antecedentis pars quæpiam aliquota, quæ aliquoties accepta totum eum componit, exæquat, complet; adeoque denominator hujusce rationis est perpetuo numerus aliquis integer.

Ita passus Geometricus ad pedem habet rationem multiplam, integro numero quinario denominatam; quia pes quinquies acceptus passum constituit præcise, vel quia passus quinquies includit pedem, et nihil præterea.

Hinc liquet hanc rationem tot habere species sibi subordinatas, quot dari possunt integri numeri, per quos denominentur et distinguantur, infinitas. Ut ratio dupla, tripla, decupla, centupla, millecupla, &c. sunt rationis multiplæ species.

Græcis autem dicitur hæc ratio λόγος πολλαπλάσιος; (quasi πολλαπολλάσιος vel πολλαπλεονάσιος;) et species ejus similiter terminatæ sunt διπλάσιος, τριπλάσιος, δεκαπλάσιος, ἑκατομπλάσιος, &c.

Huic universe respondet et ἀντίστροφος est minoritatis ratio, *submultiplex* dicta, quam scilicet obtinent multiplicis rationis termini transpositi; ut si A sit multiplex τοῦ B, erit B submultiplex τοῦ A. Ideo ratio submultiplex est, quum antecedens consequentem juste demetitur, est ejus aliquota pars, aliquot vicibus in eo continetur; ejusque denominator est semper aliquis simplex numerus fractus, habens unitatem pro numeratore. Ita pes ad passum rationem habet submultiplicem, utpote quinquies in passu comprehensus, et denominatorem habens $\frac{1}{5}$. Habet item similiter hujusmodi ratio tot species, quot esse possunt numeri fracti simplices numero quolibet denominati, sed unitatem obtinentes loco numeratoris. Ut ratio subdupla, subtripla, subdecupla, subcentupla, &c. Nam quia commode significari nequeunt hæ rationes vocabulis vulgo usurpatis, designantur a Mathematicis, præponendo *sub* ipsis inversarum multiplicium rationum nominibus. Quod attinet enim vocabula, secunda, tertia, decima, centesima, millesima (quibus efferuntur unitatis partes aliquotæ) non ita commode possunt hisce denotandis rationibus adhiberi, quia præterea sunt ordinales, et nedum divisionem in partes, at locum quoque certum indigitant rerum in aliquâ

Its opposite, *submultiple.*

serie dispositarum: ut tertius a Romulo rex, sapientum octavus, centesimus abhinc annus; respondentque Græcis *πρῶτος*, *δεύτερος*, *τρίτος*, &c., ideoque subjacent ambiguitati. Alias non video quin ratio tertia, quarta, decima possint hisce denotandis rationibus inservire, æque ac dupla, tripla, decupla, multiplis.

Vocabula vero *semissis*, *triens*, *quadrans*, &c., rationes quidem has indigitant, sed obliquo tantum casu, nam bene dici potest ratio semissis, trientis, quadrantis ad unum; nec ipsa tamen semissis aut triens est ratio.

A Græcis vero designatur hæc ratio terminatione *μόριος* aut *μοιριαῖος* (liquet unde deductâ) subjunctâ vocabulis numerorum ordinem signantibus; ut *λόγος ἡμιμόριος* (aut *ἡμιμοιριαῖος*) *τριτημόριος*, *δεκατημόριος*, *δωδεκατημόριος*, &c., pro subdupla, subtripla, &c., sed ab hisce subinde designantur hæ rationes anteponendo præpositionem *ὑπό*. Nicomachus, *Οὕτω καὶ ἕκαστον ἑκάστῳ τῇ προλεχθείσῃ τάξει μετὰ τῆς ὑπὸ προθέσεως ἀντιδιαστελλόμενα, ὑποπολλαπλάσιον, ὑπεπιμόριον, ὑπεπιμερές*[1]· et apud illum, *ὑποδιπλάσιος*, *ὑποτριπλάσιος*, et sic porro submultiplicis species adnumerantur.

Ex his patet quod rationis multiplicis et submultiplicis communes sunt termini correlati totum et pars; accipiendo totum juxta nativam vocis originem, pro eo quod toties aliud complectitur, et partem pro parte aliquotâ, juxta sensum et definitionem Euclidis; *Μέρος ἐστι μέγεθος μεγέθους, τὸ ἔλασσον τοῦ μείζονος, ὅταν καταμετρῇ τὸ μεῖζον.* Sed ad alias species progredimur.

2. Ratio *superparticularis* dicitur, cum antecedens consequentem ita excedit, ut supersit consequentis pars quæpiam aliquota (hinc ratio nominis[2]) vel cum antecedens consequentem semel, nec pluries includit, et præterea tantum unam ejus partem aliquotam; vel cum per consequentem divisus antecedens quotientem exhibet unitatem, cum unitate quoque residuâ per consequentem adhuc dividendâ; adeoque cujus denominator est unitas cum annexo numero fracto vice numeratoris habente unitatem.

[1] Pag. 25. [2] Theon. c. 24.

Greek terms.

(2) *Superparticular:* as $1+\frac{1}{8}$.

Talem rationem obtinet cubitus ad pedem, quia cubitus pedem superat unâ parte dimidiâ pedis; sic et dodrans ad bessem rationem habet superparticularem, quia dodrans bessem continet semel, et ejus insuper partem octavam, vel quia $\frac{9}{8} = 1 + \frac{1}{8}$.

Rationis hujus quoque species infinitæ sunt, pro denominatorum infinitâ multitudine; quæ distincte significari solent ad numerorum ordinalium nomina præfigendo particulam *sesqui*, (hoc est, se atque partem aliquam præterea; licet aliter minus ad rem nostram ἐτυμολογοῦσι Grammaticorum filii;) ut *sesquialtera*, (vel sesquisecunda,) sesquitertia, sesquidecima, sesquicentesima; quæ voces sic intelligi debent, cum antecedens consequentem superat unâ parte dimidiâ, (quomodo 12 excedit 8, vel as bessem) dicitur ille sesquialter, aut sesquisecundus hujus: cum antecedens consequentem semel includit, et ejus unam partem tertiam (ut 12 excedit 9, vel as dodrantem) dicitur is hujus sesquitertius: et simili perpetuo ratione.

Græcis hæc ratio dicitur λόγος ἐπιμόριος (propter particulam consequentis unitati subnexam modo exposito,) et designantur ejus species ordinalibus numeris præponendo ἐπί. Ut ἐπιδεύτερος; (qui sæpius ἡμιόλιος, quasi totus consequens cum ejus semisse, vel totus antecedens demptâ consequentis semisse; sed et obiter adnoto Græcos antecedentem hujus rationis plerumque efferre, præponendo consequentis nomini vocem τριημι· ut τριημιώριον sesquihora, τριημιόβολον sesquiobolus; quia nempe sesquihora (hoc est, una hora cum horæ semisse) est dimidia pars trium horarum, et sesquiobolus est semissis trium obolorum: sed in orbitam).

Species, inquam, hujus rationis a Græcis nominantur ἐπιδεύτερος (vel ἡμιόλιος[1]) sesquialter, ἐπίτριτος sesquitertius, ἐπιδέκατος sesquidecimus; et ita similiter. Hujus rationis inversa vel ὑπολόγος (antequam progredior hoc adverto, quod a veteribus Arithmeticis rationum majoritatis species (vel ipsarum denominatores) dicebantur πρόλογοι, minoritatis autem iis correspondentes species ὑπόλογοι· unde Nicomachus ait, Τοὺς ὑπολόγους

[1] Apud Theonem ἐφημιόλιος, forsan ex mendo.

Greek terms.

ἀνθυπακούειν τοῖς προλόγοις, hypologos prologis ex adverso respondere: ut v. g. ratio quadruplex est *πρόλογος*, ratio subquadruplex *ὑπόλογος*· ratio sesquitertia est *πρόλογος*, ratio subsesquitertia est *ὑπόλογος*· et ita de reliquis quæ subsequuntur:) rationis, inquam, superparticularis hypologus vel inversa dicitur *subsuperparticularis*; (etiam Græcis *ὑπεπιμόριος*[1]· quæ vox alicubi succurrit hoc sensu apud Aristotelem;) sicut et ejus species subsesquialtera, subsesquitertia, subsesquidecima, et sic perpetuo; Græcis itidem *ὑφημιόλιος*, *ὑποεπίτριτος*, *ὑπεπιδέκατος*.

Quarum rationum indoles satis elucescit ex oppositarum perspectâ naturâ; differunt enim ab iis solâ terminorum transpositione, et ipsarum denominatores ita se habent ad unitatem, ut unitas ad denominatores rationum ipsis inversarum. De quo tamen hoc adnotabimus, quod rationis subsuperparticularis denominator est semper aliquis numerus fractus, cujus numerator a denominatore deficit unitate; ut subsesquialteræ denominator est $\frac{2}{3}$, subsesquitertiæ $\frac{3}{4}$, et sic continuo.

3. Procedimus ad rationem *superpartientem*: ea dicitur inter duos numeros haberi, quum antecedens consequentem superat partibus quibusdam aliquotis, unâ pluribus; (hinc nominis causa). Vel cum antecedens consequentem semel includit, et plures adhuc ejus partes aliquotas; (plures scilicet partes, quæ partem unam aliquotam conficere nequeunt; notanda est hæc exceptio, quo distinguatur hæc species a superparticulari;) vel quum antecedens per consequentem divisus exhibet unitatem pro quotiente, cum residuo unitatem excedente; idcircoque cujus denominator est unitas cum adnexo numero fracto, cujus numerator unitatem superat. Ita dodrans ad septuncem (hoc est, numerus 9 ad 7) habere dicitur rationem superpartientem, qui dodrans septuncem exsuperat duabus septimis partibus.

Gaudet et hæc ratio speciebus infinitis, ex denominatorum infinitâ varietate, quæ verbis ita sunt exprimendæ, ut fractionis

[1] Met. IV.

Its opposite, *subsuperparticular*.

(3) *Superpartient*, as $1+\frac{2}{7}$.

The fraction must be in lowest terms.

unitati subnexæ (in denominatore propositæ rationis) cum numerator tum denominator enuncientur. Appellantur nempe ratio superbipartiens tertias, quintas, septimas, &c. In exemplum, ratio numeri 12 ad 7, hoc est, assis ad septuncem, dicitur *superquinquipartiens septimas;* in quâ locutione numerale *septimas* distincte commonstrat, cujusmodi partibus aliquotis antecedens consequentem excedit; quinque vero denotat quot ex ejusmodi partibus ipsum excedit. Nec absimiliter in cæteris.

Verum (ut diximus) observari debet exceptio, quod antecedentis supra consequentem excessus non debet ullo modo partem unam aliquotam constituere; vel quod unitati subnexa fractio minimis terminis prolata non debet unitatem admittere loco numeratoris: tunc enim ratio non superpartiens erit, prout hinc distinctim accipitur, at superparticularis. Ut v. g. assis ad dodrantem ratio (vel numeri 12 ad 9) non secundum hujus divisionis institutum, et *τὴν τῆς τεχνολογίας καταλληλίαν*[1], ut loquitur Nicomachus, dicetur ratio superpartiens, at superparticularis, sesquitertia, quoniam as dodrantem excedit unâ dodrantis parte tertiâ, hoc est, 3 unciis. Quamvis secundum rei veritatem, hâc limitatione sepositâ, dici possit hæc ratio supertripartiens nonas, quatenus 12 superat 9 per 3, quæ est $\frac{3}{9}$ dodrantis; quæ fractio æquipollet ipsi $\frac{1}{3}$. Verum exigit harum rationum discrimen, ut denominatores ipsas distinguentes efferantur terminis simplicissimis et omnium minimis; alioqui vel ipsa ratio multiplex cum superpartiente quodammodo coincidet; nam instando, ratio 9 ad 3 vere dici potest supersextipartiens tertias, quia 9 excedit 3 sex partibus tertiis ipsius 3, hoc est, 6 unitatibus; sed liquet multo simplicius et commodius hanc rationem enunciari, dicendo quod 9 sit multipla, tripla nempe *τοῦ* 3.

A Græcis autem hæc ratio vocitatur *λόγος ἐπιμερής*, quasi parti partem adjiciens; quoniam antecedens non unâ solâ parte aliquotâ consequentem excedit, at præter hanc aliâ quâdam, aut aliis partibus. Ut 5 continet 3 semel, et ejus duas quintas, hoc est, unam quintam et alteram insuper quintam; et 11 superat 6 ejus parte dimidiâ (3), et tertiâ (2); scilicet $11 = 6 + 3 + 2$: (ita

[1] Pag. 31.

Greek terms.

vocem ἐπιμερὴς expono, propter difficultatem quandam mox attingendam, quæ ex hujusmodi tantum interpretatione videtur solubilis). Hinc et hujus rationis species ita nominantur, Λόγος δὶς ἐπίτριτος, δὶς ἐπίπεμπτος, τρὶς ἐπιτέταρτος, τρὶς ἐπιδέκατος, et in similem formam. Puta, ratio quincuncis ad quadrantem (hoc est, numeris 5 ad 3) dicitur δὶς ἐπίτριτος, quia 5 continet 3 semel, et ejus duas partes tertias, vel ejus tertiam partem, bis; et ratio numeri 13 ad 10 est τρὶς ἐπιδέκατος λόγος, quia 13 continet 10 semel, et ejus præterea decimam partem, unitatem nempe ter, ac in reliquis consimili pacto.

Adnoto tamen: Nicomachus aliter compingit harum rationum nomina; nam ἐπιμερεῖς λόγους dividit primum in ἐπιδιμερεῖς, ἐπιτριμερεῖς, ἐπιτέτραμερεῖς, etc. ex prædictarum fractionum numeratoribus; tum harum rationum singulas ex earundem denominatoribus subdividit, ut puta ἐπιδιμερῆ in ἐπιδίτριτον, ἐπιδίπεμπτον, ἐπιδιέβδομον, etc. et ἐπιτριμερῆ in ἐπιτριτέταρτον, ἐπιτριπέμπτον, etc.

Hujus autem rationis, quæ secundum minoritatem opposita est, una cum ejus speciebus, ex hinc (ut in præcedentibus) facile intelligitur. Differt enim quoad rem solâ terminorum transpositione, quoad appellationem tantum vocem *sub* vel ὑπὸ præfigendo; subsuperpartiens, subsuperbipartiens tertias, quartas, decimas, etc. ὑπεπιμερὴς, δὶς ὑπεπιμερὴς, δὶς ὑπεπίτριτος, τρὶς ὑπεπιτέταρτος, etc. quare nil attinet his diutius immorari.

Et hæ quidem tria sunt simpliciorum rationum genera, cum antecedens consequentem non nisi semel continet. Restant e primâ (multiplice) cum reliquis duabus (superparticulari et superpartiente) quodammodo conjunctâ resultantes alteræ duæ, multiplex superparticularis et multiplex superpartiens; ac his inversæ.

4. Cum scilicet antecedens consequentem pluries includit, et unicam insuper partem ejus aliquotam (ut dodrans continet trientem bis, et ejus præterea quartam partem), dicitur horum terminorum ratio generaliter multiplex superparticularis, speciatim autem in exemplo proposito ratio duplasesquiquarta: et sic in aliis. Hujusque ἀντίστροφος ratio, numeri 4 puta ad 9,

---

The opposite, *subsuperpartient.*

(4) *Multiple superparticular*, as $2\frac{1}{4}$.

dicitur in genere submultiplex superparticularis, in specie subdupla sesquiquarta. Græcis pari modo prior πολλαπλασεπιμόριος, posterior ὑποπολλαπλασεπιμόριος, nuncupatur.

5. At cum antecedens consequentem pluries continet, ampliusque plures unâ partes ejus aliquotas (ut bes continet quadrantem, vel numerus 8 numerum 3, bis, et duas ejus partes tertias), ita se habentium terminorum ratio dicitur generatim multiplex superpartiens, speciatim in exemplo proposito dupla superbipartiens tertias: et ad hunc modum in reliquis. Hujus item inversa, veluti numeri 3 ad 8, dicitur in genere ratio submultiplex superpartiens, in specie subdupla superbipartiens tertias. Græcis itidem simili pacto prior majoritatis ratio dicitur πολλαπλασιεπιμερὴς, posterior (minoritatis) ὑποπολλαπλασιεπιμερής. Nec his existimo satis liquido manifestis ulterius insistendum.

Ita rationum effabilium genera (quinque majoritatis et illis opposita minoritatis totidem) utcunque recensuimus et exposuimus breviter; nec ulla datur per numeros exprimibilis inæqualitatis ratio, quæ non ad harum aliquam redigatur; quatenus omne quantum majus continet minus aut aliquoties perfecte, adeoque multiplex est ejus, (et hoc illius submultiplex;) aut semel et ejus unicam partem aliquotam, adeoque superparticulare est ejus, (et hoc illius subsuperparticulare;) vel semel et plures ejus partes aliquotas, unde superpartiens est ejus, (et hoc illius subsuperpartiens;) vel pluries et unicam ejus partem, quare multiplex superparticulare dicetur, (et hoc illius submultiplex superparticulare;) vel pluries demum et plures partes aliquotas, quamobrem id hujus erit multiplex superpartiens, (et hoc illius vicissim submultiplex superpartiens;) neque rei natura plures admittit continendi modos, adeo perfecta est hæc enumeratio.

Attamen apud Theonem Smyrnæum[1] reperio, præter hasce species aliam adnumerari, quam simpliciter effabilem esse dicit, ejusque terminos habere rationem numeri ad numerum, sed a

[1] Cap. 28.

Greek terms.

(5) *Multiple superpartient*, as $2\frac{2}{3}$.

Greek terms.

Theon makes the ratio of a *limma* (256 to 243) an exception to these kinds. And Meibomius follows him.

prædictis distinctam; quam ideo nomine designat[1] οὐδετέρου λόγου· et, Ἀριθμοῦ (inquit) πρὸς ἀριθμὸν λόγος ἐστιν ὅταν ὁ μείζων πρὸς τὸν ἐλάττονα ἐν μηδένι εἴη τῶν προειρημένων λόγων. Exempli loco subjicit rationem quæ versatur inter terminos harmonici intervalli, quod λεῖμα dicitur, habentes se majorem cum minore comparando, sicut 256 ad 243: Καθὰ (inquit) δειχθήσεται καὶ ὁ τὸ λεῖμα περιέχων φθόγγος λόγος ἀριθμοῦ πρὸς ἀριθμὸν, ἔχων τοὺς ὅρους ἐν ἐλαχίστοις, ὡς ὁ σνϛ πρὸς σμγ. Hunc sectatus Meibomius, in dialogo de proportionibus, (an alios veteres nescio, saltem hunc,) *Porro*, inquit, *et hoc monendum numeri ad numerum rationem dici, quando major ad minorem in nullâ fuerit prædictarum rationum, cujus rationis est limma in harmonicis contentum his minimis numeris* 256 *ad* 243.

Quod ob dictum ita vapulat, *Omnino somniâsse videtur*. Non immerito quidem id, juxta rei veritatem et rationis superpartientis nomen intelligendo secundum vulgarem acceptionem. At non solus Meibomius e suo cerebello, sed Theonem (ut vidimus) nactus contubernalem, et ejus afflatus authoritate dormitavit. Quid igitur ipse Theon, an erravit? Videtur: quia ratio limmatis est planissime superpartiens, nempe supertredecupartiens ducentesimas quadragesimas tertias; nec igitur a prædictis distincta. Nodum hunc aliter expedire nequeo, nec ab errore Theonem eximere, quam dicendo Theonem, et alios fortasse vetustiores Mathematicos, rationem ἐπιμερῆ rectius intellexisse, pro tali solummodo ratione, cujus antecedens ita consequentem excederet ut residuum dividi posset in duas partes simplices consequentis aliquotas, (simplices appello quarum numerator est unitas;) eo pacto quo sicut ostendi prius comparando 11 cum 6, residuum 5 continet 3 et 2, quorum 3 est una dimidia pars, et 2 una tertia consequentis 6. Unde dicta videatur hæc ratio ἐπιμερής, ex mente saltem Theonis, et ex interpretatione τοῦ λόγου ἐπιμεροῦς quam ille tradit. Juxta quam acceptionem limmatis ratio non erit ἐπιμερής· nam 13, excessus numeri 256 super 243, dividi nequit in duas partes simplices aliquotas consequentis 243, ut experiendo constabit.

[1] Cap. 22, 28.

Erroneously.

Bullialdus[1] aliud exemplum subjicit numeri 29 ad 23, difficultatem hanc aut non advertens omnino, vel consulto dissimulans, et Theonis errori, siquidem error fuit, subscribens. Nam numeri 29 ad 23, ratio est plane supersextipartiens vigesimas tertias, accipiendo rationem superpartientem modo communi.

Sed de hac re satis. Potuissem adjecisse regulas investigandi terminos quotlibet harum omnium jam expositarum rationum; at præterquam quod audientium intelligentiæ vix accommodari posset hoc, et non admodum utile foret, et multa verba deposcens charissimi temporis nimium devoraret; adeat, si cui volupe est hæc ultra prosequi, Clavium in præcedaneis ad V. Elementum, vel e vetustioribus Nicomachum in Arithmeticis. Ego jam conquiesco.

LECT. XX.*

RATIONIS in præcedentibus naturam exposuimus, et percensuimus species: ad ejus proxime accidentia quædam excutienda devenio. Accidit autem rationibus juxta vulgarem loquendi modum, quantorum ad instar, addi et subtrahi, augeri et imminui, protrahi et contrahi, multiplicari ac dividi, inter se secundum æqualitatem et inæqualitatem comparari; quorum ultimum cum præcipuum sit in se, reliquisque penitus intelligendis necessarium, ut et toti rationum doctrinæ illustrandæ, de eo primum disquiremus.

Ita tamen ut meâ referat præfari, rem aggredi me subtilissimam et intricatissimam, seu rei naturâ, sive tractantium culpâ densissimis nebulis involutam, quibus ut omnino liberetur, non est quod mea tenuitas aut speret aut spondeat, præsertim cum difficillimum experiar obversantes, hæc seriâ meditatione perpendenti, cogitationes aptis verbis enunciare, clarâ methodo digerere. Integrum quinquennium impendisse se profitetur M. Meibomius huic speculationi, neque præter leviculos quosdam criti-

[1] Ad Cap. 22. *The[onis] Smyr[næi]*.

Bullialdus makes a like mistake.

* Addition, subtraction, &c. of ratios.

cismos sani quicquam aut solidi videtur elephantinus iste partus in lucem protulisse. Diutius, opinor, et gravius eidem incubuit (an fere succubuit dicam?) maximus vir, et recentium Geometrarum nulli posthabendus Gregorius Vincentius, attamen ut rem meo judicio reliquerit, haud minus obscuram quam invenerit, fusissime licet et elaboratissime pertractatam. Quid igitur a paucularum horarum studio, quid (ut cætera taceam) ab hac extemporaneâ pene scriptione circa materiam ejusmodi contumaciter perplexam merito possit expectari? Sed obsequendum est nihilominus instituto nostro; pergendum est in itinere suscepto, prærupto quantumvis et impedito; suggerendum est aliquid utcunque crudius et asperius a maturiori judicio vestro excoquendum et elimandum. Hæc prælocutus, ad opus accingor atque certamen multiplex.

Imprimis autem decidenda venit quæstio, dicendorum intelligentiæ maximopere conducens. Quum nempe rationes, haud secus quam absoluta quævis quanta, dicantur inter se comparari, sic hæc æqualis sit aut inæqualis illi; quum componi, resolvi; addi, subtrahi; multiplicari, dividi; potest ambigi quo sensu debeant hæc intelligi, num proprie vel improprie: vel, an rationes accurate loquendo res quantæ sint, quantitatis affectionibus istis, æqualitati, inæqualitati, rationi, compositioni, divisioni, reliquisque proprie subjacentes. Plerique recentiores in hac sententiâ versantur, idque disertis verbis asseverant, rationem esse genus peculiare quantitatis, eique quantitatis attributa jure competere: hoc Vincentius toti suarum proportionalitatum doctrinæ substernit, eique succinit eruditissimus ejus consocius Tacquetus; inculcat hoc D. Hobbius adversario suo doctissimo nihil reclamante; agnoscit idem egregius ille Borellus, *Agimus* (inquit) *jam de novâ specie quantitatis*[1]. Quid Mersennum, Meibomium, alios referam, cum uno ore videantur omnes, præsertim qui circa proportionalitatis doctrinam innovare studuerunt, huic astipulari sententiæ?

[1] Ad 7 def. Lib. III.

A difficult subject.

Are ratios capable of comparison, addition, multiplication, &c.? Are they quantities?

Nihilominus audendum est mihi tot et tantis viris obniti, tam illustri authoritati ἀντιβλέπειν. Veritas exigit (saltem existimata mihi) a tam validis hostibus aliquale patrocinium: hæc certe sententia mihi non solum falsa, sed et admodum noxia videtur, quippe quæ controversias [aliquam] multas inutiles genuerit et foverit, plurimasque (sicuti mihi videtur) confusiones, ἀκυρολογίας, errores invexerit in proportionum doctrinam. Plusculæ, arbitror, resecabuntur lites, difficultates auferentur, evitabuntur errores, et tenebræ discutientur, afferendo rationem non esse genus quantitatis, nec quantitati subjacens quid, et quantitatis attributa neutiquam proprie, per se, directe, nec aliter quam per κατάχρησιν aut μετωνυμίαν quandam ei convenire.

Et sane mirum videatur aliter quemvis censuisse; quum enim ratio sit et agnoscatur pura puta relatio, quomodo veluti transire potest in aliam categoriam, et genus aliquod constituere quantitatis? Quum nil sit aliud quam duorum quantorum respectus in quantitate fundatus, quomodo poterit ipsa concipi res ex se quanta, vel quantitati subjacens? Quum sit abstracte relatio, quomodo concrete dicatur relata? Annon hoc est res absolutas cum respectivis, nomina concreta cum abstractis confundere? Hactenus docuerunt Logici relationes inesse, tribui, niti rebus absolutis; res autem absolutas relationibus inhærere, vel accidere nemini dictum, opinor, vel auditum Logicæ studioso. Sicut nec relationes ipsas referre, respectus se respicere, habitudines hoc vel illo modo se habere, distantias distare, similitudines assimilari, comparationes inter se conferri, dictu plausibile, conceptu possibile videtur.

Cum e. g. dicitur, hæc ratio major est illâ, primum (ex adversariorum sententiâ dictum id proprie sumentium) tribuitur rationi magnitudo quædam, seu quantitas, inhærens vel accidens rationi; propter quam refertur ad aliam, vel in quâ fundatur ejus ad aliam ratio; tum interpretative consequenterque dicitur, inæqualitas hæc inæqualis est illi inæqualitati, hæc majoritas

---

Many authorities hold that they are.
We deny this.
For Ratio is a Relation.
And Relation is a different category from Quantity.
Relation cannot be related.

major est istâ majoritate: ita res absolutæ relationibus inerunt ac innitentur, relationes attribuentur relationibus; concretæ voces de paronymis suis, et ejusdem familiæ vocibus abstractis prædicabuntur.

Porro quâ causâ quoque jure, rationes inter se comparando sibi pronunciet aliquis æquales proprie vel inæquales, et inter se rationem obtinere, possit eâdem causâ æquoque jure, rationes istarum rationum conferendo æqualitatem iis et inæqualitatem novique generis adeo rationem assignare; quin et harum ulterius rationum alias rationes statuere, ac ita nunquam desituro ad infinitum progressu. Si ratio quantitatis genus sit, a magnitudinum comparatarum quantitate distinctum, et rationem ipsa sortitur, hæc nova ratio pari jure novum quantitatis genus erit, et rationis hujus ratio genus alterum distinctum constituet, et sic infinita quantitatum genera lucrabimur, hactenus nemini puto vel in somnis cogitata, neminique sano cogitanda. Verum merito videtur et respuitur a Philosophis hujusmodi nimium liberalis et facilis entium multiplicatio, minime necessaria neutiquam comprehensibilis.

Addo, quod nulla rationis cujusvis quantitas immediate discerni, vel per se potest æstimari; non sensum incurrit, non per effectus se prodit, non ullâ certâ ratione colligitur aut comprobatur; ut posthac ostendere conabimur. Itaque gratis supponitur et affirmatur, eâdemque facilitate rejici potest ac abnegari.

Sed contra primum nostrum discursum objici posse video sic instando percontandoque: relatio patris ad filium, annon similis dici solet, et vere dicitur, relationi principis ad subditum, ducis ad militem, pastoris ad gregem? Ac ita relationi relatio, paternitati similitudo tribuitur ac inest.

Repono breviter primo, saltem ejusmodi relationes paternitas et similitudo sunt admodum diversæ naturæ, neque cum dicitur paternitas est similis, committitur ejusmodi absona reduplicatio, nominumque concretorum cum abstractis confusio, qualis incurritur dicendo, similitudo est similis, vel inæqualitas est inæqualis.

If so, we should have relations of relations of relations, to infinity.

Objection. The relation of father to son is *like* that of prince to subject.

Ans. 1. Though a relation is *like*, it is not *related*.

Sed respondeo potius secundo, cum dicitur paternitas est similis principatui, ista similitudo non in ipsis fundatur relationibus, nec in aliquo quod iis inest, sed in rebus absolutis, quibus et ipsæ dictæ relationes innituntur; vel in aliis rebus absolutis quæ consequuntur et exurgunt ab illis fundamentis: quia scilicet gignere filium et populum aggregare, regere familiam et civitati præsidere, similia sunt; quoniam affectu prosequi, consilio juvare, pœnis coercere; curâ ac operâ prodesse, providere, tutari; reverentiam, obsequium, gratitudinem sibi debita exigere; communia sunt patri principique; hinc pater et princeps absolute multis de causis et multis nominibus (ut talibus affecti qualitatibus, agentes talia vel patientes) similes dicantur: unde per translationem nominis ipsæ relationes, paternitas et principatus, similes prædicantur; non quia *σχέσεις* hæ strictâ proprietate referuntur ad se; (quomodo enim intelligi poterit, cum paternitas et principatus nil sint aliud quam *τὸ* esse ad alia, convenit ipsis alterum esse ad aliud; ut nempe dicatur, hoc esse ad aliud est ad aliud?) Sed quia relationibus istis perpetuo conjunguntur istiusmodi qualitates aut actiones, propter quas ipsi termini relati vere similes habeantur. Igitur hæc similitudinis relatio non tam inhæret dictis relationibus, quam ipsas comitatur, ipsisque propter hanc accomitantiam attribuitur.

Non absimile quid contingit in hâc quam prosequimur materiâ: quæ nempe quantis absolutis reverâ convenit æqualitas aut inæqualitas, aut specialis quælibet ratio, ipsorum rationibus adscribitur. Quum e. g. ratio sextupla dicitur major respectu, et quidem dupla, rationis triplæ, nil significatur aliud, quam rem denominatam numero senario majorem esse, in duplâ ratione majorem, re denominatâ numero ternario; vel antecedentem unius rationis æquare duplum rationis alterius antecedentem; propter quem inæqualitatis modum una ratio, quasi metonymice dicatur alteri taliter inæqualis.

Quod siquis attente rem animo pensitet, agnoscere poterit, etsi verissime dicatur et non improprie, sextuplum tripli duplum est (concretas nempe voces adhibendo, adeoque res quasdam absolutas involvendo) tamen nec vere nec proprie nominibus ab-

---

2. The likeness is not in the relations, but in the consequences.

stractis utendo, dici sextuplicitas est dupla triplicitatis. Certe sextuplum semper dividi potest in duo tripla; triplum duplicari potest, et bis accipi, sic ut sextuplum componat. Ast ipsa sextuplicitas videtur esse quid indivisibile, neque triplicitas apta est compositionem ingredi. $3+3$ exæquat 6; at esse triplum + esse triplum (hoc est, triplicitas + triplicitas) qualem summam efficiat non assequi possum cogitando. Triplex est trihorium horæ, triplex triennium anni, ista triplicitas huic triplicitati adjuncta, quæ Mathematice computabilem summam efficiant, equidem non capio; video potius ex duabus istis, (Metaphysice duabus,) triplicitatibus sextuplicitatem nullam conflari vel emergere.

Cæterum ut hæc dilucidius pateant, et quod nulla postulet necessitas distinctam aliquam rationibus quantitatem assignari, circa rationum συγκρίσεις nonnulla pressius advertemus. 1. Adverto nempe primo, Quod nullæ rationes inter se comparari possunt, sic ut innotescat aut æstimabilis reddatur ista, quæ adversarii pertendunt, ipsarum ratio, nisi prius ad commune consequens reducantur; immediate nimirum aut mediate, actu et explicite, vel virtualiter et implicite. Scire v. g. nemo potest aut concipere, quænam ratio, num numeri 12 ad 3, vel 4 ad 2 major sit, aut quomodo major, nisi considerando quod 12 ad 3 taliter se habet ut 4 ad 1, et 4 ad 2 sicut 2 ad 1. (Vel unitatis loco quodvis aliud substituendo commune consequens, puta 5, considerando quod $12 : 3 :: 20 : 5$ et $4 : 2 :: 10 : 5$). Quibus consideratis atque perspectis, tum demum ex antecedentium, in hisce novis æquipollentibus rationibus, collatione dignoscitur ipsarum rationum inæqualitas et ratio (quæ dicitur). Unde provenit hoc, quam exinde; quod rationes ipsæ nullam ex se quantitatem habent ullatenus imaginabilem, distinctam a terminorum suorum quantitate, nullam proprie dictam inæqualitatem; at saltem, postquam commune consequens obtinent, propter antecedentium inæqualitatem inæquales et ipsas denominari?

2. Pariter adverti poterit secundo, quod cum duarum quarumcunque rationum termini sunt heterogenei, nullatenus illæ

So sextuple is said to be double of triple, but improperly.

(1) Ratios are compared by being reduced to a common consequent.

(2) If they are heterogeneous, they must be reduced to a common genus:

comparari possunt aut æstimari, nisi prius ad commune genus aliquod revocentur. Proponantur e. g. duo pondera et duo tempora, quænam sit major ratio duorum istorum ponderum, an binorum temporum, dignoscatur aliquatenus; nec alio fere quam hoc pacto. Adsumatur aliquod quantum, cujusvis generis pro lubitu tuo: (sed commodissime plerunque propter summam rectarum linearum simplicitatem, et capacitatem exprimendæ cujusvis rationis, adsumetur recta linea:) adsumatur, inquam, recta quævis linea, quod si fieri possit ut primum pondus ad secundum, ita linea quævis ad lineam acceptam; item ut primum tempus ad secundum, ita quædam linea ad eandem itidem assumptam; tum sicut se habet prior linea sic inventa ad secundam ita repertam, taliter habere se dicetur ratio ponderum ad rationem temporum; dicetur, inquam, idcirco quia dictæ lineæ taliter se habent, ab ipsarum ratione denominationem hanc mutuando.

Posset commodissime loco lineæ numerus adsumi, modo constet propositas rationes ponderum et temporum numeris explicabiles fore; at si non constet, aut quod multoties evenit, reipsâ non contingat hoc, numerus ad hanc *σύγκρισιν* ineptior est. Unde minus recte, quod obiter adnoto[1], vir eximius, in opere Arithmetico numeris omnibus absoluto, pronunciâsse videtur omnes rationes existere in genere numeroso: quasi vero reliqua quanta, numerorum omni consideratione seclusâ, rationem non obtinerent, eamque satis notabilem atque tractabilem? Quamobrem præsertim sit ejusmodi ratio, modo quolibet in genere numeroso, quæ cum possit aliis terminis exhiberi, numeris tamen nullatenus exprimi possit?

Ut et quod ex hinc infert, veritatis expers videtur, universam nempe rationum doctrinam, Arithmeticæ potius quam Geometricæ speculationi convenire: quid enim, annon pleraque de rationibus adhuc inventa vel tradita plane generalia sunt, et quantis ex æquo cunctis conveniunt? Et ejusmodi saltem rationes, quæ numeris exprimi nequeunt, Arithmeticæ speculationis limites egredientur, quales innumeræ sunt, quibus Elementi Quinti theo-

[1] Pag. 226.

Which may be lines or numbers.
Numbers are not necessary.

remata non minus quam Arithmeticis adaptantur. Sed hoc ἐν παρόδῳ, nescio num alias plenius elucidandum.

3. Consequenter ad hæc advertatur tertio, quod nulla ratio seorsim et per se potest æstimari vel comprehendi, nec per ullam determinatam quantitatem peculiariter apta nata est exprimi seu repræsentari, sed per omnes, vel unamquamvis indifferenter; nec ideo cuivis absolutæ quantitati subjacet; qualis enim illa quantitas foret, per omnia quantorum genera desultans atque pererrans? Et si nullam ex se quantitatem intelligibilem habet, quomodo cum aliâ ratione collata deprehendetur habere?

Quo pacto nullâ ratione per se comprehensibilium quantorum feliciter instituetur comparatio, notaque resultabit relatio quantitatum ignotarum? Quinimo cum aliâ ratione collata ratio non nisi vagam et arbitrariam sortitur quantitatem; prout enim commune consequens ex arbitrio varium accipitur, ita rationum collatarum quæ dicuntur quantitates evariantur. Desultoriam igitur et indeterminatam quantitatem habent, siquam habent, hæ rationes; hoc est, nullam. Est enim aliquid determinate, quicquid est; quod utique est, nusquam est.

Vidit hoc, et palam agnovit, luculenteque declaravit acutissimus Vincentius, at seu verborum ambiguitate delusus, seu spe novæ condendæ scientiæ nonnihil elatus, aliorsum rapuit. *Respondeo* (inquit) *verum esse, si ratio quæ in numeris exprimi nequeat, solitarie sumatur, denominatorem ejus exhiberi Geometrice non posse;* (imo vero interpono, semper exhiberi potest, sumendo quodvis quantum pro consequente, quod eodem munere fungetur, quo communiter unitas defungitur in rationum effabilium denominatoribus exhibendis; neque rationum numeris effabilium quoad hoc peculiare quicquam est;) *quod si* (pergit Vincentius) *binæ vel plures fuerint datæ rationes, assignari poterunt singularum denominatores, qui nimirum demonstrent qualis inter rationes ipsas proportio intercedat, atque hoc non tantum a duabus certis lineis præstabitur, sed a quibuscunque aliis, quæ prioribus proportionales existunt.* Sic ille.

---

(3) A ratio may be expressed by any kind of things: how then is it a quantity?

Gregorius Vincentius saw this.

Cum igitur præter hujusmodi denominatores, nullæ possint assignari rationum quantitates, et si simpliciter accepti possint esse quamlibet varii, non erit ulla rationum absolute determinata quantitas.

At Vincentius (ut dixi) verborum ut puto quorundam obscuritate turbatus, alio deflexit hæc. 4. Quamobrem adverto quarto, quod fundamentum unicum, cui innititur, e quo deducta videtur et enata de rationum quantitatibus et rationibus ista quam oppugnamus doctrina, est usitatus iste loquendi modus: hæ duæ magnitudines sunt æque inæquales, ac illæ duæ; hæ magis aut minus inæquales sunt quam illæ, inde rationum quantitates et rationes colligunt dari. Si major est hæc ratio illâ, ergo quantæ sunt, ergo rationem hæc habet ad illam. *Ex quo* (inquit D. Hobbius) *intelligitur rationem tam excessûs quam defectûs esse quantitatem* (esse quantam opinor vult dicere) *quippe quæ suscipit majus et minus* (intelligit, credo, quæ major dicitur et minor). Et Vincentius, in primâ demonstratione libri de proportionalitatibus Geometricis, sic argumentatur; *Ratio est mutua quædam antecedentis ad consequens habitudo, secundum excessum, et defectum, et æqualitatem. Cum igitur unius rationis antecedens magis excedat consequens, vel ab eodem magis deficiat, quam alterius rationis antecedens suum excedat consequens, vel deficiat ab eodem, manifestum est unam rationem majorem minoremve esse alterâ plane ut una quantitas alterâ major minorve est.*

Sed ad hunc plausibilem discursum repono, quoad loquendi formulas usu receptas spectandum esse, non quid verba sonant, at quid loquentes intelligunt. Nihil autem aliud hujusmodi verbis concipi posse, satis declaratum est nuperrime, quam ad commune consequens reductis quantorum quibuscunque rationibus, illarum antecedentes se taliter excedere, vel taliter deficere, vel sibimet exæquari. Nec enim, ut ipsi necesse habebunt fateri, possunt æstimari, vel inter se comparari rationes ullæ, nisi talis fiat reductio; postquam vero reducuntur, haud aliter quam ex antecedentium collatione dignoscitur aut denominatur hæc, quam ipsi nominant, ratio. Quapropter et ex ipsorum mente ac usu vocantur antecedentes isti rationum *denominatores*. Ergo nihil

---

(4) Notions derived from common expressions.
Common expressions are loose.

est necesse per locutiones antedictas aliud quicquam præter antecedentium æqualitatem aut inæqualitatem (hoc est, ipsorum rationem) designari vel intelligi. Nec igitur valet ab hisce loquendi formulis deducta argumentatio.

5. Dixi nihil est necesse, sed neque de facto quicquam aliud concipitur, unde quo coronidem imponam huic dissertationi, adverto quinto, quicquid vulgo rationibus tribuitur, id vere tantum et proprie rationum denominatoribus, hoc est, ipsarum ad idem consequens redactarum antecedentibus, convenire. Quam illis adsignant quantitas, nihil est aliud quam denominatorum quantitas et ratio; quum ipsas videri volunt addere vel subtrahere, non nisi denominatores istos addunt vel subtrahunt; sed et cum ipsas multiplicant vel componunt, partiunt aut resolvunt, eadem res est. Liquebit hoc propositiones Vincentianas, egregio sane nisu contextas, attentius expendenti; quas quidem is universaliter proponit, et secundum definitiones ac hypotheses suas rite demonstrat, at si quis eas speciatim veluti de numericis rationibus prolatas accipiat, ejus totam doctrinam huc recidere deprehendet, ut fractionum quasi numeralium, aut quotientium divisione compertorum, additio et subtractio, multiplicatio ac divisio, quoadque proportionem comparatio, indagetur atque tradatur. Quod autem in Arithmeticis est numerica fractio, vel divisionis quotiens, id in Geometriâ est denominator rationis cujuspiam, hoc est magnitudo quæpiam ad homogeneam sibi magnitudinem, unitatis loco habitam, sic affecta, prout fractio vel quotiens numerica refertur ad unitatem. Quare nihil aliud prosequi videtur Vincentius, quam fractiones Arithmeticas, iisque respondentes rationum Geometricarum denominatores; quibus congruentia quæque symptomata rationibus ipsis ascribit. Sint e. g. duæ rationes numericæ 3 ad 5, et 7 ad 3; harum denominatores erunt fractiones $\frac{3}{5}$ et $\frac{7}{3}$ (quatenus $\frac{3}{5}$ ad 1, ita se habet ut 3 ad 5; et $\frac{7}{3} : 1 :: 7 : 3$) vel reducendo dictas fractiones ad communem denominationem, erunt istarum rationum denominatores numeri fracti $\frac{9}{15}$ et $\frac{35}{15}$. Has igitur fractiones cum addiderit sibimet, aut unam ab aliâ subduxerit; cum unam per alteram multiplicârit aut diviserit, et

(5) The quantities usually ascribed to ratios are the fractions which express them: which V. calls the *denominators*.

cum ipsarum proportionem exhibuerit, præ se fert ipsas dictas rationes addidisse vel subtraxisse, multiplicâsse vel divisisse, vel ipsarum rationem exhibuisse.

Non igitur ille vir egregius tam novam circa proportiones scientiam condidisse, quod censet Tacquetus, at veterem ante perspectam doctrinam alio modo, nec eo nimis apposito, contexuisse, novisque vocabulis enunciâsse videtur; quam tamen a se repertis compluribus theorematis insigniter locupletavit. Commune vero quod diximus, est illi cum cæteris hanc de rationum rationibus et quantitatibus doctrinam amplexantibus, rationes scilicet, dum numeros attrectant, cum numericis fractionibus confundere, dum alias rationes considerant, tanquam suis denominatoribus easdem tractare. Quod nonnunqum aperte disertisque verbis faciunt, imprudenter eo delabentes, sæpius autem verbis declinantes reipsâ incurrunt.

Notat hoc et sæpe taxat Hobbius in antagonistâ suo, sed nec ipse, modo sibi constet, immunis ab hac culpâ; idem enim est rationem rationibus tribuere, ac rationes cum denominatoribus suis easdem reputare, vel saltem nihil et insignificanter loqui; hoc enim aut nihil plane quicquam concipiunt. At sufficiant hæc quadantenus exponendæ confirmandæque sententiæ nostræ, quod scilicet rationes nullam proprie dictam quantitatem habent; neque quod rationes inter se vere comparantur.

Unde nonnulla consectaria deducemus.

1. Hinc primo clare facileque decidetur quæstio de rationum, quam appellat Euclides, compositione, συνθέσει, num rectius pro rationum additione sit habenda, vel pro ipsarum multiplicatione: nam e dictis quoad rem ipsam rationibus, utpote quantitatis expertibus, neutrum convenit, nec addi nec multiplicari; quoad vero loquendi modum, quia cum componi dicuntur rationes, ipsarum denominatores multiplicantur, manifestum est rectius dici rationes multiplicari quam addi. Sicut et cum denominatorum unus alium dividit, rectius operatio talis dicetur rationis

---

Hobbes's objections.

(1) Ratios, compounded according to Euclid, are they added or multiplied?

divisio quam subtractio. Quamvis obtinuerit, ut illa prior operatio dicatur πρόσθεσις, hæc posterior autem ἀφαίρεσις[1].

2. Secundo, radicitus hinc evellitur, aut plane decernitur controversia, quam agitant nonnulli, quamque videtur Mersennus[2] excitâsse; num ratio scilicet æqualitatis nihilum referat, aut exæquetur nihilo, ratio majoris æqualitatis attollatur supra nihilum, ratio minoris inæqualitatis infra nihilum deprimatur. Nam ex vero cum nulla ratio quanta sit, intercidit hujusce quæstionis fundamentalis hypothesis, ipsaque simul collabitur et ruit. Ast ex hypothesi quod denominatorum affectiones rationibus suis adjudicandæ sunt, evidentissime liquet etiam minoritatis et æqualitatis rationes supra nihilum assurgere. Semper enim minoris rationis denominator est aliquod quantum consequente minus; adeoque in Arithmeticis pars vel fractio minor unitate. Æqualis vero rationis denominator consequenti semper adæquatur, et unitate signatur in Arithmeticis. Nec amplius quid ad hujusce quæstionis decisionem requiratur.

3. Tertio, facillime refelluntur hinc quæcunque Meibomius, adversus antiquos juxta ac recentiores Geometras, stylo certe nimis quam inverecundo, disputavit ac adservit. Qualia sunt, quod ratio submultipla sit eadem rationi multiplæ, propter idem ab æqualitate διάστημα. Præterquam enim quod non idem sit διάστημα, nam longissime distant defectus et excessus, differentia negativa ac positiva, satis liquebit hasce rationes ad commune consequens exigendo, (quod pro rationum collatione toties necessarium monuimus,) subduplæ denominatorem minorem fore (quadruplâ ratione minorem) denominatore rationis duplæ. Sit puta commune consequens 2, igitur antecedentes erunt 1 et 4, unde constat propositum.

Item, cum colligit rationes excessûs et defectûs inter se non posse comparari; nam æque comparantur hæ, ac aliæ quævis,

[1] Apud *Ptolemæum*, Lib. I. συντ. et Theonem isthic.

[2] In *Præfat. ad Cogit. Physico-Mat.*

---

(2) Is the ratio of equality expressed by 0, majority by a quantity greater than 0, minority by a quantity less than nothing?

(3) Meibomius's assertion that a submultiple is the same as a multiple ratio.

His attack on Euclid's definitions.

denominatorum interventu. Etiam, cum solummodo rationem minorem auferendam statuit e majore; (rectius minorem per majorem dividi dixisset, ut præmonitum est;) in eo liquidissime fallitur: quid enim impedit minoris rationis denominatorem dividi per denominatorem majoris, seu Arithmetice seu Geometrice?

Rursus, cum rationem alicujus ad majus, subinde majorem esse pronunciat ratione ejusdem ad minus: ut rationem 4 ad 7, majorem esse ratione 4 ad 5; adeoque rationis majoris et minoris nomina perperam ab omnibus hactenus Geometris usurpata. Nam ejusmodi rationes, 4 ad 7 et 4 ad 5, ad idem consequens revocando, puta subrogando pro illis æquipollentes 20 ad 35 et 28 ad 35, liquet 20 minorem esse quam 28, adeoque rationem 4 ad 7 majorem esse ratione 4 ad 5.

Et universim hinc patet quod et quare majores et minores appellamenta commodissime sunt a veteribus applicata; quia scilicet id quod rei ratio depoposcit, ab antecedentium post reductionem quantitatibus legitime derivata sunt, a quibus cum ipsæ rationes indicantur, ac denominationem accipiunt, tum habent omnino quod ullatenus comparari possunt aut comprehendi.

Quamobrem et abunde perspicuum est eundem virum nullâ validâ ratione fretum, definitiones Euclideas falli postulâsse. Nam si ratio quævis aliâ major est, quod ipse non diffitetur, (etsi nulla proprie major sit, quod ego sentio, docendi tamen causâ nil vetat, nec ego repugno quin aliqua major appelletur,) si, inquam, aliqua major supponatur, illa major jure meritissimo dicetur, cujus denominator est major, et quæ talis ab Euclide nominatur, egregieque definitione circumscribitur, ac distinguitur ab aliis. Eâdem facilitate difflantur, ut autumo, quæcunque vir ille communi Geometrarum sententiæ pugnantia suggessit animo paradoxa.

4. Neque demum molestiam nobis facesset ista tantopere jactata λογομαχία, circa rationem multiplam ac multiplicatam, duplam ac duplicatam, triplam et triplicatam, atque consimiles. Nam e traditis manifeste dilucescet rationem (v. g.) duplicatam, quæ dicitur, minime duplam esse rationis, quacum confertur. Ut ratio numeri 9 ad 1, non est dupla rationis 3 ad 1, quoniam exis-

(4) Duplicate ratios, multiplicate ratios, &c.

tente jam communi rationum harum consequente, denominator unius 9, alterius denominatori 3 duplato non æquatur. Unde patet istiusmodi rationum multiplicationes ab aliâ causâ nuncupari, posthac commodius expediendâ.

Id solum adjiciam, admisso, quod astruere conatus sum, rationes nullam ex se quantitatem habere, nulla quantitatis attributa sortiri nisi naturalia, quæque debent accepta referre denominatoribus suis, difficultates hujusmodi plerasque statim evanescere, dubia plane tolli vel facile solvi, lites et rixas plerasque consopiri; quæ nimirum haud aliunde quam ex ambiguitate per falsam istam hypothesin introductâ videntur emersisse. Quamobrem haud abs re duxi quæstionem hanc tam fuse seduloque ventilare.

Cæterum quia vulgo solent rationes inter se comparari, verboque tenus æquales, majores, minores haberi; nec scientiarum magistris deneganda videatur licentia, tales voces cudendi ac usurpandi; (doctrinæ nempe clarioris et succinctioris gratiâ, modo de re constet, ac errorum occasio præcidatur: nec enim ego vulgares loquendi modos libenter improbo, sed genuinos ipsorum sensus investigo, ne verba rebus officiant, et per inanes sonos illudatur veritati;) hæc, inquam, cum ita se habeant, et non absque fundamento quodam atque causâ probabili, locutiones istæ pridem admissæ sint, ac dudum invaluerint, quid per illas distincte significetur inquiremus. Quæ nempe sint æquales, majores, minores rationes; hoc est, alio modo breviter nec inconcinne, rationum comparationes istas efferendo, quid sit *analogia*, quid *hyperlogia* (aut *prologia*) quid *hypologia;* quomodo definiri possint, et a se bene distingui, proximâ Lectione quæremus; quâ nulla fortasse subtilior aut gravior apud Mathematicos disceptatur controversia. Optime (quantum res ipsa patitur, optime) mihi videtur ab Euclide definitiones has esse constitutas; plerisque jam secus videtur, eumque nemo fere non in hoc damnat et deserit; an justis de causis et validis subnixi ratiociniis hoc fecerint, id examinatis et expensis quæ dixero penes vestrum erit judicium statuere. Interim εὐπραγεῖτε.

We may use analogy, hyperlogy, hypology, for ratios of equal, greater, less.

LECT. XXI.*

IN præcedente Lectione satis astruxisse videmur rationibus ex se, vere proprieque loquendo, nullam quantitatem, nullam rationem competere, nec ideo propter aliquid ipsis inhærens, aut ex se conveniens, unam alterius respectu majorem, minorem, æqualem prædicari; sed ab absolutis quantis ad ipsorum rationes hæc derivari attributa. Quia vero pridem invaluit usus, ut rationes inter se ceu quanta absoluta comparentur; et æqualis, majoris, minoris rationis nomina sortiantur; et nos locutiones istas, interpositâ justâ cautione, non illibenter admittimus, id proxime sequitur, ut quo certo signo vel indicio dignosci queat, quando ratio una alteri æqualis est, quando major, quandoque minor dici debeat, hoc est, quomodo definiri possint et distingui ratio, major, minor, æqualis, dispiciamus.

Et quidem e dictis satis manifeste consequi videtur, siquidem duæ rationes homogeneis terminis constantes, commune consequens habeant, illas commodissime definiri posse per antecedentium respectivam quantitatem, ut æquales nempe rationes dicantur, quarum antecedentes æquantur, et ratio major hæc illâ, cum hujus antecedens illius antecedentem excedit; et minor hæc illâ, cum hujus antecedens ab illius deficit antecedente.

Verum cum id quod accidit plerumque, diversi consequentis rationes comparantur, adeoque deficit ista conditio, liquet aliud indicium requiri, quo rationum istarum relatio dignoscatur; indicium scilicet aliquod universale, sufficiens determinandis quibuscunque rationum habitudinibus inter se. Tale vero sufficiens indicium reperire, magnæ res difficultatis hactenus visa compertaque est; cum obstent variæ causæ, duæ præsertim, discrimen inter rationes effabiles et ineffabiles, (hoc est, quantorum asymmetria,) et terminorum, quibus diversæ constant rationes, *ἑτερογένεια*. Si rationes enim omnes effabiles essent, et inter quantitates tantummodo symmetras versarentur, eodem modo definiri posset æqualis ratio, quo numerorum proportionalitas in Elemento

---

* Of Euclid's Definition of Proportion.

Though ratios are not quantities we are willing to adopt the common language.

Septimo, per divisionum nempe quotas æquales; et major minorque ratio per quotorum inæqualitatem respective: sed hoc universim sufficere prohibet terminorum, quibus insunt pleræque rationes, incommensurabilitas, quo fit ut exquisite peragi nequeat divisio, neque per numeros vulgo notos exprimi possit, aut animo clare concipi modus, quo rationum termini sese respiciunt. Terminorum etiam, quibus insunt aut constant comparatæ rationes, ἑτερογένεια modos alios nonnullos (excogitabiles aut etiamnum excogitatos) excludit, quibus alioqui rationum respectus universaliter utcunque definiri possit, ut postea forsan ostendetur.

Hinc perdifficile videtur universale quoddam indicium exhibere, quo propositis duabus rationibus, quarum termini sint indifferenter symmetri vel asymmetri, homogenei vel heterogenei, de ipsarum æqualitate vel inæqualitate, liquido pronuncietur et certo. Videamus igitur quæ talia indicia Geometræ conati sunt assignare, vel quo pacto rationum hosce respectus definiendos censuerunt. Et quia si deprehendi posset apta rationis æqualis definitio, non difficile sit ex illâ rationum inæqualium, majoris ac minoris, definitiones efformare, de rationum æqualitate primo disseremus; quæ scilicet anima Matheseôs et nucleus habetur, imo disciplinarum omnium vinculum (δεσμὸς τῶν Μαθημάτων) a Platone dicitur[1].

Rem itaque tantam velut ex imo fundamento pertractandam ordiemur. Rationis æqualitas unico vocabulo (brevitatis et claritatis causâ) vocitari solet *analogia*. Quæ vox extra Mathesin vulgo quamvis denotat congruentiam, conformitatem, aut aptam rerum inter se quarumvis correspondentiam; sicut (instando) convenientia sermonis cum regulâ generali dicitur a Grammaticis analogia; et quæ in ratione quâpiam communi conspirant, a Logicis dicuntur *analoga*. Nempe Græcis ἀνὰ præpositio rerum identitatem, æqualitatem, aut convenientiam innuit qualemcunque. Exempla suggerunt Scripturæ sacræ; Joannis secundo habetur, Ἀνὰ μετρητὰς δύο χωροῦσαι ὑδρίαι· Hydriæ binas metretas capientes æqualiter, aut singulæ binas. Matthæi

[1] *In Timæo.*

It is difficult to find a measure of ratios for incommensurables.
Equality of ratios is *analogy*.

vigesimo, operarii loco mercedis, Ἀνὰ δηνάριον ἔλαβον· Unusquisque denarium pariter accepêre. Lucæ nono, Κατακλίνατε αὐτοὺς ἀνὰ πεντήκοντα· Facite discumbant quinquaginta simul, vel in singulo discubitu æque quinquageni. Neque non apud medicorum filios in pharmacorum compositione præscribi, Sumantur horum vel illorum tot talesque mensuræ *ana*, hoc est, æque, vel singillatim tantæ, ignotum nemini. Simili fere pacto ἀνάλογον dicuntur bina quanta binis collata, quæ λόγον habent ἀνὰ, congrue vel æqualiter; hoc est, quæ rationem habent æqualem: abstracteque rationum ipsarum convenientia talis appellatur ἀναλογία.

Latinis eadem usitatius *proportionalitas* dicitur, distinctionis gratiâ, quia *proportio* sæpius ipsam rationem, τὸν λόγον, designat. Quanquam, ut mihi præmonitum, Cicero, cum in Platonis Timæi versione vocem ἀναλογίαν in Latinum transfunderet sermonem, adhibuerit vocabulum *proportio*. Fabius autem Quintilianus ἀναλογίαν per *similitudinem* bene censuit exprimi[1]: quapropter analogia vel proportionalitas definitur ab Euclide λόγων ὁμοιότης, a Theone Smyrnæo λόγων ταυτότης· melius (etsi non admodum referat) meâ sententiâ diceretur λόγων ἰσότης; (cum quia *similitudo* verbum est laxius et magis ambiguum; et *identitas* haud optime quadrat rebus actu diversis, immediate qua talibus et sub diversorum ratione comparatis; tum quia rationum habitudines aliæ, hyperlogia nimirum et hypologia, non ex dissimilitudine vel diversitate, sed ex inæqualitate denominantur majoritas et minoritas; quia denique rationum æqualium denominatores, a quibus, ut expositum, rationes habent quod ullatenus inter se comparantur, non iidem aut similes, sed æquales sunt;) definitiones autem istæ non sunt οὐσιωδεῖς, rei definitæ certam aliquam essentialem passionem exhibentes, sed tantum ὀνοματωδεῖς, quid *analogiæ* nomen significet quadantenus indicantes; Euclidi saltem tales sunt, ut ex eo satis patet, quod definitioni quintæ (rationem scilicet eandem habentium magnitudinum definitioni) subjicit, Τὰ δὲ τὸν αὐτὸν ἔχοντα μεγέθη λόγον ἀνάλογα

[1] *Quintil.* lib. v. ii.

In Latin *proportionalitas*.
Similitude, identity, or equality of ratios.

καλείσθω, quæ mera est vocabuli *ἀνάλογον* explicatio. Mox autem, interjectis solum inæqualem rationem habentium definitionibus, Ἀναλογία δὲ ἐστὶ λόγων ὁμοιότης.

Quamobrem Euclidis mentem haud optime capit Borellus, cum existimat eum hanc velut essentialem, et scientificam analogiæ definitionem proponere; cumque censet ex Euclidis mente, rationum similitudinem ceu notam et primam analogiæ proprietatem assignari. Nil tale cogitâsse videtur is; at cum subinde vox analogiæ, vel *ἀνάλογον εἶναι*, rationis æqualitatem concinnius exprimens et concisius, interdum usurpanda videretur, eam, ne quid ignorata discentibus facesseret negotii, vel caliginis effunderet, explicatam voluit dare.

Quare nec Euclidem merito taxat, (taxat, inquam, ex hypothesi quod Euclides istam definitionem tradiderit,) quasi superflue praveque binas ejusdem rei definitiones exhibentem. Nam eandem vel æqualem rationem habentium unicam exhibuit reverâ definitionem generalem, per essentialem quandam ipsorum passionem; quin autem præterea rationem habentia æqualem appellari *ἀνάλογα*, et rationum identitatem vel similitudinem istam *analogiæ* quoque nomine designari submoneret, quid obsecro justæ causæ debuit impedire? Imo satis habuit causæ vim declarare vocabuli, plerisque forsan ignoti.

Fraudi vero fuisse videtur eruditissimo viro, quod in Clavianâ, aliisque Latinis plerisque Elementorum editionibus, analogiæ descriptio loco suo legitur emota; et anterius protrusa quartum isthic locum occupat, quæ jure meritoque Græcis in codicibus octava numeratur. Itaque rectissime suboluit nasutissimo viro, descriptionem istam loco quem obsidet inferctam temere; neque forsan in suum ordinem repositam ita sugillâsset. Quanquam præterea non diffiteor Elementi Quinti definitiones attentius inspectanti, nonnihil in iis exscriptorum culpâ videri transpositum ac immutatum; quâ de re non est opportunum conjecturas proferre.

Quin eo potius accingimur, ut quod in hâc materiâ præcipuum est, æqualis rationis vel analogiæ definitionem exploremus

---

This is not an essential and scientific definition.
This Definition is misplaced in Clavius's Euclid.

appositam et accuratam. Id quod exequemur hâc methodo: Primo, definitionem Euclideam explicatam dabimus; neque non ei legitimæ definitionis conditiones ad amussim quadrare monstrabimus. Secundo, quæ contra definitionem istam adferuntur objectiones adnotabimus et diluemus. Tertio, novas huic definitioni subrogantium doctrinas et methodos excutiemus; et quid in iis desideretur ac deficiat, quousque cedant Euclideæ definitioni[1], vel quatenus eâ deteriores sunt, adnitemur ostendere.

Quod primum caput attinet, elementaris definitio sic Græce sonat; *Ἐν τῷ αὐτῷ λόγῳ μεγέθη λέγεται εἶναι, πρῶτον πρὸς δεύτερον καὶ τρίτον πρὸς τέταρτον, ὅταν τὰ τοῦ πρώτου καὶ τρίτου ἰσάκις πολλαπλάσια τῶν τοῦ δευτέρου καὶ τετάρτου ἰσάκις πολλαπλασίων καθ' ὁποιοῦν πολλαπλασιασμὸν ἑκάτερον ἑκατέρου ἢ ἅμα ἐλλείπῃ, ἢ ἅμα ἴσα ᾖ, ἢ ἅμα ὑπερέχῃ ληφθέντα κατάλληλα.* Hoc est, reddente Clavio: In eâdem ratione magnitudines dicuntur esse, prima ad secundam et tertia ad quartam, cum primæ et tertiæ æquemultiplicia a secundæ et quartæ æquemultiplicibus, qualiscunque sit hæc multiplicatio, utrumque ab utroque, vel una deficiunt, vel una æqualia sunt, vel una excedunt, si ea sumantur quæ inter se respondent; (vel si ordine sumantur, hoc est, ut multiplex antecedentis primi cum sui consequentis multiplice, et multiplex secundi antecedentis cum sui consequentis multiplice conferantur).

Talis est proportionum definitio Euclidea; *μορμολυκεῖον* illud, quo plerunque deterrentur ingenia virorum modesta vel ignava: modesta, quæ simul ac difficultatis aliqua species objectatur, suis diffidunt ipsorum viribus; ignava vero, quæ ferme nolunt attentionis aliquid ediscendis scientiis impendere; quasi nobis in hâc rerum obscuritate constitutis sapere liceret *ἀσπουδεί*. Quorum utrique monendi sunt, illi ne plane despondeant animo, hi ne tantillum curæ refugiant, quando studium res aliquod, at non improbum, desideret.

Cæterum verbis aliis concipi poterit hæc definitio, brevius aliquantum, et forsan ad quorundam captum accommodatius.

[1] *Definitio analogiæ Euclidea.*

Euclid's Definition. B. v. Def. 5.
Which frightens the modest and the indolent.
The definition expressed in other ways.

Proportionalia quanta sunt, bina binis, quum antecedentium æque multipla quælibet consequentium æque multiplis quibuscunque sunt, una semper vel æqualia, vel majora, vel minora, ordinate.

Vel sic; analoga quanta, (vel analogica, nos brevitatis causâ subinde dicemus analoga,) cum antecedentia quomodocunque pariter multiplicata, versus consequentia pariter itidem utcunque multiplicata perpetuo conservant idem genus rationis; (hoc est, simul excessum, defectum, aut æqualitatem).

Pariter multiplicata dixi versus pariter multiplicata, sed obiter adnoto dici potuisse, pariter divisa versus pariter divisa; hoc est, pro æque multiplis accipi potuisse partes similes aliquotas; scilicet ut talis emergeret definitio, consonans Euclideæ: Analoga quanta sunt, cum antecedentium similes quælibet aliquotæ partes consequentium quibusvis aliquotis partibus semper una majores, vel æquales, vel minores sunt. Vel, cum antecedentia pariter utcunque divisa cum consequentibus, utcunque pariter divisis, idem rationis genus una retinent.

Potuissent et hæc in eâdem definitione copulari, sic ut ea tam æque multipla, quam similes partes sub disjunctione contineret, hoc modo; proportionalia quanta sunt, cum antecedentia pariter utcunque multiplicata vel divisa, consequentibus utcunque pariter multiplicatis aut divisis, etc.

Horum utrovis modo potuisset, inquam, ὁ στοιχειωτὴς æquâ ratione, quod rem ipsam spectat, proportionalium definitionem effinxisse. Sed quia divisio multiplicatione nonnihil impeditior videtur, et simplicior, conceptuque facilior est integrorum quam fractorum calculus, et paucioribus expeditur, æquimultiplicia potius quam similes partes, consulto selegisse videtur et adhibuisse.

Cæterum ut hoc modo proportionalitatem declararet, in causâ fuit, quod cum generalem investigaret definitionem, tam earum æqualium rationum quæ symmetris terminis constant, quam illarum quarum termini forent asymmetri, ipsæque proinde non effabiles; cumque rationum ineffabilium antecedentes explicabili

---

May be expressed by division as well as by multiplication.

Or by both together.

Multiplication taken as easier,

modo consequentes suos respicerent, sic ut immediate quomodo continerent ipsos, vel in ipsis continerentur, vix concipi posset; non eapropter a continendi modo, (per quem effabilium rationum æqualitatem facile definivisset, et actu quidem in Elemento Septimo definivit,) sed aliunde peti debuit universale quoddam symptoma rationum pariter omnium, effabilium et ineffabilium, æqualitati connexum, eique determinandæ sufficiens; quale dum expiscaretur, omnia perlustrans animo tandem advertit, opinor, aliqua quanta cum aliis vel ex naturæ suæ speciali quâdam proprietate, vel ob adsumptam quandam conditionem ita combinari, connectique inter se (vel ab alteris altera, quoad suæ quantitatis modum, ita dependere) ut cum universaliter ab illorum æqualitate vel inæqualitate, consequenter horum æqualitas vel inæqualitas ejusdem generis simultanea, tum etiam illorum similia quævis augmenta vel decrementa, prorsus arguerent et secum traherent necessario similia horum incrementa vel decrementa.

E. g. duo quævis æque alta triangula naturæ suæ speciali proprietate quâdam in Elemento Primo demonstratâ, cum basibus suis ita connectuntur, ut ipsorum priori modo quolibet aucto vel multiplicato, basis etiam sua similiter augeatur aut multiplicetur: neque non prout adaugetur aut multiplicatur posterius, ita similiter accrescit et multiplex evadit ejus basis: itemque si prius augmentum vel multiplex posteriore majus sit, una basis ei respondens alterius augmenti vel multipli base major erit; si minus illud, hæc minor; si illud æquale, hæc etiam æqualis.

Rursus, duo quævis tota, cum similibus suis partibus aliquotis, propter adsumptam istam similitudinis conditionem, ita connectuntur, ut illorum quælibet multiplicationes includant et secum deferant harum consimiles multiplicationes respective, neque non si prioris totius multiplex excedat posterioris multiplum, etiam partium prioris multiplex una superabit partium posterioris multiplum; si deficiat illud, hoc deficiet; si adæquetur illud, hoc etiam necessario adæquabitur.

Hæc cum adverteret auctor, etiamque porro deprehenderet, in aliis aliter affectis quantis secus evenire, verbi gratiâ, sicut posthac ostendemus, in triangulis differenter altis, neutiquam ex

---

In order to include incommensurables,
And to afford means of proof.

unius cum base suâ pariter multiplicati excessu, super alterius multiplum infertur basis suæ excessus supra basim alterius, cum altero pariter multiplicatam: neque si tota cum dissimilibus ipsorum partibus comparentur, inde quod prius æque cum suis partibus multiplicatum excedat posterioris multiplex aliquod, ullatenus consequetur ideo partium prioris multiplum excedere partes posterioris æque cum suo toto multiplicatas. Hæc, inquam denuo, cum observaret Euclides, (seu quis alter harum definitionum conditor,) et proprietatem istam antedictam omnigenis promiscue quantis, symmetris et asymmetris, convenire, (nulla siquidem illic symmetriæ vel asymmetriæ cujusvis intervenit consideratio,) hinc ex illâ rationum taliter affectis quantis accidentium mutuos ad se respectus generatim æstimandos censuit ac definiendos.

Arbitratur Clavius auctorem cum primo perspexisset hoc symptoma symmetris quibuscunque proportionalibus accidere, tum nonnullis etiam asymmetris quatuor quantis aliquando convenire, inde jure suo usum proportionalitatem ex illo generaliter determinandam censuisse. Mihi potius videtur, quando nedum id effabili ratione præditis analogis (juxta definitionem aliquam priorem ita denominatis) sed universim omnibus ita, sicut innui, per naturæ suæ proprietatem specialem, aut per adsumptam conditionem in se connexis bis duobus quantis id comperisset accidere, per ipsum habitudines rationum ejusmodi quantis competentium ab aliis existimâsse distinguendas; quas merito quidem easdem vel æquales dixit, quoniam si quando contingeret ejusmodi rationes idem consequens habere, vel ad idem utcunque consequens revocari posse, semper ipsarum antecedentes adæquarentur.

Sed ita forsan auctor hujusce definitionis ratiocinari potuit, et secum animo versare: e confusâ proportionalitatis ideâ, quatenus illa rationum summam præ se fert similitudinem, perspicitur antecedentes eodem genere rationis simul ad consequentes referri. Quod si multiplicentur antecedentes per eundem quemlibet numerum, satis adparet hanc similitudinem, quoad rationis genus neutiquam immutari, quum hi termini similiter adcrescant.

How Euclid was led to this Definition.

Sin et præterea per eundem quemvis numerum consequentes etiam multiplicentur, adhuc perdurabit eadem similitudo, retinebitur idem utrinque rationis genus; quamvis prout numeri multiplicantes adsumuntur majores aut minores, ipsæ singulares rationum sic immutatarum quantitates innumeris modis variantur, augentur, et minuuntur, sic ut subinde termini antecedentes consequentibus æquentur, subinde deficiant ab illis, vel illos exsuperent magis minusve. Hujusmodi fortasse discursu nonnihil Metaphysico, neque tamen admodum obscuro, vir sagacissimus ad hujusce rei fundum penetravit, et inde definitionem nobis hanc extraxit.

Verum quocunque modo, quâcunque ansâ arreptâ, devenerit auctor ad hujus symptomatis notitiam, ejus saltem ut subtilissima fuit inventio, sic usus est præclarus, et perquam opportunus propositæ materiæ; siquidem ex eo immediatissime, directissime, brevissime, clarissimeque præcipuas plerasque generales proportionalium passiones deduxit, ut et specialium quantorum proportionalitates indicavit: id quod deinceps ostensuri sumus.

Sed præmissam definitionem primum explicemus: Imprimis et præsertim notabilis est apposita conditio generalis. Καθ' ὁποιονοῦν πολλαπλασιασμόν· *secundum quamcunque multiplicationem;* nec enim sufficit ut aliquando contingat homologorum terminorum æque multiplicia sic affici, (nimirum ut una excedant, deficiant, aut æquentur,) sed argumentis manifestis evinci debet hoc semper eventurum. Debet, inquam, evinci non ex inductione quâpiam perpetuâ, (inductio res est infiniti negotii, quamque Mathesis omnino respuit,) ast universali demonstratione derivatâ, ex specialium quantorum proprietate aliquâ essentiali, vel fundatâ in magis universalium quantorum peculiari quadam conditione suppositâ vel compertâ. Accidere potest in aliquo casu simultaneus ille defectus, excessus, aut æqualitas, etiam quantis minime proportionalibus; ast solis proportionalibus universaliter convenit, et ex ipsorum constitutione necessario fluit; adeoque potest et debet de iis universaliter demonstrari, quo constet proportionalitas ipsorum, et hanc eis definitionem congruere.

It is a subtle invention.
The Definition says, *Any multiples whatever.*
This is not to be proved by induction. Examples.

Verum non aliter melius illustretur hæc definitio, quam exempla præponendo, quibus evidentissime dilucescat hanc conditionem multis reverâ quantis competere, quodque poterit hæc definitio facili negotio rebus applicari; quod ad intellectum minime difficilis, ad usum satis prompta sit. Ordiemur ab exemplis specialioribus.

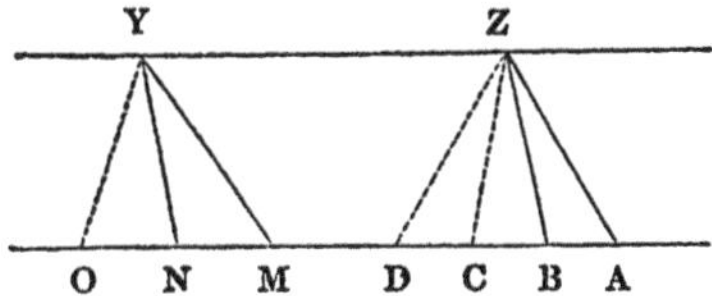

Sint duo triangula *ZAB*, *YMN* æque alta (vel inter easdem parallelas constituta) super bases *AB*, *MN*. Habentur itaque bis duo quanta; duo nempe trigona *ZAB*, *YMN* et duæ bases *AB*, *MN*; quibus assero definitionis nostræ conditionem accidere. Nam utcunque pro lubitu æque multiplicentur antecedentes termini, triangulum *ZAB* ejusque basis *AB*, juxta numerum puta ternarium, adsumendo rectas *BC*, *CD* æquales ipsi *AB*, ducendoque rectas *ZC*, *ZD* (liquet enim ob æqualitatem basium *AB*, *BC*, *CD* etiam triangula *ZAB*, *ZBC*, *ZCD* æquari). Item ad arbitrium æquemultiplicentur consequentes, triangulum *YMN*, ejusque basis *MN*, puta per binarium, accipiendo rectam $NO = MN$, et connectendo rectam *YO*. Jam ex demonstratis in elemento primo planissime liquet, quod si antecedentis trianguli triplex *ZAD* superet consequentis trianguli duplex *YMO*, etiam antecedentis basis tripla *AD* superabit consequentis basis duplam *MO*; si defectus sit isthic, etiam hîc defectus erit; si isthic æqualitas, etiam et hîc æqualitas reperietur. Ergo quatuor hæc quanta conditionem obtinent in hâc definitione requisitam; nec id ex inductione quâpiam, ast ex universali discursu adstruitur.

Rursus, sit circulus cujus centrum *Z*, et ad centrum anguli duo *AZB*, *MZN*, insistentes arcubus *AB*, *MN*: ostendendum est definitionis hujusce conditionem etiam istis convenire angulis et arcubus. Sumatur arcûs *AB* quomodocunque multiplus, puta

---

Two triangles of equal altitudes are proportional to their bases.

triplus, AD; et connectatur ZD. Liquet ex elemento tertio, angulum AZD etiam triplum esse anguli AZB. Tum arcûs MN quilibet accipiatur multiplus, pone duplus MO, et connectatur

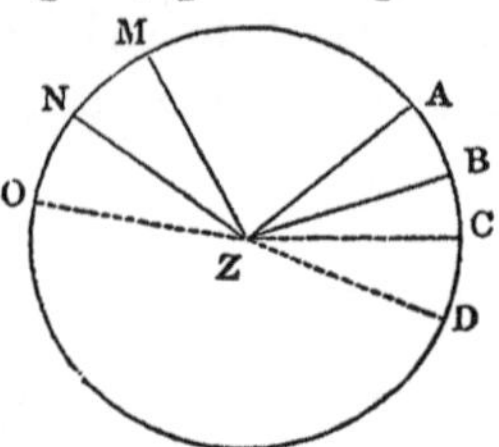

ZO. Itidem liquet angulum MZO anguli MZN duplum esse. Quod si angulus AZD superet angulum MZO, etiam (e demonstratis in elemento tertio) arcus AD arcum MO excedet; si is illum adæquet, etiam hic adæquabit hunc; sin defectus isthic fuerit, etiam una defectus hîc erit. Ergo quatuor hisce quantis dicta conditio per demonstrationem quandam universalem ostenditur convenire.

Porro, (nam exempla libenter huic penitius enucleandæ rei multigena congeram,)

sint duo spatia ZA, XM, ab uniformiter lato mobili cum æquali velocitate percursa diversis temporibus, repræsentatis a lineis $\zeta\alpha$, $\xi\mu$. Conveniet dico spatiis istis ac temporibus memorata conditio. Assumantur enim quotcunque spatia AB, BC ipsi ZA æqualia, et totidem tempora $\alpha\beta$, $\beta\gamma$ ipsi $\zeta\alpha$ æqualia. Quin et XN æque multiplex sit spatii XM, ac tempus $\xi\nu$ temporis $\xi\mu$. Liquet $\zeta\gamma$ esse tempus lationis per ZC, et $\xi\nu$ esse tempus lationis per XN (ex definitione scilicet motûs uniformis, juxta quem temporibus quibuscunque æqualibus peracta spatia æquantur; et vicissim æquantur tempora, quibus æqualia conficiuntur spatia). Item, ob æqualem ex hypothesi velocitatem, si spatium ZC majus sit, minus, vel æquale spatio XN, erit eodem ordine respective tempus $\zeta\gamma$ majus, minus, vel æquale erit respectu tem-

---

Angles in the same circle are proportional to their arcs.
Spaces described with uniform motion are proportional to the times.

poris $\xi\nu$. Unde liquet hæc quatuor quanta habere se juxta conditionem in definitione nostrâ præstitutam.

Iterum, si adsumatur, id quod rationi simul ac experientiæ consentaneum est, momenta seu vires motivas ponderum, pro distantiarum a centro libræ modo sic adaugeri vel imminui, ut æqualia distantiarum incrementa vel decrementa ponderibus iisdem, æqualia momenta superaddant aut detrahant, hinc ostendetur juxta definitionis hujusce sententiam momenta ponderum æqualium distantiis suis esse proportionalia.

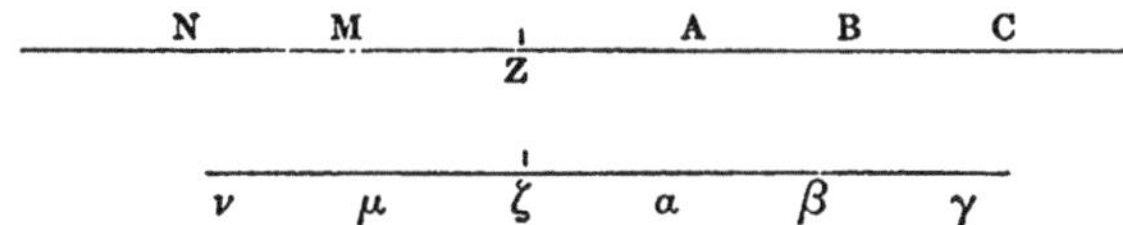

Ut si punctum Z sit centrum libræ, cui ad intervalla ZA. ZM appendantur æqualia pondera, rectæque $\zeta\alpha$, $\zeta\mu$ repræsentent ipsorum momenta, juxta dictas distantias; acceptis ipsorum ZA, $\zeta\alpha$ quibusvis æquemultiplis ZC, $\zeta\gamma$; liquet e suppositione modo præstratâ $\zeta\gamma$ esse momentum ponderis appensi ad distantiam C. Et similiter acceptis ZN, $\zeta\nu$ æquemultiplicibus τῶν ZM, $\xi\mu$; liquet $\zeta\nu$ æquari momento ponderis ejusdem ad N suspensi. Quod si ZC excedat, vel adæquet, vel deficiat respectu τοῦ ZN; etiam una correspondenter momentum $\zeta\gamma$ excedet, vel æquabit, vel deficiat respectu τοῦ $\zeta\nu$. Ergo quanta ZA, ZM proportionalia sunt ipsis $\zeta\alpha$, $\zeta\mu$, juxta definitionem Euclideam.

Consimili pacto specialibus quibuscunque materiis adaptari poterit hæc definitio, sic ut postquam e propositorum quantorum proprietate quapiam elicita fuerit hæc conditio, per eam ipsorum proportionalitas demonstretur.

Sed et exempla plura suggeri possent universalium, hoc est, ad nullam quantitatis speciem restrictorum quantorum, quibus ob adnexam conditionem aliquam accommodetur hæc definitio. Veluti si bina quævis æqualia quanta sumantur A, B, aliaque quævis sibimet æqualia C, D: demonstrabitur A, B ipsis C, D esse proportionalia. Nam ex istâ utrinque suppositâ æqualitatis

---

In a lever the moments of equal weights are proportional to their distances from the centres of the lever.

So of other cases.

conditione facile deducetur iis hoc symptoma convenire. Hujusmodi totum fere quintum elementum exemplis constat; nec aliud isthic agitur, quam ut hæc proprietas ostendatur congruere quantis omnibus certâ conditione præditis, et inde proportionalitatis nomen iis deberi.

Quapropter ejusmodi pluribus adducendis exemplis non immorabor. Unicum duntaxat adjiciam, a quo ferme constet universaliter ex hâc definitione plerasque ab aliis subrogatas definitiones (hoc est, proprietates, a quibus alii quantorum definiunt analogiam) deduci demonstrarique posse. Sint quæcunque bis duo quanta A, B et C, D juxta definitionem hanc nostram proportionalia, scilicet ut sit ratio A ad B, æqualis rationi C ad D. Dico, consequi quantum A divisum per B adæquari quanto C diviso per D; hoc est, iis competere passionem istam ex quâ Euclides in Elem. VII. commensurabilium quantorum analogias definivit, perque quam non nemo censet etiam asymmetrorum proportionalitatem utcunque posse non incommode definiri. Quandoquidem nimirum etsi v. g. positis A, B asymmetris, non possit A per B sic dividi, ut quotiens emergat rationalis vel effabilis, attamen aliquis reverâ talis quotiens confuso modo possit intelligi subesse; qui differat ab assignabili rationali quotiente (tam quoad excessum quam quoad defectum) minori quam assignatâ quâvis quantulâcunque quantitate. Nec ideo repugnamus, quin supponatur etiam asymmetrorum quantorum divisio qualiscunque; quotiensque distincte non effabilis concipiatur dari; quinimo libenter hoc suscipimus, ut eo magis universalitas constet subsequentis ratiocinii.

Hisce subnotatis præmissam hypothesin repetens dico, si juxta definitionem nostram sit $A:B::C:D$, erit $\frac{A}{B}=\frac{C}{D}$. Si neges, esto excessus penes alterutram partem, puta sit $\frac{A+X}{B}=\frac{C}{D}$.

The Definition is exemplified in Euclid, B. v.

If A is to B as C is to D, $\frac{A}{B}=\frac{C}{D}$.

Proof for incommensurables.

If it be not true let $\frac{A+X}{B}=\frac{C}{D}$; and let MX be greater than B; and NB be greater than MA but less than $MA+MX$: which is always possible.

Multiplicetur X per aliquem numerum M, donec MX excedat B: (quod fieri potest ex axiomate clarissimo, quod assumunt cum Archimede Geometræ: quodlibet quantum toties accipi potest, ut ejus multiplex aliquoties acceptum excedere possit quodvis assignatum ejusdem generis quantum:) igitur liquet B multiplicari posse per aliquem numerum N; ut NB non superetur ab MA, sed superetur ab $MA + MX$ (quoniam MX majus est uno B). Quoniam vero $\frac{A+X}{B} = \frac{C}{D}$ (ex hypothesi tuâ), utramque partem æquationis multiplicando per eundem numerum M, erit $\frac{MA+MX}{B} = \frac{MC}{D}$; item rursus dividendo partes hujus æquationis per eundem numerum N, erit $\frac{MA+MX}{NB} = \frac{MC}{ND}$. Itaque quoniam ostensum est $MA + MX > NB$, erit $MC > ND$ (quum enim duæ fractiones æquantur, si numerator unius excedat ipsius denominatorem, etiam alterius numerator suum denominatorem exsuperabit, alias inæquales forent contra hypothesin, una major, altera minor unitate) quum igitur ostensum sit esse $MC > ND$, sed non esse $MA > NB$, liquet non esse juxta nostram definitionem $A:B::C:D$; quod primæ repugnat hypothesi. Perperam igitur negavit adversarius quantum A divisum per B æquari quanto C diviso per D. Quod erat demonstrandum.

1. Jam vero tandem e tot hisce prolatis exemplis evidenter patet, Primo, quod hæc definitio nititur hypothesi clare possibili, quæ scilicet innumeris exemplis commonstretur, haud absque fundamento confingi, sed actu rebus esse; seu quod hujus definitionis conditio multis quantis reverâ congruit.

2. Secundo, quod proprietas hæc ita generaliter extenditur, ut ei nihil obstent quantorum asymmetria, nec ἑτερογένεια· cum

---

Then since $\frac{A+X}{B} = \frac{C}{D}$; $\frac{MA+MX}{NB} = \frac{MC}{ND}$.
But $MA+MX>NB$; therefore $MC>ND$;
and $MA<NB$, as was supposed.
Therefore *by the Definition* it is not true that $A:B::C:D$, as was supposed.
Hence Euclid's Definition
(1) Depends on a hypothesis clearly possible:
(2) Is not impeded by incommensurability:

nec istæ, nec iis oppositæ symmetria et ὁμογένεια, omnino in ejus applicatione confiderentur.

3. Tertio, quod hæc proprietas necessario fluit ex naturâ, vel intime conjungitur cum specificâ conditione quantorum quibus attribuitur, adeoque minime removetur ab ipsorum qua proportionalium essentiâ. Semper enim ostenditur competere quantis propositis per ipsorum, ut taliter conditionatorum, definitiones, aut per proprietates aliquas præcipuas et essentiales.

4. Quarto, quod hæc definitio sterilis non est, nec inutilis, at conclusionum circa materias tam generales quam speciales fœcunda mater. Ex eâ siquidem totum Elementorum v. [librum] et quicquid uspiam in elementis Geometricis circa proportionalitates ostensum est, derivatur ac dependet.

5. Addo quinto, quod neque μογοστόκος est, cum molestiâ vel tædio pariens, at conclusiones quamplurimas admodum facili nixu prodit in lucem. Nam immediate, directoque discursu, nullis ambagibus, quantorum ab illâ proportionalitates primæ ac præcipuæ, eliciuntur et demonstrantur.

6. Sexto, quod ex hâc definitione satis facile deducantur cum affectiones istæ, a quibus alii definitiones suas extruunt, tum reliquæ proportionalium passiones, quas e suis ii definitionibus eliciunt; adeoque rursus quod hæc proprietas cum proportionalitatis naturâ perquam intime copulatur.

7. Adjicio, propter inductionis calumniam, nusquam hîc ullam inductionem comparere, sed universalibus omnino proportionibus constare, qui adhibetur, discursum, et ex universalibus principiis dimanare. Neque video qui tot ad exempla tam luculenta mediocriter attenderit, cur Euclideæ definitionis hypothesi nedum incomprehensibilitatem quandam, at vel obscuritatem ullam aut difficultatem exprobret merito. Nisi quod omnes omnium rerum notitiæ quatenus attentionem exposcunt, eatenus difficiles videantur humanæ mentis fastidiosæ socordiæ. Commune nobis hoc vitiumne dicam, an symptoma quod immunes

---

(3) Depends on the nature of the quantities:
(4) Is not barren:
(5) Gives results easily:
(6) Gives both the definitions and the results of other writers:
(7) Does not depend on induction.

omnis curæ degere, nulloque præsertim cum negotio sapere cupiamus.

Quid vero tandem hisce perspectis et rite perpensis impedit, quin utcunque reclamantibus Neotericis Doctoribus audacter pronunciemus Euclideæ huic definitioni definitionis cum primis optimæ notam ac titulum convenire? Quando nempe definitionis optimæ potissimis, quas ego quidem experientiâ duce comperio, vel astipulante possum agnoscere ratione, legibus apprime consonet. Cum scilicet hypothesi nitatur clarissime possibili; cum subjectum suum distinguat ab aliis omnibus; cum ejus ut talis passionem exhibeat necessariam, essentialem, reciprocam; cum ex eâ aliæ passiones elici possint; adeoque sit utilis conclusionibus astruendis, et procreandæ scientiæ; cum denique facile, clare, directe rebus applicari possit, et ad usum transferri; præter quas vix alias mihi bonæ definitionis leges, conditiones, virtutes hactenus licuit observare; quæ cum nostræ conveniant, optimam asserere non dubito.

Quod luculentius apparebit ex telorum depulsione, quibuscum infense petunt adversarii, quæ certe tam denso nimbo volitant, adeo validâ vi contorquentur, iis ut excipiendis haud sufficiat præsens Lectio, proximâ tentabimus.

LECT. XXII.*

IN proxime dissertatis Euclideam proportionalium definitionem utcunque conati sumus exponere, neque non argumentis quibusdam *κατασκευαστικοῖς* asserere. Quia vero plerique recentiores eam vehementer impugnant, aut plane rejiciunt, (perpauci quidem simpliciter ut falsam propositionem, plures ut pravam definitionem,) superest ut quas ei dicas impegerint excutiam.

Imprimis omnium pessime Ramus eam accepit[1], acerbissimâque perstrinxit sententiâ; sic tamen ut planissime monstret se temere, nec intellectâ penitus causâ pronunciâsse.

[1] *Schol.* 13.

Hence Euclid's Definition is the best.

* Objections to Euclid's Definition of Proportion.

Primo, valde lubricam dicit et falsam: quæ profecto mera calumnia est, nec aliunde quam ab errore spississimo nata; quia nempe quid sit per *quamcunque* multiplicationem simul excedere, deficere, æquari minus recte percepit. Disertissime requirit Euclides ad proportionalitatis indicium, ut excessûs, defectus, æqualitatis de homologorum terminorum æquemultiplis omnimoda simultaneitas et perpetua comprobetur: hic, quia quanta non-proportionalia, subinde quasdam ejusmodi simultaneitates obtinere contingit, Euclideam enunciationem lubrici falsique postulat: quid iniquius aut infirmius? Si quis, ut e vulgari materiâ simile quid depromam, virum probum definiret aut describeret, istiusmodi virum, qui ad rectæ rationis normam suos omnes actus componit et conformat, an descriptionem hanc labefactat, quod subinde vir improbus aliquas actiones edit rationi consentaneas, juste nonnunquam operatur aut sobrie? Imo vero quod ille, juxta sensum loquendo moralem, constanter ac perpetuo, sed incerto hic et contingenter ex virtutis agit præscripto, probum ab improbo satis dirimit ac secernit. Pariter et hic; *perpetua* simultaneitas proportionalia distinguit ab improportionalibus, quæ non eam necessario vel perpetuo sortiuntur; neque quod hisce nonnunquam obtingit, quicquam officit definitioni nostræ.

Quid quod, præterquam quod Archimedes et alii sagacissimi veteres Geometræ, demonstrationes haudquaquam suas falso fundamento superextruxissent, plerique definitionis hujus, ut talis, impugnatores moderni, hoc eam præsertim nomine reprobant, quod demonstrabilis, hoc est, necessario vera, sit; adeoque suis e principiis Tacquetus, Borellus, Hobbius, (et quoad numeros e principiis Euclideis ipse Clavius,) illam demonstrârunt, tam longe abest ut hæc enunciatio falsa sit, aut justa Rami accusatio.

Sed instat Ramus hisce verbis ipsissimis; *Neque enim proportio ex illâ triplici differentiâ satis accurate concluditur, cum fallacissimus in isto argumento sit elenchus:* (ubinam vero Rame? me beabis si ostenderis!) *subtensa*, inquis, *æqualis subtendit*

Ramus's objection—That it is loose and false.
But it is exact and true.
That according to the Def. the arc would be proportional to the chord.

peripheriam æqualem, major majorem, minor minorem. Ergo (secundum nempe definitionem Euclideam) *subtensæ sunt proportionales. Id quod* (recte ais) *falsum conjicit Ptolemæus.*

At vero, præclare censor, hæc argumentatio, juxta diverbium, Οὔτε γῆς οὔτ' οὐρανοῦ ἅπτεται, nullatenus attingit aut spectat quod præ manibus est negotium, ast ab eo longius quam a tellure cœlum removetur. Ubi definitionis Euclideæ ulla hic applicatio? ubi æquemultiplicium aliqua mentio? ubi quid his affine vel simile, quo deducatur peripheriarum cum suis subtensis proportionalitas? Enimvero neque colligitur, neque colligi poterit, tale quicquam e definitione nostrâ, non perperam intellectâ. Contrarium certe consequitur, et recte colligitur ab ipso Ptolemæo, e propositionibus elementaribus derivatis ex hâc, eique cognatis subsequentibus definitionibus Euclidæis.

Ne gratis hoc dicere videamur, unam adscribemus facillimam instantiam.

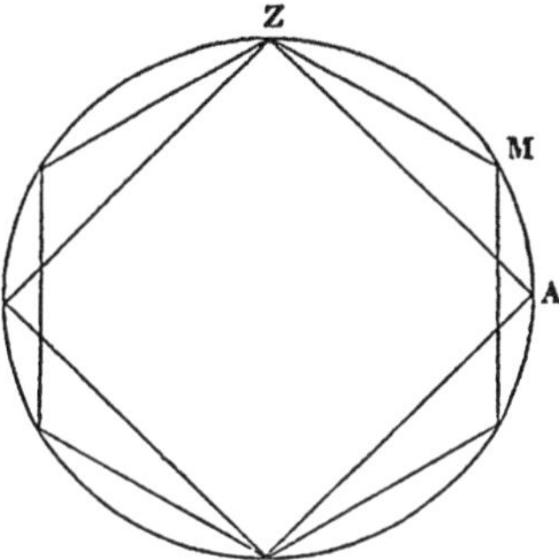

Sint arcus duo *ZA*, *ZM*, ille quadrans, hic sextans totius circumferentiæ. Dico arcus *ZA*, *ZM* non esse proportionales suis subtensis *ZA*, *ZM*, juxta nostram definitionem. Multiplicentur enim antecedentes *ZA* per numerum quaternarium, et consequentes *ZM* per numerum senarium; liquet quadruplam arcus quadrantis *ZA* æquari sextuplo arcus sextantalis *ZM* (cum utrumque multiplex integram adæquet circuli peripheriam). Verum quadruplex chordæ *ZA* minus est sextuplo chordæ *ZM*, perimeter scilicet inscripti circulo quadrati perimetro hexagoni eidem inscripti: Ergo liquet peripherias *ZA*, *ZM* non esse juxta

---

Ans. No. According to the *Def.* the arc would *not* be proportional to the chord.

definitionem Euclideam proportionales chordis suis. Quod erat ostendendum; unaque instantiæ Ramæanæ demonstratur infirmitas ac (verbo veniam) impertinentia.

Interim demirari subit hujusmodi licentiosam crisin, quam in veteres exercere solet Geometras homo, ne quid gravius dicam, argutulus et dicaculus. Sed porro disputat, *Ut elenchus iste non subesset,* (ut quidem, interpono, minime subest,) *nihil tamen definitione istâ definietur;* (quamobrem ita? sciscitor ego;) *neque enim hic,* inquit, *docebitur quid sint proportionales, sed alternatio proportionalium proponetur. Denique docebit ista definitio simplices terminos esse proportionales, quorum multiplices alterni fuerint proportionales. Itaque hysterologia duplex est, etc.* At quibus oculis vidit aut legit ullam hîc proportionalium alternationem proponi? ubi vel hilum comparet proportionalitatis multiplicium? excessum, defectum æqualitatem æquemultiplicium significari video; sed alternationis, aut proportionalitatis nullam volam, nullum cerno vestigium. Num hoc est disserere, vel Sabinorum more quidlibet somniare? Quid, talibus adductum causis, talibus instructum argumentis, falsitatis, fallaciæ, sophistices, absurditatis notas inurere venerandis istis capitibus; improperiis proscindere tam inurbanis istos scientiarum conditores et coryphæos, absque quibus fuisset, nil forsan haberet magnus hic tricarum artifex, præter Æsopicas fabulas, quarum analysi mirificam illam suam addiceret dialecticam? Id quod innocentius plerumque fecisset et tutius, quam in tales viros atrociter invocâsset. Sane vix indignationi meæ tempero, quin illum accipiam pro suo merito, regeramque validius in ejus caput, quæ contra veteres jactat convicia.

Reliqua proferre tædet quæ objicit, paris acuminis et peritiæ; quæque nil aliud præter hoc probant liquidissime, quod omnino disparis sit negotii Logicas methodos texere, deque scientiarum arcanis judicare. Quod autem peremptorie, tristissimâque cum severitate concludit, *Quare talis definitio tollatur e Mathematis.* Replico, nisi machinis impulsa validioribus, æternum persistet inconcussa, nec unquam e Mathematis dimovebitur.

Illo dimisso, Tacquetum aggrediamur, nasi sagacioris homi-

Ramus's impertinence.

nem; qui sicut modestius, ita, prout usu venit, fortius, et majori cum verisimilitudinis specie, nos lacessit. Disserentem audiamus; *Imprimis, certum est eâ definitione non naturam æqualium rationum, sed affectionem solummodo aliquam explicari.* Repono primo, quod nulla definitio rei cujusvis naturam aliter explicat, quam aliquam ejus affectionem necessariam et reciprocam, id est, huic nostræ parem, assignando. Siquam exhibere poterit, haud illibenter causâ cedam; at si nullam, ut ego confido nullam dari, definitiones ergo cunctas uno involvit crimine, uno telo configit. Qui circulum e radiorum paritate, triangulum e trium rectarum concursu spatium includente, quadratum e laterum æqualitate et angulorum rectitudine definit, quid aliud quam figurarum istarum naturam ex affectionibus quibusdam suis explicet?

Dico secundo, nullam dari vel concipi posse naturam, qualem ille confingit ac supponit ab affectionibus ejusmodi necessariis distinctam, iisve priorem. Habere talem aliquam affectionem ipsa rei natura est, ei essentiale est, eam constituit. Saltem, quod perinde est, habere quandam affectionum congeriem ita connexarum, ut una quævis alias implicet, et secum necessario trahat, ipsissimam rei cujusque naturam constituit. Unde qui dicit, res habens talem affectionem, ejus naturam explicat: ut e.g. circulus est figura pares habens radios, vel figura naturæ talis, ut pares habeat radios: ubi habere pares radios est ipsa circuli natura; vel saltem pares habere radios, et alias hanc concomitantes affectiones, ejus naturam integre complectitur ac declarat. Sicut etiam habere rectos ad circumferentiam angulos diametro subtensos, vel aliam quamvis reciprocam affectionem æque naturam exprimit circuli. Alias rerum naturas qui cogitant aut quærunt, nil aliud quam chimæras insectando fugaces ac evanidas imponunt ac illudunt sibi; nullas sane tales unquam deprehendent aut assequentur. Igitur Euclides cum proportionalium affectionem necessariam exhibuerit, ejus naturam, quantum fieri solet et potest, abunde declaravit et explicuit. Adeoque factum satis videtur huic objectioni.

Tacquet's objections.
1. *That* Euclid does not give the nature but a property of equal ratios.
Ans. The nature is determined by the property.
There is no nature distinct from properties.

Porro, bisulco nos argumento persequitur Tacquetus; *Deinde* (infit) *illa multiplicium proprietas adducitur vel tanquam signum infallibile rationum æqualium, ut quandocunque ea demonstrata fuerit, de quibusvis rationibus inferre certo liceat æquales eas esse, vel is sensus illius est, ut per magnitudines eandem rationem habentes nihil aliud intelligi velit, quam earum multiplices modo jam dicto excedere vel excedi.* Respondeo, utrumque verum esse, ut signum infallibile producitur, et exhibetur ut character proportionalium essentialis ac distinctivus. Quæ certe duo reipsâ nihil differunt, omnique probæ definitioni conveniunt. Nullum enim infallibile rei cujusvis signum datur præter ejus essentialia attributa. Potest unaquæque res omnibus extra suam essentiam positis denudari, neque potest ideo quidvis non essentiale certam rei præsentiam indicare.

Sed utrumque sigillatim impugnat adversarius hisce verbis; *Is primum demonstrare debuerat eam affectionem omnibus et solis rationibus æqualibus inesse, ut ex eâ rationum æqualitas certo possit inferri. Id vero minime vulgare est theorema, quod neque Euclides neque post Euclidem ullus demonstravit.*

Respondeo, legem hic Euclidi reliquisque definitionum auctoribus injustam et impossibilem figi, scilicet ut demonstrent definitionis prædicatum subjecto convenire: non tenentur, neque possunt id demonstrare, sed gratis assumunt, hoc est, attributo proprium subjecti nomen imponunt ex arbitratu suo. Num incumbit mihi demonstrare circuli nomen solis pares radios habentibus figuris competere? Minime vero, sed iis omnibus et solis jure meo circuli nomen adsigno. Eodem plane modo pro lubitu suo, (quamvis non temere nec imprudenter, at certis quas non semel insinuavi de causis justis illis et idoneis,) æqualium rationum nomen attribuit ὁ στοιχειωτὴς omnibus et solis dictâ proprietate præditis rationibus; proportionalium appellamentum appropriat quantis conditionem istam obtinentibus: unde propter hoc ipsum rationum æqualium, et quantorum proportionalium

---

2. *That* the Def. is either a sign or a character.
Ans. It is both.
3. *That* if it be a sign, it is a theorem.
Ans. It is impossible to prove a name.

nomen merito censendum est iis omnibus et solis congruere. Ut enim scientiarum magistris jus sit imponere nomina, discipuli teneantur ea recipere, justissimâ summeque necessariâ lege sancitum est.

Unicum est, quod definitionis auctor ostendere tenetur, (exemplis scilicet ad sensum claris, aut per evidentem discursum,) attributum definitionis impossibile nihil, aut mere imaginarium complecti, sed reverâ posse res existere proprietate seu conditione suppositâ præditas. Ut qui circulum definit e radiorum paritate, (utor enim libenter et consulto facillimis et familiarissimis exemplis,) nihil aliud demonstrare tenetur, quam non repugnare tales figuras existere, quibus ista conveniat proprietas. Id quod ex ipsarum generatione, per rectæ lineæ circumductum aut alio pacto, potest ostendere clarissime.

Ita cum perfacile perspicueque probari possit, idque passim præstetur ab Euclide, ubicunque definitionem hanc applicet materiæ cuivis determinatæ, dari quanta, quibus conveniat hujusce definitionis hypothesis, nihil amplius est exigendum, eique licet optimo jure, quantis iis omnibus et solis proportionalium nomen affigere.

Quod subdit autem hanc proprietatem proportionalibus accidere, esse theorema minime vulgare: respondeo repetens e jam olim expositis, quod secundum rem ipsam omnis definitio est theorema; propositio scilicet demonstrabilis ex aliis subjecti definitionibus, aut ex aliis reciprocis affectionibus prius attributis subjecto. Neque non vicissim, quod omne theorema possit in definitionem compingi, modo poterit exemplo perspicuo constare, quod possibilem includit hypothesin. Quare quod ex aliis proportionalium definitionibus inferri possit hæc proprietas, et ex eâ theorema constitui, nihil ejus ad hoc capacitati derogat aut impedit, quo minus legitimam ingrediatur definitionem: sicut neque permutatim, quia possit, ut supra ostensum, ex hâc definitione deduci proprietas, e quâ Tacquetus ipse malit proportionalitatem definire, adeoque quod ejus definitio theorematis indutura fit formam, ullatenus id officit, ne ejus definitio proba censeri debeat atque legitima, quamvis alia forsan officiant.

The only requisite of a definition is, that it be possible.
Euclid proves this in every instance.
Every definition is a theorem from other definitions.

Quod vero non vulgare theorema dicit, innuens nimirum e definitionibus ac principiis a seipso præstratis difficulter elici proprietatem hanc, nihil ad rem facit. Nec enim ad definitionis perfectionem requiritur, ut quæ in ipsâ adhibetur proprietas ex aliis utcunque positis principiis facile consequatur. Et prorsus eodem pacto quam ipse prolaturus est definitio, theorematis haud vulgaris titulum merebitur, quia non omnibus adeo proclive fuerit eam e definitionibus aliis, nominatim ex hâc nostrâ, derivare.

Neque deinde mirum est, nec ab Euclide, nec ab alio quopiam demonstratum fuisse hoc theorema, cum in definitionem assumpserint, et principium habuerint aliis demonstrandis inserviens; quis enim unquam principia sua aggreditur demonstrare?

Quapropter et nihili pendo discursum istum, quem alibi Tacquetus effert his verbis; *Cujus quidem negotii cum satis ardua atque prolixa sit demonstratio, ut jam rèipsâ cognoscemus, facile apparebit præpostere egisse Euclidem, qui æqualitatis rationum primum et fundamentale indicium sumi voluit ex hâc multiplicium indemonstratâ hactenus proprietatè, cujus tam remota et obscura est cum rationum æqualitate connexio.* Quæ sic in accusatorem retorqueo, ut minime dubitem præposterum ei judicium objectare, qui vitio vertit Euclidi, quod indemonstratam proprietatem posuerit in definitione suâ; quasi vero subjecti proprietas in definitione posita sine manifestâ contradictione demonstrari possit ab eo, qui per illam subjectum definiverit. Nam ex eo quod in definitione ponitur, assumitur esse prima omnium proprietas, at quatenus demonstrabilis, aliquam supponit priorem, et idcirco nequit esse prima. Quare non præpostero, sed rectissimo processit ordine magister noster.

Cum vero remotam et obscuram esse clamat hujusce proprietatis cum rationum æqualitate connexionem, notorie petit principium; nam Euclides certe manifestissimam esse ponit, et ponendo facit connexionem ejus cum hâc, cum ex eâ hanc definierit.

That this theorem may be deduced from other definitions is nothing to the purpose.

4. *That* it is preposterous to take this remote property instead of a simple definition.

Ans. It is preposterous to require a proof of the property which is taken as the definition.

Sed peragit, ut opinatur, nos premere; Si secundum (hoc est, *Si voluit Euclides per magnitudines eandem rationem habentes nihil aliud intelligi, quam earum magnitudines dicto modo excedere vel excedi*) *securi quidem erimus de veritate theorematum in sensu definitionis acceptorum, minime tamen ex vi demonstrationum nobis constare poterit de absolutâ rationum æqualitate.* Ad quæ nihil amplius habeo quod respondeam, quam hîc ab eo nescio quam rationum absolutam æqualitatem somniari, præexistentem et distinctam a passionibus per quas rationum æqualitas definiatur; qualis profecto nulla datur, et ab illo sine fundamento dari supponitur. Rationum æqualitas (sicut aliæ quævis in scientiis consideratæ materiæ) non aliunde quam ex convenientiâ cum definitione suâ, seu Euclidea seu quævis alia, siqua reperiri potest, legitima censeri potest. Rationes sunt exinde absolutissime formalissimeque æquales, hoc ipso quod proprietatem habent expressam in definitione suâ: quare cum in Euclideis theorematis demonstratur hæc proprietas quibuscunque quantis convenire, simul constat iis rationum æqualitas competere; sicut quando de figurâ qualibet ostenditur radiorum paritas, eo ipso demonstratur illam esse circulum.

Infirmum igitur et irritum est epiphonema, quo suas hasce claudit argumentationes; *Quomodocunque igitur illa definitio accipiatur librorum* 5, *ac* 6, *demonstrationes vacillant, quamdiu demonstratum non fuerit veram rationum æqualitatem cum eâ multiplicium proprietate semper esse connexam.* Juxta quam certe sententiam vacillabunt omnes cujuscunque scientiæ demonstrationes. Nam si perpetuo demonstrari debet in definitionibus attributas proprietates veris suis subjectis connecti, nullus omnino finis erit demonstrandi, vel nullum potius principium, ast ad infinitum retro procurrat oportet omne ratiocinium: præterquam quod quamcunque proportionalitatis definitionem ipse nobis assignaverit, idem ei verbis et sententiis iisdem objectari poterit;

---

4. *That* demonstrations from the Def. do not prove the absolute equality of ratios.

Ans. There is no absolute equality of ratios different from that proved from the Def.

5. Hence T. urges *that* the demonstrations are insecure.

Ans. All demonstrations must be insecure in this way, for we cannot go from Definition to previous Definition *in infinitum.*

suâ lege constrictus tenebitur ipse demonstrare proprietatem, quam assumit rationibus æqualibus congruere, e priore scilicet aliquâ, et illam porro ab aliâ, donec interminabilis molestiæ pertæsus errori suo renunciandum agnoverit.

1. Demum ad hosce Tacqueti discursus universim adnoto; Primo, quod ubique principium petit, et vitiosos committit circulos: non est proxima (vel est remota) proprietas, quia demonstrari potest, hoc est, quia datur alia propior: datur alia propior, quia demonstrari potest; æqualitatem rationum non constituit hæc proprietas (hoc est, ejus definitionem ingredi nequit) quia differt ab ea, non clare connectitur, valde removetur ab ejus naturâ. Et ita passim.

2. Secundo, quod nec ille nec alii plerique, quantum judico, definitionis naturam satis perspiciunt; in quibus reverâ nihil fit aliud quam nomen imponitur rei, quatenus illa passioni subjacet, utcunque per sensum aut per ratiocinium evidenter exploratæ: verum nescio quas illi naturas, essentias, formalitates abstrusiores cogitant, in apricum nunquam proferendas. Per quas naturas rem ad vivum resecando, dilucebit eos nihil aliud intelligere, quam rei definitæ nomini, quatenus in usu communi versatur, respondentes conceptus aut significatus aliquos imperfectos et indistinctos, in scientiis minime respiciendos, et ad condendas demonstrationes ineptos; ad quos proinde nullatenus exigendæ sunt definitiones: imo secludendis et eliminandis iis, ipsorumque loco substituendis rerum certis, distinctis, atque claris ideis efformantur definitiones, rebus appropriantes nomina, quatenus illæ subjiciuntur affectionibus quibusdam ad sensum vel ad intellectum conspicuis.

3. Noto tertio, quod hujusmodi ratiociniis adductus Tacquetus, æqualium rationum definitionem assignârit admodum vitiosam et inutilem. Ait enim æquari rationes, cum unius antecedens eodem modo continet suum consequens, vel in eo continetur, quo alterius antecedens suum consequens continet, aut continetur in

---

1. Tacquet's objections are a vicious circle.

2. He does not understand the nature of a definition.

3. Tacquet's own definition that two ratios are equal when the antecedent contains the consequents *in the same manner*.

eo. Quæ definitio non nisi crassam et confusam ingenerat proportionalitatis idæam, nulli procreandæ conclusioni parem aut idoneam. Anceps enim et obscura phrasis est, *eodem modo continere,* neque reverâ, nisi per aliam definitionem limitetur, aliquid distincte significans. Multi modi sunt aliquatenus iidem τοῦ continere; majora quælibet continent minora eodem excessûs modo; inæqualia duo quævis eodem inæqualitatis modo se respiciunt quo alia bina inæqualia. Ergo nisi per aliquod restrictius et certius indicium declaretur, quid sit eodem modo continere, quænam modi designetur hic identitas, et proinde quid sit æqualitas rationum ignorabimus aut ambigemus.

Ut alia jam prætercam incommoda, quibus ista subjicitur definitio: unica superest exceptio, præ reliquis maxime plausibilis, et cui vereor ne penitus expediendæ non sim; non quia magnam vim habet in se, verum quia multorum præjudiciis favet, et patrocinatur ignaviæ: his ab eo verbis proponitur; *Denique, ut sibi constarent omnia, tamen ille multiplicium labyrinthus mihi, aliisque semper displicuit, et tyronibus semper plurimum facessivit negotii, quorum ita plerumque mentes intricat, ut exitum vix reperiant.*

Quod capitale crimen ut aliquatenus amoliar atque depellam, respondeo primo, dispiciendum esse quibus ex causis ista multis adeo fastidiosa quam obtendunt perplexitas oriatur; num ex reipsâ, quæ commodiorem nullam aut clariorem expositionem admittat; vel ex interpretum incuriâ, qui non satis hanc definitionem perspicuis exemplis elucidârint; an ex discentium culpâ, qui priusquam animum adverterint sedulo, serioque perpenderint, fastidio correpti difficultatem sibi quandam insuperabilem imaginantur et persuadent. Si quid horum in causâ sit, ut certe mihi compertum est hæc omnia nonnihil conferre, quo perplexior videatur hæc definitio, absolvendus est auctor, aliisque causis hoc quicquid est culpæ imputandum. Res ipsa penitus excusari nequit, quæ propter asymmetriam quantorum aliquâ peculiari difficultate laborat; sic ut nemo non arduum esse fateatur, affec-

Which is loose and obscure.

Obj. *That* the Def. is a labyrinth which displeases learners and others.

Ans. We must consider why it displeases.

The case of incommensurables cannot be made very simple.

tionem aliquam proportionalibus æque congruam deprehendere, definitionem aliquam cunctas rationum æqualitates complectentem exhibere.

Quod et hinc patet, quia præclaris viris huic morbo remedium adhibere connisis hactenus accidisse videtur, ut vel nihil præstiterint omnino sufficiens, aut ut viis institerint prolixioribus, nec minus impeditis et implicitis; aut methodos saltem tradiderint culpæ cuipiam graviori subditas: adeo res ipsa contumaciter repugnat, ut ratione pertractetur admodum facili et expeditâ.

Nec interpretes omnino culpâ libero, ne quidem optimum Clavium, qui licet hanc definitionem cum explicuerit probe, tum judicio meo valide propugnârit, tamen exemplis eam satis illustribus et appositis haud videtur declarâsse. Nam exempla quæ profert verborum sensum potius explicant, quam (id quod præcipue definitionem quamvis commendat simul ac illustrat) conditionis in definitione positæ possibilitatem, et veram in rebus existentiam repræsentant; ut et nimiâ generalitate quadam suâ discentium phantasias obturbant; tum forte non satis expresse luculenteque cavet, ne discentes (imo potius occasionem præbere videtur ut ipsi) inductionem quandam exigi, sibique putent infinita quædam multiplicationum tentamina mente percurrenda; quod certe mirum non est, si confusos eos reddat et desperabundos; cum tamen nihil hic tale desideretur, uti toties monuimus.

Quod ipsos discentes attinet, nimis quam apparet, eos sibi plerunque deesse. Cum enim hujusce definitionis verba clarissima sint et omnis homonymiæ expertia, quotusquisque tamen est qui vel iis penitus intelligendis operam navat, qui tantam a suo stomacho patientiam impetrat, ut trium lineolarum sensum accurate perpendat? Equidem haud modico pignore contendere, meamque pene fidem obstringere non dubitem, qui definitionem hanc serio perlegerit, ac ad ejus tantum in primâ, vel in ultimâ sexti elementi propositione applicationem haud segniter attenderit, illi deinceps hanc definitionem haud ita perplexam, intricatam, aut difficilem apparituram.

The interpreters do not explain it well.
Clavius has not examples enow.
Learners do not attend.

Hisce præmissis ad Tacqueti verba repono, negando plane quod ullus hic extet labyrinthus, rem quam in se est intricatiorem reddens, quem non expositoris extricet mediocris solertia, a quo non attentionis modicæ filum tyrones expediat. Addo, ubi nulla versatur in vocabulis amphibologia, ubi nullum a prolixitate tædium, ubi semper directissimus adhibetur discursus, (quæ sedulo rimanti deprehendentur omnia in hoc casu concurrere,) non ibi tanta subesse potest obscuritas aut difficultas. In paucis elementi quinti propositionibus, iisque præcipuis, adhibetur hæc definitio; sed ubique, quantum memini, directe per eam, et immediate demonstratis. Ac ubi specialibus accommodatur materiis in aliis elementis, vel in aliis libris Geometricis, conclusionem semper infert uno simplicissimo directissimoque modo, non ut alii suis in methodis faciunt indirecte, vel ad absurdum reducendo; qui demonstrandi modus (ut omnes agnoscunt) obscurior est et ignobilior.

Porro, si liceret, cum Tacqueto, quicquid velimus, ut suâ luce clarum adsumere, quodque maximopere veteres devitârunt Geometræ, axiomatum numerum in immensum cumulare, magno quidem sæpe compendio res agi posset, at quantum brevitatis accederet, et exurgentis inde non nullius evidentiæ, tantum decederet firmitati, quæ multo potior est, et imprimis spectari debet in scientiis. Qua de re jam olim plura (si commemini) dissertavimus. Quare non est quod suæ methodi brevitatem aut evidentiam jactitet Tacquetus; præsertim cum nullam (aut æquipollentem nulli) analogiæ definitionem ipse subtraverit, et propositiones suas, seu gratis assumptas seu ut ipse existimet demonstratas, incerto subjecto accommodaverit. Ast videmur eximium hunc adversarium jam satis repulisse.

Succedit D. Hobbius, quo tamen brevissime defungemur, quoniam ejus argumentis in præcedentibus adaptabiles suggessimus solutiones. Audiamus: *Sed invenire per hanc definitionem hujusmodi quatuor quantitates impossibile est, quia multipli-*

There is no labyrinth.
In application the Def. is simple.
If we were to follow Tacquet we might multiply axioms.
Hobbes's objection.

catio per omnes numeros, cum infiniti sunt, est impossibilis; non est ergo definitio hæc, sed hypothesis[1].

Ad hunc discursum prænoto, quod male sumit hic philosophus Euclidem, id in hac sibi definitione negotii dedisse, ut proportionalitatis generationem traderet. Nihil ille tale meditatus aut molitus est, sed ut proportionalitatis solummodo distinctivam proprietatem adsignaret, uti cum circulum ex radiorum paritate definivit. Ubi forsan ἐν παρόδῳ sit operæ pretium annotare, quod etsi communiter optimæ sint ejusmodi definitiones, quæ rerum generationes exprimunt, (imo reverâ solæ tales accurate loquendo bonæ sunt, cum res definitæ sunt immediate generabiles, et per se quasi primario subsistunt,) attamen nonnullis rebus ejusmodi definitiones non conveniunt; iis scilicet quæ non per se generantur, at ceu passiones secundariæ ex aliarum rerum jam progenitarum constitutione resultant, et promanant ex ipsarum primariis affectionibus.

E. g. qui focum parabolæ vel ellipsis definiendum suscipit, postquam animadverterit inesse talem parabolæ jam constitutæ proprietatem, ut omnes ad axem paralleli radii a curvâ parabolæ lineâ, ad certum quoddam in axe punctum reflectantur; ut et ellipsi tale quoddam symptoma competere, quod ab uno quodam in axe puncto prodeuntes radii, ab ellipsis ambitu versus aliud in axe punctum retorquentur; hâc (inquam) proprietate (quæ e primariis aliis linearum istarum proprietatibus fluit) deprehensâ, focum optime definiat, non e generatione suâ, quod impeditissimi foret negotii, sed e compertâ dictâ proprietate; punctum in axe scilicet, in quod radii ad axem paralleli, vel ex uno quodam designabili in axe puncto prodeuntes dicto modo reflexi congregantur aut tendunt.

Ita proportionalitas, cum non sit res primario subsistens, nec immediate generabilis, at passio quædam e quantorum aliquâ prædeterminatâ conditione resultans, vix fieri potest, saltem non expedit, ut per generationem aliquam definiatur. Utcunque ma-

[1] *Dial.* 2.

That Euclid does not teach us to find proportionals.

Ans. It was not his business to do so.

Some things cannot be defined by their generation : Ex. The focus of a conic section.

nifestum erit, hujusce definitionis verba perscrutanti, nullam hic de facto generationem attingi, sed aliquod duntaxat symptoma quatuor subinde quantis conveniens innui, quibus ex hypothesi quod illo gaudent symptomate, nomen inditur eandem habentium rationem seu proportionalium.

Jam ad exceptionem Hobbianam respondeo, quod etsi prorsus impossibile concedatur, per hanc definitionem quatuor proportionales quantitates expiscari, (sicut impossibile est e radiorum paritate circulum invenire, tentando scilicet et experiendo, num singuli in figurâ propositâ qui insunt infiniti radii pares sunt,) tamen id quod hic solum intenditur et sufficit, admodum facile est demonstrare, quod quatuor nonnullis quantis, (v. g. duobus æque altis parallelogrammis et eorum basibus,) hæc proprietas universaliter conveniat; (sicut et facile fuerit e datis quibusdam conditionibus ostendere figuram aliquam habere radios omnes inter se pares). Ad illud nulla requiritur per omnes numeros multiplicatio, nullus labor infinitus, ut multoties ostensum. Igitur hæc objectio nihil efficit.

Sed porro; *Non est* (inquit) *definitio hæc, sed hypothesis, et quidem vera, sed non principium, quia demonstrabilis est, et ab Hobbio demonstratur.*

Regero primum, quod eandem rationem habentia vel proportionalia quanta vocitari debuerint ab Euclide, quæ proprietatem obtinent hac in definitione signatam, nec ille nec alius quisquam demonstravit, aut potuerit demonstrare. Hoc enim solum ab Euclidis libero pendebat arbitrio. Non igitur omnino verum est hanc definitionem ab ipso fuisse demonstratam.

Secundo, ut prius dico, nihil officere definitioni cuivis, quod proprietas, a quâ definitur, possit de subjecto per aliam quandam passionem definito demonstrari; alias nulla definitio bona foret. Sane nonnullæ res πολυπαθεῖς (multis passionibus præditæ) possint compluribus modis commode satis et recte definiri: sint exemplo conicæ sectiones, quæ cum admodum variis modis progigni possint, (per motuum dependentias, et per motuum compositiones diversimodas; per variorum corporum sectiones, perque

---

That it is not a definition but a hypothesis, because it is demonstrable. *Ans.* He cannot prevent Euclid so defining.

multifarias methodos infinita puncta designandi,) cumque passiones innumeras obtineant intime sibi connexas, et ex parte rei æque primas, æqueque claris hypothesibus subnixas, eapropter pluribus modis definiri possunt et solent; adeo quidem ut ego nullam ex iis rejiciendam arbitror, quamvis unâ quâvis selectâ, ceu primâ, reliquarum ex eâ proprietates consectentur, et proinde demonstrabiles sint.

Ex quo liquet obiter falsum esse, quo præsertim niti videntur adversarii, pronunciatum illud seu placitum Aristotelis in Topicis traditum, Πλείους οὐκ ἐνδέχεται τοῦ αὐτοῦ ὁρισμοὺς εἶναι[1] (*Fieri nequit, ut ejusdem rei plures sint definitiones*). Imo fieri potest, ut reipsâ plusculæ sint, tot nempe rei cujusvis definitiones, quot ipsa proprietates reciprocas habet, liquido nobis expositas et apparentes.

Igitur nequicquam D. Hobbius definitioni nostræ repugnat. Recitabo tantum quæ circa definitionem hanc in opere profert Arithmetico vir clarissimus et eruditissimus partim ei faventia, partim adversantia; *Nos* (ait) *hanc definitionem, quamvis veram quidem, et Euclidis satis accommodam, in nostris demonstrationibus omittendam duximus, neque ad hoc* κριτήριον *proportionalia accommodamus. Quippe quod perplexius videtur, nec adeo forsan, tyronibus præsertim, perspicuum. Nec quidem tam proportionalium naturam immediate respicit, quam eorundem affectionem aliquam satis remotam*[2]. Hæc ille, quibus haud abludentia cum antehac satis expenderim, causæ nihil est cur iis immorer amplius discutiendis.

Ad triarios jam deventum est, ad ipsum illum subtilissimum Borellum, adversarium acerrimum, quique præ reliquis hoc præstitit egregium, ut novam proportionalitatis doctrinam, equidem pulchram et solidam, attamen Euclideæ minime sicut existimo cunctis expensis anteferendam, e suâ penu protulerit. Verum nec in ejus disputatione sedulo perscrutans omnia quicquam reperio gravioris momenti, definitioni nostræ derogans, cui non

[1] *Topic.* VI. 5. [2] [Wallis. *Arith.*] cap. 35.

Aristotle's maxim that there cannot be several definitions of the same thing, is false.

Wallis's remark.

Borelli's new doctrine of proportion:

Not preferable to Euclid's.

in prædictis videatur abunde satisfactum. Clavium pleraque magis quam Euclidem attingunt; Clavii vero dicta, ut ut possem, non e re nostrâ jam duco propugnare. Utcunque quia modulum suum etiamnum excessit præsens dissertatio, quæcunque nova pertendit Borellus consideratu digna, posthac examinanda relinquo; cum et in ejus ac aliorum recentiorum methodos animadversionem instituam. Interim sufficiat hactenus prodiisse.

LECT. XXIII.*

POSTREMA Lectione connisi sumus a nonnullis præcipuis adversariis contra definitionem proportionalium Euclideam vibrata tela depellere. Superest Borellus, omnium gravissimus, opinor, et acerrimus ejus impugnator, eoque pluris habendus, quod ab aliis frustra tentatam novam proportionalitatis eruendæ methodum, admodum (ut quod verum est liberaliter agnoscamus) pulchram e proprio cerebro concinnarit; operam in eo præstans (fateor ultro) laudabilem et non inutilem, cum variis modis easdem pertractari materias, e diversis principiis eadem deduci theoremata voluptati simul ac usui sit; in suâ tamen (ut arbitror) extruendâ methodo felicior fuit, quam in communi diruendâ.

Id quod e vestigio jam aggredimur ostendere. Quid objiciat audiamus: *Reverâ* (inquit) *dici non potest, quod assignata proprietas naturam rei declaret, et distinguat a qualibet aliâ, imo rem difficilem obscuriorem reddit*[1]. Ita judicat: at nos hæc temere dici satis (opinor) in præcedentibus ostendimus; scilicet proportionalitatis non aliam esse naturam, quam hujusmodi proprietatem aliquam habere, quam aliæ proprietates sequantur; adeoque naturam ejus in hac definitione (quantum in ullâ fieri potest) abunde declarari: quodque distinguat hæc proprietas analoga a non analogis, cum analogia cum eâ reciprocetur, et ex instituto vel arbitrio definientis (non quidem illo licentioso, sed legitimo

[1] Pag. 125.

---

* Borelli's objections to Euclid's Definition.
I. *That* the property assigned is not distinctive.
Ans. It is distinctive.

ac rationabili) nil aliud significet analogum, quam τὸ hanc habere proprietatem.

Denique, rem ab eâ obscuriorem reddi pernego: *Nam et* (id quod ipse verbis disertis fatetur) *verba definitionis exponunt absque ambiguitate quid sit talis proprietas:* Et (ego addo) clarissime patet eam rebus quamplurimis inesse; nec non ejus applicatio, quod experientia plane monstrat, haud difficilis est; et nihil obstat quin proportionalium nomen, aut aliud quodvis, hanc proprietatem habentibus quantis attribuatur; saltem e nominis istius assignatione nulla potest obscuritas oriri. In quo igitur (obsecro) consistit ubi versatur, unde resultat hæc obscuritas? Nusquam certe. Nisi quis proportionalitatis arcanam nescio quam naturam, omni definitionem ingrediente proprietate priorem somniet.

Verum judicii sui rationes ac firmamenta subjicit; illas et hæc breviter expendamus: *Ignoratur* (ait) *an in naturâ reperiri possunt quatuor quantitates habentes talem passionem, quod nimirum infinitæ æquemultiplices antecedentium, si comparentur cum infinitis æquemultiplicibus consequentium debeant una excedere, vel una deficere, vel una æquari.* Respondeo, non ignoratur hoc, quoniam exemplis perspicuis commonstrari potest, existere complura 4 quanta dictâ conditione dotata. Quod si non constaret, haudquaquam hæc definitio posset ad usum applicari. Nam quoties applicatur, tot suppeditantur exempla quantorum hac proprietate gaudentium. Non aliter ignoratur dari figuram æquales radios habentem, donec id ex generatione quapiam ad sensum, vel ad mentem, ex aliquo satis evidente discursu certius fiat. Itaque nihil valet hoc primum ἐπιχείρημα.

Rursus, *Infinitæ* (inquit) *infinitæ istæ comparationes comprehendi non possunt; et ideo hæc passio non erit evidentissima, qualis debet esse illa, quæ principium scientiæ constituit.*

Primum, demiror ab acutissimo viro ejusmodi discursus institui, tum (ne repetam quæ ad similes discursus antea reposui)

That it renders the matter more obscure.
Ans. It is not found so in its applications.
II. *That* it requires us to find infinite equimultiples.
Ans. All definitions involve something universal.
That these infinite comparisons cannot be comprehended.
Ans. 1. It has been comprehended and used.

sciscitur an non experientia doceat ab Euclide, Archimede, cæteris plerisque Geometris sæpe, minimoque negotio demonstrari, quod multis quantis, (triangulis videlicet et parallelogrammis æque altis ac suis basibus, pyramidibus, prismatibus, conis, cylindris itidem cum suis basibus, circulis et sphæris cum suis similibus sectoribus, angulis cum arcubus quibus insistunt, spatia uniformi velocitate percursa cum suis temporibus, momenta ponderum cum suis a centro stateræ distantiis, innumerisque talibus,) conveniat hæc proprietas? Quomodo igitur incomprehensibilis esse potest?

Secundo, dico nullam hîc comparationum infinitatem supponi, non certe magis quam in quavis enunciatione generali, terminorum universalitas infinitatem supponit. Nam quod habetur in definitione καθ' ὁποιονοῦν πολλαπλασιασμὸν (per quamcunque multiplicationem) quid aliud quam universalitatem innuit conditionis præstitutæ; non ex omnium singularium lustratione, vel inductivâ quavis collectione, sed ex universali ratiocinio comprobandæ? Requiritur nempe duntaxat, ut omnia æquemultiplicia antecedentium taliter afficiantur erga omnia consequentium æquemultiplicia; taliter (inquam) afficiantur, hoc est, idem rationis genus, seu modum eundem obtineant, excessum, defectum, aut æqualitatem. Si subest hîc incomprehensibilis aliqua infinitas, etiam omnia scientiarum omnium theoremata, universalibus quippe terminis constantia pariter incomprehensibilia sint oportet. Neque comprehensibilis erit hæc propositio, Omnis homo est animal, quoniam in eâ affirmatur animalitatis proprietatem infinitis qui existere possunt hominibus competere.

Tertio, manifestissime refellit hanc instantiam ipsa definitionis hujus applicatio; quæ non aliter procedit, quam unam quamvis indeterminatam et arbitrariam multiplicationem antecedentium unamque consequentium pro omnibus, quæ cogitari possunt ipsorum multiplicationibus substituendo; prorsus eodem modo quo solent universales quæcunque propositiones applicari. Nulla deprehenditur hic infinitas, ambages nullæ, sed argumentatio simplicissima. Nec igitur hæc ratio quicquam efficit.

Cæterum infit tertio, *Licet hypothetice concedatur adhuc igno-*

---

2. In every general enunciation there is infinity implied.
3. The applications shew how it is comprehended.

tum est, quidnam ex ambage istâ infinitarum comparationum colligi debeat.

Repono nihil opus esse ut quid hypothetice concedatur, potest enim asseri positive, potest velis nolis extorqueri reipsâ dari quanta tali conditione prædita, quod multoties ostendimus.

Dein, percontor quid sibi velit *ignotum est quid colligi debeat;* nihil hic quicquam colligitur: at vero saltem fit, id quod in omni definitione fieri solet, aliquâ conditione seu proprietate præditis quantis nomen imponitur, æqualem scilicet rationem habentium aut proportionalium nomen imponitur quantis ita conditionatis aut affectis. Ex quo postea colligitur, si quando per discursum aut aliunde patet hanc conditionem quibusvis quantis convenire, quod illa quanta proportionalia sunt.

Addo, quod male rursus ambagem increpat infinitarum comparationum, quæ nusquam hic ulla comparet.

Sed instat porro; *Nam nec ipse Clavius expedite et lumine naturæ colligere poterit, ex passione æquemultiplicium in magnitudinibus commensurabilibus proportionalitatem, sed coactus fuit hoc demonstrare in suis illis quatuor propositionibus. Sed quomodo erit notissima illa passio, quæ absque demonstratione acceptari non potest in magnitudinibus commensurabilibus?*

Respondeo ad hoc, ut proprietas aliqua non injuriâ definitionem ingredi possit; nihil referri quomodo demonstretur, aut demonstrari possit ex aliâ quavis proprietate præsuppositâ; alias, ut antehac ostensum, nulla definitio daretur bona, possint enim omnes ita demonstrari.

Secundo, quod Clavius proprietatem hanc ex aliâ symmetrorum proportionalium definitione (non quidem in quatuor, ast in uno ex quatuor, nec illo perquam intricate prolixeve demonstrato theoremate) deduxerit, id non propterea fecit (opinor) quia necesse fuit ut reciperetur hæc proprietas eam demonstrari; nec ut ejus evidentiam propalaret; sed ut hujusce consensum et connexionem cum alterâ symmetrorum bene notâ passione mon-

---

III. *That* if granted hypothetically, what does it lead to?

It is not granted hypothetically, but proved that there are such quantities.

That Clavius had to prove this property in four propositions.

Ans. The Definition is good though it may be proved from another definition.

straret. Id quod conari vel efficere, nihil hujus proprietatis aliunde per exempla notæ (vel noscibilis) evidentiæ præjudicat.

Porro tertio, licet (hoc ei demus) hæc non sit notissima passio quantorum commensurabilium eandem rationem habentium, ut talium; nil tamen impedit quin sit generalium, omnibus tam symmetris quam asymmetris proportionalibus convenientium, passionum notissima; quodque de facto notissima sit, experientia suadere videtur, quoniam etsi complures operâ maximâ contenderint, nemo quod sciam hactenus genuinam aliquam hâc notiorem assignaverit.

Quinimo denique, nullius hypothesis possibilitas evidentior esse potest, illâ quâ subnititur hæc definitio. Non igitur ulla potest proportionalium evidentior passio demonstrari; nec igitur succedit hæc argumentatio.

Sed Euclidem ictu tandem atrocissimo ferit, et tantum non prosternit, ipso suo testimonio reum, et proprio tacite judicio condemnatum. *Insufficiens* (inquit) *judicata fuit ab ipsomet Euclide, quando proportionalitatem commensurabilem* (*commensurabilium vult dicere*) *iterum libro septimo definivit.*

Ad hanc criminationem respondeo prorsus inficiando, quod eapropter Euclides hanc definitionem suam insufficientem judicavit, quoniam in Elem. VII. adhibuit aliam; nec enim hanc si insufficientem ipse judicâsset, omnino adhibuisset, sed aut nullam tradidisset, aut aliam investigâsset. Abhorruit hoc ab Euclidis cum ingenio tum instituto sibi minus probata, nedum improbata proferre; suam ut sciens prudens *στοιχείωσιν* insufficientibus principiis contaminaret. E contra potius quia septimi elementi definitionem omnigenæ proportionalitati deprehendit haud competentem, solis utpote symmetrorum proportionalitatibus adaptabilem; hanc vero comperit universis congruam, idcirco dum hic loci generalem iniret analogiæ tractatum, illâ rejectâ hanc amplexatus est, jure meritoque. Illam vero (postea vel prius haud dixero) symmetris proportionalibus applicuit non tam necessitatis quam commoditatis gratiâ, quia nonnihil ad vulgarem captum istius specialis materiæ respectu facilior ac simplicior videbatur.

Neque mirandum adeo cum Arithmeticam theoriam separa-

That Euclid gave another definition in his B. VII.

tim, et ab aliis independenter susciperet pertractandam, simplicissimam delegisse proprietatem, quâ numericas analogias determinaret, etsi neutiquam ista conveniret aliis analogiis, neque generali proportionalitatum doctrinæ sufficeret.

Quod autem liceat, et nonnunquam expediat (varietatis ac facilitatis causâ, (speciales doctrinas e specialibus principiis extruere, (Logicæ communi rigore quantumvis adversante,) quamvis ad plenam Euclidis defensionem spectat, extra tamen præsentem controversiam ponitur adserere, neque nos idcirco quæstionem istam nunc attingemus. Sufficiat indicasse non exinde, quod pertendit adversarius, sequi quia particularem definitionem alibi particulari materiæ accommodavit Euclides, quod ideo generalem hanc, et materiæ generali adaptatam definitionem ipse suam improbârit, aut insufficientem judicârit.

Ex hisce tandem patet quod haud firmis nititur præmissis, quam Borellus subjicit conclusio: *Certum ergo est obscuram et difficilem esse proprietatem proportionalium definitionis sextæ, propterea quod nedum evidenter naturam proportionalium incommensurabilium declarat, ut vicesima definitio septimi facit, sed rursus quod mirum est neque manifestat ea; quæ de reipsa definienda præcognovimus.* (Interpono, quod sæpius inculcatum est, nullam esse proportionalium naturam dictâ proprietate priorem, nec a nobis ante definitionem de iis quicquam, distincte saltem et certo præcognosci. Sed pergit) *Nam ex eo quod quatuor magnitudinum æquemultiplices habent illam conditionem excessus vel defectus, minime percipitur quando aut quomodo, si antecedentes una excedant aut deficiant a suis consequentibus, sint proportionales, neque si excessus sint inter se æquales, necne.*

Quæ Borelli verba perquam obscura videntur et ambigua; quicquid vero significant, mihi certum est, ea nobis haudquaquam officere. Nam ex eo quod quatuor quantorum æquemultiplices illam habent conditionem, omnino percipitur iis proportionalium nomen congruere, neque refert aliud quid percipi.

Post hæc omnia superest una, præque reliquis gravissima, (verâ modo suppositione niteretur) objectio submovenda. *Nec demum* (ait) *hæc minima cognitio ex dictâ proprietate colligi*

Ans. That Def. does not apply to incommensurables.
He there took the simplest Def. for the use of Arithmetic.

potest, quod scilicet quatuor magnitudines sint proportionales, cum prima excedit secundam, necessario tertia magnitudo quartam superare debet, quod Clavius confitetur in Prop. 16, *Lib.* 5, *Elem.*

Respondeo 1. Clavio falsam, ut videtur, confessionem impingi; nihil in loco citato tale deprehendo.

2. Si non ex illâ proprietate, quomodo demonstravit Euclides, quando nullam proportionalium alteram definitionem præmiserit? Per eam certe demonstravit, etsi non immediate. Et quis nescit in plerisque demonstrationibus subjecti proprietatem non immediate ex ipsius definitione deduci. Sufficit id fieri mediate per proprietates alias e subjecti definitione prius enatas.

3. Addo, quamvis Clavius non collegerit, tamen immediate, neque difficile, colligi posse cognitionem istam ex hac ipsâ proprietate; quod sic (apagogico discursu) probo: Sit $A : B :: C : D$, juxta definitionem nostram; sitque $A > B$, dico fore $C > D$. Si negas, esto $C =$ vel $< D$, et multiplicentur omnes termini per eundem quemvis numerum M; estque ob $A > B$ (ex hypothesi) etiam $MA > MB$; et ob $C < D$ erit $MC < MD$. Ergo non erit juxta definitionem $A : B :: C : D$, contra primam hypothesin; maleque negavit adversarius posito esse $A > B$ fore $C > D$. Ita dicta cognitio (quam vocat) e nostrâ definitione prolicitur, et adversarii diluitur objectio.

Quis ergo (demum infit objectator) *dicet sextam definitionem esse bonam, et principium scientiæ, si tam obscuram affert cognitionem et imperfectam.*

Ego, coronidem imponens huic prolixæ disputationi, me non diffiteor esse qui (quicquid ille, quicquid alii contradixerint) asseveranter dicam quod definitio sit in primis optima, quod accommodatissimum huic ipsi scientiæ principium, quod cognitionem suggerat evidentissimam et perfectissimam. Id quod mihi videor adversus omnes contra nitentium assultus evicisse; ita cum non magis antiquitatis adductus reverentiâ, quam rei verisimilitudine compulsus, Euclideam definitionem, et ab eo pendentem propor-

---

That we cannot prove from the Def. that if $A > B$, $C > D$.
Ans. Euclid *has* proved this.
We give the proof.
Hence Borelli says the Def. is bad.
But we say it is good.

tionalitatis doctrinam, utcunque vindicârim; proxime sequitur, ut quod pollicitus sum aliarum quas ei subrogandas autumârunt definitiones ac methodos paucis perstringam, quo constabit amplius Euclideæ doctrinæ præstantia; neque non quali necessitate constrictus, quorumque devitandorum incommodorum gratiâ, toties memoratam huc proprietatem adsciverit.

Prima methodus est illorum, qui censent similitudinem vel identitatem respectus esse passionem proportionalium notissimam, a quâ debent definiri. Juxta quam existimant præcipuas nonnullas Elem. v. propositiones axiomatum loco habendas, lumine quippe naturali perspicuas, et probationem nullam desiderantes; tum ex iis reliquas proportionalium affectiones deducunt. Hanc sententiam jampridem vir doctissimus Johannes Benedictus amplexatus esse dicitur; eam vero (saltem ei reipsâ non disparem) nuperrime vir acutissimus And. Tacquetus in formam redegit et expolivit.

Hæc methodus insufficientiæ arguitur a Borello, mihique laborare videtur multiplice defectu. Nempe primo, videtur inepta quædam in hujuscemodi definitionibus tautologia committi, proque definitionibus enunciationes apponi prorsus identicas; tales scilicet similes (vel easdem) rationes obtinent quanta, quæ similes (vel eosdem) in quantitate respectus habent; h. e. (quid enim aliud intelligi datur) quæ similes (vel easdem) rationes habent. Annon hoc est idem per idem definire? num hoc est rei propositæ naturam declarare? num demonstrandi principium substernere? vel saltem, quod eodem recidit, nihil hoc videtur aliud, quam per solum genus, adhibitâ nullâ differentiâ definire, tali pacto: identitas rationis est identitas respectus; eandem rationem habent, quæ habent eundem respectum. Num, obtestor, hujusmodi definitio censeri meretur perfecta?

Secundo, similitudo vel identitas respectus vocabula perquam æquivoca sunt, et significationis incertæ, nullum audientis animo distinctum conceptum imprimentia. Multæ siquidem similitu-

---

Other definitions proposed.

"The similitude or identity of the respect of one quantity to another." John Benedict. Tacquet.

1. This method is tautologous:

2. And equivocal:

dinis et identitatis species, multi gradus sunt. Ergo nisi distinctio quædam ulterior excogitetur, (hoc est, nisi passio quædam hac notior et specialior adsciscatur,) ex hoc vocabulo nil elucebit. Quare definitiones laxis hujusmodi terminis constantes nihil explicant, inutiles et minime scientificæ sunt.

Tertio, asymmetra quanta quo modo se respiciunt, vix comprehendi potest aut explicari; non ergo quid sit illa simili vel eodem se modo respicere, perspici potest immediate; neque quando tali respectus similitudine sunt affecta dignosci. Videatur Borellus his oppositam Tacqueti responsionem impugnans, nam mihi deproperandum.

4. Ex his vero consectatur quarto, quod quæ de proportionalibus vel assumant axiomata, vel demonstrare præ se ferunt theoremata, qui huic methodo insistunt, illa nec assumi recte, nec vere demonstrari. Nam quomodo sumi vel probari potest aliquid proportionalibus competere, quum ipsum quid sit esse proportionalia nondum certo constet, aut clare concipiatur?

Quare nullo fundamento nititur hæc methodus, et quasi de nihilo tractat. Ut prætercam, quod adeo multa gratis arripere, vel indemonstrata petere, et quasi emendicare, Geometriæ dignitati nonnihil deroget, et nimiam inferat Mathesi licentiam.

5. His adjicio quinto, quod hujusmodi definitiones nequeunt specialibus materiis adaptari; sed earum proportionalitas per intermedias, easque bene prolixis et intricatis ratiociniis fultas conclusiones demonstratur. Ut patebit Tacquetianam primæ vel ultimæ propos. Elem. VI. demonstrationem inspectanti. Non ibi proportionalium definitio citata comparet, sed alia propositio, propria Tacqueto, ab eo alibi longo (illoque indirecto et apagogico discursu) comprobata. Quod mihi signum videtur haud dubium incommodæ, et imperfectæ definitionis præstratæ, methodique parum scientificæ.

His defectibus breviter animadversis, obnoxia videtur methodus Tacqueti; quorum nullus Euclideæ doctrinæ potest objectari. Nihil isthic nugatorium, ambiguum, incomprehensibile; recto pede procedunt, firmo tibicine fulciuntur omnia, paucissimæ præ-

---

3. And does not apply to incommensurables:
4. Nor supply axioms.
5. Nor can be applied to special subjects.

struuntur hypotheses; et denique (quod præstantissimæ definitionis optimum est judicium) specialium materiarum analogiæ immediato directoque discursu ex ipsis ejus visceribus derivantur; ut patebit omnes in elementis, aut alibi prostantes ejus adplicationes, et nominatim allegatas libri sexti propositiones consulenti.

Verum adhuc obiter adnotabo, quod A. Tacqueti methodum attinet, eum longe (meo quidem judicio) consultius facturum, si per illud quod affert, et qualitercunque demonstrat[1], proportionalitatis indicium definivisset ipsa proportionalia; nec non ejusce definitionis subsidio reliquas (quod opinor potuit, et ipse se potuisse profitetur) proportionalium affectiones demonstrâsset. Id agens Euclidem fuisset æmulatus, et scientificâ viâ processisset, incommoda quæ attigimus pleraque devitâsset, et eodem quo Euclides modo defendi potuisset.

Cui affinem ego (quanquam ut videtur aliquanto faciliorem) hanc proportionalium affectionem exhibeo, quâ subnititur hujusmodi definitio: Proportionalia quanta dicantur, cum antecedentes in consequentium æquemultiplicibus (vel consequentes in antecedentium æquemultiplicibus) quibusvis æquali numero continentur (vel illa ab his æque toties auferri possunt). E cujusmodi quidem definitione tota proportionalium doctrina non difficile posset extrui, juxta progressum Euclideo persimilem, attamen ut existimo nequaquam eo succinctiorem aut dilucidiorem. Cui saltem objici posset, quicquid Euclideæ methodo objectatur; neque non aliquid fortassis præterea, e quantorum asymmetriâ petitum, a quo liberior est Euclidea doctrina: quapropter operæ pretium esse non sentio quicquam innovare.

Tacqueto jam, et cum eo sentientibus dimissis, D. Hobbii[2] methodum quasi per transennam inspectabo. Analogiam is ita

[1] Part II. Th. 5. [2] *De Corp.* 13, § 6, *Dial.* 2, p. 49.

But this might have been good if Tacquet had deduced the necessary propositions.

This definition might be proposed: "Quantities are proportional when the antecedents are contained an equal number of times in any equimultiples of the consequents: (or the reverse.)" But this is no better than Euclid's.

Hobbes's definition: "When any cause which produces equal effects in equal times has determined the ratio."

definit; (ipso judice perquam accurate;) ratio Geometrica rationi Geometricæ eadem est, quando causa aliqua æqualibus temporibus æqualia faciens utramque rationem determinans eadem assignari potest.

De quâ definitione temperare mihi nequeo quin dicam, si quis omnia Mathematicorum (veterum, recentiorum) scrinia pervolutet, nusquam opinor comperiet ullam rei, quam illustrandam accipit, offuscandæ magis comparatam, nullam pluribus et gravioribus vitiis laborantem. Nam et intellectu difficilis ac anceps est; (adeo quidem ut mihi constet ab authore suo non penitus intellectam;) et a proposito commiscet admodum aliena; et nescio an ullis (certe perpaucis) materiis accommodari potest; et quæ illi superstruitur doctrina tota sic infirma, confusa, præpostera; (nec non in aliquibus magni momenti falsa;) nihil ut usquam simile præstitum viderim in Mathematicis. Illam certe (Physicam potius quam Mathematicam) definitionem dum excutio, nihil video quod probem, nihil fere quod improbem, adeo nihil explicitum continet aut evolutum.

Quid sit rationem ab aliquâ causâ determinari, vel quomodo determinetur, haud explicat, et per se satis obscurum est.

Cur eandem causam ingerat, non liquet; (cum sæpius etiam rationum singularum homogenei termini diversimodis causis procreentur; et rationum collatarum termini sæpius itidem heterogenei sint, nullisque proinde causis iisdem determinabiles videantur;) cur ista causa determinans rigido jure teneatur uniformiter agere, vel æqualia temporibus æqualibus effecta producere, (cum rationes quantorum inæquali quantumvis impetu productorum æquari possint,) haud adeo cuilibet in propatulo.

Quamobrem deinde rationum æqualium expositioni generalis particularis interveniat temporum consideratio, perspici nequit. Id certe constat nihil horum ad analogiam necessario pertinere vel accedere.

Cum e. g. dico duo quanta suis æquemultiplis proportionari, quænam isthic rogo causæ cujusvis facientis æqualia temporibus æqualibus incidat mentio, nisi perquam impertinenter et importune? Cum sphæram et cylindrum ei circumscriptam proportionales enuncio bessi vel assi, quam oro fuerit in promptu causa

---

This is very absurd, unintelligible, and narrow.

comminisci, quæ temporibus iisdem æqualia patrans facinora rationes istas determinet corporum, et ponderum, vel numerorum? Imo cum ostendere cupio duo tempora duobus spatiis proportionalia fore, quænam causa temporibus æqualibus æqualia conficiens has unquam determinabit rationes? num propositorum temporum ratio determinabitur ab ipsis hisce vel ab aliis temporibus? Sed andabata sum, et in obscuro specu dimico.

Quod ad definitionis applicationem spectat, nec in eâ quicquam extra meras tenebras, confusiones, discrepantias, comperio. Prima super hâc base fundata propositio sic habet:

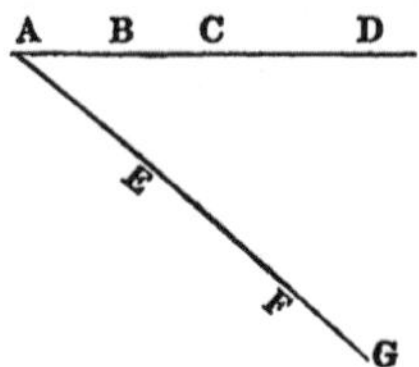

Sint a puncto A *moto uniformiter descriptæ duæ lineæ* AD, AG; *earum partes omnes contemporaneæ erunt binæ binis proportionales: hoc est, si* AB, AE, *et* AC, AF, *describantur iisdem temporibus, erunt* AB, AC *ipsis* AE, AF *proportionales.* Id quod ex hac definitione (succinctius et clarius ejus ratiocinium exhibendo) sic infert: Quoniam velocitas in *AD*, ob uniformitatem motus, est semper eadem, ratio τοῦ *AB* ad *AC* determinatur ex solâ temporum differentiâ. Nec non ex pari causâ ipsorum *AE*, *AF* ratio determinatur ex differentiâ temporum. Eadem vero tempora sunt hinc inde, et eadem proinde temporum differentia. Ergo eadem causa determinans has rationes assignatur; (hactenus aliquid assequor; at porro subjicit) causa vero quæ rationem utriusque sic determinat, æqualia efficit temporibus æqualibus; est enim motus uniformis (hic incipio cæcutire, et cespitare; prius pro causâ determinante temporum assignabatur differentia; jam vero, quoniam absonum videbatur differentiam temporum æqualia facere temporibus æqualibus alia causa substituitur, motus uniformis; quamvis nec hic unicus, at duo saltem motus uniformes habentur. Num hæc consentiunt sibi? num aliquid liquido conficiunt? num suam ipse definitionem assequitur, aut applicare novit?) Sed utcunque concludit; itaque per

---

Has no meaning in most cases.

definitionem proxime præcedentem AB ad AC, et AE ad AF, sunt proportionales.

Ex hoc particulari, taliterque demonstrato theoremate, generalia de proportionalibus theoremata, generales complectentia proportionalium affectiones, pleraque cum illis eadem, quæ in quinto habentur Elemento, ceu corollaria videri vult deducere: quis hoc ferat, ex uno exemplo generalem adstrui doctrinam; quæ de duabus lineis, duobusque temporibus utcunque possent ostendi, ea statim ad omnes extendi materias? Quasi vero proportionalitas omnis in solis temporibus, et uniformi motu peractis spatiis versaretur et consisteret, ut alia conticescam hujus methodi parum firma vel sana.

[Nempe videtur huic accidisse viro, quod illis consuevit evenire, qui cum diutius in rem aliquam vivido colore tinctam oculorum intenderint aciem, omnia videntur isto colore diluta conspicari: ita videtur hic Philosophus iis quæ de motu æquabili Galilæus conscripsit intentior, aut aliàs Physicorum in motuum contemplatione defixus, ad præconceptas quasdam de motu species, quæ magnitudinem et quantitatem spectant omnia retulisse. Sed in omni re, prout vulgo fertur, Qui pauca respicit male judicat.]

Hæc cum ita se habeant, non est quod novellam hanc methodum ullatenus moremur. Enimvero fiet injuria doctrinæ Euclideæ, si cum hac conferatur tam imbecilla tam inepta?

Succedit proxime breviter attingenda, quam in opere proponit Geometrico vir eruditissimus. Assumit is definitionis loco, rationes æquales esse, cum antecedentibus per consequentia divisis quoti sibimet æquantur. Quæ sane definitio minime differt ab illâ, quam Euclides adhibet in Elem. VII. pro speciali numerorum doctrinâ. Sed ne proba sit et accurata proportionalitatis universim sumptæ definitio, videntur hæc obstare.

Primo, quod constitutâ nondum proportionalitatis doctrinâ, vel antecedenter ad ipsam difficile conceptu sit quid sit ista divisio quantorum, aut quomodo peragatur; quid nempe sit lineam dividi per lineam, aut corpus per corpus; quomodo pondus a pondere, tempus a tempore dividatur. Sunt quidem linearum et

---

Cannot lead to the propositions about proportionals.

"Ratios are equal when the antecedents divided by the consequents are equal."

aliorum quantorum divisio quædam et multiplicatio, Arithmeticis istis (a quibus nomen accipiunt) operationibus affines; ast quæ definiuntur et peraguntur ex proportionalium inventione, proportionalitatem adeo prænotam supponentes.

Quinimo communiter apud Arithmeticos ipsa divisio per analogiam definitur, illam scilicet quæ divisorem inter ac dividendum, unitatem et quotum versatur. Non igitur tam idonea videtur divisio, vel ex eâ resultans quotorum æqualitas proportionalitati generatim explicandæ.

Dices forte, satis facile concipi quid sit lineam in lineâ toties contineri, quoties pondus in pondere, vel tempus in tempore; nec aliud hic intelligi. Recte, fateor; sed ad hoc requiritur, ut rationum inter se collatarum termini numeris repræsententur; id quod alterum fundat adversus hanc methodum argumentum; nempe secundo, quod proportionalitatem solis numeris alligare videatur; et quantorum rationes haud aliter inter se comparabiles statuit, nisi quatenus ipsa quanta numeris denominantur. Quoties enim unum in altero continetur dispicere, nil aliud est quam ipsorum in numeris proportionem exhibere, vel ea numeris denominare. Verum etsi quanta nullis repræsententur, aut exprimantur numeris (nec forte repræsentari possint vel exprimi); tamen ipsorum rationes exhiberi, proportionalitates innotescere possunt, Euclideâ vel consimili methodo. Cumque quantis immediate conveniat ut talibus, et non ut ea numeris accidit significari, rationes ad se mutuas habere, rationibusque consequenter inter se comparari, rei naturæ convenientius videtur, ut hæc generali modo determinentur, a numeris potius abstracta quam iis subjecta.

Porro tertio, quando rationum comparatarum termini sunt asymmetri, consequentes in antecedentibus non continentur aliquoties, adeoque peragi nequeunt accuratæ divisiones, nec ulli distincte comprehensibiles quoti exhiberi. Quoti vero sub confusione quadam imaginarii, quando vel quomodo sibimet æquentur, haud ita fuerit in promptu discernere, vel ἀποδεικτικῶς ostendere. Quare vix poterit hæc definitio speciales ad usus accommodari, quæ definitionis est imperfectio fere potissima.

But what is division, except of numbers?
This cannot be applied to special cases.
Nor to incommensurables.

Breviter, quæ contra Tacqueti methodum disputata sunt, adversus hanc æque militant, ab eâ vix aut ne vix reipsâ discrepantem.

Sed enim aliam præclarus idem vir definitionem innuit; *Si quis* (inquit) *tamen mallet affectionis alicujus opem in auxilium advocare, quo demonstrationes commodius procedant, ego nullam potiorem novi hac; si quatuor quantitates fuerint proportionales, factum ab extremis æquatur facto a mediis, et contra.* De quo nihil amplius dicam, quam propositam istam affectionem non esse generalem, et proportionalibus (juxta nomen receptum) adæquatum. Ductus enim et multiplicatio numeris in se, vel in alia quanta proprie solis convenit; proxime per similitudinem quandam lineis in se, vel in superficies per motum parallelum. Sed lineas in corpora, pondera in tempora duci seu multiplicari, quis conceperit? Sint duo pondera A, B duobus temporibus Y, Z proportionalia, dic mihi quid proveniat ex pondere A ducto in tempus Z? nil prorsus imaginabile. Non ergo stricte quadrat hæc affectio proportionalitati generatim definiendæ; numerorum saltem et linearum proportionalitati qualitercunque determinandæ possit inservire.

Sed jam ultimo restat, ut de Borelli methodo feramus sententiam; et ne tanti viri meritis detrahere videamur, agnoscimus ultro primum doctrinam ejus, quantum percipimus, admodum esse firmam, et bene fundatam. Fatemur ab eo proportionalium affectiones præcipuas e suis ipsius definitionibus ac principiis rite deductas esse, probeque demonstratas. Non abnuimus ejus methodum in se spectatam satis esse pulchram et elegantem, nec non a candidis ingeniis, si nulla daretur alia, haberi posse pro sufficiente, et satis absoluta. Veruntamen eam cum Euclideâ comparando quosdam in illo fas sit

Egregio inspersos deprendere corpore nævos;

cumque pleraque non displiceant, hæc utcunque minus arrident.

Primo, quod cum æqualitas omnigenis quantorum rationibus (ῥήτοις καὶ ἀῤῥήτοις) æque conveniat, eique congruant universalia

---

The former objections apply to this.
Borelli's method is commendable.
But not so good as Euclid's.
He begins with commensurables and goes on to incommensurables;

quædam symptomata, non tamen hic ea simul omnis universim, sed ritu τῶν πρὸς ἓν (quæ vocat Philosophus) particulatim et per species successive definitur.

Nam primo rationum effabilium æqualitas ex suo quodam attributo speciali definitur, tum ex eâ major et minor rationes effabiles; tum ex his tandem rationum ἀῤῥήτων æqualitas. Quorsum hæ generalis subjecti distractiones, et per inferiora circuitus, si dari potest, et quidem exhibetur ab Euclide, rationum æqualium omnigenarum (ut et inæqualium) proprietas aliqua generalis, ex quâ possunt universaliter definiri? Si deprehendi poterit animalitatis in genere quæpiam essentialis proprietas, an non ex illâ præstat (rei naturæ, scientiæ genio, bonæ Logicæ regulis exactius quadrat) animalitatem unâ vice simul integram, quam animalitatem hominis, et animalitatem bruti seorsim, unam ex aliâ definire? Mihi certe videtur.

Secundo, minus placet quod ineffabilium rationum æqualitas negative definitur, ac ita quidem ut præmissas supponat et præcognitas inæqualium rationum definitiones. Nam universim definitionibus negativis præpollere censentur positivæ, seu perfectiorem, nobiliorem, et clariorem rerum notitiam progignentes.

Tum præposterum videtur ex inæqualitate de æqualitate statuere; quum hæc illâ prior, simplicior, stabilior videatur, et in se penitus indivisibilis sit. Unde veteres; Nicomachus, Ἡ ἰσότης ἄσχιστος καθ' ἑαυτὴν καὶ ἀδιαίρετος[1]. Damascius, Στάσει τινι ἡ ἰσότης ἀναλογεῖ[2]. Theon Smyrnæus, Ὁ τῆς ἰσότητος λόγος ἀρχηγὸς, καὶ πρῶτός ἐστι καὶ στοιχεῖον πάντων τῶν εἰρημένων λόγων, καὶ τῶν καθ' αὐτοὺς ἀναλογῶν[3]. Itaque rationum æqualitas inæqualitati postponi videtur immerito, perque illam statui dijudicanda.

Annon rectius Euclides æqualitatem primo per affectionem quandam positivam, et inæqualitatem respondenter ex aliâ contrariâ proprietate definivit?

Tertio adverto, prolixitatem hujusce doctrinæ, quæ per longiuscularum definitionum ambages vix illud assequitur (ut rationum scilicet æqualitatem ab ipsarum inæqualitate disterminet)

[1] *Nicom.* l. II. [2] Vide Bull. *Notis in Theon.* p. 273. [3] Theon. c. 51.

Which is a fault.
Positive definitions are better than negative.

quod duabus tantum (iisque si rem bene perpendamus multo brevioribus et simplicioribus) exequitur Euclides. Idem observari possit in toto doctrinarum processu, ubique multo paucioribus syllogismis rem conficit Euclides.

Porro quarto, adnoto Borellianas propositiones ac demonstrationes inspicienti compertum iri, quod in illâ suâ methodo præcipua proportionalitatum symptomata, non nisi per discursus eliciuntur obliquos et apogogicos. Id quod nimis arguit principia non optime constituta. Certe docet philosophus, et omnes fatentur, ejusmodi ratiociniis haud ita perspicuam animoque blandientem comparari scientiam. Neque mirum e definitionum negativarum fontibus anfractuosas promanare demonstrationes. Annon præhabendus Euclides eadem e definitionibus positivis immediato directoque colligens ratiocinio?

Quinto, mihi potissimum displicet et vitio vertitur harum definitionum ad speciales materias accommodatio; vel potius quod ad eas commode nequeunt applicari. Nec enim definitionum ope statim innotescit, aut ex iis prompte deducitur rerum proportionalitas, sed ex intermediis propositionibus, iisque non adeo comprehensu facilibus, et per indirectam argumentationem comprobatis demonstratur. Inspicite sultis demonstrationes primi postremique theorematis Elementi sexti, quæ apud Borellum sunt prima quarti et secunda quinti, rem ita comperietis habere; neque non fortasse mecum judicabitis haud recte a Borello doctrinæ suæ præ Euclideâ evidentiam jactitari. Etenim evidentia doctrinæ præcipue comparet, et consistit in usu, facilique definitionum primarum ad singulas aut speciales materias adaptabilitate; nec ulla major est harum virtus, quam ut immediate constare possit, eas rebus subjectis convenire. De suis hoc clarissime monstravit Euclides, non ita de suis Borellus.

Quidni pronunciemus igitur ab illo præstita hujus conatibus, utlibet egregiis, antestare?

Hæc breviter animadverti non ut laudi quicquam derogarem præclari viri, sed ut Euclideæ doctrinæ præstantiam illustrarem, unaque Geometras veteres illam amplexos, illi acquiescentes

---

It is longer than Euclid's.

And is oblique in proofs of ordinary propositions.

And cannot be conveniently applied to special cases.

defenderem, augustissimum imprimis Mathematicorum principem Archimedem illi suum calculum apponentem, illum quoties usus postulat usurpantem. Quin addo, et cum hoc elogio præfixam hanc disputationem claudo, nihil extare (me judice) in toto Elementorum opere proportionalitatum doctrinam subtilius inventum, solidius stabilitum, accuratius pertractatum. Id quod mihi cum hanc ingrederer de rationibus et analogiis σκέψιν ac θεωρίαν præcipue fuit in animo declarare.

Quâ jam operâ non indiligenter perfecto secedendum est; ut tamen doleat mihi præter spem ac propositum accidisse, quod neque totam hanc proportionalis materiam exhaurire potuerim; neque quæ de magnitudinum determinatione, similitudine, generatione succurrebant dictu forsan haud inutilia, nec injucunda proponere. Reservanda proinde vel supprimenda pro capiendo postmodum consilio. Vos interim auditores optimi a bono Deo valete.

Euclid's Def. is best.

The following Notice appears to belong to the subsequent Lectures; although, in the editions, it is put at the end of the second Course (after Lecture XV. as here printed).

Hactenus Lectiones, ut habitæ sunt publice, sic ordine descriptæ veniunt nusquam interturbato; nunc seriem abrumpo. Cum enim nec lege tenear, et præ tædio laboris ac temporis penuriâ non possim omnes (at saltem decem ad minus) exhibere, decrevi reliquis aliquot intermissis tres ultimos adponere.

MATHEMATICI PROFESSORIS
LECTIONES.

LECT. XXIV.

PROPOSITUM est nobis methodum exponere, quâ Archimedes præclara sua theoremata, libris qui extant comprehensa, adinvenit; subtilissimæ mentis istius utcunque vestigia persequendo. Conabimur autem id efficere singulas materias ad problemata revocando, qualia nimirum ille sibi solvenda proponebat, et e quorum solutione cum theoremata sua, tum ipsorum demonstrationes, deducebat. (Unde patebit qualem analysin, et quam nostræ modernæ similem exercuerit.)

Prob. I.

De Circuli Dimensione.

Ordinatæ figuræ (*ABCDEF*) circulo inscriptæ vel circumscriptæ, par triangulum (aut parallelogrammum) rectangulum invenire.

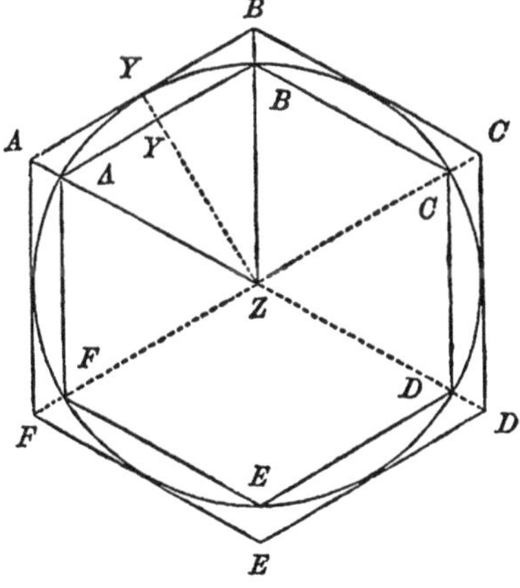

Ab Z circuli centro ducatur ZY perpendicularis ad unum quodvis figuræ latus AB, et connectantur rectæ ZA, ZB. *Evidens est triangulum AZB æquari rectangulo ab ZY et $\frac{1}{2}AB$. Similiterque resolvendo totam figuram in ejusmodi triangula (ipsi scilicet AZB et sibi mutuo æquilatera) singula æquabuntur rectangulo ex dimidiâ sua base, et altitudine æquali τῇ ZY. Unde simul omnia æquabuntur rectangulo ex dimidiâ perimetro figuræ, et ZY. Vel triangulo, cujus basis est tota perimeter, altitudo ZY. Quod est

* I. 41. Elem.

THEOR. I.

Figura regularis circulo inscripta vel circumscripta, æquatur dimidio rectangulo ex perimetro et perpendiculari, a centro ad unum latus; vel triangulo, cujus basis æquatur perimetro figuræ, altitudo dictæ perpendiculari.

Nota. In figurâ circumscriptâ perpendicularis est radius circuli.

PROB. II.

Invenire rectangulum (vel triangulum) æquale circulo.

Ponatur circulum esse figuram regularem, habentem latera indefinite multa, et parva; et consequenter perimetrum circumferentiæ perpendicularem, e centro ad hæc latera, radio coincidere; hinc igitur, juxta præcedens,

THEOR. II.

Circulus æquatur dimidio rectangulo ex circumferentiâ et radio: (Vel triangulo, cujus basis æquatur circumferentiæ, altitudo radio.)

Hoc est, posito (ut semper posthac) circumferentiam vocari π, et radium R (vel r) et diametrum δ (vel D).

$$\odot = \frac{r\pi}{2} = \frac{\delta\pi}{4}.$$

Corollaria. Circulorum circumferentiæ se habent ut radii. Nam hoc similium figurarum, circulis inscriptarum aut circumscriptarum, competere perimetris, in *Elementis demonstratur.

* [Euc.] XII. I.

Secundum indivisibilium hypothesin hoc theorema facile sic ostenditur:

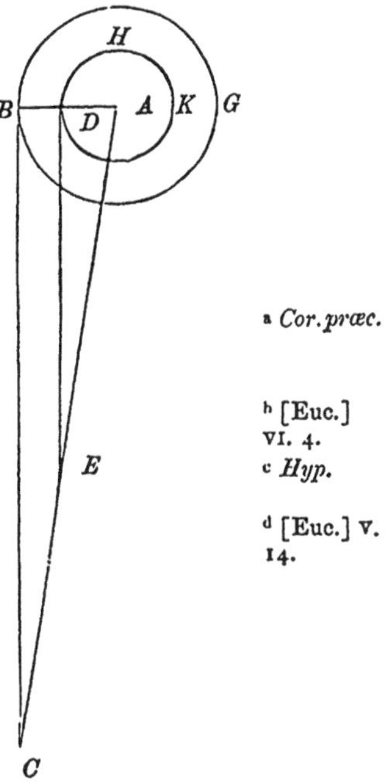

Super AB, circuli BFG radium, erigatur perpendicularis BC æqualis circumferentiæ circuli BFG, et connectatur AC. Tum in AB sumendo quodvis pro lubitu punctum D, centro A per D describatur circulus DHK; et ducatur DE ad BC parallela. Estque circumferentia BFG ad DHK[a],

ut radius AB ad AD,

hoc est[b], ut BC ad ED.

Ergo quum circumferentia [c]$BFG = BC$,

[d]erit circumferentia $DHK = DE$.

Et simili ratione circumferentiæ omnes concentricæ constituentes circulum BFG æquantur parallelis rectis, quibus constat triangulum ABC. Unde circulus BFG triangulo ABC æquatur.

[a] *Cor. præc.*

[b] [Euc.] VI. 4.

[c] *Hyp.*

[d] [Euc.] V. 14.

COROLL.

Simili discursu, sector quilibet circuli æquatur dimidio rectangulo ex arcu sectoris et radio circuli.

Coroll. Circuli, cujus radius est M, area est $\frac{\pi}{\delta} Mq$:

[i. e. $\frac{\pi}{\delta} MM$.]

$$\text{Nam } \frac{\delta\delta}{4}\ (rr) : MM :: \frac{\delta\pi}{4} :: \frac{\varpi}{\delta}\ MM.$$

[Euc.] XII. 2.

LECT. XXV.

De Sphærâ et Cylindro.

QUÆ de sphærâ investigavit Archimedes, vel ad superficiem sphæricam pertinent, vel ad soliditatem. De superficie primo dispiciemus.

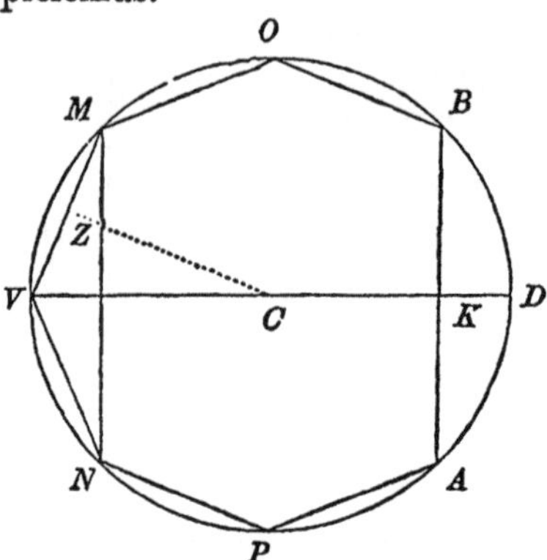

Sit circuli portio *BVA*, cujus axis *VK* transiens per circuli centrum *C*, et basim *BA* bisecans in *K*. Portioni autem inscribatur figura parilatera et æquilatera *VMNOPBA*. Consideravit Archimedes, quod si circa axem *VD* circumrotetur portio cum inscriptâ figurâ, descriptura sit circuli portio sphæricam portionem; figura vero, solidum constans cono *MVN*, et frustis conicis (vel cylindricis) *OMPN*, *BOPA* per circulos parallelos *MN*, *OP*, *BA* comprehensis; adeoque superficiem corporis inscripti e superficiebus constare conicis vel cylindricis *MVN*, *OMNP*, *BOPA*. Dein advertit, quo magis laterum figuræ multitudo augetur, eo magis figuram planam ad circulum, et solidum ad sphæram, et solidi superficiem ad superficiem sphæricam accedere; adeo quidem ut latera multiplicando perveniri tandem possit ad figuram, cujus superficies minori differat a sphæricæ portionis superficie quam assignato quolibet utlibet minimo defectu; adeoque sphæræ superficiem quodammodo haberi posse pro ejusmodi figurâ indefinitam habente laterum multitudinem; et cujus distantiam (*CZ*) a centro sphæræ minime differat a radio sphæræ, vel in eum desinat. Tandem igitur secum animo reputavit, si posset hujusmodi figuræ superficiem ad planam aliquam figuram, puta circulum, sub generali qualibet ratione referre, inde sibi constiturum quam ad planam talem figuram obtineret relationem sphærica superficies. Hoc perscrutari aggressus est feliciter, hæc quæ sequuntur problemata resolvendo.

PROB. I.

Invenire rectangulum æquale *laterali prismatis erecti superficiei.

* Hoc est, basibus exceptis.

Manifestum est singulum parallelogrammum, eorum quibus constat lateralis prismatis superficies, esse rectangulum ex latere prismatis, et uno latere basis; et proinde omnium istorum parallelogrammorum aggregatum; hoc est,

THEOR. I. Lateralis erecti prismatis superficies, æquatur rectangulo ex latere prismatis, et basis perimetro.

PROB. II.

Invenire rectangulum æquale *curvæ recti cylindri superficiei.

* Hoc est, demptis basibus.

Supponatur cylindrum esse prisma quoddam super polygonam basem, latera habentem indefinite parva et multa (hoc est, super circulum) et ex præcedentibus liquet, quod

THEOR. II. Curva recti cylindri superficies æquatur rectangulo ex latere ejus, et circumf. basis.

Coroll. 1, hinc. Curva cylindri superficies se habet ad basim ejusdem, ut latus cylindri ad dimidium radii, vel ut duplum lateris ad radium.

Sit enim $L =$ lateri. Estque (ex hoc) $L\pi =$ superficiei, ac basis est $\frac{R\pi}{2}$. Atqui $L\pi : \frac{R\pi}{2} :: {}^*L : \frac{R}{2} :: 2L : R$.

* v. I.

Coroll. 2, etiam hinc. Superficies cylindrorum super basibus iisdem (vel æqualibus) sese habent ut latera: et habentium eadem vel æqualia latera, superficies sunt ut circumferentiæ basium, vel ut diametri, vel ut radii basium.

PROB. III.

Invenire circulum æqualem datæ curvæ cylindri recti superficiei.

[e] II. *Cor.* 2. hujus.

Sit A radius quæsiti circuli. [e]Estque

$$\odot \text{ rad. } A : \odot \text{ rad. } R :: 2L : R.$$

[f] XII. 2. *Cor.* [g] V. 1. [h] V. 9.

[f]Hoc est, Aq [i. e. AA] : $Rq :: 2L : R ::$ [g]$2LR : Rq$.

Quare[h] $Aq = 2LR$.

[i] VI. 17.

$$\text{Unde } \quad 2L : A :: A : R,$$

$$\text{vel } \quad L : A :: A : 2R.$$

Hinc,

THEOR. III. ARCHI. XIII. 1.

Radius (A) circuli æqualis superficiei cylindri est media proportionalis inter latus cylindri (L) et basis diametrum ($2R$).

Nam (retrograde) quia $L : A :: A : 2R$,

[k] VI. 17. [l] V. 1. [m] V. 7. [n] XII. 2. *Cor.*

erit [k]$2LR = Aq$.

Sed[l] $2L : R :: 2LR : Rq$.

[m]Ergo, $2L : R :: Aq : Rq$

$:: \odot$ rad. $A : \odot$ rad. R[n].

Unde per Coroll. 1 præcedentis, erit $\odot$ rad. A æqualis superficiei cylindri. Q. E. D.

PROB. IV.

Invenire rectangulum æquale laterali pyramidis æquilateræ, super regulari base constitutæ, superficiei.

Liquido patet, singulum pyramidis superficiem componens triangulum, æquari ipsius altitudini ductæ in dimidiam basin. Unde triangulorum omnium aggregatum, hoc est,

THEOR. IV.

Lateralis æquilateræ pyramidis superficies æquatur communi triangulorum eam componentium altitudini ductæ in dimidiam basis perimetrum.

PROB. V.

Invenire rectangulum æquale curvæ recti coni superficiei.

Conus supponatur æquilatera pyramis super regulari base indefinite multilatera (hoc est, circulari); et consequenter habens altitudinem triangulorum assurgentium æqualem lateri coni. Hinc ex præc.

Recti coni curva superficies æquatur rectangulo ex latere coni, et dimidiâ circumferentiâ basis. THEOR. V. ARCHIM. XV. I.

Coroll. 1. Curva coni superficies se habet ad basin ejusdem, ut latus coni ad radium basis.

Nam coni superficies est $\frac{L\pi}{2}$; et basis est $\frac{R\pi}{2}$. *Verum (* V. I.)

$$\frac{L\pi}{2} : \frac{R\pi}{2} :: L : R.$$

Coroll. 2. Superficies conorum super eâdem basi (vel æqualibus) se habent ut latera. Et superficies conorum habentium æqualia latera, se habent ut radii basium.

PROB. VI.

Circulum invenire parem datæ coni curvæ superficiei.

Sit radius circuli quæsiti A. Quum igitur (ex Coroll. 1, ultimi) sit $\odot$ rad. A : $\odot$ rad. R :: L : R;

[o] et ideo $Aq : Rq :: L : R$ [p] $:: LR : Rq$; (o XII. 2. Cor.; p V. I.)

[q] erit $Aq = LR$. (q V. 9.)

[r] Quare $L : A :: A : R$. (r VI. 17.)

Hinc,

Circulus habens radium (A) proportione medium inter coni latus (L) et basis radium (R) æquatur curvæ coni superficiei. THEOR. VI. ARCHIM. XIV. I.

Nam quia $L : A ::$ [s] $A : R$, (s Hyp.)

erit $LR = Aq$.

Verum $L : R ::$ [t] $LR : Rq$. (t V. I.)

[u] Ergo $L : R :: Aq : Rq ::$ [x] $\odot$ rad. A : $\odot$ rad. R. (u V. 7.; x XII. 2. Cor.)

Ergo (ex Coroll. 1, præc.) est $\odot$ rad. A æqualis superficiei coni. Q.E.D.

PROB. VII.

In cono recto (ABC) invenire circulum æqualem superficiei conicæ ($DBCE$) interceptæ planis parallelis (BC, DE).

Nota. Supponitur ABC triangulum per axem; et BC, DE communes hujus sectiones cum planis parallelis. Unde BC, DE sunt parallelæ per XI. 16.

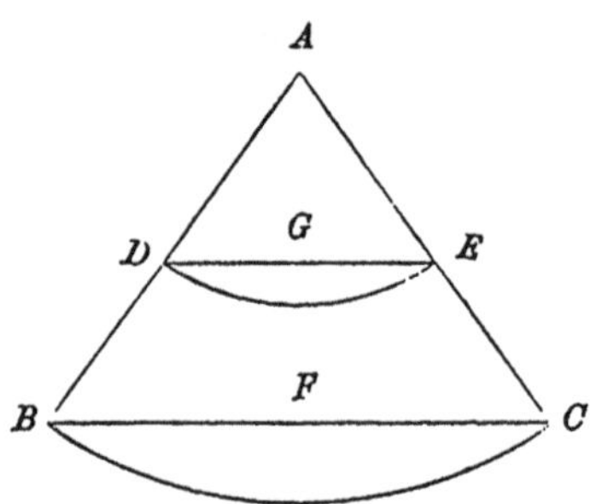

Ponatur $L = AB$, et $R = BF$, et $M = AD$, et $S = DG$; et quæsiti circuli radius sit A.

[y] VI. 4. Et ob $AB : BF :: $ [y] $AD : DG$,

hoc est, $L : R :: M : S$.

[z] VI. 16. Erit $LS =$ [z] MR;

[a] I. Ax. 3. et [a] proinde $LS - MR = 0$.

Jam (per ultimum) superficies ABC æquatur circulo, cui radius $\sqrt{LR}$.

Et superficies ADE circulo, cui radius $\sqrt{MS}$.

[b] XII. 11. Et [b] consequenter superficies $DBCE$,

[c] Hyp. vel. [c] $\odot$ rad. $A = \odot$ rad. $\sqrt{LR} - \odot$ rad. $\sqrt{MS}$.

[d] Prius. [e] Sch. I. 2. Unde $Aq = LR - MS$ [d] $= LR - MS + LS - MR$ [e]

$= L - M \times : R + S$[1],

[f] VI. 16. quare [f] $L - M : A :: A : R + S$.

Unde hoc est, $DB : A :: A : BF + DG$.

THEOR. VII. ARCHIM. XVI. I. Circulus, habens radium (A) proportione medium inter interceptam parallelis planis (BC, DE) lateris partem

[1] In modern notation $= \overline{L-M} \times \overline{R+S}$.

(DB vel $L-M$), et summam radiorum ($BF+DG$ vel $R+S$) circulorum qui in parallelis planis, æquatur conicæ superficiei ($DBCE$) parallelis planis interceptæ.

Nam (analysis vestigiis insistendo) quia

$$L-M : A^{g} :: A : R+S.$$ [g] *Hyp.*

[h]Erit $Aq = LR - MS + LS - MR$. [h] VI. 16.

Hoc est, $Aq = LR - MS$ (quia ob $L : M$[i] :: $R : S$, [k]est $LS = MR$ et [l]propterea $LS - MR = 0$). [i] VI. 6. [k] VI. 16. [l] I. *Ax.* 3.

[m]Ergo circulus radio A æquatur differentiæ circulorum, quorum radii $\sqrt{LR}$ et $\sqrt{MS}$[n]; id est, differentiæ superficierum conicarum ABC, ADE, id est, superficiei conicæ $DBCE$. Q.E.D. [m] XII. 2 *Cor.* [n] VI. hujus.

PROB. VIII.

Circuli segmento BVA (cujus axis VKD) inscripta sit figura *parilatera et æquilatera $VMNOPBA$, et segmento una cum inscriptâ figurâ circa axem VK rotato; invenire circulum æqualem superficiei corporis ab inscriptæ figuræ revolutione procreati, sphæræque portioni BVA inscripti.

* Exceptâ base. ARCHIM. XXXII. 1, XXIII.

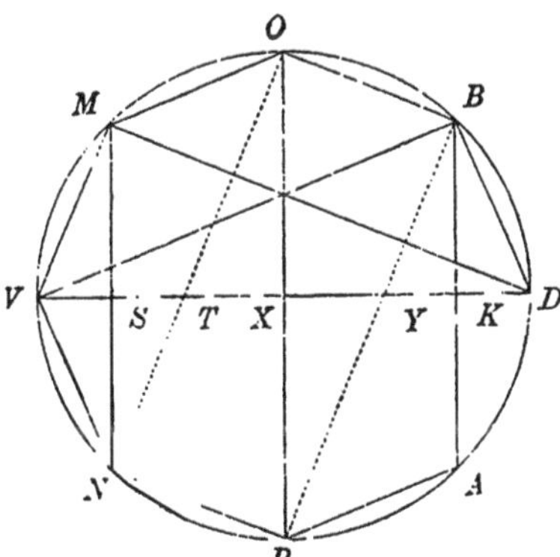

Jungantur anguli hinc inde pariter distantes a vertice V rectis MN, OP, BA; et connectantur NO, PB ac DM: liquet autem angulos VDM, VMN, MNO, NOP, OPB, PBA, æqualibus insistentes arcubus æquari;

o I. 27.

et inde [o]parallelas esse rectas MN, OP, BA;

p VI. 4.

et trigona DMV, MSV, NST, OXT, PXY, BKY, similia fore. [p]Quare

$$DM : MV :: MS : VS :: NS : ST$$
$$:: OX : TX :: PX : XY :: BK : YK.$$

q V. 12.

r $\frac{BA}{2}$

s VI. hujus.

[q]Unde ut DM ad MV, ita summa antecedentium $MN+OP+BK$ ad summam consequentium respectivam VK. Ergo $DM\times VK = MV\times : MN+OP+{}^{r}BK$. Jam superficies coni MVN [s]æquatur circulo, cujus radius

$$\sqrt{VM\times MS}.$$

t VII. hujus.

u I. 2.

x XII. 2Cor.

Et superficies $OMNP$ [t]æquatur circulo, cujus radius est[1] $\sqrt{\left\{\begin{matrix} MO\times : MS+OX. \\ VM \end{matrix}\right.}$ [u]Itemque superficies $BOPA$ circulo, cujus radius est[1] $\sqrt{\left\{\begin{matrix} OB\times OX+BK. \\ VM \end{matrix}\right.}$ [x]Ergo tota superficies $VMOBAPN$ æquatur circulo, cujus radius est $\sqrt{VM}\times : 2MS+2OX+BK$. Hoc est,

$$\sqrt{VM}\times : MN+OP+\frac{BA}{2}, \text{ hoc est, } \sqrt{MD}\times VK. \text{ Unde,}$$

THEOR. VIII.

Superficies solidi ($VMOBAPN$) sphæræ portioni (BVA) inscripti, productique e revolutione figuræ parilateræ et æquilateræ ($VMOBAPN$) circuli portioni (BVA) inscriptæ, æquatur circulo, cujus radius est $\sqrt{DM}\times VK$ (existente DM rectâ, quæ ducitur ab extremo diametri VD, axem VK continentis, ad terminum lateris VM, vertici V contermini.)

VI. 8. Cor. et VI. 17.

Coroll. Ducendo VB; quoniam $DV\times VK = VBq$, et $DM < DV$, liquet esse $DM\times VK < VBq$. Et proinde circulum cujus radius est $\sqrt{DM}\times VK$, minorem esse circulo cujus radius VB; id est, superficiem solidi cujusvis modo præmonstrato descripti in sphærâ, minorem esse circulo cujus radius VB.

---

[1] [In modern notation $=\sqrt{MO\times\overline{MS+OX}}=\sqrt{VM\times\overline{MS+OX}}$, and $=\sqrt{OB\times\overline{OX+BK}}=\sqrt{VM\times OX+BK}$.]

PROBL. IX.

Circulum invenire parem superficiei portionis sphæricæ (*BVA*).

Si circuli segmento *BVA*, e cujus circa axem *VK* revolutione producta fuit sphæræ portio, inscribatur figura parilatera et æquilatera, cujus *VM* sit unum latus, et ex istius figuræ rotatu producatur figura, superficiem habens constantem e superficiebus conicis, aut ex parte cylindricis (sicut in præcedenti;) manifestum est ex ultimo Corollario, quod hujus figuræ superficies minor est circulo cujus radius *VB*; prout autem *VM* magnitudine minuitur, et consequenter *DM* crescit eo ad æqualitatem magis appropinquat; posito igitur *VM* esse infinite (vel indefinite) parvam, figura plana segmento *BVA* coincidet, et solida figura cum sphæræ portione *BVA*, et *DM* cum *DV*; et proinde superficies inscripti solidi, hoc est, sphæricæ portionis superficies, æquabitur circulo cujus radius *VB*. Hoc est.

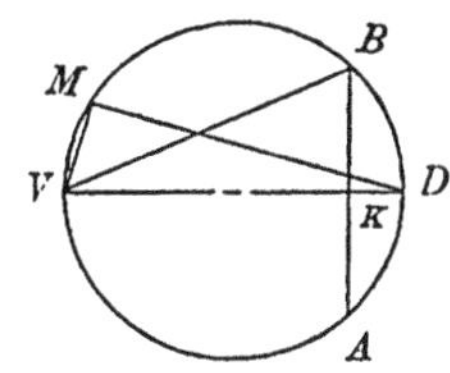

Superficies sphæricæ portionis (*BVA*) æquatur circulo, cujus radius est recta (*VB*) ducta a portionis vertice (*V*) ad circumferentiam basis (*BA*). (Vel cujus radius est chorda subtendens dimidium arcum segmenti circularis, cujus revolutione sphæræ portio procreatur).

THEOR. IX. ARCHIM. XXXVI. et XXXVII. I.

COROLLARIA.

1. Superficies hemisphærii (*BVA*) basis suæ dupla est.

Nam per proxime præcedens superficies hemisphærii æquatur circulo cujus radius *VB*, hoc est, duplo circulo ad radium *VK*; quia $VBq = VKq + BKq = 2\,VKq$. Unde consectatur immediate, quod

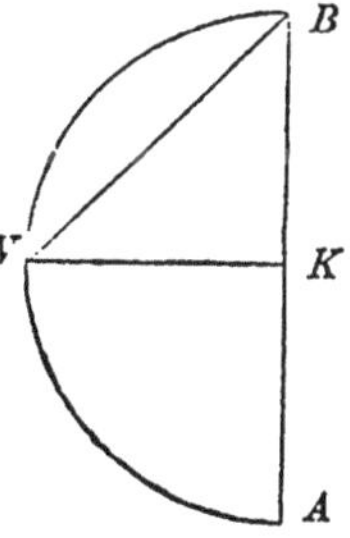

2. Superficies totius sphæræ quadrupla est maximi in eâ sphærâ circuli; (vel æqualis circulo, cujus radius æquatur diametro sphæræ.)

Quod nobilissimum theorema demonstrat Archimedes

ARCHIM. XXX. I.

separatim; quod non opus erat ut faceret, adeo statim deducitur e generali hoc theoremate.

3. Sphæræ superficies æquatur curvæ superficiei cylindri circa ipsam descripti, hoc est, cujus latus et basis diameter æquantur singula diametro sphæræ.

Nam (per 1. Coroll. II. hujus) curva superficies cylindri se habet ad basin, ut latus ejus ad $\frac{1}{2}$ radii basis, id est, ut

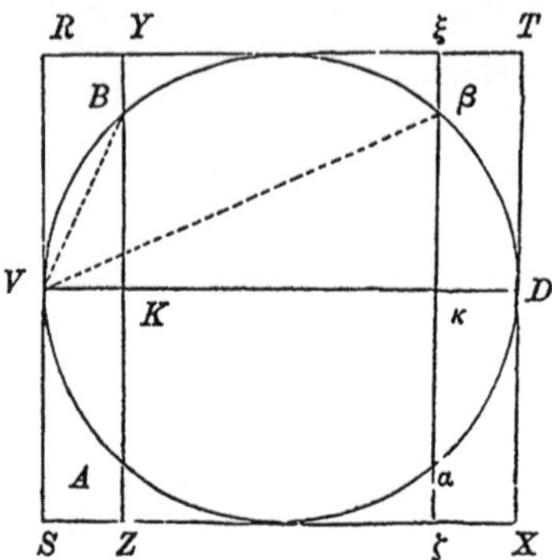

diameter ad $\frac{1}{4}$ diametri; id est ut superficies sphæræ ad maximum in sphærâ circulum, vel ad basin cylindri. Ergo cylindri curva superficies æquatur superficiei sphæræ, imo generatim

4. Cujusvis portionis superficies (BVA) æquatur curvæ superficiei cylindri ($RSYZ$) habentis eandem altitudinem, vel axem (VK) et diametrum (YZ) æqualem sphæræ diametro (VD).

* III. hujus. VI. 8. Cor.

Nam superficies cylindrica $RSZY$ *æquatur circulo cujus radius est $\sqrt{RY \times YZ}$,

id est, $\sqrt{VK \times VD}$,

id est, $\sqrt{VBq}$; (nam $DV : VB :: VB : VK$),

id est, superficiei portionis sphæricæ BVA.

5. Superficies portionum BVA, BDA se habent ut axes sui KV, KD.

2 Cor. II. hujus.

Nam cylindricæ superficies $RSZY$, $TXZY$, quibus hæ sphæricæ æquantur, taliter se habent. Imo,

6. Sphæricarum quarumvis portionum (BVA, $\beta V\alpha$) superficies axibus suis (VK, $V\kappa$) proportionales sunt.

Nam et cylindricis superficiebus, quibus æquantur, hoc convenit. 2 *Cor.* II. hujus.

7. Sphærica superficies $\beta BA\alpha$ parallelis planis $\beta\alpha$, BA intercepta æquatur cylindricæ superficiei $\xi YZ\zeta$ iisdem planis interceptæ.

Nam si a cylindricâ superficie $\xi RS\zeta$, cui æquatur sphærica superficies $\beta V\alpha$, detrahatur cylindrica superficies $YRSZ$, cui æquatur sphærica superficies BVA, remanebit cylindrica superficies $\xi YZ\zeta$ æqualis sphæricæ superficiei $\beta BA\alpha$. Unde quoque,

8. Zonæ, seu superficies sphæricæ parallelis circulis interceptæ, se habent ut axes sui.

Quin ex hoc fœcundissimo theoremate, nobilissimo et utilissimo inter authoris nostri inventa, complura deducantur consectaria. Nobis hæc in præsens sufficiant, declarandæ methodo, cui author insistebat, in eo reperiendo. Proximâ Lectione, quâ soliditates portionum sphæricarum ad conos et cylindros retulit viâ dabimus operam enucleare.

LECT. XXVI.

METHODUM postremâ vice conati sumus exponere quâ Archimedes superficies conicas, cylindricas et præsertim sphæricas cum superficiebus planis comparavit, iis æquales circulos assignando. Nunc eâdem brevitate modum expiscabimur, quo soliditates sphærarum et sphæricarum portionum atque sectorum cum conis et cylindris contulit; assumentes imprimis ea quæ in Elementis demonstrata sunt, nempe

Conos et cylindros æqualibus insistentibus basibus se habere ut altitudines; et si altitudines æquales sunt, se habere ut bases.

Et si coni vel cylindri pares sunt, bases et altitudines proportione reciprocari: et inverse, si proportione reciprocantur, ipsos æquari.

Et similes conos ac cylindros in triplicatâ esse ratione laterum, vel radiorum, vel diametrorum basis.

Et cylindros conorum æque altorum et super æquali base constitutorum triplos esse. Præmittimus et definitionem unam ac alteram.

1. Solidus sector (vel sector sphæricus) est figura comprehensa superficie coni, verticem habentis in centro sphæræ, et sphæricâ superficie intra conum.

Ut figura *BCAV* comprehensa sub superficie conicâ *BCA*, parte superficiei coni *XCY*, et superficie sphæricâ *BVA*.

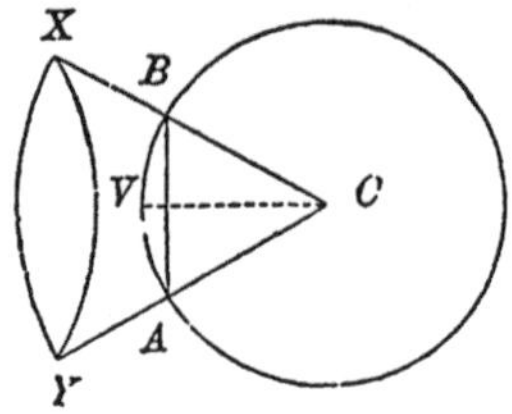

Vel est figura composita e cono *CBA* (verticem habente in centro sphæræ *C*) et portione sphæricâ *BVA*, super eâdem base *BA*.

Vel si sector circularis *VCB* circa radium *CV* revolvatur, procreabitur sector sphæricus *BCA*.

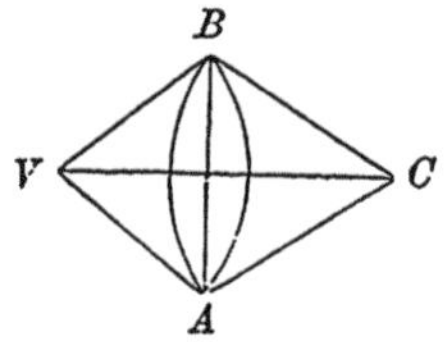

2. Solidus rhombus est figura constans duobus conis rectis inversis, super eâdem base constitutis, et vertices habentibus in eodem communi axe,

Talis est *CBVA*, cui communis basis *BA* et axis *VC*.

* *Minor vel non major quadrante.*

Confer hæc cum præmissis in Lectione primâ.

Sit jam sector circularis* *BCV*,[1] cui inscribatur figura æquilatera *BOMV*, et sector cum figurâ circa radium *CV* revolvatur, et a sectore circulari producetur sector sphæricus; a figurâ autem corpus solidum constans primum rhombo *MCNV*; tum eo quod producitur ex revolutione trianguli *OCM*; hoc est, (productis *OM*, *PN* ad occursum *R*) ei quod supererit, si detrahatur rhombus *MCNR* e rhombo *OCPR*; eo denique quod fit e revolutione trianguli *BCO*, hoc est, (productis *BO*, *AP* ad *S*) differentiæ rhombi *BCAS* et *OCPS*. Itaque si sciri possit hujusmodi cujusvis figuræ relatio ad conum aliquem, eo forte ratio dignoscetur sectoris sphærici ad conum. Huc collimant sequentia problemata.

[1] See Diagram next page.

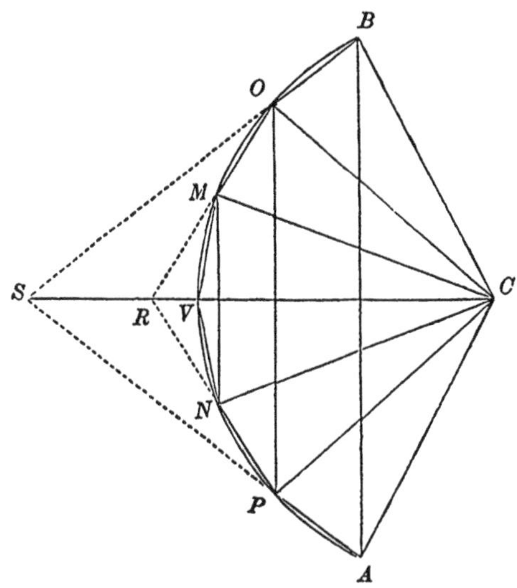

PROB. I.

Invenire conum æqualem dato cono (CXY) cujus basis (Q) æqualis sit curvæ superficiei dati coni (CXY).

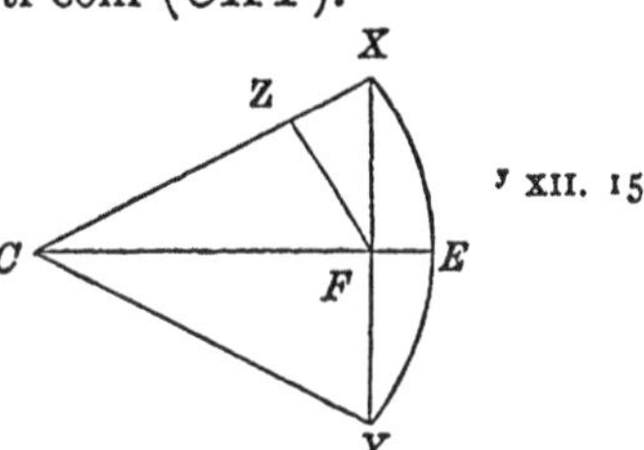

Analysis. Sit T altitudo coni quæsiti, et quia coni XCY, TQ ponuntur æquales, [y]erit ut altitudo CF coni XCY ad T, altitudinem coni TQ, ita reciproce basis Q ad basin XEY;

[y] XII. 15.

[z]hoc est, superficies XCY ad basin XEY,

[a]hoc est, ut latus CX ad radium FX. Ita ut sit

$$CF : T :: CX : FX.$$

[z] *Hyp.* et V. 7.

[a] V. *Cor.* Lect. XXIV.

Atqui ducendo FZ ad CX perpendicularem, [b]est

[b] VI. 4.

$$CX : FX :: CF : FZ$$

(ob similitudinem triangulorum CXF, CFZ).

[c]Ergo $FZ = T$. Hinc,

[c] V. 9.

Conus (TQ) cujus basis (Q) æquatur superficiei coni (XCY), et altitudo (T) rectæ (FZ), quæ ducitur a basis centro (F) ad latus (CX) perpendicularis, æquatur cono (CXY).

THEOR. I. ARCHIM. VII. I.

[d] *Hyp.* [e] v. 7. [f] vi. 4. [g] v. *Cor.* Lect. xxiv. [h] *Hyp.* et v. 7. [i] xii. 15.

Nam quia $T =$ [d]FZ, [e]erit $CF : T :: CF : FZ ::$ [f]$CX : FX ::$ [g]superficies XCY : basis $XEY ::$ [h]Q : basis XEY. Ergo ut altitudo CF ad altitudinem T, ita est reciproce basis Q ad basin XEY. [i]Quare coni XCY et TQ æquantur. Q.E.D.

Prob. II.

Invenire conum æqualem dato rhombo ($MCNV$) habens basin (Q) æqualem superficiei coni (MVN).

[k] xii. 14.

Analysis. Altitudo coni quæsiti sit T, et quia conus MCN : conus $MVN ::$ [k]$CK : KV$, et componendo rhombus $MCNV$: conus $MVN :: CV : KV$; hoc est, ut conus cujus basis æquatur basi MEN, et altitudo ipsi CV ad conum MVN;

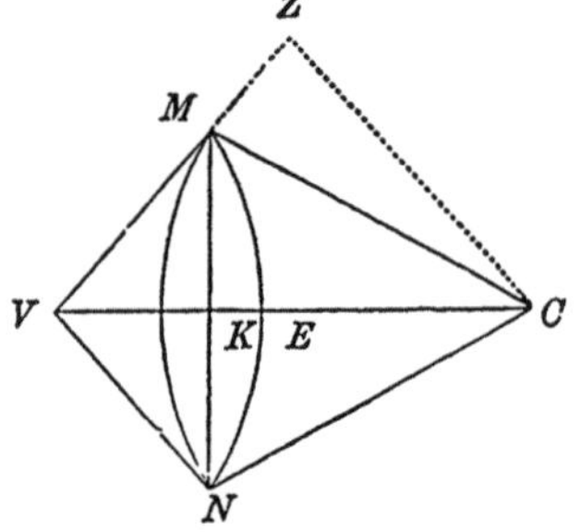

[l] v. 8. [m] *Hyp.* [n] xii. 15. [o] *Hyp.* et v. 7. [p] v. *Cor.* Lect. xxiv. [q] vi. 4. [r] v. 9.

[l]iste conus igitur æquatur rhombo $MCNV$,
[m]hoc est, cono TQ.
[n]Unde ut CV ad T, ita reciproce erit Q ad MEN,
[o]id est, superficies MVN ad MEN,
[p]id est, VM ad KM,
[q]id est, (ductâ CZ ad VM protractam perpendiculari) ut CV ad CZ.
[r]Quare $T = CZ$. Hinc,

Theor. ii. Archim. xviii. i.

Conus (TZ) cujus basis (Q) æquatur superficiei coni (MVN), et altitudo (T) rectæ (CZ) quæ ducitur a vertice (C) coni (MCN) perpendicularis ad latus (VM) coni (MVN) æquatur rhombo ($MCNV$).

[s] v. 7. [t] vi. 4. [u] v. *Cor.* Lect. xxiv. [x] *Hyp.* et v. 7. [y] xii. 15.

Nam ob $T = CZ$, [s]erit $CV : T :: CV : CZ ::$ [t]$VM : VK ::$ [u]superficies MVN : basis $MEN ::$ [x]$Q : MEN$. [y]Unde conus, cujus altitudo æquatur ipsi CV, et basis circulo MEN, æquatur cono TQ (ob reciprocam basium et altitudinum proportionem).

[z] In analysi.

Ejusmodi vero conus æqualis [z]ostensus est rhombo $MCNV$.

[a] i. *Ax.* i.

[a]Ergo conus TQ æquatur rhombo $MCNV$. Q.E.D.

PROB. III.

Si rhombus $BCA\phi$ detrahatur e cono $X\phi Y$, invenire conum residuo æqualem, habentem basin (Q) æqualem superficiei $XBAY$, planis parallelis XY, BA interceptæ.

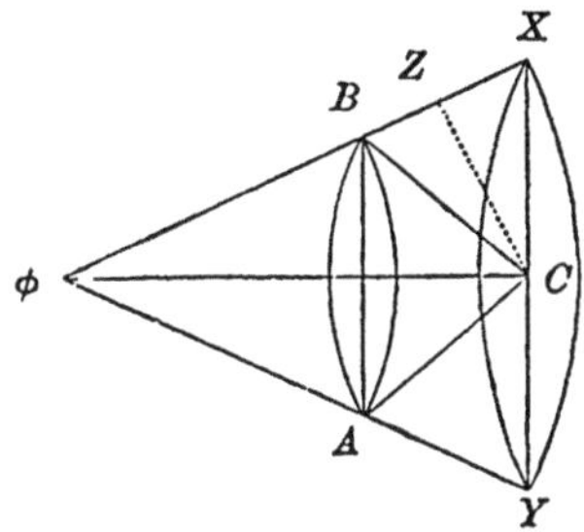

Coni quæsiti altitudo sit T, (et primo hujus) liquet conum, cujus altitudo est CZ (perpendicularis e centro basis ad coni $X\phi Y$ latus ϕX) et basis par superficiei $X\phi Y$, æquari cono $X\phi Y$.

Item (e secundo hujus) conum, cujus altitudo est CZ, et basis par superficiei $B\phi A$, æquari rhombo $BCA\phi$.

Unde si detrahatur rhombus $BCA\phi$ a cono $X\phi Y$, residuum æquabitur cono, cujus itidem altitudo est CZ basis par residuæ superficiei conicæ $XBAY$, vel circulo Q.

Adeoque $CZ = T$. Hinc,

Conus (TQ) cujus basis (Q) æquatur superficiei conicæ ($XBAY$) parallelis planis XY, BA interceptæ, et altitudo (T) perpendiculari (CZ) ductæ a centro (C) basis coni ($X\phi Y$) ad ejus latus (ϕX), æqualis est differentiæ coni ($X\phi Y$) et rhombi ($BCA\phi$). THEOR. III. ARCHIM. XIX. I.

Nam conus, cujus altitudo est CZ, et basis æqualis superficiei conicæ $XBAY$ æquatur differentiæ duorum conorum, habentium communem altitudinem CZ, et bases æquales superficiebus conicis $X\phi Y$, $B\phi A$; id est, differentiæ coni $X\phi Y$ et rhombi $BCA\phi$. Unde conus TQ isti differentiæ æquatur. Q.E.D.

* *Per duo postrema theoremata.*

PROB. IV.

Si a rhombo $OCPR$ detrahatur rhombus $MCNR$, invenire conum residuo $MOCNP$ parem, habentem basin (Q) æqualem conicæ superficiei $OMNP$, parallelis rhomborum basibus OP, MN interceptæ.

Sit T rursus altitudo coni quæsiti, eritque (per secundum hujus) conus, cujus altitudo CZ, et basis par superficiei conicæ ORP, æqualis rhombo $OCPR$. Itemque conus, cujus altitudo eadem CZ, et basis par superficiei conicæ

MRN æquatur rhombo *MCNR*. Horum conorum differentia est conus habens eandem altitudinem *CZ*, et basin æqualem differentiæ superficierum istarum, hoc est, superficiei *OMNP*, vel circulo *Q*. Ergo *CZ* = *T*. Unde,

Theor. iv. Archim. xx. i.

Conus (*TQ*), cujus basis (*Q*) æquatur superficiei conicæ *OMNP*, parallelis planis *OP*, *MN* interceptæ, et altitudo ductæ *CZ* a vertice *C* coni *OCP* ad coni *ORP* latus (*OR*) perpendiculari æquatur differentiæ rhomborum *OCPR*, *MCNR*.

Nam conus habens altitudinem *CZ*, et basin æqualem superficiei conicæ *OMNP*, æquatur differentiæ duorum conorum, habentium eandem altitudinem *CZ*, et bases æquales superficiebus conicis *ORP*, *MRN*; *h. e. differentiæ rhombor. *OCPR*, *MCNR*. Unde conus *TQ* isti differentiæ exæquatur. Q.E.D.

* Per 2. hujus.

PROB. V.

Invenire conum æqualem figuræ (qualis est initio Lectionis hujus expositæ) sphæricæ portioni inscriptæ.

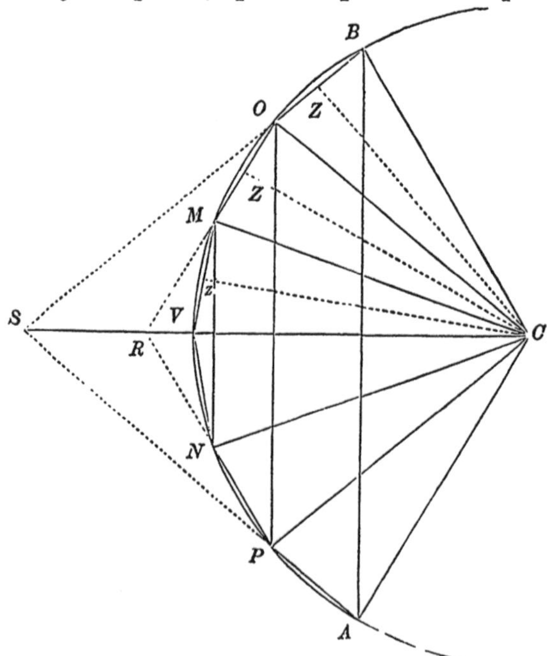

A centro C ad latera demittantur perpendiculares CZ; et quia rhombus $MCNV$ *æquatur cono, cujus altitudo æqualis est τῇ CZ, et basis superficiei coni MVN; et corpus $MOCPN$, residuum nempe subducto rhombo $MCNR$ e rhombo $OCPR$ æquatur cono, cujus etiam altitudo par est eidem CZ, et basis superficiei conicæ $MOPN$; item solidum $OBCPA$, quod restat subducto rhombo $OCPS$ e rhombo $BCAS$, *æquatur cono, cujus itidem altitudo CZ, et basis æquatur superficiei conicæ $OBAP$; liquet totam figuram inscriptam æquari cono, cujus altitudo æquatur perpendiculari CZ, et basis toti superficiei figuræ inscriptæ,

* 2. hujus.

* 4. hujus.

Hinc,

Figura solida ($CBOMVNPAC$) inscripta sectori sphærico (BCA) (et producta e revolutione figuræ æquilateræ ($CVMOBC$) sectori circulari (BCV) inscriptæ, circa axem CV rotatu) æquatur cono, cujus altitudo æqualis est perpendiculari (CZ), e centro sectoris ad unum inscriptæ figuræ latus ductæ, et basis superficiei ($VMOBAPNV$) figuræ solidæ inscriptæ. (Exclusâ scilicet superficie coni BCA).

THEOR. V. ARCHIM. XXXIV. I.

Nota] Procedit hoc de sectore sphærico, qui non major est hemisphærio.

PROB. VI.

Conum invenire parem sectori sphærico ($BCAV$).

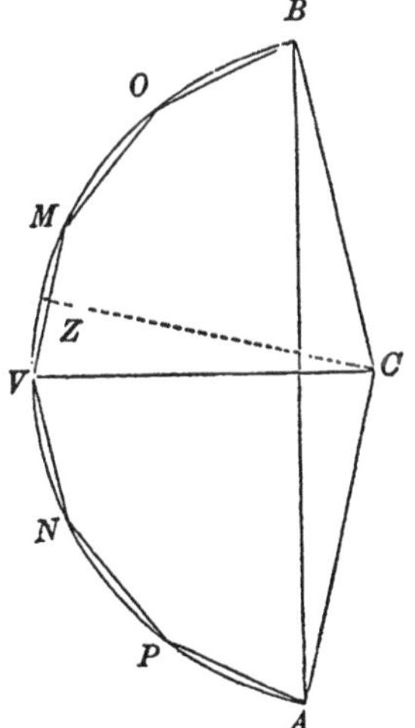

Si sectori sphærico inscribatur figura $VMOBCAPNV$, qualem mox descripsimus, cujus lateri perpendicularis sit e centro ducta CZ; liquido constat e dictis hanc figuram æquari cono cujus altitudo CZ, basis æqualis ipsius superficiei $VMCBAPNV$.

Quia vero latus VM minus assumi possit quavis assignabili lineâ, vel indefinite parvum; adeo ut consequenter CZ minime differat a radio sphæræ, et superficies inscriptæ figuræ designat in superficiem sphæricam BVA; et figura ipsa quasi transeat in sectorem sphæricum, satis manifestum est, quod

THEOR. VI. ARCHIM. XXXVIII. I.

Sector sphæricus æquatur cono, cujus altitudo æquatur radio sphæræ; basis autem superficiei sphæricæ portionis, cui sector insistit,

Procedit de sectore, qui non est hemisphærio major. At consectatur etiam de majore. Vide Coroll. 5.

COROLL.

ARCHIM. XXVI. I.

1. Hemisphærium æquatur cono, cujus basis æquatur superficiei hemisphærii (hoc est, duplæ hemisphærii basi) et altitudo radio sphæræ. Et,

2. Hemisphærium duplum est coni super eadem base, et sibi æque alti. Et proinde,

3. Hemisphærium est $\frac{2}{3}$ cylindri super eandem basin, et æque alti. Et consequenter,

4. Tota sphæra subsesquialtera est cylindri sibi circumscripti.

Separatim hoc nobile theorema demonstravit auctor, quidni melius perpercisset operæ, cum in isto generali contineatur, aut ab eâ immediate resultet?

5. Etiam *sector sphæræ major hemisphærio æquatur cono, cujus altitudo radius sphæræ, et basis æqualis superficiei suæ sphæricæ.

* Καταχρηστικῶς dictus.

Nam si e cono, cujus altitudo radius sphæræ, et basis superficies totius sphæræ, auferatur conus cui altitudo etiam radius sphæræ, et basis superficies minoris portionis, remanebit conus itidem altitudinem habens radium sphæræ, et basin æqualem superficiei sphæricæ residuæ; qui proinde par est sectori majori residuo.

6. Sphærica portio hemisphærio minor æquatur cono, cujus altitudo est radius sphæræ, basis æqualis superficiei suæ sphæricæ; minus cono super eadem base verticem habente in centro sphæræ.

7. Sphærica portio hemisphærio major simili quoque cono æquatur, sed addendo conum super eadem base verticem habente in centro sphæræ.

Complura deducantur hinc corollaria, circa conos et cylindros sphæræ inscriptos; sed non id agimus, at vero tantum ut authoris nostri methodum elucidemus. Et cum nihil in primo libro notabile reliquerimus intactum, transibimus ad secundum.

LECT. XXVII.

HACTENUS conati sumus modum exponere, quo Archimedes præcipua sua circa sphæram theoremata investigavit. Et possemus hanc principalem assequuti scopum jam conquiescere. Verum operæ forsan pretium fuerit analyticam problematum, quæ in secundo libro habentur, solutionem tradere, quo planius appareat, qualem ille subtilissimus vir analysin usurparit, et quam hodiernæ nostræ parum dissimilem.

LIB. II.

PROB. I.

Invenire sphæram æqualem dato cylindro BE. ARCHIM. I.

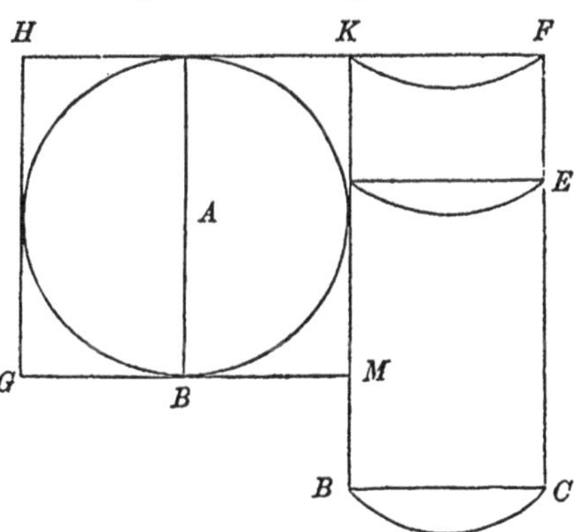

Sit $D = BC$ diametro basis, et $L = CE$ lateri cylindri dati; et A diameter sphæræ quæsitæ. Jam sphæræ circumscriptus concipiatur cylindrus $GHKM$ (habens nempe latus GH, et diametrum basis GM, utrumque æquale ipsi A). Et liquet e prædictis esse cylindrum

[b] VI. *Cor.* Lect. XXVI.

$$GHKM^{b} = \frac{3}{2} \text{ sphæræ } A.$$

[c] XII. 14.

Unde si fiat $CF = \frac{3}{2}\, CE$, erit cylindrus $BF^{c}\left(\frac{3}{2}\right.$ cylindri $\left.BE\right)$ æqualis cylindro $GHKM$.

[d] XII. 15.

Unde ut BCq ad GMq^{d}, ita reciproce erit GH ad CF;

$$\text{hoc est, } Dq : Aq :: A : \frac{3}{2} L.$$

$$\text{Unde } \frac{Acub}{Dq} = \frac{3}{2} L.$$

$$\text{Atqui } D, A, \frac{Aq}{D}, \frac{Acub}{Dq} \text{ sunt } \div\!\!\div ^{*}.$$

$$\text{Ergo } D, A, \frac{Aq}{D}, \frac{3}{2} L \text{ sunt } \div\!\!\div,$$

et proinde A est prima e duabus inter D et $\frac{3}{2} L$ mediis proportionalibus.

Hinc liquet hoc problema esse ex eorum numero quæ solida vocantur, ad ipsius scilicet solutionem exigens duarum mediarum proportionalium inventionem, qualem præstare nequit communis Geometria, regulam tantum adhibens et circinum; requiritur ad hoc sectionum conicarum, aut aliarum linearum auxilium, quo multis modis effici possit et effectum est. Sed supposita duarum mediarum inventione ceu possibili, problema sic componimus.

Fiat $CE : CF :: 2 : 3$; sintque $BC, A, O, CF \div\!\!\div$. Dico esse diametrum sphæræ æqualis cylindro BE.

Nam sphæræ A circumscribatur cylindrus GK; et quia A (vel GH) : $CF :: BC : O :: BCq : Aq$ (vel GMq). [e] Erit cylindrus GK æqualis cylindro BF.

[e] XII. 15.

[f] VI. *Cor.* Lect. XXVI.
[g] *Const.* et XII. 14. THEOR. I.

Verum sphæra $A^{f} = \frac{2}{3}$ cylindri GK; et cylindrus

$$BE^{g} = \frac{2}{3} BF.$$

* A symbol for continued proportionals.

Ergo A æquatur cylindro BE. Q.E.F. Hinc emergit, Diameter (A) sphæræ cylindro (BE) æqualis est prima duarum inter diametrum (BC) basis cylindri, et rectam lateris (CE) sesquialteram mediarum proportionalium.

PROB. II.

Invenire conum æqualem portioni (BVA) sphæræ ($BVAD$) habentem eandem cum portione basin (BA).

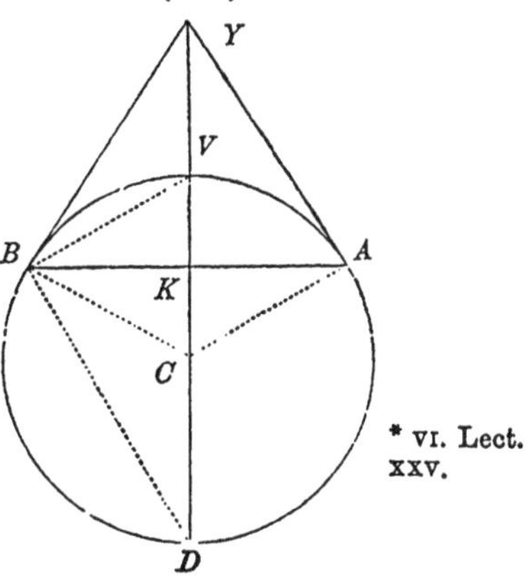

Analysis. Conus quæsitus sit BYA, cujus altitudo $KY = a$. Et sit radius CV, vel $CD = r$. Et axis $KV = b$, unde $CK = r - b$. Et $DK = 2r - b$. Et $VBq = 2rb$ (quia $DV \times VK = VBq$), unde $KBq = 2rb - bb$ (ob angulum rectum VKB).

Jam quia portio BVA* æquatur cono, cujus altitudo est radius sphæræ, basis æqualis superficiei portionis, id est, circulo cujus radius VB, subducto tamen hinc cono BCA: hoc est,

* VI. Lect. XXV.

$$\text{portio } BVA = \text{cono} \begin{cases} \text{alt. } r = CV, \\ \text{bas. } \odot \text{ rad. } \sqrt{2rb} = \odot \text{ rad. } VB \end{cases}$$

$$- \text{cono} \begin{cases} \text{alt. } r - b = CK, \\ \text{bas. } \odot \sqrt{2rb - bb} = \odot \text{ rad. } KB. \end{cases}$$

$$\text{Fac reciproce} \begin{cases} 2rb - bb : 2rb :: r : \dfrac{2rr}{2r - b}, \\ KBq : VBq :: CV : \end{cases}$$

$$\text{*Eritque conus} \begin{cases} \text{alt. } \dfrac{2rr}{2r - b}, \\ \text{bas. } \odot \text{ rad. } \sqrt{2rb - bb} \end{cases}$$

* XII. 15.

$$= \text{cono} \begin{cases} \text{alt. } r, \\ \text{bas. } \odot \text{ rad. } \sqrt{2rb}. \end{cases}$$

Itaque port. $BVA = \text{cono}\begin{cases}\text{alt. } \dfrac{2rr}{2r-b},\\ \text{bas. rad. } \sqrt{2rb-bb}\end{cases}$

$- \text{cono}\begin{cases}\text{alt. } r-b,\\ \text{bas. rad. } \sqrt{2rb-bb}.\end{cases}$

* XII. 14. *Hoc est, port. $BVA = \text{cono}\begin{cases}\text{alt. } \dfrac{2rr}{2r-b} - r + b,\\ \text{bas. } \odot \sqrt{2rb-bb} = \odot \text{ rad.} KB.\end{cases}$

Unde $a = \dfrac{2rr}{2r-b} + b - r = \dfrac{3rb-bb}{2r-b}$.

Vel hanc æquationem ad analogismum reducendo,

$$a : b :: 3r - b : 2r - b.$$

Hoc est, $KY : KV :: DK + CV : DK.$

Quod est authoris nostri ipsissimum theorema. Nempe,

THEOR. II. Conus (BYA) communem habens basin cum portione sphæricâ (BVA), et cujus altitudo (KY) ita se habet ad portionis axim (KV) ut composita e sphæræ radio (CV) et residuæ portionis axe (DK) ad residuæ portionis axem (DK), æquatur portioni (BVA).

Synthesis. * Const. Nam quia $KY : KV^* :: DK + CV : DK$, erit dividendo $VY : KV :: CV : DK$. Et permutando

$$VY : CV :: KV : DK.$$

Et componendo

$$CY : CV \left(\text{hoc est, conus}\begin{cases}\text{bas. } \odot \text{ rad. } KB\\ \text{alt. } CY\end{cases} : \text{cono}\begin{cases}\text{bas. rad. } KB\\ \text{alt. } CV\end{cases}\right)$$

$$:: DV : DK :: DVq : DBq$$

$$(\text{ob } DV, DB, DK \div) :: VBq : KBq$$

$$:: \text{conus}\begin{cases}\text{bas. } \odot \text{ rad. } VB\\ \text{alt. } CV\end{cases} : \text{cono}\begin{cases}\text{bas. rad. } KB,\\ \text{alt. } CV.\end{cases}$$

Unde erit conus $\begin{cases}\text{bas. rad. } KB\\ \text{alt. } CY\end{cases}$

$$= \text{cono}\begin{cases}\text{bas. rad. } BV\\ \text{alt. } CV\end{cases} = \text{port. } BVA + \text{cono } BCA.$$

$$\text{Ergo conus} \begin{cases} \text{bas. rad. } KB \\ \text{alt. } KY \end{cases} = \text{port. } BVA.$$

Hoc est, conus $BYA = \text{port. } BVA$. Q.E.F.

Prob. III.

Sphæram ($BVAD$) plano secare, sic ut portionum effectarum superficies (BVA, BDA) proportionem habeant datam (X ad Y).

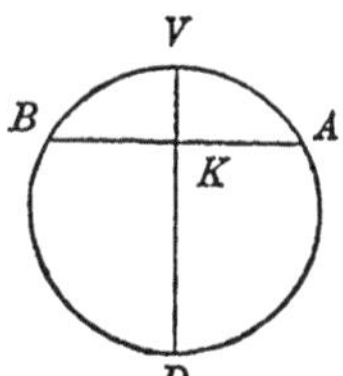

Secetur diameter VD in K, sic ut segmenta KV, KD rationem habeant eandem cum data X ad Y, et per K transeat planum BA; quodque superficies BVA, BDA se habent ut axes KV, KD, hoc est, ut X, Y patet e supradictis. Quid ergo plura?

IX. 5. *Cor.* Lect. XXV.

Prob. IV.

Analysis. Datam sphæram ($BVAD$) secare, sic ut portiones (BVA, BDA) rationem habeant datam (x ad y).

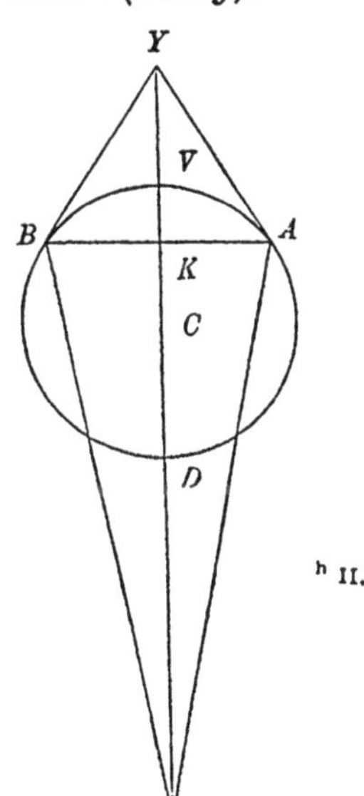

Factum sit a plano BA perpendiculari ad diametrum VD,

$$\text{et sint} \begin{cases} VD = d, \\ CV = r, \\ DK = a. \end{cases}$$

Unde $KV = 2r - a$.

Jam si $DK : DK + CV :: KV : KY$.

Hoc est,

$$a : a + r :: 2r - a : KY = \frac{2rr + ra - aa}{a},$$

[h]erit conus BYA æqualis portioni BVA.

[h] II. hujus.

Item si $VK : VK + CV :: KD : KZ$.

Hoc est,

$$2r - a : 3r - a :: a : KZ = \frac{3ra - aa}{2r - a},$$

erit conus BZA æqualis portioni BDA.

[i] *Hyp.* et v. 7.
[k] XII. 14.

[i]Ergo $x : y ::$ conus BYA : cono BZA[k]

$$:: KY : KZ :: \frac{2rr + ra - aa}{a} : \frac{3ra - aa}{2r - a}.$$

Quare (ducendo in se extrema et media) erit

$$\frac{3xra - xaa}{2r - a} = \frac{2yrr + yra - yaa}{a}.$$

Et (utrumque latus æquationis multiplicando per $2r - a$ et a),

erit $3xraa - xa^3 = 4yr^3 - 3yraa + ya^3$.

Et (per transpositionem)

$$3xraa + 3yraa - xa^3 - ya^3 = 4yr^3.$$

Et (dividendo utrinque per $x + y$)

$$3raa - a^3 = \frac{4yr^3}{x + y} = \frac{yrdd}{x + y} \text{ (substituendo } dd \text{ pro } 4rr).$$

Et faciendo $x + y : y :: r : p = \dfrac{yr}{x + y}$.

Erit $3raa - a^3 = pdd$.

Vel reducendo hanc æquationem ad analogismum, erit

$$3r - a : p :: dd : aa.$$

Id est, $CV + KV : \dfrac{y \times CV}{x + y} :: VDq : DKq$.

Qui ipsissimus est analogismus iste, ad quem rem deduxit Archimedes; quod ipsum satis prodit ac arguit, qualem is analysin usurparit. Nam huc eum devenisse varias istas proportionum compositiones, divisiones, permutationes, ac inversiones, quales in discursu suo ostentat adhibendo, pene supra fidem est. Quod si fecisset, casui potius imputandum esset quam rationi vel arti, quod in genuinas inciderit quæstionum solutiones; et ut hoc adeo constanter obtingeret, nullo pacto fieri potest aut concipi.

Quod ad ipsum problema spectat, liquet ipsum esse solidum, nec ex isto genere facillimum effectu. Integram pollicetur author ejus resolutionem et compositionem, sed non apparet an præstiterit. Cui supplendo defectui nonnullas exhibet Eutocius laboriosas et prolixas constructiones, per conicarum nempe sectionum intersectiones, quas nos omittimus. Concinnam et expeditam tradit excellentissimus Hugenius, in libello de constructione problematum illustrium: vide sis. Vel adhibeas ipse generalem Cartesii methodum, quam pro construendis hujusmodi problematis edocet.

Nihilominus ut eo progrediamur quo processit author, supposità possibili hujus analogismi effectione, problema sic componimus:

Fiat $x+y : y :: CV : P$, et secetur DV in K, ita ut sit $CV+KV : P :: VDq : KDq$; et per K transeat planum ipsi VD rectum. Dico factum.

Nam fac $CV+DK : DK :: KY : KV$,

et $CD+VK : VK :: KZ : KD$.

Eritque dividendo $CV : DK :: VY : KV$,

et $CD : VK :: DZ : KD$,

et permutando $CV : VY :: (DK : KV ::) DZ : CD$.

Et inverse componendo $CY : CV (CD) :: CZ : DZ$.

Et componendo tam antecedentes quam consequentes, $YZ : CZ :: CZ : DZ$;

unde $YZ : DZ :: CZq : DZq :: DVq : DKq$,

(quia prius erat $CD : DZ :: KV : DK$,

et componendo $CZ : DZ :: DV : DK$). VI. 20. *Cor.*

Atqui erat primo $DVq : KDq :: CV+KV : P$. *Const.*

Ergo $YZ : DZ :: CV+KV : P$.

Quinetiam fuit $CV+VK : VK :: KZ : KD$; et proinde per conversionem rationis, $CV+VK : CV :: KZ : DZ$;

vel inverse $CV : CV+VK :: DZ : KZ$.

Ergo ex æquo perturbate, $CV : P :: YZ : KZ$; XII. 14.

id est, $x+y : y :: YZ : KZ$.

Et divisim $x : y :: YZ : KZ ::$ con. BYA : con. BZA,

(h. e.) $::$ port. BVA : port. BDA. Q.E.F.

Lemma.

Ponantur coni GOI, DMF æquales similibus sphæricis portionibus, super iisdem basibus constitutis GHI, DEF; dico conos hos assimilari.

Producantur axes MNR, OPT, et sint Q, S centra sphærarum; et quia $EN : ND :: HP : PG$ (ob similitudinem portionum),

et $ND : NR :: PG : PT$;

et ex æquo $EN : NR :: HP : PT$;

erit componendo $ER : NR :: HT : PT$.

Et antecedentes dimidiando $QR : NR :: ST : PT$.

Et componendo $QR + NR :: NR :: ST + PT : PT$.

II. hujus. Hoc est, $MN : EN :: OP : HP$.

At prius erat $EN : ND :: HP : PG$.

Ergo ex æquali $MN : ND :: OP : PG$.

Unde coni DMF, GOI sunt similes.

Prob. V.

Efficere portionem sphæricam æqualem datæ portioni (ABC) et similem alteri datæ (DEF).

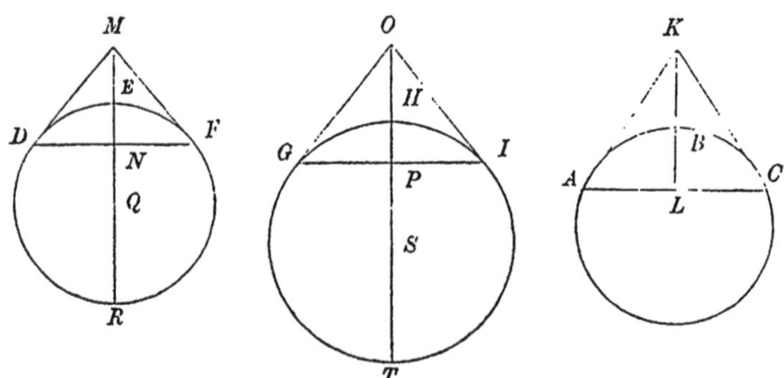

Analysis. Sit GHI portio quæsita, fiantque coni AKC, DMF, GOI æquales portionibus ABC, DEF, GHI, singuli singulis ordine. Quare conus GOI[l] = cono AKC; et idcirco[m] $ACq : GIq :: PO : LK$.

[l] I. Ax.

[m] XII. 12.

Unde $\frac{ACq \times LK}{GIq} = PO$.

Item ob[n] similitudinem conorum GOI, DMF,

[n] *Lem. Pract.*

est $DF : NM :: GI : PO :: GI : \frac{ACq \times LK}{GIq}$

$:: GI$ cub. $: ACq \times LK$.

Quapropter $\frac{DF \times ACq \times LK}{NM} = GI$ cub.

Et (dividendo utrinque per ACq),

$$\frac{DF \times LK}{NM} = \frac{GI \text{ cub.}}{ACq}.$$

Atqui AC, GI, $\frac{GIq}{AC}$, $\frac{GI \text{ cub.}}{ACq}$ sunt $\div\!\div$.

Ergo GI est prima duarum inter AC, et $\frac{DK \times LF}{NM}$ mediarum proportionalium.

Vides problema esse solidum, utpote quod requirit duarum mediarum inventionem; qua supposita sic componetur:

Synthesis. Fiant coni AKL, DMF pares datis portionibus ABC, DEF.

Sitque $MN : KL :: DF : Z = \frac{KL \times DF}{MN}$

Et inter AC, Z reperiantur proportione mediæ GI et X;

et circa GI describatur portio GHI, continens angulum GHI = angulo DEF.

Erit portio GHI, quam desideras.

Nam (faciendo conum GOI portionem GHI parem) quia portiones GHI, DEF similes sunt, erunt et coni GOI, DMF similes. Unde $PO : GI :: MN : DF :: KL : Z$.

Et permutando

$PO : KL :: GI : Z :: AC : X :: ACq : GIq$

(quia AC, GI, X, Z sunt $\div\!\div$).

Quare reciprocam habentes basium et altitudinum proportionem, coni *GOI*, *AKC* æquantur, et proinde portiones *GHI*, *ABC* æquantur. Q.E.F.

PROB. VI.

Datis duabus portionibus sphæricis (*ABC*, *DEF*) invenire sphæricam portionem similem earum uni (*ABC*), et superficiem habentem alterius (*DEF*) superficiei parem.

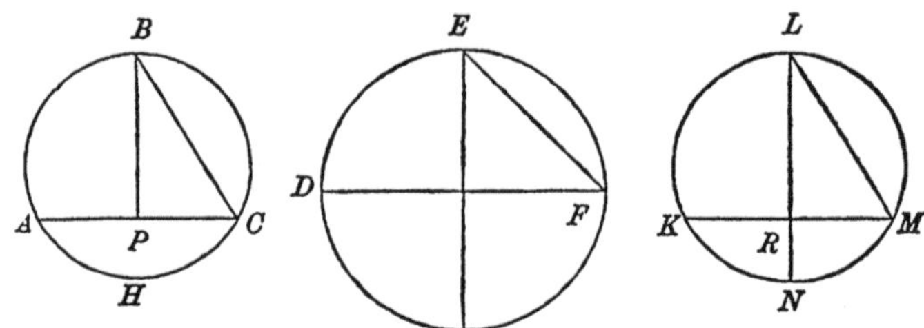

Analysis. Sit portio *KLM* qualis exponitur. Unde ob superficierum *KLM*, *DEF* æqualitatem, circulus radio *LM* æquatur circulo ad radium *EF*, adeoque $LM = EF$.

Item ob portionum *KLM*, *ABC* similitudinem, est

$$BC : BH :: LM\ (EF) : LN.$$

Hinc componetur sic;

$$\text{Fac } BC : BH :: EF : LN.$$

Et sit *LN* diameter sphæræ, secetur *LN* in *R*, ita ut sit $BP : PH :: LR : RN$.

Et per *R* transeat planum *KM* ad *LN* perpendiculare.

Liquet portionem *KLM* ipsi *ABC* similem esse, et esse $LM : LN :: BC : BH :: EF : LN$.

$$\text{Unde } LM = EF.$$

Adeoque circulus radio *LM* exæquat circulum radio *EF*; h. e. sphærica superficies *KLM* superficiem *ABC*. Q.E.D.

PROB. VII.

A datâ sphærâ ($ABCD$) portionem plano abscindere, ita ut portio ad conum super eâdem basi, et æque altum habeat assignatam rationem (Y ad X).

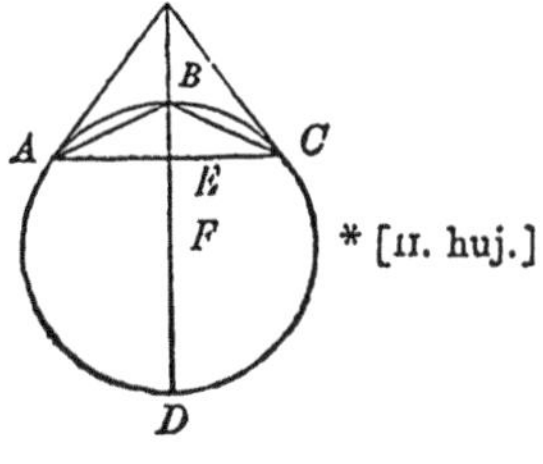

Portio quæsita sit ABC, et conus etiam ABC, quibus communis altitudo BE; in quâ protractâ sit sphæræ centrum F. Ponaturque conus AGC par portioni ABC.

Unde* $FD + ED : ED :: EG : EB$ :: conus AGC : cono $ABC :: Y : X$.

* [II. huj.]

Et dividendo $FD : ED :: Y - X : X$.

Componitur autem sic;

Fac $Y - X : X :: FD : ED$,
(et consequenter $Y : X :: FD + ED : ED$),
et per E secetur sphæra plano AC ad BD recto;
et faciendo conum AGC = port. ABC,
erit $GE : BE$ (id est, con. AGC, ABC)
:: $FD + ED : ED :: Y : X$.
Unde port. ABC : con. $ABC :: Y : X$. Q.E.F.

PROB. VIII.

Sphærâ $ABCD$ per planum AC divisâ, superficierum et soliditatum ABC, ADC proportiones inter se comparare.

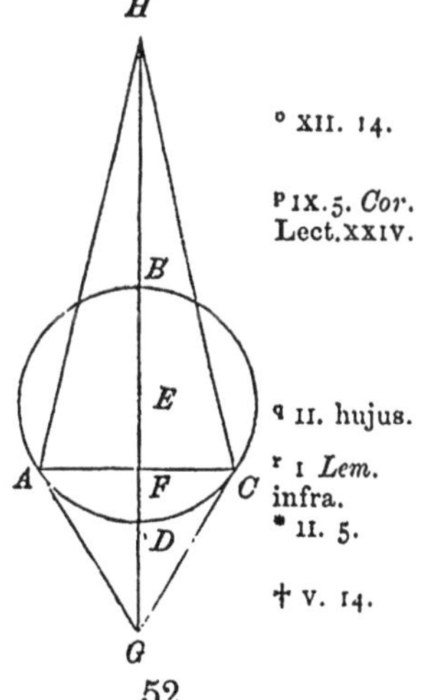

Si fiat conus AHC = port. ABC, et conus AGC = port. ADC; [o]evidens est portionum ABC, ADC rationem eandem esse cum ratione HF ad GF; [p]et proportionem superficierum ABC, ADC eandem esse cum ratione axium $BF : FD$; hæ igitur rationes comparandæ sunt.

Et quia $HF : BF$[q] :: $R + DF : DF$;

Et divisim $HB : BF :: R : DF$[r] $> BF : R$,
(quia Rq* $> BF \times DF = FAq$).

Unde $HB \times$ [r]$R > BFq$, †et $HB > BF$.

Est autem $R + BF : BF$[q] :: $FG : FD$.

[o] XII. 14.

[p] IX. 5. *Cor.* Lect. XXIV.

[q] II. hujus.

[r] I *Lem.* infra.

* II. 5.

† V. 14.

Et permutando

[s] Supra et permutando.

$$R + BF : FG :: BF : DF^{s}$$

$$:: HB : R^{r} > HF (= HB + BF) : R + BF.$$

[t] Lem. infra.

[t]Quare $\overline{R + BFq} > HF \times FG$.

*V. 8.

*Unde $\overline{R + BFq} : FGq > HF \times FG : FGq$;

† Supra et VI. 1.

†hoc est, $BFq : DFq > HF : FG$. Id est,

Concl. 1. Portiones ABC, ADC minorem habent rationem duplicatâ ratione superficierum.

Porro, faciendo

* Prius.

[u] VI. 17.

$Xq = HB \times R^{*} > BFq$. Quia $HB : X^{u} :: X : R$;

et componendo $HB + X : X + R :: X : R$;

[x] VI. 22.

[x]erit $\overline{HB + Xq} : \overline{X + Rq}$

[y] VI. 20.

$$:: Xq : Rq^{y}$$

$$:: HB : R.$$

* 3 Lem.

Sed $HF (= HB + BF) : R + BF^{*}$

[z] Supra.

$> HB + X : R + X$ (quia $X^{z} > BF$).

Quare $HFq : \overline{R + BFq} > HB : R^{z}$

$$:: R + BF : FG.$$

Pone $Z, R + BF, Y, FG$ esse $\div\!\!\div$.

Unde $Zq : \overline{R + BFq}^{y} :: Z : Y$

[a] Prius.

$:: R + BF : FG <^{a} HFq : \overline{R + BFq}$.

[b] V. 10.

[b]Ergo $Z < HF$.

Verum ratio Z ad FG est sesquialtera rationis $R + BF$ ad FG.

[c] V. 8.

[c]Ergo proportio HF ad FG major est sesquialterâ rationis $R + BF$ ad FG,

vel rationis BF ad DF. Id est,

Concl. 2. ABC, ADC habent rationem majorem sesquialterâ rationis, quam habent ipsarum superficies ABC, ACD.

Lemmata. Assumptum est,

1. Si $HB : BF > BF : R$, esse $HB \times R > BFq$. Id quod sic ostenditur:

Sit $A : B > C : D$, dico esse $AD > BC$.

Nam puta $A : B :: C : E$.

*Ergo $E < D$, ergo $AD > AE = BC$. * v. 10.

Simili discursu, si $A : B < C : D$, erit $AD < BC$.

Et inverse si $AD \gtrless BC$, erit $A : B \gtrless C : D$.

2. Si $HB > R$, assumendo quamvis BF, erit

$$HB : R > HB + BF : R + BF.$$

Sit inquam $A > B$, et quævis C, dico esse

$A : B > A + C : B + C$. Nam ob $A > B$ erit $C : B > C : A$; v. 8.

et componendo $C + B : B > C + A : A$,

et permutando $C + B : C + A > B : A$.

Et retrograde $A : B > C + A : C + B$.

3. [Item]

$HB + BF : R + BF > HB + X : R + X$, $(X > BF)$.

Nam ob HB* $> R$, est $HB \times \overline{X - BF} > R \times \overline{X - BF}$: * Prius.

hoc est, $HB \times X - HB \times BF > RX - R \times BF$.

Quare transponendo $HB \times X + R \times BF > RX + HB \times BF$.

Ergo addendo utrinque $HB \times R + BF \times X$,

erit $HB \times \overline{X + R} + R \times BF + X \times BF$

$> RX + R \times HB + HB \times BF + X \times BF$.

Hoc est, $\overline{HB + BF} \times \overline{R + X} > \overline{R + BF} \times \overline{HB + X}$.

Ergo per 1 Lemma

$[HB + BF : R + BF > HB + X : R + X]$.

PROB. IX.

Superficie hemisphærii (ABC) positâ æquali superficiei portionis (DEF), ipsarum portionum soliditates comparare, (vel utrum sit majus indagare, hemisphærium ABC, an portio DEF).

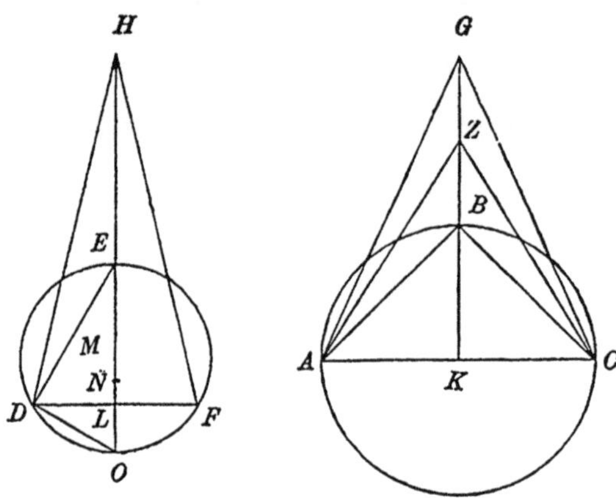

Fiant coni AGC, DHF æquales portionibus ABC, DEF.

[d] Quare [e] $KG = 2KA$[f], et $EM + LO : LO :: LH : LE$.

Ponatur $EM = t$, et $KA = s$.

Quare BA (vel ED, quia superficies supponuntur æquales) $= \sqrt{2ss}$, et ob OE, ED, EL, hoc est,

$$[\text{ob}]\ 2t,\ \sqrt{2ss},\ \frac{ss}{t} \div\!\!\div, \quad EL = \frac{ss}{t}.$$

$$\text{Atqui } t,\ s,\ \frac{ss}{t} \text{ sunt } \div\!\!\div.$$

Ergo faciendo $EN = AK = s$, erit punctum N inter M et L.

$$\text{Et } EN \times NO^{g} > EL \times LO,$$

$$\text{hoc est, } s \times \overline{2t - s}\ (= 2ts - ss)$$

$$> \frac{ss}{t} \times \overline{2t - \frac{ss}{t}} \left(= 2ss - \frac{s^4}{tt}\right).$$

[d] M centrum sphæræ $DEFO$.
[e] VI. *Cor.* Lect. XXV. et XII. 14.
[f] II. hujus.
[g] II. 5.

Et (addendo ss utrinque)

$$2ts > 3ss - \frac{s^4}{tt} = \overline{3t - \frac{ss}{t}} \times \frac{ss}{t} = \overline{EM + LO} \times LE$$

$$= LO \times LH \qquad \text{[Constr.]}$$

$$= \overline{2t - \frac{ss}{t}} \times LH.$$

Hinc cum $2s \times t > \overline{2t - \frac{ss}{t}} \times LH$,

erit $2s : LH > 2t - \frac{ss}{t} : t :: 2ss - \frac{s^4}{tt} : ss$.

Id est, $KG : LH > LDq$ $(= EL \times LO) : KAq$.

Unde posito $KZ : LH :: LDq : KAq$[h], [h] v. 10.

erit $KG > KZ$.

Verum (ob reciprocam proportionem[i]) est conus AZC æqualis cono DHF. [i] xii. 15.

Ergo conus AGC, hoc est, portio ABC, major est cono DHF, hoc est, portione DEF. Unde

Omnium sphæricarum superficierum sub æqualibus superficiebus comprehensarum maximum est hemisphærium. THEOR. ult. ARCHIM. II.

Nam quia $2ENq$[k] $= 2KAq$[l] $= BAq$[m]

$= EDq$[n] $= EO \times EL$[o] $= 2EM \times EL$,

erit $ENq = EM \times EL$.

Quare $EN > EM$, $EN < EL$.

Ergo $EN \times NO$[p] $> EL \times LO$.

[k] Const. [l] i. 47. [m] Const. et ix. Lect. xxiv. et xii. 2. *Cor.* [n] viii. *Cor.* et vi. 17. [o] ii. 5. [p] 2. *Ax.*

Additis igitur æqualibus ENq et $EM \times EL$;

[q]est $EN \times EO$[r] $(= EN \times NO + ENq)$

$> EL \times LO + EL \times EM$[s] $(= LH \times LO$[t]$)$

(quia $EM + LO : LO :: LH : LE$).

[q] ii. 3. [r] vi. 16. [s] ii. hujus. [t] Lemma i. præc.

[u] VIII. *Cor.* et VI. 20.
[x] VIII. *Cor.* et VI. 22.
[y] V. 7, et supra.

Quare $EN : LH$[u] $> LO : EO :: ODq : EOq$[x]

$$:: DLq : EDq^{y} :: DLq : 2KAq.$$

Et antecedentes duplicando

$$2EN (= KG) : LH$$

$$> 2DLq : 2KAq$$

$$:: DLq : KAq.$$

Fiat $KZ : LH :: DLq : KAq$;

[z] V. 10.
[a] XII. 14, et V. 14.
[b] Const.

[z]eritque $KZ < KG$. [a]Et consequenter conus AZC minor est cono AGC; hoc est, conus DHF minor cono AGC, [b]vel portio DEF minor portione ABC. Q.E.D.

Hoc secundi libri postremum est theorema; itaque proposito defunctus sum, et manum sumo de tabulâ.

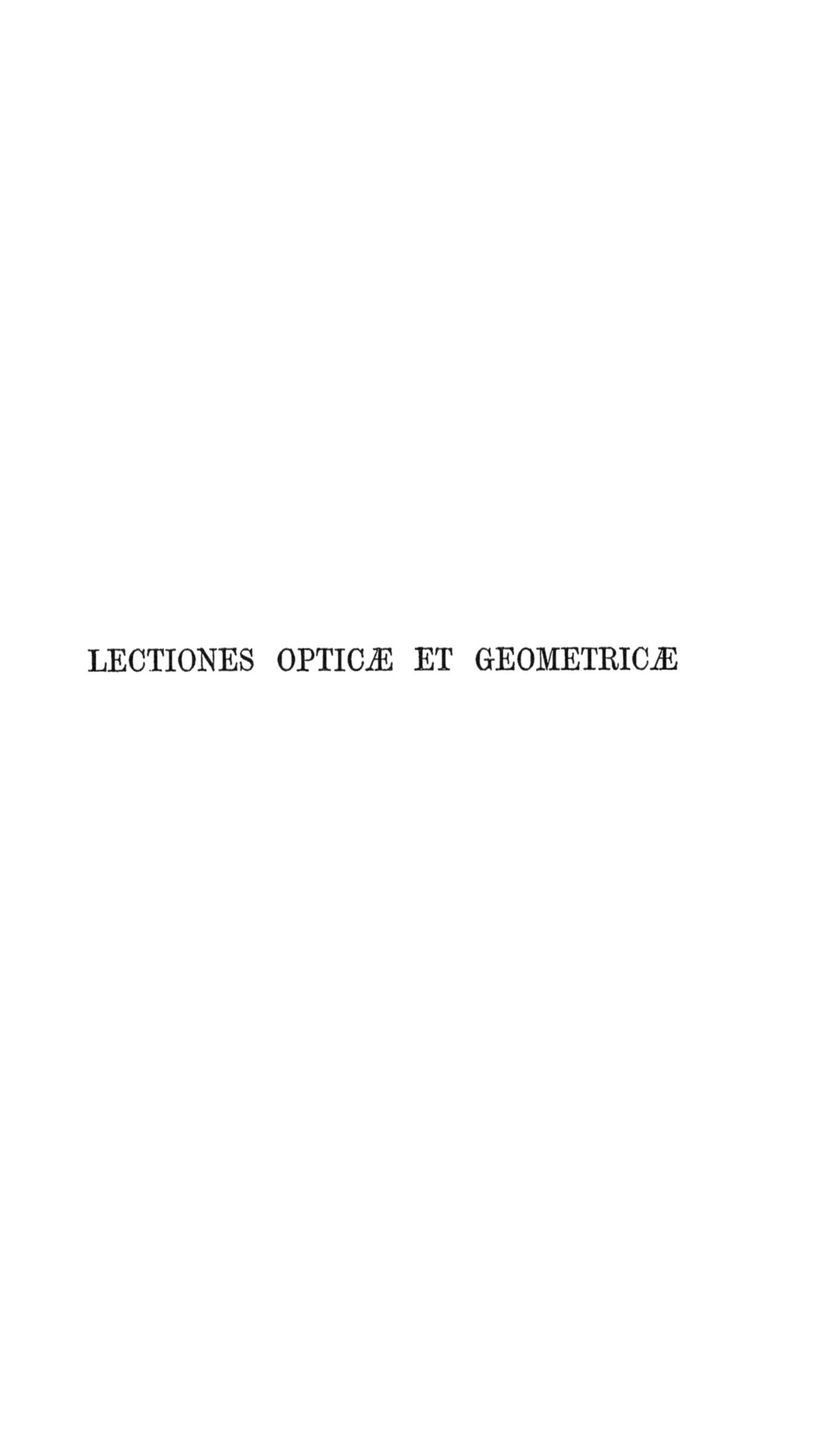

LECTIONES OPTICÆ ET GEOMETRICÆ

LECTIONES

XVIII,

Cantabrigiæ in Scholis publicis habitæ;

IN QVIBVS

OPTICORUM PHÆNOMENΩN

GENUINÆ RATIONES

investigantur, ac exponuntur.

Annexæ sunt Lectiones aliquot *Geometricæ*.

Ἀρκεῖ, εἰ τὰ μὲν οὐ χεῖρον. Arist.

Ab *ISAACO BARROW* Socio Collegii *S. Trinitatis*, *Matheseos* Professore *Lucasiano*, necnon Societatis Regiæ Sodale.

LONDINI,

Typis *Gulielmi Godbid*, & prostant venales apud *Johannem Dunmore*, & *Octavianum Pulleyn* Juniorem.

M. DC. LXIX.

SPECTATISSIMIS VIRIS

ROBERTO RAWORTH ET THOMÆ BUCK

ARMIGERIS;

HAS, a VENERABILI VIRO HENRICO LUCAS institutæ atque dotatæ, ab ipsis vero optimâ fide, summâque prudentiâ administratæ et constitutæ in ACADEMIA CANTABRIGIENSI, PROFESSIONIS MATHEMATICÆ primitias, gratitudinis ac observantiæ ergo, devovet

ISAAC BARROW.

EPISTOLA AD LECTOREM.

BENIGNE LECTOR,

MINIME tibi destinatum hoc quicquid est opellæ, statim ipse, modo digneris inspicere, multis ab indiciis deprehendes; nec tamen ut juris id tui fieret, defuerunt auctores. Quibus tandem, animo certe trepidans atque renitens, idcirco præsertim obsequutus sum, quoniam in hoc, quod ipse primus obierim, munus successuris exemplo præire rem literariam, si minus effectu, saltem conatu promovendi; non inhonesta, nec ab officio meo aliena videbatur ambitio. Accessit tenuis spes inesse bonæ frugis nonnihil, quod et aliquatenus tibi prosit, nec omnino displiceat. Memineris autem obtestor qui in his literis provectior es, quale scriptum attrectas; non utique tibi soli elaboratum; non sponte productum; non diuturnâ meditatione subactos exhibens feriantis ingenii conceptus; at *Lectiones Scholasticas;* primum officii necessitate expressas; tum subinde properantius effusas, ut absolveretur pensum, ac hora deflueret; demum ad promiscui literarii populi instructionem comparatas, cujus intererat complura (qualia tibi videbuntur) leviora non prætermitti; ut frustra futurus sis (id quod te monitum oportuit, ne multum expectando tibi pariter obsis, ac mihi) accuratum hic quicquam, affabre positum, aut concinne digestum sperans. Enimvero, quo tibi satisfacerem, expediret scio multa detruncare, meliora substituere, pleraque transponere, omnia ad incudem limamque revocare; quæ tamen adniti, nec stomachi mei, nec otii fuit; sed nec facultatis exequi. In puris itaque naturalibus (quod aiunt) et prout nata sunt emittere malui, quam operose lambendo aliam in formam, nec ipsam placituram refingere. Quinimo postquam edendi propositum inii, seu fastidio correptus seu novandi subiturum studium fugitans, ne quidem horum magnam partem relegere sustinui; verum, quod tenellæ matres factitant, a me depulsum partum amicorum haud recusantium nutriciæ curæ commisi, prout ipsis visum esset, educandum aut exponendum. Quorum unus (ipsos enim honestum duco nominatim agnoscere) D. *Isaacus Newtonus*, collega noster (peregregiæ vir indolis ac insignis peritiæ) exemplar revisit, aliqua corrigenda monens, sed et de suo nonnulla penu suggerens, quæ nostris alicubi cum laude innexa cernes: alter (quem nostræ gentis haud immerito *Mersennum* dixero, cum suâ tum aliorum operâ provehendis hisce literis natum) D. *Joh. Collinsius*, ingente suo cum labore editionem procuravit. Possem jam alios expectationi tuæ obices ponere, seu veniæ conciliatrices causas obtendere, (meam ingenii tenuitatem, experimentorum inopiam, alias intercurrentes curas,) nisi *Catonis* senioris mordaculum illud in me subvererer recasurum : *Recte si Amphictyonum decreto constrictus hæc evulgas.* Hujusmodi saltem præloquium partim æquitas exegit, partim in fœtum proprium στοργὴ quædam elicuit, ut excusatior is, ac a censurâ munitior prodiret: sin acrior sis, nec hæc aure dextrâ admittere velis, pro tuo (per me licet) ingenio facias, quantumvis strenue reprehendas.

EPISTOLA; IN QUA OPERIS HUJUS ARGUMENTUM, ET SCOPUS BREVITER EXPONUNTUR.

PERCONTARIS (amice cum primis charissime) quid in Lectionibus istis jam prælo subditis præstiterim, aut præstare voluerim Responso facile defungi possem, ea dicendo præstita videri, quæ singularum initia pollicentur, e quibus insequentium methodus, materia, scopus constare poterunt ipsa delibanti. Verum in summam, opinor, ista contrahi vis, et sub unum aspectum redigi: id quidem ægre possum, nisi (quod juxta fastidiosum ac longum esset) complura *Theoremata* recitando; sed utcunque morem tibi geram, rerum capita succincte perstringens. Generatim eo connitor, ut illam, quam tractandam suscipio, *Opticæ* partem aliquatenus promoveam, ejus imprimis principia explicando; tum ab ipsis *Utilia Consectaria* deducendo; demum præcipuos (quos animadverteram) defectus supplendo, nec non *vulgatos errores* corrigendo: huc collimans, speciatim primo receptas hypotheses ad examen revoco, quatenus admittendæ sunt et quomodo rectius intelligendæ edocere studens; tum e physicis verisimilibus causis ipsas eliciens ac astruens, quâ in parte mihi fidei multum attribui nolim; quæ probabiliora mihi visa protuli, neutiquam vero talia, quibus ipse magnopere confidam Valeant quantum valere possunt. Saltem hypotheses ipsas admitti peto, ceu experientiæ consentaneas, nec a ratione quaquam abhorrentes. Hypothesibus constitutis, ab iis proxime generalia quædam *Theoremata* derivo, partim ab aliis agnita, (quæ methodi gratiâ, et propter aliorum probationem, meis demonstrationibus firmata appono,) partim a me observata. Dein ad specialia progredior, id mihi negotii sumens, ut *Catoptricæ*, ac *Dioptricæ* utriusque, in usu maxime positæ (*planæ* scilicet et *Sphæricæ*) potissima pertractem. *In Catoptricâ Sphæricâ* (siquidem plana jam olim vere satis, ac fuse exculta habetur) ejusmodi *Theoremata* propono, de quibus reflexorum radiorum intersectiones atque limites innotescunt; unaque punctorum tam a longe, quam e propinquo radiantium imagines, et apparentes loci determinantur; respectu oculi nedum in radiationis axe, sed extra ipsum ubicunque constituti: quæ certe vel nusquam (quod sciam) aut magnâ ex parte perperam alibi tractata prostant; id quod, incidenter aliorum refutans sententias, cum ratiociniis perspicuis, tum experimentis decretoriis evictum eo. *Dioptricam* porro tam *planam quam Sphæricam*, refractionis novissimâ præstratâ lege vel hypothesi (quam *illustris Cartesius* detexit, at plerique, reor, meliores *Optici* jam amplexantur; quam et propter assignatas alicubi rationes veritati consonam judico) velut a fundamentis extruo: nec enim eorum, qui principium illud admiserunt, ipsum hactenus quisquam (in scriptis intelligo quæ viderim luci commendatis) huc applicuit. Hic autem imprimis puncta radiantia longe dissita (seu quasi parallelos emittentia radios) considerans, quo pacto ab ipsis profluentes radii detorquentur exquiro, *Theoremata* quædam eliciens, e quibus præcipua *refractorum symptomata* liquent, ipsorum intersectiones ac limites dignoscuntur; apparentia denique punctorum objectorum loca designantur, tam oculi respectu qui in axe, quam ejus qui uspiam extra axem collocatur: tunc eadem attento quoad puncta sensibiliter vicina, seu divergentibus radiis allucentia. Sub extremum, quo paratior sit horum usus, punctorum per omnigenas lentes translucentium imagines singillatim exhibeo determinatas. Hisce qualitercunque confectis, de magnitudinum dijudicandis (istis nempe, quæ hujusmodi consequuntur inflectiones) apparentiis, nonnulla generatim attingo; tum postea specialius ac uberius planorum objectorum imagines quales sunt, et quomodo designandæ commonstro: ab inde receptui cano. Memoratis autem hisce passim alia πάρεργα interspergo; de quibus tu videris, nam ego malim reticere.

LECT. I.

I. PRÆFATORIO jam vinculo solutus, et scopulum prætervectus Rhetoricum, ad muneris mei proprium opus accingor. Imprimis autem novi quod inierim consilii rationem, paucis expediam. Cum prius institutum urgens adverterim, occurrere pleraque nimiam attentionem desiderantia, nec ex improviso auscultantibus inde satis opportuna; incommodum etiam illud a puram Geometriam attrectantibus haud posse declinari; constitui, derelictâ tantisper istâ, protinus in amæniores (floribus nempe Physicis depictos, et fructibus consitos Mechanicis) Mixtæ quam appellitant Matheseos campos deviare; Opticæ nimirum, Mechanicæ, Cosmographiæ, reliquæ cujuscunque, prout occasio feret, et commodum videbitur. Neque tamen animus erit ullius ex his longe diffusa latifundia pervagari, vel extremos fines circumire; sed ad ejus quasi metropolim e vestigio rectâ procedere; primas tantum hypotheses excutere, præcipuaque (quibus illa tam vasta theorematum moles incumbit) fundamenta denudare; tum vero nonnulla palmaria quidem illa, statim emergentia corollaria subtexere. Quorum certe σκέψις jucunda præsertim, utilis, et fructuosa videri potest; quum e principiis recte positis, probeque perceptis reliquorum et firma fides, et facilis comprehensio subnascantur.

Præcesserat anteloquium occasioni, quæ fuit, adaptatum.

II. Ab Opticâ sumemus exordium; scientiâ cum primis nobili; quam cum peculiaris amænitas, tum ingens commendat utilitas. Nam Naturæ simul detegendis arcanis, ac explicandis Phænomenis minime vos latet quantopere conducat; neque minus ad Astronomicas rationes quam plane necessaria sit; ut Perspectivam, Picturam, et his agnatas alias eximias Artes taceam, quæ totæ quantæ quantæ sunt ab eâ pendent, ac principia sua mutuantur. Ut et prætercam qualia, certe vix pretio suo æstimanda, ad vitæ communis usum beneficia subministret; visus imperfectionibus et vitiis tam prompta, quam certa, minimi sumptus, et nullius periculi remedia conferendo. Neque, quum curiosissimus iste sensus noster ita varias indies, ita miras rerum species exhibeat nobis; non admodum oblectare nos, non eximiâ voluptate mentes nostras afficere possit, unde talis emergat apparentiarum diversitas, et quis sit illas attingendi modus nedum accurate, certoque cognoscere, sed utcunque verisimiliter arbitrari; præsertim quum in nullâ parte nostri, nec in totâ fortassis rerum compage, necessitatibus, commodis, et voluptatibus nostris prospicientis melioris naturæ seu fines agendi, seu modos plenius queamus perspicere; nusquam adeo distinctius aut apertius opificis *πανσόφου* eluceat artificium. Verum elogia pertexere non vacat, aut convenit nobis. Rem potius ipsam aggrediamur.

III. Quæ circa visum occupatur disciplina communiter in tria membra dispertitur; primum, quod visus directis radiis objecta cernentis affectiones considerat; (hoc speciatim Optice nominatur;) alterum, quod e radiorum ab opacis corporibus repercussu oriundas speculatur apparentias; (cui Catoptricæ nomen inditum;) tertium denique, quod ideo Dioptrica vocitatur, quia causas investigat, aut exponit eorum quæ a radiis apparent per diversa media translucentibus, et eorum occursu demutatis. Quam distributionem ut non improbamus, ita nobis haud observandam proponimus; nedum quia multa pariter his communia sunt, at præcipue quia visio quævis, ut libet simplex ac directa, sicuti reverâ non absque nonnullâ radiorum inflectione peragitur, ita nec eâ seclusâ penitus intelligi potest aut explicari. Igitur hujusmodi methodo potius insistendum censemus; ut nempe primo visionis causas (quæ scilicet illam extrinsecus efficiunt, aut afficiunt) examinemus;

tum ut videndi modum, (hoc est quo pacto sensus hic noster idoneis organis instructus istis concurrentibus causis, objectorum illas, quas experimur, differentias apprehendit,) adnitamur exponere; dehinc, ut Phænomena quædam selectiora suscipiamus elucidanda; postremoque forsan, ut de visus remediis ac subsidiis aliquid subjungamus.

IV. Visionis causas externas quod attinet, nemini jam dubium est, existimo, non ullâ (quanquam *Empedocli*, *Platoni*, *Euclidi*, veteribus aliis id placitum erat) ab oculo radiorum emissione, verum ab objectis defluente re quâpiam, oculosque percellente visum effici; quod et *Democrito* jam olim, ejusque sequaci (dicam an simio?) suboluerat *Epicuro*. Quod sane malim adsumere, vel supponere, quam post tot alios operoso nisu comprobare. Certe (quo brevissime tangam hanc quæstionem) sic in aliâ quâlibet evenit sensione, (quidni pariter in visu?) non ut sensus in objecta feratur, sed ut ipsa se sensibus imprimant: immediato nempe contactu, vel medii cujusdam seu projecti, seu commoti interventu. Tum ratio vetat, ut ex ocello quicquam in immensam adeo circumquaque distantiam credamus emanare; neque quod sic emanet in eo quidpiam aptum natum deprehendimus. Totus enimvero pellucidis humoribus aut membranulis constat opacis, ad transmittendam lucem, vel ad eam excipiendam, aptissime, sed ad progignendam a se vel ejaculandam haudquaquam comparatis. Quod si lucem ipse profunderet, insitisque radiis attingeret objecta, quidni densissimis in tenebris hoc præsertim faceret, et feles vel (Historicis si placet) *Tiberii* fieremus omnes? Quæ, dico, lucis externæ tam indispensabilis ad visum necessitas esset? *συναυγείας* equidem Platonicæ. Sonum audio, vim non capio. Demum ab objectis, etiam a tergo sitis, circumfusas species quas vocant, ad oculos deportari, suique perceptionem efficere, cum a speculis, tum ab aliis innumeris perquam obviis experimentis compertum habetur; illarum igitur efficaciæ quidni commodissime visionem adscribamus? satis hæc illam quam adsumimus vulgarem jam hypothesin adstruunt, quam et totus dicendorum tenor luculente confirmabit.

V. Cum vero multa visum afficiant diversimode, puta lux, lumen, dies, crepusculum, colores, rerum imagines, phasmata; nec tamen absque luce, (præsente nimirum aut præviâ) quidvis horum aliquid peragat, perspicuum est lucis hic præcipuas partes, primariam efficaciam fore. Quinimo rem sedulo pensitantes, eo deveniemus, opinor, ut varias his omnibus adnexas apparentias non aliunde quam ex diversimodâ lucis unius operatione putemus proficisci. Cum nempe lux sit illud quicquid sit quod a corpore lucido (quale stella, ignis, flamma) proveniens immediate visum afficit, lumen nil videtur aliud quam lux in corpuscula quædam opaca (seu lucem non penitus excipientia) τῷ περιέχοντι interspersa impingens, nec non ab iis in omnes undique partes resiliens; quæ scilicet in oculum itineri suo expositum tumultuarie delapsa confusam quandam apparentiam excitat; quam, si fortior sit, eique prorogandæ lucens præsto sit, appellamus *diem;* at si debilior fuerit, ejusque fons abscesserit, *crepusculum* dicimus. Etiam color nil ferme videtur aliud, quam lux a corporibus quibus occurrit majusculis, et aliquatenus stabilem suarum partium situm retinentibus (pro variâ particularum, e quibus illa componuntur, figurâ, dispositione, texturâ, hoc vel illo modo) detorta, vel utcunque repercussa; nimirum ut ejusmodi corporibus illapsa lux vel motu suo, vel agendi virtute, vel ipsâ quantitate suâ, (quoad raritatem intelligo, vel densitatem, radiorum copiam, aut paucitatem,) talis evadat, et pro modi discrimine dispares procreet apparentias, a quibus eam variis colorum nominibus insignimus. Imagines autem nil plane sunt aliud, quum lux ab objectis ita reflexa, vel refracta, ut rursus in unum locum, talemque recolligatur situm, qualem tunc obtinuit, quum ab originali proflueret objecto; directoque versus oculum itinere procederet; quo fit ut similiter objecta, sed tanquam alibi collocata repræsentent. Phasmata denique sunt imaginum quasi colores, pro lucis diversa media trajicientis aliâ ac aliâ quoad motum, vim, quantitatem affectione diversâ variati. Crassiuscule jam ista proponimus; quorum forsan aliqua saltem in dicendorum progressu magis elucescent.

VI. Cum itaque lux in visione peragendâ, diversisque procreandis apparentiis, ita quasi paginam utramque faciat; et reverâ præter illam nil aliud sensum ingredi, vel commovere videatur; de illâ primo dispiciendum venit. Et ejusce quidem de naturâ a Physicis magnopere disceptatur; an puta sit corporea quædam substantia, an qualitas; an actio tantum, aut motus quidam; de productione quoque consequenter ejusdem, et propagatione disquiritur, utrum continuo per medium transitu, vel medii duntaxat impulsu, vel suâ ipsius multiplicatione quâdam huc propagetur; quales ego quæstiones curiose non eventilabo. Quod istam saltem sententiam attinet, quæ lucem accidentium classi accenset; quando veris corporeis effectibus, (quales sunt rectâ progredi, repercuti, refringi, calorem excitare, sensum afficere,) veræ subsistentes causæ, veri locales motus assignari debeant; neque quomodo meræ qualitati, vel accidenti cuipiam ista competant intelligere mihi datum sit; quinetiam quo sese pacto multiplicare valeat id genus entium, quâ ratione vim ullam exerere, cum e cordatioribus et rerum intima perscrutantibus Philosophis haud pauci se parum capere profiteantur; eam haud dubitem hic missam facere. Verum an corporeæ quædam *ἀπόῤῥοιαι*, de lucidi corporis visceribus emanantes, totumque nobis et ipsi interjectum spatium quam pernicissime transcurrentes lucem constituant; vel an illa potius nihil sit aliud quam ipsius lucentis actio, contigua sibi corpora prementis ac impellentis, iisque mediantibus alia quæ adjacent; tum et horum intercessu rursus alia proxime succedentia; nec non ita perpetuâ deinceps ad nos deductâ serie; vix ausim certe mihi dijudicandum accipere; adeo paribus utraque pars argumentis niti videtur, æquis utraque difficultatibus urgeri. Quin eo fere propendeo, ut censeam utroque subinde modo lucem procreari, tam per effluvia corporea, quam per continuum impulsum; satiusque fore nonnullos ejus effectus huic, alios illi tribuere. Sane cum ad quantum intervallum undiquaque protensum exiguæ lampadis flammula se vivide conspiciendam præbeat, adeo quidem ut integrum ejus radiatione circumpositum medium perfundi complerique videatur, animadverto; quomodo tantillum corpus tali tamdiu suppeditandæ profluviorum copiæ par sit; quomodo dum ea profundit non ipsum plusquam exhauriatur, et confestim evanescat, haud facile capio. Cum vero rursus lucis inflectiones, illasque qui consequuntur effectus cogito, vix animo meo nudus impulsus facit satis. Itaque mentis anxius hæreo. Veruntamen quia de naturâ lucis aliquid præsternam expedit, iis quas mox tradam hypothesibus nonnihil explicandis congruum; hoc se modo, vel non absimili rem habere concipio.

VII. Pono corpus omne lucidum, ut tale, congeriem esse quandam corpusculorum ultra pene quam cogitari potest minutorum et exilium; horum autem unumquodque vehementissimo motu percitum, aliquo (secundum legem istam naturæ satis receptam et exploratam) rectâ tendere; tum medium circumstare, fluidum quoque (cujus nempe partes nullo colligatæ nexu quaquaversum libere feruntur) e corporibus aggregatum, exilissimis quidem et illis, ast priorum respectu bene crassis et solidis; ita tamen ut hoc meatus habeat, et interstitia tenuioribus illis admittendis opportuna; quin et horum crassiorum corpusculorum occursu progressum impediri multorum ex illis, quæ in lucidi superficie versantur, aut ab eâ ruunt corpusculis; ut necesse sit iis sic inhibitis, atque repulsis, introrsum se recipere; quo fit ut dicta congeries (aliis etiam in eam aliunde confluentibus ejusdem naturæ corpusculis) aliquatenus intra suos cancellos restringatur, nec toto statim in auras expansa dissipetur. Interim vero complura per dictos canales repertâ viâ cursum suum rectâ continuare, materiam inibi deprehensam haud ita fortiter obsistentem in fugam agentia, et ante se protrudentia; quorum vestigiis alia de lucido corpore similiter prodeuntia prorsus insistent, longumque simul omnia lucis rivulum efficient, indeflexâ serie procurrentem. Quin et istorum forte nonnulla memoratas medii crassiores particulas impetu ferire tam prævalido, nonnunquam ut ipsas quoque cedere cogant, et secum conspirantes in directum adjacentia corpora propellere; quæ et pari modo proxime succedentibus vim inferent, et ita continuo, sic ut simul et semel indefinite protensa talium corpusculorum series promoveatur, et antrorsum connitatur; qualis utrolibet modo producta lucis propago *radius* consuevit appellari. Ita quidem rem existimo simpliciter obtingere, donec medium permanet homogeneum, hoc est ejusdem ferme magnitudinis, soliditatis, ac figuræ partibus constans, et similibus interstitiis pervium; at si medium occurrat aliter affectum, e diversis quippe secundum quantitatem aut figuram particulis compactum, porisque laxioribus, aut strictioribus pertusum, cujusque proinde materia vel promptius cedat, aut contumacius obluctetur, oportebit illius seu cursus, seu impulsus vim, effectumque demutari; quin et si novi medii superficies ita transeunti lucis amni se obliquam objiciat, ejus quoque directionem infringi, vel *ἀνάκλασιν* contingere, quam Aristoteles vocat, eo nomine (quas nunc distinguere solemus) *reflectionem* simul ac *refractionem* complectens. Enimvero materiæ impingens ita compactæ, ut venienti transitum perneget, aut prementis impetum inconcussa sustineat; alio tota quo facillime poterit et directissime, regredietur et resiliet; alio vim suam quam retinet omnem derivabit; id quod lucis reflectio dicitur. (Hujusmodi vero corpus lucem non suscipiens eatenus *opacum*, (hoc est terrenum, ut Grammatici volunt, ab *Ope* vocabulo prisco tellurem designante) appellatur; quatenus autem sibimet incurrentem alio projicit, *illustratum* dici; quatenus objecti speciem redhibet aspicienti, *speculum*.) Quod si vero materia luci progredienti sic obviam facta transitum utcunque præbeat, ejusve conatum excipiat, lentius tamen aut paratius præ illa, per quam prius decurrebat, tum virtutis suæ quantitate aliquantum hinc variatâ simul a recto quod affectabat itinere deflectetur; eo nimirum ordine modoque quem posthac conabimur elicere. Qualis effectus *refractionis* nomine venire solet: (subnotetur autem, hoc modo lucem intromittens medium eatenus *perspicuum*, *diaphanum*, *transparens*, *pellucidum* appellari.) Ita lucis naturam, originem, propagationem, ac progressum ὁλοσχερῶς (omissis quæ adjungi possent plerisque minus ad nostrum propositum spectantibus) expono; nec aliud fere præter hæc requiro declarandis hypothesibus, quos communiter adsumunt Optici; quæque necessario debent huic extruendæ

Scientiæ præsterni. Comprobandis autem iis quæ dixi non incumbam; cum et (quod instituto nostro satis est) talia dari posse non minus ipsâ luce clarum videatur, imo reverâ dari complura declarent experimenta. Opticas vero quas innui hypotheses præcipuas subjungemus, et nonnihil attentabimus explicare.

VIII. 1. Radii lucis (hoc est lucidi transitus aut impulsus quales descripsimus tramites) in eodem existentes similari medio directi sunt. Hoc e dictis abunde patet. Quin inde Corollarii vice deducitur radios quoad rem ipsam, Physiceque loquendo, figura prismaticos esse, vel cylindricos. Nempe corpusculum illud quodpiam in lucidi superficie positum, a quo radius originem suam ducit, dum a primo suo loco ceu base defertur aut totâ suâ superficie contiguum sibi corpus rectâ propellit, figuræ suæ (vel impulsi saltem corporis figuræ) congruum designat, super hâc vel illâ base constitutum, solidum longum, exile, teres, quale cylindrus, aut prisma. Proinde quando Mathematice rem tractamus, istos radios pro rectis lineis habere possumus; tum quia reverâ sunt adeo tenues et recti; tum quia plerumque pro cylindricis ejusmodi seu prismaticis figuris ipsarum axes ita sumi possunt, ut nihil inde ratiocinio Mathematico derogetur.

IX. 2. Ab omni corporis lucidi (vel illustrati) puncto ad quodvis medii (non obstaculis intercisi) punctum lucis aliquis radius dirigitur. Hæc apud Opticos tritissima suppositio quo vel intelligi vel admitti possit, omnino duplicem limitationem exigere videtur, e supra dictis utramque deducibilem. Unam, ut omnis puncti nomine nedum non præcise punctum quodcunque Mathematicum, ac nec omnem particulam concipiamus realem et Physicam; verum saltem admodum exiguam, qualique ferme minorem vel animo designare nequeamus; alteram ut non in unoquoque stricte dicto temporis instanti, nec in omni reali temporis portiunculâ cogitemus hoc contingere, sed ut nullum temporis intervallum sentiri possit ita curtum, aut momentaneum, quin intra ipsum a quâvis lucidi designabili parte designatam ad medii partem radius aliquis exporrigatur. Enimvero cum radiorum istæ quas assignavimus radices, lucidum componentia corpuscula, sint illorum, quorum nos utcunque quantitates sensu vel animo pertingere valemus, corporum respectu tanquam infinite parva, nec non infinitâ quasi pernicitate donata, non difficile concipi potest in omni designabili, vel imaginabili lucentis spatiolo prorsus innumerabilem eorum multitudinem existere, quorum fere singula diversas in plagas tendunt; ut nulla sit designabilis plaga, quam non una quæpiam appetat, aliquam saltem, utlibet imperceptibilis et angusti, temporis moram interponendo. In eo siquidem tempusculo lucidi partes singulas innumera successive talia corpuscula subingrediuntur juxta deseruntque, de quibus mirum fuerit ni quoddam unum ad designatum medii spatium tendat, sibi transmittendo meatuum aliquem (quos et pari ratione tanquam infinitos supponere fas est) idoneum reperiens. Ita vulgare pronunciatum interpretor; id quod alias rigide sumptum haud verum duco. Nec enim idem corpus eodem temporis puncto diversas in partes contendere, vel adniti; sed nec eandem præcise medii partem e diversis locis accedentes corporum motus excipere quisquam conceperit, opinor, aut ego concesserim; non certe magis quam idem corpus una plures locos occupare, vel eundem locum plura simul corpora suscipere; ad istum modum intellecta dicta suppositio totam una cum radiis lucidis naturam, omnem, ut mihi videtur, Physicam permiscebit. In nostro rem explicandi modo nihil durius obversari video, quam ut hinc divinæ potentiæ, sapientiæque vis magis elucescat, in luce sic efformandâ, tam ejus effectricibus particulis admirabilem exilitatem, incomprehensibilemque velocitatem impertiendo, quæ prorsus ei necessariæ fuerunt, ut sensionem efficeret, et reliqua tam utilia ei destinata munia obiret. Sane lucis corpusculum unum ab arenulâ quâvis litoreâ plusquam eâ fortassis proportione superatur, quâ tota quanta quanta est mundana moles arenulam istam excedit; id quod non ita censebit absonum, quisquis ad complures satis obvias apparentias mentem adverterit.

Subnotandum est porro duas has fundamentales hypotheses, sic acceptas, innumeris admodum familiaribus experimentis confirmari. Quovis enim in loco ubicunque collocati objecti lucentis vel illustrati quæcunque designabilis particula conspicitur oculo, repræsentatur in speculo, modo nihil objiciatur ab eo rectâ delabentes radios intercludens; eadem vero statim oculo subducitur, et penitus obumbratur, si quid opaci corporis directum intercipiens radiorum iter obtendatur. Etiam foramen utcunque tantillum sufficit trajiciendis radiis quibus tota quantivis objecti facies obversa depingatur. Et porro quam nulla possit apprehendi tam exigua lucidi pars, a quâ non lux ad oculum defluit, perspiciliorum usus apertissime monstrat. At pergo.

X. 3. Lucis radius quilibet alteri medio perpendiculariter incurrens, aut rectâ progreditur, siquidem cedente medio procedere valet, aut in partes directe contrarias (hoc est in se, vel in suam retro semitam) repellitur. Experientiâ firmatur hæc hypothesis; et rationi quoque consentanea est; nec enim ulla potest excogitari causa, cur in unas potius quam in alias partes deflectatur; igitur in nullas. Quinimo si verum sit omne patiens, aut percussum vim inferenti positivâ quâdam vi repugnare, perspicuum videtur eo resistentiam dirigi, unde vis ingruebat; ejusque consequenter effectum absolute loquendo, tantum illic deprehendi. Quod sane mihi tam verum apparet, ut non dubitem hanc ipsam hypothesin ad omnimodos incursus extendere; seu generatim effari, quod pulsus omnis et motus, utcunque medio cuilibet inpingens, directe (per se nimirum, proprie, distincteque rem estimando) continuatur, aut prorsum aut retrorsum. Scilicet, exempli causâ, si duo baculi $ABYZ$, $CDYZ$ in idem medium EF (illud perpendiculariter, hoc oblique) uniformi quâdam pressione vel impetu adigantur, existimo medii cessione vel resistentiâ totam (qua baculus obliquus fertur, aut medium impellit) vim æque rectâ semitâ antrorsum versus IK, vel retro versus CD derivari, ac perpendicularis ipsius impetus in GH progreditur, aut regreditur in AB. Quod enim nonnulli putant medii superficiem baculi perpendicularis tendentiæ magis

Fig. I.

opponi, quam obliqui, proindeque perpendicularis impulsum rectâ continuari, sed obliquum alio detorqueri; vel assertionem ipsam non agnosco, vel non admitto consequentiam. Enimvero si per illud *opponi* nil aliud volunt quam realiter objici, seu obstare rectâ pergenti, non minus eo modo superficies *EF* opponitur baculo *CD*, quam ipsi *AB*; rectum enim ejus progressum pariter intercipit, impedit, demutat. Verum si quam aliam nescio quam imaginariam oppositionem intelligunt, nihil video quod huc faciat inde consectari. Profecto rem abstracte, nec ut accidentarium quid immisceamus, expendendo, nihil attinet ullam medii partem considerare præter illam, ad quam corpus progrediens aut propellens ei occurrit; hæc enim sola resistendo quicquam efficit, aut cedendo. Quare per rectam *DZ* progredienti impulsui solum punctum *Z* opponitur; perindeque fuerit qualem reliqua medii superficies obtinere situm concipiatur. Punctum autem *Z* æque pulsui venienti a *D* per rectam *DZ*, atque tendenti per rectam *ZK* versus *K* contrariatur, ac ei qui a *B* per *BZ* procedens iter affectat per *ZH* versus *H*. Idemque de reliquis medii punctis intelligi par est, quibus uterque baculus ipsum contingit, aut ei applicatur. Itaque reverâ par utriusque pulsus quoad oppositionem est ratio; similisque proinde utrobique resultabit effectus; pulsum nempe recto tramite vel transmittere, vel rejicere. Verum longe secus eveniet si baculum alterum obliquum, seu *PDYQ*, cum ipso *ABYZ* conferamus. Etenim superficies *EF* baculi *ABYZ* motui, vel impulsui magis opponitur, aut obsistit, quam motui vel impulsui baculi *PDYQ*. Quoniam illi toti cum totâ sui parte *YZ*, huic vero tantum ex parte *Y* renititur; e quâ discrepantiâ necessario dispar effectus consequetur, ut nimirum pulsus aut motus directio mutetur. Quod discrimen eo lubentius adnoto, quoniam hoc arbitror modo (vel adsimili) lucis radios diverso medio oblique incidentes, velut experimur, inflecti; saltem eo spectantia lucis præcipua symptomata, tribus porro subjiciendis hypothesibus comprehensa, vix aliâ ratione commodius explicari.

XI. 4. Omnis radii lucidi *inflectio* (hoc subinde

generali nomine, compendii causâ, tam refractionem, quam reflectionem complector) fit in superficie ad medii inflectentis superficiem perpendiculari, seu rectâ. Hujusce suppositionis haud ullam facile satis commodam et claram rationem reperias apud Opticos; petitione principii, vel incomprehensibili quâdam obscuritate laborat quicquid ferme eo spectans afferunt; neque valde miror radium lucis semper ut rectam concipientibus individuam lineam id eis accidisse; quo posito vix probam ullam ejusce rei causam assignari posse credo. Cadat enim radius linearis AB in speculi (instantiæ gratiâ) plani superficiem ad punctum B; per quod utcunque ducantur duæ rectæ CD, EF; cum igitur rectæ AB, CD sint in uno quodam plano, quidni reflectio radii peragatur in isto plano? Simili ratione quoniam rectæ AB, EF sunt in uno plano, quidni radius in hoc etiam reflectionem patiatur? eodemque plane modo quid obstat quo minus in singulis omnibus, hoc est infinitis planis, speculi superficiem secantibus, et per rectam AB ceu communem sectionem traductis perficiatur reflectio, idemque proinde radius unus in partes undique cunctas reflexus dispergatur? cur hoc fieri non possit, utique non capio. Quod respondetur enim, posito plano ABC ad speculi superficiem recto magis illud planum, quam cætera quævis speculi superficiei contrarium esse, proinde resistentiam in eo maximam contingere, propterea que radium in eo potissimum inflecti, parum satisfacit; quoniam, ut superius insinuatum, extra punctum ipsum B, cui radius impingit, alia nulla specularis superficiei pars merito venit consideranda: quid enim (ut hoc adjiciam prædictis), an in universam qua longe lateque distenditur, ipsius speculi superficiem agit hic linearis radius, et ab eâ vicissim patitur; an in ejus definitam aliquam partem agit, patiturque ab hac? quis in totam agere, vel a totâ pati concedet? Et cur id uni parti deputandum præ aliis? ubi terminus figetur? quousque procedet operatio? quinimo potius, quia radii per rectam AB procurrentis impulsui tantum id speculi quod est in rectâ AB versus G protractâ resistit, ideo pulsus in ipsam AB rejicietur; et nulla succurrit causa sontica, propter quam aliorsum deflectat; nihil datur, quod

Fig. 2.

ejus tendentiam alio determinet. Igitur ut aliis, quæ puto variæ assignantur, hujus effecti causis excutiendis abstineam, inde genuinam ejusce rationem (ut et generatim omnium quæ circa radiorum inflectionem primitus obveniunt) existimo petendam, quod lucis radius non mera sit linea, verum dimensionibus omnimodis præditum corpus; utpote (juxta quæ præmonuimus) cylindricum aut prismaticum, pro figurâ corpusculi, a quo oritur. Supponatur, aliquatenus illustrandi propositi ergo, Parallelepipedum *ABCDEFGH* lucis radium oblique speculo incurrentem Fig. 3. repræsentare; cujus latus *BF* applicetur speculo, dum interea reliquum ejus supra speculi planum elevatur. Impedietur ergo Parallelogramum *ABFE*, ne rectâ procedat; inde continget rectam *BF* aliquo supra dictum planum resilire. Verum in alias saltem partes fiet hæc reflectio, secundum quas rectus radii progressus, quoad ejus fieri potest, quam minime pervertetur. Cum enim is rectissimum cursum affectet, eum (ex indole certâ, perpetuâque lege naturæ) si perfecte nequit, at tamen ut proxime consequetur. Itaque cum inter plana latera *ABDC*, *EFHG* sibimet opposita cursus ejus antea dirigeretur, et objecta superficies nihil jam obstet, quo minus inter eadem plana, tametsi sursum excussus, progrediatur, admodum liquet etiamnum inter illa semitam ejus contineri; locumque seu plagam reflexionis eatenus haud perperam determinari. Cæterum est planum *ABDC*, eique oppositum *EFGH* speculi plano rectum; quia Parallelepipedum rectum ponitur, et ideo lateralis recta *BF* in speculi plano existens, planis *ABDC*, *EFHG* recta. Quocirca si totum hoc Parallelepipedum ob exilitatem suam, aut Mathematicæ computationis gratiâ, pro rectâ quasi lineâ censeatur, erit pariter et reflexus radius etiam linea recta; nec non uterque continebitur in superficie ad speculi planum recta. Non dissimili ratiocinio, si radius cylindri recti figurâ præditus admittatur (qualis nimirum a corpore procurrente, vel impulso producetur, id si Sphæricum fuerit) etiam radius in superficie plano speculi rectâ reflectionem ostendetur subire. Speculi quippe plano rectus incidat cylindrus Fig. 4. *ABDC*; cujus bases *AMCN*, *BODP*, axis *XZ*; ita scilicet, ut basis *BODP* speculi planum contingat in *B*; reliquum ejus corpus (prout in figurâ depictum exhibetur) oblique surgens supra planum emineat. Basis autem diametri *BD*, *PO* sese normaliter secent; ac per ipsam *PO*, et axem ductum planum efficiat in cylindro Parallelogrammum *POMN*. Si jam per hujusce latera *MO*, *NP* ducta concipiantur duo plana axi parallela, cylindrumque contingentia, liquebit (ex antedictis causis pariter applicatis) totius cylindri ductum inter hæc duo plana comprehendi, radiique reflectionem inter ipsa definiri. Sunt autem hæc plana speculi plano recta. Sit enim recta *GBH* communis sectio circuli *BODP*, planique specularis; hæc utique circulum continget; (quia speculi planum, ex hypothesi, non alibi præterquam ad *B* circulo occurrit, adeoque nec recta *GH*) quare rectæ *GH*, *OP* sunt parallelæ. Ergo *PO* est ad speculi planum parallela. Huic vero perpendicularia sunt plana prædicta cylindrum contingentia per *MO*, *NP* ducta, axi parallela. Quapropter eadem speculi plano recta erunt. Hinc, ut antea, si totus radius habeatur instar rectæ lineæ, continget ejus reflectio velut in superficie ad speculum planum rectâ; quippe cum ejus latitudo tota comprehendatur inter ejusmodi duo plana; quæ proinde si nulla supponatur, in unum illa coalescent. Accommodari possent hæc cuicunque radii figuræ tali, qualem supra descripsimus, utcunque nonnulla demutando; sed et eadem pari ratione radiorum refractionibus adaptentur. At pluribus parco.

LECT. II.

I. VIÆ, quam nuper aperuimus, et aliquatenus, ingressi sumus, inhærentes eo jam devenimus, ut nobis incumbat proxime celebres illas hypotheses (an Theoremata malitis appellare) radiorum inflexorum itineri penitus determinando (imaginumque proinde locis, figuris, quantitatibus investigandis, nec non apparentiarum quarumcunque causis explicandis) necessarias, experientiæ quidem bene consonas illas, etiam aliquo rationis suffragio communire; præstratis utique fundamentis, ac suppositionibus insistendo. Cum itaque lucis radio corpus adsignatum sit figurâ prismaticum, aut cylindricum; et hoc quidem rectum (utpote præ reliquis simplex, et naturæ totas suas in agendo vires exerenti præsertim conveniens;) cum et exinde progressus ejus eatenus fuerit definitus, ut intra superficies duas planas inflectenti medio perpendiculares includatur; quas quidem abhinc (quando nullus transversæ dimensionis illius, vel intervalli superficies istas dirimentis ad rem nostram, illam saltem quàm nunc attingimus spectans effectus, aut usus sit) brevitatis et perspicuitatis causâ, velut unam habere possumus; adeoque jam radium ut duabus solummodo dimensionibus præditum, et ad instar Parallelogrammi cujusdam rectanguli, in plano ad medii inflectentis superficiem recto jacentis, considerantes, reliquam itineris quod persequitur determinationem, ultimam illam et completam, investigabimus, ac exponemus; cujusce quidem circa reflectionem inquisitionis consectaria resultabit hæc propositio, passim ab Opticis recepta:

II. 5. *Radius incidens, et reflexus ad speculi, vel opaci reflectentis superficiem angulos constituunt æquales.* Fig. 5. Hujus effati declarationem sic exequimur. Parallelogrammum rectangulum $ABCD$ lucis repræsentet radium oblique plano speculo EF incidentem. (Recta scilicet EF sit communis sectio plani ad speculum recti, in quo dictum Parallelogrammum existit, et in quo, secundum præmissa, reflectio peragitur, cum plano speculi.) Cum itaque Parallelogrammi punctum B speculo primum impingens opaco ac impervio, rectâ progredi nequeat, conetur oportet (ut præstruximus) retro versus A per ipsam rectam BA resilire. Cum autem interea rectæ BD supra speculum eminentis alter terminus D, nullo præpeditus obstaculo pari vehementiâ cursum quoque suum adnitatur promovere per rectam CDH; palam videtur utriusque conatibus adversis non aliter facilius aut propius satisfieri posse, quam si utrumque circa punctum Z rectæ BD medium rotationem concipiat. Sic enim utrumque pariter et quam minimum a recto quem affectent cursu deflectent; siquidem rectæ

BA, DC circulum $B\beta D\delta$ tangunt, centro Z per B et D descriptum. Cum autem hujusmodi motum circularem obeundo punctum B descripserit arcum $B\beta$, et punctum D arcum $D\delta$, hoc est quando recta BD obtinuerit situm $\beta\delta$, etiam ipsum punctum D speculo impinget ad δ; reditumque proinde per arcum δD, scilicet ipsius quoque jam interciso cursu, molietur. Sed et nunc temporis ipsum punctum B ad β positum per arcum βD tendit; quorum certe motuum adversantium alter alterius effectum impediet; itaque proximo saltem, quoad fieri poterit, utrumque progressus arripient; proximi vero sunt qui per tangentes βa, $\delta\kappa$; qui et sibi nihil repugnant, at potius omnino secum conspirant; itaque punctum B per rectam βa, punctumque D per rectam $\delta\kappa$ procurrent, adeo ut totus radius $ABDC$ jam acquirat situm $a\beta\delta\kappa$; et per hanc orbitam rectâ motum suum prosequatur. Liquet autem angulos ABF, $\kappa\delta E$ æquari. Nam æquantur anguli $ZB\delta$, $Z\delta B$; quapropter adjunctis hinc inde rectis ZBA, $\beta\delta\kappa$ toti ABF, $\kappa\delta E$ pares erunt. Unde patet e duobus quoque rectis residuos ABE, $\kappa\delta F$ æquari; quod propositum fuit ostendere.

III. Ita de præmissis suppositionibus nostris fundamentalem hanc Catoptricæ legem seu regulam elicimus, quam verisimiliter aut concinne penes vos esto judicium. Non diffitebor autem aut penitus dissimulabo non esse nihil quod his objici possit, et dubitandi causam injicere. Cur enim, percontetur aliquis, quando solum punctum B versus A renitatur, et totum lineæ BD quod superest partes appetat contrarias, non circa punctum quodpiam aliud in ipsa BD, puncto B propinquius, ut puta circa X, potius ista gyratio concipiatur peragenda? Respondeo quam brevissime, (quoniam incitato cursu tendens ulterius ægre remoras fert,) id in naturâ constanter accidere, quum motus rectus in circularem degenerat, ut extremæ sibimet adversæ mobilium partes omnem motum dirigant ac moderentur, reliquis ad illarum ductum componentibus se, motusque suos attemperantibus; neque non his quos ob extremarum contrarismum, atque conflictum amittere necesse habent in illas transfundentibus; quo fit ut mediis hinc

Fig. 6.

inde quam tardissime dimotis extremæ velocius revolvantur. Itaque cum extrema puncta B, D partes in contrarium æquâ vi nitantur, neque nisi circa medium punctum Z rotatio peragatur, quod effectant assequi possint, id statim fiet, et reliquæ partes haud gravatim obsequentur. Ne dicam in rectâ BD nullum aliud punctum existere, cui præ aliis jure prærogativa competit, ut circa ipsum mobile libretur. At pluribus abstinens ad refractionis præcipuàm legem haud absimili discursu proliciendam atque declarandam accedo. Hanc nempe:

IV. 6. Radii lucis alteri cuipiam dissimili perspicuo (nimirum homogeneo quoad se) incidentes ita refringuntur, ut perpetuo recti sinus inclinationum, quas habent incidentes, proportionales sint rectis sinubus inclinationum, quas obtinent refracti. Huic elucidando, stabiliendoque decreto; Parallelogrammum $ABDC$ lucis radium repræsentans impingat planæ superficiei EF pellucidi medii (vel sit recta EF sectio communis, ut in casu præcedente, quod et abhinc semper intelligatur,) progressum ejus aliquatenus retundentis. Itaque medium isthoc subingrediens punctum B procedere, tardius quidem, attentabit per rectam BG, seu per ipsam AB protractam, interea vero punctum D in primo durans medio motum suum priorem adurgebit in rectâ CDH. Hos autem conatus, alias irritos futuros (nec enim utrumque potest rectum motum illud tardius, hoc velocius incedendo conservare,) quam proxime consequentur, modo circa punctum aliquod in rectâ DB productâ situm, puta quale Z, rotentur; ita scilicet ut dum punctum D in medio rariori (rarius appello quod minus resistit, aut retardat; ut et densius quod motum magis reprimit, et tardiorem reddit) velocius latum describit arcum majorem $D\delta$; punctum B tardius in medio contumaciore delatum minorem arcum $B\beta$ delineet; quibus peractis recta BD tenebit situm $\beta\delta$. Cum vero jam punctum D densius quoque medium intret ad δ; proindeque pariter et ipsum retardetur; motus isti circulares protinus extinguantur oportet (nec enim jam punctum D velocius feretur quam B; nec ideo majorem ut prius simul arcum describet.) Itaque prius iter, quam

Fig. 7.

poterunt proxime, deferentia tendent utrumque per horum arcuum tangentes $\delta\kappa$, $\beta\alpha$; radiusque totus $ABCD$ hoc modo detortus, et situm $\alpha\beta\delta\kappa$ nactus, per hanc postea semitam rectâ decurret. Adnotandum est autem quæcunque sit rectæ AB ad rectam EF inclinatio, arcus $D\delta$, $B\beta$ (vel semidiametros ZD, ZB) eandem semper habere proportionem inter se; talem nempe, qualem in densitate, seu resistentiâ peculiare discrimen exigit. Etenim supponatur in quovis superficiei pellucidæ loco positum mobile punctum B; cum medium hoc ex hypothesi sit homogeneum (hoc est ubique pariter obsistens) nulla potest, opinor assignari ratio cur hoc mobile non in quasvis partes æquâ velocitate deferri possit; nimirum æque celeriter ad Q tendet, (impetum modo ceperit isthac dirigentem,) per rectam OBQ, ac in N per rectam ABN. Adeoque radii lucidi AB, OB utcunque differenter inclinati parem omnino resistentiam invenient; punctum, inquam, B, seu versus Q, seu versus N nitatur, æqualiter, eodemque modo retardabitur. Quinetiam cum punctum D in primo medio semper eâdem, quæcunque fuerit ejus positio, celeritate promoveatur, satis apparet motus istos, aut motuum semitas, eodem tempore decursas, arcus nempe circulares $D\delta$, $B\beta$ semper eandem inter se proportionem servare; nimirum illam, quam habent semidiametri ZD, ZB, vel $Z\delta$, ZB; quæ idcirco proportio, principaliter ac primario, radiorum refractiones, ad eadem duo media factas, determinat atque metitur. Hanc autem eandem esse patet cum illâ, quam habent recti sinus angulorum ipsis $Z\delta$, ZB in triangulo $Z\delta B$ oppositorum, ipsorum scilicet $ZB\delta$ (vel ZBE) et $Z\delta B$. Est autem angulus ZBE complementum anguli ABE, (hoc est angulus inclinationis rectæ AB ad EF,) et angulus $Z\delta B$ est complementum anguli $F\delta\kappa$, vel inclinatio rectæ $\delta\kappa$ ad eandem EF. Igitur abunde liquet propositum. Patet vero, quod in hoc casu, angulus EBZ major est angulo $B\delta Z$; vel, ductis BM, δN ad EF perpendicularibus, quod angulus MBG major est angulo $N\delta\kappa$; adeoque quod hic refractio versus perpendicularem, quod aiunt, contingit.

Fig. 8. Fig. 7.

Ac ita quidem quando radius in medium transit, ipsi magis obsistens, seu densius. At si medio incurrit faciliorem transitum præbenti, seu rariori, plane simili modo, sed inverse se res habet. Quod (licet brevius) conficeretur negotium adsumendo sicut eadem *Thebis Athenas*, ac *Athenis Thebas* est via, ita radium de raro transeuntem in densius, perque densius vestigia sua replicantem in rarum, nil aliud quam eandem semitam repetere; ut nempe si radius $ABDC$ de raro transiens in densius refringatur in $\alpha\beta\kappa\delta$; quod etiam hic radius $\alpha\beta\kappa\delta$ e densiori recidens in rarum vicissim in $ABDC$ refringetur. Quia tamen assumptum illud non nemini demonstrationis et ipsum indigere videatur; et universim, extremoque rigore sumptum forsan haud adeo verum sit; majoris etiam evidentiæ causâ; presertimque demum quoniam huic casui nonnulla quodammodo peculiaria sunt notatu non indigna; (quin addo quia præstare videtur effectum unumquemque propriis e causis deduci); separatim ostendemus. Rursum igitur radius $ABDC$, quâ prius figurâ donatus, rarioris medii superficiem EF incurrat. Cum igitur punctum B velocius procedere jam valeat quam antea (medio scilicet illapsum promptius cedenti) hoc est quam punctum D, necessario commutabitur rectus utriusque, quem affectant, motus in ei proximum circularem, circa punctum aliquod in recta BD, puta circa Z; ita ut ZD, ZB talem inter se proportionem observent, qualem singularis exigit horum in resistentiâ mediorum diversitas; utique sicut in quæ præcesserunt; cum vero punctum B ita circumductum descripserit arcum $B\beta$, et punctum D arcum $D\delta$; puncto D ad δ tunc medium rarius ingredienti, cessabit ista motuum inæqualitas; adeoque simul necessario desinet rotatus circa punctum Z; amboque puncta B, D per dictorum arcuum tangentes $\beta\alpha$, $\delta\kappa$ (rectæ $Z\beta$ perpendiculares) quod proximum est iter arripient. Rursus autem, pariter ac in casu præcedente, rectæ ZD, ZB (vel $Z\delta$, ZB) proportionem exhibent, quæ refractiones hujusmodi dimetitur; habent autem $Z\delta$, ZB seipsas, ut recti sinus angulorum $ZB\delta$, $Z\delta F$; hoc est ut sinus inclinationis rectæ AB ad sinum inclinationis rectæ $\delta\kappa$; quod propositum fuit ostendere. Liquet autem quod hic ang. $Z\delta F$ major est angulo $ZB\delta$, adeoque quod refractus divergit a perpendiculari.

Fig. 9.

Fig. 9.

V. Advertendum est porro quoad priorem hypothesin, seu casum radii de medio rariori contendentis in densius, eum semper, qualiscunque sit ejus obliquitas, medium densius subire; et per ipsum incedere; modo commonstrato. [Simpliciter autem hoc, et abstracte debet intelligi, nec ut accidentarium quicquam interveniat, qualia sunt, opacitas perspicuitati immista, figura diaphanum terminans, ejus crassities inæqualis, aliud quid post positum diaphani resistentiam promovens; cujusmodi quippe de causis diaphanum subinde forsan evasurum est opacum, et instar opaci radios valebit repercutere; ceu quando lapis in aquam impingit oblique; cum hydrargyro substructo vitrum munitur. Dum lapis e. g. oblique impingit superficiei EF (cui parallela OQ) per lineam AB; tota linea BQ ad fundum OQ protensa venienti repugnabit, auxilii quoque nonnihil conferente fundo OQ; neque mirum fuerit, si major hic renitentia deprehendatur, quam ubi radius alter MBP perpendicularius incurrit, quando major sit BQ, quam BP.] At nos, seclusis istis, medium velut interminatum, in omnes partes æqualiter resistens, absolute perspicuum, et radios ex se non respuens accipimus; quibus suppositis perpetuo quod dixi, radius, obliquitate quâpiam incidentiæ nil vetante, medium densius penetrabit. Verum in altero casu, cum de medio densiori lux in rarius incurrit, non semper ea medium hoc permeabit. Nam si magna satis fuerit obliquitas; subinde radius inflexus supra superficiem EF attolletur, angulusque (qui dicitur) refractus, aut inflexus rectum exsuperabit; quinimo fieri potest ut ipsum exæquet. Sit in exemplum primo inclinatio graduum 45, vel semirecta; et ZB ad ZD se habeat ut quadrati diameter ad suum latus, (quæ ferme proportio radiorum ex aquâ in aerem transeuntium, experientiâ contestante, rationem metitur,) radius velut in ipsam EF refringetur, aut eam stringens procedet. Est enim $Z\delta$ (æqualis ipsi ZD) jam ad EF perpendicularis, adeoque $\delta\kappa$ arcum δD contingens ipsi EF congruet. Unde patet obiter, id quod superius insinuatum, non universim constare, quod radius a quo loco medii unius in aliud processit, ad eundem retrogradus accedet. Hoc enim saltem in casu radius AB refringitur

Fig. 10.

Fig. 11.

in βa superficiei media dirimenti parallelam; veruntamen qui per $a\beta$ progreditur minime recedet ad BA, nec ullam, ut manifestum est, omnino refractionem patietur. Sed hic casus tantum unus, et quasi pro nullo censeri potest. Quod si, servatâ quoad densitatem eâdem proportione, radius AB paullo magis ad rectam EF inclinetur, ejus refractus supra ipsam EF assurget; punctum quippe D rectam EF nunquam pertinget; et punctum B decursâ rarius intra medium peripheriâ $B\beta$ in densum remeabit; in quo proinde rursus, circulatione suâ dimissâ, per tangentes βa, $\delta\kappa$ ferentur; adeo quidem ut radius $ABCD$ jam reflecti videatur, quatenus medium densius haud penetrat totus, vel egreditur. Fig. 13.

VI. Nec inepte quidem (etsi quodammodo, velutique primario, sit refractio) reflectionis nomen adsciscit hæc actio, quatenus et ipsa reflectionis leges examussim observat. Nam quoniam isoscelis trianguli $ZB\beta$ anguli $ZB\beta$, $Z\beta B$ sunt æquales, etiam anguli (de rectis residui) ABE, $a\beta F$ pares erunt; quod reflectioni proprium est. Itaque non abs recto pronunciant hoc Dioptrici; neque tamen causam, fortassis ab iis prætermissam, tacere volui, nonnihil ab immediatæ reflectionis causâ diversam; ne-quisquam hæsitet, aut hoc adsumenti gravetur concedere. Kepl. Prop. 14.

VII. Hæc autem doctrina cum multis experimentis utcunque comprobari queat, unum saltem breviter attingam satis illustre, neminisque non examini patens. Esto triangulum ABC sectio prismatis triangularis æquilateri (nimirum vitrei, seu crystallini) basi parallela; in hujus autem base sumatur punctum quodpiam F, et sit angulus CFG circiter graduum 50, (unde juxta doctrinam hic insinuatam, et postea clarius exprimendam, radius GF velut extremus erit eorum, qui rectæ BC e vitri partibus illabentes refractionem patientur; eo scilicet obliquior quilibet reflectetur.) Sit igitur (quoniam utramque quasi patitur inflectionem) ejus refractus FM, reflexus FE; item FG refringatur in GO, et FE in ER. Porro jam in GO statuatur oculi centrum O; et ab eo prodeat radius OQ, qui refringatur in Fig. 12.

QP; ipsorum *OG*, *OQ* refracti *GF*, *QP* (uti secundum principia nostra posthac constabit) progredientes divergent; eritque propterea ang. $QPC > GFC$; quare radius *QP* medium *BC* penetrabit, ac refringetur, puta in *PN*; liquebit autem e dicendis refractos *FM*, *PN* a se divergere; Hinc jam radiis *MF*, *NP* interpositum objectum radiis *OG*, *OQ* interjectum apparebit, velut ad $\mu\nu$, situ neutiquam immutatum. Rursus autem ab oculi dicto centro prodeat alter radius *OK*, cujus refractus sit *KI*; hic itaque rursum a *GF* diverget, ac inde erit ang. $KIF <$ ang. *GFC*; adeoque *KI* minime penetrabit medium *BC*, at reflectetur, puta in *IH*; tum *IH* refringatur in *HS*. Ergo jam radiis *ER*, *HS* interjacens objectum puta *RS* radiis *OG*, *OK* interjectum cernetur, velut ad $\rho\sigma$, situ partium everso. Consequuntur hæc doctrinam nostram, et experientiæ liquido consentanea deprehendentur, quin et observatu dignum erit, e duplici refractione spectatum objectum *MN* Iridis coloribus tinctum adparere, (rubro scilicet ad μ, cæruleo ad ν, croceo medium occupante,) objecti vero *RS* e duplici refractione, sed reflectione tamen intercedente, apprehensi imaginem $\rho\sigma$ colore nihil ab ipso objecto differre. Quod ex eo sane videtur evenire, quoniam ang. *FEB* angulo *FGC* æquatur; adeoque radius *KO* non aliter e vitro exit, quam *RE* ingressus est; seu quicquid refractio ad *E* effecit, id refractio ad *K* retexit, radium in statum restituens, ei quem ab origine habuit non disparem. Verum hæc non est hujus loci penitius excutere. Saltem observari meretur hoc præcipuum, ut arbitror, in prismate Phænomenon.

VIII. Hæc, inquam, cum ab experientiâ confirmentur, neque tamen ei magis, quam ratiociniis nostris consentiant, causis tamen adscribuntur (a quibusdam) nedum diversis, at prorsus adversis. Quod enim vitrum e. g. radios intra corpus suum receptos, ejusque posticæ superficiei obliquius incidentes retrocedere cogat, hujusmodi rationem exhibent: aiunt vitrum radios facilius admittere, vel transmittere quam aerem; quin addunt aerem vi reflectendi prævalidâ pollere; quodque proinde qui post vitrum adventanti radio fit obvius aer cum reverberat. Quæ ratio mihi non adblanditur. Nam imprimis rei naturæ minus consentanea videtur. Quum enim aeris corpus ex æthere puro maximam partem, e corpusculis terrenis, et ex halitibus aqueis constare totum videatur; ex his partibus æther, opinor, non minus prompte quam vitrum radios transmittit; aqua vero, saltem (ex illorum, quibuscum disputamus, sententiâ,) tantillo difficilius; adeoque neutiquam harum alterutri dicta reflectio jure videtur attribuenda; terrestres autem particulæ (quæ præ reliquis etiam pauciores videntur, et rarius interspersæ, præsertim in aere sudo summisque montium excelsorum jugis) sunt opacæ, nec lucem admittunt, ast eam in omnicunque pariter incidentiâ rejiciunt; adeo ut nec ad has quam respicimus lucis inflectio proprie spectet; ergo nihil subesse videtur causæ, cur aer (præ vitro) ingruenti luci potentius obsistat. Addo; si talis aeri vis reflexiva competat, et vera sit, quam hi Philosophi memorato Phænomeno causam adsignant, consequi videtur, ut nulla prope Horizontem Stella conspici possit (admisso saltem hoc, non inverecundo reor, ut plerisque visum erit, postulato; quod purus Æther, naturale lucis vehiculum, aereæ regioni suprajectus haud minus facile quam vitrum aut aqua radios intromittet.) Sit enim C terræ centrum, O oculus, S visibile punctum longinquum, ceu stella, situm in Horizonte; per puncta vero C, O, S, trajectum concipiatur planum faciens in terræ superficie circulum OP; in atmosphæræ, vel aeris circumfusi, extimâ superficie circumferentiam ZNM; itaque cum radius quilibet, ut SM, vel SN (Horizontalis puta, vel eo superior) in superficiem MZ cadens ei incidat perquam oblique (nisi saltem atmosphæræ Semidiameter CZ præ telluris Semidiametro CO dicatur enormiter, et incredibiliter magna) cum et aer idcirco, juxta sententiam quam expendimus, lucem admittere non debeat; omnino dicti radii SM, SN, et consimiles reflectentur, et extra atmosphæram procul abeuntes oculum non pertingent. Quinimo satis constare videtur exhinc, quod radii quales SN ut visum afficere queant, aut accedere, versus perpendicularem NC refringi debent; id quod adversariæ Hypothesi pariter adversatur. Verum hæc obiter, ac in transcursu dicta sunto.

Fig. 14.

IX. Porro, subnotandum est, quoad binos casus supra tractatos, cum duo media diversimoda comparando duæ se representent proportiones, altera, terminorum situm transponendo, alterius inversa, refractionum ideo mensuras (quoad hæc) iisdem terminis designabiles ordine permutari. Ut si in primo casu sinus rectus anguli incidentis se habeat ad sinum rectum anguli refracti, sicut A ad B, in secundo sinus incidentis ad sinum refracti se inverse habebit ut B ad A; nimirum in præcedentibus figuris, quanto ZD major est quam ZB, in primâ Hypothesi; tanto constat ZD minorem esse quam ZB, in secundâ; mediis scilicet iisdem permanentibus. [Fig. 7 & 9.]

X. Denique, cum medii cui radius impingit superficiem hactenus adsumpserimus planam, advertendum superest, quamvis illa curva sit, eodem tamen absque sensibili discrimine sese modo rem habere, ac si plano curvam superficiem isthic, ubi radius occurrit, contingenti impingeret. Incidat nempe radius $ABCD$ in curvam lineam QBR, quam ad incidentiæ punctum B tangat recta EF. Prorsus eodem modo refringetur iste radius ad curvam QBR, quo ad rectam EF, nisi quod isthic arcus $D\delta$ in rariori medio decursus tangentem aliquousque prætergreditur. Id quod eximiam radii subtilitatem considerando, quamque perexiguo distet intervallo punctum δ a curvæ vertice B, nullam omnino sensibilem (imo nec imaginabilem) inducet differentiam. Quantillus enim iste circulus esse debet, in quo chorda $B\delta$, radii latitudine paullo major, arcum subtendet aliqua cum ejus sensibili parte comparabilem? potest igitur angulus $ZB\delta$ æqualis supponi angulo ZBF; quo concesso reliqua fluent eodem tenore, quo præcedentia. Quin una rationem exhibuimus suppositionis, quæ passim ab Opticis accipitur; ita tamen precario, non ut subinde nullum in audientibus scrupulum relinquat; nec ut semper adsensu firmo concedatur. [Fig. 15.]

XI. Ita primarias istas circa radiorum inflectionem Hypotheses (vel Axiomata malitis, aut Theoremata) quibus omnis incumbit Optica cujuscunque generis scientia, qualitercunque declarare studuimus, et e principiis admodum affinibus elicere; modo, meâ sententiâ saltem, omnium qui legenti se vel cogitanti suggesserunt, simillimo veri, cumque tam rationibus Mechanicis, quam experimentis Physicis, et cum ipsâ rerum naturâ congruentissimo. Neque nulla mihi tunc oboriebatur voluptas, cum postquam inter alios ista lucis symptomata explicandi modos hic ipse semet ingesserat, eum examini subjiciens, Geometriæ legibus (aliquanto sane præter expectationem) adeo quadrantem comperissem. Meæ tamen eum tam fuse diducendi pepercissem operæ, si quæ doctissimus *Maignanus* hisce conformia, luculentius quidem opinor et accuratius, pertractavit, priusquam hæc aggrederer contigisset inspexisse; penes quem extare multa nil dubitem (nec enim eum adhuc curiosius evolvi) supplendis his, et confirmandis accommodata. Porro fuit etiam animus, alias, quæ plurimæ traduntur, horum rationes percensere, ac perstringere; (quarum mihi nonnullæ crassâ petitione laborare; multum aliæ a re propositâ abludere; quædam animum subtilitate potius confundere, quam vi constringere videbantur;) verum etiam huic exponendæ nimis quam immoratus, hactenus insinuatis contentus, omnes transiliam; illius saltem eruditissimi viri nefas fuerit non astipulari penitus, et acquiescere decreto; "qui, Deum unicum et Optimum Naturæ Architectum, hanc (ait) legem radiis diversa media permeantibus præscripsisse; ut omnes omnino radii veri, et apparentes eandem semper inter se servent analogiam." His, inquam, dimissis, succedit ut e præstructis emanantia quædam Porismata subnectamus.

LECT. III.

I. HYPOTHESES Opticæ primarias, et fundamentales quasi leges exposuimus hactenus, et excussimus quomodocunque. Sequitur jam ut ex iis emergentia quædam (ad apparentiarum causas tam vere quam expedite discernendas conducentia) subjungamus corollaria; de cæteris quæ faciliora videntur, aut usum præ se ferunt potissimum seligentes. Radios autem jam consideramus, ut unicâ dimensione præditos; (siquidem reliquæ, quibus Physice gaudent, parum faciunt ad computationes hic institutas;) ut lineas, inquam, ceu vulgo fit, rectas concipimus a lucido quolibet aut aspectabili puncto dimanantes. Quin et cum, hoc admisso, singuli cujusque radii inflectio in superficie peragatur ad planum inflectens rectâ (uti constat e præmissis), cum et nobis præsertim mox institutum sit singulorum punctorum radiationes consequentia symptomata sic expendere, ut locos ipsorum apparentes determinemus, oculi respectu centrum habentis in ejusmodi plano uspiam constitutum; pro planis ubique rectas lineas, pro sphæricis superficiebus peripherias circulares, pro reliquis lineas respective congruas, brevitati consulentes et perspicuitati, substituemus. Porro cum quo præcise modo peragatur visio, quibusque prædita sit affectionibus adhuc expositum non sit; et de illâ tamen subinde crassius aliquid ac generalius dicendis intexere fortassis ex usu fuerit, illa saltem pervulgata, post hac curiosius expendenda, jam προληπτικῶς adsumemus; nempe: Visibile punctum in illo radio situm apparere, qui procedens ab ipso (directe vel inflexe) centrum oculi permeat; proindeque situm objectorum e radiorum ita transeuntium positione judicari. Majora, minora, vel æqualia videri objecta, prout ipsorum extrema puncta radiis cernuntur angulos ad oculi centrum respective majores, minores, aut æquales constituentibus; distinctam unius cujusque puncti visionem radiis effici modo naturali, hoc est, divergenter, oculo illabentibus; et siqua sunt his agnata pariter obvia, seu manifesta. Quinetiam, verborum parci, vocabulis passim receptis et usitatis definiendis aut explicandis abstinentes, ipsorum supponimus intellectum. His utcunque, majoris evidentiæ causa, prælibatis, ad corollaria quæ diximus expromenda nos conferemus e vestigio.

II. Imprimis autem (posthac quidem in decursu, quoad plures sibi parallelos, aut ab eodem puncto divergentes (vel in idem convergentes) et huic vel illi singulari, quæ tractanda veniet, superficiei incidentes radios, singularia quotvis inflexos designandi compendia, radiationibus organice examinandis profutura, tradituri) generales nunc aliquos incidenti cuivis proposito competentem inflexum assignandi modos proponemus; quorum adhiberi possit, qui rei natæ videbitur accommodatior. Pro reflectione. Incidat radius AB ad B; et per B ducatur QB reflectenti perpendicularis; et fiat ang. $\alpha BQ =$ ang. ABQ, vel per B ducta sit EF reflectentem tangens; et fiat ang. $\alpha BF =$ ang. ABE; liquetque factum esse, modo utrovis, quod requirebatur. Pro refractione vero; ducatur QB refringenti perpendicularis, et super diametrum (in hac libere sumptam) QB, describatur semicirculus, incidentem AB secans in R; tum adjuncta QR, factoque $I : R :: QR : T$, (terminis autem I, R hic et dehinc perpetuo proportio refractiones metiens indigitatur,) circulo QRB adaptetur QS ipsam T exæquans; erit connexa SB (protracta nempe) incidentis AB refracta. Vel: per incidentiæ punctum B ducatur EF refringentem contingens; et in hac utcunque sumptâ BK sit circuli diameter, incidentem AB secantis ad R; et fiat $I : R :: BR : T$; et adaptetur $BS = T$; erit $SB\alpha$ ipsius AB refractus. Vel demum: In ipsâ AB sumptâ utcunque diametro RB, super hac descriptus circulus secet perpendicularem QB ad Q; vel tangentem EF in K; fiatque $I : R :: BK : T$, et adaptetur $QS = T$; erit rursus $SB\alpha$ incidentis AB refractus. Quorum ratio e positis inflectionum legibus admodum est manifesta: verba piget impendere.

Fig. 16. Fig. 17. Fig. 18. Fig. 19.

III. Radii cujusvis incidentis inflexus inflexi vicissim incidens evadet.

Hoc plerique, diverse paullo prolatum, accipiunt, aut postulant: e præmissis autem facillime colligitur. Idque potius methodi gratiâ (sicut et nonnulla quæ sequentur) quam quia res meretur, ostendemus. Pro reflectione; Radius AB speculo EF impingens reflectatur in $B\alpha$; dico radium αB, permutatim in BA reflecti. Nam quoniam AB incidens reflectitur in $B\alpha$, erit ang. αBF æqualis angulo ABE. Posito jam αB incidere, etiam angulus quem facit

Alhaz. VII. Herig. Catop. Axiom. II. Fig. 1. 16.

ejus reflexus cum *BE* æquabitur angulo *αBF*; proinde non alius erit ab ipso *ABE*, quare *AB* ipsius *αB* reflexus erit.

Pro refractione vero: Incidat radius *AB* medio *EF* in *B*; et isthic refringatur in *Bα*; dico permutatim radium *αB* regredientem in *BA* refringi. Nam per occursum *B* ducatur *QBP* media dirimenti *EF* perpendicularis; et in hac utcunque sumpto puncto *P* ducatur *PG* ad *AB* protractam perpendicularis, ut et *PH* ad *Bα*; et producatur *αBS*. Est ergo *PG* sinus rectus anguli incidentiæ *ABQ* ad radium *BP*; et *PH* sinus anguli refracti *QBS* ad eundem radium *BP*. Cum itaque ratio *PG* ad *PH* refractionem metiatur e superiori medio factum in inferius; etiam vicissim rectarum *PH*, *PG* proportio refractionem determinabit ab inferiori medio factam in superius. Unde si radius *αB* jam ponatur incidens; cum sint *PH*, *PG* recti sinus anguli incidentiæ *PBH*, et anguli *PBG*, liquidum est ipsam *HB* in *AB* refringi.

Fig. 20.

IV. Angulo incidentiæ majori major competit angulus inflexus. (Angulum inflexum vocito, qui a perpendiculari continetur et inflexo; is proinde respective dicitur angulus reflexus, vel refractus. Angulus autem inflectionis (hoc est reflectionis respective, vel refractionis) appellatur is, qui comprehenditur ab incidente et inflexo; incidentiæ vero, ne quis secus accipiat, apud nos angulus est, quem continent incidens et perpendicularis.) Quod propositum spectat effatum, id e positis principiis manifeste consectatur. Etenim in reflectione ipsi anguli reflexi angulis incidentiæ proportionales sunt; in refractione saltem recti sinus angulorum refractorum sinubus angulorum incidentiæ proportionantur. Unde liquido constat propositum: quorsum verba, quorsum Schemata multiplicem?

V. Cum incidentes ad superficiem mediam sese decussant, iidem sese inflectionem passi decussabunt, eodem ordine servato, quem directe progredientes habuissent (utique sic ut perpendiculari post inflectionem propior incedat qui propior antea fuit.)

Hæc propositio reverâ non differt a præcedente; quo

demirer eam a non nemine principia nostra usurpante aliunde comprobari. Herig. Diop. 8.

VI. Angulo incidentiæ majori major convenit angulus inflectionis. Quoad reflectionem, res extra dubium evidens est; angulus enim reflectionis incidentiæ majori conveniens eum plane continet, qui minori incidentiæ respondet. Pro refractione vero: sit recta QBP refringenti perpendicularis; incidant autem radii ABG, DBH (scilicet AB obliquius quam DB.) Horum vero refracti sint $B\alpha$, $B\delta$; dico angulum $GB\alpha$ majorem esse angulo $HB\delta$. Nam ad BP in perpendiculari libere sumptam diametrum constituatur semicirculus BGP; cui occurrant ipsæ AB, DB protractæ ad G, H; nec non ipsæ $B\alpha$, $B\delta$ punctis α, δ. Fiat autem angulus GBK æqualis angulo $HB\delta$, vel arcus GK arcui $H\delta$; connectatur etiam recta δG secans ipsam PK in X; ducanturque denuo subtensæ $G\delta$, $H\delta$. Jam ob angulos $PG\delta$, $PH\delta$ pares (arcui quippe $P\delta$ insistentes ambos) et angulos GPK, $HP\delta$ ex constructione quoque pares, erunt triangula GPX, $HP\delta$ inter se similia. Quapropter erit $PG : PX :: PH : P\delta$. est autem e lege refractionum $PH : P\delta :: PG : P\alpha$. quare $PG : PX :: PG : P\alpha$. unde $PX = P\alpha$. est autem PX minor quam PK (quia tota subtensa $G\delta$ intra circulum jacet.) Quare $P\alpha$ minor est quam PK; adeoque PK secabit angulum $GP\alpha$. quamobrem arcus $G\alpha$ major erit arcu GK, hoc est arcu $H\delta$. et idcirco major erit angulus $GB\alpha$ angulo $HB\delta$. Q.E.D. Fig. 21. Fig. 22.

Procedit hæc demonstratio quoad casum, ubi $I > R$ (vel cum radius e medio rariori densius ingreditur) at exinde quoad alterum quoque casum facile deducitur conclusio. Nam si vicissim αB, δB concipiantur incidentes, erunt ipsæ BA, BD earum refractæ; ac etiamnum anguli αBG, δBH erunt anguli refracti.

Hujusce Theorematis apud *Herigonium* habetur alia demonstratio. Confer sodes, et utramvis elige. Nos quam res obtulit posuimus. Diopt. Prop. 4.

VII. In isto refractionis casu, quum I minor est quam R, si anguli incidentiæ, puta anguli DBQ, rectus sinus PH, ad sinum totum se habeat ut I ad R; nullus incidente Fig. 23.

DB obliquior radius medium EF refractus ingredietur, aut penetrabit.

Nam penetret (si fieri potest) obliquioris alicujus ABG refractus $B\alpha$. Erit ergo $PG : P\alpha :: (I : R ::) {}^*PH : PB$. est autem PG major quam PH, ergo $P\alpha$ major erit quam PB. quod plane fieri nequit. Ergo AB non refringetur in medium ipsi EF subjectum.

* Hypoth.

VIII. Angulus incidentiæ major ad angulum suum refractum majorem habet rationem, quam angulus incidentiæ minor ad refractum suum.

Fig. 21, 22.

Erit scilicet (in figurâ numeri Sexti, cujus huc apparatus transferatur) ang. $GBP : \alpha BP >$ ang. $HBP : \delta BP$. Nam triangula $GP\alpha$, $HP\delta$ ita disponantur, ut latera PG, PH sibi congruant; (unde major angulus $GP\alpha$ minorem $HP\delta$ comprehendet;) tum centro P per δ describatur circulus $E\delta F$ ipsas PG, $P\alpha$ secans punctis F, E; item connexâ EH, centro H per δ transeat circulus $H\delta N$ ipsas HP, HE secans punctis N, M; denuo connexa $E\delta$ cum PG conveniat in L. Estque jam ang. $\alpha P\delta$: ang. δPH :: sector $EP\delta$: sector δPF

$$> \text{triang. } EP\delta : \text{triang. } \delta PL$$
$$:: E\delta : \delta L$$
$$:: \text{triang. } EH\delta : \delta HL$$
$$> \text{sector } MH\delta : \text{sector } \delta HN$$
$$:: \text{ang. } EH\delta : \text{ang. } \delta HP.$$

Est igitur ang. $\alpha P\delta$: ang. $\delta PH >$ ang. $EH\delta$: ang. δHP; ergoque composite,

$$\text{ang. } \alpha PG : \text{ang. } \delta PH > \text{ang. } EHP : \text{ang. } \delta HP;$$

permutandoque

$$\text{ang. } \alpha PG : \text{ang. } EHP > \text{ang. } \delta PH : \text{ang. } \delta HP.$$

Est autem $HP : PE :: HP : P\delta$

$$:: I : R$$
$$:: GP : P\alpha;$$

adeoque EH ad αG parallela; vel ang. $EHP =$ ang. αGP. Ergo erit ang. αPG : ang. $\alpha GP >$ ang. δPH : ang. δHP; hoc est, ang. αBG : $\alpha BP >$ ang. δBH : ang. δPB. vel componendo, ang. GBP : ang. $\alpha BP >$ ang. HBP : ang. δBP. Quod erat demonstrandum.

Corol. 1. Ang. αBG : ang. $\alpha BP >$ ang. δBH : ang. δBP. Fig. 21.

2. Ang. αBG : ang. $PBG >$ ang. $\delta BH : PBH$.

Opportunum est hoc Theorema conciliandis cum experientiâ propositis refractionum legibus. Ut demirari subeat nuperrimum Opticæ scriptorem, virum alioqui diffuse doctum, hujusmodi ratiocinio leges istas impugnasse: "In majoribus tamen angulis inclinationis (ipsissima sunt ejus verba) falsum esse constat (principium nempe nostrum); in his enim angulus refractionis major est subtriplo anguli inclinationis; quod mihi aliisque ex luculentis experimentis compertum est." Hæc, inquam, ille ταὐτοεπεῖ. Quasi vero dixisset; numeri 6 et 4 simul accepti non conficiunt 10, quia numerum efficiunt majorem quam 8; plane similis est discursus; non ovum ovo similius. Nam in refractionibus ex. gr. ad vitrum factis si ponatur ad quamvis inclinationem (puta graduum 15) quod sit angulus refractionis subtriplus anguli inclinationis, (quem ille vocat, incidentiæ nos angulum appellare solemus,) necessario, sicuti modo demonstratum est, e principio nostro consequetur, quod ad aliam quamcunque majorem inclinationem refractionis angulus major erit subtriplo anguli inclinationis; nominatim acceptâ graduum 30 inclinatione juxta dictum principium institutus calculus angulum præbebit refractum $19^0\,24'$; angulumque proinde refractionis $10^0\,36'$, qui 30 graduum trientem exuperat. Quare cum Clarissimus vir Hypothesin hanc (a *Cartesio* quidem primo repertam, sed ab aliis plerisque recentioribus opticis *Mersenno*, *Herigonio*, *Hobbio*, *Maignano*, quin et ipso ejus consodale doctissimo *Ricciolo* susceptam et approbatam; quam et certe hujus Scientiæ non parum interest veram deprehendi) labefactatum iret; eam potius imprudens experientiæ suffragio communivit. Quinimo si quid insit huic principio vitii, illud potius erit, quod in maximis inclinationibus refractionis angulos exhibet apparentibus aliquantillo majores; quæ tamen discrepantia num ipsius legis hujus, an experimentorum defectui, vel accidentariis quibusdam intervenientibus causis adscribi debeat, haud facile pronunciaverim. Nec enim fortassis cognata reflectionis lex, a nemine non admissa, experimentis omnibus præcise responderet. Nobis sufficiet quod in reliquis inclinationibus, mediis præsertim, dicta lex experientiæ, quam præferunt authores, perquam consentanea reperitur; addo, quod ab eâ deductæ conclusiones cum experientiâ mire conspirant; nec ab eâ quod animadvertere potuerim, unquam discordant. Eam proinde (cum alia probabilis haud suppetat, Geometricis ratiociniis præsternenda) non verebimur ubivis ut ratam sumere, ac adhibere; satis certi (apud nos saltem) in elicitis ab eâ conclusionibus haud omnino quicquam notabilis erroris emersurum.

Fig. 21. IX. Obiter hic et παρεκβατικῶς problemation quoddam interseram (quia Schema num. VI. superius ei gratis inserviet, ejusque constructio e superiore constructione derivatur.) Per datum in refringente punctum (B) incidentem ducere, cui datus conveniat angulus refractionis. Ducatur BP refringenti perpendicularis, (hanc autem duci posse supponimus, aut postulamus,) et ad diametrum BP construatur semicirculus; et sit utcunque $PG : P\alpha :: I : R$, (pro PG vero præstat ipsam diametrum PB accipere,) sumaturque Arcus GK subtendens angulum parem dato. Fiat autem $PX = P\alpha$; et per G, X ductâ rectâ circulo occurrat in δ; demum accipiatur Arcus $\delta H = GK$, erit ductæ BH refractus $B\delta$ (uti præcedentem discursum invertendo non difficile colligitur) adeoque liquet factum esse quod erat propositum. Hoc præter ordinem; ergo perfunctorie.

Fig. 24, 25. X. Cujuscunque generis lineæ RBS incidat radius MNO ad N, sitque dictæ lineæ perpendicularis recta NC; et in hac utcunque sumpto puncto C, per hoc transeat incidenti parallela CB; quâcum conveniat ipsius MO inflexus GNK; erit in reflectione $KN = KC$; in refractione vero $KN : KC :: I : R$; (vel item, si in ipso inflexo sumatur utcunque punctum K, et ab eo ducta KL ad perpendicularem CN parallela cum incidente conveniet ad L, erit illic $KN = NL$; et hic $KN : NL :: I : R$).

Fig. 24. Nam 1. in reflectione; quoniam ang. $ONC = KNC$ (ex lege reflectionis,) et ang. $ONC = KCN$ (ex Hypothesi quod ON, CB parallelæ sunt) erit ang. $KCN=$ ang. KNC; adeoque $KN=KC=NL$. Q.E.D.

2. In refractione; ducantur CE ad NO, et CF ad NK perpendiculares; (unde liquet puncta E, F existere in circulo super diametrum CN descripto;) quare, connexâ EF, erunt anguli CEF, ang. FNC (eidem insistentes peripheriæ FC) æquales. Item propterea est ang. $ECF=$ ang. $FNE=$ ang. NKC; quare triangula ECF, NKC sunt æquiangula sibi mutuo; quamobrem est $CE : CF :: KN : KC$; atqui (juxta legem refractionis) est $CE : CF :: I : R$; quapropter erit, $KN : KC :: I : R$; vel $KN : NL :: I : R$. Q.E.D. Fig. 25.

XI. Quod si per N ducatur tangens VT; erit (in reflectione) etiam $KT=KN$; et NT angulum MNK bisecabit. In refractione vero erit KT ad KN, ut co-sinus anguli refracti, ad cosinum anguli incidentiæ. Quæ saltem adnoto, ceu Lemmatica.

XII. Ex his facile deducantur Conicarum Sectionum circa radiorum inflectionem satis jam pervulgatæ proprietates; at quæ fortasse per nimias ambages demonstratæ prostant.

1. Ut in *Parabolâ* (puta RBS, cujus axis BC) incidat ONM axi BC parallelus; ejusque reflexus sit NK; erit igitur (ex ostensis) $KN=KC$; at si punctum K ponatur umbilicus parabolæ; erit etiam inde (juxta notissimam hujusce curvæ proprietatem) $KN=KC$; quare paralleli radii reflexus necessario per umbilicum transibit; qui propterea non immerito quoque *focus* appellatur. Fig. 24.

2. Item *in Ellipsi*, cujus axis BD, foci H, K, si ad quodvis curvæ punctum N a focis ducantur rectæ HN, KN; satis celebre est, quod perpendicularis CN angulum HNK bisecabit. Unde $NH : NK :: HC : CK$; et componendo $NH+NK : NK :: HK : CK$; vel $BD : NK :: HK : CK$; vel permutando $BD : HK :: NK : CK$; quare si talis fuerit ellipsis, ut sit $BD : HK :: I : R$; etiam erit $NK : CK :: I : R$; verum si incidens MN ad BD parallelus refringatur in NK; erit (juxta mox ostensa) etiam $NK : CK :: I : R$; Fig. 26.

patet itaque quod ipsius *MN* refractus per focum *K* transibit. Quid plura?

3. Non absimiliter in *Hyperbolâ*, (cujus itidem axis *BD*, foci *H*, *K*; reliquisque velut antea præparatis) ostendetur fore perpetuo *NK* : *CK* :: *BD* : *HK*; unde si fuerit (ex *Hyperbolæ* constructione) *BD* : *HK* :: *I* : *R*; erit etiam *NK* : *CK* :: *I* : *R*; quod si radius *MN* ad *CB* parallelus refringatur in *NK*; hoc idem accidet, ut nempe sit *NK* : *CK* :: *I* : *R*; quare radii *MN* refractus per *Hyperbolæ* focum transibit.

Fig. 27.

4. Quod vero ab *Ellipsis* aut *Hyperbolæ* cujusvis focorum alterutro quilibet curvæ incidens radius in alterum reflectatur, admodum facile dilucescit. Nam in ellipsi, perpendicularis *NC*, in hyperbolâ, tangens *NT* bisecat angulum *HNK*; unde patet propositum. Hæc extra nostras oleas posita cursim et levissime perstringo; nec tamen ut eò multa putem desiderari.

Revertamur in orbitam; et quidem derelictis his generalissimis, ac abstractissimis, lemmatum vicem obituris, ad particularia descendamus. Ad planas vero superficies (vel earum loco propter insinuatam antehac causam subrogatas lineas rectas) inflexis obtingentia radiis primo contemplemur. Etiam quoad has Catoptricis primum, utpote facillimis, brevissime defungemur.

Fig. 28.

XIII. 1. Parallelorum sibi radiorum (*AB*, *MN*) rectæ (*EF*) incidentium reflexi (*Ba*, $N\mu$) sunt etiam sibi paralleli.

Nam quoniam *AB*, *MN* ex hypothesi sunt paralleli, erunt anguli *ABE*, *MNE* pares. Ergo sunt anguli *aBF*, μNF etiam pares. Quare rectæ *aB*, μN sunt parallelæ.

Fig. 29.

XIV. 2. Sit recta *ABZ* rectæ reflectenti *EF* perpendicularis; cum hac vero promanantis ab *A* cujusvis radii *AN* reflexus *aN* conveniat in *Z*; dico fore *BZ* = *AB*. Nam ang. *ANB* = ang. *aNF* = *ZNB*; quare liquet triangula *BNA*, *BNZ* sibi mutuo æquilatera fore; et esse *AB* = *BZ*. Q.E.D.

XV. 3. Hinc, omnes ab uno puncto, divergentium radiorum reflexi rursus divergunt tanquam ab altero quodam uno prodeuntes. Fig. 29.

Quoad punctum longe dissitum (seu parallelos ad sensum radios ejaculante) patet e penultimâ. Quoad punctum e sensibiliter finitâ distantiâ radians, ex ultimâ patet, quod omnium ab *A* divergentium radiorum reflexi protracti concurrunt in *Z*; adeoque videbuntur ab eo promanare.

XVI. Hinc punctum *Z* erit ipsius *A* (respectu oculi uspiam constituti) imago perfectissima. Siquidem imaginis vocabulo nil aliud intelligo, quam locum a quo plures radii (quot scilicet afficiendo visui sufficiunt) similiter divergere, seu dimanare videntur, atque cum a primariis objectis diffunduntur. Proinde cujusvis hoc modo radiantis objecti locus apparens, vel imago facillime determinatur.

XVII. Exhinc etiam eâdem operâ, visus imaginem adspectantis axis, seu reflexus principalis (iste nimirum qui per oculi centrum (puta *O*) transit,) et reflectionis (quod vocant) punctum determinantur. Connexa nempe recta *OZ* erit axis iste; nec non ejus cum *EF* intersectio *N*, punctum reflectionis.

XVIII. Quoad hoc reflectionis punctum unicam subjiciemus annotatiunculam. Radiante puncto *A*, et oculi centro *O* fixis manentibus, recta Catoptrica *EF* ponatur rectæ cuidam *OP* parallela, sed alioquin situ indeterminata; erunt omnia reflectionis puncta in *Hyperbolâ*. Sit, inquam, *AP* ad *OP* perpendicularis, et bisecentur *AP* in *X*, atque *PO* in *Y*; et per *X* ducatur *XG* ad *PO* parallela, item per *Y* ducatur *YH* ad *AP* parallela; et *XG*, *YH* concurrant in *C*; tum Asymptotis *CG*, *CH* per ipsum *O* descripta concipiatur *Hyperbola ROS*; hæc per omnia reflectionum dictarum puncta transibit. Nam utcunque ducta *EF* ad *PO* parallela *Hyperbolæ ROS* occurrat ad *N*; et ducantur rectæ *AN*, *ON*; dico angulum *ANE* angulo *ONF* æquari. Secet enim *AP* ipsam *EF* in *B*; et ducatur *OQ* ad *AB* parallela. Et, ex *Hyperbolæ* naturâ, est $CD : CY :: YO : DN$; quare Fig. 30.

dividendo erit $YD : CY :: YO - DN : DN$; hoc est $OQ : CY :: NQ : DN$; et permutatim $OQ : NQ :: CY : DN$; item rursus ob $CD : CY :: YO : DN$; erit componendo $CD + CY : CY :: YO + DN : DN$; hoc est $AB : CY :: BN : DN$; vel permutando $AB : BN :: CY : DN$; quare est $OQ : NQ :: AB : BN$; ergo rectangula triangula, OQN, ABN similia sunt; et patet angulum ONQ angulo ANB æquari. Q.E.D.

Mereri saltem vel *Hyperbolæ* gratiâ videbatur hæc ejusce proprietas adnotari; quin et Analogiæ causâ versus ea quæ sequentur. Neque de reflectionibus ad plana quicquam præterea. Ad refractiones transeo.

LECT. IV.

I. AD ea jam accedimus quæ radiis obveniunt ad planam superficiem, vel ad rectam lineam, refractis. Quod argumentum eo diligentius prosequemur quia nondum pro merito suo videtur satis excultum; ut et quoniam in eo tractando methodum præstituemus nobis, et quasi normam in sequentibus observandam. Ad rem.

Fig. 31.

II. Parallelorum rectæ lineæ (EF) incidentium radiorum (AB, MN) refracti ($B\alpha$, $N\mu$) sunt etiam sibi paralleli. Nam quoniam AB, MN sunt, ex hypothesi, paralleli, erunt anguli ABE, MNE pares. Itaque refractos habent angulos pares; horumque complementa (scilicet anguli αBF, μNF) æquantur, quare liquet refractos $B\alpha$, $N\mu$ sibi parallelos esse.

III. Hinc infinite distantis, hoc est parallelos radios emittentis (infinitam ad sensum distantiam intelligo, qualis est quoad hoc stellæ cujuspiam) puncti locus apparens, aut imago per hujusmodi refractionem effecta infinite quoque distat; quippe cum hæc etiam per radios parallelos adspectetur. Itaque situs ejus respectu visus ubivis positi facile determinatur. Sit oculi puta centrum O; et A punctum radians immense dissitum; connexaque AO refringentem EF secet in G; sitque radii AG refractus $G\alpha$; per O vero ducatur OBZ ad αG parallela; in hac ad infinitum protensâ (velut ad Z) apparebit punctum A. Cum enim radii AG, AB sint (ad sensum) paralleli, etiam ipsorum refracti erunt paralleli. Quare cum $G\alpha$ sit refractus ipsius AG, erit BO, ad $G\alpha$ parallela, etiam radii AB refractus. Ergo punctum A in rectâ OB protensâ apparebit. Quoad hujusmodi radiationem nil succurrit aliud; itaque de propinquo radiantis puncti symptomata contemplemur. Fig. 32.

IV. Sit recta AB rectæ refringenti EF perpendicularis; in quâ sit punctum radians A, ab EF haud ad sensum longe remotum; ab hoc autem procedentis cujusvis radii (ceu AN) refractus $N\alpha$ cum ipsâ AB (protractus utique, vel retractus) conveniat in K; dico fore $NK : NA :: I : R$. (Neque non inverse, si fuerit $NK : NA :: I : R$; erit $KN\alpha$ ipsius NA refractus). Fig. 33. Lect. III. num. IX.

Hoc e superius ostensis immediate consectatur. Et hinc etiam satis apparet, quoniam (id quod bene notetur, ut passim in sequentibus assumendum) angulus NAB, æquatur angulo incidentiæ; (quippe cum is complementum sit anguli ANB); et angulus NKB (complementum videlicet anguli KNB) æquatur angulo refracto. Cum itaque sit hinc sinus anguli NAB (vel anguli deinceps NAK) ad sinum anguli NKA, ut I ad R; etiam in triangulo NAK latus NK ad latus NA sese habebit ut I ad R. Quod E. D. Quinetiam si latera NK, NA se habeant ut I ad R; etiam dictorum angulorum sinus ita se habebunt; unde constabit ipsam $KN\alpha$ ad AN pertinere.

V. Hinc particularis emergit expeditissimus modus hujusmodi quotcunque refractos designandi. Nempe per radians punctum A ducatur AB refringenti EF perpendicularis; et fiat $AB : ZB :: R : I$; tum per Z ducatur recta GH ad EF parallela. Proponatur jam quilibet incidens AN, cui conveniens designandus est refractus. Eum sic designaveris. Protrahatur NA (si opus) ut cum GH con- Fig. 34.

veniat in S; et centro N per S describatur circulus ipsam AB secans in K; (secabit utique si refractus aliquis ad incidentem AN pertineat;) erit connexa KN, protractaque radio AN debitus refractus. Etenim est

$$KN : AN :: SN : AN :: ZB : AB :: I : R :: KN : AN;$$

unde liquet (e præcedente) propositum.

VI. Exhinc etiam hujusmodi refractionis præcipua symptomata perfacili colliguntur negotio; quæ seorsim acceptis, et quæ secum mutuo collatis accidunt refractis; hoc imprimis: In primo casu (quum nempe refractio fit e rariori in densius, seu quum $I > R$) concursus refractorum cum rectâ AB (quam subinde radiationis hujus axem appellare licebit) supra punctum Z existit. Nam connexâ NZ; quoniam ang. NZS recto BZS major est, erit NS (vel NK) $> NZ$; adeoque $BK > BZ$. Item, in secundo casu (quum media contrarie se habent) dictus concursus infra punctum Z existit. Etenim rursus connexâ NZ; est ang. NSZ recto AZS (interno) major, adeoque $NZ > NS$, vel NK; et ideo $BZ > BK$.

Fig. 34, 35.

VII. Hinc liquet punctum Z esse limitem ultra vel citra quem (respective) omnes refracti cum axe AB concurrunt. Quinimo quod ipsius perpendicularis AB (quasi) refractus in ipsum punctum Z terminatur. Porro:

Fig. 35.

VIII. *Lemma*: sit AB ad EF normalis, et a duobus in AB sumptis utcunque punctis A, I (quorum A propius ipsi B) ad duo puncta quævis M, N in ipsâ EF acceptis (quorum vero M sit ipsi B vicinius) connectantur rectæ AM, AN, et IM, IN; dico fore $AN : AM > IN : IM$.

Fig. 36.

Nam centro N per A describatur circulus $PAOR$ (rectas IM, IN intersecans punctis O, R) et per R ducatur RT ad EF parallela, secans IM in S. Et ob angulum NRT obtusum, patet rectam RT extra circulum totam excidere; unde $SM > (OM >) AM$; adeoque $AN : AM > AN : SM :: RN : SM :: IN : IM$; liquet igitur esse $AN : AM > IN : IM$. Quod E.D. Hinc

Si duorum radiorum AM, AN (quorum hic obliquior) refracti $M\alpha$, $N\beta$ cum axe AB conveniant punctis I, K, erit in primo casu $IB < KB$; in secundo, $IB > KB$. Etenim connexâ IN; est in primo casu, $NK : MI :: NA : MA > NI : MI$; adeoque $NK > NI$; unde $BK > BI$; ast in secundo, $NK : MI :: NA : MA < NI : MI$; quare $NK < NI$; et inde $BK < BI$. Fig. 37, 38.

IX. *Coroll.* Refractorum in primo casu concursus extra angulum ABN versantur; in secundo, intra eundem. Sed hæc eadem in decursu liquidius, ac multifariam constabunt.

X. Porro, bina quoad hos casus *Theoremata* subjiciemus, usus haud contemnendi.

1. Si fiat (in primo casu) $YB : AB :: I : \sqrt{Iq - Rq}$; Fig. 39. sit autem cujusvis incidentis AN refractus $KN\alpha$; et connectatur YN; erit $KB : YN :: \sqrt{Iq - Rq} : R$.

Nam ob $YBq : ABq ::$ (a) $Iq : Iq - Rq$; erit per conversionem rationis $YBq : YBq - ABq :: Iq : Rq ::$ (b) $KNq : ANq$; et permutando $YBq : KNq :: YBq - ABq : ANq$; componendoque $YBq + KNq : KNq :: YBq + BNq : ANq$ (nempe $YBq - ABq + ANq = YBq + BNq$; quoniam $ANq - ABq = BNq$). Quare rursus permutando est $YBq + KNq : YBq : + BNq :: KNq : ANq$; dividendoque $KNq - BNq : YBq + BNq :: KNq - ANq : ANq$; hoc est $KBq : YNq :: Iq - Rq : Rq$. Q.E.D.

(a) Hypoth.
(b) 4 hujus.

XI. *Corol.* 1. Hinc si duo refracti $M\alpha$, $N\beta$ cum axe AB conveniant in I, K; et a puncto Y ad incidentias ducantur rectæ YM, YN; erit $KB : IB :: YN : YM$. Nam Fig. 40. $KBq : YNq :: Iq - Rq : Rq :: IBq : YMq$; quare permutatim $KBq : IBq :: YNq : YMq$.

XII. 2. Hinc etiam si refracti MI, NK conveniant in X; et demittatur XP ad AB parallela; et huic protractæ MY, NY occurrant in R, S; erit $NS = MR$. Nam $XP : SN :: KB : YN :: IB : YM :: XP : RM$; cum itaque sit $XP : SN :: XP : RM$; erit $SN = RM$.

Fig. 41. XIII. 2. In secundo casu; sit cujusvis incidentis AN refractus $KN\alpha$; et fiat $YBq : KBq :: Rq : Rq - Iq$; et connectatur YN; erit $ABq : YNq :: Rq - Iq : Iq$.

Nam quia $KBq = KNq - BNq = KNq - YNq + YBq$; erit (hypothesin persequendo) $YBq : KNq + YBq - YNq :: Rq : Rq - Iq :: ANq : ANq - KNq$; et per rationis conversionem $YBq : YNq - KNq :: ANq : KNq$; (est autem $YBq = YNq - BNq = YNq - ANq + ABq$); ergo $YNq - ANq + ABq : YNq - KNq :: ANq : KNq$ (hoc est, antecedentes et consequentes adjungendo) $:: YNq + ABq : YNq$; quare dividendo, $ANq - KNq : KNq :: ABq : YNq$ hoc est $Rq - Iq : Iq :: ABq : YNq$. Q.E.D.

Fig. 42. XIV. *Corol.* 1. Hinc rursus, si duo refracti $M\alpha$, $N\beta$ secent axem punctis I, K; ipsos autem se decussent puncto X; et fiat $YP : XP :: R : \sqrt{Rq - Iq}$; et per Y ducantur MYR, NYS; erit $NS = MR$.

Nam $SB : KB :: YP : XP :: R : \sqrt{Rq - Iq}$; quare $AB : SN :: \sqrt{Rq - Iq} : I$; item $RB : IB :: YP : XP :: R : \sqrt{Rq - Iq}$; quare $AB : RM :: \sqrt{Rq - Iq} : I$; ergo $AB : SN :: AB : RM$; quare $SN = RM$.

2. Hinc $SB : RB :: KB : IB$.

XV. Porro, notandum est quo radii ab A manantes axi viciniores sunt eo refractos ipsorum spissius incedere; seu minora fore concursuum interstitia; ut nempe si in refringente EF sumantur æqualia intervalla MN, NO; et radiorum punctis M, N, O incidentium refracti $M\alpha$, $N\beta$, $O\gamma$ cum axe concurrant punctis I, K, L; erit intervallum IK minus ipso KL; seu generalius efferendo, libere sumptis ipsis MN, NO; erit $IK : KL < MN : NO$; hoc vero non aliter, opinor, elegantius quam ex adjunctis uno, vel altero Theoremate constabit. (Fig. 43.)

Fig. 44. XVI. In primo casu; sit (ut antehac) $ZB : AB :: I : R$; superque diametro ZB constituatur semicirculus; cui a puncto B adaptetur $BD = BA$; et per puncta Z, D ductâ rectâ refringenti occurrat in Y; tum ad semiaxes BZ, BY (centro nempe B, vertice Z) describatur Hyperbole HZG;

in hac autem sumpto quolibet puncto S ducantur SN ad AB, et SK ad EF parallelæ. Denique ducantur AN, $KN\alpha$; erit $KM\alpha$ incidentis AN refractus. Fig. 44.

Nam ex *Hyperbolæ* naturâ est $KBq - ZBq : BNq ::$ $BZq : BYq :: ZDq : BDq$ (hoc est) $:: ZBq - ABq : ABq$. Quare componendo $KBq - ZBq + BNq : BNq :: ZBq :$ ABq, hoc est $KNq - ZBq : BNq :: ZBq : ABq$; permutandoque $KNq - ZBq : ZBq : BNq : ABq$, rursusque componendo $KNq : ZBq :: ANq : ABq$; denuoque permutando $KNq : ANq :: ZBq : ABq :: Iq : Rq$; quare $KN : AN ::$ $I : R$; ergo KN ipsius AN refractus erit. Q. E. D.

XVII. Hinc refractorum cum axe concursus (puta I, K, L) a se distant intervallis ordinatim applicatarum ad *Hyperbolam*, puta rectarum, BZ, MR, NS, OT; vel ipsarum 0, ZI, ZK, ZL. Hæ vero (ceu passim notum, et a nobis aliquando generatim circa cunctas hujusmodi curvas ostensum est) in majori ratione crescunt, quam ipsæ BM, BN, BO; nempe $ZL : ZK > LT : KS$; et $ZK : ZI > KS :$ IR; quare satis liquet propositum. Enimvero prope verticem Z ordinatarum differentiæ perquam exiguæ sunt; ut bene multorum perpendiculari AB adjacentium radiorum refracti velut e puncto Z manare videantur; utcunque circa ipsum præcipue constipantur.

XVIII. Haud absimiliter, in secundo casu, super ipsâ AB describatur semicirculus; et huic accommodetur $BD = BZ$; et connexa protractaque AD refringenti occurrat ad Y; tum centro B semiaxibus BZ, BY describatur ellipsis HZG; et in hac accepto quocunque puncto S ducantur SN ad ZB, et SK ad EF parallela; connectantur denique rectæ AN, KN; erit KN incidentis AN refractus. Etenim ex ellipsis naturâ est $KSq : ZBq - SNq :: BYq :$ $BZq :: BYq : BDq :: BAq : ADq :: BAq : BAq - BZq$; et per conversam rationem $KSq : KSq - ZBq + SNq :: BAQ :$ BZq; hoc est $KSq : KNq - ZBq :: BAq : ZBq$; quare permutando erit $KSq : BAq :: KNq - ZBq : ZBq$; et composite $KSq + BAq : BAq :: KNq : ZBq$; hoc est $ANq :$ $BAq :: KNq : ZBq$; quare rursus permutando est $ANq :$ Fig. 45.

$KNq :: BAq : ZBq :: Rq : Iq$; itaque $AN : KN :: R : I$; unde patet KN ipsius AN refractum fore. Q.E.D.

XIX. Exhinc, ut in priore casu, patet quod distantiæ (ZI, IK, KL) concursuum æquantur differentiis ipsarum ZB, RM, SN, TO ordinatarum ad ellipsim. Et quod ZI, $ZK < IR : KS$, &c. differentiæ porro dictæ circa verticem ellipsis Z admodum exiguæ sunt, adeoque propinquiorum axi radiorum refracti circa Z dense congregantur, et velut ab eo procedere videntur.

XX. Ex his tandem universis colligitur quod puncti radiantis A imago (respectu scilicet oculi centrum O habentis uspiam in axe AB constitutum) circa punctum Z consistet. Sit enim $D\delta$ diameter pupillæ (illa nempe quæ in plano $EAFO$) et per hujus extrema transeant radiorum AM, $A\mu$ refracti IMD, $I\mu\delta$; sane patet quod nullius obliquioris (ceu ipsius AN, vel $A\nu$) refractus oculum ingredi poterit; quin universi tales aliorsum digredientur, adeoque nec illi quicquam ad visum attinebunt; eique nil omnino conferent efficiendo quaquam, nedum determinando. Quinimo cum visus a solis afficiatur radiis intra spatium ZI axem intersecantibus, adeoque velut ab eo procedentibus, intra spatium ZI necessario versabitur imago; quia vero ex his qui circa Z concurrunt oculo rectius incidunt, ideoque præcipuâ vi pollent; cum et ii (uti mox ostendimus) spissiores sint, et præ cæteris confertim incedant; (id quod etiam nonnihil illorum vim adauget;) cum etiam iidem facilius ab oculo rursus in idem punctum recolligantur; (id quod posthac aliquatenus ostendemus; et interim ex eo fit verisimile, quod res per exiguum foramen spectatæ, radiis scilicet obliquioribus exclusis, longe distinctius apprehenduntur;) quoniam, inquam, hæc ita se habent, iis perpensis omnino rationi consentaneum est objectum videri ceu radios projiciens a puncto Z, hoc est ejus imaginem inibi consistere. Addo, quod ob exilem pupillæ latitudinem, et propter aliquantam oculi distantiam a refringente; totum spatium ZI perquam angustum erit, et instar puncti merebitur existimari: quæ cuncta propositum abunde videntur confirmare.

Fig. 46.

XXI. Accedit tamen ei penitius astruendo etiam experientia; quâ nempe compertum habetur, quod objectum (velut *A*) in aquâ situm, oculo (*O*) perpendiculariter imminenti, ita distans videtur (puta ad *Z*) ut sit perpetuo *AZ* quadrans ipsius *AB*, id quod ratiociniis præcedentibus exquisite congruit. Etenim cum experientia docuerit in refractionibus ex aquâ factis in aerem, *Sinum ânguli Incidentiæ ad Sinum anguli Refracti* se habere circiter, ut 3 ad 4; erit juxta constructionem præmissam ipsius *ZB* ad *AB* ratio subsesquitertia; seu hæc ad illam ut 3 ad 4. Quare nihil erat causæ cur hoc fretus experimento præclarissimus vir receptam de refractione sententiam impugnaret, et exploderet; at potius ut ei promptius accederèt, aut firmius adhæreret, expositi Phænomeni causam adeo perspicuam, adeo necessariam suggerenti; quinimo perpendicularem ipsam (quod adeo valde vult, acriterque contendit) e superiore doctrinâ quadantenus infringi, decurtarique, (terminatione saltem refringi, tametsi non situ,) patebit ad illam attendenti.

Is. Voss.

XXII. Habetur itaque definitus imaginis situs, ob oculum in axe collocatum. Succedit ut idem præstemus oculi gratiâ extra ipsum ubicunque siti. Sed prius unum est quod opportune moneamus, antea prætermissum; eâdem scilicet operâ quoad radios convergentes simul ac divergentes confici negotium. Erunt enim ad punctum quodvis (ceu *A*) tendentium radiorum refracti prorsus iidem cum illis, qui divergentibus ab *A* convenient, modo cæteris manentibus invariatis, (refringente scilicet et puncto *A* designatum situm retinentibus,) media concipiantur transposita. Nimirum, exempli causâ, si *NK* sit refractus radii *BN* versus *A* tendentis e raro in densum; erit itidem *NH* ipsi *KN* in directum positus radii *ANB*, e raro in densum (quæ nempe prioribus homogenea sint) procedentis refractus. Itaque quæ de radiis divergentibus ostensa sunt, ea convergentibus, adhibito justo moderamine, pariter adaptari possunt; in horum locum divergentes respective congruos subrogando. Quare nedum in hoc casu, sed in omnibus qui sequentur, de radiis solummodo divergentibus

Fig. 47.

instituemus sermonem; eo subintelligentes etiam convergentes ex hac regulâ determinabiles referri. Quæ sane compendio deserviens observatio, generalibus istis supra delibatis meruit intertexi; nec enim ad hanc solam quæ præ manibus, ast ad omnes æque, quaslibet ad superficies, radiorum inflectiones se extendit.

XXIII. Adsimilem et inde consequentem, (cum paralleli a puncto proveniant infinite dissito,) circa radios parallelos observatiunculam, compendio servientem, etiam hic tempestivum fuerit adjungere; parallelorum nempe Convexis incidentium partibus radiorum inflexi, quoad positionis directionem, iidem erunt cum inflexis ipsorum Concavis partibus incidentium; modo transposita concipiantur media. Quare parallelorum radiationes examinando nihil erit opus Convexas partes a Concavis distinguere; seu exinde casus multiplicare. Res e posthac dicendis clarior evadet. His admonitis, de tabulâ jam manum; et quam proposuimus instituendam proxime disquisitionem sequenti reservamus.

LECT. V.

I. EO jam provecti sumus, ut radiantis (a sensibiliter finitâ distantiâ) puncti locum apparentem investigemus, illum nempe qui resultat, e peractâ ad planam superficiem refractione; nec non respectu visus extra radiationis axem constituti. Quorsum imprimis spectat, ut rectam determinemus lineam, in qua locus ille versatur; tum ut singulare designemus in illâ rectâ punctum, circa quod exquisite consistit. Utriusque quæsiti gratiâ conficiendum, (imo penitius excutiendum) venit hujusmodi *Problema:*

II. *Dato puncto* A, *in positione datam rectam* EF *radiante, designandus est incidens, qui per alterum transeat datum punctum.*

III. Si datum punctum alterum (puta jam K) in rectâ AB existat, ad refringentem EF perpendiculari Problema planum erit, ac ita facile conficietur. In primo casu (quando scilicet $I > R$) fiat $AB : YB :: \sqrt{Iq - Rq} : I$; itemque fiat $KB : T :: \sqrt{Iq - Rq} : R$; tum centro Y intervallo T descriptus circulus ipsam EF secet in N; connectanturque AN, KN; erit $KN\alpha$ ipsius AN refractus.

Fig 49.

Itidem in secundo casu (cum $I < R$) fiat $KB : YB :: \sqrt{Rq - Iq} : R$; et $AB : T :: \sqrt{Rq - Iq} : I$; centroque Y intervallo T describatur circulus ipsi EF occurrens in N; eritque rursus KNa ipsius AN refractus. Hæc autem e supra positis Theorematis abunde constant.

10 et 13 Lect. 4.

IV. Verum extra casum hunc, et particulares alios nonnullos (quos hic certe nil attinet commemorare) generatim et illimitate conceptum Problema solidum est, pluresque duabus solutiones admittit; id quod facile perspicietur concipiendo punctum datum (puta X) in primo casu extra angulum ABF jacere; (vel intra eundem, in secundo;) quo posito liquet e præcedentibus obtingere posse nonnunquam, ut duorum ad partes BF incidentium refracti concurrant ad X; quin et alterius unius ad partes BE incidentis refractum etiam per idem X transire; quod cum subinde, dico, contingere possit, inde certo consequetur *Problema* solidum esse.

Fig. 50.

V. Pro cujus solutione, primum adnoto vix ullum *Problema* dari (præsertim e difficilioribus) quod non peculiarem lineam naturâ sibimet appropriatam habeat, cujus descriptione quam expedite construatur; et quidem ita, ut simul indolem suam prodat; possibilitatem, inquam, et impossibilitatem suam; determinationes, et limitationes necessarias; casuum et solutionum varietatem aperte monstret, et velut ob oculos representet. In cujus qualis qualis observationis specimen (alia quædam postmodum exhibituri) imprimis lineam proponemus hujusce Problematis executioni peculiariter accommodatam, hoc modo prompte describendam.

Fig. 51. VI. Per radians punctum A ducatur ARS refringenti parallela; eidemque perpendicularis AB utrinque protendatur indefinite. Item per datum alterum punctum X protendatur XR ad AB parallela: Quinetiam facto $AS : AR :: I : R$; per S extendatur SV ad AB parallela. Quibus stantibus, per A quotcunque transeant rectæ secantes ipsam SV punctis H; et centro X, intervallis ipsas AH exæquantibus, describantur circuli secantes perpendicularem AB punctis K; demum per X, K ductæ lineæ cum ipsis HA conveniant in N. Per ejusmodi quæcunque puncta transibit proposito nostro deserviens linea (ANN) quam suscepimus describendam; cujusce nimirum cum refringente EF intersectiones ipsissima sunt incidentiæ puncta, quæ indagamus; hæ autem ad unas rectæ AB partes (veluti ad F) aliquando duæ erunt; subinde tantum una, cum EF sic effectam curvam tangit; quandoque nulla, cum EF ultra tangentem dictam jacet; ad alteras saltem una erit; quæ satis attendenti manifesta futura subnoto tantum et levi pede prætereo; quoniam aliunde mox apparitura.) Sit, Fig. 51. inquam, ejusmodi quælibet intersectio N; dico fore XN, ipsius AN refractum. Etenim est $I : R :: AH : AT$: hoc est (quoniam AH, KX sunt ex constructione pares) $I : R :: KX : AT :: NK : NA$; unde manifestum, e præmonstratis, est propositum.

VII. Veruntamen hujusmodi constructiones *Geometrarum* usus aut non libenter admittit, aut alias saltem exigit per lineas vulgo notas, atque receptas; itaque consuetudini morem gerentes rem aliter conficiemus; huc utique faciens sequens *Problema Lemmaticum* præmittentes: Dato angulo recto XPF; punctoque quovis Y; per hoc rectam ducere dati anguli cruribus occurrentem, sic ut ab Fig. 52. iis intercepta sit æqualis datæ rectæ T. Expeditissime quidem perficitur hoc ope *Conchoidis* alicujus polo Y descriptæ; sed enim quoniam et iste modus haud ita Geometricus censetur; adhuc iisdem Geometris obsequentes ita propositum exequemur. Ducatur YB ad PF perpendicularis; et *Asymptotis* PX, PB ducatur *Hyperbola* per Y transiens, (si quidem punctum Y existat extra angulum datum, aut istius opposita (si punctum Y sit intra dictum angulum) tum centro Y intervallo datam T æquante descriptus circulus *Hyperbolam* intersecet in K; et a K demittatur KL ad BP perpendicularis; accipiatur autem $BN = PL$; et per NY trajiciatur recta NG; dico factum; vel esse NG parem datæ T. Nam (ductâ YH ad PB parallelâ) ex *Hyperbolæ* proprietate est $PL \times LK = PB \times BY$; adeoque cum sit ex constructione $BN = PL$; erit $BN \times LK$ :: $PB \times BY$; adeoque $BN : BY :: PB :: LK$; est autem $BN : BY :: DY : DG$; ergo est $PB : LK :: DY : DG$; quare cum sit $PB = DY$; erit $LK = DG$; adeoque (pares LH, DP addendo, vel subtrahendo) est $KH = GP$; quinetiam est $YH = LB = PN$ (communem nempe PB, vel LN addendo). Ergo patet fore YK (vel T) æqualem ipsi GN. Q.E.F. Fig. 52.

VIII. Notandum est autem in casu, quando punctum Y intra datum angulum XPF existit, quod circulus ille centro Y descriptus subinde designatam hyperbolem binis punctis secabit; (quod enim pluribus haud quaquam secabit universim haud ita pridem circa tales ad eadem convexas curvas ostendimus;) quo casu patet duas obvenire propositi solutiones, aliquando rursus ille dictus circulus *Hyperbolen* continget; et tum una tantum per Y duci poterit recta, datam T adæquans; illa scilicet omnium quæ per Y dato angulo interseri possunt minima. Quod si circulus Hyperbolæ non occurrat, *Problema* prorsus ἀπόριστον erit. Sin punctum Y extra datum angulum existat, evidens est tantum uno modo problemati satisfactum iri; quodque per alteram intersectionem, et Y, ducta recta ad angulum pertinet dato verticalem; hæc, inquam, tantillum attendenti manifeste constabunt; nihil ut sit opus hic plura verba consumere; verum ut in horum casuum primo constet, (id quod pro sequentibus ex usu erit cognoscere,) quando dictus circulus *hyperbolem* contingit, seu quando tantum una per Y recta quantitatis ejusdem interseri possit, hoc adnectemus *Theorema*. Fig. 53.

IX. Si a puncto quovis Y intra rectum angulum XPF

Fig. 54. existente demittantur ad ejusdem anguli latera perpendiculares YB, YD; ac inter YB, YD proportione mediæ sint rectæ BN, GD; per puncta N, Y, G transibit recta cunctarum minima, quæ per Y ductæ angulum XPF subtendere possunt.

Quod NYG sit una recta patet, quoniam est $YB : BN :: GD : DY$ (ex constructione nimirum;) porro per Y transeat alia quæcunque recta LYM; et NH ad GN, MH ad PF perpendiculares concurrant in H; item HR ad NG parallela ducatur; et GS ad PF; denuoque connectatur GH. Jam patet triangula GDY, YBN, HMN, HMR similia fore; quodque propterea est $MN : MR :: MNq : MHq :: DGq : YDq$; item (ob BN, DG, YD $\div\!\div$) est $BN : YD :: DGq : YDq$; hoc est $YN : YG$ (vel $MN : GS$) $:: DGq : YDq$; ergo est $MN : MR :: MN : GS$; adeoque $MR = GS$; itaque major est GS ipsâ MT; adeoque rectæ GH, LM protractæ concurrent; puta ad Z, ergo $LM : GH :: LZ : GZ$; verum propter angulum LGH recto P majorem, est $LZ > GZ$; quare $LM > GH$; ast ob angulum rectum GNH est $GH > GN$; quare magis est $LM > GN$; eodemque modo quævis per Y ducta major ostendetur ipsâ GN. Q.E.D.

X. Hinc etiam si GN sit in ratione YB ad YN quarta proportionalis; erit GN minima; nam inde consequetur fore YB, BN, GD, YD $\div\!\div$. Etenim erit $YNq : YBq :: GN : YN$; et dividendo $BNq : YBq :: GY : YN :: DY : BN$, ac inde $YBq \times DY = BM$ cub.; vel $DY = \frac{BN \text{cub.}}{YBq}$; itaque DY est quarta proportionalis in ratione YB ad BN.

XI. Subnotari potest autem, quod minimæ GN propiores remotioribus minores sunt, et quod cuivis eâ majori binæ pares interseri possunt, ad ejus utramque partem singula, nimirum hæc e superiori constructione luculente patent; pauxillum expende sodes; et perspicies; operamque meam non desiderabis.

XII. His præstratis ad *Principale construendum Pro*

blema revertimur; et reliqua detexenda, scilicet imprimis a dato puncto A prodiens radius est designandus, cujus refractus per datum punctum X transibit. Hoc ita conficitur; per A, X ducantur refringenti perpendiculares AB, XP, tum in primo casu fiat $AB : YB :: \sqrt{Iq - Rq} : I$; neque non fiat $XP : T :: \sqrt{Iq - Rq} : R$; et per punctum Y transadigatur recta NG subtendens angulum ABF et ipsam T exæquans; et connectantur AN, XN, dico factum; seu rectam XV incidentis AN refractum esse. Etenim est $XP : KB :: NP : NB :: NG : NY$, permutandoque $XP : NG :: KB : NY$; hoc est $XP : NG$ (vel $\sqrt{Iq - Rq} : R$) $:: KB : YN$; itaque per theorema præmissum, liquet KN ipsius AN refractum esse. Q.E.F. Fig. 55, 56.

Haud absimiliter in secundo casu; fiat $XP : YP :: \sqrt{Rq - Iq} : R$; itemque $AB : T :: \sqrt{Rq - Iq} : I$; anguloque ABF per Y transiens, ipsamque T adæquans inseratur recta NG; connectanturque AN, XN; factum erit. Nam ipsam XP protractam secet AN in S; estque $SP : YN :: AB : GN :: AB : T :: \sqrt{Rq - Iq} : I$; unde consequitur e præmonstratis fore XN ipsius SN refractum. Q.E.F. Fig. 56.

XIII. Exhinc, et præmissa respiciendo, satis dilucescit non ultra duos ad unas perpendicularis AB partes incidentium refractos in uno puncto convenire; nam (ut supra declaratum) per punctum Y (quod universis hujusmodi constructionibus commune, vel invariatum persistit; in primo casu quoad omnes ab A incidentes; in secundo quoad omnes per X transeuntes refractos) plures duabus sibi pares duabus sibi pares rectæ angulo recto XPF, vel ABF interseri nequeunt; adeoque nec plures refracti per ipsum X transibunt.

XIV. Porro, cum e dictis definita habeatur recta, in qua puncti A Imago versatur; iste nimirum refractus qui per oculi centrum transit, modo jam exposito ducendus; ipsum jam punctum determinandum venit, ad quod illa præcise consistit; id quod etiam e præcedentibus haud difficulter eliciemus.

XV. Sumatur, in casu primo, punctum Y conditione præditum jam aliquoties insinuatâ; scilicet ut sit $AB : YB :: \sqrt{Iq - Rq} : I$; et designetur quilibet refractus KN; tum continuetur ratio YB ad BN; ut sit ad has proportione quarta BP; et per punctum P ducatur recta PZ ad AB parallela; refracto KN occurrens in Z; dico nullum alium refractum per Z transire. Nam si fieri potest transeat alius ZR; et per Y traducantur rectæ NYG, RYS; e præmonstratis apparet quod sit RS* $= NG$; item e prædictis manifestum est quod RS* $> NG$; quæ repugnant.

Fig. 57, 58.

* Lect. XII. 4.

* 9 hujus Lect.

XVI. Non dispari ratione, quoad casum secundum, designetur quilibet refractus KN; et fiat $KB : GB :: \sqrt{Rq - Iq} : R$; tum adnexâ GN, ad ipsas NG, GB sumatur tertia proportionalis V; et fiat $NG : V :: BN : NP$; et per punctum P ducatur PY ad BA parallela refractum NK decussans in Z; dico nullum alium refractum per ipsum Z meare. Nam, si neges, transeat alius ZR; et per Y trajiciatur RYS; et quoniam $ZP : YP :: KB : GB :: \sqrt{Rq - Iq} : R$; ex *antedictis apparet fore $RS = NG$. Quinetiam ob $NGq : GBq :: NG : V :: BN : NP$; erit dividendo $NBq : GBq :: BP : NP$; hoc est $NPq : PYq :: BP : NP$; inde facile deducitur esse BP quartam proportionalem in ratione YP ad PN; consequenterque fore RS minimâ NG majorem; quod adversatur ostensis; itaque potius per Z nullus alius transit refractus. Q.E.D.

Fig. 58.

* Lect. XIV. 4.

XVII. Præterea, si refractum NKZ intersecet alius quilibet MI, ad rectiorem pertinens incidentem (hoc est ut incidentiæ punctum M inter B, et N jaceat) intersectio X solitario puncto Z citerior erit (seu perpendiculari KB propinquior). Nam ab X demittatur perpendicularis XQ; ipsam NG secans in γ; et (in primo casu) per M, Y traducatur recta MYH, ergo $MH = N\gamma$. Quare minima earum quæ per Y angulo XQF interseri possunt inter puncta M, N cadet (uti nuper admonitum, et adstructum), puta ad ϕ, ergo quum sit BP quarta proportionalis in ratione YB ad BN; et BQ quarta proportionalis in ratione YB ad $B\phi$, erit $PB > QB$; adeoque recta XQ rectis ZP, KB interjacet. Q.E.D.

Fig. 59, 60.

In secundo casu, per γ trajiciatur recta $M\gamma H$; ergo cum sit $QX : Q\gamma :: PZ : PY :: \sqrt{Rq - Iq} : R$, erit $HM = GN$; ergo minima per γ ducibilium angulo ABF intercipienda punctis M, N intercidet; puta ad ϕ, quare QB quarta proportionalis erit in ratione γQ ad $Q\phi$; et est $\gamma Q : Q\phi >$ $(\gamma Q : QN) :: YP : PN$, et simplicibus triplicatas substituendo rationes, est $\gamma Q : QB > YP : PB$; et his æquales rationes adjungendo est $QN : \gamma Q + \gamma Q : QB > PN : YP + YP : PB$; hoc est $QN : QB > PN : PB$, componendoque $BN : QB > BN : PB$; ergo $QB < PB$; unde rursus liquet rectam XQ ipsis AB, ZP interjacere. Q.E.D. Fig. 60.

XVIII. Consimili prorsus argumentatione constabit obliquiorum incidentium refractos ultra punctum Z ipsam KN intersecare.

XIX. Quinimo rursus exertius apparet non nisi binos refractos in eodem puncto convenire.

XX. Addo cum ipso KN concurrentes refractos circa punctum Z conglomerari, præsertim illos, qui ad partes F (obliquius) incidentes pertinent.

Nam accipiantur, exempli causâ, sibi pares NS, ST; et sit BP quarta proportionalis in ratione YB ad BN; et BQ quarta proportionalis in ratione YB ad BS; et BR itidem quarta talis in ratione YB ad BT; et a punctis P, Q, R erectæ perpendiculares ipsam NKZ secent in Z, X, et V; patet (e mox ostensis) omnium spatio NS incidentium refractos cum NK concurrere intra ZX; nec non omnes ipsi ST incidentium refractos intra XV cum eodem convenire; porro rectæ BP, BQ, BR se habent invicem ut *Cubi* rectarum BN, BS, BT, (vel sunt in ipsarum BN, BS, BT *ratione triplicatâ*: nam $BP : YB :: BN$ cub. : BY cub.; et $YB : BQ :: YB$ cub. : BS cub.; adeoque ex æquo $BP : BQ :: BN$ cub. : BS cub.; et consimili ratione $BP : BR :: BN$ cub. : BT cub.); unde facile monstrabitur esse PQ multo minorem quam QR; vel ZX quam XV (verbis parco multis in re satis manifestâ); quare dicti refracti circa punctum Z spissius ipsum NK decussabunt. Fig. 61.

Fig. 62.

§ XXI. Ex his demum conficitur omnibus bene trutinatis oculo (*O*) centrum habenti in refracto *NK* uspiam constituto, puncti *A* imaginem ad ipsum conditione præditum toties insinuatâ punctum *Z* consistere. Sit enim *CD* pupillæ (in plano *ABC* jacens) *Diameter; axi Optico KN* perpendicularis; et per ejus extrema *C*, *D* transeant refracti *IM*, *LR* ipsi *KN* occurrentes punctis *X*, *V*; ex ostensis patet omnium intra spatium *MN* incidentium radiorum refractos intra terminos *ZX* principalem refractum intersecare; neque non omnes ad spatium *NR* pertinentes intra *ZV* eidem occurrere; quinetiam nullius citra punctum *M*, vel ultra *R* incidentis refractum (seu nullum citra *X*, vel ultra *V* cum ipso *KN* concurrentem) oculum ingredi posse; quare saltem imago consistet intra terminos *VX*; siquidem aliunde qui videntur emanare *Radii* nihil quicquam ad visionem conferent, aut ad eam ullatenus pertinebunt; cæterum quoniam ab *VX* procedentium (apparenter, inquam, procedentium) rectissimi, vel axi propiores velut ab ipso *Z* procedere videntur (seu a loco qui circa ipsum) ipsique proinde validius afficiunt oculum, et ab eo facilius adunari, recolligique possunt; cum et ii præ cæteris confertim irruant, (illi saltem qui ad partes *NR*,) quia denique propter angustiam pupillæ spatium *VX* haud ita magnum existit; cum, inquam, hæc ita se habeant, omnino rationi consentaneum est, dictam imaginem circa punctum *Z* versari; nec alias arbitror excogitari posse verisimiles causas, quæ situm ejus determinent. *Alhazenus* quidem, et post eum pleraque cohors *Opticorum* ipsam ad punctum *K*, ubi principalis refractus perpendicularem *AB* decussat, constituit; verum haud ullam rei natura causam suggerit, cur inibi statuatur; unicus enim (nisi saltem pupilla perpendicularem ipsam *AB* comprehendat, oculusque valde sit ei propinquus) per illud punctum means radius, afficiendo visui minime suffecturus, ingredietur oculum; eademque punctorum intra *KX* ipsi *K* adjacentium est ratio; nullus siquidem ea permeans refractus oculum attingit; nil itaque subest causæ cur punctum *A* circa *K* appareat. Quin adhuc a vero magis aberrat, qui* faciens *NH* æqualem ipsi *NA* puncto *H* affigit imaginem (huc, opinor, impulsus quia

Fig. 62.

* D. Hobbius.

taliter in reflectione se rem habere perspexit; cui similis causa ni fallor *Euclidem*, *Alhazenum*, *Stevinum* (quanquam ipsos in diversum euntes) horumque sequaces, in *Catoptricis*, in errorem egit; prout usu non raro venit *analogias haud bene fundatas*, indistincteque perceptas mortalibus imponere; sed utcunque quod dixi magis ista sententia abhorret a ratione;) nullus enim in primo casu refractorum concursus fit infra angulum *ABF*; nullus extra illum in secundo; proindeque fortius hanc quæ objecimus, quam priorem *Alhazeni* percellunt sententiam; addo quod simul utraque, sed præsertim hæc, multiplici refragatur experientiæ, multiplicique ratiocinio. Pariter enim se res habere debuit in *Catoptricis*, ut et in *Dioptricis circularibus;* id quod manifeste, longeque secus tam ab experientiâ, quam a ratione compertum est; quin hanc abunde subvertit ac pessum dat quod supra proposuimus experimentum, nemini non obvium; quod nempe punctum *A*, oculo in ipso perpendiculari *AB* constituto, non in suo loco (quod juxta dictam sententiam oportuit) ast pro mediorum diversitate, (perquam sensibili intervallo) citerius adspectatur, aut ulterius. Sed effatum hoc nostrum (eique quoad reliquos in Catoptricis, Dioptricisque casus similes consona) tametsi novitium, et nullâ quod sciam hactenus auctoritate fultum, cum forsan expositum dilucidius, tum penitissime dabimus confirmatum, si quando nos de imaginum naturâ, locoque speciatim evenerit dissertare. Mihi saltem videtur hæc Scientia quoad hanc partem suam, certe palmariam (uti reperitur hactenus tractata) perquam mutila, ne dicam admodum vitiosa; nec alio fere collimamus quam ut aliquousque suppleamus eam, ac sanemus.

XXII. Proxime dictis confirmandis idoneum haud illepidum experimentum interseremus. Aqueæ Superficiei *RS* (stagnanti, et immotæ) desuper immineat objectum *HG*; ejus autem punctum *G* radat perpendiculum *EF* (filum puta candidum, aut stylus, cui plumbum *F* appenditur) videbitur itaque punctum *G* (oculo *O*) ex reflectione in ipsâ perpendiculari *GB* velut ad γ; at perpendiculi punctum *F* (admodum notabili distantiâ) [ex refractione]

Fig. 63.

citra lineam $B\gamma$ aspicitur (velut ad ϕ) id quod ex sententiâ nostrâ factum oportuit; et *Alhazeni*, sequaciumque doctrinam liquido destruit.

XXIII. Subjicio tandem ex his comparere modum genuinam *refractariam* quam vocant (per quam nempe recta linea repræsentatur in aquæ fundo conspicua) *lineam* designandi; cujus loco complures (utique non eandem omnes, ast aliam alii) Chimæram inani sunt operâ prosequuti; de quâ *Cartesius* ipse percontanti *Mersenno* sic respondit: "Non potest facile determinari qualem figuram linea visa in fundo aquæ sit habitura; neque enim certus est aliquis imaginis locus in reflexis aut refractis, quemadmodum sibi vulgo persuaserunt Optici." Imo vero (tanti viri pace) cum speciale quodvis objectum (per ejusdem generis et eodem modo terminatum medium aspectabile) similem constanter exhibeat speciem sui, simili situ dispositam, simili præditam figurâ; non video quin ex parte rei certum imago locum sortiatur; cujus certe (quoad illum qui præ manibus est casum) quotcunque puncta non difficile poterunt e præcedentibus determinari; quinimo nullius non, ex hujusmodi planam ad superficiem refractione subnascentis phænomeni, (quoad ejus intelligo figuram,) causa vere, ni fallor, hinc et prompte possit assignari; verum hæc circa planas superficies dicta sufficient; ad curvas nos proxime conferemus.

Tom. II. Epist. 73.

LECT. VI.

I. ABSOLUTIS iis, quæ radiis accidunt ad planam superficiem inflexis (observatu quæ videbantur non indigna, cumque principiis nostris cohærentia; quæ denuo viam sternebant, aut methodum aperiebant sequentibus) ad curvas jam gradum promovemus; circa quas equidem cogitâram communia quædam delibare; verum excussâ re, tam exilem illam et abstractam deprehendo, satius ut existimem actutum ad particularia descendere;

curvarum utique principem, et ad praxes Opticas longe paratissimam, Superficiem Sphæricam aggrediar e vestigio; pro quâ tamen, ob causas pridem assignatas, circulos subrogabo per oculi sphæræque centra, perque singula radiantia puncta trajectos; et quoad hos *Catoptricâ* primo, *Dioptricâ* postmodum exequemur. Ad illa.

II. Præsternemus autem λεμμάτιον unum vel alterum; hoc imprimis: Incidentium circulo radiorum obliquior est, qui magis a centro distat; vel qui minorem arcum (subsemicircularem) subtendit; scilicet obliquius incidit recta *QRS*, quam recta *MNP*. Nam a centro *C* ducantur *CN*, *CP*; et *CR*, *CS*; et quoniam angulus *RCS* angulo *NCP* (hypothesi nimirum insistendo) minor est; patet reliquos *CRS*, *CSR* reliquis *CN*, *P*, *CPN* (cum junctim, tum singulum singulo) majores esse. Cum itaque semidiametri *CR*, *CN*, circumferentiæ perpendiculares sint; omnino liquet propositum.

Fig. 62. *Lect.* 6 *a.*

III. *Dato radio* MN *ad circulum incidenti congruum reflexum designare.*

Variis modis huc facile peragitur; quorum nunc unum adhibere, tunc alium ex usu sit; nos unum aut alterum ex expeditioribus attingemus. 1. Incidens *MN* protrahatur ut circulum denuo secet in *P*; et sumatur arcus $N\varpi = NP$; erit connexa ϖNH ipsius *MNP* reflexus; nam a centro *C* connexâ *CN*, manifestum est angulum $CN\varpi$, angulo *CNP* æquari. 2. Accepto quovis in *NM* puncto (puta *M*) centro *C* per *M* describatur circulus *MQH*; item centro *N* per *M* describatur circulus *MRH*, qui priorem *MQH* secet in *H*; erit $HN\varpi$ reflexus ipsius *MNP*. Etenim connexis *CM*, *CH*; et *NM*, *NH*; ex constructione liquet triangula *CMN*, *CHN*, invicem æquilatera fore; proindeque angulos *CNM*, *CNH* (et inde reliquos *MNR*, *HNR*) æquari. 3. Protensâ *CNR*, a quovis in *MN* puncto, puta *M*, ducatur *MG* ad *CR* perpendicularis, et in hac productâ sumatur $GH = GM$; erit conjuncta $HN\varpi$ iterum reflexus. Nam connexis *NH*, *NM* patet angulos *GNM*, *GNH* æquari; verum hi modi sufficiunt huic conficiendo perfacili negotio.

Fig. 63. *Lect.* 6 *a.*

Fig. 63. *Lect.* 6 *a.*

IV. Notetur si fuerit $HN\varpi$ reflexus ipsius MNP, fore $N\varpi = NP$.

V. Dispiciamus jam primo quid ex hujusmodi reflectione contingat puncto, ab infinitâ quoad sensum distantiâ radianti, seu parallelos projicienti radios; quorsum, per circuli reflectentis centrum C protendatur indefinite recta ABC (hoc autem in sequentibus evitandæ repetitioni perpetuo factum intelligatur; quin ejusmodi recta nominetur *Axis*, hic *Speculi*, postea *Diaphani;*) bisecetur autem semidiameter CB in Z; et per Z transeat recta ZY ad CB perpendicularis, indefiniteque protensa; tum quilibet incidat axi parallelus radius MNP ad N; (convexo circuli nil refert, an cavo; nam in utroque casu reflexus quoad directionem idem erit; vel ejus qui in hoc, iste qui in illo productus erit) connexaque CN ipsam ZY intersecet in V; fiatque $CK = CV$; ducaturque NK; erit NK ipsius MN reflexus (vel reflexi productus.) Nam ducatur NQ ad CB perpendicularis, et connectatur CP; estque $CZ : CK :: (CZ : CV ::) CQ : CN$; quapropter antecedentes duplicando $CN : CK :: PN : CN$; item angulus KCN æquatur alterno CNP; ergo triangula CKN, NCP similia sunt; adeoque $KN = KC$; igitur e supra generatim ostensis patet fore KN, ipsius MN reflexum.

Fig. 64.

VI. Hinc particularis emergit methodus hujusmodi quotcunque reflexos quam expeditissime designandi; quin et ipsorum erga se rationes ac respectus; nec non pleraque primaria *Symptomata* facile dilucescunt; corollariis nempe subjectis comprehensa.

VII. 1. Patet punctum Z, semidiametrum CB bisecans, esse metam infra quam nullus reflexus axem secat (vel perpendicularis ipsius reflexum BZ ad Z terminari); quia semper $CV > CZ$; adeoque $CK > CZ$.

VIII. 2. Patet esse $KN = KC$.

3. Patet fore PN $(2CQ)$, CN. CK $\div$.

IX. 4. Ductâ tangente BT, productâque CNE, patet secantem CE distantiæ CK duplam esse; et $EN = 2KZ$.

X. 5. Manifestum est incidentis ad F (hoc est ad distantiam 60 graduum a vertice) reflexum per verticem B transire; proindeque reflexos omnium intra BF incidentium axem intra spacium BZ decussare; sed omnes *extra* BF reflexos ultra B cum eo convenire. Fig. 64.

XI. 6. Perspicuum est duorum hujusmodi quorumvis ad easdem axis partes incidentium (ut ipsorum MNP, QRS) reflexos (ut GNK, HRL,) productos se prius decussare, quam axem. Nam, ductis CR, CN, est $C\rho > CV$, adeoque $CL > CK$; unde necessario rectæ NK, RL, se decussabunt, puta ad X. Fig. 65.

XII. Hinc ipsi convexis partibus incidentium reflexi, NG, RH, antrorsum procurrentes divergunt; adeoque nunquam uno plures idem oculi centrum permeant; unde speculum convexum unicam longinqui radiantis imaginem reddit.

XIII. 7. Notetur autem angulum GXR (vel KXL) a duobus reflexis comprehensum æquare duplum angulum NCR (hoc est duplum excessum angulorum incidentiæ). Nam ang. $KXL =$ ang. $ALR -$ ang. $AKN = 2$ ang. $ACR - 2$ ang. $ACN = 2$ ang. NCR.

XIV. Pro sequentibus hujusmodi *Lemma* proponemus: In triangulo quopiam ABC recta AD bisecet angulum BAC; dico fore $AB + AC > 2AD$. Fig. 66.

In *Isoscele* res clara est; in alio proinde sit $AC > AB$; centroque A per B ducatur circulus BXY secans ipsam; AD in X, et AC in Y. Subtensa BX ducatur, ipsamque AC secet in V; fiatque VT ad AD parallela; denuo subtensa XY connectatur. Et quoniam ang. XVC major est angulo XYV, vel angulo BXD, vel ipso BVT, patet rectam VT angulum XVC secare; item ob angulum XYV obtusum, est $XV > XY = BX$; ergo $BV > 2BX$; et VT

$> 2XD$. Verum ang. VTC (major ipso TVB, vel ipso DXB) est obtusus; adeoque $VC > VT$; itaque magis $YC > 2XD$; ergo $AB + AY + YC > 2AX + 2XD$; hoc est $AB + AC > 2AD$. Q.E.D.

XV. Quo paralleli radii rectius (vel axi propinquius) incidunt, eo reflexorum concursus ad axem sibi viciniores sunt.

Fig. 67. Nempe sumantur utcunque pares arcus NR, RX; et incidentium MN, QR, VX reflexi NK, RL, XM cum axe conveniant punctis K, L, M; erit $ML > LK$. Nam connexæ CN, CR, CX rectæ ZY occurrant punctis V, ρ, ξ. Est itaque (juxta *Lemma* præcedens) $C\xi + CV > 2C\rho$; hoc est, $CM + CK > 2CL$; quare $CM - CL > CL - CK$; hoc est $ML > LK$. Q.E.D.

XVI. Exhinc patet axi propinquam lucem ab hujusmodi reflectione magis magisque constipari; maxime circa punctum Z, ubi perpendicularis ipsius quasi reflexus terminatur, unde potissima constat ratio, quare concavis a speculis ad solem expositis circa punctum Z *ignis* accenditur; enimvero condensatior, inque spacium arctius quasi compressa lux validiorem exerit vim, ac efficaciam.

Fig. 68. XVII. Quinetiam ex his consectatur, longinqui puncti imaginem oculo in axe constituto circa punctum Z consistere. Sit, inquam, BCO axis Opticus; oculique diameter $D\delta$ (in planâ nempe circuli propositi sita) hujus autem extrema permeent reflexi NKD, $VK\delta$ (ad incidentes MNP, $\mu V\varpi$ pertinentes); jam abunde manifestum est imaginem conspicuam intra KZ spatium versari. Nam alterius cujusvis, hinc vel inde cadentis, reflexus (seu ipsius RS, vel $\rho\sigma$) oculum omnino transgredietur, adeoque nihil quicquam ad visionem ipsam, vel ad ejus quemcunque modum determinandum conferet; id autem omne merito tribuetur radiorum intra peripheriam $N\nu$ incidentium reflexis; qui scilicet oculum ingredientes suo quisque modo visum aliquatenus afficiant; quoniam tamen ex his, qui propiores axi rectius incidunt oculo, magisque pollent idcirco; nec non iidem propterea facilius ad unum in oculo punctum recolliguntur; præ cæteris etiam illi catervatim ingruunt; rationi consonum est isthic præsertim imaginem consistere; siquidem velut ab eo plures, ac efficacissimi radii videbuntur emanare. Subjicio, propter admodum exiguam pupillæ latitudinem, ipsum spatium *KZ* non ita magnum esse, quin instar *Puncti* possit censeri. Quibus expensis luculente constare videtur propositum.

XVIII. Subdo tantum, si oculus usquam intra spacium *ZB* statuatur, visionem inde confusam, aut nullam evadere; quia nempe tunc reflexi præcipui (seu rectissimi) oculum convergentes appellent.

XIX. Ex his porro facile refelluntur, quæ de imaginis loco plerique tradunt omnes Optici; cum illis novissimus *Honor. Fabri;* juxta quorum doctrinam imago a puncto reflectionis tanto distat intervallo, quanto punctum radians ab eodem semovetur; ita quidem ut Sol ex hujusmodi reflectione conspicuus ad tantam, quantam directe spectatus, distantiam (eorum insistendo sententiæ) debeat apparere; quod immane quantum experientiæ refragatur; etenim si Soli exponatur *Speculum RBρ* (concavum, aut convexum) sic ut ei Sol quasi perpendiculariter immineat, oculusque prope axem *BC* constituatur uspiam; fere circa punctum *Z*, arbitrante sensu, luculenta Solis imago sese præbebit oculo conspiciendam; id quod juxta ratiocinium nostrum necessario debuit evenire; verum hic error (in Opticâ capitalis, et quo non ablegato nulla phænomeni cujuscunque ratio verisimilis constabit) ubique se objiciet refutandum; hic itaque pluribus parco; pergoque versus oculum extra radiationis axem positum; postquam unicam hanc præcedentibus adnexam observationem subjecero. Fig. 67.

XX. Majoris Sphæræ portio vehementius urit; ut et Objectum visibile clarius atque distinctius repræsentat, quam minoris æqualem obtinens latitudinem portio. Fig. 69.

Super eandem nempe subtensam *NV* insistant imparium circulorum segmenta *NBV*, *NbV*; quorum axis *AD*;

et in hoc circulorum centra *C*, *c*; constat ut minoris peripheriam *NbV* extra majoris *NBV* jacere; ita majoris centrum *C* infra minoris centrum *c* existere; bisecentur jam semidiametri *CB*, *cb* in *Z*, *z*; ducanturque tangentes *BT*, *bt*; hisque ductæ *CN*, *cN* occurrant punctis *E*, *e*; denuo radii *PN* axi paralleli sit ad peripheriam *NBV* reflexus *NK*; ad ipsam vero *NbV* sit ejusdem reflexus *Nk*; liquidissime jam patet quod sit $Ne > NE$; hoc est quod dupla *zk* major sit duplâ *ZK*; adeoque simpla *zk* major simplâ *ZK*; majoris itaque sphæræ portio strictiores intra terminos illabentem lucem cogit; adeoque potentius operatur; eâdemque de causâ rem objectam illustrius atque distinctius exhibet obtuenti; quod erat propositum ostendere. Et hæc quidem ad locum imaginis determinandum attinentia pleraque propter oculum in axe situm suffecerit attigisse. Superest ut idem oculi gratiâ secus constituti pertentemus; id operis sequenti deputamus.

Lect. VII.

I. ID nunc agimus, ut ab infinito quoad sensum intervallo radiantis puncti, e reflectione circularem ad peripheriam peractâ oriundæ imaginis, oculi respectu præter axem siti, locum exquiramus; quocirca primum ipsa recta linea determinanda venit, in quâ locus iste versatur; tum ipsissimum præcise punctum est designandum. In primi vero propositi gratiam hoc *Problema* confici debet.

II. Dato circulo reflectente *BNP* (cujus centrum *C*) rectâque *CB* positione datâ; designandus est huic parallelus radius, cujus reflexus per datum transeat punctum.

Fig. 70. III. Si datum punctum (puta *K*) in ipsâ *CB* existat, facillime peragitur negotium; nam si centro *K*, intervallo *KC* describatur circulus, ipsi reflectenti occurrens in *N*; erit *KN* reflexus ducti ad *CB* paralleli; prout ex antedictis abunde perspicuum est.

IV. Si datum punctum (puta jam X) in ipsâ reflectentis circumferentiâ versetur; arcus trisectione statim exhauritur *Problema*. Nam ducatur XH ad BC parallela (quæ quidem ipsa uno modo problemati satisfacit) et interceptus arcus XH secetur punctis N, P, ut sint arcus XN, NP, PH æquales inter se; connectanturque rectæ XN, NP; dico factum; etenim ducantur CN, XP; et patet angulum CNX ipsi CNP æquari; adeoque fore XN reflexum ipsius PN; quinetiam ang. NPX æquatur angulo HXP; proindeque NP ipsi XH, hoc est ipsi BC, parallela est; itaque factum. Fig. 71.

V. Verum extra casus hos, et particulares alios (mihi non incognitos, at nunc ἀπροσδιονύσους) *Problema* magis solidum est; in summo quippe gradu tale; quatuorque subinde Solutiones admittens; perque lineam evolvi potest (ut alia pleraque, sicuti pridem admonitum nobis) sibi peculiarem; illam hoc modo quam expeditissime per puncta describendam: Per datum punctum X protendatur indefinite recta GF, ad datam CB parallela; connectaturque recta XC; et super hanc ceu diametrum describatur circulus $XICI$; tum e puncto C prodeant quotcunque rectæ circulum XIC secantes punctis I, rectamque GF punctis H; et adsumantur in rectis CHI rectæ IN æquales interceptis IH; (ita scilicet ut puncta I rectas NH perpetuo bisecent;) perque puncta quotvis ejusmodi N traducta concipiatur linea; nimirum hæc (qua certe nulla Sectio Conica facilius delineatur) problematis nostri constructioni deservit, ejusque liquido naturam patefacit; siquidem ejusce cum dati circuli intersectiones N (illæ vero subinde quatuor erunt, interdum tres, (contactum enim intersectionibus adnumero,) nonnunquam solummodo duæ; prout datus circulus magnitudine præditus est aliâ ac aliâ; quæ strictim adnoto tantum, animum advertenti manifeste constitura) possibiles quasque Solutiones exhibebunt; ducatur enim ab ipso X ad ejusmodi quamvis intersectionem N recta XN; et per N transeat MP ad BC parallela (vel ad GX) connexaque CN circulum XIC secet in I, rectamque GX in H; item jungatur XI; et quoniam e descriptæ lineæ Fig. 72.

naturâ seu constructione est $IH = IN$; angulusque CIX, in Semicirculo, rectus est; erit $XN = XH$; vel ang. XNI = ang. XHI; atqui ang. XHI alterno HNP par est; quapropter anguli XNI, HNP pares sunt; adeoque recta NX ipsius NP reflexus erit; quod oportebat fieri; sic, inquam, enodari poterat id Problematis; at quoniam (ut innuebam supra) *Geometrarum palato minus sapiunt hujusmodi Problematum inusitatæ solutiones;* aliter id (satis breviter atque perspicue) dabimus effectum hoc saltem eo faciens Lemmaticum Problema præmittentes.

VI. Dato circulo (cujus positione data diameter GF) et puncto C in ejusce circumferentiâ quoque dato; per hoc recta ducatur, cujus pars diametro circumferentiæque interjecta æquetur datæ rectæ Z.

Id sic exequimur. Connectatur recta CF; et huic perpendicularis ducatur recta FV; et accipiatur ad ipsas Z, GF, tertia proportionalis P; et per G angulo CFV inseratur recta RS par ipsi P (id autem quomodo præstandum, edocuimus supra) tum per C ducatur CHL ad RS parallela; erit intercepta HL (quod requiritur) æqualis ipsi Z. Nam connectatur CG; et huic perpendicularis ducatur GT; ad CF proinde parallela; quia jam ang. $GCT = CGR = FSR$, liquet rectangula trigona CGT, RFS assimilari; adeoque fore $CT : CG :: SR : SF$; item (ob similitudinem triangulorum CGH, SFG) est $CG : GH :: SF : FG$; erit igitur ex æquo $CT : GH :: SR : FG$; (hoc est) $:: FG : Z$; verum est $CT : FG :: CH : FH :: HG : HL$; permutandoque $CT : HG :: FG : HL$; quare $FG : Z :: FG : HL$; liquet igitur HL ipsi Z datæ æquari. Q.E.F.

Fig. 73.

Plures esse casus possunt; ut nempe punctum L sit intra semicirculum GCF (idque positum inter puncta C, G, vel inter ipsa C, F) vel in altero semicirculo GEF, ultra GF sito respectu puncti C; sed hæc una constructio simul ac demonstratio pariter omnibus convenit; ut pluribus huc non sit opus.

Fig. 74.

VII. Adnotetur saltem quoad istos casus, quod sicuti per punctum G (ut antea commostratum) aliquando quatuor rectæ duci possunt datam adæquantes, rectisque FC, FV terminatæ; binæ scilicet inter angulum quo punctum G continetur, alteræque totidem extra ipsum; nonnunquam vero tres solæ; quum data recta minima continget esse cunctarum, quæ dicto punctum G continenti angulo possunt interseri; subinde tantum duæ, quando data tali minimæ cedit; ita respective problema jam expositum plures totidem solutiones accipit. Sane quo major est hic data Z, eo minor evadet intercepta RS; et vicissim quo minor RS, eo major ipsa Z; unde si fuerit RS omnium minima, quæ angulo CFV punctum G capienti inseri possunt, etiam HL maxima erit e C prodeuntium rectarum, quæ inter diametrum GF, et semicirculum GEF comprehendi possunt; unde *Porismatis* loco patet, e supradictis quo pacto talis maxima duci possit; et hoc ipsum Problema penitus determinari; quod attendenti non obscurum innuisse satis videtur; jam ad principalis quæsiti resolutionem accedimus; ita jam breviter propositi.

VIII. Per datum punctum X rectam ducere, cujus reflexus datæ positione rectæ BC sit parallelus. Fig. 75.

Id sic efficitur. Centro X per C describatur circulus $GLFC$; item per X ducatur GF ad BC parallela; tum ex C projiciatur recta, cujus, secundum Lemma mox præcedens, intercepta pars HL æquetur semidiametro reflectentis circuli; quæ et illum secet in N; ductæ XN reflexus (puta NP) ipsi BC parallelus erit. Nam connexis XC, XL; quoniam $CN=HL$; et $CX=LX$; et anguli XCL, XLC pares sunt; erit $XH=XN$; quapropter erit NP ad XH, vel BC parallelus. Q.E.F.

IX. Ex hac constructione, cum præmissi lemmatis solutione collatâ dilucescet hujusmodi non ultra quatuor reflexos per idem quodcunque punctum, ceu X, transire; quorum duo ad unas axis partes incidentibus, reliqui ad alteras conveniunt; adparebit etiam si CN major sit, quam ut ei par HL, rectâ GF semicirculoque GEF intercipi possit; quod ad axis partes, ad quas ipsum X ponitur, omnino nullus per hoc punctum reflexus meabit; quin- Fig. 75.

etiam si CN tanta sit, ut ei par una tantum ejusmodi recta possit intercipi, quod unicus per ipsum X reflexus iter suscipiet; tales, inquam, expositi problematis determinationes hanc constructionem haud obscure sequuntur; quas certe tu melius uno mentis (haud dormitantis) ictu perspexeris, quam ego pluribus verbis explicâro.

X. Exhinc itaque denuo rectam (seu rectas) satis definivimus, in quâ (vel in quibus) puncti radiantis Imago, respectu visus utcunque positione datum centrum habentis, consistit; ad ejus jam præcisiorem locum investigandum accingemur; in istarum rectâ quâpiam existentem.

XI. Hic adnotetur imprimis, quod si duorum ad easdem axis partes incidentium parallelorum (NP, RS) reflexi sint $N\varpi$, $R\sigma$; erit arcus NR, vel PS arcûs $\varpi\sigma$ subtriplus. Concurrant enim dicti reflexi in X; et connectatur recta $R\varpi$; et quoniam, e præmonitis, angulus NXR duplus est anguli arcui NR ad centrum insistentis; erit idem angulus NXR anguli $N\varpi R$ quadruplus; quapropter erit ang. NXR − ang. $N\varpi R$ triplus anguli $N\varpi R$, hoc est, angulus $XR\varpi$ anguli $N\varpi R$ triplus; unde quoque triplus erit arcus $\varpi\sigma$ ipsius NR. Q.E.D.

Fig. 76.

XII. Iisdem stantibus dico fore RX (obliquioris reflexi partem incidentiæ concursusque punctis interceptam) majorem quadrante totius reflexi $R\sigma$. Nam, ductis subtensis NR, $\varpi\sigma$; erit $1 : 3 ::$ arc. $NR : \varpi\sigma <$ recta $NR : \varpi\sigma :: RX : X\varpi < RX : X\sigma$ (quia scilicet est $X\varpi > X\sigma$); igitur est $X\sigma$ minor triplâ RX; componendoque minor erit $R\sigma$ quadruplâ RX. Q.E.D.

XIII. Item, dico fore NX (rectioris itidem reflexi concursus incidentiæque punctis interjectam partem) minorem quartâ parte totius $N\varpi$. Etenim fiat ang. $HR\varpi =$ ang. $N\varpi R$; quapropter erit $HR = H\varpi$; adeoque $2H\varpi = HR + H\varpi > R\varpi > N\varpi$; item quoniam ang. $RHN = 2$ ang. $HR\varpi =$ ang. XRH; est $XH = XR > XN$; quum itaque sit $H\varpi$ major semisse totius $N\varpi$; et XH major semisse residui

NH; liquet totam $X\varpi$ majorem esse triplâ XN; seu totam $N\varpi$ majorem esse quadruplâ NX. Q.E.D.

XIV. Hinc perspicuum est, si fuerit NZ reflexi $N\varpi$ quadrans, quod nullus alter hujusmodi reflexus punctum Z permeabit. Etenim alterius cujusvis reflexus permeare dicatur; erit igitur, si obliquior is fuerit, $NZ < \frac{1}{4} N\varpi$; sin rectior fuerit, erit $NZ > \frac{1}{4} N\varpi$ (nimirum e proxime demonstratis hæc consequuntur) quæ repugnant hypothesi.

XV. Quinetiam ipsi $N\varpi$ propius adjacentium occursus puncto Z viciniores sunt, hinc inde. Secent, inquam, radiorum LM, RS reflexi $L\mu$, $R\sigma$ ipsam $N\varpi$ punctis Y, X; iste quidem (rectior) in Y, hic (obliquior) in X; erit $ZY < ZX$. Nam connectantur $R\varpi$, $L\varpi$; et fiat ang. $\varpi LH =$ ang. $N\varpi L$; ducanturque rectæ RH, RY; estque $RH > LH = H\varpi$; adeoque ang. $H\varpi R >$ ang. $HR\varpi$; et proinde ang. $NHR < 2$ ang. $H\varpi R$; item $YR > YL = YH$; proindeque rursus ang. $NYR < 2$ ang. YHR; quare multo minor est ang. NYR quadruplo $N\varpi R$; est autem ang. NXR quadruplus anguli $N\varpi R$; igitur ang. $NXR >$ ang. NYR; ponatur jam, si fieri potest, punctum X ipsis Y, Z interjacere; erit igitur angulus externus NYR interno NXR major; atqui minor ostensus est; quæ repugnant; itaque potius est $ZY < ZX$. Q.E.D.

Fig. 77.

Ad alteras partes haud absimilis erit discursus; parco fastidiosæ repetitioni.

XVI. Hinc obiter patet ad easdem partes incidentium reflexos sese prius (velut ad ϕ) quam ipsum $N\varpi$ decussare.

XVII. Quinimo rursus hinc constat ad easdem axis partes plures duobus in uno puncto reflexos non concurrere.

XVIII. Demum (ut aliquando tandem destinatum attingamus scopum) e dictis colligatur licet, quod oculo, cujus centrum O uspiam in ipsâ $N\varpi$ ponitur, circa punctum Z, (ipsam $N\varpi$ prænotato modo quadrisecans) radiantis

Fig. 78.

imago conspicietur. Sit enim pupillæ (prout antehac aliquoties) diameter EF; per cujusce terminos transeant radiorum LM, RS reflexi LE, RF; quorum iste secet ipsum $N\varpi$ in Y, hic in X; quoniam igitur radiorum obliquiorum ipso RS, rectiorum ipso LM nullus oculum intrabit; uti supra non semel argumentati sumus, intra spatium XY necessario consistet imago; quinetiam cum radiorum arcui LR incidentium qui prope punctum Z reflectuntur axi $N\varpi$ propius adjacentes perpendicularius oculum feriunt, idque spissius (ut ex analogiâ par est existimare; nec enim id operosius aggrediar demonstrare;) propter aliquoties expositas causas ab eo videbuntur obtutum afficientes radii promanare; hoc est, ad ipsum imago consistet. Accedit quod ob angustiam pupillæ spatium XY satis modicum existit; ut puncti modum vix excedere videatur.

Fig. 78.

XIX. Subdo; si statuatur oculi centrum uspiam in ZN; isque versus partes N obvertatur; objectum confusius apparere; quippe cum reflexi visum convergentes appellant; vel quoniam imago Z tunc pone visum consistit.

XX. Hinc a Speculo Cavo tantum una repræsentatur Imago, saltem bene distincta. Nam in duorum reflexorum $N\varpi$, $R\sigma$ concursu X statuatur oculi centrum; et sit $R\zeta = \frac{1}{4} R\sigma$; unde $R\zeta < RX$; itaque spectabitur quæ ad ζ imago ab oculo in X collocato, versusque partes NR obverso; sed tum imago Z post oculum consistit.

XXI. Et hæc quidem recte percepta, serioque perpensa vix addubito quin facile sibi fidem conciliatura sint; nihil ut sit opus adversantia *seu veterum Opticorum decreta, seu recentiorum commenta pluribus convellere;* quæ certe cum nullâ perspicuâ ratione nituntur, tum ab experientiâ plerumque discordant. Cætera vero siqua restant ad hoc argumentum spectantia studio vestro commendabimus eliciendа; mox ad e sensibiliter finitâ distantiâ radiantis puncti *Symptomata* similiter exploranda animum adjecturi.

LECT. VIII.

I. QUÆ radiis obveniunt a longinquo puncto manantibus, adeoque quasi parallelis, ex reflectione peripheriam ad circularem peractâ; ubinam et quousque vel sibimet ipsis occurrunt, vel axem intersecant; quo loco radians oculo ubicunque constituto repræsentant, in postremis est dissertatum; ad punctum jam accedimus radios ejiciens sensibiliter divergentes. Et hujusmodi quidem puncto, quanquam seu in obversas circuli convexas partes seu ad concavas radiet, communia pleraque symptomata conveniunt; tamen communi fretus *Opticorum* exemplo, præsertimque majoris evidentiæ causâ, casus istos distincte prosequemur; illum fusius imprimis, hunc aliquanto concisius. Ad rem.

II. In circuli BNP (cujus centrum C) convexum a puncto A quilibet incidat radius AN, isque reflectatur in NG; patet reflexum GN productum axi AC occursurum; nam ductâ CNE patet GN, productum, angulum ANC secare; nec non ideo trianguli ANC basin AC; puta in K; quo posito, Fig. 79.

III. Dico fore $AC : AN :: KC : KN$. Nam ducatur KH ad CN parallela; est igitur ang. $KHN = CNP = CNK = NKH$; hoc etiam e superius generatim ostensis consectatur; adeoque $NH = NK$; itaque cum sit $AC : AN :: KC : HN$; erit etiam $AC : AN :: KC : KN$.

IV. Corollarii loco notetur (ductâ CP) fore $NH = NK$; et triangula HNK, NCP assimilari; vel esse $HK : HN :: NP : CN$.

V. *Porro, constantibus iisdem, dico fore $AC : KC ::$

---

* In this article, + is used for the *addition of ratios*, that is, the *multiplication* of the fractional expressions of the ratios. The reasoning will be better understood by a modern mathematician in the following form:

$$\frac{NP}{CN} \times \frac{AN}{CN} = \frac{HK}{HN} \times \frac{AN}{CN} = \frac{HK \times AN}{HN \times CN} = \frac{AN}{HN} \times \frac{HK}{CN} = \frac{AC}{KC} \times \frac{AK}{AC} = \frac{AC}{KC}.$$

$ACq - ANq : CNq$. Nam est $NP : CN + AN : CN = HK : HN + AN : CN = HK \times AN : HN \times CN = AN : HN + HK : CN = AC : KC + AK : AC = AK : KC$; verum est $NP : CN + AN : CN = NP \times AN : CNq$; ergo erit $AK : KC :: NP \times AN : CNq$; componendoque $AC : KC :: NP \times AN + CNq : CNq$; cum sit igitur $NP \times AN = AP \times AN - ANq$; et $AP \times AN = ACq - CNq$; adeoque $NP \times AN + CNq = ACq - CNq - ANq + CNq$; $= ACq - ANq$; erit $AC : KC :: ACq - ANq : CNq$. Quod E.D.

Fig. 79.

Coroll. $AK : KC :: AN \times NP : CNq$.

Fig. 80.

VI. Etiam hoc *Theorema* subdemus: Si fiat $2CA : CN :: CN : E$; et $2CK : CN :: CN : F$; et sumatur $CQ = E + F$; erit ducta NQ ad CA perpendicularis: vel reciproce; posito quod sit NQ ad CA perpendicularis; erit $CQ = E + F$. Nam (ut hoc posterius ostendamus) quoniam est $2CA : CN :: CN : E$; et $CN : 2CK :: F : CN$; erit ex æquo perturbate $2CA : 2CK :: F : E$; vel $CA : CK :: F : E$; componendoque $CA + CK : CK :: F + E : E$. Porro quoniam est $ANq = ACq + CNq - 2AC \times CQ$; erit $2AC \times CQ - CNq = ACq - ANq$; itaque (juxta præcedentem) erit $2AC \times CQ - CNq : CNq :: AC : CK$; hoc est, (ob $CNq = 2AC \times E$,) $2AC \times CQ - 2AC \times E : 2AC \times E :: AC : CK$; hoc est, $CQ - E : E :: AC : CK$; vel componendo $CQ : E :: AC + CK : CK$; erat autem $AC + CK : CK :: F + E : E$; ergo $CQ = F + E$. Quod E.D.

Fig. 81, 82.

VII. Ex istis porro deducetur, si dividatur semidiameter BC in Z, ut sit $AC : AB :: CZ : BZ$; punctum Z

But $$\frac{NP}{CN} \times \frac{AN}{CN} = \frac{NP \times AN}{CN^2}; \quad \therefore \frac{AK}{KC} = \frac{NP \times AN}{CN^2};$$

$$\therefore \frac{AC}{KC} = \frac{NP \times AN + CN^2}{CN^2}.$$

Now $NP \times AN = AP \times AN - AN^2$; and $AP \times AN = AC^2 - CN^2$;

$$\therefore NP \times AN \quad CN^2 = AC^2 - CN^2 - AN^2 + CN^2 = AC^2 - AN^2;$$

$$\therefore \frac{AC}{KC} = \frac{AC^2 - AN^2}{CN^2}.$$

limes erit citra quem (respectu centri C) nullus hujusmodi reflexus axem decussabit. Cujusvis, inquam, radii AN esto reflexus GN; axi occurrens in K; dico fore $CK > CZ$. Nam ob hypothesin (permutandoque) est $AC : CZ :: AB : BZ$; igitur (antecedentes et consequentes copulando) $AC : CZ :: AC + AB : CB$; quare, (posterioris hujusce rationis utrumque terminum in æquales $AC - AB$, et BC ducendo,) erit $AC : CZ :: ACq - ABq : CBq$; est autem $ACq - ABq > ACq - ANq$; adeoque $ACq - ABq : CBq > ACq - ANq : CBq :: AC : CK$ (e mox ostensis hoc) quapropter erit $AC : CZ > AC : CK$; indeque $CK > CZ$. Q.E.D.

VIII. Aliter hoc idem; ut quibusdam fortasse videbitur, minus involute: per N ducatur VT circulum contingens; et quoniam NT bisecat angulum ANK; erit $AN : NK :: AT : TK < AB : BK$; *quare $BZ : AB + AN : NK < BZ : AB + AB : BK$; (communem adsciscendo rationem BZ ad AB); est autem $BZ : AB + AN : NK = CZ : AC + AC : CK = CZ : CK$; et $BZ : AB + AB : BK = BZ : BK$; ergo $CZ : CK < BZ : BK$; permutandoque $CZ : BZ < CK : BK$; quin et componendo $CB : BZ < CB : BK$; ideoque $BZ > BK$; quare punctum Z centro propinquius est, quam ipsum K. Q.E.D. Fig. 82.

Coroll. Hinc si puncta Z, ζ fuerint limites punctorum radiantium A, α (quorum A fit a speculo remotius, quam α) erit $CZ < C\zeta$. Nam est $BC : AB < BC : \alpha B$; adeoque composite $AC : AB < \alpha C : \alpha B$; hoc est, $CZ : BZ < C\zeta : B\zeta$; quare componendo $BC : BZ < BC : B\zeta$; et inde $BZ > B\zeta$. Fig. 81.

---

* In modern notation, as before,

$$\frac{BZ}{AB} \times \frac{AN}{AK} < \frac{BZ}{AB} \times \frac{AB}{BK}.$$

But $$\frac{BZ}{AB} \times \frac{AN}{AK} = \frac{CZ}{AC} \times \frac{AC}{CK} = \frac{CZ}{CK}.$$

And $$\frac{BZ}{AB} \times \frac{AB}{BK} = \frac{BZ}{BK}; \quad \therefore \frac{CZ}{CK} < \frac{BZ}{BK};$$

$$\therefore \frac{CZ}{BZ} < \frac{CK}{BK}, \text{ \&c.}$$

Fig. 83.

IX. Porro, consectatur e præmissis, quod si duorum quorumvis incidentium AN, AR reflexi GN, HR axem intersecent punctis K, L; erit $CL : CK :: ACq - ANq : ACq - ARq$. Nam quoniam est $AC : CK :: ACq - ANq : CBq$; itemque $CL : AC :: CBq : ACq - ARq$; erit ex æquo perturbate $CL : CK :: ACq - ANq : ACq - ARq$.

X. Simili plane discursu, si fuerit $AC : AB :: CZ : ZB$; erit $CZ : CK :: ACq - ANq : ACq - ABq$; et $CL : CZ :: ACq - ARq : ACq - ABq$.

XI. Hinc perspicuum est obliquioris reflexi concursum a centro magis elongari quam rectioris; quod nempe sit $CL > CK$. Cum enim sit $ACq - ANq > ACq - ARq$; erit $CL > CK$.

XII. Hinc necessario duo quilibet ad easdem axis partes incidentium reflexi (quales NK, RL) sese prius quam axem intersecabunt, puta ad X; quo posito,

XIII. Adnotari potest angulum GXH vel KXL (a reflexis occurrentibus inclusum) æquari angulo NCR una cum differentiâ angulorum incidentiæ; vel duplo angulo NCR una cum ang. NAR. *Etenim ang. $KXL =$ ang. $ALR - AKN =$ ang. $ACR + CRL -$: ang. $ACN + CNK$ $=$ ang. $ACR - ACN +$: ang. $CRL - CNK =$ ang. NCR $+$: ang. $CRS - CNP$. Quinetiam ang. $CRS - CNP =$ ang. $RCA + CAR -$: ang. $NCA + CAN =$ ang. $NCR + NAR$; itaque rursus ang. $KXL = 2$ ang. $NCR +$ ang. NAR; liquent igitur quæ proposita sunt; in usum (si forte) sequentium; pro quibus itidem hæc proponenda sunt.

Fig. 83.

Fig. 83.

XIV. Etiam palam est e dictis ipsos reflexos GN, HR directe procurrentes a se divergere; adeoque duntaxat unum hujusmodi reflexum oculi centrum transire; consequenter

* The mark : indicates that the quantities which follow are to be taken together.

et puncti A tantum unam a convexo speculo imaginem exhiberi.

XV. *Lemmatia* 1. Sint quæcunque tria quanta A, B, C; primoque sit $A:B>B:C$; dico fore $A+C>2B$; ponatur enim fore $A:B::B:E$; erit ergo $A+E>2B$; quinetiam erit ergo $B:E>B:C$ adeoque $C>E$; ergo magis $A+C>2B$.

2. Sit (iisdem adhibitis quantis) secundo $A+C<2B$; dico fore $A:B<B:C$; nam sive dicatur esse $A:B::B:C$; vel $A:B>B:C$; sequetur utrobique fore $A+C>2B$; contra hypothesin; itaque potius est $A:B<B:C$.

XVI. Etiam hoc adjungo. Si duo sumantur ad easdem axis partes (circulique convexâ parte comprehensi) sibimet æquales arcus NR, RX; et ducantur rectæ AN, AR, AX; erit $ANq+AXq>2ARq$. Fig. 84.

Nam ducantur CN, CR, CX; et demittantur ad AC perpendiculares NE, RF, XG; sint item NP, RQ ad AC parallelæ, ducanturque subtensæ NR, RX; et quoniam ang. $RXQ>$ ang. NRP; patet esse $RX:RQ<NR:NP$; adeoque cum $RX=NR$; erit $RQ>NP$; hoc est, $FG>EF$; ergo $2CF>CE+CG$; unde $4AC\times CF>2AC\times CE+2AC\times CG$; atqui est $ANq=ACq+CNq-2AC\times CE$; et $AXq=ACq+CNq-2AC\times CG$; et $2ARq=2ACq+2CNq-4AC\times CF$; ergo [addendo, et omittendo utrinque æqualia] $ANq+AXq>2ARq$.

Addo, sequentium gratiâ, si punctum A sumatur ad alteras (infra centrum) partes; et reliqua similiter apparentur; fore contra, tum $ANq+AXq<2ARq$; nam in eo casu est $ANq+AXq=2ACq+2CNq+2AC\times CE+2AC\times CG$; et $2ARq=2ACq+2CNq+4AC\times CF$; unde liquet propositum.

XVII. Sint jam ad easdem axis partes duo quilibet æquales arcus NR, RX; et incidentium AN, AR, AX reflexi GN, HR, IX axi occurrant producti punctis K, L, M; erit intervallum ML ab obliquiorum occursibus conclusum majus ipso LK rectiorum occursibus intercepto. Fig. 85.

Nam quoniam est $ANq+AXq>2ARq$; erit $2ACq$

$- ANq - AXq < 2ACq - 2ARq$; adeoque $ACq - AXq : ACq - ARq < ACq - ARq : ACq - ANq$; hoc est, e præmonstratis, $CL : CM < CK : CL$; vel inverse $CM : CL > CL : CK$; quapropter erit $CM + CK > 2CL$; et ideo $CM - CL > CL - CK$, hoc est $ML > LK$. Q.E.D.

XVIII. Hinc constat, etiam in hac hypothesi, rectius incidentem lucem a reflectione magis inspissari; seu spatio versus limitem Z arctiore constringi.

XIX. Quin ab his demum omnibus colligitur, si uspiam in axe (velut ad O) constituatur oculi centrum, quod punctum A necessario circa limitem Z apparebit. Etenim (prorsus ut in præcedente quoad radios ab infinite dissito puncto manantes hypothesi) ab axis illi puncto adjacente parte radii cum copiosiores, tum axi viciniores, oculoque rectiores, efficaciâ proinde præpollentes, nec non qui facilius re-adunentur, provenire videntur; quæ nempe cuncta simul ac emergentem propositi consequentiam abunde, puto, dedimus enucleata. Succedit ut hâc parte defuncti, pro visu extra radiationis axem collocato itidem imaginis sedem definiamus; veruntamen hæc, quanquam haud ita quantitate multa, pro rei tamen obscuritate fortassis nimia videbuntur; itaque jam opportunum autumo desistere.

Fig. 85.

LECT. IX.

I. QUALITER in obversum speculi circularis convexum finite distans punctum radiat, et ubi loci adparet oculo in rectâ constituto per ipsum radians et speculi centrum trajectâ postremo connisi demonstrare; nunc idem quoad aspectum alias ubicunque situm aggredimur expiscari; quo primum attinet ut rectam investigemus, in qua consistet Imago; tum ut punctum ejus in istâ rectâ præcisum determinemus; et primo quidem negotio satisfactum erit hujusmodi *Problema* conficiendo; quod (sequentium quoque gratiâ) generatim proponimus.

II. *Dato circulo reflectente* (cujus centrum C) *datisque binis punctis; ab horum uno recta ducatur, cujus reflexus per alterum transeat.*

1. Si data puncta (puta A, X) sint ambo in circuli peripheriâ, manifestum est bisecto arcu AX in N, connexisque subtensis NA, NX, rectas NA, NX sibi mutuo reflexas fore; seu, junctâ CN, angulum CNX angulo CNA æquari. Fig. 86.

2. Etiam si datorum unum (X) in circumferentiâ ponatur; liquet, connexis AX, CX, factoque angulo $CXN = CXA$, fore XA, XN alterum alterius reflexum. Fig. 87.

3. Item si data puncta (A, X) æqualiter a centro distent; connexis rectis AC, XC, bisectoque angulo XCA a rectâ CN circulum reflectentem intersecante ad N; perspicuum est conjunctas rectas AN, XN, invicem in se reflecti; vel angulum CNX ipsi CNA æquari. Fig. 88.

III. 4. Si puncta data (puta jam A, K) ambo existant in rectâ per reflectentis centrum transeunte (nempe $ABKC$).

1. Fiat $CK : AC :: CB : T$; ac inter CB et T, sit proportione media V; (unde $CBq : Vq :: CB : T :: CK : AC$;) tum centro A, intervallo $\sqrt{ACq - Vq}$; describatur circulus reflectentem secans in N; et per N ducatur KNG; hæc ipsius AN reflexa erit. Fig. 89.

Nam ob $ANq = ACq - Vq$; erit $Vq = ACq - ANq$; adeoque $CBq : ACq - ANq :: (CBq : Vq ::) CK : AC$; quod, e præmonstratis, reflectioni proprium est; ergo liquet propositum. Fig. 89.

2. Ita quidem in hoc casu; at si punctum A ponatur alias, ut sit $AC < AN$; reliquis stantibus, Sumendum erit intervallum $AN = \sqrt{ACq + Vq}$; ut sit $ANq - ACq = Vq$; ut posthac constabit, ubi de concavis agemus. Aliter hoc idem. Fiat $2CK : CB :: CB : E$; et $2CA : CB :: CB : F$; sumaturque $CQ = E + F$; et ducta QN ad AC perpendicularis circulum secet in N; connexæ AN, KN altera alterius reflexa erit; hoc e supra dictis liquido consectatur. At si fuerit $AN > AC$; tum accipi debet $CQ = F - E$;

et (reliquis nihil immutatis, uti postmodum apparebit) factum erit.

IV. Intra casus hos *Problema*, ceu videtis, facile construitur; ast illos, aliosque speciales, si qui sunt, excipiendo, generaliter conceptum omnino Solidum est, et certe δυσμήχανον; vix ut aliud a *Geometris* hactenus attentatum difficilius reperiatur. Et primo quidem per lineam extrui, explicarique poterit sibi peculiarem, hoc vel adsimili modo describendam.

Connexâ *CA*, super diametrum *CA* describatur circulus *AIC*; item semidiametro *CA* describatur alter circulus *AHG*; tum a *C* educantur rectæ quotvis *CI* circulum *AIC* secantes punctis *I*; et per *A*, *I* ductæ rectæ circulum *AHG* secent punctis *H*; demum per *H*, et *X* rectæ ducantur ipsas *CI* decussantes punctis *N*; per hujusmodi puncta quævis designabilia transibit linea, *Problematis* expositi solutioni accommodata. Sit enim ejus, ac reflectentis circuli quævis intersectio *N*, (qualium certe pro reflectentis circuli magnitudine subinde quatuor, aliquando tres, modo binæ tantum erunt,) et connectatur *AN*. Et quoniam angulus *CIA* in semicirculo rectus est, erit recta *AH* bisecta in *I*; adeoque triangula *ANI*, *HNI* sibimet æqualia prorsus et æquiangula erunt; et speciatim ang. *INA* = ang. *INX*; unde patet propositum.

Fig. 90.

V. Verum quoniam (ut pridem admonitum) hujusmodi constructiones, etsi longe faciliores iis quæ per vulgo receptas lineas peraguntur, et *Problematum* naturam magis in propatulo collocantes, a *Geometris* nihilominus gravatim admittuntur; istâ tantummodo raptim insinuatâ, subnectemus aliam ab illorum gustu non abhorrentem; illam nempe (quando scilicet haud alia melior, ut varias pertentans analyses, et hoc in alia complura *Problemata* transformans existimare possum, facile possit excogitari; quum et operæ meæ satis alioquin exercitatæ nonnunquam videatur parcendum;) quam olim *Alhazenus Arabs* scriptis commendavit; ab horribili tamen illâ prolixitate simul ac obscuritate, neque non ab inconditâ sermonis barbarie nonnihil repurgatam; quorsum hoc præmittimus *Lemmaticum Problema.*

VI. Trianguli DPN angulus ad P rectus sit; et in hujus uno crure PN adsignetur punctum F; per F recta ducenda est, quæ reliquum latus DP (protractam nempe) ac hypotenusam DN ita secet, ut ab illis intercepta ad segmentum hypotenusæ lateri primo conterminum datam obtineat proportionem R ad S. Fig. 91.

Hoc ita peragatur licet. Ducatur FH ad PD parallela; et diametro HN describatu circulus HFN; (is nempe per F transibit, ob angulum HFN rectum;) tum connectatur DF; et fiat angulus $FHI =$ ang. FDN; sit etiam $R : S :: DF : T$; et a puncto I ducatur recta ILK diametrum HN intersecans ad L, et circulo occurrens in K, ita quidem ut sit intercepta $LK = T$; (hoc autem quomodo præstetur in superioribus ostensum;) denuo per puncta KF trajiciatur recta CF, ipsam DP secans in X. Dico factum; vel esse $CX : CN :: R : S$; connectatur enim recta NK; et quoniam ang. FKI (vel FHI) $= FDN$, erit triangulum FDC simile triangulo LKC; ac inde $FD : DC :: KL : CK$; item ob ang. $FKN =$ ang. $FHN =$ ang. XDC; erunt triangula XDC, NKC sibi quoque similia, proindeque $DC : CX :: CK : CN$; quapropter erit ex æquali, $FD : CX :: KL : CN$; vel permutando, $FD : CK :: CX : CN$; hoc est $FD : T$ (vel $R : S$) $:: CX : CN$; quod faciendum erat. Constr. &c.

Advertendum est autem, quod datum punctum F in rectâ PN indefinite protensâ varie statui potest; vel nimirum inter puncta P, N; vel extra illa partes ad alterutras; item quod in istorum casuum singulo quoque, recta IK (conditione gaudens præstitutâ) plurifariam duci potest; ut antehac inculcatum; unde plures emergent solutiones; at quoad omnes casus persimilis erit constructio, nec fere diversa demonstratio; quare cur plura?

VII. Proponatur jam circulus reflectens; (is qui præ oculis, cujus centrum C;) dataque sint duo puncta A, X; reperiendum est in circumferentiâ punctum aliquod; a quo ductæ ad A, X rectæ, altera sit alterius reflexa. Hoc ita perficimus: Fig. 92.

Fig. 93. Conjungantur rectæ AC, XC; et fiat (seorsim) ang. $\delta = \frac{1}{2}$ ang. ACX; et in $\xi\delta$ crure anguli δ, sumpto libere puncto ϖ, ducatur ϖV ad $\xi\delta$ perpendicularis, alterum crus secans in V; et in $V\varpi$ protractâ capiatur $\varpi\gamma = \varpi V$; tum

Lem. præced. dividatur γV in ϕ, ut sit $\gamma\phi : \phi V :: XC : CA$; perque punctum ϕ trajiciatur $\kappa\xi$ sic ut sit $\kappa\xi : \kappa V :: CX : CN$;

Fig. 92. denique fiat angulus XCN æqualis angu'o $\xi\kappa V$; erit punctum N quale desideramus. Nam ducantur XN, ξV; et fiat ang. $CNG =$ ang. $\kappa V\gamma$; adsumaturque $PG = PN$; et connectatur XG; liquet jam triangula XCN, $\xi\kappa V$ similia fore; nec non ipsa CNF, $\kappa V\phi$; et ipsa XPF, $\xi\varpi\phi$; ipsaque demum XFN, $\xi\phi V$ assimilari; quare $PF : XF :: \varpi\phi : \xi\phi$; et $XF : FN :: \xi\phi : \phi V$; et ex æquo $PF : FN :: \varpi\phi : \phi V$; et antecedentes duplando $2PF : FN :: 2\varpi\phi : \phi V$; componendoque $2PF + FN : FN :: 2\varpi\phi + \phi V : \phi V$; hoc est $GF : FN :: \gamma\phi : \phi V$ (hoc est) $:: XC : CA$; ducatur jam NL ad XG parallela; quare est ang. $LNG =$ ang. $G =$ ang. XNG; et XG (XN) $: NL :: GF : FN :: XC : CA$; porro fiat ang. $LNH =$ ang. XCA; et HN protracta ipsi CA occurrat in M; estque propterea triangulum HNL simile triangulo HCM; idcircoque $HC : CM :: HN : NL$; ducatur denuo tangens NQ; estque tum ang. $PNQ =$ rect. $- CNP =$ rect. $- \kappa V\varpi =$ ang. $\delta = \frac{1}{2} XCA$; vel 2 ang. $PNQ =$ ang. XCA $=$ ang. LNH; verum erat prius 2 ang. $XNF =$ ang. XNL; ergo 2 ang. $XNF - 2$ ang. $PNQ =$ ang. $XNL -$ ang. LNH; hoc est 2 ang. $XNQ =$ ang. XNH; ergo tangens NQ bisecat angulum XNH; indeque consectatur fore rectam HM ipsius XN reflexam; ac ideo esse $XC : HC :: XN : HN$; atqui fuit prius $HC : CM :: HN : NL$ quare jam erit ex æquo $XC : CM :: XN : NL$ (hoc est etiam e præmonstratis) $:: XC : CA$; unde $CM = CA$; quapropter HM, ipsius XN reflexa transit per A; quod propositum erat efficere.

VIII. Hujusce *Problematis* ita generalius propositi varii quidem casus sunt (etenim vel data puncta jacent ambo extra circulum reflectentem; vel utrumque positum est intra circulum; vel unum intra jacet, alterum extra; quinetiam in horum casuum unoquoque pluries conficitur negotium;) ast ubique non absimilis erit constructio; sane nimius essem, meamque pariter ac vestram patientiam macerarem, omnes intricati *Problematis* nodos evolvendo; suffecerit ejusce specimen aliquod protulisse.

IX. Adnotabimus tantum quod ex *Problematis* hujusce naturâ constructioneque propositâ satis attendenti constabit, (utique sicut in *Hypothesibus* antehac tractatis uberius est declaratum,) duorum tantum ad easdem axis partes incidentium reflexos ad unum sese punctum decussare; nam aliorum unius (qui subinde potest dari) vel alterius reflexi per ejusmodi punctum transeuntes ad alteris partibus incidentes pertinebunt. Ex his quadantenus elucescit datis puncti radiantis, oculique positione, designari potest linea quævis, in quâ dicti puncti species apparebit; incumbit proxime punctum in eâ præcisum determinare, ad quod eadem consistit; eo spectat hoc Theoremation.

X. Ab eodem quocunque puncto A manantes duo radii AN, AR in circuli reflectentis peripheriâ præter illum arcum NR (qui incidentiæ punctis interjacet) intercipiant arcum PS; eorum vero reflexi intercipiant arcum $\varpi\sigma$; erit arcus $\varpi\sigma$ æqualis summæ vel differentiæ dupli arcus NR, et arcus PS. Nam (1) in primâ figurâ; est $PS+SR+RN = PN = N\varpi = \varpi\sigma + \sigma R - RN$; ergo, pares hinc inde SR, et σR subducendo, erit $PS + RN = \varpi\sigma - RN$; proindeque $PS + 2RN = \varpi\sigma$; (2) in alterâ figurâ; erit $PS + SR - RN = PN = N\varpi = RN + R\sigma - \sigma\varpi$; quare rursus æquales auferendo SR, $R\sigma$, manebit $PS - RN = RN - \sigma\varpi$, unde transponendo erit $\sigma\varpi = 2RN - PS$. Fig. 95, 96.

XI. Etiam hoc *Lemmation* adscribemus: Bisecetur recta NP in E; et ubivis sumatur punctum A; erit $EA = \frac{PA \pm NA}{2}$. Nam Fig. 94.

$$EA = \frac{PN}{2} \pm AN = \frac{PN \pm 2AN}{2} = \frac{PA \pm AN}{2}.$$

XII. Exhinc, ut propositum citius attingamus, Supposito radios AN, AR (quoad casum præsentem) sibi quam Fig. 95, 96.

proximos incidere, punctum designabimus ad quod ipsorum reflexi $N\varpi$, $R\sigma$ concurrunt; dicimus utique si dicti reflexi concurrant ad Z; bisectis subtensis NP, $N\varpi$ in E, et F; fore $FZ : ZN :: EA : NA$. Nam quoniam arcus NR, PS ex hypothesi sunt indefinite parvi, (seu minimi,) se habebunt ut suæ subtensæ; nec non idem de arcubus NR, $\varpi\sigma$ dici potest; igitur arc. $PS : RN :: PS : RN :: PA : RA$; (hoc est ob RA, NA nihil, ex eâdem hypothesi, differentes) $:: PA : NA$; ergo, bis componendo, erit $PS + 2RN : RN :: PA + 2NA : NA$; hoc est $\sigma\varpi : RN :: PA + 2NA : NA$; est autem arc $\sigma\varpi : RN ::$ subtensa $\sigma\varpi : RN :: \varpi Z : ZR :: \varpi Z : ZN$; ergo $\varpi Z : ZN :: PA + 2NA : NA$; et componendo $\varpi N : ZN :: PA + 3NA : NA$ et antecedentes subduplando $FN : ZN :: \frac{PA + 3NA}{2} : NA$; denique dividendo $FZ : ZN :: \frac{PA + NA}{2} : NA$; est autem $EA = \frac{PA + NA}{2}$; ergo tandem est $FZ : ZN :: EA : NA$. Q.E.D.

XIII. Hinc colligitur punctum Z esse locum ipsissimum, circa quem puncti Z imago consistit; oculi respectu in reflexo $GN\varpi$ constituti, tanquam ad O; etenim superius, nec semel, argumentis, ut mihi videtur, admodum luculentis adfirmatum est, (ut jam ad instar regulæ legisve ratum, fixumque censeri queat,) isthic imaginem versari, ubi propiorum incidenti principali (hoc est ei cujus reflexus oculi centrum transiens axis Optici vicem subit) radiorum reflexi principalem illum reflexum intersecant; itaque circa Z in hoc casu versatur.

Fig. 95. 96.

XIV. Et hoc argumentatione collegi, non illâ quidem incertâ vel ambiguâ, sed nec ad *Geometrici* rigoris amussim præ illâ quam in præcedentibus usurpavi (quanquam et hæc e cognatis fontibus profluxerit) adeo exactâ; concisâ tamen, et facili, talique quæ conclusionis adsertæ causam apprime detegit. Enim vero si pleraque cuncta, quæ se oggerunt huc attinentia, minutatim ac morose persequi vellem, immane quantum tædii (commodo vestro fortasse non tanto) mihimet accerserem, et temporis plurimum vestri pariter ac mei exhaurirem; suffecerit itaque jam, et posthac in reliquis Hypothesibus sufficiat, viâ quam brevissimâ (modo tamen certissimâ) metam attingere. De convexis hactenus; ad concava proxime nos conferemus, aliquanto brevius exponenda.

LECT. X.

I. IN postremâ Lectione quod spectavimus punctum circuli convexo alluxit; nunc partes concavas irradians aliud, at magis ἐν τύπῳ, contemplabimur; et quidem casuum præcipuorum diversitatem imprimis distinguemus. Nempe radiet punctum A in circulum reflectentem, cujus centrum C; connexaque recta AC protendatur indefinite; quo posito,

II. 1. Incidat radius AN; et sit $AN = AC$; erit ipsius AN reflexus, puta $N\alpha$, ad AC parallelus. Fig. 97.

Hoc e supra generatim ostensis constat; et facile jam patet, connexâ CA; etenim est ang. $ACN = ANC$; ob AC, AN, ex hypothesi pares; et ang. $ANC = \alpha NC$, propter reflectionem; adeoque ang. $ACN = \alpha NC$; unde sunt AC, $N\alpha$ sibi parallelæ.

III. 2. Incidat radius AM major ipsâ AC; ejus reflexus (puta $M\alpha$) cum axe directe procedens conveniet ultra centrum, respectu puncti A; (hoc est centrum C puncto radianti, concursuique interjacebit). Fig. 98.

Nam ob $AM > AC$, erit ang. $ACM > AMC = CM\alpha$; ergo ang. $BCM + CM\alpha <$ ang. $BCM + ACM = 2$ rect. quare $M\alpha$, CB convenient infra CM ad partes αB; velut ad K.

IV. 3. Incidat radius AR; et sit AR minor ipsâ AC; ejus reflexus, puta $R\alpha$, axi retro protractus occurret; (hoc est ut radians centro, concursuique sit interjectum). Fig. 99.

Nam hic ob $AR < AC$; erit ang. $ACR <$ ang. ARC $=$ ang. αRC; quapropter ang. $DCR + \alpha RC > 2$ rect., unde patet ipsas DC, αR protractas infra CR concurrere.

V. Horum casuum primus ad unum duntaxat ab unâ axis parte radium pertinet, qui reliquos aliis casibus convenientes medius disterminat; de posterioribus itaque duobus separatim paullo dispiciamus; Sit jam itaque primo $AC = AG = A\gamma$; unde quilibet incidens cavo $GB\gamma$ radius (ut AN) major erit quam AC; hujus itaque reflexus axem secet puncto K; dico, si semidiameter CB dividatur in Z; ut sit $CZ : ZB :: AC : AB$; fore $CK > CZ$; etenim ob angulum ANK bisectum, erit $AC : CK :: AN : NK$; vel permutando $AC : AN :: CK : NK$; est autem $AC : AB < AC : AN$ ergo $AC : AB < CK : NK < CK : BK$; ergo cum sit, ex hypothesi, $CZ : ZB :: AC : AB$; erit $CZ : ZB < CK : BK$; componendoque $CB : ZB : < CB : KB$; unde $ZB > KB$; seu $CZ < CK$. Q.E.D.

Fig. 101.

VI. Hinc punctum Z est limes infra quem, versus centrum, nullus reflexus axem intersecat.

Fig. 100.

Coroll. Hinc si puncta Z, ζ sint limites punctorum A, α, (quorum A remotius) erit $CZ > C\zeta$.

Nam $BC : AC < BC : \alpha C$; componendoque $AB : AC < \alpha B : \alpha C$; hoc est $ZB : ZC < \zeta B : \zeta C$; vel composite $CB : ZC < CB : \zeta C$; ergo $ZC > \zeta C$.

VII. Quinetiam erit in hoc casu; $ANq - ACq : CNq :: AC : CK$. Nam ducatur KH ad CN parallela, protractæ AN occurrens in H; et connectatur CP; et eodem plane modo quo superius (in iis quæ circa convexas partes attigimus) ostendetur fore $AN \times NP : CNq :: AK : CK$; unde divisim erit $AN \times NP - CNq : CNq :: AC : CK$; est autem $AN \times NP = ANq - AN \times AP = ANq - (ACq - CNq) = ANq - ACq + CNq$; adeoque $AN \times NP - CNq = ANq - ACq$; ergo demum erit $ANq - ACq : CNq :: AC : CK$. Q.E.D.

Fig. 101.

Notetur; si fuerit AC minor semisse semidiametri circuli reflectentis, quod punctum A duos focos habebit ad easdem centri partes, quorum alter ad partes D, alter ad B pertinebit; sin AC major fuerit istâ semisse, focis qui ad diversos vertices B, et D pertinent, centrum C interjacebit.

VIII. Etiam hoc interseram *Theorema*, præmissis conforme: Si fiat $2CK : CN :: CN : F$; itemque $2CA : CN$ :: $CN : E$; et demittatur NQ ad AC perpendicularis, erit $CQ = F - E$. Nam (ut supra) est $CA : CK :: F : E$; quare dividendo erit $CA - CK : CK :: F - E : E$. Item hic erit $ANq - ACq = 2AC \times CQ + CNq$; adeoque $2AC \times CQ + CNq : CNq :: AC : CK$; hoc est, (ob $CNq = 2AC \times E$,) $2AC \times CQ + 2AC \times E : 2AC \times E :: AC : CK$; hoc est $CQ + E : E :: AC : CK$; quare dividendo $CQ : E :: AC - CK : CK$; ergo $F - E = CQ$. Q.E.D. Fig. 101.

IX. Porro, si duorum quorumvis radiorum AN, AR reflexi NK, RL axem secent punctis K, L; erit $CK : CL :: ARq - ACq : ANq - ACq$. Nam ob $CK : AC :: CNq : ANq - ACq$; et $AC : CL :: ARq - ACq : CNq$; erit ex æquo perturbate $CK : CL :: ARq - ACq : ANq - ACq$. Fig. 102.

X. Hinc si radius AR sit ipso AN obliquior; erit $CK < CL$; Nam $ARq - ACq < ANq - ACq$.

XI. Hinc palam est reflexos NK, RL sese prius quam axem decussare.

XII. Accipiantur porro bini pares arcus NR, RX; et incidentium AN, AR, AX reflexi cum axe conveniant punctis K, L, M; dico spatium LM, obliquiorum occursibus interjectum, majus esse spatio LK, quod rectiorum continetur occursibus. Nam e supra monstratis constat esse $ANq + AXq < 2ARq$; proindeque fore $ANq + AXq - 2ACq < 2ARq - 2ACq$; ac inde $ANq - ACq : ARq - ACq < ARq - ACq : AXq - ACq$; hoc est $CL : CK < CM : CL$; vel $CM : CL > CL : CK$; quare $CM + CK > 2CL$; et ideo $LM > KL$. Fig. 102. [Lemma, p. 81.]

XIII. Hinc rectius ingruens lux a reflectione versus axem condensatior evadit.

Fig. 102. XIV. Quidni demum rursus ex his inseratur, visibilis A imaginem circa reflexorum metam Z, oculo uspiam in AZ constituto, apparere?

XV. Advertatur saltem (id quod experiendo deprehendetur) oculo uspiam in ZB collocato confusiorem apparentiam objici; quippe cum eum tunc reflexi convergentes appellant; et imago distinctior Z post oculum consistat; quin ejusmodi complures apparentias observabitis ipsi si lubet, et ex his deducetis.

XVI. Præterea, *dato oculi centro, velut O, quomodo designandus sit ipsum pervadens reflexus* (ceu $N\varpi$) e supra tractatis aliquatenus adparet; nec inibi generalius expositum

Fig. 103. *Problema* libet hic reponere.

XVII. Quinetiam antedicta recensendo constabit, si bisecentur subtensa PN in E; et subtensa $N\varpi$ in F; ac fiat $FZ : ZN :: EA : NA$; radiantis imaginem, visus O respectu, circa punctum Z consistere; plane similis est discursus: quorsum κοκκυζειν?

XVIII. Superest tantum, ut de posteriore quem innue-

Fig. 104. bamus casu paucula subdamus. Eo, ponatur $AC = AG = A\gamma$; inde quilibet incidens cavo $GB\gamma$ radius ipsâ AC minor erit; sit talis alicujus AN reflexus $N\varpi$; qui nempe retro productus cum axe conveniet; puta ad K. Etiam hic præcedentibus conformia deprehendentur, et suppari demonstrabuntur modo; qualia sunt nempe

XIX. $AC : AN :: CK : KN$.

XX. $ACq - ANq : CNq :: AC : CK$.

XXI. Radii AR ipso AN obliquioris reflexus cum axe concurrat in L; erit $CK : CL :: ACq - ARq : ACq - ANq$; ac inde

XXII. $CK < CL$.

XXIII. Incidentium rectiorum (pares, ut superius, arcus in reflectente sumendo) reflexi concursus habent a se minoribus intervallis disjunctos; hæc, inquam, et alia quoad reliquos casus præmonstratis conformia, vel agnata persimili quoque quoad hunc casum methodo comprobantur; quare pluribus tempero; sed enim id quod ubique præcipuum etiam hic exertius ostendam; præmisso tamen hoc, ad sequentia quoque concidenda non inutili, *Lemmatio:*

XXIV. Detur recta BC; in eâ protractâ designandum est punctum, velut Z; ita ut BZ ad CZ datam obtineat rationem, puta I ad R. Id facile sic exequimur. Fig. 105.

1. Si fuerit $I > R$; fiat $I - R : R :: BC : CZ$; quare componendo erit $I : R :: BZ : CZ$; ergo factum.

2. Sin $I < R$; fiat $R - I : I :: BC : BZ$; ergo rursus componendo $R : I :: CZ : BZ$; vel inverse, $I : R :: BZ : CZ$.

XXV. Fiat jam $CA : AB :: CZ : BZ$; dico punctum Z esse metam, citra quam (respectu centri C) nullus reflexus axem decussabit; hoc est, præmissis insistendo, fore $CK > CZ$. Fig. 104.

Nam ducatur NT circulum contingens ad N; erit ergo $NK : NA :: KT : AT < BK : AB$; quare $NK : NA + AB : BZ < BK : AB + AB : BZ = BK : BZ$; est vero $NK : NA :: CK : CA$; et $AB : BZ :: CA : CZ$; ergo $CK : CA + CA : CZ < BK : BZ$; hoc est $CK : CZ < BK : BZ$; vel permutando $CK : BK < CZ : BZ$; unde dividendo $CB : BK < CB : BZ$; adeoque $BK > BZ$; unde liquet propositum.

XXVI. Exhinc (ut in casibus ante pertractatis) consectatur ejusmodi punctum Z esse locum ipsissimum imaginis punctum A exhibentis oculo, puta O, in axe CA constituto; patetque quam longe passim ab Opticis, nominatim a novissimis *Stevino*, *Hobbio*, *Fabrioque* in eo assignando loco aberratur; quorum ex sententiâ versatur is ad punctum (puta Q) tanto semotum a vertice B intervallo, quanto radians A ab ipso B distat; id quod præterquam quod nullâ verisimili ratione nititur, (imo rationi prorsus adversatur, cum nullus omnino radius oculum ingrediatur tanquam a puncto Q proveniens,) experientiâ facillime refutatur. Nam si tanquam circa punctum A accensa candela speculo cavo $GB\gamma$ exponatur, oculo velut ad O sito longe majori distans intervallo conspicietur, quam ipso BQ, quod ipsam AB exæquat; quinimo tantillo versus centrum illum adducendo non æquali distantiâ, sed admodum majori videbitur elongari; tantâ circiter ad sensum, probabilemque conjecturam, quantam proportio requirit a nobis præstituta; quocirca discursus noster experientiæ suffragio constabilitur.

Fig. 106. XXVII. Quod demum attinet ad locum imaginis respectu visus extra radiationis axem positi; determinatur is eodem ac in casibus antecedaneis modo; bisecando scilicet ipsas NP, $N\varpi$ punctis E, F; faciendoque $EA : AN :: FZ : ZN$. Adnotandum saltem in rectioribus reflexis imaginem extra circulum consistere, sed in obliquioribus intra illum; nempe si fuerit $AE > AN$, punctum Z ultra axem CB existet; sin $AE < AN$, punctum Z versus ϖ existet; sin $AE = AN$, concursus infinite distabit; seu proximus reflexus ipsi $N\varpi$ parallelus erit.

Not. Ductâ AQ ad CB perpendiculari, si $AE = AN$;

Fig. 106. erit $AN = \sqrt{\frac{AQq}{3}}$. Nam $AQq = AP \times AN = 3AN \times AN = 3ANq$; itaque punctum N, istos casus disterminans, facile designatur.

Rationem ipsi tantillum attendentes perspicietis; mihi sane cunctas evolvendo minutias non animi satis, non otii suppetit.

Fig. 106. XXVIII. Juvabit his unam, loco forsan opportuniore prætermissam, observatiunculam attexere. Si fuerit Z radiantis A imago, vicissim erit A radiantis Z imago; e dictis quoad speciales casus facile cernitur hoc consectari; quin et hinc generatim verum apparebit satis: Si fuerit Z

ipsius A imago, tantum unus idcirco ab A manantium inflexus per Z transibit; (hoc imagini proprium esse sæpius in decursu inculcata satis arguunt, superque;) quare reciproce solus unus ab Z manantium inflexus per A transibit, (nam si duo tales per A transire dicantur, etiam inde duo per Z transibunt, contra hypothesin,) erit igitur A ipsius Z imago. Merebatur hæc (compendio bene serviens, et casus inter se varios conferentibus affundens lucem) observatio generalibus intertexi; nisi quod non omnia se nobis statim produnt; et quædam in abstractione summâ non ita facile vel explicari possunt, vel comprobari.

A Catoptricis jam aliquando manum; quæ contentus ita quadantenus promovisse, haud disparia (certe magis nova, minimeque protrita) circa refractiones sphæricas, seu circulares, attentabo.

LECT. XI.

I. *CATOPTRICA circulari defuncti ad Dioptricam promovemur;* quorsum incidentium quotcunque refractis unâ simul operâ delineandis, adeoque refractionum symptomatis organice pertentandis modum imprimis exponemus, præ cæteris, opinor, expeditum. Seorsim ad $\nu\gamma$ æqualem diametro (NG) circuli refringentis describatur circulus $\nu\varpi\gamma$; item habeat $\nu\gamma$ ad $S\gamma$ rationem illam, quæ refractiones determinat, (illam autem deinceps, ut antehac, constanter nuncupabo rationem I ad R,) et super diametro $S\gamma$ describatur quoque circulus $SH\gamma$. Incidat jam radius quilibet MNP, cui conveniens designandus est refractus; ut hoc assequamur, circulo adposito a ν adaptetur $\nu\varpi = NP$; et centro γ per ϖ descriptus circulus secet circulum $SH\gamma$ in H; connexaque γH circulum $\nu\varpi\gamma$ intersecet in ξ; demum connexâ $\nu\xi$, circulo NPG accommodetur $NX = \nu\xi$; erit NX ipsius NP refractus. Etenim (ductis GP, GX) est $\gamma H : \gamma\xi :: (\gamma S : \gamma\nu ::) I : R$; hoc est $\gamma\varpi : \gamma\xi :: I : R$; hoc est $GP : GX :: I : R$; cum itaque sint ipsæ GP, GX recti

Fig. 107.
Fig. 108.

sinus angulorum GNP, GNX (quorum GNP est angulus incidentiæ) liquet propositum.

Fig. 109. II. Ad ipsa *Symptomata* progrediamur exponenda radiis ad circulum refractis competentia; quorum illa pro more primo pertractabimus, quæ radianti puncto conveniunt ad infinitam quasi distantiam posito, seu parallelos ad sensum radios ejaculanti. Quocirca per circuli refringentis centrum C punctumque de longinquo radians protendatur recta ACZ; tum fiat $BZ : CZ :: I : R$; nec non dividatur CZ in F, ut sit $FZ : FC :: I : R$; et centro F per Z describatur circulus EGZ; his peractis, accipiatur jam quilibet ad AC parallelus MNP, (convexis incidens an concavis partibus perinde fuerit,) dico si recta NC (ab incidentiæ nempe puncto per refringentis centrum ducta) circulo EGZ protracta occurrat in G; et in axe capiatur $CK = CG$; connectaturque recta NK, fore NK ipsius MNP refractum. Connectantur enim rectæ FG, BG; et quoniam est BZ : Fig. 109. CZ :: ($I : R$ ::) $FZ : FC$; erit permutando $BZ : FZ :: CZ : FC$; dividendoque, $BF : FZ :: FZ : FC$; itaque patet triangula BFG, GFC (latera scilicet habentia circa communem angulum GFC proportionalia) similia fore; quamobrem erit $BG : GF :: GC : CF$; seu permutatim $BG : GC :: GF : CF$; hoc est $BG : GC :: FZ : CF :: I : R$; verum in triangulis BCG, NCK est $BC = CN$, et $CG = CK$; et ang. $BCG = NCK$; adeoque $BG : GC :: NK : CK$; quare erit quoque $NK : CK :: I : R$; ergo, secundum generatim antehac ostensa,* liquet NK ipsius MN refractum existere.

* Lect. III. numero 10.

Coroll. Adnotetur esse triangula BFG, GFC similia; ac esse $BG : CG :: I : R$; et ang. $BGF = GCF$; et esse BF, FG, FC ∺ &c.

III. Ex hoc (sane pulchro, perutilique *Theoremate*) cum particularis exoritur methodus hujusmodi quotcunque refractos expeditissime seu delineandi, seu computandi; tum ipsorum præcipua *symptomata* facillime discernuntur ac demonstrantur; qualia sunt, quæ in subjectis exhibentur *Corollariis*.

IV. Patet hinc punctum Z esse limitem ultra quem (respectu centri) nullus axem intersecat refractus; seu perpendicularis ipsius AB (vel ei saltem quam proxime adjacentis radii) refractum ad Z terminari; quia nimirum est $CZ > CG$, vel CR. Fig. 110.

V. Consequitur etiam, si duorum incidentium MN, QR (quorum QR sit obliquior) refracti conveniant cum axe punctis K, L, fore $CK > CL$. Etenim si rectæ NC, RC ad *circulum refractarium* (ita circulum EGZ merito subinde nominabimus) producantur, ut ipsum secent punctis G, H; liquet esse $CG > CH$; adeoque $CK > CL$. Hinc Fig. 111.

VI. Ad easdem partes incidentium refracti sese prius intersecant quam axem; (veluti puta refracti NK, RL sese decussant in X).

VII. Quinetiam, si in primo casu per centrum C ducatur recta VI ad BZ perpendicularis, dictoque circulo refractario occurrens ad I; et fiat $CY = CI$, patet punctum Y esse limitem refractionis citeriorem; erit enim connexa VY refractus obliquissimi radii, ceu TV, circulum refringentem contingentis. Fig. 111.

VIII. Item, in secundo casu si recta CVI circulum EGZ tangat in I, et adsumatur $CY = CI$, erit punctum Y citimus alter refractorum limes. Etenim connexâ VY refractus erit incidentis (puta VT) ad BC paralleli; qui certe cunctorum obliquissimus erit hujusmodi refractionem patientium; quum enim (*e præmissis) connexâ FI, sit $FI : CF :: I : R$; hoc est sinus rectus anguli FCI (vel anguli CVT) ad sinum totum, ut I ad R; nullus ipso TV obliquior medium BNV penetrabit; at ipse quicunque talis repercutietur; velut $\phi\psi$ in $\phi\xi$. Fig. 112. Lect. III. num. 7.

IX. Cæterum hic (tametsi præter ordinem non nihil, extraque suum locum) egregiam quandam et præsertim notabilem istius, quem nuncupavimus, refractarii circuli proprietatem interseremus: Omnium a puncto B promanantium, et a circuli EGZ cavis partibus refractionem patientium (juxta casus prænominatos respectivam), refracti per punctum C transibunt.

Fig. 113, 114.

Nam ejusmodi quilibet incidat radius BG, et (stantibus quæ præstructa præmonstrataque sunt) triangula BGF, GCF similia sunt; angulusque BGF par angulo GCF; itemque $FG : CF :: I : R$; est autem FG ad CF, *ut sinus anguli* GCF (*hoc est anguli* BGF) *ad sinum anguli* CGF; *ergo sinus anguli* BGF (*qui est angulus incidentiæ*) *ad sinum anguli* CGF se habet, ut I ad R; ergo $CG\beta$ est refractus ipsius BG. Q.E.D.

Nota. Si qui ad convexas hujusce circuli partes incidunt, ita reflectantur, ut perpetuo sinus anguli incidentiæ ad sinum anguli reflexi se habeat ut I ad R; etiam reflexi per C transibunt.

Hinc habetur unum (quoad hos casus) e præcipuis in *Dioptricâ* desideratum, perquam utile; Superficies simplicissima radios ab uno puncto procedentes ita refringens, ut tanquam ab altero proveniant; id quod demonstrationis adductus commoditate *Corollarii* loco (licet ad aliam pertinens hypothesin) hic apponere non dubitavi, redeamus e diverticulo.

X. Notandum porro, quod diversos refringentes circulos, iisque competentes, modo præstituto determinatos, refractarios adsumendo, rectæ CB, EZ, CE, CZ, CF easdem in uno, quas in altero quovis proportiones observant; id quod facillime demonstratur; et satis elucescit ex eo, quod earum omnium ad se proportiones eodem ubique modo fundantur in unâ ratione I ad R; verbis, et Schematis effingendis parco. Pro sequentibus hæc adjungo *Lemmatia.*

XI. 1. Sint tria quanta A, B, C (quorum maximum A) se deinceps æqualiter excedentia; sint etiam altera totidem M, N, O; et sit $A : B :: M : N$; ac $B : C :: N : O$; dico fore quoque tria M, N, O in ratione continuâ *Arithmeticâ*. Nam ob $A : B :: M : N$; erit divisim $A - B : B$

:: $M-N : N$; item ob $B : C :: N : O$; erit per rationis conversionem $B : B-C :: N : N-O$; ergo erit ex æquo $A-B : B-C :: M-N : N-O$; itaque cum sit ex Hypothesi $A-B = B-C$; erit etiam $M-N = N-O$. Q.E.D.

XII. 2. In circuli quadrante ZQ trium arcuum ZG, ZH, ZI sinus recti $F\alpha$, $F\beta$, $F\gamma$ æqualiter crescant; (ut nempe sit $\alpha\beta = \beta\gamma$;) dico fore $G\alpha - H\beta < H\beta - I\gamma$.

Nam ducatur subtensa GI ipsam $H\beta$ secans, in X; et sint XR, IS ad FQ parallelæ; patet ipsas GR, XS æquari, hoc est fore $G\alpha - X\beta = X\beta - I\gamma$; unde liquidum est esse $G\alpha - H\beta < H\beta - I\gamma$. Q.E.D. Fig. 115.

XIII. 3. Sunto concentrici bini circulorum quadrantes FZX, $F\zeta\xi$; et ad FZ parallela ducatur recta quævis $LG\gamma$; circulos intersecans punctis G, γ; dico fore $FZ - LG > F\zeta - L\gamma$.

Nam connexa FG circulum $\zeta\gamma\xi$ producta secet in T; connectanturque subtensæ ZG, ζT (hæc ipsam $L\gamma$ secans in S), patetque jam rectas ZG, ζT parallelas esse; adeoque quadrangulum $ZGS\zeta$ fore parallelogrammum; unde $GS = Z\zeta$; adeoque $F\zeta - LS = FZ - LG$; ergo $F\zeta - L\gamma < FZ - LG$. Q.E.D. Fig. 116.

XIV. Sint jam tres radii paralleli MN, QR, VX, a se distantes æqualiter; (hoc est ut ductis $N\nu$, $R\rho$, $X\xi$ ad axem AC perpendicularibus, sit $X\xi - R\rho = R\rho - N\nu$;) et ipsorum refracti cum axe conveniant punctis K, L, O; erit obliquiorum concursibus interjectum spatium OL majus spatio LK, quod a rectiorum occursibus continetur. Fig. 117.

Nam ducantur NC, RC, XC circulo refractario occurrentes punctis G, H, I; et ad has a refractarii centro F ducantur perpendiculares $F\alpha$, $F\beta$, $F\gamma$; et quoiam triangula $CX\xi$, $CF\gamma$ similia sunt; erit $X\xi : CX :: F\gamma : CF$; item simili de causâ, est CR $(CX) : R\rho :: CF : F\beta$; quapropter erit ex æquo $X\xi : R\rho :: F\gamma : F\beta$; non dispare ratione constabit esse $R\rho : N\nu :: F\beta : F\alpha$; ergo cum tres $X\xi$, $R\rho$, NV se æqualiter excedant; *etiam tres $F\gamma$, $F\beta$, $F\alpha$ se æqualiter

* 11 hujus Lect. Hyp.

excedent; unde consequetur esse $C\alpha - C\beta < C\beta - C\gamma$; nec non esse *$\alpha G - \beta H < \beta H - \gamma I$; adeoque conjunctim $CG - CH < CH - CI$; hoc est $CK - CL < CL - CO$; hoc est denuo $LK < OL$. Q.E.D.

* 12 hujus Lect.

XV. Hinc apparet rectius illapsam refringenti lucem magis inspissari; versusque punctum Z in arctius redigi; maximam proinde vim ejus isthic exeri; focumque combustionis (ad solem) ibi versari.

XVI. Consectatur etiam radios (hujusmodi saltem parallelos) quo rectiores oculo (cujus nempe superficies refractionis munus obeuntes aut Sphæricæ sunt, aut Sphæricas aliquatenus referunt) incidunt, eo facilius ab ipso readunari, seu propius recolligi.

XVII. Quinimo tandem ex his colligitur visibilis longinqui puncti speciem oculo, in axe posito, circa punctum Z apparere. Etenim ab ei adjacentibus partibus refracti cum præ cæteris perpendiculares (vi proinde fortiores, et recollectu paratiores) neque non copiosiores affluunt; quibus ex causis imaginis positio dependet; ut jam sæpius admonitum:—ἐχθρὸν δέ μοι ἐστὶν Αὖτις ἀριζήλως εἰρημένα μυθολογεύειν; cæterum hâc defunctus curâ tantisper respirabo.

LECT. XII.

I. *PARALLELORUM ad circulum refractionem patientium in contemplatione defixus, præter alia præcipua symptomata, locum ultime determinavi, quam isti repræsentant, imaginis, oculo in axe constituto;* res jam postulat ut eandem definiamus oculi gratiâ secus collocati; veruntamen unam prius haud inutilem adnectam observationem, ad præcedentia spectantem; hanc utique:

II. Si duo Segmenta NBR, $\nu\beta\rho$ latitudines (vel subtensas) NR, $\nu\rho$ æquales habeant; quorum $\nu\beta\rho$ ad majorem pertineat circulum; hoc cum potentius aduret, tum objectum visibile clarius atque distinctius exhibebit. Sint enim C, κ circulorum refringentium centra; et circuli iis competentes refractarii sint EGZ, $\epsilon\gamma\zeta$; horumque centra F; ϕ; tum parallelorum punctis N, ν incidentium sint refracti ND, $\nu\delta$; dico tum fore $DZ > \delta\zeta$. Ducantur enim rectæ NCG, $\nu\kappa\gamma$; hisque perpendiculares rectæ FL, $\phi\lambda$; estque $CN : \nu\varpi :: CN : NP :: CF : FL$; et $\nu\varpi : \kappa\nu :: \phi\lambda : \kappa\phi$; ergo (rationes sibi pares adjungendo) est* $CN : \nu\varpi + \nu\varpi : \kappa\nu :: CF : FL + \phi\lambda : \kappa\phi$; hoc est $CN : \kappa\nu :: CF \times \phi\lambda : FL \times \kappa\phi$; est autem $CN : \kappa\nu :: CF : \kappa\phi :: CF \times \phi\lambda : \kappa\phi \times \phi\lambda$; quapropter erit $CF \times \phi\lambda : FL \times \kappa\phi :: CF \times \phi\lambda : \kappa\phi \times \phi\lambda$; et idcirco $FL \times \kappa\phi = \kappa\phi \times \phi\lambda$; indeque $FL = \phi\lambda$; hinc consequetur fore $CF - CL > \kappa\phi - \kappa\lambda$; nec non $FZ - LG > \phi\zeta - \lambda\gamma$; proindeque conjunctim $CZ - CG > \kappa\zeta - \kappa\gamma$; hoc est $CZ - CD > \kappa\zeta - \kappa\delta$; hoc est demum $DZ > \delta\zeta$; exhinc lux ab arcu $\nu\beta\rho$ magis constipata, (in spatium quippe restrictius $\delta\zeta$ coacta) violentius operabitur; et a fonte magis ad punctum accedente promanare visa punctum radians distinctius exhibebit; id quod institutum fuit ostendere; quo rei passim observatæ, nec exilis in perspiciliorum constructione usus ratio constaret. In ordinem jam recidimus; ut puncti nempe longinqui locum apparentem indagemus, oculi respectu quomodocunque siti quem in finem conficiendum venit imprimis hujusmodi *Problema*, rectam definiens in quâ locus iste versatur:

Fig. 118, 119.

Lect. II. num. 23.

III. Dato circulo refringente; punctoque quovis X; per punctum X ducatur recta, quæ sit incidentis ad datam positione rectam CB parallelæ refractus.

Si punctum datum X ponatur in axe CB; facillime perficitur negotium; etenim si fiat $R : I :: CX : T$; et centro X intervallo ipsam T adæquante describatur circulus refringentem intersecans in N; e præmissis admodum

Fig. 120.

* [In modern notation

$$\frac{CN}{\nu\varpi} \times \frac{\nu\varpi}{\kappa\nu} = \frac{CF}{FL} \times \frac{\phi\lambda}{\kappa\phi} \text{ that is } \frac{CN}{\kappa\nu} = \frac{CF \times \phi\lambda}{FL \times \kappa\phi}.]$$

patet connexum NK per N incidentis ad BC paralleli refractum esse; quia scilicet est $CX : XN :: CX : T :: R : I$.

IV. Verum extra casum hunc, et alios particulares nil huc attinentes, generatim conceptum *Problema* Solidum est, aut plusquam Solidum; (ut ex analysi non difficile perspiciatur;) et certe viâ consuetâ, per lineas vulgo receptas, constructu perquam arduum et operosum; ita quidem ut licet mihi non penitus incomperta sit methodus ejusmodi constructionem non unam moliendi, ægre possim adduci, tantum ut ei temporis, tantum laboris impendam, quantum exposcit; suffecerit itaque modum indigitare, quo per lineam quandam sibi peculiarem, punctatim facili negotio designabilem, ita construi possit, ut una suam naturam ac indolem prodat; modus ille sic habet.

Fig. 121. V. Connectatur recta CX; fiatque $CX : CV :: R : I$; et per punctum V indefinite protendatur recta FG, datæ CB parallela; tum e refringentis centro C rectæ quotcunque CI exeant, rectam FG decussantes punctis H; et centro X, intervallo rectas VH perpetuum æquante descripti circuli rectis CI occurrant punctis N; per hujusmodi puncta quævis linea transit, quam innuimus expositi *Problematis* Solutioni deservituram; ejus scilicet, et dati circuli refringentis intersectio quæpiam incidentiæ punctum erit, ad quod per X ducta recta refringetur in aliquam ipsi BC parallelam; seu vicissim hæc in illam. Sit enim talis intersectio quævis N; et ducta NX ipsam BC secet in K; et sint NM, ac XT ad BC parallelæ. Estque tum $CK : KN :: (TX : XN :: TX : VH :: CX : CV ::) R : I$; unde secundum ostensa liquet NXK refractum esse ipsius MN; quod oportebat factum. Ita *Problema* δυσπόριστον utcunque licebit exequi, nec non ejusce qualitatem intueri; quot refracti per oculi centrum meent definire, singulosque reipsâ designare; quæ longiusculum esset sigillatim exponere; cum autem eatenus imaginis locus habeatur determinatus, succedit ut breviter etiam ipsissimum in singulo tali refracto punctum ostendamus, ad quod illa consistit; in cujus rei gratiam hoc quasi *Lemma* præsternemus.

VI. In circulo ANB, cujus centrum C, sint semidiametro CA perpendiculares NE, RF; item semidiametro CB sint perpendiculares NG, XH; sint autem CE, EF ipsis CG, GH proportionales; et arcus NR, NX indefinite parvi; seu quasi minimi dictâ conditione præditi; dicimus arcum NR ad arcum NX rationem habere conflatam e rationibus ipsarum CE ad CG, et NG ad NE; vel esse arc. $NR : NX :: CE \times NG : CG \times NE$. Nam per N ducatur VT tangens circulum, ipsisque FR, HX occurrens punctis T, V; est itaque (propter summam ex Hypothesi parvitatem dictorum arcuum) arc. $NR : CN :: NT : CN :: EF : EN$; item $CN :$ arc. $NX :: CN : NV :: NG : GH$; quapropter erit* arc. $NR : CN + CN :$ arc. $NX = EF : EN + NG : GH = EF : GH + NG : EN = CE : CG + NG : EN$; hoc est arc. NR : arc. $NX = CE : CG + NG : EN$. Q.E.D. (vel arc. $NR : NX = CE \times NG : CG \times EN$.) Fig. 122.

VII. Sit jam radii cujusvis talis MNP, refringentem intersecantis punctis N, P, refractus $N\varpi$ (refringentem nempe denuo secans in ϖ) huic autem indefinite vicinus (et quasi proximus) adjaceat radius QRS, cujus itidem refractus $R\sigma$ (refringenti nempe rursus occurrens in σ), priorem $N\varpi$ decussans in Z; bisecentur autem subtensæ NP, $N\varpi$ punctis G, E; Dico rationem NZ ad GZ componi e rationibus NG ad NE, et CE ad CG.

Nam ducantur rectæ CE (hæc ipsam RS quoque secans in F) et CG; nec non CI ad $R\sigma$ perpendicularis; et in protractâ CG sumatur $CH = CI$; et per H ducatur XY ad $N\varpi$ parallela, seu perpendicularis ad CH; unde est $XY = R\sigma$; et arc. $NX = Y\varpi$; et arc. $XY =$ arc. $R\sigma$; adeoque arc. $NR \pm \sigma\varpi = 2$ arc. NX. Estque præterea $CG : CE :: R : I :: CI : CF :: CH : CF$; adeoque permutatim $CG : CH :: CE : CF$; ergo (juxta præcedentem) est arc. $NR : NX = NG : NE + CE : CG$; ad hæc ob illam (quæ ponitur) Fig. 123, 124.

* [That is $\dfrac{\text{arc } NR}{CN} \times \dfrac{CN}{\text{arc } NX} = \dfrac{EF}{EN} \times \dfrac{NG}{GH} = \dfrac{EF}{GH} \times \dfrac{NG}{EN}$

$= \dfrac{CE}{CG} \times \dfrac{NG}{EN}$; or $\dfrac{\text{arc } NR}{\text{arc } NX} = \dfrac{CE \times NG}{CG \times EN}$.]

arcuum NR, SP, $\varpi\sigma$ exiguitatem, erit arc. $NR : \varpi\sigma ::$ subtensa $NR : \varpi\sigma :: NZ : Z\sigma :: NZ : Z\varpi$; ergo (inverse componendo, vel dividendo, tum et consequentes subduplando) arc. $NR : \frac{\text{arc. } NR \pm \varpi\sigma}{2} :: NZ : \frac{NZ \pm Z\varpi}{2}$; atqui velut modo dictum) arc. $\frac{NR \pm \varpi\sigma}{2} = NX$; item est $\frac{NZ \pm Z\varpi}{2} = GZ$; erit ergo arc. $NR : NX :: NZ : GZ$; quapropter erit (juxta præcedentem) $NZ : GZ = NG : NE + CE : CG$.

Fig. 124.

VIII. Porro liquet punctum Z esse locum imaginis, quem expetimus, oculo conspicuæ in rectâ $N\varpi$ constituto; utpote circa quod viciniorum ipsi NP radiorum refracti ipsam $N\varpi$ intersecant; quâ de re multoties egimus, ut pigeat eo plura βαττολογεῖν.

IX. Facile vero, secundum *Theorema præmissum*, designatur punctum Z. Ducatur nempe CG ad refractum NK perpendicularis; et ad connexam CN ducatur perpendicularis GV; et per V ducatur VZ ad CK parallela, secans ipsam NK in Z; factum erit. Nam, connexâ GE, liquet angulos GEC, GNC (circumducti nempe per N, E, G, C circuli subtensæ GE insistentes ambos) æquari; hoc est angulos GEC, VGC æquari; quapropter (utrique rectum adjiciendo) toti NEG, ZGV æquantur; item alterni GNE, VZG æquantur; ergo triangula GNE, VZG similia sunt, unde $NG : NE :: ZV : ZG$; itaque* $CE : CG + NG : NE = CE : CG + ZV : ZG$; verum (ob refractionem) est $NK : KC :: I : R :: CE : CG$; hoc est $NZ : ZV :: CE : CG$; est igitur $CE : CG + NG : NE = NZ : ZV + ZV : ZG$; hoc est $CE : CG + NG : NE = NZ : ZG$; ergo punctum Z conditionem obtinet, imaginis loco congruentem, e mox ostensis; adeo liquet propositum.

Fig. 125.

* [That is, $\frac{CE}{CG} \times \frac{NG}{NE} = \frac{CE}{CG} \times \frac{ZV}{ZG}$;

therefore $\frac{CE}{CG} \times \frac{NG}{NE} = \frac{NZ}{ZV} \times \frac{ZV}{ZG} = \frac{NZ}{ZG}$.]

X. Quin subnotamus rectam NK ad punctum Z ita dividi, ut sit $NZ : ZK :: NGq : CGq$. Etenim est $NZ : ZK :: NV : VC :: NVq : VGq :: NGq : CGq$.

XI. Subjiciam et hoc e dictis consectarium *Theorema:*

Fiat $\sqrt{3Rq} : \sqrt{Iq - Rq} :: CB : CQ$; ductaque QN ad CB perpendicularis circumferentiæ occurrat ad N; radii vero MN ad CB paralleli refractus sit NK, circuli peripheriæ denuo occurrens in Z; dico punctum Z esse imaginem, qualem mox definivimus, oculo conspicuam in ipsâ NK sito. Fig. 126.

Nam (ductis CE ad MN, et CG ad NZ perpendicularibus, ac junctâ CN) ob $3Rq : Iq - Rq :: CNq : NEq$; hoc est $3CGq : CEq - CGq :: CNq : NEq$; erit dividendo $4CGq - CEq : CEq - CGq :: CNq - NEq : NEq :: CEq : NEq$; quare permutando $4CGq - CEq : CEq :: CEq - CGq : NEq$; (hoc est) $:: NGq - NEq : NEq$; ergo componendo $4CGq : CEq :: NGq : NEq$; et ideo $2CG : CE :: NG : NE$; quare* $2 : 1 + CG : CE = NG : NE$; vel $2 : 1 = NG : NE + CE : CG$; hoc est $NZ : GZ = NG : NE + CE : CG$; unde liquet, e mox antedictis, propositum.

XII. Ex istâ porro constructione facile colligitur, si fuerit $3Rq = Iq - Rq$ (hoc est si $2R = I$) adeoque $CQ = CB$; quod hujusmodi punctum Z non aliud erit ab ipso D; seu perpendiculari ipsi AB debitam imaginem ad punctum D consistere; eas vero quæ reliquis refractis conveniunt ejusmodi imagines intra circulum omnes, vel supra peripheriam extare; quinetiam si fuerit $2R < I$, adeoque $CB < CQ$, patet nullius refracti imaginem in peripheriâ existere, sed omnes supra ipsam. Enim vero in his casibus omnes refracti axem AD supra punctum D intersecant; verum si fuerit $2R > I$ (utique sicut reverâ quoad plerasque cunctas in hac rerum naturâ pellucidas refringentes materias usu venit) uti reipsâ datur ejusmodi punctum Z, in peripheriâ TD alicubi situm, ita facile poterit isto modo determinari.

* [That is, $\frac{2}{1} \times \frac{CG}{CE} = \frac{NG}{NE}$, or $\frac{2}{1} = \frac{NG}{NE} \times \frac{CE}{CG}$.]

XIII. Observetur porro sic definitum punctum Z circuli partem a D versus T per radios quadranti BT incidentes illustratam terminare. Omnes enim ipso MN obliquius incidentium refracti ipsam NZ supra Z versus G decussabunt; adeoque ad partes ZD circulo impingent; item omnium ipso MN rectiorum refracti ipsam NZ infra Z versus K intersecabunt; et hinc etiam in arcum ZD cadent.

Fig. 127. XIV. Exhinc apparet (id quod *ab eximio D. Slusio* monitum amicus mihi communicavit) potuisse *Cartesium* sine tabularum confectione suum *Iridis* angulum determinare; nam assumpto arcu $DY = DZ$; angulum istum arcus ZY metitur; posito circulum propositum per aquei globi centrum transire; quod ita facile constat. Radii cujusvis diametro BC paralleli MN refractus NZK reflectatur in ZFH; et ZF in FO refringatur; sitque FL ad BD parallela; sumatur etiam $DY = DZ$; et connectantur CZ, CY; dico angulum LFO æquari angulo ZCY. Nam imprimis ob ZN, ZF æqualiter ad peripheriam inclinatos, patet angulum OFH angulo PNZ vel CKZ æquari; igitur ang. $HFL - HFO =$ ang. $FIC - CKZ =$ ang. $KIZ - CKZ$ $=$ ang. $NZI - 2$ ang. $CKZ = 2$ ang. $NZC - 2$ ang. $CKZ = 2$ ang. $ZCD = ZCY$; est igitur ang. $OFL =$ ang. ZCY. Cum itaque sit in superiore Hypothesi punctum Z umbræ lucisque confinium, manifeste liquet propositum.

XV. Subnotetur autem, si medium inflectens sit aqueum, arcum ZY esse partem circuli totam (posticam scilicet) illuminatam; tangentis enim ST refractus, puta TV, nedum non punctum Y prætergreditur, at citra punctum D cadit; ast in densioribus mediis, velut in vitro, secus accidere potest; siquidem in eo tangentis refractus, puta TX, ultra terminum Y (modo prædicto designatum) cadit, ut quidem ex calculo facile colligatur; unde pars illuminata arcu ZY amplior evadit; tangentium quippe refractis circumscripta. Viderit igitur excellentissimus vir, an universim constet (id quod ipse nisi fallor innuere videbatur) ex observatâ partis illuminatæ quantitate, *Iridis angulum, etiam juxta Cartesianas Hypotheses, recte determinari.* Nam

Fig. 128.

sumendo arcum $DR = DX$; ad punctum quidem R pertinget illustratio; neque tamen ulla lux quadranti BT incidens a parte ZR (sed illa tantum quæ ad partes ZD cadit) ad oculum O inflectetur; unde quoad oculos ad has partes sitos, hoc est quoad rem quæ præ manibus, punctum Z lucem et umbram dirimit atque disterminat.

XVI. Vobis autem expendendum propono, annon exhinc *apparentiarum in Iride ratio* elici possit, illâ forte verisimilior, quam ipse *Cartesius* assignavit; quid enim si dixero peripheriæ ZV impingentem lucem, et versus O inflexam magis apparere; primo, quia spissior est, ac a radiorum geminâ diffusione constat, ab utrâque puncti N parte in arcum ZV refractorum; tum secundo, quoniam obliquius ipsi ZV incidit, adeoque facilius et copiosius inde quam aliunde versus partes O retorquetur? Et cum præsertim circa punctum Z acutius radii coeant, neque non incurrant obliquius; quidni propterea vividior exinde resultet apparentia? Verum hæc παρεκβατικῶς. Fig. 127.

Quoniam Colorum incidit mentio, quid si de illis (etsi præter morem ac ordinem) paucula divinavero?

XVII. *Album* est quod lucem copiosam, pariter ubique spissam, circumfundit. Talia ferme sunt corpora, rarioribus poris interpuncta; præsertim, quæ multas superficieculas, in omne latus obversas, habent. Suadetur hoc, Quia pure lucida semper alba videntur; Quia corpus bene tersum luci splendidæ expositum albescit; Quoniam alba difficilius ignem concipiunt; Quod humore tenuiore vacuata corpora (*Capilli*, *Folia*, *Cineres*) *canitiem* acquirunt; Quibus et frigore constricta accenseri possent.

Nigrum est, quod lucem minime, vel parcissime refundit; talia plerunque sunt corpora valde pellucida; nec non quæ crebros meatus, et cavernulas lucem absorbentes habent. Hoc indicat, Quod omnes *Umbræ nigræ apparent;* Quod *Aqua*, *Vitrum*, *Nubes* ad hunc colorem vergunt; Quod *nigra* facilius ignem imbibunt, calefiunt, comburuntur; Quod longius dissita (quorum sensim intercipitur, et amittitur lux) obscuriora videntur.

Rubrum est, quod lucem effundit hinc inde confertam, ac solito magis constipatam, ast interstitiis umbrosis diremptam, et interruptam; talia concipi possunt corpora, multas intra se quasi *fornaculas* et *focos* habentia (qualia *X*, e *Speculis cavis* contextum; et *Y* e *Sphærulis*, transmissam lucem ad totidem *focos* cogentibus, constans). Argumento sit, Quod a *Speculis*, et *Vitris ustoriis* collecta lux rubescit; Quod corpora densa ignita (quippe quorum cellæ luce spissâ referciuntur) rubra videntur; Quod roscida nubes Soli (matutino, vel vespertino) exposita rubet; Quod erosio rubiginem parit. Ad rubri naturam fortasse pertinet, quod compressa lux languidius emicat.

è Lat. Fig. 128.

Cæruleum est quod lucem raram, aut impetu segniore concitatam emittit; talia videntur esse corpora, quæ particulis constant albis ac atris alternatim dispositis; sed et hunc subinde colorem ostentant candida malignius illustrata. Exemplo sint, *Æther Sudus* (in quo nempe pauciora natant corpuscula lucem ad oculos reverberantia, cæterâ luce dilabente); *Mare*, sale candido nimirum et humore pellucido constans; Umbra corporis cujusvis opaci, de die, ad lucernam ardentem facta, et ad chartam albam excepta seu terminata; (nempe corporis *AB* ad chartam *XY* violacea depingitur umbra, a lucernâ *C*).

è Lat. Fig. 128.

Viride cæruleo perquam agnatum est. *Discrimen* explorent sagaciores; ego non ausim ariolari.

Cæterum reliqua colorata ex istis varie commixtis, atque contemperatis emergunt; ut *flavum* ex albo copioso, rubrique nonnihillo intersperso; *purpureum* ex multo cæruleo, rubrique tantillo, &c. Verum sufficiat hactenus, ista supra captum nostrum posita scrutantes, nos illis, qui *αἰτιολογίας Physicas* morosius excipiunt, deridendos propinasse.

Sufficient hæc pro radiis parallelis; ad divergentes ordine procedendum est; ast interpositâ morâ, ne vix exorsi cogamur abrumpere.

LECT. XIII.

I. *TRANSACTIS iis quæ refractioni conveniunt isti, quam ad circuli peripheriam subeunt radii sibimet paralleli; quid iis obvenit proxime dispiciendum venit, qui a puncto quopiam sensibiliter divergentes itidem circulo se objiciunt refringendos;* cum autem in hac Hypothesi multa reperiatur casuum varietas e pluribus causis oriunda (nedum enim a mediorum specie differentium ordine, vel situ versus se diverso; quinetiam circuli refringentis aliâ ac aliâ, convexâ nempe vel concavâ, facie radiationi obversâ; sed ab ipsius quoque radiantis magis aut minus a refringente semoti positione conclusionum emergit nonnulla discrepantia) nobis incumbet ita rem, quâ possumus, moderari, simul ut cum ex abstractione nimiâ proveniens confusio, tum e repetitione fastidium aliquousque devitentur; id autem non alias, opinor, commodius assequemur quam imprimis generalia quædam attingendo, cuidam uni casui (illi nempe, ubi $I > R$, et radii convexis circuli partibus incidunt) sic applicata, ut satis facile possint ad alios quoque transferri; tum peculiaria nonnulla singulis congruentia subnotando; ad rem.

II. In circulum refringentem BN (cujus centrum C) radiet punctum A; et connexa AC protendatur ad utrasque partes indefinite; tum cujusvis incidentis AN sit refractus NK, cum axe nimirum in K conveniens; dico compositas rationes AC ad CK, et NK ad NA æquari rationi I ad R. Conjungatur enim CN, et ducatur KH ad CN parallela; erit igitur (ut generatim antehac habetur ostensum)* $I : R :: NK : NH = NK : NA + NA : NH = NK : NA + AC : CK$. Q.E.D.

Fig. 129

Lect. III. num. 9.

III. Hinc si fuerit $CA : CR :: I : R$; erit $CK : CR :: NK : NA$.

* [That is, $\frac{I}{R} = \frac{NK}{NH} = \frac{NK}{NA} \times \frac{NA}{NH} = \frac{NK}{NA} \times \frac{AC}{CK}$.]

Nam erit tum* $CA : CR = CA : CK + NK : NA$; unde, communem utrinque adjiciendo rationem CK ad CA, erit $CK : CA + CA : CR = CA : CK + CK : CA + NK : NA$; hoc est $CK : CR :: NK : NA$.

Fig. 130, 131. Notetur in figuris sequentibus esse perpetuo $CA : CR :: I : R$; quod semel, brevitatis causâ, monitum esto.

IV. Hinc consectatur; primo; Si fuerit $AN > CR$, quod refractus $N\alpha$ cum axe AC prorsum excurrens conveniet. Nam erit $CK : AN < CK : CR :: NK : AN$; adeoque $CK < NK$.

Fig. 129.

Fig. 130. V. Secundo; si fuerit $AN = CR$, refractus $N\alpha$ ad AC parallelus erit.

Nam sit NH ad AC parallela; quum itaque sit $CA : AN :: (CA : CR ::) I : R$; erit AN ipsius HN refractus; ergo vicissim NH ipsius AN.

Fig. 131. VI. Tertio; Si fuerit $AN < CR$, refractus $N\alpha$ cum AC retro conveniet extractus.

Erit enim tunc $CK : AN > CK : CR :: NK : AN$; ac inde $CK > NK$.

VII. Hinc clarum est; Si fuerit AB non minor quam CR, omnes refractos versus AC procurrentes convergere; erit enim tunc semper $AN > CR$.

VIII. Subnotetur autem si fuerit saltem $AB = CR$; axi propiores radios in sensibilem parallelismum refringi.

Fig. 130. IX. Item, Si AT circulum tangat, et fuerit $AT < CR$; manifestum est omnes refractos retro protractos cum AC concurrere; tunc enim semper est $AN < CR$.

X. Clarum est quoque, si $AN = CR$, omnes arcui BN incidentium refractos retro productos, omnes autem

* [That is, $\frac{CA}{CR} = \frac{CA}{CK} \times \frac{NK}{NA}$ whence $\frac{CK}{CA} \times \frac{CA}{CR} = \frac{NK}{NA}$.]

arcui NT incidentium refractos antrorsum procurrentes axi occurrere.

XI. Quum autem in casu, propositi maxime contrario, (quum nempe $I < R$, et radii concavis incidunt partibus,) adsimilis contingat diversitas, hanc quoque breviter attingemus.

1. Si fuerit $AN > CR$, refractus $N\alpha$ cum AC retro tractus conveniet. Fig. 132.

Nam $CK < NK$; (ut in priore casu).

2. Etiam hic si $AN = CR$, refractus $N\alpha$ fit ipsi AC parallelus.

Nam erit $CK = NK$; quod in hoc casu nisi K infinite distet contingere nequit.

3. Si $AN < CR$; refractus $N\alpha$ prorsum excurrens axi occurrit.

Nam hic $CK > NK$.

4. Si $AB < CR$; omnes refracti directe progredientes ad AC convergunt. Erit enim quivis incidens $AN < CR$. Fig. 133.

5. Quum $AN = CR$, evidens est omnes arcui BN incidentes retrorsum versus CA refractos convergere; omnes autem ad partes NT cadentes antrorsum versus CB refringi.

XII. Hinc apparet sub istis duobus generalibus casibus tres a diverso puncti radiantis intervallo subnascentes speciales casus comprehendi; nempe vel omnes ab axe post refractionem progredientes divergunt, vel omnes ad ipsum convergunt, vel aliqui divergunt, alii convergunt, his intercedente medio quodam ad illum parallelo; quæ subnotâsse discrimina videbatur operæ pretium ac determinâsse. Subdimus etiam quoad reliquos generales casus simplicius sese rem habere; scilicet eodem semper modo: Omnes enim ad cavum densius incidentium refracti directe procedentes ab axe divergunt; Ut et omnes eorum, qui convexo rariori impingunt; id quod e generalissimis refractionum legibus immediate sequitur, et e simplice secundum illas linearum ductu dilucescit. His admonitis in orbitam regressi pergimus. Fig. 134, 135, 136.

XIII. E præmisso Theoremate non difficile conficitur hoc *Problema:* Dato in axe puncto, K, refractum designare, qui per hoc ipsum transeat.

Lect. x. num. 25. Fig. 137.

Hoc nempe pacto. Reperiatur punctum G, ut sit $KG : AG :: CK : CR$; item fiat $GF : FA :: CK : CR$ ($:: KG : AG$); tum centro F, intervallo FG describatur circulus refringentem intersecans ad N; erit connexa NK incidentis AN refractus.

Nam ducatur FN; et ob $KG : AG :: GF : FA$; erit permutatim $KG : GF :: AG : FA$; dividendoque $KF : GF :: GF : FA$; hoc est $KF : FN :: FN : FA$; quare triangula KFN, NFA assimilantur; unde $NK : KF :: AN : NF$; seu permutando $NK : AN :: KF : NF$; erat autem prius $KF : NF :: GF : FA :: CK : CR$; est igitur $NK : AN :: CK : CR$; unde (juxta dictum Theorema) constat factum.

Fig. 137.

XIV. Ad constructionem istam advertentes animum, hujusmodi facile *Consectaria* deducetis:

1. Si circulus GNH *refringentem* contingat ad H; ipsius AH (perpendicularis utique) refractus in K terminabitur; et aliorum incidentium refracti ad unas ipsius K partes (ultra nempe vel citra K respectu centri, pro diversitate casuum ab ipsius A positione resultantium) cadent.

2. Si dictus ille circulus *refringenti* non occurrat omnino, *Problema* constructionem respuet; nec ullus refractus punctum K permeabit.

3. Si circulus GNH *refringenti* coincidat (id quod facile concipi potest, et in aliquo reverâ casu contingit) omnes refracti in punctum K confluent. Hæc et alia constructionem istam consectantur solerter expensam; quorum saltem nonnulla haud abs re fuerit exertius ostendi; velut hoc imprimis palmarium.

XV. Si fuerit $AB : CR :: BZ : CZ$; dico punctum Z esse limitem, ultra vel citra quem nullus refractus axem intersecat; seu perpendicularis ipsius AB refractum in Z terminari.

Nam cujusvis incidentis AN refractus axi occurrat in K,

erit ideo $CK : CR :: NK : NA$; ergo quum sit $CR : CZ :: AB : BZ$; erit* $CK : CR + CR : CZ = NK : NA + AB : BZ$.

1. Est autem (in primâ figurâ, ubi puncta Z, et K sunt ad partes centri, vel ubi refracti ad axem directe procurrentes convergunt) $BK > NK$, et $AB < AN$; adeoque $BK : AB > NK : NA$; ergo† $CK : CR + CR : CZ < BK : AB + AB : BZ$; hoc est $CK : CZ < BK : BZ$; vel inverse, permutando, $BK : CK > BZ : CZ$; dividendoque $BC : CK > BC : CZ$; ergo $CK < CZ$; adeoque punctum K supra Z existit, versus centrum; quod erat propositum ostendere. Fig. 138.

2. In secundâ vero figurâ (ubi puncta Z, K ad alteras supra punctum A partes a centro aversas cadunt) connectatur subtensa BN, et ducatur AS ad KN parallela; hæc secabit angulum BAN, majorem ipso BKN, vel BAS; et cum angulus ABN sit obtusus, erit $AN > AS$; adeoque $KN : AN < KN : AS :: KB : AB$; erit etiam hic igitur (ut supra) $CK : CZ < BK : BZ$; vel permutatim $CK : BK < CZ : BZ$; dividendoque $CB : BK < CB : BZ$; adeoque $BK > BZ$; hoc est punctum K magis quam Z a centro elongatur. Fig. 139.

3. Haud dissimilis in aliis casibus erit *Demonstratio*; ut in hoc, ubi $I < R$, ad convexas; est enim hic (ut in præcedente) $KB : AB < KN : AN$; adeoque (supra monstratis insistendo) $CK : CZ > KB : BZ$; vel permutando $CK : KB > CZ : BZ$; dividendoque $CB : KB > CB : BZ$; unde $KB < BZ$; adeoque punctum K centro semper vicinius est quam Z. Fig. 140.

XVI. Hæc autem cum, modo suo mutatis mutandis, ad omnes casus transferri possint, habentur inde determinati refractorum limites, hoc est apparentia radiantium

---

* [That is, $\frac{CK}{CR} \times \frac{CR}{CZ} = \frac{NK}{NA} \times \frac{AB}{BZ}$.]

† [That is, $\frac{CK}{CR} \times \frac{CR}{CZ} < \frac{BK}{AB} \times \frac{AB}{BZ}$].

punctorum A loca, respectu oculi centrum habentis in axe AC situm; juxta doctrinam a nobis toties inculcatam.

Fig. 142. XVII. Id autem hic in duobus casibus (utroque nimirum ad circuli cavas) peculiare venit observandum cum sit $CB = CR$, omnes refractos in ipso puncto Z (ut supra definito) retro protractos congregari. Nam ob $AB : BC :: AB : CR :: BZ : CZ$; erit dividendo $AC : BC :: BC : CZ$; quapropter ad punctum quodvis N adsumptum connexis AN, ZN, erit $ZN : AN ::$ ($CZ : CN ::$) $CZ : CR$; unde ZN refractus erit incidentis AN.

Fig. 141. XVIII. Hinc etiam si fuerit $AB = CR$, consequetur punctum Z a centro infinite distare; quia nempe tum ob $AB : CR :: BZ : CZ$, erit $BZ = CZ$; id quod fieri nequit, nisi punctum Z ita elongetur infinite.

Fig. 143. XIX. *Consectantur* et hæc: Si punctorum radiantium A, α limites sint puncta Z, ζ, erit* $AC : AB + BZ : CZ = \alpha C : \alpha B + B\zeta : C\zeta$.

Nam e præmissis facile constat esse

$$\left.\begin{array}{l}\text{tam } AC : AB + BZ : CZ = \\ \text{quam } \alpha C : \alpha B + B\zeta : C\zeta = \end{array}\right\} I : R.$$

XX. Unde $C\zeta > CZ$. Nam ob $BC : AB < BC : \alpha B$; componendoque $AC : AB < \alpha C : \alpha B$; erit $BZ : CZ > B\zeta : C\zeta$; dividendoque $BC : CZ > BC : C\zeta$; adeoque $C\zeta > CZ$.

Fig. 144. XXI. Imo universim si radii quivis AF, $\alpha\phi$ ad circulum refringentem æqualiter inclinentur, hisque conveniant refracti FL, $\phi\lambda$, erit $C\lambda > CL$; id quod hoc modo non ineleganter ostenditur. Ducatur recta BX cum BC angulum efficiens parem angulo refracto ad positam inclina-

* [That is, $\frac{AC}{AB} \times \frac{BZ}{CZ} = \frac{\alpha C}{\alpha B} \times \frac{B\zeta}{C\zeta}$.

For $\frac{AC}{AB} \times \frac{BZ}{CZ} = \frac{I}{R}$, and $\frac{\alpha C}{\alpha B} \times \frac{B\zeta}{C\zeta} = \frac{I}{R}$].

tionem pertinenti; perque puncta F, ϕ, et centrum C transeuntes rectæ ipsi BX occurrant punctis P, ϖ; tum quoniam triangula FCL, BCP æquiangula sunt (angulus enim CBP angulo CFL ex constructione par est, et ang. BCP verticali suo FCL æquatur) nec non latus CB lateri CF æquatur, erit $CP = CL$. Simili plane discursu est $C\varpi = C\lambda$. Porro, quia $C\phi$ ad $C\alpha$ (hoc est sinus anguli $C\alpha\phi$ ad sinum anguli $C\phi\alpha$) majorem rationem habet, quam CF ad CA (hoc est quam sinus anguli CAF ad sinum anguli AFC, vel æqualis anguli $C\phi\alpha$) liquet angulum $C\alpha\phi$ majorem esse angulo CAF, adeoque reliquum $\alpha C\phi$ minorem esse reliquo ACF; vel angulum PCB angulo ϖCB; unde liquet esse $C\varpi$ majorem quam CP; hoc est $C\lambda$ majorem esse quam CL. Quod E.D.

Coroll. Vides arcum BF majorem esse arcu $B\phi$.

Notes etiam omnes ejusdem inclinationis refractos ope ductæ rectæ BX promptissime designari; sed hæc an ϖροὔργου fuerint nescio.

XXII. *Subjiciam et hoc Theorema:* Convexo densiori Fig. 145. incidentium radiorum AM, AN (quorum AN sit obliquior) refracti MK, NL axem ad easdem partes, directe pergentes, secent, iste ad K, hic ad L; dico fore CK majorem quam CL.

Nam connexis CN, KN; et ductâ LH ad KN parallelâ; quoniam, e præmissis, est $CK : CR :: MK : MA$; et $CR : CL :: NA : NL$; erit* $CK : CR + CR : CL = MK : MA + NA : NL$; est autem $NK : NA < MK : MA$ (quia $NK < MK$, et $NA > MA$) ergo $CK : CR + CR : CL > NK : NA + NA : NL$; hoc est $CK : CL > NK : NL$; hoc est $NK : HL > NK : NL$; quapropter est $LH < NL$; est autem angulus LCN obtusus; ergo recta LH angulum CLN secat; ac angulus LHC interno LNC major est; hoc est angulus KNC angulo LNC major est; unde liquido patet fore $CK > CL$.

* [That is, $\frac{CK}{CR} \times \frac{CR}{CL} = \frac{MK}{MA} \times \frac{NA}{NL}$, whence $\frac{CK}{CR} \times \frac{CR}{CL} > \frac{NK}{NA} \times \frac{NA}{NL}$].

*Coroll.** $CK : CL = MK : MA + NA : NL$.

XXIII. Hinc, ejusmodi omnes refracti seipsos prius quam axem intersecant, velut ad X. Hoc speciminis loco pro casu, qui præ manibus; propter alios qui similia volet, ipse viderit, et sibi paraverit; ego jam alio progredior; eo scilicet, ut locum definiam imaginis in dato quovis refracto apparentis; prætervehemur enim illud in his certe casibus *intricatissimum Problema* (cujusque Solutio nullatenus aut laborem quem exigit, aut temporis jacturam compensabit) quo jubetur per datum punctum transeuntem refractum designare; positione datum igitur refractum accipimus; et in hoc imaginis locum ex hoc uno Theoremate determinamus.

Fig. 146. XXIV. Duorum incidentium ANP, ARS sibi quam proximorum concipiantur refracti $N\varpi$, $R\sigma$ sese puncto Z decussantes; bisecenturque subtensæ NP, $N\varpi$ punctis E, G (a rectis nempe CE, CG ad illas perpendicularibus); dico rationem NZ ad GZ e rationibus CE ad CG (hoc est $I : R$), NG ad NE, ac AN ad AE componi.

Ducantur enim CK ad RS, et CI ad $R\sigma$ perpendiculares; inque productis CE, CG capiantur $CF = CK$; et $CH = CI$; et per F ducatur TV ad NP parallela; et per H etiam XY ad $N\varpi$ parallela. Jam est $AP : AN ::$ arc PS : arc NR (ob sumptam arcuum indefinitam parvitatem); ergo $\frac{AP \pm AN}{2} : AN :: \frac{\text{arc } PS \pm \text{arc } NR}{2}$: arc NR; hoc est $AE : AN ::$ arc NT : arc NR; item est $NZ : Z\varpi ::$ arc NR : arc $\varpi\sigma$; ac inde $NZ : \frac{NZ \pm Z\varpi}{2} ::$ arc $NR : \frac{\text{arc } NR \pm \varpi\sigma}{2}$; [a]hoc est $NZ : ZG ::$ arc NR : arc NX; ergo, rationes æquales adjungendo, est† $AE : AN + NZ : ZG =$ arc NT : arc $NR +$ arc

[a] Lect. IX. num. II.

---

* [That is, $\frac{CK}{CL} = \frac{MK}{MA} \times \frac{NA}{NL}$].

† [That is, $\frac{AE}{AN} \times \frac{NZ}{ZG} = \frac{\text{arc } NT}{\text{arc } NR} \times \frac{\text{arc } NR}{\text{arc } NX} = \frac{\text{arc } NT}{\text{arc } NX}$;

NR : arc NX = arc NT : arc NX; quoniam autem est CE : CG :: (I : R :: CK : CI ::) CF : CH; vel permutando CE : CF :: CG : CH; erit, [b]juxta præmonstrata, arc NT : arc NX = NG : NE + CE : CG; quapropter erit AE : AN + NZ : ZG = NG : NF + CE : CG; unde (rationes hinc inde pares subducendo) erit NZ : ZG :: (CE : CG + NG : NE + AN : AE). Quod propositum fuit ostendere.

[b] Lect. XII. num. 6.

XXV. Hinc, si fiat CE : CG :: NE : L; et AN : AE :: L : M; erit NZ : ZG :: NG : M. Nam* NG : NE + CE : CG + AN : AE = NG : NE + NE : L + L : M = NG : M; unde Problematis constructio, seu puncti Z determinatio habetur.

XXVI. Subnectam et ab amico communicatam (aliâ methodo repertam ab ipso, concinneque demonstratam) constructionem: Duc NR incidenti AN perpendicularem, et secantem axin in R. Fac NP : $N\varpi$ :: NR : T; duc NQ refracto NK perpendicularem, et æqualem ipsi T; denique jungatur QC; hæc producta secabit NK in foco quæsito Z.

Fig. 147.

XXVII. Hujusmodi vero punctum Z esse locum ipsissimum imaginis puncti A, oculo apparentis in ipsâ $N\varpi$ constituto, sæpius expositæ rationes manifestant.

XXVIII. Attendenti porro constabit, siquidem fuerit [c]NG ad M ratio æqualitatis, quod punctum Z infinito a puncto G, vel N, intervallo distabit; seu proximi radio $N\varpi$ refracti ipsi $N\varpi$ paralleli erunt; sin ratio NG ad M sit majoris inæqualitatis, quod punctum Z existet infra G, vel in NG antrorsum protractâ; verum denuo si $NG < M$, quod punctum Z supra N, vel in NG retro tractâ versatur. Hæc suffecerit innuisse. Hinc etiam posticæ circuli partis illu-

[c] In num. 25.

---

hence $\frac{\text{arc } NT}{\text{arc } NX} = \frac{NG}{NE} \times \frac{CE}{CG}$; hence $\frac{AE}{AN} \times \frac{NZ}{ZG} = \frac{NG}{NE} \times \frac{CE}{CG}$;

hence $\frac{NZ}{ZG} = \frac{CE}{CG} \times \frac{NG}{NE} \times \frac{AN}{AE}$].

* [That is, $\frac{NG}{NE} \times \frac{CE}{CG} \times \frac{AN}{AE} = \frac{NG}{NE} \times \frac{NE}{L} \times \frac{L}{M} = \frac{NG}{M}$].

minatæ quantitas utcunque possit determinari; sed ad Locum Solidum res spectat, ipsamque proinde missam facio.

Fig. 148. XXIX. Inseremus autem hic *Phænomeni* cujusdam satis obvii, quodque nonnullis forsan (*utpote communibus Opticæ decretis apparenter adversum*) mirabile videatur, explicationem. Sit lucidi puncti *A* (modice distantis, et vivide radios ejaculantis) ad arcum circularem *MBN* (ab axe *AB* bisectum) imago, seu focus *Z*; et per *Z*, ad ipsam *AZ* perpendicularis traducta concipiatur linea *XY*; porro, desumatur aliud punctum remotius *E*; liquet ejus imaginem citra punctum *Z* (centrum versus) jacere; ductis itaque rectis *EM*, *EN*, harum refracti adhuc altius se intersecant, puta ad *K*; productæque *MK*, *NK* lineam *XY* secent punctis *O*, *P*; quinetiam ulterius accipiatur punctum *F*; ductarumque rectarum *FM*, *FN* refracti sint *ML*, *NL*; lineæ *XY* occurrentes ad puncta *R*, *S*; quibus peractis manifestum est intervallum *RS* ipso *OP* majus esse. Hinc facilis habetur ratio, cur punctum lucidum (velut *ardens Lucerna*, vel *Imago Solis* ad *Speculum* aut *Lentem diaphanam* effecta, (quin et stellæ fixæ) quæ propter exiguitatem suam apparentem punctorum ad instar haberi possunt) quo a distinctæ visionis loco longius amovetur, eo (contra quam in aliis visibilibus obvenit) majus apparet. Nam si arcus *MNB* oculi superficiem repræsentet, (*pupilli amplitudini respondentem*) linea *XY* fundum oculi, *A* locum distinctæ visionis; ejusmodi lucens ad *A* positum satis angustum circa *Z* spatium illustrabit; ad *E* vero constitutum, valide radios vibrans, totum coruscatione suâ spatium *OP* afficiet; ad *F* denique collocatum adhuc majus intervallum *RS* percellet, indeque grandiorem sui speciem exhibebit. In placide vero lucem remittentibus aliter se habet, quoniam pauciores, et languidius agentes qui extremis *O*, *P* vel *R*, *S* allabuntur radii nullam sui perceptionem excitant. [Fig. 148.]

Eo lubentius hanc, adeo perspicuam, hujusmodi *Phænomenων* assignamus rationem, quoniam in eorum reddendis causis ita titubat magnus ille *Galilæus*, nescio quos, ex refractionibus, reflectionibusve quibusdam commentitiis oriundos, ascititios suggerens cincinnos.

XXX. Quin hic tandem *Dioptricam simplicem circularem claudemus*, quam utcunque quam paucissimis ita complexi sumus, ut præcipua saltem (quæ videbantur) et notatu digniora perstrinxerimus; prius autem *Catoptricam circularem;* nec non utramque, tam *Dioptricam* quam *Catoptricam*, planam, quantum instituto nostro visum est congruere, pertractavimus; quibus perfuncto mihi propositum aliquando fuit ad curvas alias, conicas præsertim sectiones, haud dissimili methodo pertentandas cogitationem extendere. Sed enim, cum in his tricis *Geometricis* etiamnum satis superque commoratus sim; et præter ea quæ circa conicas sectiones a nobis pridem insinuata sunt (quæ et ab aliis luculente tractata prostant) reliqua non ita magnum usum spondeant; contentus hasce primarias, in usu maxime positas, et usui præsertim accommodatas superficies, ultra paullo quam hactenus attentatum aut peractum scirem, excussisse, cæteras omnino missas faciam.

XXXI. Porro, quoad inflectiones istas, quos pluribus successive Planis, aut Sphæricis Superficiebus, utcunque constitutis aut compositis, incidentes subeunt radii; quæ conveniunt illis Symptomata, possunt ea de præmissis elici; quorum certe præcipuum est, quod apparentis puncti locum respicit ab inflectionibus ad istas superficies factis resultantem; in hoc enim indagando, determinandoque potissimum hæ disquisitiones versantur; Hunc igitur saltem definitum exhibebimus, idque satis commode, ex uno quodam Theoremate, seu regulâ generali; cui exempla quædam, communis usus in gratiam selecta, eorumque qui in hæc inciderit minuendo labori præsertim comparata, subjungemus. Ista vero, ne jam tædio simus, sequenti reservamus.

LECT. XIV.

I. *SUB præcedentis calcem, Regulam pollicebamur, exemplis stipatam, ex quâ punctorum e variis inflectionibus resultantes, imagines dignoscantur; illam nunc exhibemus quam simplicissime conceptam.*

Fig. 149, 150.

Sit *ABEFO* radius principalis, puncti radiantis *A* speciem per oculi centrum *O* deferens, ex incidente primo *AB*, et inflexis *BE*, *EF*, *FO* (in directum aut secus dispositis) constans; tum puncti *A* respectu oculi in rectâ *BE* positi, et ex inflectione ad superficiem *B* resultans (e præmissis utique designabilis) imago sit *Z*; item hujus *Z* (quod jam veluti radians concipiatur) respectu oculi in rectâ *EF* constituti, et ab inflectione ad superficiem *E* emergens imago sit *Y*; demum puncti *Y* (tanquam in superficiem *F* radiantis) respectu oculi in *FO* collocati sit imago *X*; erit hoc punctum *X* imago cunctis ab his inflectionibus proveniens; neque secus quotcunque fuerint inflectiones sese res habebit; enimvero semper ex illâ tali postremâ inflectione resultans imago, eadem erit cum illâ, quam omnes exhibent.

Hujus effati veritas e constructione satis apparet; e quâ facile colligitur proximorum ipsi *AB* incidentium hinc inde radiorum inflexos tandem circa punctum *X* ipsum *FX* intersecare; vel ita rem collegeris: punctum *Z* est puncti *A* imago; et punctum *Y* ipsius *Z*; denuoque punctum *X* ipsius *Y*; itaque punctum *X* ipsius *A* imago erit, qualem nempe res hic fert, remota. Strictiore longiusculo discursu posset hoc comprobari, sed quorsum rem satis claram intricare?

II. Exempla jam, quæ dixi, seu e præmissis deducta consectaria subnectam. Notetur autem imagines, quæ in iis proponuntur designandæ, oculum respicere Centrum habentem in ipso radiationis axe (qualis recta *BD*) constitutum; item diversarum superficierum ac radiationum axes sibimet in directum poni; præsumatur etiam in refractionibus ex aëre factis ad vitrum fore $I : R :: 5 : 3$; ad aquam vero fore $I : R :: 4 : 3$; (hæ nempe rationes veris probe congruæ deprehenduntur); addo, confusionis evitandæ causâ, symbolum I dehinc in his exemplis perpetuo majorem proportionis refractiones dimetientis terminum denotare, quocunque de medio in quodcunque peragatur refractio; porro, medium primum infringens perpetuo densius intelligatur rariori circundatum; item, in figuris appositis litera C denotat centrum anterioris circuli, K centrum posterioris; et B verticem anterioris, D verticem posterioris; denuo designat Y locum imaginis quæsitum.

Hisce præmonitis, primum de longinquo radiantium, seu parallelos ejicientium radios punctorum imagines, pro lentium varietate, sic determinantur.

I. *Ad lentem plano-convexam.* Fig. 151.

II. *Ad lentem plano-concavam.*

Fiat $I - R : R :: DK : DY$.

In Vitro est $DY = \frac{3}{2}KD$.

In Aquâ est $DY = 3KD$.

III. *Ad lentem convexo-planam.* Fig. 151.

IV. *Ad lentem concavo-planam.*

$$\text{Fiat } \begin{cases} I - R : I :: BC : BZ; \text{ et} \\ I : R :: DZ : DY. \end{cases}$$

In Vitro $DY = \frac{3}{2}BC - \frac{3}{5}BD$.

In Aquâ $DY = 3BC - \frac{3}{4}BD$.

V *Ad lentem convexo-convexam.* Fig. 152.

VI. *Ad lentem concavo-concavam.*

$$\text{Fiat } \begin{cases} I - R : I :: BC : BZ; \text{ et} \\ \frac{I}{R}KZ - DZ : DZ :: DK : DY. \end{cases}$$

Coroll. *Ad integram Sphæram.*

Fiat $2I - 2R : I :: CD : CY$.

VII. *Ad lentem convexo-concavam.* Fig. 153.

VIII. *Ad lentem concavo-convexam.*

Fiat $I - R : I :: BC : BZ$; et

Fig. 153. 1. Si punctum Z cadat inter C et K, fac $DZ+\frac{I}{R}KZ$ $: DZ :: DK : DY$; et cape DY ad partes lentis versus K.

2. Si punctum Z cadat extra CK, et sit insuper $DZ > \frac{I}{R}KZ$, fac $DZ - \frac{I}{R}KZ : DZ :: DK : DY$; et cape DY ad partes lentis versus K.

3. Si $DZ = \frac{I}{R}KZ$, imago Y infinite distabit.

4. Si $DZ < \frac{I}{R}KZ$; fiat $\frac{I}{R}KZ - DZ : DZ :: DK : DY$, et cape DY ad partes lentis adversas ipsi K.

De sensibiliter autem propinquâ distantiâ radiantium, seu divergentes radios emittentium punctorum (qualia semper designat punctum A), imagines (ut et illæ quas ad ejusmodi puncta convergentes efficiunt radii) hoc pacto determinantur.

Fig. 154, 155.

I. *Ad lentem plano-planam diverg.*

II. *Ad lentem plano-planam converg.*

Fiat $\begin{cases} R : I :: AB : BZ, \text{ et} \\ I : R :: DZ : DY. \end{cases}$

Brevius. Fiat $I : I - R :: BD : AY$.

Fig. 156.

III. *Ad lentem plano-convexam diverg.*

IV. *Ad lentem plano-concavam converg.*

Fiat $R : I :: AB : BZ$; et cum Z cadit

1. Extra DK, si $\frac{I}{R}KZ > DZ$; fac $\frac{I}{R}KZ - DZ : DZ$ $:: DK : DY$; et cape DY ad partes lentis adversus A.

2. Si $\frac{I}{R}KZ = DZ$; imago distabit infinite.

3. Si $\frac{I}{R}KZ < DZ$; fac $DZ - \frac{I}{R}KZ : DZ :: DK : DY$; et cape DY versus A.

4. Cum Z cadit inter puncta D, K; fac $DZ + \frac{I}{R} KZ : DZ :: DK : DY$; et cape DY versus A.

V. *Ad lentem plano-concavam diverg.*

VI. *Ad lentem plano-convexam converg.* Fig. 156, 157.

$$\text{Fiat} \begin{cases} R : I :: AB : BZ; \text{ et} \\ \frac{I}{R} KZ - DZ : DZ :: DK : DY. \end{cases}$$

VII. *Ad lentem convexo-planam diverg.* Fig. 157.

VIII. *Ad lentem concavo-planam converg.*

1. Si $AB > \frac{R}{I} AC$, puncta Z, et Y ad lentis partes puncto A adversas reperientur, facto $AB - \frac{R}{I} AC : AB :: BC : BZ$; et $I : R :: DZ : DY$.

2. Si $AB = \frac{R}{I} AC$, imago infinite distabit.

3. Si $AB < \frac{R}{I} AC$; deprehendentur Z, et Y versus A, facto $\frac{R}{I} AC - AB : AB :: BC : BZ$; et $I : R :: DZ : DY$.

IX. *Ad lentem concavo-planam diverg.* Fig. 158.

X. *Ad lentem convexo-planam converg.*

Si A cadat extra BC, fac $AB - \frac{R}{I} AC : AB :: BC : BZ$; sin A cadat inter B, et C, fac $AB + \frac{R}{I} AC : AB :: BC : BZ$; tum fiat $I : R :: DZ : DY$.

XI. *Ad lentem convexo-convexam diverg.*

XII. *Ad lentem concavo-concavam converg.* Fig. 158, 159.

1. Si $AB > \frac{R}{I} AC$, facto $AB - \frac{R}{I} AC : AB :: BC : BZ$; et $\frac{I}{R} KZ - DZ :: DK : DY$; puncta Z, Y adversus A cadunt.

2. Si $AB = \frac{R}{I} AC$, fac $I - R : R :: DK : DY$; et cape DY adversus A.

3. Si $AB < \frac{R}{I} AC$; fac $\frac{R}{I} AC - AB : AB :: BC : BZ$; et sume BZ versus A. Jam cum Z cadit extra DK, si primo sit $\frac{I}{R} KZ > DZ$, fac $\frac{I}{R} KZ - DZ : DZ :: DK : DY$; et sume DY adversus A.

4. Secundo, si $\frac{I}{R} KZ = DZ$, imago distabit infinite.

5. Tertio, si $\frac{I}{R} KZ < DZ$, fac $DZ - \frac{I}{R} KZ : DZ :: DK : DY$; et sume DY versus A.

6. Quum denuo cadit Z inter D, et K, fiat $DZ + \frac{I}{R} KZ : DZ :: DK : DY$; sumaturque DY versus A.

Fig. 159. *Corol. Ad integram Sphæram diverg.*

1. Si $AB + AC > \frac{2R}{I} AC$; fiat $AB + AC - \frac{2R}{I} AC : AC :: BC : CY$; et cape CY adversus A.

2. Si $AB + AC = \frac{2R}{I} AC$; imago in infinitum abit.

3. Si $AB + AC < \frac{2R}{I} AC$; fiat $\frac{2R}{I} AC - AC - AB : AC :: BC : CY$; capiaturque CY versus A.

Fig. 159. XIII. *Ad lentem concavo-concavam diverg.*
XIV. *Ad lentem convexo-convexam converg.*

Si A cadat extra BC, fiat $AB - \frac{R}{I} AC : AB :: BC : BZ$; sin A cadat inter B, C; fiat $AB + \frac{R}{I} AC : AB :: BC : BZ$; deinde fac $\frac{I}{R} KZ - DZ : DZ :: DK : DY$.

Coroll. Ad integram Sphæram converg. Fig. 160.

Si punctum A extra BC ponatur, fiat $AB + \frac{I-2R}{I} AC$ :: $BC : CY$; sin A cadat inter B, et C; fiat $AB + \frac{2R-I}{I} AC$: AC :: $BC : CY$; et cape CY ad partes centri versus A.

XV. *Ad lentem convexo-concavam diverg.* Fig. 160.

XVI. *Ad lentem concavo-convexam converg.*

1. Si $AB < \frac{R}{I} AC$; puncta Z, et Y versus A cadunt, facto $\frac{R}{I} AC - AB : AB :: BC : BZ$; et $\frac{I}{R} KZ - DZ : DZ$ :: $DK : DY$.

2. Si $AB = \frac{R}{I} AC$; fac $I - R : R :: DK : DY$; et cape DY versus A.

3. Si $AB > \frac{R}{I} AC$; fac $AB - \frac{R}{I} AC : AB :: BC : BZ$; et cape BZ adversus A. Jam quum Z cadit extra DK, tum primo si $\frac{I}{R} KZ > DZ$, fac $\frac{I}{R} KZ - DZ : DZ :: DK : DY$; et cape DY versus A.

4. Secundo, si $\frac{I}{R} KZ = DZ$, imago infinite distabit.

5. Tertio, si $\frac{I}{R} KZ < DZ$, fac $DZ - \frac{I}{R} KZ : DZ :: DK$: DY, et sume DY adversus A.

6. Sed quando Z inter D, et K cadit; fiat $DZ + \frac{I}{R} KZ$: $DZ :: DK : DY$; et sumatur DY adversus A.

XVII. *Ad lentem concavo-convexam diverg.* Fig. 160, 161, 162.

XVIII. *Ad lentem convexo-concavam converg.*

Si A cadat extra BC, fiat $AB - \frac{R}{I} AC : AB :: BC$: BZ; sin A cadat inter B, et C; fiat $AB + \frac{R}{I} AC : AB$ :: $BC : BZ$.

1. Jam cum Z cadit extra DK, tum primo si $\frac{I}{R}KZ > DZ$, fac $\frac{I}{R}KZ - DZ : DZ :: DK : DY$, et cape DY adversus A.

2. Secundo, si $\frac{I}{R}KZ = DZ$; imago infinite elongabitur.

3. Tertio, si $\frac{I}{R}KZ < DZ$, fac $DZ - \frac{I}{R}KZ : DZ :: DK : DY$; et sume DY versus A.

4. Sed quando Z inter D, et K cadit, fiat $DZ + \frac{I}{R}KZ : DZ :: DK : DY$; et accipiatur DY versus A.

Hisce subnectam sequentia; non contemnendum in *Engyscopicis* usum præ se ferentia *Problemata*.

Fig. 163. I. *Dati puncti propinqui* A *perfectam imaginem per lentem concavo-convexam in aliud datum punctum* Z *lenti vicinius projicere;* (perfectam imaginem intelligo, quæ resultat ex omnibus, quos ipsum A diffundit, radiis in ipsâ readunatis.)

Fiat $I - R : R :: AZ : ZB$; et dividatur ZB in C, ut sit $CB : CZ :: I : R$; tum centro C describatur circulus EBF; item centro Z, intervallo quovis ZD (majori quam ZB), describatur circulus GDH; factum erit; nempe lens $EFGH$ puncti A perfectam imaginem in punctum Z projiciet.

Nota, datâ CB, puncta A, Z e propositis facile determinari.

In vitro, si $CB = 15$, erit $\begin{cases} ZC = 9 \\ ZB = 24 \end{cases}$ et $\begin{cases} AZ = 16. \\ AB = 40. \end{cases}$

Adnotetur etiam per lentem $EGHF$ ad Z tendentes radios ad A refringi.

Hujusmodi Vitrum Myopes juvat; pro quibus ita construatur: sit ZD distantia, ad quam optime cernunt; sumaturque ZB utcunque paullo minor quam ZD; et fiat $CB = \frac{5}{8}ZB$; tum centro C per B describatur circulus EBF, et centro Z per D circulus GDH describatur; ipsi (Superficiei GDH oculum admoventes) punctum A distincte spectabunt, velut ad Z situm.

Quod si velit *Myops*, ad distantiam itidem ZD distincte cernens, assignatum punctum A contemplari; adsumpto, ut prius, libere puncto B, fiat $CB = \frac{2AB \times ZB}{5AB - 3ZB}$; et reliqua fiant, ut prius.

II. *Dati puncti* A *perfectam imaginem, etiam ope lentis concavo-convexæ, in datum aliud punctum* Z *longinquius projicere.* Fig. 164.

Fiat $AZ : AD :: I - R : R$; item dividatur AD in C, ut sit $CD : CA :: I : R$; et centro C per D describatur circulus EDF; item centro A, quopiam intervallo AB (minori quam AD) describatur circulus EDF; factum erit; nempe lens EDF puncti A imaginem in punctum Z projiciet.

Datâ CB, puncta A, Z vicissim e propositis innotescunt.

In vitro, si $CB = 15$, erit $\begin{cases} ZC = 9 \\ ZB = 24 \end{cases}$ et $\begin{cases} AZ = 16. \\ AB = 40. \end{cases}$

Itidem et hic, per lentem EF versus Z tendentes radii A refringuntur.

Hinc *Presbytis* utile conficiatur *Vitrum*, hoc pacto: Ad intervallum ZD hi distincte videant. Secetur ZD in A, ut sit $AD = \frac{3}{5}ZD$; item sit $CD = \frac{5}{8}AD$ (vel sit $CD = \frac{3}{8}ZD$) centroque C per D describatur circulus EDF; item utcunque sumpto puncto B (citra D nempe, versus A) centro A per B describatur circulus EBF; lente EF dicti *Presbytæ* punctum A distinctissime conspicient.

Hisce demum in cumulum adjiciatur ab amico communicatus *Modus elegans ac expeditus cujuscunque casus imaginem Geometrice designandi; ut et lentem describendi, quæ imaginem in datum punctum projiciet.*

1. *Imaginem designare.*

E centris, et verticibus circulorum lentem constituentium erigantur ad axin perpendiculares Kj, BP, DQ, CI; deinde per punctum A ducatur quævis recta API secans BP, et CI in P, et I; fac $CI : CR :: I : R$; agatur recta RP secans Fig. 165, 166, 167.

DQ, et $K\rho$ in Q, et ρ; fac $K\rho : Kj :: R : I$; et agatur jQ, quæ producta secabit axin in Y, loco imaginis quæsito.

Fig. 168. 2. *Reliquis datis, lentem describere.*

Sumantur ad arbitrium BY distantia lentis ab imagine, BD crassities lentis, et alter circulorum lentem constituentium ut (in hoc exemplo) anterior EBF, cujus centrum sit C; et ad ista puncta B, D, C erigantur BP, DQ, CI ad axin perpendiculares; deinde per punctum A ducatur recta quævis API secans BP in P, et CI in I; fiat $CI : CR :: I : R$; et agatur RP secans DQ in Q; fiat $DQ : DS :: I : R$; et agatur SY secans RP productam in ρ; a quo demittatur perpendicularis ρK; et centro K intervallo DK describatur circulus EDF; erit $EBFD$ lens quæsita.

Hic autem in nimium excrescenti spatium Lectioni defigatur limes.

LECT. XV.

BENE longo circa lucis reflectiones, quatenus hæ visum afficiunt, instituto stadio metam nunc opportune fixuri videmur, ea quomodocunque prosecuti, quæ προυργιαίτερα nobis visa, nec adeo pervulgata se objecerant; quod autem magnitudines objectas attinet (quas utique de punctis tantum radiantibus agentes omnino videamur omisisse) quales nimirum illæ ex hujusmodi radiorum inflectionibus quoad situm, figuram, quantitatem mutationes subeunt, id ferme totum passim atque fusius tractatum prostat, nec animus est mihi toties actum agere, vel e trivio petita quæque huc transferre; quin et eo spectantia pleraque cuncta de jam definitis ac ostensis haud difficili negotio colligi posse videntur; singulorum nempe cujusvis objecti punctorum (extremorum præsertim ac mediorum) apparentias inde determinando; verum nec ea penitus neglectui habita, ad subsequentem quoque regulam (seu monitiunculam) pressius animum advertentes forsan autumabitis. Si qualem assignata quævis superficies inflectens (simplex aut composita) magnitudinis cujusvis expositæ speciem exhibet (ampliorem nempe vel contractiorem, directam aut inversam, confusam distinctamve, seu quovis alio modo demutatam) internoscere cupiatis, id quadantenus hoc modo pertentantes attingetis. Oculi centrum (quale dari passim supponitur, ei saltem analogum quid dari videtur; nec inde, quoad illam quæ præ manibus rem, erroris quicquam proveniet) oculi centrum, inquam, ubicunque pro libitu constitutum ceu punctum radians concipiatur; tum ex eo duo prodeuntes radii ad propositam superficiem (eo quem hujus exigit natura vel proprietas specialis modo) inflectantur; tum inter hos inflexos collocatum intelligatur objectum; ejus certe species inter duos primos ab oculi centro procedentes radios consistet, quæ cum ipso (quoad apparentem anguli quantitatem, punctorum correspondentium positionem, et reliquas affectiones) objecto comparata voti compotes vos reddet; et id quidem perfectius, si extremorum ac mediorum præsertim objecti punctorum justas imagines, ex doctrinâ hactenus traditâ, velitis investigare; ab appositis exemplis res manifestior evadet; in quibus notetur punctum O semper oculi centrum, rectam OBA radiationis axem (superficiebus inflectentibus perpendicularem, et objecta in partes æquales dirimentem) denotare.

Exemp. I. *Proponatur Superficies Plana medii refringentis densioris (aquæ si placet, aut vitri) objectum continentis*, veluti Superficies a rectâ MN repræsentata; et ab oculi centro O prodeant utcunque duo radii OM, ON; qui in MF, NG refringantur; inter hos jam designetur objectum FAG; (ab axe OA bisectum;) hujus e medio $FGMN$ spectati species (vel apparentia) alicubi consistet inter rectas OM, ON, veluti puta ad $\phi\alpha\gamma$; cum autem (ut ex hujusce superficiei naturâ, communique refractionum lege palam est) sit angulus $\phi O\gamma$ major angulo FOG; hæc objecti speciem amplificat inflectio; item cum puncta (sibi respondentia) F, ϕ; et G, γ ad easdem respective partes jaceant, ab eâdem objecti positio non immutatur; quod si punctorum ϕ, α, γ positio juxta superiorem doctrinam strictius exquira-

Fig. 169.

tur, de totius imaginis $\phi\alpha\gamma$ figurâ distantiâque satis accuratum feretur judicium.

Fig. 170. *Exemp.* II. *Proponatur corpus densum PMNQ, Superficiebus Planis Parallelis* (*MN*, *PQ*) *comprehensum;* et ab oculi centro *O* prodeuntes radii *OM*, *ON* ad superficiem *MN* refringantur in *MP*, *NQ*; horum vero ad superficiem *PQ* refracti sint *PF*, *QG* (qui, propter incidentias (ad *M*, *P*, et *N*, *Q*) pares, ipsis *OM*, *ON* æquidistabunt) inter *PF*, *QG* statuatur objectum *FAG*, cujus sit imago $\phi\alpha\gamma$; tum vero manifestum est hic se rem similiter habere ac in Exemplo præcedenti.

Fig. 171. *Exemp.* III. *Proponatur Circulus Specularis Concavus MBN*, et radiorum *OM*, *ON* reflexi sint *MF*, *NG* (se decussantes in *H*, et cum ipsis *OM*, *ON* concurrentes punctis *X*, *Y*;) inter hos collocetur objectum *FAG*; ejus itidem imago rectis *OM*, *ON* interjacebit, puta ad $\phi\alpha\gamma$; comparando jam angulos apparentes *FOG*, $\phi O\gamma$, clare vides objecti *FAG* speciem imminui; item cernis puncta sibi respondentia *F*, ϕ, et *G*, γ ad alias ac alias partes jacere, seu objecti situm hinc inverti. Quod si intra angulum et spatium *XHY* statui concipiatur objectum, clarum est hinc ejus quidem speciem ampliari, sed adhuc situm inverti; sin inter ipsa *XY* consistat objectum, ejus itidem invertetur situs, at quantitas non immutabitur; demum si intra angulum *NHM* constituatur objectum, puta *RLS*; cujus imago sit $\rho\lambda\sigma$; evidens est hujusce speciem crescere, situmque retineri.

Fig. 172. *Exemp.* IV. *Proponatur Circulus Specularis Convexus MBN;* factisque similiter ac in eo quod immediate præcessit omnibus; ne plura prodigam verba, vides objecti *FAG* speciem ($\phi\alpha\gamma$) coarctari, sed ejusce positionem eandem persistere.

Fig. 173. *Exemp.* V. *Proponatur Lens aliqua* (*exempli gratiâ, Lens Plano-convexa*) *MBNQP*. Radii *OM*, *ON* ad superficiem

MBN refringantur in *MP*, *NQ*; tum ipsi *MP*, *NQ* ad superficiem *PQ* refringantur in ipsos *PF*, *QG* (sese decussantes in *H*, et cum ipsis *OM*, *ON* concurrentes ad *X*, *Y*) vides jam in primâ figurâ, si objectum *FAG* infra *XY* (versus *H*) statuatur, ipsum ab imagine $\phi\alpha\gamma$ majus, quam obtutu simplice, repræsentari. Quod si inter ipsa puncta *X*, *Y* subintelligatur collocatum, ejus quantitas neutiquam immutabitur; at si supra *XY* statuatur objectum *RLS*, ejus species, ad $\rho\lambda\sigma$ conspicua, diminuetur; ubique vero punctorum correspondentium positio directa permanebit.

In alterâ vero figurâ (ubi refracti *PF*, *QG* versus axem procurrentes convergunt) cum objectum *FAG* citra punctum *H* sumitur, vides ejus speciem quantitate adauctam, at situ non mutatam; verum objecti *RLS* ultra concursum *H* positi imago $\rho\lambda\sigma$ nedum prototypo major est, at quoad situm etiam eidem inversa. Fig. 174.

Et hoc quidem pacto nulla non lens pro varia vel objecti vel oculi positione, objecti speciem aliam exhibet ac aliam; nunc dilatat, tunc contrahit; modo rectam dat, mox inversam; subinde propius adducit, nonnunquam longius amovet. Singulos casus ad examen facile rediges hoc ad specimen aciem mentis intendendo.

Quinimo methodum hanc leviculam adhibendo plerasque superficierum quarumvis inflectentium hujus generis affectiones (illas nempe quæ magnitudinum apparentes quantitates, positiones, distantias, figuras respiciunt) compluriumque *Phœnomenων* causas ipse statim operâ levi deprehendes; quibus in expressius deducendis libri plures ad tantam molem extumescere vel possunt, vel solent; ut mihi saltem opus non sit hujusmodi plura congerere: veruntamen ne pars hæc nimium deficiat, et quoniam nonnulla succurrunt animadversione non indigna, de magnitudinum etiam apparentiis, tam *Dioptricis* quam *Catoptricis*, specialia quædam proponam; ea vero commodius sequentem præstolabuntur Lectionem.

Huic interim, ne abnormiter curta sit, aliquatenus explendæ *Problemation* hoc adnectam:

Exponatur oculo, cujus centrum O, *longinquum objectum* FG, *ab oculi, circulique refringentis axe* ABO *bisectum;*

datusque sit angulus simpliciter (oculo nempe nudo) apparens FOG: *item assignetur punctum* Z, *quod imago sit puncti* A *a circulo refringente facta; datus sit denuo ex refractione* Fig. 175. *apparens angulus* POQ; *propositum est circulum istum refringentem describere (vel determinare).*

Analysis. Factum esto; sit nempe circulus BN, qualis requiritur, cujus sit centrum C, vertex B; et qui rectam OP in N secet; ducatur CY ad OF parallela, rectæque OP occurrens in Y, et connectatur CN; cum itaque sit NY refractus radii ad FO, vel CY paralleli; erit $CY : YN :: R : I$; ergo ratio CY ad YN datur; et cum præterea angulus Y (dato FOP æqualis) detur, etiam (in triangulo CYN) angulus CNY innotescet; itaque triangulum CON specie datur; unde ratio CO ad CN (vel CB) datur; est autem $CB : CZ :: I - R : R$; ergo ratio CB ad CZ datur; itaque ratio CO ad CZ quoque datur; unde ratio CO ad OZ datur; verum OZ datur; ergo etiam CO datur; hinc demum et ipsa CB datur.

Componitur autem in hunc modum. In OF utcunque capiatur $O\rho$, et fiat $O\rho : O\sigma :: R : I$; et connectatur $\sigma\rho\zeta$; ducaturque ZRS ad $\zeta\sigma$ parallela; tum fiat $OZ : ZT :: I - R : R$ (unde componendo, $OT : ZT :: I : R$); item $V = \surd ZT \times ZS$; et $X = \surd OZq - Vq$; tum $X : OZ :: OZ : Y$; denique $X : Y :: OZ : OC$ (unde erit $Xq : OZq :: OZ : OC$; hoc est $OZq - Vq : OZq :: OZ : OC$; hoc est $OZq - ZT \times ZS : OZq :: OZ : OC$); per C vero ducatur CN ad ZS parallela, secans OP in N; denique centro C per N ducatur circulus BN; is proposito satisfacit.

Nam ob $OZq - ZT \times ZS : OZq :: OZ : OC$; erit OZ cub. $= OC \times OZq - OC \times ZT \times ZS$; transponendoque $OC \times ZT \times ZS = OC \times OZq - OZ$ cub.; atqui propter $OZ : ZS :: OC : CN$; est $OZ \times CN = ZS \times OC$; quare $OZ \times CN \times ZT = OC \times OZq - OZ$ cub.; adeoque (elidendo OZ) erit $CN \times ZT = OC \times OZ - OZq$; vel $CN : OC - OZ :: OZ : ZT$; hoc est $CB : CZ :: OT : ZT$; et componendo, $BZ : CZ :: OT : ZT :: I : R$; itaque primo liquet punctum Z imaginem esse puncti A, ex refractione factam ad circulum BN; quinetiam ob $CY : YN :: \rho O : O\sigma :: R : I$; palam est NO refractum esse radii ad CY, hoc est ad FO paralleli; liquido proinde constat propositum.

In hoc casu debet esse $OZq > ZT \times ZS$. Haud absimili ratione quoad alios casus (ut si circuli refringentis cavum objecto exponatur, &c.) peragetur negotium; ego specimen tantum *instituti Problematis*, juxta quod visibilis objecti species per refractionem circularem secundum præstitutas quantitatem atque distantiam utcunque possit immutari.

APPENDICULA.

UT hæc paullo strigosior Lectio nonnihil incrassetur, faciam hic (quanquam alienore loco) quod alibi (si mihi tunc in mentem venisset) factum oportebat; ratiociniis nostris adversantem, a viro doctissimo (alioquin opinor raro dormitante) commissum paralogismum, ne cui fraudi sit, detegam ac amoliar; unaque doctrinam nostram confirmabo; horsum e præmissis consequens, sed et experientiæ (ut videbimus) consonum hoc præsterno; E refractione quavis (nec non e reflectione ad circulum) duobus oculis apprehensum objectum (puta lucidum punctum A) reverâ duplum apparet, seu duas (ad minus) obtinet imagines.

Nam a puncto A exeuntes inflectenti MN incidant duo quicunque radii AM, AN; quorum inflexi sint ME, NF; concurrentes in X; in his autem uspiam constituantur oculorum centra O, P; quod puncti A imago nulla ad occursum X existat, e supra positis, ac probatis consectatur (omnes enim imagines ad illa consistere docuimus inflexorum puncta, ad quæ nulli illos alii inflexi intersecant), itaque duæ sunt imagines puncti A, una in inflexo EM (qualis α) ad oculum O pertinens; altera in inflexo FN (qualis α) oculo P deputanda. Fig. 176.

Hinc liquet etiam magnitudinis cujusvis hoc modo spectatæ duplicem imaginem haberi.

Huic effato si contraria obtendatur experientia, monstrans subinde duntaxat unam imaginem apparere; regero, in refractione quidem ad superficiem planam apparenter hoc plerumque contingere, quoniam imagines istæ duæ (quales α, *a*) ita sibimet ipsis, ita refractorum concursui *X* vicinæ sunt, ut ipsarum intervallum discerni nequeat, ipsæque (sicut in simili casu obvenire mox ostendemus) velut in unam imaginem imperceptibiliter coalescant; ast in aliis diversi generis inflectionibus, etiam sensu contestante, manifeste secus apparet; id quod cum e compluribus admodum obviis experimentis constare possit, unum saltem ac alterum proponemus. Speculo *BNM* exponatur objectum *A*; tum oculis, velut ad *O*, *P* constitutis, apparebit ejusce duplex species α, *a*; quarum illa (α) clauso oculo *O*, hæc (*a*) clauso *P* disparebit.

Fig. 177, 178.

Notetur autem, si placet, imaginum α, *a* intervalla (pro vario oculorum situ) nunc magis, nunc minus deduci, sic ut subinde coadunari videantur. Nempe si oculus *P* ad *F* concipiatur translatus, ducaturque *FG* ipsi *PO* parallela, et æqualis; unde jam et oculus *O* in *G* positus concipiatur; quoniam *FE* minor est quam *FG*, radius *MO* per *G* non transibit; transeat alter inflexus *LG*; in hoc itaque jam consistet imago α, ab alterâ *a* magis elongata. Reliquarum hujusmodi diversitatum haud dispar assignari poterit ratio.

Fig. 179.

Adjungatur et hoc, an passim observatum nescio, dignum certe quod observetur; ad speculum concavum *RSMN* faciem tuam *FAG* (speculo proprius admotam) contemplare. Et primo quidem oculo *O* (altero *P* occluso) cernes ejus imaginem $\phi\alpha\gamma$; rursus (oculo *O* occluso) altero *P* conspicies imaginem *fag*, a priore $\phi\alpha\gamma$ aliquantum deflectentem; demum utroque simul oculo recluso spectans illas in unam coalitas percipies; seu, speciem unam aspicies, perquam notabili discrimine, ampliorem priorum singularum alterutrâ.

Exhinc, obiter, suspicari licet, etiam intuitum simplicem adhibentibus objecta binis oculis spectata tantillo majora videri, quam uno; speciebus ita coëuntibus, ut non exquisite congruant.

Fig. 180.

Unicam prætcrea subdemus instantiam; Per sphæram vitream (aut si mavis, per phialam conicam aut cylindricam aquâ repletam) *MBN* translucentem lucernulæ flammam *A* specta; ejus duas imagines α, *a* observabis (pro oculorum situ magis a se minusve dissitas) quarum una (α) clauso oculo O, altera (a) clauso P evanescet.

Videtur hæc instantia vel sola sufficere vulgari sententiæ refellendæ; juxta quam (ut *Keplerus* alicubi colligit) puncti A simplex imago ad punctum X consisteret. *Paralipom.* pag. 178.

Has instantias, facilitatis gratiâ, ita proposuimus, quasi punctum A, una cum duobus oculis O, P in plano existeret ad superficiem inflectentem recto; id quod utrum in experiendo præcise contingat necne, parum refert; duas utcunque species apparere liquet; quin facile concipitur etiam eo posito rem non aliter se habituram.

His prælibatis, illud discutiamus, quod innuimus, ψευδογράφημα; quo nempe *P. Herigonius* propositionem hanc suam comprobatum it: "Si oculus et aspectabile sint in diversis mediis se mutuo contingentibus, imago apparebit in concursu catheti, et radii ab oculo per punctum refractionis directe producti." *In Dioptr.*

Sit utique punctum F in medio densiori $HLMN$ collocatum, quod ad oculos A, B radios FEA, FDB emittat refractos ad E, et D; et rectæ AE, BD conveniant in C; sit autem superficiei refringenti perpendicularis recta FG; erit (inquit) puncti F imago in rectâ FG; id quod ita demonstrat: Quoniam dicta imago tam in refracto AE, quam in refracto BD existit, ergo in horum intersectione C existet; verum intersectio C in rectâ FG existet; quoniam hæc communis est sectio planorum AEF, BDF superficiei refringenti rectorum; ergo liquet propositum. Fig. 181.

In hanc demonstrationem adverto; 1. Supponit ea refractos AE, BD concurrere; quod tamen falsum est, præterquam in uno vel altero casu; quum nempe planum ABF in eodem existit cum ipsâ rectâ FG plano; vel, cum puncta A, B sunt in superficie coni recti, cujus axis est recta FG; quod si prior casus ponatur, e supra demonstratis manifestum est refractos AE, BD non in rectâ FG, sed intra angulum FGH convenire; quod e principiis nostris elicitum illum saltem constringere debet, qui principia ista admittit ac amplectitur. 2. Hinc, illa demonstratio ipsam se perimit: Nam, quoniam (in posito casu) puncti F imago tam in rectâ AE, quam in rectâ BD existit, adeoque in harum concursu; concursus autem iste non est in rectâ FG; ergo liquet dictam imaginem extra rectam FG versari. 3. Supponit iste discursus (ut et suppar ille jamjam prolatus) puncti F unicam oculo utrique imaginem apparere; quod πρῶτον ψεῦδος erat, a nobis paullo supra refutatum. Enimvero diversi oculi sunt reipsâ diversi spectatores; hæc, opinor, ratiocinium illud satis enervant.

LECT. XVI.

I. *CUNCTORUM ex inflectione determinatis apparentibus locis*, conquiescere possem; siquidem exinde magnitudinum apparentiæ deducuntur, quotlibet in ipsis existentium punctorum imagines designando; cæterum ne justo parcius in hac parte, vel illiberalius egisse videar, etiam *de rectarum linearum* (*consequenter et planarum superficierum, quibus distincte visui repræsentandis natura præcipue consuluisse videtur*) *apparentiis et imaginibus expressiora specimina quædam haud gravabor adnectere;* de quibus etiam circa reliquarum magnitudinum apparentias propius ac promptius fiat judicium.

II. Notetur autem imprimis; Sicuti (quod sæpius in antedictis habetur insinuatum) cujusque puncti quodammodo duplex est imago; una simplex, absoluta, principalis; illa scilicet, quæ in rectâ versatur ad superficiem inflectentem perpendiculari, perque radians punctum simul ac oculi centrum transeunte (hoc est in communi lucidæ radiationis, superficiei reflectentis, ipsiusque visionis axe); altera vero relata, mutabilis, ac minus præcipua; quæ talis est respectu oculi extra rectam inflectenti superficiei perpendicularem arbitrarie constituti; ita pari ferme modo duplex cujusque magnitudinis imago concipi potest; una quidem absoluta (quam saltem hoc nomine designabo) quæ ex punctorum singulorum in ipsâ existentium absolutis imaginibus quasi conflatur, illas saltem comprehendit (qualis in objectâ congruâ superficie vivide deformaretur; qualisque videretur oculo ad infinitam ab inflectente superficie distantiam rite collocato) altera vero relata, quæ oculum respicit ubivis in certâ positione constitutum; quid velim, et quare sic distinguam ab exemplis bene multis in decursu proponendis luculenter apparebit.

III. *Superficiem planam media dirimentem (aquam si placet ac aërem)* repræsentet recta PQ, et aquæ insit recta FP ad PQ perpendicularis; fiat autem $FP : XP :: R : I$; erit XP imago absoluta rectæ FP; continet illa scilicet omnes locos punctorum, quæ in FP, oculo apparentes in ipsâ FP sito; verum si ponatur oculus uspiam extra FP, velut ad O, ei tota FP citra XP apparebit; transeat videlicet alicujus radii FM refractus per O, et protrahatur OM, ut occurrat ipsi FP in K; est ergo (secundum præmonstrata) punctum K inter X, et P; itidem (e prius ostensis) puncti F imago quæ in refracto OMK, ad oculum O relata, inter K, et M cadit, veluti puta ad ϕ; simili ratione cujusvis alterius in ipsâ FP accepti puncti, ceu R, imago (cogita ρ) citra rectam XP, versus oculum, jacet; totius itaque rectæ FP imago talis est, qualem curva linea $\phi\rho P$ refert; quod si PF infinite protrahatur, ejus totius imago $P\rho\rho$ versus asymptoton OBA, ad PF parallelam, accedens excurrit. Fig. 182.

IV. *Delineatur autem curva $P\rho\phi$ hoc modo;* ab O ducatur utcunque recta OMK secans rectam PQ in M; et (posito fore $S = \sqrt{Rq - Iq}$) sit $PH = \frac{Sq \times PM \text{ cub.}}{Iq \times FPq}$, atque per H ducatur $H\phi$ ad PR parallela, ipsi OK occurrens in ϕ; erit ϕ in dictâ lineâ; nempe, si OMK ipsius MF refractus concipiatur, erit punctum ϕ ipsius F imago; eodem modo reliqua lineæ $P\rho\rho$ puncta designantur. Fig. 182.

V. Quinetiam adsumptâ rectâ FG ad PQ parallelâ, ductâque GQ ad FP (vel ABO) parallelâ; item per X ductâ $X\alpha Y$ ad PQ parallelâ, erit quidem recta $X\alpha Y$ rectæ FAG imago absoluta; verum ejus imago ad oculum O relata citra rectam XY tota jacet, eamque curva $\phi\alpha\gamma$ repræsentat, ad modum jamjam præscriptum punctatim delinea- Fig. 182.

bilis; itaque compositæ lineæ $PFGQ$, circa axem OBA rotatæ, imago fornicem referet arcuatam; id quod experiri vos velim vasculi cylindrici aquâ repleti superficiem inspectando.

Fig. 183. VI. Quod si recta visibilis FG ad PQ inclinata sit, cum eâ conveniens in V; et connectatur XV, erit rursus XY ipsius FG imago absoluta; relatam vero curva $\phi\alpha\gamma$ repræsentat.

Fig. 184. VII. Quod si vicissim *oculus O in aquâ ponatur constitutus*, et ab inde respiciatur recta PF in aëre posita, fiatque rursus $PF : PX :: R : I$; erit quidem XP imago rectæ FP absoluta; at ejusdem imago relata (puta $P\rho\phi\rho$) ultra PFR jacet, ab illâ sensim reclinans; ejusque puncta quælibet ita signantur. Ab O ducatur recta OK utcunque rectam PQ secans in M, et sit KM ipsius FM refractus, tum (posito rursus $S = \sqrt{Iq - Rq}$) fiat $PH = \frac{Sq \times PMq}{Iq \times PFq} . PM$, et per H ad PF parallela ducatur $H\phi$, ipsam OMK intersecans ad ϕ; erit punctum ϕ in dictâ lineâ, punctum scilicet F repræsentans; eodemque modo puncta quotlibet alia deprehendes.

Fig. 184. VIII. Similiter rectæ FG ad ipsam PQ parallelæ, vel inclinatæ imago relata $\phi\alpha\gamma$ (in partes arcuata contrarias illis, ad quas prioris casus imago videbatur incurvata) determinabitur; rem apposita figura satis exprimit.

Hæc autem omnia de supra comprobatis dilucide consectantur.

Fig. 185. IX. Ac ita quidem circa simplices planas superficies refringentes sese res habet. Quod si corpori parallelis planis MN, $\mu\nu$ terminato exponatur recta FG; Sint rectæ FP, GQ, $ADBO$ ipsi PQ perpendiculares, et fiat $BD : BS :: I : R$; adsumaturque $A\alpha = DS$; et fiat $AB : \alpha\beta :: FP : XP$; et per X, α ducatur recta $X\alpha Y$, erit $X\alpha Y$ lineæ FAG imago absoluta. Ergo ejus imago ad oculum O relata (in hoc casu) citra ipsam $X\alpha Y$ versus superficiem $\mu\nu$ nonnihil incurvata disponetur, qualem exhibet linea $\phi\alpha\gamma$; id quod ex eo satis videtur liquere, quod recta $X\alpha Y$ sit imago respectu oculi in ipsâ OB a B infinite semoti; designari vero poterit hæc imago ad hunc modum; sit *fag* (minusculis elementis indigitata) imago rectæ FAG ad superficiem refringentem $\mu\nu$ relata (hoc est ad oculos in refractis $f\mu M$, $g\nu N$, aDB, reliquisque, nec non in medio $\mu\nu MN$ versus O protenso, sitos) juxta proxime commonstrata delineabilis; tum hujus ipsius *fag* velut in medio $MN\mu\nu$ versus A protenso positæ, ex refractione ad superficiem MN emergens, et ad oculum O relata construatur imago $\phi\alpha\gamma$ (itidem ad modum nuperrime præscriptum), hæc rectam FAG per corpus $MN\mu\nu$ spectatam repræsentabit; experientia testis advocetur, ego pluribus in re perplexiore quam utiliore supersedeo.

X. Porro quod *Plana Specula* (simplicia, vel composita) attinet, in iis palam est imagines absolutas ac relatas omnino sibi coïncidere; quo fit, ut eæ objectorum magnitudines, figuras, distantias (situ tamen nonnunquam inverso) quam exactissime referant; quâ de re (tam facili, toties actâ) penitus reticens ad minus trita me promoveo.

XI. Sit jam *Circulare Speculum convexum* DMB, cujus centrum C; et per C protendatur recta CBA; in quâ sumatur portio quædam AR, fiatque $CA : AB :: CX : XB$; neque non $CR : RB :: CY : YB$; erit YX imago absoluta rectæ RA; quod si CB bisecetur in Z; erit BZ totius BA ad infinitum exporrectæ imago absoluta; hoc est, illæ tales erunt oculi respectu in ipsâ AB constituti; secus autem uspiam collocato oculo, tanquam ad O, totius AB quod conspicuum est (hoc est quod supra horizontem OT, speculo contiguum extat) supra citraque XB apparebit. Enimvero transeat radii AM reflexus KMO per O; itaque punctum K (quod olim ostensum) supra punctum X, versus A, extat; quinetiam (ex indidem monstratis) puncti A imagines omnes, oculum O respicientes, ex reflexione factæ ad partes BMD, citra CA versus O, cadunt; ejus igitur imago quæ

Fig. 186.

Fig. 186. in OK, puta α, in ipsâ KM existet (id quod etiam, ne quis dubitet, exertius mox ostendemus); simili ratione puncti R imago, cogita ρ, supra Y, citraque BY jacet; quod si porro per O transeat recta $ODLH$, quæ reflexa sit rectæ DS ad CA parallelæ (hæc autem quomodo ducatur, antehac declaratum habetur) erit in ODL imago puncti (quale concipiatur S) in ipsâ AB infinite semoti; hæc puta sit ad σ; erit itaque curva $B\alpha\rho\sigma$ imago totius infinitæ rectæ BAS, ad oculum O relata.

Fig. 186. XII. Ista vero linea tali pacto delineatur: Super diametrum CO describatur circulus OTC; et ab O ducatur recta quæpiam OMF, cujus reflexa sit MA; in quâ sumatur $ME = MF$; tum secetur FM in α, ut sit $F\alpha : \alpha M :: AE : AM$; erit (e pridem demonstratis) punctum α puncti A imago; simili modo quotcunque lineæ $B\alpha\rho\sigma$ puncta reperiuntur.

XIII. Quod autem sit punctum α citra K (versus oculum) ita constabit. Ducatur FQ ad AM parallela; est ergo angulus FQA par angulo CAM; ast angulus FCA angulo ACE minor est; ergo est $CF : FQ > CE : AE$; atqui $CF = CE$; quare $FQ < AE$; ergo est $FQ : AM < AE : AM$; hoc est $FK : KM < F\alpha : \alpha M$; componendoque, $FM : KM < FM : \alpha M$; unde $KM > \alpha M$; adeoque punctum α citra K versus O jacet. Q.E.D.

XIV. Exhinc *Euclidis*, *Alhazeni*, communisque ferme sententia convellitur, quæ rectæ BA rectam BK, infinitæque BS ipsam BL imagines statuit; proindeque corruunt omnia, quæ principio superextruunt isti gratis adsumpto, rationique dissentaneo. Veruntamen *Opticorum novissimus scriptor*, *eruditissimusque vir*, veterum ipse vestigiis insistens postulatum istud ab experientiâ stabilitum vult, ejusque veritatem sese deprædicat centies explorâsse; doctrinam itaque nostram invicto sensus testimonio refutavit. Atqui repono, non potuisse illum quantumvis oculatum et sagacem quod obtendit vel semel explorare; nec hoc in casu poterit doctrina nostra tentari, nedum refelli; nam (præterquam quod perpendicularis *CBA* situm exacte dignoscere perquam arduum, forsan impossibile fuerit) quum lineola $B\alpha\rho\sigma$ infinitam, juxta nos, lineam rectam *BS* repræsentet, ipsumque punctum σ (infinite dissito puncto *S* respondens, atque rectam *DH* bisecans) a puncto *L* modice distet, quæ amabo visus acies curvæ $B\alpha\sigma$ a rectâ *BL* deflectionem cernat? Itaque frustra esse videtur acutissimus vir, ad testem provocans hac in parte minus competentem, deque cujus sententiâ vix ullatenus constare possit. Sane quoad affinem in *Dioptricis* casum, quem attigimus supra, demisso in aquam perpendiculo, oculo simpliciter inspectanti, videbitur ejus imago nihil quicquam a perpendiculari declinans; verum ope reflectionis justum perpendicularis situm observando (qui nudo scilicet obtutu plane dijudicari nequit) notorie deprehenditur aquæ immersi perpendiculi imago ab ipso deviare; neque dubito quin pariter in præsente casu rite consulta experientia pro nobis sit pronunciatura. Quinimo nostris ex effatis (luculentâ opinor ratione suffultis) apparebit, unde principium illud multis in casibus experientiæ videatur consentire; quoniam nempe contingit, ut in iis a vero non multum abscedat; ejusque proinde falsitatem sensus (nisi ratione, vel certiore sensu adjutus) perspicere nequeat; ast exorbito.

XV. Sit rursus *Speculum concavum BMD*; cujus centrum *C*, et per *C* extendatur infinita recta *CBL*, biseceturque semidiameter *CB* in *Z*; ac in *ZB* sumptis quibuscunque punctis *A*, *R*; fiat *CA* : *AB* :: *CX* : *XB*; itemque *CR* : *RB* :: *CY* : *YB*; erit quidem infinita *BL* totius *BZ* imago absoluta, et portio *YX* portionis *RA*; verum extra axem *BC* uspiam constituto visu, velut ad *O*, ad hunc relatæ ipsius *ZB*, ejusque partium imagines ita determinantur. Fig. 187.

XVI. Ad diametrum *CO* describatur circulus *CFH*; et ab *O* radius incidat talis, ut cum ejus reflexus sit *DS*, contingat fore $DS = \frac{1}{2}DH$, vel $\frac{1}{2}DI$; positâ *CI* ad *DS* perpendiculari (talis autem radius facile duci posse concipiatur; et per curvam appropriatam reverâ statim determinetur; id proinde nos non distinebit). Erit tum puncti *S* imago, Fig. 187.

puta σ, a puncto D infinite disjuncta; quoniam (id quod fieri nequit, nisi $H\sigma$, σD sint infinitæ) est $H\sigma : \sigma D :: IS : SD$. Jam in arcum DB cadat utcunque radius OM, cujus reflexus sit MAE; et in hac sumatur $ME = MF$; tum in OM productâ capiatur punctum α, ut sit $F\alpha : \alpha M :: EA : AM$; erit α puncti A imago; simili methodo reperiatur ρ puncti R imago; neque non reliqua totius $B\rho\alpha\sigma$, ipsam BS referentis, puncta.

Fig. 187, 188.

XVII. In hanc vero constructionem quædam veniunt adnotanda.

1. Quod $CS > CZ$. Nam $4CZq = CBq = 3SDq + CSq$; ergo, quum sit $CZ > SD$, erit $CS > CZ$.

2. Quod $CA > CS$. Nam (e supra monstratis) si ducatur recta $M\psi$ ad DO parallela, ejusce reflexa (puta $M\xi$) secabit ipsam DS, versus I, puta ad ξ; ergo $M\xi$ ipsam CB secabit supra punctum S, velut ad ϕ; atqui quoniam ang. $CMO > CM\psi$, seu ang. $CMA > CM\phi$, est $CA > C\phi$; adeoque magis est $CA > CS$.

3. Quod $EA > AM$; cum enim sit EM (vel FM) $> HD$, atque $DS > MA$; erit $EM : MA > FD : DS :: 2 : 1$.

4. Hinc denuo liquebit totam lineam $B\rho\alpha\sigma$ ultra rectam CBL jacere; nam ducatur FQ ad AM parallela, est hic ang. $FCA >$ ang. ACE; et ang. $FQA =$ ang. CAE; quapropter erit $CF : FQ > CE : AE$; adeoque $FQ > AE$; ac inde $FQ : AM > AE : AM$; hoc est $FK : KM > F\alpha : \alpha M$; dividendoque, $FM : KM > FM : \alpha M$; quare $\alpha M > KM$; adeoque punctum α ultra K in rectâ OK protensâ jacet.

XVIII. Quod si ad partes alteras rectæ OD ducatur radius ON, cujus reflexus $NGT = NV$; sitque $TG : GN < 2 : 1$; statuenda est puncti G imago (puta γ) ad partes O; quinimo cum in hanc rem plura subjici possent, ego jam *Specimina* tantum instituens (quippe cum operâ dignum haud arbitrer adeo tenuem materiam curiosius prosequi) a minutiis abstineo; quo et inde pronior sum, quoniam in hac re copiosus videtur *A. Tacquetus;* subinde quidem is, ob admissum istud falsum principium, cespitans, at bene multa credo suggerens haud aspernanda; relinquantur gitur ei cætera, mihi suffecerit, quod veriorem *Phænomena* detegendi declarandique methodum adnisus sim aliquatenus enucleare; pergamus ad alios casus, haud ita pertractatos.

XIX. Objiciatur speculo *MBND* recta *FAG*, rectæ *CA* (per speculi centrum *C* transeunti) perpendicularis; adverto, si fuerit ipsa *CA* major quam *CZ*, quadrans diametri *BD*, quod rectæ *FAG* ad infinitum utrinque protractæ ad totum circulum (ejus ad partes intelligo concavas simul ac convexas) imago absoluta (quinetiam imago ad oculum in ipso centro *C* constitutum relata) erit *Ellipsis*; item si *CA* minor sit quam *CZ*, quod ipsius *FAG* imago absoluta (vel dicto modo relata) constabit ex hyperbolis oppositis; si denuo *CA* ipsam *CZ* adæquet (vel *FG* per ipsum *Z* transeat) quod ad parabolam ejusmodi consistet imago. Sed modum transgrederer hæc jam aggrediens demonstrare. Expectent igitur. Fig. 189

LECT. XVII.

I. AD ea, quæ sub finitam præcedentem proposuimus demonstranda *necessariam, alioquin notabilem, Conicarum Sectionum proprietatem* imprimis ostendemus.

Sit triangulum *ACE*, rectum habens angulum ad *C*; & indefinite protractis lateribus *AC*, *AE*, in *AC* sumatur quodpiam punctum *X*, ducaturque *XG* ad *CE* parallela; inseratur autem angulo *CXG* recta *CZ* æqualis ipsi *XG*; dico punctum indeterminatum *Z* ad sectionum conicarum aliquam consistere. Fig. 190

II. Nempe primo, sit angulus *A* semirecto minor (vel $AC > CE$) erit punctum *Z* ad ellipsin, quæ determinatur hoc pacto: Anguli *LCP* semirecti fiant (ad utramque rectæ *CE* partem) liquet igitur rectas *CP* ipsi *AE* occurrere, puta ad puncta *R*, et *S*; ab his ad ipsam *EC* parallelæ ducantur rectæ *RT*, *SV*; palam est indeterminatum punctum *X* inter limites T, V consistere (nam extra TV punctum quodlibet L accipiendo, et inde ducendo LIP ad CE parallelam, erit CL, hoc est LP, major quam LI, unde a C ad rectam LI, nulla duci recta potest æqualis ipsi LI). Jam autem dico, quod punctum Z ad ellipsin existit, cujus axis TV, focus C. Nam bisecetur TV in K; fiat $VD = TC$; ducatur KH ad CE parallela; per H ducatur HN ad CK parallela. Estque $KH = \frac{TR + VS}{2} = \frac{CT + CV}{2} = KT = KV$. Et quoniam $AV : AT :: (VS : TR$ (hoc est) $:: CV : CT ::) \; CV : DV$; erit per rationis conversionem $AV : TV :: CV : CD$: vel, consequentes subduplando, $AV : KV :: CV : CK$; dividendoque, $AK : KV :: KV : CK$; hoc est $AK : KH :: KH : CK$; hoc est $HN : NG :: KH : CK$; quare $KH \times NG = CK \times HN = CK \times KX$; atqui est $CZq = XGq = KHq + NGq + 2KH \times NG$; et $CXq = CKq + KXq + 2\,CK \times KX = CKq + KXq + 2KH \times NG$; ergo $KHq + NGq - CKq - KXq = CZq - CXq = XZq$. Ad alteras bisegmenti K partes sumatur $K\xi = KX$, ducaturque $\xi\nu$ ad KH parallela, secans curvam $TEZV$ in ζ, et rectam AH in γ, ac ipsam NH in ν; erit quoque, simili ex discursu, $\xi\zeta q = KHq + \nu\gamma q - CKq - K\xi q$; unde liquet fore $\xi\zeta = XZ$; connexisque proinde rectis $C\zeta$, $D\zeta$, erit $D\zeta = CZ$; et $C\zeta + CZ = \xi\gamma + XG = 2KH = TV$; ergo $C\zeta + D\zeta$ (vel $DZ + CZ$) $= TV$; unde perspicitur *curvam* $T\zeta ZV$ *esse ellipsin*, cujus *axis* TV; *foci* C, D.

Fig. 191. III. Sit autem secundo angulus CAE major semirecto (vel $AC < CE$) dico punctum Z ad oppositas hyperbolas, consimili modo determinabiles, existere; enimvero factis (ad utramque rectæ CA partem) angulis semirectis ACP; et (ab ipsarum CP cum AE occursibus) ductis rectis RT, SV ad CE parallelis, punctum X extra limites TV necessario consistet (etenim ubivis intra TV ductâ LIP ad CE parallelâ, erit $LI < LP$, ideoque nulla par ipsi LI angulo ALI subtendi potest; id quod extra terminos hosce nil prohibet fieri) erit jam TV axis, et C focus hyperbolarum. Fiant enim omnia, quæ in casu præcedente; eritque rursus hic $KH = KV$; item ob $AV : AT :: CV : DV$; et (inverse componendo) $AV : TV :: CV : CD$; et consequentes subduplando, dividendoque, $AK : KV :: KV : KD :: KV : CK$; vel $AK : KH :: KH : CK$; hoc est HN (KX) : $NG :: KH : CK$; quare $CK \times KX = KH \times NG$; est autem $XZq = CZq - CXq = XGq - CXq = NGq + KHq - 2NG \times KH - (KXq + CKq - 2\,CK \times KX) = NGq + KHq - KXq - CKq$. Sumatur $K\xi = KX$, discursumque similem adhibendo liquebit fore $\xi\zeta = XZ$; et ideo $D\zeta = CZ$; unde $C\zeta - D\zeta$ $(= DZ - CZ) = C\zeta - CZ = \xi\gamma - XG = 2KH = TV$; quare manifestum est *curvas* TZ, $V\zeta$ esse *Hyperbolas*, quarum axis TV, foci C, D.

IV. Tertio demum, sit angulus CAE semirectus (vel $CA = CE$) erit tum punctum Z ad parabolam; quæ itidem ita determinatur. Fiat angulus ACP semirectus, et ab ipsarum AE, CP intersectione R ducatur RT ad CE parallela; erit T *Vertex*, atque C *Focus Parabolæ;* id quod ex bene notâ sectionis hujus proprietate constat; quâ scilicet est $TA = TR = TC$ (ob angulos TAR, TCR semirectos) et $AX = XG = CZ$. Fig. 192.

V. Manifestum est vero rectam AE sectiones has ad E contingere; quia nempe perpetuo major est CZ (vel XG) ordinatâ XZ; adeoque puncta G extra curvas unaquæque jacent, hoc est, tota AG extra illas cadit.

VI. Hisce præstratis: *Esto Circulare Speculum MBND*, centrum habens C; cui exponatur recta quæpiam FaG; et huic perpendicularis sit recta Ca; quam ad partes aversas sumpta CA, adæquet. Sit etiam CE ad CA perpendicularis, ac æqualis quadranti diametri BD; connexaque recta AE producatur utcunque; sumpto jam in rectâ FaG puncto quolibet F, connectatur FC, et radiationis ab F in ipsâ FC limes, seu *focus*, sit Z; ac per Z ducatur ZX ad AC perpendicularis, ipsi AE occurrens in H; dico fore XH parem ipsi CZ. Fig. 193.

Nam (e jam ante monstratis) est $FC : CZ :: FM : MZ$ (hoc est) $:: FC - CB : CB - CZ$; hinc erit $aC : CX$ $(:: AC : CX) :: FC - CB : CB - CZ$; quare (ducendo in se extrema, ac media) erit $AC \times CB - AC \times CZ = CX \times FC - CX \times CB$; hoc est (ipsi $CX \times FC$ substituendo $AC \times CZ$, propter $aC : CX :: FC : CZ$) erit $AC \times CB - AC \times CZ = AC \times CZ - CX \times CB$; transponendoque, $AC \times CB + CX \times CB = 2AC \times CZ$; hoc est $AX \times CB = 2AC \times CZ$; vel $2AX \times CE = 2AC \times CZ$; unde $AX : AC :: CZ : CE$; hoc est $XH : CE :: CZ : CE$; quapropter est $XH = CZ$. Quod E. D.

Quoad radiationem ad partes concavas, plane similis est discursus; examinetis ipsi, peto.

Fig. 193, 194, 195.

VII. Exhinc evidenter liquet, si fuerit $CA > CE$; quod omnes punctorum F limites, seu foci (quales Z) ad ellipsin existunt; cujus *focus* C, et cujus *axis* TV e præmissis, non uno modo, determinatur; item si $CA = CE$, limites Z ad parabolam consistent cujus *focus* C, *axis* $CT = \frac{1}{2} CE$, *vertex* T; denuo, si $CA < CB$, puncta Z ad *hyperbolas esse constat*, quarum itidem *focus*, C; et *axis* TV facile de modo (vel alibi) dictis reperitur; cunctarum vero sectionum *Parameter* ipsi CB æquatur.

VIII. Hinc in singulis respective casibus, ejusmodi *sectiones conicæ* sunt rectarum FaG absolutæ imagines; quin & eædem veræ sunt imagines ad oculum relatæ in speculi centro constitutum; ex reflectione scilicet ad concavas speculi partes effectæ; quæ solæ oculo sic posito conspicuæ sunt.

IX. Patet autem si recta FaG infinite distet, quod *ellipsis* in *circulum* abit; uti quoque si FaG per centrum transeat, quod *hyperbolæ* istæ in rectam lineam degenerant.

Fig. 195.

X. Subnotetur etiam in casu quum *imago fit hyperbolica*, quod *hyperbolæ* YTY pars $YEEY$, neque non tota $\zeta V \zeta$ ad circuli partes MBN pertinent; (nempe si centro C per E descriptus circulus ipsam FG intersecet punctis K, tota hyperbola $\zeta V \zeta$ rectam interceptam KK referet; et hyperbolicæ lineæ alterius pars superior $YEEY$ quod reliquum est repræsentabit hinc inde protensæ rectæ *FG*;) pars autem *ETE* ad partem concavam *MDN* spectat; id quod suffecerit admonitum.

XI. Et hæc quidem de rectæ *FAG* imaginibus absolutis; e quibus commodius de relatis judicum fiet; sit, instantiæ loco, oculus *O*, ad quem (convexis e partibus) ab *F*, et *G* reflectantur *OMK*, *ONL*; et sit ellipsis *ZVYT* absoluta (qualem modo definivimus) rectæ *FAG* imago; quam ductæ *FC*, *GC* punctis *Z*, *Y* secent; itaque punctorum *F*, *G* imagines ad *O* relatæ (puta ϕ, et γ) extra ellipsin jacent. Nam punctum *K* inter *F* et *Z*; ac punctum ϕ inter *O*, et *K*; nec non punctum *L* inter *G*, et *Y*; atque punctum γ inter *O*, et *L* cadunt; imaginis itaque $\phi\alpha\gamma$ figura ad ellipticam accedit; eâ tamen aliquanto planior et compressior. Non dissimili ratione quoad imagines ad concava factas, et quoad cæteros casus instituetur judicium; tædii plenum esset omnia singillatim percensere; quinetiam e præmissis luculente constat quo pacto linea $\phi\alpha\gamma$ præcise describatur, punctatim utique. Circa refractiones paria veniunt præstanda; postquam tamen paullum respiravero; nunc enim verbo quidem pauca, rei qualitatem, studiumque demonstrandis istis impensum respectando, satis fortasse multa videor tradidisse. Fig. 196.

LECT. XVIII.

I. PROPOSITUM *est jam nobis rectæ lineæ ex refractione prognatas ad circulum imagines designare;* nempe primum absolutas; quorsum hoc spectat *Theorema:*

In circulum (e. g. medii densioris) refractivum *MBND* radiet recta *FAG*; huic vero perpendicularis sit recta *CA* (circuli centrum *C* permeans) tum in recta *FG* sumpto libere puncto *F* ducatur recta *FC*; et in hac sit punctum *Z* limes (qualem antea fiximus) radiationis a puncto *F*; sit autem *ZX* ad *AC* normalis; porro fiat *CA* : *CR* :: *I* : *R*; et *AR* : *CB* :: *CR* : *CE*; (ponatur autem *CE* ad *XZ* paral- Fig. 197.

lela; tum connexa RE cum ipsâ XZ conveniat in H; dico fore $XH = CZ$.

Nam (e præmonstratis) est $FC \times MZ : FM \times CZ :: I : R :: CA : CR$; hoc est $FC \times CM + FC \times CZ : FC \times CZ - CM \times CZ :: CA : CR$; quare (ducendo in se extrema, mediaque) est $FC \times CM \times CR + FC \times CZ \times CR = FC \times CZ \times CA - CM \times CZ \times CA = FC \times CZ \times CA - CM \times FC \times CX$ (quoniam scilicet est $CZ : FC :: CX : CA$; adeoque $CZ \times CA = FC \times CX$); quapropter (elidendo FC) est $CM \times CR + CZ \times CR = CZ \times CA - CM \times CX$; transponendoque, $CM \times CR + CM \times CX = CZ \times CA - CZ \times CR$; hoc est $CM \times RX = CZ \times AR$; quare (ad analogismum redigendo) est $AR : CM :: RX : CZ$; hoc est $CR : CE :: RX : CZ$; hoc est $RX : XH :: RX : CZ$; unde $XH = CZ$; Quod E. D.

Fig. 197. II. Exhinc (et ex iis quæ circa *sectiones conicas* nuperrime sunt ostensa) liquido consectatur, si CR major fuerit quam CE (vel quod eodem recidit, AR major quam CB) quod punctorum omnium F in rectâ FAG imagines absolutæ (quales Z) ad *Ellipsin* consistent, cujus *Focus* C, cujusque penitus determinandæ modum satis facilem tunc ostendimus; item si $CR = CE$, quod imagines istæ ad *Parabolam* erunt; et denique, si $CR < CE$, quod eædem in *Hyperbolis* oppositis reperientur; quarum etiam sectionum focus communis est punctum C, et quarum axes designandi modum reliquaque circa ipsas præsertim advertenda declaravimus. (Nempe, si rectæ CP cum ipsâ CA semirectos constituant angulos; et hæ rectam RE intersecent ad puncta S, indeque demittantur ad AC perpendiculares ST, SV, erunt T, V axis termini, rectaque CE semi-parameter erit;) unde patet totius rectæ FAG ad infinitum protensæ absolutam imaginem (quin et illam, quæ ad oculum in centro C positum refertur) aliquam esse dictarum conicarum, pro suo peculiari situ hanc vel illam respective.

Fig. 198. III. Adnotari porro debet in isto casu, *sectionis ellipticæ* (quinetiam et *parabolicæ*) TEZ partem anticam TE ad concavas circuli partes LDL spectare; sicuti postica EY

ad convexas MBN pertinet; in hoc autem altero, tota *hyperbola* ZVZ, nec non *hyperbolæ* ETE pars (infra ECE) $YEEY$ ad partem circuli convexam referri debent (nempe si centro C, intervallo CE, descriptus circulus rectam FG secet punctis K, K; hyperbola ZVZ rectam interceptam KK repræsentabit, ipsiusque FG quod reliquum est hinc inde protensum pars $YEEY$ referet), pars autem superior ETE ad cavam circuli partem LDL spectat. Semper autem (cum hic, tum ubique) intelligatur ad utrasque propositi circuli partes ejusdem generis refractionem effici, seu ejusdem speciei medio radios incidere.

IV Ex his obiter naturæ, quam in oculi figurâ construendâ adhibuit, solertia quadantenus elucescere videatur, seu ratio quædam assignari possit, cur oculi fundus *Sphæroidicam* (aut ab hac non multum abludentem) nacta sit figuram; quia nimirum illa planorum objectorum modice distantium (quibus in distinctius apprehendendis potissimus versatur usus) excipiendis simulachris est accommodatissima. Sed hoc παρεισοδικῶς.

V. In reliquis refractionum casibus paria ferme contingunt, quos ideo tacitus præterlabi possem; at minuendo vestro labori, seu quo clarius et promptius de iis constet, non gravabor et illos vobis ob oculos ponere; nempe

Rarioris medii circulo MBN objiciatur recta FAG, cui normalis CA; sitque punctum Z puncti cujusvis F, in FG sumpti, imago absoluta; et ZX ad CA perpendicularis; ac $CA : CR :: I : R$; et $RA : CB :: RC : CE$; et ipsi RE connexæ occurrat XZ protracta ad H; eritque rursus $XH = CZ$. Fig. 199.

Nam est $CA : CR :: (FC \times MZ : FM \times CZ ::) \; FC \times CZ - FC \times CM : FC \times CZ - CM \times CZ$; quare $CR \times FC \times CZ - CR \times FC \times CM = CA \times FC \times CZ - CA \times CM \times CZ = CA \times FC \times CZ - FC \times CM \times CX$; ac inde $CR \times CZ - CR \times CM = CA \times CZ - CM \times CX$; transponendoque, $CR \times CZ - CA \times CZ = CR \times CM - CX \times CM$; hoc est, $RX : CZ :: AR : CM :: RC : CE :: RX : XH$; quapropter est $CZ = XH$.

VI. Hinc dilucide rursus apparet rectæ FAG imaginem absolutam (vel ad oculum in centro C situm relatam), si $RC > CE$, *ellipticam* fore; sin $RC = CE$, fore *parabolicam* (quarum sectionum pars anterior ETE ad convexam circuli refringentis partem MBN pertinet, posterior $YEEY$ ad cavam LDL). Quod si fuerit $RC < RE$, ejus *imago hyperbolica erit;* et quidem *hyperbolæ* YTY pars superior ETE ad circuli partem NBN referenda est; pars autem inferior $YEEY$ una cum totâ hyperbolâ $\zeta V\zeta$ ad partes concavas LDL pertinebit; nempe si fuerint rectæ CK æquales ipsi CE, tota hyperbola $\zeta V\zeta$ interceptam punctis K rectæ FG portionem referet, ejusque quod hinc inde protensum superest ab ipsâ $YEEY$ repræsentabitur.

Fig. 200.

VII. Porro, quoad omnes hosce casus animadvertere licet posse sectionem eandem conicam innumeris rectis lineis ad diversos circulos concentricos expositis repræsentandis inservire; nimirum in casu postremo, si, reliquis stantibus, punctum A indeterminatum ponatur, nihilominus hyperbolæ $\zeta V\zeta$, YTY rectas FAG repræsentabunt ad circulos, quorum semidiametri CB ipsis AI singulæ respectivæ singulis æquantur, modo semper intelligatur esse $CA : CR :: I : R$; id quod satis fuerit obiter admonuisse.

Fig. 200.

VIII. Ut et illud cursim innuisse suffecerit, quod sicut a conicis sectionibus rectæ lineæ, ita vicissim *conicæ sectiones* a rectis lineis ex justâ congruos ad circulos inflectione repræsentantur; quos utique non arduum videtur e præmissis deducere.

IX. Ut et exinde *datâ conicâ sectione* circulus et recta facile designantur, ita ut conica rectam illam repræsentet ex inflectione ad istum circulum. Nempe si a foco C ad axem CV applicetur normalis CE; et recta ER sectionem tangat ad E; factoque $CR : CA :: R : I$; ducatur per A recta AI ad CE parallela; sitque $CB = AI$; tum centro C per B ducatur circulus MBN, peractum erit negotium.

X. Ex his tandem de imaginibus ad oculum ubicunque collocatum relatis, quales illæ figuras ac situs obtinent, proclivius erit judicare; scilicet eæ saltem unum (in rectâ per oculi, circulique refringentis centrum trajectâ positum) commune cum absolutis punctum habent; quoad reliqua vero respectiva puncta nonnihil ab his deflectunt ad eas partes, quas oculi situs peculiaris, et radiorum cursus exigunt; id quod facilius sit in singulis casibus qualiter eveniat perspicere, quam verbis universim explicare; sed enim unam rei declarandæ subjiciemus instantiam. Ad oculum O refringantur ab F, et G radii FMO, GNO; sit autem *ellipsis* $TZVY$ rectæ FG absoluta imago, quam connexæ FC, GC punctis Z, Y secent (ita quidem ut Z sit puncti F, et Y puncti G imago absoluta) enimvero, de supradictis colligitur punctum K supra Z versus C existere; quinetiam puncti F in rectâ MO imaginem (puta ϕ) ultra FZ jacere. Similiter puncti G imago (γ) supra Y, ultraque GY sita est; unde conjectura fiet de totius imaginis $\phi\alpha\gamma$ positione, seu figurâ ad *ellipticam* accedente, qualis in appositâ exhibetur figurâ; quæ certe (quanquam haud absque nimiâ molestiâ) juxta theoriam supra constabilitam accurate poterit delineari.

Fig. 201.

XI. Ita rectarum linearum ad sphæricam superficiem ex inflectione quavis procreatas imagines qualitercunque liceat definire; unde de planarum quoque superficierum ad eandem repræsentationibus haud difficile statuetur; harum scilicet imagines absolutæ *Conoïdum aut Sphæroïdum Superficies erunt* e rectarum imaginibus respectivis circa radiationum axes conversis progenitæ; quin et relatæ quoque planarum superficierum imagines e rectarum imaginibus relatis simili pacto progenerantur; rem totam ipsi mentem aliquantillum advertentes perspicietis; me λεπτολογίας extremæ fastidium capit.

XII. Restare videtur, ut quomodo compositæ superficies sphæricæ objectas repræsentant lineas dispiciamus; verum cum imagines inde prognatæ sint altioris gradus lineæ, ab usu notitiâque communi segregatæ, atque proprietatibus intricatis præditæ; nil aliud quam operam luderem iis desudans extricandis; illas itaque transiliam; hoc commonens unicum, punctorum in illis aliquot principalium positiones e præmonstratis dignosci, de cæteris commodius ex conjecturâ dijudicari.

XIII. Hæc sunt, quæ circa partem *Opticæ* præcipue *Mathematicam* dicenda mihi suggessit meditatio; circa reliquas (quæ φυσικώτεραι sunt, adeoque sæpiuscule pro certis principiis plausibiles conjecturas venditare necessum habent) nihil fere quicquam admodum verisimile succurrit, a pervulgatis (ab iis, inquam, quæ *Keplerus*, *Scheinerus*, *Cartesius*, et post illos alii tradiderunt) alienum aut diversum; atqui tacere malo, quam toties oblatam cramben reponere; proinde receptui cano; nec ita tamen ut prorsus discedam, anteaquam improbam quandam difficultatem (pro sinceritate quam et vobis et veritati debeo minime dissimulandam) in medium protulero, quæ doctrinæ nostræ, hactenus inculcatæ, se objicit adversam, ab eâ saltem nullam admittit solutionem; illa, breviter, talis est: *Lenti vel Speculo cavo EBF* exponatur visibile punctum A, ita distans, ut radii ab A manantes ex inflectione versus axem AB cogantur; sitque radiationis limes (seu puncti A imago, qualem supra passim statuimus) punctum Z; inter hoc autem et inflectentis verticem B uspiam positus concipiatur oculus; quæri jam potest, ubi loci debeat punctum A apparere; retrorsum ad punctum Z videri natura non fert (cum omnis impressio sensum afficiens proveniat a partibus A) ac experientia reclamat; nostris autem e placitis consequi videtur ipsum, ad partes anticas apparens, ab intervallo longissime dissito (quod et maximum sensibile quodvis intervallum quodammodo exsuperet) apparere; cum enim quo radiis minus divergentibus attingitur objectum, eo (seclusis utique prænotionibus, et præjudiciis) longius abesse sentiatur; et quod parallelos ad oculum radios projicit, remotissime positum æstimetur; exigere ratio videtur, ut quod convergentibus radiis apprehenditur, adhuc magis, si fieri posset, quoad apparentiam elongetur; quin et circa casum hunc generatim inquiri possit, quidnam omnino sit, quod apparentem puncti A locum determinet, faciatque

Fig. 202, 203.

quod constanti ratione nunc propius, nunc remotius appareat; cui itidem dubio nihil quicquam ex hactenus dictorum *Analogiâ* responderi posse videtur, nisi debere punctum *A* perpetuo longissime semotum videri. Verum experientia secus attestatur, illud pro diversâ oculi inter puncta *B*, *Z* positione varie distans; nunquam fere (si unquam) longinquius ipso *A* libere spectato, subinde vero multo propinquius adparere; quinimo, quo oculum appellentes radii magis convergunt eo speciem objecti propius accedere; nempe, si puncto *B* admoveatur *oculus*, suo (ad lentem) fere nativo in loco conspicitur punctum *A* (vel æque distans, ad *speculum*); ad *O* reductus oculus ejusce speciem appropinquantem cernit; ad *P* adhuc vicinius ipsum existimat; ac ita sensim, donec alicubi tandem, velut ad *Q*, constituto oculo objectum summe propinquum apparens in meram confusionem incipiat evanescere; quæ sane cuncta rationibus atque decretis nostris repugnare videntur, aut cum iis saltem parum amice conspirant. Neque nostram tantum sententiam pulsat hoc experimentum; at ex æquo cæteras quas norim omnes; veterem imprimis ac vulgatam, nostræ præ reliquis affinem ita convellere videtur, ut ejus vi coactus doctissimus *A. Tacquetus* isti principio (cui pene soli totam inædificaverat *Catoptricam* suam) ceu infido ac inconstanti renunciârit, adeoque suam ipse doctrinam labefactârit; id tamen, opinor, minime facturus, si rem totam inspexisset penitius, atque difficultatis fundum attigisset. Apud me vero non ita pollet hæc, nec eousque præpollebit ulla difficultas, ut ab iis quæ manifeste rationi consentanea video, discedam; præsertim quum ut hic accidit, ejusmodi difficultas in singularis cujuspiam casus disparitate fundetur; nimirum in præsente casu peculiare quiddam, naturæ subtilitati involutum, delitescit, ægre fortassis, nisi perfectius explorato videndi modo, detegendum; circa quod nil, fateor, hactenus excogitare potui, quod adblandiretur animo meo, nedum plane satisfaceret. Vobis itaque nodum hunc, utinam feliciore conatu, resolvendum committo. Ita demum, *Auditores Optimi*, *Valeatis*.

LECTIONES

Geometricæ:

In quibus (præsertìm)

GENERALIA *Curvarum Linearum* SYMPTOMATA

DECLARANTUR.

Auctore ISAACO BARROW, Collegii SS. *Trinitatis* in Acad. *Cantab.* Socio, & *Societatis Regiæ* Sodale.

Οἵ φύσει λογιστικοὶ εἰς πάντα τὰ μαθήματα, ὡς ἔπος εἰπεῖν, ὀξεῖς φαίνονται· οἵ τε βραδεῖς, ἂν ἐν τούτῳ παιδευθῶσι καὶ γυμνάσωνται, κἂν μηδὲν ἄλλο ὠφεληθῶσιν, ὅμως εἴς γε τὸ ὀξύτεροι αὐτοὶ αὑτῶν γίγνεσθαι πάντες ἐπιδιδόασιν.—Plato de Repub. VII.

LONDINI,

Typis *Gulielmi Godbid,* & prostant venales apud *Johannem Dunmore, M.DC.LXX.*

BENEVOLO LECTORI.

E LECTIONIBUS his (quas jam quodammodo posthumas accipis) septem, unâ sepositâ, postremas *Opticis* illis, quæ nuper editæ prostant, Comites et quasi Mantissas destinâram; alias, opinor, de proferendis in apricum ejusmodi quisquiliis nihil cogitaturus. Sed cum nihilominus e re suâ fore censeret *Librarius* ab istis divulsas has seorsum comparere; quin et ad comparandum huic Opellæ speciem aliquam (ut ea nempe *rejectanei Schediasmatis* molem transcenderet) aliud quidpiam suppeditari cuperet; ejus (haud gravatim non dixero) votis obsecundans, adjeci Lectiones priores quinque; subsequentibus illis materiâ agnatas, et quasi cohærentes; quas scilicet ante aliquot annos ut nullo animo evulgandi, ita procul ab eâ curâ conceperam, quæ talem animum deceret; Enimvero crassius et ἐπιπολαιότερον scriptæ sunt, neque firme quicquam continent, extra *Tyronum*, quibus accommodatæ sunt, usum, captumve jacens, quapropter harum rerum peritos obtestor, ut ab iis prorsus abstineant oculos, vel ut veniam saltem paullo liberalius indulgeant; alteras quas dixi septem conspectui tuo lubentius expono, nonnulla sperans in illis haberi, quæ nec eruditiores piguerit inspicere. Ultimam *amicus* (vir sane cum primis probus, ast in hujusmodi negotiis *Flagitator improbus*) extorsit, aut certe, pro jure quod merito obtinet suo, exegit. Cæterum quid tractent, et quorsum tendant, facile singularum initia delibans edoceberis; ut non sit cur te longius morer aut detineam. VALE.

LECT. I.

NOVUM jam ingredior dicendi campum, amæniorem sane nescio vel feraciorem, uberrimâ varietate confertum, eoque delectabilem; et quia primas ferme *Mathematicarum hypothesium origines* recludit (e quibus nempe *magnitudinum cum definitiones efformantur, tum proprietates emergunt*) necessario perquam utilem. De magnitudinum intelligo generatione; seu de modis, quibus ortæ productæve concipiantur variæ magnitudinum species. Nec ulla certe magnitudo datur, quæ non innumeris modis et intelligi producta possit, et reverâ produci. Possunt autem, qui saltem hactenus usurpati sunt, ad præcipua quædam genera referri, quorum se mihi jam cogitanti suggerentia sunt hæc; *per motus locales; per intersectiones magnitudinum; per quantitate positioneque determinatas ab assignatis locis distantias; per ductus magnitudinum in magnitudines; et per applicationes magnitudinum ad magnitudines; per aggregationem magnitudinum ordine certo dispositarum; per appositionem magnitudinum ad alias, vel subductionem ab aliis; per organicam demum* (ab horum quocunque deductam, aut ordinatam) *effectionem*. Horum, et si qui sunt aliorum, modus primarius, et quem alii cuncti quodammodo supponant oportet, utpote sine quo nil procreari potest, est iste, *qui per motum localem:* de quo proinde primo dispiciendum. De motu celebratur illud *Aristotelis* effatum, ἀναγκαῖον ἀγνοουμένης αὐτῆς (κινήσεως) ἀγνοεῖσθαι καὶ τὴν φύσιν: "ignorato motu necessario naturam ignorari;" in Physicis ideo paginam utramque facit; nec immerito, cum in naturâ (saltem quantum humanus intellectus assequi valet, aut experientia commonstrare) quicquid fiat, a motu fiat, aut certe

3 Phys. I.

non absque motu. De naturâ motus igitur, et rectâ definitione; de causis, de differentiis complura subtiliter argutantur Physici, quorum fere *Mathematicis nihil cordi vel curæ.* Sufficere potest his, quæ communis sensus agnoscit, et obvia comprobant experimenta, pro concessis arripere; hoc imprimis generale, Quamvis magnitudinem (magnitudinibus etiam punctum accensebo ceu minimum magnum, ut et infinitum ceu maximum magnum, quibus mediæ interjacent magnitudines omnes finitæ) mobilem esse; hoc est, eo quo conspicimus indies fieri modo, locum suum et situm posse demutare, juxta differentias præstitutas, motu nempe vel directo, vel circulari; æquabiliter veloce, vel utcunque magis accelerato, vel magis retardato. Hujusmodi dico motuum quemvis pro lubitu suo, tanquam evidenter possibilem, assumunt, ut quid exinde consequatur investigent et ostendant. De iis igitur differentiis motuum quotæ sint et quales disseremus. In motu potissimum a *Mathematicis* considerantur *ipse modus lationis, et quantitas vis motivæ;* ipse modus primo lationis, juxta quem motus, alii progressivi sunt, alii circumlatitii, alii compositi ex his; tum vis motivæ quantitas, propter quam alter alterius respectu velocior, tardior, æque velox; aut in se æquabilis, acceleratus, retardatus affirmatur. Ex his manant fontibus differentiæ motuum; quorum de posteriore nos primum agemus, quia nonnulla continet ἐξωτερικὰ quæ velim quam primum ablegata, quo reliqua postmodum expeditius fluant et limpidius; et quia vis motivæ quantitas sine tempore dignosci nequit, de temporis naturâ perstringendum est aliquid. Tempus autem dic sodes, quid est? illud *Augustini* tritissimum nostis; si nemo quærat scio, si quis interroget nescio. Verum quia *Mathematici* crebro tempus adhibent, quid eo designetur vocabulo distincte concipiant oportet; agyrtæ secus futuri; quare jure responsum exigatis; ac statim pareo, sed breviter ac simpliciter, et quantum potero λεπτολογήματα defugiens. Abstracte loquendo, tempus est perseverantia rei cujusque in suo *esse*. Alias vero res aliis diutius in *esse* suo permanere; fuisse cum hæ non erant, esse cum hæ non sunt; prius incepisse, serius desinere; neque non aliquas cum aliis una oriri ac occidere, simultaneoque quasi durationis progressu, a carceribus ad metas, universum ætatis curriculum emetiri, nemini non perspectum est. Ergo tempus absolute quantum est; ut quantitatis admittens (modo suo) præcipuas affectiones æqualitatem, inæqualitatem, proportionem; nec enim diffiteatur quisquam, opinor, *ἰσόχρονα* fore, quæ simul exoriuntur et simul intereunt; inæqualiter durâsse, quorum unum fuit antequam alterum cæperit esse, nec non esse perseverat, postquam alterum desierit existere. Longius autem, et brevius tempus nemo non dicere solet, nemo non concipere videtur. Quantitatis igitur particeps esse tempus communis sensus agnoscit, pro modo permanentiæ rerum in suo esse. At enim dices: ante res omnes conditas annon tempus fuit? extra mundum, ubi nihil manet, annon tempus labitur? respondeo, sicut ante conditum mundum fuit spatium, et extra mundum nunc est et quidem infinitum, (cui Deus coëxistit,) quatenus potuerunt olim, et possunt jam existere talia tantaque corpora, quæ tum non fuerunt, aut jam non sunt; ita prius mundo, et simul cum mundo (licet extra mundum) tempus fuit, et est; quatenus ante mundum exortum potuerunt aliquæ res in esse tamdiu permanere, possint jam extra mundum talis permanentiæ capaces res existere; potuit *Sol* multo prius in lucem emersisse; possit jam ille, vel alius talis spatiis imaginariis affulgere. Tempus igitur non actualem existentiam, at capacitatem tantum seu possibilitatem denotat permanentis existentiæ; sicut spatium capacitatem designat magnitudinis intercedentis. Sed mirum, ingeres, secluso motu tempus explicari; annon tempus motum implicat? Minime dico quoad absolutam, et intrinsecam naturam suam; haud magis quam quietem; a neutro temporis quantitas in se dependet; seu currant res, seu stent; seu dormiamus nos, sive vigilemus æquo tenore tempus labitur. Finge stellas omnes ab incunabulis suis fixas perstitisse; nihil inde quicquam tempori decessisset; tamdiu quies ista perdurâsset, quamdiu motus hic effluxit. Prius, posterius, simul, (quoad ortus rerum et interitus,) etiam in illo tranquillo statu fuisset in se, potuisset a mente magis perfecta apprehendi. Sed prout ipsæ magnitudines sunt absolute quantæ, independenter ab omni mensuræ respectu, etsi nos ipsarum quantitates nisi mensuras applicando percipere nequeamus; ita per se tempus quantum est, etsi quo temporis quantitas a nobis dignoscatur, advocandum sit motus subsidium, ceu mensuræ quâ temporum quantitates æstimemus, et inter se conferamus; adeoque tempus ut mensurabile motum connotat, nec enim, si res omnes immotæ perstarent, ullo pacto quantum effluxisset temporis possemus internoscere; rerum ætas indiscreta nobis, et imperceptibilis cederet. Temporis fluxum non perciperemus dico? Imo nec aliud quippiam, at stupore continuo defixi ceu stipites consisteremus aut saxa. Nihil enim animadvertimus nisi quatenus aliqua mutatio sensum afficiens nos interpellat, aut interna mentis operatio nostram conscientiam lacessit, ac excitat. Ex motus forinsecus impellentis, aut intra nos tumultuantis extensione, vel intensione diversos rerum gradus et quantitates æstimamus. Ita motus quantitas, in quantum a nobis observari potest, a motus extensione dependet;

Nec per se quenquam tempus sentire fatendum est
Semotum ab rerum motu placidaque quiete;

Phys. IV. 16.

haud male dixit *Lucretius*, et *Philosophus ipse;* Ὅταν γὰρ αὐτοὶ μηδὲν μεταβάλλωμεν τὴν διάνοιαν, ἢ λάθωμεν μεταβάλλοντες, οὐ δοκεῖ ἡμῖν γεγονέναι χρόνος. Recte quidem hoc, *non videtur nobis;* non apparet a somno excitatis quantum temporis intercessit; at non hinc recte colligitur, Φανερὸν ὅτι οὐκ ἐστὶν ἄνευ κινήσεως καὶ μεταβολῆς ὁ χρόνος. Non persentiscimus, ergo non est, illatio fallax; et fallax somnus, qui fecit ut nos duo semota temporis instantia connecteremus; interim verissimum illud; Ὅση ἡ κίνησις, τοσοῦτος καὶ ὁ χρόνος ἀεὶ δοκεῖ γεγονέναι, quantus nempe motus fuit, tantum tempus videtur extitisse; neque quum tantum tempus dicimus, aliud consuevimus intelligere, quam tantum motum intercedere potuisse, cujus scilicet extensioni continuo successivæ rerum permanentiam imaginamur coëxtendi. Cæterum quia tempus alveo semper æquali, non per vices nunc segnius, tunc rapidius præterlabi concipimus, (admissâ siquidem illâ disparitate, nullam omnino computationem, aut dimensionem admitteret,) non ideo motus omnis æque determinandæ dignoscendæque temporis quantitati censeatur accommodatus, at is præsertim qui summe simplex et uniformis æquabili semper tenore progreditur; mobili parem ubique vim retinente, perque medium uniforme delato. Quare tempori determinando tale quiddam mobile deligendum est, quod saltem quoad motus sui periodos æqualem constanter impetum servat; et peræquale spatium decurrit. Et ad communem quidem usum accipiendus est ejusmodi motus præcipue notabilis, in promptu cunctis obvius, et sensus omnium incurrens, qualis est motus siderum, imprimis *Solis et Lunæ*, mirifice sibi per omnia constans, et orbi terrarum conspicuus; qui proinde nedum communi gentis humanæ suffragio deputatus, at divino Creatoris consilio aptus natus est huic usui; a quo nempe pronunciatum legimus: *Fiant luminaria in firmamento Cœli, et dividant diem ac noctem, et sint insigna, et tempora, et dies, et annos.* At quomodo, dices, cognoscetur *æquabili solem motu ferri, et unum puta diem, aut annum alteri penitus exæquari, vel æquitemporaneum esse?* Respondeo non aliter hoc (excipiendo quod a divino testimonio colligatur) nobis innotescere, quam cum aliis æqualibus motibus ipsum solis motum contendendo. Si nempe deprehendatur solis motus in horologio solari, (quod spatiorum a sole in circulis æquatori parallelis percursorum penè certo ac exquisite quantitates indicat,) cum organi cujusvis horodeictici, satis accurate constructi, motibus consentire. Talis enim machina e fabricâ suâ comparata est, secundum motus sui repetitiones succedaneas, æqualiter moveri; *Clepsydram* puta dimetiendæ diei, vel horæ destinatam; et quoniam in hac aqua, vel arena, quoad quantitatem suam, et figuram, vimque descendendi prorsus eadem manet; nec non vasculum continens, et meatus ipsam transmittens haud omnino variantur, tantillo saltem tempore, perque temperiem aëris consimilem, nec ideo causa subest ulla, cur non æquales in singulis effluxibus motus obire concedatur; ergo si compertum sit, solares motus, seu quoad integras periodos, seu quoad partes ipsarum proportionales, organi talis repetitis motibus exquisite congruere, merito pronunciandum est, eos prorsus æquabiles, et uni-

Gen. i. 14.

formes fore. Ex quo discursu liquere videtur, id quod forte non nemini mirum videatur, cælestia corpora non esse, ex parte rei, proprieque loquendo, primarias et originales temporis mensuras; ast illos potius motus, qui prope nos sensibus observantur, et experimentis subjacent nostris; cum horum ope cælestium motuum regularitatem dijudicemus. Ne quidem ipse Sol temporis idoneus judex, aut testis *αὐτόπιστος* est, nisi quatenus horariæ machinæ suffragio veracitatem suam testatam facit. Nec sane, quod obiter interpono, potest ullo pacto sciri num periodi syderum ante multa secula transcursæ nostri seculi revolutionibus omnino pares fuerint; nemo scilicet asserat certo *Methuselam* illum qui tantum non mille vitæ transegit annos, eo fuisse reverâ *μακροβιώτερον*, qui jam ante centum annos fato cedit. Quid enim, si Sol tum junior, eoque vegetior, decuplo citius periodos suas evolverat? Quod si tum aer purior, et inde corporum gravitas validior effecerat, ut vel ipsa organa mechanica citatiores acciperent motus, adeoque cum nostri temporis instrumentis comparata fidem suam fallerent? *Empedocles* quidem, apud *Plutarchum*, existimâsse dicitur Solem initio dies longe prolixiores effecisse. Sed minus id rationi consentaneum videtur, quia tales motus vertiginosi sensim elanguescere potius solent, quam invalescere. Verum obiter hæc, et vix serio; revertamur in orbitam. Temporis (seu permanentiæ rerum in suo esse, statu, motuve) quantitas, ut dictum est, a motu quolibet dignoscitur, bene notorio, æquabili, (seu quoad partes ad hoc adhibitas sibi constanter æquali ac simili;) dein secundario e quibusvis aliis motibus, qui cum illo comparati proportione correspondent, e cælestibus imprimis, Solis potissimum ac Lunæ. Adeo ut æqualia tempora sint, in quibus eadem clepsydra semel ac iterum, vel æquè multis vicibus exhauritur; aut in quibus eadem sydera periodos easdem, aut ejusdem periodi partes æquales absolvunt; inæqualia vero juxta quamcunque proportionem, in quibus similiter, seu proportionaliter inæquales periodi consumuntur. Neque quisquam objiciat tempus communiter haberi pro mensurâ motus, et consequenter ad hoc motus differentias, (velocioris, tardioris, accelerati, retardati,) adsumendo tempus ut præcognitum definiri; nec ideo temporis quantitatem e motu, sed motus quantitatem a tempore determinari; nil enim obstat quo minus tempus et motus hæc sibi mutuo præstent officia. Sane veluti spatium ex aliquâ primum magnitudine metimur, et quantum sit discimus, e spatio postea reliquas ei congruas magnitudines æstimamus; ita tempus primo taxamus e motu quodam, postea motus reliquos ex eo dijudicamus; quod plane nihil est aliud quam mediante tempore motus alios cum aliis comparare; sicut et mediante spatio magnitudinum inter se rationes investigamus. Qui nimirum e temporum proportione motuum colligit proportionem, nil aliud quam ex organorum horologicorum, vel ex solarium motuum simul decursorum proportione dictam elicit motuum rationem. Quod certe vidit, et exerte docuit *Aristoteles:* *οὐ μόνον* (inquit) *τὴν κίνησιν τῷ χρόνῳ μετροῦμεν, ἀλλὰ καὶ τῇ κινήσει τὸν χρόνον διὰ τὸ ὁρίζεσθαι ὑπ' ἀλλήλων.* Porro, quia tempus, ut ostensum, est quantum uniformiter extensum, cujus omnes partes æquabilis motus partibus respectivis, seu spatiorum æquabili motu peractorum partibus proportione respondent, possit id quam optime per magnitudinem quamlibet *ὁμοιομερῆ* repræsentari, hoc est menti nostræ seu phantasiæ proponi; per simplicissimas præsertim, quales sunt linea recta, et circularis; quibuscum etiam et tempore similitudines et analogiæ non paucæ intercedunt. Præterquam enim quod tempus partes habet omnino similares, rationi consentaneum est ipsum velut unicâ dimensione præditum quantum considerare; ipsum enim velut ex simplici supervenientium momentorum additamento, vel ex unius momenti quasi continuo fluxu constitutum imaginamur, et solam proinde longitudinem ei solemus attribuere; nec ejus quantitatem alias quam ex lineæ decursæ longitudine determinamus. Sicut, inquam, linea puncti promoti censetur vestigium, a puncto habens quod aliquatenus [in]divisibilis sit, a motu vero quod uno modo, secundum longitudinem, dividi possit; ita tempus velut instantis continuo labentis vestigium concipiatur, ab instante nonnullam indivisibilitatem habens, a successivo fluxu quod eatenus dispertiri queat. Et sicuti lineæ quantitas ab unicâ longitudine pendet motum consequente,

Phys. IV. 18.

ita temporis quantitas ab unicâ consectatur velut in longum exporrectâ successione; quam spatii decursi longitudo demonstrat, ac determinat. Tempus itaque per rectam lineam semper designabimus; arbitrarie quidem initio sumptam et expositam, at cujus partes proportionalibus temporis partibus, et puncta temporis instantibus respectivis juste respondebunt, et iis apposite repræsentandis inservient.

His de tempore prælibatis ad considerandam vim motus effectivam procedimus, quæ sane (quæcunque sit ejus natura, vel undecunque procedat, nam ista *Physicis* disquirenda relinquimus) merito quoque ceu quantum quid concipitur, et sicut alia quanta computo subjicitur. Etenim experientiâ compertissimum est, sæpe duorum mobilium ab eodem termino per eandem orbitam delatorum alterum alteri prævertere, seu majus eodem tempore spatium conficere. Nec aliunde potest hoc procedere, quam a majori vi, seu potentiâ motivâ, quâ præcellit alterum mobile, cujusque gratiâ velocius dicitur. Et quia perspicuum est nil impedire, quin secundum omnimodas proportiones contingat hic spatiorum unâ peractorum excessus, ideo vis hæc jure concipiatur in partes quaslibet, (quas et sicuti partes cujuscunque qualitatis intensivas succinctæ distinctionis ergo gradus appellare licet, et consuetum est) in partes, inquam, quaslibet infinitas, aut indefinitas divisibilis concipiatur; quas inter se nectens, et a se dirimens communis terminus, vel (juxta suppositionem quod quanta constant ex infinitis atomis) pars absolute minima dicatur quies, hoc est summa tarditas, aut infima velocitas; e cujus succrescentiâ, vel intensione continuâ velocitatis gradus quilibet eo modo concipiatur aggregari, vel produci, quo linea e punctorum appositione vel motu, tempus ex instantium successione vel fluxu, progenitum imaginamur. Unde rem absolute considerando, quo vis hujusce quantitas menti seu phantasiæ recte proponatur, sufficit ejus vice magnitudinem quamvis regularem exhibere (hoc est talem, in cujus partibus quamvis differentiam, quamlibetque proportionem clare prompteque valeamus apprehendere) simplicitatis adeo perspicuitatisque causâ cuilibet ejus repræsentando gradui recta linea cum primis accurate quadrat. Ita quidem in se generatim et absoluta spectata vis ista tempus non implicat, eoque secluso concipi potest; (in quolibet enim temporis instanti, perque quodcunque temporis intervallum eâ præditum mobile concipiatur;) at quatenus computabilis, ac æstimio Mathematico subdita, quâ ratione velocitas dicitur, cum spatio tempus adsignificat; e quibus nempe quantitas ejus dijudicatur, ac discernitur definitur idcirco velocitas potentia, quâ mobile spatium aliquod in aliquo tempore pertransire potest. Unde consectatur singularem velocitatis cujuspiam quantitatem nec ex solâ confecti spatii, nec ex absumpti temporis quantitate dignosci posse; (quælibet enim velocitas aliquo tempore quodvis assignatum spatium emetiatur;) ast ex spatii simul ac temporis quantitatibus ad calculum redactis eam innotescere; sicut et vicissim temporis absumpti quantitas non nisi spatii simul ac velocitatis agnitis quantitatibus determinetur. Quinimo spatii quoque quantitas (quatenus hoc modo per motum dignoscibilis est) nec e solâ definitæ velocitatis quantitate, nec ab assignato tanto tempore dependet, ast ab utriusque ratione conjunctâ. Et quidem ut hæc quomodo se respiciant amplius exponamus, spatii quatenus hoc modo computatur quantitas eo fere dignoscitur modo, quo e dimensionibus suis quanta sit superficies innotescit; e quantitate scilicet unius lineæ, (quæ longitudinem ejus aut altitudinem ostentat,) et e quantitatibus singularum invicem sibi parallelarum linearum, quæ per istius lineæ puncta quæque transeuntes superficiem totam quodammodo constituunt, et componunt; eam saltem limitant atque determinant; hoc est quasi per ductum singularum ejusmodi linearum in respectiva dictæ lineæ puncta. Velocitatis autem, et temporis quantitates pariter eo modo discernuntur, quo ex superficiei, et unius cui applicatur dimensionis quantitate discernitur quanta sit reliqua dimensio; (ubivis, inquam, aut saltem alicubi quanta, nam fieri potest ut reliqua dimensio quatenus per omnia prioris dimensionis puncta diffunditur, sibi passim dispar et difformis sit; quid velim e vestigio constabit, nam utilis hæc consideratio postulat enucleatius declarari. Omni temporis instanti, seu indefinite parvæ temporis particulæ; (instanti dico, vel indefinitæ particulæ, nam uti nihil admodum refert, utrum lineam ex innumeris punctis, an ex indefinite parvis lineolis compositam intelligamus; ita perinde est, utrum tempus ex instantibus, an ex innumeris minutis tempusculis conflatum supponamus; nos saltem brevitati consulentes pro temporibus quantumlibet exiguis instantia, hoc est pro tempuscula repræsentantibus lineolis puncta non verebimur usurpare;) cuilibet dico temporis momento competit velocitatis aliquis gradus, quem mobile tunc habere concipiendum est; cui gradui respondet aliqua decursi spatii longitudo; (nam hic mobile tanquam punctum, et spatium proinde tantummodo ceu longum consideramus;) quia vero temporis momenta quoad rem ipsam neutiquam a se dependent, supponi poterit in proximo instanti mobile gradum velocitatis alium, (alium inquam vel æqualem priori, vel in quâvis proportione diversum,) admittere, cui proinde respondebit alia spatii longitudo, tali proportione respiciens priorem, quali velocitatis hic gradus præcedentem. Quum enim temporis instantia prorsus æqualia sint inter se, spatialium longitudinum ratio a solâ velocitatum ratione dependebit, eique proinde par erit, aut similis; (quod nisi pro verissimo sumatur, haud ullo modo mensurari possit velocitas; nam a solâ spatiorum eodem tempore decursorum (vel eodem instanti) proportione velocitatum inter se collatarum immediate vel mediate ratio taxatur, et altera alterius respectu denominatur tanta;) similiter si per omnia temporis cujusvis momenta qui conveniunt ipsis velocitatis gradus assignentur, aggregabitur ex iis quantum quiddam, cujus partibus quibusvis decursorum spatiorum partes respectivæ, hoc est iisdem temporibus respondentes particulæ, juste proportionantur, adeoque quantum e gradibus istis constans repræsentans magnitudo, spatium quoque decursum repræsentare possit; quatenus nempe qualem spatii partes temporibus singulis peractæ proportionem inter se servant, exacte referat. Quum igitur, utpote quam æquabilissime fluens per lineam, ut præmonuimus, rectam aptissime repræsentetur, et qui in singulis temporis instantibus habentur alii ac alii, sibimet æquales, aut inæquales, velocitatis gradus per lineas itidem, ut prius etiam insinuatum est, rectas exprimantur; et cum hi velocitatis gradus singula temporis momenta alii ac alii permeent, independenter a se invicem ac impermixte; itaque si per lineæ tempus repræsentantis omnia puncta trajiciantur rectæ sic dispositæ, ut altera nulla nulli alteri coincidat, hoc est in situ parallelo; quæ resultat hinc superficies plana (pro quantitate temporis, et positorum velocitatis graduum ratione determinata) graduum velocitatis aggregatum exactissime referet; cujus superficiei partes cum respectivis (ut prædictum) spatii peracti partibus proportionales sint, poterit id spatio quoque repræsentando commodissime adaptari. Ista vero superficies brevitatis causâ dehinc appellabitur velocitas aggregata, vel spatii repræsentativa. Neque quenquam afficiat, nam submovenda nobis hæc remora, quod diximus in singulis temporis instantibus longitudinem aliquam confici, quasi dari posse motum instantaneum affirmarem. Nam posito tempora e momentis componi, etiam lineæ componentur e punctis; quod si lineæ inæquales componantur e punctis infinitis, sibimet æquinumeris, necessario sequitur linearum puncta, juxta similem cum ipsis proportionem inæqualia fore; adeoque per longitudines in æquitemporaneis momentis decursas duntaxat intelligenda sunt ejusmodi inæqualia puncta, e quibus tota decursa longitudo quasi conflatur.

Sin hoc absonum cuipiam videatur, et nullo sensu motus admittatur instantaneus, eo recurrendum ut per instantias nil aliud, quam indefinitas temporis particulas intelligamus; quibus respondeant certo velocitatis gradu, alio atque alio, percursa indefinite minuta spatiola velocitatis gradibus adproportionata; tum autem repræsentando singulo cuipiam velocitatis gradui per tempusculum aliquod retento, loco lineæ rectæ substituatur oportet exiguum rectangulum dicto tempusculo applicatum. Perinde fuerit, ac eodem recidet hoc an illo modo se res habeat; ast simplicior et clarior videtur iste modus, quem prius exposuimus, cui proinde posthac insistemus.

Ut redeam, et recolligam; sicuti per omnia lineæ rectæ puncta traduci possunt parallelæ rectæ, magnitudine pro lubitu pares, vel impares, e quibus aggregatis superficiale planum exurgat, ita ad singula temporis instantia applicari possunt velocitatis gradus diversi, pares vel impares, prout mobile per totam suam lationem vel eundem impetum retinere, vel aliquando varium adsciscere supponatur, utcunque crescendo vel decrescendo.

Si velocitatem semper eandem conservare dicatur, facile patet e dictis velocitatem aggregatam definito cuivis tempori convenientem rectissime per figuram parallelogrammam exprimi, qualis est *AZZE*, in quâ latus *AE* temporis definiti vicem obit, reliquum *AZ*, eique parallelæ rectæ omnes *BZ*, *CZ*, *DZ*, *EZ* velocitatis gradus singulos per singula temporis momenta penetrantes, in hoc scilicet casu pares, exhibent. Possunt etiam, ut dictum, parallelogramma *AZZB*, *AZZC*, *AZZD*, *AZZE* spatia respectivis temporibus *AB*, *AC*, *AD*, *AE* decursa apposite designare. E quâ consideratione solâ, vel intuitu primo motus hujusmodi, quem æquabilem, et uniformem vocitant, omnia symptomata deduci possunt. Quales sunt: quod æquali perpetuo velocitate transmissa spatia sese habent ut tempora: Quod æquali tempore peracta spatia sese habent ut velocitates; et vicissim: Si spatia sunt ut velocitates tempora fore æqualia; si ut tempora, velocitates æquari. Et si æqualia spatia fuerint, tempora velocitatibus proportione reciprocari; contraque, si tempora velocitatibus proportione reciprocentur, spatia sibimet exæquari. Spatia denique quælibet compositam habere rationem e rationibus velocitatum et temporum; nec non, subducendo rationem temporum e ratione spatiorum residuam manere rationem velocitatum; vel subducendo rationem velocitatum relinqui rationem temporum. Hæc enim parallelogrammorum inter se comparatorum affectiones sunt (æquiangulorum intelligo parallelogrammorum; nam ubi repræsentativa, hæc parallelogramma conferuntur inter se, æquiangula constituantur oportet; alioqui cum singillatim spectantur; nihil refert quinam angulus statuatur) hæc, inquam, e parallelogrammorum naturâ liquent, et ex iis quæ posuimus sponte consectantur; ut nullam aliam demonstrationem requirere videantur. Et sane quoad omnes Mathematicæ σκέψει subditas (hoc est utcunque quantitatem involventes) materias cum magnâ facilitate Theoremata perspicere, tum

Fig. 1.

summo eadem compendio demonstrare poterit, quisquis contemplationi suæ subjecta cujuscunque generis quanta ad analogicas magnitudines rite congrueque novit redigere.

Quod si porro velocitatis gradus continuo per singula temporis instantia supponantur æqualiter adaugeri, vel imminui, a gradu minimo, seu quiete, definitum ad velocitatis gradum, vel a definito tali gradu ad quietem; consimili pacto poterit aggregata velocitas per quamvis superficiem æqualiter a puncto crescentem ad definitam magnitudine lineam; vel eodem retrograde passu decrescentem, exhiberi; simplicissime vero, et optime per triangulum rectilineum; ut puta per triangulum AEY, in quo crus AE tempus denotat; ejusque punctis applicatæ lineæ parallelæ BY, CY, DY, EY gradus velocitatis singulis instantibus congruos a puncto A (quod quietem, vel infimam velocitatem refert) ad definitum gradum lineâ maximâ EY repræsentatum æqualiter increscentes; vel ab eâdem EY retro ad punctum A quietis repræsentativum declinantes. Sed et pari jure, quo prius, trigona ABY, ACY, ADY, AEY per respectiva ab initio tempora decursis spatiis repræsentandis inservient. Et consequenter, si velocitas æqualiter a definito gradu ad gradum definitum supponatur augeri, vel diminui, repræsentabitur tam aggregata velocitas, quam spatium ei respondens a figurâ quadrangulâ Trapeziâ, qualis est $CYYE$, in figurâ prius adhibitâ.

Fig. 1.

Hinc, non secus quam in præcedentibus, hujusmodi motus (quem uniformiter acceleratum nomine perquam apto *Galilæus* nuncupavit) affectiones omnes præcipuæ facillime deprehendentur, atque demonstrabuntur; cujusmodi sunt: Quod æquali tempore conficietur æquale spatium per motum a quiete uniformiter acceleratum, ac per ipsum motum uniformem, modo velocitas hujus subdupla sit velocitatis, quam ille maximam habet. Quod spatia motu a quiete uniformiter accelerato peracta, sese habent ut *Quadrata temporum* (vel in duplicatâ temporum proportione). Et diversos hoc modo acceleratos motus comparando: Quod ab illis transacta spatia habeant rationem e rationibus temporum, et velocitatum maximarum: Et similia talia vel his connexa, vel inde consequentia, quæ triangulis conveniunt inter se quoad suas, et quoad laterum rationes comparatis; quæ ex positis haud difficile perspiciantur, ac demonstrentur.

Porro, non absimiliter si velocitatis gradus continuâ per singula temporis instantia successione, a quiete ad definitum gradum, vel retrograde, crescere concipiantur, aut decrescere juxta progressionem numerorum quadraticorum repræsentatur tum optime velocitas aggregata, sicut et spatium hujusmodi motu confectum, a complemento Semiparabolæ, qualis est *AEX*, cujus vertex *A* quietem (seu motus ac temporis initium), tangens *AE* tempus definitum, linea *BX* primum velocitatis accrescentis gradum, (qui se habet ut 1), proxima *CX* secundum gradum (habentem se ut 4), subsequens *DX* (qui se habet ut 9), et ita porro usque ad ultimum *EX*: Id quod ex notissimâ parabolæ proprietate manifestum est. Eodem plane modo quivis suppositi velocitatis gradus, utcunque crescentis aut decrescentis, continuo vel interrupte, quovis, inquam, imaginabili modo per lineas rectas ad temporis repræsentatricem rectam applicatas certissimo, commodissimoque modo designari possunt, asservatâ quam quis adsignare voluerit proportione; sic ut inde cognitâ spatii repræsentantis dimensione, spatii per motum confecti quantitas facilius innotescat; et reciproce, cognitâ spatii dicti naturâ velocitatis ac temporis quantitatibus dignoscendis aliqua lux affulgeat: Quæ quidem posthac dicendorum intellectui necessaria, totique motuum theoriæ non parum ut videtur utilia visum est paullo fusius exposita præmittere. Quâ perfunctus operâ pedem figo.

Fig. 2.

LECT. II.

VARIOS, quibus productæ concipiantur magnitudines aggressi modos considerare, primum et præcipuum attingere cæpimus illum, qui motu peragitur locali. Cum vero soleant *Mathematici* diversimodos, e quibus aliæ ac aliæ magnitudines resultant, motus adsumere ceu possibiles, duos ad fontes digitum intendimus, e quibus istæ motuum differentiæ scaturiunt, modum lationis ipsum, et quantitatem vis motivæ; quorum posteriorem haud ita clarum et apertum nuperrime conati sumus recludere, limpidumque reddere. Jam differentias quas assumunt ipsas prosequemur, et quo pacto generationi magnitudinum inservire possunt ostendemus.

Lationis modum spectando generantur magnitudines vel per motus simplices, vel per motus compositos, vel ex concursu motuum (nam compositionem a concursu distinguo, quæ tamen a nonnullis confunduntur). De simplicium motuum hypothesibus, ac effectis primo videamus. Simplicium motuum duo genera sunt, φορὰ, et περιφορὰ, progressio, et circumlatio. Sub progressivo motu comprehenditur motus omnis, qui nullum fixum locum (loci nomine quamvis magnitudinem, etiam punctum adnumerans, intelligo,) respicit, cui velut innectitur, ac affigitur; seu directus iste motus sit, seu reflexus, seu refractus; sive callem certum persequatur, sive inconstanter desultet, divagetur, exorbitet. Quia vero penitus irregularium in arte nulla ratio potest haberi, sufficit *Mathematicis* supponere magnitudinem quamcunque progredi posse juxta designatam quamlibet orbitam; ut *v. g.* Quod punctum *in lineâ rectâ, circulari, ellipticâ, spirali, vel aliâ quavis præstitutâ queat incedere.* Verum præcipuæ, hoc est maximi, frequentissimique pro magnitudinibus efformandis usus, circa hujusmodi motus quas *Mathematici* præstruunt hypotheses, sunt hæ: Quod punctum a præfixo termino in lineâ rectâ quousque libuerit adsignare directe progredi queat, quali motu perspicuum est lineam rectam describi: Quod linea recta per alterius cujusvis lineæ longitudinem ita procedere possit, ut situm interea parallelum perpetuo servet (hoc est ut ipsa juxta positionem, quam in quolibet temporis momento sortitur, parallela sit sibi secundum positionem suam in alio quovis temporis momento): Item, quod linea quævis (definite vel indefinite protensa, quod in omnibus intelligendum) motu directo, itidem sibi parallelo, progredi possit (directo inquam, hoc est ut ejus singula puncta lineas rectas describant) qui sane duo motus sibimet æquivalent, eundemque procreant effectum eorumque alterutro productæ concipiantur illæ, quæ præ cæteris æquabiles, ac uniformes haberi merentur superficies; quales sunt in plano *Superficies parallelogrammæ* (seu penitus rectilineæ, sive mixtæ); in Solido (ut ita dicam, vel non in uno plano delineatæ) *Superficies Prismaticæ*, *Cylindricæque*, tum quæ stricto, tum quæ latiori significatu dicuntur.

Fig. 3.

Sit in exemplum primo recta linea *BC*, cui insistens recta *AB* per ipsam *BC* feratur, sibi continuo parallela, donec puncto *B* ad *C* promoto recta *AB* ipsi *DC* ad *AB* parallelæ congruat. Manifestum est hujusmodi motu procreari *figuram planam parallelogrammam ABCD.* Patet etiam quodlibet assumptum in *AB* punctum, ut *E*, rectam lineam describere, cujus partes *EE* rectis *AB* interceptæ, rectæ *BC* partibus *BB*, per easdem respective rectas *AB* interceptis (hoc est eodem tempore a puncto *B* decursis) æquantur.

Fig. 4.

Neque minus patet, si vice versâ recta *BC* per ipsam *BA* feratur, eandem superficiem delineari; omniaque rectæ *BC* puncta (ceu *F*) rectas lineas effingere; nec non harum partes *FF* parallelis *BC* interceptas respectivis lineæ *AB* partibus *BB* adæquari. (Notetur autem abhinc brevitatis ergo tam in his, quam in similibus casibus harum linearum illam, quæ motu suo magnitudinem describit a me *Genetricem* dici; alteram autem, juxta quam, vel cui insistens, prior defertur, *Directricem* appellari; quia motæ lineæ processus ab eâ dirigitur, vel ad eam accommodatur.)

Fig. 5.

Sit rursus linea quæpiam curva (velut arcus circularis) *BC*, cui in eodem plano insistat linea recta *AB*; et per curvam *BC* continuo deferatur recta *AB*, sibimet æquidistans, donec punctum *B* ad *C* pertigerit, et recta *AB* demum rectæ *DC* ad ipsam *AB* primo positam parallelæ congruerit; describetur hoc motu figura quoque plana (latiore significatu) parallelogramma; quia scilicet adversa hujus figuræ latera sibi parallela sunt, recta *AB* rectæ *DC*, et curva *AD* curvæ *BC*. Nam et hic singula quæque *Genetricis* rectæ puncta (velut *E*) lineas describent *Directrici BC* similes et æquales; cum integras, tum iisdem parallelis *AB* interceptas partes; si enim duo puncta quævis *EE* rectâ lineâ connectantur, iisque respondentia puncta *BB* rectâ quoque jungantur; quoniam rectæ *EB* sibimet æquantur (etenim nil aliud sunt, quam eadem ipsa linea diversum situm obtinens) ac parallelæ secundum *hypothesin*, erunt rectæ *EE*, *BB* æquales ac parallelæ. Unde patet curvas *EE*, *BB* adæquari sibimet, et assimilari. Adæquari quia subtensæ omnes *EE*, subtensis *BB* singillatim æquantur; assimilari, quia rectæ *AB* cum subtensis adjacentibus respectivis *EE*, et *BB* pares angulos constituunt, adeoque rectæ ipsæ *EE* pares iis, quos rectæ *BB*; ipsæ illæ cum seipsis, et hæ cum seipsis (nam in hujusmodi proportionalitate partium, et angulorum æqualitate, sicut alibi fortasse luculentius et fusius disseremus, omnis consistit linearum, et quarumcunque magnitudinum similitudo). Fig. 5.

Quod si vice commutatâ linea curva *BC* fiat linea *Genetrix*, et recta *BA Directrix*, hoc est si *BC* per *BA* sibi parallela feratur, producetur eadem ipsissima parallelogramma Superficies; et singula rectæ *BC* puncta, veluti *F*, rectas lineas ad *BA* parallelas describent; neque non interceptæ *FF* respectivis *BB* pares erunt; quod et pari modo ex supposito perpetuo curvæ *BC* parallelismo facile consectatur. Fig. 6.

Sit denique curva quævis (vel e rectis angulos efficientibus composita, quæ *curvæ* quoque nomen merito ferat; *Archimedes* saltem e rectis compositas lineas, uti figurarum circulis inscriptarum aut adscriptarum perimetros, καμπυλῶν γραμμῶν nomine complectitur; ut et vicissim *curvæ* quævis lineæ censeri possunt e rectis, innumeris quidem illis indefinite parvis, adjacentibus, et deinceps secum angulos efficientibus, conflatæ); sit, inquam, talis aliqua curva *BC*, in plano quovis constituta, tum in alio plano, vel super lineæ *BC* planum ut libet elevata, recta *AB* sibi continuo feratur parallela, modo quo semel ac iterum ostendimus; describetur hujusmodi motu *Superficies cylindrica* (vel certe *prismatica*, si *linea directrix* e rectis ponatur composita); et *cylindrica* quidem stricte dicta, si *directrix fuerit linea circularis, aut elliptica;* latiore vero sensu talis, si curva fuerit alterius generis ut *parabolica* puta, vel *hyperbolica*, vel alia quæpiam. In hoc autem motu lineæ quoque genetricis singula puncta similes et æquales describunt curvæ directrici lineas; æquales (ut in mox præcedente discursu) quoniam *EB* pares ac parallelæ sunt; adeoque *EE*, *BB* quoque pares, ac parallelæ; similes; *quoniam etiam anguli *EEE*, angulis *BBB* æquantur. Quinetiam reciproce describatur eadem superficies ponendo curvam *BC* per rectam *AB* parallelωs deportari. Quomodo singula quoque curvæ *BC* puncta rectas parallelas et pares interceptis respectivis rectæ *AB* partibus delineabunt, pariter ut antehac in figuræ planæ exemplo commonstratum est; unde si superficies hoc modo procreata a plano quolibet ad rectam seu genetricem, seu directricem (quam ubique sitam superficiei productæ latus appellare licet) parallelo secetur, sectio communis duabus rectis parallelis constabit æqualibus inter se. De superficiebus autem ita progenitis observatu dignum est, (nec enim plane nudas magnitudinum generationes indigitare, sed et generales nonnullas ipsarum affectiones e diversis resultantes generandi modis insinuare propositum est nobis,) quod si linea directrix recta sit (ut in figurâ per literam *Z* discriminatâ) superficiei productæ partes parallelis lineis genetricibus interjectæ respectivis directricis lineæ partibus semper proportionales sunt; (superficies nempe *BCCB* respectivis rectis *BB*). At si linea curva pro directrice habeatur (ut in figurâ *Y*) non semper eveniet, ut interceptæ genetricibus rectis superficies interceptis curvæ directricis partibus proportionentur; at saltem accidet hoc, cum recta genetrix *AB* æqualiter ad curvam *BC* ubique, vel secundum omnia ejus puncta inclinatur; quomodo fit in cylindri cujuscunque, laxe vel stricte dicti, recti superficie; quia tum recta genetrix omnibus curvæ punctis (hoc est omnibus eam ad dicta puncta tangentibus, eive subtensis rectis est perpendicularis). Verum si, in exemplum, curva *BC* ponatur arcus circularis, qui dividatur æqualiter ad puncta *B*, non erunt necessario superficies *ABBA* peripheriis æqualibus *BB* insistentes inter se pares, quia (præterquam in casu prædicto cylindri recti) rectæ *AB* ubique ad puncta *B* inæqualiter inclinantur (unam quamvis inclinationem cum aliâ conferendo) angulos nempe cum tangentibus ad *B* aliis ac aliis, et cum subtensis *BB* inæquales efficiunt. E quâ re pendet *insuperabilis illa difficultas*, quâcum conflictantur, qui *cylin-*

10. XI. Elem.

Fig. 6.

dricas obliquas superficies conantur dimetiri, seu cum cylindricis superficiebus rectis, aliisve quadantenus cognitis superficiebus quoad proportionem comparare.

Supponunt denique consimili pacto superficiem quamvis planam directo motu sibi parallelo progredi, scilicet ut prædicto modo, singula ipsius puncta lineas rectas describant, inter se pares, ac parallelas; vel ut ejus singulæ rectæ (id quod inde consectatur) planas superficies parallelogrammas effingant; cujusmodi motu describuntur prismatica quæque cylindricaque corpora; illa nimirum ipsa, de quorum superficiebus mox egimus, quibusque simili jure possunt adaptari, quæ superficiebus istis ostendimus convenire. Veluti quod parallelis planis interjectæ superficies ipsorum, et ipsa corpora lateribus suis (seu directricis rectæ partibus respectivis) proportionantur. Quod et si definita hujusmodi corpora planis laterum alicui parallelis secentur, communes sectiones erunt *Parallelogramma* (quale est *EEBB*). Quin, ut paucis complectar multa, quæ *de Superficiebus aut Solidis Prismaticis ac Cylindricis stricte dictis generatim enunciantur aut probantur uspiam*, quod ea pleraque justam analogiam observando, universis congruunt hoc modo progenitis quantis. Neque jam de progressivo motu quidpiam succurrit adjiciendum; quædam enim δυσδιήγητα consulto videntur reticenda.

Porro simplicis motus alterum genus, quod adhibet *Mathesis*, est *circumlatio, seu motus conversivus;* qui tum scilicet efficitur, cum dimotæ magnitudinis quiddam (ut punctum aliquod puta lineæ, vel superficiei linea) fixum et immotum consistit, dum ei velut innodata ac adstricta tota reliqua magnitudo, juxta quamvis assignatam directionem, circumagitur. Cujusmodi motus generalissima proprietas est, ut quæque mobilis puncta dum in uno aliquo plano transverse moventur, circulares singula peripherias describant; et quidem omnia, quæ in eodem uno, per fixum punctum transeunte plano moventur, parallelas, seu concentricas, et similes inter se; quæ vero in diversis planis, similes, aut dissimiles, prout hypothesium exigit arbitraria diversitas. Præ cæteris autem propria, maximeque naturalis est circumlatio, cum singula mobilis puncta circulares unius ejusdem circuli peripherias describunt, hoc est cum in uno cuncta plano circumferuntur; qualem certe tum ipsa natura sponte concipit atque prosequitur, cum ne rectos suos quos præsertim affectat motus exequatur ab immobili retinaculo prohibetur; velut in pendulorum, et libris appensorum motibus videre est; imo cum objectâ quâvis resistentiâ non satis facile recto tramiti valet inhærere; sicut in *rotarum et vorticum, et turbinum, et in ipsorum fortasse syderum, motibus adparet.* Verum hujusmodi motuum generalem indolem haud ita promptum est verbis explicare. Præstat ipsas quas accipiunt præcipuas hypotheses percensere.

Assumunt primo rectam lineam in plano circa punctum quodvis in ipsâ fixum posse circumferri; cujusmodi motu patet omnia lineæ motæ puncta circulares peripherias describere; singulas ab uno quovis descriptas singulis ab altero quolibet simul eodem tempore descriptis parallelas, et similes. Ut si linea recta AB manente fixo puncto C circumferatur, singula puncta A, E, B peripherias circulares AA, EE, BB sibi parallelas, et similes omnes (iisdem nimirum, aut æqualibus angulis subtensas, quorum commune centrum, aut vertex C) describent. Hoc autem modo constat procreari circulos, et sectorum circulares areas (quales ACA, BCB,) sed et annulos planos; qualis est is qui restat, si e circulo majore $AABB$ detrahatur minor circulus concentricus $EEEE$. E quâ genesi colligitur circulorum, et sectorum circularium areas, e circularibus peripheriis, integris aut partialibus, concentricis ac similibus, constare, tot numero quot radius puncta habet; quarum proinde calculum ineundo circularis areæ talis qualis dimensio quam facillime reperitur; id quod non est hujus temporis ulterius exponere.

Fig. 7.

Quinetiam supponunt lineam quamvis rectam, indefinite protensam, uno manente fixo ipsius puncto circa designatam quamvis in alio plano constitutam lineam, curvam aut e rectis compositam, revolvi, sic ut ei nempe lineæ semper insistat, vel eam quasi lambat, aut perstringat. Sit, exempli causâ, linea recta AB indefinite protensa, et in eâ fixum punctum V; et per V semper feratur

Fig. 8.

linea *AB* juxta lineam quamlibet *BC* in alio plano collocatam; ita quidem ut aliquod lineæ mobilis punctum continuo lineæ *BC* inhæreat; ex hujusmodi motu producetur curva superficies (e planis saltem composita, quam et generali ratione, post *Archimedem*, curvam appellare nil vetat); quæ quidem, si linea directrix tota componatur e definite magnis rectis lineis, fiet *Superficies pyramidalis*, e triangulis ad verticem *V* concurrentibus aggregata; sin circularis fuerit, aut conicarum sectionum aliqua, Superficies evadet stricte *conica;* sin alterius generis aliqua, conica saltem extenso latius significatu dicatur; et a quibusdam dicitur.

Cujus quidem Superficiei proprietas est, ex ipsâ generatione manifesta, quod si per fixum punctum *V* plano secetur, communis plani cum ipsâ sectio erit angulus rectilineus. Nam si planum ipsam secans per *V* lineæ directrici occurrat in punctis duobus, ut in *D*, *E* (occurret autem in duobus, alias Superficiem ipsam non secaret) ductæ rectæ *VD*, *VE* erunt tam in plano secante, quam in curvâ Superficie; in plano, ex plani naturâ; in Superficie, quia genetrix eadem recta per harum terminos transit, ipsisque proinde coincidit. In hujusmodi vero motu, posito quod lineæ rectæ a puncto fixo *V* (seu vertice) ad directricem lineam *BC* ductæ sunt inæquales inter se, satis liquet lineam *BC* non a puncto *B* delineari, vel perambulari, quia lineæ inæquales (ut *VB*, *VE*, *VC*) sibi nequeunt congruere; adeoque punctum *B* progrediens supra, vel infra puncta *B*, *E*, *C* cadet; ut nec eâdem inæqualitate suppositâ punctum quodvis aliud (in *VB* puta *G*) motu suo lineam describet lineæ directrici *BC* similem; (quare linea *VB* supponitur indefinite protensa;) at vero si lineæ omnes, quæ ab *V* ad *BC* duci possunt (quas Superficiei propositæ *latera* nuncupemus licet) proportionaliter secentur (id quod fiet a plano per hanc Superficiem trajecto ad planum, in quo sita est *BC*, parallelo) divisionum puncta lineam constituent, saltem ad lineam consistent, ipsi *BC* similem. Ductis enim quotlibet lateribus *VB*, *VD*, *VE*, *VC*, et ducto plano *GKLH* ad planum *BDEC* parallelo, sint communes plani *VBD* cum planis *BC*, *GH* sectiones rectæ *BD*, *GK*; hæ parallelæ erunt. Item communes

Fig. 8.

Elem. XI. 16.

Fig. 8. plani *VDE* cum iisdem planis *BC*, *GH* sectiones *DE*, *KL* parallelæ erunt. Ergo anguli *BDE*, *GKL* sunt æquales. Item se habet recta *BD* ad *GK*, ut *DE* ad *KL*, quia utraque hæc proportio æqualis est illi, quam habet *VD* ad *VK*; (similia quippe sunt triangula *VDB*, *VKG*, et triangula *VDE*, *VKL*;) permutandoque, *BD* : *DE* :: *GK* : *KL*; ergo omnes subtensæ in *GH* proportionales sunt subtensis omnibus in *BC*, eas nimirum in utrâque lineâ ordinatim et deinceps accipiendo; et quæ sibimet adjacent in unâ pariter inflectuntur cum iis, quæ sibi adjacent in alterâ. Ergo secundum superius insinuata lineas *BC*, *GH* similes esse constat.

Elem. XI. 10.

Hinc etiam patet lineas curvas similes *BC*, *GH* eandem ad se proportionem habere, quam Superficierum, in eâdem quâlibet rectâ sita, *latera VB*, *VG*. Quum enim subtensarum iisdem angulis inclusarum (ut *BD*, *GK*, vel *DE*, *KL*) singulæ rationes æquales sint rationi laterum *VB*, *VG*; etiam omnes antecedentes conjunctæ (hoc est tota *BC*) ad omnes consequentes conjunctas (hoc est totam *GH*) se habebunt ut *VB* ad *VG*. Hinc etiam tali motu productarum superficierum emergit hæc proprietas; quod interceptæ scilicet a parallelis ad *BC* planis, a vertice desumptæ, quibuscunque lateribus iisdem inclusæ partes ipsarum sint inter se similes; ut puta Superficies *BVC*, *GVH*; et *BVD*, *GVK*. (Quod ex generali similitudinis doctrinâ posthac explicandâ luculentius apparere poterit; interim ex similitudine linearum curvarum, et earum cum Superficiei lateribus analogiâ, penitusque consimili Superficierum generatione satis elucescit; saltem ex triangulorum *VBD*, *VGK*; et *VDE*, *VKL*, et talium omnium similitudine satis constat; siquidem ex talibus infinitis triangulis utraque Superficies composita censeatur.) Unde similium Superficierum proprietates iis convenient. Verum quod interceptas attinet a diversis lateribus Superficies, eas inter se comparando, notandum est quod basibus suis, seu directricis lineæ respectivis partibus non semper proportionales sunt; at saltem hoc tum evenit, cum omnia dictæ Superficiei latera sunt æqualia inter se, adeoque cum linea directrix est peripheria circuli; quo casu producta Superficies erit conica Super-

Elem. V. 12.

ficies stricte dicta, rectumque quidem ad conum pertinens. Quod si directrix BC supponatur e. g. peripheria circularis, lateraque sibimet inæqualia, si dividatur BC in partes æquales, et connectantur latera VD, VE non erunt Superficies BVD, DVE, EVC æquales inter se, sed inscrutabili plerumque ratione, juxta varias angulorum inclusorum, et laterum inæqualium differentias, inæquales; id quod hactenus illos divexavit et torsit, *qui dimetiendæ coni scaleni superficiei incubuerunt.*

Ex his consectatur quod possit hujusmodi circumlatio facta quadantenus concipi motu quoque tali lineæ rectæ genetricis, ita ut ejus singula quæque puncta parallelωs lata similes directrici lineæ lineas describant, modo tamen concipiatur linea genetrix ubique proportionaliter aut contrahi, vel dilatari secundum omnes sui partes. Quomodo nempe si recta VB ita sensim diduci concipiatur, ut punctum B totam lineam BC perambulet, etiam punctum G parallelo ad BC motu delata, lineam GH ipsi BC similem describet. Quinimo si consimili pacto curva BC, directo quoad lineam rectam BV motu situque semper ad seipsam parallelo concipiatur promoveri, sic ut ejus singula quæque puncta lineas rectas describant, secum omnes in punctum V concurrentes; hoc est ita ut ipsa per totum suum progressum juxta suas omnes partes analogice contrahatur, ad verticem usque V; producentur ex hujusmodi motibus Superficies conicæ prorsus eædem cum jam proxime tractatis. Verum hujusmodi motus imaginarii sunt, et quales rerum natura respuit. Explicandæ tamen hujusmodi Superficierum naturæ deservire possunt, et supponi saltem ut per *divinam potentiam effectibiles.*

Ad hæc, si *linea directrix* in motu proxime memorato supponatur undique clausa, sic ut figuram quamvis comprehendat, Superficies curva progenita cum hac figurâ, ceu base, corpus solidum includet pyramidale, vel conicum, (stricte vel laxe pro dictæ figuræ naturâ sumptum,) cujus generalia symptomata satis e dictis elucescunt. Nempe quod a parallelis ad hujusce solidi basin planis abscindentur similes ad verticem Superficies, similesque bases intercipientur, et similia corpora solida progignentur. Verbo dicam, quæ de *Conis* generatim *Euclides*, *Apollonius*, aliique tradiderunt, ea conicis hoc modo factis, servatâ debitâ analogiâ, convenient, et simili ferme modo demonstrabuntur convenire.

Verum usitatissimus apud Mathematicos corpora progignendi modus est is qui peculiari nomine *Rotatio* dicitur, et fit supposito lineam quamvis, aut quamlibet Superficiem planam circa rectam lineam fixam, tanquam axem, revolvi. Quomodo ex motu semiperipheriæ circularis circa diametrum producitur *Sphærica Superficies*, ex motu Semicirculi ipsius circa eundem *Sphæra* detornatur; ex motu lineæ rectæ circa lineam ipsi parallelam *Superficies Cylindrica;* ex motu parallelogrammi rectanguli circa latus unum ipse *Cylindrus rectus;* ex motu cruris unius anguli rectilinei circa alterum *Conica Superficies;* ex rectanguli trianguli circa crus unum anguli recti *conus* ipse deformatur; eoque pacto *cum integræ cum suis Curvis Superficiebus Solidæ magnitudines innumeræ, tum ipsarum portiones, frusta, tubi, annuli procreantur.*

Cujusmodi motus hæc præcipua proprietas est, quod singula quæque magnitudinis circumductæ puncta peripherias obeant circulares (integras quidem illas, modo perfecta sit revolutio, seu mobile denuo primum in situm restituatur, at similes utcunque sibi mutuo, quæ simul describuntur) quarum omnia Centra sunt in dicto axe, radii vero sunt rectæ ab ipsis punctis ad axem perpendiculares. Vel; quod omnes in mobili sitæ rectæ lineæ axi perpendiculares efficiunt circulos (si revolutio ponatur integre peracta) aut circulares similes sectores, illos intelligo qui simul eodem tempore delineantur. Ut si v. g. linea quævis circa axem VK rotetur, eo procreabitur motu curva quædam Superficies, circularibus quasi peripheriis constans; (*Atomistarum* enim phrasin facilitatis, perspicuitatis, brevitatis, addere licet et verisimilitudinis causâ non illibenter usurpo;) circularibus, inquam, peripheriis AY, BY, CY, DY per puncta A, B, C, D reliquaque quæ sunt in VD cuncta decircinatis; quarum radii sunt rectæ AZ, BZ, CZ, DZ axi perpendiculares, et centra Z in axe. Quod si revolutio tantum eousque continuatur, donec VAD sit in situ $Va\delta$, constabit *effecta Superficies* ex arcubus $A\alpha$, $B\beta$, $C\gamma$, $D\delta$, similibus

Fig. 9.

inter se eodem modo si planum *VDZ* circa axem *VK* revolvatur, posito quod integra peragatur conversio, producetur Solidum quasi constans innumeris circulis parallelis *AY*, *BY*, *CY*, *DY*, quorum (ut prius) radii *AZ*, *BZ*, *CZ*, *DZ*, centra *Z*; positoque quod circulatio desistit in situ δVK, constituetur Solidum e Sectoribus $AZ\alpha$, $BZ\beta$, $CZ\gamma$, et reliquis inter se similibus.

Cæterum prætermittenda non est animadversio quædam perquam utilis, et necessaria circa *modum Superficierum, et Solidorum hoc modo resultantium dimensiones investigandi juxta methodum indivisibilium, omnium expeditissimam, et modo rite adhibeatur haud minus certam et infallibilem.* Objicit huic methodo non semel, in pererudito suo de *Solidis Cylindricis ac Annularibus libello, doctissimus A. Tacquetus*, eoque se putat illam destruere, quod per eam inventæ *conorum, et spherarum superficies* (quantitates horum intelligo) veræ per *Archimedem* repertæ ac traditæ dimensioni non respondent. Sit exemplo *rectus conus DVY*, cujus axis *VK*; per cujus omnia puncta transire concipiantur axi perpendiculares rectæ *ZA*, *ZB*, *ZC*, *ZD*, &c. e quibus nempe juxta *methodum atomicam* componitur ipsum *triangulum rectangulum VKD*; et e circulis ad quas ceu radios descriptis ipse *conus* conflatur. Ergo, disputat, ex horum circulorum peripheriis *Superficies conica* componetur; quod tamen veritati comperitur adversari; methodusque proinde fallax est. Repono, male calculum hoc pacto iniri; et in peripheriarum e quibus *superficies* constant computatione, diversam instituendam esse rationem ab eâ, quâ computantur lineæ quibus *planæ superficies* constant, aut plana, e quibus corpora formantur. Nempe peripheriarum Superficiem Curvam constituentium e revolutione prognatam lineæ *VD* censeri debet e multitudine punctorum, quæ sunt in ipsâ lineâ genetrice *VD*; quippe cum per ea singula puncta tales peripheriæ transeant, nec plures transire queant; quicunque sit axis, seu longius distans, seu propius adjacens; axis enim solummodo, pro longiore vel propiore distantiâ positioneque variâ, dictarum peripheriarum magnitudinem determinat. Verum multitudo linearum ex quibus planum *DVK* supponitur constare,

Fig. 10.

planorumque quibus Solidum *DVY* constat, e numero taxanda est punctorum in axe *VK*; nec enim plures intra terminos *VK* parallelæ, ipsi *VK* perpendiculares, rectæ, vel plura talia parallela plana duci possunt, quam horum punctorum multitudini æquinumera. Quod observando *discrimen* (sedulo perpendendum) omnem devitabimus errorem, et *curvarum hujusmodi rotatu genitarum Superficierum facillimo, reor, omnium quos rei natura subministrat modo perquiremus*. Illum commonstrabo.

Pro reperiendâ v. g. dimensione *Curvæ Superficiei* lineæ *VD* circa axem *VK* revolutione, concipiatur ipsa *VD* in directum extendi, ita scilicet ut ei exæquetur recta *VD*; et ad ejus omnia puncta rectæ concipiantur applicari ipsi *VD* perpendiculares, et peripheriis circularibus, e quibus Superficies curva conflatur, ordine pares; singulæ singulis, puta *AX* ipsi *AY*, et *CX* ipsi *CY*, ac ita continuo. Erit ex his parallelis rectis constitutum planum *VDX* æquale *dictæ curvæ superficiei*; hujusque partes illius partibus respectivis. Sin loco *peripheriarum* applicentur ipsarum respectivi radii *AZ*, *BZ*, *CZ*, et reliqui; spatium ex his rectis constitutum (quæ sane proportionali cum alteris serie procedunt) se habebit ad *curvam Superficiem*, *ut circuli cujusvis radius ad ejus circumferentiam*. Unde siquâ ratione deprehendi possit *Summa radiorum per omnia lineæ genetricis puncta transeuntium* (hoc est si *spatii VDZ dimensionem* reperire contigerit) eo statim innotescet *curvæ Superficiei dimensio.*

Fig. 9.
Fig. 12.

In exemplum, facilitatis ergo, proponatur *conica Superficies DVY*, e rotatu procreata rectæ *VD*, circa axem *VK*. Ad rectam *VD* applicentur rectæ *AZ*, *BZ*, *CZ*, *DZ* ad ipsam *VD* perpendiculares, et æquales singulæ singulis in cono circulorum radiis per easdem literas designatis; fiet autem in hoc casu *Spatium VDZ* triangulum, quia rectæ *AZ*, *BZ*, *CZ* æqualiter a se distantes æqualiter increscunt, id quod trianguli applicatis omnino proprium est. Hujus autem trianguli, ex datis altitudine *VD* et base *DZ*, dimensio in promptu est. Quod si fiat *ut circuli radius : ad circumferentiam ipsius, ita triangulum VDZ ad quartum*, erit hoc quartum æquale *Superficiei conicæ propositæ.*

Eodem plane modo perquam facile *Sphæræ*, *Sphærica-*

rumque portionum Superficies (nec, datis et præcognitis iis quæ requiruntur, alias quaslibet hoc modo natas) investigare licet. At mihi propositum est generalioribus tantum inhærere. Hanc autem magnitudinum genesin æmulatur, et affinitate quâdam contingit iste modus, quum circa rectam lineam, (aut quidem circa quamvis aliam) similes innumeræ lineæ, vel figuræ parallelo juxta se situ dispositæ taliter constituuntur, ut singulæ centrum suum habeant in dictâ lineâ, quæ proinde tanquam axis rationem subit, ac talis denominatur. Quomodo, e.c. in *Cylindris Obliquis*, inque *Conis Scalenis* circuli circa lineam quandam rectam consistunt; quæ propterea dicitur ipsorum *axis*, quoniam in eâ circulorum parallelorum *centra* existunt. Sed cum motus ita distortos natura non capiat (saltem juxta modum operandi simplicem quem nunc supponimus) et quia possunt hujusmodi magnitudines ut modis aliis genitæ facilius concipi, de iis abstinebimus. Neque non de magnitudinum per motus simplices effectione sufficiet hactenus disseruisse.

LECT. III.

QUOMODO per *motus simplices progressivum, et conversivum affectæ concipiantur magnitudines, et qualia generationes istas consequuntur symptomata* (nonnulla saltem præcipua) *connisi sumus exponere ad compositos nunc, et concurrentes, eidem proposito servientes, motus accingimur;* quorum in effectis discernendis velocitates, secundum quas simplices peraguntur motus, omnino, vel cum primis considerandæ sunt; quarum in generatione per motus simplices nulla prorsus habetur ratio. Per eundem enim motum simplicem, seu velocior is sit, seu tardior, eadem magnitudo, quamvis non eodem temporis intervallo, producitur; idem nempe *circulus* ex ejusdem rectæ circa punctum in eâ fixum, *eadem sphæra* ex semicirculi circa *diametrum* rotatu; quamvis ut hæc fiant eo magis aut minus expectandum sit, quo segnior aut citatior supponitur ea progenerans motus. Verum in generatione per motus compositos, iisdem manentibus lationis modis, prout unius aut plurium variatur velocitas, nedum specie, sed etiam quantitate diversæ magnitudines emergere solent, positione saltem perpetuo differentes. Ut si recta AB per rectam AC parallelo deferatur æquabili motu; et simul punctum M in AB descendat uniformiter; vel simul recta AC parallelo quoque uniformi motu descendens ipsam AB promotam intersecet in M; ex ejusmodi motuum compositione vel concursu producetur recta linea AM. Quod si eodem, etiam quoad velocitatem, manente motu rectæ AB, immutetur in velocitate motus uniformis puncti M, vel rectæ AC, ita quidem punctum M jam eodem tempore pervenerit ad μ, vel AC secet ipsam AB in μ, describetur hoc motu alia recta $A\mu$ a priore AM positione diversa. Sin vero, manente rursus eodem motu rectæ AB, pro motu puncti M, vel rectæ AC, uniformi substituatur motus, quem vocant, æqualiter acceleratus, ex ejusmodi compositione, vel concursu fiet linea parabolica AMX vel etiam aliter posita $A\mu Y$ (prout hic motus acceleratus gradu ponitur alius ac alius). Quod si quâpiam aliâ ratione crescere concipiatur, aut minui dicti puncti vel lineæ velocitas alia progignetur inde, pro ratione *hypothesis*, diversa species magnitudinis.

Fig. 13.

In his conspicitur exemplis quod eodem subinde recidant *compositio motuum* et *concursus;* quod exinde quidem contingit, quia rectæ cujuspiam parallelo motu latæ singula puncta rectas describunt sibi parallelas; unde fit ut perinde sit an punctum ejus aliquod in ipsâ fixum deferatur cum eâ, vel solutum per lineam ejus directioni parallelam; ut nempe utrum punctum M in AC fixum cum eâ deferatur, an libere decurrat per rectam AB eâdem velocitate. At sæpe non ita facile per horum utrumlibet modum *magnitudinum generatio* declaretur, sit enim recta AB æquabiliter rotata (hoc est, ita ut temporibus æqualibus æquales efficiat angulos) et simultanee punctum M ab A in ipsâ rectâ AB continuo motu feratur, etiam uniformi; ex istâ *motuum* compositione linea quædam producetur, *Helix* scilicet *Archimedea;* (nam talia consulto proponimus *exempla, quo cele-*

Fig. 14.

brium apud Mathematicos magnitudinum obiter naturam insinuem, et instillem minus ad hæc exercitatis; id transcurrens moneo;) cujus generatio per nullos, opinor, mobilium concursus, liquido commodeque satis explicetur; ita nimirum ut motuum istorum, vel eorum quantitatem determinantium angulorum, seu linearum, ratio, quantitasve dignoscantur. Generari quidem poterit e concursu paralleli motus rectæ AC; vel circularis motus rectæ BA circa centrum quodvis B, concursu cum prædicto regulari motu circa centrum A; at quæ sit tum futura rectarum AM, $A\mu$, vel angulorum ABM, $AB\mu$ quantitas difficile constabit.

E contra, si recta BA circa Centrum B motu rotetur uniformi; et simul recta AC per AB parallelωs, et uniformiter deferatur, rectarum BA, AC ita latarum intersectio continua lineam quandam efficiet, (illam nempe, quæ *Quadratrix* dici solet) cujus generatio non ita clare per stricte dictam motuum compositionem expediatur, aut explicetur. Generari quidem potest per motum rectum alicujus puncti M in AB delatâ parallelωs ad primo positam AB; vel ex puncto tali in AC parallelo quoque delatâ; vel per motum puncti in AB, circa B; vel circa A rotatâ, recte ab A versus B, vel a B versus A decurrentis; sed hujusmodi suppositâ quâpiam motuum compositione, quænam sit rectarum AM, aut BM, vel angulorum BAM aut ABM aut AMB, vel aliarum quarumvis magnitudinum hosce motus determinantium quantitas, aut inter se relatio, difficulter innotescat. Quâ præcipue de causâ motuum compositionem ab ipsorum concursu secerno; quia nempe magnitudinum generatio nunc uno, nunc alio modo facilius explicatur. Verum ad illos distinctius exponendos accedo.

Fig. 15.

De compositione primum. Cum autem Motus duobus modis *compositus* intelligi possit; vel ut e pluribus motibus *aggregatus*, vel ut de pluribus *participans;* de posteriore nos dissertamus; quem forte non melius quam prænobilis Philosophi verbis, et exemplis enucleatum dem. "Etsi autem (inquit ille) unumquodque corpus habeat tantum unum motum sibi proprium, quoniam ab unis tantum corporibus sibi contiguis, et quiescentibus recedere intelligitur, parti-

Cartes. Princ. II. 31, 32.

cipare tamen etiam potest et de aliis innumeris; si nempe sit pars aliorum corporum alios motus habentium. Ut si quis ambulans in navi *horologium in* perâ gestet, ejus horologii rotulæ unico tantum motu sibi proprio movebuntur; sed participabunt etiam ex alio, quatenus adjunctæ homini ambulanti unam cum illo materiæ partem component; et ex alio quatenus erunt adjunctæ navigio in mari fluctuanti; et ex alio quatenus adjunctæ ipsi mari; et denique alio, quatenus adjunctæ ipsi terræ, siquidem tota terra moveatur. Omnesque hi motus reverâ erunt in rotulis istis, sed quia non facile tam multi simul intelligi, nec etiam omnes agnosci possunt, sufficiet unicum illum, qui proprius est cujusque corporis in ipso considerare. Ac præterea ille unicus cujusque corporis motus, qui ei proprius est, instar plurium potest considerari; ut cum in rotis curruum duos diversos distinguimus, unum scilicet circa ipsarum axem, et alium rectum secundum longitudinem viæ per quam feruntur. Sed quod ideo tales motus non sint reverâ distincti patet ex eo, quod unumquodque punctum corporis quod movetur unam tantum aliquam lineam describat. Nec refert quod ista linea sæpe sit valde contorta, et ideo a pluribus diversis motibus genita videatur, quia possumus imaginari eodem modo quamcunque lineam etiam rectam, quæ omnium simplicissima est, ex infinitis diversis motibus ortam esse. Ut si linea AB feratur versus CD, et eodem tempore punctum A feratur versus B, linea recta AD, quam hoc punctum A describet, non minus pendebit a duobus motibus rectis, ab A in B et ab AB in CD, quam linea curva, quæ a quovis rotæ puncto describitur, pendet a motu recto et circulari. Ac proinde quamvis sæpe utile sit unum motum in plures partes hoc pacto distinguere ad faciliorem ejus perceptionem; absolute tamen loquendo unus tantum in unoquoque corpore est numerandus." Ita *Cartesius*. Nempe cum magnitudo quæpiam exinde quod aliis modo quopiam adnectitur, illorum motus ita particeps est, ut ab eo quoad situm suum aliquatenus determinetur, iste motus hujus compositionem quasi pars ingreditur, ab exemplis posthac adjungendis res luculentius apparebit. Motus autem hoc modo componi possunt *Progressivi* cum *Progressivis*, *Pro-*

Fig. 16.

gressivi cum *Circumlatitiis*, *Circumlatitii* cum *Circumlatitiis;* componi possunt, inquam, et decomponi modis innumeris; quorum omnium cum inire censum impossibile sit, illosque qui a regularitate deflectunt intelligere difficile sit, exponere difficilius; nos præcipuos saltem aliquos, in usu magis positos, et explicatu faciliores attingemus. Quales imprimis sunt ii qui e motibus directis et parallelis; e directis et rotatitiis, e pluribus rotatitiis componuntur; præsertim illi quos qui constituunt simplices motus omnes vel nonnulli sunt uniformes. Nam *uniformitatem nedum Respublica requirit, ac exigit Ecclesia, sed Artes etiam atque Scientiæ vehementer affectant.*

Recti motus (quibus parallelos a rectâ lineâ directos motus adnumero) primum sibi non immerito locum asserunt, ut simplicitate præcellentes, naturæ convenientes et chari, præ cæteris utiles ac usitati. Nec ulla sane magnitudinis est species, (nulla linea, nulla superficies, nullum corpus,) cujus generatio non e rectis peracta motibus concipiatur. Omnis, inquam, in uno plano constituta linea procreari potest e motu parallelo rectæ lineæ, et puncti in eâ; omnis superficies e motu parallelo plani, et lineæ in eo; (lineæ scilicet alicujus e rectis modo jam insinuato motibus progenitæ;) consequenter et linea quævis etiam in curvâ superficie designata rectis motibus effici potest. Corpus autem solidum eodem modo genitum intelligatur, quatenus e superficierum genitura resultat, et quatenus ab ipsis ita genitis terminatur, ac circumscribitur. Sed quia *superficierum plerarumque curvarum*, quales hactenus *Mathesis* excogitavit, et linearum in iis non in uno plano jacentium, generatio per alios modos commodius explicetur, neque mihi quicquam succurrit animadversione dignum quod de iis dicam, de linearum saltem in uno plano existentium, per rectos et parallelos motus generatione dispiciam.

Et quidem has quod attinet, earum nulla est quæ non ex motu parallelo lineæ rectæ, punctique per eam delati producatur; verum hi motus eo contemperari modo debent, quem specialis lineæ producendæ natura poscit; nec refert qualem, velocitatis respectu, motum uni tribuas, ad hujus modo diversitatem alterius diversitas rite conse-

Fig. 17. quatur accommodeturque. Ut e. g. si recta ZA semper per rectam AY sibi parallela feratur motu quolibet uniformi, vel difformi, (crescente, vel decrescente vel alternante secundum velocitatem, juxta rationem quamvis imaginabilem,) et in eâ punctum aliquod M deferatur, ita tamen ut puncti motus lineæ rectæ motibus per singulas quasque temporis partes easdem proportionentur, producetur utique linea recta. Nempe si fuerit semper $AB : AC :: BM : C\mu$; vel $AB : MX :: BM : X\mu$ (positâ scilicet MX ad AC parallelâ) liquet puncta A, M, μ in unâ rectâ versari. Est enim rectæ lineæ proprietas in Elemento VI. demonstrata, quod ad eam parallelωs applicatæ rectæ lineæ suis ad designatum in eâ punctum distantiis proportionales in rectam lineam terminantur. Quod si motus hi sic inter se contemperentur, ut assumptâ quâdam lineâ D habeat rectangulum ex differentiâ lineæ D et ipsius BM (a puncto mobili decursæ in rectâ AZ), et ipsâ BM, ad quadratum ex AB (eodem tempore decursâ a lineâ AZ) rationem semper eandem, progignetur *ellipsis aut circulus; circulus* quidem si ratio proposita fuerit æqualitas, et angulus ZAY rectus, *ellipsis* si secus; et in his erit D una *diametrorum*, situm habens in lineâ AZ primo positâ, a vertice A porrecta versus partes Z. Sin ita se habeant, ut rectangulum ex summâ linearum D, et BM et ipsâ BM semper eandem cum quadrato ex AB proportionem servet, eo composito motu procreabitur *hyperbole; quadrata* quidem illa (vel *æquilatera rectangula*) si ratio designata fuerit æqualitatis, et angulus ZAY rectus; sin aliter, alterius, pro rationis assignatæ quantitate, speciei; cujus *transversa diameter* æquabitur ipsi D, situm habens in ZA primo posita, a vertice A protensa versus partes aversas ab Z; et parameter ex ratione datâ determinatur. Quod si perpetuo rectangulum ex ipsâ D, et decursâ BM ad quadratum ex AB eandem perpetuo rationem obtinet, constabit effici *lineam parabolicam*, cujus *parameter* ex rectæ D, datæque rationis propositæ quantitate facile definietur. Et in horum primo quidem casu si motus transversus per AY ponatur uniformis, etiam motus descendens per AZ uniformis erit; in secundo et tertio si motus per AY sit uniformis, erit motus descendens perpetuo crescens;

eodemque posito quoad ultimum casum, in quo parabola fit; punctum M continuo velocitate crescet æqualiter. Nec absimili modo quævis alia linea tali motûs compositione producta concipi potest.

Sed ut eo quo tendimus aliquando perveniamus; agedum videamus ecquid in *rem Mathematicam* utilitatis ex hujusmodi suppositâ linearum generatione poterimus indipisci. Simplicitatis autem et perspicuitatis causâ supponamus alterum ex his motibus, rectæ nimirum parallelismum servantis, esse semper uniformem, et quænam ex alterius quoad velocitatem generalibus differentiis generales emergant linearum productarum affectiones adnitamur elicere. Adnitamur inquam, at proximâ lectione.

LECT. IV.

PROPOSITUM est nobis e compositione motuum (qualem proxime descripsimus) emergentes linearum affectiones indagare ac exponere. Quorsum imprimis methodi causâ repeto si recta AZ per rectam AY sibi perpetuo parallela feratur uniformiter, et in eâ quoque punctum M uniformiter deportetur, quâvis velocitate, linea recta proveniet. Sumantur enim duæ quævis lineæ mobilis AZ positiones, ad B scilicet et C; et quia motus per AY ponitur uniformis, erunt decursa *Spatia* AB, AC ad se, ut *Tempora;* sed et ob motum uniformem puncti M etiam rectæ BM, CM se habebunt ut eadem tempora; est igitur $AB : AC :: BM : CM$. Unde liquet puncta A, M, M in unâ rectâ lineâ existere. Parique ratione constat idem de punctis omnibuscunque, quibus punctum M per totum suum cursum insistit, aut coincidit.

Fig. 18.

Supponatur secundo punctum M motu continuo increscente deferri, (juxtà quamlibet velocitatis rationem, regulari modo quocunque nil interest, an irregulari;) aio *suppositionem hanc consectari progenitarum linearum quas apponemus proprietates generales;* (quales uni tali linearum generi convenientes certe præstat ex unimodâ communi

Fig. 18. generatione simul universas elicere, quam de singulis, ut passim fieri solet, singulas separatim ostendere). Notetur interea, quod brevitatis causâ motum parallelum uniformem rectæ AZ per AY appellabo subinde *motum transversum;* puncti vero moventis ab A in lineâ AZ motum vocitabo *descensum*, aut *motum descendentem*, habito scilicet ad figuram exhibitam respectu: item quod, ob motus per AY et ei parallelas uniformitatem, possit ea cum ipsius partibus, motûs tempus, et ejus partes repræsentare. Jam ad dictas proprietates expendendas accedo.

Fig. 19. I. Hoc modo (per motum nempe transversum uniformem, et descensivum continuo crescentem) progenita linea per omnes sui partes curva evadet. Accipiantur enim in ipsâ tria quælibet puncta M, N, O; per quæ transeant BZ, CZ, DZ ad AZ parallelæ, et per puncta M, N ducatur recta MNK. Et quia recta MN gignitur e motu composito transverso per BC (vel huic parallelam MG) et descendente per AZ, uniformi utroque; transversus autem per MG est prorsus idem cum transverso, quo linea proposita MNO describitur; patet velocitatem descendentis motus uniformis rectam MN gignentis minorem esse velocitate, quam motus itidem descendens, lineam MNO describens, habet in N; (etenim nisi motus hic velocior jam sit illo, cum continuo crescere ponatur, in toto tempore descensus per GN illo tardior fuisset, adeoque nunquam eodem tempore spatium æquale transegisset, nec una cum eo pertigisset ad punctum N;) ergo motus hic inæqualis et iǹcrescens per tempus motus uniformis CD continuatus (quo nempe gignitur linea NO) majus spatium emetitur, quam uniformis motus descendens, quo MN, ad K protractus describitur, eodem tempore CD; (liquet enim eodem tempore a majore vi crescente majus spatium peragi, quam a minore neutiquam crescente;) quare linea HO major est quam HK; adeoque tria puncta M, N, O non existunt in eâdem rectâ lineâ; quod cum tribus quibusvis lineæ MNO punctis conveniat, abunde patet eam esse nullibi rectam, sed per omnes sui partes incurvatam, et inflexam.

II. Hinc emergit *Corollarium;* velocitas motûs uniformis descendentis, quo curvæ *MNO* subtensa quævis (ut *MN*) describitur, existente scilicet communi transverso motu uniformi quo ipsa, ejusque arcus fiunt, minor est velocitate, quam motus descensivus increscens habet ad communem utriusque terminum *N*. Fig. 19.

III. Hujusce curvæ *subtensa* quælibet (ut *MO*) intra *suum arcum* (versus partes *AZ*) tota cadit, et producta tota cadit extra lineam *MNO*.

Nam si sumatur in arcu *MO* punctum quodvis *N*, et connectantur rectæ *MN*, *NO*, liquet totam *MO* intra rectas *MN*, *NO* jacere, et proinde intra curvam *MNO*. Tota vero, si producatur, extra lineam *MNO* cadit, quia nusquam alibi ei occurrit, uti mox ostensum. Elem. III. 2. Apoll. I. Seren. I. 8.

Hoc accidens de circulo speciatim demonstrat *Euclides*, *de Sectionibus Conicis Apollonius; de Cylindricis Serenus.*

IV. Patet curvam propositam esse convexam, aut concavam ad easdem partes (convexam versus partes superiores vel exteriores *AY*, concavam introrsum, aut deorsum versus *AZZ*) nam hoc ipsum, fore convexum aut concavum ad easdem partes, nil omnino designat aliud, quam a nullâ rectâ lineâ præterquam duobus punctis secari; nec alio recidit, quam initio libri *de Sphærâ et Cylindro* tradit *Archimedes,* lineæ ad easdem partes cavæ definitio. Perspicuum est v. g. ut linea *MN* duobus in punctis *M*, *N* curvam *MNO* secans ei rursus occurrat, ut puta in *K*, debere curvam *MNO* reflecti, versusque partes *AY* recurvari; id quod modo demonstratum est non posse contingere. Quapropter ipsa linea versus easdem partes convexa est, seu concava.

V. Apertissime constat lineas quasvis rectas (ut *BZ*, *CZ*) genetrici *AZ* parallelas propositam curvam secare (modo contineantur intra terminos motus per *AY*; quia curva per harum quamvis indefinite promotam descripta censetur;) addo quod harum quælibet curvam in uno tantum puncto secat. Id patet, quia recta genetrix *AZ* per unicum duntaxat instans temporis durat in situ quovis uno, ceu *BZ*; simulque pertingit ipsam *BZ*, ac deserit; præterque

Fig. 19. punctum unum M in BMZ reliqua cuncta lineæ curvæ puncta sunt in parallelis ad BZ. Ergo liquidum est ipsam BZ in uno tantum puncto curvam secare. Hoc ipsum de parabolâ et hyperbolâ speciatim ostendit *Apollonius*; de sectionibus Conoideôn *Archimedes*.

Apoll. I. 26. Arch. de Conoid. et Sph. 16.

VI. Non dissimili modo patet ad AY parallelam quamvis, (qualis PG) unico puncto propositam curvam attingere. Quod semel occurret (modo contineatur intra limites descensus per AZ) patet, quia punctum mobile continuo descendens, indefinito progressu, eam indefinite protensam aliquando trajiciet; nec in eo tamen præterquam ad unum temporis momentum perdurat. Videatur hoc de sectionibus conicis ostendens *Apollonius*.

I. 19.

VII. Patet omnes curvæ subtensas rectas cum AZ et ei parallelis, si producantur, concurrere.

Quod enim subtensa quævis, ut MN, uni parallelarum alicui, ut BZ, occurrit, ibi scilicet ubi ipsa curvam secat, exinde manifestissimum est, quod tota curva per parallelum dictæ rectæ motum describitur. Ergo, cum uni occurrat, omnibus occurret; quæ enim uni parallelarum æquidistat recta, pariter omnibus equidistat, ut in elemento primo demonstratur.

I. 22. Operæ pretium existimavit *Apollonius* hoc de *parabolâ*, et *hyperbolâ*, speciatim demonstrare.

VIII. Simili modo patet rectas quascunque curvas tangentes (una tantum excipitur, ad extremum lineæ recurrentis: vid. 18 hujus;) iisdem parallelis occurrere. Etiam hoc, quoad *sectiones conicas*, uno vel altero *Theoremate* demonstravit *Apollonius*.

I. 24, 25.

IX. Quinimo rectæ quævis ipsam AZ secantes (infra punctum A, supraque limitem, siquis erit, motus descensivi) curvam secabunt.

Cum enim omnes ipsi AZ parallelas secent, etiam infinite productæ curvam secent oportet. *Hujusmodi Symptomatis demonstrationi in sectionibus conicis* laboriosam operam impendit *Apollonius*.

I. 27, 28.

X. Porro liquet applicatas ad rectam AY, ipsi AZ parallelas (quas nempe propositæ curvæ *sinus versos* appellare fas erit) minorem inter se rationem habere (minores cum majoribus comparando, seu minores antecedentium loco ponendo) quam habent respectivæ ipsius AY partes, iisdem temporibus decursæ (quas et curvæ propositæ *sinus rectos* appellare nil dubitem). Nempe BM ad CN minorem rationem habet, quam AB ad AC, vel BM ad CF; quia $CN > CF$. Hoc de circulis, et aliis curvis speciatim reperiatur passim ostensum.

Ad sequentia notandum, quod si recta transversim et parallelῶs mota retrograde (a D puta versus A per DA) moveri concipiatur, ab aliquo curvæ propositæ puncto, velut O, incipiens; eâdemque semper ratione dictum punctum ab O ascendens quoad velocitatem decrescat, quâ ad ipsum O descendens increverat, eadem curva producetur. Quidni? Cum idem motus sit, inverse tantum consideratus.

XI. Supponatur rectam lineam TMS propositam curvam in puncto M tangere (sic ut eam nempe non secet) occurratque tangens hæc rectæ AZ in T, ducaturque per M recta PMG ad AY parallela; dico velocitatem puncti descendentis, eoque motu curvam describentis, quam habet ad contactum M, æquari velocitati, quâ recta TP describetur uniformiter eodem tempore, quo recta AZ fertur per AC vel PM: (vel, quod eodem recidit, dico quod velocitas puncti descendentis in M ad velocitatem quâ fertur recta AZ se habet, ut recta TP ad PM). Sumatur enim ubivis in tangente punctum aliquod K, et per ipsum ducatur recta KG, curvæ occurrens in O, parallelis autem AY, et PG in D, et G. Et quia tangens TM duplici concipiatur uniformi motu descripta, altero rectæ TZ per AC vel PM parallelῶs delatæ, altero puncti descendentis a T per TZ; et sit horum motuum alter per AC, vel PM communis vel idem cum illo quo curva describitur; cum TZ est in situ KG, erit AZ in eodem; ergo cum punctum a T descendens fuerit in K, erit punctum ab A descendens in curvæ cum KG intersectione O; (nec enim, ut antea deductum est,

Fig. 20.

Fig. 20. alibi recta *KG* curvam secat;) est autem punctum *O* infra *K* quia tangens extra curvam tota versatur. Jam si punctum *K* ponatur supra contactum versus *T*, quoniam tum *OG* minor est quam *KG*, liquet velocitatem puncti descendentis, quo curva describitur, in curvæ puncto *O* minorem esse velocitate motus uniformis descendentis, quâ tangens efficitur; quoniam illa semper increscens eodem tempore (per *GM* repræsentato) minus spatium transigit, quam hæc minime crescens; ast eadem continuo perseverans; illa scilicet rectam *OG* hæc rectam *KG* conficit. Contra vero si punctum *K* infra contactum ad partes *S* existat, quoniam *OG* tum major est quam *KG*, patet velocitatem puncti descendentis, quo curva fit, in puncto *O* majorem esse velocitate motus uniformis itidem descendentis, quo tangens efficitur; quia motus iste, continuo decrescens eodem per *GM* tempore, majus peragit spatium *OG*, quam hic minime decrescens, at in eodem tenore persistens, conficit, ipsum nempe spatium *KG*. Ergo cum velocitas curvam describentis puncti quovis in curvæ puncto supra contactum versus *A* minor sit velocitate motus per *TP*; quovis autem in puncto infra contactum eâdem major; liquet in ipso contactu *M* ei penitus exæquari. Q.E.D.

XII. Hujus conversa, consimili discursu, rem brevius exponendo, demonstretur. Nempe, si velocitas puncti descendentis ab *A* in aliquo curvæ puncto *M* æquetur velocitati, quâ punctum *T* uniformiter latum, rectam *TP* describeret tempore *PM* vel *AC*; (vel si velocitas motus descendentis ad *M* ad velocitatem motus transversi, ut *TP* ad *PM*;) recta *TMS* curvam *AMO* tanget ad *M*.

Nam sumpto quovis in rectâ *TS* puncto *K*, et ductâ *KG* ad *AZ* parallelâ; quoniam versus partes *AT* velocitas ascendentis puncti, curvam efficientis, semper decrescit ab *M* ad *O*, illi vero ex hypothesi par velocitas puncti rectam *MT* gignentis haud decrescit ab *M* ad *K*, sitque tempus *MG* commune, erit spatium *GO* minus quam *GK*; unde punctum *K* erit extra curvam. Item, quia versus alteras partes, velocitas descendentis, quo curva fit, increscit semper ab *M* versus *O*; æqualis autem ei velocitas, quâ recta

MS fit, haud crescit ab *M* ad *K*; idemque sit rursus tempus *MG*, liquet rectam *GO* excedere rectam *GK*; et idcirco punctum *K* supra curvam existere. Quare manifestum est omnia dictæ rectæ puncta extra curvam existere; et eam proinde curvam contingere. Q.E.D.

XIII. Ex hisce statim *consectatur, hujusmodi curvas ad unum punctum ab unâ tantum rectâ contingi.*

Nam tangere ponatur recta *MT* curvam *AMO* ad *M*; et si fieri potest altera *MX* etiam tangat. Ergo eodem tempore, eâdem velocitate (illâ scilicet, quæ puncti curvam describentis ad contactum *M* acquisitæ velocitati æquatur) describetur utraque recta *XP*, *TM*; quare *XP*, *TP* æquales erunt, totum et pars. Q.E.A. Ergo non tanget altera præter positam *MT*. *Hanc speciatim de Circulo demonstravit Euclides; de Sectionibus Conicis Apollonius*, de lineis aliis alii. Exhinc *lucrum* emergit haud aspernandum, quod eâdem operâ *propositiones de tangentibus inversæ demonstrantur.* Nempe si determinetur angulus *PMT*, (vel alter quispiam quem recta positione data cum tangente facit ad punctum curvæ designatum,) aut si determinetur quantitas rectæ *PT*, (vel similis cujuspiam alterius a puncto in datâ positione rectâ designato per tangentem interceptæ,) eo tangens determinabitur. Et permutatim, si tangens situ determinetur, angulorum atque linearum ejusmodi quantitas inde dignoscetur. Adeoque parcetur operæ, qualem insumpserunt plerique tales propositiones inversas demonstrandi. Quod et eo magis observatu dignum est, quia sæpe talium inversarum propositionum una quam altera longe promptius invenitur, atque facilius demonstratur. Cujus observationis, nisi longius evagari nollem, in promptu forent *Specimina.*

Fig. 20.

Eucl. III. 16, 17. Apoll. I. 32, 33, 34, 35, 36.

XIV. E dictis infertur puncti descendentis velocitates in duobus quibusvis designatis curvæ punctis ad se proportionem habere reciproce compositam e rationibus applicatarum ab istis punctis ad rectam *AZ*, (ipsi scilicet *AY* parallelarum,) et interceptarum a tangentibus ad ista puncta ac dictis applicatis; (vel, rationem velocitatum æquari rationi applicatarum ex interceptarum ratione subductæ).

Fig. 21. Nempe si duæ rectæ MT, NX curvam tangant ad puncta M, N; protractæ ZA occurrentes in T, X; et applicentur MP, NQ ad YA parallelæ; velocitatum ad puncta, M, N proportio componetur e proportione ipsius TP ad PM, et ipsius QN ad QX. Nam velocitas in M ad velocitatem uniformem per AY se habet ut TP ad PM; et velocitas ista uniformis se habet ad velocitatem in N, ut QN ad QX. Ergo velocitas in M ad velocitatem in N ex his duabus rationibus TP ad PM, et QN ad QX componetur. (Notetur a concursu tangentium ductâ FE ad AY parallelâ; fore $TE : XE = TP : PM \times QN : QX$.)

XV. Obiter interjicio generalem hinc et bene facilem consequi *Problematis istius solutionem*, quam tanti fecit, et cui tantum laborem impendit *Galilæus;* quamque *Torricellius* pronunciat eum quam optime et ingeniosissime reperisse. Rem ita proponit *Torricellius* (nam ipse *Galilæus* ad manum non est): propositâ quâvis *parabolâ*, cujus *vertex* A oportet punctum aliquod sublime reperire; e quo Fig. 22. si grave cadat usque ad A, et ex puncto cum impetu jam concepto horizontaliter convertatur, ipsa *propositam parabolam* describat: (notetur, quod motus descensivus parabolam describens non e puncto sublimi, sed ab ipso puncto A censetur inchoare). Huc recidit *Problema, Galilæi* suppositis insistendo, ut determinentur particulares velocitates motuum, uniformis horizontalis, seu transversi, et æqualiter crescentis descensivi quorum e compositione descripta concipitur exhibita parabola. Nos illud, quæcunque sit crescentis descensivi motus ratio, quicunque modus, generaliter exequemur; specialem illum de *parabolâ* casum in exemplum subjuncturi. Reperiatur in rectâ AZ (quæ sane curvæ diameter est) punctum aliquod, ut P, a quo si ordinatim applicetur PM, et ducatur tangens MT, rectæ AZ occurrens in T, sit intercepta TP æqualis ipsi PM; tum sumatur in ZA protractâ recta $AS = AP$. Dico factum.

Nam quoniam $SA = AP$, concipiet mobile descendens ab S in A tantum impetum, quantum ab A ad P curvam describendo (ponitur enim increscentis velocitatis motus utrobique prorsus idem), iste vero impetus æquatur impetui, quo mobile a T descendens uniformi motu percurret rectam TP, eodem tempore quo recta AZ uniformiter lata, perque motum istum in curvâ describendâ conspirans, percurrit rectam PM. Cum igitur sint TP, PM ex constructione pares, adeoque velocitates motuum, quibus simul peraguntur, æquales; etiam motus descensivus in P, vel M æquabitur motui transverso, curvam describenti, hoc est motus ab S ad A velocitas in A eidem æquatur. Ergo punctum S est id ipsum, quod inveniri debuit, et absolutum est propositum. Exemplo sit *parabola*, quæ facta concipitur ex motu uniformi horizontali, et descensivo pariter accelerato; tum punctum P ita facile per *Analysin* investigatur. Sit recta R *datæ parabolæ rectum latus*. Est igitur ex *parabolæ* naturâ, $R \times AP = PMq = TPq$ (ex hypothesi modi nostri generalis). Item, ex parabolæ notâ proprietate est $TPq = 4APq$. Ergo est $R \times AP = 4APq$. Adeoque $R = 4AP$; vel $\frac{1}{4}R = AP = SA$. Nimirum ita *Galilæus* determinavit. In hoc autem casu puncta T, S coincidunt. Quod si rursus gravia juxta *triplicatam temporum rationem* velocitate crescendo descendant, adeoque motus ipsorum talis cum uniformi transverso compositus *parabolam cubicam* describat, et sit R istius curvæ *parameter*, erit eo in casu

Fig. 22.

$SA = \sqrt{\frac{Rq}{27}}$ nam ex hujusce curvæ proprietate est $Rq.AP = PM$ cub. Et ex hujus regulæ generalis præscripto est $PM = TP$, adeoque PM cub. $= TP$ cub. Denique quoniam in hujusmodi *parabola* tangentis intercepta semper trisecatur a vertice (nimirum ut sit $AP = \frac{1}{3}TP$) est TP cub. $= 27 AP$ cub. Erit igitur $Rq.AP = 27 AP$ cub. Adeoque $Rq = 27 APq$; vel $\frac{Rq}{27} = APq = SAq$. In reliquis simili ratione procedentes assequemur propositum. Possent opinor et hinc nedum pleræque *Galilæi propositiones* huic affines, et hanc attingentes materiam utcunque deduci, sed et generaliores reddi, vel ad alia curvas omnigenas extendi. Verum parco pluribus, hoc *specimine* (quoad ista) contentus; huc non nisi per transcursum adducto. Ad alia pergo prædictis cohærentia.

XVI. Si ad rectam lineam applicetur *plana superficies*, cujus singulæ quæque partes, applicatis ad istam rectam parallelis interceptæ, proportionales sint rectis ad rectam AY simpliciter divisam applicatis; (ad AZ nempe parallelis); Hujusce superficiei ad parallelogrammum æquealtum, super eâdem base constitutum, proportio proportionem indicabit ipsarum AP; TP, a puncto P vertici, tangentique interjectarum.

Fig. 23, 24. Hæc posthac γεωμετρικιότερον demonstrata habentur.

Ut si ad rectam $\alpha\delta$ applicetur plana superficies $\alpha\delta\mu$, et utcunque divisâ AD punctis B, C, similiterque divisâ rectâ $\alpha\delta$ punctis β, γ, fuerit ut BM ad CM ita superficies $\beta\alpha\mu$, ad superficiem $\gamma\alpha\mu$, et hoc in comparationibus universis taliter institutis contingat; *completo parallelogrammo* $\alpha\delta\mu\phi$, *se habebit recta* AP *ad rectam* TP *ut superficies* $\alpha\delta\mu$ *ad parallelogrammum* $\alpha\delta\mu\phi$. Etenim si recta $\alpha\delta$ commune *tempus* designare concipiatur, quo recta AD motu æquabili, rectaque DM motu continue accelerato transiguntur, recta $\delta\mu$ bene designabit *velocitatem* hujus definiti temporis maximam, quam habet punctum descendens in curvæ puncto M infimo; hoc est velocitatem quâ recta TP uniformiter decurritur eodem tempore; quapropter (ut antehac commonstratum est), *parallelogrammum* $\alpha\delta\mu\phi$ optime *spatium* repræsentabit, quod hâc eâdem permanente velocitate per totum tempus $\alpha\delta$ uniformiter describitur, hoc est ipsam rectam TP. Cum igitur, ex hypothesis præstratæ conditione, figura $\delta\alpha\mu$ rectam DM, vel AP, repræsentet, erit ut figura $\delta\alpha\mu$ ad parallelogrammum $\alpha\delta\mu\phi$, ita AP ad TP; cognitâque proinde modo quovis istâ proportione, simul hæc innotescet; et reciproce. Exemplo res manifestior evadet uno, vel altero. Proposita curva sit *parabola quadratica*, seu in quâ rectæ BM, CM se habent, ut quadrata ex AB, AC, hoc est ut quadrata ex $\alpha\beta$, $\alpha\gamma$. Ergo si figura $\alpha\delta\mu$ sit triangulum, id optime quadrabit huic negotio. Nam eo supposito semper triangula $\beta\alpha\mu$, $\gamma\alpha\mu$ proportionalia erunt quadratis ex $\alpha\beta$, $\alpha\gamma$, hoc est rectis BM; CM. Quoniam vero triangulum $\delta\alpha\mu$ parallelogrammi $\delta\alpha\phi\mu$ est subduplum, erit recta AP quoque rectæ TP subdupla; quod ita se habere demonstratum habetur in *conicis elementis*, et passim agnoscitur. Sit rursus curva AMM *parabola cubica;* et quoniam in eâ rectæ *BM*, *CM* se habent ut cubi rectarum *AB*, *AC*, hoc est ut cubi rectarum $\alpha\beta$, $\alpha\gamma$; et si *superficies* $\alpha\delta\mu$ *fuerit complementum semiparabolicæ quadraticæ portionis, trilinea* $\alpha\beta\mu$, $\alpha\gamma\mu$ *cubis ex* $\alpha\beta$, $\alpha\gamma$ *proportionalia erunt;* (ut a *Pappo*, ac aliis ostenditur, et ex *Archimideâ parabolæ dimensione* quam facillime deducitur;) itaque negotio proposito quam rectissime adaptetur *parabola quadratica;* cumque constiterit aliunde tum figuram $\alpha\delta\mu$ subtriplam fore parallelogrammi $\alpha\delta\mu\phi$; erit etiam juxta regulæ jam assignatæ præscriptum recta *AP* quoque subtripla rectæ *TP*. De quâ conclusione satis convenit inter *Geometras*. Fig. 23, 24.

XVII. Huic suppar modus dictas rectas *AP*, *TP* comparandi tali *Theoremate* continetur: Si ad rectam aliquam lineam (hoc est ad ejus singula quæque puncta) applicentur rectæ lineæ parallelæ, ad rectam *AD* consimiliter divisam applicatarum differentiis proportionales, resultantis hinc plani ad parallelogrammum æque altum, ad eandemque basin positum, rectarum *AP*, *TP* proportionem exhibebit. Ut si rectæ *AD*, $\alpha\delta$ similiter (in partes scilicet æquales indefinite multas) dividantur; et rectæ $\beta\mu$, $\gamma\mu$, $\delta\mu$ rectis *BM*, *NM*, *OM*, (quæ differentiæ sunt rectarum ad *AD* applicatarum, incipiendo a puncto *A*) proportionales sint, erit ut figura $\alpha\delta\mu$ ad parallelogrammum $\alpha\delta\mu\phi$, ita *AP* ad *TP*. Cum enim recta quæpiam ex applicatis ad *AD*, puta *v.g.* *DM*, æquetur omnibus seipsâ minorum differentiis, (ipsis nempe *BM*, *NM*, *OM*,) et trilineum $\alpha\delta\mu$ constituatur e rectis $\beta\mu$, $\gamma\mu$, $\delta\mu$ eâdem proportione crescentibus; ut et recta *CM* æquatur ipsis *BM*, *NM*; et ei respondens trilineum $\alpha\gamma\mu$ quasi conflatur e parallelis $\beta\mu$, $\gamma\mu$ pari ratione crescentibus; et hoc semper eveniat; omnino patet trilinea $\alpha\delta\mu$, $\alpha\gamma\mu$, $\alpha\beta\mu$ rectis *DM*, *CM*, *BM* proportionari; proindeque modum hunc in priorem recidere; nec ab eo reipsâ differre. Notetur autem hic rectas $\beta\mu$, $\gamma\mu$, $\delta\mu$ velocitates repræsentare, quas punctum mobile curvam delineans obtinet in respectivis ejus punctis *M*; ut et trilinea $\alpha\beta\mu$, $\alpha\gamma\mu$, $\alpha\delta\mu$ velocitates aggregatas exhibent ab initio ad definita respectiva temporis Fig. 23, 24.

instantia; quibus (ut jam olim præmonitum) respondentia spatia *BM*, *CM*, *DM* proportionantur.

XVIII. E supradictis porro consectatur, quod si *Circulus*, *Ellipsis*, ejusmodique curvæ recurrentes, hoc progenitæ concipiantur modo, punctum eas describens infinitam in recursus puncto velocitatem habebit. Nempe si quadrans *AFM* ita generetur; quoniam tangens *TM* diametro *AZ* est parallela, nec illa proinde cum hac nisi ad infinitam distantiam convenit; ergo velocitas in *M* ad velocitatem uniformis motus per *AY* se habebit, ut infinita recta ad ipsam *PM*; unde velocitas ista ad *M* prorsus infinita sit oportet. Ita quidem quoad hujusmodi curvas; at quoad alias ad infinitum sensim continuatas (quales *parabolæ* et *hyperbolæ*) descendentis puncti velocitas in quovis designato curvæ puncto finita est. Verum his omissis ad alias propositæ curvæ proprietates exponendas progrediamur.

Fig. 25.

II. preced.

LECT. V.

IN deducendis e propositâ generatione curvarum affectionibus etiamnum progredimur.

I. *Anguli, qui fiunt ab applicatis et tangentibus ad diversa curva puncta, sibimet inæquales sunt; et minores sunt illi qui puncto* A *(seu vertici) propiores sunt.*

Fig. 26.

Tangant rectæ *TM*, *XN*; et ad *AY* parallelæ sint *MP*, *NQ*; dico fore angulum *PMT* minorem angulo *QNX*.

Nam producta recta *TM* occurret ipsi *QN* extra curvam protractæ, puta ad *E*. Item ipsa *XN* secabit applicatam *PM* extra curvam, puta ad *H*. Manifestum est autem cum puncta *H*, *N* sint ad alias ac alias partes rectæ *ME*, rectas *ME*, *NH* sese intersecare inter parallelas *PH*, *QE*; quare major est angulus externus *QNX* interno *QET*, hoc est angulo *PMT*. Q.E.D.

II. Hinc *porismatis* loco habetur *tangentes se intersecare inter ordinatim applicatas per puncta contactuum; velut ad* F, *inter* PM, QN *protensas*.

III. Item *angulum* PTM *angulo* QXN *majorem esse;* (externum scilicet interno.)

IV. Item patet vertici propiores applicatas (proindeque rectas quasvis aliis parallelas) curvæ obliquius incidere quam remotiores.

Cæterum ista jam olim de *Sectionibus Conicis* ostenderat *Apollonius*, ut in edito nuper *VI Conicorum libro* est videre.

V. In figurâ præcedente (posito applicationis angulum *TAY* rectum esse, vel obtusum) *dico curvæ arcum* MN *rectâ* NH *majorem esse; rectâ vero* ME *minorem*. Fig. 26.

Nam connectatur subtensa *MN*, ducaturque recta *NR* ad *ZA* parallela. Et quoniam angulus *XPH* non minor est recto, erit, eo major externus, *NHP* obtusus. Ergo recta *NM* major est quam *NH*. Itaque magis, arcus *NH* major est ipsâ *NH*. Q.E.D.

Item, quoniam ang. *RNE* ipsi *XQE* par haud minor est recto, erit $RE > RN$; quare $MR + RE > MR + RN$; hoc est $ME > MR + RN$. Est autem (ex *Archimedæis* assumptis) $MR + RN >$ arc. *MN*; ergo magis est $ME >$ arc. *MN*.

VI. Perutilis est hæc propositio in *tangentium demonstrationibus expediendis*. Etenim hinc consectatur, si arcus *MN* indefinite parvus ponatur, ejusce loco alterutram tangentis particulam *ME*, vel *NH* tuto substitui.

Speciminis hic loco *methodum proponam generalem cycloidum omnium, et consimili modo descriptarum curvarum tangentes determinandi*, hinc petitâ demonstratiône munitam.

Recta *AY* sibi parallele deportata quamcunque curvam ad easdem partes convexam aut cavam, *APX* perambulet uniformi motu (scilicet ut æquales curvæ partes æqualibus Fig. 27.

transigat temporibus); eodemque simul tempore punctum aliquod ab A per AY etiam uniformiter feratur; ab hoc puncto taliter moto progignetur curva AMZ; cujus ad datum quodcunque punctum M tangentem oportet determinare. Ut hoc fiat, ducatur recta MP ad AY parallela, curvam APX secans in P; perque P ducatur recta PE curvam APX contingens; huic vero per M ducatur parallela MH; inque hac sumatur punctum quodpiam R, et ducatur RS ad PM parallela; tum fiat ut curva AP ad rectam PM, (hoc est ut unus motus uniformis ad alterum,) ita MR ad RS; et connectatur MS; hæc curvam AMZ continget. Sumatur enim in hac curvâ punctum quodvis Z, per quod ducatur recta ZX ad MP parallela, secans curvam APX in X, ejusque tangentem in E; et huic parallelam MR in H; ipsamque demum MS in K. Sit autem primo punctum Z supra M versus A; unde recta $PE <$ arc. PX; adeoque $PA : PE >$ arc. $PA : PX :: PM : PM - XZ$ $:: PM : EH - XZ :: PM : ZH - EX > PM : ZH$; quare permutatim erit $PA : PM > PE : ZH$; est autem $PA : PM$ $:: MR : RS :: MH : KH :: PE : HK$; ergo $PE : HK >$ $PE : ZH$; quare $HK < ZH$; est autem punctum H extra curvam AZM; ob $EZ < XZ < PM = EH$; ergo palam est punctum K extra curvam AZM existere. Sit vero secundo punctum Z infra punctum M; erit tum recta PE major arcu PX; unde arc. $PA : PE <$ arc. $PA : PX :: PM : XZ$ $- PM :: PM : XZ - EH :: PM : XE + XZ < PM : HZ$; et vicissim $PA : PM < PE : HZ$. Verum (ut prius) est PA $: PM :: PE : HK$; ergo $PE : HK < PE : HZ$; propterea que $HK > HZ$; rursus itaque liquet punctum K extra curvam existere. Tota proinde recta MKZ extra curvam versatur; et eam tangit ad M. Q.E.D. In transcursu hoc; ad alias curvæ nostræ passiones revertamur.

Fig. 27.

VII. Si tangenti cuipiam (ut ipsi MT) parallela ducatur quæpiam EF (a puncto nempe quopiam E in rectâ infra punctum T sumpto) hæc curvæ occurret.

Fig. 28.

Si enim infra punctum M in curvâ sumatur punctum quodlibet, et ab eo duci concipiatur curvam tangens recta; huic occurret tangens TM infra ordinatam PM; ergo recta

EF eidem occurret; at curvam prius transiliat oportet; ergo liquet Propositum.

VIII. Eâdem operâ patet, si punctum assumptum *E* puncto *T*, et vertici *A* interjiciatur, rectum *EF* curvæ bis occursuram, tam supra quam infra contactum *M*.

Operose connisus est *Apollonius* hæc de *Sectionibus Conicis* ostendere. Con. I. 27, 28.

Cæterum ad penitus determinandos occursuum locos *Specialis Modus seu ratio motuum descendentis atque transversi cognosci debet;* tunc eos *Analysis* statim prodet.

IX. Si duæ rectæ quævis (*HM*, *KN*) ad curvam propositam æqualiter inclinentur (hoc est æquales cum ejus ad occursus tangentibus (puta cum ipsis *MT*, *NX*) angulos efficiant) hæ extrorsum divergent, seu ad partes *EF* productæ concurrent. Fig. 29.

Nam ducatur subtensa *NM*; hæc utique secundum antedicta cum ipsâ *AZ* conveniet, puta ad *O*. Est ergo ang. $OMH <$ (ang. $TMH =$ ang. $XNK <$) ang. ONK; ergo ang. $HMN + MNK > 2$ rect.; ergo rectæ *HM*, *KN* concurrunt ad partes *EF*. Limitandum est hoc, intelligendo pares angulos *HMA*, *KNA* ad easdem partes versari; seu alterum alteri fore externum interno; alias contra eveniet.

X. Si fuerit recta *HM curvæ* perpendicularis (hoc est, ejus tangenti *MT*) et in hac sumatur quæpiam definita *HM*; erit *HM* minima rectarum omnium, quæ a puncto *H* duci possunt ad curvam. Fig. 30. Apoll. v. 38, &c.

Ducatur enim quævis *HO*; hæc tangenti prius occurret, puta ad *R*; liquet *HR* majorem esse quam *HM*; multoque magis esse $HO > HM$.

XI. Hinc *Circulus Centro H* per *M* descriptus *curvam* continget.

XII. Etiam inverse, si *HM* minima sit omnium quæ ab *H* ad curvam duci possunt, erit *HM* curvæ perpendicularis.

Nam quoniam HM minima ponitur, circulus centro H, intervallo quovis HS, majori quam HM, curvam secabit, et proinde tangentem MT, hanc puta in R; ergo quum sit $HR > HM$, non erit angulus HRM rectus; idem de punctis omnibus in rectâ TM evidens est; ergo tangenti perpendicularis non alibi quam in punctum M cadit.

Fig. 31. XIII. Quinetiam si recta HM minima sit omnium quæ ab H duci possunt, eique perpendicularis sit recta TM; hæc curvam tanget.

Nam tangat alia, (si fieri potest) XM; erit igitur XM ad HM perpendicularis. Unde pares erunt anguli HMX, HMT; totum et pars Q.E.A.

Fig. 32. XIV. Dico porro minimæ HM propiorem HN remotiore HO minorem esse.

Nam ducatur subtensa MN; hæc producta curvam transgredietur, et ipsam HO secabit, puta in R; et quoniam angulus HMR obtusus est (major illo nempe, quem tangens cum HM constituit ad M) erit HNR magis obtusus; adeoque recta $HR > HN$ et magis $HO > HN$.

XV. Hinc perspicuum est circulum quemvis centro H descriptum, uno tantum ad easdem puncti M partes puncto curvæ occurrere; nec omnino pluries igitur, quam in duobus punctis.

Fig. 33. XVI. Perpendiculari HM parallelæ sint rectæ IN, KO; harum propior IN remotiore KO rectius incidet.

Nam per N, O ducantur ipsi curvæ perpendiculares EN, FO; hæ cum ipsâ HM intra curvam convenient, puta ad R, et P; sibi vero ipsis in Q.

Liquet jam esse ang. FOK = ang. FPH > ang. PRQ = ang. NRH = ang. ENJ. Cum ergo sit ang. FOK major angulo ENI, liquet propositum.

Fig. 34. XVII. Si a puncto quopiam H in perpendiculari HM assumpto ducantur ad curvam rectæ HN, HO; harum propior HN, remotiore HO rectius incidet.

Nam ducantur EN, FO curvæ perpendiculares, et IN, KO ad ipsam HM parallelæ. Est igitur ang. $FOK >$ ang. ENI. Item ang. $OHM >$ ang. NHM; hoc est ang. $KOH >$ ang. INH; quare ang. $FOK + KOH >$ ang. $ENI + INH$; hoc est ang. $FOH >$ ang. ENH. Unde constat Propositum. Fig. 34.

XVIII. Hinc patet a perpendiculari progrediendo, (ab uno nempe puncto H) incidentium *obliquitatem* crescere, donec ad illam devenitur, quæ *curvam* tangit, omnium obliquissima.

XIX. Porro si introrsum jam sumatur punctum H, et ab eo incidens HM sit omnium curvæ incidentium minima; erit HM *curvæ* perpendicularis, seu tangenti MT. Fig. 35.

Nam dic aliam HR tangenti perpendicularem esse; ergo $HR < HM$; et magis $HO < HM$; quare HM non est minima contra *Hypothesin*. Apoll. v. 32.

XX. Item si recta HM sit omnium ab H curvæ incidentium *maxima*, erit HM curvæ perpendicularis. Apoll. v. 29.

Nam circulus centro H per M descriptus extra curvam totus cadet; ergo si recta MT circulum tangat, hæc magis extra curvam cadet, eamque proinde continget. Est autem ang. HMT rectus; ergo liquet. Fig. 36.

XXI. Hinc si MT sit minimæ vel maximæ HM perpendicularis; hæc *curvam* tanget. Apoll. v. 30, 39.

Nam si dicatur alia MX tangere; erit ideo ang. XMH rectus, et par angulo TMH. Q.E.A.

XXII. Exhinc si recta YM non sit curvæ perpendicularis; in eâ nulla sumi potest *maxima*, vel *minima*.

Nam si sumi posset, esset ex eo ipso YM curvæ perpendicularis: contra *Hypothesin*. Apoll. v. 31, 47.

XXIII. Si HM sit incidentium minima, et intra ipsam sumatur punctum quodpiam I; erit etiam IM minima. Apoll. v. 30.

Fig. 37. Cum enim *circulus centro H* per *M* descriptus *curvam* introrsum tangat, etiam magis *circulus centro I descriptus* introrsum tangat; unde liquet.

XXIV. Etiam si *HM* sit incidentium maxima, et extra ipsam accipiatur punctum quodpiam *I*, erit *IM* maxima.

Cum enim *circulus centro H per M descriptus curvam* extrorsum contingat, etiam potiori jure *circulus centro I per M descriptus eandem extrorsus continget;* unde constat *Propositum.*

Apoll. v. 39.

Cæterum *minimarum et maximarum propior determinatio pendet ex speciali curvæ naturâ.*

De hac autem Tabulâ jam manum auferemus; nec enim impræsentiarum hujusmodi pleraque complecti profitemur. Instituto nostro sufficit hactenus generalis cujusdam curvarum proprietates comprehendentis Doctrinæ *specimen* exhibuisse: qualis certe, plenior et perfectior, *haud exiguum videtur rebus Geometricis* (quæ nempe circa *curvarum proprietates et affectiones* plurimum occupantur) *compendium allatura.* Ne dicam culpæ agnatum videri, *Logicæque* Regulis haud admodum congruere, quæ toti cuipiam generi conveniunt, et quæ de communi quâdam origine manant, ea quibusdam partibus adscribere, vel ex angustiori fonte derivare. *Plura* forsan, et *abstrusiora* proferemus aliquando. Nunc his supersedemus.

LECT. VI.

AD easdem partes vergentium curvarum, e communi quâdam generatione deductas, generales aliquot affectiones jam antea dudum exposui; illas præsertim, quas a veteribus *Geometris* observaram specialibus, quas ipsi tractant, curvis applicari. Jam non ingratum facturus videor, si complures alias (abstrusiores quidem illas, at non injucundas prorsus, aut inutiles) apposuero; pro meo more quam concisissime demonstratas, eâ tamen ratione quoad potero, quæ cumprimis scientifica videtur, hoc est quæ nedum conclusionum veritatem asserit, at fontes etiam aperit, unde illa promanat. Versantur autem præcipue quæ proferemus, partim *circa tangentium absque calculi molestiâ vel fastidio investigationem simul ac demonstrationem expeditam* (e simplicioribus nempe vulgatioribusque perplexiora minusque perspecta deducendo) *partim circa multarum magnitudinum dimensiones, tangentium designatarum ope, quam promptissime determinandas;* quæ materiæ cum præ Geometricis aliis quodammodo difficiles videntur, tum non penitus adhuc (sicut aliæ quædam) occupatæ vel exhaustæ sunt, ad hunc saltem modum quod sciam nondum tractatæ. Quin e vestigio rem aggredimur, *Lemmatica* quædam utcunque, quorum in reliquis clarius et brevius ostendendis aliquem prospicimus usum, prælibantes.

II. Sit *angulus rectilineus* ABC, et datum punctum D; sit item linea ODO talis, ut per D ductâ quâvis rectâ DN, sit anguli lateribus intercepta MN æqualis a puncto D, et linea ODO intercepta DO; erit linea ODO *Hyperbola*. Fig. 38.

Nam ducatur DL ad CB parallela occurrensque ipsi AB in L; et in protractâ BL sumatur $LZ = LB$; ducaturque ZS ad BC parallela; item ducatur OK ad BZ parallela. Et ob positam $DO = MN$; erit $HO = BN$; ergo quum sit $DH : HO :: (DL : LN :: DL - DH : LN - HO :: LH : LB ::)\ LH : HK$; erit $DH \times HK = HO \times LH$; hoc est $DL \times HK - LH \times HK = KO \times LH - HK \times LH$; unde erit $DL \times HK = KO \times LH$; vel $ZL \times LD = ZK \times KO$; ergo constat lineam ODO esse *Hyperbolen*, cujus *Asymptoti* ZA, ZS. Brevius hoc ostendi posset, producendo rectam NDS. Nam est $DS = DM = DO \pm OM = NM \pm OM = ON$. Similiter quartam et nonam brevius demonstres licet.

Quinimo si MN ad DO quamvis eandem perpetuo rationem ponatur habere (puta datam R ad S) etiam linea ODO *Hyperbola* erit; Nempe si tum fiat $R : S :: LB : LZ$; et $R : S :: DL : DE$; et per Z ducatur ZS ad BC; ac per E transeat RE ad ZA parallela, cum ZS conveniens Fig. 38.

in Y; erunt YR, YS dictæ *Hyperbolæ asymptoti* quod jam sufficerit innuisse.

III. Hinc in transcursu noto facile confici *Problema* (*quo problematum confectiones istæ Archimedeæ, ac Vieteæ ope primæ Conchoidis peractæ, ad Sectiones conicas rediguntur*): Per datum punctum D rectam lineam ducere, sic ut anguli dati ABC lateribus intercepta ductæ rectæ pars æquetur datæ T. Nam descriptâ hyperbolâ ODO; centro D, intervallo datam T æquante describatur circulus POQ *hyperbolam* intersecans in O; et producatur DON; fietque $MN = DO = T$. Modus autem hic generalior est, et concinnior eo, quem in *Opticis* tradidimus.

Fig. 39. IV. Sit angulus ABC, et punctum datum D; sit etiam linea OBO talis, ut per D ductâ quâpiam rectâ DN, sit anguli lateribus intercepta MN ad rectâ BC curvâque OBO interceptam MO in eâdem semper ratione (puta X ad Y;) erit linea OBO *hyperbola*.

Fig. 39. Ducatur enim recta DL ad CB parallela, ipsi AB occurrens in L; secenturque DL, BL punctis E, F, ut sit $DL : DE :: X : Y :: BL : BF$; tum per E ducatur recta ER, ad BA; et per F recta FS ad BC parallela; concurrantque rectæ ER, FS puncto Z; denuo per punctum O ducatur OH ad AB parallela. Jam ob $DL : DH :: LN : HO :: LB + BN : HO :: DE \times LB + DE \times BN : DE \times HO$; item $DL \times KO = DE \times BN$ (nam $DL : DE :: MN : MO :: BN : KO$) et $DE \times LB = DL \times BF$ (ob $DE : DL :: BF : LB$;) erit $DL : DH :: DL \times BF + DL \times KO : DE \times HO$; hoc est $DL \times BF + DL \times KO : DH \times BF + DH \times KO :: DL \times BF + DL \times KO : DE \times HO$; ergo $DH \times BF + DH \times KO = DE \times HO$; hoc est $DH \times BF + DH \times HO - DH \times BL = DE \times HO$; transponendo igitur est $DH \times HO - DE \times HO = DH \times BL - DH \times BF$; hoc est $EH \times HO = DH \times FL$; vel $EH \times GO + EH \times HG = DE \times FL + EH \times FL$; quare, demptis æqualibus, est $EH \times GO = DE \times FL$; vel $ZG \times GO = DE \times FL$; cum itaque $DE \times FL$ sit quid determinatum, constat lineam OBO esse hyperbolam, cujus asymptoti ZR, ZS.

V. Si MO capiatur ad alteras rectæ BC partes, etiam DE, BF ad alteras punctorum D, B partes accipi debent; uti Schema monstrat; nec abludit modus demonstrandi. Fig. 40.

VI. Consectarium. Si recta BQ angulum ABC secet, perque punctum D ducantur utcunque duæ rectæ MN, XY rectam BQ intersecantes punctis O, P, (quorum utique sit O propius ipsi B) erit $MN : MO < XY : XP$. Nam per O descripta concipiatur *hyperbola* VOB; (qualem jam mox attigimus, sic ut interceptæ rationem habeant illam quam MN ad MO;) erit igitur $MN : MO :: (XY : XV) < XY : XP$. Fig. 41.

Coroll. Dividendo est $NO : MO < YP : PX$.

VII. Quinimo si plures lineæ BQ, BG angulum ABC secent; et a puncto D projiciantur rectæ DN, DY (quæ rectas alteras intersecant ut vides; quarumque DN puncto B vicinior,) erit $NE : MO < YF : VX$. Fig. 42.

Nam $NE : EO < YF : FV$; et $EO : OM < FV : VX$; igitur ex æquo est $NE : OM < YF : VX$.

VIII. Etiam exinde patet, per B (ad partes alterutras) rectam duci posse; ita ut e D eductarum partes ab illâ rectâque BC ad interceptas a rectis BA, BC rationem habeant minorem quâpiam datâ. Fig. 39, 40.

Nam sumatur $PQ = PZ$; ergo connexa BQ *hyperbolam* OBO tangit; et liquet a rectis BQ, BC interceptas ad interceptas a BC, BA minorem rationem habere, quam habent interceptæ ab hyperbolâ OBO et recta BC ad easdem; hoc est minorem datâ quâpiam.

IX. Sit rursum angulus rectilineus ABC, et punctum D; item linea OOO talis, ut si e D utcunque ducatur recta DO, secans anguli latera punctis M, N, habeat DM ad NO semper eandem rationem, (puta X ad Y,) erit etiam linea OOO hyperbola. Fig. 43.

Nam ducatur DL ad BC parallela; sitque $DL : DE :: X : Y$; et per E ducatur ER ad AB parallela; secans BC in Z; demum per O ducatur OH ad BA parallela.

Est jam $DL : DE :: DM : NO :: LM : GO$ (ob similia triangula DLM, NGO) $:: LM \times DH : GO \times DH$, item $DL \times HO = LM \times DH$ (ob $DL : LM :: DH : HO$); quare $DL : DE :: DL \times HO : GO \times DH$, hoc est $DL \times HO : DE \times HO :: DL \times HO : GO \times DH$; adeoque $DE \times HO = GO \times DH$; hoc est $DE \times HG + DE \times GO = GO \times DE + GO \times EH$ quare (communi sublato) est $DE \times HG = GO \times EH$; seu $DE \times HG = GO \times ZG$. Patet itaque curvam OOO esse *hyperbolam* cujus *asymptoti* ZR, ZC.

Coroll. Si ratio data sit æqualitatis (ceu $DM = NO$,) ipsæ AB, CB asymptoti erunt.

Sequentia quædam, quia magis id perspicuum videtur, Algebraice monstrabimus.

Fig. 44. X. Esto positione data recta ID, in quâ punctum designatum D; sit item curva DNN talis ut in ID sumpto quopiam puncto G, et ductâ rectâ GN ad positionem datam IK parallelâ; tum adsumptis determinatis rectis m, b; positisque $DG = x$, et $GN = y$; sit constanter $my + xy = \frac{m}{b}xx$; erit linea DNN *hyperbola;* quæ sic determinatur; sumantur DM, et DO (hinc inde) pares ipsi m; et per M ducatur ML ad IK parallela, factoque $b : m :: m : MQ$; sit $MZ = 2MQ = \frac{2mm}{b}$; tum per Z, O traducatur recta ZT; erunt ZM, ZT asymptoti.

Ducatur enim ZS ad MO parallela, cui occurrat NG in R (quæ et ipsam ZT secet in P); et connectatur DQ. Est ergo $PN = RG + GN - RP$. Verum est $MD : MQ :: ZR$ (MG) $: RP$; hoc est $m : \frac{mm}{b} :: m + x : RP = \frac{mm}{b} + \frac{mx}{b}$; adeoque $RG - RP = \frac{mm}{b} - \frac{mx}{b}$; ergo $PN = \frac{mm - mx}{b} + y$. Unde $PN \times MG = \frac{m^3}{b} + my + xy - \frac{mxx}{b}$. Verum (ex hypothesi) est $my + xy - \frac{mxx}{b} = 0$; ergo $PN \times MG = \frac{m^3}{b} = MD \times ZQ$; vel $PN : ZQ ::$ ($MD : MG ::$) $QD : ZP$. Quapropter est $PN \times ZP = ZQ \times QD$. Unde palam est curvam DNN esse hyperbolam, cujus asymptoti ZM, ZT. Fig. 44.

XI. Notetur; si æquatio sit $my - xy = \frac{m}{b} xx$; eadem habebitur *hyperbola;* tunc solum puncta G ad partes DM sumuntur. Quin et si æquatio sit $xy - my = \frac{m}{b} xx$; puncta G ultra M capiendo, proveniet *hyperbola*, huic ipsi *conjugata.*

XII. Sit Triangulum BDF; et linea DNN talis, ut ductâ utcunque RN ad BD parallelâ (quæ lineas BF, DF, DNN secet punctis R, G, N,) connexâque rectâ DN; sit perpetuo DN proportione media inter RN, NG; erit linea DNN *hyperbola.* Fig. 45.

Per D ducatur DK ad DB perpendicularis (secans ipsam RN in E) et sit FH ad DB parallela; vocenturque $DB = b$; $DF = d$; $FH = f$; tum $DG = x$; et $GN = y$; Estque $d : f :: x : \frac{fx}{d} = GE$; unde $\frac{2fxy}{d} + xx + yy = 2EG \times GN + DGq + GNq = DNq$. Porro est $d : b :: FG : GR :: d - x : RG = b - \frac{bx}{d}$. Unde $RN = b - \frac{bx}{d} + y$. Et ideo $by - \frac{bxy}{d} + yy = RN \times NG = DNq = \frac{2fxy}{d} + xx + yy$; quare $by - \frac{bxy}{d} = \frac{2fxy}{d} + xx$; quam æquationem ordinando fit $\frac{db}{2f + b} y - yx = \frac{d}{2f + b} xx$; quod si ponatur $m = \frac{db}{2f + b}$; erit $my - xy = \frac{m}{b} xx$. Unde liquet DNN esse *hyperbolam*, qualis habetur in præcedente determinata.

Not. Si angulus DGN rectus fuerit, evanescente tum $f = 0$, erit $d = m$; vel $dy - xy = \frac{d}{b} xx$. Alia quædam hic (nonnulla forsan παρέργως) inseremus.

XIII. Sit positione data recta ID; sit item curva DNN talis, ut in ID sumpto puncto quopiam G, ductâque Fig. 46.

rectâ GN ad positionem datam IK parallelâ; sumptisque determinatis lineis g, m, r; positisque $DG=x$, et $GN=y$; sit perpetim $yx+gx-my=\frac{m}{r}xx$; linea DNN erit *hyperbola*, sic determinabilis: Sumatur $DM=m$; et per M ducatur ML ad IK parallela; et in hac accipiatur $MQ=\frac{mm}{r}$; et sit $QY=MQ$; et ab MY auferatur $YZ=g$; connexâque QD, ducatur ZT ad QD parallelâ; erunt ZM, ZT *asymptoti*.

Nam ducatur ZS ad MD parallela; cui occurrat GN producta in R (sed et GR ipsam ZT secet in P). Estque jam $PN=RG-RP-GN=\frac{mm}{r}-g+\frac{mx}{r}-y$; adeoque $PN\times MG=\frac{m^3}{r}-mg+yx+gx-my-\frac{m}{r}xx=\frac{m^3}{r}-mg+0=\frac{m^3}{r}-mg=DM\times ZQ$; unde $PN:ZQ$ :: ($DM:MG$ ::) $QD:ZP$; ergo $PN\times ZP=ZQ\times QD$. Liquet igitur curvam DNN esse *hyperbolam*, cujus *asymptoti* ZM, ZT.

Si æquatio sit $-yz+gx+my=\frac{m}{y}xx$; eadem erit *hyperbola*. Sed puncta G inter B, M tunc accipiuntur; et ita prout aliis ac aliis locis puncta G designantur, æquationis signa variantur; at non est ea jam exponendi locus.

XIV. Positione datæ sint rectæ DB, BA; perque rectam DB feratur recta CX ad BA parallela; item per punctum D rotando transeat recta DY, sic ipsam BA secans in E, ut sit inter rectas BE, DC eadem semper proportio (puta quæ cujusdam assignatæ R ad DB) rectæ vero DE, CX se intersecent punctis N; erit linea DNN *Parabola*. Fig. 47.

Nam sit $R:DB$ :: $DB:P$. Est ergo $BE:DC$ :: $DB:P$. Item est $DB:BE$ :: $DC:CN$; ergo $DB:BE+BE:DC=DC:CN+DB:P$; hoc est $DB:DC$ :: $DC\times DB:CN\times P$; hoc est $DB\times DC:DCq$ :: $DC\times DB:CN\times P$. Quapropter est $DCq=CN\times P$; ergo patet *curvam* DNN

esse parabolam, cujus *parameter* P, *vertex* D; *diameter* ipsi BA parallela.

Dedit hoc *Gregorius* a *S. Vincentio**, sed operosâ (si probe memini) prolixitate, demonstratum.

* In Lib. de Spirali.

XV. Adjicimus; Si reliquis iisdem positis, ita ferantur CX, et DY, ut jam semper habeant BE, BC rationem eandem (puta quam BD ad R) erunt etiam intersectiones ad *parabolam*. Fig. 48.

Nam bisecetur DB in G, ducaturque GV ad BE parallela, secans curvam DNN in V; et quoniam est $BC : R :: BE : BD :: CN : CD$; erit $BC \times CD = R \times CN$; ergo (secundum bene notam *parabolæ proprietatem*) est curva DNN *parabola*, cujus *parameter* R, *diameter* GV.

Proletaria sunt forsan ista; sed non perinde notata occurrunt hæc:

XVI. Si reliquis similiter positis, recta CX non jam ad ipsam BA, sed ad aliam positione datam (DH) feratur parallela; sitque perpetuo $BE : DC :: DB : R$; erunt *intersectiones* N ad *hyperbolam*. Fig. 49.

Nam ductâ NG ad BA parallelâ, nuncupentur $DB = b$: $BH = h$; $DG = x$; $GN = y$. Estque $x : y :: b : \frac{by}{x} = BE$; item $h : b :: y : \frac{by}{h} = GC$; quare $CD = x - \frac{by}{h}$. Est igitur (ex hypothesi) $\frac{by}{x} : x - \frac{by}{h} :: b : r$; unde talis ordinabitur æquatio; $yx + \frac{hry}{b} = \frac{h}{b}xx$; ponendoque $\frac{hr}{b} = m$; erit $yx + my = \frac{m}{r}xx$; est ergo curva DNN *hyperbola**, quæ supra habetur determinata.

* In 10 hujus.

XVII. Quinetiam si (reliquis, ut in præcedente, suppositis) ita jam feratur CX, ut semper habeat BE ad BC rationem eandem, quam BD ad R; erunt itidem intersectiones N ad *hyperbolam*.

Nam ductâ NG ad AB parallelâ, nominentur rectæ, ut in præeunte; estque jam $BC = b - x + \frac{by}{h}$; atque $\frac{by}{x} : b - x + \frac{by}{h} :: b : r$; unde talis emerget æquatio; $yx + hx - \frac{hr}{b}y = \frac{h}{b} \times xx$; hoc est (posito $\frac{hr}{b} = m$), $yx + hx - my = \frac{m}{r}xx$. Est igitur curva BNN *hyperbola*, qualem superius exhibuimus determinatam.

Fig. 50.

Fig. 51, 52.

Fig. 53.

XVIII. Datæ positione sint rectæ DB, BA; (et in DB designetur punctum D) sitque linea DNN talis, ut ductâ utcunque GN ad BA parallelâ; sumptis vero determinatis g, r, vocatisque $DG = x$; et $GN = y$, sit $ry - yx = gx$; erit linea DNN *hyperbola*, sic determinanda.

Capiatur $DE = r$, et $BO = g$; et per E ducatur recta ER ad BA, ac per O recta OS ad BD parallelæ; erunt ZR, ZS *asymptoti*.

Nam ductâ NP ad DB parallelâ, est $ZP = g + y$; et $PN = r - x$; quare $ZP \times PN = gr - gx + ry - yx$. Verum ex hypothesi est $-gx + ry - yx = 0$; ergo $ZP \times PN = gr = ZE \times ED$; unde liquido constat Propositum.

Quod si fuerit æquatio $xy - ry = gx$; sumenda est $DE = r$; et $BO = g$ (infra rectam DB); ductisque, ceu prius, parallelis SZR; erit *hyperbola* NNN angulo SZR comprehensa; quod eodem facile comprobatur modo.

Fig. 53.

XIX. Datæ positione sint rectæ DB, BA; ac ita ferantur rectæ FX ad DB parallela, ac DY per punctum designatum D transiens, ut sit semper ratio ipsius BE ad ipsam BF æqualis assignatæ DB ad R; erunt rectarum DY, FX intersectiones ad lineam rectam.

Nam per N ducatur GK ad BA parallela; estque $DB : DG :: BE : GN :: BE : BF :: BD : R$; itaque semper est $DG = R$. Patet igitur factâ $DG = R$, et ductâ GK ad BA parallelâ, intersectiones omnes ad hanc existere.

XX. Quod si reliquis similiter positis; sumpto autem alio in BA puncto O; ab hoc sumatur computandi initium; ut nimirum sit perpetuo $BE : OF :: DB : R$; erunt intersectiones N ad *hyperbolam*. Fig. 53.

Nam ductâ NG ad AB parallelâ, sit $DB = b$; $OB = g$; $DG = x$; $GN = y$; ergo $BE = \frac{by}{x}$; et $OF = g + y$; ergo $\frac{by}{x} : g + y :: b : r$; hinc autem æquatio $ry - yx = gx$; unde DNN est *hyperbola* supra mox determinata.

Quod si punctum O sumatur infra DB; fiet æquatio $yx - ry = gx$; unde rursus constat.

XXI. Quinetiam, reliquis similiter positis, recta FX non jam ipsi DB, sed alteri DH feratur parallela; ita ut assumpto in BA puncto habeat semper BE ad OF rationem assignatam (DB ad m); erunt intersectiones N itidem ad *hyperbolam*. Fig. 54.

Nam ducatur NG ad AB parallela; vocenturque $DB = b$; $HB = f$; $HO = g$; $DG = x$; $GN = y$; est ergo $x : y :: b : \frac{by}{x} = BE$; et $b : f :: x : \frac{fx}{b} = GK$; quare NK (FH) $= y + \frac{fx}{b}$ et $OF = y + \frac{fx}{b} - g$. Est ergo $\frac{by}{x} : y + \frac{fx}{b} - g :: b : m$; unde resultat æquatio $my + gx - yx = \frac{f}{b} xx$; vel facto $f : b :: m : r$; est $my + gx - yx = \frac{m}{r} xx$. Constat igitur lineam DNN esse *hyperbolam;* qualis superius habetur determinata.

Notetur, Si computatio ab ipso puncto H initium sumat, (hoc est sit $BE : HF :: DB : m$); evanescente tunc termino g, erit $my - yx = \frac{m}{r} xx$; unde quoque supra habetur alia determinatio simplicior.

XXII. Esto triangulum ADB, et linea DYY talis, ut ductâ utcunque PM ad DB parallelâ, sit perpetuo Fig. 55.

$PY = \sqrt{PMq - DBq}$; erit linea DYY *hyperbola;* cujus utique centrum est A, *semidiameter* AD, (vel *asymptotos* AB,) *semiparameter* autem P; faciendo $AD : DB :: DB : P$.

Fig. 55.

Sit enim $TD = 2AD$. Estque $AD : P ::$ ($ADq : DBq :: APq : PMq ::$ * $TP \times DP + ADq : PMq :: TP \times DP : PMq - DBq$ ::) $TP \times DP : PYq$; vel $TD : 2P :: TP \times DP : PYq$; unde liquet Propositum.

* Elem. II 6.

Corol. Si YS tangat *hyperbolam* DYY; erit $PMq : PYq :: PA : PS$.

Nam est $PMq : DBq :: PAq : ADq :: PA : AS$; ergo per rationis conversionem est $PMq : PQq :: PA : PS$.

Fig. 56.

XXIII. Quod si reliquis similiter positis; sit jam $PY = \sqrt{PMq + DBq}$; erit etiam linea YYY *hyperbola;* cujus nempe centrum A; *semidiameter* AF (parallela et æqualisipsi DB), *semiparameter* autem P, si fiat $AF : AD :: AD : P$.

Nam ducatur YK, ipsi AP parallela, cum AF conveniens in K; Sitque $FT = 2FA$; estque $AF : P ::$ ($AFq : ADq :: DBq : ADq :: PMq : APq :: PYq - DBq : APq :: AKq - AFq : KYq$ ::) $TK \times FK : KYq :: AF : P$; unde constat Propositum.

Corol. Rursus, Si recta YS *hyperbolam* FYY tangat, erit $PMq : PYq :: PA : PS$.

Nam AD est *semidiameter* ipsi AF conjugata; unde $PA : AS :: PAq : ADq :: PMq : DBq$; ergo $PA : PS :: PMq : PMq + DBq :: PMq : PYq$.

Fig. 57.

XXIV. Sit triangulum ADB, rectum habens angulum ADB; et curva CGD talis, ut ductâ quâcunque rectâ FEG ad DB parallelâ (quæ lineas expositas secet ut vides), sit aggregatum quadratorum ex EF, EG æquale quadrato ex DB; erit curva CGD *ellipsis* cujus semiaxes AD, AC.

Nam sit $AV = AD$. Estque $ADq : DBq$ (ACq) $:: AEq : EFq :: ADq - AEq : DBq - EFq$. Hoc est $ADq : ACq :: VE \times ED : EGq$; unde liquet Propositum.

Nota, Tangat GT *ellipsin* CGD; est $EFq : EGq :: EA : ET$.

Nam ob $AE : AD :: AD : AT$; est $AEq : ADq :: AE : AT$; unde $AEq : ADq - AEq :: AE : AT - AE$. Hoc est $EFq : DBq - EFq :: AE : ET$; hoc est $EFq : EGq :: AE : ET$.

XXV. Sit *angulus rectilineus* DTH, in cujus latere TD signetur punctum A. Sit item curva VGG proprietate talis, ut ductâ rectâ quâpiam EFG ad TD perpendiculari (quæ lineas TD, TH, VGG secet punctis E, F, G,) connexâque rectâ AF, sit $EG = AF$; erit linea VGG *hyperbola*. Fig. 58.

Nam ducantur AP ad TH et VPC ad TD perpendiculares; item PO ad TE parallela. Estque $EFq = EOq$ $(CPq) + OFq + 2EO \times OF (+ 2CP \times OF)$. Verum ob $CP : CA :: OP : OF :: CE : OF$; est $CP \times OF = CA \times CE$; ergo $EFq = CPq + OFq + 2CA \times CE$; item est $AEq = CEq + CAq - 2CA \times CE$; quapropter est $EFq + AEq = CPq + CAq + OFq + CEq$; hoc est $EGq = (APq + PFq =)\ CVq + PFq$; vel $EGq - PFq = CVq$. Verum est $CE : (PO) : PF :: CP : AP :: CP : CV$; unde $EGq - \frac{CVq}{CPq} CEq = CVq$; adeoque linea GVG est *hyperbola*, cujus centrum C; semiaxes CV, CP.

Not. Ductâ rectâ FQ ad TH perpendiculari, sumptâque $QR = AE$, et connexâ GR; erit GR *hyperbolæ* VGG perpendicularis; mihi præsta sis fidem; aut ipse rem ad Calculum exige; eo verba non profundam.

XXVI. Positione datæ sint rectæ AC, BD quas decusset recta AB; tum ductâ utcunque rectâ PKL ad AB parallelâ, (quæ rectas AC, BD secet punctis P, K,) sit PL æqualis ipsi BK; erit linea ALL recta. Fig. 59.

Nam, (ductâ XQ ad BA parallelâ,) est $AQ : AP :: (BX : BK ::)\ QX : PL$; ergo linea ALL est recta.

XXVII. Positione data sit recta AX, et punctum D; neque non linea DNN talis, ut per D ductâ quâcunque rectâ MN (quæ rectam AX secet in M, et lineam DNN in N) sit perpetim rectangulum ex DM, DN æquale dato (puta quadrato ex Z); erit linea DNN circularis. Fig. 60.

Fig. 60. Nam ducatur DB ad AX perpendicularis; sitque $DB : Z :: Z : DE$; et connectatur NE; Est jam $DM \times DN = Zq = DB \times DE$; quare $DM : DB :: DE : DN$; ergo triangula DBM, DNE similia sunt; quapropter angulus DNE rectus est; itaque linea DNN est circularis; (ad circulum pertinens, *cujus diameter* DE).

Vides nedum rectam et *hyperbolam;* sed et suo modo rectam ac *circulum* sibi lineas esse reciprocas. Verum hic, etsi præludiis nostris nondum absolutis, paulum subsistamus.

LECT. VII.

ADHUC in *Vestibulo* hæremus; nec aliud quam velitamus.

I. Sint duo quanta A, B; quorum majus A; adsumpto tertio quopiam X, erit $A + X : B + X < A : B$.

Nam ob $X : A < X : B$; erit componendo $X + A : A < X + B : B$; vel, permutando, $X + A : X + B < A : B$.

II. In lineâ YZ signentur tria puncta, L, M, N; et inter puncta L, N sumpto puncto quopiam E, alteroque G extra LN (versus Z); secetur EG in F, ut sit $GE : EF :: NL : LM$; cadet punctum F ad partes M, Z: (Fig. 61.)

Nam est $NE : ME^{*} > NL : ML :: GE : FE > NE : PE$; ergo $FE > ME$.

* 1 hujus.

III. Sint rectæ BA, DC parallelæ; item rectæ BD, GP parallelæ; perque punctum B ducantur utcunque duæ rectæ BT, BS ipsam GP secantes punctis L, K, dico fore $DS : DT :: KG : LG$. (Fig. 62.)

Nam est $KG : LG = KG : GB + GB : LG = PK : PS + PT : PL = DB : DS + DT : DB = DT : DS$.

IV. Esto triangulum BDT, basique DB parallelam quamvis PG intersecent per B ductæ quæpiam duæ rectæ (Fig. 63.)

BS, BR punctis L, K; dico fore $LG \times TD + KL \times RD : KG \times TD :: RD : SD$.

Sumantur enim $BM = GP$, et $BN = LP$; et $BO = KP$; Fig. 63. unde constat junctas PM, PN, PO ipsis TB, SB, RB (respective) parallelas esse. Et quoniam est $DM : PD :: DB : TD$; erit $DM \times TD = PD \times DB$. Similiter est $DN \times SD = PD \times DB$; quare $DM \times TD = DN \times SD = DM \times SD + MN \times SD$, transponendoque, $DM \times TD - DM \times SD = MN \times SD$. Simili plane discursu est $DM \times TD - DM \times RD = MO \times RD$; quapropter erit $MN \times SD : MO \times RD :: TD - SD : TD - RD$; hoc est $LG \times SD : KG \times RD :: TD - SD : TD - RD$; vel (ad æquationem redigendo) $LG \times SD \times TD - LG \times SD \times RD = KG \times RD \times TD - KG \times RD \times SD$; transponendoque, $LG \times SD \times TD + KG \times RD \times SD - LG \times SD \times RD = KG \times RD \times TD$; hoc est, $LG \times SD \times TD + KL \times SD \times RD = KG \times RD \times TD$; vel (ad analogismum reducendo) $LG \times TD + KL \times RD : KG \times TD :: RD : SD$. Quod erat Propositum.

V. Quod si puncta T, R non ad easdem puncti D Fig. 64. partes sita sint, erit $LG \times RD - KL \times TD : KG \times TD :: RD : SD$.

Simili constabit id discursu; quem piget repetere.

VI. Sint quatuor continue proportionalium series æquinumeræ (quales adscriptas cernis) quarum cum antecedentes primi, tum ultimi consequentes inter se proportionales sint ($A : \alpha :: M : \mu$; et $F : \phi :: S : \sigma$); erunt ejusdem ordinis quilibet accepti quatuor etiam inter se proportionales (puta nempe, $D : \delta :: P : \pi$).

$$\begin{matrix} A & B & C & D & E & F \\ \alpha & \beta & \gamma & \delta & \epsilon & \phi \\ M & N & O & P & R & S \\ \mu & \nu & o & \pi & \rho & \sigma \end{matrix}$$

Sunt enim $A\mu$, $B\nu$, Co, $D\pi$, $E\rho$, $F\sigma$, et αM, βN, γO, δP, ϵR, ϕS, } continue proportionales.

Cum igitur sit $A\mu, = \alpha M$; et $F\sigma = \phi S$, liquidum est fore $D\pi = \delta P$; ac idcirco $D : \delta :: P : \pi$. Ad utramque proportionalitatem (tam Arithmeticam quam Geometricam) æque spectat hæc conclusio.

Fig. 65.

VII. Rectæ AB, CD parallelæ sint; hasque secet positione data BD; lineæ vero EBE, FBF ita relatæ sint, ut ductâ utcunque rectâ PG ad DB parallelâ, sit semper PF eodem ordine media proportionalis inter PG, PE; tum per quodvis designatum lineæ EBE punctum E transeat HE ipsis AB, CD parallela, sitque alia curva KEK talis, ut ductâ utcunque QL itidem ad DB parallelâ, sit QX eodem semper ordine media inter QL, QI (eodem inquam illo, quo PF media fuerat inter PG, PE): dico lineas FBF, KEK analogas esse; hoc est ordinatas (quales QR, QK) eandem perpetuo inter se rationem habere; eandem scilicet illi quam habet PF ad PE.

Fig. 65.

Hoc e Lemmate proxime præmisso consectatur, uti patebit, ad subjectum Schema mentem advertendo,

$$\left.\begin{array}{l} QS * QR * QI \\ QL * QK * QI \\ PG * PF * PE \\ PE * PE * PE \end{array}\right\} \begin{array}{l} \text{sunt} \div\!\div \text{; unde } QR : QK :: \\ \quad PF : PE. \end{array}$$

Not. Pro lineis rectis AB, HE, CD substitui possent quælibet, etiam curvæ, parallelæ.

Fig. 66.

VIII. Sint rursus, in A concurrentes duæ rectæ AB, AD, rectaque BD positione data; item duæ curvæ EBE, FBF sic relatæ, ut ductâ utcunque PG ad DB parallelâ, sit semper PF eodem ordine media proportionalis inter PG, PE; tum connexâ AE, sit alia curva KEK talis, ut ductâ quâpiam rectâ QLI ad DB parallelâ sit semper QK eodem ordine media inter QL, QI, quo fuit PF inter PG, PE; erit rursus linea FBF ipsi KEK analoga; seu perpetim $QR : QK :: PF : PE$.

$$\text{Nam } \left.\begin{array}{l} QS * QR * QI \\ QL * QK * QI \\ PG * PF * PE \\ PE * PE * PE \end{array}\right\} \text{sunt} \div\!\div \text{;} \quad \left.\begin{array}{r} \text{item } QS : QL :: \\ PG : PE. \\ \text{Et } QI : QI :: \\ PE : PE. \end{array}\right\} \begin{array}{r} \text{ergo } QR : \\ QK :: \\ PF : PE. \end{array}$$

Not. Pro rectis *AB*, *AH*, *AD* substitui possent tres quævis lineæ analogæ.

IX. Item, sit circulus *AGB*, cujus centrum *D*; aliæque duæ curvæ *EBF*, *FBE* tales, ut per *D* ductâ quâcunque rectâ *DG*, sit perpetuo *DF* eodem ordine media proportionalis inter *DG*, *DE*; tum centro *D* per *E* describatur circulus *HE*; sitque præterea curva *KEK* talis, ut ductâ per *D* quâpiam (ad circulum *HE*) rectâ *DL*, sit semper *DK* eodem ordine media inter *DL*, *DI*, quo fuerat *DF* inter *DG*, *DE*; erunt curvæ *FBF*, *KEK* analogæ, seu perpetuo *DR* : *DK* :: *DF* : *DE*. Fig. 67.

Nam rursus *DS* * *DR* * *DI*
DL * *DK* * *DI*
DG * *DF* * *DE*
DE * *DE* * *DE*
sunt ÷÷; unde *DR* : *DK* :: *DF* : *DE*.

Rursus, pro circulis aliæ lineæ parallelæ, vel analogæ substitui possent.

X. Sint denuo duæ lineæ quævis *AGBG*, *EBE*; et altera *FBF* sic ad istas relata, ut ductâ utcunque a designato puncto *D* rectâ *DG*, sit perpetuo *DF* eodem ordine media proportionalis inter *DG*, *DE*; tum adsumatur linea *HEL* lineæ *AGB* analoga; (seu talis, ut per *D* utcunque ductâ *DLS*, sint perpetuo *DS*, *DL* in eâdem ratione;) sit denuo linea *KEK* talis, ut ductâ utcunque *DL*, sit perpetuo *DK* eodem ordine media inter *DL*, *DI*, quo prius *DF* inter *DG*, *DE*; erit itidem linea *FBF* lineæ *KEK* analoga. Fig. 67.

Rursus enim *DS* * *DR* * *DI*
DL * *DK* * *DI*
DG * *DF* * *DE*
DE * *DE* * *DE*
sunt ÷÷; Et tam primi quam ultimi quatuor termini sunt proportionales. Unde liquet Propositum.

XI. Sit Arithmetice proportionalium Series *A*, *B*, *C*, *D*, *E*, *F*; in quâ sumptis quibuscunque duobus terminis *D*, *F*; sit terminorum a primo *A* (exclusive) ad ipsum *D* numerus, N; et terminorum ab A (itidem exclusive) ad F, sit numerus M; erit $A - D : A - F :: N : M$.

Nam esto differentia communis, X; est ergo $D = A \pm NX$; et $F = A \pm MX$; quare $A - D = NX$; et $A - F = MX$; unde $A - D : A - F :: (NX : MX ::) N : M$.

XII. Hinc, si duæ fuerint ejusmodi series; et in utrâque sumantur bini, eodem ordine sibi respondentes, termini (puta D, F in primâ, et P, R in secundâ) erit $A - D : A - F :: M - P : M - R$.

$$A \; B \; C \; D \; E \; F$$
$$M \; N \; O \; P \; Q \; R.$$

Nam harum rationum utraque par est illi, quam habent ad se numeri N, M, quales in præcedente designati sunt.

Hi vero Numeri N, M vulgo Terminorum, quibus aptantur, Exponentes, aut Indices vocantur, in serie quavis proportionalium; quales nos semper in sequentibus intelligimus, ubi literas has adhibemus.

XIII. Sint quælibet quanta A, B, C, D, E, F continue proportionalia Arithmetice; nec non alia totidem, ab eodem termino A incipientia, Geometrice proportionalia; sit autem illorum secundum B non majus horum secundo M; erit quodlibet in serie Geometricâ majus eo, quod ipsi coordinatur in serie Arithmeticâ.

$$A \; B \; C \; D \; E \; F$$
$$A \; M \; N \; O \; P \; Q$$

Est enim $A + N > 2M$ (vel $> 2B$) $= A + C$; ergo $N > C$; unde $M + N > B + C = A + D$. Est autem $A + O > M + N$; ergo $A + O > A + D$. Et ideo $O > D$; ergo $M + O > B + D = A + E$. Est autem $A + P > M + O$; ergo $A + P > A + E$; adeoque $P > E$; similique porro discursu quoad velis.

XIV. Hinc, si rursus fuerint A, B, C, D, E, F ∺ Arithmetice; et A, M, N, O, P, Q sint ∺ Geometrice; sitque ultimum F non minus ultimo Q; erit B majus quam M.

Nam si dicatur B non majus quam M; erit inde F minus quam Q, contra hypothesin.

Item, iisdem positis; erit penultimum E majus penultimo P.

XV. Nam si $F = Q$, constat ex præcedente fore $E > P$ (scilicet utramque seriem invertendo), sin $F > Q$, potiori jure liquet fore $E > P$.

XVI. Quinimo demum, iisdem positis, quodlibet in serie Arithmeticâ majus est coordinato quolibet in serie Geometricâ; puta, C majus est quam N.

Est enim $E > P$, ac inde $D > O$; et hinc $C > N$.

XVII. Consectatur hinc; si fuerint quatuor lineæ HBH, GBG, FBF, EBE sese intersecantes in B, ac ita versus se relatæ, ut ductâ utcunque rectâ DH ad positione datam DB parallelâ (in lineâ nempe DDD terminatâ) vel a designato puncto D projectâ DH; sit perpetuo DG inter DH, DE eodem ordine media proportionalis Arithmetice, quo DF inter easdem media Geometrice; lineæ GBG, FBF sese mutuo contingunt. Fig. 68, 69.

Enimvero linea GBG extra lineam FBF totam cadere manifestum e præcedente.

XVIII. Ex isthinc etiam (quod strictim transcurrens moneo) diversis innumeris *Hyperbolarum*, aut *Hyperboliformium* generibus convenientes rectæ ἀσύμπτωτοι definiuntur. Sint nempe rectæ VD, BD positione datæ; sint item aliæ duæ rectæ AB, VI; ductâ vero libere rectâ PG ad DB parallelâ, sit $P\phi$ constanter inter PG, PE eodem ordine media proportionalis Arithmetice, quo PF inter easdem media Geometrice; quia jam [a]rectæ EG, $E\phi$ semper eandem obtinent rationem, est linea $\phi\phi\phi$ recta; verum linea VFF est *hyperbola*, vel *hyperboliformis* aliqua (communis quidem vel *Apolloniana hyperbola*, si PF sit inter ipsas PG, PE simpliciter media, sed alia diversi generis quædam *hyperboliformis*, si PF sit alterius cujuspiam ordinis media), atqui patet e penultimâ præmissâ lineam $\phi\phi\phi$ eodem ordine respondenti lineæ VFF *asymptoton* esse; quod an προὔργον sit nescio, nobis certe πάρεργον fuit, hic adnotâsse. Fig. 70.

[a] 12 hujus.

Fig. 71.

XIX. A puncto assignato B ad datam positione rectam AC ductæ sint rectæ tres BA, BC, BQ; tum in QC productâ sumatur punctum quodpiam D; per B recta (puta BR) duci potest (ad alterutras ipsius BQ partes) talis, ut a D projectâ quâcunque rectâ, ceu DN; sit hujus a rectis BQ, BR intercepta pars (FE) minor ejusdem a rectis BA, BC interceptâ parte (NM).

Nam, primo, si BR ultra angulum ABC jaceat respectu puncti D; fiat $QR = CA$; et connectatur BR; tum utcunque ducatur DE, rectas secans, ut vides; et manifestum est[b], e supra monstratis, fore $FE < NM$.

[b] Per Lect. VI. 7.

[c] Per Lect. VI. 8. Fig. 72.

Sin BQ citra angulum ABC cadat versus D; [c]ducatur recta BH talis, ut a BQ, BH interceptæ minores sint interceptis a BQ, BA; et sumatur $HR = QC$; et connectatur BR; tum rursus utcunque ductâ DN, quæ rectas intersecet, ut exhibet Schema; quoniam jam est KF[d] $< NF$; et KE[b] $> MF$; perspicuum est restare $FE < NM$.

[d] Constr.

Ita quidem ab unâ rectæ BQ parte recta BR duci potest, quæ minores ipsis MN intercipiat; [a]potest autem ab alterâ parte recta quoque duci, quæ minores intercipiat ipsis FE; unde totum liquet Propositum.

Fig. 73.

XX. In rectâ DZ sint tria puncta D, E, F; et in F sit vertex anguli rectilinei BFC, cujus latera secet recta DBC; per E vero ducta sit recta EG; potest ab E recta duci (ceu EH) talis, ut a puncto D projectâ utcunque rectâ DK sit in hac a rectis EG, EH intercepta minor a rectis FC, FB interceptâ.

Ducantur ES ad FC, et ER ad FB parallelæ; et in primo casu, ubi punctum E puncto D vicinius est, (ob similitudinem triangulorum ENM, FKI,) manifestum est fore $MN < IK$; [e]potest autem ab E duci recta (puta EH) talis, ut interceptæ PO minores sint interceptis MN; ergo liquet.

[e] 19 hujus.

In altero casu, ubi punctum F ipsi D propius, sumatur SL æqualis ipsi CB; et connectatur EL; Estque jam $IK : MN :: FK : EN :: DF : DE :: FC : ES :: BC : RS$[f] $:: LS : RS$[g] $> QN : MN$; quapropter est $IK > QN$; [e]potest autem ab E recta duci, ceu EH, sic ut ab EG, EH

Fig. 74.
[f] Const.
[g] Lect. VI. 6.

interceptæ OP minores sint interceptis QN; quamobrem abunde constat Propositum.

XXI. Curvam BA tangat recta BO in B; sitque recta BO æqualis curvæ BA; sumpto tunc in curvâ puncto quopiam K connectatur recta KO; erit KO major arcu KA. Fig. 75.

Nam, quoniam recta minimum est inter bina puncta intervallum, est $BK + KO > KA = BK + KA$; ergo $KO > KA$.

XXII. Hinc, utcunque sumptis (ad easdem contactus partes) duobus punctis K, L, connexâque rectâ KL; erit $KL + LO > KA$.

Nam, supra contactum versus A, est $KL + LO > KO > KA$.

Infra vero, est $KL + LB > KB$ (ex hypothesibus *Archimedæis*) adeoque $KL + LO > KA$.

Lect. VIII.

MIHI sane videor (videbor et vobis, opinor) quod irridebat *sapiens ille Scurra, perquam exiguæ Civitati portas ingentes extruxisse.* Nec enim adhuc aliud quam ad rem aliquanto propius enitimur; ad illam.

I. Hæc adsumimus. Si duæ lineæ (OMO, TMT) sese contingant, angulos ipsæ comprehendunt (OMT) rectilineo quovis angulo minores. Et vice versâ: Si duæ lineæ (OMO : TMT) angulos contineant quovis rectilineo minores, illæ sese contingent (contingentibus saltem æquipollebunt). Fig. 76, 77.

Hujus *effati* rationem jampridem (ni fallor) attigimus.

II. Hinc; Si duas lineas OMO, TMT tertia quæpiam linea PMP contingat, ipsæ etiam lineæ OMO, TMT sese contingent.

Nam quoniam lineæ *OMO*, *PMP* sese contingunt, erit angulus *OMP* quovis *rectilineo* minor. Item, ob linearum *TMT*, *PMP contactum*, erit *angulus TMP* quovis etiam *rectilineo* minor. Erit igitur angulus *TMO rectilineo* quovis minor. Unde lineæ *OMO*, *TMT* se mutuo contingent.

Fig. 78.

III. Tangat recta *FA* curvam *FX* in *F*; sitque positione data recta *FE*; sint item duæ curvæ *EY*, *EZ* tales, ut ductâ utcunque rectâ *IL* ad *EF* parallelâ (quæ lineas expositas secet, ut vides) sit semper intercepta *KL* æqualis interceptæ *IG*; etiam curvæ *EY*, *EZ* sese contingent.

Si non tangant, potest inter ipsas constitui angulus rectilineus, puta *BEC*; hunc utcunque secet ad *FE* parallela *IL*; sumaturque $GH = BC$, et connectatur *FH*; sunt igitur e parallelis ad *FE* a rectis *FG*, *FH* interceptæ pares interceptis ab *EB*, *EC*; hoc est minores interceptis a curvis *EY*, *EZ*; hoc est minores interceptis a curvâ *FX*, et rectâ *FA*; quapropter angulus *XFA* rectilineo *HFG* major est; unde recta *FA* curvam *FX* non tangit, contra *Hypothesin*.

Fig. 79.

IV. Itidem, Tangat recta *FA* curvam *FX*, et sint duæ curvæ *EY*, *EZ* tales, ut ab assignato puncto *D* utcunque ductâ rectâ *IL* (quæ lineas expositas secet ut vides) sit semper $KL = IG$; curvæ *EY*, *EZ* sese tangent.

Nam, si neges, his interseratur *angulus rectilineus BEC*; quem utcunque a *D* projecta secet recta *DL*; [a]potest jam ab *F* recta duci (puta *FH*) talis, ut sint e projectis a *D* a rectis *FG*, *FH* interceptæ minores interceptis ab ipsis *EB*, *EC*, hoc est multo minores interceptis a rectâ *EA*, curvâque *FX*. Unde sequetur angulum *AFX* rectilineo *GFH* majorem esse; ac idcirco rectam *AF* non contingere curvam *FX*, adversus *Hypothesin*.

[a] Lect. VII. 20.

Hæ præcedentes duæ Conclusiones veræ sunt, et simili ratione demonstrantur, posito interceptas *IG*, *KL* quamvis ad se perpetim habere proportionem eandem. Parco verbis.

Proposuimus hæc, ut sequentium nonnulla a scrupulis muniantur.

V. Sit recta VEI, duæque curvæ YFN, ZGO sic ad se relatæ, ut ductâ utcunque rectâ EFG ad positione datam AB parallelâ, habeant interceptæ EG, EF semper eandem rationem inter se; tangat autem recta TG curvarum unam ZGO in G (cum rectâ VE conveniens in T), ducta TF alteram YFN quoque continget. Fig. 80.

Nam utcunque ducatur recta IL (lineas expositas ut vides intersecans). Est igitur $IL : IN$[b] $> IO : IN :: EG : EF :: IL : IK$. Igitur $IN < IK$; ergo punctum K extra curvam YFN jacet; totaque recta TF.

[b] Hyp.

Aliter. Est $IL : IK :: (IO : IN :: IL - IO : IK - IN ::)$ $OL : NK$, ergo cum lineæ GL, GO se [c]tangant, [d]etiam lineæ FN, FK sese tangent.

[c] Hyp.
[d] Schol. 4 hujus.

VI. Etiam si tres curvæ XEM, YFN, ZGO ita referantur ad se, ut ductâ utcunque rectâ EFG ad positione datam parallelâ, sint semper EG, EF in eadem ratione, concurrant autem duarum XEM, ZGO tangentes ET, GT in T; adjuncta TF curvam YFN tanget. Fig. 80.

Nam (facto ut prius) erit $IL : IK :: EG : EF :: MO : MN$; [e]quapropter erit punctum K extra curvam YFN.

[e] Lect. VII. 2.

Possit hæc, ut præcedens, aliter ostendi; sed verbis pluribus.

Curvas ita sitas concipe quales figura monstrat; nam στενολεσχίαν ego ac ἀδολεσχίαν fugitans casus præ cæteris obvios ac faciles arripiens propono. Hoc ubique subnotatum velim.

VII. Sit punctum datum D, curvæque duæ XEM, YFN, ita relatæ, ut a D projectâ quacunque rectâ DEF, habeant ad se rectæ DE, DF rationem semper eandem; unam vero YFN tangat recta FS; cui parallela sit ER; tanget recta ER curvam XEM. Fig. 81.

Nam a D utcunque projiciatur recta DK (lineas intersecans, ut vides). Estque $DK : DI :: DF : DE :: DN : DM$; ergo quum sit $DK > DN$; erit $DI > DM$; quare tota recta RE extra curvam XEM cadit.

Rectæ NK, MI rationem semper eandem obtinent; unde res aliter constat.

VIII. Sint tres curvæ XEM, YFN, ZGO tales, ut si ab assignato puncto D projiciatur utcunque recta $DEFG$, habeant interceptæ EG, EF rationem semper eandem (puta quam R ad S) tangant autem rectæ ET, GT curvarum duas (puta XEM, ZGO) in E, G; oportet curvæ YFN tangentem ad F designare.

Fig. 82.

Concipiatur curva TFV talis, ut a D utcunque projectâ rectâ $DMKL$, (quæ secet rectas TE, TG punctis I, L, et istam curvam in K,) habeant semper interceptæ IL, IK rationem eandem datæ R ad S; [f] est igitur $IK > IN$; quare curva TFK curvam YFN tangit; [g] est autem curva TFK *hyperbola;* hanc tangat FS; [h] illa quoque curvam YFN tanget.

[f] Lect. VIII. 2.
[g] Lect. VI. 4.
[h] 2 hujus.

Quoniam *hyperbolam* tangentis hic primum injecta est mentio; hujus (una cum aliarum omnium consimili ratione procreatarum seu *reciprocarum linearum tangentibus*) *tangentem* ita definiemus.

IX. Sint VD recta linea, duæque curvæ XEM, YFN ita relatæ, ut ductâ libere rectâ EDF ad positione datam parallelâ, sit semper *rectangulum* ex DE, DF par eidem alicui spatio; tangat autem recta ET curvam XEM in E, cum rectâ VD concurrens in T; sumaturque $DS = DT$; et connectatur FS; hæc curvam YFN tanget ad F.

Fig. 83.

Nam utcunque ducatur IN ad EF parallela; lineas expositas secans, ut vides. Estque $TP : PM > (TP : PI ::)$ $TD : DE$, item $SP : PK :: SD : DF$; ergo $TP \times SP : PM \times PK > TD \times SD : DE \times DF :: TD \times SD : PM \times PN$. Verum $TD \times SD > TP \times PS$; ac inde magis $TD \times SD : PM \times PK > TD \times SD : PM \times PN$; quare $PM \times PK < PM \times PN$; vel $PK < PN$. Itaque recta FS extra curvam YFN tota jacet.

Not. Si linea XEM recta fuerit (utique ipsi TEI coincidens) erit YFN *hyperbola* vulgaris, cujus centrum T, *asymptotos* una TS, altera TZ ad EF parallela.

X. Quinetiam sit punctum D, curvæque duæ XEM, YFN ita relatæ, ut per D ductâ quacunque rectâ EF, sit perpetuo rectangulum ex DE, DF æquale cuidam quadrato (ex Z puta); unam vero curvam XEM tangat recta ER; alterius ad F tangens ita determinatur: Ducatur DP ad ER perpendicularis: factoque $DP : Z :: Z : DB$, bisecetur DB in C; connexâque CF, ducatur FS ad CF normalis; hæc curvam YFN tanget. Fig. 84.

Nam centro C per F describatur *Circulus* DOB; et per B trajiciatur utcunque recta IN lineas intersecans, ut vides; estque $DO \times DI$[i] $= DP \times DB$[k] $= Zq$[l] $= DM \times DN$[i] vel $DO : DM :: DN : DI$; ergo quum sit DM[l] $< DI$; erit $DO < DN$; itaque circulus DOB curvam YFN tanget. Quare recta FS eandem YFN tanget.

[i] Lect. VI. 27.
[k] Constr.
[l] Hyp.

XI. Curvæ XEM, YFN tales sint, ut ductâ quâpiam FE ad positione datam parallelâ, sit semper hæc æqualis eidem alicui; curvam autem YFN tangat recta SF; huic parallela RE alteram XEM continget. Fig. 85.

Nam utcunque ductâ MK ad FE parallelâ est $NI < (KI = FE =) NM$. Quare punctum I extra curvam XEM jacet, &c.

Reverâ linea XEM nil aliud est, quam ipsa YFN *translocata*. Levius hoc, et methodi tantum gratiâ propositum.

XII. Sit curva quæpiam XEM, quam tangat recta ER ad E; sit item alia curva YFN ad alteram ita relata, ut ab assignato puncto D utcunque ductâ rectâ DEF, sit semper intercepta EF æqualis alicui determinatæ Z; curvæ YFN tangens (ad F) ita designatur: Sumatur $DH = Z$; et per H ducatur AH ad DH perpendicularis, ipsi ER occurrens in B, et per F ducatur FG ad AB parallela; sumaturque $GL = GB$; erit connexa LFS curvæ YFN tangens. Fig. 86.

Nam *asymptotis* ER, AB per F descripta concipiatur *hyperbola* OFO; cui occurrat a D projecta quæpiam DO, lineas expositas secans, uti cernis. Estque QO[m] $= DP$; [n]quare $MO > DP$[o] $> DH$[n] $= MN$; ergo *hyperbola* OFO curvam YFN tangit.

Verum[p] recta LS *hyperbolam* OFO tangit; hæc itaque curvam YFN quoque tanget.

[m] Convers. Lect. VI. 9.
[n] Hyp.
[o] Elem.
[p] 9 hujus.

Not. Si XEM ponatur linea recta (vel ipsi ER coincidat) erit YFN *Conchois* prima vulgaris, seu *Nicomedea;* hujus igitur tangens e generali ratione quâdam habetur determinata.

XIII. Sit recta LA, curvaque quæpiam BEI; tum alia curva DFG talis, ut ductâ libere rectâ PFE ad positione datam quandam parallelâ, possit recta PE quadratum ex PF una cum quadrato ex datâ Z; item curvam BEI tangat recta ET; tum fiat $PEq : PFq :: PT : PS$; connexa SF curvam DFG tanget.

Fig. 87.

Nam concipiatur curva VFH talis, ut libere ductâ QK ad PE parallelâ (quæ lineas expositas secet ut vides) sit perpetuo $QKq = QHq + Zq$; unde quoniam est QK[q] $> QI$; erit $QKq - Zq > QIq - Zq$; hoc est $QHq > QGq$; ergo curva VFH curvam DFG tanget ad F; [r] est autem curva VFH *hyperbola*, quam [s] tangit recta SF; hæc itaque curvam DFG quoque continget.

[q] Hyp.
[r] Lect. VI. 22.
[s] Cor. Lect. I. 22.

XIV. Cætera ponantur eadem; at jam PE una cum quadrato ex datâ Z possit quadratum ex PF; fiatque $PEq : PFq :: PT : PS$; et connectatur FS; hæc rursus ipsam GFG continget.

Fig. 88.

Similis est demonstratio; sed adhibe 23[am] primæ Lectionis.

XV. Sint curvæ duæ AFB, CGD, communem habentes *axem* AD, ac ita versus se relatæ, ut ductâ quâcunque rectâ FEG ad AD perpendiculari (quæ rectas expositas secet ut vides) sit summa quadratorum ex ipsis EF, EG æqualis quadrato ex determinatâ rectâ Z; tangat autem recta FR ex his curvis unam AFB; et fiat $EFq : EGq :: ER : ET$; connexa GT curvam CGD quoque tanget.

Fig. 89.

Concipiatur enim curva OGO talis, ut ductâ rectâ KQO (quæ rectas FR, ER secet punctis K, Q, curvam OGO in O) sit $QKq + QOq = Zq$; erit ideo $QKq + QOq = QIq + QLq$; et cum sit QKq[t] $> QIq$, erit ideo $QOq < QLq$; itaque curva OGO curvam CGD (introrsum) tangit. [u] Est

[t] Hyp.
[u] Lect. VI. 24.

autem (ex ostensis) curva *OGO Ellipsis*, quam recta *GT* tangit; ergo recta *GT* curvam *CGD* quoque tanget.

XVI. Sit curva quæpiam *AFB* (cujus axis *AD*, et ad hunc applicata *DB*) sit etiam alia curva *VGC* ad istam sic relata, ut a designato quodam in axe *AD* puncto *Z* ad curvam *AFB* utcunque ductâ rectâ *ZF*, et per *F* ductâ rectâ *EFG* ad *DBC* parallelâ, sit *EG* æqualis ipsi *ZF*; sit autem *FQ* perpendicularis curvæ *AFB*; sumaturque *QR* æqualis ipsi *ZE*; connexa recta *GR* ipsi curvæ *VGC* perpendicularis erit. Fig. 90.

Nam ducatur *FT* ad ipsam *FQ* perpendicularis, seu curvam *AFB* tangens; et concipiatur curva *OGO* talis, ut ductâ quâcunque rectâ *HKO* ad *EFG* parallelâ (quæ rectas *TE*, *TF*, et curvam *OGO* secet punctis *H*, *K*, *O*) connexâque *ZK*, sit $HO = ZK$; tum ductâ *ZI*, quoniam HK[x] $> HI$, erit $ZK > ZI$, vel $HO > HL$; quare curva *OGO* curvam *VGC* tangit. [y] Est autem *OGO* (ex ostensis) *Hyperbola*, cui perpendicularis est recta *GR*; eadem itaque *GR* curvæ *VGC* quoque perpendicularis erit: Quod E. D.

[x] Hyp.

[y] Lect. VI. 25.

XVII. Sint recta *DQ*, duæque curvæ *DRS*, *DYX* ita relatæ, ut ductâ utcunque rectâ *REY* ad positione datam *DB* parallelâ (quæ dictas lineas secet, ut perspicis) connexâque rectâ *DY*, sit semper $RY : DY :: DY : EY$; tangat autem recta *RF* curvam *DRS* ad *R*; oportet curvæ *DYX* tangentem ad *Y* rectam designare. Fig. 91.

Concipiatur linea *DYO* talis, ut ductâ utcunque *GO* ad *DB* parallelâ (quæ lineas *FR*, *FP*, *DYO* secet punctis *G*, *P*, *O*) connexâque *DO*, sit semper $GO : DO :: DO : PO$; tanget curva *DYO* curvam *DYX* ad *Y*; Nam secet recta *GO* curvas *DRS*, *DYX* punctis *S*, *X*; et connectantur rectæ *DG*, *DS*, *DX*; patet (e curvarum naturâ) angulos *XDP*, *DSP*, nec non angulos *ODP*, *DGP* æquari; quare cum angulus *DSP* major sit angulo *DGP*; erit angulus *XDP* angulo *ODP* major, adeoque *PX* major erit quam *PO*; hinc curva *DYO* curvam *DYX* tanget ad *Y*; est autem curva *DYO hyperbola* [z] superius determinata; hanc tangat *YS*; hæc igitur curvam *DYX* quoque tanget.

[z] Lect. VI. 12.

Not. Si curva DRS sit circulus, et angulus QDB rectus, erit curva DYX *cissois* vulgaris; hujus itaque (cum innumeris aliis similiter genitis) tangens hic definitur.

Fig. 92. XVIII. Positione datæ sint rectæ DB, BK; sitque curva DYX talis, ut a puncto D ductâ quâvis rectâ DYH (quæ rectam BK secet in H, curvam DYX in Y) sit perpetuo subtensa DY æqualis rectæ BH; oportet curvæ DYX tangentem ad Y rectam determinare.

Centro D per B ducatur circulus BRS; cui occurrat recta YER ad BK parallela; et connectatur DR; estque (propter ang. DYE = ang. DHB; et $DY = BH$, ac $DR = DB$) triangulum RDY triangulo DBH simile ac æquale; quare $RY : YD :: (DH : HB) :: YD : YE$; unde ex præcedente determinabilis est recta curvam DYX tangens in Y.

XIX. Sint itidem rectæ DB, BK positione datæ; nec Fig. 93. non curva BXX talis, ut a puncto D projectâ quâcunque rectâ DX (quæ rectam BK secet in H, curvamque BXX in X) sit perpetuo HX ipsi BH æqualis; designetur oportet recta curvam BMX tangens in X.

Concipiatur curva DYY talis, ut perpetuo sit $DY = BH$ (talis nempe, qualem attigimus in præcedente) hanc vero tangat recta YT in Y, ipsi BK occurrens in R; tum *asymptotis* RB, RT per X descripta censeatur *hyperbola* NXN; ad quam utcunque projiciatur recta DN (lineas expositas secans, ut vides). Estque jam OM[a] $(= DI) <$[a] $(DL$[b] $=)$ ON; ergo *hyperbola* NXN curvam BXX tangit ad X. Ducatur itaque recta XS *hyperbolam* NXN contingens, hæc ipsam curvam BXX quoque continget.

[a] Constr.
[b] Convers. Lect. VI. 9.

Cæterum satis pro hac vice nugati videmur; cessemus aliquantisper.

LECT. IX.

QUOD ingressi sumus iter actutum rectâ prosequemur.

I. Sint rectæ AB, VD sibi parallelæ; quas secat positione data DB; transeant vero per B lineæ EBE, FBF ita ad se relatæ, ut ductâ quâvis PG ad DB parallelâ, sit perpetuo PF inter PG, PE eodem ordine designato media *Arithmetice;* tangat autem recta BS curvam EBE; oportet lineæ FBF tangentem (ad B) designare. Fig. 94.

Sint numeri N, M proportionalium PF, PE (quales[a] explicuimus supra) exponentes; fiatque $N : M :: DS : DT$; connectaturque TB; hæc lineam FBF continget.

Nam utcunque ducta sit recta PG, dictas lineas secans, uti cernis: Estque $FG : EG$[b] $:: N : M ::$ [c]$DS : DT$ $::$ [d]$LG : KG$; cum ergo[e] sit $KG < EG$; erit $LG < FG$; unde liquet rectam TB extra curvam FBF totam consistere.

[a] Lect. VII. 12.
[b] Lect. VII. 11.
[c] Constr.
[d] Lect. VII. 3.
[e] Hyp.

II. Reliquis perstantibus iisdem, sit jam PF inter PG, PE media proportionalis Geometrice (eodem ordine media nempe, quo fuit prius Arithmetice) eadem BT curvam FBF continget.

Etenim e mediis Arithmetice Geometriceque proportionalibus hocce modo constructæ lineæ sese mutuo[f] contingunt ad B; ergo cum recta BT tangat unam, hæc alteram quoque continget.

[f] Lect. VII. 17.

Exemplum. Sit PF inter PG, PE e sex mediis tertia; erit ergo $M=7$; et $N=3$; adeoque $DS : DT :: 3 : 7$.

III. Manente porro quoad cætera proxime præcedente hypothesi, sumptoque quovis in curvâ FBF puncto F; etiam ad hoc punctum tangens recta simili pacto designatur. Fig. 95.

Nempe per F ducatur recta PG ad ipsam DB parallela, secans curvam EXE in E, tum EX tangat curvam EBE in E; fiatque $N : M :: PX : PY$; connectaturque recta FY; hæc curvam FBF continget.

Nam per E ducatur recta CE ad AB (vel VD) parallela; concipiaturque per E transiens curva HEH talis, ut ductâ quâpiam QL ad DE parallelâ (curvas EBE, HEH in L, et H; rectasque CE, VP in I ac Q secante) sit semper QH inter QI, QL eodem ordine media, quo PF inter PG, PE; e præcedente jam constat rectam connexam EY curvam HEH contingere; verum curvæ HEH[g] analoga est curva FBF; [h]ergo recta FY curvam FBF quoque continget.

[g] Lect. VII. 7.
[h] Lect. VIII. 5.

IV. Adnotetur, posito lineam EBE rectam esse, quod linea FBF parabolarum seu paraboliformium aliqua sit; quare quod de his passim observatum habetur (ex calculo deductum, et inductione quâdam comprobatum, nescio tamen an uspiam Geometrice ostensum) ex immensùm uberiore fonte manat, ad innumeras aliorum generum curvas se diffundente.

V. Hinc aperte consectatur; si TD sit recta, sintque duæ quædam curvæ EEE, FFF ita ad se relatæ, ut ductis rectis PEF ad positione datam BD parallelis, sint ordinatæ PD semper ut quadrata ex ordinatis PF; rectæ vero ES, FT (ex ejusdem communis ordinatæ terminatis ductæ) curvas hasce contingant; erit $TP = 2SP$; Quod si ordinatæ PE se habeant ut ipsarum PF cubi, erit $TP = 3SP$; si PE sint ut quadrato quadrata ipsarum PF, erit $TP = 4SP$; ac sic eodem ad infinitum continuo tenore.

Fig. 96.

VI. Sit porro circulus ABC, cujus centrum D, radius DB, item lineæ EBE, FBF per B transeuntes, ac ita relatæ, ut ductâ per D rectâ quâpiam DG, sit semper DF eodem ordine media Arithmetice inter DG, DE; tangat autem recta BO curvam EBE in B; oportet curvæ FBF tangentem (ad B) designare.

Fig. 97.

Hoc (certe[i] generatim quadantenus præstitum) e re fuerit hic speciatim apertius atque plenius exequi: Quorsum sit DQ ad DB perpendicularis, quam secet BO in S; fiat vero $N : M :: DS : DT$; connectaturque recta TB; hæc curvam FBF tanget.

[i] Lect. VIII. 8.

Fig. 97.

Tangat enim recta PB *circulum* ABG; secenturque rectæ DS in X, et BS in Y, ita ut sit $DS : DX :: M : N :: BS : BY$; perque puncta X, Y ducantur XZ ad BS, et YV ad DS parallelæ, concurrentes in C; tum *asymptotis* YCZ per B traducta concipiatur *hyperbola* LBL; porro ex D projiciatur utcunque recta DP dictas lineas intersecans, ut expressum vides; estque jam $PK : PL ::$ [k] $M : N ::$ [l] $GE : GF$ [m] $> PE : PF > PK : PF$; quare $PL < PF$; igitur *Hyperbola* LBL curvam FBF tangit. Protracta jam TB cum XZ conveniat in R; estque tum $RZ : ZB :: BS : ST$; unde $RZ \times ST = BS \times ZB = BS \times SX$; atqui propter $DS : SX ::$ [n] $BS : SY$, est $DS \times SY = BS \times SX$; ergo $RZ \times ST = DS \times SY = DS \times CX$; vel $RZ : CX :: DS : ST$; compositeque $RZ : RZ + CZ :: DS : DT ::$ [n] $N : M :: CZ : CZ + CX$; itaque divisim est $RZ : CX :: CZ : CX$; adeoque $RZ = CZ$; unde RB *hyperbolam* LBL tangit; hæc igitur (RBT) curvam FBF, ipsi LBL contiguam, quoque tanget; quod erat propositum.

[k] Convers. Lect. VI. 4.
[l] Lect. VII. II.
[m] Lect. VII. I.
[n] Constr.

VII. Hinc si persistentibus reliquis, recta tantum DF jam inter DG, DE perpetuo Geometrice media statuatur (eodem qui prius fuit ordine) eadem BT curvam FBF quoque continget.

Etenim ex mediis ejusdem ordinis *Arithmetice Geometriceque* proportionalibus efformatæ lineæ se mutuo contingunt, adeoque communi rectâ tangente gaudent.

Fig. 98.

VIII. Porro (stantibus reliquis ut in postremâ) quodvis in curvâ FBF designetur punctum F, quæ curvam ad hoc tanget recta simili pacto determinatur.

Connectatur utique recta DF curvam EBE secans ad E; item ducatur DQ ad DG perpendicularis ipsam EO intersecans ad X; fiat etiam $DX : DY :: N : M$; et connectatur EY; ipsi demum EY parallela ducatur FZ; hæc curvam FBF continget.

Nam centro D per E ducatur circulus CEI; concipiaturque linea HEH talis, ut a D eductâ quacunque rectâ DI (quæ circulum CE secet in I, curvam HEH in H, et ipsam EBE in L) sit perpetuo DH eodem inter DI, DL ordine proportionalis, quo DF inter DG, DE; palam est tunc (e præcedente) quod recta EY curvam HEH tanget; verum ipsi HEH [o]analoga est curva FBF; [p]quare recta FZ curvam FBF quoque tanget.

[o] Lect. VII. 9.
[p] Lect. VIII. 7.

Exhinc nedum innumerarum spiralium, at aliarum diversi generis infinities plurium, tangentes quam prompte determinantur.

IX. Hinc clarum est, si duæ lineæ EEE, FFF sic ad se referantur, ut a puncto quodam D utcunque projectis rectis DEF; habeant se rectæ DE, ut quadrata ex ipsis DF, et ad harum terminos tangant curvas rectæ ES, FT; cum perpendicularibus ad ipsas DEF concurrentes punctis S, T; erit semper $DT = 2DS$. Quod si DE sunt ut cubi ipsarum DF, erit semper $DT = 3DS$; ac simili deinceps modo.

Fig. 99.
Fig. 99.

Fig. 100.

X. Sint rectæ VD, TB concurrentes in T, quas decusset positione data recta DB; transeant etiam per B lineæ EBE, FBF tales, ut ductâ quâcunque PG ad DB parallelâ, sit perpetuo PF eodem ordine media Arithmetice inter PG, PE; tangat autem BR curvam EBE; oportet lineæ FBF tangentem ad B determinare.

Sumptis N, M, (ordinum in quibus sunt PF, PE exponentibus) fiat $N \times TD \left.\begin{matrix} + M \\ - N \end{matrix}\right\} \times RD : M \times TD :: RD : SD$; et connectatur BS; hæc curvam FBF continget.

Nam utcunque ducta sit PG, dictas lineas secans ut vides. Estque $EG : FG ::$ [q]$M : N$; ergo $FG \times TD : EG \times TD :: N \times TD : M \times TD$. Item $EF \times RD : EG \times TD :: M - N \times RD : M \times TD$. Quapropter (antecedentes conjungendo) erit $FG \times TD + EF \times RD : EG \times TD :: N \times TD + M - N \times RD : M \times TD$; (hoc est) :: [r]$RD : SD$. [s]Est autem $LG \times TD + KL \times RD : KG \times TD :: RD : SD$; quare $FG \times TD + EF \times RD : EG \times TD :: LG \times TD + KL \times RD : KG \times TD$; hinc, cum sit EG[t] $> KG$; erit $FG \times TD + EF \times RD > LG \times TD + KL \times RD$; vel $FG : EF + TD : RD > LG : KL + TD : RD$; seu (demptâ communi ratione) $FG : EF > LG : KL$; vel componendo, EG

[q] Lect. VII. 11.
[r] Constr.
[s] Lect. VII. 4.
[t] Hyp.

: $EF > KG : KL$[u] $> EG : EL$; unde est $EF < EL$; itaque punctum L extra curvam FBF situm est; adeoque liquet propositum.

[u] Lect. VII. I.

XI. Quinetiam, reliquis stantibus iisdem, si PF supponatur ejusdem ordinis Geometrice media liquet (plane sicut in modo præcedentibus) eandem BS curvam FBF contingere.

Exemplum. Si PF sit e sex mediis tertia, seu $M = 7$; et $N = 3$; erit $3TD + 4RD : 7MD :: RD : SD$; vel SD

$$= \frac{7MD \times RD}{3TD + 4RD}.$$

XII. Patet etiam, accepto quolibet in curvâ FBF puncto (ceu F) rectam ad hoc tangentem consimili pacto designari. Nempe per F ducatur recta PG ad DB parallela, secans curvam EBE ad E; et per E ducatur ER curvam EBE tangens; fiatque $N \times TP \left.\begin{matrix} +M \\ -N \end{matrix}\right\} \times RP : M \times TP$ $:: RP : SP$; et connectatur SF; hæc curvam FBF tanget; id quod omnino simili discursu demonstratur, quo tertia hujus; tantum hic (non per E ad VD parallela ducitur, at) connectitur ET; et loco septimæ allegatur octava septimæ Lectionis; quid plura?

Fig. 101.

XIII. Adnotetur, si linea EBE sit recta, (rectæ nempe BR coincidens) esse lineam FBF ex *infinitis hyperbolis* (vel *hyperboliformibus*) aliquam; quarum igitur (unà cum aliarum infinities diversi generis plurium) *Tangentes* determinandi modum uno *Theoremate* complexi sumus.

XIV. Quod si puncta T, R non ad easdem partes puncti D (vel P) cadant; curvæ FBF tangens (BS) designatur faciendo $N \times RD - \left.\begin{matrix} M \\ -N \end{matrix}\right\} \times TD : M \times TD :: RD : SD.$

Fig. 102.

Simili plane discursu constat hoc, tantum (quartæ loco) septimæ Lectionis quintam adhibendo.

XV. Hinc autem nedum *Ellipsoidum* omnium (posito

nempe lineam EBE rectam esse, lineæ BR coincidentem) ast aliarum alterius generis *linearum innumerabilium Tangentes* unâ operâ determinantur.

Exemplum. Si PF sit e quatuor mediis quarta, seu $M=5$; et $N=4$; erit $SD=\frac{5TD \times RD}{4RD-TD}$.

Notetur; Si contigerit esse $ND \times RD = \left.\begin{matrix} M \\ -N \end{matrix}\right\} \times TD$, esse DS infinitam; seu BS ipsi VD parallelam. Alia possent adnotari; sed relinquo.

Fig. 103. XVI. Inter alias curvas innumeras, etiam hâc methodo *Cissois* et *Cissoidalium* omne genus comprehenditur: Sit utique semirectus angulus DSB; curvæque duæ SGB, SEE sic ad se referantur, ut ductâ libere rectâ GE ad BD parallelâ, (quæ lineas expositas, ut conspicis, secet) sint PG, PF, PE continue proportionales; tangat autem recta GT curvam SGB in G, reperietur quæ ad E lineam SEB tangit, faciendo $2TP-SP : TP :: SP : RP$; utique connexa RE curvam SEE tanget. Id quod e præmissis facile colligitur. Quod si jam curva SGB sit circulus, et applicationis angulus SPG sit rectus, erit curva SEE *Cissois vulgaris*, seu, *Dioclea;* alioquin alterius generis *Cissoidalis*. Hoc autem ἐν παρόδῳ perstringo. Neque jam amplius vos detinebo.

LECT. X.

INSTITUTUM circa tangentes negotium adhuc urgeo.

Fig. 104. I. Sit curva quæpiam AEG, nec non alia AFI sic ad illam relata, ut ductâ quâcunque EF ad positione datam AB parallelâ (quæ curvam AEG secet in E, curvamque AFI in F) sit perpetim EF æqualis curvæ AEG ab A intercepto arcui AE; tangat autem recta ET curvam AEG in E, sitque ET æqualis arcui AE, et connectatur recta TF; hæc curvam AFI tanget.

Nam ducatur utcunque recta GK ad AB parallela, lineas propositas secans, ut cernis; estque $GK= GH+HK$

$= GH + HT$[a] $>$ arc. $AG = GI$; unde punctum K extra curvam AFI situm est; adeoque recta TK ipsam tangit.

[a] Lect. VII. 22.

II. Quod si recta EF quamlibet ad arcum AE rationem semper eandem habeat, nihilo secius recta FT curvam AFI tanget; ut ex hac, et octavæ Lectionis sextâ manifeste consectatur.

Hæc antea pridem aliter ostendimus; ast hæc demonstratio simplicior aliquanto videtur, et clarior; methodoque quam insinuamus accommodatior.

III. Sit *curva* quæpiam AGE, punctumque designatum D; sit item alia curva AIF talis, ut a D projectâ rectâ quâcunque DEF, sit semper intercepta EF par arcui AE; tangatque recta ET curvam AGE; oportet curvæ AIF *Tangentem* (ad F) designare.

Fig. 105.

Fiat $TE =$ arc. AE; sitque curva TKF talis, ut ductâ utcunque (e D) rectâ DK (quæ curvam TKF secet in K, rectamque TE in H) sit semper $HK = HT$; tum curvam TKF [b]tangat recta FS in F; hæc curvam AIF quoque continget.

[b] Lect. VIII. 17.

Est enim $GK = GH + HK = GH + HT$[c] $> GA = GI$; quare punctum K extra curvam AIF jacet; adeoque recta FS curvam AIF continget.

[c] Lect. VII. 22.

IV. Quod si recta EF ad arcum AE eandem aliquamcunque statuatur habere proportionem, tangens ejus facile determinatur ex hac, et octavâ octavæ Lectionis.

V. Sint recta AP, duæque *curvæ* AEG, AFI, ita ad se relatæ ut ductâ utcunque rectâ DEF (quæ rectam AP, curvas AEG, AFI punctis D, E, F, secet) sit semper recta DF æqualis arcui AE; tangat autem recta ET curvam AEG ad E; sumaturque ET par arcui EA; et sit TR ad BA parallela; connectatur denuo recta RF; hæc curvam AFI tanget.

Fig. 106.

Concipiatur enim curva LFL talis, ut ductâ quâcunque rectâ PL ad AB parallelâ (quæ curvam AEG in G, rectam TE in H, curvam LFL in L secet) sit perpetuo recta PL

[d] Lect. VII. 22. [e] Hyp. [f] Lect. VI. 26. [g] Lect. VIII. 3. [h] Lect. VIII. 2.

æqualis ipsis TH, HG simul; est itaque PL[d] $>$ arc. AEG[e] $= PI$. Unde curva LFL curvam AFI tangit. Item recta IK [f]æquatur rectæ TH; [g]adeoque curva LFL rectam RFK tangit; [h]quare curvam AFI tanget recta.

VI. Etiam si rectæ DE ad arcus AE quamlibet semper eandem rationem habeant, recta RF nihilominus curvam AFI tanget, ut ex hac, et sextâ octavæ Lectionis facile patet.

Fig. 107.

VII. Sit punctum D; duæque curvæ AGE, DIF ita versus se relatæ sint, ut a puncto D projectâ quâvis rectâ DFE, sit perpetuo recta DF æqualis arcui AE; tangat autem recta ET curvam AGE ad E; designanda jam est recta, quæ curvam DIF tangat (ad F).

Sumatur ET par *arcui* FS; concipiaturque *curva* DKK talis, ut a D projectâ utcunque rectâ DH (quæ curvam DKK in K, rectam TE in H secet) sit perpetuo $DK = TH$; tum curvam DKK[i] tangat recta FS ad F; hæc curvam DIF quoque tanget.

[i] Lect. VIII. 16.

Intelligatur enim *curva* LFL talis, ut a D projectâ quapiam rectâ DH (quæ rectam TE secet in H, curvam LFL in L) sit semper $DL = TH + HG$; est itaque DL[k] $>$ arc. AG[l] $= DI$; [m]itaque curvæ DIF, LFL sese [k]contingent; item curvæ KFK, LFK sese contingunt; [n]quare curvæ DIF, KFK se quoque contingent; [n]ergo denique recta FS curvam DIF continget.

[k] Lect. VII. 22. [l] Hyp. [m] Lect. VIII. 4. [n] Lect. VIII. 2.

VIII. Quod si rectæ DF quamvis aliam constanter eandem ad arcus AE rationem obtinuerint, itidem designari potest recta curvam DIF tangens, ex hac, et septimâ octavæ Lectionis; erit utique tangens ista huic FS parallela.

IX. Hinc nedum *spiralis circularis*, ast innumerabilium simili ratione progenitarum aliarum curvarum *Tangentes* determinantur.

Fig. 108.

X. Sint curva quæpiam AEH, recta AD (in quâ determinatum punctum *D*) recta *DH* positione data; sit item curva *AGB* talis, ut in hac assumpto quocunque puncto *G*, et per hoc ac *D* projectâ rectâ *DGE* (quæ curvam *AEH* secet in *E*) ductâque *GF* ad *DH* parallelâ, habeant *AE*, *AF* assignatam rationem *X* ad *Y*; tangat autem recta *ET* curvam *AEH*; recta designetur oportet, quæ curvam *AGB* ad *G* tangat.

Fiat recta *EV* æqualis arcui *EA*; et concipiatur curva *OGO* talis, ut projectâ quâcunque rectâ *DOL* (quæ curvam *OGO* secet puncto *O*, rectam *ET* in *L*) ductâque *OQ* ad *GF* parallelâ, sit *VL* : *AQ* :: *X* : *Y*; estque curva *OGO* (e supra monstratis) *Hyperbola;* hanc tangat recta *GS*; etiam recta *GS* curvam *AGB* continget.

Nam concipiatur altera curva *NGN* talis, ut cum hanc secet recta arbitraria *DL* in *N*, curvam *AEH* in *K*, rectam *TE* in *L*; ductaque sit *NR* ad *GF* parallela, sit $VL + LK$: *AR* :: *X*: *Y*; manifestum est curvam *NGN* utramque curvam *AGB*, et *OGO* tangere; [secet enim recta *DL* curvam *AEB* in *I*, ducaturque *IP* ad *GF* parallela; quum ergo sit $VL + LK : AR :: X : Y :: AK : AP$, et sit $VL + LK > AK$; erit $AR > AP$; vel $DR < DP$; adeoque $DN < DI$; unde punctum *N* intra curvam *AGB* semper cadet; ac proinde curva *NGN* curvam *AGB* tanget; similique plane discursu curva *NGN* curvam *OGO* continget.] Itaque curvæ *AGB*, *OGO* sese (æquipollenter) tangunt. Quare cum recta *GS* curvam *OGO* tangat; eadem curvam *AGB* quoque continget. Q. E. F.

Si curva *AEH* sit circuli quadrans, cujus centrum *D*; erit curva *AGB* *Quadratrix communis*. Ejus igitur *Tangens* (una cum omnium simili ratione genitarum tangentibus) hoc pacto designatur,

Hujusmodi plura quædam cogitaram hic inserere; verum hæc existimo sufficere subindicando modo, juxta quem, citra *Calculi molestiam*, *curvarum tangentes* exquirere licet, unaque constructiones demonstrare. Subjiciam tamen unum aut alterum non aspernanda, ut videtur, *Theoremata* perquam generalia.

XI. Sit linea quæpiam *ZGE*, cujus axis *VD*; ad quam

Fig. 109. imprimis applicatæ perpendiculares (*VZ*, *PG*, *DE*) ab initio *VZ* continue utcunque crescant; sit item linea *VIF* talis, ut ductâ quâcunque rectâ *EDF* ad *VD* perpendiculari (quæ *curvas* secet punctis *E*, *F*, ipsam *VD* in *D*) sit semper *rectangulum* ex *DF*, et designatâ quâdam *R*, æquale *spatio* respective *intercepto* *VDEZ*; fiat autem $DE : DF :: R : DT$; et connectatur recta *TF*; hæc curvam *VIF* continget.

Sumatur enim in lineâ *VIF* punctum quodpiam *I* (illud Fig. 110. primo supra punctum *F*, versus initium *V*) et per hoc ducantur rectæ *IG* ad *VZ*, ac *KL* ad *VD* parallelæ (quæ lineas expositas secent, ut vides) estque tum $LF : LK :: (DF : DT ::) DE : R$; adeoque $LF \times R = LK \times DE$. Est autem (ex præstitutâ linearum istarum naturâ) $LF \times R$ æquale spatio *PDEG*; ergo $LK \times DE = PDEG < DP \times DE$. Unde est $LK < DP$; vel $LK < LI$.

Rursus accipiatur quodvis punctum *I*, infra punctum *F*, reliquaque fiant, uti prius; similique jam plane discursu constabit fore $LK \times DE = PDEG > DP \times DE$, unde jam erit $LK > DP$, vel *LI*. E quibus liquido patet totam rectam *TKFK* intra (seu extra) curvam *VIFI* existere.

Iisdem quoad cætera positis, si *ordinatæ* *VZ*, *PG*, *DE*, *&c.* continue decrescant, eadem conclusio simili ratiocinio colligetur; unicum obvenit *Discrimen*, quod in hoc casu (contra quam in priore) linea *VIF* concavas suas axi *VD* obvertat.

Corol. Notetur $DE \times DT$ æquari spatio *VDEZ*.

XII. Exinde deducitur hoc *Theorema:* Sint duæ lineæ Fig. 111. quævis *ZGE*, *VKF* ita relatæ, ut ad communem ipsarum axem *VD* applicatâ quâvis rectâ *EDF*, sit semper quadratum ex *DE* æquale *duplo spatio* *VDEZ*; sumatur autem $DQ = DE$, et connectatur *FQ*; hæc curvæ *VKF* perpendicularis erit.

Concipiatur enim linea *VIF*, per *F* transiens, talis qualem mox attigimus (cujus scilicet ad *VD* applicatæ se habeant ut spatia *VDEZ*; hoc est ut quadrata ex applicatis a curvâ *VKF* in præsente hypothesi) lineamque *VIF* tangat recta *FT*; item lineam *VKF* tangat recta *FS*. Est ergo

$SD^{o} = 2TD$; atqui $DE \times DT^{p} = VDEZ$; ergo $DE \times SD = (2VDEZ =)\ FDq$; unde constat angulum QFS rectum esse; quod Propositum erat.

o Lect. IX. 5.

p Cor. præc.

Adjungam et illis cognata hæc.

XIII. Sit curva quævis $AGEZ$, punctumque quoddam D (a quo projectæ DA, DG, DE, &c. ab initio DA continuo decrescant) tum altera sit curva DKE, priorem intersecans in E, naturâque talis, ut a D utcunque projectâ rectâ DKG (quæ curvam AEZ secet in G, curvam DKE in K) sit perpetuo rectangulum ex DK, et designatâ quâdam lineâ R, æquale spatio ADG; tum ductâ DT ad DE perpendiculari, sit $DT = 2R$; et connectatur TE; hæc curvam DKE continget.

Fig. 112.

Nam sumpto quovis in curvâ DKE puncto K, ducatur recta DKG; et sumptâ $DL = DK$, ducatur LR ad DT parallela (secans ipsam DG in Y); tum per E ducatur EX ad DE perpendicularis (hæc vero extra curvam AEZ, ad partes Z cadet, quia decrescunt projectæ versus Z; unde EX versus A intra curvam EGA cadet; eatenus saltem, quatenus huic Proposito satisfaciet). Sit jam primo punctum G supra E, versus initium A, et ob $TD : DE :: RL : LE$; adeoque $RL \times DE = TD \times LE^{q} = 2R \times LE^{q} = 2\,GDE > 2DEX = EX \times DE$; ergo $RL > EX > LY$. Est autem punctum Y extra curvam, quia $DY > DL = DK$; ergo magis punctum R est extra curvam.

Fig. 113.

q Hyp.

Sit rursus punctum G infra punctum E, versus Z; estque rursus, uti prius, $RL \times DE = 2\,GDE < 2$ triang. $EDX = EX \times DE$; unde $RL < EX < LY$. Est autem recta LY extra curvam EK tota, (nam etiam extra arcum LK curvæ KE circumductum tota jacet) ergo punctum R rursus extra curvam existit. Liquidum est igitur rectam TER curvam DKE tangere.

Quod si punctum aliud in curvâ DKE designetur, puta K; per quod ducta sit DKG; et fiat $DG : DK :: R : P$; sumaturque $DT = 2P$; et connectatur TG; tum ducatur KS ad GT parallela; recta KS curvam DKE tanget.

Nam concipiatur curva DOG, per G transiens, talis, ut rectâ quâcunque DON a D projectâ (quæ curvam DOG

secet in O, curvam DNE in M, curvam AGE in N) sit semper $DO \times P$ æqualis spatio ADN; erit ideo $DM \times R = DO \times P$; ac proinde $DM : DO :: P : R$; unde lineæ DKE, DOG analogæ erunt. Verum ex jam modo ostensis GT curvam DOG tangit; ergo KS ipsam DKE continget.

Notetur esse $DGq : DKq :: 2R : DS$.

Nam est $DGq : DKq = \overline{DG : DK} \times \overline{DG : DK} = \overline{R : P} \times \overline{DT : DS} = \overline{R : P} \times \overline{2P : DS} = 2RP : P \times DS = 2R : DS$; itaque $DGq : DKQ :: 2R : DS$.

Hæc autem perinde vera sunt, nec absimili modo demonstrantur; etiam si projectæ a D rectæ DA, DG, DE, &c. pares sint (quo casu curva $AGEZ$ *Circulus* erit, et *Curva* DKE *Spiralis Archimedæa*) aut a DA continuo crescant.

Exinde vero facile colligitur hoc *Theorema:*

XIV. Sint duæ curvæ AGE, DKE ita versus se relatæ, ut a designato in curvâ DKE puncto D ductis rectis DA, DG (quarum hæc ipsam DKE secet in K) sit semper *Quadratum* ex DK *Quadruplum spatii* ADG; ductâ DH ad DG perpendiculari, et facto $DK : DG :: DG : DH$; connexâque HK; erit HK curvæ DKE perpendicularis.

Fig. 114.

Nam concipiatur linea $DOKO$, per K transiens, naturâque talis ut ad illam a D projectæ (ceu DK) se habeant in eâdem quâ spatia ADG ratione (quales lineas attigimus in proxime superiori) et lineam DOK tangat recta KT, lineam DKE recta KS; conveniant autem hæ cum ipsâ HD punctis T, S; est igitur (e præcedente) $DGq : DKq :: \frac{DK}{2} : DT$; hoc est $DH : DK :: \frac{DK}{2} : DT$; hoc est (quoniam e [r]mox præmonstratis $DS = 2DT$) $DH : DK :: \left(\frac{DK}{2} : \frac{DS}{2} ::\right) DK : DS$. Liquet igitur rectam HK tangenti KS perpendicularem esse. Q.E.D.

[r] In hujus 12.

Ita Propositi nostri priore (quam innuebamus) parte quomodocunque defuncti sumus. Cui supplendæ, appendiculæ instar, subnectemus a nobis usitatum methodum ex Calculo tangentes reperiendi. Quanquam haud scio, post tot ejusmodi pervulgatas atque protritas methodos, an id ex usu sit facere. Facio saltem ex Amici consilio; eoque libentius, quod præ cæteris, quas tractavi, compendiosa videtur, ac generalis. In hunc procedo modum.

Sint *AP*, *PM* positione datæ rectæ lineæ (quarum *PM* propositam curvam secet in *M*) et *MT* curvam tangere ponatur ad *M*, rectam *AP* secare ad *T*; ut ipsius jam rectæ *PT* quantitatem exquiram, curvæ arcum *MN* indefinite parvum statuo; tum duco rectas *NQ* ad *MP*, et *NR* ad *AP* parallelas; nomino $MP = m$; $PT = t$; $MR = a$; $NR = e$; reliquasque rectas, ex speciali curvæ naturâ determinatas, utiles proposito, nominibus designo; ipsas autem *MR*, *NR* (et mediantibus illis ipsas *MP*, *PT*) per *æquationem* e Calculo deprehensam inter se comparo; regulas interim has observans. 1. Inter computandum omnes abjicio terminos, in quibus ipsarum *a*, vel *e*, potestas habetur, vel in quibus ipsæ ducuntur in se (etenim isti termini nihil valebunt).

Fig. 115.

2. Post *æquationem constitutam*, omnes abjicio terminos, literis constantes quantitates notas, seu determinatas designantibus; aut in quibus non habentur *a*, vel *e*; (etenim illi termini semper, ad unam æquationis partem adducti, nihilum adæquabunt).

3. Pro *a* ipsam *m* (vel *MP*); pro *e* ipsam *t* (vel *PT*) substituo. Hinc demum ipsius *PT* quantitas dignoscetur.

Quod si calculum ingrediatur curvæ cujuspiam indefinita particula; substituatur ejus loco tangentis particula rite sumpta; vel ei quævis (ob indefinitam curvæ parvitatem) æquipollens recta.

Hæc autem e subnexis Exemplis clarius elucescent.

EXEMP. I.

ANGULUS *ABH* rectus sit; et sit curva *AMO* talis, ut per *A* ductâ utcunque rectâ *AK*, quæ rectam *BH* secet in *K*, curvam *AMO* in *M*, sit semper subtensa *AM* æqualis abscissæ *BK*; hujus curvæ ad *M* tangens est designanda.

Fig. 116.

Fiant quæ supra præscripta sunt, et (ductâ *ANL*)

nominetur $AB = r$; et $AP = q$; unde $AQ = q - e$; item $QN = m - a$; ergo est $qq + ee - 2qe + mm + aa - 2ma = (AQq + QNq = ANq =)\ BLq$; hoc est (rejectis, uti monitum est, rejiciendis) $qq - 2qe + mm - 2ma = BLq$. Porro est $AQ : QN :: AB : BL$; hoc est $q - e : m - a :: r : BL = \frac{rm - ra}{q - e}$; quare $\frac{rrmm + rraa - 2rrma}{qq + ee - 2qe} = BLq$; seu (rejectis superfluis) $\frac{rrmm - 2rrma}{qq - 2qe} = BLq = qq - 2qe + mm - 2ma$; vel $rrmm - 2rrma = q^4 - 2q^3e + qqmm - 2qqma - 2q^3e + 4qqee - 2qmme + 4qmae$; hoc est (abjectis iis, quæ præscripsimus abjicienda) $-2rrma = -4q^3e - 2qqma - 2qmme$; vel $rrma - qqma = 2q^3e + qmme$; vel denuo substituendo m pro a, et t pro e, est $rrmm - qqmm = 2q^3t - qmmt$; vel

$$\frac{rrmm - qqmm}{2q^3 - qmm} = t = PT.$$

EXEMP. II.

SIT recta EA (positione ac magnitudine data) et curva EMO proprietate talis, ut ab eâ utcunque ductâ rectâ MP ad EA perpendiculari *Summa Cuborum* ex AP, et MP æquetur *Cubo* rectæ AE. Fig. 117.

Nominentur $AE = r$; $AP = f$; unde $AQ = f + e$; et AQ cub. $= f^3 + 3ffe + 3fee + e^3$; (seu abjectis superfluis, ex præscripto) $= f^3 + 3ffe$. Item NQ cub. $=$ cub. $m - a = m^3 - 3mma + 3maa - a^3$ (hoc est) $= m^3 - 3mma$. Quapropter est $f^3 + 3ffe + m^3 - 3mma = (AQ$ cub. $+ NQ$ cub. $= AE$ cub. $=)\ r^3$; abjectisque datis, est $3ffe = 3mma = O$; seu, $ffe = mma$; subrogatisque loco a, et e ipsis m, et t, erit $fft = m^3$; seu $t = \frac{m^3}{ff}$; est ergo PT quarta proportionalis in ratione AP ad PM continuata.

Similiter, Si fuerit $APqq + MPqq = AEqq$; reperietur fore $PT = \frac{m^4}{f^3}$; vel PM quarta proportionalis in ratione AP ad PM; ac ita porro; quod de *Cycloformibus* istis lineis an observatu dignum sit nescio.

EXEMP. III.

POSITIONE data sit recta AZ, et AX magnitudine; sit etiam *curva* AMO talis, ut ductâ utcunque rectâ MP ad AZ normali, sit AP *cub.* + PM *cub.* = $AX \times AP \times PM$. Fig. 118. La Galande.

Dicantur $AX = b$; et $AP = f$; ergo $AQ = f - e$; et AQ *cub.* $= f^3 - 3ffe$; et QN *cub.* $= m^3 - 3mma$; et $AQ \times QN = fm - fa - me + ae = fm - fa - me$; unde $AX \times AQ \times QN = bfm - bfa - bme$; hinc æquatio $f^3 - 3ffe + m^3 - 3mma = bfm - bfa - bme$; seu amoliendo rejectanea, $bfa - 3mma = 3ffe - bme$; substituendoque, $bfm - 3m^3 = 3fft - bmt$; seu, $\frac{bfm - 3m^3}{3ff - bm} = t$.

EXEMP. IV.

SIT *Quadratrix* CMV (ad circulum CEB pertinens cui centrum A,) cujus axis VA; ordinatæ CA, MP ad VA perpendiculares.

Protractis rectis AME, ANF, ductisque rectis EK, FL ad AB perpendicularibus, dicantur arcus $CB = p$; radius $AC = r$; recta $AP = f$; $AM = k$. Estque jam CA : arc CB :: NR : arc. FE; hoc est, $r : p :: a : \frac{pa}{r} =$ arc. FE; et $AM : MP :: AE : EK$; hoc est, $k : m :: r : \frac{rm}{k} = EK$; item $AE : EK ::$ arc. $FE : LK$; hoc est, $r : \frac{rm}{k} :: \frac{pa}{r} : \frac{pma}{rk} = LK$. Fig. 119.

Verum $AM : AE :: AP : AK$; hoc est $k : r :: f : \frac{rf}{k} = AK$; ergo $\frac{rf}{k} - \frac{pma}{rk} = AL$. Et $\frac{rrff}{kk} - \frac{2fmpa}{kk}$ (abjectis superfluis) $= ALq$; adeoque $LFq = \frac{rrkk - rrff + 2fmpa}{kk} = \frac{rrmm + 2fmpa}{kk}$.

Est autem $AQq : QNq :: ALq : LFq$; hoc est $\overline{f-e}^2 : \overline{m+a}^2 :: ALq : LFq$; hoc est $ff - 2fe : mm + 2ma :: rrff - 2fmpa : rrmm + 2fmpa$. Unde (sublatis ex normâ rejectaneis) emerget *æquatio*, $ffpa + mmpa - rrfa = rrme$;

seu $kkpa - rrfa = rrme$; vel substituendo juxta *præscriptum*; $kkpm - rrfm = rrmt$; vel $\frac{kkp}{rr} - f = t$. Hinc colligitur esse rectam $AT = \frac{kk}{rr}p$; hoc est $\left(\text{quoniam, ut notum est, } AV = \frac{rr}{p}\right)$ erit $AT = \frac{AMq}{AV}$; seu, $AV : AM :: AM : AT$.

Exemp. V.

Fig. 120, 121.

Sit DEB *Quadrans Circuli*, quem tangat recta BX; tum linea AMO talis, ut in rectâ AV utcunque sumptâ AP, quæ arcum BE adæquet, erectâque PM ad AV normali, sit PM æqualis arcûs BE tangenti BG.

Sumpto arcu $BF = AQ$; et ductâ CFH; demissis EK, FL ad CB normalibus; nominentur $CB = r$, $CK = f$, $KE = g$. Et quoniam est $CE : EK ::$ arc. $EF : LK$; vel $CE : EK :: QP : LK$; hoc est $r : g :: e : \frac{ge}{r} = LK$; erit $CL = f + \frac{ge}{r}$. Et $LF = \sqrt{rr - ff - \frac{2fge}{r}} = \sqrt{gg - \frac{2fge}{r}}$.

Est autem $CL : LF :: (CB : BH ::)\ CB : QN$; hoc est, $f + \frac{ge}{r} : \sqrt{gg - \frac{2fge}{r}} :: r : m - a$; vel (quadrando) $ff + \frac{2fge}{r} : gg - \frac{2fge}{r} :: rr : mm - 2ma$. Unde (dimissis quæ oportet) obtinetur æquatio, $rfma = grre + gmme$; unde substituendo, est $rfmm = grrt + gmmt$; vel $\frac{rfmm}{grr + gmm} = t$; seu $\left(\text{quoniam est } m = \frac{rg}{f}\right)$ erit

$$t = \frac{rr}{rr + mm} m = \frac{CBq}{CGq} BG = \frac{CKq}{CEq} BG.$$

Hæc sufficere videntur huic methodo elucidandæ.

LECT. XI.

RELIQUIS utcunque patratis, apponemus jam *quæ ad magnitudinum* e *tangentibus* (seu e perpendicularibus ad curvas) *Dimensiones eliciendas pertinentia se objecerunt Theoremata*; de compluribus utique selectiora quædam.

I. Sit curva quæpiam VH (cujus axis VD, applicata HD ad VD normalis) item linea $\phi Z\psi$ talis, ut si a curvæ puncto libere sumpto (puta E) ducatur recta EP ad curvam perpendicularis, et recta EAZ ad axem perpendicularis, sit recta AZ interceptæ AP æqualis; erit *spatium* $AD\psi\phi$ *æqualis semissi quadrati* ex rectâ DH. Fig. 122.

Nam sit angulus HDO semirectus; et æquisecetur recta VD indefinite punctis, A, B, C; per quæ ducantur rectæ EAZ, FBZ, GCZ, ad HD parallelæ; curvæ occurrentes in E, F, G; a quibus rectæ EIY, FKY, GLY ad VD (vel HO) parallelæ ducantur; quin et rectæ EP, FP, GP, HP curvæ VH perpendiculares sint; lineæ vero se intersecent; ut vides. Estque triangulum HLG simile triangulo PDH (nam ob indefinitam sectionem curvula GH pro rectâ haberi potest) quare $HL : LG :: PD : DH$; adeoque $HL \times DH = LG \times PD$; hoc est $HL \times HO = DC \times D\psi$. Simili monstrabitur discursu, quoniam triangulum GMF triangulo PCG assimilatur, fore $LK \times LY = CB \times CZ$; et similiter $KI \times KY = BA \times BZ$; itidem denuo $ID \times IY = AV \times AZ$; unde constat triangulum HDO (quod a rectangulis $HL \times HO + LK \times LY + KI \times KY + ID \times IY$ minime differt) æquari spatio $VD\psi\phi$ (quod itidem a rectangulis $DC \times D\psi + CB \times CZ + BA \times BZ + AV \times AZ$ minime differt); hoc est $\frac{DHq}{2}$ æquari spatio $VD\psi\phi$.

Longior discursus apagogicus adhiberi possit, at quorsum?

II. Iisdem positis, atque paratis; *summa rectangulorum* $AZ \times AE + BZ \times BF + CZ \times CG$, &c.; æquatur *trienti cubi* ex base DH. Fig. 122.

Nam ob $HL : LG :: PD : DH :: PD \times DH : DHq$; erit $HL \times DHq = LG \times PD \times DH$; hoc est, $HL \times HOq = DC \times D\psi \times DH$. Similique discursu, $LK \times LYq = CB \times CZ \times CG$; et $KI \times KYq = BA \times BZ \times BF$, &c. Verum $HL \times HOq + LK \times LYq + KI \times KYq$, &c.; adæquant trientem cubi ex DH; itaque liquet Propositum.

III. Simili ratione constabit summam $AZ \times AEq + BZ \times BFq + CZ \times CGq$, &c. æquari $\tau\hat{\varphi}\ \frac{DHqq}{4}$; et esse summam $AZ \times AE$ cub. $+ BZ \times BE$ cub. $+ CZ \times CG$ cub. &c. $= \frac{DH^5}{5}$; ac eodem in continuum tenore.

Fig. 122. IV. Exhinc consectantur haud aspernanda *Theoremata:* Sit $VD\psi\phi$ spatium quodlibet, cujus axis VD, ut dictum, æquisectus; si concipiantur singula spatia $VAZ\phi$, $VBZ\phi$, $VCZ\phi$, &c. in suas ordinatas AZ, BZ, CZ, &c. respective singulas duci, quæ proveniet summa adæquabitur ipsius spatii $VD\psi\phi$ semiquadrato.

Nam (uti prius ostensum) figuræ $VD\psi\phi$ adaptari potest spatium VDH; tale nimirum ut ductâ quâvis ad curvam VH perpendiculari, ceu EP, sit AP sibi respondenti applicatæ AZ æqualis; [a]unde fiet spatium $VAZ\phi = \frac{AEq}{2}$; et $VBZ\phi = \frac{BFq}{2}$; et $VCZ\phi = \frac{CGq}{2}$ &c. quapropter omnia $VAZ\phi \times AZ + VBZ\phi \times BZ + VCZ\phi \times CZ$, &c. æquabuntur omnibus $\frac{AEq \times AZ + BFq \times BZ + CGq \times CZ}{2}$, [b]hoc est $\tau\hat{\varphi}\ \frac{DHqq}{4 \times 2}$; [a]hoc est $\tau\hat{\varphi}\ \frac{VD\psi\phi \times VD\psi\phi}{2}$.

Præced. Lect. x. [a] hujus 1. Fig. 122. [b] hujus 3.

V. Quod si ducantur omnia $\sqrt{VAZ\phi}$, $\sqrt{VBZ\phi}$, $\sqrt{VCZ\phi}$, &c. in suas applicatas AZ, BZ, CZ, &c. respective, proveniet aggregatum æquale duabus tertiis radicis quadratæ facti ex ipso spatio $VD\psi\phi$ cubato ($\tau\hat{\varphi}\ \frac{2}{3}\sqrt{VD\psi\phi^3}$).

Nam adaptatâ curvâ VH, est $\sqrt{VAZ\phi} = AE\sqrt{\frac{1}{2}}$; et $\sqrt{VBZ\phi} = BF\sqrt{\frac{1}{2}}$, et $VCZ\phi = \sqrt{CG}\sqrt{\frac{1}{2}}$, &c. Cum itaque sint omnia $AZ \times AE + BZ \times BF + CZ \times CG$, &c. $= \frac{DH \text{ cub.}}{3}$, erunt omnia $AZ \times \sqrt{VAZ\phi} + BZ \times \sqrt{VBZ\phi} + CZ \times \sqrt{VCZ\phi}$, &c. $= \frac{DH \text{cub.}}{3} \sqrt{\tfrac{1}{2}} = \sqrt{\frac{DH^6}{18}}$. Est autem $DHq = 2\,VD\psi\phi$, vel $DH^6 = 8\,VD\psi\phi^3$; quapropter omnia $AZ \times \sqrt{VAZ\phi} + BZ \times \sqrt{VBZ\phi} + CZ \times \sqrt{VCZ\phi}$, &c. $= \sqrt{\frac{8}{18}\,VD\psi\phi^3} = \tfrac{2}{3}\sqrt{VD\psi\phi^3}$.

VI. *Exempla.* Sit $VD\psi$ circuli quadrans (cujus radius dicatur R, et Peripheria P) segmenta VAZ, VBZ, VCZ, &c. in sinus rectos AZ, BZ, CZ, &c. ducta conficient $\frac{RqPq}{8}$. Fig. 123.

Item Summa $AZ\sqrt{VAZ} + BZ\sqrt{VBZ} + CZ\sqrt{VCZ}$, &c. $= \tfrac{2}{3}\sqrt{\frac{R^3P^3}{8}} = \sqrt{\frac{R^3P^3}{18}}$.

Si $VD\psi$ sit parabolæ segmentum, factum e segmentis in applicatas erit $\tfrac{2}{9}\,VDq \times A\psi q$; ac e radicibus segmentorum in applicatas factum erit $\tfrac{2}{3}\sqrt{\tfrac{8}{27}\,VD^3 \times D\psi^3}\ \sqrt{\tfrac{32}{243}\,VD^3 \times D\psi^3}$.

Similia plura de factis e *Segmentorum potestatibus, aut radicibus aliis in applicatas, aut sinus ductis*, hinc extundi possent.

VII. E dictis porro sequitur, si omnes (vertici, et perpendicularibus interjectæ) VP per respectiva puncta A, B, C, &c. concipiantur applicatæ, puta ut AY, BY, CY, &c. respectivis VP æquentur; erit e sic applicatis *constitutum spatium* $AD\xi\theta$ *æquale semissi quadrati ex subtensâ* VH. [Fig. 122.]

Nam, ob omnes $VA + VB + VC$, &c. $= \frac{VDq}{2}$; et omnes $AP + BP + CP$, &c. $= \frac{DHq}{2}$, liquet fore omnes $VP = \frac{VHq}{2}$.

VIII. Porro, si (positis iisdem) sit curva $RXXS$ talis,

[Fig. 122.] ut sit $IX = AP$, et $KX = BP$; et $LX = CP$, &c. erit *solidum factum ex spatio $VD\psi\phi$ circa axem VD rotato subduplum solidi ex spatio $DRSH$, itidem circa axem VD rotato, confecti.*

Nam ob $HL : LG :: PD : DH :: D\psi : DH :: D\psi q : D\psi \times DH :: D\psi q : HS \times DH$; erit $HL \times HS \times DH = LG \times D\psi q : = DC \times D\psi q$. Simili plane discursu erit $LK \times LX \times DL = CB \times CZq$; et $KI \times KX \times DK = BA \times BZq$, &c. atqui solidum prius est* $\frac{\varpi}{\delta} \times AZq + BZq + CZq$, &c. et solidum posterius est $\frac{2\varpi}{\delta} \times DI \times IX + DK \times KX + DL \times LX$, &c. itaque constat Propositum.

Fig. 124. IX. Hæc itidem omnia simili ratione vera sunt, etiam si curva VEH rectæ VD convexas suas partes obvertat; nempe quovis in curvâ accepto puncto E; et per hoc ductâ EP ad curvam VEH perpendiculari, et EAY ad rectam VD normali, factâque $AZ = AP$; erit spatium $VD\psi = \frac{DHq}{2}$; Sin quoque fiat $AY = VP$; erit spatium $VD\xi = \frac{VHp}{2}$. Et pariter quoad cætera.

Ex his vero *Theorematis quam innumerarum magnitudinum* (ex ipsarum immediate constructione) *dimensiones innotescant*, ab experientiâ facile comperietur.

Fig. 125. X. Sit rursus curva quæpiam VH (cujus axis VD, basis DH) et linea $DZZO$ talis, ut a curvæ puncto quopiam, ceu E, ductâ rectâ ET, quæ curvam tangat, et rectâ EIZ ad basin parallelâ, sit perpetuo IZ æqualis ipsi AT; dico *spatium DHO spatio VDH æquari.*

Æquisecetur enim recta DH indefinite, punctis I, K, L, per quæ ducantur rectæ EIZ, FKZ, GLZ ad VD parallelæ, curvæque occurrentes ad E, F, G, unde ducantur rectæ EA, FB, GC ad HD parallelæ, rectæque ET, FT, GT (ut et HT) *curvam tangentes;* lineæ vero se, ut Schema monstrat, intersecent. Estque jam triangulum GLH simile triangulo TDH, (nam ob divisionem istam indefinitam

* See Note, p. 267.

arculus GH rectæ instar censeri potest, eatenus tangenti HT coincidens,) quare $LG : LH :: TD : DH$; et $LG \times DH = LH \times TD$; seu $CD \times DH = LH \times HO$; simili ratiocinio est $BC \times CG = KL \times LZ$; et $AB \times BF = IK \times KZ$, et $VA \times AE = DI \times IZ$. Verum summa $CD \times DH + BC \times CG + AB \times BF + VA \times AE$ a spatio VDH minime differt; et summa $LH \times DO + KL \times LZ + IK \times KZ + DI \times IZ$ a spatio DHO minime differt; itaque spatia VDH, DHO æquantur.

Hoc *perutile Theorema* doctissimo Viro *D. Gregorio Aberdonensi* debetur; cui sequentia subnectimus.

XI. Iisdem positis; solidum ex spatio DHO circa axem VDR rotato factum duplum erit solidi facti ex spatio VDH itidem circa axem VD rotato. Fig. 125.

Nam est $HL : LG ::$ ($DH : DT :: DH : HO ::$) $DHq : DH \times HO$; unde $HL \times DH \times HO = LG \times DHq = CD \times DHq$. Similique discursu sunt $LK \times DL \times LZ = BC \times CGq$; et $KI \times DK \times KZ = AB \times BFq$; et demum $ID \times DI \times IZ = VA \times AEq$. Est autem (ut vulgo notatum habetur) summa $CD \times DHq + BCB \times CGq + AB \times BFq + VA \times AEq$ dupla summæ $DI \times IE + DK \times KF + DL \times LG$, &c. Quare solidum ex spatio HDO circa axem DR converso factum duplum est solidi, quod e spatio VDH circa VD converso producitur.

XII. Hinc, summa $DI \times IZ + DK \times KZ + DL \times LZ$, &c. æquatur summæ quadratorum ex applicatis ad VD; scilicet ipsis $AEq + BFq + CGq$, &c.

XIII. Simili ratiocinio constabit summam $DIq \times IZ + DKq \times KZ + DLq \times LZ$, &c. triplam esse summæ $DIq \times IE + DKq \times KF + DLq \times LG$, &c.; hoc est æqualem summæ cuborum ab omnibus AE, BF, CG, &c. ad VD applicatis. Idem quoad *reliquas potestates* observabilis est Conclusionum tenor.

XIV. Iisdem positis; si DXH sit linea talis, ut quævis ad DH ordinata, ceu IX, sit media proportionalis inter sibi congruas ordinatas IE, IZ; erit solidum ex spatio VDH circa axem DH rotato duplum solidi ex spatio DXH circa eundem axem DH converso procreati.

Nam ob $VA \times AE = DI \times IZ$, erit $VA \times AE \times EI = DI \times IZ \times IE = ID \times IXq$. Similique de causâ $AB \times BF \times FK = IK \times KXq$; et $BC \times CG \times GL = KL \times LKq$, &c. Est autem summa $VA \times AE \times EI + AB \times BF \times FK + BC \times CG \times GL$, &c. subdupla summæ $VDq + EIq + FKq + GLq$; ergo summa $IXq + KXq + LXq + HXq$, subdupla est summæ $VDq - EIq + FKq + GLq$. Unde liquet Propositum.

In hujus 10.

XV. Quod si curva DXH talis concipiatur, ut sit ordinata quæpiam, ceu IX, inter congruas ordinatas IE, IZ bimedia*; erit summa cuborum ex IX, KX, LX, &c. subtripla cuborum ex DV, IE, KF, &c. Sin IX sit trimedia; erit $IXqq + KXqq + LXqq$, &c. $= \frac{DVqq + IEqq + KFqq}{4}$ &c. ac ita porro quoad cæteras potestates. (* *Not.* bimediam appello, quæ duarum mediarum proportionalium prima; trimediam, quæ trium prima est, &c.)

Hæc simili ratione colliguntur, ac comprobantur. Piget κοκκύζειν.

XVI. Sit porro linea VYQ talis, ut ordinata AY ipsi AT; et ordinata BY ipsi BT, &c. æquentur; erit $IZq + KZq + LZq$, &c. (summa quadratorum ex ordinatis a curvâ DZO ad rectam DH) æqualis summæ $VA \times AE \times AY + AB \times BF \times BY + BC \times CG \times CY$, &c. (hoc est figuræ VDH in figuram VDQ ductæ).

XVII. Item, summa IZ cub. $+ KZ$ cub. $+ LZ$ cub. &c. $= VA \times AE \times AYq + AB \times BE \times BYq + BC \times CG \times CYq$, &c. *hoc est figuræ VDH in figuræ VDQ quadrata ductæ*). Similis et aliarum *potestatum* est ratio.

Ad superiorum normam hæc facile colliges.

XVIII. Eadem vera sunt, et omnino simili ratione comprobantur, etiam si curvæ VH convexa rectæ VD ob-

Fig. 126.

vertantur. Nempe, si linea DZO talis sit, ut ductâ per quodvis in curvâ VH punctum E tangente ET, et EA ad HD parallelâ, ac EIZ ad VD parallelâ, sit perpetim $IZ = AT$; erit spatium DHO spatio VDH æquale; et solidum factum ex spatio DHO circa axem VR converso duplum erit solidi ex spatio VDH circa eundem axem VD rotato producti; quin et reliqua pari modo convenient.

XIX. Porro, sit curva quæpiam AMB, cujus axis AD, Fig. 127. et huic perpendicularis BD; tum alia sit linea KZL talis, ut sumpto in curvâ AB utcunque puncto M; et per hoc ductis rectâ MT curvam AB tangente, rectâ MFZ ad DB parallelâ (quæ lineam KL secet in Z, rectam AD in F) datâque quâdam lineâ R; sit $TF : FM :: R : FZ$; erit spatium $ADLK$ æquale rectangulo ex R, et DB.

Nam sit $DH = R$; et compleatur rectangulum $BDHI$; tum assumptâ MN indefinite parvâ curvæ AB particulâ ducantur NG ad BD; et MEX, NOS ad AD parallelæ. Estque $NO : MO :: TF : FM :: R : FZ$. Unde $NO \times FZ = MO \times R$; hoc est $FG \times FZ = ES \times EX$; ergo cum omnia rectangula $FG \times FZ$ minime differant a spatio $ADLK$; et omnia totidem rectangula $ES \times EX$ componant rectangulum $DHIB$, satis liquet Propositum.

XX. Iisdem positis, sit curva PYQ talis, ut sumpta in sumptâ rectâ MX ordinata EY (respective) ipsi FZ æquetur, erit *summa quadratorum* ex FZ (ad rectam AD computata) par ei quod fit ex ipsâ R in *spatium* $DBQB$ ductâ.

Est enim $FG : ES :: NO : MO :: R \times FZ : FZq :: R \times EY : FZq$; adeoque $FG \times FZq = ES \times R \times EY$.

XXI. Simili ratione *summa cuborum* ex FZ æquatur ei quod fit ex R in summam quadratorum ex rectis EY ad BD applicatis; neque non simili quoad reliquas potestates tenore.

XXII. Sit curva quævis DOK, in quâ designatum Fig. 128. punctum D; et subtensa recta DK; sit item curva AE

talis, ut a D projectâ quâvis rectâ DMF (quæ curvas secet punctis M, F) ductisque DS ad DM normali, et MS curvam DOK tangente (concurrentibus utique puncto S) datâque quâdam R, sit $DS : 2R :: DMq : DFq$; erit spatium ADE æquale ex R, DK.

Nam subtensa DK indefinite secta concipiatur punctis PQ, &c. per quæ centro C descripti transeant arcus PM, QRN; curvam DOK secantes punctis M, N; per quæ ducantur rectæ DMF, DNG; sint vero DT ad DK, et DS ad DM perpendiculares; quibus occurrant tangentes KT, MS; demum centro D per E ducatur arcus EX; et per F arcus FY. Jam, ob sectionem indefinitam, est triangulum KPM triangulo KDT simile; ac ideo $MP : PK :: TD : DK$; item est $DP : PM :: DE : EX$; seu, propter assignatam causam, $DK : MP :: DE : EX$. Est itaque $MP \times DK : PK \times MP :: TD \times DE : DK \times EX$; hoc est $DK : PK :: TD \times DEq : DK \times EX \times DE$; ac inde $DKq \times EX \times DE = PK \times TD \times DEq$[c]. Est autem $DT : 2R :: DKq : DEq$; seu $DT \times DEq = 2R \times DKq$; ergo est $DKq \times EX \times DE = PK \times 2R \times DKq$; quare $EX \times DE = 2R \times PK$; hoc est, 2 sector $DEX = 2R \times PK$; unde sector $DEX = R \times PK$. Simili plane discursu sector DFY æquatur ipsi $R \times RM$, vel $R \times QP$; itaque totum spatium ADE quod ab ejusmodi sectoribus minime differt adæquatur toti $R \times DK$; quod erat Propositum.

[c] Hyp.

Fig. 128.

XXIII. Iisdem, quoad cætera, positis atque paratis, ducantur KH ad KT, et MI ad MS perpendiculares; et concipiatur jam curva AE naturâ talis, ut sit $DE = \surd DK \times DH$; et $DF = \surd DM \times DI$; ac ita perpetuo; erit spatium ADE quadrati ex DK subquadruplum.

Nam est $MP : PK :: DK : DH :: DKq : DK \times DH :: DKq : DEq$; item $DP : PM :: DE : EX$; hoc est $DK : PM :: DE : EX$; ergo $MP \times DK : PK \times PM :: DKq \times DE : DEq \times EX$; hoc est $DK : PK :: DKq : DE \times EX$; vel $DKq : DK \times PK :: DKq : DE \times EX$; unde $DK \times PK = DE \times EX$. Simili ratione $DM \times MR$ (vel $DP \times PQ$) $= DF \times FY$. Verum omnia $DK \times PK$, $DP \times PQ$, &c. æquantur semissi quadrati ex DK; et omnia $DE \times EX$,

$DF \times FY$, &c. æquantur *duplo spatio EDA*; unde manifeste consequitur Propositum.

XXIV. Sit curva quæpiam DOK, in quâ punctum D; cuique subtendatur recta DK; sit item curva DZI talis, ut sumpto in curvâ DOK puncto quopiam M, connexâque DM; et ductâ DS ad DM perpendiculari, et MS curvam DOK tangente; sumptâ demum $DP = DM$, et ductâ PZ ad DK perpendiculari, sit $PZ = DS$; erit *spatium DKI* æquale *duplo spatio DKOD*. Fig. 129.

Nam recta KP concipiatur indefinite parva; et DT ipsi DK perpendicularis sit, et KT curvam DOK tangat. Est itaque (ducto arcu MP) rursus $KP : PM :: KD : DT :: KD : KI$; unde $KP \times KI = PM \times KD$. Capiatur alia particula PQ, et centro D per Q ducatur arcus QN, quem secet subtensa DM in R; est ergo rursus $MR : RN :: MD : DS$; hoc est $PQ : RN :: MD : PZ$; quare $PQ \times PZ = RN \times MD$; ac ita continuo deinceps; patet igitur omnia simul rectangula $KP \times KI$, $PQ \times PZ$, &c. æquari aggregato omnium $PM \times KD$, $RN \times MD$, &c. hoc est spatium DKI duplo *spatio DKOD* æquari.

XXV. Iisdem quoad cætera positis atque paratis, ordinatæ PZ jam æquales concipiantur ipsis MS respectivis; et ad rectam assumptam Xk, distantiasque Xk, Xm, Xn, &c., æquales ipsis curvæ partibus DOK, DOM, DON, &c. applicentur rectæ kd, md, nd, &c. pares subtensis KD, MD, ND; &c. erit spatium Xkd æquale spatio DKI. Fig. 130. [et 129.]

Nam est $KM : KP :: KT : KD$; hoc est $km : KP :: KI : kd$; unde $km \times kd = KP \times KI$. Similique pacto, $MN : MR :: MS : MD$; seu $mn : PQ :: PZ : md$; unde $mn \times md = PQ \times PZ$; ac ita deinceps; unde constat Propositum.

XXVI. Sin porro, persistentibus reliquis, adsumptâ quâvis rectâ kg, completoque rectangulo $Xkgh$, curva DZI talis intelligatur, ut sit $MD : MS :: kg : PZ$; erit rectangulum $Xkgh$ æquale spatio DKI. Fig. 130. [et 129.]

Nam est rursus $KP : KM :: KD : KT :: kg : KI$; adeoque $KP \times KI = (KM \times kg =)\ km \times kg$. Similiterque $PQ \times PZ = mn \times kg$; ac ita semper. Unde constat.

Hinc noto spatio *DKI* cognoscetur quantitas curvæ *DOK*.

Hujusmodi vero complura deprehendet quisquis hanc *Mineram* penitius explorârit, ac excusserit. Faciat cui id vacat et adlubescit.

XXVII. Usui forte nonnunquam erit (mihi subinde fuit) et hoc, e præmissis deductum Theorema.

Fig. 131. Sit curva quæpiam *VEH* (cujus axis *VD*, basis *DH*) quam tangat utcunque recta *ET*; et ducatur *EA* ad *HD* parallela; tum altera statuatur curva *GZZ* talis, ut a puncto *E* ductâ rectâ *EZ* ad *VD* parallelâ (quæ basin *DH* in *I*, curvam *GZZ* in *Z* secet) adsumptâque quâpiam determinatâ *R*, sit semper $DAq : Rq :: DT : IZ$; erit $DA : AE :: Rq :$ spat. *DIZG*; (vel facto $DA : R :: R : DP$; ductâque *PQ* ad *DH* parallelâ, erit *Rectangulum DPQI* par *spatio DGZI*).

Etiam hoc adjiciatur *Theorema;* nonnunquam usui futurum.

Fig. 132. XXVIII. Sit curva quælibet *AMB* (cujus axis *AD*); sit item linea *KZL* proprietate talis, ut sumpto in *AMB* quocunque puncto *M*, et ab eo ductis rectâ *MP* ad curvam *AB* perpendiculari (quæ axem *AD* secet in *P*) et rectâ *MG* ad *AD* perpendiculari (quæ curvam *KZL* secet in *Z*) sit constanter $GM : MP ::$ arc. $AM : GZ$; erit *spatium ADKL* æquale *semissi quadrati* ex arcu *AM*.

Hæc inquam, e præcedentibus haud magnâ operâ colligantur, id vero sufficiat admonitum; etenim hic animus est paulo subsistere.

APPENDICULA.

I. CUM pridem ante plures annos illustris Viri, *Christiani Hugenii*, *Cyclometrica* lustrarem, ac in eo versatus adverterem ad id negotii duas præsertim ab ipso methodos adhiberi; quarum una *Circuli Segmentum* duobus parabolicis (uni inscripto, alteri adscripto) medium esse monstrans, illius inde magnitudini limites præscribit; altera *Parabolici Segmenti*, et *Parallelogrammi* æque altorum centris gravitatum medium interjacere centrum gravitatis Circularis Segmenti ostendens, alteros exinde limites adsignat; incidit mihi cogitatio posse loco parabolæ in primâ methodo, nec non vice parallelogrammi in secundâ, paraboliformium aliquam circulari segmento circumscriptibilem usurpari, sic ut res aliquanto propius attingatur; id mox verum esse re perpensâ comperi; quin et præterea notavi facile suppares methodos *Hyperbolici Segmenti dimensioni* accommodari. Quorum demonstratio (præ aliis fortasse, quæ excogitari possent) brevis et clara cum e supra positis consequatur aut pendeat, eam (alioquin opinor haud injucundam) hic visum est apponere.

II. Adsumimus autem hæc pervulgata; quorumque demonstrationes e præmonstratis haud difficile variis modis colligantur; si *Paraboliformis BAE* (cujus *Axis AD*, *Basis* vel ordinata *BDE*, *Tangens BT*; *Gravitatis centrum K*) exponens sit $\frac{n}{m}$; erit *Area* $BAE = \frac{m}{n+m} AD \times BE$; et $TD = \frac{m}{n} AD$, et $KD = \frac{m}{n+2m} AD$. Fig. 133.

III. Sint duæ quævis curvæ *AEB*, *AFB* (quarum communis axis *AD*, ordinata *DB*) ita se habentes, ut ductâ quâcunque rectâ *EFG* ad *BD* parallelâ, quæ lineas expositas punctis *E*, *F*, *G* secet, positoque quod rectæ *ES*, *FT* tangant curvas (illa curvam *AEB*, hæc ipsam *AFB*) sit Fig. 134.

perpetuo TG major quam SG; dico nullam curvæ AFB partem intra ipsam AEB cadere.

Si fieri potest, cadat pars NFM; ita scilicet ut curva AFB curvam AEB intersecet punctis M, N; his autem interjecta concipiatur indeterminate ordinata EFG; sint vero lineæ LXK, RYQ tales, ut ductis rectis EO, FP ad ipsas ES, FT perpendicularibus, protractâque rectâ EG, ut hæc dictas lineas LK, QR secet punctis X, Y; sit $GX = GO$, et $GY = GP$. Jam ex ostensis patet esse *spatium* $IHKL = \frac{HMq - INq}{2} =$ spat. $IHQR$; adeoque spat. $IHKL$, $IHQR$ æquari. Verum ob $GE : GO(GX) :: SG : GE < SG : GF < TG : GF :: GF : GP\ (GY) < GE : GY$; est $GX > GY$; adeoque (cum hoc ubique similiter contingat) spatium $IHKL$ majus spatio $IHQR$; quod repugnat ostenso; itaque liquet Propositum.

Hinc tota AFB extra totam AEB jacet, nec illa hanc usquam intersecat.

Fig. 135. IV. Sit curva quæpiam BAE, cujus axis AD, et ad hunc ordinata basis ADE; segmenti vero BAE centrum gravitatis sit punctum H, per quod ducta sit recta RS ad BE parallela. Porro per puncta R, S transeat altera curva (vel linea quævis) $MRASN$, habens itidem axin AD, ac ita priorem curvam BAE secans, ut ejusce pars superior $RKAPS$ intra curvam BAE cadat, inferiores vero reliquæ partes RM, SN extra eandem; erit segmenti $MRASN$ centrum gravitatis infra punctum H, versus basin MN.

Nam e segmento $RIAOS$ ablatum $RIAK + AOSP$ residuum $BRKAPSE$ deprimet versus basin BE, puta ut jam sit hujus residui *Centrum Gravitatis* ad X; tunc adjunctum $BRM + ESN$ adhuc totum $MRKAPSN$ magis deprimet; adeoque centrum ejus infra X consistet, velut ad Y; itaque constat Propositum.

Fig. 136. V. *Circulum* AFB, cujus *Centrum* C, tangant duæ rectæ BT, ES *Diametro* CA occurrentes punctis T, S; et ad CA perpendiculares sint rectæ BD, EP; sit autem AD major quam AP; erit $TD : AD > SP : AP$.

Nam est $CT : CA :: CA : CD$. Ideoque $CT - CA : CA - CD :: CT : CA$; hoc est $TA : AD :: CT : CA$. Simili ratione constabit esse $SA : AP :: CS : CA$. Est autem $CT : CA > CS : CA$; quare $TA : AD > SA : AP$; vel, componendo, $TD : AD > SP : AP$.

VI. *Hyperbolam AEB*, cujus *Centrum C* tangant duæ rectæ BT, ES, et reliqua ponantur ut in proxime præcedente; erit $TD : AD < SP : AP$. Fig. 137.

Nam est $CA : CD :: CT : CA$; unde $CA - CT : CD - CA :: CT : CA$; hoc est, $TA : AD :: CT : CA$; suppare discursu, est $SA : AP :: CS : CA$. Verum est $CT : CA < CS : CA$; quare $TA : AD < SA : AP$; seu componendo $TD : AD < SP : AP$.

VII. *Circuli AEB* (cujus *Centrum C*) et *Paraboliformis AFB* communes sint axis AD, et basis BD; sit autem *paraboliformis* exponens $\frac{n}{m}$; et $AD = \frac{m - 2n}{m - n} CA$ (vel $m - n : m - 2n :: CA : AD$) *circulum* vero tangat recta BT; hæc quoque *paraboliformem AFB* continget. Fig. 138.

Nam quia BT *circulum* tangit, est $CT : CA :: CA : CD$; unde $TA : AD :: CA : CD$; componendoque, $TD : AD :: CA + CD : CD$. Item, quoniam est (ex hypothesi) $CA : AD :: m - n : n - 2n$; erit, per rationis conversionem, $CA : CD :: m - n : n$; et, componendo, $CA + CD : CD :: m : n$; hoc est, $TD : AD :: m : n$; unde[a] palam fit, quod BT *paraboliformem AFB* tangit.

[a] II. hujus app.

VIII. Subnotetur, quod inverse, datâ ratione ipsius AD ad CA, designabitur hinc *paraboliformis*, quæ *circulum AEB* ad B continget. Nempe, si $AD = \frac{s}{t}$, erit $\frac{t - s}{2t - s}$ dictæ *paraboliformis* exponens. Nam posito fore $\frac{t - s}{2t - s} = \frac{n}{m}$; erit ideo (juxta crucem multiplicando) $mt - ms = 2tn - sn$; et, transponendo, $mt - 2nt = ms - ns$; ac ideo (æqualitatem ad analogismum redigendo), $m - n : m - 2n ::$

$t : s :: CA : AD$; itaque constat ex antecedente Propositum.

IX. Manente quoad cætera septimæ hypothesi, *paraboliformis* AFB extra *circulum* AEB tota cadet.

Fig. 139. Nam utcunque ducatur recta GEF ad DB parallela; quæ secet circulum ad E, paraboliformem in F; ductæque concipiantur rectæ ES *circulum*, et recta FR *paraboliformem* contingentes; Estque $RG : AG ::$[b] $m : n :: TD : AD$[c] $> SG : AG$; quare $RG > SG$; unde[d] patet tota AFB extra circulum AEB jacere.

[b] II. hujus app. [c] V. hujus app. [d] III. hujus app.

Fig. 139. X. Reliquis itidem stantibus, si ad basin GE (utcunque parallelam ipsi DB) et axem AD constituta intelligatur *paraboliformis* ejusdem cum ipsâ AFB generis (nempe cujus etiam exponens $\frac{n}{m}$), illa ad partes A supra GE, extra *circulum* tota jacebit.

Nam in arcu AE accepto quocunque puncto M, ductâque MP ad EG parallelâ, et MV circulum tangente; est $VP : AP < SG : AG < RG : AG :: m : n$[e]; itaque rursus liquet Propositum.

[e] III. hujus app.

Fig. 139. XI. Consectatur etiam dictam (ipsi AFB coordinatam et ad basin GE constitutam) *paraboliformem* infra GE ad DB protractam, eatenus intra *circulum* totam cadere.

Quod intra *circulum* statim infra EG cadet ex eo patet, quod ipsam tangens RE circulum secat (quia nempe SE circulum tangit); quod alibi *circulo* non occurret hinc patet; quoniam posito quod occurrat uspiam ad N[f], tota supra N extra circulum caderet, contra quam modo dictum ac ostensum est.

[f] III. hujus app.

Fig. 140. XII. Porro, *Hyperbolæ* AEB (cujus centrum C) et *Paraboliformis* AFB, cujus exponens $\frac{n}{m}$, communes sint axis AD, basis DB; sit autem $AD = \frac{2n-m}{m-n} CA$; et BT

hyperbolam tangat; hæc quoque *paraboliformem* AFB continget.

Nam est $CD : CA :: CA : CT$; ac inde $AD : TA :: CD : CA$; inverseque componendo, $TD : AD :: CA + CD : CD$. Verum ex hypothesi, est $m - n : 2n - m :: CA : CD$; adeoque inverse componendo, $CA : CD :: m - n : n$; et rursus componendo, $CA + CD : CD :: m : n$; hoc est $TD : AD :: m : n$; unde BT *hyperboliformem* contingit.

XIII. Hinc rursum datâ ratione ipsius AD ad CA, *paraboliformis* ad punctum B *hyperbolam* contingens designabitur; nempe sit $AD = \frac{s}{t}\ CA$; erit $\frac{n}{m} = \frac{t+s}{2t+s}$. Nam hoc supposito erit (σταυρηδὸν multiplicando) $2tn + sn = mt + ms$; vel, transponendo, $2nt - mt = ms - ns$; unde $m - n : 2n - m :: t : s :: CA : AD$; ergo patet ex antecedente.

XIV. Stante duodecimæ hypothesi, *paraboliformis* AFB intra *hyperbolam* AEB tota cadet.

Nam utcunque ducatur EFG ad BD parallela; et recta ER *hyperbolam*, recta FS *paraboliformem* tangant. Estque $SG : AG ::$[g] $m : n :: TD : AD$[h] $< RG : AG$; unde $RG < SG$[i]; unde curva AEB extra curvam AFB tota cadet.

Fig. 141.
[g] II. hujus app.
[h] VI. hujus app.
[i] VIII. hujus app.

XV. Etiam, si reliquis perstantibus, ad basin GE, axin AG constitutam imagineris ejusdem ordinis *paraboliformem;* hæc ad partes ipsâ GE superiores intra *hyperbolam* tota cadet. Fig. 141.

Nam si in *curvâ hyperbolicâ* AE sumatur ubicunque punctum M, et ordinetur MP, ducaturque hyperbolam tangens MV; erit $VP : AP > m : n$; adeoque rursus e tertiâ liquet Propositum.

XVI. Quinetiam si hæc altera coordinata *paraboliformis*, ad basin EG constituta, ad DB protracta concipiatur, ejus ipsis EG, BD intercepta pars extra *hyperbolam* tota cadet. Fig. 141.

Nam quod extra *hyperbolam* infra EG cadit, exinde patet, quod ipsa cum ipsius tangente recta ES angulum efficit minorem eo, quem eadem recta *ES* efficit cum rectâ *RE* hyperbolam tangente; quod autem eadem alibi, velut ad *N*, *hyperbolæ* non occurrit, patet; quoniam hoc posito[k], ipsa intra *hyperbolam AN* tota consisteret, contra quam mox ostensum est.

[k] III. hujus app.

XVII. Habeant *Circulus AEB*, et *Parabola AFB* communem axem *AD*, et basin *DB*; *parabola* ad partes supra *BD* intra *circulum;* at infra *BD* extra *circulum* cadet.

Sit enim *Circuli Diameter AZ*, et ei æqualis *AH* ad *BD* parallela, et connectatur *ZH*; et huic *BD* producta ad *I*; ergo *DI* est *Parameter parabolæ AFB*; quod si supra *BD* utcunque ducatur recta *EFGK* ad *BD* parallela circulum secans in *E*, parabolam in *F*, rectas *AZ*, *HZ*, in *G*, et *K*, patet esse $GEq = AG \times GK > AG \times DI = GFq$; unde $GE > GF$. Item, si infra *BD* utcunque ducatur recta *MNOL* ad *BD* parallela *parabolam* secans in *M*, *circulum* in *N*, rectas *AZ*, *HZ* in *O*, et *L*, itidem patet esse $MOq = AO \times DI > AO \times OL = NOq$; et ideo $MO > NO$; quare liquent ea, quæ Proposita sunt.

Fig. 142.

Si *Circulo* substituatur *Ellipsis*, eadem conclusio valet, idem discursus probat; positâ *AH Ellipsis parametro.*

XVIII. Habeant *hyperbola AEB* (cujus axis *AZ*, parameter *AH*), et *parabola AFB* axin eundem *AD*, et basin *DB*, *parabola* supra *DB* tota extra *hyperbolam* cadet, extra vero, si infra *DB* protrahatur.

Fig. 143.

Nam connexæ *ZH* occurrat *BD* in *I*; ergo *DI* est *parabolæ parameter.* Quod si supra *BD* utcunque ducatur recta *FEGK* ad *BD* parallela, secans hyperbolam in *E*, parabolam in *F*, rectas *AD*, *ZH* punctis *G*, *K*, erit $FGq = AG \times DI > AG \times GK = EGq$; quare $FG > EG$. Quod si infra *BD*, utcunque ducatur recta *MNOL* secans hyperbolam in *N*, parabolam in *M*, rectas *AD*, *ZH* in *O*, et *L*, erit $NOq = AO \times OL > AO \times DI = MOq$; et inde $NO > MO$; unde constant ea quæ proposita sunt.

XIX. E dictis eliciuntur hæ *ad Circuli dimensionem*

pertinentes regulæ. Sit BAE circuli portio, cujus axis AD, basis BE; sitque C centrum circuli, et EH sinus rectus arcus BAE; item, sit $AD = \frac{s}{t}\, CA$; erit

Fig. 144.

1. $\frac{2t-s}{3t-2s} AD + BE >$ port. BAE.

2. $EH + \frac{4t-2s}{3t-2s} BH >$ arc. BAE.

3. $\frac{2}{3} AD \times BE \quad <$ port. BAE.

4. $EH + \frac{4}{3} BH \quad <$ arc. BAE.

XX. Itidem hæ deducuntur ad *hyperbolæ dimensionem spectantes regulæ.* Sit *hyperbolæ* (cujus centrum C) segmentum ADB, habens axin $AD = \frac{s}{t}\, CA$; et basin DB; erit

Fig. 145.

1. $\frac{2t+s}{3t+2s} AD \times DB <$ segm. ADB; et

2. $\frac{2}{3} AD \times DB \quad >$ segm. ADB.

XXI. Porro, sit *circuli* (cujus centrum C) segmentum BAE, cujus axis AD, et *gravitatis centrum** K; ponatur autem $AD = \frac{s}{t}\, CA$, et $HD = \frac{2t-s}{5t-3s} AD$; erit HD major ipsâ KD.

Nam per H ducatur recta OP ad BE parallela; estque punctum H[l] centrum *gravitatis paraboliformis* (puta AFB), ad basin BE constitutæ, cujus exponens $\frac{t-s}{2t-s}$ et[m] quæ pro-

Fig. 146.

[l] II. hujus app.

[m] VIII. hujus app.

* Ubi de Centro gravitatis parabolæ et paraboliformis verba fiunt, intelligantur non curvæ lineæ, sed iis comprehensa spatia, de quibus apparet isthic agi.

Sicubi ponitur $\frac{\delta}{\varpi}$, nec adponitur ἔκθεσις ulla, designantur termini rationem exprimentes, quam habet circuli diameter ad ejus circumferentiam.

inde circulum AEB tangit; $\left(\text{nam si } \frac{t-s}{2t-s} = \frac{n}{m}\text{; erit } \frac{2t-s}{5t-3s} = \frac{m}{n+2m}\right)$ et proinde H^1 erit centrum gravitatis *paraboliformis* isti coordinatæ per O, P transeuntis, et ad basin BE pertingentis. Hæc autem supra OP[n] extra *circulum* cadit, et infra OP[o] intra ipsum[p]; adeoque punctum H supra K situm est.

[n] x. hujus app.
[o] xi. hujus app.
[p] iv. hujus app.

Fig. 146.

XXII. Sin punctum L sit *centrum gravitatis parabolæ*, erit L infra K situm; adeoque $KD < \frac{2}{5} AD$. Patet ex 4, et 17 hujus appendiculæ.

Fig. 147.

XXIII. Sit *Hyperbolæ* (cujus centrum C) *segmentum* BAE, cujus axis AD, basis BE; gravitatis centrum K; ponatur autem $AD = \frac{s}{t}\, CA$, et $HD = \frac{2t+s}{5t+3s} AD$; erit HD minor ipsâ KD.

Nam per H ducatur recta OP ad BE parallela[q]. Estque punctum H centrum gr. *paraboliformis*, puta AEB, ad basin DB constitutæ, cujus exponens $\frac{t+s}{2t+s}$[r]; quæ et *Hyperbolam* ad B contingit $\left(\text{nam si } \frac{t+s}{2t+s} = \frac{n}{m}\text{; erit } \frac{2t+s}{5t+3s} = \frac{m}{n+2m}\right)$[q]; quare H erit centrum gravitatis paraboliformis isti coordinatæ per O, P ductæ, et ad BE pertingentis; hæc autem supra OP[s] intra hyperbolam cadit; et infra OP[t] extra illam; inde[u] punctum K supra H existit.

[q] ii. hujus app.
[r] xiii. hujus app.
[s] xv. hujus app.
[t] xvi. hujus app.
[u] iv. hujus app.

XXIV. Parabolæ centrum gr. (puta L) supra K existit, adeoque $KD < \frac{2}{5} AD$. Patet ex 4, et 18 hujus appendiculæ.

XXV. Ne speculatio præsens, *ob hujusmodi complures methodos Cyclometricas indies promulgatas*, aspernanda videatur, adjungemus consectarium unum vel alterum, quibus forte solis hæc paucula meruerant impendi; a quibus nempe *Maxima, Minimaque* sui generis innumera determinantur.

Sit *Semicirculus* ABZ, cujus centrum C; sitque *segmentum* ADB; et huic adscripta *paraboliformis* AFB, cujus exponens $\frac{n}{m}$; sit item $AD = \frac{m-2n}{m-n} CA$; *paraboliformis* autem *parameter* (hoc est recta, cujus aliqua potestas in potestatem segmenti axis, seu AD, ducta conficit *potestatem* ordinatæ, ceu DB) nominetur p; erit p in suo genere *maximum*. Fig. 148.

Nam utcunque ducatur GE ad DB parallela, et ad GE posita concipiatur *paraboliformis*, ipsi AFB coordinata, cujus *parameter* dicatur q; quum ergo *paraboliformis* AFB *circulum* extrorsum contingat, erit $GF > GE$; adeoque $GF^m > GE^m$; hoc est $p^{m-n} \times AG^n > q^{m-n} \times AG^n$; quare $p > q$.

Notandum est esse $p^{2m-2n} = ZD^m \times AD^{m-2n}$; et $q^{2m-2n} = ZG^m \times AG^{m-2n}$; unde $ZD^m \times AD^{m-2n} > ZG^m \times AG^{m-2n}$; quare $ZD^m \times AD^{m-2n}$ est maximum.

Exemp. 1. Sit $n = 1$, et $m = 3$; erit ideo $p^4 = ZD^3 \times AD = ZDq \times BDq$; vel $p^2 = ZD \times BD$. Item $AD = \frac{1}{2} CA$.

2. Sit $n = 3$, et $m = 10$; erit $p^{14} = ZD^{10} \times AD^4$; vel $p^7 = ZD^5 \times AD^2 = ZD^3 \times BD^4$; et $AD = \frac{4}{7} CA$.

XXVI. Sit item *hyperbola* (æquilatera) cujus centrum C, axis ZA; et huic inscripta *paraboliformis* AFB cujus exponens $\frac{n}{m}$ *parameter* p; sitque $AD = \frac{2n-m}{m-n} CA$; erit p sui generis maximum. Fig. 149.

Nam utcunque ducatur EG ad BD parallela; et ad EG constituta intelligatur *paraboliformis*, ipsi AFB coordinata, cujus *parameter* q; quum ergo *paraboliformis* AFB *hyperbolam* introrsum contingat, erit $GF^m < GE^n$; hoc est $p^{m-n} \times AG^n < q^{m-n} \times AG^n$; quare $p < q$.

Notandum est esse $p^{2m-2n} = \frac{ZD^m}{AD^{2n-m}}$; et $q^{2m-2n} = \frac{ZG^m}{AG^{2n-m}}$; unde erit $\frac{ZD^m}{AD^{2n-m}} < \frac{ZG^m}{AG^{2n-m}}$; quare $\frac{ZD^m}{AD^{2n-m}}$ est minimum. Fig. 149.

Exemp. 1. Sit $n=2$; et $m=3$; erit $p^2=\frac{ZD^3}{AD}=\frac{BD^6}{AD^4}$; et $p=\frac{BD^3}{ADq}=\frac{ZDq}{BD}$. Item $AD=CA$.

2. Sit $n=3$; et $m=4$; erit $p^2=\frac{ZD^4}{AD^2}$, vel $p=\frac{ZD^2}{AD}=\frac{BD^4}{AD^3}=\frac{ZD^3}{BD^2}$. Item $AD=2\,CA$.

3. Sit $n=5$, et $m=8$; erit $p^6=\frac{ZD^8}{AD^2}$; vel $p^3=\frac{ZD^4}{AD}=\frac{BD^8}{AD^5}=\frac{ZD^5}{BD^2}$. Item $AD=\frac{2}{3}\,CA$.

Quoniam in his *Cyclometriam* attigi, quid si obiter eo spectantia *Theoremata*, quæ ad manum, paucula subjunxero? præsternatur autem autem hoc καθολικόν:

Fig. 150.

XXVII. Sit curva quæpiam AGB, cujus axis AD, et ad hunc ordinatæ rectæ BD, GE; habebit curva AB ad curvam AG majorem rationem quam recta BD ad rectam GE.

Nam ducatur recta GH ad AD parallela: secenturque recta BH punctis Y, et recta GE punctis Z in particulas indefinite multas; perque puncta Y, Z ducantur rectæ YM, YN, ZO, ZP ad AD parallelæ; curvam intersecantes punctis M, N, O, P; per quæ ducantur rectæ MR, NS, OT, PV ad BD parallelæ. Estque angulus BMY (ut e superius ostensis liquet) minor angulo NGS, unde $MB:BY > GN:NS$. Similique de causâ est $NM:MR > GN:NS$[x]; quare conjuncte est $BM+MN+NG : BY+MR+NS > GN:NS$; hoc est arc. $GB:BH > GN:NS$; rursus (e discursu consimili) ratio GN ad NS major est singulis rationibus OG ad GZ, OP ad PT, et AP ad PV; idcircoque juncte est $GN:NS >$ arc. $AG:GE$; quapropter erit $GB:BH > AG:GE$; permutandoque $GB:AG > BH:GE$; quare, componendo, est $AB:AG > BD:GE$.

[x] Vid. Append. Lect. XII.

XXVIII. Sit *Circulus* AMB, cujus *Radius* CA, et ad hunc perpendicularis recta DBE; sit item curva ANE talis, ut ductâ utcunque rectâ PMN ad DE parallelâ (quæ

Fig. 151.

circulum secet in M, dictam curvam in N) sit recta PN æqualis *arcui* AM; sit demum *axe* AD, *base* DE descripta *Parabola* AOE, hæc extra curvam ANE tota cadet.

Nam secet recta PN parabolam in O; et connectantur subtensæ AB, AM; estque $DE : PN ::$ arc. AB : arc. AM $> AB : AM :: DE : PO$; quare $PN < PO$; unde liquet Propositum.

XXIX. Exhinc (et e vulgo notis *spatiorum* ADB, ADE *dimensionibus*) facile colligitur hæc regula: $\frac{3\,CA \times DB}{2\,CA + CD}$ $<$ arc. AB. Fig. 152.

Porro si ponatur arc. $AB = 30$ grad. sitque $2\,CA = 113$; juxta regulam istam computando, proveniet *tota circumferentia* major quam 355, minus fractione unitatis.

XXX. Hinc etiam *dato arcu* AB, nominatisque $AB = p$; $CA = r$; et $DB = e$, ad inveniendum *sinum rectum* DB adhibebitur hæc æquatio; $\frac{3rrpp}{9rr + pp} = \frac{12rrp}{9rr + pp}e - ee$; vel ponendo $k = \frac{3rrp}{9rr + pp}$; erit $kp = 4ke - ee$; vel

$$2k - \sqrt{4kk - kp} = e.$$

XXXI. Sit AMB *Circulus*, cujus radius CA, et huic perpendicularis recta DBE; sit item curva ANE pars *Cycloidis* ad *Circulum* AMB pertinentis; demum ad axem AD, basin DE statuatur *Parabola* AOE; hæc intra *Cycloidem* tota cadet. Fig. 153.

Etenim utcunque ducatur recta $PMON$ ad DE parallela, lineas expositas secans, ut cernis; connectanturque *subtensæ* AB, AM; estque $DE : PO :: AB : AM ::$ curv. $AE : AN > DE : PN$; adeoque $PO < PN$; unde constat Propositum.

XXXII. Exhinc, et e *notis segmentorum circularis atque cycloidalis dimensionibus*, hæc elicitur *Regula*

$$\frac{2\,CA \times DB + CD \times DB}{CA + 2\,CD} > \text{arc. } AB.$$

Porro si fuerit arc. $AB = 30$ grad. et ponatur $2\,CA = 113$; e regulâ hac consectatur fore *totam circumferentiam* minorem quam 355, plus fractione.

Vides igitur ut e propositis duabus regulis statim emergit *Diametri* ad *Circumferentiam Proportio Metiana.*

XXXIII. Quoniam exorbitanti se obviam dedit *Cyclois* hoc adnotabo *Theorema,* nescio an uspiam ab illis, qui de *Cycloide* tam fuse scripserunt, animadversum: Completo *Rectangulo* $ADEG$, *spatium* AEG æquatur *Circulari segmento* ADB: demonstrationem, ne longius evager, obmittam.

Fig. 154. XXXIV. Sint duo *circuli* $AIMG$, $AKNH$, sese contingentes ad A; communique diametro AHG, utcunque perpendicularis ducatur recta DNM: habebit *segmentum* $AIMD$ ad *segmentum* $AKND$ minorem rationem quam recta DM ad rectam DN.

Nam sit AR ad AG perpendicularis, ac ipsi AH æqualis; et connectatur HR, cui occurrat recta MD in X; ducaturque recta GXS; tum ad axem AG *parametrum* AS per N descripta concipiatur *Ellipsis* $ALNG$; hæc (uti satis manifestum) intra arcum AKN tota cadet. Est autem segm. $AIMD$: segm. $ALND$ :: $DM : DN$; ergo segm. $AIMD$: segm. $AKND < DM : DN$.

XXXV. Sit Ellipsis $YFZT$, cujus axes conjugati Fig. 154.* YZ, FT; sit item recta DC axi majori YZ parallela; et per D, F, C transeat circulus $DFCV$ centrum habens K, in ellipsis axe minore FT situm; dico circuli partem $DOFPC$ intra ellipsis partem $DMFNC$ jacere.

Nam sit FI ad FV perpendicularis, et in hac sumatur $FS = FV$; et connectatur VS, cui DC producta occurrat in X; et connexa TX ipsi FI occurrat in R; et cum sit $GDq = FG \times GV = FG \times GX$; liquet ipsam FR esse ellipsis, axi FT congruam, parametrum; unde constat Propositum.

Fig. 155. XXXVI. Sit circuli, cujus centrum L, segmentum DEC, et sumpto in ejus axe GE puncto quopiam F, sit curva *DMFC* talis, ut ductâ utcunque rectâ *RMS* ad *GE* parallelâ, sit *RS* : *RM* :: *GE* : *GF*; erit *DMFC* ellipsis, hoc modo determinata: Fiat *EG* : *FG* :: *GL* : *GH*; et per *H* erigatur *YHZ* ad *DC* parallela, sitque *HY* par ipsi *LE*; erunt *HY*, *HF* ellipsis semiaxes.

Demonstratum habetur a *Greg. a S. Vincentio*, L. IV. Prop. 154.

Corol. Hinc segm. *DEC* : *DMFC* :: *EG* : *FG*.

XXXVII. Sint duæ circulorum portiones *DEC*, *DOFC*, quarum communis subtensa *DC*, et axis *GFE*; portio major *DEC* ad portionem *DOFC* majorem rationem habet eâ, quam habet axis *GE* ad axem *GF*. Fig. 155.

Nam sint *L* circuli *DSEC*, et *K* circuli *DOFC* centra; et fiat *EG* : *FG* :: *GL* : *GH*; et fiat *YHZ* ad *HF* perpendicularis, et sit *HY* æqualis ipsi *LE*; tum semiaxibus *HY*, *HF* descripta concipiatur ellipsis *YDMFCZ*; e mox prædictis liquet ellipsin *DMFC* circulo *DOFC* circumduci. Est autem circulare segmentum *DEC* ad segmentum ellipticum *OMFC*, ut *GE* ad *GF*; quare segm. *DEC* ad segm. circulare *DOFC* rationem habet majorem, quam *GE* ad *GF*. Quod. E.D.

LECT. XII.

IN suscepto negotio progredimur; quod ut (quatenus licet) decurtemus, verbisque parcamus; observetur, in sequentibus ubique *lineam AB curvam* esse (quales tractamus) quampiam; cujus *Axis AD*; huic applicatas omnes rectas *BD*, *CA*, *MF*, *NG* perpendiculares; et *ME*, *NS*, *CB* parallelas esse; *punctum M* libere sumi; *arcum MN* indefinite parvum esse; rectam $\alpha\beta$ curvæ *VB*, $\alpha\mu$ curvæ *AM*, $\mu\nu$ *arcui MN* æquales esse; ad rectam $\alpha\beta$ applicatas ei perpendiculares esse. His præstratis, Præparatio Communis. [Fig. 156.] [Fig. 157.]

I. Sit *MP* curvæ *AB* perpendicularis; et lineæ *KZL*, $\alpha\phi\delta$ tales, ut *FZ* ipsi *MP*, et $\mu\phi$ ipsi *MF* æquentur; erit *spatium* $\alpha\beta\delta$ ipsi *ADLK* æquale. Fig. 156, 157.

Nam *Triangula MRN, PFM* similia sunt, adeoque $MN : NR :: PM : MF$; unde $MN \times MF = NR \times PM$, hoc est (substitutis æqualibus) $\mu\nu \times \mu\phi = FG \times FZ$; seu rectang. $\mu\theta =$ rectang. FH; spatium vero $\alpha\beta\delta$ minime differt ab indefinite multis rectangulis, qualia $\mu\theta$; et spatium $ADLK$ totidem rectangulis, qualia FH, æquivalet; unde liquet Propositum.

Fig. 156. II. Hinc, si curva AMB circa axem AD rotetur, habebit se *producta superficies* ad *spatium ADLK*, ut *Circumferentia circuli ad radium;* unde noto spatio $ADLK$ cognoscetur dicta *superficies*. Consequentiæ rationem jam antea pridem assignavimus.

III. Exhinc *Sphæræ Sphæroidis* utriusque, *Conoidumque superficies dimensionem* accipiunt; nam si AD sit conicæ sectionis, a qua istæ figuræ oriuntur, axis; linea KZL semper aliqua conicarum existet, haud difficili negotio determinabilis. Hoc suggero tantum, quoniam nunc evulgatum habetur.

IV. Iisdem stantibus, sit curva AYI talis, ut ordinata FY sit inter congruas FM, FZ proportione media; erit *solidum* ex spatio $\alpha\delta\beta$ circa axem $\alpha\beta$ rotato factum æquale *solido*, quod a *spatio ADI* circa axem AD converso procreatur. Fig. 156, 157.

Nam est $MN : NR :: PM : MF :: PM \times MF : MFq :: FZ \times FM : MFq$; unde $MN \times MFq = NR \times FZ \times FM$; hoc est $\mu\nu \times \mu\phi q = NR \times FYq$. Unde liquet Propositum.

Fig. 156, 157. V. Simili ratione colligetur, si FY ponatur inter FM, FZ *bimedia*, fore *summam cuborum* ex applicatis (quales $\mu\phi$) a curvâ $\alpha\phi\delta$ ad rectam $\alpha\beta$, æqualem *summæ cuborum* ex explicatis a curvâ AYI ad rectam AD; parique modo se res habebit quoad cæteras *potestates*.

Fig. 156. VI. Porro, stantibus reliquis, sit curva VXO talis, ut EX ipsi MP æquetur; et curva $\pi\xi\psi$ talis, ut $\mu\xi$ æquetur ipsi PF; erit spatium $\alpha\pi\psi\beta$ æquale spatio $DVOB$.

Nam est $MN : MR :: MP : PF$; adeoque $MN \times PF = MR \times MP$; hoc est $\mu\nu \times \mu\xi = ES \times EX$; vel rectang. ET = rectang. $\mu\sigma$. Unde liquet Propositum.

VII. Subnotetur hoc: Si curva AB sit *Parabola*, cujus *axis* AD, *parameter* R; erit curva VXO *hyperbola*, cujus *centrum* D, *axis* DV, cujusque *parameter* axi R æquatur; (scilicet ob $EXq = (PMq = PFq + FMq = \frac{Rq}{4} + FMq = \frac{Rq}{4} + DEq =) DVq + DEq)$; item *spatium* $\alpha\beta\psi\pi$ erit *Rectangulum;* quoniam singulæ applicatæ $\mu\xi$ ipsi $\frac{R}{2}$ æquantur. Constat itaque dato *spatio hyperbolico* $DVOB$ curvam AMB dari; et vicissim. Hoc obiter. Fig. 156.

VIII. Adnotari posset etiam omnia simul quadrata ex applicatis ad rectam $\alpha\beta$ a curvâ $\pi\xi\psi$ æquari rectangulis omnibus ex PF, EX ad rectam DB applicatis (seu computatis); cubos ex $\mu\xi$ æquari ipsis $PFq \times EX$; ac ita porro. Fig. 157.

IX. Adjungatur etiam (productâ PMQ) si ponatur FZ æqualis ipsi PQ, et $\mu\phi$ ipsi AQ; *spatium* $\alpha\beta\delta$ *spatio* $ADLK$ æquari. Fig. 157.

Nam ob $MN : NR :: PM : MF : PQ : QA$; erit $MN \times QA = NR \times QA$; hoc est rectang. $\mu\theta$ = rectang. FH.

X. Porro, curvam AB tangat recta MT, sintque curvæ DXO, $\alpha\phi\delta$ tales, ut EX æquetur ipsi MT, et $\mu\phi$ ipsi MF; erit spatium $\alpha\beta\delta$ æquale *spatio* $DXOB$. Fig. 158, 159.

Nam $MN : MR :: MT : MF$; quare $MN \times MF = MR \times MT$; hoc est $\mu\nu \times \mu\phi = ES \times EX$; unde patet.

XI. Hinc rursus, *superficies solidi ex spatii* ABD circa axem AD conversione progeniti ad *spatium* $DXOB$ se habet, ut *Circuli Circumf.* ad *radium;* hoc igitur noto simul illa innotescet; unde rursus *Sphæroidum, Conoidumque superficies* dimetiri licebit. Fig. 158.

XII. Si linea DYI talis fuerit, ut sit $EY = \sqrt{EX \times MF}$; erit *solidum* ex *spatio* $\alpha\beta\delta$ circa axim $\alpha\beta$ rotato factum æquale *solido, quod ex spatio* DBI circa axem DB rotato progignitur.

Fig. 158, 159.

Etenim est $MN : MR :: MT \times MF : MFq :: EX \times MF : MFq : EYq : MFq$; quare $MN \times MFq = MR \times EYq$; hoc est $\mu\nu \times \mu\phi q = ES \times EYq$.

XIII. Simili ratione *Cuborum* (*aliarumque potestatum*) ex ordinatis $\mu\phi$ *summas* cum *spatiis* ad rectam DB computatis licebit conferre.

Fig. 158, 159.

XIV. Sint præterea lineæ AZK, $\alpha\xi\psi$ tales, ut FZ ipsi MT, et $\mu\xi$ ipsi TF æquentur; *spatium* $\alpha\beta\psi$ æquabitur *spatio* ADK.

Etenim $MN : NR :: MT : TF$; hoc est $\mu\nu : FG :: FZ : \mu\xi$; quare $\mu\nu \times \mu\xi = FG \times FZ$.

Fig, 158, 159.

XV. Etiam *summa quadratorum* ex applicatis $\mu\xi$ æquatur *summæ Rectangulorum* ex TF, FZ; et *summa Cuborum* ex $\mu\xi$ æquantur ipsis $TFq \times FZ$ (ad rectam scilicet AD computationem exigendo) parique quoad cæteras potestates modo.

Fig. 160, 161.

XVI. Rursus ponatur recta QMP curvæ AMB perpendicularis; sitque recta $\beta\delta$ æqualis ipsi BD, et compleatur *Rectangulum* $\alpha\beta\delta\zeta$; tum curva KZL talis sit, ut FZ ipsi QP æquetur; erit rectang. $\alpha\beta\delta\zeta$ æquale *spatio* $ADLK$.

Nam est $MN : NR ::$ ($PM : MF ::$) $PQ : IF$; quare $MN \times IF = NR \times PQ$; hoc est $\mu\nu \times \mu\xi = FG \times FZ$; unde patet.

Hinc noto spatio $AKLD$ cognoscetur curvæ AMB quantitas.

Fig. 160, 161.

XVII. Item, posito rectam TMY contingere curvam AMB, factâque $\beta\gamma = BC$, completoque *Rectangulo* $\alpha\beta\gamma\psi$, sit curva OXX talis, ut FX ipsi TY æquetur; erit *spatium* (infinite protensum) $ADOXX$ æquale *Rectangulo* $\alpha\beta\gamma\psi$.

Nam $MN : NR :: YT : DA$; hoc est $\mu\nu : FG :: FX : \mu\theta$; et $\mu\nu \times \mu\theta = FG \times FX$; quare liquet.

Hinc rursus, explorato *spatio* $ADOXX$, curva AMB innotescet.

XVIII. Quin adsumptâ quâpiam determinatâ R, et factâ rectâ $\beta\delta = R$; si curva OXX talis sit, ut $MF : MP :: R : FX$; erit *rectangulum* $\alpha\beta\delta\zeta$ æquale *spatio* $ADOXX$; ac inde comperto hoc spatio, curva prorsus innotescet. Fig. 160, 161.

Nam $MN : NR :: MP : MF :: FX : R$; adeoque $MR \times R = NR \times FX$; ceu $\mu\nu \times \mu\xi = FG \times FX$.

Complura talia possent adponi; sed vereor ut hæc nimis quam sufficere videantur.

XIX. Adnotetur saltem, hæc omnia æque vera fore, nec absimiliter ostendi, posito curvæ AMB convexa rectam AD spectare.

XX. Ex ostensis autem *methodus* facilis emergit *curvas* (θεωρηματικῶς) *designandi*, quæ *dimensionem* admittunt qualem qualem; nimirum ita procedas.

Quamlibet (tibi quadantenus notam) *aream trapeziam rectangulam*, duabus parallelis rectis AK, DL, rectâ AD, et lineâ quâcunque KL *comprehensam*, accipe sis; ad istam vero sic referatur altera $ADEC$, ut ductâ quâcunque rectâ FH ad DL parallelâ (quæ secet lineas AD, CE, KL punctis F, G, H) adsumptâque rectâ determinatâ Z; sit *quadratum* ex FH æquale *quadratis* ex FG, et Z; quinetiam sit curva AIB talis, ut ad ipsam productâ rectâ GFI, sit *rectangulum* ex Z, et FI æquale *spatio* $AFGC$; erit *rectangulum* ex Z, et *curva* AB æquale *spatio* $ADLK$. Fig. 162. Fig. 163.

Æque procedit methodus, etiamsi recta AK ponatur infinita.

Exemp. 1. Sit KL *recta linea;* erit curva CGE *Hyperbola.* Fig. 162.

2. Sit linea KL *Arcus Circuli*, cujus *Centrum* D; et Fig. 163.

$AK = Z$; erit curva AGE *Circulus*; et curva $AB = \frac{AD}{2} + \frac{DL}{2AK}$ arc. KL.

Fig. 164. 3. Sit linea KL *Hyperbola æquilatera*, cujus *Centrum* A, et *Axis* $AK = Z$; erit CGE recta linea; et curva AB *Parabola*.

Fig. 163. 4. Sit linea KL *Parabola* (cujus axis AD) erit curva CGE quoque *Parabola*; et curva AB *Paraboliformium* quædam.

Fig. 165. 5. Sit curva KL *Paraboliformis* quædam inversa, vel infinita $\left(\text{talis scilicet ut sit } FH = \sqrt{\frac{Z^3}{AF}}\right)$ erit curva AB *Cyclois*, ad *Circulum* pertinens, cujus *Diameter* ipsi Z æquatur.

Elegantiora forsan *Exempla* ipse circumspectans excogitabis.

APPENDICULA I.

HIC demum, etsi præter institutum sit particularia nunc attingere, qualibus sane, hæc generalia consequentibus, admodum proclive foret turgidum Volumen compingere, (*amico tamen morem gerens operâ* dignum censenti) subtexam ad *Circuli Tangentes Secantesque* spectantia nonnulla, pleraque de supra positis emergentia.

Præparatio Communis.

Fig. 166. Esto *circuli Quadrans* ACB, quam tangant rectæ AH, BG; et in productis HA, AC sumantur AK, CE singulæ pares radio CA; et *asymptotis* AC, CZ per K descripta sit *Hyperbola* KZZ; *asymptotis* BC, BG per K *hyperbola* LEO. Sumatur etiam in arcu AB *punctum arbitrarium* M, per quod ducantur recta CMS (tangenti AH occurrens in S) recta MT circulum tangens; recta MFZ ad BC parallela, Fig. 167. recta MPL ad AC parallela. Sit denuo recta $\alpha\beta$ æqualis *arcui* AB, et $\alpha\mu$ arcui AM; et rectæ $\alpha\gamma$, $\xi\mu\pi\psi$ rectæ $\alpha\beta$ perpendiculares; quarum $\alpha\gamma = AC$; $\mu\xi = AS$; $\mu\psi = CS$; $\mu\pi = MP$.

I. Recta CS æquatur rectæ FZ; adeoque *summa secantium ad arcum AM* pertinentium, et ad rectam AC applicatarum æquatur *spatio hyperbolico AFZK.*

Est enim $CF : CA :: (CM : CS ::) CA : CS$; adeoque $CF \times CS = CAq$; item $CF \times FZ = CA \times AK = CAq$; ergo $CS = FZ$.

II. *Spatium* $\alpha\mu\xi$ (hoc est *Summa tangentium in arcu AM* ad rectam $\alpha\mu$ applicatarum) æquatur *spatio hyperbolico AFZK.* Fig. 167.

Patet ex hujusce Lectionis 9.

III. Curva AXX talis sit, ut PX secanti CS (vel CT) æquetur; *spatium ACPX* (hoc est, *Summa secantium ad arcum AM* pertinentium, et ad CB applicatarum) æquatur *duplo sectori ACM.*

Nam[a] *spatium AFMX Segmenti AFM duplum* est; et *rectangulum FCPM Trianguli FCM*; ergo *totum spatium ACPX* totius *Sectoris ACM* duplum est. Fig. 166. [a] Lect. XI. 10.

Etiam hoc e 16 hujus duodecimæ Lectionis aperte constat.

IV. Curva CVV talis sit, ut PV *Tangenti AS* æquetur; erit *spatium CVP* (hoc est, *Summa tangentium ad arcum AM pertinentium,* et ad rectam CB applicatarum) æquale *semissi quadrati ex subtensâ AM.* Fig. 166.

Manifeste consectatur ex septimâ undecimæ Lectionis.

V. Acceptâ $CQ = CP$; et ductâ QO ad CE parallelâ (quæ *hyperbolæ LE* occurrat in O) erit *spatium hyperbolicum PLOQ* ductum in *radium CB* (seu *cylindricum* ad basin $PLOQ$, altitudine BC) duplum *summæ quadratorum* ex rectis CS, seu PX, ad *arcum AM* pertinentibus, et ad rectam CB applicatis. Fig. 166.

Nam quia $PL : QO$ :: ($BQ : BP$; hoc est ::) $BC + CP : BC - CP$; erit, componendo, $PL + QO : QO :: 2BC : BC - CP$; item est $QO : BC :: BC : BC + CP$; ergo (pares rationes adjungendo) est $PL + QO : QO + QO : BC = 2BC : BC - CP + BC : BC + CP$; hoc est $PL + QO : BC :: 2BCq : BCq - CPQ$ (hoc est ::) $2BCq : PMq$; verum est $PXq : BCq :: BCq : PMq$; vel (antecedentes duplando) $2PXq : BCq :: 2BCq : PMq$; ergo $PL + QO : BC :: 2PXq : BCq$; vel $PL \times BC + QO \times BC : BCq :: 2PXq : BCq$; quare $PL \times BC + QO \times BC = 2PXq$; itaque BC in omnes $PL + QO$ ducta adæquat omnia totidem PXq; unde constat Propositum.

Fig. 167. VI. Hinc spatium $\alpha\gamma\psi\mu$ (hoc est, *summa secantium in arcu AM ad* $\alpha\beta$ *applicatarum*) æquatur *subduplo spatio hyperbolico PLOQ*.

Nam sumatur arcus MN indefinite parvus, et huic æqualis recta $\mu\nu$, ducaturque recta NR ad AC parallela. Estque $MN : MR$ :: ($MC : CF :: CS : CA :: PX : CA$ ::) $PXq : PX \times CA$; adeoque $MN \times PX \times CA = MR \times PXq$; seu $\mu\nu \times \mu\psi \times CA = MR \times PXq$; atqui (ex præcedente) omnium $MR \times PXq$ summa spatii $PLOQ$ in CA ducti subdupla est. Ergo omnia totidem $\mu\nu \times \mu\psi$ in CA ducta eidem subduplo æquantur; quare spatium $\alpha\gamma\psi\mu$ (omnibus $\mu\nu \times \mu\psi$ par) æquatur subduplo spatii $PLOQ$.

Fig. 167. VII. Omnia quadrata ex rectis $\mu\psi$ (ad rectam $\alpha\mu$ applicatis) æquant $CA \times CP \times PX$ (hoc est *parallelipipedum Base Rectangulo ACPD, Altitudine CS*).

Hujus *Effati demonstrationem* (quanquam πρόχειρον) transilio; quoniam aliud *Schema* discursumque præ reliquis plerisque longiusculum exposcit; neque rem tanti video.

Fig. 166. VIII. Curva AYY talis sit, ut FY æquetur ipsi AS; ductâ tum rectâ YI ad AC parallela, erit etiam *spatium ACIYYA* (hoc est *Summa tangentium* ad *arcum AM* pertinentium, et ad rectam AC applicatarum, una cum *rectangulo FCIY*) æquale *subduplo spatio hyperbolico PLOQ*.

Nam *spatium* $\alpha\gamma\varpi\mu$[b] æquatur *rectangulo ACPD*; hoc est *rectangulo FCIY* (nam est $CA : AS :: CF : FM$; vel $CA : FY :: CF : CP$; adeoque $CA \times CP = FY \times CF$); item spatium $\gamma\varpi\psi$ (hoc est omnes rectæ TF ad $\alpha\beta$ applicatæ, quotquot ad arcum AM pertinent)[c] æquatur *spatio AFY*; ergo *spatium ACIYA* æquatur *spatio* $\alpha\gamma\psi\mu$; hoc est (ut mox ostensum) *semissi spatii hyperbolici PLOQ*.

b Lect. XII. I. [Fig. 166, 167.]

c Lect. XII. 14.

Aliter illud, (eique connexa) dimensus sum, *hoc præmisso Lemmate.*

IX. Sit *Hyperbola æquilatera* (axes nempe pares habens) ERK, ad cujus axes CED, CI; et ad hos ordinatæ KI, KD; sit item curva EVY talis, ut in *hyperbolâ* libere sumpto puncto R, ductâque rectâ RVS ad DC parallelâ, sint SR, CE, SV continue proportionales; connexâ rectâ CK, erit *spatium CEYI Sectoris Hyperbolici KCE* duplum.

Fig. 168.

Nam ducatur RT hyperbolam tangens, et RH ad CI parallela. Estque $CH : CE :: CE : CT$; quare $CT = SV$; vel $HT = RV$; itaque[d] *spatium EDKY* duplum est *segmenti EDK*; item *rectangulum IKDC trianguli CDK* duplum est; ergo *reliquum spatium CEYI reliqui sectoris ECK* duplum est.

d Lect. XI. 10.

X. Resumptâ jam quadrante circulari ACB, sit $CE = CA$; et axe AE, *parametro* etiam AE, descripta sit *Hyperbola EKK*; positoque curvam AYY talem esse, ut ordinatâ quâcunque rectâ MFY, sit FY tangenti AS æqualis; ducatur recta YIK (rectam CZ secans in I, *hyperbolam* in K) et connectatur CK; erit spatium $ACIYA$ *sectoris hyperbolici ECK* duplum.

Fig. 169.

Nam est $CIq : CAq :: ASq : CAq :: FMq : CFq :: CAq - CFq : CFq$; componendoque, $CIq + CAq : CAq :: CAq : CFq$; hoc est (ex *hyperbolæ* naturâ), $IKq : CAq :: CAq : CFq$; vel $IK : CE :: CE : IY$; itaque *spatium ACIYA sectoris ECK* duplum esse perspicuum est e præcedente.

Fig. 169.

XI. *Coroll.* Hinc si *Polo E*, *Chordâ CB*, *Sagittâ CA* descripta sit *Conchois AVV*, cui occurrat *YFM* producta in V; erit $MV = FY$; adeoque *spatium* AMV *spatio* AFY æquatur.

XII. Unde *spatiorum* ejusmodi *Conchoidalium dimensiones* innotescunt.

Nescio, an *operæ* sit hoc adjicere *Corollarium.*

XIII. Sit recta AE rectæ RS perpendicularis; et $CE = CA$; sintque duæ (sibimet inversæ) *Conchoides* AZZ, EYY ad eundem *polum* E, *communemque regulam* RS descriptæ, ab E vero ducatur utcunque recta EYZ (lineas intersecans, ut vides) sit etiam *hyperbole æquilatera*, EKK, cujus *centrum* C, *semiaxis* CE; ductâque IK ad AE parallelâ, connectatur CK; erit *spatium quadrilineum* $AEOYZPA$ (rectis AE, YZ, et *conchis* EOY, APZ comprehensum) æquale *quadruplo sectori hyperbolico* ECK.

Fig. 170.

Nam si *centro* E per C ducatur *arcus circularis* CX; e dictis facile colligetur *spatium* $APZIC$ æquari *duplo sectori hyperbolico* ECK una cum *sectore circulari* CEX; item *spatium* $EOYIC$ æquari *duplo sectori* ECK, *dempto sectore* CEX.

Ita quoque facile colligas. Ducantur ZF, YG ad CS parallelæ; et protrahantur GYL, LIH; ac ob $IY = IZ$, est $FZ + GY = 2CI$; et *trapezium* $FGYZ =$ *rectang.* $EGLH = 2CG \times CI$; ergo patet.

Adnotari potest, si lubet, ductâ AT ad CS parallelâ, protractâque EZT, si ponatur $N = 2$ triang. $CEI - 2$ sect. ECK; fore spat. $EZT + EOYE = 2N$.

Nempe $N + CXI =$ spat. AZT; et $N - CXI =$ spat. $EOYE$.

XIV. Adjiciemus etiam hisce cognatam *Cissoidalis spatii* dimensionem.

Fig. 171.

Sit *semicirculus* AMB (cujus centrum C) quem tangat recta AH; eique congruens *Cissois* AZZ (cujus scilicet hæc proprietas est, ut in *circumf.* AMB sumpto utcunque puncto M, et per hoc trajectâ rectâ BMZ, ductâque rectâ MFZ, quæ curvam AZZ secet in Z, sit $MZ = AS$), in rectâ vero $\alpha\beta$ sumatur $\alpha\mu$ æqualis arcui AM, et ad $\alpha\mu$ applicentur rectæ perpendiculares $\mu\xi$ æquales *arcuum* AM *sinubus versis* AF; erit *spatium trilineum* MAZ *spatii* $\alpha\mu\xi$ *duplum*. Fig. 172.

Nam sumatur *arcus* MN indefinite parvus, et ei æqualis $\mu\nu$; ducaturquè recta NR ad AB parallela, connectaturque recta CM. Estque jam $AS : AB$ ($2CM$) :: ($FM : FB$ ::) $AF : FM$; et $2CM : 2MN :: CM : MN :: FM : NR$; quapropter erit, ex æquo, $AS : 2MN :: AF : NR$; et ideo $NR \times AS = 2MN \times AF$; hoc est, $NR \times MZ = 2\mu\nu \times \mu\xi$; unde *spatium* MAZ *duplo spatio* $\alpha\mu\xi$ æquatur.

Hinc cum *spatii* $\alpha\mu\xi$ dimensio vulgo nota sit, et e supra positis etiam facile deducatur; habetur *spatii cissoidalis* MAZ *dimensio*; calculum ineat qui volet.

Ista claudet hoc *Consectariolum*:

XV. Sit *circuli quadrans* ACB, circulumque tangant AH, BG; sintque curvæ KZZ, LEO *hyperbolæ*, eædem quæ[e] superius; arcus vero sumptus AM in partes divisus concipiatur indefinite multas punctis N; per quæ trajiciantur radii CN; et his occurrant rectæ NX ad puncta X; *summa rectarum* NX (in radiis) æquatur spatio $\frac{AFZK}{\text{rad.}}$; et *summa rectarum* NX (in parallelis ad AS) æquatur spatio $\frac{PLQO}{3\text{ rad.}}$. Fig. 173. e 7 et 12.

Nam triangulum XMN triangulo SAC simile est; et inde $XM : MN :: AS : CA$; et $XN : MN :: CS : CA$; unde $XM = \frac{MN \times AS}{CA}$; et $XN = \frac{MN \times CS}{CA}$; et ita in reliquis; unde liquet propositum, ex 2, et 7 harum.

APPENDICULA II.

BREVITATI simul ac perspicuitati (huic autem præcipue) consulentes præcedentia recto discursu comprobata dedimus; quali non modo veritas, opinor, satis firmatur, at ejusdem origo limpidius apparet. Verum ne quis, minus hujusmodi ratiociniis adsuetus, hæreat, ista paucula subdemus, quibus tales discursus communiantur, quorumque subsidio non difficile conficiantur *Propositorum demonstrationes apagogicæ.*

I. Sint quotlibet *rationes* A ad X, B ad Y, C ad Z, singulæ designatâ quâpiam ratione R ad S majores; erit *omnium antecedentium* (simul acceptarum) ad *omnes consequentes ratio* major ratione R ad S.

$A : X,$	$A : M,$
$B : Y,$	$B : N,$
$C : Z.$	$C : O.$

Nam sint rationes A ad M, B ad N, C ad O singulæ æquales rationi R ad S; ergo $X < M$; et $Y < N$; ac $Z < O$; patet igitur fore $A + B + C : X + Y + Z > A + B + C : M + N + O$; hoc est $A + B + C : X + Y + Z > R : S$.

II. Hinc patet, si quotlibet rationes singulæ designabili quâcunque majores sint, *antecedentium summam ad summam consequentium* etiam designabili quâcunque majorem rationem habere.

Fig. 174. III. Sit curva quævis ADB, cujus axis AD, et ad hunc applicata recta BD; curvam vero tangat recta BT; sitque BP rectæ BD particula indefinite parva; ducaturque recta PO ad DT parallela, curvam secans ad N; dico PN

ad NO rationem habere majorem quâvis designabili, puta quam R ad S.

Nam sit $DE : ET :: R : S$; connexaque recta BE curvam secet in G, rectam PO in K; per G vero ducatur FH ad DA parallela; quoniam igitur BP ponitur indefinite parva, est $BP < BF$; adeoque $PK < PN$ (nam subtensa BG intra curvam tota cadit); ergo $PN : NO > PK : KO$ $:: DE : ET :: R : S$.

IV. Hinc, si basis DB in partes secetur indefinite multas ad puncta Z; et per hæc ducantur rectæ ad DA parallelæ curvam secantes punctis E, F, G; per hæc vero ducantur *Tangentes* BQ, ER, FS, GT, parallelis ZE, ZF, ZG, DA occurrentes punctis Q, R, S, T; habebit recta AD ad omnes interceptas EQ, FR, GS, AT (simul sumptas) rationem quâvis assignabili majorem. Fig. 175.

Nam ducantur rectæ EY, FX, GV ad BD parallelæ. Habent igitur rectæ ZE, YF, XG, VA ad rectas EQ, FR, GS, AT (singulæ ad singulas sibi in directum positas respective) rationem designabili quâcunque majorem; ergo simul omnes istæ ad has simul omnes *rationem* habent designabili quâvis *majorem;* hoc est recta AD ad $EQ + FR + GS + AT$ ejusmodi rationem habet.

V. Hinc inter computandum, omnes EQ, FR, GS, AT simul acceptæ nihilo æquivalent; seu rectæ ZE, ZQ, et ZF, YR, &c. æquantur; item tangentium particulæ BQ, ER, &c. respectivis *curvæ* portiunculis BE, EF, &c. pares, et quasi coincidentes haberi possunt; quin et adsumere tuto licet, quæ evidenter his cohærent.

VI. Sit porro *Curva* quævis AB, cujus *Axis* AD, et ad hunc applicata DB; æquisecetur autem DB in partes indefinite multas ad puncta Z, per quæ ducantur rectæ ad AD parallelæ, curvam AB intersecantes punctis X; quibus occurrant per ipsa X ductæ ad BD parallelæ rectæ ME, NF, OG, PH; sit autem segmento ADB (rectis AD, DB, et curvâ AB comprehenso) *circumscripta figura* Fig. 176.

ADBMXNXOXPXRA major *spatio quodam S*; dico *segmentum ADB* non esse minus quam *S*.

Nam, si fieri potest, sit *ADB* minus quam *S* excessu *rectangulum ADLK* adæquante; et quoniam *AR* est indefinite parva, adeoque minor quam *AK*, liquet rectangulum *ADZR* minus esse *rectangulo ADLK*; item patet *segmentum ADB* una cum *rectangulo ADZR* majus esse *figurâ circumscriptâ* (etenim *rectangulum ADZR rectangulis RH*, *PG*, *OF*, *NE*, *MZ* æquatur, proindeque majus est *trilineis AXR*, *XXP*, *XXO*, *XXN*, *XBM*); ergo *segmentum ADB* una cum *rectangulo ADLK* multo majus est *figurâ circumscriptâ*; hoc est, *spatium S* majus est *figurâ circumscriptâ*, contra *Hypothesin*.

Fig. 176.

VII. Item, si ponatur *figura inscripta HXGXFXEXZDH* minor *spatio quodam S*; dico *segmentum ADB* non esse majus quam *S*.

Nam si majus esse velis, esto rursum *excessus* par *rectangulo ADLK*; quod utique (sicut prius) majus erit *rectangulo ADZR*. Est autem *segmentum ADB*, dempto *rectangulo ADZR*, minus figurâ inscriptâ; ergo segmentum *ADB*, dempto rectangulo *ADLK*, multo minus fit inscriptâ figurâ; hoc est *spatium S* minus est inscriptâ figurâ, contra *Hypothesin*.

VIII. Hinc, si *spatium* quodcunque fuerit (puta *S*), cui circumscripta figura æquetur *figuræ ADBMNOPRA*; nec non cui *inscripta figura æquetur figuræ HGFEZDH*; palam est *spatium* istud *S segmento ADB* exæquari.

Nam (uti mox ostensum) hoc illo majus esse nequit, aut minus.

Poterunt autem hæc ad *alios circumscriptionis* ac *inscriptionis modos* accommodari; suffecerit innuisse.

Conicorum Superficies dimetiendi Methodus.

SIT *Curva* quæpiam AMB, cujus *Axis* AD, et in hoc signatum punctum C; ad ipsum vero ordinata recta BD; a puncto quopiam M in curvâ sumpto ducatur recta ME curvam tangens, et a C demittatur CG ad ME perpendicularis; sit item determinata recta CV ad planum DAB recta, et connectatur VG; erit VG ipsi MG perpendicularis; nam si ducatur CH ad GM parallela, liquet CH plano GVG rectam esse, adeoque GM eidem recta erit. Porro sit linea RS talis, ut ductâ rectâ MIX ad AD parallelâ (quæ secet ordinatam BD in I, et lineam RS in X) sit $MP : ME :: VG : IX$; vel, sit linea AL talis, ut ductâ MPY ad BD parallelâ (quæ secet axem AD in P, et lineam AL in Y) sit $PE : ME :: VG : PY$; erit tunc utrumque *spatium* (singillatim) $BRSD$, vel ADL, duplum *superficiei conicæ*, quod ex rectâ per V et curvam AMB motâ progeneratur. Fig. 177.

Nam sumatur MN indefinita curvæ particula; et per N ducantur rectæ $NOKT$ ad ipsam AD, et NQZ ad BD parallelæ (quæ lineas expositas, ut *Schema* monstrat, secent), connectanturque rectæ VM, VN; estque $MO : MN :: MP : MF :: VG : IX$; quare $MN \times VG = MO \times IX = IK \times IX$. Item est $NO : MN :: PE : ME :: VG : PY$; unde $MN \times VG = NO \times PY = QP \times PY$. Est autem $MN \times VG$ duplum trianguli MVN; quapropter tam $IK \times IX$, quam $QP \times PY$ duplum est *trianguli* MVN; pariter autem ubique fit; ergo constat Propositum.

EXEMPLUM.

Sit curva AMB *Hyperbola æquilatera*, cujus *Centrum* C, sitque $CV = CA = r$; et $CP = x$; (nam hujusmodi *calculo* plerunque rem expedit peragere:) tum, connexâ MC, patet esse $EC = \frac{rr}{x}$; et $MCq = 2xx - rr$ (nam $PMq = xx - rr$); item est $MCq : CPq :: MEq : MPq$; hoc est, $MCq : CPq$ Fig. 177.

:: $ECq : CGq$; hoc est $2xx - rr : xx :: \frac{r^4}{xx} : CGq = \frac{r^4}{2xx - rr}$; quare $VGq = \frac{r^4}{2xx - rr} + rr = \frac{2rrxx}{2xx - rr} = \frac{VAq \times CPq}{MCq}$; vel $VG = \frac{VA \times CP}{MC}$; quare $VG : VA :: (CP : MC) :: MP : ME$; hinc consectatur in hoc casu, quum ubique sit $IX = VA$, *lineam RS* fore *rectam;* et *rectangulum BRSD superficiei conicæ AMBV duplum esse.*

Cæterum hoc *elegans exemplum* suppeditavit Generosus, ingenio ac eruditione præstans, Vir (*Collegii nostri, quod olim Sociorum Commensalis incoluit,* ornamentum) *D. Franciscus Jessopius*, Armiger; cujus in hanc rem perquam ingenioso mihi comiter impertito scripto (ipsius injussu quidem, at spero non ingratiis) seu *Gemmâ* quâdam audebo mea condecorare.

Prop. I.

Si a puncto E in *axe Am Coni recti ABCp* recta infinita EC transeat per *coni superficiem*, et quiescente termino E circumferatur recta EC donec redeat ad locum a quo cœpit moveri, ita ut semper aliqua pars ejus secet *coni superficiem* (puta per *Hyperbolam CFD* et rectas DA, AC, in superficie coni sitas) *solidum comprehensum a superficie vel superficiebus genitis a lineâ EC* sic motâ et a *portione superficiei* ejusdem coni terminatæ a lineâ vel lineis CFD, DA, AC quas recta EC circumlata describit in *superficie conicâ*, erit æquale *Pyramidi* cujus *altitudo* est æqualis *perpendiculari En* a puncto E ad latus *Coni* deductæ, *basis* vero æqualis eidem *superficiei conicæ terminatæ* a lineâ vel lineis CFD, DA, AC, generatis a motu lineæ EC.

Fig. 178.

Solidum enim $ECFDAC$ constat ex *infinitis pyramidibus ECoA, EooA*, &c., æquialtis perpendiculari *En*, quarum bases omnes simul sumptæ, exhauriunt *superficiem conicam CFD, DA, AC.*

PROP. II.

Datus sit *conus rectus ABCp*: secetur a plano *CFD* axi *Am* parallelo, ducantur rectæ *AC*, *AD* a vertice *coni* ad *lineam hyperbolicam CFD*, et super *triangulo ACD* erigatur *pyramis EACD* habens *verticem E* in *axe coni;* sitque *Eδ* plano *ACD* perpendicularis, et *En* lateri coni. Fig. 178.

Dico, *superficies conica* terminata a *lineâ hyperbolicâ CFD* et rectis *DA*, *AC* ita se habet ad *ACD basem pyramidis EACD* ut *altitudo Eδ pyramidis EACD* ad perpendiculum *En*. Quoniam enim Conici *ACFD*, *ECFD* habent vertices *A* et *E* in plano basi *CFD* (quæ est utrique Conico communis) parallelo, ergo sunt æquales. Si ergo a solido quod componitur a Conico *ACFD* addito pyramide *ECAD* auferatur Conicus *ECFD* reliquum erit solidum *ECFDAC*, quale in propositione primâ describitur motu rectæ *EC* æquale pyramidi *EACD*. Quoniam vero *æqualium pyramidum* reciprocæ sunt *bases altitudinibus*, ut *altitudo Eδ pyramidis EACD* ad perpendiculum *En* ita erit *superficies conica* terminata a *lineâ hyperbolicâ CFD* et rectis *DA*, *AC* ad Triangulum *ACD*. Q.E.D.

PROP. III.

Datus sit *conus rectus ABCp*. Secetur a plano (puta *triangulo qrt*) quod quidem planum secabit *axem coni* in puncto *q* supra *verticem* productum, et in communi intersectione cum *superficie coni* habebit *lineam hyperbolicam rSt*; ducantur a vertice coni *A* rectæ *Ar*, *At*, a puncto *q* demittatur perpendiculum *qX* lateri coni *Ap* producto, et a puncto *A* perpendiculum *AZ* plano *qrt*. Fig. 178.

Dico *superficies conica* terminata a *lineâ hyperbolicâ rst*, et rectis *rA*, *tA*, ita se habet ad *figuram hyperbolicam cavam qrStq* ut *perpendiculum AZ* ad *perpendiculum qX*.

Recta enim *qr*, circumlata, quiescente termino *q*, per lineas *rSt*, *tA*, *Ar* generat tres *superficies*, nempe *hyperbolicam cavam qrSt*, et *duo triangula qtA*, *qAr*, quæ una cum *superficie conicâ* terminatâ a lineis *rSt*, *tA*, *Ar*, comprehendunt *Solidum qrS, tAr*. Hoc vero *solidum æquale* est *pyramidi* cujus *altitudo* est æqualis perpendiculo qX, nam infinitæ pyramides $qAru$, $qAuu$, exhauriunt solidum $qrStAr$. Si vero aliter contemplari volumus, hoc solidum $qrStAr$ potest considerari tanquam *figura conica* $ArStqr$, habens pro *base figuram hyperbolicam* cavam $qrStq$, et pro altitudine *perpendiculum* AZ. Ergo reciprocando *bases altitudinibus*, ut AZ ad qX, ita *superficies*, $rStAr$ ad *figuram hyperbolicam cavam* $qrStq$.

PROP. IV.

Fig. 179. Datus sit *conus rectus* $ABhg$: secetur a plano $HFEG$ per axem infra verticem: a puncto H ubi *planum* secat *axem coni*, demittatur HK *perpendiculum* lateri cuilibet coni, et a vertice A *perpendiculum* AL plano $HFEG$.

Dico, *Superficies conica* terminata a lineis FEG, GA, AF ita se habebit ad *planum* $HFEG$ ut *perpendiculum* AL ad *perpendiculum* HK.

Probatur eodem fere argumento quo superior.

APPENDICULA III.

Præcedentia recolenti nonnulla videntur elapsa; quæ forsan ex usu sit adjicere. *Demonstrationes* elicere poterit quispiam e præmissis; et potior inde fructus emerget.

PROB. I.

Fig. 180. Sit *curva* quævis KEG, cujus *axis* AD; et in hoc signatum punctum A; curva reperiatur, puta LMB, talis, ut si ducta utcunque recta PEM, axi AD perpendicularis, curvam KEG secet in E, et curvam LMB in M; nec non connectatur AE, et curvam LMB tangat recta TM; sit TM ipsi AE parallela.

Hoc ita fiet. Per aliquodcunque punctum R, in axe AD sumptum, protendatur recta RZ ad ipsam AD perpendicularis; cui occurrat recta EA producta in S; et in rectâ EP sumatur $PY = RS$; ita determinetur curvæ OYY proprietas; tum sit rectangulum ex AR, et PM æquale spatio $AYYP$ $\left(\text{seu } PM = \frac{\text{spat. } AYYP}{AR}\right)$; habebit curva $LMMB$ conditionem propositam.

Adnotari potest, si stantibus reliquis, sit curva QXX talis, ut cum hanc secet recta EP in X, sit $PX = AS$; erit spatium $AXXP$ æquale rectangulo ex AR, et curva LM, seu $\frac{AXXP}{AR} = LM$.

Ex. I.

Sit ADG *circuli quadrans*, et ductâ EP ad AD utcunque perpendiculari, connexâque DE; designetur curva AMB talis, ut si producta recta EPM hanc secet in M, ipsamque tangat recta MT, sit MT ad DE parallela. Hoc ita peragetur. Ducatur AZ ad DG parallela; et huic occurrat producta DE in S; et curva AYY talis sit, ut si hanc secet producta PE in Y, sit $PY = AS$; tum capiatur $PM = \frac{\text{spat. } AYP}{AD}$; factum erit. Fig. 181.

Not. Quod si curva QXX talis sit, ut $PX = DS$ (vel si $AQ = AD$, et QXX sit *hyperbola* angulo ADG comprehensa), erit curva $AM \times AD = \text{spat. } AQXP$.

Ex. II.

Sit curva AEG (cujus *axis* AD) proprietate talis, ut si a quocunque puncto in ipsâ sumpto E, ducatur recta EP ad AD normalis; connectaturque AE, sit AE inter designatam AR, et AP proportione media, secundum ordinem, cujus exponens sit $\frac{n}{m}$; reperiatur curva AMB, quam tangat TM ad AE parallela. Fig. 182.

De curvâ AM adnoto fore $n : m :: AE : \text{arc. } AM$.

Si $\frac{n}{m} = \frac{1}{2}$ (vel AE sit inter AR, AP simpliciter media) erit AEG circulus, et AMB *Cycloïs primaria;* hujus igitur dimensio e lege generali habetur.

Hæc etiam ex adjuncto *Problemate* magis comprehensivo peraguntur.

PROB. II.

Fig. 183. Curva designetur, puta AMB, cujus *axis* AD, ita ut in hac sumpto puncto quopiam M, et ductâ MP ad AD perpendiculari, et posito rectam MT ipsam tangere, habeant TP, PM relationem assignatam.

Accipiatur recta quæpiam R, et fiat ut TP ad PM (quam utique rationem assignata dabit relatio) ita R ad PY (quæ nempe sumatur in rectâ PM, et ad axem AD ordinetur) sic ut per ejusmodi puncta Y transeat curva YYK; tum si fiat $PM = \frac{\text{spat. } APY}{R}$, de curvæ AMB inde constabit naturâ.

Ex. I.

Fig. 184. Sit ADG *circuli quadrans;* cujus radius æquetur designatæ R; et habere debeat TP ad PM rationem eandem quam habet R ad arcum AE; ergo quum sit, juxta præscriptum, R : arc. AE :: R : PY; erit $PY =$ arc. AE; hinc habetur $PM = \frac{APY}{R}$.

Ex. II.

Sit ADG *circuli quadrans*, et habere debeat TP ad PM rationem eandem quam PE ad R; est ergo PY æqualis *tangenti* arcus GE; et spat. $APYY = R \times$ arc. AE; adeoque $PM =$ arc. AE.

PROB. III.

Fig. 185. Proponatur figura quælibet ADB (cujus *axis* AD, *basis* DB): reperiatur curva KZL, proprietate talis, ut ductâ rectâ ZPM ad DB utcunque parallelâ, quæ lineas expositas secet ut cernis, positoque rectam ZT tangere curvam KZL, sit intercepta TP æqualis ipsi PM.

Hoc ita perficietur. Sit curva OYY talis, ut adsumptâ quâdam R, protractâque PMY, sit $PM : R :: R : PY$; tum libere adsumptâ DL (in BD protensâ) sit $DL : R :: R : LE$; et *asymptotis* DL, DG per E describatur *hyperbola* EXX; tum sit spatium $LEXH$ æquale spatio $DOYP$, et protractæ XH, YP concurrant in Z; erit Z in curvâ quæsitâ; quam si tangat ZT, erit $TP = PM$.

Adnotetur, si proposita figura sit *rectangulum parallelogrammum* $ADBC$, quod curvæ KZL hæc erit proprietas, ut sit DH eodem ordine inter DL, DO media *Geometrice* proportionalis, quo DP inter DA et 0 (seu nihilum) est media *Arithmetice*; quod si libere juxta proprietatem hanc describatur curva KZL, et *Mechanice* reperiatur tangens ZT, inde quadrabitur *hyperbolicum spatium* $LEXH$; erit utique hoc æquale *rectangulo* ex TP, AP. Fig. 186.

Subnotari possit fore 1. Spat. $ADLK = R \times DL - DO$. 2. Summam $ZPq = R \times \frac{DLq - DOq}{2}$; et summam ZP cub. $= R \times \frac{DL\text{ cub.} - DO\text{ cub.}}{3}$ &c. 3. Si ponatur ϕ esse centrum gr. figuræ $ADLK$, ducanturque $\phi\psi$ ad AD, et $\phi\xi$ ad DL perpendiculares, fore $\phi\psi = \frac{DL + DO}{4}$, et $\phi\xi = R - \frac{AD \times DO}{LO}$.

PROB. IV.

Sit angulus BDH rectus, et BF ad DH parallela; et *asymptotis* DB, DH per F descripta sit *hyperbola* FXG; item centro D descriptus sit circulus KZL; sit denuo curva AMB talis, ut in hac sumpto quocunque puncto M, et per hoc trajectâ rectâ DMZ, item sumptâ $DI = DM$, et ductâ IX ad BF parallelâ, sit *spatium hyperbolicum* $BFXI$ æquale duplo *circulari sectori* ZDK; curvæ AMB tangens ad M determinetur. Fig. 187.

Ducatur DS ad DM perpendicularis; sitque $DB \times BF = Rq$; fiatque $DK : R :: R : P$; tum $DK : P :: DM : DT$; et connectatur TM; hæc curvam AMB tanget.

Adnotetur curvæ AMB hanc esse proprietatem; ut DI sit inter DB, DO (vel DA) eodem ordine *media pro-*

portionalis Geometrice, quo arcus KZ inter 0 (seu nihilum) et arcum KL est medius *Arithmetice*; hoc est, si DI sit numerus in serie *Geometrice proportionalium* incipiente a DB, et terminatâ in DA; ac 0, KL sint Logarithmi ipsarum DB, DA; erit KZ Logarithmus ipsius DI. Vel retro (prout vulgares *Logarithmi* procedunt), si DI sit numerus in serie *Geometricâ* exorsa a DO, et desinente in DB, ac 0 sit *Logarithmus* ipsius DO, et arcus LK ipsius DB, erit arcus LZ *Logarithmus* ipsius DI.

Quod si absolute construatur curva AMB, ejusque *tangens Mechanice* deprehendatur, inde patet *Hyperbolici Spatii Cyclismum* dari, vel *Circuli Hyperbolismum*.

Hujusce *Spiralis* naturam, ac dimensionem (ut et Spatii BDA dimensionem) luculente prosecutus est præclarissimus *D. Wallissius*, in Libro de *Cycloide*; quapropter de illâ plura reticeo.

PROB. V.

Fig. 188. Sit spatium quodpiam EDG (rectis DE, DG, et lineâ ENG comprehensum) et data quædam R; curva AMB reperiatur talis, ut si utcunque a D projiciatur recta DNM, et DT ad hanc perpendicularis sit, et MT curvam AMB contingat; sit $DT : DM :: R : DN$.

Sit curva KZL talis, ut $DZ = \sqrt{R \times DN}$; sumptâque libere rectâ DB, sit $DB : R :: R : BF$ (sit autem BF, ut et DH, ipsi DB perpendicularis); tum per F, angulo BDH inclusa, transeat *hyperbola* FXX; sitque spatium $BFXI$ (positâ nempe IX ad BF *parallelâ*) æquale duplo spatio ZDL; sit denuo $DM = DG$; erit M in curvâ quæsitâ; quam utique si tangat recta TM, erit $TD : DM :: R : DN$.

PROB. VI.

Sit rursus spatium EDG (ut in præcedente); reperienda est curva AMB, ad quam si projiciatur recta DNM, et sit DT huic perpendicularis, et MT curvam AMB tangat, fuerit $DT = DN$. Fig. 188.

Adsumatur quæpiam R, et sit $DZq = \frac{R^3}{DN}$; item acceptâ DB (cui perpendiculares DH, BF) $= \frac{R^3}{DBq}$; et per F intra *asymptotos* DB, DH describatur *hyperboliformis* secundi generis (in qua nempe ordinatæ, ceu BF, vel IX, sint quartæ proportionales in ratione DB ad R, vel DG ad R); tum capiatur spatium $BIXF$ æquale duplo ZDL; et sit $DM = DI$; erit M in curvâ quæsitâ; quam si tangat MT, erit $DT = DN$.

PROB. VII.

Sit figura quævis ADB (cujus *axis* AD, *basis* DB) et utcunque ductâ PM ad DB parallelâ, datum sit (seu expressum quomodocunque) spatium APM, oportet, hinc ordinatam PM exhibere, vel exprimere. Fig. 189.

Acceptâ quâpiam R, sit $R \times PZ = APM$; hinc emergat linea $AZZK$; huic perpendicularis reperiatur ZO; tum erit $PZ : PO :: R : PM$.

Exemp. AP vocetur x, et sit $APM = \sqrt{rx^3}$, ergo $PZ = \sqrt{\frac{x^3}{r}}$; unde reperietur $PO = \frac{3xx}{2r}$. Estque $\sqrt{\frac{x^3}{r}} : \frac{3xx}{2r} :: r : \frac{3}{2}\sqrt{rx} = PM$; unde AMB est *Parabola*, cujus *Parameter* est $\frac{9}{4}r$.

Aliter. Fiat $PZ = \sqrt{2APM}$; et sit ZO curvæ AZK perpendicularis; erit $PM = PO$.

Exemp. Sit $AP = x$; et $APM = \frac{x^3}{r}$; quare $PZ = \sqrt{\frac{2x^3}{r}}$ unde reperietur $PO = \frac{3xx}{r} = PM$; et rursus AMB erit *Parabola*.

PROB. VIII.

Sit figura quævis ADB (rectis DA, DB, et lineâ AMB comprehensa) et a D utcunque projectâ rectâ DM, datum sit spatium ADM; oportet rectam DM definire. Fig. 190.

Acceptâ quâpiam R, sit $DZ = \frac{2ADM}{R}$; et ZO curvæ AZK perpendicularis; cui occurrat DH ad DM perpendicularis; erit $DM = \sqrt{R \times DO}$.

Aliter. Sit $DZ = \sqrt{4ADM}$; et ZO curvæ AZK perpendicularis; cui occurrat DH ad DZ perpendicularis; erit $DM = \sqrt{DZ \times DO}$.

De figuris involutis et evolutis bellam σκέψιν instituit *Præclarus Geometra D. Gregorius, Aberd.* Alienæ messi nollem ego falcem meam immittere, verum liceat utcunque isthuc pertinentes (aliud agenti quæ mihi se ingesserunt) unam aut alteram observatiunculam his intexere.

PROB. IX.

Fig. 191. Data sit figura quæpiam ADB (cujus *axis* AD, *basis* DB); oportet ei congruentem involutam exhibere.

Fig. 192. Centro C, intervallo quopiam CL, describatur *Circulus* LXX; sit autem curva KZZ talis, ut pro lubitu ductâ rectâ MPZ ad BD parallelâ, sit rectangulum ex PM, PZ æquale quadrato ex CL $\left(\text{vel } PZ = \frac{CLq}{PM}\right)$. Sit tum arc. $LX = \frac{\text{spat. } DKZP}{CL}$ (vel sector LCX subduplus spatii $DKZP$) et in CX capiatur $C\mu = PM$; erit linea $\beta\mu\mu$ ipsius BMA involuta; vel spatium $C\mu\beta$ spatii ADB).

Exemp. Sit ADB circuli quadrans; erit ergo (quod e præmonstratis constat) spat. $DKZP$ (2 sector LCX) : sect. BDM :: CLq : DBq; unde arc. LX : arc. BM :: CL : DB; quare ang. LCX = ang. BDM = ang. DMP; unde ang. $C\mu\beta$ est rectus, adeoque linea $\beta\mu C$ est *semicirculus*.

Fig. 193. *Coroll.* 1. Subnotari potest, si duæ figuræ ADB, ADG analogæ fuerint; et harum *involutæ* sint $C\mu\beta$, $C\nu\gamma$; et fuerit $C\mu$: $C\nu$ :: DB : DG; erit reciproce ang. $\beta C\mu$: $\beta C\nu$ :: DG : DB.

2. Illud etiam converse valet.

Fig. 194. 3. Sin curvæ $C\nu\gamma$, $CS\beta$ suo modo analogæ fuerint, hoc est, si utcunque a C projectâ rectâ $C\nu S$, habeant $C\nu$, CS eandem perpetuo rationem, erunt hæ similium linearum *involutæ*.

PROB. X.

Datâ figurâ quâpiam $\beta C\phi$ rectis $C\beta$, $C\phi$, et aliâ lineâ $\beta\phi$ comprehensâ, ei competentem *evolutam* designare. Fig. 195.

Centro C utcunque describatur *circularis arcus* LE (cum rectis $C\beta$, $C\phi$ constituens sectorem LCE); tum ductâ CK ad LC perpendiculari, sit curva βYH ita rectam CK respiciens, ut libere projectâ rectâ $C\mu Z$, sumptâque CO = arc. LZ, ductâque OY ad CK perpendiculari, sit OY = $C\mu$; porro ad rectam DA sic referatur curva BMF, ut cum sit $DP = \frac{\text{spat. } C\beta YO}{CL}$; et PM ad DA perpendicularis; sit etiam $PM = C\mu$; erit spatium $DBFA$ ipsius $C\beta\phi$ *evolutum*. Fig. 196.

Exemp. Sit LZE arcus circuli centro C descripti, et $\beta\mu C$ ejusmodi *spiralis*, ut pro arbitrio ductâ rectâ $C\mu Z$ habeat arcus EZ ad rectam $C\mu$ rationem assignatam (puta R ad S). Manifestum est lineam βYH esse rectam, quoniam EZ (KO) : $C\mu$ (OY) :: R : S, perpetuo; unde evoluta BMF fit *Parabola;* quoniam axis partes AP, AD se habent ut spatia KOY, $KC\beta$, hoc est ut quadrata ex ipsis OY, $C\beta$, vel ex ipsis PM, DB. Fig. 197. Fig. 198.

COROL. THEOR. I.

Si ad figuram $\beta C\phi$ erigatur *cylindricus* altitudinem habens æqualem peripheriæ integræ *circuli*, cujus radius CL; erit iste *cylindricus* æqualis *solido*, quod procreatur e figurâ $C\beta HK$ circa axem CK rotatâ. Fig. 195.

THEOR. II.

Sit curva quæpiam AMB (cujus axis AD, basis DB) et curva AZL talis, ut libere ductâ rectâ ZPM, sit PZ $=\sqrt{2APM}$; sit item alia curva OYY talis, ut ad hanc productâ rectâ $ZPMY$, adsumptâque rectâ R, sit $ZPq : Rq$ :: $PM : PY$; sitque denuo $DL : R$ :: $R : LE$; et per E intra angulum LDG describatur *Hyperbola* EXX; huic autem occurrat ducta recta ZHX ad AD parallela, erit spatium $PDOY$ æquale *spatio Hyperbolico* $LHXE$. Fig. 199.

Hinc *summa* omnium $\frac{PM}{APM} = \frac{2LEXH}{Rq}$.

Theor. III.

Fig. 200. Sit curva quæpiam AMB, cujus axis AD, basis DB; et curva KZL talis, ut adsumptâ quâdam R, et arbitrarie ductâ rectâ ZPM ad BD parallelâ, sit $\sqrt{APM} : PM :: R : PZ$; erit spatium $ADLK$ æquale *rectangulo* ex R in $2\sqrt{ADB}$; vel $\frac{ADLK}{2R} = \sqrt{ADB}$.

Exemp. Sit ADB circuli quadrans, erit summa omnium $\frac{PM}{\sqrt{APM}} = \sqrt{2DA} \times$ arc. AB.

Theor. IV.

Sit curva quæpiam AMB (cujus axis AD, basis DB) sintque duæ lineæ EXK, GYL ita relatæ, ut in curvâ AMB sumpto quopiam puncto M, ductisque rectis MPX ad BD, et MQY ad AD parallelis, positoque rectam MT tangere curvam AMB, sit $TP : PM :: QY : PX$; erunt figuræ $ADKE$, $DBLG$ sibimet æquales. Fig. 201.

Valet hoc conversum. Nempe si figuræ $ADKE$, $DBLG$ æquentur, et MT curvam AMB tangat, erit $TP : PM :: QY : PX$.

Not. Omnium hactenus Propositorum fœcundissimum est hoc *Theorema;* præcedentium quippe complura vel in eo continentur, aut ab eo facile consectantur. Nam posito lineam AMB indeterminatam esse naturâ, si ipsarum EXK, GYL alterutra pro tuo arbitratu determinetur, exinde resultabit Theorema quoddam ejusmodi, qualia superius exhibentur aliquammulta. Si *e.g.* linea GYL ponatur recta cum ipsâ BD semi-rectum constituens angulum (quo casu concipiuntur puncta D, G coincidere) proveniet inde prima *Lectionis XI.* Si GYL sit recta ad DB parallela, emerget [quarta] *Lectionis ejusdem.* Rursus si $PM=PX$ (vel lineæ AMB, EXK sint eædem) consequetur hinc *decima* ejusdem. Exhinc porro liquet adsumpto cuilibet spatio *infinita, genere diversa, spatia æqualia* facile designari Fig. 202.

veluti si *spatium* $DGLB$ ponatur *circuli quadrans*, cujus *centrum* D; et curva AMB sit *parabola*, cujus *axis* AD, emerget curvæ EXK hæc proprietas, ut (si dicatur $DB = r$; $AP = x$; $PX = y$; et k $\left(\text{vel } \frac{DBq}{2AD}\right)$ sit *parabolæ semiparameter*); sit $\frac{rrk}{2} = kkx + xyy$. Sin AMB ponatur *hyperbola*, procreabitur alterius generis curva EXK; his autem expensis ἀβλεψίαν meam incuso, qui non hoc *Theorema* (sicut et ea quæ subsequuntur, quorum fere ratio consimilis est, et suppar usus) primo loco posuerim, et ex eo (nec non e reliquis mox subjiciendis) quod fieri posse video, reliqua deduxerim. Veruntamen hujusmodi *Phrygiam sapientiam* juxta mecum plerisque familiarem autumo, literas has tractantibus.

THEOR. V.

Sit spatium quodpiam ADB (rectis DA, DB, et curvâ AMB comprehensum) sint item curvæ EXK, GYL ita relatæ, ut si in curvâ AMB libere sumatur punctum M, ducatur DMX, sit $DQ = DM$, ducatur QY ad DB perpendicularis, sit DT ad DM perpendicularis, recta MT curvam AMB contingat; si, his inquam suppositis, sit $TD : DM :: DM \times QY : DXq$; erit spatium $DGLB$ spatii EDK duplum. Fig. 203.

THEOR. VI.

Sit rursus AMB curva quævis (cujus axis AD, basis DB) et curvæ EXK, HZO ita versus se, et axes AD, $\alpha\beta$ relatæ, ut arbitrarie in curvâ AMB accepto puncto M, et ductâ MPX ad AD perpendiculari, sumptâ $\alpha\mu = \text{arc. } AM$, ductâ μZ ad $\alpha\beta$ perpendiculari, positoque rectam TM curvam AMB tangere; sit $TP : TM :: \mu Z : PX$; erunt spatia $ADKE$, $\alpha\beta OH$ æqualia sibi. Fig. 204.

THEOR. VII.

Sit spatium quodpiam ADB (rectis DA, DB, et curvâ AMB definitum) sint item curvæ EXK, HZO ita relatæ, ut si quodvis capiatur punctum M in curvâ AMB, pro- Fig. 204, 205.

jiciatur recta *DMX*, sumatur $\alpha\mu$ = arc. *AM*; ducatur μZ ad rectam $\alpha\beta$ perpendicularis; sit *DT* perpendicularis ipsi *DM*; recta *MT* curvam *AMB* tangat; sit $TD : TM :: DM \times \mu Z : DXq$; erit spatium $\alpha\beta OH$ spatii *EDK* duplum.

Sed horum hic esto terminus.

LECT. XIII.

ÆQUATIONUM naturam e terminorum *analogiâ* exposuit *Vieta;* illam ex eorum in se ductu dilucidius explicuit *Cartesius*. Eam ego jam e linearum singulis appropriatarum descriptione conabor aliquatenus enucleatam dare; qui sane modus rem præsertim elucidare videtur, ac ob oculos ponere; agedum.

Notetur, In sequentibus perpetim ad easdem series redigi æquationes, quæ *coefficientes* habent easdem.

Æquationum Series prima.

$$a + b = n,$$
$$aa + ba = nn,$$
$$a^3 + baa = n^3,$$
$$a^4 + ba^3 = n^4, \text{ \&c.}$$

Fig. 206. Sumatur recta *BA* æqualis coefficienti b, et hæc versus *H* indefinite protendatur; sint anguli *RAH*, *SBH* semirecti, sintque lineæ *ALL*, *AMM*, *ANN* tales, ut rectâ *GK* ductâ ad *AH* utcunque perpendiculari (quæ dictas lineas ordine secet punctis *L*, *M*, *N*; rectasque *BS*, *AR* punctis *K*, *Z*) sit inter *GZ*, *GK media GL**, *bimedia GM*, *trimedia GM*; hæ lineæ propositarum æquationum naturæ explicandæ inservient. Nam si *AG* (vel *GZ*) dicatur a; erit *BG* (vel *GK*) $= b + a$; atque $GLq = aa + ba$; et *GM* cub. $= a^3 + baa$; et $GNqq = a^4 + ba^3$.

* Vid. pag. 256.

Notetur autem,

1. Ductâ AD ad BH perpendiculari, si in hac capiatur $AE = n$; ducaturque EF ad AH parallela; hujus cum lineis expositis intersectiones æquationum propositarum radices exhibebunt respective; erit utique EK, vel EL, vel EM, vel EN æqualis ipsi a; hoc est ipsis AG, concipiendo a singulâ intersectione deduci ad AH perpendiculares, quæ puncta G determinet. Fig. 206.

2. Quo punctum G magis a termino A removetur (et quidem potest GA desumi quâvis designatâ major) eo ordinatæ GK, GL, GM, GN magis increscunt; adeo ut quantacunque ponatur AE, parallela EF curvis occursura sit; et proinde semper habetur vera radix istarum æquationum cuilibet conveniens; et ea tantum una, quoniam EF curvas istas unico puncto intersecat.

3. *Curva* ALL est *hyperbola æquilatera*, cujus *axis* AB, reliquæ AMM, ANN sunt *hyperboliformes.*

4. Si AO sit $\frac{1}{2} AB$; et $AP = \frac{1}{3} AB$, et $AQ = \frac{1}{4} AB$, ducanturque OT, PV, QX ad BS parallelæ, erunt hæ curvarum ALL, AMM, ANN *asymptoti.*

5. Hinc constat in secundo gradu fore $a > n - \frac{b}{2}$; in tertio $a > n - \frac{b}{3}$; in quarto $a > n - \frac{b}{4}$; quæ tamen inæqualitates, si AE benemagna sit, exiguæ erunt.

6. Æquationibus istis nulla competit *maxima, vel minima.*

Series secunda.

$$a - b = n,$$
$$aa - ba = nn,$$
$$a^3 - baa = n^3,$$
$$a^4 - ba^3 = n^4, \text{ \&c.}$$

Sit rursus $AB = b$; et indefinite protrahatur AB versus I, et sint anguli RAI, SBI semirecti; tum concipiantur curvæ BLL, BMM, BNN tales, ut si utcunque ducatur GZ ad AI perpendicularis (dictas lineas secans, uti cernis, Fig. 207.

punctis K, L, M, N, Z), sit inter GZ, GK media GL, bimedia GM, trimedia GN; propositas æquationes explicabunt hæ lineæ. Nam si AG (vel GZ) vocetur a; erit BG (vel GK) $= a - b$; et $GLq = aa - ba$; et GM cub. $= a^3 - baa$; et $GNqq = a^4 - ba^3$.

Not.

1. Ductâ AD ad AI perpendiculari, et EF ad AI parallelâ, si AE ponatur æqualis ipsi n; erunt EK, EL, EM, EN radices æquationum respectivæ, seu æquales quæsitis a.

2. Quoniam ordinatæ GK, GL, GM, GN a termino B versus I infinite excrescunt, semper habetur una vera radix, et unica.

3. Curva BLL est *hyperbola æquilatera*, cujus *axis* AB; reliquæ curvæ sunt *hyperboliformes*.

4. Si AB bisecetur in O, trisecetur in P, quadrisecetur in Q, ducanturque ad AR parallelæ OT, PV, QX, erunt hæ curvarum BLL, BMM, BNN *asymptoti*.

5. Hinc sequitur in secundo gradu fore $a > n + \frac{b}{2}$; in tertio $a > n + \frac{b}{3}$; in quarto $a > n + \frac{b}{4}$; quod si n satis magna sit, istæ inæqualitates ad æqualitatem proxime accedunt.

6. Verarum in his radicum habetur *minima*; scilicet ipsa AB, vel b.

Series Tertia.

$$b - a = n,$$
$$ba - aa = nn,$$
$$baa - a^3 = n^3,$$
$$ba^3 - a^4 = n^4, \text{ \&c.}$$

Fig. 208. Sit $AB = b$, et anguli RAB, SBA semirecti; tum curvæ ALB, AMB, ANB tales, ut ductâ rectâ GK ad AB utcunque perpendiculari (quæ lineas expositas secet, ut vides) sit inter AG (seu GZ) et GK *media* GL, *bi-*

media GM, *trimedia* GN; propositas æquationes explicatas dabunt hæ lineæ. Nam posito fore $AG = a$, erit $GK = b - a$; et $GLq = ba - aa$; et $GMq = baa - a^3$; et $GNq = ba^3 - a^4$.

Not.

1. Si in AD (ad ipsam AB perpendiculari) desumatur $AE = n$; et ducatur EF ad AB parallela, hujusce cum lineis expositis intersectiones exhibebunt radices a respective. Fig. 208.

2. Cum ad hasce curvas ordinatæ semper terminatæ sint, et inter ipsas maxima quædam detur, hujus *seriei æquationes*, pro modulo assignatæ AE (vel n) subinde duas radices veras habent (cum utique fuerit AE curvæ maximâ ordinatâ minor respective, hoc est cum EF curvæ bis occurrerit), nonnunquam duntaxat unam (cum AE nempe maximam adæquet, adeoque EF curvam contingat); aliquando nullam (cum scilicet AE maximam excedat, adeoque nec EF curvæ unquam occurrat).

3. In secundo gradu si $AO = OB$, et ordinetur OT, erit OT maxima; (adeoque radicum una major quam $\frac{AB}{2}$, altera minor;) in tertio, si $AP = 2PB$, et ordinetur PV, erit PV maxima; (unde radicum una major erit quam $\frac{1}{3}AB$, altera minor;) demum in quarto gradu si $AQ = 3QB$, et ordinetur QX, erit QX *maxima* (et hinc una radicum semper major quam $\frac{1}{4}AB$, et altera minor).

4. Hinc consectatur, si fuerit, in secundo gradu $n > \frac{b}{2}$; in tertio $n^3 > \frac{4b^3}{9} - \frac{8b^3}{27} = \frac{4b^3}{27}$; in quarto $n^4 > \frac{27}{64}b^4 - \frac{81}{256}b^4 = \frac{27b^4}{256}$; nullam dari radicem.

5. Omnium radicum *maxima* est ipsa AB, vel b.

6. Omnium curvarum communis *intersectio* (seu *nodus*) est punctum T; et si fuerit $n = \frac{b}{2}$, semper AO $\left(\text{vel } \frac{b}{2}\right)$ est una radix.

7. Curva *ALB* est *Circulus*, reliquæ *AMB*, *ANB* eum quodammodo referunt.

1.	2.	3.
$\left.\begin{array}{l} a+b=n \\ a+b=\frac{nn}{a} \\ a+b=\frac{n^3}{aa} \\ a+b=\frac{n^4}{a^3} \end{array}\right\}$,	$\left.\begin{array}{l} a-b=n \\ a-b=\frac{nn}{a} \\ a-b=\frac{n^3}{aa} \\ a-b=\frac{n^4}{a^3} \end{array}\right\}$,	$\left.\begin{array}{l} b-a=n \\ b-a=\frac{nn}{a} \\ b-a=\frac{n^3}{aa} \\ b-a=\frac{n^4}{a^3} \end{array}\right\}$,

Aliter (et forte commodius, pro singulo trium serierum gradu tantum unam adhibendo lineam) explicantur istæ præcedaneæ æquationes, hoc pacto:

Fig. 209, 210.

Sit *AH* recta indefinite protensa, et huic perpendicularis *AD*; in quâ sumatur *AB*= *n*, et ducatur *BK* ad *AH* parallela, tum sint lineæ *LXL*, *MXM*, *NXN* tales, ut sumpto in *AH* quocunque puncto *G*, et ductâ *GK* ad *AD* parallelâ, sit in proportione *AG* ad *GK* (vel *AB*) proportione *tertia GL*, *quarta GM*, *quinta GN*; hæ lineæ propositarum æquationum naturæ explicandæ inservient.

Nam sumptâ *AE*= *b* (sumatur autem *AE* ob primam seriem ad partes *I*, ob secundam et tertiam ad partes *H*), et fiat angulus *FEH* semirectus (iste quidem pro primâ et secundâ serie inclinans versus *H*, pro tertiâ reclinans ab *H*, ut Schema satis monstrat), tum rectæ *EF* cum expositis lineis intersectiones respectivæ radices *a* determinabunt; nempe si per has ductæ concipiantur ad *AH* perpendiculares (*LG*, *MG*, *NG*), erunt interceptæ *AG* radicibus *a* æquales respective.

Not.

Exhinc constat, quod

1. In hac explicatione *coefficiens b* indeterminata habetur; ut in præcedentibus ipsa *n*.

2. In primâ et secundâ serie semper una positiva radix habetur, et unica.

3. In secundâ serie minima radix ipsi *AB*, vel *n* æquatur.

4. Communis omnium linearum *nodus* est *punctum* X, ubi BX (vel a) $= n$.

5. In tertiâ serie subinde duæ habentur radices positivæ (quando scilicet EF curvas bis secat); nonnunquam una tantum (cum EF ipsarum aliquam contingat; id quod accidit in secundo gradu cum $a = \frac{b}{2}$; in tertio cum $a = \frac{2}{3}b$; in quarto cum $a = \frac{3}{4}b$); aliquando nulla, cum EF infra tangentes cadit, et adeo nusquam curvis occurrit.

6. Secundi gradus curva est *hyperbola*, reliquæ *hyperboliformes*, quarum communes *asymptoti* sunt rectæ AH, AD.

Series quarta.

$$a + \frac{cc}{a} = n,$$

$$aa + cc = nn,$$

$$a^3 + cca = n^3,$$

$$a^4 + ccaa = n^4.$$

Sit recta indefinite protensa AH, et huic perpendicularis AD; fiat autem angulus RAH semirectus; tum utcunque ducatur GZK ad AD parallela; et facto $AG : AC :: AC : ZK$; per K intra angulum DAR describatur *hyperbola* KXK; sint denuò curvæ CLL, AMM, ANN tales, ut inter GZ, GK sint *media* GL, *bimedia* GM, *trimedia* GN; hæ proposito deservient. Nam si AG (vel GZ) dicatur a, erit $GK = a + \frac{cc}{a}$; et $GLq = aa + cc$; et GM cub. $= a^3 + cca$; et $GNqq = a^4 + ccaa$. Fig. 211.

Not.

1. Designantur radices, ut in præcedentibus, positâ $AE = n$, et ductâ EF ad AH parallelâ.

2. Si $AP = AC$, erit PX ad *hyperbolam* KXK ordinatarum *minima*; unde si AE (vel n) $< PX$; nulla dabitur radix in primo gradu.

3. Curva CLL est *hyperbola æquilatera*, cujus *centrum* A, *semiaxis* AC; quæ et ordinatarum est *minima;* alioquin si $n > c$, semper una vera radix habetur, et unica.

4. Reliquæ AMM, ANN sunt hyperboliformes ad infinitum excurrentes; unde semper una vera radix habetur, neque plures.

5. Si fuerit $Y\alpha = \frac{1}{2}YX$; $Y\beta = \frac{1}{3}YX$; $Y\gamma = \frac{1}{4}YX$, et per puncta, α, β, γ, traductæ concipiantur *hyperbola* (habentes et ipsæ *asymptotos* DA, AR) $\alpha\lambda$, $\beta\mu$, $\gamma\nu$; erunt hæ ipsarum curvarum CLL, AMM, ANN *asymptoti.* (Similes etiam *asymptoti* conveniunt lineis posthac describendis, quanquam de illis conticeamus.)

6. Hinc in secundo gradu $a + \frac{cc}{2a} > n$; in tertio $a + \frac{cc}{3a} > n$; in quarto $a + \frac{cc}{4a} > n$; quæ tamen inæqualitas eo minor est, quo AE (vel n) major existit.

$$a + \frac{cc}{a} = n,$$

$$a + \frac{cc}{a} = \frac{nn}{a},$$

$$a + \frac{cc}{a} = \frac{n^3}{aa},$$

$$a + \frac{cc}{a} = \frac{n^4}{a^3}.$$

Possit hæc series explicari juxta præcedentium modum secundum, et easdem ádhibendo curvas LXL, MXM, NXN; quarum nimirum proprietas est, ut rectâ GK ductâ ad AH utcunque perpendiculari, sit $GL = \frac{nn}{AG}$; et $GM = \frac{n^3}{AGq}$; et $GN = \frac{n^4}{AG\text{ cub.}}$.

Fig. 212.

Nam si fiat angulus HAR semirectus, et utcunque ducatur GEO ad AH perpendicularis; et sit $GE : c :: c : EO$; et per O intra asymptotos AD, AR describatur *hyperbola* OO; hujusce cum expositis lineis LXL, MXM, NXN intersectiones, radices a respectivas determinabunt;

ductis utique LG, MG, NG ad AH perpendicularibus; erunt interceptæ AG ipsis a æquales respective.

Possint consimili modo subsequentes omnes æquationes explicari; sed eas modo duntaxat priore dabimus expositas.

Series quinta.

$$\left.\begin{array}{r} \frac{cc}{a} - a = n \\ cc - aa = nn \\ cca - a^3 = n^3 \\ ccaa - a^4 = n^4 \end{array}\right\}$$

Fig. 213.

Series sexta.

$$\left.\begin{array}{r} a - \frac{cc}{a} = n \\ aa - cc = nn \\ a^3 - cca = n^3 \\ a^4 - ccaa = n^4 \end{array}\right\}$$

Fiat angulus RAI semirectus, et AD ad AI perpendicularis; in quâ $AC = c$; tum utcunque ductâ GZ ad AD parallelâ, sit AG (vel GZ) : AC :: AC : ZK, et per K, intra angulum DAR describatur *hyperbola* KYK; tum sint curvæ $CLYHL\lambda$, $AMYHM\mu$, $ANYHN\nu$, tales, ut inter AG (vel GZ) et GK sit *media* GL, *bimedia* GM, *trimedia* GN; hæ proposito deservient. Fig. 213.

Constat hoc, ut in præcedente; et quo pacto radices respective determinantur. Verum adnotetur præterea.

Not.

1. Curvæ CLH, AMH, ANH ad quintam seriem pertinent; reliquæ $HL\lambda$, $HM\mu$, $HN\nu$ ad sextam.

2. Quoad curvas ad quintam seriem pertinentes; si $A\phi = \sqrt{\frac{ACq}{2}}$; et ordinetur ϕY; erit Y communis linearum intersectio, seu *nodus*.

3. In harum primo gradu ordinata AK est infinita, in secundo AC est maxima; in tertio si fuerit $AP = \sqrt{\frac{ACq}{3}}$, et ordinetur PV, erit PV maxima; (unde radicum una semper major est quam $\sqrt{\frac{ACq}{3}}$, altera minor;) in quarto si $AQ = \sqrt{\frac{ACq}{4}} = \frac{AC}{2}$, et ordinetur QX, erit QX maxima $\left(\text{unde radicum una major erit, altera minor ipsâ } \frac{AC}{2}\right)$.

4. Consequenter, in harum secundo gradu, si $n > c$; in tertio, si $n^3 > cc\sqrt{\frac{cc}{3}} - \frac{cc}{3}\sqrt{\frac{cc}{3}} = \frac{2}{3}cc\sqrt{\frac{cc}{3}}$; vel $n^6 > \frac{4}{27}c^6$; in quarto si $n^4 > \frac{c^4}{4} - \frac{c^4}{16} = \frac{3}{16}c^4$; nulla radix habetur; nam in istis casibus recta EF curvas supergreditur; nec iis occurrit.

5. Itidem in his omnibus maxima possibilis radix est $AH = AC$.

6. Curva CYH est *Circuli quadrans*, reliquæ AMH, ANH quodammodo κυκλοειδεῖς.

7. Ad sextam seriem pertinentium curva $HL\lambda$ est *hyperbola æquilatera*, cujus axis AH; reliquæ sunt *Hyperboliformes*. Unde quoad hanc seriem liquent cætera.

Series septima.

$$a + b + \frac{cc}{a} = n,$$

$$aa + ba + cc = nn,$$

$$a^3 + baa + cca = n^3,$$

$$a^4 + ba^3 + ccaa = n^4, \text{ \&c.}$$

Fig. 214. In rectâ BAH indefinite protensâ capiatur $AB = b$; et in AD ad BH perpendiculari sit $AC = c$; sint etiam anguli HAR, HBS semirecti; tum arbitrarie ductâ GY ad AH perpendiculari quæ ipsam BS secet in Y; fiat AG :

$AC :: AC : YK$; et per K intra angulum DVS describatur *hyperbola* KKK; sint demum curvæ CLL, AMM, ANN tales, ut inter AG (vel GZ) et GK sit *media* GL, *bimedia* GM, *trimedia* GN; hæ satisfacient negotio. Nam est $GK = a + b + \frac{cc}{a}$; et $GLq = aa + ba + cc$; et GM cub. $= a^3 + baa + cca$; et $GNqq = a^4 + ba^3 + ccaa$.

Not.

1. Secundi gradus curva CLL est pars *hyperbolæ æquilateræ*, cujus *centrum* O, ipsam AB bisecans; et siquidem $AC > AO$, est OH (ad AB perpendicularis, et) $= \sqrt{ACq - AOq}$ ejus *semiaxis*; sin $AC < AO$, ejus axis est $OI = \sqrt{AOq - ACq}$, reliquæ vero curvæ AMM, ANN, sunt *hyperboliformes*.

2. Hinc constat in secundo gradu si fuerit $n < C$, nullam veram radicem dari; alioquin in omnibus una semper habetur, et unica; quoniam recta EF curvas semel intersecabit, nec pluries.

Series octava.

Fig. 215.

$$\frac{cc}{a} + b - a = n,$$

$$cc + ba - aa = nn,$$

$$cca + baa - a^3 = n^3,$$

$$ccaa + ba^3 - a^4 = n^4, \text{ \&c.}$$

Series nona.

$$a - b - \frac{cc}{a} = n,$$

$$aa - ba - cc = nn,$$

$$a^3 - baa - cca = n^3,$$

$$a^4 - ba^3 - ccaa = n^4, \text{ \&c.}$$

Fig. 215. In rectâ AI sumatur $AB=b$; et in AD, ad ipsam AI perpendiculari, sit $AC=c$; fiant autem anguli IAR, ABS semirecti; ducaturque recta ZGK ad AI utcunque perpendicularis, ipsam BS secans ad ξ; et sit $AG : AC :: AC : \xi K$; tum per K intra angulum DSB describatur *hyperbola* $KYHK$; sint denuo curvæ $CLHL\lambda$, $AMHM\mu$, $ANHN\nu$ tales, ut inter AG, GK sint *media* GL, *bimedia* GM, *trimedia* GN; hæ curvæ proposito satisfacient; constat autem hoc ut in præcedente.

Not.

1. Curvæ CLH, AMH, ANH ad octavam seriem pertinent, reliquæ vero $HL\lambda$, $HM\mu$, $HN\nu$, ad nonam.

2. Quoad octavam seriem, si bisecetur AB in O, et ordinetur OT ad curvam CLH, est OT maxima; sin fiat $AP=\frac{b}{3}+\sqrt{\frac{bb}{9}+\frac{cc}{3}}$, ac ordinetur PV ad curvam AMH, erit PV maxima; item si $AQ=\frac{3}{8}b+\sqrt{\frac{9}{64}bb+\frac{cc}{2}}$, et ordinetur QX ad curvam ANH, erit QX maxima.

3. Hinc, si in secundo harum gradu, sit $n>\sqrt{cc+\frac{bb}{4}}$; in tertio, si $\left(\text{posito fore } f=\frac{b}{3}+\sqrt{\frac{bb}{9}+\frac{cc}{3}}\right)$ sit $n^3>ccf+bff-f^3$; in quarto, si $\left(\text{posito fore } g=\frac{3}{8}b+\sqrt{\frac{9}{64}bb+\frac{cc}{2}}\right)$ sit $n^4>ccgg+bg^3-g^4$, nulla datur radix; nam his suppositis, recta EF curvis non occurret, respective.

4. Si fuerit $A\phi=\frac{b}{4}+\sqrt{\frac{bb}{16}+\frac{cc}{2}}$, et ordinetur ϕY; erit Y *Nodus* curvarum; unde si $n=A\phi$; erit $A\phi$ una radicum in omnibus.

5. Curva CLH est *circumferentia Circuli*, cujus *Centrum* O; reliquæ AMH, ANH sunt *Cycliformes*.

6. Peculiare est in secundo gradu, quod si $n<c$, detur una tantum radix.

7. In hac radicum maxima (quæ et minima est in nonâ serie) est $AH = \frac{b}{2} + \sqrt{\frac{bb}{4} + cc}$.

8. Curva $HL\lambda$ est *hyperbola æquilatera*, cujus *semiaxis* OH; reliquæ $HM\mu$, $HN\nu$ sunt *hyperboliformes;* unde patet in serie nonâ semper unam, et hanc unicam radicem haberi.

Series decima.

Fig. 216.

$$a + b - \frac{cc}{a} = n,$$

$$aa + ba - cc = nn,$$

$$a^3 + baa - cca = n^3,$$

$$a^4 + ba^3 - ccaa = n^4, \text{ \&c.}$$

Series undecima.

$$\frac{cc}{a} - b - a = n,$$

$$cc - ba - aa = nn,$$

$$cca - baa - a^3 = n^3,$$

$$ccaa - ba^3 - a^4 = n^4, \text{ \&c.}$$

Fig. 216.

In rectâ BAH sumatur $BA = b$; et in AD ad AH perpendiculari sit $AC = c$; sintque anguli HAR, HBS semirecti; tum utcunque ductâ rectâ $GK\xi$ ad AH perpendiculari (quæ ipsam BS secet in ξ), sit $AG : AC :: AC : \xi K$; et per K intra *asymptotos* VD, VS describatur *hyperbola* $KYHK$; sint demum curvæ $CLHL\lambda$, $AMHM\mu$, $ANHN\nu$ tales, ut inter AG (vel GZ) et GK sint *media* GL, *bimedia* GM, *trimedia* GN; hæ proposito servient, id quod constat, ut in præcedentibus.

Not.

1. Curvæ $HL\lambda$, $HM\mu$, $HN\nu$ ad decimam seriem pertinent; reliquæ CLH, AMH, ANH ad undecimam.

2. Curva $HL\lambda$ est *hyperbola æquilatera*, et curva CLH *circularis circumferentiæ* pars; utriusque commune. centrum est O, ipsam AB bisecans $\left(\text{unde } AH = \sqrt{\frac{bb}{4} + cc} \sim \frac{b}{2}\right)$

3. In decimâ serie radix una semper habetur, et unica; in undecimâ nunc duæ, nunc una, subinde nulla.

4. $A\phi = \frac{cc}{b}$; et $A\psi = \sqrt{\frac{bb}{16} + \frac{cc}{2}} \sim \frac{b}{4}$; et ordinentur ϕY, ψX; puncta Y, X sunt nodi curvarum.

5. In undecimæ secundo gradu ordinata AC est maxima; sin $AP = \sqrt{\frac{bb}{9} + \frac{cc}{3}} \sim \frac{b}{3}$; et a P ad curvam AMH ordinetur $P\gamma$, hæc maxima erit; item si $AQ = \sqrt{\frac{9bb}{64} + \frac{cc}{2}} \sim \frac{3b}{8}$; et a Q ad curvam ANH ordinetur $Q\delta$, hæc etiam maxima erit; unde de radicum limitibus fiet judicium; ut in iis, quæ ad seriem octavam sunt adnotata.

Series duodecima.

Fig. 217.

$$a - b + \frac{cc}{a} = n,$$

$$aa - ba + cc = nn,$$

$$a^3 - baa + cca = n^3,$$

$$a^4 - ba^3 + ccaa = n^4, \text{ \&c.}$$

Series decima tertia.

$$b - a - \frac{cc}{a} = n,$$

$$ba - aa - cc = nn,$$

$$baa - a^3 - cca = n^3,$$

$$ba^3 - a^4 - ccaa = n^4, \text{ \&c.}$$

Pro his, Sit $AB = b$; et $AC = c$; et angulus ABS Fig. 217. semirectus, et $G\xi$ ad AB utcunque perpendicularis, et $AG : AC :: AC : \xi K$; et $KHKIK$ *hyperbola, asymptotis* SA, SB descripta; denuo curvæ $CLHLIL\lambda$, $AMHMIM\mu$, $ANHNIN\nu$ tales sint, ut inter AG, GK sit *media* GL, *bimedia* GM, *trimedia* GN.

Not.

1. Curvæ CLH, AMH, ANH, atque curvæ $IL\lambda$, $IM\mu$, $IN\nu$ ad seriem duodecimam spectant, verum intermediæ curvæ HLI, HMI, HNI ad decimam tertiam.

2. Curvæ CLH, $IL\lambda$ sunt *hyperbolæ æquilateræ*, quarum commune *centrum* O (rectam AB bisecans) et *semiaxis* OH (vel OI) $= \sqrt{AOq \sim ACq}$; reliquæ tales sunt, quales figura monstrat.

3. Curva $HLLI$ est *semicirculus;* reliquas itidem ostentat Schema.

4. Si $A\zeta = \frac{cc}{b}$; $A\psi = \frac{b}{4} - \sqrt{\frac{bb}{16} - \frac{cc}{2}}$; et $A\phi = \frac{b}{4} + \sqrt{\frac{bb}{16} - \frac{cc}{2}}$; ordinenturque rectæ ζV, ψX, ϕY; erunt puncta V, X, Y *nodi* curvarum; (si $b < \sqrt{8cc}$, deerunt *nodi* X, Y; si $b = \sqrt{8cc}$; ii coalescent.)

5. Ordinatarum ad curvam CLH *maxima* est ipsa AC; sin $AP = \frac{b}{3} - \sqrt{\frac{bb}{9} - \frac{cc}{3}}$, et ordinetur $P\gamma$ ad curvam AMH; erit $P\gamma$ *maxima;* item si $AQ = \frac{3}{8}b - \sqrt{\frac{9}{64}bb - \frac{cc}{2}}$; et ordinetur $Q\delta$ ad curvam ANH, erit $Q\delta$ *maxima.*

6. Ordinatarum ad curvam $HLLI$ *maxima* est ipsa OT; sin $AP = \frac{b}{3} + \sqrt{\frac{bb}{9} - \frac{cc}{3}}$, et ad curvam HMI ordinetur pg, erit pg *maxima;* item si $Aq = \frac{3}{8}b + \sqrt{\frac{9}{64}bb - \frac{cc}{2}}$; et ordinetur qd ad curvam HNI, erit qd *maxima.*

7. Hinc radicum limites dignoscentur, ut innuitur in iis, quæ ad octavam seriem animadversa sunt.

8. Patet in Serie duodecimâ nunc tres, modo duas, semper unam radicem haberi; in decimâ tertiâ vero subinde duas, aliquando tantum unam, interdum nullam haberi.

9. Et hæc quidem constant posito fore $\frac{b}{2} > c$; at si $\frac{b}{2} = c$, evanescet Series decima tertia; coalescent puncta *H*, *O*, *I*; recta *AB* *hyperbolam KKK* tanget; curvæque *CLH*, *ILλ* in rectas lineas degenerabunt.

10. Sin $\frac{b}{2} < c$; etiam evanescit Series decima tertia; *hyperbola KKK* tota infra rectam *AB* jacente; quo casu curva *CLL* erit hyperbola æquilatera, habens centrum *O*, semiaxem (ipsi *AB* perpendicularem) $OT = \sqrt{ACq - AOq}$; tunc et curvæ *AMM*, *ANN* ad infinitum procurrent, sic ut æquationes, quæ in Serie duodecimâ, unam semper, et unicam radicem obtineant. Hæc suffecerit insinuâsse; quin et rem totam hactenus particulatim attigisse. Subnectemus autem notas quasdam magis generales.

Fig. 218.

In *præmissas explicationes* animadvertatur generatim

1. Propositam quamvis æquationem explicans *curva* designatur hoc modo: proponatur, exempli causâ, *æquatio* $a^5 + ba^4 + cca^3 - d^3aa - f^4a = n^5$; In rectâ indefinite protensâ *HI* designetur punctum *A*, pro radicum termino, vel origine; tum arbitrarie sumptâ *AG* pro indeterminatâ radice *a*, fiat *GK* æqualis primo seriei propositam æquationem continentis gradu; nempe sit hic $GK = a + b + \frac{cc}{a} - \frac{d^3}{aa} - \frac{f^4}{a^3}$ (utique rationem *a* ad *c* semel continuando fit $\frac{cc}{a}$; rationem *a* ad *d* bis continuando fit $\frac{d^3}{aa}$; ac ita porro); tum inter *AG*, *GK*, tot mediarum proportionalium, quot æquationis propositæ gradus exigit (is autem a purâ quæsitæ radicis potestate indicatur), in hoc nempe casu quatuor mediarum proportionalium prima sit *GO*; per ejusmodi puncta *O* traducta curva *AOO* proposito deserviet.

Fig. 219.

2. De radicibus falsis, seu negativis, nihil attigimus supra; cæterum eæ reperiuntur hoc modo. Æquationi pro-

positæ subrogetur altera, cujus in locis paribus (etiam vacuos locos adnumerando) signa sunt illis contraria, quæ habet æquatio proposita; erunt hujusce *subdititiæ æquationis* radices veræ, seu positivæ ipsius propositæ æquationis radices falsæ, seu negativæ. *Exemplo* sit *æquatio* $a^3 + baa = n^3$; vel $a^3 + baa * - n^3 = 0$. Subrogetur $a^3 - baa * + n^3 = 0$; et hujus, [a] uti supra edoctum, veræ radices designentur, hæ *propositæ æquationis* falsæ erunt. Rursus sit $a^3 - baa = n^3$; vel $a^3 - baa - n^3 = 0$; substituatur æquatio $a^3 + baa + n^3 = 0$; hæc nullam veram radicem obtinet; ergo nec *æquatio proposita* falsam admittit.

[a] In Serie 3.

3. Quinimo datâ verâ radice quâpiam, depressioris gradus æquatio quædam falsis reperiendis inserviet, qualis ita determinatur. Proponatur æquatio quævis, puta $a^3 + baa = n^3$; cujus nota sit radix una, quæ vocetur f. Construatur æquatio plane similis propositæ, easdemque *coefficientes* habens, tantum pro a substituendo f; nempe $f^3 + bff = n^3$; ergo $a^3 + baa = n^3 = f^3 + bff$; adeoque $a^3 + baa - f^3 - bff = 0$; dividatur hæc æquatio (id quod semper fieri potest) per $a - f$; proveniet $aa \begin{matrix} + ba + bf \\ + fa + ff \end{matrix} = 0$; cujus æquationis eædem erunt cum reliquis æquationis propositæ radicibus; quæ proinde duas colligitur radices falsas habere; itaque mutatis locorum parium signis, ut ita fiat $aa \begin{matrix} - ba + bf \\ - fa + ff \end{matrix} = 0$; hujus æquationis veræ radices propositæ falsas exhibent. Hic insuper modus æquationis propositæ, quatenus illa ex aliarum in se ductu provenit, constitutionem ostendit.

4. Radices maximæ et minimæ deprehenduntur in quacunque Serie ponendo (quovis in gradu seriei) fore $n = 0$; ut in octavâ Serie sit $ba - aa + cc = 0$; adeoque $cc = aa - ba$, erit $a\left(= \frac{b}{2} + \sqrt{\frac{bb}{4} + cc}\right)$ *maxima radix;* item in Serie duodecimâ sit $aa - ba + cc = 0$; unde $cc = ba - aa$; erit $a\left(= \frac{b}{2} + \sqrt{\frac{bb}{4} - cc}\right)$ *radix maxima;* et $a\left(= \frac{b}{2} - \sqrt{\frac{bb}{4} - cc}\right)$ *radix minima.*

5. *Curvarum nodi*, vel *intersectiones* innotescunt, cujusvis in Seriei quovis gradu, ponendo fore $a = n$; ut in octavâ Serie, ubi $ba - aa + cc = nn$, sit $a = n$; ergo $ba - aa + cc = aa$; vel $cc = 2aa - ba$; vel $\frac{cc}{2} = aa - \frac{ba}{2}$; quare $a = \frac{b}{4} + \sqrt{\frac{bb}{16} + \frac{cc}{2}}$. Item in Serie duodecimâ, ubi $aa - ba + cc = nn = aa$; erit ideo $cc = ba$; ac inde $a = \frac{cc}{b}$.

6. *Ordinatæ maximæ minimæque* variis modis, methodisque passim notis investigantur; ego simul illas atque curvarum *tangentes* unâ operâ sic determino. Sit curva $A\gamma H$, ad Seriem undecimam pertinens, ejusque gradum, cujus æquatio est $cca - baa - a^3 = n^3$; posito γT curvam tangere, et γP ad AH ordinari, reperio (de supra monstratis) fore $PT = \frac{3n^3}{3aa + 2ba - cc}$; tum considero, si ordinata $P\gamma$ sit maxima, fore tangentem ipsi HA parallelam, seu rectam PT esse infinitam; quare cum sit $n^3 = PT \times \overline{3aa + 2ba - cc}$, et n sit finita, patet esse $3aa + 2ba - cc = 0$; vel $aa + \frac{2}{3}ba = \frac{cc}{3}$; adeoque $\sqrt{\frac{bb}{9} + \frac{cc}{3}} - \frac{b}{3} = a = AP$.

Fig. 220.

7. Adnoto demum e *maximis* et *minimis ordinatis* radicum limites derivari; nempe si reperiatur ad maximam ordinatam pertinentis radicis (velut ipsius AP in exemplo proxime superiori) valor, et is ubique in æquatione pro ipsâ a substituatur, si quod provenit, deficiat ab *homogeneo* (quod vocant) *comparationis*, *problema* construi nequit, aut saltem radicibus aliquot caret, quas æquationis gradus et species præ se ferunt. Eadem *minimarum* est ratio; tantum ibi proveniens *summa* debet *homogeneum* illud excedere, quo radix aliqua, vel omnes habeantur. *Exempla* comparent in præmissis. Hic itaque subsisto.

Laus DEO Optimo Maximo.

CANTABRIGIÆ TYPIS ACADEMICIS EXCUDEBAT C. J. CLAY, A.M.

[POSTSCRIPT.

THE Lectiones Geometricæ are here printed from the edition of 1670. But in an edition dated 1674 we have a few pages of additions which I here reprint.]

ADDENDA LECTIONIBUS GEOMETRICIS.

Vacuæ Pagellæ explendæ hæc adjici possunt: ὑπορaδικὰ vice, animadverto potuisse secundo Appendiculæ tertiæ Lectionis XII. Problemati, pag. [292]. *Corollaria quædam adponi non injucunda, qualium adscribam unum et alterum.*

[The diagrams may be sufficiently collected from the description.]

PROB. I.

DETUR linea quæpiam AMB (cujus axis AD, basis DB) curva ANE designetur talis, ut ductâ libere rectâ MNG ad BD parallelâ, quæ ipsam ANE secet in N, sit curva AN æqualis ipsi GM. Fig. 221.

Curva ANE talis sit ut si MT curvam AMB, et NS curvam ANE tangant, sit $SG : GN :: TG : \sqrt{GMq - TGq}$, ipsa ANE Proposito faciet satis.

PROB. II.

Iisdem quoad cætera suppositis, et constitutis; curva ANE jam talis esse debeat, ut curva AN semper æquetur interceptæ rectæ NM.

Curva ANE jam talis sit, ut sit $SG : GN :: 2TG \times GM : GMq - TGq$; erit ANE curva quæ desideratur.

Prob. III.

Fig. 222. Datur curva quæpiam *DXX*, cujus axis *DA*; reperiatur curva *AMB* proprietate talis, ut si libere ducatur recta *GXM* ad ipsam *AD* perpendicularis, ponaturque *SMT* curvam *AM* tangere, sit *MS* æqualis ipsi *GX*.

Liquet rationem *TG* ad *TM* (hoc est rationem *GD* ad *MS*, vel *GX*) dari; adeoque rationem *TG* ad *GM* quoque dari.

Inservit hoc superficiebus designandis, quarum in promptu sit dimensio, etenim (ductâ *ME* ad *AD* parallelâ) Superficies Solidi ex plani *BME* circa axem *DB* rotatu progeniti adæquat $\frac{\text{Periph.}}{\text{Rad.}} \times GDX$; ut habetur in 11[a] Lectionis XII.

In Lect. XI. appendice, numero XXXIII. de Cycloide profertur Theorema quoddam, id quod ex hujusmodi generaliori Theoremate deduci potuisset.

Fig. 223. SIT *AMB* curva quælibet, cujus Axis *AD*, basis *DB*, sit item curva *ANE* talis, ut si arbitrarie ducatur *PMN* ad *DBE* parallela, positoque rectam *TN* curvam *ANE* tangere, sit *TN* parallela subtensæ *AM*; completo Rectangulo *ADEG* erit Spatium trilineum *AEG* æquale Segmento *ADB*.

Huic suppar Theorema tale est: Iisdem positis, si tam Segmentum *ADB*, quam Spatium *AEG* circa Axem *AG* convertantur; erit productum e Segmento *ADB* Solidum producti ex *AEG* duplum.

E tangentium porro contemplatione suborta est methodus, per quam expedissime plurima circa maximas quantitates Theoremata deducuntur; quæ certe si tempestive se objecissent, digna censuissem quæ Lectionibus insererentur, ex iis indigitabo nonnulla.

Sit curva quæpiam ALB, cujus Axis AD, basis DB; Fig. 224. et huic parallelæ LG, $\lambda\gamma$; item LT curvam tangat.

THEOR. I.

Sit m numerus quicunque, potestates exponens; si ponatur $DG^{m-1} \times TG = GL^m$, erit $DG^m + GL^m$ maximum, seu majus quam $D\gamma^m + \gamma\lambda^m$.

THEOR. II.

Itidem sumpto numero m, si ponatur $BL^{m-1} \times TL = GL^m$; erit $GL^m + BL^m$ maximum, seu majus quam $\gamma\lambda^m + B\lambda^m$.

THEOR. III.

Sint numeri quilibet m, n; si ponatur $m \times TG = n \times DG$, erit $DG^m \times GL^n$ maximum, seu majus quam $D\gamma^m \times \gamma\lambda^n$.

THEOR. IV.

Quod si ponatur $m \times TL = n \times \text{arc } BL$, erit $GL^n \times BL^m$ maximum, seu majus quam $\gamma\lambda^n \times B\lambda^m$.

THEOR. V.

Si fuerit $TG \times GL = DGLB$, erit $DGLB \times GL$ maximum, seu majus quam $D\gamma\lambda B \times \gamma\lambda$.

THEOR. VI.

Sin $TG \times GL = 2DGLB$, erit $GL \times \sqrt{DGLB}$ maximum, seu majus quam $\gamma\lambda \times \sqrt{D\gamma\lambda B}$.

Haud difficili negotio, cum hæc demonstrantur, tum ejusmodi complura deprehenduntur.

Ad illa vero succinctius comprobanda deservire possunt hujusmodi Theoremata.

Sint duæ curvæ AGB, DHC, quarum communis axis Fig. 225. AD, sed ordinatæ inverso situ increscant ab A ad DB, decrescant a D ad AC; ad ordinatæ vero communis GEH terminos, recta GS curvam AGB, et recta HT curvam DHC contingant.

I. Si recta HT rectæ GS parallela sit, erit GEH maxima ordinatarum in continuum jacentium summa.

Nam utcunque ducta $OKFLP$ ad GEH parallela (quæ Lineas secet ut cernis) erit $GH = QP > KL$.

Not. Verum hoc, si curvarum partes concavæ axi obversæ jaceant, alias GEH erit minima.

II. Si $ES = ET$, erit rectangulum ex EG, EH maximum: Nam ob $SE : SF :: EG : FO$, et $TE : TF :: EH : FP$; erit $SE \times TE : SF \times TF :: EG \times EH : FO \times FP$, itaque cum sit $SE \times TE > SF \times TF$, erit $EG \times EH > FO \times FP$.

FINIS.

CANTABRIGIÆ TYPIS ACADEMICIS EXCUDEBAT C. J. CLAY, A.M.

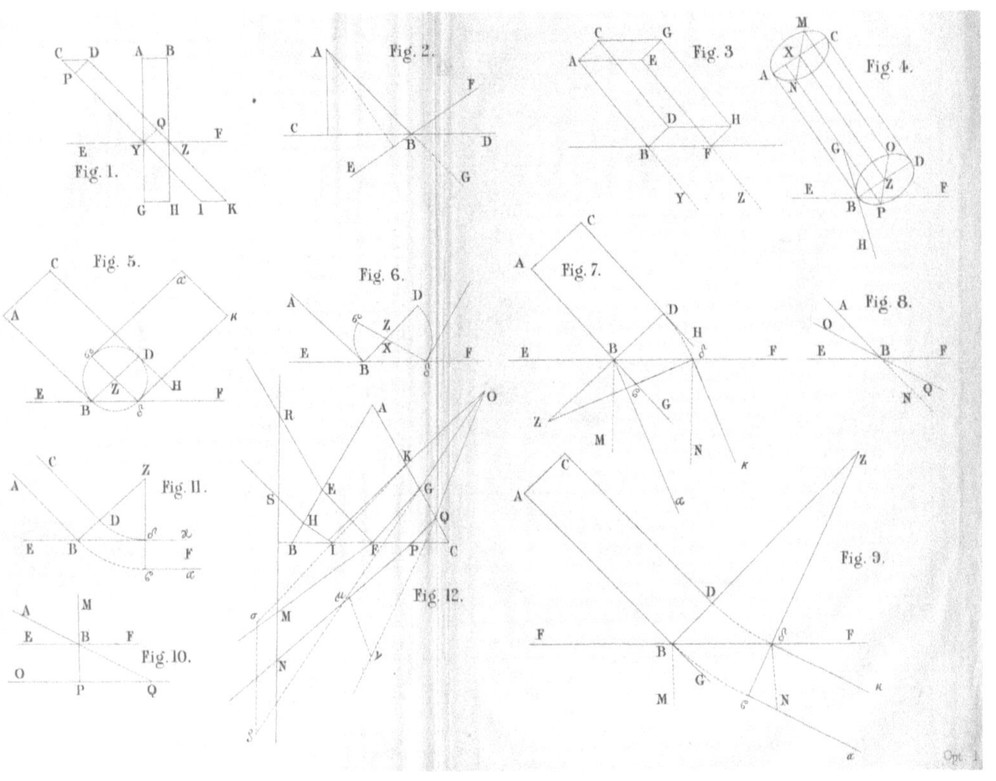

The material originally positioned here is too large for reproduction in this reissue. A PDF can be downloaded from the web address given on page iv of this book, by clicking on 'Resources Available'.

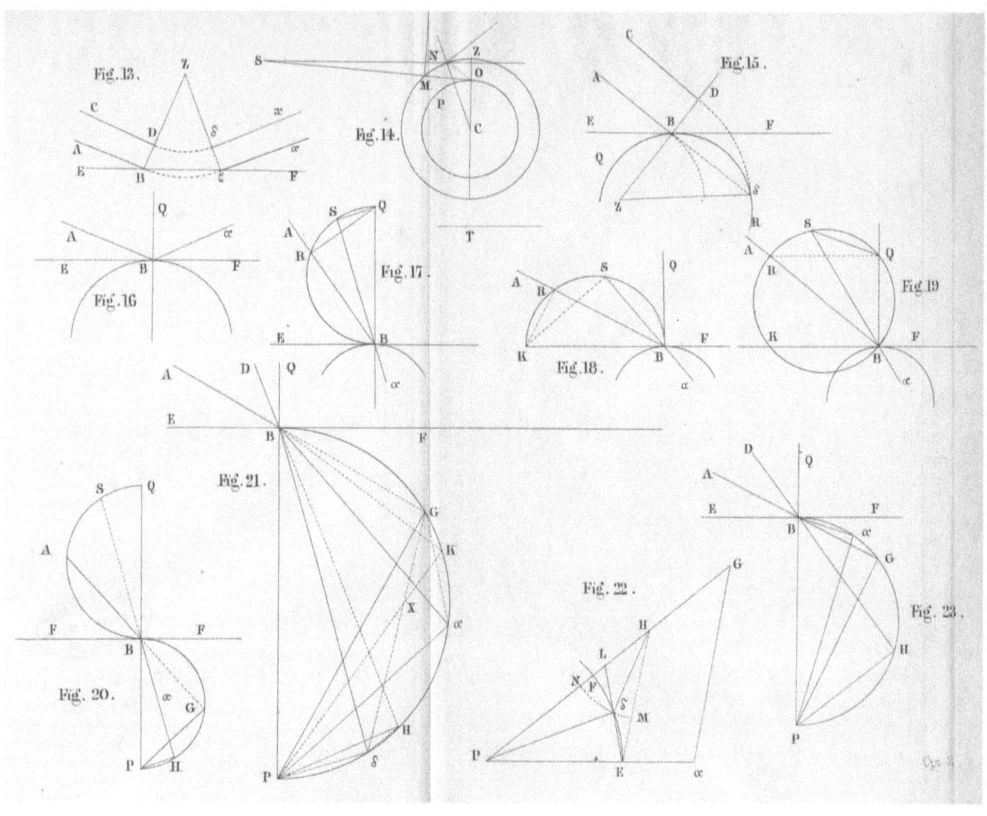

The material originally positioned here is too large for reproduction in this reissue. A PDF can be downloaded from the web address given on page iv of this book, by clicking on 'Resources Available'.

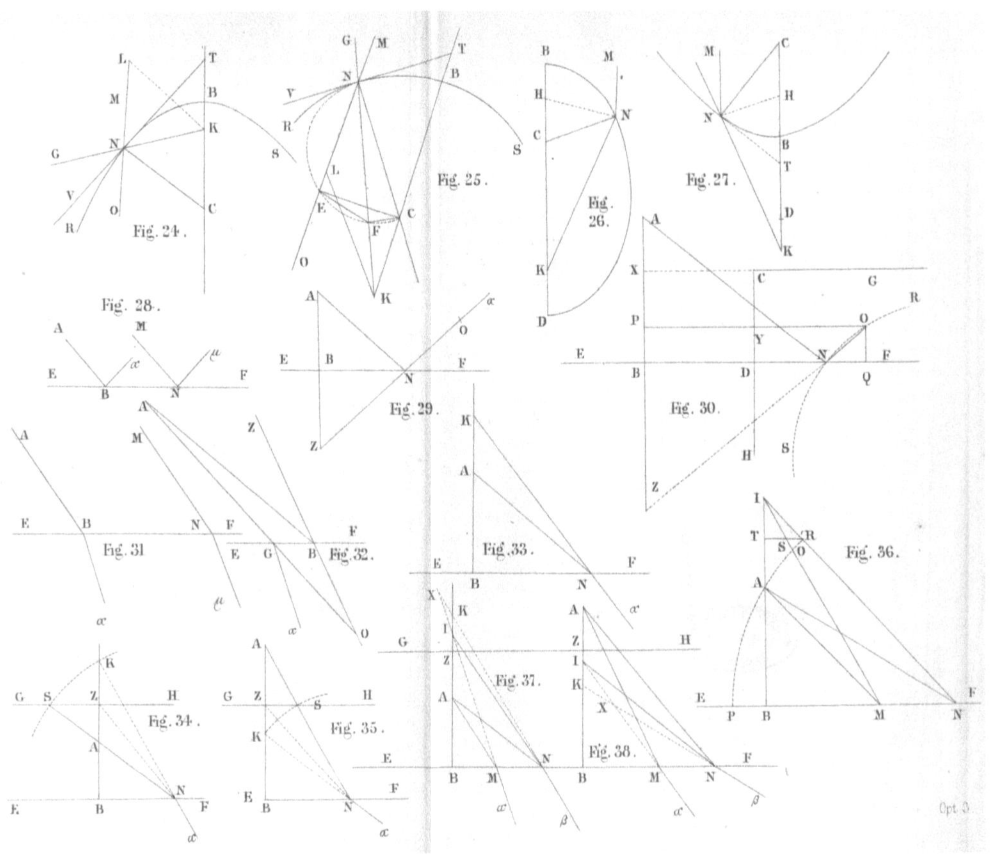

The material originally positioned here is too large for reproduction in this reissue. A PDF can be downloaded from the web address given on page iv of this book, by clicking on 'Resources Available'.

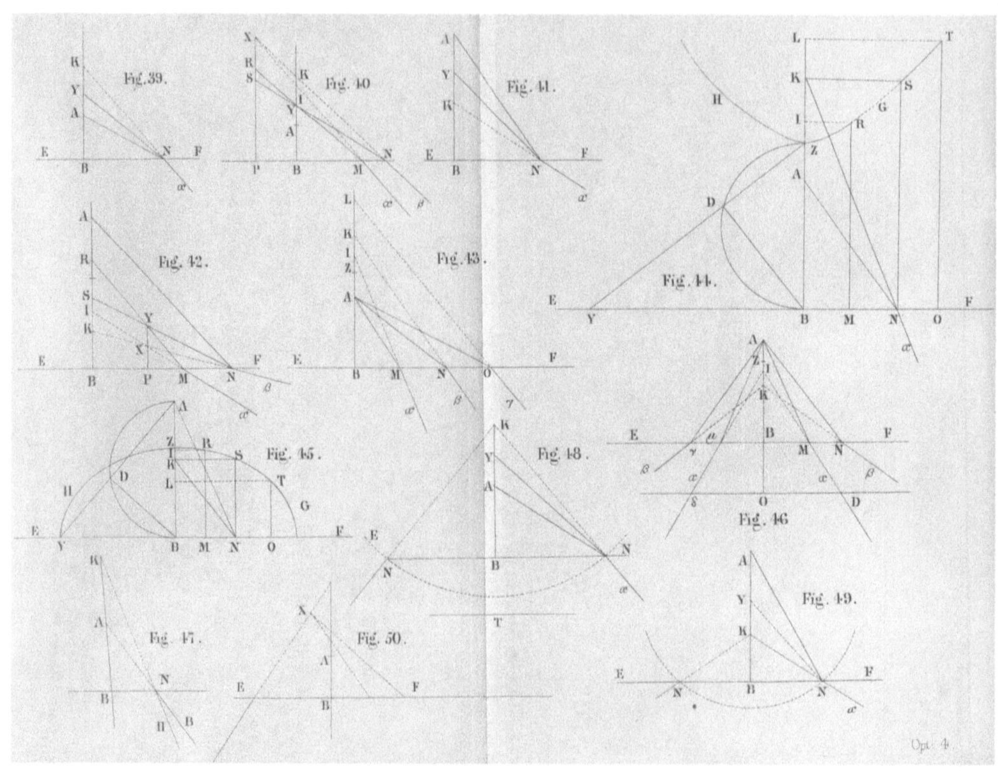

The material originally positioned here is too large for reproduction in this reissue. A PDF can be downloaded from the web address given on page iv of this book, by clicking on 'Resources Available'.

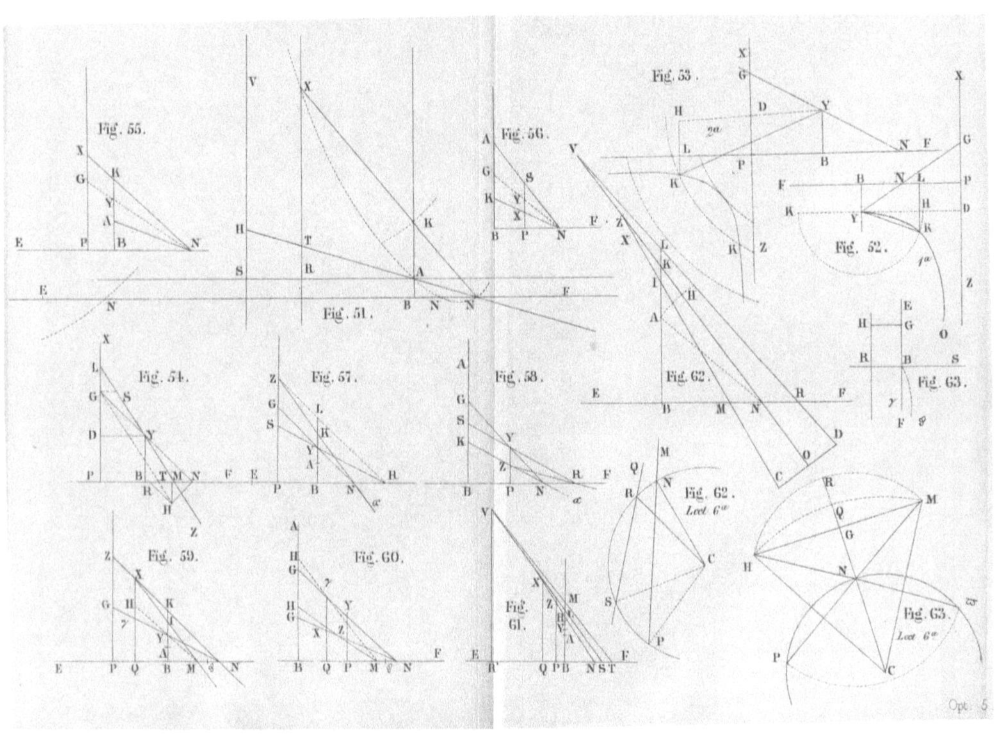

The material originally positioned here is too large for reproduction in this reissue. A PDF can be downloaded from the web address given on page iv of this book, by clicking on 'Resources Available'.

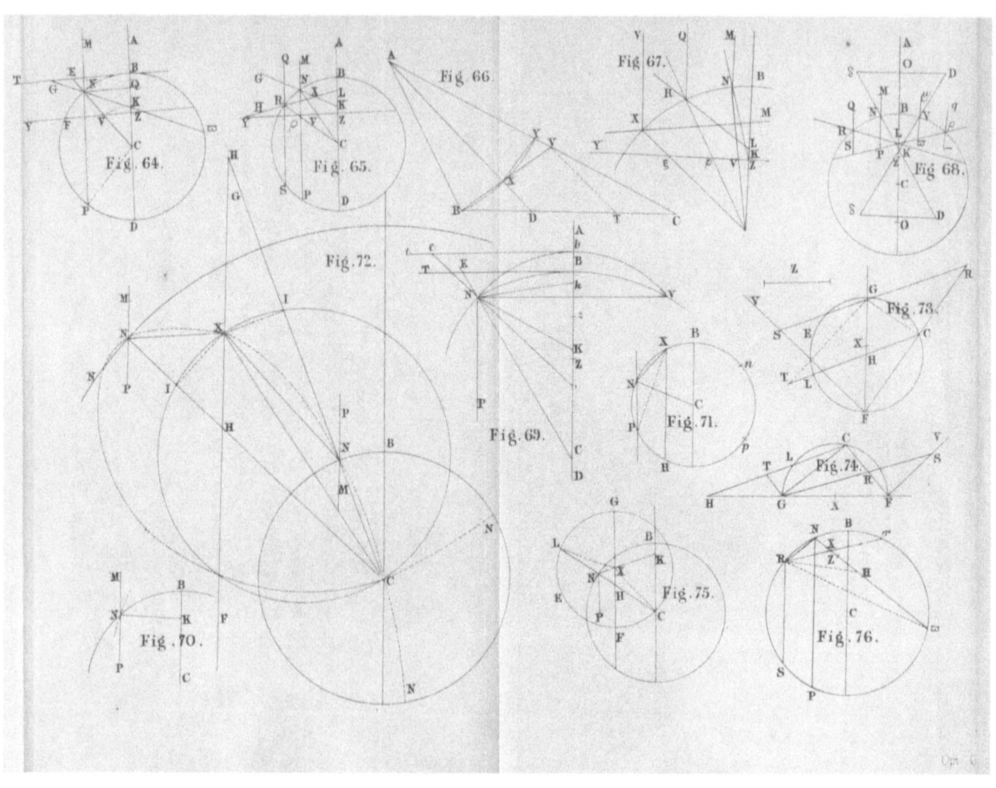

The material originally positioned here is too large for reproduction in this reissue. A PDF can be downloaded from the web address given on page iv of this book, by clicking on 'Resources Available'.

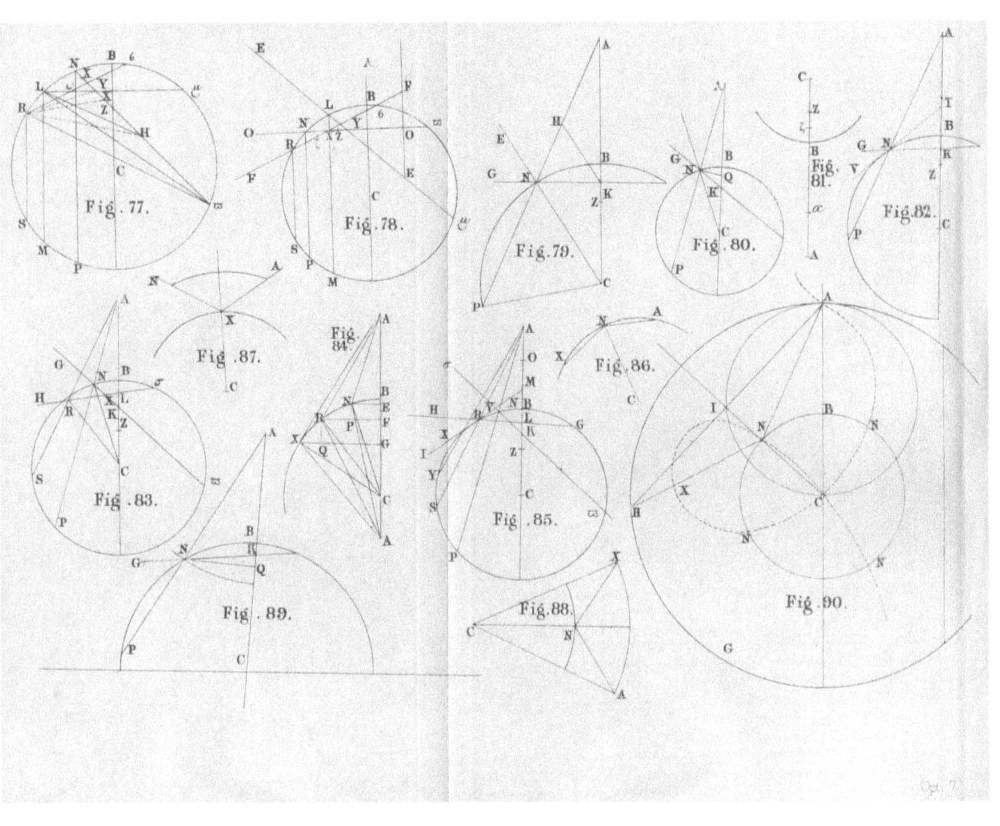

The material originally positioned here is too large for reproduction in this reissue. A PDF can be downloaded from the web address given on page iv of this book, by clicking on 'Resources Available'.

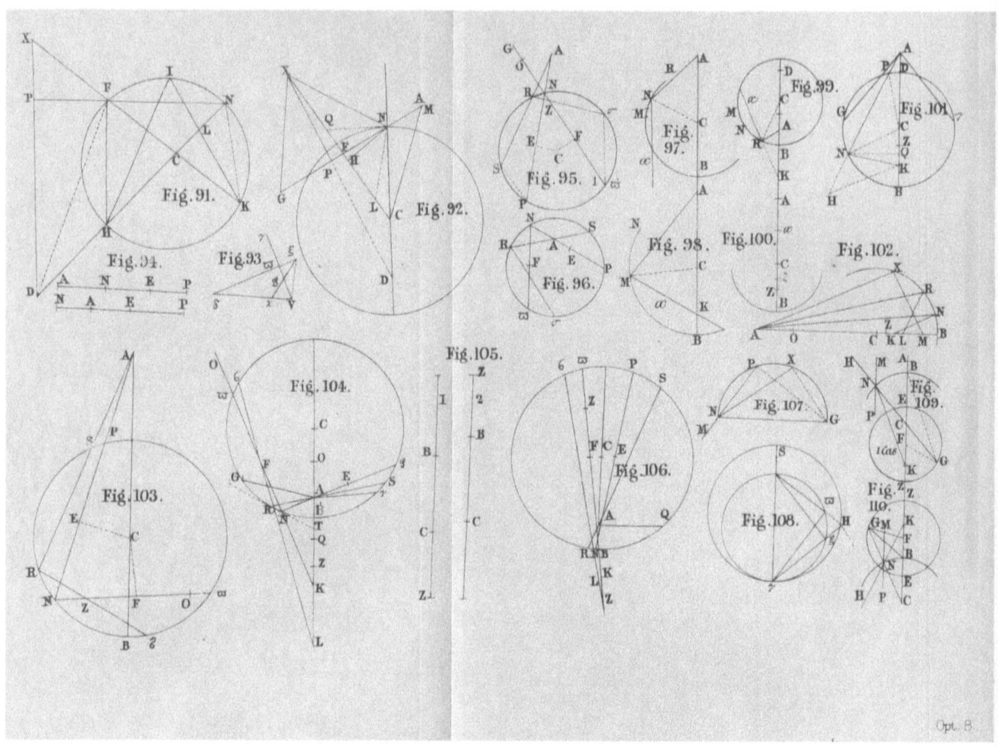

The material originally positioned here is too large for reproduction in this reissue. A PDF can be downloaded from the web address given on page iv of this book, by clicking on 'Resources Available'.

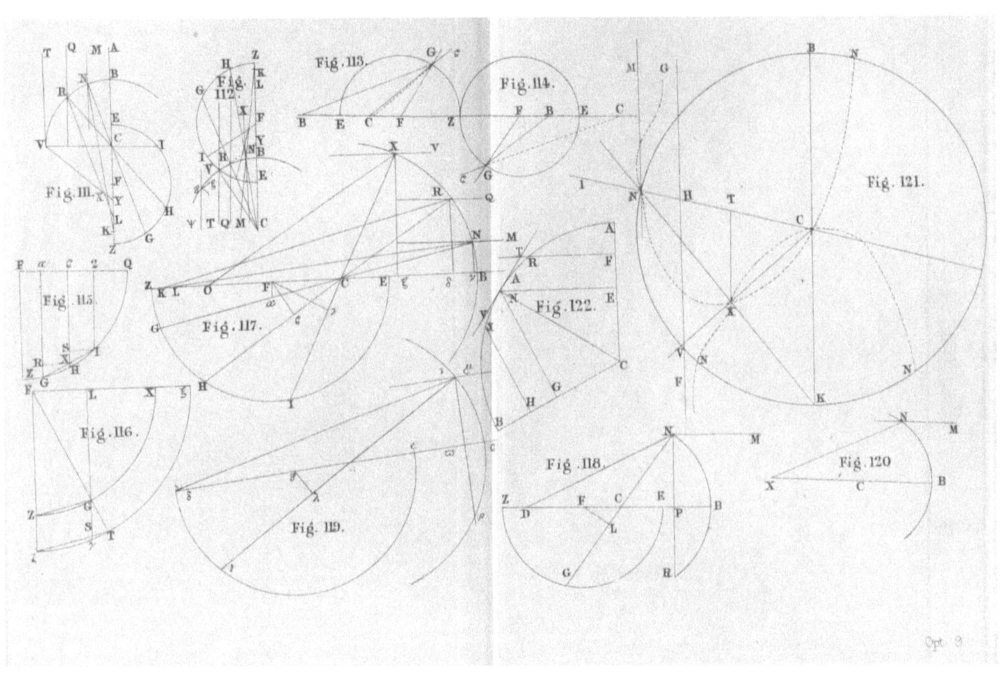

The material originally positioned here is too large for reproduction in this reissue. A PDF can be downloaded from the web address given on page iv of this book, by clicking on 'Resources Available'.

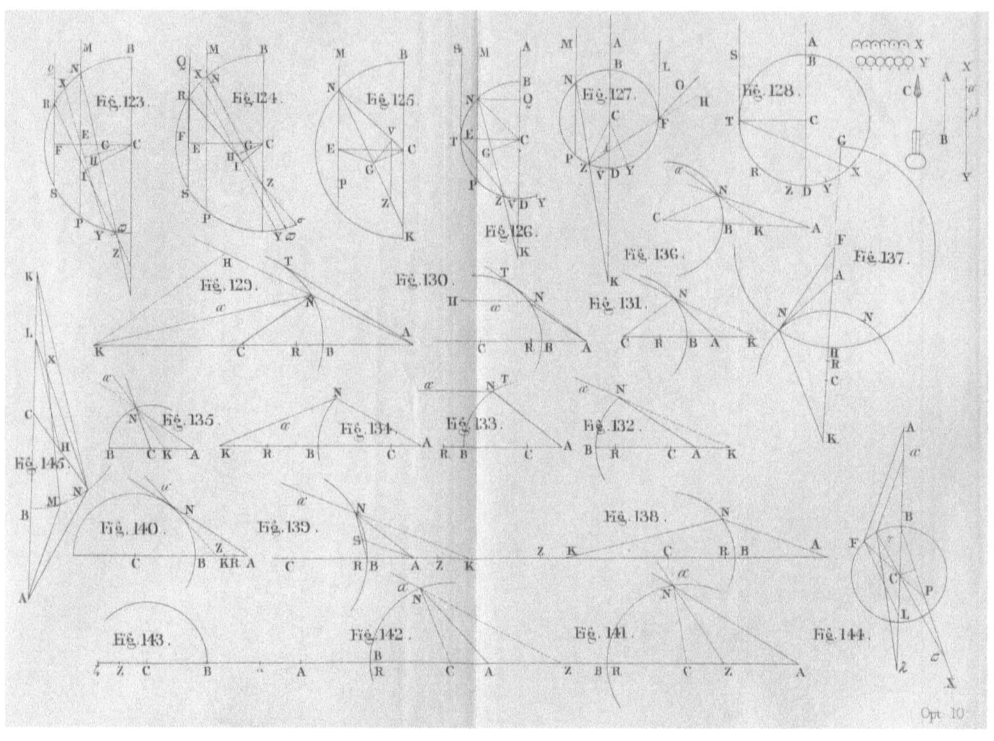

The material originally positioned here is too large for reproduction in this reissue. A PDF can be downloaded from the web address given on page iv of this book, by clicking on 'Resources Available'.

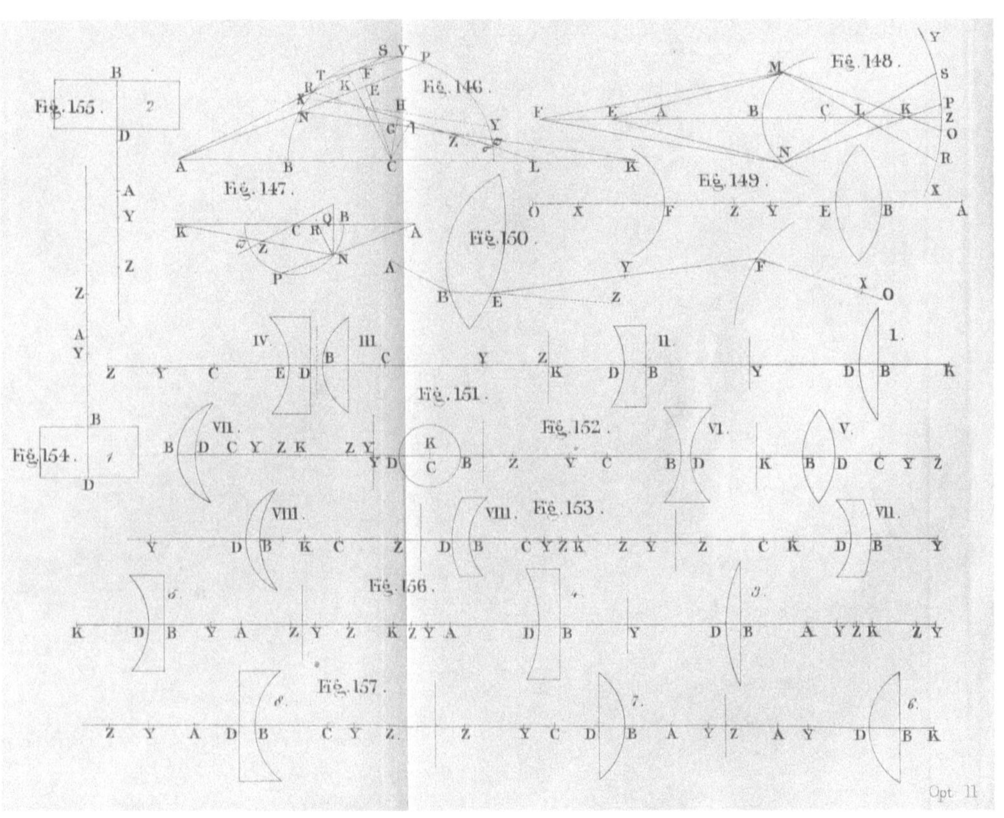

The material originally positioned here is too large for reproduction in this reissue. A PDF can be downloaded from the web address given on page iv of this book, by clicking on 'Resources Available'.

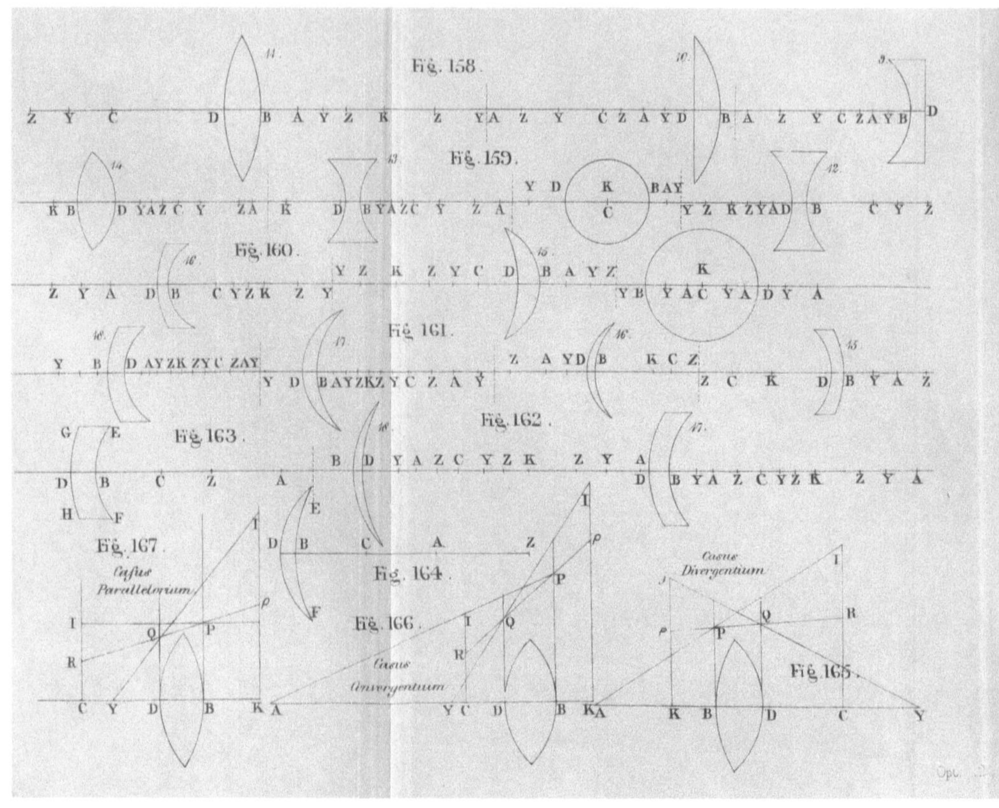

The material originally positioned here is too large for reproduction in this reissue. A PDF can be downloaded from the web address given on page iv of this book, by clicking on 'Resources Available'.

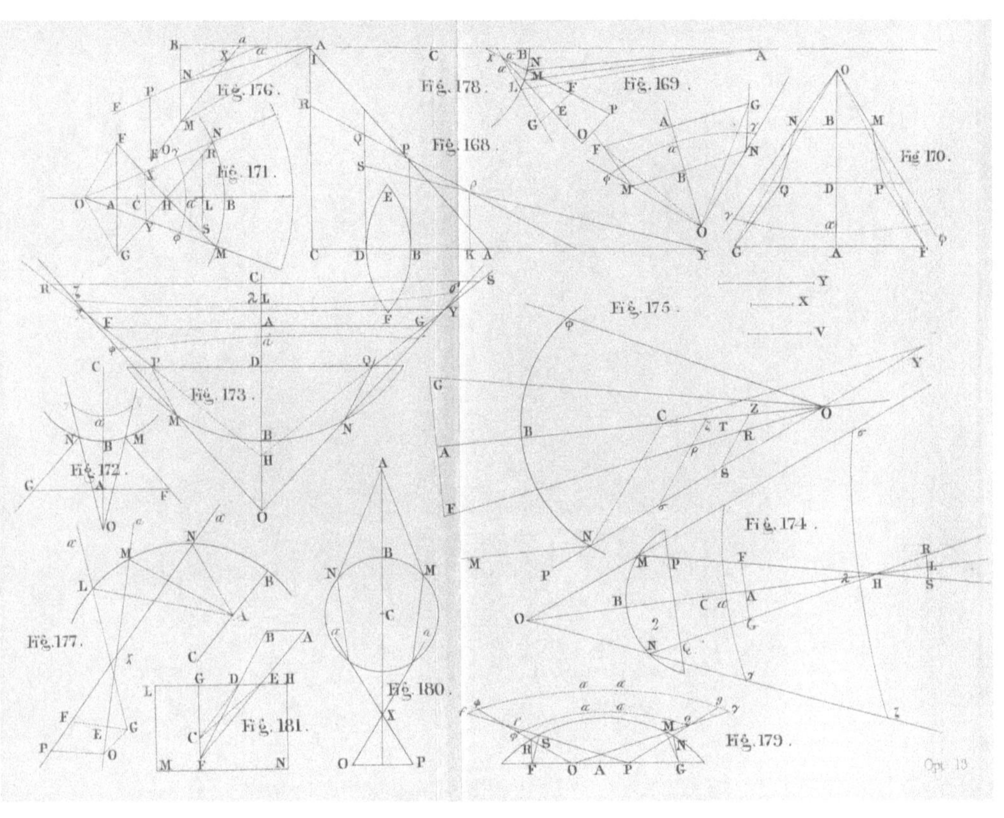

The material originally positioned here is too large for reproduction in this reissue. A PDF can be downloaded from the web address given on page iv of this book, by clicking on 'Resources Available'.

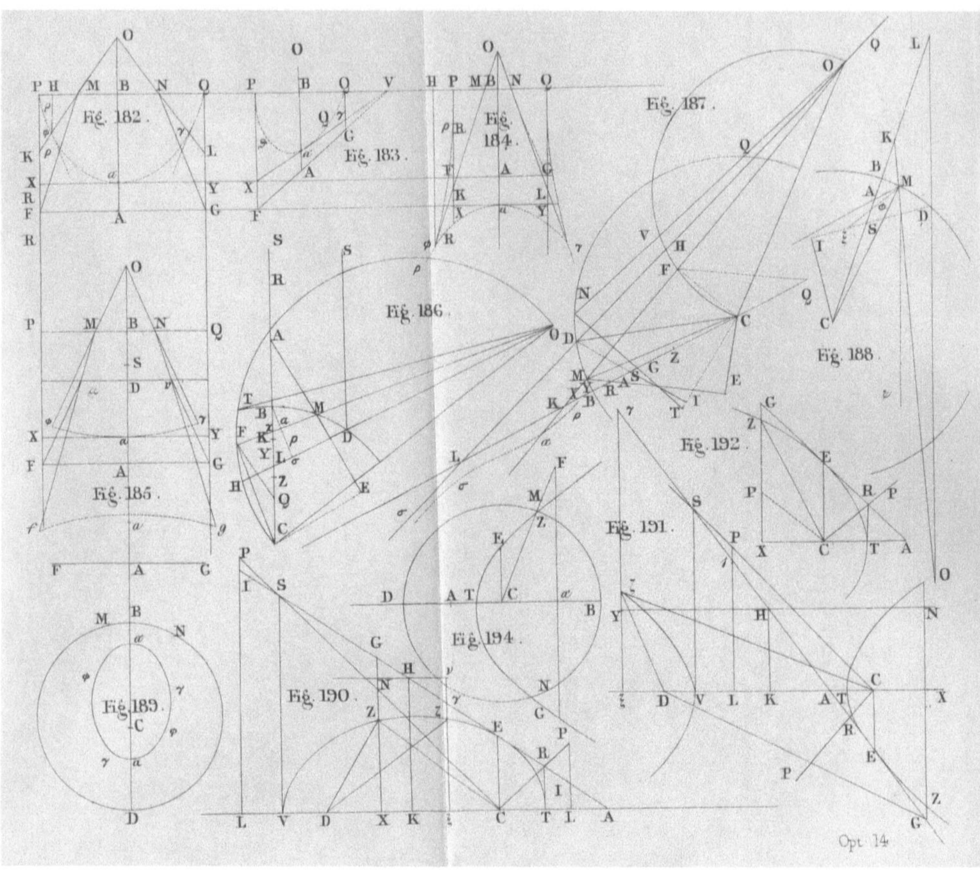

The material originally positioned here is too large for reproduction in this reissue. A PDF can be downloaded from the web address given on page iv of this book, by clicking on 'Resources Available'.

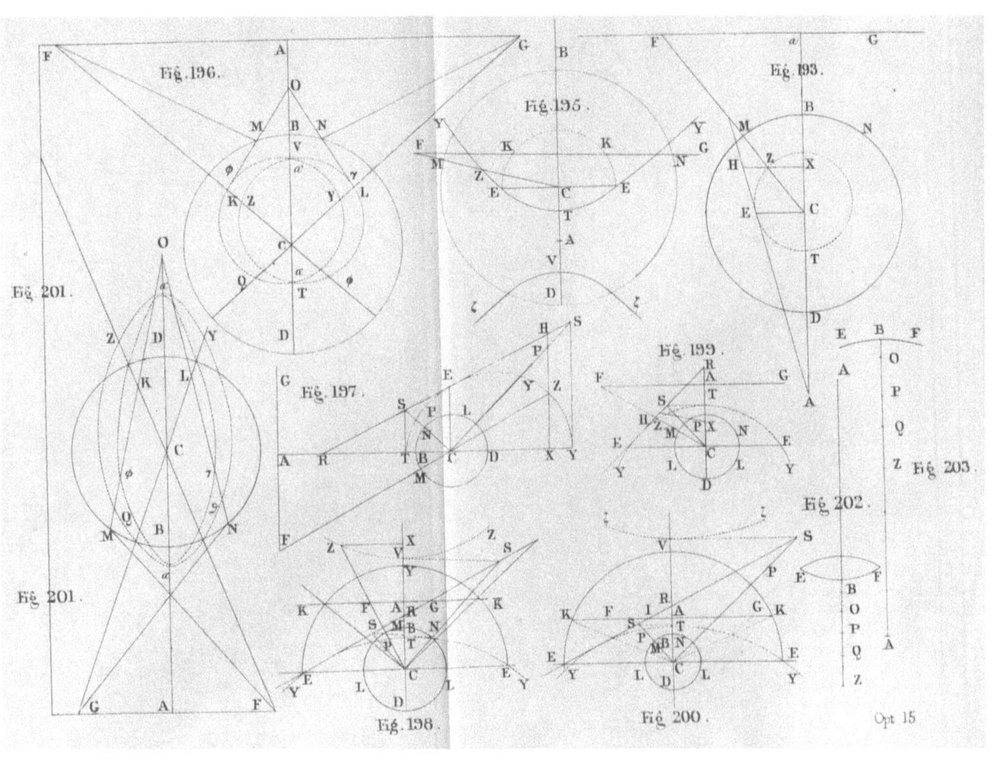

The material originally positioned here is too large for reproduction in this reissue. A PDF can be downloaded from the web address given on page iv of this book, by clicking on 'Resources Available'.

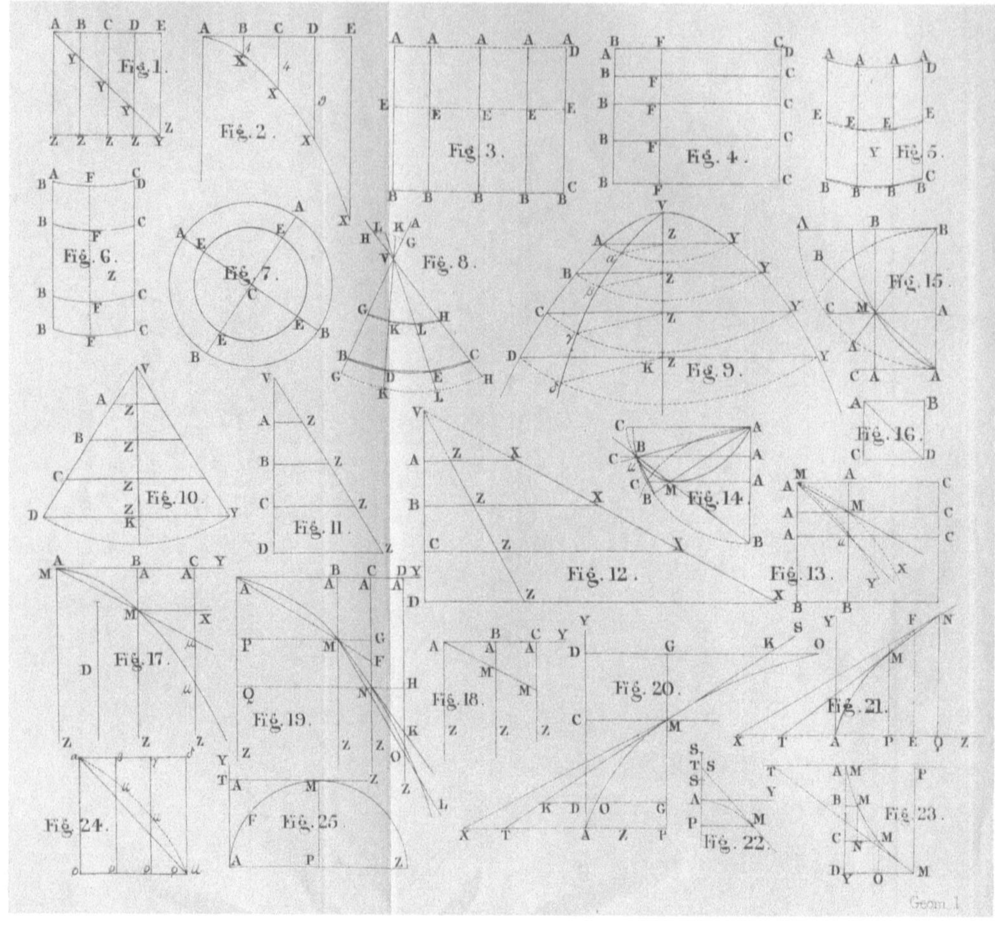

The material originally positioned here is too large for reproduction in this reissue. A PDF can be downloaded from the web address given on page iv of this book, by clicking on 'Resources Available'.

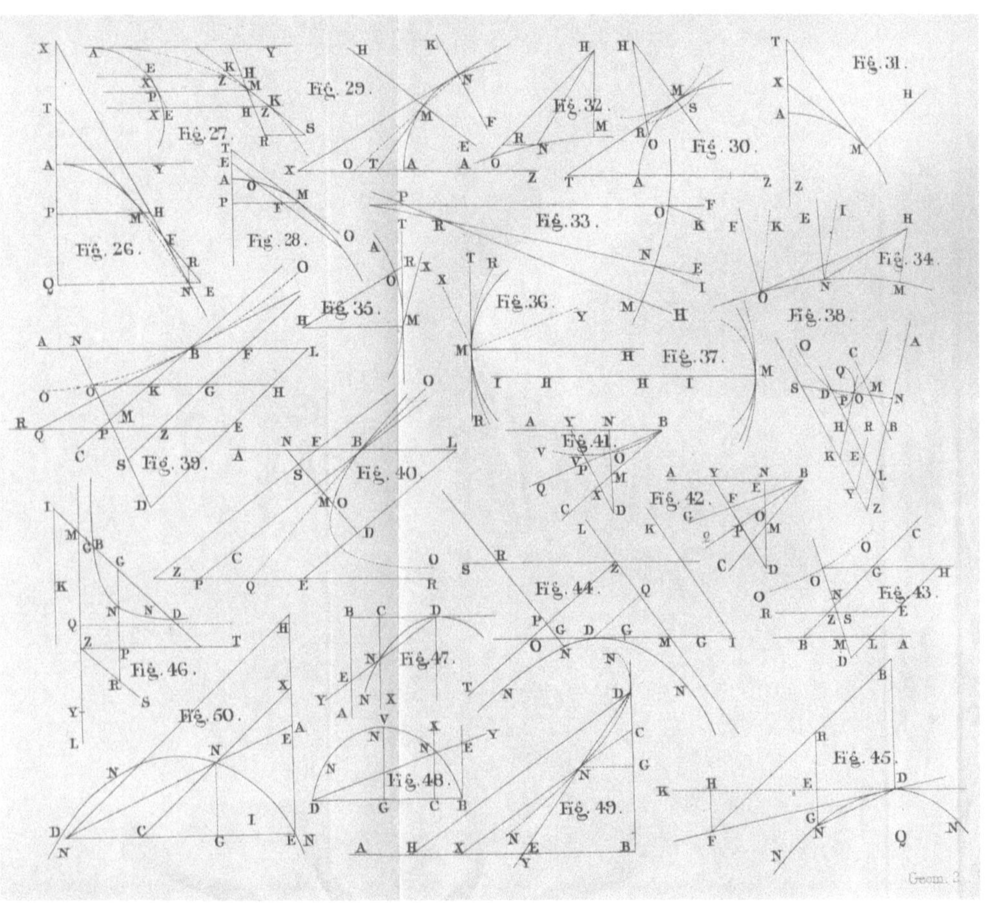

The material originally positioned here is too large for reproduction in this reissue. A PDF can be downloaded from the web address given on page iv of this book, by clicking on 'Resources Available'.

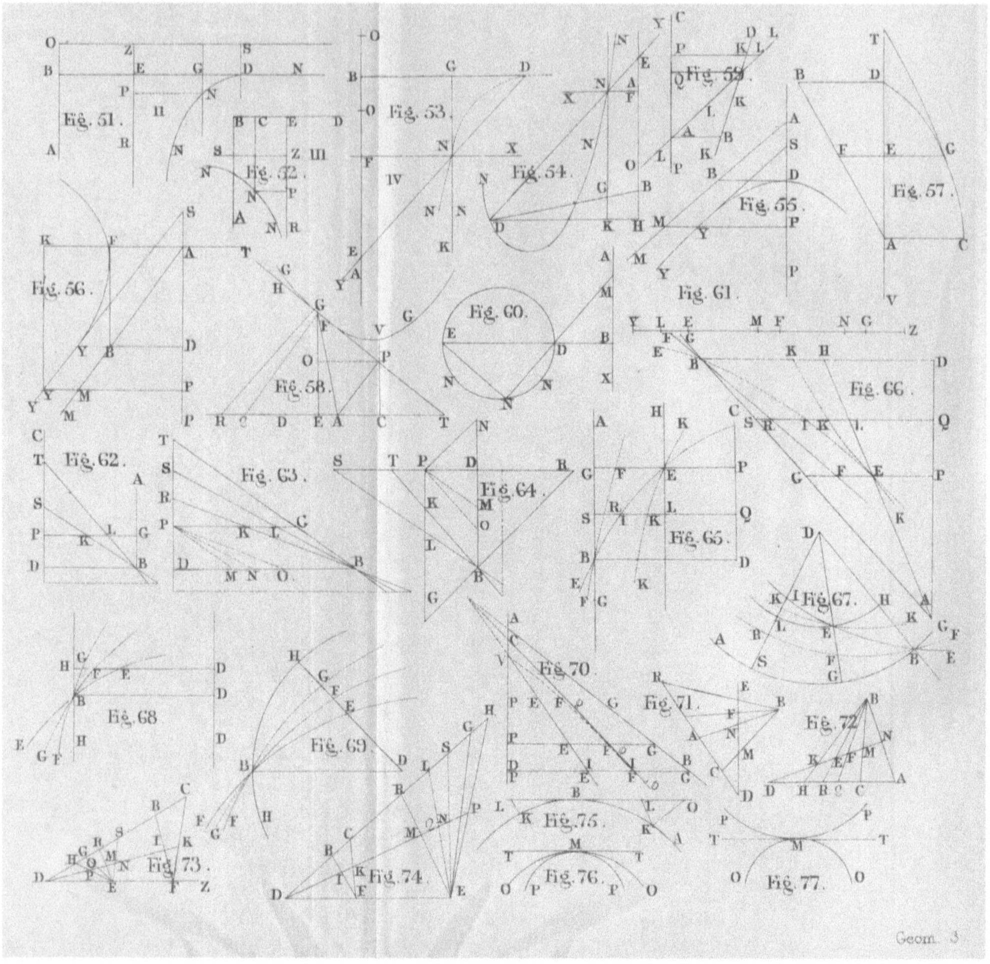

The material originally positioned here is too large for reproduction in this reissue. A PDF can be downloaded from the web address given on page iv of this book, by clicking on 'Resources Available'.

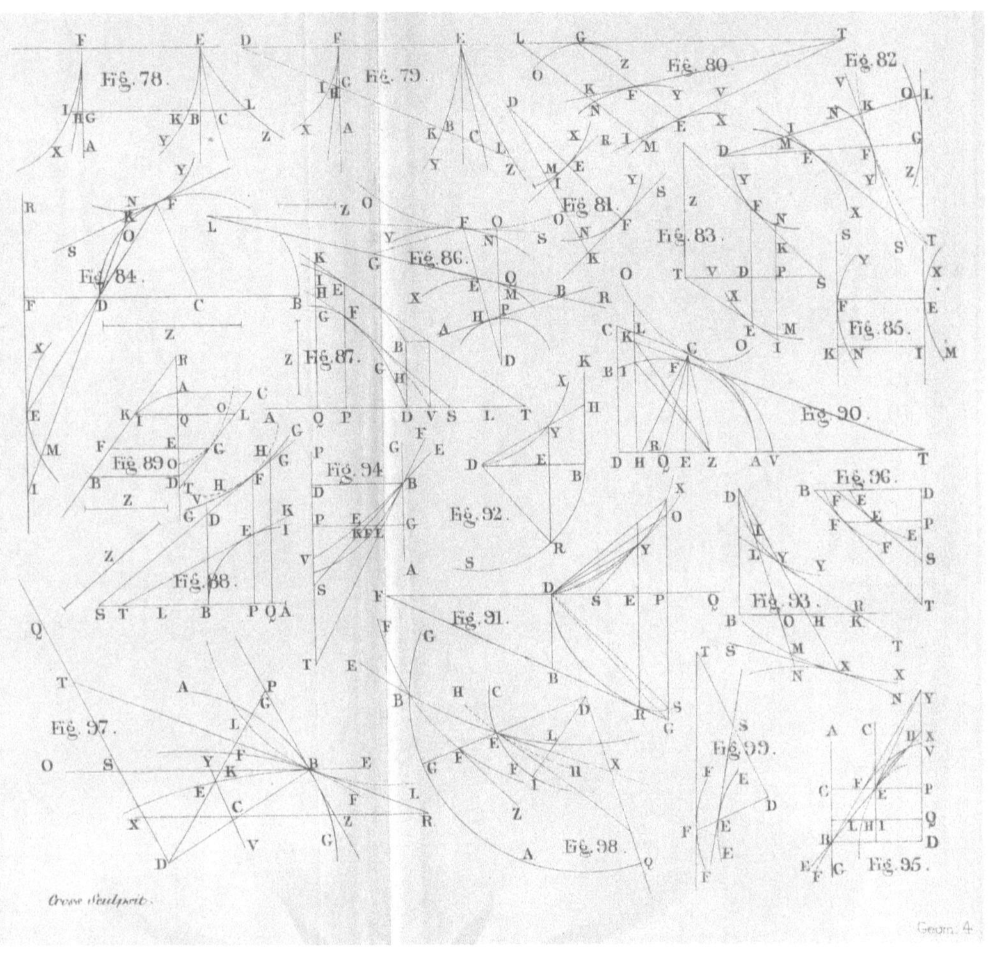

The material originally positioned here is too large for reproduction in this reissue. A PDF can be downloaded from the web address given on page iv of this book, by clicking on 'Resources Available'.

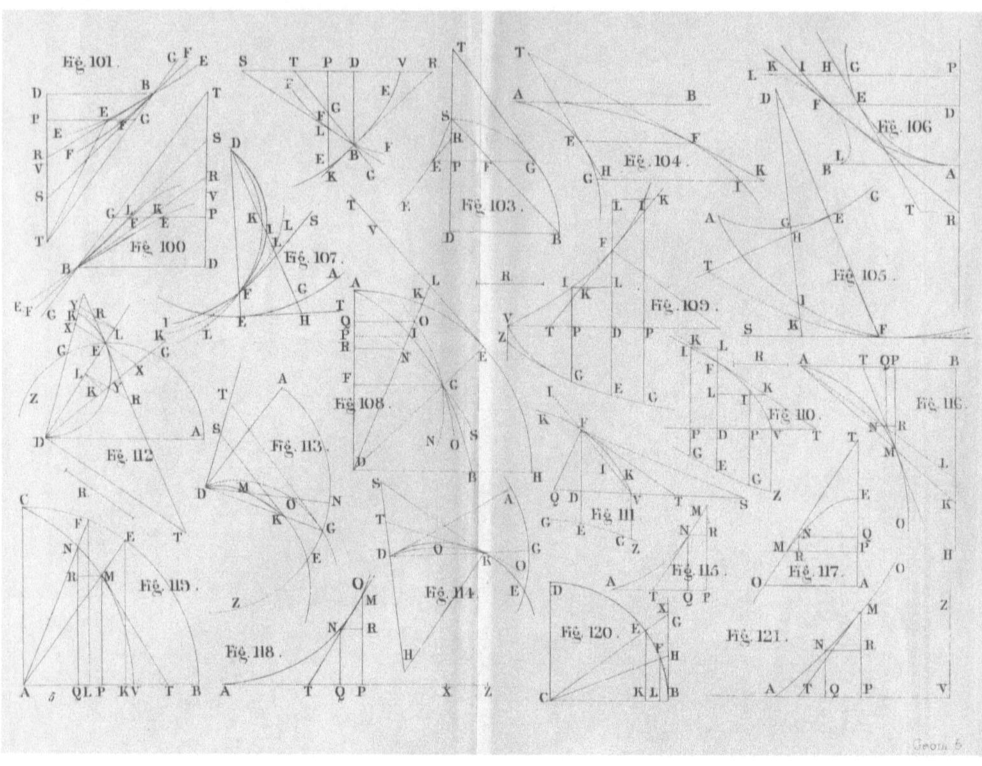

The material originally positioned here is too large for reproduction in this reissue. A PDF can be downloaded from the web address given on page iv of this book, by clicking on 'Resources Available'.

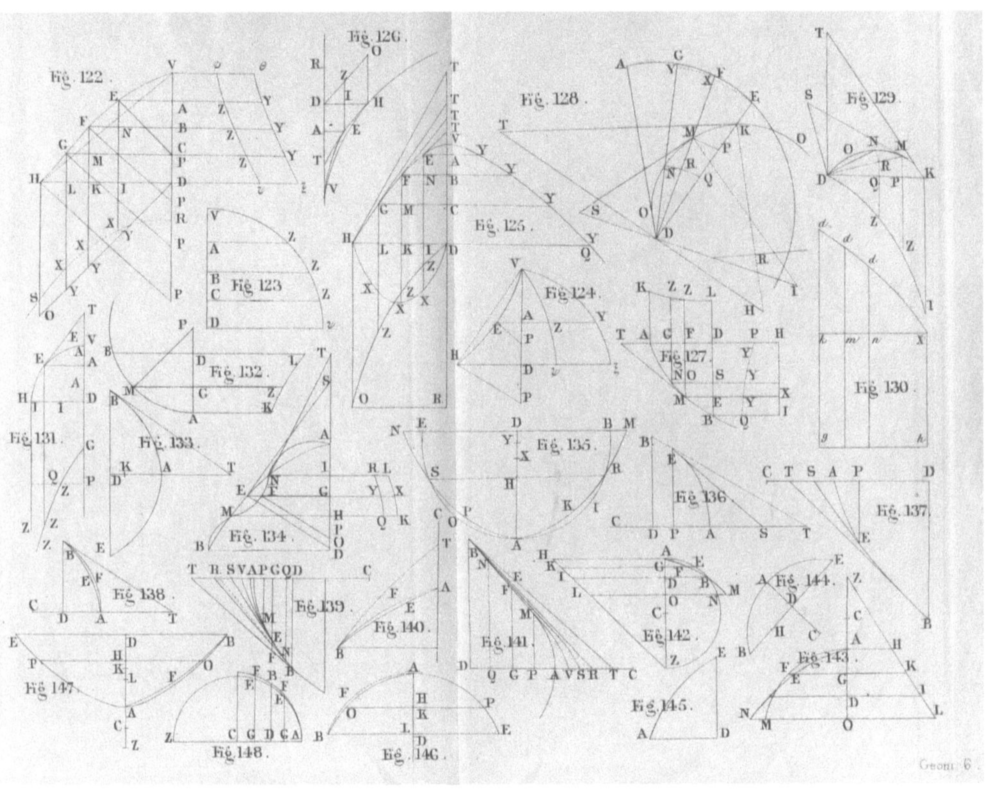

The material originally positioned here is too large for reproduction in this reissue. A PDF can be downloaded from the web address given on page iv of this book, by clicking on 'Resources Available'.

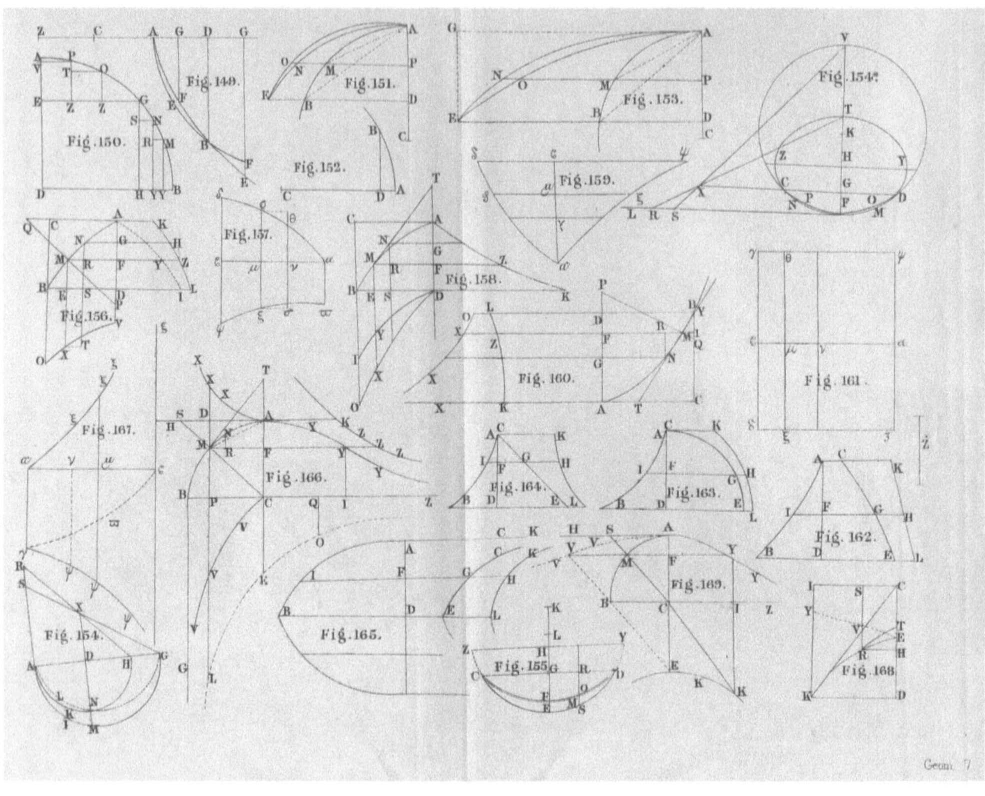

The material originally positioned here is too large for reproduction in this reissue. A PDF can be downloaded from the web address given on page iv of this book, by clicking on 'Resources Available'.

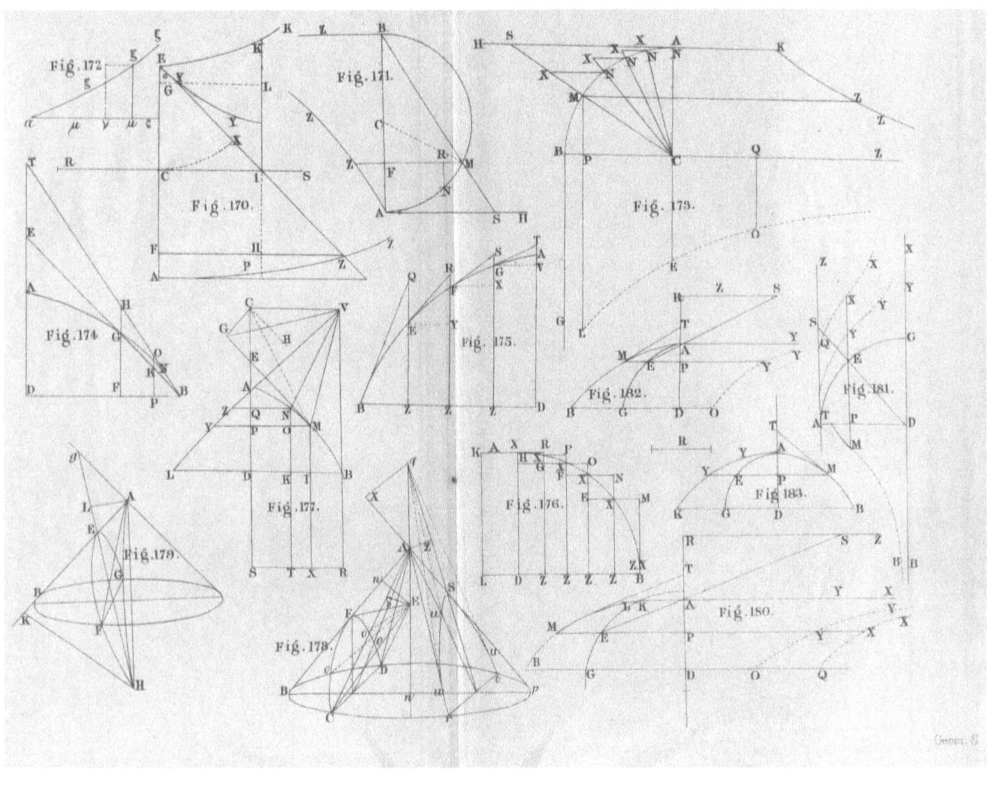

The material originally positioned here is too large for reproduction in this reissue. A PDF can be downloaded from the web address given on page iv of this book, by clicking on 'Resources Available'.

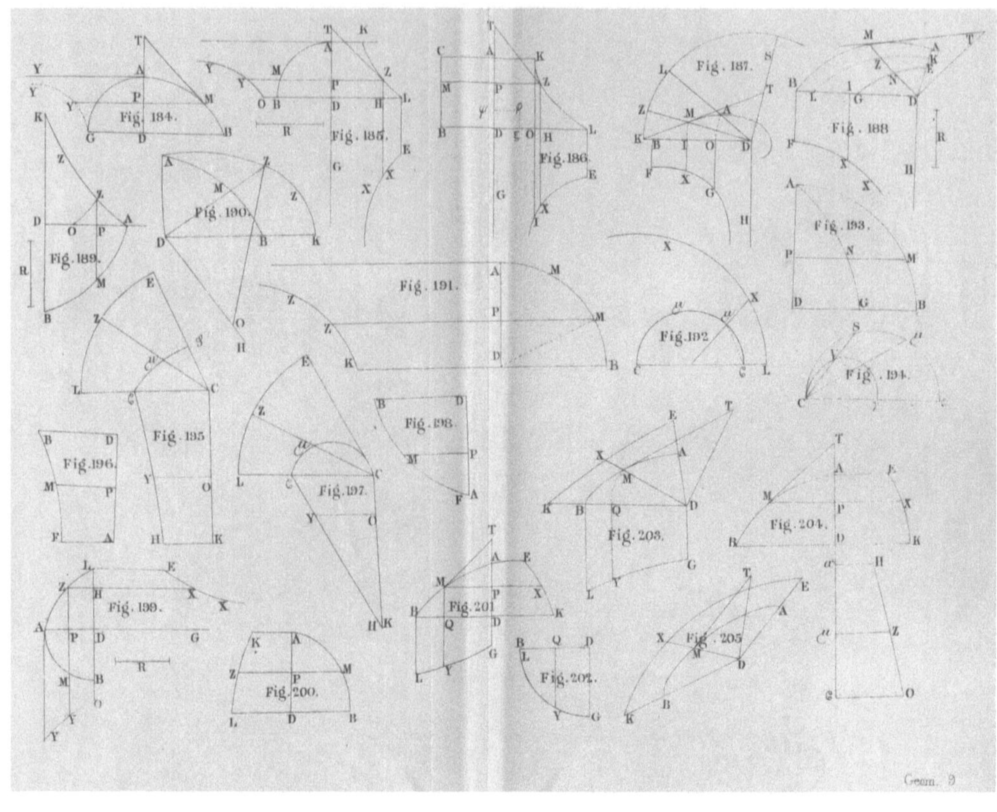

The material originally positioned here is too large for reproduction in this reissue. A PDF can be downloaded from the web address given on page iv of this book, by clicking on 'Resources Available'.

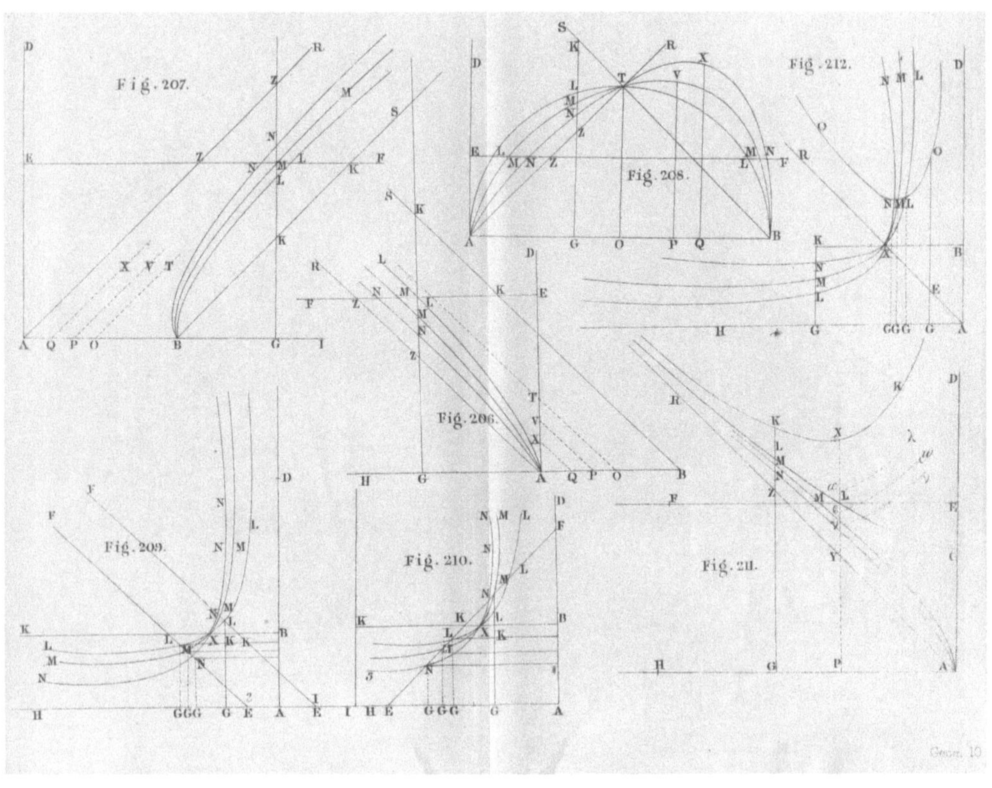

The material originally positioned here is too large for reproduction in this reissue. A PDF can be downloaded from the web address given on page iv of this book, by clicking on 'Resources Available'.

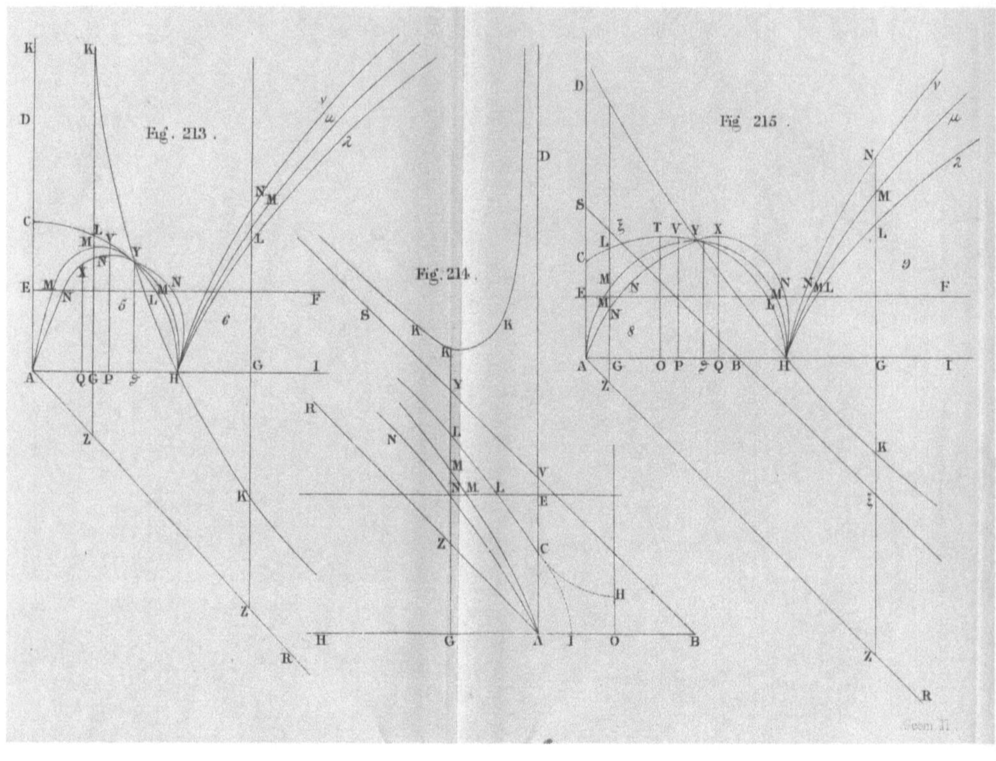

The material originally positioned here is too large for reproduction in this reissue. A PDF can be downloaded from the web address given on page iv of this book, by clicking on 'Resources Available'.

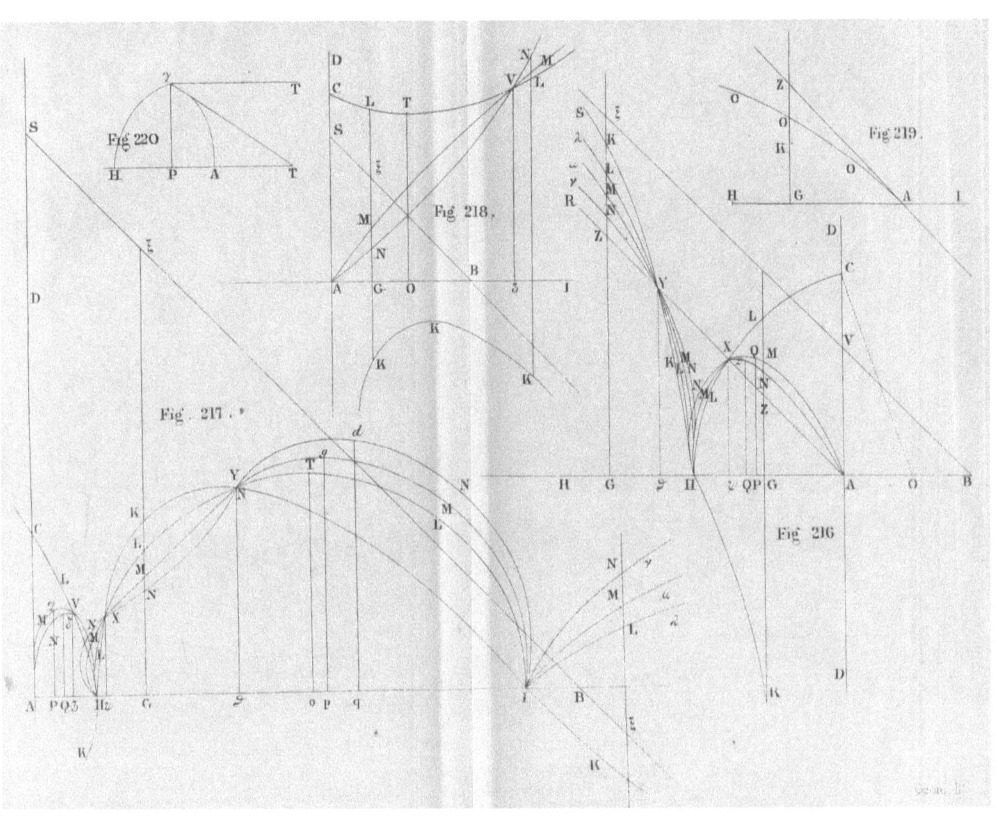

The material originally positioned here is too large for reproduction in this reissue. A PDF can be downloaded from the web address given on page iv of this book, by clicking on 'Resources Available'.

www.ingramcontent.com/pod-product-compliance
Ingram Content Group UK Ltd.
Pitfield, Milton Keynes, MK11 3LW, UK
UKHW040556210726
13854UKWH00007B/1001

* 9 7 8 1 1 0 8 0 5 9 3 3 6 *